大学数学科学丛书　43

线性模型引论
（第二版）

吴密霞　王松桂　编著

科学出版社
北　京

内 容 简 介

本书系统阐述线性模型的基本理论、方法及其应用，其中包括理论与应用的近期发展. 全书共 10 章. 第 1 章通过实例引进各种线性模型. 第 2 章讨论矩阵论方面的补充知识. 第 3 章讨论多元正态及有关分布. 从第 4 章起，系统讨论线性模型统计推断的基本理论和方法，包括最小二乘估计、假设检验、置信域、预测、线性回归模型、方差分析模型、协方差分析模型、线性混合效应模型，以及由线性模型衍生的几类分类响应变量模型. 为了做到模型理论和数据分析实践相结合，本书提供了各种方法详细的 R 语言计算程序和数据可视化的程序，并配有大量典型案例和相当数量的习题. 本书取材新颖、内容丰富、阐述严谨、推导详尽、重点突出、思路清晰、深入浅出、富有启发性，便于教学与自学.

本书可作为高等院校统计学、数学、金融学、经济学、生物统计、数据科学与大数据技术等有关学科的高年级本科生、硕士研究生的线性模型/回归分析课程的教材或参考书，也可作为数据分析相关科技人员和工作者使用回归分析方法与 R 语言的参考手册.

图书在版编目（CIP）数据

线性模型引论 / 吴密霞，王松桂编著. -- 2 版. 北京 : 科学出版社, 2024. 11. -- (大学数学科学丛书). -- ISBN 978-7-03-079824-4

I. O212

中国国家版本馆 CIP 数据核字第 2024JX0248 号

责任编辑：李 欣 李香叶 / 责任校对：彭珍珍

责任印制：张 伟 / 封面设计：陈 敬

科学出版社 出版

北京东黄城根北街 16 号

邮政编码: 100717

http://www.sciencep.com

北京九州迅驰传媒文化有限公司印刷

科学出版社发行 各地新华书店经销

*

2024 年 11 月第 一 版 开本：720×1000 1/16

2024 年 11 月第一次印刷 印张：32 3/4

字数：660 000

定价：138.00 元

(如有印装质量问题，我社负责调换)

作 者 简 介

吴密霞 北京工业大学教授, 博士生导师. 2004 年在北京工业大学获得博士学位, 并留校执教至今, 其间两年在美国国家健康研究院 (NIH) 做博士后研究. 现任中国现场统计研究会理事、中国数学会概率统计分会理事、中国现场统计研究会统计调查分会常务理事、中国现场统计研究会多元分析应用专业委员会常务理事、北京生物医学统计与数据管理研究会常务理事等. 主要的研究方向有混合效应模型、纵向数据追踪、生物标记诊断精准度推断、分布式推断等. 迄今为止, 在 *Sinica Statistics*、*Statistics in Medicine*、*Journal of Multivariate Analysis*、《中国科学》等国内外刊物发表论文 60 余篇. 由科学出版社出版学术专著和教材共 5 部: 《线性模型引论》(2004 年)、《线性混合效应模型引论》(2013 年)、《多元统计分析》(2014 年)、《矩阵不等式 (第二版)》(2006 年) 和《多元统计分析》(2021 年), 其中《多元统计分析》(2021 年) 被评为北京高等院校 "优质本科教材课件". 曾入选北京市优秀人才培养资助计划、北京市属高等院校人才强教深化计划 "中青年骨干人才培养计划" 和北京工业大学 "京华人才" 支持项目. 主持国家自然科学基金、北京市自然科学基金、北京市教育委员会科技计划一般项目、教育部留学回国人员科研启动基金、中国标准化研究院国家市场监管重点实验室基金和北京工业大学研究生创新教育系列教材项目等 10 多项.

王松桂 北京工业大学教授、博士生导师. 1965 年毕业于中国科学技术大学并留校执教, 曾任数学系副主任. 1993 年调入北京工业大学, 曾任应用数学系主任和应用数理学院院长. 长期从事线性模型和多元统计分析等方面的科学研究. 曾先后应邀赴美国、加拿大、日本、瑞典、瑞士、芬兰、波兰等国家和中国香港地区的 20 余所大学讲学和合作研究. 曾获得第三世界科学院研究基金、瑞士国家基金和芬兰科学院研究基金. 曾任中国数学会理事、中国概率统计会常务理事、中国工业与应用数学会常务理事、美国统计刊物 *Journal of Statistical Planning and Inferences* 副主编. 曾获中国科学院重大科技成果奖二等奖和两项北京市科学技术进步奖二等奖, 所著教材《概率论与数理统计》获全国优秀教材奖二等奖, 并被列入普通高等教育“十一五”国家级规划教材. 在《中国科学》、*Linear Algebra and Its Applications*、*Annals of Statistics*、*Journal of Multivariate Analysis* 等国内外刊物发表论文 100 余篇. 出版的学术专著与教材有 *Advanced Linear Models* (英文版, 美国 Marcel Dekker 公司出版, 1994 年)、《线性模型的理论及其应用》《近代回归分析》《实用多元统计分析》《矩阵论中的不等式》《广义逆矩阵及其应用》《线性模型引论》《线性统计模型: 线性回归与方差分析》《概率论与数理统计》等多部.

“大学数学科学丛书”序

按照恩格斯的说法，数学是研究现实世界中数量关系和空间形式的科学. 从恩格斯那时到现在，尽管数学的内涵已经大大拓展了，人们对现实世界中的数量关系和空间形式的认识和理解已今非昔比，数学科学已构成包括纯粹数学及应用数学内含的众多分支学科和许多新兴交叉学科的庞大的科学体系，但恩格斯的这一说法仍然是对数学的一个中肯而又相对来说易于为公众了解和接受的概括，科学地反映了数学这一学科的内涵. 正由于忽略了物质的具体形态和属性、纯粹从数量关系和空间形式的角度来研究现实世界，数学表现出高度抽象性和应用广泛性的特点，具有特殊的公共基础地位，其重要性得到普遍的认同.

整个数学的发展史是和人类物质文明和精神文明的发展史交融在一起的. 作为一种先进的文化，数学不仅在人类文明的进程中一直起着积极的推动作用，而且是人类文明的一个重要的支柱. 数学教育对于启迪心智、增进素质、提高全人类文明程度的必要性和重要性已得到空前普遍的重视. 数学教育本质是一种素质教育；学习数学，不仅要学到许多重要的数学概念、方法和结论，更要着重领会到数学的精神实质和思想方法. 在大学学习高等数学的阶段，更应该自觉地去意识并努力体现这一点.

作为面向大学本科生和研究生以及有关教师的教材，教学参考书或课外读物的系列，本丛书将努力贯彻加强基础、面向前沿、突出思想、关注应用和方便阅读的原则，力求为各专业的大学本科生或研究生（包括硕士生及博士生）走近数学科学、理解数学科学以及应用数学科学提供必要的指引和有力的帮助，并欢迎其中相当一些能被广大学校选用为教材，相信并希望在各方面的支持及帮助下，本丛书将会愈出愈好.

李大潜

2003 年 12 月 27 日

第二版前言

线性模型是现代统计学中理论丰富、应用广泛的一个重要分支, 在生物、医学、经济、信息、管理、农业、工业、工程技术等领域得到越来越广泛的应用. 因此, 国内外很多高等院校已将线性模型列入数学、统计学、数据科学、应用统计、生物统计、计量经济、管理学和金融学等高年级本科生、硕士研究生的学位课或选修课. 为适应上述需要, 我们于 2004 年出版了《线性模型引论》. 本书第一版一出版就被国内多所大学统计专业作为研究生教材, 并且多年来受到不少学者和读者的好评. 随着近 20 年来信息和计算机技术的飞速发展, 关于线性模型研究和应用方面又涌现出不少新方法以及相应的数据可视化新技术. 为了更好地服务于教学、科研和应用, 我们产生了再版的想法. 在编写过程中, 作者参考了国内外已出版的同类优秀专著和教材, 吸收了它们的许多精华和优点.

《线性模型引论》第二版共 10 章. 本书保留了第一版的大体结构, 重点对第 5—9 章内容进行了改编和更新, 并新增了第 10 章. 具体表现在: 第 1 章增加了对离散因变量应用和模型介绍. 第 2 章中增加了矩阵分解的相关内容. 第 4 章增加了分块最小二乘估计. 第 5 章改写了 5.2 节置信区间和 5.3 节区间预测部分, 增加了 5.5 —5.7 节, 介绍测量误差、逆回归、缺失数据分析的内容. 第 6 章改写了 6.3 节和 6.4 节, 并增加了约束惩罚的变量选择, 残差分析中异方差、非正态、自相关模型误差的诊断方法以及相应的修正方法, 大量的实例以及数据可视化与 R 语言程序. 第 7 章增加了不平衡数据内容、虚拟变量方法、Tukey 可加性检验、置信区间、R 语言程序和实例分析等. 第 8 章增加协变量分析对误差项的影响、伴随变量的选择、带一个伴随变量的协方差推断以及相应的 R 语言程序和实例分析. 第 9 章增加了随机因子和固定因子的解释、似然方程/限制似然方程存在显式解的判定定理以及模型参数的近似检验等内容, 调整了方差分量估计内容. 此外, 注意到以上几类模型都需假设响应变量为连续随机变量, 而实际应用中往往也遇到响应变量为 0-1 变量、分类变量、有序变量等离散变量的情形. 因此, 本书还增加了第 10 章, 来介绍几类常见的离散响应变量模型: 列联表、二分类 Logistic 模型、多分类 Logistic 模型、泊松回归等. 另外, 为了方便使用, 本书还制作了教学资源的电子教案、书中例子和典型案例的 R 语言程序与插图以及习题题解等. 相关数字教学资源可扫描封底二维码查看, 也可以给作者发邮件获取.

借本书出版之际, 作者特别感谢在本书撰写过程中支持和帮助的所有人. 首先, 感谢北京工业大学统计与数据科学系薛留根教授、张忠占教授、程维虎教授、李寿梅教授、谢田法教授等的支持. 其次, 感谢北京师范大学统计学院李高荣教授、中国科学院数学与系统科学研究院李启寨研究员和中国标准化研究院基础标准化研究所丁文兴研究员提供部分资料与给予的宝贵建议. 最后, 感谢研究生彭琛琛、李思雨和郑腾迪为本书部分章节编写程序和画图.

本书的完成得到了国家自然科学基金 (No. 12271034)、中国标准化研究院国家市场监管重点实验室基金和北京工业大学研究生创新教育系列教材项目的支持. 本书的出版得到了科学出版社李欣等编辑的支持和关心. 编者愿借此机会向他们表示诚挚的谢意.

本书是在王松桂的建议和指导下完成的, 由吴密霞负责改编、更新、定稿等工作. 由于编者水平所限, 尽管作了很大努力, 书中定还有不少不妥之处, 恳请同行及广大读者不吝赐教.

吴密霞　王松桂

wumixia@bjut.edu.cn

北京工业大学统计与数据科学系

2023 年 12 月

第一版前言

线性模型是现代统计学中理论丰富、应用广泛的一个重要分支, 随着高速电子计算机的日益普及, 在生物、医学、经济、管理、农业、工业、工程技术等领域的应用获得长足发展. 因此, 在国内外很多高等院校已将线性模型列入数学科学系、数理统计系或统计系、生物统计系、计量经济系等高年级本科生、硕士研究生或博士研究生的学位课或选修课. 本书是为适应上述需要而编写的教材或教学参考书.

全书共九章. 第一章通过实例引进各种线性模型, 使读者对模型的丰富实际背景有一些了解, 这将有助于对后面引进的统计概念和方法的理解. 第二章讨论矩阵论方面的补充知识. 第三章讨论多元正态及有关分布. 从第四章起, 系统讨论线性模型统计推断的基本理论与方法. 本书的第一作者先后在中国科学技术大学、北京工业大学、复旦大学、安徽大学、云南大学等国内院校以及芬兰的坦佩雷大学和美国的科罗拉多州立大学讲授过本书的部分内容.

借本书出版之际, 我们要向我们的老师陈希孺院士表示衷心的感谢, 感谢他对我们多年来的研究给予的热情鼓励和指导.

本书的出版得到科学出版社和吕虹先生的支持和关心, 樊亚莉小姐为本书部分章节打字, 另外, 本书的写作得到国家自然科学基金和北京市自然科学基金资助, 编者愿借此机会向他们表示诚挚的谢意.

本书由王松桂等编著. 第一至四章由王松桂执笔, 第五、六章由史建红执笔, 第七、八章由尹素菊执笔, 第九章由吴密霞执笔, 最后由王松桂统一修改定稿. 由于编者水平所限, 书中不当之处在所难免, 恳请国内同行及广大读者不吝赐教.

编　者

2003 年 6 月 30 日

目　　录

符号表说明

$\triangleq$	定义为或记为
$\mathbf{A} \geqslant \mathbf{0}$	$\mathbf{A}$ 为对称半正定方阵
$\mathbf{A} > \mathbf{0}$	$\mathbf{A}$ 为对称正定方阵
$\mathbf{A} \geqslant \mathbf{B}$	$\mathbf{A} \geqslant \mathbf{0}, \mathbf{B} \geqslant \mathbf{0}$ 且 $\mathbf{A} - \mathbf{B} \geqslant \mathbf{0}$
$\mathbf{A}^-$	矩阵 $\mathbf{A}$ 的广义逆
$\mathbf{A}^+$	矩阵 $\mathbf{A}$ 的 Moore-Penrose 广义逆
$\mathbf{A}^\perp$	满足 $\mathbf{A}'\mathbf{A}^\perp = \mathbf{0}$ 且具有最大秩的矩阵
$\mathrm{rk}(\mathbf{A})$	矩阵 $\mathbf{A}$ 的秩
$\mid \mathbf{A} \mid$	矩阵 $\mathbf{A}$ 的行列式
$\parallel \mathbf{A} \parallel$	矩阵 $\mathbf{A}$ 的范数
$\mathrm{tr}(\mathbf{A})$	方阵 $\mathbf{A}$ 的迹
$\lambda_i(\mathbf{A})$	$\mathbf{A}$ 的第 i 个顺序特征根
$\mathcal{M}(\mathbf{A})$	矩阵 $\mathbf{A}$ 的列向量张成的子空间
$\mathbf{P}_\mathbf{A}$	向 $\mathcal{M}(\mathbf{A})$ 的正交投影变换阵
$\mathbf{1} = (1, \cdots, 1)'$	分量皆为 1 的维向量
$\mathrm{Vec}(\mathbf{A})$	将 $\mathbf{A}$ 的列向量依次排成的列向量
$\mathbf{A} \otimes \mathbf{B}$	$\mathbf{A}$ 与 $\mathbf{B}$ 的 Kronecker 乘积
$E(\boldsymbol{y})$	随机变量或向量 $\boldsymbol{y}$ 的均值
$\mathrm{Var}(X)$	随机变量 X 的方差
$\mathrm{Cov}(X, Y)$	随机变量或向量 X, Y 的协方差
$\boldsymbol{u} \sim (\boldsymbol{\mu}, \boldsymbol{\Sigma})$	均值为 $\boldsymbol{\mu}$, 协方差阵为 $\boldsymbol{\Sigma}$ 的随机向量
$\boldsymbol{u} \sim N_p(\boldsymbol{\mu}, \boldsymbol{\Sigma})$	均值为 $\boldsymbol{\mu}$, 协方差阵为 $\boldsymbol{\Sigma}$ 的 p 维正态向量
LS 估计	最小二乘估计
BLU 估计	最佳线性无偏估计
MVU 估计	最小方差无偏估计
MINQUE	最小范数二次无偏估计
RSS	回归平方和
SS_e	残差平方和
MSE	均方误差
MSEM	均方误差矩阵
GMSE	广义均方误差

本书向量用英文黑斜体表示, 矩阵用英文黑正体表示, 向量和矩阵的转置运算用 $'$ 表示.

第 1 章　模 型 概 论

线性模型是一类统计模型的总称, 它包括了线性回归模型、方差分析模型、协方差分析模型和线性混合效应模型 (或称方差分量模型) 等. 生物、医学、经济、管理、地质、气象、农业、工业、工程技术等许多领域的现象都可以用线性模型来近似描述. 因此线性模型成为现代统计学中应用最为广泛的模型之一. 本书将系统讨论线性模型统计推断的基本理论与方法. 此外, 本书还简单介绍了几类基于线性模型衍生的离散响应变量模型.

本章将通过实例引进各种线性模型, 使读者对模型的丰富实际背景有一些了解, 这将有助于对后面引进的统计概念和方法的理解. 我们先从线性回归模型谈起.

1.1　线性回归模型

在现实世界中, 存在着大量的这样的情况: 两个变量如 X 和 Y 有一些依赖关系. 由 X 可以部分地决定 Y 的值, 但这种决定往往不很确切. 常常用来说明这种依赖关系的最简单、直观的例子是体重与身高. 若用 X 表示某人的身高, 用 Y 表示他的体重. 众所周知, 一般来说, 当 X 大时, Y 也倾向于大, 但由 X 不能严格地决定 Y. 又如, 城市生活用电量 Y 与气温 X 有很大的关系, 在夏天气温很高或冬天气温很低时, 由于空调、冰箱等家用电器的使用, 用电量就高. 相反, 在春秋季节气温不高也不低, 用电量就相对少. 但我们不能由气温 X 准确地决定用电量 Y. 类似的例子还很多. 变量之间的这种关系称为 "相关关系", 回归模型就是研究相关关系的一个有力工具.

在以上诸例中, Y 通常称为因变量或响应变量, X 称为自变量或解释变量. 我们可以设想, Y 的值由两部分组成: 一部分是由 X 能够决定的部分, 它是 X 的函数, 记为 $f(X)$. 在许多情况下, 这个函数关系或者是线性的或者是近似线性的, 即

$$f(X) = \beta_0 + \beta_1 X, \tag{1.1.1}$$

这里 β_0 和 β_1 是未知参数. 而另一部分则由其他众多未加考虑的因素 (包括随机因素) 所产生的影响, 它被看作随机误差, 记为 e. 这里 e 作为随机误差, 我们有理由要求它的均值 $E(e) = 0$, 其中 $E(\cdot)$ 表示随机变量的均值. 于是, 我们得到

$$Y = \beta_0 + \beta_1 X + e. \tag{1.1.2}$$

在这个模型中, 若忽略掉 e, 它就是一个通常的直线方程. 因此, 我们称 (1.1.2) 为线性回归模型, 称 (1.1.1) 为线性回归方程. 关于 "回归" 一词的由来, 我们留在后面作解释. 常数项 β_0 是直线的截距, β_1 是直线的斜率, 也称为回归系数. 在实际应用中, β_0 和 β_1 皆是未知的, 需要通过观测数据来估计.

假设自变量 X 分别取值为 $x_1, x_2, \cdots, x_n$ 时, 因变量 Y 对应的观测值分别为 $y_1, y_2, \cdots, y_n$. 于是我们有 n 组观测值 $(x_i, y_i), i = 1, 2, \cdots, n$. 如果 Y 与 X 有回归关系 (1.1.2), 则 (x_i, y_i) 应该满足

$$y_i = \beta_0 + \beta_1 x_i + e_i, \qquad i = 1, 2, \cdots, n, \tag{1.1.3}$$

这里 e_i 为对应的随机误差. 基于 (1.1.3), 应用适当的统计方法 (这将在第 4 章讨论) 可以得到 β_0 和 β_1 的估计值 $\hat{\beta}_0, \hat{\beta}_1$, 将它们代入 (1.1.2), 再略去误差项 e_i 得到

$$Y = \hat{\beta}_0 + \hat{\beta}_1 X, \tag{1.1.4}$$

称之为经验回归直线, 也称为经验回归方程. 这里 "经验" 两字表示这个回归直线是基于前面的 n 次观测数据 $(x_i, y_i), i = 1, 2, \cdots, n$ 而获得的.

例 1.1.1　肥胖是现代社会人们普遍关注的一个重要问题, 那么体重多少才算是肥胖呢？这当然跟每个人的身高有关, 于是许多学者应用直线回归方法研究人的体重与身高的关系. 假设 X 表示身高 (cm), Y 表示体重 (kg). 我们假设 Y 与 X 之间具有回归关系 (1.1.2). 在这里误差 e 表示除了身高 X 之外, 所有影响体重 Y 的其他因素, 例如遗传因素、饮食习惯、体育锻炼等. 为了估计其中的参数 β_0 和 β_1, 研究者测量了很多人的身高 x_i 和体重 y_i, $i = 1, 2, \cdots, n$ 得到关系 (1.1.3). 从而应用统计方法可以估计出 β_0 和 β_1. 一种研究结果是, 若用 $X - 150$ 作自变量, 则得到 $\hat{\beta}_0 = 50$, $\hat{\beta}_1 = 0.6$, 也就是说我们有经验回归直线

$$Y = 50 + 0.6 \times (X - 150).$$

我们可以把它改写成如下形式:

$$Y = -40 + 0.6X, \tag{1.1.5}$$

这个经验回归方程在一定程度上描述了体重与身高的相关关系. 给定 X 的一个具体值 x_0, 我们可以算出对应的 Y 值 $y_0 = -40 + 0.6x_0$. 例如, 某甲身高 $x_0 = 160$(cm), 代入 (1.1.5) 可以算出对应 $y_0 = 56$(kg). 我们称 56kg 为身高是 160cm 的人的体重的预测. 这就是说, 对于一个身高 160cm 的人, 我们预测他的体重大致为 56kg, 但实际上, 他的体重不可能恰为 56kg, 可能比 56kg 多, 也可能比 56kg 少.

例 1.1.2　我们知道, 一个公司的商品销售量与其广告费有密切关系, 一般来说在其他因素 (如产品质量等) 保持不变的情况下, 用在广告上的费用越高, 它

的商品销售量也就会越多. 但这也只是一种相关关系. 某公司为了进一步研究这种关系, 用 X 表示在某地区的年度广告费, Y 表示年度商品销售量. 根据过去一段时间的销售记录 (x_i, y_i), $i = 1, \cdots, n$, 采用线性回归模型 (1.1.3) , 假定计算出 $\hat{\beta}_0 = 1608.5$, $\hat{\beta}_1 = 20.1$, 于是得到经验回归直线

$$Y = 1608.5 + 20.1X.$$

这个经验回归直线告诉我们, 广告费 X 每增加一个单位, 该公司销售收入就增加 20.1 个单位. 如果某地区人口增加很快, 那么很可能人口总数也是影响销售量的一个重要因素. 若记 X_1 为年度广告费, X_2 为某地区人口总数. 我们可以考虑如下含两个自变量的线性回归模型:

$$Y = \beta_0 + \beta_1 X_1 + \beta_2 X_2 + e.$$

同样, 根据记录的历史数据, 应用适当统计方法可以估计出 β_i, $i = 0, 1, 2$. 假定估计出的

$$\hat{\beta}_0 = 320.3, \quad \hat{\beta}_1 = 18.4, \quad \hat{\beta}_2 = 0.2,$$

则我们得到经验回归方程

$$Y = 320.3 + 18.4X_1 + 0.2X_2.$$

从这个经验回归方程我们可以看出, 当广告费 X_1 增加或人口总数 X_2 增加时, 商品销售量都增加, 且当人口总数保持不变时, 广告费每增加 1 个单位, 销售量增加 18.4 个单位. 而当广告费保持不变时, 该地区人口总数每增加一个单位, 该公司销售量增达 0.2 个单位. 当然, 在实际应用中, 并不是每个经验回归方程都能描述变量之间的客观存在的真正的关系. 关于这一点, 将在第 5 章详细讨论.

在实际问题中, 影响因变量的主要因素往往很多, 这就需要考虑含多个自变量的回归问题. 假设因变量 Y 和 $p-1$ 个自变量 $X_1, \cdots, X_{p-1}$ 之间有如下关系:

$$Y = \beta_0 + \beta_1 X_1 + \cdots + \beta_{p-1} X_{p-1} + e, \tag{1.1.6}$$

这是多元线性回归模型, 其中 β_0 为常数项, $\beta_1, \cdots, \beta_{p-1}$ 为回归系数, e 为随机误差.

假设我们对 $Y, X_1, \cdots, X_{p-1}$ 进行了 n 次观测, 得到 n 组观测值

$$x_{i1}, \cdots, x_{i,p-1}, y_i, \qquad i = 1, \cdots, n,$$

它们满足关系式

$$y_i = \beta_0 + x_{i1}\beta_1 + \cdots + x_{i,p-1}\beta_{p-1} + e_i, \qquad i = 1, \cdots, n, \tag{1.1.7}$$

这里 e_i 为对应的随机误差. 引入矩阵记号

$$\boldsymbol{y}=\begin{pmatrix} y_1 \\ y_2 \\ \vdots \\ y_n \end{pmatrix}, \quad \mathbf{X}=\begin{pmatrix} 1 & x_{11} & \cdots & x_{1,p-1} \\ 1 & x_{21} & \cdots & x_{2,p-1} \\ \vdots & \vdots & & \vdots \\ 1 & x_{n1} & \cdots & x_{n,p-1} \end{pmatrix},$$

$$\boldsymbol{\beta}=\begin{pmatrix} \beta_0 \\ \beta_1 \\ \vdots \\ \beta_{p-1} \end{pmatrix}, \quad \boldsymbol{e}=\begin{pmatrix} e_1 \\ e_2 \\ \vdots \\ e_n \end{pmatrix},$$

(1.1.7) 改写为如下简洁形式:

$$\boldsymbol{y}=\mathbf{X}\boldsymbol{\beta}+\boldsymbol{e}, \tag{1.1.8}$$

这里 $\boldsymbol{y}$ 为 $n\times 1$ 的观测向量, $\mathbf{X}$ 为 $n\times p$ 已知矩阵, 通常称为设计矩阵. 对于线性回归模型, 术语“ 设计矩阵”中的“设计”两字并不蕴含任何真正设计的含义, 只是习惯用法而已. 有一些学者建议改用“模型矩阵”. 但就目前来讲, 沿用“设计矩阵”者居多 . $\boldsymbol{\beta}$ 为未知参数向量, 其中 β_0 称为常数项, 而 $\beta_1,\cdots,\beta_{p-1}$ 为回归系数. 而 $\boldsymbol{e}$ 为 $n\times 1$ 随机误差向量, 其均值为零, 即 $E(e_i)=0, i=1,\cdots,n$. 关于 e_i 最常用的假设是

(a) 误差项具有等方差, 即

$$\mathrm{Var}(e_i)=\sigma^2, \qquad i=1,\cdots,n;$$

(b) 误差是彼此不相关的, 即

$$\mathrm{Cov}(e_i,e_j)=0, \qquad i\neq j, \quad i,j=1,\cdots,n.$$

通常称以上两条为 Gauss-Markov 假设. 我们知道, 一个随机变量的方差刻画了该随机变量取值散布程度的大小, 因此假设 (a) 要求 e_i 等方差, 也就是要求不同次的观测 y_i 在其均值附近波动程度是一样的. 这个要求有时显得严厉些. 在一些情况下, 我们不得不放宽为 $\mathrm{Var}(e_i)=\sigma_i^2, i=1,\cdots,n$. 假设 (b) 等价于要求不同次的观测是不相关的. 在实际应用中这个假设比较容易满足.

模型 (1.1.8) 和 Gauss-Markov 假设合在一起, 可简洁地表示为

$$\boldsymbol{y}=\mathbf{X}\boldsymbol{\beta}+\boldsymbol{e}, \qquad E(\boldsymbol{e})=\mathbf{0}, \qquad \mathrm{Cov}(\boldsymbol{e})=\sigma^2\mathbf{I}_n, \tag{1.1.9}$$

这里 $\mathrm{Cov}(\boldsymbol{e})$ 表示随机向量 $\boldsymbol{e}$ 的协方差阵, $\mathbf{I}_n$ 为维数为 n 的单位阵, (1.1.9) 就是我们以后要讨论的最基本的线性回归模型.

在一些实际问题中, $\mathrm{Var}(e_i)=\sigma_i^2$, $i=1,\cdots,n$, 这里 σ_i^2 可能不全相等. 这时观测向量或误差向量的协方差阵形为

$$\mathrm{Cov}(\boldsymbol{e})=\begin{pmatrix}\sigma_1^2 & 0 & \cdots & 0\\ 0 & \sigma_2^2 & \cdots & 0\\ \vdots & \vdots & & \vdots\\ 0 & 0 & \cdots & \sigma_n^2\end{pmatrix}. \tag{1.1.10}$$

在经济问题中, $y_1,y_2,\cdots,y_n$ 表示某经济指标在 n 个不同时刻的观测值, 它们往往是相关的. 这种相关性反映在误差项上, 就是误差项的自相关性. 一种最简单的自相关关系是误差为一阶自回归形式, 即

$$e_i=\varphi e_{i-1}+\varepsilon_i, \quad |\varphi|<1,$$

其中 ε_i, $i=1,\cdots,n$ 是独立同分布的随机变量, $E(\varepsilon_i)=0$, $\mathrm{Var}(\varepsilon_i)=\sigma_\varepsilon^2$. 这时

$$\mathrm{Cov}(\boldsymbol{e})=\frac{\sigma_\varepsilon^2}{1-\varphi^2}\begin{pmatrix}1 & \varphi & \cdots & \varphi^{n-1}\\ \varphi & 1 & \cdots & \varphi^{n-2}\\ \vdots & \vdots & & \vdots\\ \varphi^{n-1} & \varphi^{n-2} & \cdots & 1\end{pmatrix}. \tag{1.1.11}$$

上面我们讨论的都是线性回归模型. 有一些模型虽然是非线性的, 但经过适当变换, 可以化为线性模型.

例 1.1.3 在经济学中, 著名的 Cobb-Douglas 生产函数为

$$Q_t=aL_t^bK_t^c,$$

这里 Q_t, L_t 和 K_t 分别为 t 年的产值、劳力投入量和资金投入量, a,b 和 c 为参数, 在上式两边取自然对数, 得到

$$\ln(Q_t)=\ln(a)+b\ln(L_t)+c\ln(K_t)\,.$$

若令

$$y_t=\ln(Q_t),\quad x_{t1}=\ln(L_t),\quad x_{t2}=\ln(K_t)\,,$$
$$\beta_0=\ln(a),\quad \beta_1=b,\quad \beta_2=c\,,$$

再加上误差项, 便得到线性关系

$$y_t=\beta_0+\beta_1x_{t1}+\beta_2x_{t2}+e_t,$$

因此, 我们把原来的非线性模型化成了线性模型.

例 1.1.4 多个自变量的多项式.

我们知道, 任何光滑函数都可以用足够高阶的多项式来逼近. 因此, 当因变量 Y 和诸自变量之间的关系不是线性关系时, 我们可以用多元多项式来近似, 有时可能还要添加若干自变量的交叉积. 例如

$$Y=\beta_0+\beta_1X_1+\beta_2X_2+\beta_{11}X_1^2+\beta_{22}X_2^2+\beta_{12}X_1X_2+e.$$

这样的模型往往出现在化学工程领域的研究之中, 其目的是求诸自变量的一个组合, 使得因变量 Y 达到最大或最小. 这类问题称为响应曲面设计.

引进新变量 $X_3=X_1^2, X_4=X_2^2, X_5=X_1X_2$, 上述模型变成了一个线性模型. 从这里我们可以看出, 线性模型中"线性"二字实质上是指 Y 关于未知参数 β_i 的关系是线性的.

最后, 我们解释一下"回归"一词的由来. "回归"英文为"regression", 是由英国著名生物学家兼统计学家 Galton(高尔顿) 在研究人类遗传问题时提出的. 为了研究父代与子代身高的关系, Galton 收集了 1078 对父亲及其一子的身高数据. 用 X 表示父亲身高, Y 表示儿子身高. 单位为英寸 (1 英寸为 2.54cm). 将这 1078 对 (x_i,y_i) 标在直角坐标纸上, 他发现散点图大致呈直线状. 也就是说, 总的趋势是父亲的身高 X 增加时, 儿子的身高 Y 也倾向于增加, 这与我们的常识是一致的. 但是, Galton 对数据的深入分析, 发现了一个很有趣的现象——回归效应.

因为这 1078 个 x_i 值的算术平均值 $\bar{x}=68$ 英寸, 而 1078 个 y_i 值的平均值为 $\bar{y}=69$ 英寸, 这就是说, 子代身高平均增加了 1 英寸. 人们自然会这样推想, 若父亲身高为 x, 他儿子的平均身高大致应为 $x+1$, 但 Galton 的仔细研究所得结论与此大相径庭. 他发现, 当父亲身高为 72 英寸时 (请注意, 比平均身高 $\bar{x}=68$ 要高), 他们的儿子平均身高仅为 71 英寸. 不但达不到预期的 $72+1=73$ 英寸, 反而比父亲身高低了 1 英寸. 反过来, 若父亲身高为 64 英寸 (请注意, 比平均身高 $\bar{x}=68$ 要矮), 他们儿子平均身高为 67 英寸, 竟比预期的 $64+1=65$ 英寸高出了 2 英寸. 这个现象不是个别的, 它反映了一个一般规律, 即身高超过平均值 $\bar{x}=68$ 英寸的父亲, 他们儿子的平均身高将低于父亲的平均身高. 反之, 身高低于平均身高 $\bar{x}=68$ 英寸的父亲, 他们儿子的平均身高将高于父亲的平均身高. Galton 对这个一般结论的解释是: 大自然具有一种约束力, 使人类身高的分布在一定时期内相对稳定而不产生两极分化, 这就是所谓的回归效应. 通过这个例子, Galton 引进了"回归"一词. 用他的数据, 可以计算出儿子身高 Y 与父亲身高 X 的经验关系

$$Y=35+0.5X,$$

它代表一条直线, 人们也就把这条直线称为回归直线. 当然, 这个经验回归直线只反映了父子身高这两个变量相关关系中具有回归效应的一种特殊情况, 对更多的

相关关系, 并非都是如此. 特别是涉及多个自变量的情况中, 回归效应便不复存在. 因此将 (1.1.6) 或 (1.1.8) 或 (1.1.9) 称为线性回归模型, 并把对应的统计分析称为回归分析, 不一定恰当. 但 "回归" 这个词沿用已久, 实无改变的必要与可能.

1.2 方差分析模型

在 1.1 节引进的线性回归模型中, 所涉及的自变量一般来说都可以是连续变量, 研究的基本目的则是寻求因变量与自变量之间客观存在的依赖关系. 而本节所要引进的模型则不同, 它的自变量是示性变量, 这种变量往往表示某种效应的存在与否, 因而只能取 0, 1 两个值. 这种模型是比较两个或多个因素效应大小的一种有力工具. 因为比较因素效应的统计分析在统计学上叫做方差分析, 所以对应地, 人们将这种模型称为方差分析模型. 在一些文献中, 也把这种模型称为试验设计模型, 这是因为它所分析的数据往往跟一个预先安排的试验相联系.

例 1.2.1 单向分类 (one-way classification) 模型.

现在我们要比较三种药治疗某种疾病的效果, 药效度量指标为 Y. 假设我们采用双盲试验法, 即患者不知道自己服用三种药中哪一种, 医生也不知道哪个患者服用哪种药, 只有试验设计和分析者掌握真实情况. 假设现在对每种药各有 n 个人服用, 记 y_{ij} 为服用第 i 种药的第 j 个患者的药效测量值, 则 y_{ij} 可表示为

$$y_{ij} = \mu + \alpha_i + e_{ij}, \qquad i = 1, 2, 3, \quad j = 1, \cdots, n, \tag{1.2.1}$$

这里 μ 称为总平均, α_i 表示第 i 种药的效应, e_{ij} 表示随机误差, 其均值为 0, 方差都相等, 彼此互不相关.

在这个问题中, 我们感兴趣的因素 (或称因子) 只有一个, 即药品, 它有三个不同的品种, 称这三个品种为因子的水平或 "处理", 模型 (1.2.1) 称为单向分类模型 (或单因素方差分析模型), 这是因为我们只有 "药品" 这一个因素. 若用矩阵记号, 模型 (1.2.1) 可写为

$$\begin{pmatrix} y_{11} \\ \vdots \\ y_{1n} \\ y_{21} \\ \vdots \\ y_{2n} \\ y_{31} \\ \vdots \\ y_{3n} \end{pmatrix} = \begin{pmatrix} 1 & 1 & 0 & 0 \\ \vdots & \vdots & \vdots & \vdots \\ 1 & 1 & 0 & 0 \\ 1 & 0 & 1 & 0 \\ \vdots & \vdots & \vdots & \vdots \\ 1 & 0 & 1 & 0 \\ 1 & 0 & 0 & 1 \\ \vdots & \vdots & \vdots & \vdots \\ 1 & 0 & 0 & 1 \end{pmatrix} \begin{pmatrix} \mu \\ \alpha_1 \\ \alpha_2 \\ \alpha_3 \end{pmatrix} + \begin{pmatrix} e_{11} \\ \vdots \\ e_{1n} \\ e_{21} \\ \vdots \\ e_{2n} \\ e_{31} \\ \vdots \\ e_{3n} \end{pmatrix}.$$

用 $\boldsymbol{y}, \mathbf{X}, \boldsymbol{\beta}$ 和 $\boldsymbol{e}$ 分别表示上式中的四个向量或矩阵, 则上述模型具有形式

$$\boldsymbol{y} = \mathbf{X}\boldsymbol{\beta} + \boldsymbol{e}. \tag{1.2.2}$$

这和 1.1 节引进的线性回归模型 (1.1.8) 形式上完全一样, 所不同的是, 对现在情形, 设计阵 $\mathbf{X}$ 的元素只能取 1 和 0 两个值. 除第一列外, 设计阵 X 的每一列对应一种药品, 若某列中某个位置是 1 或是 0, 则表示对应的这个患者服用了或没服用该列对应的那种药. 也就是说, 设计阵 $\mathbf{X}$ 中的元素 $x_{ij}(j > 1)$ 只表示了对应的试验中某个处理效应的存在与否. 容易看出, 在 (1.2.2) 中, 设计阵的秩 $\mathrm{rk}(\mathbf{X}) = 3$, 它小于 $\mathbf{X}$ 的列数 4, 我们称设计阵 $\mathbf{X}$ 是列降秩的, 这是方差分析模型的一个特点.

例 1.2.2 两向分类 (two-way classification) 模型.

假设在一次生产试验中, 影响产品质量指标 Y 的有两个因素 A 和 B. 设因素 A 有 a 个水平, 因素 B 有 b 个水平. 记 y_{ij} 表示在因素 A 的第 i 个水平, 因素 B 的第 j 个水平时生产的产品质量测量值. 则 y_{ij} 可分解为

$$y_{ij} = \mu + \alpha_i + \beta_j + e_{ij}, \qquad i = 1, \cdots, a, \quad j = 1, \cdots, b, \tag{1.2.3}$$

这里 μ 仍为总平均, α_i 为因素 A 的第 i 个水平的效应, β_j 为因素 B 的第 j 个水平的效应, e_{ij} 为随机误差. 仿照例 1.2.1, 引进适当矩阵记号, 模型 (1.2.3) 也可以写成 (1.2.2) 的形式. 这个留给读者作练习.

随机区组设计模型也具有形式 (1.2.3). 为了便于理解我们采用农业试验的例子. 假设一农业实验中心从外地引进三种优良麦种, 在大面积种植之前, 先进行小范围试验以便选出适合本地气候条件的麦种. 我们可以把这三种小麦种植的施肥、浇水等条件控制在相同的状态, 但是很难保证用于试验的土地肥沃程度都一样. 为了克服这一缺陷, 我们先把试验用的土地分成若干小块, 譬如 5 块, 使每一小块土地肥沃程度基本上一样. 在试验设计中, 把这种小块称为区组 (block). 然后再把每一区组分成若干更小的块, 称为试验单元. 现有三种小麦品种要比较, 不妨就把每个区组分成三个试验单元. 随机区组设计要求, 在每个区组中, 每种小麦种在哪一个单元完全是随机的. 若用 y_{ij} 表示第 j 个区组种第 i 种小麦的那个试验单元的小麦产量, 则 y_{ij} 就有 (1.2.3) 分解式. 这时 α_i 就是第 i 种小麦 (即处理, treatment) 的效应. β_j 是第 j 个区组的效应. 因此随机区组设计模型就是一个两向分类模型.

在试验设计中, 区组是一个很重要的概念. 为了更清楚地掌握它的本质, 我们再举一个例子. 假设我们用 a 种工艺加工一些产品, 现在要比较这 a 种工艺的优劣. 用 y_{ij} 表示第 i 种工艺加工的第 j 件产品质量, α_i 为第 i 种工艺的效应. 那么 y_{ij} 可分解为 $y_{ij} = \mu + \alpha_i + e_{ij}$, $i = 1, \cdots, a, j = 1, \cdots, b$. 这是一个单向分类模型. 但是, 如果我们是用 b 台设备去检测它们的质量, 那么就应该把这 b 台设

备的差异考虑进去. 这样 b 台设备就成了区组, 这时 y_{ij} 就可表示为 (1.2.3) 的形式, 其中 β_j 是第 j 台设备的效应.

正是由于上述原因, 往往我们也把模型 (1.2.3) 称为随机区组设计模型, 并把 α_i 和 β_j 分别泛称为处理效应和区组效应. 在一般情况下, 这两种效应不是同等看待的. 我们将主要兴趣放在处理效应上, 而区组这个因素的引入, 往往是为了缩小分析误差. 当然, 也有例外, 在一些问题中, 区组效应也可能是我们所关心的.

例 1.2.3 具有交互效应的两向分类模型.

在例 1.2.2 中, 因素 A 和因素 B 的效应具有可加性. 因为在分解式 $y_{ij} = \mu + \alpha_i + \beta_j + e_{ij}$ 中, 因素 A 的第 i 个水平和因素 B 的第 j 个水平对 y_{ij} 的贡献是 $\alpha_i + \beta_j$, 它是各自水平效应之和. 但是, 在一些实际问题中, 这种情况不总是成立的. 例如在化工试验中, 若因素 A 表示化学反应的温度, 因素 B 表示化学反应的压力, 两者对化学反应的质量或产量 Y 的贡献一般不具有可加性. 如果对每一个水平组合 (i,j) 重复 c 次试验, 这时一个合理模型是

$$y_{ijk} = \mu + \alpha_i + \beta_j + \gamma_{ij} + e_{ijk}, \quad i = 1, \cdots, a, \quad j = 1, \cdots, b, \quad k = 1, \cdots, c, \tag{1.2.4}$$

这里 γ_{ij} 称为因素 A 的第 i 个水平和因素 B 的第 j 个水平的交互效应. 它的出现表明了因素 A 的第 i 个水平和因素 B 的第 j 个水平对 y_{ij} 的联合贡献, 并不是 α_i 和 β_j 的简单相加, 而是多出了一个部分. 为了叙述方便起见, 我们把 α_i 称为因素 A 的第 i 个水平的主效应, 同理称 β_j 为因素 B 的第 j 个水平的主效应.

在模型 (1.2.4) 中, 对因素 A 和 B 的每种水平组合 (i,j), 重复观测次数都是 c, 这样的模型称为平衡模型 (balanced model). 在实际试验中, 种种客观原因, 如试验者退出试验、试验个体 (动物) 死亡或生产事故, 而导致对每种水平组合所获得的观测数据个数不相等, 这时称对应模型为非平衡的 (unbalanced model).

例 1.2.4 三向分类 (three-way classification) 模型.

读者不难想象, 如果试验中有 A, B, C 三个因素, 它们的水平数分别为 a, b, c. 如果它们之间都没有交互效应, 那么因变量的观测值可分解为

$$y_{ijkl} = \mu + \alpha_i + \beta_j + \gamma_k + e_{ijkl}, \quad i = 1, \cdots, a, \quad j = 1, \cdots, b,$$
$$k = 1, \cdots, c, \quad l = 1, \cdots, d,$$

这里 α_i, β_j 和 γ_k 分别是因素 A 的第 i 个水平, 因素 B 的第 j 个水平和因素 C 的第 k 个水平的主效应, 对于每种水平组合 (i,j,k), 试验重复次数都是 d, 即模型是平衡的. 如果对水平组合 (i,j,k) 试验重复次数为 n_{ijk}, 它们不必相等, 那么模型就是非平衡的.

在试验设计中, 有一种设计叫拉丁方设计 (Latin square design), 它可以表示

为三向分类模型. 所谓拉丁方, 乃是用 n 个字母 (或数字) 排成的一个方块. 它的每行每列包含 n 个字母中每个字母恰好一次. 由于当初是用拉丁字母排列这种方块的, 于是, 称其为拉丁方. 用来排拉丁方的不同字母的个数, 称为拉丁方的阶. 例如,

$$\begin{matrix} A & B & C \\ B & C & A \\ C & A & B \end{matrix} \qquad \begin{matrix} A & B & C & D \\ B & C & D & A \\ C & D & A & B \\ D & A & B & C \end{matrix}$$

分别是三阶和四阶拉丁方.

用三阶拉丁方可以安排三因素的试验. 例如, 把第 i 行对应于因素甲的第 i 水平, 第 j 列对应于因子乙的第 j 水平, 中间的字母 A, B, C 分别对应于因子丙的三个水平. 这样, 我们就排出 9 个试验, 如表 1.2.1. 令 $k_{ij} = k(i, j)$ 表示由表 1.2.1 唯一确定的由集合 $\{(i, j) : i,\ j = 1, 2, 3\}$ 到集合 $\{A, B, C\}$ 的一一映射, 例如 $k_{23} = k(2, 3) = A$. 若用 $y_{ijk_{ij}}$ 表示因素甲、乙、丙的第 i, j, k_{ij} 水平下的观测值, 用 α_i, β_j 和 $\gamma_{k_{ij}}$ 分别表示因素甲、乙、丙的第 i, j, k_{ij} 水平下的效应, 在不存在交互效应的情况下, 我们有模型

$$y_{ijk_{ij}} = \mu + \alpha_i + \beta_j + \gamma_{k_{ij}} + e_{ijk_{ij}}, \qquad i = 1, 2, 3, \quad j = 1, 2, 3,$$

这是一个三向分类模型.

表 1.2.1　三因素三水平情形

丙		因素乙		
		1	2	3
因	1	$A^{(1)}$	$B^{(2)}$	$C^{(3)}$
素	2	$B^{(4)}$	$C^{(5)}$	$A^{(6)}$
甲	3	$C^{(7)}$	$A^{(8)}$	$B^{(9)}$

对于后三个例子, 仿照例 1.2.1 引进适当的矩阵记号, 这些模型都可以写成 $\boldsymbol{y} = \mathbf{X}\boldsymbol{\beta} + \boldsymbol{e}$ 的形式. 我们建议读者去做这件事. 当你完成这种表示之后, 就会发现, 设计阵 $\mathbf{X}$ 与例 1.2.1 一样, 它的元素 x_{ij} 只取 0 和 1 两个值, 并且秩 $\mathrm{rk}(\mathbf{X})$ 小于 $\mathbf{X}$ 的列数, 即 $\mathbf{X}$ 是列降秩的.

1.3　协方差分析模型

我们已经知道, 线性回归模型所涉及的自变量一般是取连续值的数量因子. 设计阵 $\mathbf{X}$ 的元素 x_{ij} 可取连续值. 而在方差分析模型中, 自变量是属性因子, 设计

阵 $\mathbf{X}$ 的元素 x_{ij} 只能取 0 和 1 两个值. 现在我们要介绍的协方差分析模型则是上述两种模型的混合. 模型中的自变量既有属性因子又有数量因子. 设计矩阵由两部分组成, 一部分以 0 和 1 两个数为元素, 而另一部分的元素可取连续值. 它可以看作由方差分析模型和线性回归模型的设计矩阵组拼而成.

我们用一个经典的例子来引进这种模型. 假定试验者用几种饲料喂养小猪, 并以小猪的生长速度 (用小猪体重增加量来度量) 来比较饲料的催肥效果, 这是一个单向分类问题. 如前所述在试验中我们要求除饲料外, 其余因素应该尽量控制在相同条件之下. 但是, 在这里参与试验的小猪初始体重不同, 可能对生长速度有一定影响. 为了消除这种影响, 可以采取两种方法: 一种方法是选择体重都一样的小猪来做试验. 但这个条件很苛刻, 在实际中真正做起来困难很大. 另一种方法是设法把小猪初始体重的影响消除掉, 这正是协方差分析所要解决的问题. 在这个例子里, 猪的饲料分几个品种, 是属性因子, 称为方差分量. 由于小猪的初始体重是试验者难以很好地控制而进入试验的, 故称其为协变量 (或伴随变量), 它是连续变量.

例 1.3.1 试验者欲比较两种饲料的催肥效果, 用每种饲料喂养三头猪. 要考虑的协变量是小猪的初始体重, 记 y_{ij} 为喂第 i 种饲料的第 j 头猪的体重增加量, 则 y_{ij} 可分解为

$$y_{ij} = \mu + \alpha_i + \gamma x_{ij} + e_{ij}, \qquad i = 1, 2, \quad j = 1, 2, 3, \tag{1.3.1}$$

这里和单向分类模型一样, μ 为总平均, α_i 为第 i 种饲料的效应, x_{ij} 为喂第 i 种饲料的第 j 头猪的初始体重, γ 为协变量的系数, 即回归系数. e_{ij} 的假设同单向分类模型. 若记

$$\boldsymbol{y} = \begin{pmatrix} y_{11} \\ y_{12} \\ y_{13} \\ y_{21} \\ y_{22} \\ y_{23} \end{pmatrix}, \quad \mathbf{X} = \begin{pmatrix} 1 & 1 & 0 & x_{11} \\ 1 & 1 & 0 & x_{12} \\ 1 & 1 & 0 & x_{13} \\ 1 & 0 & 1 & x_{21} \\ 1 & 0 & 1 & x_{22} \\ 1 & 0 & 1 & x_{23} \end{pmatrix}, \quad \boldsymbol{\beta} = \begin{pmatrix} \mu \\ \alpha_1 \\ \alpha_2 \\ \gamma \end{pmatrix}, \quad \boldsymbol{e} = \begin{pmatrix} e_{11} \\ e_{12} \\ e_{13} \\ e_{21} \\ e_{22} \\ e_{23} \end{pmatrix},$$

则模型 (1.3.1) 具有形式

$$\boldsymbol{y} = \mathbf{X}\boldsymbol{\beta} + \boldsymbol{e}, \tag{1.3.2}$$

这与前两节引进的线性回归模型 (1.1.8) 和方差分析模型 (1.2.2) 在形式上完全一样. 它的特点是: 设计阵 $\mathbf{X}$ 的部分列的元素只取 0 或 1, 剩余列的元素则取连续值, 我们把此类模型称为协方差分析模型, 它也是一种特殊的线性模型.

协方差分析模型虽然是线性回归模型和方差分析模型的一种 “混合”, 但是我们对这两部分并不同等看待. 像例子中所看到的, 回归部分只是因为某些量不能完全人为控制而不得已引入的. 虽然对回归系数的估计与检验也有一定的实际意义, 但总的来说, 对协方差分析模型我们最关心的还是方差分析部分. 因而这种模型的统计分析——协方差分析, 基本上具有方差分析的特色, 即有关效应存在性的检验占有突出地位, 与方差分析比较起来, 在协方差分析中并没有引进任何新的概念, 实际上它只是一种计算方法, 旨在利用一般方差分析的结果很简便地作协方差分析模型的统计分析. 详细的讨论将在第 8 章进行.

1.4 混合效应模型

混合效应模型的最一般形式为

$$\boldsymbol{y} = \mathbf{X}\boldsymbol{\beta} + \mathbf{U}_1\boldsymbol{\xi}_1 + \mathbf{U}_2\boldsymbol{\xi}_2 + \cdots + \mathbf{U}_k\boldsymbol{\xi}_k, \tag{1.4.1}$$

其中 $\boldsymbol{y}$ 为 $n\times 1$ 观测向量, $\mathbf{X}$ 为 $n\times p$ 已知设计阵, $\boldsymbol{\beta}$ 为 $p\times 1$ 非随机的参数向量, 称为固定效应, $\mathbf{U}_i$ 为 $n\times q_i$ 已知设计阵, $\boldsymbol{\xi}_i$ 为 $q_i\times 1$ 随机向量, $i=1,2,\cdots,k$, 称为随机效应, 一般我们假设

$$E(\boldsymbol{\xi}_i) = \mathbf{0}, \qquad \mathrm{Cov}(\boldsymbol{\xi}_i) = \sigma_i^2\mathbf{I}_{q_i}, \qquad \mathrm{Cov}(\boldsymbol{\xi}_i, \boldsymbol{\xi}_j) = \mathbf{0}, \qquad i\neq j,$$

于是

$$E(\boldsymbol{y}) = \mathbf{X}\boldsymbol{\beta}, \qquad \mathrm{Cov}(\boldsymbol{y}) = \sum_{i=1}^{k}\sigma_i^2\mathbf{U}_i\mathbf{U}_i', \tag{1.4.2}$$

称 σ_i^2 为方差分量, 因此, 往往也称 (1.4.1) 为方差分量模型.

在模型 (1.4.1) 中, 最后一个随机效应向量 $\boldsymbol{\xi}_k$ 是通常的随机误差向量 $\boldsymbol{e}$, 而 $\mathbf{U}_k=\mathbf{I}_n$. 对于混合效应模型, 我们的问题是对两类参数: 固定效应和方差分量作估计和检验, 并对随机效应向量 $\boldsymbol{\xi}_k$ 进行预测.

例 1.4.1 两向分类混合模型.

研究人的血压在一天内的变化规律. 在一天内选择 a 个时间点测量被观测者的血压, 假设观测了 b 个人, 用 y_{ij} 表示第 i 个时间点的第 j 个人的血压, 则 y_{ij} 可表示为

$$y_{ij} = \mu + \alpha_i + \beta_j + e_{ij}, \qquad i=1,\cdots,a, \quad j=1,\cdots,b, \tag{1.4.3}$$

这里 α_i 为第 i 个时间点的效应, 它是非随机的, 是固定效应; β_j 为第 j 个人的个体效应. 如果这 b 个人是我们感兴趣的特定的 b 个人, 那么 β_j 也是非随机的, 是

固定效应. 这时模型 (1.4.3) 就是固定效应模型, 这是在 1.2 节我们讨论过的两向分类模型. 但是, 如果我们只是把研究的兴趣放在比较不同时间点人的血压高低上, 被观测的 b 个人是随机抽取的, 这时 β_j 就是随机变量, 于是, 在这种情况下, 它就是随机效应. 相应地, 模型 (1.4.3) 就是混合效应模型.

Thompson 曾经研究了用几台设备同时测量炮弹速度问题. 假设试验所用的炮弹都是从某厂生产的同种炮弹的总体中随机抽取的. 记 y_{ij} 可分解成模型 (1.4.3) 的形式, 对现在的情况, α_i 是第 i 台设备的效应, 它是固定效应; β_j 是第 j 发炮弹的效应. 因为炮弹是随机抽取的, 所以它是随机的. 于是 β_j 是随机效应.

从上面的讨论我们可以看出, 一个效应究竟看作随机的还是固定的, 这取决于研究的目的和样品取得的方法. 如果观测的个体是随机抽取来的, 那么它们的效应就是随机的, 否则就是固定的.

引进适当的矩阵记号, 模型 (1.4.3) 可以写成 (1.4.1) 的形式. 记

$$\boldsymbol{y}=(y_{11},\cdots,y_{1b},\cdots,y_{a1},\cdots,y_{ab})',$$

这是 $ab\times 1$ 的向量.

$$\mathbf{X}=(\mathbf{1}_{ab},\mathbf{I}_a\otimes\mathbf{1}_b),\qquad \mathbf{U}=\mathbf{1}_a\otimes\mathbf{I}_b,\qquad \boldsymbol{\gamma}=(\mu,\alpha_1,\cdots,\alpha_a)',$$

$$\boldsymbol{\beta}=(\beta_1,\cdots,\beta_b)',\qquad \boldsymbol{e}=(e_{11},\cdots,e_{1b},\cdots,e_{a1},\cdots,e_{ab})',$$

其中 $\otimes$ 表示矩阵的 Kronecker 乘积 (见第 2 章), $\mathbf{1}_n$ 表示 $n\times 1$ 向量, 它的所有元素均为 1. 此时, 模型 (1.4.3) 变形为

$$\boldsymbol{y}=\mathbf{X}\boldsymbol{\gamma}+\mathbf{U}\boldsymbol{\beta}+\boldsymbol{e}.$$

一般我们总是假设所有随机效应都是不相关的, $\mathrm{Var}(\beta_i)=\sigma_{\boldsymbol{\beta}}^2, \mathrm{Var}(e_{ij})=\sigma^2$, 则观测向量的协方差阵为

$$\mathrm{Cov}(\boldsymbol{y})=\sigma_{\boldsymbol{\beta}}^2\mathbf{U}\mathbf{U}'+\sigma^2\mathbf{I}_{ab}=\sigma_{\boldsymbol{\beta}}^2(\mathbf{J}_a\otimes\mathbf{I}_b)+\sigma^2\mathbf{I}_{ab},$$

其中 $\mathbf{J}_a=\mathbf{1}_a\mathbf{1}_a'$, $\sigma_{\boldsymbol{\beta}}^2$ 和 σ^2 是方差分量.

例 1.4.2 Panel 数据模型.

这个模型常常出现在计量经济学中. 假设我们对 N 个个体 (如个人、家庭、公司、城市、国家或区域等) 进行了 T 个时刻的观测, 观测数据可写为

$$y_{it}=\boldsymbol{x}_{it}'\boldsymbol{\beta}+\xi_i+\varepsilon_{it},\qquad i=1,\cdots,N,\quad t=1,\cdots,T, \tag{1.4.4}$$

其中 y_{it} 表示第 i 个个体第 t 个时刻的某项经济指标, $\boldsymbol{x}_{it}$ 是 $p\times 1$ 已知向量, 它刻画了第 i 个个体在时刻 t 的一些自身特征, ξ_i 是第 i 个个体的个体效应, ε_{it} 是随机误差.

如果我们的目的是研究整个市场的运行规律, 而不是关心这特定的 N 个个体, 这 N 个个体只不过是从总体中抽取的随机样本, 这时个体效应就是随机的, 记

$$\boldsymbol{y}=(y_{11},\cdots,y_{1T},y_{21},\cdots,y_{NT})',\qquad \mathbf{X}=(x_{11},\cdots,x_{1T},x_{21},\cdots,x_{NT})',$$
$$\mathbf{U}_1=\mathbf{I}_N\otimes\mathbf{1}_T,\qquad \boldsymbol{\xi}=(\xi_1,\cdots,\xi_N)',\qquad \boldsymbol{\varepsilon}=(\varepsilon_{11},\cdots,\varepsilon_{1T},\varepsilon_{21},\cdots,\varepsilon_{NT})'.$$

则模型 (1.4.4) 可表示为

$$\boldsymbol{y}=\mathbf{X}\boldsymbol{\beta}+\mathbf{U}_1\boldsymbol{\xi}+\boldsymbol{\varepsilon}.$$

如果假设 $\mathrm{Var}(\xi_i)=\sigma_{\boldsymbol{\xi}}^2,\mathrm{Var}(\varepsilon_{it})=\sigma_{\boldsymbol{\varepsilon}}^2$, 所有 ξ_i 和 ε_{it} 都不相关, 则

$$\mathrm{Cov}(\boldsymbol{y})=\sigma_{\boldsymbol{\xi}}^2\mathbf{U}_1\mathbf{U}_1'+\sigma_{\boldsymbol{\varepsilon}}^2\mathbf{I}_{NT}=\sigma_{\boldsymbol{\xi}}^2(\mathbf{I}_N\otimes\mathbf{J}_T)+\sigma_{\boldsymbol{\varepsilon}}^2\mathbf{I}_{NT},$$

其中 $\sigma_{\boldsymbol{\xi}}^2$ 和 $\sigma_{\boldsymbol{\varepsilon}}^2$ 为方差分量.

模型 (1.4.4) 也称为具有套误差结构 (nested error structure) 的线性模型. 它也常出现在试验设计、抽样调查等问题中.

在上述问题中, 如果我们把时间效应也考虑进来, 则模型 (1.4.4) 可以改写为

$$y_{it}=x_{it}'\beta+\xi_i+\lambda_t+\varepsilon_{it},\qquad i=1,\cdots,N,\quad t=1,\cdots,T. \tag{1.4.5}$$

如果时间效应 λ_t 也看成是随机的, 并且假设 $\mathrm{Var}(\lambda_t)=\sigma_{\boldsymbol{\lambda}}^2$, λ_t 与所有的 ξ_i 和 ε_{it} 不相关, 记 $\mathbf{U}_2=\mathbf{1}_N\otimes\mathbf{I}_T,\boldsymbol{\lambda}=(\lambda_1,\cdots,\lambda_T)'$, 则我们得到如下模型

$$\boldsymbol{y}=\mathbf{X}\boldsymbol{\beta}+\mathbf{U}_1\boldsymbol{\xi}+\mathbf{U}_2\boldsymbol{\lambda}+\boldsymbol{\varepsilon}.$$

此时, 观测向量的协方差阵为

$$\mathrm{Cov}(\boldsymbol{y})=\sigma_{\boldsymbol{\xi}}^2(\mathbf{I}_N\otimes\mathbf{J}_T)+\sigma_{\boldsymbol{\lambda}}^2(\mathbf{J}_N\otimes\mathbf{I}_T)+\sigma_{\boldsymbol{\varepsilon}}^2\mathbf{I}_{NT},$$

其中 $\sigma_{\boldsymbol{\xi}}^2,\sigma_{\boldsymbol{\lambda}}^2$ 和 $\sigma_{\boldsymbol{\varepsilon}}^2$ 为方差分量.

1.5 离散响应变量模型

以上研究的各类线性模型都假设响应变量 (因变量) 是连续变量, 但在许多应用领域中这个假设不成立, 响应变量 Y 可能为分类变量或计数变量. 例如, 考虑是否结婚、是否生二孩或是否买越野车等时, 响应变量就是一个二分类 (0-1) 变量; 当考虑出行交通工具的选择步行、电动车、汽车、地铁时, 响应变量就是一个无序多分类变量, 这里各个类别虽然可用数字加以区分, 但数字之间并无大小区分, 只起到了“标记”作用; 当考虑顾客对酒店环境的评价不满意、一般、满意、非

常满意时, 响应变量就是一个有序多分类变量, 取值可依次用数字 1, 2, 3, 4 来表示, 这时数字越大, 代表顾客对酒店环境的评价越高; 在检验某种治疗癫痫药物的药效时, 记录两个月内治疗组和对照组病人癫痫发作次数就是一个计数变量. 下面用一个例子来显示二分类响应变量的一种建模思想.

例 1.5.1 妊娠持续时间模型 (Kutner, 2004).

随机抽取 n 名孕妇, 记录她们怀孕时间和孕期酗酒程度 (y_i^c, x_i), $i=1,\cdots,n$. 如果感兴趣的问题是母亲酗酒 (X 表示孕期酗酒程度指数) 对其怀孕时间 (Y^c) 的影响, 可采用简单线性模型

$$y_i^c = \beta_0^c + \beta_1^c x_i + e_i,$$

其中 e_i 为模型误差. 但往往更感兴趣的问题是母亲酗酒是否会导致婴儿早产, 此时响应变量变为

$$y_i = \begin{cases} 1, & y_i^c \leqslant 38\text{周} \quad (\text{早产}), \\ 0, & y_i^c > 38\text{周} \quad (\text{足月}). \end{cases}$$

记 F_e 为模型随机误差 e_i 的分布函数. 于是响应变量 y_i 的均值为

$$\pi(x_i) = E(y_i) = P(y_i = 1) = P(e_i \leqslant 38 - \beta_0^c - \beta_1^c x_i) = F_e(38 - \beta_0^c - \beta_1^c x_i). \quad (1.5.1)$$

若模型误差 $e_i^c \sim N(0, \sigma^2)$, 则

$$\pi(\boldsymbol{x}_i) = \Phi\left(\frac{38 - \beta_0^c}{\sigma} - \frac{\beta_1^c}{\sigma} x_i\right),$$

这里, Φ 为标准正态分布函数. 记 $\beta_0 = (d - \beta_0^c)/\sigma$, $\beta_1 = -\beta_1^c/\sigma$. 于是立得 probit 回归模型:

$$\text{probit}(\pi(x_i)) = \beta_0 + x_i\beta, \quad (1.5.2)$$

其中 $\text{probit}(\pi(x_i)) = \Phi^{-1}(\pi(x_i))$, Φ^{-1} 为标准正态分布函数的反函数.

类似地, 若 e_i^c 服从 Logistic 分布, 则 e_i^c 可表示为

$$e_i^c = \frac{\sigma}{\pi/\sqrt{3}} \varepsilon_i,$$

其中, ε_i 服从标准的 Logistic 分布, 分布函数为

$$F_\varepsilon(\varepsilon_i) = \frac{\exp(\varepsilon_i)}{1 + \exp(\varepsilon_i)} = \frac{1}{1 + \exp(-\varepsilon_i)} = h(\varepsilon_i). \quad (1.5.3)$$

于是

$$\begin{aligned}\pi(x_i) = P(y_i = 1) &= P\left(\frac{\pi e_i^c}{\sqrt{3}\sigma} \leqslant \frac{\pi(d-\beta_0^c)}{\sqrt{3}\sigma} - \frac{\pi\beta_1^c}{\sqrt{3}\sigma}x_i\right)\\ &= P(\varepsilon_i \leqslant \beta_0 + x_i\beta_1)\\ &= h(\beta_0 + x_i\beta_1) = \frac{1}{1+\exp\{-\beta_0 - x_i\beta_1\}}.\end{aligned}$$

这里, $\beta_0 = \pi(d-\beta_0^c)/(\sqrt{3}\sigma)$, $\beta_1 = -\pi\beta_1^c/(\sqrt{3}\sigma)$, 进而得到 Logistic 回归模型:

$$\operatorname{logit}(\pi(x_i)) = \beta_0 + x_i\beta_1, \tag{1.5.4}$$

其中, $\operatorname{logit}(\pi(x_i)) = \ln\left(\pi(x_i)/(1-\pi(x_i))\right)$.

另外, 妊娠持续时间除了与母亲酗酒行为有关, 还与年龄、营养状况、是否有吸烟史有关. 为了研究这多个危险因子对妊娠持续时间的影响, 研究者又将妊娠持续时间小于 38 周细分为两类: 不足 36 周 (早产)、36 周到 37 周之间 (介于早产和足月之间), 此时因变量就变成了三分类变量, 而且这三类之间有顺序. 关于这部分内容详见本书的第 10 章.

习 题 一

1.1 假设一物体真实长度为 μ, 而 μ 是未知的, 我们欲估计它, 于是将其测量了 n 次, 得到测量值为 $y_1, y_2, \cdots, y_n$. 如果测量过程没有系统误差, 我们可以认为 y_i, $i=1,2,\cdots,n$ 为来自正态总体 $N(\mu,\sigma^2)$ 的一组随机样本. 试将这些观测数据表示成线性模型的形式.

1.2 某公司采用一项新技术试验以求提高产品质量. 设在试验前, 随机抽取的 n_1 件产品的质量指标值为 $y_1, y_2, \cdots, y_{n_1}$, 它们可看成来自正态总体 $N(\mu_1,\sigma^2)$ 的一组样本. 而试验后, 随机抽取的 n_2 件产品的质量指标值为 $z_1, z_2, \cdots, z_{n_2}$, 它们可看成是来自正态总体 $N(\mu_2,\sigma^2)$ 的一组样本, 为了考察这项新技术的效果, 需要比较 μ_1 和 μ_2, 因此需要先估计它们.

(1) 试将这些数据表成线性模型的形式;

(2) 在实际问题中, 如果 $z_1, z_2, \cdots, z_{n_2}$ 的值相比 $y_1, y_2, \cdots, y_{n_1}$ 有很大不同, 往往认为它们的变异程度也就不同. 于是我们不能再假定这两个正态总体有公共的方差. 这时认为它们分别来自正态总体 $N(\mu_1,\sigma_1^2)$ 和 $N(\mu_2,\sigma_2^2)$ 比较适宜, 试问这时 (1) 中所表示的线性模型应该有怎样的修正?

1.3 用两台仪器测量同一批材料的各 3 件样品的某种成分的含量. 记测量值分别为 y_{11}, y_{12}, y_{13} 和 y_{21}, y_{22}, y_{23}, 由于两台仪器可能存在性能上的差异, 在表示这些数据时需要考虑仪器的效应, 记为 α_1 和 α_2, 试将这些测量数据表示成某成分含量 μ 和 α_1, α_2 的线性模型.

1.4 下面模型是否表示一般线性模型? 如果不是, 能否通过适当的变换使之成为一般线性模型?

(1) $y_i = \beta_0 + \beta_1 x_{i_1} + \beta_2 x_{i_1}^2 + \beta_3 \ln x_{i_2} + e_i$;

(2) $y_i = e_i \exp(\beta_0 + \beta_1 x_{i1} + \beta_2 x_{i1}^2)$;

(3) $y_i = [1 + \exp(\beta_0 + \beta_1 x_{i1} + e_i)]^{-1/2}$;

(4) $y_i = \beta_0 + \beta_1(x_{i1} + x_{i2}) + \beta_2 e^{x_{i1}} + \beta_3 \ln(x_{i1}^2) + e_i$.

1.5 考虑如下两因素设计模型

$$y_{ij} = \mu + \alpha_i + \beta_j + e_{ij}, \qquad i = 1, 2, \cdots, a, \qquad j = 1, 2, \cdots, b,$$

其中 μ, α_i, β_j 为未知参数, 试将其表示为矩阵形式的线性模型 $\boldsymbol{y} = \mathbf{X}\boldsymbol{\beta} + \boldsymbol{e}$, 并写出其设计阵 $\mathbf{X}$.

1.6 (判别分析问题也可纳入线性模型) 设有两个 p 元总体 π_1 和 π_2. 现有从这两个总体中抽取的随机样本 $x_1^{(1)}$, $x_2^{(1)}$, $\cdots$, $x_{n_1}^{(1)}$ 和 $x_1^{(2)}$, $x_2^{(2)}$, $\cdots$, $x_{n_2}^{(2)}$, 称为训练样本. 判别分析的任务是用这些训练样本建立 p 元判别函数 $f(x_1, \cdots, x_p)$ 和临界值. 对于一个归属未知的新样本, 根据它的判别函数 $f(x_1, \cdots, x_p)$ 的值是否大于临界值来推断该样本是来自 π_1 还是来自 π_2. 引进变量 Y 作为因变量, 规定 Y 的取值为

$$y_j^{(i)} = \begin{cases} \lambda_1, & \text{对应自变量为 } x_j^{(1)}, \quad j = 1, 2, \cdots, n_1, \\ \lambda_2, & \text{对应自变量为 } x_j^{(2)}, \quad j = 1, 2, \cdots, n_2, \end{cases}$$

这里 λ_1, λ_2 为任意两个不等的实数, 例如可取 $\lambda_1 = 1, \lambda_2 = 0$. 试把这个问题写成线性回归模型的形式 (于是, 判别分析问题可以按线性模型回归问题去处理. 可以证明, 这样建立的判别函数与经典的 Fisher 判别等价).

第 2 章　矩阵论的预备知识

2.1 线 性 空 间

为了适应后面讨论的需要, 本节用线性空间的矩阵表示, 简要叙述线性空间的一些基本结果, 并引进一些记号. 我们仅限于讨论 $n\times 1$ 实数向量组成的线性空间, 它是直观的二、三维向量空间的自然推广.

所谓线性空间 $\mathbb{S}$ 乃是向量的一个集合, 它对向量加法和数乘两种运算具有封闭性, 即 $\mathbb{S}$ 中任意两个向量之和皆仍在 $\mathbb{S}$ 中, $\mathbb{S}$ 中任一向量与任一实数的乘积也仍在 $\mathbb{S}$ 中, 且满足加法结合律和交换律、数乘结合律及分配律等基本性质. 记全体 $n\times 1$ 实向量组成的集合为 $\mathbb{R}^n$, 它是一个线性空间. 考虑 $\mathbb{R}^n$ 中向量组 $\boldsymbol{a}_1,\boldsymbol{a}_2,\cdots,\boldsymbol{a}_k$ 的一切可能的线性组合构成的集合

$$\mathbb{S}_0=\left\{\boldsymbol{x}=\sum_{i=1}^{k}\alpha_i\boldsymbol{a}_i,\alpha_1,\alpha_2,\cdots,\alpha_k\ \text{均为实数}\right\},$$

容易验证, $\mathbb{S}_0$ 也是线性空间, 称为 $\mathbb{R}^n$ 的子空间. 若将 $\boldsymbol{a}_1,\boldsymbol{a}_2,\cdots,\boldsymbol{a}_k$ 排成 $n\times k$ 矩阵 $\mathbf{A}=(\boldsymbol{a}_1,\boldsymbol{a}_2,\cdots,\boldsymbol{a}_k)$, 则 $\mathbb{S}_0$ 可表示为

$$\mathbb{S}_0=\{\boldsymbol{x}=\mathbf{A}\boldsymbol{t},\ \boldsymbol{t}\in\mathbb{R}^k\},$$

它是 $\mathbf{A}$ 的列向量张成的子空间, 记为 $\mathbb{S}_0=\mathcal{M}(\mathbf{A})$. 容易证明, $\mathbb{R}^n$ 的任一子空间都是某一矩阵的列向量张成的子空间. 设 $\boldsymbol{a}_1,\boldsymbol{a}_2,\cdots,\boldsymbol{a}_k$ 为 $\mathbb{R}^n$ 中的一组向量, 若存在不全为零的实数 $\alpha_1,\alpha_2,\cdots,\alpha_k$, 使得

$$\alpha_1\boldsymbol{a}_1+\alpha_2\boldsymbol{a}_2+\cdots+\alpha_k\boldsymbol{a}_k=\mathbf{0},$$

则称向量组 $\boldsymbol{a}_1,\boldsymbol{a}_2,\cdots,\boldsymbol{a}_k$ 是线性相关的; 否则称它们是线性无关的. 如果子空间 S_0 由一组线性无关的向量 $\boldsymbol{a}_1,\boldsymbol{a}_2,\cdots,\boldsymbol{a}_k$ 张成, 则称 $\boldsymbol{a}_1,\boldsymbol{a}_2,\cdots,\boldsymbol{a}_k$ 为 $\mathbb{S}_0$ 的一组基, k 称为 $\mathbb{S}_0$ 的维数, 记作 $k=\dim(\mathbb{S}_0)$. 对 $\mathbb{R}^n$ 而言, 向量组 $\boldsymbol{e}_i=(0,\cdots,0,1,0,\cdots,0)'$, $i=1,2,\cdots,n$ 为一组基, 这里, 在 $\boldsymbol{e}_i$ 中 1 位于第 i 个位置. 所以, $\mathbb{R}^n$ 的维数为 n. 记 $\mathbf{I}_n=(\boldsymbol{e}_1,\boldsymbol{e}_2,\cdots,\boldsymbol{e}_n)$ 为 n 阶单位阵, 则 $\mathbb{R}^n=\mathcal{M}(\mathbf{I}_n)$. 设 $\mathbf{A}=(\boldsymbol{a}_1,\boldsymbol{a}_2,\cdots,\boldsymbol{a}_k),\mathbf{B}=(\boldsymbol{b}_1,\boldsymbol{b}_2,\cdots,\boldsymbol{b}_l)$, 则容易证明

(1) $\dim\mathcal{M}(\mathbf{A})=\mathrm{rk}(\mathbf{A})$.

(2) $\mathcal{M}(\mathbf{A}) \subset \mathcal{M}(\mathbf{A},\ \mathbf{B})$, 特别地, 若 $\boldsymbol{b}_j, j=1,2,\cdots,l$ 可表示为 $\boldsymbol{a}_1,\boldsymbol{a}_2,\cdots,\boldsymbol{a}_k$ 的线性组合, 则 $\mathcal{M}(\mathbf{A}) = \mathcal{M}(\mathbf{A},\mathbf{B})$.

对 $\mathbb{R}^n$ 中的任意两个向量 $\boldsymbol{a}=(a_1,a_2,\cdots,a_n)'$, $\boldsymbol{b}=(b_1,b_2,\cdots,b_n)'$, 定义它们的内积为 $(\boldsymbol{a},\boldsymbol{b}) = \boldsymbol{a}'\boldsymbol{b} = \sum\limits_{i=1}^n a_ib_i$. 若 $(\boldsymbol{a},\boldsymbol{b})=0$, 则称 $\boldsymbol{a}$ 与 $\boldsymbol{b}$ 正交, 记为 $\boldsymbol{a}\perp\boldsymbol{b}$. 若 $\boldsymbol{a}$ 与子空间 $\mathbb{S}$ 中的每一个向量正交, 则称 $\boldsymbol{a}$ 正交于 $\mathbb{S}$, 记为 $\boldsymbol{a}\perp\mathbb{S}$. 称 $(\boldsymbol{a}'\boldsymbol{a})^{1/2} = \left(\sum\limits_{i=1}^n a_i^2\right)^{1/2}$ 为向量 $\boldsymbol{a}$ 的长度, 记为 $\|\boldsymbol{a}\|$. 设 $\mathbb{S}$ 为一子空间, 容易证明

$$\mathbb{S}^{\perp} = \{\boldsymbol{x} : \boldsymbol{x}\perp\mathbb{S}\}$$

也是线性空间, 称为 $\mathbb{S}$ 的正交补空间. 设 $\mathbf{A}$ 为 $n\times k$ 矩阵, 记 $\mathbf{A}^{\perp}$ 为满足条件 $\mathbf{A}'\mathbf{A}^{\perp}=\mathbf{0}$ 且具有最大秩的矩阵, 则

$$\mathcal{M}(\mathbf{A}^{\perp}) = \mathcal{M}(\mathbf{A})^{\perp}. \tag{2.1.1}$$

对于一个线性空间 $\mathbb{S}$, 如果存在 k 个子空间 $\mathbb{S}_1,\cdots,\mathbb{S}_k$, 使得对任意 $\boldsymbol{a}\in\mathbb{S}$, 可唯一分解为

$$\boldsymbol{a} = \boldsymbol{a}_1+\cdots+\boldsymbol{a}_k, \qquad \boldsymbol{a}_i\in\mathbb{S}_i, \quad i=1,2,\cdots,k,$$

则称 $\mathbb{S}$ 为 $\mathbb{S}_1,\cdots,\mathbb{S}_k$ 的直和, 记为 $\mathbb{S}=\mathbb{S}_1\oplus\cdots\oplus\mathbb{S}_k$. 若进一步假设, 对任意的 $\boldsymbol{a}_i\in\mathbb{S}_i$, $\boldsymbol{a}_j\in\mathbb{S}_j$, $i\neq j$ 有 $\boldsymbol{a}_i\perp\boldsymbol{a}_j$, 则称 $\mathbb{S}$ 为 $\mathbb{S}_1,\cdots,\mathbb{S}_k$ 的正交直和, 记为 $\mathbb{S}=\mathbb{S}_1\dot{+}\cdots\dot{+}\mathbb{S}_k$, 特别地, $\mathbb{R}^n=\mathbb{S}\dot{+}\mathbb{S}^{\perp}$, 对 $\mathbb{R}^n$ 的任一子空间 $\mathbb{S}$ 成立. 设 $\mathbf{A}=(\mathbf{A}_1,\cdots,\mathbf{A}_k)$, $\mathcal{M}(\mathbf{A}_i)\cap\mathcal{M}(\mathbf{A}_j)=\{\mathbf{0}\}$, $i\neq j$, 则

$$\mathcal{M}(\mathbf{A}) = \mathcal{M}(\mathbf{A}_1)\oplus\cdots\oplus\mathcal{M}(\mathbf{A}_k)\,.$$

若进一步假设 $\mathbf{A}_i'\mathbf{A}_j=\mathbf{0}$, $i\neq j$, 则

$$\mathcal{M}(\mathbf{A}) = \mathcal{M}(\mathbf{A}_1)\dot{+}\cdots\dot{+}\mathcal{M}(\mathbf{A}_k)\,.$$

这些事实的证明留给读者作为练习.

下面几个事实, 在后面的讨论中会经常用到.

定理 2.1.1 对任意矩阵 $\mathbf{A}$, 恒有 $\mathcal{M}(\mathbf{A})=\mathcal{M}(\mathbf{A}\mathbf{A}')$.

证明 显然 $\mathcal{M}(\mathbf{A}\mathbf{A}')\subset\mathcal{M}(\mathbf{A})$, 故只需证 $\mathcal{M}(\mathbf{A})\subset\mathcal{M}(\mathbf{A}\mathbf{A}')$. 事实上, 对任给 $\boldsymbol{x}\perp\mathcal{M}(\mathbf{A}\mathbf{A}')$, 有 $\boldsymbol{x}'\mathbf{A}\mathbf{A}'=\mathbf{0}$. 右乘 $\boldsymbol{x}$, 得 $\boldsymbol{x}'\mathbf{A}\mathbf{A}'\boldsymbol{x}=\|\mathbf{A}'\boldsymbol{x}\|^2=\mathbf{0}$, 故 $\mathbf{A}'\boldsymbol{x}=\mathbf{0}$. 于是 $\boldsymbol{x}\perp\mathcal{M}(\mathbf{A})$. 定理证毕.

定理 2.1.2 设 $\mathbf{A}_{n\times m}$, $\mathbf{H}_{k\times m}$, 则

(1) $S=\{\mathbf{A}\boldsymbol{x} : \mathbf{H}\boldsymbol{x}=\mathbf{0}\}$ 是 $\mathcal{M}(\mathbf{A})$ 的子空间;

(2) $\dim(S) = \mathrm{rk}\begin{pmatrix} \mathbf{A} \\ \mathbf{H} \end{pmatrix} - \mathrm{rk}(\mathbf{H})$.

证明 (1) 结论的证明是简单的, 现证 (2). 不妨设 $\mathrm{rk}(\mathbf{H}) = k$, 则存在 $m \times m$ 可逆阵 $\mathbf{Q}$, 使得 $\mathbf{HQ} = (\mathbf{I}_k, \mathbf{0})$. 于是

$$\begin{aligned}
\dim(S) &= \dim\left\{\begin{pmatrix} \mathbf{A} \\ \mathbf{H} \end{pmatrix}\boldsymbol{x}\colon\ \mathbf{H}\boldsymbol{x} = \mathbf{0}\right\} = \dim\left\{\begin{pmatrix} \mathbf{A} \\ \mathbf{H} \end{pmatrix}\mathbf{Q}\boldsymbol{x}\colon\ \mathbf{HQ}\boldsymbol{x} = \mathbf{0}\right\} \\
&= \dim\left\{\begin{pmatrix} \mathbf{U}_1 & \boldsymbol{U}_2 \\ \mathbf{I}_k & \mathbf{0} \end{pmatrix}\boldsymbol{x}\colon\ (\mathbf{I}_k, \mathbf{0})\boldsymbol{x} = \mathbf{0}\right\} = \dim\{\mathbf{U}_2\boldsymbol{x}_{(2)}\colon\ \boldsymbol{x}_{(2)}\text{任意}\} \\
&= \mathrm{rk}(\mathbf{U}_2) = \mathrm{rk}\begin{pmatrix} \mathbf{U}_1 & \mathbf{U}_2 \\ \mathbf{I}_k & \mathbf{0} \end{pmatrix} - \mathrm{rk}(\mathbf{I}_k) = \mathrm{rk}\begin{pmatrix} \mathbf{A} \\ \mathbf{H} \end{pmatrix} - \mathrm{rk}(\mathbf{H}),
\end{aligned}$$

其中 $(\mathbf{U}_1, \mathbf{U}_2) = \mathbf{AQ}$, $\boldsymbol{x} = \begin{pmatrix} \boldsymbol{x}_{(1)} \\ \boldsymbol{x}_{(2)} \end{pmatrix}$, $\boldsymbol{x}_{(1)}$ 为 $k \times 1$ 向量, $\boldsymbol{x}_{(2)}$ 为 $(m-k) \times 1$ 向量. 定理证毕.

推论 2.1.1 设 $\mathcal{M}(\mathbf{A}) \cap \mathcal{M}(\mathbf{B}) = \{\mathbf{0}\}$, 则 $\mathcal{M}(\mathbf{A}'\mathbf{B}^{\perp}) = \mathcal{M}(\mathbf{A}')$.

证明 因为

$$\mathcal{M}(\mathbf{A}'\mathbf{B}^{\perp}) = \{\mathbf{A}'\boldsymbol{x}, \boldsymbol{x} = \mathbf{B}^{\perp}\boldsymbol{t}, \boldsymbol{t}\ \text{任意}\} = \{\mathbf{A}'\boldsymbol{x}, \mathbf{B}'\boldsymbol{x} = \mathbf{0}\},$$

依据定理 2.1.2 及假设条件, 有

$$\begin{aligned}
\dim\mathcal{M}(\mathbf{A}'\mathbf{B}^{\perp}) &= \mathrm{rk}\begin{pmatrix} \mathbf{A}' \\ \mathbf{B}' \end{pmatrix} - \mathrm{rk}(\mathbf{B}') \\
&= \mathrm{rk}(\mathbf{A}, \mathbf{B}) - \mathrm{rk}(\mathbf{B}) = \mathrm{rk}(\mathbf{A}) = \dim(\mathcal{M}(\mathbf{A}')).
\end{aligned}$$

但

$$\mathcal{M}(\mathbf{A}'\mathbf{B}^{\perp}) \subset \mathcal{M}(\mathbf{A}'),$$

于是

$$\mathcal{M}(\mathbf{A}'\mathbf{B}^{\perp}) = \mathcal{M}(\mathbf{A}').$$

定理证毕.

2.2 矩 阵 分 解

本节主要介绍矩阵的三种分解定理: 矩阵谱分解定理、奇异值分解以及满秩分解定理.

定义 2.2.1 设 $\mathbf{A}$ 为 $n \times n$ 的矩阵, 如果 $\mathbf{A}' = \mathbf{A}$, 则称 $\mathbf{A}$ 为对称矩阵.

如果对称矩阵 $\mathbf{A}$ 的元素皆为实数, 则称其为实对称矩阵. 实对称矩阵具有许多优良性质, 如实对称矩阵的特征值都是实数; 不同特征值对应的特征向量彼此正交, 特征向量都是实向量. 由于这些特性, 实对称矩阵可由一个正交矩阵和一个对角矩阵来表示.

定理 2.2.1 (矩阵谱分解) 设 $\mathbf{A}$ 是一个 $n \times n$ 为对称矩阵, 则存在一个 $n \times n$ 的正交方阵 $\mathbf{P}$, 使得

$$\mathbf{A} = \mathbf{P}\mathbf{\Lambda}_n\mathbf{P}' = \sum_{i=1}^{n} \lambda_i \boldsymbol{\varphi}_i \boldsymbol{\varphi}_i', \tag{2.2.1}$$

这里

$$\mathbf{\Lambda}_n = \mathrm{diag}(\lambda_1, \cdots, \lambda_n), \qquad \mathbf{P} = (\boldsymbol{\varphi}_1, \cdots, \boldsymbol{\varphi}_n),$$

其中 $\lambda_1, \cdots, \lambda_n$ 为 $\mathbf{A}$ 的特征值, $\boldsymbol{\varphi}_1, \cdots, \boldsymbol{\varphi}_n$ 为相应的正交标准化的特征向量.

推论 2.2.1 设 $\mathbf{A}$ 是一个 $n \times n$ 为对称矩阵, 则

$$\mathrm{tr}(\mathbf{A}) = \sum_{i=1}^{n} \lambda_i, \qquad |\mathbf{A}| = \prod_{i=1}^{n} \lambda_i,$$

这里 $\mathrm{tr}(\cdot)$ 表示方阵的迹 (trace), 即主对角线上的元素和, $|\cdot|$ 表示方阵的行列式.

当 $\mathrm{rk}(\mathbf{A}) = r < n$ 时, 则 $\mathbf{A}$ 仅有 r 个非零特征值: $\lambda_1, \cdots, \lambda_r$. 于是式 (2.2.1) 中的 $\mathbf{\Lambda}_n$ 可表示为

$$\mathbf{\Lambda}_n = \begin{pmatrix} \mathbf{\Lambda}_r & \mathbf{0} \\ \mathbf{0} & \mathbf{0} \end{pmatrix},$$

其中 $\mathbf{\Lambda}_r = \mathrm{diag}(\lambda_1, \cdots, \lambda_r)$. 对 $\mathbf{P}$ 进行相应的分块, $\mathbf{P} = (\mathbf{P}_1, \mathbf{P}_2)$, 其中 $\mathbf{P}_1$ 为 $n \times r$ 的矩阵, 则

$$\mathbf{A} = \mathbf{P}\begin{pmatrix} \mathbf{\Lambda}_r & \mathbf{0} \\ \mathbf{0} & \mathbf{0} \end{pmatrix}\mathbf{P}' = \mathbf{P}_1\mathbf{\Lambda}_r\mathbf{P}_1',$$

则称 $\mathbf{P}_1\mathbf{\Lambda}_r\mathbf{P}_1'$ 为 $\mathbf{A}$ 的满秩谱分解.

定理 2.2.2 (奇异值分解) 设 $\mathbf{A}$ 为 $m \times n$ 的矩阵, 且 $\mathrm{rk}(\mathbf{A}) = r$, 则存在两个正交方阵 $\mathbf{P}$ 和 $\mathbf{Q}$, 使得

$$\mathbf{A} = \mathbf{P}\begin{pmatrix} \mathbf{\Lambda}_r & \mathbf{0} \\ \mathbf{0} & \mathbf{0} \end{pmatrix}\mathbf{Q}' = \mathbf{P}_1\mathbf{\Lambda}_r\mathbf{Q}_1', \tag{2.2.2}$$

这里, $\mathbf{P} = (\mathbf{P}_1, \mathbf{P}_2)$, $\mathbf{Q} = (\mathbf{Q}_1, \mathbf{Q}_2)$, $\mathbf{\Lambda}_r = \mathrm{diag}(\lambda_1, \cdots, \lambda_r)$, 其中 $\lambda_i > 0$ $(i = 1, \cdots, r)$ 为 $\mathbf{A}$ 的奇异值, $\lambda_1^2, \cdots, \lambda_r^2$ 为 $\mathbf{A}'\mathbf{A}$ 的非零特征根, $\mathbf{P}_1$ 和 $\mathbf{Q}_1$ 的列向量分别为 $\mathbf{A}\mathbf{A}'$ 和 $\mathbf{A}'\mathbf{A}$ 对应于 r 个非零特征根的标准正交化的特征向量.

证明　对任意 $m \times n$ 的矩阵 $\mathbf{A}$, 注意到 $\mathbf{A}'\mathbf{A}$ 为对称阵, 故存在正交方阵 $\mathbf{Q}_{n\times n}$, 使得

$$\mathbf{Q}'\mathbf{A}'\mathbf{A}\mathbf{Q} = \begin{pmatrix} \mathbf{\Lambda}_r^2 & \mathbf{0} \\ \mathbf{0} & \mathbf{0} \end{pmatrix}.$$

记 $\mathbf{B} = \mathbf{A}\mathbf{Q}$, 上式即为

$$\mathbf{B}'\mathbf{B} = \begin{pmatrix} \mathbf{\Lambda}_r^2 & \mathbf{0} \\ \mathbf{0} & \mathbf{0} \end{pmatrix}.$$

这说明 $\mathbf{B}$ 的列向量相互正交, 且前 r 个列向量模分别为 $\lambda_1, \cdots, \lambda_r$, 后 $n-r$ 个列向量为零向量. 于是, 存在一 $m \times m$ 正交方阵 $\mathbf{P}$, 使得

$$\mathbf{B} = \mathbf{P}\begin{pmatrix} \mathbf{\Lambda}_r & \mathbf{0} \\ \mathbf{0} & \mathbf{0} \end{pmatrix}.$$

再由 $\mathbf{B} = \mathbf{A}\mathbf{Q}$, 可得

$$\mathbf{A} = \mathbf{P}\begin{pmatrix} \mathbf{\Lambda}_r & \mathbf{0} \\ \mathbf{0} & \mathbf{0} \end{pmatrix}\mathbf{Q}'. \tag{2.2.3}$$

注意到

$$\mathbf{A}\mathbf{A}' = \mathbf{P}\begin{pmatrix} \mathbf{\Lambda}_r & \mathbf{0} \\ \mathbf{0} & \mathbf{0} \end{pmatrix}\mathbf{P}' = \mathbf{P}_1\mathbf{\Lambda}_r\mathbf{P}_1',$$

$$\mathbf{A}'\mathbf{A} = \mathbf{Q}\begin{pmatrix} \mathbf{\Lambda}_r & \mathbf{0} \\ \mathbf{0} & \mathbf{0} \end{pmatrix}\mathbf{Q}' = \mathbf{Q}_1\mathbf{\Lambda}_r\mathbf{Q}_1'.$$

综合上面的结论, 则完成了定理的证明.

由奇异值分解定理中 (2.2.3), 立得如下定理.

定理 2.2.3 (满秩分解)　设 $\mathbf{A}$ 为 $m \times n$ 的矩阵, 且 $\mathrm{rk}(\mathbf{A}) = r$, 则 $\mathbf{A}$ 可以表示为

$$\mathbf{A} = \mathbf{K}\mathbf{L}', \tag{2.2.4}$$

其中, $\mathbf{K}$ 和 $\mathbf{L}$ 分别为 $m \times r$ 和 $n \times r$ 的列满秩矩阵. 进一步, 如果 $\mathrm{rk}(\mathbf{A}) = m$, 则 $\mathbf{A}$ 可以表示为

$$\mathbf{A} = \mathbf{G}(\mathbf{I}_m, \mathbf{H}),$$

其中 $\mathbf{G}$ 是 $m \times m$ 的可逆矩阵.

2.3 广义逆矩阵

广义逆矩阵的研究可以追溯到 Moore (1935 年) 的著名论文, 对任意一个矩阵 $\mathbf{A}$, Moore 用如下四个条件:

$$\mathbf{AXA} = \mathbf{A},$$
$$\mathbf{XAX} = \mathbf{X},$$
$$(\mathbf{AX})' = \mathbf{AX},$$
$$(\mathbf{XA})' = \mathbf{XA},$$

定义了 $\mathbf{A}$ 的广义逆 $\mathbf{X}$. 但是, 在此后的 20 年中, 这种广义逆几乎没有引起人们的多少注意. 直到 Penrose (1955) 证明了满足上述条件的广义逆具有唯一性之后, 广义逆的研究才真正被人们所重视. 基于这个原因, 人们把满足上述四个条件的广义逆称为 Moore-Penrose 广义逆. Penrose 还首先注意到了广义逆和线性方程组的解之间的关系.

对于相容线性方程组

$$\mathbf{A}\boldsymbol{x} = \boldsymbol{b}, \tag{2.3.1}$$

这里 $\mathbf{A}$ 是 $m \times n$ 矩阵, 其秩 $\mathrm{rk}(\mathbf{A}) = r \leqslant \min(m,n)$. 众所周知, 当 $r = m = n$ 时, 方程组 (2.3.1) 有唯一解 $\boldsymbol{x} = \mathbf{A}^{-1}\boldsymbol{b}$. 然而, 当 $\mathbf{A}$ 不可逆或根本不是方阵时, 若 (2.3.1) 有无穷多解, 如何用 $\mathbf{A}$ 和 $\boldsymbol{b}$ 通过简单的形式表征 (2.3.1) 的全体解是很困难的. Penrose (1955) 指出, 在研究 (2.3.1) 的解时, 所要用的广义逆只需要满足上面的第一个条件. 从这以后, 20 世纪 50 年代后期到 60 年代初期, 关于这种广义逆的研究出现了大量的文献, 并且用这种广义逆彻底解决了相容线性方程组 (2.3.1) 的解的表征问题. 我们把这种广义逆记作 $\mathbf{A}^-$. 本段讨论这种广义逆的性质及其在线性方程组理论中的应用. 关于广义逆矩阵的深入讨论读者可参阅王松桂和杨振海 (1996).

1. 广义逆 $\mathbf{A}^-$

定义 2.3.1 对矩阵 $\mathbf{A}_{m\times n}$, 一切满足方程组

$$\mathbf{AXA} = \mathbf{A} \tag{2.3.2}$$

的矩阵 $\mathbf{X}$, 称为矩阵 $\mathbf{A}$ 的广义逆, 记为 $\mathbf{A}^-$.

下面的定理解决了 $\mathbf{A}^-$ 的存在性和构造性问题.

定理 2.3.1 设 $\mathbf{A}$ 为 $m \times n$ 矩阵, $\mathrm{rk}(\mathbf{A}) = r$. 若

$$\mathbf{A} = \mathbf{P}\begin{pmatrix} \mathbf{I}_r & \mathbf{0} \\ \mathbf{0} & \mathbf{0} \end{pmatrix}\mathbf{Q},$$

这里 $\mathbf{P}$ 和 $\mathbf{Q}$ 分别为 $m\times m$, $n\times n$ 的可逆阵, 则

$$\mathbf{A}^{-}=\mathbf{Q}^{-1}\begin{pmatrix}\mathbf{I}_r & \mathbf{B}\\ \mathbf{C} & \mathbf{D}\end{pmatrix}\mathbf{P}^{-1},$$

这里 $\mathbf{B}$, $\mathbf{C}$ 和 $\mathbf{D}$ 为适当阶数的任意矩阵.

证明　设 $\mathbf{X}$ 为 $\mathbf{A}$ 的广义逆, 则有

$$\mathbf{AXA}=\mathbf{A}\Longleftrightarrow\mathbf{P}\begin{pmatrix}\mathbf{I}_r & \mathbf{0}\\ \mathbf{0} & \mathbf{0}\end{pmatrix}\mathbf{QXP}\begin{pmatrix}\mathbf{I}_r & \mathbf{0}\\ \mathbf{0} & \mathbf{0}\end{pmatrix}\mathbf{Q}=\mathbf{P}\begin{pmatrix}\mathbf{I}_r & \mathbf{0}\\ \mathbf{0} & \mathbf{0}\end{pmatrix}\mathbf{Q}$$

$$\Longleftrightarrow\begin{pmatrix}\mathbf{I}_r & \mathbf{0}\\ \mathbf{0} & \mathbf{0}\end{pmatrix}\mathbf{QXP}\begin{pmatrix}\mathbf{I}_r & \mathbf{0}\\ \mathbf{0} & \mathbf{0}\end{pmatrix}=\begin{pmatrix}\mathbf{I}_r & \mathbf{0}\\ \mathbf{0} & \mathbf{0}\end{pmatrix}.$$

若记

$$\mathbf{QXP}=\begin{pmatrix}\mathbf{B}_{11} & \mathbf{B}_{12}\\ \mathbf{B}_{21} & \mathbf{B}_{22}\end{pmatrix},$$

则上式

$$\Longleftrightarrow\begin{pmatrix}\mathbf{B}_{11} & \mathbf{0}\\ \mathbf{0} & \mathbf{0}\end{pmatrix}=\begin{pmatrix}\mathbf{I}_r & \mathbf{0}\\ \mathbf{0} & \mathbf{0}\end{pmatrix}\Longleftrightarrow\mathbf{B}_{11}=\mathbf{I}_r.$$

于是, $\mathbf{AXA}=\mathbf{A}\Longleftrightarrow\mathbf{X}=\mathbf{Q}^{-1}\begin{pmatrix}\mathbf{I}_r & \mathbf{B}_{12}\\ \mathbf{B}_{21} & \mathbf{B}_{22}\end{pmatrix}\mathbf{P}^{-1}$, 其中 $\mathbf{B}_{12}$, $\mathbf{B}_{21}$ 和 $\mathbf{B}_{22}$ 任意. 定理证毕.

推论 2.3.1　(1) 对任意矩阵 $\mathbf{A}$, $\mathbf{A}^{-}$ 总是存在的.

(2) $\mathbf{A}^{-}$ 唯一 $\Longleftrightarrow$ $\mathbf{A}$ 为可逆方阵. 此时 $\mathbf{A}^{-}=\mathbf{A}^{-1}$.

(3) $\mathrm{rk}(\mathbf{A}^{-})\geqslant\mathrm{rk}(\mathbf{A})=\mathrm{rk}(\mathbf{A}^{-}\mathbf{A})=\mathrm{rk}(\mathbf{AA}^{-})$.

(4) 若 $\mathcal{M}(\mathbf{B})\subset\mathcal{M}(\mathbf{A}),\mathcal{M}(\mathbf{C})\subset\mathcal{M}(\mathbf{A}')$, 则 $\mathbf{C}'\mathbf{A}^{-}\mathbf{B}$ 与 $\mathbf{A}^{-}$ 的选择无关.

证明　前三条结论不难从定理 2.3.1 及广义逆的定义得到. 第四条只要注意到, 假设条件 $\mathcal{M}(\mathbf{B})\subset\mathcal{M}(\mathbf{A}),\mathcal{M}(\mathbf{C})\subset\mathcal{M}(\mathbf{A}')$ 蕴涵着存在矩阵 $\mathbf{T}_1,\mathbf{T}_2$ 使得 $\mathbf{B}=\mathbf{AT}_1$, $\mathbf{C}=\mathbf{A}'\mathbf{T}_2$, 就可证明所要结论. 定理证毕.

推论 2.3.2　对任一矩阵 $\mathbf{A}$,

(1) $\mathbf{A}(\mathbf{A}'\mathbf{A})^{-}\mathbf{A}'$ 与广义逆 $(\mathbf{A}'\mathbf{A})^{-}$ 的选择无关;

(2) $\mathbf{A}(\mathbf{A}'\mathbf{A})^{-}\mathbf{A}'\mathbf{A}=\mathbf{A},\mathbf{A}'\mathbf{A}(\mathbf{A}'\mathbf{A})^{-}\mathbf{A}'=\mathbf{A}'$.

证明 (1) 由定理 2.1.1 知 $\mathcal{M}(\mathbf{A}')=\mathcal{M}(\mathbf{A}'\mathbf{A})$, 故存在矩阵 $\mathbf{B}$, 使得 $\mathbf{A}'=\mathbf{A}'\mathbf{A}\mathbf{B}$. 于是

$$\mathbf{A}(\mathbf{A}'\mathbf{A})^-\mathbf{A}'=\mathbf{B}'\mathbf{A}'\mathbf{A}(\mathbf{A}'\mathbf{A})^-\mathbf{A}'\mathbf{A}\mathbf{B}=\mathbf{B}'\mathbf{A}'\mathbf{A}\mathbf{B},$$

与 $(\mathbf{A}'\mathbf{A})^-$ 无关.

(2) 记 $\mathbf{F}=\mathbf{A}(\mathbf{A}'\mathbf{A})^-\mathbf{A}'\mathbf{A}-\mathbf{A}$, 利用广义逆的定义, 可以验证 $\mathbf{F}'\mathbf{F}=\mathbf{0}$. 于是 $\mathbf{F}=\mathbf{0}$. 第一式得证. 同法可证第二式.

推论 2.3.2 的结论非常重要, 以后我们要反复用到.

下面的两个定理圆满地解决了用广义逆矩阵表示相容线性方程组解集的问题.

定理 2.3.2 设 $\mathbf{A}\boldsymbol{x}=\boldsymbol{b}$ 为一相容方程组, 则

(1) 对任一广义逆 $\mathbf{A}^-$, $\boldsymbol{x}=\mathbf{A}^-\boldsymbol{b}$ 必为解;

(2) 齐次方程组 $\mathbf{A}\boldsymbol{x}=\mathbf{0}$ 的通解为 $\boldsymbol{x}=(\mathbf{I}-\mathbf{A}^-\mathbf{A})\boldsymbol{z}$, 这里 $\boldsymbol{z}$ 为任意的向量, $\mathbf{A}^-$ 为任意固定的一个广义逆;

(3) $\mathbf{A}\boldsymbol{x}=\boldsymbol{b}$ 的通解为

$$\boldsymbol{x}=\mathbf{A}^-\boldsymbol{b}+(\mathbf{I}-\mathbf{A}^-\mathbf{A})\boldsymbol{z}, \tag{2.3.3}$$

其中 $\mathbf{A}^-$ 为任一固定的广义逆, $\boldsymbol{z}$ 为任意向量.

证明 (1) 由相容性假设知, 存在 $\boldsymbol{x}_0$, 使 $\mathbf{A}\boldsymbol{x}_0=\boldsymbol{b}$. 故对任一 $\mathbf{A}^-$, $\mathbf{A}(\mathbf{A}^-\boldsymbol{b})=\mathbf{A}\mathbf{A}^-\mathbf{A}\boldsymbol{x}_0=\mathbf{A}\boldsymbol{x}_0=\boldsymbol{b}$, 即 $\mathbf{A}^-\boldsymbol{b}$ 为解.

(2) 设 $\boldsymbol{x}_0$ 为 $\mathbf{A}\boldsymbol{x}=\mathbf{0}$ 的任一解, 即 $\mathbf{A}\boldsymbol{x}_0=\mathbf{0}$, 那么

$$\boldsymbol{x}_0=(\mathbf{I}-\mathbf{A}^-\mathbf{A})x_0+\mathbf{A}^-\mathbf{A}\boldsymbol{x}_0=(\mathbf{I}-\mathbf{A}^-\mathbf{A})\boldsymbol{x}_0,$$

即任一解都取 $(\mathbf{I}-\mathbf{A}^-\mathbf{A})\boldsymbol{z}$ 的形式. 反过来, 对任一的 $\boldsymbol{z}$, 因 $\mathbf{A}(\mathbf{I}-\mathbf{A}^-\mathbf{A})\boldsymbol{z}=(\mathbf{A}-\mathbf{A}\mathbf{A}^-\mathbf{A})\boldsymbol{z}=\mathbf{0}$, 故 $(\mathbf{I}-\mathbf{A}^-\mathbf{A})\boldsymbol{z}$ 必为解.

(3) 任取定一个广义逆 $\mathbf{A}^-$, 由 (1) 知 $\boldsymbol{x}_1=\mathbf{A}^-\boldsymbol{b}$ 为方程组 $\mathbf{A}\boldsymbol{x}=\boldsymbol{b}$ 的一个特解. 由 (2) 知 $\boldsymbol{x}_2=(\mathbf{I}-\mathbf{A}^-\mathbf{A})\boldsymbol{z}$ 为齐次方程组 $\mathbf{A}\boldsymbol{x}=\mathbf{0}$ 的通解. 由非齐次线性方程组的解结构定理知, $\boldsymbol{x}_1+\boldsymbol{x}_2$ 为 $\mathbf{A}\boldsymbol{x}=\boldsymbol{b}$ 的通解. 定理证毕.

定理 2.3.3 设 $\mathbf{A}\boldsymbol{x}=\boldsymbol{b}$ 为相容线性方程组, 且 $\boldsymbol{b}\neq\mathbf{0}$, 那么, 当 $\mathbf{A}^-$ 取遍 $\mathbf{A}$ 的所有广义逆时, $\boldsymbol{x}=\mathbf{A}^-\boldsymbol{b}$ 构成了该方程组的全部解.

证明 证明由两部分组成. 其一, 要证对每一个 $\mathbf{A}^-$, $\boldsymbol{x}=\mathbf{A}^-\boldsymbol{b}$ 为 $\mathbf{A}\boldsymbol{x}=\boldsymbol{b}$ 的解, 这已在前一定理中证明过. 其二, 要证对 $\mathbf{A}\boldsymbol{x}=\boldsymbol{b}$ 的任一解 $\boldsymbol{x}_0$, 必存在一个 $\mathbf{A}^-$, 使 $\boldsymbol{x}_0=\mathbf{A}^-\boldsymbol{b}$. 由 (2.3.3) 知, 存在 $\mathbf{A}$ 的一个广义逆 $\mathbf{G}$ 及 $\boldsymbol{z}_0$, 使得

$$\boldsymbol{x}_0=\mathbf{G}\boldsymbol{b}+(\mathbf{I}-\mathbf{G}\mathbf{A})\boldsymbol{z}_0.$$

因 $\boldsymbol{b} \neq \mathbf{0}$, 故总存在矩阵 $\mathbf{U}$, 使得 $\boldsymbol{z}_0 = \mathbf{U}\boldsymbol{b}$. 例如, 可取 $\mathbf{U} = \boldsymbol{z}_0(\boldsymbol{b}'\boldsymbol{b})^{-1}\boldsymbol{b}'$. 于是

$$\boldsymbol{x}_0 = \mathbf{G}\boldsymbol{b} + (\mathbf{I} - \mathbf{GA})\mathbf{U}\boldsymbol{b} = (\mathbf{G} + (\mathbf{I} - \mathbf{GA})\mathbf{U})\boldsymbol{b} \triangleq \mathbf{H}\boldsymbol{b},$$

其中 $\mathbf{H} = \mathbf{G} + (\mathbf{I} - \mathbf{GA})\mathbf{U}$. 易验证 $\mathbf{H}$ 为一个 $\mathbf{A}^-$. 定理得证.

这个定理是由 Urquart 于 1969 年提出的. 定理 2.3.2 的 (3) 和定理 2.3.3 给出了相容线性方程组解集的两种表示. 在 (2.3.3) 中, $\mathbf{A}^-$ 是固定的, $(\mathbf{I} - \mathbf{A}^-\mathbf{A})\boldsymbol{z}$ 为任意项. 而在定理 2.3.3 中, $\mathbf{A}^-$ 是变的, 且是任意的. 这两种表示各有其方便之处, 在以后的讨论中我们要经常用到它们.

下面我们讨论分块矩阵的广义逆. 首先研究逆矩阵存在的情况, 其次把同样的思想和处理技巧直接应用到不可逆的情况, 就得到分块广义逆的结果.

定理 2.3.4 设

$$\mathbf{A} = \begin{pmatrix} \mathbf{A}_{11} & \mathbf{A}_{12} \\ \mathbf{A}_{21} & \mathbf{A}_{22} \end{pmatrix}$$

可逆. 若 $|\mathbf{A}_{11}| \neq 0$, 则

$$\mathbf{A}^{-1} = \begin{pmatrix} \mathbf{A}_{11}^{-1} + \mathbf{A}_{11}^{-1}\mathbf{A}_{12}\mathbf{A}_{22.1}^{-1}\mathbf{A}_{21}\mathbf{A}_{11}^{-1} & -\mathbf{A}_{11}^{-1}\mathbf{A}_{12}\mathbf{A}_{22.1}^{-1} \\ -\mathbf{A}_{22.1}^{-1}\mathbf{A}_{21}\mathbf{A}_{11}^{-1} & \mathbf{A}_{22.1}^{-1} \end{pmatrix}. \tag{2.3.4}$$

若 $|\mathbf{A}_{22}| \neq 0$, 则

$$\mathbf{A}^{-1} = \begin{pmatrix} \mathbf{A}_{11.2}^{-1} & -\mathbf{A}_{11.2}^{-1}\mathbf{A}_{12}\mathbf{A}_{22}^{-1} \\ -\mathbf{A}_{22}^{-1}\mathbf{A}_{21}\mathbf{A}_{11.2}^{-1} & \mathbf{A}_{22}^{-1} + \mathbf{A}_{22}^{-1}\mathbf{A}_{21}\mathbf{A}_{11.2}^{-1}\mathbf{A}_{12}\mathbf{A}_{22}^{-1} \end{pmatrix}, \tag{2.3.5}$$

其中 $\mathbf{A}_{22.1} = \mathbf{A}_{22} - \mathbf{A}_{21}\mathbf{A}_{11}^{-1}\mathbf{A}_{12}$, $\mathbf{A}_{11.2} = \mathbf{A}_{11} - \mathbf{A}_{12}\mathbf{A}_{22}^{-1}\mathbf{A}_{21}$.

证明 若 $|\mathbf{A}_{11}| \neq 0$, 则有

$$\begin{pmatrix} \mathbf{I} & \mathbf{0} \\ -\mathbf{A}_{21}\mathbf{A}_{11}^{-1} & \mathbf{I} \end{pmatrix} \begin{pmatrix} \mathbf{A}_{11} & \mathbf{A}_{12} \\ \mathbf{A}_{21} & \mathbf{A}_{22} \end{pmatrix} \begin{pmatrix} \mathbf{I} & -\mathbf{A}_{11}^{-1}\mathbf{A}_{12} \\ \mathbf{0} & \mathbf{I} \end{pmatrix} = \begin{pmatrix} \mathbf{A}_{11} & \mathbf{0} \\ \mathbf{0} & \mathbf{A}_{22.1} \end{pmatrix}. \tag{2.3.6}$$

上式证明了 $\mathbf{A}_{22.1}$ 的可逆性. 两边求逆, 容易得到

$$\begin{aligned} \begin{pmatrix} \mathbf{A}_{11} & \mathbf{A}_{12} \\ \mathbf{A}_{21} & \mathbf{A}_{22} \end{pmatrix}^{-1} &= \begin{pmatrix} \mathbf{I} & -\mathbf{A}_{11}^{-1}\mathbf{A}_{12} \\ \mathbf{0} & \mathbf{I} \end{pmatrix} \begin{pmatrix} \mathbf{A}_{11}^{-1} & \mathbf{0} \\ \mathbf{0} & \mathbf{A}_{22.1}^{-1} \end{pmatrix} \begin{pmatrix} \mathbf{I} & \mathbf{0} \\ -\mathbf{A}_{21}\mathbf{A}_{11}^{-1} & \mathbf{I} \end{pmatrix} \\ &= \begin{pmatrix} \mathbf{A}_{11}^{-1} + \mathbf{A}_{11}^{-1}\mathbf{A}_{12}\mathbf{A}_{22.1}^{-1}\mathbf{A}_{21}\mathbf{A}_{11}^{-1} & -\mathbf{A}_{11}^{-1}\mathbf{A}_{12}\mathbf{A}_{22.1}^{-1} \\ -\mathbf{A}_{22.1}^{-1}\mathbf{A}_{21}\mathbf{A}_{11}^{-1} & \mathbf{A}_{22.1}^{-1} \end{pmatrix}. \end{aligned}$$

用完全相同的方法可以证明定理的后半部分.

对照 (2.3.4) 和 (2.3.5) 等号右边主对角块矩阵, 立得如下推论.

推论 2.3.3 设 $\mathbf{A}$ 和 $\mathbf{C}$ 分别为 $n\times n$ 和 $m\times m$ 的可逆矩阵, $\mathbf{B}$ 为 $n\times m$ 的矩阵, 则

$$(\mathbf{A}-\mathbf{B}\mathbf{C}^{-1}\mathbf{B}')^{-1}=\mathbf{A}^{-1}+\mathbf{A}^{-1}\mathbf{B}(\mathbf{C}-\mathbf{B}'\mathbf{A}^{-1}\mathbf{B})^{-1}\mathbf{B}'\mathbf{A}^{-1}.$$

如果 $\mathbf{A}^{-1}$ 不存在, 自然考虑它的广义逆. 对此, 我们有如下结果.

定理 2.3.5 (分块矩阵的广义逆) (1) 若 $\mathbf{A}_{11}^{-1}$ 存在, 则

$$\begin{pmatrix}\mathbf{A}_{11} & \mathbf{A}_{12}\\ \mathbf{A}_{21} & \mathbf{A}_{22}\end{pmatrix}^{-}=\begin{pmatrix}\mathbf{A}_{11}^{-1}+\mathbf{A}_{11}^{-1}\mathbf{A}_{12}\mathbf{A}_{22.1}^{-}\mathbf{A}_{21}\mathbf{A}_{11}^{-1} & -\mathbf{A}_{11}^{-1}\mathbf{A}_{12}\mathbf{A}_{22.1}^{-}\\ -\mathbf{A}_{22.1}^{-}\mathbf{A}_{21}\mathbf{A}_{11}^{-1} & \mathbf{A}_{22.1}^{-}\end{pmatrix}. \tag{2.3.7}$$

(2) 若 $\mathbf{A}_{22}^{-1}$ 存在, 则

$$\begin{pmatrix}\mathbf{A}_{11} & \mathbf{A}_{12}\\ \mathbf{A}_{21} & \mathbf{A}_{22}\end{pmatrix}^{-}=\begin{pmatrix}\mathbf{A}_{11.2}^{-} & -\mathbf{A}_{11.2}^{-}\mathbf{A}_{12}\mathbf{A}_{22}^{-1}\\ -\mathbf{A}_{22}^{-1}\mathbf{A}_{21}A_{11.2}^{-} & \mathbf{A}_{22}^{-1}+\mathbf{A}_{22}^{-1}\mathbf{A}_{21}\mathbf{A}_{11.2}^{-}\mathbf{A}_{12}\mathbf{A}_{22}^{-1}\end{pmatrix}. \tag{2.3.8}$$

(3) 若

$$\mathbf{A}=\begin{pmatrix}\mathbf{A}_{11} & \mathbf{A}_{12}\\ \mathbf{A}_{21} & \mathbf{A}_{22}\end{pmatrix}\geqslant \mathbf{0},$$

则

$$\mathbf{A}^{-}=\begin{pmatrix}\mathbf{A}_{11}^{-}+\mathbf{A}_{11}^{-}\mathbf{A}_{12}\mathbf{A}_{22.1}^{-}\mathbf{A}_{21}\mathbf{A}_{11}^{-} & -\mathbf{A}_{11}^{-}\mathbf{A}_{12}\mathbf{A}_{22.1}^{-}\\ -\mathbf{A}_{22.1}^{-}\mathbf{A}_{21}\mathbf{A}_{11}^{-} & \mathbf{A}_{22.1}^{-}\end{pmatrix} \tag{2.3.9}$$

或

$$\mathbf{A}^{-}=\begin{pmatrix}\mathbf{A}_{11.2}^{-} & -\mathbf{A}_{11.2}^{-}\mathbf{A}_{12}\mathbf{A}_{22}^{-}\\ -\mathbf{A}_{22}^{-}\mathbf{A}_{21}\mathbf{A}_{11.2}^{-} & \mathbf{A}_{22}^{-}+\mathbf{A}_{22}^{-}\mathbf{A}_{21}\mathbf{A}_{11.2}^{-}\mathbf{A}_{12}\mathbf{A}_{22}^{-}\end{pmatrix}, \tag{2.3.10}$$

其中 $\mathbf{A}_{22.1}=\mathbf{A}_{22}-\mathbf{A}_{21}\mathbf{A}_{11}^{-}\mathbf{A}_{12}, \mathbf{A}_{11.2}=\mathbf{A}_{11}-\mathbf{A}_{12}\mathbf{A}_{22}^{-}\mathbf{A}_{21}$.

证明 我们只证明 (1) 和 (3), (2) 的证明与 (1) 类似.

先证 (1). 当 $\mathbf{A}_{11}^{-1}$ 存在时, (2.3.6) 式仍成立. 于是根据事实: $\mathbf{B}=\mathbf{PCQ}$, $\mathbf{P}$ 和 $\mathbf{Q}$ 可逆, 则 $\mathbf{B}^{-}=\mathbf{Q}^{-1}\mathbf{C}^{-}\mathbf{P}^{-1}$ (证明留作习题), 有

$$\begin{pmatrix}\mathbf{A}_{11} & \mathbf{A}_{12}\\ \mathbf{A}_{21} & \mathbf{A}_{22}\end{pmatrix}^{-}=\begin{pmatrix}\mathbf{I} & -\mathbf{A}_{11}^{-1}\mathbf{A}_{12}\\ \mathbf{0} & \mathbf{I}\end{pmatrix}\begin{pmatrix}\mathbf{A}_{11} & \mathbf{0}\\ 0 & \mathbf{A}_{22.1}\end{pmatrix}^{-}\begin{pmatrix}\mathbf{I} & \mathbf{0}\\ -\mathbf{A}_{21}\mathbf{A}_{11}^{-1} & \mathbf{I}\end{pmatrix}$$

$$= \begin{pmatrix} \mathbf{I} & -\mathbf{A}_{11}^{-1}\mathbf{A}_{12} \\ \mathbf{0} & \mathbf{I} \end{pmatrix} \begin{pmatrix} \mathbf{A}_{11}^{-1} & \mathbf{0} \\ \mathbf{0} & \mathbf{A}_{22.1}^{-} \end{pmatrix} \begin{pmatrix} \mathbf{I} & \mathbf{0} \\ -\mathbf{A}_{21}\mathbf{A}_{11}^{-1} & \mathbf{I} \end{pmatrix},$$

这里, 我们利用了事实:

$$\begin{pmatrix} \mathbf{A}_{11}^{-1} & \mathbf{0} \\ \mathbf{0} & \mathbf{A}_{22.1}^{-} \end{pmatrix}$$

是准对角阵

$$\begin{pmatrix} \mathbf{A}_{11} & \mathbf{0} \\ \mathbf{0} & \mathbf{A}_{22.1} \end{pmatrix}$$

的广义逆. 把上面三个矩阵乘开来, 即得所证.

再证 (3). 因 $\mathbf{A} \geqslant \mathbf{0}$, 故存在矩阵 $\mathbf{B} = (\mathbf{B}_1, \mathbf{B}_2)$, 使得

$$\mathbf{A} = \mathbf{B}'\mathbf{B} = \begin{pmatrix} \mathbf{B}_1'\mathbf{B}_1 & \mathbf{B}_1'\mathbf{B}_2 \\ \mathbf{B}_2'\mathbf{B}_1 & \mathbf{B}_2'\mathbf{B}_2 \end{pmatrix} = \begin{pmatrix} \mathbf{A}_{11} & \mathbf{A}_{12} \\ \mathbf{A}_{21} & \mathbf{A}_{22} \end{pmatrix},$$

由推论 2.3.2 的 (2), 有

$$\mathbf{A}_{21}\mathbf{A}_{11}^{-}\mathbf{A}_{11} = \mathbf{B}_2'\mathbf{B}_1(\mathbf{B}_1'\mathbf{B}_1)^{-}\mathbf{B}_1'\mathbf{B}_1 = \mathbf{B}_2'\mathbf{B}_1 = \mathbf{A}_{21}, \tag{2.3.11}$$

$$\mathbf{A}_{11}\mathbf{A}_{11}^{-}\mathbf{A}_{12} = \mathbf{B}_1'\mathbf{B}_1(\mathbf{B}_1'\mathbf{B}_1)^{-}\mathbf{B}_1'\mathbf{B}_2 = \mathbf{B}_1'\mathbf{B}_2 = \mathbf{A}_{12}. \tag{2.3.12}$$

于是, 和 (2.3.6) 相类似, 有

$$\begin{pmatrix} \mathbf{I} & \mathbf{0} \\ -\mathbf{A}_{21}\mathbf{A}_{11}^{-} & \mathbf{I} \end{pmatrix} \begin{pmatrix} \mathbf{A}_{11} & \mathbf{A}_{12} \\ \mathbf{A}_{21} & \mathbf{A}_{22} \end{pmatrix} \begin{pmatrix} \mathbf{I} & -\mathbf{A}_{11}^{-}\mathbf{A}_{12} \\ 0 & \mathbf{I} \end{pmatrix} = \begin{pmatrix} \mathbf{A}_{11} & \mathbf{0} \\ \mathbf{0} & \mathbf{A}_{22.1} \end{pmatrix}. \tag{2.3.13}$$

依此事实及用与前面完全相同的方法, 可得

$$\begin{pmatrix} \mathbf{A}_{11} & \mathbf{A}_{12} \\ \mathbf{A}_{21} & \mathbf{A}_{22} \end{pmatrix}^{-} = \begin{pmatrix} \mathbf{I} & -\mathbf{A}_{11}^{-}\mathbf{A}_{12} \\ \mathbf{0} & \mathbf{I} \end{pmatrix} \begin{pmatrix} \mathbf{A}_{11}^{-} & \mathbf{0} \\ \mathbf{0} & \mathbf{A}_{22.1}^{-} \end{pmatrix} \begin{pmatrix} \mathbf{I} & \mathbf{0} \\ -\mathbf{A}_{21}\mathbf{A}_{11}^{-} & \mathbf{I} \end{pmatrix}.$$

将此三个矩阵相乘, 即得所证. 用类似方法可证第二种表达式. 定理证毕.

从定理证明过程可以看出, 我们所求到的广义逆只是 $\mathbf{A}^{-}$ 的一部分. 因此, 定理中的 $\mathbf{A}^{-}$ 表达式 (2.3.7)—(2.3.10), 应理解为右端是 $\mathbf{A}$ 的广义逆. 这一点并不影响我们后面的应用. 因为在线性模型估计理论中, 我们所关心的量都与 $\mathbf{A}^{-}$ 的选择无关.

定理的条件 $\mathbf{A}_{11}^{-1}$ 或 $\mathbf{A}_{22}^{-1}$ 存在或 $\mathbf{A} \geqslant 0$ 还可以进一步减弱. 因为由

$$\mathcal{M}(\mathbf{A}_{12}) \subset \mathcal{M}(\mathbf{A}_{11}), \quad \mathcal{M}(\mathbf{A}_{21}') \subset \mathcal{M}(\mathbf{A}_{11}')$$

可推出 $\mathbf{A}_{11}\mathbf{A}_{11}^{-}\mathbf{A}_{12} = \mathbf{A}_{12}$ 和 $\mathbf{A}_{21}\mathbf{A}_{11}^{-}\mathbf{A}_{11} = \mathbf{A}_{21}$, 于是, (2.3.13) 成立. 因此, (2.3.9) 也成立. 同理, 若 $\mathcal{M}(\mathbf{A}_{21}) \subset \mathcal{M}(\mathbf{A}_{22})$, 则 (2.3.10) 可得如下结论.

推论 2.3.4 对矩阵

$$\mathbf{A} = \begin{pmatrix} \mathbf{A}_{11} & \mathbf{A}_{12} \\ \mathbf{A}_{21} & \mathbf{A}_{22} \end{pmatrix},$$

若 $\mathcal{M}(\mathbf{A}_{12}) \subset \mathcal{M}(\mathbf{A}_{11})$, $\mathcal{M}(\mathbf{A}_{21}) \subset \mathcal{M}(\mathbf{A}_{22})$, 则 (2.3.9) 和 (2.3.10) 成立.

2. 广义逆 $\mathbf{A}^{+}$

从上面的讨论知, 一般说来广义逆 $\mathbf{A}^{-}$ 有无穷多个. 在这无穷多个 $\mathbf{A}^{-}$ 中, 有一个 $\mathbf{A}^{-}$ 占有特殊的地位, 它就是本节一开始提到的 Moore-Penrose 广义逆. 现在我们给出正式的定义, 然后讨论它的一些性质.

定义 2.3.2 设 $\mathbf{A}$ 为任一矩阵, 若 $\mathbf{X}$ 满足下述四个条件:

$$\mathbf{AXA} = \mathbf{A}, \quad \mathbf{XAX} = \mathbf{X}, \quad (\mathbf{AX})' = \mathbf{AX}, \quad (\mathbf{XA})' = \mathbf{XA}, \tag{2.3.14}$$

则称矩阵 $\mathbf{X}$ 为 $\mathbf{A}$ 的 Moore-Penrose 广义逆, 记为 $\mathbf{A}^{+}$. 有时称 (2.3.14) 为 Penrose 方程.

设矩阵 $\mathbf{A}_{m\times n}$ 的秩为 r, 记为 $\mathrm{rk}(\mathbf{A}) = r$, 由奇异值分解定理 (定理 2.2.2) 可知存在两个正交方阵 $\mathbf{P}_{m\times m}$, $\mathbf{Q}_{n\times n}$, 使

$$\mathbf{A} = \mathbf{P}\begin{pmatrix} \mathbf{\Lambda}_r & \mathbf{0} \\ \mathbf{0} & \mathbf{0} \end{pmatrix}\mathbf{Q}', \tag{2.3.15}$$

其中 $\mathbf{\Lambda}_r = \mathrm{diag}(\lambda_1, \cdots, \lambda_r), \lambda_i > 0, i = 1, 2, \cdots, r$. $\lambda_1^2, \cdots, \lambda_r^2$ 为 $\mathbf{A}'\mathbf{A}$ 的非零特征根.

利用这个结果, 可以构造性地给出 $\mathbf{A}^{+}$.

定理 2.3.6 (1) 设 $\mathbf{A}$ 有分解式 (2.3.15), 则

$$\mathbf{A}^{+} = \mathbf{Q}\begin{pmatrix} \mathbf{\Lambda}_r^{-1} & \mathbf{0} \\ \mathbf{0} & \mathbf{0} \end{pmatrix}\mathbf{P}'. \tag{2.3.16}$$

(2) 对任何矩阵 $\mathbf{A}$, $\mathbf{A}^{+}$ 唯一.

证明 (1) 很容易直接验证, (2.3.16) 的右端满足 (2.3.14).

(2) 设 $\mathbf{X}$ 和 $\mathbf{Y}$ 都是 $\mathbf{A}^+$, 由 (2.3.14) 的四个条件知

$$\begin{aligned}\mathbf{X} &= \mathbf{XAX} = \mathbf{X}(\mathbf{AX})' = \mathbf{XX}'\mathbf{A}' = \mathbf{XX}'(\mathbf{AYA})' = \mathbf{X}(\mathbf{AX})'(\mathbf{AY})' = (\mathbf{XAX})\mathbf{AY} \\ &= \mathbf{XAY} = (\mathbf{XA})'\mathbf{YAY} = \mathbf{A}'\mathbf{X}'\mathbf{A}'\mathbf{Y}'\mathbf{Y} = \mathbf{A}'\mathbf{Y}'\mathbf{Y} = (\mathbf{YA})'\mathbf{Y} = \mathbf{YAY} = \mathbf{Y}.\end{aligned}$$

这就证明了唯一性.

因为 $\mathbf{A}^+$ 是一个特殊的 $\mathbf{A}^-$, 所以, 它除具有 $\mathbf{A}^-$ 的全部性质外, 还有下列性质.

推论 2.3.5 (1) $(\mathbf{A}^+)^+ = \mathbf{A}$;

(2) $(\mathbf{A}^+)' = (\mathbf{A}')^+$;

(3) $\mathbf{I} \geqslant \mathbf{A}^+\mathbf{A}$;

(4) $\mathrm{rk}(\mathbf{A}^+) = \mathrm{rk}(\mathbf{A})$;

(5) $\mathbf{A}^+ = (\mathbf{A}'\mathbf{A})^+\mathbf{A}' = \mathbf{A}'(\mathbf{AA}')^+$;

(6) $(\mathbf{A}'\mathbf{A})^+ = \mathbf{A}^+(\mathbf{A}')^+$;

(7) 设 $\boldsymbol{a}$ 为一非零向量, 则 $\boldsymbol{a}^+ = \boldsymbol{a}'/\|\boldsymbol{a}\|^2$;

(8) 若 $\mathbf{A}$ 为对称阵, 它可表示为

$$\mathbf{A} = \mathbf{P}\begin{pmatrix} \mathbf{\Lambda}_r & \mathbf{0} \\ \mathbf{0} & \mathbf{0} \end{pmatrix}\mathbf{P}',$$

这里 $\mathbf{P}$ 为正交阵, $\mathbf{\Lambda}_r = \mathrm{diag}(\lambda_1, \cdots, \lambda_r), r = \mathrm{rk}(\mathbf{A})$, 则

$$\mathbf{A}^+ = \mathbf{P}\begin{pmatrix} \mathbf{\Lambda}_r^{-1} & \mathbf{0} \\ \mathbf{0} & \mathbf{0} \end{pmatrix}\mathbf{P}'.$$

这些事实的证明都基于 (2.3.16), 细节留给读者.

从定理 2.3.2 或定理 2.3.3 知, 对相容线性方程组 $\mathbf{A}\boldsymbol{x} = \boldsymbol{b}, \boldsymbol{x}_0 = \mathbf{A}^+\boldsymbol{b}$ 必为解. 下面的定理刻画了这个解的性质.

定理 2.3.7 在相容线性方程组 $\mathbf{A}\boldsymbol{x} = \boldsymbol{b}$ 的解集中, $\boldsymbol{x}_0 = \mathbf{A}^+\boldsymbol{b}$ 为长度最小者.

证明 由 (2.3.3), $\mathbf{A}\boldsymbol{x} = \boldsymbol{b}$ 的通解可表示为

$$\boldsymbol{x} = \mathbf{A}^+\boldsymbol{b} + (\mathbf{I} - \mathbf{A}^+\mathbf{A})\boldsymbol{z}.$$

于是

$$\|\boldsymbol{x}\|^2 = (\mathbf{A}^+\boldsymbol{b} + (\mathbf{I} - \mathbf{A}^+\mathbf{A})\boldsymbol{z})'(\mathbf{A}^+\boldsymbol{b} + (\mathbf{I} - \mathbf{A}^+\mathbf{A})\boldsymbol{z})$$

$$
\begin{aligned}
&= \|\boldsymbol{x}_0\|^2 + \boldsymbol{z}'(\mathbf{I}-\mathbf{A}^+\mathbf{A})^2\boldsymbol{z} + 2\boldsymbol{b}'(\mathbf{A}^+)'(\mathbf{I}-\mathbf{A}^+\mathbf{A})\boldsymbol{z} \\
&= \|\boldsymbol{x}_0\|^2 + \boldsymbol{z}'(\mathbf{I}-\mathbf{A}^+\mathbf{A})^2\boldsymbol{z} \geqslant \|\boldsymbol{x}_0\|^2. \qquad (2.3.17)
\end{aligned}
$$

因此 $(\mathbf{A}^+)'(\mathbf{I}-\mathbf{A}^+\mathbf{A}) = (\mathbf{A}^+)' - (\mathbf{A}^+)'\mathbf{A}^+\mathbf{A} = \mathbf{0}$ 和 $\boldsymbol{z}'(\mathbf{I}-\mathbf{A}^+\mathbf{A})^2\boldsymbol{z} \geqslant 0$ 对任意的 $\boldsymbol{z}$ 成立. 在 (2.3.17) 中, 等号成立 $\Longleftrightarrow (\mathbf{I}-\mathbf{A}^+\mathbf{A})\boldsymbol{z} = \mathbf{0} \Longleftrightarrow \boldsymbol{x} = \mathbf{A}^+\boldsymbol{b}$. 定理证毕.

上面我们所讨论的广义逆 $\mathbf{A}^-$ 和 $\mathbf{A}^+$, 是满足 (2.3.14) 第一条和全部四条的两个极端情况. 自然我们还可以定义满足四个条件中任一个、任两个或任三个的广义逆. 由于这些广义逆在线性模型的研究中应用不十分广泛, 此处就不再做进一步的讨论了. 读者可参阅王松桂和杨振海 (1996).

2.4 幂 等 阵

因为幂等阵和 χ^2 分布有很密切的关系, 所以在线性模型乃至数理统计的其他一些分支中, 幂等阵都有一定的应用. 鉴于此, 我们在这一节专门讨论幂等阵的一些重要性质.

定义 2.4.1 若方阵 $\mathbf{A}_{n\times n}$ 满足 $\mathbf{A}^2 = \mathbf{A}$, 则称 $\mathbf{A}$ 为幂等阵 (idempotent matrix).

定理 2.4.1 幂等阵的特征根只能为 0 或 1.

这个事实的证明很容易, 从略.

定理 2.4.2 对任意的矩阵 $\mathbf{A}$,

(1) $\mathbf{A}^-\mathbf{A}, \mathbf{A}\mathbf{A}^-, \mathbf{I}-\mathbf{A}^-\mathbf{A}$ 和 $\mathbf{I}-\mathbf{A}\mathbf{A}^-$ 都是幂等阵. 特别地, $\mathbf{A}^+\mathbf{A}, \mathbf{A}\mathbf{A}^+, \mathbf{I}-\mathbf{A}^+\mathbf{A}$ 和 $\mathbf{I}-\mathbf{A}\mathbf{A}^+$ 都是幂等阵.

(2) 若 $\mathbf{A}$ 为对称幂等阵, 则 $\mathbf{A}^+ = \mathbf{A}$.

证明 从定义容易验证 (1), 利用定理 2.4.1 和推论 2.3.5 的 (8), 立得 (2).

定理 2.4.3 (1) 若 $\mathbf{A}_{n\times n}$ 幂等, 则 $\mathrm{tr}(\mathbf{A}) = \mathrm{rk}(\mathbf{A})$.

(2) $\mathbf{A}_{n\times n}$ 幂等 $\Longleftrightarrow \mathrm{rk}(\mathbf{A}) + \mathrm{rk}(\mathbf{I}-\mathbf{A}) = n$.

证明 (1) 设 $\mathrm{rk}(\mathbf{A}) = r$, 则存在可逆方阵 $\mathbf{P}, \mathbf{Q}$, 使

$$
\mathbf{A} = \mathbf{P}\begin{pmatrix} \mathbf{I}_r & \mathbf{0} \\ \mathbf{0} & \mathbf{0} \end{pmatrix}\mathbf{Q}.
$$

将 $\mathbf{P}, \mathbf{Q}$ 分块: $\mathbf{P} = (\mathbf{P}_1, \mathbf{P}_2)$, 其中 $\mathbf{P}_1$ 为 $n\times r$ 的矩阵, $\mathbf{Q} = \begin{pmatrix} \mathbf{Q}_1 \\ \mathbf{Q}_2 \end{pmatrix}$, 其中 $\mathbf{Q}_1$ 为 $r\times n$ 的矩阵, 于是 $\mathbf{A} = \mathbf{P}_1\mathbf{Q}_1$. 另一方面, 由 $\mathbf{A}^2 = \mathbf{A}$, 得到

$$
\begin{pmatrix} \mathbf{I}_r & \mathbf{0} \\ \mathbf{0} & \mathbf{0} \end{pmatrix}\mathbf{Q}\mathbf{P}\begin{pmatrix} \mathbf{I}_r & \mathbf{0} \\ \mathbf{0} & \mathbf{0} \end{pmatrix} = \begin{pmatrix} \mathbf{I}_r & \mathbf{0} \\ \mathbf{0} & \mathbf{0} \end{pmatrix},
$$

故 $\mathbf{Q}_1\mathbf{P}_1 = \mathbf{I}_r$. 所以 $\mathrm{tr}(\mathbf{A}) = \mathrm{tr}(\mathbf{P}_1\mathbf{Q}_1) = \mathrm{tr}(\mathbf{Q}_1\mathbf{P}_1) = \mathrm{tr}(\mathbf{I}_r) = r = \mathrm{rk}(\mathbf{A})$. (1) 得证.

(2) 必要性是显然的. 事实上, 由 $\mathbf{A}$ 的幂等性知, $\mathbf{I} - \mathbf{A}$ 也幂等. 利用刚证过的性质, 有

$$n = \mathrm{tr}(\mathbf{I}_n) = \mathrm{tr}(\mathbf{I}_n - \mathbf{A} + \mathbf{A}) = \mathrm{tr}(\mathbf{I}_n - \mathbf{A}) + \mathrm{tr}(\mathbf{A}) = \mathrm{rk}(\mathbf{I}_n - \mathbf{A}) + \mathrm{rk}(\mathbf{A}).$$

反过来, 设 $\mathrm{rk}(\mathbf{A}) = r$, 则 $\mathbf{A}\boldsymbol{x} = \mathbf{0}$ 有 $n - r$ 个线性无关的解, 它们是对应于特征根为 0 的 $n - r$ 个线性无关的特征向量. 由 $\mathrm{rk}(\mathbf{I} - \mathbf{A}) = n - r$ 知, $\mathbf{A}\boldsymbol{x} = \boldsymbol{x}$ 有 r 个线性无关的解, 它们是对应于特征根为 1 的 r 个线性无关的特征向量. 因为这 n 个特征向量线性无关, 所以 $\mathbf{A}$ 相似于

$$\begin{pmatrix} \mathbf{I}_r & \mathbf{0} \\ \mathbf{0} & \mathbf{0} \end{pmatrix},$$

即存在可逆阵 $\mathbf{P}$, 使

$$\mathbf{A} = \mathbf{P} \begin{pmatrix} \mathbf{I}_r & \mathbf{0} \\ \mathbf{0} & \mathbf{0} \end{pmatrix} \mathbf{P}^{-1}.$$

故 $\mathbf{A}^2 = \mathbf{A}$. 定理证毕.

定理 2.4.4　设 $\mathbf{P}_{n\times n}$ 为对称幂等阵, $\mathrm{rk}(\mathbf{P}) = r$, 则存在秩为 r 的 $\mathbf{A}_{n\times r}$, 使 $\mathbf{P} = \mathbf{A}(\mathbf{A}'\mathbf{A})^{-1}\mathbf{A}'$.

证明　因 $\mathbf{P}$ 为对称幂等阵, 故存在正交阵 $\mathbf{R} = (\mathbf{R}_1, \mathbf{R}_2)$, 使得

$$\begin{aligned} \mathbf{P} = \mathbf{R} \begin{pmatrix} \mathbf{I}_r & \mathbf{0} \\ \mathbf{0} & \mathbf{0} \end{pmatrix} \mathbf{R}' &= (\mathbf{R}_1 \quad \mathbf{R}_2) \begin{pmatrix} \mathbf{I}_r & \mathbf{0} \\ \mathbf{0} & \mathbf{0} \end{pmatrix} \begin{pmatrix} \mathbf{R}_1' \\ \mathbf{R}_2' \end{pmatrix} \\ &= \mathbf{R}_1\mathbf{R}_1' = \mathbf{R}_1(\mathbf{R}_1'\mathbf{R}_1)^{-1}\mathbf{R}_1', \end{aligned}$$

这里用到了 $\mathbf{R}_1'\mathbf{R}_1 = \mathbf{I}_r$. 再令 $\mathbf{A} = \mathbf{R}_1$, 定理得证.

现在我们讨论正交投影和正交投影阵. 设 $\boldsymbol{x} \in \mathbb{R}^n$, $\mathbb{S}$ 为 $\mathbb{R}^n$ 的一个线性子空间. 对 $\boldsymbol{x}$ 作分解

$$\boldsymbol{x} = \boldsymbol{y} + \boldsymbol{z}, \quad \boldsymbol{y} \in \mathbb{S}, \quad \boldsymbol{z} \in \mathbb{S}^{\perp}, \tag{2.4.1}$$

则称 $\boldsymbol{y}$ 为 $\boldsymbol{x}$ 在 $\mathbb{S}$ 上的正交投影. 若 $\mathbf{P}$ 为 n 阶方阵, 使得对一切 $\boldsymbol{x} \in \mathbb{R}^n$, (2.4.1) 定义的 $\boldsymbol{y}$ 满足 $\boldsymbol{y} = \mathbf{P}\boldsymbol{x}$, 则称 $\mathbf{P}$ 为向 $\mathbb{S}$ 的正交投影阵.

我们知道, 对 $\mathbb{R}^n$ 的任一子空间 $\mathbb{S}$, 都可以找到矩阵 $\mathbf{A}_{n\times m}$, 使得 $\mathbb{S} = \mathcal{M}(\mathbf{A})$. 所以, 下面的定理给出了正交投影阵的表示.

定理 2.4.5　设 $\mathbf{A}$ 为 $n \times m$ 矩阵, $\mathbf{P}_{\mathbf{A}}$ 为向 $\mathcal{M}(\mathbf{A})$ 的正交投影阵, 则 $\mathbf{P}_{\mathbf{A}} = \mathbf{A}(\mathbf{A}'\mathbf{A})^{-}\mathbf{A}'$.

证明 记 $\mathbf{B}$ 为一矩阵, 使得 $\mathcal{M}(\mathbf{B}) = \mathcal{M}(\mathbf{A})^{\perp}$, 则对任一 $\boldsymbol{x} \in \mathbb{R}^n$, 有分解 $\boldsymbol{x} = \mathbf{A}\boldsymbol{\alpha} + \mathbf{B}\boldsymbol{\beta}$, 这里 $\boldsymbol{\alpha}, \boldsymbol{\beta}$ 为适当维数的列向量. 依定义, $\mathbf{P_A}\boldsymbol{x} = \mathbf{P_A}\mathbf{A}\boldsymbol{\alpha} + \mathbf{P_A}\mathbf{B}\boldsymbol{\beta} = \mathbf{A}\boldsymbol{\alpha}$, 对一切 $\boldsymbol{\alpha}, \boldsymbol{\beta}$ 都成立. 故正交投影阵 $\mathbf{P_A}$ 满足矩阵方程组

$$\begin{cases} \mathbf{P_A A} = \mathbf{A}, \\ \mathbf{P_A B} = \mathbf{0}. \end{cases} \tag{2.4.2}$$

由第二方程推得 $\mathcal{M}(\mathbf{P}'_{\mathbf{A}}) \subset \mathcal{M}(\mathbf{B})^{\perp} = \mathcal{M}(\mathbf{A})$. 于是, 存在矩阵 $\mathbf{U}, \mathbf{P}'_{\mathbf{A}} = \mathbf{AU}$. 代入第一方程, 得 $\mathbf{U}'\mathbf{A}'\mathbf{A} = \mathbf{A}$. 此方程组是相容的, 由定理 2.3.3, $\mathbf{U} = (\mathbf{A}'\mathbf{A})^{-}\mathbf{A}'$. 于是

$$\mathbf{P_A} = \mathbf{U}'\mathbf{A}' = \mathbf{A}((\mathbf{A}'\mathbf{A})^{-})'\mathbf{A}' = \mathbf{A}(\mathbf{A}'\mathbf{A})^{-}\mathbf{A}'.$$

这里应用了推论 2.3.2 的 (1) 及 $((\mathbf{A}'\mathbf{A})^{-})'$ 仍为一个 $(\mathbf{A}'\mathbf{A})^{-}$. 定理证毕.

因为 $\mathbf{P_A} = \mathbf{A}(\mathbf{A}'\mathbf{A})^{-}\mathbf{A}'$ 与广义逆选择无关, 所以正交投影阵是唯一的.

定理 2.4.6 $\mathbf{P}$ 为正交投影阵 $\Longleftrightarrow$ $\mathbf{P}$ 为对称幂等阵.

证明 设 $\mathbf{P}$ 为向 $\mathcal{M}(\mathbf{A})$ 的正交投影阵, 由定理 2.4.5, $\mathbf{P} = \mathbf{A}(\mathbf{A}'\mathbf{A})^{-}\mathbf{A}' = \mathbf{A}(\mathbf{A}'\mathbf{A})^{+}\mathbf{A}'$, 对称性得证. 利用推论 2.3.2 的 (2), 有

$$\mathbf{P}^2 = \mathbf{A}(\mathbf{A}'\mathbf{A})^{-}\mathbf{A}'\mathbf{A}(\mathbf{A}'\mathbf{A})^{-}\mathbf{A}' = \mathbf{A}(\mathbf{A}'\mathbf{A})^{-}\mathbf{A}' = \mathbf{P}.$$

必要性得证. 充分性即定理 2.4.4. 定理证毕.

定理 2.4.7 n 阶方阵 $\mathbf{P}$ 为正交投影阵 $\Longleftrightarrow$ 对任给 $\boldsymbol{x} \in \mathbb{R}^n$,

$$\| \boldsymbol{x} - \mathbf{P}\boldsymbol{x} \| = \inf \| \boldsymbol{x} - \boldsymbol{u} \|, \quad \boldsymbol{u} \in \mathcal{M}(\mathbf{P}). \tag{2.4.3}$$

证明 先证必要性. 任取 $\boldsymbol{u} \in \mathcal{M}(\mathbf{P})$, $\boldsymbol{v} \in \mathcal{M}(\mathbf{P})^{\perp}$, 记 $\boldsymbol{y} = \boldsymbol{u} + \boldsymbol{v}$, 则 $\boldsymbol{u} = \mathbf{P}\boldsymbol{y}$.

$$\begin{aligned} \| \boldsymbol{x} - \boldsymbol{u} \|^2 &= \| \boldsymbol{x} - \mathbf{P}\boldsymbol{y} \|^2 = \| \boldsymbol{x} - \mathbf{P}\boldsymbol{x} + \mathbf{P}\boldsymbol{x} - \mathbf{P}\boldsymbol{y} \|^2 \\ &= \| (\boldsymbol{x} - \mathbf{P}\boldsymbol{x}) + \mathbf{P}(\boldsymbol{x} - \boldsymbol{y}) \|^2 \\ &= \| \boldsymbol{x} - \mathbf{P}\boldsymbol{x} \|^2 + \| \mathbf{P}(\boldsymbol{x} - \boldsymbol{y}) \|^2 + 2\boldsymbol{x}'(\mathbf{I} - \mathbf{P})\mathbf{P}(\boldsymbol{x} - \boldsymbol{y}) \\ &= \| \boldsymbol{x} - \mathbf{P}\boldsymbol{x} \|^2 + \| \mathbf{P}(\boldsymbol{x} - \boldsymbol{y}) \|^2 \\ &\geqslant \| \boldsymbol{x} - \mathbf{P}\boldsymbol{x} \|^2, \end{aligned} \tag{2.4.4}$$

等号成立 $\Longleftrightarrow$ $\mathbf{P}\boldsymbol{x} = \mathbf{P}\boldsymbol{y}$, 即 $\boldsymbol{u} = \mathbf{P}\boldsymbol{x}$. 必要性得证.

充分性. 若 (2.4.3) 成立, 我们首先证明

$$\boldsymbol{x}'(\mathbf{I} - \mathbf{P}')\mathbf{P}(\boldsymbol{x} - \boldsymbol{y}) = 0, \quad \text{对一切 } \boldsymbol{x}, \boldsymbol{y} \text{ 成立}. \tag{2.4.5}$$

用反证法. 假设存在 $\boldsymbol{x}_0$ 和 $\boldsymbol{y}_0$, 使得

$$\boldsymbol{x}_0'(\mathbf{I}-\mathbf{P}')\mathbf{P}(\boldsymbol{x}_0-\boldsymbol{y}_0)=c\neq 0,$$

可以假定 $c<0$. 因为若 $c>0$, 则取满足 $\boldsymbol{x}_0-\boldsymbol{y}_1=-(\boldsymbol{x}_0-\boldsymbol{y}_0)$ 的 $\boldsymbol{y}_1$ 代替 $\boldsymbol{y}_0$, 便化为 $c<0$ 的情形. 取 $\boldsymbol{y}$ 满足 $\boldsymbol{x}_0-\boldsymbol{y}=\varepsilon(\boldsymbol{x}_0-\boldsymbol{y}_0)$, 并记 $\boldsymbol{u}=\mathbf{P}\boldsymbol{y}$, 则

$$\begin{aligned}\|\boldsymbol{x}_0-\boldsymbol{u}\|^2&=\|\boldsymbol{x}_0-\mathbf{P}\boldsymbol{y}\|^2\\&=\|\boldsymbol{x}_0-\mathbf{P}\boldsymbol{x}_0\|^2+\|\mathbf{P}(\boldsymbol{x}_0-\boldsymbol{y})\|^2+2\boldsymbol{x}_0'(\mathbf{I}-\mathbf{P})\mathbf{P}(\boldsymbol{x}_0-\boldsymbol{y})\\&=\|\boldsymbol{x}_0-\mathbf{P}\boldsymbol{x}_0\|^2+\varepsilon^2\|\mathbf{P}(\boldsymbol{x}_0-\boldsymbol{y}_0)\|^2+2\varepsilon\boldsymbol{x}_0'(\mathbf{I}-\mathbf{P})\mathbf{P}(\boldsymbol{x}_0-\boldsymbol{y}_0)\\&=\|\boldsymbol{x}_0-\mathbf{P}\boldsymbol{x}_0\|^2+\varepsilon^2\|\mathbf{P}(\boldsymbol{x}_0-\boldsymbol{y}_0)\|^2+2\varepsilon c.\end{aligned}$$

因 $c<0$, 故取 $\varepsilon>0$ 充分小, 可使上式后两项小于零. 于是

$$\|\boldsymbol{x}_0-\boldsymbol{u}\|^2<\|\boldsymbol{x}_0-\mathbf{P}\boldsymbol{x}_0\|^2.$$

这与 (2.4.3) 矛盾, 这就证明了 (2.4.4). 因 (2.4.5) 对一切 $\boldsymbol{x}$ 和 $\boldsymbol{y}$ 成立, 故 $\mathcal{M}(\mathbf{P})$ 与 $\mathcal{M}(\mathbf{I}-\mathbf{P})$ 正交. 据此易推知, $\mathrm{rk}(\mathbf{P})+\mathrm{rk}(\mathbf{I}-\mathbf{P})=n$. 所以, 对任意 $x\in\mathbb{R}^n$, 有分解式

$$\boldsymbol{x}=\mathbf{P}\boldsymbol{x}+(\mathbf{I}-\mathbf{P})\boldsymbol{x},\quad \mathbf{P}\boldsymbol{x}\in\mathcal{M}(\mathbf{P}),\quad (\mathbf{I}-\mathbf{P})\boldsymbol{x}\in\mathcal{M}(\mathbf{P})^{\perp}.$$

依定义, $\mathbf{P}$ 为向 $\mathcal{M}(\mathbf{P})$ 上的正交投影阵. 定理证毕.

这个定理刻画了正交投影阵的距离最短性, 即在线性子空间 $\mathcal{M}(\mathbf{P})$ 的所有向量中, 只有 $\boldsymbol{x}$ 的正交投影阵 $\mathbf{P}\boldsymbol{x}$ 到 $\boldsymbol{x}$ 的距离 $\|\boldsymbol{x}-\mathbf{P}\boldsymbol{x}\|$ 最短. 这个结果在最小二乘估计理论中有重要应用.

在一定的条件下, 正交投影阵的和、差、积仍为正交投影阵, 这些结果概括在如下三个定理中.

定理 2.4.8　设 $\mathbf{P}_1$ 和 $\mathbf{P}_2$ 为两个正交投影阵, 则

(1) $\mathbf{P}=\mathbf{P}_1+\mathbf{P}_2$ 为正交投影 $\Longleftrightarrow \mathbf{P}_1\mathbf{P}_2=\mathbf{P}_2\mathbf{P}_1=\mathbf{0}$;

(2) 当 $\mathbf{P}_1\mathbf{P}_2=\mathbf{P}_2\mathbf{P}_1=\mathbf{0}$ 时, $\mathbf{P}=\mathbf{P}_1+\mathbf{P}_2$ 为向 $\mathcal{M}(\mathbf{P}_1)\oplus\mathcal{M}(\mathbf{P}_2)$ 上的正交投影阵.

证明　(1) 充分性易证, 下证必要性. 假设 $\mathbf{P}$ 是一个正交投影阵, 根据定理 2.4.6 知 $\mathbf{P}^2=\mathbf{P}$. 于是

$$\mathbf{P}_1\mathbf{P}_2+\mathbf{P}_2\mathbf{P}_1=\mathbf{0},\tag{2.4.6}$$

用 $\mathbf{P}_1$ 分别左乘和右乘 (2.4.6) 得到

$$\mathbf{P}_1\mathbf{P}_2+\mathbf{P}_1\mathbf{P}_2\mathbf{P}_1=\mathbf{0},\tag{2.4.7}$$

$$\mathbf{P}_1\mathbf{P}_2\mathbf{P}_1 + \mathbf{P}_2\mathbf{P}_1 = \mathbf{0}. \tag{2.4.8}$$

把上两式相加, 并利用 (2.4.6), 得到

$$\mathbf{P}_1\mathbf{P}_2\mathbf{P}_1 = \mathbf{0}. \tag{2.4.9}$$

再由 (2.4.7) 和 (2.4.8), 便得到 $\mathbf{P}_1\mathbf{P}_2 = \mathbf{P}_2\mathbf{P}_1 = \mathbf{0}$.

(2) 我们只需证明

$$\mathcal{M}(\mathbf{P}) = \mathcal{M}(\mathbf{P}_1) \oplus \mathcal{M}(\mathbf{P}_2). \tag{2.4.10}$$

对任一 $\boldsymbol{y} \in \mathcal{M}(\mathbf{P})$, 存在 $\boldsymbol{x} \in \mathbb{R}^n$, 使得 $\boldsymbol{y} = \mathbf{P}\boldsymbol{x}$, 于是

$$\boldsymbol{y} = \mathbf{P}\boldsymbol{x} = \mathbf{P}_1\boldsymbol{x} + \mathbf{P}_2\boldsymbol{x} = \boldsymbol{y}_1 + \boldsymbol{y}_2,$$

这里 $\boldsymbol{y}_i = \mathbf{P}_i\boldsymbol{x} \in \mathcal{M}(\mathbf{P}_i)$, $i = 1, 2$, 且从 $\mathbf{P}_1\mathbf{P}_2 = \mathbf{0}$ 可推知 $\boldsymbol{y}_1 \perp \boldsymbol{y}_2$. 定理证毕.

定理 2.4.9 设 $\mathbf{P}_1$ 和 $\mathbf{P}_2$ 为两个正交投影阵, 则

(1) $\mathbf{P} = \mathbf{P}_1\mathbf{P}_2$ 也为正交投影阵 $\Longleftrightarrow$ $\mathbf{P}_1\mathbf{P}_2 = \mathbf{P}_2\mathbf{P}_1$;

(2) 当 $\mathbf{P}_1\mathbf{P}_2 = \mathbf{P}_2\mathbf{P}_1$ 时, $\mathbf{P} = \mathbf{P}_1\mathbf{P}_2$ 为向 $\mathcal{M}(\mathbf{P}_1) \cap \mathcal{M}(\mathbf{P}_2)$ 上的正交投影阵.

此定理易证, 留给读者作练习.

定理 2.4.10 设 $\mathbf{P}_1$ 和 $\mathbf{P}_2$ 为两个正交投影阵, 则

(1) $\mathbf{P} = \mathbf{P}_1 - \mathbf{P}_2$ 为正交投影阵 $\Longleftrightarrow$ $\mathbf{P}_1\mathbf{P}_2 = \mathbf{P}_2\mathbf{P}_1 = \mathbf{P}_2$;

(2) 当 $\mathbf{P} = \mathbf{P}_1 - \mathbf{P}_2$ 为正交投影阵时, $\mathbf{P}$ 为向 $\mathcal{M}(\mathbf{P}_1) \cap \mathcal{M}(\mathbf{P}_2)^{\perp}$ 上的正交投影.

此定理的证明类似于定理 2.4.8, 留给读者作练习.

定理 2.4.11 (二次正交投影定理) 设 $\mathbf{X} = (\mathbf{X}_1, \mathbf{X}_2)$, 其中 $\mathbf{X}_i$ 为 $n \times p_i$ 的矩阵, $i = 1, 2$, 则

$$\mathbf{P}_{\mathbf{X}} = \mathbf{P}_{\mathbf{X}_1} + \mathbf{N}_{\mathbf{X}_1}\mathbf{X}_2(\mathbf{X}_2'\mathbf{N}_{\mathbf{X}_1}\mathbf{X}_2)^{-}\mathbf{X}_2'\mathbf{N}_{\mathbf{X}_1},$$

这里, $\mathbf{N}_{\mathbf{X}_1} = \mathbf{I}_n - \mathbf{P}_{\mathbf{X}_1}$.

此定理的证明留给读者作练习 (提示: $\mathcal{M}(\mathbf{X}) = \mathcal{M}(\mathbf{X}_1) \dot{+} \mathcal{M}(\mathbf{N}_{\mathbf{X}_1}\mathbf{X}_2)$).

2.5 特征值的极值性质与不等式

本节讨论实对称阵的特征值的极值性质与几个重要不等式. 设 $\mathbf{A}$ 为 $n \times n$ 实对称阵, 我们用 $\lambda_1(\mathbf{A}), \cdots, \lambda_n(\mathbf{A})$ 表示 $\mathbf{A}$ 的特征值. 在不致引起混淆时, 也简记为 $\lambda_1, \cdots, \lambda_n$. 记 $\boldsymbol{\varphi}_1, \cdots, \boldsymbol{\varphi}_n$ 为对应的标准正交化特征向量. 我们总假定 $\lambda_1(\mathbf{A}) \geqslant \cdots \geqslant \lambda_n(\mathbf{A})$, 并称 $\lambda_i(\mathbf{A})$ 为 $\mathbf{A}$ 的第 i 个顺序特征值.

下面的定理刻画了特征值的极值性质.

定理 2.5.1 (Rayleigh-Ritz) 设 $\mathbf{A}$ 为 $n \times n$ 对称阵, 则

(1) $\sup\limits_{\boldsymbol{x}\neq\mathbf{0}} \dfrac{\boldsymbol{x}'\mathbf{A}\boldsymbol{x}}{\boldsymbol{x}'\boldsymbol{x}} = \boldsymbol{\varphi}_1'\mathbf{A}\boldsymbol{\varphi}_1 = \lambda_1$;

(2) $\inf\limits_{\boldsymbol{x}\neq\mathbf{0}} \dfrac{\boldsymbol{x}'\mathbf{A}\boldsymbol{x}}{\boldsymbol{x}'\boldsymbol{x}} = \boldsymbol{\varphi}_n'\mathbf{A}\boldsymbol{\varphi}_n = \lambda_n$.

证明 (1) 记 $\boldsymbol{\Phi} = (\boldsymbol{\varphi}_1, \cdots, \boldsymbol{\varphi}_n)$, $\boldsymbol{\Lambda} = \mathrm{diag}(\lambda_1, \cdots, \lambda_n)$. 对任意 $\boldsymbol{x} \in \mathbb{R}^n$, 存在向量 $\boldsymbol{t}$, 使 $\boldsymbol{x} = \boldsymbol{\Phi}\boldsymbol{t}$. 故

$$\frac{\boldsymbol{x}'\mathbf{A}\boldsymbol{x}}{\boldsymbol{x}'\boldsymbol{x}} = \frac{\boldsymbol{t}'\boldsymbol{\Lambda}\boldsymbol{t}}{\boldsymbol{t}'\boldsymbol{t}} = \sum_{i=1}^{n} \lambda_i\omega_i \leqslant \lambda_1 \sum_{i=1}^{n} \omega_i = \lambda_1,$$

这里 $\omega_i = t_i^2 \Big/ \sum\limits_{j=1}^{n} t_j^2 \geqslant 0$, $\sum\limits_{i=1}^{n} \omega_i = 1$, 并且等号成立 $\Longleftrightarrow \omega_1 = 1$, $\omega_i = 0, i > 1 \Longleftrightarrow \boldsymbol{x} = a\boldsymbol{\varphi}_1$, 其中 a 为非零常数. (1) 得证.

同理可证 (2).

推论 2.5.1 对任一 n 阶对称阵 $\mathbf{A} = (a_{ij})$, 总有 $\lambda_n \leqslant a_{ii} \leqslant \lambda_1, i = 1, \cdots, n$.

推论 2.5.2 设 $\mathbf{A}$ 为 $n \times n$ 对称阵, 则

(1) $\sup\limits_{\substack{\boldsymbol{\varphi}_i'\boldsymbol{x}=0\\ i=1,\cdots,k}} \dfrac{\boldsymbol{x}'\mathbf{A}\boldsymbol{x}}{\boldsymbol{x}'\boldsymbol{x}} = \boldsymbol{\varphi}_{k+1}'\mathbf{A}\boldsymbol{\varphi}_{k+1} = \lambda_{k+1}$;

(2) $\inf\limits_{\substack{\boldsymbol{\varphi}_i'\boldsymbol{x}=0\\ i=1,\cdots,k}} \dfrac{\boldsymbol{x}'\mathbf{A}\boldsymbol{x}}{\boldsymbol{x}'\boldsymbol{x}} = \boldsymbol{\varphi}_n'\mathbf{A}\boldsymbol{\varphi}_n = \lambda_n$;

(3) $\sup\limits_{\substack{\boldsymbol{\varphi}_i'\boldsymbol{x}=0\\ i=k+1,\cdots,n}} \dfrac{\boldsymbol{x}'\mathbf{A}\boldsymbol{x}}{\boldsymbol{x}'\boldsymbol{x}} = \boldsymbol{\varphi}_1'\mathbf{A}\boldsymbol{\varphi}_1 = \lambda_1$;

(4) $\inf\limits_{\substack{\boldsymbol{\varphi}_i'\boldsymbol{x}=0\\ i=k+1,\cdots,n}} \dfrac{\boldsymbol{x}'\mathbf{A}\boldsymbol{x}}{\boldsymbol{x}'\boldsymbol{x}} = \boldsymbol{\varphi}_k'\mathbf{A}\boldsymbol{\varphi}_k = \lambda_k$.

定理 2.5.2 设 $\mathbf{A}$ 为 $n \times n$ 对称阵, $\mathbf{B}$ 为 $n \times k$ 矩阵, 则

(1) $\inf\limits_{\mathbf{B}} \sup\limits_{\mathbf{B}'\boldsymbol{x}=\mathbf{0}} \dfrac{\boldsymbol{x}'\mathbf{A}\boldsymbol{x}}{\boldsymbol{x}'\boldsymbol{x}} = \sup\limits_{\boldsymbol{\Phi}_{(k)}'\boldsymbol{x}=\mathbf{0}} \dfrac{\boldsymbol{x}'\mathbf{A}\boldsymbol{x}}{\boldsymbol{x}'\boldsymbol{x}} = \boldsymbol{\varphi}_{k+1}'\mathbf{A}\boldsymbol{\varphi}_{k+1} = \lambda_{k+1}$;

(2) $\sup\limits_{\mathbf{B}} \inf\limits_{\mathbf{B}'\boldsymbol{x}=0} \dfrac{\boldsymbol{x}'\mathbf{A}\boldsymbol{x}}{\boldsymbol{x}'\boldsymbol{x}} = \inf\limits_{\boldsymbol{\Phi}_{(k)}'\boldsymbol{x}=\mathbf{0}} \dfrac{\boldsymbol{x}'\mathbf{A}\boldsymbol{x}}{\boldsymbol{x}'\boldsymbol{x}} = \boldsymbol{\varphi}_{n-k}'\mathbf{A}\boldsymbol{\varphi}_{n-k} = \lambda_{n-k}$,

其中 $\boldsymbol{\Phi}_k$ 和 $\boldsymbol{\Phi}_{(k)}$ 分别表示 $\boldsymbol{\Phi} = (\boldsymbol{\varphi}_1, \cdots, \boldsymbol{\varphi}_n)$ 的前 k 列和后 k 列.

证明 (1) 记 $\boldsymbol{x} = \boldsymbol{\Phi}\boldsymbol{y}$, 则

$$\sup_{\mathbf{B}'\boldsymbol{x}=\mathbf{0}} \frac{\boldsymbol{x}'\mathbf{A}\boldsymbol{x}}{\boldsymbol{x}'\boldsymbol{x}} = \sup_{\mathbf{H}\boldsymbol{y}=\mathbf{0}} \frac{\boldsymbol{y}'\boldsymbol{\Lambda}\boldsymbol{y}}{\boldsymbol{y}'\boldsymbol{y}} \geqslant \sup_{\mathbf{H}(\boldsymbol{y}_1', \mathbf{0})'=\mathbf{0}} \frac{\boldsymbol{y}_1'\boldsymbol{\Lambda}_1\boldsymbol{y}_1}{\boldsymbol{y}_1'\boldsymbol{y}_1}$$

$$\geqslant \inf_{\mathbf{H}(\boldsymbol{y}_1',\mathbf{0})'=\mathbf{0}} \frac{\boldsymbol{y}_1'\mathbf{\Lambda}_1\boldsymbol{y}_1}{\boldsymbol{y}_1'\boldsymbol{y}_1} \geqslant \inf_{\boldsymbol{y}_1\neq\mathbf{0}} \frac{\boldsymbol{y}_1'\mathbf{\Lambda}_1\boldsymbol{y}_1}{\boldsymbol{y}_1'\boldsymbol{y}_1} = \lambda_{k+1},$$

其中 $\mathbf{\Lambda} = \mathrm{diag}(\lambda_1, \cdots, \lambda_n)$, $\mathbf{H} = \mathbf{\Phi}'\mathbf{B}$, $\mathbf{\Lambda}_1 = \mathrm{diag}(\lambda_1, \cdots, \lambda_{k+1})$, $\boldsymbol{y}' = (\boldsymbol{y}_1', \boldsymbol{y}_2')$, $\boldsymbol{y}_1$ 为 $(k+1)\times 1$ 的向量. 于是

$$\inf_{\mathbf{B}} \sup_{\mathbf{B}'\boldsymbol{x}=\mathbf{0}} \frac{\boldsymbol{x}'\mathbf{A}\boldsymbol{x}}{\boldsymbol{x}'\boldsymbol{x}} \geqslant \lambda_{k+1}.$$

再由推论 2.5.2 的 (1) 知

$$\sup_{\mathbf{\Phi}'\boldsymbol{x}=\mathbf{0}} \frac{\boldsymbol{x}'\mathbf{A}\boldsymbol{x}}{\boldsymbol{x}'\boldsymbol{x}} = \boldsymbol{\varphi}_{k+1}'\mathbf{A}\boldsymbol{\varphi}_{k+1} = \lambda_{k+1}.$$

明所欲证.

(2) 用与 (1) 同样的记号

$$\inf_{\mathbf{B}'\boldsymbol{x}=\mathbf{0}} \frac{\boldsymbol{x}'\mathbf{A}\boldsymbol{x}}{\boldsymbol{x}'\boldsymbol{x}} = \inf_{\mathbf{H}\boldsymbol{y}=\mathbf{0}} \frac{\boldsymbol{y}'\mathbf{\Lambda}\boldsymbol{y}}{\boldsymbol{y}'\boldsymbol{y}} \leqslant \inf_{\mathbf{H}(\mathbf{0}',\boldsymbol{y}_2')'=\mathbf{0}} \frac{\boldsymbol{y}_2'\mathbf{\Lambda}_2\boldsymbol{y}_2}{\boldsymbol{y}_2'\boldsymbol{y}_2}$$

$$\leqslant \sup_{\mathbf{H}(\mathbf{0}',\boldsymbol{y}_2')'=\mathbf{0}} \frac{\boldsymbol{y}_2'\mathbf{\Lambda}_2\boldsymbol{y}_2}{\boldsymbol{y}_2'\boldsymbol{y}_2} \leqslant \sup_{\boldsymbol{y}_2} \frac{\boldsymbol{y}_2'\mathbf{\Lambda}_2\boldsymbol{y}_2}{\boldsymbol{y}_2'\boldsymbol{y}_2} = \lambda_{n-k},$$

其中 $\mathbf{\Lambda}_2 = \mathrm{diag}(\lambda_{n-k}, \cdots, \lambda_n)$, $\boldsymbol{y}' = (\boldsymbol{y}_1', \boldsymbol{y}_2')$, $\boldsymbol{y}_2$: $(n-k)\times 1$, 那么

$$\sup_{\mathbf{B}} \inf_{\mathbf{B}'\boldsymbol{x}=\mathbf{0}} \frac{(\boldsymbol{x}'\mathbf{A}\boldsymbol{x})}{\boldsymbol{x}'\boldsymbol{x}} \leqslant \lambda_{n-k}.$$

由推论 2.5.2 的 (4) 知

$$\inf_{\mathbf{\Phi}_{(k)}'\boldsymbol{x}=\mathbf{0}} \frac{(\boldsymbol{x}'\mathbf{A}\boldsymbol{x})}{\boldsymbol{x}'\boldsymbol{x}} = \boldsymbol{\varphi}_{n-k}'\mathbf{A}\boldsymbol{\varphi}_{n-k} = \lambda_{n-k}.$$

定理证毕.

下面的几个定理给出了有关对称阵的特征根的一些重要不等式.

定理 2.5.3 (Sturm 分离定理) 设 $\mathbf{A}$ 为 $n\times n$ 对称阵, 记

$$\mathbf{A}_r = \begin{pmatrix} a_{11} & \cdots & a_{1r} \\ \vdots & & \vdots \\ a_{r1} & \cdots & a_{rr} \end{pmatrix}, \qquad r = 1, \cdots, n$$

为 $\mathbf{A}$ 的顺序主子式, 则

$$\lambda_{i+1}(\mathbf{A}_{r+1}) \leqslant \lambda_i(\mathbf{A}_r) \leqslant \lambda_i(\mathbf{A}_{r+1}), \quad i = 1, 2, \cdots, r. \tag{2.5.1}$$

证明 先证第一个不等式, 记 $\boldsymbol{g}_i$ 为 $\mathbf{A}_r$ 对应于特征根 $\lambda_i(\mathbf{A}_r)$ 的标准正交化特征向量, $i=1,\cdots,r$, 依推论 2.5.2 的 (1), 得

$$\lambda_i(\mathbf{A}_r)=\sup_{\substack{\boldsymbol{g}_j'\boldsymbol{x}=0\\ j=1,\cdots,i-1}}\frac{\boldsymbol{x}'\mathbf{A}_r\boldsymbol{x}}{\boldsymbol{x}'\boldsymbol{x}}=\sup_{\substack{\boldsymbol{y}=(\boldsymbol{x}',0)'\\(\boldsymbol{g}_j',0)\boldsymbol{y}=0\\ j=1,\cdots,i-1}}\frac{\boldsymbol{y}'\mathbf{A}_{r+1}\boldsymbol{y}}{\boldsymbol{y}'\boldsymbol{y}}\geqslant\inf_{\mathbf{B}}\sup_{\mathbf{B}'\boldsymbol{y}=\mathbf{0}}\frac{\boldsymbol{y}'\mathbf{A}_{r+1}\boldsymbol{y}}{\boldsymbol{y}'\boldsymbol{y}}=\lambda_{i+1}(\mathbf{A}_{r+1}),$$

其中 $\mathbf{B}$ 为 $(r+1)\times i$ 的矩阵. 这里应用了定理 2.5.2.

再证第二个不等式. 记 $\boldsymbol{\psi}_i$, $i=1,\cdots,r+1$ 为 $\mathbf{A}_{r+1}$ 对应特征根 $\lambda_i(\mathbf{A}_{r+1}), i=1,\cdots,r+1$ 的标准正交化特征向量, 类似地, 有

$$\begin{aligned}\lambda_i(\mathbf{A}_{r+1})&=\sup_{\substack{\boldsymbol{\psi}_j'\boldsymbol{y}=0\\ j=1,\cdots,i-1}}\frac{\boldsymbol{y}'\mathbf{A}_{r+1}\boldsymbol{y}}{\boldsymbol{y}'\boldsymbol{y}}\geqslant\sup_{\substack{y_{r+1}=0\\ \boldsymbol{\psi}_j'\boldsymbol{y}=0\\ j=1,\cdots,i-1}}\frac{\boldsymbol{y}'\mathbf{A}_{r+1}\boldsymbol{y}}{\boldsymbol{y}'\boldsymbol{y}}\\&=\sup_{\substack{\tilde{\boldsymbol{\psi}}_j'\boldsymbol{x}=0\\ j=1,\cdots,i-1}}\frac{\boldsymbol{x}'\mathbf{A}_r\boldsymbol{x}}{\boldsymbol{x}'\boldsymbol{x}}\geqslant\inf_{\mathbf{B}}\sup_{\mathbf{B}'\boldsymbol{x}=\mathbf{0}}\frac{\boldsymbol{x}'\mathbf{A}_r\boldsymbol{x}}{\boldsymbol{x}'\boldsymbol{x}}=\lambda_i(\mathbf{A}_r),\end{aligned}$$

其中 $\boldsymbol{\psi}_j=(\tilde{\boldsymbol{\psi}}'_{j_{r\times1}},*)'$, $\mathbf{B}$ 为 $r\times(i-1)$ 的矩阵. 定理证毕.

定理 2.5.4 (Weyl 定理) 设 $\mathbf{A}$ 和 $\mathbf{B}$ 皆为 $n\times n$ 的对称阵, 则

$$\lambda_i(\mathbf{A})+\lambda_n(\mathbf{B})\leqslant\lambda_i(\mathbf{A}+\mathbf{B})\leqslant\lambda_i(\mathbf{A})+\lambda_1(\mathbf{B}),\quad i=1,\cdots,n. \tag{2.5.2}$$

证明 设 $\boldsymbol{x}'\boldsymbol{x}=1$, 显然有

$$\boldsymbol{x}'\mathbf{A}\boldsymbol{x}+\min(\boldsymbol{x}'\mathbf{B}\boldsymbol{x})\leqslant\boldsymbol{x}'(\mathbf{A}+\mathbf{B})\boldsymbol{x}\leqslant\boldsymbol{x}'\mathbf{A}\boldsymbol{x}+\max(\boldsymbol{x}'\mathbf{B}\boldsymbol{x}),$$

根据定理 2.5.1 有

$$\lambda_i(\mathbf{A})+\lambda_n(\mathbf{B})\leqslant\lambda_i(\mathbf{A}+\mathbf{B})\leqslant\lambda_i(\mathbf{A})+\lambda_1(\mathbf{B}).$$

定理证毕.

Weyl 定理给出了 $\mathbf{A}+\mathbf{B}$ 的特征根的上、下界.

定理 2.5.5 (Poincaré 分离定理) 设 $\mathbf{A}_{n\times n}$ 为对称阵, $\mathbf{P}$ 为 $n\times k$ 的列正交阵, 即 $\mathbf{P}'\mathbf{P}=\mathbf{I}_k$, 则

$$\lambda_{n-k+i}(\mathbf{A})\leqslant\lambda_i(\mathbf{P}'\mathbf{A}\mathbf{P})\leqslant\lambda_i(\mathbf{A}),\quad i=1,\cdots,k. \tag{2.5.3}$$

证明 将 $\mathbf{P}$ 扩充为正交方阵 $\tilde{\mathbf{P}}=(\mathbf{P},\mathbf{Q})$, 记

$$\mathbf{H}=\tilde{\mathbf{P}}'\mathbf{A}\tilde{\mathbf{P}}=\begin{pmatrix}\mathbf{P}'\mathbf{A}\mathbf{P}&\mathbf{P}'\mathbf{A}\mathbf{Q}\\ \mathbf{Q}'\mathbf{A}\mathbf{P}&\mathbf{Q}'\mathbf{A}\mathbf{Q}\end{pmatrix},$$

$\mathbf{H}_k$ 为 $\mathbf{H}$ 的 k 阶顺序主子阵. 注意到 $\mathbf{H}_k = \mathbf{P}'\mathbf{A}\mathbf{P}, \mathbf{H}_n = \tilde{\mathbf{P}}'\mathbf{A}\tilde{\mathbf{P}}$, 利用 Sturm 定理, 有

$$\lambda_i(\mathbf{A}) = \lambda_i(\tilde{\mathbf{P}}'\mathbf{A}\tilde{\mathbf{P}}) \geqslant \lambda_i(\mathbf{P}'\mathbf{A}\mathbf{P}) = \lambda_i(\mathbf{H}_k) \geqslant \lambda_{i+1}(\mathbf{H}_{k+1}) \geqslant \cdots$$
$$\geqslant \lambda_{i+(n-k)}(\mathbf{H}_n) = \lambda_{i+n-k}(\tilde{\mathbf{P}}'\mathbf{A}\tilde{\mathbf{P}}) = \lambda_{n-k+i}(\mathbf{A}),$$

即 $\lambda_i(\mathbf{A}) \geqslant \lambda_i(\mathbf{P}'\mathbf{A}\mathbf{P})$ 和 $\lambda_i(\mathbf{P}'\mathbf{A}\mathbf{P}) \geqslant \lambda_{n-k+i}(\mathbf{A})$. 定理证毕.

从这个定理的证明过程可以看出, Poincaré 分离定理只不过是 Sturm 分离定理的一个简单应用, 但是, 由于 Poincaré 分离定理刻画了矩阵积的特征根的性质, 因此在应用上显得更重要些.

定理 2.5.6 (Cauchy-Schwarz 不等式) 设 $\boldsymbol{x}$ 和 $\boldsymbol{y}$ 为任意两个 $n \times 1$ 的向量, 则

(1)
$$(\boldsymbol{x}'\boldsymbol{y})^2 \leqslant \boldsymbol{x}'\boldsymbol{x} \cdot \boldsymbol{y}'\boldsymbol{y}, \tag{2.5.4}$$

等号成立 $\Longleftrightarrow$ $\boldsymbol{x}$ 和 $\boldsymbol{y}$ 线性相关;

(2) 设 $\mathbf{A}$ 为 $n \times n$ 半正定对称阵,

$$|\ \boldsymbol{x}'\mathbf{A}\boldsymbol{y}\ |^2 \leqslant (\boldsymbol{x}'\mathbf{A}\boldsymbol{x}) \cdot (\boldsymbol{y}'\mathbf{A}\boldsymbol{y}), \tag{2.5.5}$$

等号成立 $\Longleftrightarrow$ $\boldsymbol{x}$ 和 $\boldsymbol{y}$ 线性相关;

(3) 设 $\mathbf{A}$ 为 $n \times n$ 正定对称阵,

$$|\ \boldsymbol{x}'\boldsymbol{y}\ |^2 \leqslant (\boldsymbol{x}'\mathbf{A}\boldsymbol{x}) \cdot (\boldsymbol{y}'\mathbf{A}^{-1}\boldsymbol{y}), \tag{2.5.6}$$

等号成立 $\Longleftrightarrow$ $\boldsymbol{x}$ 和 $\mathbf{A}^{-1}\boldsymbol{y}$ 线性相关.

证明 (1) 当 $\boldsymbol{x}$ 和 $\boldsymbol{y}$ 至少有一个为零时, 结论显然成立. 不妨假设 $\boldsymbol{x} \neq \mathbf{0}$, 定义

$$\boldsymbol{z} = \boldsymbol{y} - \frac{\boldsymbol{x}'\boldsymbol{y}}{\|\boldsymbol{x}\|^2}\boldsymbol{x},$$

则 $\boldsymbol{x}'\boldsymbol{z} = 0$. 于是

$$0 \leqslant \|\boldsymbol{z}\|^2 = \boldsymbol{z}'\boldsymbol{y} = \|\boldsymbol{y}\|^2 - \frac{\boldsymbol{x}'\boldsymbol{y}}{\|\boldsymbol{x}\|^2}\boldsymbol{x}'\boldsymbol{y} = \|\boldsymbol{y}\|^2 - \frac{(\boldsymbol{x}'\boldsymbol{y})^2}{\|\boldsymbol{x}\|^2},$$

得证

$$(\boldsymbol{x}'\boldsymbol{y})^2 \leqslant \boldsymbol{x}'\boldsymbol{x} \cdot \boldsymbol{y}'\boldsymbol{y},$$

等号成立 $\Longleftrightarrow \boldsymbol{z} = \mathbf{0} \Longleftrightarrow \boldsymbol{x}$ 和 $\boldsymbol{y}$ 成比例.

(2) 因为 $\mathbf{A} \geqslant \mathbf{0}$, 所以存在 $n \times n$ 的矩阵 $\mathbf{B}$, 使得 $\mathbf{A} = \mathbf{B}'\mathbf{B}$, 于是令 $\boldsymbol{u} = \mathbf{B}\boldsymbol{x}$, $\boldsymbol{v} = \mathbf{B}\boldsymbol{y}$, 对 $\boldsymbol{u}$ 和 $\boldsymbol{v}$ 使用 (1) 立证 (2).

(3) 因为 $\mathbf{A} > \mathbf{0}$, 所以 $\mathbf{A}^{1/2}$ 存在, 令 $\boldsymbol{u} = \mathbf{A}^{1/2}\boldsymbol{x}$, $\boldsymbol{v} = \mathbf{A}^{-1/2}\boldsymbol{y}$, 对 $\boldsymbol{u}$ 和 $\boldsymbol{v}$ 使用 (1) 立证 (3). 定理证毕.

定理 2.5.7 (Kantorovich 不等式)　设 $\mathbf{A}_{n\times n}$ 为正定阵, $\lambda_1 \geqslant \cdots \geqslant \lambda_n$ 为 $\mathbf{A}$ 的特征根, 则

$$1 \leqslant \frac{\boldsymbol{x}'\mathbf{A}\boldsymbol{x} \cdot \boldsymbol{x}'\mathbf{A}^{-1}\boldsymbol{x}}{(\boldsymbol{x}'\boldsymbol{x})^2} \leqslant \frac{1}{4}\frac{(\lambda_1 + \lambda_n)^2}{\lambda_1\lambda_n}. \tag{2.5.7}$$

证明　左边的不等式容易从 Cauchy-Schwarz 不等式. 现证右边不等式

$$\frac{\boldsymbol{x}'\mathbf{A}\boldsymbol{x} \cdot \boldsymbol{x}'\mathbf{A}^{-1}\boldsymbol{x}}{(\boldsymbol{x}'\boldsymbol{x})^2} \leqslant \frac{1}{4}\frac{(\lambda_1 + \lambda_n)^2}{\lambda_1\lambda_n} \Longleftrightarrow \boldsymbol{x}'\mathbf{A}\boldsymbol{x} \cdot \boldsymbol{x}'\mathbf{A}^{-1}\boldsymbol{x} \leqslant \frac{\lambda_1 + \lambda_n}{2} \cdot \frac{\lambda_1^{-1} + \lambda_n^{-1}}{2},$$

其中 $\boldsymbol{x}'\boldsymbol{x} = 1$. 设 $\mathbf{Q}$ 为正交方阵, 使得 $\mathbf{A} = \mathbf{Q}\boldsymbol{\Lambda}\mathbf{Q}'$, $\boldsymbol{\Lambda} = \mathrm{diag}(\lambda_1, \cdots, \lambda_n)$. 记 $\boldsymbol{u} = \mathbf{Q}'\boldsymbol{x}$,

$$\begin{aligned}
&\boldsymbol{u}'\boldsymbol{\Lambda}\boldsymbol{u} \cdot \boldsymbol{u}'\boldsymbol{\Lambda}^{-1}\boldsymbol{u} \leqslant \frac{\lambda_1 + \lambda_n}{2} \cdot \frac{\lambda_1^{-1} + \lambda_n^{-1}}{2} \\
&\qquad \Longleftrightarrow \boldsymbol{u}'\left(\frac{2}{\lambda_1 + \lambda_n}\boldsymbol{\Lambda}\right)\boldsymbol{u} \cdot \boldsymbol{u}'\left(\frac{2}{\lambda_1^{-1} + \lambda_n^{-1}}\boldsymbol{\Lambda}^{-1}\right)\boldsymbol{u} \leqslant 1,
\end{aligned}$$

其中 $\boldsymbol{u}'\boldsymbol{u} = 1$. 利用几何平均小于算术平均, 则上式的一个充分条件为: 对一切 $\boldsymbol{u}$, 有

$$\boldsymbol{u}'\left(\frac{\boldsymbol{\Lambda}}{\lambda_1 + \lambda_n} + \frac{\boldsymbol{\Lambda}^{-1}}{\lambda_1^{-1} + \lambda_n^{-1}}\right)\boldsymbol{u} \leqslant \boldsymbol{u}'\boldsymbol{u},$$

而此式又

$$\begin{aligned}
&\Longleftrightarrow \frac{\lambda_i}{\lambda_1 + \lambda_n} + \frac{\lambda_i^{-1}}{\lambda_1^{-1} + \lambda_n^{-1}} \leqslant 1, \quad i = 1, \cdots, n \\
&\Longleftrightarrow (\lambda_i - \lambda_1)(\lambda_i - \lambda_n) \leqslant 0, \quad i = 1, \cdots, n.
\end{aligned}$$

定理证毕.

定理 2.5.8 (Wielandt 不等式)　设 $\mathbf{A}$ 为 $n\times n$ 正定对称阵, $\lambda_1 \geqslant \cdots \geqslant \lambda_n > 0$ 为 $\mathbf{A}$ 的特征值, 则对任意一对正交向量 $\boldsymbol{x}$ 和 $\boldsymbol{y}$, 有

$$|\,\boldsymbol{x}'\mathbf{A}\boldsymbol{y}\,|^2 \leqslant \left(\frac{\lambda_1 - \lambda_n}{\lambda_1 + \lambda_n}\right)^2 (\boldsymbol{x}'\mathbf{A}\boldsymbol{x}) \cdot (\boldsymbol{y}'\mathbf{A}\boldsymbol{y}), \tag{2.5.8}$$

且存在正交向量 $\boldsymbol{x}$ 和 $\boldsymbol{y}$, 使 (2.5.8) 的等号成立.

证明 显然我们只需对 $\| \boldsymbol{x} \| = 1, \| \boldsymbol{y} \| = 1$ 的正交向量证明 (2.5.8). 设 $\boldsymbol{x}$ 和 $\boldsymbol{y}$ 为任一对标准正交向量, 定义

$$\mathbf{B} = (\boldsymbol{x}, \boldsymbol{y})'\mathbf{A}(\boldsymbol{x}, \boldsymbol{y}),$$

这里 $\mathbf{B}$ 是一个 2×2 正定对称阵, 记其特征值为 $\mu_1 \geqslant \mu_2 > 0$. 根据 Poincaré 分离定理, 我们有

$$\lambda_1 \geqslant \mu_1 \geqslant \mu_2 \geqslant \lambda_n. \tag{2.5.9}$$

另一方面

$$\begin{aligned} 1 - \frac{| \boldsymbol{x}'\mathbf{A}\boldsymbol{y} |^2}{\boldsymbol{x}'\mathbf{A}\boldsymbol{x} \cdot \boldsymbol{y}'\mathbf{A}\boldsymbol{y}} &= 4\frac{\boldsymbol{x}'\mathbf{A}\boldsymbol{x} \cdot \boldsymbol{y}'\mathbf{A}\boldsymbol{y} - | \boldsymbol{x}'\mathbf{A}\boldsymbol{y} |^2}{(\boldsymbol{x}'\mathbf{A}\boldsymbol{x} + \boldsymbol{y}'\mathbf{A}\boldsymbol{y})^2 - (\boldsymbol{x}'\mathbf{A}\boldsymbol{x} - \boldsymbol{y}'\mathbf{A}\boldsymbol{y})^2} \\ &= \frac{4|\mathbf{B}|}{\mathrm{tr}(\mathbf{B})^2 - (\boldsymbol{x}'\mathbf{A}\boldsymbol{x} - \boldsymbol{y}'\mathbf{A}\boldsymbol{y})^2} \\ &= \frac{4\mu_1\mu_2}{(\mu_1 + \mu_2)^2 - (\boldsymbol{x}'\mathbf{A}\boldsymbol{x} - \boldsymbol{y}'\mathbf{A}\boldsymbol{y})^2} \geqslant \frac{4\mu_1\mu_2}{(\mu_1 + \mu_2)^2}. \end{aligned} \tag{2.5.10}$$

这里等号成立当且仅当 $\boldsymbol{x}'\mathbf{A}\boldsymbol{x} = \boldsymbol{y}'\mathbf{A}\boldsymbol{y}$, 且 $\boldsymbol{x}, \boldsymbol{y}$ 为一对标准正交向量. (2.5.10) 可以改写为

$$\frac{| \boldsymbol{x}'\mathbf{A}\boldsymbol{y} |^2}{\boldsymbol{x}'\mathbf{A}\boldsymbol{x} \cdot \boldsymbol{y}'\mathbf{A}\boldsymbol{y}} \leqslant 1 - \frac{4\mu_1\mu_2}{(\mu_1 + \mu_2)^2} = \left(\frac{\mu_1 - \mu_2}{\mu_1 + \mu_2}\right)^2 = \left(\frac{\mu_1/\mu_2 - 1}{\mu_1/\mu_2 + 1}\right)^2,$$

因为右端是 μ_1/μ_2 的单调增加函数, 结合 (2.5.10), 得

$$\frac{| \boldsymbol{x}'\mathbf{A}\boldsymbol{y} |^2}{\boldsymbol{x}'\mathbf{A}\boldsymbol{x} \cdot \boldsymbol{y}'\mathbf{A}\boldsymbol{y}} \leqslant \left(\frac{\lambda_1/\lambda_n - 1}{\lambda_1/\lambda_n + 1}\right)^2 = \left(\frac{\lambda_1 - \lambda_n}{\lambda_1 + \lambda_n}\right)^2,$$

(2.4.1) 得证. 若记 $\boldsymbol{\varphi}_1$ 和 $\boldsymbol{\varphi}_n$ 分别为对应于 λ_1 和 λ_n 的 $\mathbf{A}$ 的标准正交化特征向量, 则容易验证, 当 $\boldsymbol{x} = (\boldsymbol{\varphi}_1 + \boldsymbol{\varphi}_n)/\sqrt{2}, \boldsymbol{y} = (\boldsymbol{\varphi}_1 - \boldsymbol{\varphi}_n)/\sqrt{2}$ 时, 等号成立. 定理证毕.

Wang 和 Ip (1999) 把 Wielandt 不等式推广到 $\boldsymbol{x}$ 和 $\boldsymbol{y}$ 为矩阵的情形, 并给出了许多统计应用.

2.6 偏 序

设 $\mathbf{A}, \mathbf{B}$ 为两个 n 阶对称阵, 若 $\mathbf{B} - \mathbf{A} \geqslant \mathbf{0}$, 即 $\mathbf{B} - \mathbf{A}$ 为半正定阵, 则称 $\mathbf{A}$ 低于 $\mathbf{B}$, 记为 $\mathbf{B} \geqslant \mathbf{A}$ 或 $\mathbf{A} \leqslant \mathbf{B}$. 类似地, $\mathbf{A} > \mathbf{B}$ 表明 $\mathbf{A} - \mathbf{B}$ 为正定阵. 容易验证, 对称阵的这种关系满足下列性质.

(1) 自反性: $\mathbf{A} \geqslant \mathbf{A}$;

(2) 传递性: 若 $\mathbf{A} \geqslant \mathbf{B}, \mathbf{B} \geqslant \mathbf{C}$, 则 $\mathbf{A} \geqslant \mathbf{C}$;

(3) 若 $\mathbf{A} \geqslant \mathbf{B}, \mathbf{B} \geqslant \mathbf{A}$, 则 $\mathbf{A} = \mathbf{B}$,

这种关系被称为 Lowner 偏序. 因为并非任意两个对称阵都有这种关系, 所以称其为偏序. Lowner 偏序在统计学中有广泛应用.

定理 2.6.1 (单调性) 设 $\mathbf{A}, \mathbf{B}$ 为两个 n 阶对称阵.

(1) 若 $\mathbf{A} \geqslant \mathbf{B}$, 则 $\lambda_i(\mathbf{A}) \geqslant \lambda_i(\mathbf{B}), i = 1, \cdots, n$;

(2) 若 $\mathbf{A} > \mathbf{B}$, 则 $\lambda_i(\mathbf{A}) > \lambda_i(\mathbf{B}), i = 1, \cdots, n$.

此结果可由 Weyl 定理直接得到. 但注意定理 2.6.1 的逆定理未必成立. 例如

$$\mathbf{A} = \begin{pmatrix} 4 & 0 \\ 0 & 2 \end{pmatrix}, \quad \mathbf{B} = \begin{pmatrix} 2 & 0 \\ 0 & 3 \end{pmatrix}.$$

由此立即可得如下推论.

推论 2.6.1 设 $\mathbf{A} \geqslant \mathbf{B} \geqslant \mathbf{0}$, 则

(1) $\operatorname{tr}(\mathbf{A}) \geqslant \operatorname{tr}(\mathbf{B})$;

(2) $|\mathbf{A}| \geqslant |\mathbf{B}|$;

(3) $\operatorname{rk}(\mathbf{A}) \geqslant \operatorname{rk}(\mathbf{B})$.

定理 2.6.2 设 $\mathbf{A}$ 和 $\mathbf{B}$ 为两个 n 阶对称阵, $\mathbf{P}$ 为 $n \times k$ 矩阵.

(1) 若 $\mathbf{A} \geqslant \mathbf{B}$, 则 $\mathbf{P}'\mathbf{A}\mathbf{P} \geqslant \mathbf{P}'\mathbf{B}\mathbf{P}$;

(2) 若 $\operatorname{rk}(\mathbf{P}) = k$, $\mathbf{A} > \mathbf{B}$, 则 $\mathbf{P}'\mathbf{A}\mathbf{P} > \mathbf{P}'\mathbf{B}\mathbf{P}$.

证明 (1) 由 $\mathbf{A} \geqslant \mathbf{B}$ 的定义知, 对任意 $\boldsymbol{x} \in \mathbb{R}^n$, 有 $\boldsymbol{x}'(\mathbf{A} - \mathbf{B})\boldsymbol{x} \geqslant 0$, 于是, 对任意 $\boldsymbol{x} \in \mathbb{R}^n$,

$$\boldsymbol{x}'(\mathbf{P}'\mathbf{A}\mathbf{P} - \mathbf{P}'\mathbf{B}\mathbf{P})\boldsymbol{x} = (\mathbf{P}\boldsymbol{x})'(\mathbf{A} - \mathbf{B})(\mathbf{P}\boldsymbol{x}) \geqslant 0,$$

此即 $\mathbf{P}'\mathbf{A}\mathbf{P} - \mathbf{P}'\mathbf{B}\mathbf{P} \geqslant \mathbf{0}$.

(2) 设 $\mathbf{A} > \mathbf{B}, \operatorname{rk}(\mathbf{P}) = k$, 则对任意 $\boldsymbol{x} \neq \mathbf{0}$, 我们有 $\mathbf{P}\boldsymbol{x} \neq \mathbf{0}$, 因此对任意 $\boldsymbol{x} \in \mathbb{R}^k (\boldsymbol{x} \neq \mathbf{0})$, 有

$$\boldsymbol{x}'(\mathbf{P}'\mathbf{A}\mathbf{P} - \mathbf{P}'\mathbf{B}\mathbf{P})\boldsymbol{x} = (\mathbf{P}\boldsymbol{x})'(\mathbf{A} - \mathbf{B})(\mathbf{P}\boldsymbol{x}) > 0,$$

故 $\mathbf{P}'\mathbf{A}\mathbf{P} - \mathbf{P}'\mathbf{B}\mathbf{P} > \mathbf{0}$.

定理 2.6.3 设 $\mathbf{A} \geqslant \mathbf{B} \geqslant \mathbf{0}$, 则

$$\mathcal{M}(\mathbf{B}) \subset \mathcal{M}(\mathbf{A}).$$

证明　首先从定义知: $\mathbf{A}\geqslant\mathbf{B}\Longleftrightarrow$ 对任意 $\boldsymbol{x}$, $\boldsymbol{x}'\mathbf{A}\boldsymbol{x}\geqslant\boldsymbol{x}'\mathbf{B}\boldsymbol{x}$. 若 $\boldsymbol{x}\in\mathcal{M}(\mathbf{A})^{\perp}$, 则 $\boldsymbol{x}'\mathbf{A}\boldsymbol{x}=0$, 进而有 $\boldsymbol{x}'\mathbf{B}\boldsymbol{x}=0$, 也就是 $\boldsymbol{x}\in\mathcal{M}(\mathbf{B})^{\perp}$, 这就证明了 $\mathcal{M}(\mathbf{A})^{\perp}\subset\mathcal{M}(\mathbf{B})^{\perp}$, 因此 $\mathcal{M}(\mathbf{B})\subset\mathcal{M}(\mathbf{A})$. 定理证毕.

现在我们引进半正定方阵的平方根阵. 若 $\mathbf{A}\geqslant\mathbf{0}$, 其所有特征根 $\lambda_i\geqslant\mathbf{0}$, 则算术平方根 $\lambda_i^{1/2}$ 都是实数. $\mathbf{\Phi}$ 为以 λ_i 对应的 n 个标准正交化特征向量为列组成的矩阵, 记

$$\mathbf{\Lambda}^{1/2}=(\lambda_1^{1/2},\cdots,\lambda_n^{1/2}).$$

定义

$$\mathbf{A}^{1/2}=\mathbf{\Phi}\mathbf{\Lambda}^{1/2}\mathbf{\Phi}',$$

称 $\mathbf{A}^{1/2}$ 为 $\mathbf{A}$ 的平方根阵. 因此

$$(\mathbf{A}^{1/2})^2=\mathbf{\Phi}\mathbf{\Lambda}^{1/2}\mathbf{\Phi}'\mathbf{\Phi}\mathbf{\Lambda}^{1/2}\mathbf{\Phi}'=\mathbf{\Phi}\mathbf{\Lambda}\mathbf{\Phi}'=\mathbf{A}.$$

显然, $\mathbf{A}^{1/2}\geqslant\mathbf{0}$.

如果 $\mathbf{A}>\mathbf{0}$, 则不难证明 $\mathbf{A}^{1/2}>\mathbf{0}$. 因此, 我们可以求 $\mathbf{A}^{1/2}$ 的逆矩阵, 记之为 $\mathbf{A}^{-1/2}$, 即 $\mathbf{A}^{-1/2}=(\mathbf{A}^{1/2})^{-1}$. 利用 $\mathbf{\Phi}$ 为正交阵, 可以推出

$$\mathbf{A}^{-1/2}=\mathbf{\Phi}\mathbf{\Lambda}^{-1/2}\mathbf{\Phi}',$$

其中

$$\mathbf{\Lambda}^{-1/2}=\mathrm{diag}(\lambda_1^{-1/2},\cdots,\lambda_n^{-1/2}).$$

定理 2.6.4　设 $\mathbf{A}\geqslant\mathbf{0},\mathbf{B}\geqslant\mathbf{0}$, 则下面的命题等价:

(1) $\mathbf{A}\geqslant\mathbf{B}$;

(2) $\mathcal{M}(\mathbf{B})\subseteq\mathcal{M}(\mathbf{A})$, 对任意的 $\boldsymbol{x}\in\mathcal{M}(\mathbf{A}),\boldsymbol{x}'(\mathbf{A}-\mathbf{B})\boldsymbol{x}\geqslant 0$;

(3) $\mathcal{M}(\mathbf{B})\subseteq\mathcal{M}(\mathbf{A}),\lambda_1(\mathbf{B}\mathbf{A}^-)\leqslant 1$, 这里 $\lambda_1(\mathbf{B}\mathbf{A}^-)$ 与 $\mathbf{A}^-$ 的选择无关.

证明　由定理 2.6.3, (1)$\Longrightarrow$(2), 下面证 (2)$\Longrightarrow$(1). 设 $\boldsymbol{x}\in\mathbb{R}^n$, 且

$$\boldsymbol{x}=\boldsymbol{y}+\boldsymbol{z},\quad \boldsymbol{y}\in\mathcal{M}(\mathbf{A}),\quad \boldsymbol{z}\in\mathcal{M}(\mathbf{A})^{\perp},$$

则 $\mathbf{A}\boldsymbol{z}=\mathbf{0}$, 故 $\mathbf{B}\boldsymbol{z}=\mathbf{0}$. 由于 $\boldsymbol{y}\in\mathcal{M}(\mathbf{A})$, 我们有

$$\boldsymbol{x}'(\mathbf{A}-\mathbf{B})\boldsymbol{x}=\boldsymbol{y}'(\mathbf{A}-\mathbf{B})\boldsymbol{y}\geqslant 0,$$

即 $\mathbf{A}\geqslant\mathbf{B}$, 因此 (2) $\Longleftrightarrow$ (1). 下面我们证 (1) $\Longleftrightarrow$ (3).

根据定理 2.6.2 和定理 2.6.3, 我们不难证明

$$\mathbf{A}\geqslant\mathbf{B}\Longleftrightarrow(\mathbf{A}^+)^{1/2}(\mathbf{A}-\mathbf{B})(\mathbf{A}^+)^{1/2}\geqslant\mathbf{0},\quad\mathcal{M}(\mathbf{B})\subseteq\mathcal{M}(\mathbf{A}).$$

令

$$\mathbf{M}_1 = (\mathbf{A}^+)^{1/2}\mathbf{A}(\mathbf{A}^+)^{1/2},$$

$$\mathbf{M}_2 = (\mathbf{A}^+)^{1/2}\mathbf{B}(\mathbf{A}^+)^{1/2}.$$

注意到

$$\mathbf{M}_1 = \mathbf{M}_1^2 = \mathbf{M}_1', \quad \mathcal{M}(\mathbf{M}_1) = \mathcal{M}(\mathbf{A}),$$

因此 $\mathbf{M}_1$ 为向 $\mathcal{M}(\mathbf{A})$ 上的正交投影阵. 由于 $(\mathbf{A}^+)^{1/2}\mathbf{A}\mathbf{A}^+ = (\mathbf{A}^+)^{1/2}$, 因此 $\mathbf{M}_1$ 与 $\mathbf{M}_2$ 可交换, 即

$$\mathbf{M}_1\mathbf{M}_2 = \mathbf{M}_2\mathbf{M}_1 = \mathbf{M}_2.$$

于是 $\mathbf{M}_1$ 和 $\mathbf{M}_2$ 有相同的正交特征向量 $\boldsymbol{\varphi}_1, \cdots, \boldsymbol{\varphi}_n$. 不失一般性, 设 $\boldsymbol{\varphi}_1, \cdots, \boldsymbol{\varphi}_r$ 为 $\mathcal{M}(\mathbf{A})$ 的一组标准正交基, 且 $\lambda_1 \geqslant \cdots \geqslant \lambda_r$ 是 $\mathbf{M}_2$ 对应的特征根, 注意到 $\mathbf{M}_2$ 与 $\mathbf{B}\mathbf{A}^+$ 有相同的特征值, 且由于 $\mathcal{M}(\mathbf{B}) \subseteq \mathcal{M}(\mathbf{A}), \mathbf{B}\mathbf{A}^-$ 的特征值与 $\mathbf{A}^-$ 的选择无关, 因此 $\lambda_1, \cdots, \lambda_r$ 也为 $\mathbf{B}\mathbf{A}^-$ 的特征值. 记 $\boldsymbol{\Phi}_1 = (\boldsymbol{\varphi}_1, \cdots, \boldsymbol{\varphi}_r)$, $\boldsymbol{\Lambda} = \mathrm{diag}(\lambda_1, \cdots, \lambda_r)$, 故

$$\mathbf{M}_1 - \mathbf{M}_2 = \boldsymbol{\Phi}_1(\mathbf{I}_r - \boldsymbol{\Lambda})\boldsymbol{\Phi}_1' \geqslant \mathbf{0} \Longleftrightarrow \lambda_1 \leqslant 1,$$

因此证明了 (1) 和 (3) 等价.

推论 2.6.2 设 $\mathbf{A} \geqslant \mathbf{0}$, $\mathbf{B} \geqslant \mathbf{0}$, 则

(1) 若 $\mathrm{rk}(\mathbf{A}) = \mathrm{rk}(\mathbf{B})$, 则 $\mathbf{A} \geqslant \mathbf{B}$ 当且仅当 $\mathbf{B}^+ \geqslant \mathbf{A}^+$.

(2) 若 $\mathbf{B} > 0$, 则 $\mathbf{A} \geqslant \mathbf{B}$ 当且仅当 $\mathbf{B}^{-1} \geqslant \mathbf{A}^{-1}$; $\mathbf{A} > \mathbf{B}$ 当且仅当 $\mathbf{B}^{-1} > \mathbf{A}^{-1}$.

证明 从定理 2.6.4 推得

$$\mathbf{A} \geqslant \mathbf{B} \Longleftrightarrow \mathcal{M}(\mathbf{B}) \subseteq \mathcal{M}(\mathbf{A}), \quad \lambda_1(\mathbf{B}\mathbf{A}^+) \leqslant 1,$$

$$\mathbf{B}^+ \geqslant \mathbf{A}^+ \Longleftrightarrow \mathcal{M}(\mathbf{A}^+) \subseteq \mathcal{M}(\mathbf{B}^+), \quad \lambda_1(\mathbf{B}\mathbf{A}^+) \leqslant 1.$$

从 $\mathrm{rk}(\mathbf{A}) = \mathrm{rk}(\mathbf{B})$, 得 $\mathcal{M}(\mathbf{B}) = \mathcal{M}(\mathbf{A})$, $\mathcal{M}(\mathbf{A}^+) = \mathcal{M}(\mathbf{B}^+)$. 由于 $\mathcal{M}(\mathbf{A}) = \mathcal{M}(\mathbf{A}^+)$, $\mathcal{M}(\mathbf{B}) = \mathcal{M}(\mathbf{B}^+)$, 故 (1) 得证. (2) 可由 (1) 直接得到. 推论证毕.

对推论 2.6.2 进一步推广到其他广义逆的情况, 读者可参见文献 (Wu, 1980).

下面我们考虑 $\mathbf{A} > \mathbf{B}$ 与 $\mathbf{A}^2 \geqslant \mathbf{B}^2$ 的关系.

引理 2.6.1 设 $\mathbf{A}$ 为 $n \times n$ 实方阵, $\lambda_1(\mathbf{A})$, $\sigma_1(\mathbf{A})$ 分别为它的最大特征根和最大奇异值, 则 $|\lambda_1(\mathbf{A})| \leqslant \sigma_1(\mathbf{A})$.

证明 设 $\boldsymbol{x}$ 为 $\mathbf{A}$ 的对应于 $\lambda_1(\mathbf{A})$ 的单位特征向量, 则

$$(\lambda_1(\mathbf{A}))^2 = \boldsymbol{x}'\mathbf{A}'\mathbf{A}\boldsymbol{x} \leqslant \lambda_1(\mathbf{A}'\mathbf{A}) = \sigma_1^2(\mathbf{A}).$$

故引理得证.

定理 2.6.5 设 $\mathbf{A}, \mathbf{B}$ 为两个半正定阵, 则

(1) $\mathbf{A}^2 \geqslant \mathbf{B}^2 \Longrightarrow \mathbf{A} \geqslant \mathbf{B}$;

(2) 若 $\mathbf{AB} = \mathbf{BA}$, 则 $\mathbf{A} \geqslant \mathbf{B} \Longrightarrow \mathbf{A}^k \geqslant \mathbf{B}^k \geqslant \mathbf{0}$, k 为任意正整数.

证明 (1) 应用定理 2.6.4 知

$$\mathbf{A}^2 \geqslant \mathbf{B}^2 \Longleftrightarrow \mathcal{M}(\mathbf{B}^2) \leqslant \mathcal{M}(\mathbf{A}^2), \quad \lambda_1(\mathbf{B}^2(\mathbf{A}^2)^+) \leqslant 1.$$

由于

$$\mathcal{M}(\mathbf{B}^2) = \mathcal{M}(\mathbf{B}), \quad \mathcal{M}(\mathbf{A}^2) = \mathcal{M}(\mathbf{A}),$$

$$\lambda_1(\mathbf{B}^2(\mathbf{A}^2)^+) = \lambda_1(\mathbf{B}(\mathbf{A}^2)^+\mathbf{B}) = (\sigma_1(\mathbf{BA}^+))^2,$$

注意到 $\mathbf{A} \geqslant \mathbf{0}$, $\mathbf{B} \geqslant \mathbf{0}$, 故 $\sigma_1(\mathbf{BA}^+) > 0$. 因此 $\mathcal{M}(\mathbf{B}) \subseteq \mathcal{M}(\mathbf{A})$, $\sigma_1(\mathbf{BA}^+) \leqslant 1$, 依引理 2.6.1, 有

$$\lambda_1(\mathbf{BA}^+) \leqslant \sigma_1(\mathbf{BA}^+).$$

由定理 2.6.4 得证 $\mathbf{A} \geqslant \mathbf{B}$.

(2) 因 $\mathbf{AB} = \mathbf{BA}$, 故存在正交阵 $\mathbf{Q}$, 使得 $\mathbf{A}, \mathbf{B}$ 同时对角化, 即

$$\mathbf{A} = \mathbf{Q}\mathbf{\Lambda}\mathbf{Q}', \qquad \mathbf{\Lambda} = \mathrm{diag}(\lambda_1, \cdots, \lambda_n), \qquad \lambda_i \geqslant 0, \quad i = 1, \cdots, n,$$

$$\mathbf{B} = \mathbf{Q}\mathbf{\Delta}\mathbf{Q}', \qquad \mathbf{\Delta} = \mathrm{diag}(\sigma_1, \cdots, \sigma_n), \qquad \sigma_1 \geqslant 0, \quad i = 1, \cdots, n.$$

据此容易证明

$$\mathbf{A}^+\mathbf{B} = \mathbf{BA}^+ = \mathbf{Q}\mathbf{\Lambda}^+\mathbf{\Delta}\mathbf{Q}' \geqslant \mathbf{0}, \quad (\mathbf{A}^+)^+\mathbf{B}^+ = \mathbf{B}^+(\mathbf{A}^+)^+ = \mathbf{Q}[(\mathbf{\Lambda}^+)^+\mathbf{\Delta}^+]\mathbf{Q}' \geqslant \mathbf{0},$$

故

$$\lambda_1 = ((\mathbf{A}^+)^+\mathbf{B}^k) = [\lambda_1(\mathbf{A}^+\mathbf{B})]^k \leqslant 1,$$

$$\mathcal{M}(\mathbf{A}^k) = \mathcal{M}(\mathbf{A}), \quad \mathcal{M}(\mathbf{B}^k) \subseteq \mathcal{M}(\mathbf{A}),$$

因此有 $\mathbf{A}^k \geqslant \mathbf{B}^k$. 证毕.

定理 2.6.5 中, 条件 $\mathbf{AB} = \mathbf{BA}$ 是必要条件. 总的来说, $\mathbf{A} \geqslant \mathbf{B}$ 并不一定有 $\mathbf{A}^2 \geqslant \mathbf{B}^2$ 成立.

关于偏序的更多性质和应用, 读者可参阅 (Baksalary, 1987).

2.7 Kronecker 乘积与向量化运算

本节我们要研究矩阵的两种特殊运算: Kronecker 乘积与向量化运算, 它们在线性模型、多元统计分析等分支的参数估计理论中有特别重要的应用.

定义 2.7.1　设 $\mathbf{A}=(a_{ij})$ 和 $\mathbf{B}=(b_{ij})$ 分别为 $m\times n, p\times q$ 的矩阵, 定义矩阵 $\mathbf{C}=(a_{ij}\mathbf{B})$. 这是一个 $mp\times nq$ 的矩阵, 称为 $\mathbf{A}$ 和 $\mathbf{B}$ 的 Kronecker 乘积, 记为 $\mathbf{C}=\mathbf{A}\otimes\mathbf{B}$, 即

$$\mathbf{A}\otimes\mathbf{B}=\begin{pmatrix} a_{11}\mathbf{B} & a_{12}\mathbf{B} & \cdots & a_{1n}\mathbf{B} \\ a_{21}\mathbf{B} & a_{22}\mathbf{B} & \cdots & a_{2n}\mathbf{B} \\ \vdots & \vdots & & \vdots \\ a_{m1}\mathbf{B} & a_{m2}\mathbf{B} & \cdots & a_{mn}\mathbf{B} \end{pmatrix}.$$

这种乘积具有下列性质:

(1) $\mathbf{0}\otimes\mathbf{A}=\mathbf{A}\otimes\mathbf{0}=\mathbf{0}$;

(2) $(\mathbf{A}_1+\mathbf{A}_2)\otimes\mathbf{B}=(\mathbf{A}_1\otimes\mathbf{B})+(\mathbf{A}_2\otimes\mathbf{B}), \mathbf{A}\otimes(\mathbf{B}_1+\mathbf{B}_2)=(\mathbf{A}\otimes\mathbf{B}_1)+(\mathbf{A}\otimes\mathbf{B}_2)$;

(3) $(\alpha\mathbf{A})\otimes(\beta\mathbf{B})=\alpha\beta(\mathbf{A}\otimes\mathbf{B})$;

(4) $(\mathbf{A}_1\otimes\mathbf{B}_1)(\mathbf{A}_2\otimes\mathbf{B}_2)=(\mathbf{A}_1\mathbf{A}_2)\otimes(\mathbf{B}_1\mathbf{B}_2)$;

(5) $(\mathbf{A}\otimes\mathbf{B})'=\mathbf{A}'\otimes\mathbf{B}'$;

(6) $(\mathbf{A}\otimes\mathbf{B})^-=\mathbf{A}^-\otimes\mathbf{B}^-$, 和以前一样, 应理解 $\mathbf{A}^-\otimes\mathbf{B}^-$ 为 $\mathbf{A}\otimes\mathbf{B}$ 的广义逆, 但不必是全部广义逆. 特别地, $(\mathbf{A}\otimes\mathbf{B})^+=\mathbf{A}^+\otimes\mathbf{B}^+$. 当 $\mathbf{A}$, $\mathbf{B}$ 都可逆时, 有 $(\mathbf{A}\otimes\mathbf{B})^{-1}=\mathbf{A}^{-1}\otimes\mathbf{B}^{-1}$.

定理 2.7.1　设 $\mathbf{A}, \mathbf{B}$ 分别为 $n\times n$, $m\times m$ 的方阵, $\lambda_1,\cdots,\lambda_n$ 和 $\mu_1,\cdots,\mu_m$ 分别为 $\mathbf{A},\mathbf{B}$ 的特征值, 则

(1) $\lambda_i\mu_j, i=1,\cdots,n, j=1,\cdots,m$ 为 $\mathbf{A}\otimes\mathbf{B}$ 的特征值, 且 $|\mathbf{A}\otimes\mathbf{B}|=|\mathbf{A}|^m\cdot|\mathbf{B}|^n$;

(2) $\mathrm{tr}(\mathbf{A}\otimes\mathbf{B})=\mathrm{tr}(\mathbf{A})\mathrm{tr}(\mathbf{B})$;

(3) $\mathrm{rk}(\mathbf{A}\otimes\mathbf{B})=\mathrm{rk}(\mathbf{A})\mathrm{rk}(\mathbf{B})$;

(4) 若 $\mathbf{A}\geqslant\mathbf{0},\mathbf{B}\geqslant\mathbf{0}$, 则 $\mathbf{A}\otimes\mathbf{B}\geqslant\mathbf{0}$.

证明　(1) 记 $\mathbf{A},\mathbf{B}$ 的 Jordan 标准形分别为

$$\mathbf{\Lambda}=\begin{pmatrix} \lambda_1 & & & \\ 0 & \lambda_2 & * & \\ \vdots & \vdots & \ddots & \\ 0 & 0 & \cdots & \lambda_n \end{pmatrix},\qquad \mathbf{\Delta}=\begin{pmatrix} \mu_1 & & & \\ 0 & \mu_2 & * & \\ \vdots & \vdots & \ddots & \\ 0 & 0 & \cdots & \mu_m \end{pmatrix}.$$

依 Jordan 分解, 存在可逆阵 $\mathbf{P}$ 和 $\mathbf{Q}$, 使得 $\mathbf{A}=\mathbf{P\Lambda P}^{-1}$, $\mathbf{B}=\mathbf{Q\Delta Q}^{-1}$, 利用 Kronecker 乘积的性质, 得

$$\mathbf{A}\otimes\mathbf{B}=(\mathbf{P\Lambda P}^{-1})\otimes(\mathbf{Q\Delta Q}^{-1})=(\mathbf{P}\otimes\mathbf{Q})(\mathbf{\Lambda}\otimes\mathbf{\Delta})(\mathbf{P}\otimes\mathbf{Q})^{-1},$$

即 $\mathbf{A}\otimes\mathbf{B}$ 相似于上三角阵 $\mathbf{\Lambda}\otimes\mathbf{\Delta}$, 后者的对角元为 $\lambda_i\mu_j$, $i=1,\cdots,n$, $j=1,\cdots,m$, 所以, 这些 λ_i,μ_i 为 $\mathbf{A}\otimes\mathbf{B}$ 的全部特征根, 又

$$|\mathbf{A}\otimes\mathbf{B}|=|\mathbf{\Lambda}\otimes\mathbf{\Delta}|=\prod_{i=1}^{n}\prod_{j=1}^{m}\lambda_i\mu_j=\left(\prod_{i=1}^{n}\lambda_i\right)^m\left(\prod_{j=1}^{m}\mu_j\right)^n=|\mathbf{A}|^m|\mathbf{B}|^n.$$

证毕.

由 (1) 立得 (2) 和 (4), (3) 可由秩的定义直接导出.

定义 2.7.2 设 $\mathbf{A}_{m\times n}=(\boldsymbol{a}_1,\boldsymbol{a}_2,\cdots,\boldsymbol{a}_n)$, 定义 $mn\times 1$ 的向量

$$\mathrm{Vec}(\mathbf{A})=\begin{pmatrix}\boldsymbol{a}_1\\\boldsymbol{a}_2\\\vdots\\\boldsymbol{a}_n\end{pmatrix}.$$

这是把矩阵 $\mathbf{A}$ 按列向量依次排成的向量, 往往称这个程序为矩阵的向量化.

向量化运算具有下列性质:

(1) $\mathrm{Vec}(\mathbf{A}+\mathbf{B})=\mathrm{Vec}(\mathbf{A})+\mathrm{Vec}(\mathbf{B})$;

(2) $\mathrm{Vec}(\alpha\mathbf{A})=\alpha\mathrm{Vec}(\mathbf{A})$, 这里 α 为数;

(3) $\mathrm{tr}(\mathbf{AB})=(\mathrm{Vec}(\mathbf{A}'))'\mathrm{Vec}(\mathbf{B})$;

(4) $\mathrm{tr}(\mathbf{A})=\mathrm{tr}(\mathbf{AI})=\mathrm{tr}(\mathbf{IA})=(\mathrm{Vec}(\mathbf{I}))'\mathrm{Vec}(\mathbf{A})$;

(5) 设 $\boldsymbol{a}$ 和 $\boldsymbol{b}$ 分别为 $n\times 1$, $m\times 1$ 向量, 则 $\mathrm{Vec}(\boldsymbol{a}\boldsymbol{b}')=\boldsymbol{b}\otimes\boldsymbol{a}$;

(6) $\mathrm{Vec}(\mathbf{ABC})=(\mathbf{C}'\otimes\mathbf{A})\mathrm{Vec}(\mathbf{B})$;

(7) 设 $\mathbf{X}_{m\times n}=(\boldsymbol{x}_1,\cdots,\boldsymbol{x}_n)$ 为随机矩阵, 且

$$\mathrm{Cov}(\boldsymbol{x}_i,\boldsymbol{x}_j)=E(\boldsymbol{x}_i-E\boldsymbol{x}_i)(\boldsymbol{x}_j-E\boldsymbol{x}_j)'=v_{ij}\mathbf{\Sigma}.$$

记 $\mathbf{V}=(v_{ij})_{n\times n}$, 则

$$\mathrm{Cov}(\mathrm{Vec}(\mathbf{X}))=\mathbf{V}\otimes\mathbf{\Sigma},$$

$$\mathrm{Cov}(\mathrm{Vec}(\mathbf{X}'))=\mathbf{\Sigma}\otimes\mathbf{V},$$

$$\mathrm{Cov}(\mathrm{Vec}(\mathbf{TX}))=\mathbf{V}\otimes(\mathbf{T\Sigma T}'),$$

这里 $\mathbf{T}$ 为非随机矩阵.

我们只证明 (6), 其余留作练习.

设 $\mathbf{C}_{m\times n}=(c_{ij})=(\boldsymbol{c}_1,\cdots,\boldsymbol{c}_n),\mathbf{B}=(\boldsymbol{b}_1,\cdots,\boldsymbol{b}_m)$. 依定义, 得

$$(\mathbf{C}'\otimes\mathbf{A})\mathrm{Vec}(\mathbf{B})=\begin{pmatrix} c_{11}\mathbf{A} & c_{21}\mathbf{A} & \cdots & c_{m1}\mathbf{A}\\ c_{12}\mathbf{A} & c_{22}\mathbf{A} & \cdots & c_{m2}\mathbf{A}\\ \vdots & \vdots & & \vdots\\ c_{1n}\mathbf{A} & c_{2n}\mathbf{A} & \cdots & c_{mn}\mathbf{A}\end{pmatrix}\begin{pmatrix}\boldsymbol{b}_1\\ \boldsymbol{b}_2\\ \vdots\\ \boldsymbol{b}_m\end{pmatrix}$$

$$=\begin{pmatrix}\mathbf{A}\sum_{j=1}^{n}c_{j1}\boldsymbol{b}_j\\ \mathbf{A}\sum_{j=1}^{n}c_{j2}\boldsymbol{b}_j\\ \vdots\\ \mathbf{A}\sum_{j=1}^{n}c_{jn}\boldsymbol{b}_j\end{pmatrix}=\begin{pmatrix}\mathbf{AB}\boldsymbol{c}_1\\ \mathbf{AB}\boldsymbol{c}_2\\ \vdots\\ \mathbf{AB}\boldsymbol{c}_n\end{pmatrix}=\mathrm{Vec}(\mathbf{ABC}).$$

故 (6) 得证.

2.8 矩阵微商

在统计学中, 为了获得参数的极大似然估计, 我们常常需要求似然函数的极值, 这就要用到矩阵微商. 本质上讲, 矩阵微商就是一般多元函数的微商. 因此, 这里并不需要引进任何新概念. 但是, 在矩阵微商中, 特别注重把自变量和微商结果用简洁的矩阵形式表示出来, 于是, 有一些独特的运算规律. 本节讨论一些常用结果, 更多内容读者可以参阅 Magnus 和 Neudecker (1991).

假设 $\mathbf{X}$ 为 $n\times m$ 矩阵, $y=f(\mathbf{X})$ 为 $\mathbf{X}$ 的一个实值函数, 矩阵

$$\frac{\partial y}{\partial \mathbf{X}}\triangleq\begin{pmatrix}\dfrac{\partial y}{\partial x_{11}} & \dfrac{\partial y}{\partial x_{12}} & \cdots & \dfrac{\partial y}{\partial x_{1m}}\\ \dfrac{\partial y}{\partial x_{21}} & \dfrac{\partial y}{\partial x_{22}} & \cdots & \dfrac{\partial y}{\partial x_{2m}}\\ \vdots & \vdots & & \vdots\\ \dfrac{\partial y}{\partial x_{n1}} & \dfrac{\partial y}{\partial x_{n2}} & \cdots & \dfrac{\partial y}{\partial x_{nm}}\end{pmatrix}_{n\times m}$$

称为 y 对 $\mathbf{X}$ 的微商.

没有特殊说明, 以下都假定矩阵 $\mathbf{X}$ 中的 mn 个变量 $x_{ij}, i=1,2,\cdots,n, j=1,\cdots,m$ 都是独立自变量.

例 2.8.1　设 $\boldsymbol{a},\boldsymbol{x}$ 均为 $n\times 1$ 向量, $y=\boldsymbol{a}'\boldsymbol{x}$, 则 $\dfrac{\partial y}{\partial \boldsymbol{x}}=\boldsymbol{a}$.

例 2.8.2　设 $\mathbf{A}_{n\times n}$ 对称, $\boldsymbol{x}_{n\times 1}, y=\boldsymbol{x}'\mathbf{A}\boldsymbol{x}$, 则 $\dfrac{\partial y}{\partial \boldsymbol{x}}=2\mathbf{A}\boldsymbol{x}$.

例 2.8.3　记矩阵 $\mathbf{X}_{m\times m}$ 的元素 x_{ij} 的代数余子式为 X_{ij}, 则

$$\frac{\partial \mid \mathbf{X} \mid}{\partial \mathbf{X}} = (X_{ij})_{m\times m} = \mid \mathbf{X} \mid (\mathbf{X}^{-1})'.$$

结果容易从 $\mid \mathbf{X} \mid = \sum\limits_{j=1}^{m} x_{ij}X_{ij}$ 和 X_{ij} 中不包含 x_{ij} 导出.

定理 2.8.1 设 $\mathbf{Y}$ 和 $\mathbf{X}$ 分别为 $m\times n, p\times q$ 矩阵, $\mathbf{Y}$ 的每个元素 y_{ij} 是 $\mathbf{X}$ 的元素的函数, 又 $u=u(\mathbf{Y})$, 则

$$\frac{\partial u}{\partial \mathbf{X}} = \sum_{ij} \left(\frac{\partial u}{\partial \mathbf{Y}}\right)_{ij} \frac{\partial (\mathbf{Y})_{ij}}{\partial \mathbf{X}},$$

其中 $\left(\frac{\partial u}{\partial \mathbf{Y}}\right)_{ij}$ 表示矩阵 $\frac{\partial u}{\partial \mathbf{Y}}$ 的 (i,j) 元, $(\mathbf{Y})_{ij}$ 表示矩阵 $\mathbf{Y}$ 的 (i,j) 元 y_{ij}.

结论容易从复合函数的求导法则

$$\frac{\partial u}{\partial x_{kl}} = \sum_{ij} \frac{\partial u}{\partial y_{ij}} \frac{\partial y_{ij}}{\partial x_{kl}} = \sum_{ij} \left(\frac{\partial u}{\partial \mathbf{Y}}\right)_{ij} \cdot \frac{\partial (\mathbf{Y})_{ij}}{\partial x_{kl}}$$

得到.

例 2.8.4

$$\begin{aligned}\frac{\partial \mid \mathbf{Y} \mid}{\partial \mathbf{X}} &= \sum_{ij} \left(\frac{\partial \mid \mathbf{Y} \mid}{\partial \mathbf{Y}}\right)_{ij} \frac{\partial (\mathbf{Y})_{ij}}{\partial \mathbf{X}} = \sum_{ij} (Y_{kl})_{ij} \frac{\partial (\mathbf{Y})_{ij}}{\partial \mathbf{X}} \\ &= \sum_{ij} \mid \mathbf{Y} \mid (\mathbf{Y}^{-1})'_{ij} \frac{\partial (\mathbf{Y})_{ij}}{\partial \mathbf{X}},\end{aligned}$$

其中 Y_{kl} 表示矩阵 $\mathbf{Y}$ 的元素 y_{kl} 的代数余子式, $(Y_{kl})_{ij}$ 表示由这些代数余子式组成的矩阵. 这里利用了例 2.8.3.

例 2.8.5 $\dfrac{\partial \ln \mid \mathbf{Y} \mid}{\partial \mathbf{X}} = \dfrac{1}{\mid \mathbf{Y} \mid} \dfrac{\partial \mid \mathbf{Y} \mid}{\partial \mathbf{X}} = \sum\limits_{ij} (\mathbf{Y}^{-1})'_{ij} \dfrac{\partial (\mathbf{Y})_{ij}}{\partial \mathbf{X}}.$

我们用 $\mathbf{E}_{ij}$ 表示 (i,j) 元为 1 其余元素全为零的 $m\times n$ 矩阵. 在不致引起混淆的情况下, 常常把阶数 $m\times n$ 略去. 利用这个记号, 则有

$$\frac{\partial y}{\partial \mathbf{X}_{m\times n}} = \left(\frac{\partial y}{\partial x_{ij}}\right) = \sum_{ij} \mathbf{E}_{ij} \frac{\partial y}{\partial x_{ij}}. \tag{2.8.1}$$

例 2.8.6 $\dfrac{\partial \mid \mathbf{AXB} \mid}{\partial \mathbf{X}} = \mid \mathbf{AXB} \mid \mathbf{A}'((\mathbf{AXB})^{-1})'\mathbf{B}'.$

证明 记 $\mathbf{Y}=\mathbf{AXB}$, 利用例 2.8.4, 有

$$\frac{\partial \mid \mathbf{AXB} \mid}{\partial \mathbf{X}} = \sum_{ij} \mid \mathbf{Y} \mid (\mathbf{Y}^{-1})'_{ij} \frac{\partial (\mathbf{Y})_{ij}}{\partial \mathbf{X}} = \mid \mathbf{AXB} \mid \sum_{ij} ((\mathbf{AXB})^{-1})'_{ij} \frac{\partial (\mathbf{AXB})_{ij}}{\partial \mathbf{X}}.$$

因为

$$\frac{\partial(\mathbf{AXB})_{ij}}{\partial\mathbf{X}}=\left(\frac{\partial(\mathbf{AXB})_{ij}}{\partial x_{kl}}\right)=(a_{ik}b_{lj})=\mathbf{A}'\mathbf{E}_{ij}\mathbf{B}',$$

所以

$$\begin{aligned}\frac{\partial\mid\mathbf{AXB}\mid}{\partial\mathbf{X}}&=\mid\mathbf{AXB}\mid\sum_{ij}((\mathbf{AXB})^{-1})'_{ij}\cdot\mathbf{A}'\mathbf{E}_{ij}\mathbf{B}'\\&=\mid\mathbf{AXB}\mid\mathbf{A}'\Big[\sum_{ij}((\mathbf{AXB})^{-1})'_{ij}\mathbf{E}_{ij}\Big]\mathbf{B}'=\mid\mathbf{AXB}\mid\mathbf{A}'((\mathbf{AXB})^{-1})'\mathbf{B}'.\end{aligned}$$

最后一式利用了如下等式:

$$\sum_{ij}(\mathbf{A})_{ij}\mathbf{E}_{ij}=\sum_{ij}a_{ij}\mathbf{E}_{ij}=\mathbf{A}.$$

例 2.8.7 $\dfrac{\partial\ln\mid\mathbf{AXB}\mid}{\partial\mathbf{X}}=\mathbf{A}'((\mathbf{AXB})^{-1})'\mathbf{B}'.$

这个事实容易由例 2.8.5 和例 2.8.6 推出.

定理 2.8.2 (转换定理) 设 $\mathbf{X}$ 和 $\mathbf{Y}$ 分别为 $n\times m$ 和 $p\times q$ 矩阵, $\mathbf{A},\mathbf{B},\mathbf{C}$, $\mathbf{D}$ 分别为 $p\times m, n\times q, p\times n, m\times q$ 矩阵 (可以是 $\mathbf{X}$ 的函数), 则下列两条等价:

(1) $\dfrac{\partial\mathbf{Y}}{\partial x_{ij}}=\mathbf{A}\mathbf{E}_{ij}(m\times n)\mathbf{B}+\mathbf{C}\mathbf{E}'_{ij}(m\times n)\mathbf{D},\ i=1,\cdots,m,\ j=1,\cdots,n;$

(2) $\dfrac{\partial(\mathbf{Y})_{ij}}{\partial\mathbf{X}}=\mathbf{A}'\mathbf{E}_{ij}(p\times q)\mathbf{B}'+\mathbf{D}\mathbf{E}'_{ij}(p\times q)\mathbf{C},\ i=1,\cdots,p,\ j=1,\cdots,q,$

这里

$$\frac{\partial\mathbf{Z}}{\partial t}=\begin{pmatrix}\dfrac{\partial z_{11}}{\partial t}&\dfrac{\partial z_{12}}{\partial t}&\cdots&\dfrac{\partial z_{1n}}{\partial t}\\\dfrac{\partial z_{21}}{\partial t}&\dfrac{\partial z_{22}}{\partial t}&\cdots&\dfrac{\partial z_{2n}}{\partial t}\\\vdots&\vdots&&\vdots\\\dfrac{\partial z_{m1}}{\partial t}&\dfrac{\partial z_{m2}}{\partial t}&\cdots&\dfrac{\partial z_{mn}}{\partial t}\end{pmatrix}_{m\times n},\tag{2.8.2}$$

$\mathbf{Z}_{m\times n}=(z_{ij}(t))$, 它是矩阵 $\mathbf{Z}=(z_{ij}(t))$ 对自变量 t 的微商.

证明 记 $\boldsymbol{e}'_i=(0,\cdots,0,1,0,\cdots,0)$, 即 $\boldsymbol{e}_i$ 是第 i 个元素为 1, 其余元素全为零的向量, 则 $\mathbf{E}_{ij}=\boldsymbol{e}_i\boldsymbol{e}'_j$.

首先注意到

$$\begin{aligned} e'_k(\mathbf{AE}_{ij}\mathbf{B}+\mathbf{CE}'_{ij}\mathbf{D})e_l &= e'_k\mathbf{A}e_ie'_j\mathbf{B}e_l+e'_k\mathbf{C}e_je'_i\mathbf{D}e_l \\ &= e'_i\mathbf{A}e_ke'_l\mathbf{B}e_j+e'_i\mathbf{D}e_le'_k\mathbf{C}e_j \\ &= e'_i(\mathbf{A}e_ke'_l\mathbf{B}+\mathbf{D}e_le'_k\mathbf{C})e_j \\ &= e'_i(\mathbf{A}'\mathbf{E}_{kl}\mathbf{B}'+\mathbf{DE}_{lk}\mathbf{C})e_j, \end{aligned}$$

若 (1) 成立, 则

$$\left(\frac{\partial \mathbf{Y}}{\partial x_{ij}}\right)_{kl}=e'_i(\mathbf{AE}_{ij}\mathbf{B}+\mathbf{CE}_{ij}\mathbf{D})e_l=e'_i(\mathbf{A}'\mathbf{E}_{kl}\mathbf{B}'+\mathbf{DE}_{lk}\mathbf{C})e_j.$$

但是, 由 (2.8.2), 有

$$\left(\frac{\partial \mathbf{Y}}{\partial x_{ij}}\right)_{kl}=\left(\frac{\partial y_{kl}}{\partial x_{ij}}\right)=\left(\frac{\partial y_{kl}}{\partial \mathbf{X}}\right)_{ij},$$

于是

$$\left(\frac{\partial y_{kl}}{\partial \mathbf{X}}\right)_{ij}=e'_i(\mathbf{A}'\mathbf{E}_{kl}\mathbf{B}'+\mathbf{DE}_{lk}\mathbf{C})e_j,\quad 对一切\ i,\ j,$$

此即 (2). 同法可有 (2)$\Longrightarrow$(1). 定理证毕.

推论 2.8.1 设 $\mathbf{X},\mathbf{Y}$ 分别为 $m\times n, p\times q$ 矩阵, $\mathbf{A}_k,\mathbf{B}_k,\mathbf{C}_k,\mathbf{D}_k$ 分别为 $p\times m$, $n\times q, p\times n, m\times q$ 矩阵 (可以是 $\mathbf{X}$ 的函数), 则下列两条结论是等价的.

(1) $\dfrac{\partial \mathbf{Y}}{\partial x_{ij}}=\sum_k \mathbf{A}_k\mathbf{E}_{ij}(m\times n)\mathbf{B}_k+\sum_l \mathbf{C}_l\mathbf{E}'_{ij}(m\times n)\mathbf{D}_l,\ i=1,\cdots,m,\ j=1,\cdots,n;$

(2) $\dfrac{\partial (\mathbf{Y})_{ij}}{\partial \mathbf{X}}=\sum_k \mathbf{A}'_k\mathbf{E}_{ij}(p\times q)\mathbf{B}'_k+\sum_l \mathbf{D}_l\mathbf{E}'_{ij}(p\times q)\mathbf{C}_l,\ i=1,\cdots,p,\ j=1,\cdots,q.$

证明与定理 2.8.2 类似.

转换定理是求矩阵微商的一个重要工具, 从定理 2.8.1 我们看到, 为求 $\dfrac{\partial u}{\partial \mathbf{X}}$ 需要求 $\dfrac{\partial (\mathbf{Y})_{ij}}{\partial \mathbf{X}}$, 但在很多情况下, 这是困难的. 转换定理给出了利用 $\dfrac{\partial \mathbf{Y}}{\partial x_{ij}}$ 求 $\dfrac{\partial (Y)_{ij}}{\partial \mathbf{X}}$ 的方法, 而求 $\dfrac{\partial \mathbf{Y}}{\partial x_{ij}}$ 往往是比较容易.

例 2.8.8

$$\frac{\partial \ln|\mathbf{X}'\mathbf{A}\mathbf{X}|}{\partial X}=2\mathbf{AX}(\mathbf{X}'\mathbf{AX})^{-1},\quad 其中\ \mathbf{A}\ 对称.$$

证明 依定理 2.8.1 及例 2.8.3 和例 2.8.5, 得

$$\frac{\partial \ln|\mathbf{X}'\mathbf{A}\mathbf{X}|}{\partial \mathbf{X}} = \sum_{i,\ j}\frac{1}{|\mathbf{X}'\mathbf{A}\mathbf{X}|}|\mathbf{X}'\mathbf{A}\mathbf{X}|((\mathbf{X}'\mathbf{A}\mathbf{X})^{-1})'_{ij}\cdot\frac{\partial(\mathbf{X}'\mathbf{A}\mathbf{X})_{ij}}{\partial \mathbf{X}}$$
$$= \sum_{i,\ j}((\mathbf{X}'\mathbf{A}\mathbf{X})^{-1})'_{ij}\frac{\partial(\mathbf{X}'\mathbf{A}\mathbf{X})_{ij}}{\partial \mathbf{X}}. \tag{2.8.3}$$

因为

$$\frac{\partial(\mathbf{X}'\mathbf{A}\mathbf{X})}{\partial x_{ij}} = \frac{\partial \mathbf{X}'}{\partial x_{ij}}(\mathbf{A}\mathbf{X}) + \mathbf{X}'\cdot\frac{\partial \mathbf{A}\mathbf{X}}{\partial x_{ij}} = \mathbf{E}'_{ij}\mathbf{A}\mathbf{X} + \mathbf{X}'\mathbf{A}\mathbf{E}_{ij}, \tag{2.8.4}$$

由转换定理, 应得

$$\frac{\partial(\mathbf{X}'\mathbf{A}\mathbf{X})_{ij}}{\partial \mathbf{X}} = \mathbf{A}\mathbf{X}\mathbf{E}'_{ij} + \mathbf{A}\mathbf{X}\mathbf{E}_{ij},$$

代入 (2.8.3), 得到

$$\frac{\partial \ln|\mathbf{X}'\mathbf{A}\mathbf{X}|}{\partial X} = \sum_{i,\ j}\left((\mathbf{X}'\mathbf{A}\mathbf{X})^{-1}\right)'_{ij}\left(\mathbf{A}\mathbf{X}\mathbf{E}'_{ij} + \mathbf{A}\mathbf{X}\mathbf{E}_{ij}\right)$$
$$= \mathbf{A}\mathbf{X}\left[\sum_{i,\ j}\left((\mathbf{X}'\mathbf{A}\mathbf{X})^{-1}\right)'_{ij}\mathbf{E}'_{ij} + \sum_{i,j}\left((\mathbf{X}'\mathbf{A}\mathbf{X})^{-1}\right)'_{ij}\mathbf{E}_{ij}\right]$$
$$= 2\mathbf{A}\mathbf{X}(\mathbf{X}'\mathbf{A}\mathbf{X})^{-1}.$$

证毕.

例 2.8.9

$$\frac{\partial \mathrm{tr}(\mathbf{X}\mathbf{A}\mathbf{X}')}{\partial \mathbf{X}} = \mathbf{X}(\mathbf{A}+\mathbf{A}').$$

证明

$$左边 = \frac{\partial \mathrm{tr}(\mathbf{X}\mathbf{A}\mathbf{X}')}{\partial \mathbf{X}} = \sum_{i}\frac{\partial(\mathbf{X}\mathbf{A}\mathbf{X}')_{ii}}{\partial \mathbf{X}}, \tag{2.8.5}$$

与 (2.8.4) 同样的方法可推得

$$\frac{\partial(\mathbf{X}\mathbf{A}\mathbf{X}')}{\partial x_{ij}} = \mathbf{E}_{ij}\mathbf{A}\mathbf{X}' + \mathbf{X}\mathbf{A}\mathbf{E}'_{ij}.$$

由转换定理, 有

$$\frac{\partial(\mathbf{X}\mathbf{A}\mathbf{X}')_{ij}}{\partial \mathbf{X}} = \mathbf{E}_{ij}\mathbf{X}\mathbf{A}' + \mathbf{E}'_{ij}\mathbf{X}\mathbf{A},$$

代入 (2.8.5) 得

$$\frac{\partial \mathrm{tr}(\mathbf{XAX}')}{\partial \mathbf{X}} = \sum_i (\mathbf{E}_{ii}\mathbf{XA}' + \mathbf{E}'_{ii}\mathbf{XA}) = \mathbf{X}(\mathbf{A} + \mathbf{A}').$$

证毕.

用同样的方法可以证明以下结果.

例 2.8.10 $\dfrac{\partial \mathrm{tr}(\mathbf{AXB})}{\partial \mathbf{X}} = \mathbf{A}'\mathbf{B}'$, 特别地 $\dfrac{\partial \mathrm{tr}(\mathbf{AX})}{\partial \mathbf{X}} = \mathbf{A}'$.

例 2.8.11

$$\frac{\partial \mathrm{tr}(\mathbf{X}'\mathbf{AXB})}{\partial \mathbf{X}} = \mathbf{AXB} + \mathbf{A}'\mathbf{XB}'.$$

上面的讨论都是假定 $\mathbf{X}$ 的分量是独立自变量. 然而, 有时会碰到 $\mathbf{X}$ 的分量不独立的情况. 其中较重要的是, $\mathbf{X}$ 为对称阵, 这时 $x_{ij} = x_{ji}$. 在这种情况下, 矩阵微商公式略显复杂.

以下记 $\mathrm{diag}(\mathbf{A}) = \mathrm{diag}(a_{11}, \cdots, a_{nn})$.

例 2.8.12 设 $\mathbf{X}$ 为 $n \times n$ 对称阵, 则

$$\frac{\partial \mid \mathbf{X} \mid}{\partial \mathbf{X}} = \mid \mathbf{X} \mid (2\mathbf{X}^{-1} - \mathrm{diag}(\mathbf{X}^{-1})).$$

证明 为求 $\dfrac{\partial \mid \mathbf{X} \mid}{\partial x_{11}}, \dfrac{\partial \mid \mathbf{X} \mid}{\partial x_{1j}}$, 将 $\mid \mathbf{X} \mid$ 按第一行展开, 得

$$\mid \mathbf{X} \mid = \sum_{j=1}^{n} x_{1j} X_{1j},$$

这里, X_{ij} 表示 $\mathbf{X}$ 中 (i, j) 元的代数余子式, 于是

$$\begin{aligned} \frac{\partial \mid \mathbf{X} \mid}{\partial x_{11}} &= X_{11}, \\ \frac{\partial \mid \mathbf{X} \mid}{\partial x_{12}} &= X_{12} + x_{12}\frac{\partial X_{12}}{\partial x_{12}} + \frac{\partial}{\partial x_{12}}\Big[x_{13}X_{13} + \cdots + x_{1n}X_{1n}\Big]. \end{aligned} \tag{2.8.6}$$

若用 $X_{ij,kl}$ 表示 x_{ij} 的余子式中 (k, l) 元的代数余子式, 将 X_{1j} 按第一行展开, 得

$$\begin{aligned} X_{1j} = {} & x_{21}X_{1j,21} + x_{22}X_{1j,22} + \cdots + x_{2j-1}X_{1j,\ 2j-1} \\ & + x_{2j+1}X_{1j,\ 2j+1} + \cdots + x_{2n}X_{1j,2n}, \quad j = 2, \cdots, n. \end{aligned}$$

因为 $X_{1j,2k}, j=2,\cdots,n, k=1,\cdots,n$ 都与 x_{21} 无关, 所以

$$\sum_{j=2}^{n} x_{1j}X_{1j} = x_{21}\sum_{j=2}^{n} x_{1j}X_{1j,21} + (\text{与 } x_{21} \text{ 无关的项}).$$

代入 (2.8.6), 我们得到

$$\frac{\partial \mid \mathbf{X} \mid}{\partial x_{12}} = X_{12} + \sum_{j=2}^{n} x_{1j}X_{1j,21} = 2X_{12}.$$

同理

$$\frac{\partial \mid \mathbf{X} \mid}{\partial x_{ij}} = 2X_{ij}, \qquad \frac{\partial \mid \mathbf{X} \mid}{\partial x_{ii}} = X_{ii}.$$

结论得证.

利用这个结果和例 2.8.5, 立得如下结论.

例 2.8.13　设 $\mathbf{X}$ 为对称可逆阵, 则

$$\frac{\partial \ln \mid \mathbf{X} \mid}{\partial \mathbf{X}} = 2\mathbf{X}^{-1} - \mathrm{diag}(\mathbf{X}^{-1}).$$

例 2.8.14　设 $\mathbf{X}$ 为对称阵, 则

$$\frac{\partial \mathrm{tr}(\mathbf{AX})}{\partial \mathbf{X}} = \mathbf{A} + \mathbf{A}' - \mathrm{diag}(\mathbf{A}).$$

证明　因对任一矩阵 A, 总有 $\mathbf{A} = \sum_{i,j} a_{ij}\mathbf{E}_{ij}$, 故

$$\frac{\partial \mathrm{tr}(\mathbf{AX})}{\partial \mathbf{X}} = \sum_{i,j} E_{ij}\frac{\partial \mathrm{tr}(\mathbf{AX})}{\partial x_{ij}} = \sum_{i,j} E_{ij}\mathrm{tr}\left(\frac{\partial \mathbf{AX}}{\partial x_{ij}}\right).$$

从 $\mathbf{X} = \mathbf{X}'$, 有

$$\mathrm{tr}\left(\frac{\partial \mathbf{AX}}{\partial x_{ij}}\right) = \begin{cases} a_{ii}, & i = j, \\ a_{ij} + a_{ji}, & i \neq j, \end{cases}$$

代入上式, 得

$$\frac{\partial \mathrm{tr}(\mathbf{AX})}{\partial \mathbf{X}} = \sum_{i} a_{ii}\mathbf{E}_{ii} + \sum_{i\neq j}(a_{ij} + a_{ji})\mathbf{E}_{ij} = \mathbf{A} + \mathbf{A}' - \mathrm{diag}(\mathbf{A}).$$

我们把上面求到的一些微商公式列成表 2.8.1.

表 2.8.1 一些矩阵微商公式表

$y=f(\mathbf{X})$	$\dfrac{\partial y}{\partial \mathbf{X}}$	
$\boldsymbol{a}'\boldsymbol{x}$	$\boldsymbol{a}$	
$\boldsymbol{x}'\mathbf{A}\boldsymbol{x}$	$2\mathbf{A}\boldsymbol{x}$	
$\mid\mathbf{X}\mid$	$\begin{cases}\mid\mathbf{X}\mid(\mathbf{X}^{-1})', \\ \mid\mathbf{X}\mid(2\mathbf{X}^{-1}-\mathrm{diag}(\mathbf{X}^{-1}))\end{cases}$	($\mathbf{X}$ 对称)
$\mid\mathbf{AXB}\mid$	$\mid\mathbf{AXB}\mid\mathbf{A}'((\mathbf{AXB})^{-1})'\mathbf{B}'$	
$\ln\mid\mathbf{AXB}\mid$	$\mathbf{A}'((\mathbf{AXB})^{-1})'\mathbf{B}'$	
$\ln\mid\mathbf{X}'\mathbf{AX}\mid$	$2\mathbf{AX}(\mathbf{X}'\mathbf{AX})^{-1}$	($\mathbf{A}$ 对称)
$\mathrm{tr}(\mathbf{XAX}')$	$\mathbf{X}(\mathbf{A}+\mathbf{A}')$	
$\mathrm{tr}(\mathbf{AXB})$	$\mathbf{A}'\mathbf{B}'$	
$\mathrm{tr}(\mathbf{X}'\mathbf{AXB})$	$\mathbf{AXB}+\mathbf{A}'\mathbf{XB}'$	
$\ln\mid\mathbf{X}\mid$	$2\mathbf{X}^{-1}-\mathrm{diag}(\mathbf{X}^{-1})$	($\mathbf{X}$ 对称)
$\mathrm{tr}(\mathbf{AX})$	$\mathbf{A}+\mathbf{A}'-\mathrm{diag}(\mathbf{A})$	($\mathbf{X}$ 对称)

例 2.8.15

$$\frac{\partial}{\partial t}\ln\mid\mathbf{A}(t)\mid=\mathrm{tr}\Big(\mathbf{A}^{-1}(t)\frac{\partial\mathbf{A}(t)}{\partial t}\Big),$$

其中 $\mathbf{A}(t)$ 为矩阵, t 为标量.

$$\begin{aligned}\frac{\partial}{\partial t}\ln\mid\mathbf{A}(t)\mid&=\mid\mathbf{A}(t)\mid^{-1}\frac{\partial\mid\mathbf{A}(t)\mid}{\partial t}=\frac{1}{\mid\mathbf{A}(t)\mid}\sum\sum_{i\leqslant j}\frac{\partial\mid\mathbf{A}(t)\mid}{\partial a_{ij}}\frac{\partial a_{ij}}{\partial t}\\&=\frac{1}{\mid\mathbf{A}(t)\mid}\sum\sum_{i\leqslant j}(2-a_{ij})\mid\mathbf{A}_{ij}\mid\frac{\partial a_{ij}}{\partial t}=\frac{1}{\mid\mathbf{A}(t)\mid}\sum_i\sum_j\mid\mathbf{A}_{ij}\mid\frac{\partial a_{ij}}{\partial t}\\&=\sum_i\sum_j\frac{\mid\mathbf{A}_{ij}\mid}{\mid\mathbf{A}\mid}\frac{\partial a_{ij}}{\partial t}=\sum_i\sum_j a^{ij}\frac{\partial a_{ij}}{\partial t}\\&=\mathrm{tr}(\mathbf{A}^{-1})'\frac{\partial\mathbf{A}}{\partial t}=\mathrm{tr}\Big(\mathbf{A}^{-1}\frac{\partial\mathbf{A}}{\partial t}\Big),\end{aligned}\tag{2.8.7}$$

其中 $\mathbf{A}^{-1}=(a^{ij})$.

例 2.8.16

$$\frac{\partial\mathbf{A}^{-1}(t)}{\partial t}=-\mathbf{A}^{-1}(t)\frac{\partial\mathbf{A}(t)}{\partial t}\mathbf{A}^{-1}(t).$$

证明 由于 $\mathbf{A}(t)\mathbf{A}^{-1}(t)=\mathbf{I}$, 故有

$$\frac{\partial \mathbf{A}(t)}{\partial t}\mathbf{A}^{-1}(t)+\mathbf{A}(t)\frac{\partial \mathbf{A}^{-1}(t)}{\partial t}=\mathbf{0}.$$

因此

$$\frac{\partial \mathbf{A}^{-1}(t)}{\partial t}=-\mathbf{A}^{-1}(t)\frac{\partial \mathbf{A}^{-1}(t)}{\partial t}\mathbf{A}^{-1}(t).$$

最后我们简要介绍一下矩阵对矩阵的微商.

设 $\mathbf{Y}$ 和 $\mathbf{X}$ 分别为 $m\times n$, $p\times q$ 矩阵, 且 $\mathbf{Y}$ 的元素 y_{ij} 为 $\mathbf{X}$ 的函数. 记

$$\frac{\partial \mathbf{Y}}{\partial \mathbf{X}}=\begin{pmatrix} \dfrac{\partial y_{11}}{\partial x_{11}} & \dfrac{\partial y_{11}}{\partial x_{12}} & \cdots & \dfrac{\partial y_{11}}{\partial x_{pq}} \\ \dfrac{\partial y_{12}}{\partial x_{11}} & \dfrac{\partial y_{12}}{\partial x_{12}} & \cdots & \dfrac{\partial y_{12}}{\partial x_{pq}} \\ \vdots & \vdots & & \vdots \\ \dfrac{\partial y_{mn}}{\partial x_{11}} & \dfrac{\partial y_{mn}}{\partial x_{12}} & \cdots & \dfrac{\partial y_{mn}}{\partial x_{pq}} \end{pmatrix},$$

称为 $\mathbf{Y}$ 对 $\mathbf{X}$ 的微商. 容易看到

$$\frac{\partial \mathbf{Y}}{\partial \mathbf{X}}=\left(\mathrm{Vec}\left(\frac{\partial \mathbf{Y}'}{\partial x_{11}}\right),\mathrm{Vec}\left(\frac{\partial \mathbf{Y}'}{\partial x_{12}}\right),\cdots,\mathrm{Vec}\left(\frac{\partial \mathbf{Y}'}{\partial x_{pq}}\right)\right).$$

它把求 $\dfrac{\partial \mathbf{Y}}{\partial \mathbf{X}}$ 转化为求 $\dfrac{\partial \mathbf{Y}}{\partial x_{ij}}$, 在一些情况下, 这会带来不少方便.

例 2.8.17 设 $\mathbf{Y}=\mathbf{AXB}$, 则 $\dfrac{\partial \mathbf{Y}}{\partial \mathbf{X}}=\mathbf{A}\otimes\mathbf{B}'$.

证明 因为 $\dfrac{\partial \mathbf{Y}'}{\partial x_{ij}}=\mathbf{AE}_{ij}\mathbf{B}$, 所以

$$\mathrm{Vec}\Big(\frac{\partial \mathbf{Y}}{\partial x_{ij}}\Big)'=\mathrm{Vec}(\mathbf{B}'\mathbf{E}_{ji}\mathbf{A}')=(\mathbf{A}\otimes\mathbf{B}')\mathrm{Vec}(\mathbf{E}_{ji}),$$

于是

$$\frac{\partial \mathbf{Y}}{\partial \mathbf{X}}=((\mathbf{A}\otimes\mathbf{B}')\mathrm{Vec}(\mathbf{E}_{11}),\cdots,(\mathbf{A}\otimes\mathbf{B}')\mathrm{Vec}(\mathbf{E}_{pq}))=\mathbf{A}\otimes\mathbf{B}'.$$

证毕.

若 $\mathbf{Y},\mathbf{X},\mathbf{A},\mathbf{B}$ 分别为 $n\times m,n\times m,n\times n,m\times m$ 矩阵, 则变换 $\mathbf{Y}=\mathbf{AXB}$ 的 Jacobi 行列式为

$$\left|\frac{\partial \mathbf{Y}}{\partial \mathbf{X}}\right| = |\ \mathbf{A} \otimes \mathbf{B}'\ | = |\ \mathbf{A}\ |^m |\ \mathbf{B}\ |^n . \tag{2.8.8}$$

习 题 二

2.1 设 $\mathbf{A}^{\perp}$ 为满足 $\mathbf{A}'\mathbf{A}^{\perp} = \mathbf{0}$ 且具有最大秩的矩阵, 证明:

(1) $\mathbf{I} - (\mathbf{A}')^{-}\mathbf{A}'$ 是一个 $\mathbf{A}^{\perp}$, 这里 $\mathbf{A}^{-}$ 表示广义逆;

(2) $\mathcal{M}(\mathbf{A}^{\perp}) = \mathcal{M}(\mathbf{A})^{\perp}$.

2.2 (1) 设 $\mathrm{rk}(\mathbf{AB}) = \mathrm{rk}(\mathbf{A})$, 则 $\mathbf{X}_1\mathbf{AB} = \mathbf{X}_2\mathbf{AB} \Longleftrightarrow \mathbf{X}_1\mathbf{A} = \mathbf{X}_2\mathbf{A}$.

(2) 证明 $\mathbf{ABB}' = \mathbf{CBB}' \Longleftrightarrow \mathbf{AB} = \mathbf{CB}$.

2.3 设 $\mathbb{S}_1$, $\mathbb{S}_2$ 为 $\mathbb{R}^n$ 的两个子空间.

(1) 证明 $\mathbb{S}_1 \subset \mathbb{S}_2 \Longleftrightarrow \mathbb{S}_1^{\perp} \supset \mathbb{S}_2^{\perp}$;

(2) 设 $\mathbb{S}_i = \mathcal{M}(\mathbf{A}_i)$, $i = 1, 2$, $\mathbb{S}_1 \subset \mathbb{S}_2$, $\mathrm{rk}(\mathbf{A}_1) = \mathrm{rk}(\mathbf{A}_2)$, 则 $\mathbb{S}_1 = \mathbb{S}_2$.

2.4 若矩阵 $\mathbf{A} \geqslant \mathbf{0}$, 矩阵 $\mathbf{B}$ 为对称矩阵, 证明 $\mathbf{B} \geqslant \mathbf{BA}^{+}\mathbf{B} \Longleftrightarrow \lambda_1(\mathbf{BA}^{+}) \leqslant 1$, $\mathbf{B} \geqslant \mathbf{0}$.

2.5 证明: 对任意矩阵 $\mathbf{A}_{n\times n}$, $\mathbf{X}_{n\times p}$, $\mathrm{rk}(\mathbf{X}) = p$, 若 $\mathcal{M}(\mathbf{X}) \subset \mathcal{M}(\mathbf{A})$ 且 $\mathbf{A} \geqslant \mathbf{0}$, 则 $\mathbf{X}'\mathbf{AX} > \mathbf{0}$.

2.6 掌握定理 Cauchy-Schwarz 不等式:

(1) $(\boldsymbol{x}'\boldsymbol{y})^2 \leqslant \boldsymbol{x}'\boldsymbol{x} \cdot \boldsymbol{y}'\boldsymbol{y}$;

(2) 若 $\mathbf{A} > \mathbf{0}$, 则 $(\boldsymbol{x}'\boldsymbol{y})^2 \leqslant \boldsymbol{x}'\mathbf{A}\boldsymbol{x} \cdot \boldsymbol{y}'\mathbf{A}^{-1}\boldsymbol{y}$;

(3) 若 $\mathbf{A} \geqslant \mathbf{0}$, 则 $(\boldsymbol{x}'\mathbf{A}\boldsymbol{y})^2 \leqslant \boldsymbol{x}'\mathbf{A}\boldsymbol{x} \cdot \boldsymbol{y}'\mathbf{A}\boldsymbol{y}$.

2.7 证明 (Minkowski 不等式): 若矩阵 $\mathbf{A}$, $\mathbf{B}$ 皆为 $n \times n$ 的正定阵, 则

$$|\mathbf{A} + \mathbf{B}|^{1/n} \geqslant |\mathbf{A}|^{1/n} + |\mathbf{B}|^{1/n} .$$

2.8 (1) 证明 (Fisher 不等式): 假设 $\mathbf{A} = \begin{bmatrix} \mathbf{A}_{11} & \mathbf{A}_{12} \\ \mathbf{A}_{21} & \mathbf{A}_{22} \end{bmatrix} > \mathbf{0}$, 其中 $\mathbf{A}_{11}$ 是方阵, 则

$$|\mathbf{A}| \leqslant |\mathbf{A}_{11}|\,|\mathbf{A}_{22}| .$$

(2) 对正定阵 $\mathbf{A}$, 有如上分解, 其中 $\mathbf{A}_{11}$ 是方阵, 记

$$\mathbf{A}^{-1} = \begin{bmatrix} \mathbf{A}_{11} & \mathbf{A}_{12} \\ \mathbf{A}_{21} & \mathbf{A}_{22} \end{bmatrix}^{-1} = \begin{bmatrix} \mathbf{B}_{11} & \mathbf{B}_{12} \\ \mathbf{B}_{21} & \mathbf{B}_{22} \end{bmatrix}.$$

证明: $\mathbf{B}_{11} \geqslant \mathbf{A}_{11}^{-1}$.

2.9 设 $\mathbf{P}$ 为对称幂等阵, $\mathbf{Q} \geqslant \mathbf{0}$, $\mathbf{I} - \mathbf{P} - \mathbf{Q} \geqslant \mathbf{0}$, 则 $\mathbf{PQ} = \mathbf{QP} = \mathbf{0}$.

2.10 证明 $(\mathbf{A} - \mathbf{BC})'(\mathbf{A} - \mathbf{BC}) \geqslant \mathbf{A}'(\mathbf{I} - \mathbf{P_B})\mathbf{A}$, 并且等号成立 $\Longleftrightarrow \mathbf{BC} = \mathbf{P_B}\mathbf{A}$, 这里 $\mathbf{P_B}$ 为向 $\mathcal{M}(\mathbf{B})$ 上的正交投影阵.

2.11 (1) 设 $\mathbf{A}$ 可逆, $\boldsymbol{x}, \boldsymbol{y}$ 为列向量, 则

$$(\mathbf{A} + \boldsymbol{x}\boldsymbol{y}')^{-1} = \mathbf{A}^{-1} - \frac{\mathbf{A}^{-1}\boldsymbol{x}\boldsymbol{y}'\mathbf{A}^{-1}}{1 + \boldsymbol{y}'\mathbf{A}^{-1}\boldsymbol{x}}.$$

(2) 设 $\boldsymbol{x} \in \mathcal{M}(\mathbf{A})$, $\boldsymbol{y} \in \mathcal{M}(\mathbf{A}')$, 当 $\boldsymbol{y}'\mathbf{A}^-\boldsymbol{x} \neq -1$ 时,

$$\mathbf{A}^- - \frac{\mathbf{A}^-\boldsymbol{x} \cdot \boldsymbol{y}'\mathbf{A}^-}{1+\boldsymbol{y}'\mathbf{A}^-\boldsymbol{x}}$$

是 $\mathbf{A}+\boldsymbol{x}\boldsymbol{y}'$ 的一个广义逆.

2.12　假设下列相应的矩阵可逆, 证明:

(1) $(\mathbf{A} \pm \mathbf{B}'\mathbf{C}\mathbf{B})^{-1} = \mathbf{A}^{-1} \mp \mathbf{A}^{-1}\mathbf{B}'(\mathbf{C}^{-1} \pm \mathbf{B}\mathbf{A}^{-1}\mathbf{B}')^{-1}\mathbf{B}\mathbf{A}^{-1}$;

(2) $(\mathbf{I}+\mathbf{A}\mathbf{B})^{-1}\mathbf{A} = \mathbf{A}(\mathbf{I}+\mathbf{B}\mathbf{A})^{-1}$;

(3) $(\mathbf{A}^{-1}-\mathbf{B}^{-1})^{-1} = \mathbf{A}+\mathbf{A}(\mathbf{B}-\mathbf{A})^{-1}\mathbf{A}$;

(4) 假设 $\mathrm{rk}(\mathbf{A})=1$, 则

$$(\mathbf{I}+\mathbf{A})^{-1} = I - \frac{1}{1+\mathrm{tr}(\mathbf{A})}\mathbf{A}.$$

2.13　若 $\mathbf{A}_i > 0$, $i=1,2$, $|\mathbf{A}_2| > |\mathbf{A}_1|$, 则 $\mathrm{tr}(\mathbf{A}_1^{-1}\mathbf{A}_2) > m$, 这里 m 为 $\mathbf{A}_i$ 的阶数.

2.14　设 $\mathbf{A}$ 为 $m \times n$ 阵, $\mathbf{P}, \mathbf{Q}$ 分别 $m \times m$, $n \times n$ 可逆阵, 证明:

(1) $\mathbf{B}^- = (\mathbf{PAQ})^- = \mathbf{Q}^{-1}\mathbf{A}^-\mathbf{P}^{-1}$;

(2) 举例说明: $\mathbf{B}^+ = (\mathbf{PAQ})^+ = \mathbf{Q}^{-1}\mathbf{A}^+\mathbf{P}^{-1}$ 不真, 并证明当 $\mathbf{P}, \mathbf{Q}$ 为正交阵时, 命题成立.

2.15　设 $\mathbf{A}_{n\times n} \geqslant \mathbf{0}$, $\mathbf{B}_{n\times p}$, $\mathbf{Q} = \mathbf{I} - \mathbf{B}\mathbf{B}^+$, 证明 $(\mathbf{QAQ})^+\mathbf{P}_\mathbf{B} = \mathbf{0}$.

2.16　(1) $\mathbf{B}^-\mathbf{A}^-$ 是 $(\mathbf{AB})^- \iff \mathbf{A}^-\mathbf{A}\mathbf{B}\mathbf{B}^-$ 为幂等阵;

(2) $(\mathbf{AB})^+ = \mathbf{B}^+\mathbf{A}^+ \iff \mathbf{A}^+\mathbf{A}\mathbf{B}\mathbf{B}'$ 和 $\mathbf{A}'\mathbf{A}\mathbf{B}\mathbf{B}^+$ 对称;

(3) 设 $\mathbf{A}_{m\times r}$, $\mathrm{rk}(\mathbf{A}) = r$, $\mathbf{B}_{r\times m}$, $\mathrm{rk}(\mathbf{B}) = r$, 则 $(\mathbf{AB})^+ = \mathbf{B}^+\mathbf{A}^+$.

2.17　若 $\mathbf{X}$ 满足 Moore-Penrose 方程组的前两个条件, 则称 $\mathbf{X}$ 为 $\mathbf{A}$ 的自反广义逆, 记为 $\mathbf{A}^{(1,2)}$. 设 $\mathbf{A}$ 有分解

$$\mathbf{A} = \mathbf{P}\begin{pmatrix} \mathbf{I}_r & \mathbf{0} \\ \mathbf{0} & \mathbf{0} \end{pmatrix}\mathbf{Q},$$

其中 $\mathbf{P}, \mathbf{Q}$ 为可逆阵, $r = \mathrm{rk}(\mathbf{A})$, 则

$$\mathbf{A}^{(1,2)} = \mathbf{Q}^{-1}\begin{pmatrix} \mathbf{I} & \mathbf{B} \\ \mathbf{C} & \mathbf{CB} \end{pmatrix}\mathbf{P}^{-1},$$

这里 $\mathbf{B}, \mathbf{C}$ 为适当阶数的任意阵.

2.18　若 X 满足 Moore-Penrose 方程组的第一个和第三个条件, 则称 $\mathbf{X}$ 为 $\mathbf{A}$ 的最小二乘广义逆, 记为 $\mathbf{A}^{(1,3)}$.

(1) 证明: $\mathbf{A}^{(1,3)} = \mathbf{A}^+\mathbf{P}_\mathbf{A} + (\mathbf{I} - \mathbf{A}^+\mathbf{A})\mathbf{U}$, $\mathbf{U}$ 任意.

(2) 对任意方程组 $\mathbf{A}\boldsymbol{x} = \boldsymbol{b}$ (可以不相容), 若 $\boldsymbol{x}_0$ 使

$$||\mathbf{A}\boldsymbol{x}_0 - \boldsymbol{b}||^2 = \inf_{\boldsymbol{x}} ||\,\mathbf{A}\boldsymbol{x} - \boldsymbol{b}\,||^2,$$

则称 $\boldsymbol{x}_0$ 为该方程的最小二乘解, 证明 $\boldsymbol{x}_0 = \mathbf{G}\boldsymbol{b}$ 为最小二乘解 $\iff \mathbf{G}$ 为 $\mathbf{A}^{(1,3)}$.

2.19　若 $\mathbf{X}$ 满足 Moore-Penrose 方程组的第一个和第四个条件, 则称 $\mathbf{X}$ 为 $\mathbf{A}$ 的最小范数广义逆, 记为 $\mathbf{A}^{(1,4)}$.

(1) 证明: $\mathbf{A}^{(1,4)} = \mathbf{P}_{\mathbf{A}'}\mathbf{A}^{+} + \mathbf{U}(\mathbf{I} - \mathbf{A}^{+}\mathbf{A})$, 其中 $\mathbf{U}$ 任意.

(2) 设 $\mathbf{A}\boldsymbol{x} = \boldsymbol{b}$ 为相容线性方程组, $\boldsymbol{x}_0 = \mathbf{A}^{-}\boldsymbol{b}$ 为长度最小的解 $\Longleftrightarrow$ $\mathbf{A}^{-}$ 为 $\mathbf{A}^{(1,4)}$.

2.20 证明定理 2.3.8 和定理 2.3.9.

2.21 设两个列满秩矩阵 $\mathbf{A}_{p\times q}$, $\mathbf{B}_{p\times(p-q)}$, 满足 $\mathbf{A}'\mathbf{B} = \mathbf{0}$, 证明对任意的正定阵 $\mathbf{S}$, 有

$$\mathbf{S}^{-1} - \mathbf{S}^{-1}\mathbf{A}(\mathbf{A}'\mathbf{S}^{-1}\mathbf{A})^{-1}\mathbf{A}'\mathbf{S}^{-1} = \mathbf{B}(\mathbf{B}'\mathbf{S}\mathbf{B})^{-1}\mathbf{B}'.$$

2.22 设矩阵 $\mathbf{A} > 0$, $\mathbf{X}_{n\times p}$, $\mathbf{N} = \mathbf{I} - \mathbf{P}_{\mathbf{X}}$, 证明

$$\mathbf{X}(\mathbf{X}'\mathbf{A}^{-1}\mathbf{X})^{-}\mathbf{X}' = \mathbf{A} - \mathbf{A}\mathbf{N}(\mathbf{N}\mathbf{A}\mathbf{N})^{-}\mathbf{N}\mathbf{A}.$$

2.23 假设 $\mathcal{M}(\mathbf{A}) \cap \mathcal{M}(\mathbf{B}) = \{\mathbf{0}\}$, $\mathcal{M}(\mathbf{A}) \oplus \mathcal{M}(\mathbf{B}) = \mathbb{R}^n$, 证明:

$$\mathbf{P}_{(\mathbf{A},\mathbf{B})}\mathbf{C} = \mathbf{C} \Longleftrightarrow \mathcal{M}(\mathbf{C}) \subset \mathcal{M}(\mathbf{A}).$$

2.24 假设 $\mathbf{P}_1$, $\mathbf{P}_2$ 皆为 $n\times n$ 的正交投影阵, 证明:

(1) $-1 \leqslant \lambda_i(\mathbf{P}_1 - \mathbf{P}_2) \leqslant 1, i = 1, 2, \cdots, n$;

(2) $0 \leqslant \lambda_i(\mathbf{P}_1\mathbf{P}_2) \leqslant 1, i = 1, 2, \cdots, n$;

(3) $\lambda_1(\mathbf{P}_1\mathbf{P}_2) < 1 \Longleftrightarrow \mathcal{M}(\mathbf{P}_1) \cap \mathcal{M}(\mathbf{P}_2) = \{0\}$;

(4) $\operatorname{tr}(\mathbf{P}_1\mathbf{P}_2) \leqslant \operatorname{rk}(\mathbf{P}_1\mathbf{P}_2)$.

2.25 设 $\mathbf{A}, \mathbf{B}$ 皆为 $n\times n$ 的矩阵, $\operatorname{rk}(\mathbf{B}) \leqslant k$, 则

$$\lambda_i(\mathbf{A} - \mathbf{B}) \geqslant \lambda_{i+k}(\mathbf{A}), \quad i = 1, \cdots, n,$$

这里约定 $\lambda_{i+k}(\mathbf{A}) = 0$, 对 $i + k > n$.

2.26 设 $\mathbf{A}$ 为 n 阶正定矩阵, $\mathbf{X}$ 为 $n\times k$ 列正交矩阵. 证明:

(1) $\max\limits_{\mathbf{X}'\mathbf{X}=\mathbf{I}_k} \operatorname{tr}(\mathbf{X}'\mathbf{A}\mathbf{X})^{-1} = \sum\limits_{i=1}^{k} \lambda_{n-i+1}^{-1}(\mathbf{A})$;

(2) $\min\limits_{\mathbf{X}'\mathbf{X}=\mathbf{I}_k} \operatorname{tr}(\mathbf{X}'\mathbf{A}\mathbf{X})^{-1} = \sum\limits_{i=1}^{k} \lambda_i^{-1}(\mathbf{A})$.

2.27 假设 $\mathbf{A}$ 是 n 阶对称矩阵, $\boldsymbol{a} \in \mathbb{R}^n$ 是一已知向量, d 是一已知实数, 记

$$\mathbf{M} = \begin{bmatrix} \mathbf{A} & \boldsymbol{a} \\ \boldsymbol{a}' & d \end{bmatrix}.$$

证明

$\lambda_1(\mathbf{M}) \geqslant \lambda_1(\mathbf{A}) \geqslant \lambda_2(\mathbf{M}) \geqslant \lambda_2(\mathbf{A}) \geqslant \cdots \geqslant \lambda_{n-1}(\mathbf{A}) \geqslant \lambda_n(\mathbf{M}) \geqslant \lambda_n(\mathbf{A}) \geqslant \lambda_{n+1}(\mathbf{M})$.

2.28 证明下列结果:

(1) 设 $\mathbf{A}, \mathbf{B}, \mathbf{C}$ 分别为 $n\times m$, $m\times q$ 和 $q\times n$ 实矩阵, 则

$$\operatorname{tr}(\mathbf{A}\mathbf{B}\mathbf{C}) = (\operatorname{Vec}(\mathbf{A}'))'(\mathbf{I} \otimes \mathbf{B})\operatorname{Vec}(\mathbf{C});$$

(2) 设 $\mathbf{A}, \mathbf{B}, \mathbf{X}, \mathbf{C}$ 分别为 $m\times p$, $n\times n$, $p\times n$ 和 $p\times m$ 实矩阵,

$$\operatorname{tr}(\mathbf{A}\mathbf{X}'\mathbf{B}\mathbf{X}\mathbf{C}) = (\operatorname{Vec}(\mathbf{X}))'(\mathbf{A}'\mathbf{C}' \otimes \mathbf{B})\operatorname{Vec}(\mathbf{X}) .$$

2.29 设 $\mathbf{A}$ 为 $n \times n$ 实矩阵, $\mathbf{X}$ 为 $n \times p$ 的实矩阵. 证明下列事实:

(1) $\dfrac{\partial \mathrm{tr}(\mathbf{X}'\mathbf{A}\mathbf{X})}{\partial \mathbf{X}} = (\mathbf{A} + \mathbf{A}')\mathbf{X}$;

(2) $\dfrac{\partial \mathrm{tr}(\mathbf{X}\mathbf{A}\mathbf{X})}{\partial \mathbf{X}} = \mathbf{A}'\mathbf{X}' + \mathbf{X}'\mathbf{A}'$;

(3) $\dfrac{\partial \mathrm{tr}(\mathbf{X}'\mathbf{A}\mathbf{X}')}{\partial \mathbf{X}} = \mathbf{A}\mathbf{X}' + \mathbf{X}'\mathbf{A}$;

(4) 若 $\mathbf{A}$ 为对称阵, 则 $\dfrac{\partial\, \mathrm{tr}(\mathbf{X}'\mathbf{A}\mathbf{X})^2}{\partial \mathbf{X}} = 4\mathbf{A}\mathbf{X}\mathbf{X}'\mathbf{A}\mathbf{X}$.

2.30 设 $\mathbf{X}$ 为 n 阶可逆矩阵. 证明 $\dfrac{\partial \mathbf{X}^{-1}}{\partial \mathbf{X}} = \mathbf{X}^{-1} \otimes \left(\mathbf{X}^{-1}\right)$.

第 3 章　多元正态分布

多元正态分布是数理统计学中最常用的分布之一, 它具有许多非常重要而优美的理论性质, 从而为线性模型、多元统计分析以及很多统计分支的统计推断奠定了坚实的基础. 本章的目的是系统讨论多元正态分布以及它的二次型、线性型的概率性质.

3.1　均值向量与协方差阵

在讨论多元正态分布之前, 我们先考虑一般随机向量.

设 $\boldsymbol{X}=(X_1,\cdots,X_n)'$ 为 $n\times 1$ 随机向量. 称

$$E(\boldsymbol{X})=(EX_1,\cdots,EX_n)'$$

为 $\boldsymbol{X}$ 的均值向量.

定理 3.1.1　设 $\mathbf{A}$ 为 $m\times n$ 的非随机矩阵, $\boldsymbol{X}$ 和 $\boldsymbol{b}$ 分别为 $n\times 1$ 和 $m\times 1$ 随机向量, 记 $\boldsymbol{Y}=\mathbf{A}\boldsymbol{X}+\boldsymbol{b}$, 则

$$E(\boldsymbol{Y})=\mathbf{A}E(\boldsymbol{X})+E(\boldsymbol{b}).$$

证明是容易的, 留给读者作练习.

n 维随机向量 $\boldsymbol{X}$ 的协方差阵定义为

$$\mathrm{Cov}(\boldsymbol{X})=E[(\boldsymbol{X}-E(\boldsymbol{X}))(\boldsymbol{X}-E(\boldsymbol{X}))'].$$

这是一个 $n\times n$ 对称阵, 它的 (i,j) 元为 $\mathrm{Cov}(X_i,X_j)=E[(X_i-EX_i)(X_j-EX_j)]$, 特别当 $i=j$ 时, 就是 X_i 的方差 $\mathrm{Var}(X_i)$. 所以 $\boldsymbol{X}$ 的协方差阵的对角元为 $\boldsymbol{X}$ 的分量的方差, 而非对角元为相应分量的协方差. 若对某个 i 和 j, $\mathrm{Cov}(X_i,X_j)=0$, 则称 X_i 与 X_j 是不相关的.

易见 $\mathrm{tr}(\mathrm{Cov}(\boldsymbol{X}))=\sum\limits_{i=1}^{n}\mathrm{Var}(X_i)$, 这里 $\mathrm{tr}(\mathbf{A})$ 表示方阵 $\mathbf{A}$ 的迹, 即对角元素之和.

定理 3.1.2　设 $\boldsymbol{X}$ 为 $n\times 1$ 随机向量, 则它的协方差阵必为半正定的对称阵.

证明　对称性是显然的. 下面证明它是半正定的. 事实上, 对任意 $n\times 1$ 非随机向量 $\boldsymbol{c}$, 考虑随机变量 $Y=\boldsymbol{c}'\boldsymbol{X}$ 的方差. 根据定义, 我们有

$$\mathrm{Var}(Y)\;=\;\mathrm{Var}(\boldsymbol{c}'\boldsymbol{X})=E[(\boldsymbol{c}'\boldsymbol{X}-E(\boldsymbol{c}'\boldsymbol{X}))^2]$$

$$= E[(\boldsymbol{c}'\boldsymbol{X} - E(\boldsymbol{c}'\boldsymbol{X}))(\boldsymbol{c}'\boldsymbol{X} - E(\boldsymbol{c}'\boldsymbol{X}))]$$
$$= \boldsymbol{c}'E[(\boldsymbol{X} - E(\boldsymbol{X}))(\boldsymbol{X} - E(\boldsymbol{X}))']\boldsymbol{c}$$
$$= \boldsymbol{c}'\mathrm{Cov}(\boldsymbol{X})\boldsymbol{c}.$$

因为左端总是非负的, 于是对一切 $\boldsymbol{c}$, 右端也是非负的. 根据定义, 这说明矩阵 $\mathrm{Cov}(\boldsymbol{X})$ 是半正定的. 定理证毕.

定理 3.1.3　设 $\mathbf{A}$ 为 $m\times n$ 阵, $\boldsymbol{X}$ 为 $n\times 1$ 随机向量, $\boldsymbol{Y} = \mathbf{A}\boldsymbol{X}$, 则 $\mathrm{Cov}(\boldsymbol{y}) = \mathbf{A}\mathrm{Cov}(\boldsymbol{X})\mathbf{A}'$.

证明

$$\begin{aligned}\mathrm{Cov}(\boldsymbol{Y}) &= E[(\boldsymbol{Y} - E(\boldsymbol{Y}))(\boldsymbol{Y} - E(\boldsymbol{Y}))'] \\ &= E[(\mathbf{A}\boldsymbol{X} - E(\mathbf{A}\boldsymbol{X}))(\mathbf{A}\boldsymbol{X} - E(\mathbf{A}\boldsymbol{X}))'] \\ &= \mathbf{A}E[(\boldsymbol{X} - E(\boldsymbol{X}))(\boldsymbol{X} - E(\boldsymbol{X}))']\mathbf{A}' \\ &= \mathbf{A}\mathrm{Cov}(\boldsymbol{X})\mathbf{A}'.\end{aligned}$$

定理证毕.

设 $\boldsymbol{X}$ 和 $\boldsymbol{Y}$ 分别为 $n\times 1, m\times 1$ 随机向量, 它们的协方差阵定义为

$$\mathrm{Cov}(\boldsymbol{X},\boldsymbol{Y}) = E[(\boldsymbol{X} - E(\boldsymbol{X}))(\boldsymbol{Y} - E(\boldsymbol{Y}))'].$$

定理 3.1.4　设 $\boldsymbol{X}$ 和 $\boldsymbol{Y}$ 分别为 $n\times 1, m\times 1$ 随机向量, $\mathbf{A}$ 和 $\mathbf{B}$ 分别为 $p\times n, q\times m$ 非随机矩阵, 则

$$\mathrm{Cov}(\mathbf{A}\boldsymbol{X},\mathbf{B}\boldsymbol{Y}) = \mathbf{A}\mathrm{Cov}(\boldsymbol{X},\boldsymbol{Y})\mathbf{B}'.$$

证明

$$\begin{aligned}\mathrm{Cov}(\mathbf{A}\boldsymbol{X},\mathbf{B}\boldsymbol{Y}) &= E[(\mathbf{A}\boldsymbol{X} - E(\mathbf{A}\boldsymbol{X}))(\mathbf{B}\boldsymbol{Y} - E(\mathbf{B}\boldsymbol{Y}))'] \\ &= \mathbf{A}E[(\boldsymbol{X} - E(\boldsymbol{X}))(\boldsymbol{Y} - E(\boldsymbol{Y}))']\mathbf{B}' \\ &= \mathbf{A}\mathrm{Cov}(\boldsymbol{X},\boldsymbol{Y})\mathbf{B}'.\end{aligned}$$

定理证毕.

3.2　随机向量的二次型

假设 $\boldsymbol{X} = (X_1,\cdots,X_n)'$ 为 $n\times 1$ 随机向量, $\mathbf{A}$ 为 $n\times n$ 对称阵, 则随机变量

$$\boldsymbol{X}'\mathbf{A}\boldsymbol{X} = \sum_{i=1}^{n}\sum_{j=1}^{n} a_{ij}X_iX_j$$

称为 $\boldsymbol{X}$ 的二次型. 本节只要求 $\text{Cov}(\boldsymbol{X})$ 存在, 在对 $\boldsymbol{X}$ 的分布不作进一步假设的情况下, 本节给出它的均值和方差的计算公式. 如果 $\boldsymbol{X}$ 服从多元正态分布, 那么, $\boldsymbol{X}'\mathbf{A}\boldsymbol{X}$ 还有进一步的性质, 这将在后面讨论.

定理 3.2.1 设 $E(\boldsymbol{X})=\boldsymbol{\mu}, \text{Cov}(\boldsymbol{X})=\boldsymbol{\Sigma}$, 则

$$E(\boldsymbol{X}'\mathbf{A}\boldsymbol{X})=\boldsymbol{\mu}'\mathbf{A}\boldsymbol{\mu}+\text{tr}(\mathbf{A}\boldsymbol{\Sigma}). \tag{3.2.1}$$

证明 因为

$$\begin{aligned}\boldsymbol{X}'\mathbf{A}\boldsymbol{X} &= (\boldsymbol{X}-\boldsymbol{\mu}+\boldsymbol{\mu})'\mathbf{A}(\boldsymbol{X}-\boldsymbol{\mu}+\boldsymbol{\mu}) \\ &= (\boldsymbol{X}-\boldsymbol{\mu})'\mathbf{A}(\boldsymbol{X}-\boldsymbol{\mu})+\boldsymbol{\mu}'\mathbf{A}(\boldsymbol{X}-\boldsymbol{\mu})+(\boldsymbol{X}-\boldsymbol{\mu})'\mathbf{A}\boldsymbol{\mu}+\boldsymbol{\mu}'\mathbf{A}\boldsymbol{\mu}, \end{aligned} \tag{3.2.2}$$

利用定理 3.1.1, 有

$$E[\boldsymbol{\mu}'\mathbf{A}(\boldsymbol{X}-\boldsymbol{\mu})]=E(\boldsymbol{\mu}'\mathbf{A}\boldsymbol{X})-\boldsymbol{\mu}'\mathbf{A}\boldsymbol{\mu}=\boldsymbol{\mu}'\mathbf{A}E(\boldsymbol{X})-\boldsymbol{\mu}'\mathbf{A}\boldsymbol{\mu}=0,$$

于是 (3.2.2) 中第二、三两项的均值都等于零. 为了证明 (3.2.1), 只需证明

$$E[(\boldsymbol{X}-\boldsymbol{\mu})'\mathbf{A}(\boldsymbol{X}-\boldsymbol{\mu})]=\text{tr}(\mathbf{A}\boldsymbol{\Sigma}). \tag{3.2.3}$$

注意到

$$E[(\boldsymbol{X}-\boldsymbol{\mu})'\mathbf{A}(\boldsymbol{X}-\boldsymbol{\mu})]=E[\text{tr}(\boldsymbol{X}-\boldsymbol{\mu})'\mathbf{A}(\boldsymbol{X}-\boldsymbol{\mu})],$$

利用矩阵迹的性质: $\text{tr}(\mathbf{AB})=\text{tr}(\mathbf{BA})$, 并交换求均值和求迹的次序, 上式变为

$$\begin{aligned}E[(\boldsymbol{X}-\boldsymbol{\mu})'\mathbf{A}(\boldsymbol{X}-\boldsymbol{\mu})] &= E[\text{tr}(\boldsymbol{X}-\boldsymbol{\mu})'\mathbf{A}(\boldsymbol{X}-\boldsymbol{\mu})] \\ &= E\text{tr}[\mathbf{A}(\boldsymbol{X}-\boldsymbol{\mu})(\boldsymbol{X}-\boldsymbol{\mu})'] \\ &= \text{tr}\mathbf{A}E[(\boldsymbol{X}-\boldsymbol{\mu})(\boldsymbol{X}-\boldsymbol{\mu})'] \\ &= \text{tr}(\mathbf{A}\boldsymbol{\Sigma}).\end{aligned}$$

定理证毕.

注 3.2.1 在定理证明中, 我们应用了一个很重要的技巧. 这就是, 首先注意到二次型 $(\boldsymbol{X}-\boldsymbol{\mu})'\mathbf{A}(\boldsymbol{X}-\boldsymbol{\mu})$ 的迹就是它本身, 然后利用迹的可交换性 $\text{tr}(\mathbf{AB})=\text{tr}(\mathbf{BA})$, 交换 $\mathbf{A}(\boldsymbol{X}-\boldsymbol{\mu})$ 与 $(\boldsymbol{X}-\boldsymbol{\mu})'$ 的位置, 最后再交换求 $E(\cdot)$ 和 $\text{tr}(\cdot)$ 的次序. 这样一来, 把求 $E[(\boldsymbol{X}-\boldsymbol{\mu})'\mathbf{A}(\boldsymbol{X}-\boldsymbol{\mu})]$ 的问题归结为求协方差阵 $E[(\boldsymbol{X}-\boldsymbol{\mu})(\boldsymbol{X}-\boldsymbol{\mu})']=\boldsymbol{\Sigma}$. 这个技巧在后面的讨论中会多次用到.

推论 3.2.1 在定理 3.2.1 的假设条件下,

(1) 若 $\boldsymbol{\mu}=\mathbf{0}$, 则 $E(\boldsymbol{X}'\mathbf{A}\boldsymbol{X})=\text{tr}(\mathbf{A}\boldsymbol{\Sigma})$;

(2) 若 $\boldsymbol{\Sigma}=\sigma^2\mathbf{I}$, 则 $E(\boldsymbol{X}'\mathbf{A}\boldsymbol{X})=\boldsymbol{\mu}'\mathbf{A}\boldsymbol{\mu}+\sigma^2\text{tr}(\mathbf{A})$;

(3) 若 $\boldsymbol{\mu}=\mathbf{0}, \boldsymbol{\Sigma}=\mathbf{I}$, 则 $E(\boldsymbol{X}'\mathbf{A}\boldsymbol{X})=\text{tr}(\mathbf{A})$.

例 3.2.1 假设一维总体的均值为 μ, 方差为 σ^2. $X_1, \cdots, X_n$ 为从此总体中抽取的随机样本, 试求样本方差

$$S^2 = \frac{1}{n-1}\sum_{i=1}^{n}(X_i - \overline{X})^2$$

的均值, 这里 $\overline{X} = \frac{1}{n}\sum\limits_{i=1}^{n} X_i$.

解 记 $Q = (n-1)S^2$, $\boldsymbol{X} = (X_1, \cdots, X_n)'$. 我们首先把 Q 表示为 $\boldsymbol{x}$ 的一个二次型. 用 $\mathbf{1}_n$(在不会引起误解时也常用 $\mathbf{1}$) 表示所有元素为 1 的 n 维向量, 则 $E(\boldsymbol{x}) = \mu\mathbf{1}_n, \mathrm{Cov}(\boldsymbol{x}) = \boldsymbol{\alpha}^2\mathbf{I}_n$. 另外

$$\overline{X} = \frac{1}{n}\mathbf{1}'\boldsymbol{X},$$

$$\boldsymbol{X} - \overline{X}\mathbf{1} = \boldsymbol{X} - \frac{1}{n}\mathbf{1}\mathbf{1}'\boldsymbol{X} = \left(\mathbf{I}_n - \frac{1}{n}\mathbf{1}\mathbf{1}'\right)\boldsymbol{X} = \mathbf{C}\boldsymbol{X},$$

这里 $\mathbf{C} = \mathbf{I}_n - \frac{1}{n}\mathbf{1}\mathbf{1}'$, 这是一个对称幂等阵, 即 $\mathbf{C}^2 = \mathbf{C}$, $\mathbf{C}' = \mathbf{C}$. 于是

$$Q = \sum_{i=1}^{n}(X_i - \overline{X})^2 = (\boldsymbol{X} - \overline{X}\mathbf{1})'(\boldsymbol{X} - \overline{X}\mathbf{1}) = (\mathbf{C}\boldsymbol{X})'\mathbf{C}\boldsymbol{X} = \boldsymbol{X}'\mathbf{C}\boldsymbol{X}. \tag{3.2.4}$$

应用定理 3.2.1, 得

$$E(Q) = (E(\boldsymbol{X}))'\mathbf{C}(E(\boldsymbol{X})) + \sigma^2\mathrm{tr}(\mathbf{C}) = \mu^2\mathbf{1}'\mathbf{C}\mathbf{1} + \sigma^2\mathrm{tr}(\mathbf{C}).$$

容易验证

$$\mathbf{C}\mathbf{1} = \mathbf{0}, \quad \mathrm{tr}(\mathbf{C}) = n-1,$$

故有

$$E(Q) = \sigma^2(n-1).$$

因而

$$E(S^2) = \sigma^2.$$

这就得到了所要得的结论.

这个例子证明了初等数理统计中的一个重要事实: 不管总体的具体分布形式如何, 样本方差总是总体方差的一个无偏估计.

现在我们先导出二次型 $\boldsymbol{X}'\mathbf{A}\boldsymbol{X}$ 的方差公式.

定理 3.2.2 设随机变量 $X_i, i=1,\cdots,n$ 相互独立, $E(X_i)=\boldsymbol{\mu}_i, \mathrm{Var}(X_i)=\sigma^2, m_r=E(X_i-\mu_i)^r, r=3,4$. $\mathbf{A}=(a_{ij})_{n\times n}$ 为对称阵. 记 $\boldsymbol{X}=(X_1,\cdots,X_n)'$, $\boldsymbol{\mu}=(\mu_1,\cdots,\mu_n)'$, 则

$$\mathrm{Var}(\boldsymbol{X}'\mathbf{A}\boldsymbol{X})=(m_4-3\sigma^4)\boldsymbol{a}'\boldsymbol{a}+2\sigma^4\mathrm{tr}(\mathbf{A}^2)+4\sigma^2\boldsymbol{\mu}'\mathbf{A}^2\boldsymbol{\mu}+4m_3\boldsymbol{\mu}'\mathbf{A}\boldsymbol{a},$$

其中 $\boldsymbol{a}=(a_{11},\cdots,a_{nn})'$, 即 $\mathbf{A}$ 的对角元组成的列向量.

证明 注意到

$$\mathrm{Var}(\boldsymbol{X}'\mathbf{A}\boldsymbol{X})=E(\boldsymbol{X}'\mathbf{A}\boldsymbol{X})^2-[E(\boldsymbol{X}'\mathbf{A}\boldsymbol{X})]^2, \tag{3.2.5}$$

由定理 3.2.1 及 $E(\boldsymbol{X})=\boldsymbol{\mu}$ 和 $\mathrm{Cov}(\boldsymbol{X})=\sigma^2\mathbf{I}_n$, 我们有

$$E(\boldsymbol{X}'\mathbf{A}\boldsymbol{X})=\boldsymbol{\mu}'\mathbf{A}\boldsymbol{\mu}+\sigma^2\mathrm{tr}(\mathbf{A}). \tag{3.2.6}$$

所以我们的问题主要是计算 (3.2.5) 中的第一项. 将 $\boldsymbol{X}'\mathbf{A}\boldsymbol{X}$ 改写为

$$\boldsymbol{X}'\mathbf{A}\boldsymbol{X}=(\boldsymbol{X}-\boldsymbol{\mu})'\mathbf{A}(\boldsymbol{X}-\boldsymbol{\mu})+2\boldsymbol{\mu}'\mathbf{A}(\boldsymbol{X}-\boldsymbol{\mu})+\boldsymbol{\mu}'\mathbf{A}\boldsymbol{\mu},$$

将其平方, 得到

$$\begin{aligned}(\boldsymbol{X}'\mathbf{A}\boldsymbol{X})^2 &= [(\boldsymbol{X}-\boldsymbol{\mu})'\mathbf{A}(\boldsymbol{X}-\boldsymbol{\mu})]^2+4[\boldsymbol{\mu}'\mathbf{A}(\boldsymbol{X}-\boldsymbol{\mu})]^2\\ &\quad+(\boldsymbol{\mu}'\mathbf{A}\boldsymbol{\mu})^2+2\boldsymbol{\mu}'\mathbf{A}\boldsymbol{\mu}[(\boldsymbol{X}-\boldsymbol{\mu})'\mathbf{A}(\boldsymbol{X}-\boldsymbol{\mu})+2\boldsymbol{\mu}'\mathbf{A}(\boldsymbol{X}-\boldsymbol{\mu})]\\ &\quad+4\boldsymbol{\mu}'\mathbf{A}(\boldsymbol{X}-\boldsymbol{\mu})(\boldsymbol{X}-\boldsymbol{\mu})'\mathbf{A}(\boldsymbol{X}-\boldsymbol{\mu}).\end{aligned}$$

令 $\boldsymbol{Z}=\boldsymbol{X}-\boldsymbol{\mu}$, 则 $E(\boldsymbol{Z})=\mathbf{0}$. 再次利用定理 3.2.1, 推得

$$\begin{aligned}E(\boldsymbol{X}'\mathbf{A}\boldsymbol{X})^2 &= E(\boldsymbol{Z}\mathbf{A}\boldsymbol{Z})^2+4E(\boldsymbol{\mu}'\mathbf{A}\boldsymbol{Z})^2+(\boldsymbol{\mu}'\mathbf{A}\boldsymbol{\mu})^2\\ &\quad+2\boldsymbol{\mu}'\mathbf{A}\boldsymbol{\mu}(\sigma^2\mathrm{tr}(\mathbf{A}))+4E[\boldsymbol{\mu}'\mathbf{A}\boldsymbol{Z}\boldsymbol{Z}\mathbf{A}\boldsymbol{Z}].\end{aligned}$$

下面逐个计算上式所含的每个均值. 由

$$(\mathbf{Z}'\mathbf{A}\mathbf{Z})^2=\sum_i\sum_j\sum_k\sum_l a_{ij}a_{kl}Z_iZ_jZ_kZ_l$$

及 Z_i 的独立性导出的事实:

$$E(Z_iZ_jZ_kZ_l)=\begin{cases} m_4, & i=j=k=l,\\ \sigma^4, & i=j,k=l;i=k,j=l;i=l,j=k,\\ 0, & \text{其他},\end{cases}$$

便有

$$\begin{aligned} E(\boldsymbol{Z}'\mathbf{A}\boldsymbol{Z})^2 &= m_4\left(\sum_{i=1}^n a_{ii}^2\right)+\sigma^4\left(\sum_{i\neq k}a_{ii}a_{kk}+\sum_{i\neq j}a_{ij}^2+\sum_{i\neq j}a_{ij}a_{ji}\right)\\ &= (m_4-3\sigma^4)\boldsymbol{a}'\boldsymbol{a}+\sigma^4\left[(\mathrm{tr}(\mathbf{A}))^2+2\mathrm{tr}(\mathbf{A}^2)\right], \end{aligned} \tag{3.2.7}$$

而

$$\begin{aligned} E(\boldsymbol{\mu}'\mathbf{A}\boldsymbol{Z})^2 &= E(\boldsymbol{\mu}'\mathbf{A}\boldsymbol{Z}\cdot\boldsymbol{\mu}'\mathbf{A}\boldsymbol{Z})=E(\boldsymbol{Z}'\mathbf{A}\boldsymbol{\mu}\boldsymbol{\mu}'\mathbf{A}\boldsymbol{Z})\\ &= \mathrm{tr}(\mathbf{A}\boldsymbol{\mu}\boldsymbol{\mu}'\mathbf{A})\cdot\sigma^2=\sigma^2\boldsymbol{\mu}'\mathbf{A}^2\boldsymbol{\mu}. \end{aligned} \tag{3.2.8}$$

最后, 若记 $\boldsymbol{b}=\mathbf{A}\boldsymbol{\mu}$, 则

$$E(\boldsymbol{\mu}'\mathbf{A}\boldsymbol{Z}\cdot\boldsymbol{Z}\mathbf{A}\boldsymbol{Z})=\sum_i\sum_j\sum_k b_i a_{jk}E(Z_iZ_jZ_k).$$

因为

$$E(Z_iZ_jZ_k)=\begin{cases} m_3, & i=j=k,\\ 0, & \text{其他}, \end{cases}$$

所以

$$E(\boldsymbol{\mu}'\mathbf{A}\boldsymbol{Z}\cdot\boldsymbol{Z}\mathbf{A}\boldsymbol{Z})=m_3\sum_i b_ia_{ii}=m_3\boldsymbol{b}'\boldsymbol{a}=m_3\boldsymbol{\mu}'\mathbf{A}\boldsymbol{a}. \tag{3.2.9}$$

将 (3.2.7)—(3.2.9) 代入 (3.2.6), 再将 (3.2.5) 和 (3.2.6) 代入 (3.2.4), 便得到了要证的结果. 定理证毕.

3.3 正态随机向量

若随机变量 X 具有密度函数

$$f(x)=\frac{1}{\sqrt{2\pi}\sigma}e^{-\frac{1}{2\sigma^2}(x-\mu)^2},\quad -\infty<x<+\infty,$$

则称 x 为具有均值 μ, 方差 σ^2 的正态随机变量, 记为 $N(\mu,\sigma^2)$. 推广到多元情形, 我们可以作如下定义.

定义 3.3.1 设 n 维随机向量 $\boldsymbol{X}=(X_1,\cdots,X_n)'$ 具有密度函数

$$f(\boldsymbol{X})=\frac{1}{(2\pi)^{n/2}|\boldsymbol{\Sigma}|^{1/2}}\exp\left\{-\frac{1}{2}(\boldsymbol{x}-\boldsymbol{\mu})'\boldsymbol{\Sigma}^{-1}(\boldsymbol{x}-\boldsymbol{\mu})\right\}, \tag{3.3.1}$$

其中 $\boldsymbol{X}=(X_1,\cdots,X_n)'$, $-\infty<X_i<+\infty$, $i=1,\cdots,n$, $\boldsymbol{\mu}=(\mu_1,\cdots,\mu_n)'$, $\boldsymbol{\Sigma}$ 是正定矩阵, 则称 $\boldsymbol{X}$ 为 n 维正态随机向量, 记为 $N_n(\boldsymbol{\mu},\boldsymbol{\Sigma})$. 在不致引起混淆的情况下, 也简记为 $N(\boldsymbol{\mu},\boldsymbol{\Sigma})$, 这里 $\boldsymbol{\mu}$ 和 $\boldsymbol{\Sigma}$ 分别为分布参数.

我们首先证明, 其中的参数 $\boldsymbol{\mu}$ 为 $\boldsymbol{X}$ 的均值向量, $\boldsymbol{\Sigma}$ 为 $\boldsymbol{X}$ 的协方差阵. 在 (3.3.1) 中, 用到了 $\boldsymbol{\Sigma}^{-1}$, 因此假定 $\boldsymbol{\Sigma}$ 是正定阵, 记为 $\boldsymbol{\Sigma}>0$. 用 $\boldsymbol{\Sigma}^{\frac{1}{2}}$ 记为 $\boldsymbol{\Sigma}$ 的平方根阵, 记 $\boldsymbol{\Sigma}^{-\frac{1}{2}}$ 为 $\boldsymbol{\Sigma}^{\frac{1}{2}}$ 的逆矩阵, 即 $\boldsymbol{\Sigma}^{-\frac{1}{2}}=(\boldsymbol{\Sigma}^{\frac{1}{2}})^{-1}$. 定义

$$\boldsymbol{Y}=\boldsymbol{\Sigma}^{-\frac{1}{2}}(\boldsymbol{X}-\boldsymbol{\mu}), \tag{3.3.2}$$

故 $\boldsymbol{X}=\boldsymbol{\Sigma}^{\frac{1}{2}}\boldsymbol{Y}+\boldsymbol{\mu}$, 于是 $\boldsymbol{Y}$ 的密度函数为 $g(\boldsymbol{Y})=f(\boldsymbol{\Sigma}^{\frac{1}{2}}\boldsymbol{Y}+\boldsymbol{\mu})\mid \mathbf{J}\mid$, J 为变换的 Jacobi 行列式:

$$J=\begin{vmatrix}\dfrac{\partial x_1}{\partial y_1} & \cdots & \dfrac{\partial x_1}{\partial y_n}\\ \vdots & & \vdots\\ \dfrac{\partial x_n}{\partial y_1} & \cdots & \dfrac{\partial x_n}{\partial y_n}\end{vmatrix}=|\boldsymbol{\Sigma}^{\frac{1}{2}}|=|\boldsymbol{\Sigma}|^{\frac{1}{2}}.$$

从 (3.3.1) 得到 $\boldsymbol{Y}$ 的密度函数

$$g(\boldsymbol{y})=\frac{1}{(2\pi)^{n/2}}\exp\left\{-\frac{1}{2}\boldsymbol{y}'\boldsymbol{y}\right\}=\prod_{i=1}^{n}\frac{1}{\sqrt{2\pi}}e^{-\frac{y_i^2}{2}}=\prod_{i=1}^{n}f(y_i),$$

这里

$$f(y_i)=\frac{1}{\sqrt{2\pi}}e^{-\frac{y_i^2}{2}}$$

是标准正态分布的密度函数. 这表明, $\boldsymbol{Y}$ 的 n 个分量的联合密度等于每个分量的密度函数的乘积. 于是, $\boldsymbol{Y}$ 的 n 个分量相互独立, 且 $Y_i\sim N(0,1), i=1,\cdots,n$. 因而有 $E(\boldsymbol{Y})=\mathbf{0}$, $\mathrm{Cov}(\boldsymbol{Y})=\mathbf{I}_n$. 利用关系 $\boldsymbol{X}=\boldsymbol{\Sigma}^{\frac{1}{2}}\boldsymbol{Y}+\boldsymbol{\mu}$ 及定理 3.1.1 和定理 3.1.3, 得 $E(\boldsymbol{X})=\boldsymbol{\mu}$, $\mathrm{Cov}(\boldsymbol{X})=\boldsymbol{\Sigma}$. 这就完成了所要的证明.

从定义 3.3.1 可以看出, 多元正态分布完全由它的均值向量 $\boldsymbol{\mu}$ 和协方差阵 $\boldsymbol{\Sigma}$ 所确定. 特别地, 若 $\boldsymbol{\mu}=\mathbf{0}$, $\boldsymbol{\Sigma}=\mathbf{I}_n$, 此时称 $\boldsymbol{X}$ 服从标准正态分布 $N_n(\mathbf{0},\mathbf{I}_n)$, 它的概率密度函数具有如下形式

$$f(\boldsymbol{x})=\frac{1}{(2\pi)^{\frac{n}{2}}}\exp\left\{-\sum_{i=1}^{n}x_i^2/2\right\}.$$

容易证明, 它的 n 个分量 $X_1,\cdots,X_n$ 皆服从 $N(0,1)$ 且相互独立. 定义 3.3.1 是用概率密度函数定义分布的, 它需要假设协方差阵 $\boldsymbol{\Sigma}>0$. 下面我们引进多元正态分布的另一种定义.

定义 3.3.2 设 $\boldsymbol{X}$ 为 n 维随机向量. 若存在 $n\times r$ 的列满秩矩阵 $\mathbf{A}$, 使得 $\boldsymbol{X}=\mathbf{A}\boldsymbol{U}+\boldsymbol{\mu}$, 这里 $\boldsymbol{U}=(U_1,\cdots,U_r)'$, $U_i\sim N(0,1)$ 且相互独立, $\boldsymbol{\mu}$ 为 $n\times 1$ 非随机向量, 则称 $\boldsymbol{x}$ 服从均值为 $\boldsymbol{\mu}$、协方差阵为 $\boldsymbol{\Sigma}=\mathbf{A}\mathbf{A}'$ 的多元正态向量, 记为 $\boldsymbol{X}\sim N_n(\boldsymbol{\mu},\boldsymbol{\Sigma})$, 在不致引起混淆时简记为 $\boldsymbol{X}\sim N_n(\boldsymbol{\mu},\boldsymbol{\Sigma})$.

这个定义是由我国统计学先驱许宝騄先生提出的 (Tong, 1990, p.28), 他把多元正态向量定义为若干个相互独立的一元标准正态分布随机变量的线性变换. 在这个定义中, $\boldsymbol{\Sigma}$ 可以是半正定的, 即 $|\boldsymbol{\Sigma}|=0$, 这时的分布称为奇异正态分布. 如果限制 $\boldsymbol{\Sigma}>0$, 则这个定义与定义 3.3.1 是等价的. 事实上, 从 (3.3.2) 及其后的证明我们可以把 $\boldsymbol{X}$ 表示为 $\boldsymbol{X}=\boldsymbol{\Sigma}^{\frac{1}{2}}\boldsymbol{Y}+\boldsymbol{\mu}$, 这里 $Y_i\sim N(0,1)$, $i=1,\cdots,n$ 独立. 据此式, 两种定义的等价性是显然的. 定义 3.3.2 不仅仅是把多元正态的定义推广到奇异正态的情形, 而且根据这种定义, 容易推导多元正态分布的一些性质.

应用定义 3.3.2, 很容易证明下面的定理.

定理 3.3.1 设 $\boldsymbol{X}\sim N_n(\boldsymbol{\mu},\boldsymbol{\Sigma})$, $\boldsymbol{\Sigma}\geqslant\mathbf{0}$, $\mathbf{B}$ 为 $m\times n$ 任意实矩阵, 则 $\boldsymbol{Y}=\mathbf{B}\boldsymbol{X}\sim N_m(\mathbf{B}\boldsymbol{\mu},\mathbf{B}\boldsymbol{\Sigma}\mathbf{B}')$.

证明 设 $\mathrm{rk}(\boldsymbol{\Sigma})=r$, 根据定义 3.3.2, 存在 $n\times r$ 矩阵 $\mathbf{A}$, $\mathrm{rk}(\mathbf{A})=r$, $\boldsymbol{X}$ 可表示为

$$\boldsymbol{X}=\mathbf{A}\boldsymbol{U}+\boldsymbol{\mu},\quad \mathbf{A}\mathbf{A}'=\boldsymbol{\Sigma},\quad \boldsymbol{u}\sim N_r(\mathbf{0},\mathbf{I}_r).$$

于是

$$\boldsymbol{Y}=\mathbf{B}\mathbf{A}\boldsymbol{U}+\mathbf{B}\boldsymbol{\mu},$$

再用定义 3.3.2, 定理得证. 这个定理表明, 多元正态向量的任意线性变换仍为正态向量.

推论 3.3.1 设 $\boldsymbol{X}\sim N_n(\boldsymbol{\mu},\boldsymbol{\Sigma}),\boldsymbol{\Sigma}>0$, 则

$$\boldsymbol{Y}=\boldsymbol{\Sigma}^{-\frac{1}{2}}\boldsymbol{X}\sim N_n(\boldsymbol{\Sigma}^{-\frac{1}{2}}\boldsymbol{\mu},\mathbf{I}_n).$$

注意, 这里 $\boldsymbol{X}$ 的诸分量可以是彼此相关且方差互不相等, 但经过变换过的 Y 的诸分量相互独立, 且方差皆为 1. 这个推论表明, 我们可以用一个线性变换把诸分量相关且方差不等的多元正态向量变换为多元标准正态向量.

推论 3.3.2 设 $\boldsymbol{X}\sim N_n(\boldsymbol{\mu},\sigma^2\mathbf{I}_n)$, $\mathbf{Q}$ 为 $n\times n$ 正交阵, 则 $\mathbf{Q}\boldsymbol{X}\sim N_n(\mathbf{Q}\boldsymbol{\mu},\sigma^2\mathbf{I}_n)$.

这个推论的证明是容易的, 留给读者作练习.

本推论表明, 诸分量相互独立且具有等方差的正态向量, 经过正交变换后, 变为诸分量仍然相互独立且具有等方差的正态向量.

现在我们来求 $\boldsymbol{X}\sim N_n(\boldsymbol{\mu},\boldsymbol{\Sigma})$ 对于任意的概率密度函数. 设 $\mathrm{rk}(\boldsymbol{\Sigma})=r<n$, $\mathbf{Q}=(\mathbf{Q}_1,\mathbf{Q}_2)$ 为 $\boldsymbol{\Sigma}$ 的标准正交化特征向量组成的正交阵, $\mathbf{Q}_1$ 为 $n\times r$ 矩阵, 其 r

个列对应于非零特征根 $\lambda_1, \cdots, \lambda_r$, $\mathbf{Q}_2$ 为 $n \times (n-r)$ 矩阵, 其 $n-r$ 个列皆对应于特征根零. 记 $\mathbf{\Lambda} = \mathrm{diag}(\lambda_1, \cdots, \lambda_r)$, 则

$$\begin{aligned}\mathbf{Q}'\mathbf{\Sigma}\mathbf{Q} &= \begin{pmatrix} \mathbf{Q}_1' \\ \mathbf{Q}_2' \end{pmatrix} \mathbf{\Sigma} \begin{pmatrix} \mathbf{Q}_1 & \mathbf{Q}_2 \end{pmatrix} \\ &= \begin{pmatrix} \mathbf{Q}_1'\mathbf{\Sigma}\mathbf{Q}_1 & \mathbf{Q}_1'\mathbf{\Sigma}\mathbf{Q}_2 \\ \mathbf{Q}_2'\mathbf{\Sigma}\mathbf{Q}_1 & \mathbf{Q}_2'\mathbf{\Sigma}\mathbf{Q}_2 \end{pmatrix} = \begin{pmatrix} \mathbf{\Lambda} & \mathbf{0} \\ \mathbf{0} & \mathbf{0} \end{pmatrix}.\end{aligned}$$

考虑线性变换

$$\boldsymbol{Y}_{(1)} = \mathbf{Q}_1'\boldsymbol{X}, \quad \boldsymbol{Y}_{(2)} = \mathbf{Q}_2'\boldsymbol{X},$$

依定理 3.3.1, 有

$$\boldsymbol{Y}_{(1)} = \mathbf{Q}_1'\boldsymbol{X} \sim N_r(\mathbf{Q}_1'\boldsymbol{\mu}, \mathbf{\Lambda}), \tag{3.3.3}$$

$$\boldsymbol{Y}_{(2)} = \mathbf{Q}_2'\boldsymbol{X} \sim N_{n-r}(\mathbf{Q}_2'\boldsymbol{\mu}, \mathbf{0}). \tag{3.3.4}$$

由 (3.3.4) 推得 $\mathbf{Q}_2'\boldsymbol{X} = \mathbf{Q}_2'\boldsymbol{\mu}$, 以概率为 1 成立. 这等价于 $\mathbf{Q}_2'(\boldsymbol{X} - \boldsymbol{\mu}) = \mathbf{0}$ 以概率为 1 成立, 即

$$\boldsymbol{X} - \boldsymbol{\mu} \in \mathcal{M}(\mathbf{Q}_1), \quad \text{以概率为 1 成立}. \tag{3.3.5}$$

因为 $\mathbf{\Sigma} = \mathbf{Q}_1\mathbf{\Lambda}\mathbf{Q}_1'$, 所以 $\mathcal{M}(\mathbf{\Sigma}) = \mathcal{M}(\mathbf{Q}_1)$. 我们推得 (3.3.4) 等价于

$$\boldsymbol{X} - \boldsymbol{\mu} \in \mathcal{M}(\mathbf{\Sigma}), \quad \text{以概率为 1 成立}. \tag{3.3.6}$$

另一方面, 从 (3.3.3) 得 $\boldsymbol{Y}_{(1)}$ 的概率密度函数为

$$g(\boldsymbol{y}_{(1)}) = (2\pi)^{-\frac{r}{2}} \mid \mathbf{\Lambda} \mid^{-1/2} \exp\left\{-\frac{1}{2}(\boldsymbol{y}_{(1)} - \mathbf{Q}_1'\boldsymbol{\mu})'\mathbf{\Lambda}^{-1}(\boldsymbol{y}_{(1)} - \mathbf{Q}_1'\boldsymbol{\mu})\right\}. \tag{3.3.7}$$

作变换 $\boldsymbol{X} = \mathbf{Q}\boldsymbol{Y}$. 由 $\mathbf{Q}$ 的正交性, 该变换的 Jacobi 行列式 $\mid \mathbf{Q} \mid = \pm 1$. 又 $\boldsymbol{Y}_{(1)} = \mathbf{Q}_1'\boldsymbol{X}$, 从 (3.3.7) 得到的密度函数

$$\begin{aligned} f(\boldsymbol{x}) &= (2\pi)^{-\frac{r}{2}} \left(\prod_{i=1}^{r} \lambda_i\right)^{-1/2} \exp\left\{-\frac{1}{2}(\boldsymbol{x} - \boldsymbol{\mu})'\mathbf{Q}_1\mathbf{\Lambda}^{-1}\mathbf{Q}_1'(\boldsymbol{x} - \boldsymbol{\mu})\right\} \\ &= (2\pi)^{-\frac{r}{2}} \left(\prod_{i=1}^{r} \lambda_i\right)^{-1/2} \exp\left\{-\frac{1}{2}(\boldsymbol{x} - \boldsymbol{\mu})'\mathbf{\Sigma}^{+}(\boldsymbol{x} - \boldsymbol{\mu})\right\}. \end{aligned} \tag{3.3.8}$$

由 (3.3.6) 知, $(\boldsymbol{x} - \boldsymbol{\mu})'\mathbf{\Sigma}^{-}(\boldsymbol{x} - \boldsymbol{\mu})$ 与广义逆 $\mathbf{\Sigma}^{-}$ 选择无关, 于是

$$(\boldsymbol{x} - \boldsymbol{\mu})'\mathbf{\Sigma}^{+}(\boldsymbol{x} - \boldsymbol{\mu}) = (\boldsymbol{x} - \boldsymbol{\mu})'\mathbf{\Sigma}^{-}(\boldsymbol{x} - \boldsymbol{\mu}).$$

综合 (3.3.5) 和 (3.3.7), 我们得到如下结论: 若 $\boldsymbol{X} \sim N_n(\boldsymbol{\mu}, \boldsymbol{\Sigma})$, $\mathrm{rk}(\boldsymbol{\Sigma}) = r$, 则 $\boldsymbol{X} - \boldsymbol{\mu}$ 以概率为 1 落在子空间 $\mathcal{M}(\boldsymbol{\Sigma})$ 内, 且在此子空间内有密度函数 (关于该子空间的 Lebesgue 测度)

$$(2\pi)^{-\frac{r}{2}}\left(\prod_{i=1}^{r}\lambda_i\right)^{-1/2}\exp\left\{-\frac{1}{2}(\boldsymbol{x}-\boldsymbol{\mu})'\boldsymbol{\Sigma}^{-}(\boldsymbol{x}-\boldsymbol{\mu})\right\}. \tag{3.3.9}$$

这个结果是由 Khatri (1968) 得到的.

把上面的结果归纳起来, 即

定理 3.3.2 设 $\boldsymbol{X} \sim N_n(\boldsymbol{\mu}, \boldsymbol{\Sigma})$, 则

(1) 当 $\boldsymbol{\Sigma} > \mathbf{0}$ 时, $\boldsymbol{X}$ 具有密度 (3.3.1);

(2) 当 $\mathrm{rk}(\boldsymbol{\Sigma}) = r < n$ 时, $\boldsymbol{X} - \boldsymbol{\mu}$ 以概率为 1 落在子空间 $\mathcal{M}(\boldsymbol{\Sigma})$ 内, 且在此子空间内具有密度 (3.3.8).

应用定义 3.3.2, 我们也很容易获得多元正态分布的特征函数. 我们知道 $N(0,1)$ 的特征函数为

$$\varphi(t) = \exp\left\{-\frac{t^2}{2}\right\},$$

于是 $\boldsymbol{U} \sim N_r(\mathbf{0}, \mathbf{I}_r)$ 的特征函数为

$$\varphi_{\boldsymbol{U}}(\boldsymbol{t}) = \exp\left\{-\frac{\boldsymbol{t}'\boldsymbol{t}}{2}\right\}, \quad \boldsymbol{t} \in \mathbb{R}^r.$$

记 $i = \sqrt{-1}$, 那么 $\boldsymbol{X} = \mathbf{A}\boldsymbol{U} + \boldsymbol{\mu}$ 的特征函数

$$\begin{aligned}
\varphi_{\boldsymbol{X}}(\boldsymbol{t}) &= E(\exp\{i\boldsymbol{t}'\boldsymbol{X}\}) = E(\exp\{i\boldsymbol{t}'(\mathbf{A}\boldsymbol{U}+\boldsymbol{\mu})\}) \\
&= \exp\{i\boldsymbol{t}'\boldsymbol{\mu}\}'\,E(\exp\{i\boldsymbol{t}'\mathbf{A}\boldsymbol{U}\}) = \exp\{i\boldsymbol{t}'\boldsymbol{\mu}\}\,\varphi_{\boldsymbol{U}}(\mathbf{A}'\boldsymbol{t}) \\
&= \exp\{i\boldsymbol{t}'\boldsymbol{\mu}\}\exp\left\{-\frac{\boldsymbol{t}'\mathbf{A}\mathbf{A}'\boldsymbol{t}}{2}\right\} \\
&= \exp\left\{i\boldsymbol{t}'\boldsymbol{\mu} - \frac{\boldsymbol{t}'\mathbf{A}\mathbf{A}'\boldsymbol{t}}{2}\right\}, \quad \boldsymbol{t} \in \mathbb{R}^n.
\end{aligned}$$

因为由概率论中的唯一性定理, 我们知道, 随机变量的分布是由它的特征函数唯一确定的, 于是我们证明了如下定理.

定理 3.3.3 $\boldsymbol{X} \sim N_n(\boldsymbol{\mu}, \boldsymbol{\Sigma})$ 当且仅当它的特征函数为

$$\varphi_{\boldsymbol{X}}(\boldsymbol{t}) = \exp\left\{i\boldsymbol{t}'\boldsymbol{\mu} - \frac{\boldsymbol{t}'\boldsymbol{\Sigma}\boldsymbol{t}}{2}\right\}, \quad \boldsymbol{t} \in \mathbb{R}^n.$$

定理 3.3.4 具有均值向量 $\boldsymbol{\mu}$, 协方差阵为 $\boldsymbol{\Sigma}$ 的随机向量 $\boldsymbol{X}$ 服从多元正态分布当且仅当对任意实向量 $\boldsymbol{c}$, 都有 $\boldsymbol{c}'\boldsymbol{X}\sim N(\boldsymbol{c}'\boldsymbol{\mu},\boldsymbol{c}'\boldsymbol{\Sigma}\boldsymbol{c})$, 这里 $\boldsymbol{\Sigma}\geqslant \mathbf{0}$.

证明 必要性由定义 3.3.2 直接推出, 也可以从定理 3.3.1 导出.

现在证明充分性. 若对任意 $\boldsymbol{c}$, $\boldsymbol{c}'\boldsymbol{X}\sim N(\boldsymbol{c}'\boldsymbol{\mu},\boldsymbol{c}'\boldsymbol{\Sigma}\boldsymbol{c})$, 则对一切 $t\in\mathbb{R}$, 有

$$\varphi_{\boldsymbol{c}'\boldsymbol{X}}(t)=\exp\left\{it\boldsymbol{c}'\boldsymbol{\mu}-\frac{(\boldsymbol{c}'\boldsymbol{\Sigma}\boldsymbol{c})t^2}{2}\right\}.$$

特别令 $t=1$,

$$\varphi_{\boldsymbol{c}'\boldsymbol{X}}(1)=\exp\left\{i\boldsymbol{c}'\boldsymbol{\mu}-\frac{\boldsymbol{c}'\boldsymbol{\Sigma}\boldsymbol{c}}{2}\right\}=\varphi_{\boldsymbol{X}}(\boldsymbol{c}),$$

于是随机向量 $\boldsymbol{X}$ 的特征函数

$$\varphi_{\boldsymbol{X}}(\boldsymbol{c})=\exp\left\{i\boldsymbol{c}'\boldsymbol{\mu}-\frac{\boldsymbol{c}'\boldsymbol{\Sigma}\boldsymbol{c}}{2}\right\}.$$

由定理 3.3.3, 这正是 $N(\boldsymbol{\mu},\boldsymbol{\Sigma})$ 的特征函数. 由唯一性定理, 知 $\boldsymbol{X}\sim N_n(\boldsymbol{\mu},\boldsymbol{\Sigma})$. 定理证毕.

注 3.3.1 若 $\boldsymbol{X}\sim N_n(\boldsymbol{\mu},\boldsymbol{\Sigma})$, 当 $\boldsymbol{\Sigma}>\mathbf{0}$ 时, 对任意 $\boldsymbol{c}\in\mathbb{R}^n$, 若 $\boldsymbol{c}\neq\mathbf{0}$, $\boldsymbol{c}'\boldsymbol{\Sigma}\boldsymbol{c}>0$, 则 $\boldsymbol{c}'\boldsymbol{X}$ 是非退化的一元正态变量. 若 $\boldsymbol{\Sigma}\geqslant\mathbf{0},\mathrm{rk}(\boldsymbol{\Sigma})=r<p$, 即便 $\boldsymbol{c}\neq\mathbf{0}$, 可能有 $\boldsymbol{c}'\boldsymbol{\Sigma}\boldsymbol{c}=0$. 这时 $P(\boldsymbol{c}'\boldsymbol{X}=\boldsymbol{c}'\boldsymbol{\mu})=1$, $\boldsymbol{c}'\boldsymbol{X}$ 是退化的一元正态随机变量. 事实上, 对任意 $\boldsymbol{c}\in\mathcal{M}(\boldsymbol{\Sigma})^{\perp}$, 都有 $P(\boldsymbol{c}'\boldsymbol{X}=\boldsymbol{c}'\boldsymbol{\mu})=1$.

例 3.3.1 设 $X_1,\cdots,X_n$ 为从正态总体 $N(\mu,\sigma^2)$ 抽取的简单随机样本, 则样本均值 $\bar{X}=\dfrac{1}{n}\sum\limits_{i=1}^{n}X_i\sim N(\mu,\sigma^2/n)$.

事实上, 若记 $\boldsymbol{X}=(X_1,\cdots,X_n)'$, $\boldsymbol{c}=\left(\dfrac{1}{n},\cdots,\dfrac{1}{n}\right)'$, 则 $\bar{X}=\boldsymbol{c}\boldsymbol{X}$. 由定理 3.3.4 知 $\bar{X}$ 服从正态分布. 其余结论的证明是容易的, 留给读者作练习.

在定理中取 $c=(0,\cdots,0,1,0,\cdots,0)'$, 则 $\boldsymbol{c}'\boldsymbol{X}=X_i$, $\boldsymbol{c}'\boldsymbol{\mu}=\mu_i$, $\boldsymbol{c}'\boldsymbol{\Sigma}\boldsymbol{c}=\sigma_{ii}$. 于是我们有如下推论.

推论 3.3.3 设 $\boldsymbol{X}\sim N_n(\boldsymbol{\mu},\boldsymbol{\Sigma})$, $\boldsymbol{\mu}=(\mu_1,\cdots,\mu_n)$, $\boldsymbol{\Sigma}=(\sigma_{ij})$, 则 $X_i\sim N(\mu_i,\sigma_{ii})$, $i=1,\cdots,n$.

这个推论表明, 若 $\boldsymbol{X}=(X_1,\cdots,X_n)'$ 为 n 维正态向量, 则它的任一分量也是正态向量 (包括退化情形). 但反过来的结论未必成立, 即 $X_1,\cdots,X_n$ 均为正态变量, $\boldsymbol{X}=(X_1,\cdots,X_n)'$ 未必为正态向量. 我们可以举出很多这样的例子, 下面就是其中的一个.

例 3.3.2 设 (X,Y) 的联合密度函数为

$$f(x,y)=\frac{1}{2\pi}\left[1-\frac{xy}{(x^2+1)(y^2+1)}\right]\exp\left\{-\frac{1}{2}(x^2+y^2)\right\},\quad -\infty<x,y<+\infty.$$

显然这不是二元正态分布的密度函数, 而 X 和 Y 的边缘分布为 $N(0,1)$.

事实上

$$\begin{aligned}f_1(x)&=\int_{-\infty}^{\infty}f(x,y)dy\\&=\frac{1}{2\pi}\int_{-\infty}^{\infty}\exp\left\{-\frac{1}{2}(x^2+y^2)\right\}dy\\&\quad-\frac{1}{2\pi}\int_{-\infty}^{\infty}\frac{xy}{(x^2+1)(y^2+1)}\exp\left\{-\frac{1}{2}(x^2+y^2)\right\}dy.\end{aligned}$$

上式第二项被积函数对固定的 x 是 y 的奇函数, 因此第二项积分等于零. 于是

$$\begin{aligned}f_1(x)&=\frac{1}{2\pi}\int_{-\infty}^{\infty}\exp\left\{-\frac{1}{2}(x^2+y^2)\right\}dy\\&=\frac{1}{\sqrt{2\pi}}\exp\left\{-\frac{x^2}{2}\right\}\int_{-\infty}^{\infty}\frac{1}{\sqrt{2\pi}}\exp\left\{-\frac{y^2}{2}\right\}dy\\&=\frac{1}{\sqrt{2\pi}}\exp\left\{-\frac{x^2}{2}\right\},\end{aligned}$$

这里利用了 $\displaystyle\int_{-\infty}^{\infty}\frac{1}{\sqrt{2\pi}}\exp\left\{-\frac{y^2}{2}\right\}dy=1$.

这就证明了 $X\sim N(0,1)$. 在 $f(x,y)$ 表达式中 , x,y 的地位完全对称, 故 $Y\sim N(0,1)$ 也成立.

这个例子容易推广到多元情形. 设 $X_1,\cdots,X_n$ 的联合密度为

$$f(x_1,\cdots,x_n)=\frac{1}{(2\pi)^{n/2}}\exp\left\{-\frac{1}{2}\sum_{i=1}^n x_i^2\right\}\left[1-\frac{\prod\limits_{i=1}^n x_i}{\prod\limits_{i=1}^n(x_i^2+1)}\right].$$

显然, $X_1,\cdots,X_n$ 联合分布不是 n 元正态, 但用前面同样的方法, 可以证明 $X_i\sim N(0,1),\ i=1,\cdots,n$.

现在我们来讨论多元正态的进一步性质, 先讨论边缘分布. 在以下讨论中, 无特殊说明, 总假设 $\boldsymbol{\Sigma}\geqslant\mathbf{0}$, 即 $\boldsymbol{\Sigma}$ 不必是正定阵.

将 $\boldsymbol{X},\boldsymbol{\mu},\boldsymbol{\Sigma}$ 作如下分块

$$\boldsymbol{X}=\begin{pmatrix}\boldsymbol{X}_1\\ \boldsymbol{X}_2\end{pmatrix},\quad \boldsymbol{\mu}=\begin{pmatrix}\boldsymbol{\mu}_1\\ \boldsymbol{\mu}_2\end{pmatrix},\quad \boldsymbol{\Sigma}=\begin{pmatrix}\boldsymbol{\Sigma}_{11} & \boldsymbol{\Sigma}_{12}\\ \boldsymbol{\Sigma}_{21} & \boldsymbol{\Sigma}_{22}\end{pmatrix}, \tag{3.3.10}$$

这里 $\boldsymbol{X}_1,\boldsymbol{\mu}_1$ 皆为 $m\times 1$ 向量, $\boldsymbol{\Sigma}_{11}$ 为 $m\times m$ 矩阵.

定理 3.3.5 设 $\boldsymbol{X}\sim N_n(\boldsymbol{\mu},\boldsymbol{\Sigma})$, 则 $\boldsymbol{X}_1\sim N_m(\boldsymbol{\mu}_1,\boldsymbol{\Sigma}_{11})$, $\boldsymbol{X}_2\sim N_{n-m}(\boldsymbol{\mu}_2,\boldsymbol{\Sigma}_{22})$.

证明 $\boldsymbol{X}_1$ 的特征函数为

$$\varphi_{\boldsymbol{X}_1}(t)=\varphi_{\boldsymbol{X}}(t_1,\cdots,t_m,0,\cdots,0)=\exp\left\{i\boldsymbol{t}'\boldsymbol{\mu}_1-\frac{\boldsymbol{t}'\boldsymbol{\Sigma}_{11}\boldsymbol{t}}{2}\right\}.$$

由定理 3.3.3 知 $\boldsymbol{X}_1\sim N_m(\boldsymbol{\mu}_1,\boldsymbol{\Sigma}_{11})$, 同理可证 $\boldsymbol{X}_2\sim N_{n-m}(\boldsymbol{\mu}_2,\boldsymbol{\Sigma}_{22})$, 定理证毕.

这个定理也可以用定理 3.3.1 来证明.

定理 3.3.6 设 $\boldsymbol{X}\sim N_n(\boldsymbol{\mu},\boldsymbol{\Sigma})$, 则 $\boldsymbol{X}_1$ 和 $\boldsymbol{X}_2$ 独立当且仅当 $\boldsymbol{\Sigma}_{12}=\boldsymbol{0}$.

证明 设 $\boldsymbol{t}\in\mathbb{R}^n$, $\boldsymbol{t}=(\boldsymbol{t}_1',\boldsymbol{t}_2')'$, $\boldsymbol{t}_1\in\mathbb{R}^m$, $\boldsymbol{t}_2\in\mathbb{R}^{n-m}$. 函数 $\varphi_{\boldsymbol{X}}(\boldsymbol{t})$, $\varphi_{\boldsymbol{X}_1}(\boldsymbol{t}_1)$ 和 $\varphi_{\boldsymbol{X}_2}(\boldsymbol{t}_2)$ 分别表示 $\boldsymbol{X}$, $\boldsymbol{X}_1$ 和 $\boldsymbol{X}_2$ 的特征函数. 于是

$$\begin{aligned}\boldsymbol{\Sigma}_{12}=\boldsymbol{0}&\Longleftrightarrow \boldsymbol{t}'\boldsymbol{\Sigma}\boldsymbol{t}=\boldsymbol{t}_1'\boldsymbol{\Sigma}_{11}\boldsymbol{t}_1+\boldsymbol{t}_2'\boldsymbol{\Sigma}_{22}\boldsymbol{t}_2\\ &\Longleftrightarrow \varphi_{\boldsymbol{X}}(\boldsymbol{t})=\varphi_{\boldsymbol{X}_1}(\boldsymbol{t}_1)\varphi_{\boldsymbol{X}_2}(\boldsymbol{t}_2).\end{aligned}$$

利用如下事实: 随机向量独立当且仅当它们的联合特征函数等于它们的边缘特征函数的乘积. 这就证明了我们的结论, 定理证毕.

这个定理刻画了多元正态分布的一个重要性质, 相互独立与不相关是等价的.

如果限于非奇异正态分布, 当 $\boldsymbol{\Sigma}_{12}=\boldsymbol{0}$ 时, 则 (3.3.1) 可分解为

$$f(\boldsymbol{x})=f_1(\boldsymbol{x}_1)f_2(\boldsymbol{x}_2),$$

其中

$$f_1(\boldsymbol{x}_1)=\frac{1}{(2\pi)^{m/2}\left|\boldsymbol{\Sigma}_{11}\right|^{\frac{1}{2}}}\exp\left\{-\frac{1}{2}(\boldsymbol{x}_1-\boldsymbol{\mu}_1)'\boldsymbol{\Sigma}_{11}^{-1}(\boldsymbol{x}_1-\boldsymbol{\mu}_1)\right\},$$

$$f_2(\boldsymbol{x}_2)=\frac{1}{(2\pi)^{(n-m)/2}\left|\boldsymbol{\Sigma}_{22}\right|^{\frac{1}{2}}}\exp\left\{-\frac{1}{2}(\boldsymbol{x}_2-\boldsymbol{\mu}_2)'\boldsymbol{\Sigma}_{22}^{-1}(\boldsymbol{x}_2-\boldsymbol{\mu}_2)\right\},$$

这里 $f_1(\boldsymbol{x}_1)$ 和 $f_2(\boldsymbol{x}_2)$ 分别是 $\boldsymbol{X}_1\sim N_m(\boldsymbol{\mu}_1,\boldsymbol{\Sigma}_{11})$ 和 $\boldsymbol{X}_2\sim N_{n-m}(\boldsymbol{\mu}_2,\boldsymbol{\Sigma}_{22})$ 的密度函数. 因为从 $\boldsymbol{\Sigma}>\boldsymbol{0}$ 可推出 $\boldsymbol{\Sigma}_{ii}>\boldsymbol{0}$, 所以非奇异正态分布的边缘分布也是非奇异的.

例 3.3.3 二元正态分布.

从初等概率统计教科书我们已经知道, 二元正态分布密度为

$$f(x_1,x_2)=\frac{1}{2\pi\sigma_1\sigma_2\sqrt{1-\rho^2}}\\ \times\exp\left\{-\frac{1}{2(1-\rho^2)}\left[\frac{(x_1-\mu_1)^2}{\sigma_1^2}-2\rho\left(\frac{x_1-\mu_1}{\sigma_1}\right)\left(\frac{x_2-\mu_2}{\sigma_2}\right)+\frac{(x_2-\mu_2)^2}{\sigma_2^2}\right]\right\}.$$

若写成 (3.3.1) 的形式, 则其中的 $\boldsymbol{\mu}$ 和 $\boldsymbol{\Sigma}$ 分别为

$$\boldsymbol{\mu}=\begin{pmatrix}\mu_1\\ \mu_2\end{pmatrix},\quad \boldsymbol{\Sigma}=\begin{pmatrix}\sigma_1^2 & \rho\sigma_1\sigma_2\\ \rho\sigma_1\sigma_2 & \sigma_2^2\end{pmatrix},$$

它们分别是二元正态向量的均值向量和协方差阵, ρ 表示相关系数. 因为 $|\boldsymbol{\Sigma}|=(1-\rho^2)\sigma_1^2\sigma_2^2$, 所以为了保证 $\boldsymbol{\Sigma}$ 可逆, 我们要求 $|\rho|<1$.

当 $\rho=0$ 时, $\boldsymbol{\Sigma}=\operatorname{diag}(\sigma_1^2,\sigma_2^2)$, 依定理 3.3.6 知, 此时 X_1 与 X_2 相互独立, 且 $X_i\sim N(\mu_i,\sigma_i^2)$. 关于这个事实, 我们也可以从密度函数得到证明. 当 $\rho=0$ 时, 它的联合密度函数可分解为

$$f(x_1,x_2)=\frac{1}{\sqrt{2\pi}\sigma_1}\exp\left\{-\frac{(x_1-\mu_1)^2}{2\sigma_1^2}\right\}\cdot\frac{1}{\sqrt{2\pi}\sigma_2}\exp\left\{-\frac{(x_2-\mu_2)^2}{2\sigma_2^2}\right\}.$$

可见 $X_i\sim N(\mu_i,\sigma_i^2)$, 且相互独立.

下面我们讨论多元正态的条件分布.

定理 3.3.7 设 $\boldsymbol{X}\sim N_n(\boldsymbol{\mu},\boldsymbol{\Sigma})$, 对 $\boldsymbol{X},\boldsymbol{\mu},\boldsymbol{\Sigma}$ 作如 (3.3.10) 的分块, 则给定 $\boldsymbol{X}_1=\boldsymbol{x}_1$ 时, $\boldsymbol{X}_2$ 的条件分布为

$$\boldsymbol{X}_2|\boldsymbol{X}_1=\boldsymbol{x}_1\sim N_{n-m}(\boldsymbol{\mu}_2+\boldsymbol{\Sigma}_{21}\boldsymbol{\Sigma}_{11}^-(\boldsymbol{x}_1-\boldsymbol{\mu}_1),\ \boldsymbol{\Sigma}_{22.1}),$$

这里 $\boldsymbol{\Sigma}_{22.1}=\boldsymbol{\Sigma}_{22}-\boldsymbol{\Sigma}_{21}\boldsymbol{\Sigma}_{11}^-\boldsymbol{\Sigma}_{12}$.

证明 令

$$\mathbf{C}=\begin{pmatrix}\mathbf{I}_m & \mathbf{0}\\ -\boldsymbol{\Sigma}_{21}\boldsymbol{\Sigma}_{11}^- & \mathbf{I}_{n-m}\end{pmatrix}.$$

做变换 $\boldsymbol{Y}=\mathbf{C}\boldsymbol{X}$, 则 $\boldsymbol{Y}\sim N_n(\mathbf{C}\boldsymbol{\mu},\mathbf{C}\boldsymbol{\Sigma}\mathbf{C}')$. 利用 (2.3.11) 和 (2.3.12) 得

$$\boldsymbol{\Sigma}_{21}-\boldsymbol{\Sigma}_{21}\boldsymbol{\Sigma}_{11}^-\boldsymbol{\Sigma}_{11}=\mathbf{0},\qquad \boldsymbol{\Sigma}_{12}-\boldsymbol{\Sigma}_{11}(\boldsymbol{\Sigma}_{11}^-)'\boldsymbol{\Sigma}_{12}=\mathbf{0},$$

于是

$$\mathbf{C}\boldsymbol{\Sigma}\mathbf{C}'=\begin{pmatrix}\mathbf{I}_m & \mathbf{0}\\ -\boldsymbol{\Sigma}_{21}\boldsymbol{\Sigma}_{11}^- & \mathbf{I}_{n-m}\end{pmatrix}\begin{pmatrix}\boldsymbol{\Sigma}_{11} & \boldsymbol{\Sigma}_{12}\\ \boldsymbol{\Sigma}_{21} & \boldsymbol{\Sigma}_{22}\end{pmatrix}\begin{pmatrix}\mathbf{I}_m & -(\boldsymbol{\Sigma}_{11}^-)'\boldsymbol{\Sigma}_{12}\\ \mathbf{0} & \mathbf{I}_{n-m}\end{pmatrix}$$

$$= \begin{pmatrix} \boldsymbol{\Sigma}_{11} & \mathbf{0} \\ \mathbf{0} & \boldsymbol{\Sigma}_{22.1} \end{pmatrix},$$

即

$$\begin{pmatrix} \boldsymbol{Y}_1 \\ \boldsymbol{Y}_2 \end{pmatrix} = \begin{pmatrix} \boldsymbol{X}_1 \\ \boldsymbol{X}_2 - \boldsymbol{\Sigma}_{21}\boldsymbol{\Sigma}_{11}^{-}\boldsymbol{X}_1 \end{pmatrix}$$
$$\sim N_n\left(\begin{pmatrix} \boldsymbol{\mu}_1 \\ \boldsymbol{\mu}_2 - \boldsymbol{\Sigma}_{21}\boldsymbol{\Sigma}_{11}^{-}\boldsymbol{\mu}_1 \end{pmatrix}, \begin{pmatrix} \boldsymbol{\Sigma}_{11} & \mathbf{0} \\ \mathbf{0} & \boldsymbol{\Sigma}_{22.1} \end{pmatrix}\right).$$

于是

$$\boldsymbol{X}_2 - \boldsymbol{\Sigma}_{21}\boldsymbol{\Sigma}_{11}^{-}\boldsymbol{X}_1 \sim N_{n-m}(\boldsymbol{\mu}_2 - \boldsymbol{\Sigma}_{21}\boldsymbol{\Sigma}_{11}^{-}\boldsymbol{\mu}_1,\ \ \boldsymbol{\Sigma}_{22.1}),$$
$$\boldsymbol{X}_1 \sim N_m(\boldsymbol{\mu}_1,\ \ \boldsymbol{\Sigma}_{11}),$$

且二者相互独立. 故给定 $\boldsymbol{X}_1 = \boldsymbol{x}_1$,

$$\boldsymbol{X}_2 \sim N_{n-m}(\boldsymbol{\mu}_2 + \boldsymbol{\Sigma}_{21}\boldsymbol{\Sigma}_{11}^{-}(\boldsymbol{x}_1 - \boldsymbol{\mu}_1), \boldsymbol{\Sigma}_{22.1}).$$

证毕.

从这个定理我们可以获得如下重要事实:

$$E(\boldsymbol{X}_2|\boldsymbol{X}_1 = \boldsymbol{x}_1) = \boldsymbol{\mu}_2 + \boldsymbol{\Sigma}_{21}\boldsymbol{\Sigma}_{11}^{-}(\boldsymbol{X}_1 - \boldsymbol{\mu}_1) = (\boldsymbol{\mu}_2 - \boldsymbol{\Sigma}_{21}\boldsymbol{\Sigma}_{11}^{-}\boldsymbol{\mu}_1) + \boldsymbol{\Sigma}_{21}\boldsymbol{\Sigma}_{11}^{-}\boldsymbol{X}_1,$$

即在给定 $\boldsymbol{X}_1 = \boldsymbol{x}_1$ 时, $\boldsymbol{X}_2$ 的条件均值是关于 $\boldsymbol{x}_1$ 的线性函数.

由定理 3.3.2 的证明, 我们可知 $\boldsymbol{X}_1 - \boldsymbol{\mu}_1 \in \mathcal{M}(\boldsymbol{\Sigma}_{11})$(以概率为 1), 而 $\mathcal{M}(\boldsymbol{\Sigma}_{21}) \subset \mathcal{M}(\boldsymbol{\Sigma}_{11})$, 所以, $\boldsymbol{\Sigma}_{21}\boldsymbol{\Sigma}_{11}^{-}(\boldsymbol{X}_1 - \boldsymbol{\mu}_1)$ 与广义逆 $\boldsymbol{\Sigma}_{11}^{-}$ 的选择无关. 从定理的证明, 我们还可以有如下推论.

推论 3.3.4 记 $\boldsymbol{\Sigma}_{11.2} = \boldsymbol{\Sigma}_{11} - \boldsymbol{\Sigma}_{12}\boldsymbol{\Sigma}_{22}^{-}\boldsymbol{\Sigma}_{21}$, $\boldsymbol{\Sigma}_{22.1} = \boldsymbol{\Sigma}_{22} - \boldsymbol{\Sigma}_{21}\boldsymbol{\Sigma}_{11}^{-}\boldsymbol{\Sigma}_{12}$. 则

(1) $(\boldsymbol{X}_1 - \boldsymbol{\Sigma}_{12}\boldsymbol{\Sigma}_{22}^{-}\boldsymbol{X}_2) \sim N_m(\boldsymbol{\mu}_1 - \boldsymbol{\Sigma}_{12}\boldsymbol{\Sigma}_{22}^{-}\boldsymbol{\mu}_2, \boldsymbol{\Sigma}_{11.2})$ 且与 $\boldsymbol{X}_2 \sim N_{n-m}(\boldsymbol{\mu}_2, \boldsymbol{\Sigma}_{22})$ 相互独立;

(2) $(\boldsymbol{X}_2 - \boldsymbol{\Sigma}_{21}\boldsymbol{\Sigma}_{11}^{-}\boldsymbol{X}_1) \sim N_{n-m}(\boldsymbol{\mu}_2 - \boldsymbol{\Sigma}_{21}\boldsymbol{\Sigma}_{11}^{-}\boldsymbol{\mu}_1, \boldsymbol{\Sigma}_{22.1})$ 且与 $\boldsymbol{X}_1 \sim N_m(\boldsymbol{\mu}_1, \boldsymbol{\Sigma}_{11})$ 相互独立.

3.4 正态向量的二次型

设 $\boldsymbol{X} \sim N_n(\boldsymbol{\mu}, \boldsymbol{\Sigma}), \mathbf{A}_{n\times n}$ 为实对称阵. 本节的目的是研究 $\boldsymbol{X}'\mathbf{A}\boldsymbol{X}$ 的性质, 特别是在什么条件下, 二次型 $\boldsymbol{X}'\mathbf{A}\boldsymbol{X}$ 服从 χ^2 分布, 并讨论 χ^2 分布的一些重要性质. 以下我们总假设 $\boldsymbol{\Sigma} > \mathbf{0}$.

定理 3.4.1　(1) 设 $\boldsymbol{X}\sim N_n(\boldsymbol{\mu},\boldsymbol{\Sigma})$, $\mathbf{A}_{n\times n}$ 对称, 则 $\mathrm{Var}(\boldsymbol{X}'\mathbf{A}\boldsymbol{X})=2\mathrm{tr}(\mathbf{A}\boldsymbol{\Sigma})^2+4\boldsymbol{\mu}'\mathbf{A}\boldsymbol{\Sigma}\mathbf{A}\boldsymbol{\mu}$.

(2) 设 $\boldsymbol{X}\sim N_n(\boldsymbol{\mu},\sigma^2\mathbf{I}_n)$, $\mathbf{A}_{n\times n}$ 对称, 则 $\mathrm{Var}(\boldsymbol{X}'\mathbf{A}\boldsymbol{X})=2\sigma^4\mathrm{tr}(\mathbf{A}^2)+4\sigma^2\boldsymbol{\mu}'\mathbf{A}^2\boldsymbol{\mu}$.

证明　(1) 记 $\boldsymbol{Y}=\boldsymbol{\Sigma}^{-\frac{1}{2}}\boldsymbol{X}$, 则 $\boldsymbol{y}\sim N_n(\boldsymbol{\Sigma}^{-\frac{1}{2}}\boldsymbol{\mu},\mathbf{I}_n)$, 所以 $\boldsymbol{Y}$ 的分量相互独立, 且 $\mathrm{Var}(\boldsymbol{X}'\mathbf{A}\boldsymbol{X})=\mathrm{Var}(\boldsymbol{Y}'\boldsymbol{\Sigma}^{\frac{1}{2}}\mathbf{A}\boldsymbol{\Sigma}^{\frac{1}{2}}\boldsymbol{Y})$, 注意到对正态分布

$$m_3=E(Y_i-EY_i)^3=0,$$

$$m_4=E(Y_i-EY_i)^4=3.$$

应用定理 3.2.2, 便得到第一条结论.

(2) 是 (1) 的特殊情况. 定理证毕.

定义 3.4.1　设 $\boldsymbol{X}\sim N_n(\boldsymbol{\mu},\mathbf{I}_n)$. 随机变量 $Y=\boldsymbol{X}'\boldsymbol{x}$ 的分布称为自由度为 n, 非中心参数为 $\lambda=\boldsymbol{\mu}'\boldsymbol{\mu}$ 的 χ^2 分布, 记为 $Y\sim\chi^2_{n,\lambda}$. 当 $\lambda=0$ 时, 称 Y 的分布为中心 χ^2 分布, 记为 $Y\sim\chi^2_n$.

定理 3.4.2　χ^2 分布具有下述性质:

(1) (可加性)　设 $Y_i\sim\chi^2_{n_i,\lambda_i}$, $i=1,\cdots,k$, 且相互独立, 则

$$Y_1+\cdots+Y_k\sim\chi^2_{n,\lambda},$$

这里 $n=\sum n_i,\lambda=\sum\lambda_i$.

(2) $E(\chi^2_{n,\lambda})=n+\lambda,\mathrm{Var}(\chi^2_{n,\lambda})=2n+4\lambda$.

证明　(1) 根据定义易得. 下证 (2).

(2) 设 $Y\sim\chi^2_{n,\lambda}$, 则依定义, Y 可表示为

$$Y=X_1^2+\cdots+X_{n-1}^2+X_n^2,$$

其中 $X_i\sim N(0,1)$, $i=1,\cdots,n-1,X_n\sim N(\sqrt{\lambda},1)$, 且相互独立, 于是

$$E(Y)=\sum_{i=1}^n E(X_i^2),\tag{3.4.1}$$

$$\mathrm{Var}(Y)=\sum_{i=1}^n\mathrm{Var}(X_i^2).\tag{3.4.2}$$

因为

$$E(X_i^2)=\mathrm{Var}(X_i)+E(X_i)^2=\begin{cases}1, & i=1,\cdots,n-1,\\ 1+\lambda, & i=n.\end{cases}$$

代入 (3.4.1), 第一条结论得证. 直接计算可得

$$E(X_i^4)=3,\quad i=1,\cdots,n-1,$$

$$E(X_n^4)=\lambda^2+6\lambda+3.$$

于是

$$\operatorname{Var}(X_i^2)=E(X_i^4)-(E(X_i^2))^2=3-1=2,\quad i=1,\cdots,n-1,$$

$$\operatorname{Var}(X_n^2)=E(X_n^4)-(E(X_n^2))^2=2+4\lambda.$$

代入 (3.4.2) 便证明了第二条结论.

设 $\boldsymbol{X}\sim N_n(\mathbf{0},\boldsymbol{\Sigma}),\boldsymbol{\Sigma}>\mathbf{0}$, 依定义容易证明二次型 $\boldsymbol{X}'\boldsymbol{\Sigma}^{-1}\boldsymbol{X}\sim\chi_n^2$. 事实上, 记 $\boldsymbol{Y}=\boldsymbol{\Sigma}^{-\frac{1}{2}}\boldsymbol{X}$, 则 $\boldsymbol{Y}\sim N_n(\mathbf{0},\mathbf{I}_n)$. 于是

$$\boldsymbol{X}'\boldsymbol{\Sigma}^{-1}\boldsymbol{X}=(\boldsymbol{\Sigma}^{-\frac{1}{2}}\boldsymbol{X})'(\boldsymbol{\Sigma}^{-\frac{1}{2}}\boldsymbol{X})=\boldsymbol{Y}'\boldsymbol{Y}\sim\chi_n^2.$$

对于正态向量的一般二次型, 我们有下面的定理.

定理 3.4.3 设 $\boldsymbol{X}\sim N_n(\boldsymbol{\mu},\mathbf{I}_n)$, $\mathbf{A}$ 对称, 则 $\boldsymbol{X}'\mathbf{A}\boldsymbol{X}\sim\chi^2_{r,\boldsymbol{\mu}'\mathbf{A}\boldsymbol{\mu}}\Longleftrightarrow\mathbf{A}$ 幂等, $\operatorname{rk}(\mathbf{A})=r$.

证明 先证充分性. 设 $\mathbf{A}$ 为对称幂等阵, 且 $\operatorname{rk}(\mathbf{A})=r$, 依定理 2.4.1, $\mathbf{A}$ 的特征根只能为 0 或 1, 于是存在正交方阵 $\mathbf{Q}$, 使得

$$\mathbf{A}=\mathbf{Q}'\begin{pmatrix}\mathbf{I}_r & \mathbf{0}\\ \mathbf{0} & \mathbf{0}\end{pmatrix}\mathbf{Q}.$$

令 $\boldsymbol{Y}=\mathbf{Q}\boldsymbol{X}$, 则 $\boldsymbol{Y}\sim N_n(\mathbf{Q}\boldsymbol{\mu},\mathbf{I}_n)$, 对 $\boldsymbol{Y}$ 和 $\mathbf{Q}$ 作分块

$$\boldsymbol{Y}=\begin{pmatrix}\boldsymbol{Y}_{(1)}\\ \boldsymbol{Y}_{(2)}\end{pmatrix},\quad \mathbf{Q}=\begin{pmatrix}\mathbf{Q}_1\\ \mathbf{Q}_2\end{pmatrix},$$

其中 $\boldsymbol{Y}_{(1)}$ 为 $r\times1$ 的向量, $\mathbf{Q}_1$ 为 $r\times n$ 的矩阵. 于是

$$\boldsymbol{X}'\mathbf{A}\boldsymbol{X}=\boldsymbol{Y}'\begin{pmatrix}\mathbf{I}_r & \mathbf{0}\\ \mathbf{0} & \mathbf{0}\end{pmatrix}\boldsymbol{Y}=\boldsymbol{Y}_{(1)}'\boldsymbol{Y}_{(1)}\sim\chi^2_{r,\lambda},$$

其中 $\lambda=(\mathbf{Q}_1\boldsymbol{\mu})'\mathbf{Q}_1\boldsymbol{\mu}=\boldsymbol{\mu}\mathbf{Q}_1'\mathbf{Q}_1\boldsymbol{\mu}=\boldsymbol{\mu}'\mathbf{A}\boldsymbol{\mu}$.

再证必要性. 设 $\operatorname{rk}(\mathbf{A})=t$. 因 $\mathbf{A}$ 对称, 故存在正交方阵 $\mathbf{Q}$, 使得

$$\mathbf{A}=\mathbf{Q}'\begin{pmatrix}\boldsymbol{\Lambda} & \mathbf{0}\\ \mathbf{0} & \mathbf{0}\end{pmatrix}\mathbf{Q},$$

其中 $\mathbf{\Lambda}=\operatorname{diag}(\lambda_1,\cdots,\lambda_t)$. 我们只需证明 $\lambda_i=1, i=1,\cdots,t, t=r$. 令 $\boldsymbol{Y}=\mathbf{Q}\boldsymbol{X}$, 则 $\boldsymbol{Y}\sim N_n(\mathbf{Q}\boldsymbol{\mu},\mathbf{I}_n)$. 记

$$\boldsymbol{c}=(c_1,\cdots,c_n)'=\mathbf{Q}\boldsymbol{\mu},$$

则

$$\boldsymbol{X}'\mathbf{A}\boldsymbol{X}=\boldsymbol{Y}'\begin{pmatrix}\mathbf{\Lambda} & \mathbf{0}\\ \mathbf{0} & \mathbf{0}\end{pmatrix}\boldsymbol{Y}=\sum_{j=1}^{t}\lambda_j Y_j^2, \tag{3.4.3}$$

这里 $\boldsymbol{Y}=(Y_1,\cdots,Y_n)'$, $Y_j\sim N(c_j,1)$ 且相互独立, $j=1,\cdots,t$. 依特征函数的定义, 不难算出 $\lambda_j Y_j^2$ 的特征函数为

$$g_j(z)=(1-2i\lambda_j z)^{-\frac{1}{2}}\exp\left\{\frac{i\lambda_j z}{1-2i\lambda_j z}c_j^2\right\}.$$

利用独立随机变量之和的特征函数等于它们的特征函数之积, 由 (3.4.3) 得 $\boldsymbol{X}'\mathbf{A}\boldsymbol{X}$ 的特征函数

$$\prod_{j=1}^{t}(1-2i\lambda_j z)^{-\frac{1}{2}}\exp\left\{\frac{i\lambda_j z}{1-2i\lambda_j z}c_j^2\right\}. \tag{3.4.4}$$

我们再来计算 $\chi^2_{r;\lambda}$ 的特征函数. 设 $u\sim\chi^2_{r;\lambda}$, $\lambda=\boldsymbol{\mu}'\mathbf{A}\boldsymbol{\mu}$, 记 $u=u_1^2+\cdots+u_r^2$, 其中 $u_1\sim N(\lambda^{1/2},1)$, $u_j\sim N(0,1)$, $j\geqslant 2$. 和刚才同样的道理, 得 u 的特征函数:

$$(1-2iz)^{-\frac{r}{2}}\exp\left\{\frac{i\lambda z}{1-2iz}\right\}. \tag{3.4.5}$$

依假设, $\boldsymbol{X}'\mathbf{A}\boldsymbol{X}\sim\chi^2_{r;\lambda}$. 于是 (3.4.4) 和 (3.4.5) 应该相等. 比较两者的奇点及其个数知, $\lambda_j=1, j=1,\cdots,t$, 且 $t=r$. 必要性得证. 定理证毕.

推论 3.4.1 设 $\mathbf{A}_{n\times n}$ 对称, $\boldsymbol{X}\sim N_n(\boldsymbol{\mu},\mathbf{I})$, 那么 $\boldsymbol{X}'\mathbf{A}\boldsymbol{X}\sim\chi^2_k$, 即中心 χ^2 分布 $\Longleftrightarrow$ $\mathbf{A}$ 幂等, $\operatorname{rk}(\mathbf{A})=k$, $\mathbf{A}\boldsymbol{\mu}=\mathbf{0}$.

推论 3.4.2 设 $\mathbf{A}_{n\times n}$ 对称, $\boldsymbol{X}\sim N_n(0,\mathbf{I}_n)$, 那么 $\boldsymbol{X}'\mathbf{A}\boldsymbol{X}\sim\chi^2_k \Longleftrightarrow \mathbf{A}$ 幂等且 $\operatorname{rk}(\mathbf{A})=k$.

推论 3.4.3 设 $\mathbf{A}_{n\times n}$ 对称, $\boldsymbol{X}\sim N_n(\boldsymbol{\mu},\mathbf{\Sigma})$, $\mathbf{\Sigma}>0$, 那么 $\boldsymbol{X}'\mathbf{A}\boldsymbol{X}\sim\chi^2_{k;\lambda}, \lambda=\boldsymbol{\mu}'\mathbf{A}\boldsymbol{\mu} \Longleftrightarrow \mathbf{A}\mathbf{\Sigma}\mathbf{A}=\mathbf{A}$.

定理 3.4.3 及其推论把判定正态变量二次型服从 χ^2 分布的问题化为研究相应的二次型矩阵的问题, 而后者往往很容易处理. 因此, 这些结果是判定 χ^2 分布的很有效的工具.

例 3.4.1 设 $\boldsymbol{X}\sim N_n(\mathbf{C}\boldsymbol{\beta},\sigma^2\mathbf{I})$, $\operatorname{rk}(\mathbf{C})=r$. 利用推论 3.4.1 容易证明

$$\boldsymbol{X}'[\mathbf{I}_n-\mathbf{C}(\mathbf{C}'\mathbf{C})^-\mathbf{C}']\boldsymbol{X}/\sigma^2\sim\chi^2_{n-r}.$$

事实上, 该二次型的矩阵 $\mathbf{A} = \mathbf{I}_n - \mathbf{C}(\mathbf{C}'\mathbf{C})^-\mathbf{C}'$ 是幂等阵, 依定理 2.4.3, 有 $\mathrm{rk}(\mathbf{A}) = \mathrm{tr}(\mathbf{A}) = \mathrm{tr}(\mathbf{I} - \mathbf{C}(\mathbf{C}'\mathbf{C})^-\mathbf{C}') = n - \mathrm{tr}(\mathbf{C}(\mathbf{C}'\mathbf{C})^-\mathbf{C}') = n - \mathrm{rk}(\mathbf{C}(\mathbf{C}'\mathbf{C})^-\mathbf{C}')$. 再利用推论 2.3.1 的 (3) 得 $\mathrm{rk}(\mathbf{A}) = n - \mathrm{rk}(\mathbf{C}'\mathbf{C}) = n - \mathrm{rk}(\mathbf{C}) = n - r$. 又因 $\mathbf{AC} = 0$, 根据推论 3.4.1, $\boldsymbol{X}'[\mathbf{I}_n - \mathbf{C}(\mathbf{C}'\mathbf{C})^-\mathbf{C}']\boldsymbol{X}/\sigma^2 \sim \chi^2_{n-r}$.

定理3.4.4 设 $\boldsymbol{X} \sim N_n(\boldsymbol{\mu}, \mathbf{I}_n)$, $\boldsymbol{X}'\mathbf{A}\boldsymbol{X} = \boldsymbol{X}'\mathbf{A}_1\boldsymbol{X} + \boldsymbol{X}'\mathbf{A}_2\boldsymbol{X} \sim \chi^2_{r;\lambda}$, $\boldsymbol{X}'\mathbf{A}_1\boldsymbol{X} \sim \chi^2_{s;\lambda_1}$, $\mathbf{A}_2 \geqslant \mathbf{0}$, 其中 $\lambda = \boldsymbol{\mu}'\mathbf{A}\boldsymbol{\mu}$, $\lambda_1 = \boldsymbol{\mu}'\mathbf{A}_1\boldsymbol{\mu}$. 则

(1) $\boldsymbol{X}'\mathbf{A}_2\boldsymbol{X} \sim \chi^2_{r-s;\lambda_2}$, $\lambda_2 = \boldsymbol{\mu}'\mathbf{A}_2\boldsymbol{\mu}$;

(2) $\boldsymbol{X}'\mathbf{A}_1\boldsymbol{X}$ 和 $\boldsymbol{X}'\mathbf{A}_2\boldsymbol{X}$ 相互独立;

(3) $\mathbf{A}_1\mathbf{A}_2 = \mathbf{0}$.

证明 因为 $\boldsymbol{X}'\mathbf{A}\boldsymbol{X} \sim \chi^2_{r;\lambda}$, 由定理 3.4.3 知, $\mathbf{A}$ 幂等, $\mathrm{rk}(\mathbf{A}) = r$, 所以, 存在正交方阵 $\mathbf{P}$, 使得

$$\mathbf{P}'\mathbf{A}\mathbf{P} = \begin{pmatrix} \mathbf{I}_r & \mathbf{0} \\ \mathbf{0} & \mathbf{0} \end{pmatrix}.$$

因 $\mathbf{A} \geqslant \mathbf{A}_1, \mathbf{A} \geqslant \mathbf{A}_2$, 故

$$\mathbf{P}'\mathbf{A}_1\mathbf{P} = \begin{pmatrix} \mathbf{B}_1 & \mathbf{0} \\ \mathbf{0} & \mathbf{0} \end{pmatrix}, \quad \mathbf{B}_1\text{: } r \times r,$$

$$\mathbf{P}'\mathbf{A}_2\mathbf{P} = \begin{pmatrix} \mathbf{B}_2 & \mathbf{0} \\ \mathbf{0} & \mathbf{0} \end{pmatrix}, \quad \mathbf{B}_2\text{: } r \times r.$$

由假设 $\boldsymbol{X}'\mathbf{A}_1\boldsymbol{X} \sim \chi^2_{s;\lambda_1}$, 推得 $\mathbf{A}_1^2 = \mathbf{A}_1$, 于是 $\mathbf{B}_1^2 = \mathbf{B}_1$. 故存在正交阵 $\mathbf{Q}_{r\times r}$, 使得

$$\mathbf{Q}'\mathbf{B}_1\mathbf{Q} = \begin{pmatrix} \mathbf{I}_s & \mathbf{0} \\ \mathbf{0} & \mathbf{0} \end{pmatrix}.$$

记

$$\mathbf{S}' = \begin{pmatrix} \mathbf{Q}' & \mathbf{0} \\ \mathbf{0} & \mathbf{I}_{n-r} \end{pmatrix} \mathbf{P}',$$

则 $\mathbf{S}$ 为正交阵, 且使

$$\mathbf{S}'\mathbf{A}\mathbf{S} = \mathbf{S}'\mathbf{A}_1\mathbf{S} + \mathbf{S}'\mathbf{A}_2\mathbf{S}$$

形为

$$\begin{pmatrix} \mathbf{I}_s & \mathbf{0} & \mathbf{0} \\ \mathbf{0} & \mathbf{I}_{r-s} & \mathbf{0} \\ \mathbf{0} & \mathbf{0} & \mathbf{0} \end{pmatrix} = \begin{pmatrix} \mathbf{I}_s & \mathbf{0} & \mathbf{0} \\ \mathbf{0} & \mathbf{0} & \mathbf{0} \\ \mathbf{0} & \mathbf{0} & \mathbf{0} \end{pmatrix} + \begin{pmatrix} \mathbf{0} & \mathbf{0} & \mathbf{0} \\ \mathbf{0} & \mathbf{I}_{r-s} & \mathbf{0} \\ \mathbf{0} & \mathbf{0} & \mathbf{0} \end{pmatrix}.$$

作变换 $\boldsymbol{Y}=\mathbf{S}\boldsymbol{X}$, 由定理 3.3.1, 有 $\boldsymbol{Y}\sim N_n(\mathbf{S}\boldsymbol{\mu},\mathbf{I}_n)$. 于是

$$\boldsymbol{X}'\mathbf{A}\boldsymbol{X}=\boldsymbol{Y}'\mathbf{S}'\mathbf{A}\mathbf{S}\boldsymbol{Y}=\sum_{i=1}^{r}Y_i^2,$$

$$\boldsymbol{X}'\mathbf{A}_1\boldsymbol{X}=\boldsymbol{Y}'\mathbf{S}'\mathbf{A}_1\mathbf{S}\boldsymbol{Y}=\sum_{i=1}^{s}Y_i^2,$$

$$\boldsymbol{X}'\mathbf{A}_2\boldsymbol{X}=\boldsymbol{Y}'\mathbf{S}'\mathbf{A}_2\mathbf{S}\boldsymbol{Y}=\sum_{i=s+1}^{r}Y_i^2.$$

因为 $Y_1,\cdots,Y_n$ 相互独立, 所以 $\boldsymbol{X}'\mathbf{A}_1\boldsymbol{X}$ 与 $\boldsymbol{X}'\mathbf{A}_2\boldsymbol{X}$ 相互独立. 再依定义, $\boldsymbol{X}'\mathbf{A}_2\boldsymbol{X}\sim\chi^2_{r-s;\lambda_2}$, 又

$$\mathbf{A}_1\mathbf{A}_2=\mathbf{S}\begin{pmatrix}\mathbf{I}_s&\mathbf{0}&\mathbf{0}\\\mathbf{0}&\mathbf{0}&\mathbf{0}\\\mathbf{0}&\mathbf{0}&\mathbf{0}\end{pmatrix}\mathbf{S}'\mathbf{S}\begin{pmatrix}\mathbf{0}&\mathbf{0}&\mathbf{0}\\\mathbf{0}&\mathbf{I}_{r-s}&\mathbf{0}\\\mathbf{0}&\mathbf{0}&\mathbf{0}\end{pmatrix}\mathbf{S}'=\mathbf{0},$$

(3) 得证. 定理证毕.

推论 3.4.4 设 $\boldsymbol{X}\sim N_n(\boldsymbol{\mu},\mathbf{I})$, $\mathbf{A}_1,\mathbf{A}_2$ 对称, $\boldsymbol{X}'\mathbf{A}_1\boldsymbol{X}$ 和 $\boldsymbol{X}'\mathbf{A}_2\boldsymbol{X}$ 都服从 χ^2 分布, 则它们相互独立 $\Longleftrightarrow\mathbf{A}_1\mathbf{A}_2=\mathbf{0}$.

证明 充分性. 令 $\mathbf{A}=\mathbf{A}_1+\mathbf{A}_2$. 由 $\mathbf{A}_1\mathbf{A}_2=\mathbf{0}$, 可推出 $\mathbf{A}_2\mathbf{A}_1=(\mathbf{A}_1\mathbf{A}_2)'=\mathbf{0}$. 因此, 由 $\mathbf{A}_1,\mathbf{A}_2$ 的幂等性得

$$\mathbf{A}^2=(\mathbf{A}_1+\mathbf{A}_2)^2=\mathbf{A}_1^2+\mathbf{A}_2^2+\mathbf{A}_1\mathbf{A}_2+\mathbf{A}_2\mathbf{A}_1=\mathbf{A}_1+\mathbf{A}_2=\mathbf{A},$$

即 $\mathbf{A}$ 幂等. 由定理 3.4.4, $\boldsymbol{X}'\mathbf{A}_1\boldsymbol{X}$ 与 $\boldsymbol{X}'\mathbf{A}_2\boldsymbol{X}$ 相互独立.

必要性. 若 $\boldsymbol{X}'\mathbf{A}_1\boldsymbol{X}$ 与 $\boldsymbol{X}'\mathbf{A}_2\boldsymbol{X}$ 相互独立, 则 $\boldsymbol{X}'\mathbf{A}\boldsymbol{X}$ 也服从 χ^2 分布, 再由定理 3.4.4 (3), 结论得证.

上面两个定理很容易推广到 $\mathrm{Cov}(\boldsymbol{x})=\boldsymbol{\Sigma}>\mathbf{0}$ 的情形.

推论 3.4.5 设 $\boldsymbol{X}\sim N_n(\boldsymbol{\mu},\boldsymbol{\Sigma})$, $\boldsymbol{\Sigma}>0$, $\boldsymbol{X}'\mathbf{A}\boldsymbol{X}=\boldsymbol{X}'\mathbf{A}_1\boldsymbol{X}+\boldsymbol{X}'\mathbf{A}_2\boldsymbol{X}\sim\chi^2_{r;\lambda_1}$, $\boldsymbol{X}'\mathbf{A}_1\boldsymbol{X}\sim\chi^2_{s;\ \lambda_2}$, $\mathbf{A}_2\geqslant\mathbf{0}$, 则

(1) $\boldsymbol{X}'\mathbf{A}_2\boldsymbol{X}\sim\chi^2_{r-s;\lambda_3}$;

(2) $\boldsymbol{X}'\mathbf{A}_1\boldsymbol{X}$ 与 $\boldsymbol{X}'\mathbf{A}_2\boldsymbol{X}$ 相互独立;

(3) $\mathbf{A}_1\boldsymbol{\Sigma}\mathbf{A}_2=\mathbf{0}$,

其中 $\lambda_i, i=1,2,3$ 为非中心参数, 不再精确写出.

推论 3.4.6 设 $\boldsymbol{X} \sim N_n(\boldsymbol{\mu}, \boldsymbol{\Sigma}), \boldsymbol{\Sigma} > \mathbf{0}, \mathbf{A}_1, \mathbf{A}_2$ 对称, $\boldsymbol{X}'\mathbf{A}_1\boldsymbol{X}$ 与 $\boldsymbol{X}'\mathbf{A}_2\boldsymbol{X}$ 都服从 χ^2 分布, 则它们相互独立 $\Longleftrightarrow \mathbf{A}_1\boldsymbol{\Sigma}\mathbf{A}_2 = \mathbf{0}$.

在这个推论中, 我们要求 $\boldsymbol{X}'\mathbf{A}_1\boldsymbol{X}$ 与 $\boldsymbol{X}'\mathbf{A}_2\boldsymbol{X}$ 都服从 χ^2 分布. 事实上, 从 3.5 节我们可以看出, 这个条件是可以放弃的.

3.5 正态向量的二次型与线性型的独立性

设 $\boldsymbol{X} \sim N_n(\boldsymbol{\mu}, \boldsymbol{\Sigma})$, $\mathbf{A}$, $\mathbf{B}$ 皆为 n 阶对称阵, $\mathbf{C}$ 为 $m \times n$ 矩阵. 本节将建立二次型 $\boldsymbol{X}'\mathbf{A}\boldsymbol{X}, \boldsymbol{X}'\mathbf{B}\boldsymbol{X}$ 和线性型 $\mathbf{C}\boldsymbol{X}$ 相互独立的条件. 这些结果在线性模型的参数估计和假设检验中将有重要应用.

定理 3.5.1 设 $\boldsymbol{X} \sim N_n(\boldsymbol{\mu}, \mathbf{I}_n)$, $\mathbf{A}$ 为 $n \times n$ 对称阵, $\mathbf{C}$ 为 $m \times n$ 矩阵. 若 $\mathbf{CA} = \mathbf{0}$, 则 $\mathbf{C}\boldsymbol{X}$ 和 $\boldsymbol{X}'\mathbf{A}\boldsymbol{X}$ 相互独立.

证明 由 $\mathbf{A}$ 的对称性, 知存在标准正交阵 $\mathbf{P}$, 使得

$$\mathbf{P}'\mathbf{A}\mathbf{P} = \begin{pmatrix} \boldsymbol{\Lambda} & \mathbf{0} \\ \mathbf{0} & \mathbf{0} \end{pmatrix}, \tag{3.5.1}$$

这里 $\boldsymbol{\Lambda} = \operatorname{diag}(\lambda_1, \cdots, \lambda_r), \lambda_i \neq 0, \operatorname{rk}(\mathbf{A}) = r$. 由 $\mathbf{CA} = \mathbf{0}$ 可推得 $\mathbf{CPP}'\mathbf{AP} = \mathbf{0}$. 这等价于

$$\mathbf{CP}\begin{pmatrix} \boldsymbol{\Lambda} & \mathbf{0} \\ \mathbf{0} & \mathbf{0} \end{pmatrix} = \mathbf{0}. \tag{3.5.2}$$

若记

$$\mathbf{D} = \mathbf{CP} = \begin{pmatrix} \mathbf{D}_{11} & \mathbf{D}_{12} \\ \mathbf{D}_{21} & \mathbf{D}_{22} \end{pmatrix},$$

由 (3.5.2) 推得 $\mathbf{D}_{11} = \mathbf{0}$, $\mathbf{D}_{21} = \mathbf{0}$. 于是 $\mathbf{D}$ 就变为

$$\mathbf{D} = \begin{pmatrix} \mathbf{0} & \mathbf{D}_{12} \\ \mathbf{0} & \mathbf{D}_{22} \end{pmatrix} \triangleq (\mathbf{0}, \mathbf{D}_1), \quad \mathbf{D}_1\text{: } m \times (n-r).$$

将 $\mathbf{P}$ 作对应分块: $\mathbf{P} = (\mathbf{P}_1, \mathbf{P}_2), \mathbf{P}_1$ 为 $n \times r$. 那么

$$\mathbf{C} = \mathbf{DP}' = (\mathbf{0}, \mathbf{D}_1)\begin{pmatrix} \mathbf{P}_1' \\ \mathbf{P}_2' \end{pmatrix} = \mathbf{D}_1\mathbf{P}_2', \tag{3.5.3}$$

$$\mathbf{A} = \mathbf{P}\begin{pmatrix} \boldsymbol{\Lambda} & \mathbf{0} \\ \mathbf{0} & \mathbf{0} \end{pmatrix}\mathbf{P}' = \mathbf{P}_1\boldsymbol{\Lambda}\mathbf{P}_1'. \tag{3.5.4}$$

记 $\boldsymbol{Y}=\mathbf{P}'\boldsymbol{X}$, 依定理 3.3.1, 我们知道

$$\boldsymbol{Y}=\begin{pmatrix}\boldsymbol{Y}_{(1)}\\ \boldsymbol{Y}_{(2)}\end{pmatrix}=\begin{pmatrix}\mathbf{P}_1'\boldsymbol{X}\\ \mathbf{P}_2'\boldsymbol{X}\end{pmatrix}\sim N_n(\mathbf{P}\boldsymbol{\mu},\mathbf{I}_n).$$

显然, $\boldsymbol{Y}_{(1)}$ 和 $\boldsymbol{Y}_{(2)}$ 相互独立. 但由 (3.5.3) 和 (3.5.4), 有

$$\mathbf{C}\boldsymbol{X}=\mathbf{D}_1\mathbf{P}_2'\boldsymbol{X}=\mathbf{D}_1\boldsymbol{Y}_{(2)},$$

$$\boldsymbol{X}'\mathbf{A}\boldsymbol{X}=\boldsymbol{X}'\mathbf{P}_1\boldsymbol{\Lambda}\mathbf{P}_1'\boldsymbol{X}=\boldsymbol{Y}_{(1)}'\boldsymbol{\Lambda}\boldsymbol{Y}_{(1)}.$$

因为 $\mathbf{C}\boldsymbol{X}$ 只依赖于 $\boldsymbol{Y}_{(2)}$, 而 $\boldsymbol{X}'\mathbf{A}\boldsymbol{X}$ 只依赖于 $\boldsymbol{Y}_{(1)}$, 所以 $\mathbf{C}\boldsymbol{X}$ 与 $\boldsymbol{X}'\mathbf{A}\boldsymbol{X}$ 独立, 定理得证.

例 3.5.1 设 $X_1,\cdots,X_n$ 为取自 $N(0,\sigma^2)$ 的随机样本, 则样本均值 $\overline{X}$ 与样本方差 $S^2=\dfrac{1}{n-1}\sum\limits_{i=1}^{n}(X_i-\bar{X})^2$ 相互独立.

事实上, 若记 $\boldsymbol{X}=(X_1,\cdots,X_n)',\mathbf{1}_n=(1,\cdots,1)'$, 即 $\mathbf{1}$ 为所有分量全为 1 的 $n\times 1$ 向量, $\boldsymbol{X}\sim N_n(\mathbf{0},\sigma^2\mathbf{I}_n)$, 则

$$\overline{X}=\frac{1}{n}\mathbf{1}_n'\boldsymbol{x},\qquad (n-1)S^2=\boldsymbol{X}'\mathbf{C}\boldsymbol{X},$$

这里

$$\mathbf{C}=\mathbf{I}_n-\frac{1}{n}\mathbf{1}_n\mathbf{1}_n'.$$

容易验证 $\mathbf{1}'\mathbf{C}=\mathbf{0}$, 由定理 3.5.1 知 $\overline{X}$ 与 S^2 独立.

推论 3.5.1 设 $\boldsymbol{X}\sim N_n(\boldsymbol{\mu},\boldsymbol{\Sigma})$, $\boldsymbol{\Sigma}>0$, $\mathbf{A}_{n\times n}$ 为对称阵. 若 $\mathbf{C}\boldsymbol{\Sigma}\mathbf{A}=\mathbf{0}$, 则 $\mathbf{C}\boldsymbol{X}$ 与 $\boldsymbol{X}'\mathbf{A}\boldsymbol{X}$ 相互独立.

证明留给读者作练习.

定理 3.5.2 设 $\boldsymbol{X}\sim N_n(\boldsymbol{\mu},\mathbf{I}_n)$, $\mathbf{A},\mathbf{B}$ 皆 $n\times n$ 对称, 若 $\mathbf{AB}=\mathbf{0}$, 则 $\boldsymbol{X}'\mathbf{A}\boldsymbol{X}$ 与 $\boldsymbol{X}'\mathbf{B}\boldsymbol{X}$ 相互独立.

证明 由 $\mathbf{AB}=\mathbf{0}$ 及 $\mathbf{A},\mathbf{B}$ 的对称性, 立得 $\mathbf{AB}=\mathbf{0}$, 于是 $\mathbf{AB}=\mathbf{BA}$, 故存在正交阵 $\mathbf{P}$, 可使 $\mathbf{A},\mathbf{B}$ 同时对角化, 即

$$\mathbf{P}'\mathbf{A}\mathbf{P}=\boldsymbol{\Lambda}_1=\mathrm{diag}(\lambda_1^{(1)},\cdots,\lambda_n^{(1)}),$$
$$\mathbf{P}'\mathbf{B}\mathbf{P}=\boldsymbol{\Lambda}_2=\mathrm{diag}(\lambda_1^{(2)},\cdots,\lambda_n^{(2)}).$$

由 $\mathbf{AB}=\mathbf{0}\Longrightarrow\boldsymbol{\Lambda}_1\boldsymbol{\Lambda}_2=\mathbf{0}$, 即

$$\lambda_i^{(1)}\text{ 和 }\lambda_i^{(2)}\text{ 至少有一个为 }0,\quad i=1,\cdots,n. \tag{3.5.5}$$

令

$$\boldsymbol{Y}=\mathbf{P}'\boldsymbol{X}=\begin{pmatrix}Y_1\\ \vdots\\ Y_p\end{pmatrix},$$

则 $\boldsymbol{Y}\sim N_n(\mathbf{P}'\boldsymbol{\mu},\mathbf{I}_n)$, 于是 $\boldsymbol{Y}$ 的诸分量 $Y_1,\cdots,Y_n$ 相互独立, 但

$$\boldsymbol{X}'\mathbf{A}\boldsymbol{X}=\boldsymbol{X}'\mathbf{P}\boldsymbol{\Lambda}_1\mathbf{P}'\boldsymbol{X}=\boldsymbol{Y}'\boldsymbol{\Lambda}_1\boldsymbol{Y},$$

$$\boldsymbol{X}'\mathbf{B}\boldsymbol{X}=\boldsymbol{X}'\mathbf{P}\boldsymbol{\Lambda}_2\mathbf{P}'\boldsymbol{X}=\boldsymbol{Y}'\boldsymbol{\Lambda}_2\boldsymbol{Y}.$$

根据 (3.5.5), $\boldsymbol{X}'\mathbf{A}\boldsymbol{X}$ 与 $\boldsymbol{X}'\mathbf{B}\boldsymbol{X}$ 所依赖的 Y 分量不同, 故 $\boldsymbol{X}'\mathbf{A}\boldsymbol{X}$ 与 $\boldsymbol{X}'\mathbf{B}\boldsymbol{X}$ 相互独立. 定理证毕.

这个定理的逆也是对的, 即设 $\boldsymbol{X}\sim N_n(\boldsymbol{\mu},\mathbf{I}_n)$, $\mathbf{A}$, $\mathbf{B}$ 皆 $n\times n$ 对称, 若 $\boldsymbol{X}'\mathbf{A}\boldsymbol{X}$ 与 $\boldsymbol{X}'\mathbf{B}\boldsymbol{X}$ 相互独立, 则 $\mathbf{AB}=\mathbf{0}$. 这个事实的证明此处就略去了, 详见文献 (张尧庭和方开泰, 1983; Provost, 1996), 后者还把定理推广到奇异正态分布的情形.

推论 3.5.2 设 $\boldsymbol{X}\sim N_n(\boldsymbol{\mu},\boldsymbol{\Sigma}),\boldsymbol{\Sigma}>\mathbf{0}$, $\mathbf{A}$, $\mathbf{B}$ 皆 $n\times n$ 对称. 若 $\mathbf{A}\boldsymbol{\Sigma}\mathbf{B}=\mathbf{0}$, 则 $\boldsymbol{X}'\mathbf{A}\boldsymbol{X}$ 与 $\boldsymbol{X}'\mathbf{B}\boldsymbol{X}$ 相互独立.

习 题 三

3.1 设 $X_1,X_2,\cdots,X_n$ 为随机变量, $Y_1=X_1$, $Y_i=X_i-X_{i-1}$, $i=2,3,\cdots,n$. 记 $\boldsymbol{X}=(X_1,X_2,\cdots,X_n)'$, $\boldsymbol{Y}=(Y_1,Y_2,\cdots,Y_n)'$.

(1) 若 $\mathrm{Cov}(\boldsymbol{X})=\mathbf{I}_n$, 其中 $\mathbf{I}_n$ 是 n 阶单位阵, 求 $\mathrm{Cov}(\boldsymbol{Y})$;

(2) 若 $\mathrm{Cov}(\boldsymbol{Y})=\mathbf{I}_n$, 求 $\mathrm{Cov}(\boldsymbol{X})$.

3.2 (1) 设 X 和 Y 为具有相同方差的任意两个随机变量. 证明

$$\mathrm{Cov}(X+Y,\ X-Y)=0.$$

(2) 设 $\boldsymbol{X}_{n\times 1},\boldsymbol{Y}_{m\times 1}$ 均为随机向量, $\mathrm{Cov}(\boldsymbol{X})>0$ (即 $\mathrm{Cov}(\boldsymbol{X})$ 是正定阵), 求常数矩阵 $\mathbf{A}_{n\times m}$, 使得

$$\mathrm{Cov}(\boldsymbol{X},\ \boldsymbol{Y}-\mathbf{A}\boldsymbol{X})=\mathbf{0}.$$

(3) 利用 (1) 和 (2), 试构造例子说明不相关的随机变量或向量不一定相互独立.

3.3 设 $\boldsymbol{X}\sim N_2(\boldsymbol{\mu},\boldsymbol{\Sigma})$, 其密度函数为

$$f(x_1,x_2)=k^{-1}\exp\left\{-\frac{1}{2}Q(x_1,x_2)\right\},$$

这里 $Q(x_1,x_2)=x_1^2+2x_2^2-x_1x_2-3x_1-2x_2+4$, 求 $\boldsymbol{\mu}$ 和 $\boldsymbol{\Sigma}$.

3.4 设随机变量 $X_1,\cdots,X_n$ 相互独立, 具有公共的均值 μ 和方差 σ^2.

(1) 定义 $Y_i=X_i-X_{i+1},i=1,\cdots,n-1$. 证明 Y_i 的均值为 0, 方差为 $2\sigma^2$.

(2) 定义 $Q=(X_1-X_2)^2+\cdots+(X_{n-1}-X_n)^2$, 求 $E(Q)$.

3.5 证明推论 3.3.2, 即设 $\boldsymbol{X}\sim N_n(\boldsymbol{\mu},\sigma^2\mathbf{I}_n)$, $\mathbf{Q}$ 为 $n\times n$ 正交阵, 则 $\mathbf{Q}\boldsymbol{X}\sim N_n(\mathbf{Q}\boldsymbol{\mu},\sigma^2\mathbf{I}_n)$.

3.6 设 $\boldsymbol{X}\sim N_n(\mathbf{0},\mathbf{I}_n)$, 令 $\boldsymbol{U}=\mathbf{A}\boldsymbol{X}$, $\boldsymbol{V}=\mathbf{B}\boldsymbol{X}$, $\boldsymbol{W}=\mathbf{C}\boldsymbol{X}$, 这里 $\mathbf{A},\mathbf{B},\mathbf{C}$ 皆为 $r\times n$ 矩阵, 且秩为 r, 若 $\mathrm{Cov}(\boldsymbol{U},\boldsymbol{V})=\mathrm{Cov}(\boldsymbol{U},\boldsymbol{W})=\mathbf{0}$. 证明 $\boldsymbol{U}$ 与 $\boldsymbol{V}+\boldsymbol{W}$ 独立.

3.7 记 $Z_1=X+Y$, $Z_2=X-Y$, 设 Z_1,Z_2 为独立正态变量, 试证明 X 和 Y 也是正态变量.

3.8 设线性模型 $\boldsymbol{y}=\mathbf{X}\boldsymbol{\beta}+\boldsymbol{e}$, $E(\boldsymbol{e})=\mathbf{0},\mathrm{Cov}(\boldsymbol{e})=\sigma^2\mathbf{V}$, 若要 $\boldsymbol{y}'\mathbf{A}\boldsymbol{y}$ 为 σ^2 的无偏估计 ($\mathbf{A}$ 是非随机矩阵), $\mathbf{A}$ 应满足什么条件?

3.9 设 $\boldsymbol{X}\sim N_2(\mathbf{0},\boldsymbol{\Sigma}),\boldsymbol{\Sigma}=(\sigma_{ij})$, 证明

$$\boldsymbol{X}'\boldsymbol{\Sigma}^{-1}\boldsymbol{X}-X_1^2/\sigma_{11}\sim\chi_1^2,$$

其中 $\boldsymbol{X}=(X_1,X_2)'$.

3.10 设 $\boldsymbol{X}\sim N_3(\mathbf{0},\boldsymbol{\Sigma})$, 其中

$$\boldsymbol{\Sigma}=\begin{pmatrix}1&\rho&\rho\\\rho&1&\rho\\\rho&\rho&1\end{pmatrix}.$$

确定 ρ 的值, 使得 $X_1+X_2+X_3$ 与 $X_1-X_2-X_3$ 相互独立.

3.11 设 $(X_1,X_2,X_3,X_4)'\sim N_4(0,\ \mathbf{I}_4)$, 证明 $Q=X_1X_2-X_3X_4$ 不服从 χ^2 分布.

3.12 设 $\boldsymbol{X}\sim\chi^2_{r;\lambda}$, 证明 $\boldsymbol{X}$ 的特征函数为

$$(1-2it)^{-r/2}\exp\left(\frac{ti\lambda}{1-2it}\right).$$

3.13 设 $X_1,X_2,\cdots,X_n$ 相互独立, 且都服从 $N(0,\sigma^2)$, 证明 $\overline{X}=\dfrac{1}{n}\sum\limits_{i=1}^{n}X_i$ 与 $Q=\sum\limits_{i=1}^{n-1}(X_i-X_{i+1})^2$ 独立.

3.14 设 $\boldsymbol{X}\sim N_p(\boldsymbol{\mu},\mathbf{I}_p)$, 证明 $\mathbf{A}\boldsymbol{X}$ 与 $\mathbf{B}\boldsymbol{X}$ 相互独立 $\Longleftrightarrow \mathbf{AB}'=\mathbf{0}$.

3.15 设 $\boldsymbol{X}\sim N_p(\boldsymbol{\mu},\mathbf{I}_p)$, $Q_1=\boldsymbol{X}'\mathbf{A}\boldsymbol{X}$, $Q_2=\boldsymbol{X}'\mathbf{B}\boldsymbol{X}$, 证明: 若 Q_1 与 Q_2 独立, 且 $\mathbf{A}\geqslant\mathbf{0}$, $\mathbf{B}\geqslant\mathbf{0}$, 则 $\mathbf{AB}'=\mathbf{0}$.

3.16 设 $\boldsymbol{X}\sim N_p(\boldsymbol{\mu},\boldsymbol{\Sigma})$, 记 $(\boldsymbol{X}-\boldsymbol{\mu})^3=(\boldsymbol{X}-\boldsymbol{\mu})(\boldsymbol{X}-\boldsymbol{\mu})'(\boldsymbol{X}-\boldsymbol{\mu})$. 证明:

(1) $E(\boldsymbol{X}-\boldsymbol{\mu})^3=\mathbf{0}$;

(2) $\mathrm{Cov}(\boldsymbol{X},\boldsymbol{X}'\mathbf{A}\boldsymbol{X})=2\boldsymbol{\Sigma}\mathbf{A}'\boldsymbol{\mu}$.

3.17 设 $\boldsymbol{X}_1,\boldsymbol{X}_2,\cdots,\boldsymbol{X}_n$ 为来自 $N_p(\boldsymbol{\mu},\boldsymbol{\Sigma})$ 的随机样本, $\overline{\boldsymbol{X}}=\dfrac{1}{n}\sum_{i=1}^{n}\boldsymbol{X}_i$.

(1) 求 $\overline{\boldsymbol{X}}$ 的分布;

(2) 证明 $\mathrm{Cov}(\boldsymbol{X}_i-\overline{\boldsymbol{X}},\overline{\boldsymbol{X}})=0$;

(3) 证明 $E\left(\dfrac{1}{n-1}\sum\limits_{i=1}^{n}(\boldsymbol{X}_i-\overline{\boldsymbol{X}})(\boldsymbol{X}_i-\overline{\boldsymbol{X}})'\right)=\boldsymbol{\Sigma}$.

第 4 章　参 数 估 计

在线性模型参数估计理论与方法中, 最小二乘法占有中心的基础地位. 它始于 19 世纪初叶, 是由著名数学家 Legendre 和 Gauss 分别于 1805 年和 1809 年独立提出的. 接着在 1900 年 Markov 证明了最小二乘估计的一种优良性, 这就是我们现在所说的 Gauss-Markov 定理, 从而奠定了最小二乘法在线性模型参数估计理论中的地位.

本章将系统讨论有关最小二乘估计的基础理论.

4.1　最小二乘估计

我们讨论线性模型

$$\boldsymbol{y} = \mathbf{X}\boldsymbol{\beta} + \boldsymbol{e}, \qquad E(\boldsymbol{e}) = \mathbf{0}, \quad \mathrm{Cov}(\boldsymbol{e}) = \sigma^2 \mathbf{I}_n \tag{4.1.1}$$

的参数 $\boldsymbol{\beta}$ 和 σ^2 的估计问题, 这里 $\boldsymbol{y}$ 为 $n \times 1$ 观测向量, $\mathbf{X}$ 为 $n \times p$ 的设计矩阵. $\boldsymbol{\beta}$ 为 $p \times 1$ 未知参数向量, $\boldsymbol{e}$ 为随机误差, σ^2 为误差方差, $\sigma^2 > 0$. 如果 $\mathrm{rk}(\mathbf{X}) = r \leqslant p$, 称 (4.1.1) 为降秩线性模型, 否则, 称为满秩线性模型. 文献中统称 (4.1.1) 为 Gauss-Markov 模型. 我们首先讨论 $\boldsymbol{\beta}$ 的估计问题.

获得参数向量的估计的基本方法是最小二乘法, 其思想是, $\boldsymbol{\beta}$ 的真值应该使误差向量 $\boldsymbol{e} = \boldsymbol{y} - \mathbf{X}\boldsymbol{\beta}$ 达到最小, 也就是它的长度平方

$$Q(\boldsymbol{\beta}) = \|\boldsymbol{e}\|^2 = \|\boldsymbol{y} - \mathbf{X}\boldsymbol{\beta}\|^2 = (\boldsymbol{y} - \mathbf{X}\boldsymbol{\beta})'(\boldsymbol{y} - \mathbf{X}\boldsymbol{\beta})$$

达到最小. 因此, 我们应该通过求 $Q(\boldsymbol{\beta})$ 的最小值来求 $\boldsymbol{\beta}$ 的估计. 注意到

$$Q(\boldsymbol{\beta}) = \boldsymbol{y}'\boldsymbol{y} - 2\boldsymbol{y}'\mathbf{X}\boldsymbol{\beta} + \boldsymbol{\beta}'\mathbf{X}'\mathbf{X}\boldsymbol{\beta},$$

利用矩阵微商公式 (见第 2 章)

$$\frac{\partial \boldsymbol{y}'\mathbf{X}\boldsymbol{\beta}}{\partial \boldsymbol{\beta}} = \mathbf{X}'\boldsymbol{y}, \qquad \frac{\partial \boldsymbol{\beta}'\mathbf{X}'\mathbf{X}\boldsymbol{\beta}}{\partial \boldsymbol{\beta}} = 2\mathbf{X}'\mathbf{X}\boldsymbol{\beta},$$

于是

$$\frac{\partial Q(\boldsymbol{\beta})}{\partial \boldsymbol{\beta}} = -2\mathbf{X}'\boldsymbol{y} + 2\mathbf{X}'\mathbf{X}\boldsymbol{\beta}.$$

令其等于 $\mathbf{0}$, 得到

$$\mathbf{X}'\mathbf{X}\boldsymbol{\beta} = \mathbf{X}'\boldsymbol{y}, \tag{4.1.2}$$

称之为正则方程.

因为向量 $\mathbf{X}'\boldsymbol{y} \in \mathcal{M}(\mathbf{X}') = \mathcal{M}(\mathbf{X}'\mathbf{X})$, 所以正则方程 (4.1.2) 是相容的. 根据定理 2.3.3, 正则方程 (4.1.2) 的解为

$$\widehat{\boldsymbol{\beta}} = (\mathbf{X}'\mathbf{X})^{-}\mathbf{X}'\boldsymbol{y}, \tag{4.1.3}$$

这里 $(\mathbf{X}'\mathbf{X})^{-}$ 是 $\mathbf{X}'\mathbf{X}$ 的任意一个广义逆.

根据函数极值理论, 我们知道 $\widehat{\boldsymbol{\beta}}$ 只是函数 $Q(\boldsymbol{\beta})$ 的驻点. 我们还需证明它确实使 $Q(\boldsymbol{\beta})$ 达到最小. 事实上, 对任意一个 $\boldsymbol{\beta}$,

$$\begin{aligned} Q(\boldsymbol{\beta}) = \|\boldsymbol{y} - \mathbf{X}\boldsymbol{\beta}\|^2 &= \|\boldsymbol{y} - \mathbf{X}\widehat{\boldsymbol{\beta}} + \mathbf{X}(\widehat{\boldsymbol{\beta}} - \boldsymbol{\beta})\|^2 \\ &= \|\boldsymbol{y} - \mathbf{X}\widehat{\boldsymbol{\beta}}\|^2 + (\widehat{\boldsymbol{\beta}} - \boldsymbol{\beta})'\mathbf{X}'\mathbf{X}(\widehat{\boldsymbol{\beta}} - \boldsymbol{\beta}) + 2(\widehat{\boldsymbol{\beta}} - \boldsymbol{\beta})'\mathbf{X}'(\boldsymbol{y} - \mathbf{X}\widehat{\boldsymbol{\beta}}). \end{aligned}$$

因为 $\widehat{\boldsymbol{\beta}}$ 满足正则方程 (4.1.2), 所以上式第三项为 0, 而第二项总是非负的, 于是

$$Q(\boldsymbol{\beta}) \geqslant \|\boldsymbol{y} - \mathbf{X}\widehat{\boldsymbol{\beta}}\|^2 = Q(\widehat{\boldsymbol{\beta}}). \tag{4.1.4}$$

此式表明, $\widehat{\boldsymbol{\beta}}$ 确使 $Q(\boldsymbol{\beta})$ 达到最小.

现在我们再进一步证明, 使 $Q(\boldsymbol{\beta})$ 达到最小的必是 $\widehat{\boldsymbol{\beta}}$. 事实上, (4.1.4) 等号成立, 当且仅当

$$(\widehat{\boldsymbol{\beta}} - \boldsymbol{\beta})'\mathbf{X}'\mathbf{X}(\widehat{\boldsymbol{\beta}} - \boldsymbol{\beta}) = \mathbf{0},$$

等价地

$$\mathbf{X}(\widehat{\boldsymbol{\beta}} - \boldsymbol{\beta}) = \mathbf{0}.$$

不难证明, 上式又等价于

$$\mathbf{X}'\mathbf{X}\boldsymbol{\beta} = \mathbf{X}'\mathbf{X}\widehat{\boldsymbol{\beta}} = \mathbf{X}'\boldsymbol{y},$$

这就证明了, 使 $Q(\boldsymbol{\beta})$ 达到最小值的点必为正则方程的解 $\widehat{\boldsymbol{\beta}} = (\mathbf{X}'\mathbf{X})^{-}\mathbf{X}'\boldsymbol{y}$.

若 $\mathrm{rk}(\mathbf{X}) = p$, 则 $\mathbf{X}'\mathbf{X}$ 可逆, 这时, $\widehat{\boldsymbol{\beta}} = (\mathbf{X}'\mathbf{X})^{-1}\mathbf{X}'\boldsymbol{y}$, 且有 $E(\widehat{\boldsymbol{\beta}}) = \boldsymbol{\beta}$, 即 $\widehat{\boldsymbol{\beta}}$ 是 $\boldsymbol{\beta}$ 的无偏估计. 这时, 我们称 $\widehat{\boldsymbol{\beta}} = (\mathbf{X}'\mathbf{X})^{-1}\mathbf{X}'\boldsymbol{y}$ 为 $\boldsymbol{\beta}$ 的最小二乘 (least squares, LS) 估计.

若 $\mathrm{rk}(\mathbf{X}) < p$, 则 $E(\widehat{\boldsymbol{\beta}}) \neq \boldsymbol{\beta}$, 即 $\widehat{\boldsymbol{\beta}}$ 不是 $\boldsymbol{\beta}$ 的无偏估计. 更进一步, 此时根本不存在 $\boldsymbol{\beta}$ 的线性无偏估计. 事实上, 若存在 $p \times n$ 矩阵 $\mathbf{A}$, 使得 $\mathbf{A}\boldsymbol{y}$ 为 $\boldsymbol{\beta}$ 的线性无偏估计, 即要求 $E(\mathbf{A}\boldsymbol{y}) = \mathbf{A}\mathbf{X}\boldsymbol{\beta} = \boldsymbol{\beta}$, 对一切 $\boldsymbol{\beta}$ 成立. 必存在 $\mathbf{A}\mathbf{X} = \mathbf{I}_p$. 但因 $\mathrm{rk}(\mathbf{A}\mathbf{X}) \leqslant \mathrm{rk}(\mathbf{X}) < p = \mathrm{rk}(\mathbf{I}_p)$, 这就与 $\mathbf{A}\mathbf{X} = \mathbf{I}_p$ 相矛盾. 因此, 这样的矩阵 $\mathbf{A}$ 根本不存在. 这表明当 $\mathrm{rk}(\mathbf{X}) < p$ 时, $\boldsymbol{\beta}$ 没有线性无偏估计, 此时我们称 $\boldsymbol{\beta}$ 是不可估的. 但是, 退一步, 我们可以考虑 $\boldsymbol{\beta}$ 的线性组合 $\boldsymbol{c}'\boldsymbol{\beta}$, 这就导致了可估的定义.

定义 4.1.1 若存在 $n\times 1$ 向量 $\boldsymbol{a}$, 使得 $E(\boldsymbol{a}'\boldsymbol{y})=\boldsymbol{c}'\boldsymbol{\beta}$ 对一切 $\boldsymbol{\beta}$ 成立, 则称 $\boldsymbol{c}'\boldsymbol{\beta}$ 是可估函数 (estimable function).

定理 4.1.1 $\boldsymbol{c}'\boldsymbol{\beta}$ 是可估函数 $\Longleftrightarrow \boldsymbol{c}\in\mathcal{M}(\mathbf{X}')$.

证明 $\boldsymbol{c}'\boldsymbol{\beta}$ 是可估函数 $\Longleftrightarrow$ 存在 $\boldsymbol{a}_{n\times 1}$, 使得 $E(\boldsymbol{a}'\boldsymbol{y})=\boldsymbol{c}'\boldsymbol{\beta}$, 对一切 $\boldsymbol{\beta}$ 成立 $\Longleftrightarrow \boldsymbol{a}'\mathbf{X}\boldsymbol{\beta}=\boldsymbol{c}'\boldsymbol{\beta}$, 对一切 $\boldsymbol{\beta}$ 成立 $\Longleftrightarrow \boldsymbol{c}=\mathbf{X}'\boldsymbol{a}$. 定理证毕.

这个定理告诉我们, 使 $\boldsymbol{c}'\boldsymbol{\beta}$ 可估的全体 $p\times 1$ 向量 $\boldsymbol{c}$ 构成子空间 $\mathcal{M}(\mathbf{X}')$. 于是, 若 $\boldsymbol{c}_1,\boldsymbol{c}_2$ 为 $p\times 1$ 向量, 使 $\boldsymbol{c}_1'\boldsymbol{\beta}$ 和 $\boldsymbol{c}_2'\boldsymbol{\beta}$ 均可估, 则对任意两个数 α_1,α_2, 线性组合 $\alpha_1\boldsymbol{c}_1'\boldsymbol{\beta}+\alpha_2\boldsymbol{c}_2'\boldsymbol{\beta}$ 都是可估的. 若 $\boldsymbol{c}_1$ 和 $\boldsymbol{c}_2$ 为线性无关, 则称可估函数 $\boldsymbol{c}_1'\boldsymbol{\beta}$ 和 $\boldsymbol{c}_2'\boldsymbol{\beta}$ 是线性无关的. 显然, 对于一个线性模型, 线性无关的可估函数组最多含有 $\mathrm{rk}(\mathbf{X})=r$ 个可估函数. 另外, 对于任一可估函数, $\boldsymbol{c}'\widehat{\boldsymbol{\beta}}$ 与 $(\mathbf{X}'\mathbf{X})^-$ 的选择无关, 是唯一的. 事实上, 由 $\boldsymbol{c}'\boldsymbol{\beta}$ 的可估性, 知存在向量 $\boldsymbol{a}_{n\times 1}$, 使得 $\boldsymbol{c}=\mathbf{X}'\boldsymbol{a}$, 于是

$$\boldsymbol{c}'\widehat{\boldsymbol{\beta}}=\boldsymbol{c}'(\mathbf{X}'\mathbf{X})^-\mathbf{X}'\boldsymbol{y}=\boldsymbol{a}'\mathbf{X}(\mathbf{X}'\mathbf{X})^-\mathbf{X}'\boldsymbol{y}=\boldsymbol{a}'\mathbf{X}(\mathbf{X}'\mathbf{X})^+\mathbf{X}'\boldsymbol{y}.$$

这里利用了 $\mathbf{X}(\mathbf{X}'\mathbf{X})^-\mathbf{X}'$ 与广义逆 $(\mathbf{X}'\mathbf{X})^-$ 选择无关, 故 $\boldsymbol{c}'\widehat{\boldsymbol{\beta}}$ 也与 $(\mathbf{X}'\mathbf{X})^-$ 的选择无关. 此时还有 $E(\boldsymbol{c}'\widehat{\boldsymbol{\beta}})=\boldsymbol{a}'\mathbf{X}(\mathbf{X}'\mathbf{X})^-\mathbf{X}'\mathbf{X}\boldsymbol{\beta}=\boldsymbol{a}'\mathbf{X}\boldsymbol{\beta}=\boldsymbol{c}'\boldsymbol{\beta}$, 即 $\boldsymbol{c}'\widehat{\boldsymbol{\beta}}$ 为 $\boldsymbol{c}'\boldsymbol{\beta}$ 的无偏估计. 于是, 我们给出如下定义.

定义 4.1.2 对可估函数 $\boldsymbol{c}'\boldsymbol{\beta}$, 称 $\boldsymbol{c}'\widehat{\boldsymbol{\beta}}$ 为 $\boldsymbol{c}'\boldsymbol{\beta}$ 的 LS 估计.

更一般地, 记 $\mathbf{C}=(\boldsymbol{c}_1,\cdots,\boldsymbol{c}_m)'$ 是一个 $m\times p$ 的常数矩阵, 若 $\boldsymbol{c}_1'\boldsymbol{\beta},\cdots,\boldsymbol{c}_m'\boldsymbol{\beta}$ 皆可估, 则称 $\mathbf{C}\boldsymbol{\beta}$ 可估, $\mathbf{C}\widehat{\boldsymbol{\beta}}$ 为其 LS 估计. 易证 $\mathbf{C}\boldsymbol{\beta}$ 可估当且仅当

$$\mathcal{M}(\mathbf{C}')\subseteq\mathcal{M}(\mathbf{X}'). \tag{4.1.5}$$

对于线性模型 (4.1.1), 记 $\mathbf{X}=(\boldsymbol{x}_1,\cdots,\boldsymbol{x}_n)'$, 则这个模型的分量形式为

$$y_i=\boldsymbol{x}_i'\boldsymbol{\beta}+e_i,\qquad i=1,\cdots,n, \tag{4.1.6}$$

$$E(e_i)=0,\qquad \mathrm{Cov}(e_i,e_j)=\begin{cases}0, & i\neq j,\\ \sigma^2, & i=j.\end{cases}$$

再记 $\mu_i=\boldsymbol{x}_i'\boldsymbol{\beta}$, $\boldsymbol{\mu}=(\mu_1,\cdots,\mu_n)'=\mathbf{X}\boldsymbol{\beta}=E(\boldsymbol{y})$, 即 $\boldsymbol{\mu}$ 为观测向量 $\boldsymbol{y}$ 的均值向量. 它是 n 个可估函数, 但其中只有 $r=\mathrm{rk}(\mathbf{X})$ 个是线性无关的.

$\boldsymbol{\mu}$ 的 LS 估计为

$$\widehat{\boldsymbol{\mu}}=\mathbf{X}\widehat{\boldsymbol{\beta}}=\mathbf{X}(\mathbf{X}'\mathbf{X})^-\mathbf{X}'\boldsymbol{y}=\mathbf{P}_{\mathbf{X}}\,\boldsymbol{y}, \tag{4.1.7}$$

这里 $\mathbf{P}_{\mathbf{X}}=\mathbf{X}(\mathbf{X}'\mathbf{X})^-\mathbf{X}'$ 是向 $\mathcal{M}(\mathbf{X})$ 上的正交投影阵. 可见均值向量 $\boldsymbol{\mu}$ 的 LS 估计就是 $\boldsymbol{y}$ 向 $\mathcal{M}(\mathbf{X}')$ 上的正交投影.

现在我们讨论误差方差 σ^2 的估计. 记

$$\widehat{\boldsymbol{e}} = \boldsymbol{y} - \mathbf{X}\widehat{\boldsymbol{\beta}} = (\mathbf{I}_n - \mathbf{P_X})\boldsymbol{y}, \tag{4.1.8}$$

称 $\widehat{\boldsymbol{e}}$ 为残差向量. 它作为误差向量的一个“估计”, 对研究关于误差假设的合理性起着重要作用. 容易证明, 残差向量 $\widehat{\boldsymbol{e}}$ 满足 $E(\widehat{\boldsymbol{e}}) = \mathbf{0}$, $\mathrm{Cov}(\widehat{\boldsymbol{e}}) = \sigma^2(\mathbf{I}_n - \mathbf{P_X})$. 基于 $\widehat{\boldsymbol{e}}$ 我们可以构造 σ^2 的如下估计

$$\widehat{\sigma}^2 = \frac{\widehat{\boldsymbol{e}}'\widehat{\boldsymbol{e}}}{n-r} = \frac{\|\boldsymbol{y} - \mathbf{X}\widehat{\boldsymbol{\beta}}\|^2}{n-r}, \tag{4.1.9}$$

这里 $r = \mathrm{rk}(\mathbf{X})$.

定理 4.1.2 $\widehat{\sigma}^2$ 是 σ^2 的无偏估计.

证明 因 $\mathbf{I}_n - \mathbf{P_X}$ 为幂等阵, 故

$$\widehat{\boldsymbol{e}}'\widehat{\boldsymbol{e}} = \boldsymbol{y}'(\mathbf{I}_n - \mathbf{P_X})\boldsymbol{y},$$

由定理 3.2.1 可得

$$E(\widehat{\boldsymbol{e}}'\widehat{\boldsymbol{e}}) = (\mathbf{X}\boldsymbol{\beta})'(\mathbf{I}_n - \mathbf{P_X})\mathbf{X}\boldsymbol{\beta} + \mathrm{tr}(\mathbf{I}_n - \mathbf{P_X})\mathrm{Cov}(\boldsymbol{y}) = \sigma^2\mathrm{tr}(\mathbf{I}_n - \mathbf{P_X}),$$

这里利用了 $(\mathbf{I}_n - \mathbf{P_X})\mathbf{X} = \mathbf{0}$. 利用迹和幂等阵的性质得

$$E(\widehat{\boldsymbol{e}}'\widehat{\boldsymbol{e}}) = \sigma^2[n - \mathrm{tr}(\mathbf{P_X})] = \sigma^2[n - \mathrm{rk}(\mathbf{X})].$$

定理证毕.

为方便计, 通常也称 $\widehat{\sigma}^2$ 为 σ^2 的 LS 估计.

由上可得 LS 估计 $\mathbf{X}\widehat{\boldsymbol{\beta}}$ 和残差向量 $\widehat{\boldsymbol{e}}$ 的几何意义, 即分别为 $\boldsymbol{y}$ 向 $\mathcal{M}(\mathbf{X}')$ 和 $\mathcal{M}(\mathbf{X}')$ 的正交补空间上的正交投影, 如图 4.1.1 所示.

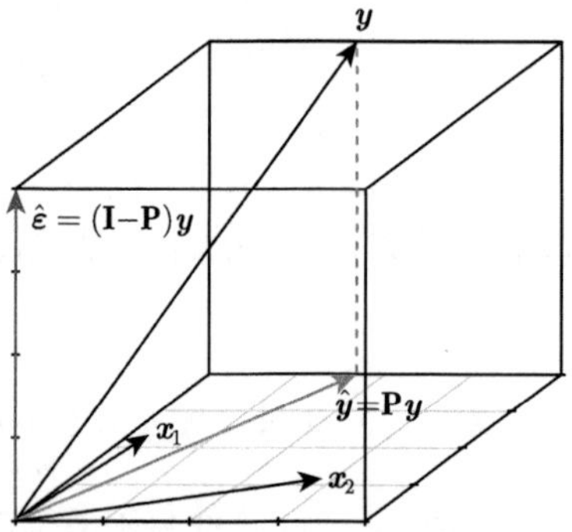

图 4.1.1 LS 估计的几何性质

注 4.1.1 由定理 4.1.1 和 (4.1.5) 可知: 任意可估函数都是模型均值向量 $\boldsymbol{\mu}$ 的线性函数, 因此, 对可估函数的统计推断都可以转化为对 $\boldsymbol{\mu}$ 的相应推断. 在后面的研究中, 这将是定理证明的一条重要途径.

注 4.1.2 我们称 $\mathrm{SS}_e = \widehat{\boldsymbol{e}}'\widehat{\boldsymbol{e}}$ 为残差平方和. 根据不同场合, 它可被表达为以下等价形式:

$$\mathrm{SS}_e = \|\boldsymbol{y} - \mathbf{X}\widehat{\boldsymbol{\beta}}\|^2 = \boldsymbol{y}'(\mathbf{I}_n - \mathbf{P}_{\mathrm{X}})\boldsymbol{y} = \boldsymbol{y}'\boldsymbol{y} - \boldsymbol{y}'\mathbf{X}\widehat{\boldsymbol{\beta}}. \tag{4.1.10}$$

首先考虑任一可估函数 $\boldsymbol{c}'\boldsymbol{\beta}$ 的 LS 估计 $\boldsymbol{c}'\widehat{\boldsymbol{\beta}}$ 的情形. 虽然它的 LS 估计唯一. 但是它可能有很多个线性无偏估计. 事实上, 若记 $\mathcal{M}(\mathbf{X})^{\perp}$ 为 $\mathcal{M}(\mathbf{X})$ 的正交补空间. 设 $\boldsymbol{a}'\boldsymbol{y}$ 为 $\boldsymbol{c}'\boldsymbol{\beta}$ 的一个无偏估计, 那么对任意 $\boldsymbol{b} \in \mathcal{M}(\mathbf{X})^{\perp}$, $(\boldsymbol{a}+\boldsymbol{b})'\boldsymbol{y}$ 也是 $\boldsymbol{c}'\boldsymbol{\beta}$ 的一个无偏估计. 这是因为 $E(\boldsymbol{a}+\boldsymbol{b})'\boldsymbol{y} = E(\boldsymbol{a}'\boldsymbol{y}) + E(\boldsymbol{b}'\boldsymbol{y}) = \boldsymbol{c}'\boldsymbol{\beta} + \boldsymbol{b}'\mathbf{X}'\boldsymbol{\beta} = \boldsymbol{c}'\boldsymbol{\beta}$. 这样一来, 对任意线性函数 $\boldsymbol{c}'\boldsymbol{\beta}$, 它的线性无偏估计的个数有三种情况：①一个也没有, 这时它是不可估的; ②只有一个, 这出现在 $\mathrm{rk}(\mathbf{X}) = n$ 的情形, 因为此时 $\mathcal{M}(\mathbf{X})^{\perp} = \mathbf{0}$; ③ 有无穷多个. 当 $\boldsymbol{c}'\boldsymbol{\beta}$ 可估时, 在其线性无偏估计当中, 方差最小者称为最佳线性无偏 (best linear unbiased, BLU) 估计. 下面的定理表明, LS 估计就是 BLU 估计.

定理 4.1.3 (Gauss-Markov 定理) 对任意的可估函数 $\boldsymbol{c}'\boldsymbol{\beta}$, LS 估计 $\boldsymbol{c}'\widehat{\boldsymbol{\beta}}$ 为其唯一的 BLU 估计.

证明 前面已证 $\boldsymbol{c}'\widehat{\boldsymbol{\beta}}$ 为 $\boldsymbol{c}'\boldsymbol{\beta}$ 的无偏估计, 而线性是显然的. 现证 $\boldsymbol{c}'\widehat{\boldsymbol{\beta}}$ 的方差最小. 首先

$$\mathrm{Var}(\boldsymbol{c}'\widehat{\boldsymbol{\beta}}) = \mathrm{Var}(\boldsymbol{c}'(\mathbf{X}'\mathbf{X})^{-}\mathbf{X}'\boldsymbol{y}) = \sigma^2\boldsymbol{c}'(\mathbf{X}'\mathbf{X})^{-}\mathbf{X}'\mathbf{X}(\mathbf{X}'\mathbf{X})^{-}\boldsymbol{c}.$$

由 $\boldsymbol{c}'\boldsymbol{\beta}$ 的可估性, 知存在向量 $\boldsymbol{\alpha}_{n\times 1}$, 使得 $\boldsymbol{c} = \mathbf{X}'\boldsymbol{\alpha}$, 于是, 利用 $\mathbf{X}'\mathbf{X}(\mathbf{X}'\mathbf{X})^{-}\mathbf{X}' = \mathbf{X}'$, 得到

$$\mathrm{Var}(\boldsymbol{c}'\widehat{\boldsymbol{\beta}}) = \sigma^2\boldsymbol{c}'(\mathbf{X}'\mathbf{X})^{-}\mathbf{X}'\mathbf{X}(\mathbf{X}'\mathbf{X})^{-}\mathbf{X}'\boldsymbol{\alpha} = \sigma^2\boldsymbol{c}'(\mathbf{X}'\mathbf{X})^{-}\boldsymbol{c}.$$

另一方面, 设 $\boldsymbol{a}'\boldsymbol{y}$ 为 $\boldsymbol{c}'\boldsymbol{\beta}$ 的任一无偏估计, 于是 $\boldsymbol{a}$ 满足 $\mathbf{X}'\boldsymbol{a} = \boldsymbol{c}$. 这样

$$\begin{aligned}
&\mathrm{Var}(\boldsymbol{a}'\boldsymbol{y}) - \mathrm{Var}(\boldsymbol{c}'\widehat{\boldsymbol{\beta}}) = \sigma^2[\boldsymbol{a}'\boldsymbol{a} - \boldsymbol{c}'(\mathbf{X}'\mathbf{X})^{-}\boldsymbol{c}] \\
&= \sigma^2(\boldsymbol{a}' - \boldsymbol{c}'(\mathbf{X}'\mathbf{X})^{-}\mathbf{X}')(\boldsymbol{a} - \mathbf{X}(\mathbf{X}'\mathbf{X})^{-}\boldsymbol{c}) \\
&= \sigma^2\|\boldsymbol{a} - \mathbf{X}(\mathbf{X}'\mathbf{X})^{-}\boldsymbol{c}\|^2 \geqslant 0,
\end{aligned}$$

并且等号成立 $\Longleftrightarrow \boldsymbol{a}' = \boldsymbol{c}'(\mathbf{X}'\mathbf{X})^{-}\boldsymbol{X}' \Longleftrightarrow \boldsymbol{a}'\boldsymbol{y} = \boldsymbol{c}'\widehat{\boldsymbol{\beta}}$. 定理证毕.

这个重要的定理奠定了 LS 估计在线性模型参数估计理论中的地位. 它所刻画的 LS 估计在线性无偏估计类中的最优性, 使得人们长期以来把 LS 估计当作线

性模型 (4.1.1) 的最好的估计. 但是, 到了 20 世纪 60 年代, 许多研究表明, 在一些情况下 LS 估计的性质并不很好. 如果采用另外一个度量估计优劣的标准, LS 估计并不一定是最优的, 这些将留在第 6 章详细讨论.

推论 4.1.1　设 $\psi_i = \boldsymbol{c}_i'\boldsymbol{\beta}$, $i = 1, \cdots, k$ 都是可估函数, $\alpha_i, i = 1, \cdots, k$ 是实数, 则 $\psi = \sum\limits_{i=1}^{k} \alpha_i \psi_i$ 也是可估的, 且 $\widehat{\psi} = \sum\limits_{i=1}^{k} \alpha_i \widehat{\psi}_i = \sum\limits_{i=1}^{k} \alpha_i \boldsymbol{c}'\widehat{\boldsymbol{\beta}}$ 是 ψ 的 BLU 估计.

推论 4.1.2　设 $\boldsymbol{c}'\boldsymbol{\beta}$ 和 $\boldsymbol{d}'\boldsymbol{\beta}$ 是两个可估函数, 则

$$\mathrm{Var}(\boldsymbol{c}'\widehat{\boldsymbol{\beta}}) = \sigma^2 \boldsymbol{c}'(\mathbf{X}'\mathbf{X})^- \boldsymbol{c}, \tag{4.1.11}$$

$$\mathrm{Cov}(\boldsymbol{c}'\widehat{\boldsymbol{\beta}}, \boldsymbol{d}'\widehat{\boldsymbol{\beta}}) = \sigma^2 \boldsymbol{c}'(\mathbf{X}'\mathbf{X})^- \boldsymbol{d}, \tag{4.1.12}$$

并且上述两式与所含广义逆的选择无关.

这两个推论的证明也不困难, 留给读者完成.

更一般地, 对于可估函数 $\mathbf{C}\boldsymbol{\beta}$, 其线性无偏估计类可表示为

$$\mathcal{D} = \{\mathbf{A}\boldsymbol{y};\ \mathbf{A} \text{ 满足条件 } \mathbf{A}\mathbf{X} = \mathbf{C}\}.$$

注意到 $\mathrm{Cov}(\mathbf{A}\boldsymbol{y}) = \sigma^2 \mathbf{A}\mathbf{A}'$, $\mathrm{Cov}(\mathbf{C}\widehat{\boldsymbol{\beta}}) = \sigma^2 \mathbf{C}(\mathbf{X}'\mathbf{X})^- \mathbf{C}'$,

$$\mathrm{Cov}(\mathbf{A}\boldsymbol{y}) - \mathrm{Cov}(\mathbf{C}\widehat{\boldsymbol{\beta}}) = \sigma^2 \mathbf{A}\left(\mathbf{I}_p - \mathbf{X}(\mathbf{X}'\mathbf{X})^- \mathbf{X}'\right)\mathbf{A}' \geqslant \mathbf{0},$$

这里, $\geqslant \mathbf{0}$ 表示不等号左边的矩阵是半正定的. 因此, 在矩阵偏序意义下, 我们有如下结论.

定理 4.1.4　对于可估函数 $\mathbf{C}\boldsymbol{\beta}$, LS 估计 $\mathbf{C}\widehat{\boldsymbol{\beta}}$ 为其唯一的最小协方差阵线性无偏 (minimum dispersion linear unbiased, MDLU) 估计.

显然, 定理 4.1.3 是定理 4.1.4 的一个特例, 即 $\mathbf{C} = \boldsymbol{c}'$ 的情形. 由定理 4.1.4 可推得: 若 $\mathrm{rk}(\mathbf{X}) = p$, 则 LS 估计 $\widehat{\boldsymbol{\beta}}$ 为 $\boldsymbol{\beta}$ 的 MDLU 估计 (只需令 $\mathbf{C} = \mathbf{X}$). 后面, 我们通称 MDLU 估计为 BLU 估计.

注 4.1.3　如果 $\mathbf{A}\boldsymbol{y}$ 为可估函数 $\mathbf{C}\boldsymbol{\beta}$ 的 MDLU 估计, 则它的分量一定是 MDLU 的.

对于线性模型 (4.1.1), 若我们进一步假设误差向量 $\boldsymbol{e}$ 服从多元正态分布, 则称相应的模型为正态线性模型, 记为

$$\boldsymbol{y} = \mathbf{X}\boldsymbol{\beta} + \boldsymbol{e}, \qquad \boldsymbol{e} \sim N_n(\mathbf{0},\ \sigma^2 \mathbf{I}_n). \tag{4.1.13}$$

下面我们研究在这个模型下 LS 估计的性质.

定理 4.1.5　对正态线性模型 (4.1.13), 设 $\boldsymbol{c}'\boldsymbol{\beta}$ 为任一可估函数, 则

(1) LS 估计 $\boldsymbol{c}'\widehat{\boldsymbol{\beta}}$ 是 $\boldsymbol{c}'\boldsymbol{\beta}$ 的极大似然 (maximum likelihood, ML) 估计, 且 $\boldsymbol{c}'\widehat{\boldsymbol{\beta}} \sim N(\boldsymbol{c}'\boldsymbol{\beta},\ \sigma^2 \boldsymbol{c}'(\mathbf{X}'\mathbf{X})^- \boldsymbol{c})$;

(2) $(n-r)\widehat{\sigma}^2/n$ 为 σ^2 的 ML 估计, 且 $(n-r)\widehat{\sigma}^2/\sigma^2 \sim \chi^2_{n-r}$;

(3) $\boldsymbol{c}'\widehat{\boldsymbol{\beta}}$ 与 $\widehat{\sigma}^2$ 相互独立,

这里 $\widehat{\boldsymbol{\beta}} = (\mathbf{X}'\mathbf{X})^-\mathbf{X}'\boldsymbol{y}$, $r = \mathrm{rk}(\mathbf{X})$.

证明 记 $\boldsymbol{\mu} = \mathbf{X}\boldsymbol{\beta}$, 考虑 $\boldsymbol{\mu}$ 和 σ^2 的似然函数

$$L(\boldsymbol{\mu}, \sigma^2) = \frac{1}{(2\pi)^{\frac{n}{2}}\sigma^n} \exp\left\{-\frac{1}{2\sigma^2}\|\boldsymbol{y}-\boldsymbol{\mu}\|^2\right\},$$

取对数, 略去常数项, 得

$$\log L(\boldsymbol{\mu}, \sigma^2) = -\frac{n}{2}\log\sigma^2 - \frac{1}{2\sigma^2}\|\boldsymbol{y}-\boldsymbol{\mu}\|^2.$$

对均值向量 $\boldsymbol{\mu}$ 的 LS 估计 $\widehat{\boldsymbol{\mu}} = \mathbf{X}\widehat{\boldsymbol{\beta}}$, 我们有

$$\|\boldsymbol{y}-\widehat{\boldsymbol{\mu}}\|^2 = \|\boldsymbol{y}-\mathbf{X}\widehat{\boldsymbol{\beta}}\|^2 = \min\|\boldsymbol{y}-\mathbf{X}\boldsymbol{\beta}\|^2 = \min_{\boldsymbol{\mu}=\mathbf{X}\boldsymbol{\beta}}\|\boldsymbol{y}-\boldsymbol{\mu}\|^2.$$

故对每一个固定的 σ^2, 都有

$$\log L(\widehat{\boldsymbol{\mu}}, \sigma^2) \geqslant \log L(\boldsymbol{\mu}, \sigma^2),$$

且

$$\log L(\widehat{\boldsymbol{\mu}}, \sigma^2) = -\frac{n}{2}\log\sigma^2 - \frac{1}{2\sigma^2}\|\boldsymbol{y}-\widehat{\boldsymbol{\mu}}\|^2$$

在 $\tilde{\sigma}^2 = \dfrac{1}{n}\|\boldsymbol{y}-\widehat{\boldsymbol{\mu}}\|^2$ 达到最大. 于是 $\widehat{\boldsymbol{\mu}} = \mathbf{X}\widehat{\boldsymbol{\beta}}$ 和 $\tilde{\sigma}^2$ 分别为 $\boldsymbol{\mu}$ 和 σ^2 的 ML 估计.

对任一可估函数 $\boldsymbol{c}'\boldsymbol{\beta}$, 存在 $\boldsymbol{\alpha} \in \mathbb{R}^n$, 使得 $\boldsymbol{c} = \mathbf{X}'\boldsymbol{\alpha}$. 于是, $\boldsymbol{c}'\boldsymbol{\beta} = \boldsymbol{\alpha}\mathbf{X}\boldsymbol{\beta} = \boldsymbol{\alpha}'\boldsymbol{\mu}$, 由 ML 估计的不变性, $\boldsymbol{c}'\boldsymbol{\beta}$ 的 ML 估计为 $\boldsymbol{\alpha}\widehat{\boldsymbol{\mu}}$, 注意到 $\boldsymbol{c}'\widehat{\boldsymbol{\beta}} = \boldsymbol{\alpha}'\mathbf{X}\widehat{\boldsymbol{\beta}} = \boldsymbol{\alpha}'\widehat{\boldsymbol{\mu}}$. 这就证明 LS 估计 $\boldsymbol{c}'\widehat{\boldsymbol{\beta}}$ 为 ML 估计. 又因 $\boldsymbol{c}'\widehat{\boldsymbol{\beta}} = \boldsymbol{c}'(\mathbf{X}'\mathbf{X})^-\mathbf{X}'\boldsymbol{y}$ 为 $\boldsymbol{y}$ 的线性函数, 而 $\boldsymbol{y} \sim N_n(\mathbf{X}\boldsymbol{\beta},\ \sigma^2\mathbf{I}_n)$, 依定理 3.3.4 知,

$$\boldsymbol{c}'\widehat{\boldsymbol{\beta}} \sim N(\boldsymbol{c}'(\mathbf{X}'\mathbf{X})^-\mathbf{X}'\mathbf{X}\boldsymbol{\beta},\ \sigma^2\boldsymbol{c}'(\mathbf{X}'\mathbf{X})^-\boldsymbol{c}),$$

又由 $\boldsymbol{c}'\boldsymbol{\beta}$ 的可估性, 容易推出 $\boldsymbol{c}'(\mathbf{X}'\mathbf{X})^-\mathbf{X}'\mathbf{X} = \boldsymbol{c}'$, 于是 (1) 得证.

(2) 的第一条结论已证. 因为 $\mathbf{P}_{\mathbf{X}}\mathbf{X} = \mathbf{X}$, 所以

$$\begin{aligned}\frac{(n-r)\widehat{\sigma}^2}{\sigma^2} &= \frac{\widehat{\boldsymbol{e}}'\widehat{\boldsymbol{e}}}{\sigma^2} = \frac{\boldsymbol{y}'(\mathbf{I}_n-\mathbf{P}_{\mathbf{X}})\boldsymbol{y}}{\sigma^2}\\ &= \frac{\boldsymbol{e}'(\mathbf{I}_n-\mathbf{P}_{\mathbf{X}})\boldsymbol{e}}{\sigma^2} = \boldsymbol{z}'(\mathbf{I}_n-\mathbf{P}_{\mathbf{X}})\boldsymbol{z},\end{aligned}$$

其中 $\boldsymbol{z} = \boldsymbol{e}/\sigma \sim N_n(\mathbf{0}, \mathbf{I}_n)$. 由 $\mathbf{I}_n - \mathbf{P_X}$ 的幂等性及 $\mathrm{rk}(\mathbf{I}_n - \mathbf{P_X}) = \mathrm{tr}(\mathbf{I}_n - \mathbf{P_X}) = n - \mathrm{tr}(\mathbf{P_X}) = n - \mathrm{rk}(\mathbf{X}) = n - r$, 利用定理 3.4.3, 即得 $(n-r)\widehat{\sigma}^2/\sigma^2 \sim \chi^2_{n-r}$.

为证 $\boldsymbol{c}'\widehat{\boldsymbol{\beta}}$ 与 $\widehat{\sigma}^2$ 的独立性, 只要注意到 $\boldsymbol{c}'\widehat{\boldsymbol{\beta}}$ 与 $\widehat{\sigma}^2$ 分别为正态向量 $\boldsymbol{y}$ 的线性型和二次型, 根据定理 3.5.1 和 $\boldsymbol{c}'(\mathbf{X}'\mathbf{X})^-\mathbf{X}'(\mathbf{I}_n - \mathbf{P_X}) = \mathbf{0}$, 结论可直接推得. 定理证毕.

从这个定理我们看出, 对于可估函数 $\boldsymbol{c}'\boldsymbol{\beta}$, 它的 LS 估计和 ML 估计是相同的. 但是, 对于误差方差 σ^2, 两者就不同了. 它们只差一个因子, 很明显 ML 估计 $\tilde{\sigma}^2$ 是有偏的, $E(\tilde{\sigma}^2) = \dfrac{n-r}{n}\sigma^2 < \sigma^2$, 即在平均意义上讲, ML 估计 $\tilde{\sigma}^2$ 偏小.

在前面的 Gauss-Markov 定理中, 我们证明了可估函数 $\boldsymbol{c}'\boldsymbol{\beta}$ 的 LS 估计 $\boldsymbol{c}'\widehat{\boldsymbol{\beta}}$ 在线性无偏类中是方差最小的. 然而对于正态线性模型, 我们有下面更强的结果.

定理 4.1.6 对于正态线性模型 (4.1.13),

(1) $T_1 = \boldsymbol{y}'\boldsymbol{y}$ 和 $\boldsymbol{T}_2 = \mathbf{X}'\boldsymbol{y}$ 为完全充分统计量;

(2) 对任一可估函数 $\boldsymbol{c}'\boldsymbol{\beta}$, $\boldsymbol{c}'\widehat{\boldsymbol{\beta}}$ 为其唯一的最小方差无偏 (minimum variance unbiased, MVU) 估计, $\widehat{\sigma}^2$ 为 σ^2 的唯一 MVU 估计.

证明 观测向量 $\boldsymbol{y}$ 的概率密度函数为

$$\begin{aligned} f(y) &= \frac{1}{(2\pi)^{\frac{n}{2}}\sigma^n}\exp\left\{-\frac{1}{2\sigma^2}(\boldsymbol{y}-\mathbf{X}\boldsymbol{\beta})'(\boldsymbol{y}-\mathbf{X}\boldsymbol{\beta})\right\} \\ &= \frac{1}{(2\pi)^{\frac{n}{2}}\sigma^n}\exp\left\{-\frac{1}{2\sigma^2}\boldsymbol{y}'\boldsymbol{y} + \frac{1}{\sigma^2}\boldsymbol{y}'\mathbf{X}\boldsymbol{\beta} - \frac{1}{2\sigma^2}\boldsymbol{\beta}'\mathbf{X}'\mathbf{X}\boldsymbol{\beta}\right\}, \end{aligned}$$

记 $\theta_1 = -\dfrac{1}{2\sigma^2}$, $\boldsymbol{\theta}_2 = \dfrac{\boldsymbol{\beta}}{\sigma^2}$, 它们是所谓的自然参数, 则上式可改写为

$$f(\boldsymbol{y}) = \frac{1}{(-\pi)^{\frac{n}{2}}}\theta_1^n \exp\left\{\frac{1}{4\theta_1}\boldsymbol{\theta}_2'\mathbf{X}'\mathbf{X}\boldsymbol{\theta}_2\right\}\exp\{\theta_1 T_1 + \boldsymbol{\theta}_2\boldsymbol{T}_2\}.$$

这样, 我们把 $f(\boldsymbol{y})$ 表示成指数族的自然形式. 其参数空间

$$\Theta = \left\{\begin{pmatrix}\theta_1 \\ \boldsymbol{\theta}_2\end{pmatrix}; \theta_1 < 0, \quad \boldsymbol{\theta}_2 \in \mathbb{R}^p\right\}.$$

依定理 2.2 (陈希孺, 1999, p.59) 知: $T_1 = \boldsymbol{y}'\boldsymbol{y}$ 和 $\boldsymbol{T}_2 = \mathbf{X}'\boldsymbol{y}$ 为完全充分统计量.

对任一可估函数 $\boldsymbol{c}'\boldsymbol{\beta}$, 其 LS 估计 $\boldsymbol{c}'\widehat{\boldsymbol{\beta}} = \boldsymbol{c}'(\mathbf{X}'\mathbf{X})^-\boldsymbol{T}_2$, 误差方差 σ^2 的 LS 估计

$$\widehat{\sigma}^2 = (T_1 - \boldsymbol{T}_2(\mathbf{X}'\mathbf{X})^-\boldsymbol{T}_2)/(n-r),$$

它们都是完全充分统计量的函数. 同时我们知道, 它们都是无偏估计, 依 Lehmann-Scheffé 定理 (陈希孺, 1999, p.58) 立即推出, $\boldsymbol{c}'\widehat{\boldsymbol{\beta}}$ 和 $\widehat{\sigma}^2$ 分别是 $\boldsymbol{c}'\boldsymbol{\beta}$ 和 σ^2 的唯一 MVU 估计. 定理证毕.

对任一可估函数 $\boldsymbol{c}'\boldsymbol{\beta}$, 这个定理和 Gauss-Markov 定理都建立了它的 LS 估计 $\boldsymbol{c}'\widehat{\boldsymbol{\beta}}$ 的方差最小性, 两者的区别在于, 本定理在误差服从正态分布的条件下, 证明了 LS 估计 $\boldsymbol{c}'\widehat{\boldsymbol{\beta}}$ 在所有的 (线性的和非线性) 无偏估计类中方差最小. 而 Gauss-Markov 定理只证明了 $\boldsymbol{c}'\widehat{\boldsymbol{\beta}}$ 在线性无偏类中方差最小性.

同理可证如下结论.

定理 4.1.7 对于正态线性模型 (4.1.13), 其任意可估函数 $\mathbf{C}\boldsymbol{\beta}$ 的 ML 估计$\mathbf{C}\widehat{\boldsymbol{\beta}}$ 为其无偏估计类中协方差阵最小 (minimum dispersion unbiased, MDU) 估计. 当 $\text{rk}(\mathbf{X}) = p$ 时, $\widehat{\boldsymbol{\beta}} = (\mathbf{X}'\mathbf{X})^{-1}\mathbf{X}'\boldsymbol{y}$ 的协方差阵正好等于 Cramér-Rao 下界

$$\left[-\frac{\partial^2 \ln L(\boldsymbol{\mu}, \sigma^2)}{\partial^2 \boldsymbol{\beta}}\right]^{-1} = \sigma^2(\mathbf{X}'\mathbf{X})^{-1},$$

这里 $\boldsymbol{\mu} = \mathbf{X}\boldsymbol{\beta}$.

例 4.1.1 设 μ 为一物体的重量, 现对该物体测量 n 次, 其测量值记为 $y_1, \cdots, y_n$. 通常我们用 $\overline{y} = \sum y_i/n$ 来估计 μ, 现在我们来研究估计 $\overline{y}$ 的优良性.

如果测量过程没有系统误差, 则 y_i 可表示为

$$y_i = \mu + e_i, \qquad i = 1, \cdots, n.$$

将其写成线性模型的矩阵形式

$$\begin{pmatrix} y_1 \\ \vdots \\ y_n \end{pmatrix} = \begin{pmatrix} 1 \\ \vdots \\ 1 \end{pmatrix} \mu + \begin{pmatrix} e_1 \\ \vdots \\ e_n \end{pmatrix}.$$

假设 $\boldsymbol{e} = (e_1, \cdots, e_n)'$ 满足 Gauss-Markov 假设. 容易计算出 μ 的 LS 估计 $\widehat{\mu} = (\mathbf{X}'\mathbf{X})^{-1}\mathbf{X}'\boldsymbol{y} = \sum\limits_{i=1}^{n} y_i/n = \overline{y}$, 即观测值的算术平均值为物体重量 μ 的 LS 估计. 并且从 Gauss-Markov 定理我们知道, 在 $\boldsymbol{y} = (y_1, \cdots, y_n)'$ 所有线性函数组成的无偏估计类中, $\overline{y}$ 具有最小方差. 如果我们进一步假设误差服从多元正态分布, 那么在所有无偏估计类中, $\overline{y}$ 仍然具有最小方差. 这些结果充分显示了 $\overline{y}$ 作为 μ 的估计的优良性质.

4.2 分块最小二乘估计

由于实际应用中, 模型往往包含冗余参数 (nuisance parameter), 如本书第 6 章回归模型中的截距项和第 8 章协方差分析模型中的回归系数往往不是模型推断的重点. 因此感兴趣参数的 LS 估计的降秩表达问题引起了统计学者的广泛关注.

另外, Meta 分析和大数据研究中, 由于隐私保护或计算机存储运算能力的限制, 多地存储的子数据集不能被传输到一台机器来分析, 需要分块运算. 本质上, 前者是对模型参数分块, 后者是对观测数据的分块. 本节将分别针对这两类分块线性模型, 给出其 LS 估计的分块算法.

首先, 考虑模型往往包含冗余参数的情形. 模型可表达为如下分块形式:

$$\boldsymbol{y} = \mathbf{X}_1\boldsymbol{\beta}_1 + \mathbf{X}_2\boldsymbol{\beta}_2 + \boldsymbol{e}, \qquad E(\boldsymbol{e}) = \mathbf{0}, \qquad \mathrm{Cov}(\boldsymbol{e}) = \sigma^2\mathbf{I}_n, \tag{4.2.1}$$

这里 $\mathbf{X}_i(i = 1, 2)$ 是 $n \times p_i$ 矩阵, $\boldsymbol{\beta}_i$ 是 $p_i \times 1$ 向量, $p = p_1 + p_2$. 记 $\mathbf{X} = (\mathbf{X}_1, \mathbf{X}_2)$, $\boldsymbol{\beta} = (\boldsymbol{\beta}_1', \boldsymbol{\beta}_2')'$. 则这个模型的 $\boldsymbol{\beta}$ 的 LS 解 $\widehat{\boldsymbol{\beta}} = (\mathbf{X}'\mathbf{X})^-\mathbf{X}'\boldsymbol{y}$ 可表达为如下分块形式:

$$\begin{pmatrix} \widehat{\boldsymbol{\beta}}_1 \\ \widehat{\boldsymbol{\beta}}_2 \end{pmatrix} = \begin{pmatrix} \mathbf{X}_1'\mathbf{X}_1 & \mathbf{X}_1'\mathbf{X}_2 \\ \mathbf{X}_2'\mathbf{X}_1 & \mathbf{X}_2'\mathbf{X}_2 \end{pmatrix}^- \begin{pmatrix} \mathbf{X}_1'\boldsymbol{y} \\ \mathbf{X}_2'\boldsymbol{y} \end{pmatrix}. \tag{4.2.2}$$

当 $\mathrm{rk}(\mathbf{X}) = p$ 时, 它是 $\boldsymbol{\beta}$ 的 LS 估计. 本节一个重要问题是找到 $\widehat{\boldsymbol{\beta}}_1$ 和 $\widehat{\boldsymbol{\beta}}_2$ 的降秩之间互相表达的关系.

如果略去 $\mathbf{X}_2\boldsymbol{\beta}_2$ 部分, 得到

$$E(\boldsymbol{y}) = \mathbf{X}_1\boldsymbol{\beta}_1 + \boldsymbol{e}, \qquad E(\boldsymbol{e}) = \mathbf{0}, \qquad \mathrm{Cov}(\boldsymbol{e}) = \sigma^2\mathbf{I}_n. \tag{4.2.3}$$

从中可得到 $\boldsymbol{\beta}_1$ 的 LS 解

$$\tilde{\boldsymbol{\beta}}_1 = (\mathbf{X}_1'\mathbf{X}_1)^-\mathbf{X}_1'\boldsymbol{y}\ .$$

为叙述方便, 我们称 (4.2.1) 和 (4.2.3) 分别为全模型和子模型. 从这两个模型我们可以得到 $\boldsymbol{\beta}_1$ 的两个 LS 解. 当 $\mathrm{rk}(\mathbf{X}_1) = p_1$ 时, 它们就是两个 LS 估计. 另一个重要问题是研究这两个估计之间的关系. 特别是, 如何把 $\widehat{\boldsymbol{\beta}}$ 用 $\tilde{\boldsymbol{\beta}}$ 来表示, 以便通过后者能简单地计算前者.

假定 $\mathbf{X}_2$ 是列满秩, 并且 $\mathbf{X}_1$ 的列与 $\mathbf{X}_2$ 的列线性无关, 即

$$\mathcal{M}(\mathbf{X}_1) \cap \mathcal{M}(\mathbf{X}_2) = \{\mathbf{0}\}, \tag{4.2.4}$$

$$\mathrm{rk}(\mathbf{X}_2) = p_2. \tag{4.2.5}$$

对任一矩阵 $\mathbf{A}$, 记 $\mathbf{N}_{\mathbf{A}} = \mathbf{I} - \mathbf{A}(\mathbf{A}'\mathbf{A})^-\mathbf{A}'$.

定理 4.2.1 在条件 (4.2.4) 和 (4.2.5) 下,

(1) $\boldsymbol{c}'\boldsymbol{\beta}_1$ 可估 $\Longleftrightarrow \boldsymbol{c} \in \mathcal{M}(\mathbf{X}_1')$;

(2) $\boldsymbol{\beta}_2$ 可估;

(3) $\mathbf{X}_2'\mathbf{N}_{\mathbf{X}_1}\mathbf{X}_2$ 可逆.

证明 (1) 因为

$$c'\boldsymbol{\beta} = (c', \mathbf{0}')\begin{pmatrix}\boldsymbol{\beta}_1\\ \boldsymbol{\beta}_2\end{pmatrix},$$

于是 $c'\boldsymbol{\beta}_1$ 可估当且仅当

$$\begin{pmatrix}c\\ \mathbf{0}\end{pmatrix}\in\mathcal{M}\begin{pmatrix}\mathbf{X}_1'\\ \mathbf{X}_2'\end{pmatrix}.$$

该式等价于存在 $\boldsymbol{\alpha}$, 使得 $c = \mathbf{X}_1'\boldsymbol{\alpha},\ \mathbf{X}_2'\boldsymbol{\alpha} = \mathbf{0}$, 即

$$c \in \mathbb{S} = \{\mathbf{X}_1'\boldsymbol{\alpha};\ \mathbf{X}_2'\boldsymbol{\alpha} = \mathbf{0}\}.$$

根据定理 2.1.2, 并利用 (4.2.4), 有

$$\dim\mathbb{S} = \mathrm{rk}\begin{pmatrix}\mathbf{X}_1'\\ \mathbf{X}_2'\end{pmatrix} - \mathrm{rk}(\mathbf{X}_2) = \mathrm{rk}(\mathbf{X}_1).$$

由 $\mathbb{S}\subset\mathcal{M}(\mathbf{X}_1')$ 知 $\mathbb{S} = \mathcal{M}(\mathbf{X}_1')$. (1) 得证.

注意到

$$\boldsymbol{\beta}_2 = (\mathbf{0},\ \mathbf{I}_{p_2})\begin{pmatrix}\boldsymbol{\beta}_1\\ \boldsymbol{\beta}_2\end{pmatrix},$$

同理可证 $\boldsymbol{\beta}_2$ 可估当且仅当

$$\mathcal{M}(\mathbf{I}_{p_2}) = \{\mathbf{X}_2'\gamma : \mathbf{X}_1'\gamma = \mathbf{0}\} = \mathcal{M}(\mathbf{X}_2'\mathbf{X}_1'^{\perp}),$$

这里 $\boldsymbol{\gamma}$ 为 $n\times 1$ 的实数向量. 而由 (4.2.4), (4.2.5) 和推论 2.1.1 立得 $\mathcal{M}(\mathbf{X}_2'\mathbf{X}_1'^{\perp}) = \mathcal{M}(\mathbf{X}_2') = \mathbb{R}^{p_2} = \mathcal{M}(\mathbf{I}_{p_2})$. (2) 得证.

现证 (3): 设 $\mathbf{X}_2'\mathbf{N}_{\mathbf{X}_1}\mathbf{X}_2\boldsymbol{a} = \mathbf{0}$, 则由 $\mathbf{N}_{\mathbf{X}_1}$ 的幂等性得

$$\boldsymbol{a}'\mathbf{X}_2'\mathbf{N}_{\mathbf{X}_1}'\mathbf{N}_{\mathbf{X}_1}\mathbf{X}_2\boldsymbol{a} = \boldsymbol{a}'\mathbf{X}_2'\mathbf{N}_{\mathbf{X}_1}\mathbf{X}_2\boldsymbol{a} = \mathbf{0},$$

即 $\mathbf{N}_{\mathbf{X}_1}\mathbf{X}_2\boldsymbol{a} = \mathbf{0}$. 因而 $\mathbf{X}_2\boldsymbol{a} = \mathbf{X}_1(\mathbf{X}_1'\mathbf{X}_1)^-\mathbf{X}_1'\mathbf{X}_2\boldsymbol{a} \triangleq \mathbf{X}_1\boldsymbol{b}$, 这里 $\boldsymbol{b} = (\mathbf{X}_1'\mathbf{X}_1)^-\mathbf{X}_1'\mathbf{X}_2\boldsymbol{a}$. 由于 $\mathbf{X}_2$ 的列与 $\mathbf{X}_1$ 的列线性无关, 此式意味着 $\boldsymbol{a} = \mathbf{0}$. 由于从 $\mathbf{X}_2'\mathbf{N}_{\mathbf{X}_1}\mathbf{X}_2\boldsymbol{a} = \mathbf{0}$ 可以推出 $\boldsymbol{a} = \mathbf{0}$, 所以 $\mathbf{X}_2'\mathbf{N}_{\mathbf{X}_1}\mathbf{X}_2$ 的列线性无关. 因此它是非奇异的. (3) 得证. 定理证毕.

这个定理的第一条结论说明, 在条件 (4.2.4) 和 (4.2.5) 下, $c'\boldsymbol{\beta}_1$ 在全模型 (4.2.1) 和子模型 (4.2.3) 下的可估性是一致的.

下面的定理刻画了全模型和子模型的 LS 解之间的关系及其性质.

定理 4.2.2 在条件 (4.2.4) 和 (4.2.5) 下,

(1) $\widehat{\boldsymbol{\beta}}_2 = (\mathbf{X}_2'\mathbf{N}_{\mathbf{X}_1}\mathbf{X}_2)^{-1}\mathbf{X}_2'\mathbf{N}_{\mathbf{X}_1}\boldsymbol{y}$;

(2) $\widehat{\boldsymbol{\beta}}_1 = (\mathbf{X}_1'\mathbf{X}_1)^{-}\mathbf{X}_1'(\boldsymbol{y} - \mathbf{X}_2\widehat{\boldsymbol{\beta}}_2) = \tilde{\boldsymbol{\beta}}_1 - (\mathbf{X}_1'\mathbf{X}_1)^{-}\mathbf{X}_1'\mathbf{X}_2\widehat{\boldsymbol{\beta}}_2$;

(3) $\mathrm{Cov}(\widehat{\boldsymbol{\beta}}_2) = \sigma^2(\mathbf{X}_2'\mathbf{N}_{\mathbf{X}_1}\mathbf{X}_2)^{-1}$, 对任一可估函数 $\boldsymbol{c}'\boldsymbol{\beta}_1$, $\mathrm{Var}(\boldsymbol{c}'\widehat{\boldsymbol{\beta}}_1) = \sigma^2\boldsymbol{c}'\mathbf{M}\boldsymbol{c}$, 这里

$$\mathbf{M} = (\mathbf{X}_1'\mathbf{X}_1)^{-} + (\mathbf{X}_1'\mathbf{X}_1)^{-}\mathbf{X}_1'\mathbf{X}_2(\mathbf{X}_2'\mathbf{N}_{\mathbf{X}_1}\mathbf{X}_2)^{-1}\mathbf{X}_2\mathbf{X}_1'(\mathbf{X}_1'\mathbf{X}_1)^{-}. \tag{4.2.6}$$

证明 对于给定的 $\boldsymbol{y} = \mathbf{X}_1\boldsymbol{\beta}_1 + \mathbf{X}_2\boldsymbol{\beta}_2 + \boldsymbol{e}$, 则误差平方和为

$$\begin{aligned}\boldsymbol{e}'\boldsymbol{e} &= (\boldsymbol{y} - \mathbf{X}_1\boldsymbol{\beta}_1 - \mathbf{X}_2\boldsymbol{\beta}_2)'(\boldsymbol{y} - \mathbf{X}_1\boldsymbol{\beta}_1 - \mathbf{X}_2\boldsymbol{\beta}_2)\\ &= \boldsymbol{y}'\boldsymbol{y} - 2\boldsymbol{\beta}_1'\mathbf{X}_1'\boldsymbol{y} - 2\boldsymbol{\beta}_2'\mathbf{X}_2'\boldsymbol{y} + 2\boldsymbol{\beta}_1'\mathbf{X}_1'\mathbf{X}_2\boldsymbol{\beta}_2 + \boldsymbol{\beta}_1'\mathbf{X}_1'\mathbf{X}_1\boldsymbol{\beta}_1\\ &\quad +\boldsymbol{\beta}_2'\mathbf{X}_2'\mathbf{X}_2\boldsymbol{\beta}_2.\end{aligned} \tag{4.2.7}$$

对上式分别关于 $\boldsymbol{\beta}_1$ 和 $\boldsymbol{\beta}_2$ 求偏导, 利用矩阵微商, 得到

$$-2\mathbf{X}_1'\boldsymbol{y} + 2\mathbf{X}_1'\mathbf{X}_2\boldsymbol{\beta}_2 + 2\mathbf{X}_1'\mathbf{X}_1\boldsymbol{\beta}_1 = \mathbf{0}, \tag{4.2.8}$$

$$-2\mathbf{X}_2'\boldsymbol{y} + 2\mathbf{X}_2'\mathbf{X}_2\boldsymbol{\beta}_2 + 2\mathbf{X}_2'\mathbf{X}_1\boldsymbol{\beta}_1 = \mathbf{0}. \tag{4.2.9}$$

由 (4.2.8) 得

$$\widehat{\boldsymbol{\beta}}_1 = (\mathbf{X}_1'\mathbf{X}_1)^{-}\mathbf{X}_1'(\boldsymbol{y} - \mathbf{X}_2\boldsymbol{\beta}_2).$$

将其代入 (4.2.9) 就可得出

$$\mathbf{X}_2'\mathbf{X}_2\boldsymbol{\beta}_2 = \mathbf{X}_2'\boldsymbol{y} - \mathbf{X}_2'\mathbf{X}_1(\mathbf{X}_1'\mathbf{X}_1)^{-}\mathbf{X}_1'(\boldsymbol{y} - \mathbf{X}_2\boldsymbol{\beta}_2),$$

所以

$$\mathbf{X}_2'[\mathbf{I}_n - \mathbf{X}_1(\mathbf{X}_1'\mathbf{X}_1)^{-}\mathbf{X}_1']\mathbf{X}_2\boldsymbol{\beta}_2 = \mathbf{X}_2'[\mathbf{I}_n - \mathbf{X}(\mathbf{X}'\mathbf{X})^{-}\mathbf{X}']\boldsymbol{y},$$

即

$$\mathbf{X}_2'\mathbf{N}_{\mathbf{X}_1}\mathbf{X}_2\boldsymbol{\beta}_2 = \mathbf{X}_2'\mathbf{N}_{\mathbf{X}_1}\boldsymbol{y}. \tag{4.2.10}$$

由定理 4.2.1 知 $\mathbf{X}_2'\mathbf{N}_{\mathbf{X}_1}\mathbf{X}_2$ 可逆, 故有

$$\widehat{\boldsymbol{\beta}}_2 = (\mathbf{X}_2'\mathbf{N}_{\mathbf{X}_1}\mathbf{X}_2)^{-1}\mathbf{X}_2'\mathbf{N}_{\mathbf{X}_1}\boldsymbol{y}, \tag{4.2.11}$$

$$\widehat{\boldsymbol{\beta}}_1 = (\mathbf{X}_1'\mathbf{X}_1)^{-}\mathbf{X}_1'(\boldsymbol{y} - \mathbf{X}_2\widehat{\boldsymbol{\beta}}_2) = \tilde{\boldsymbol{\beta}}_1 - (\mathbf{X}_1'\mathbf{X}_1)^{-}\mathbf{X}_1'\mathbf{X}_2\widehat{\boldsymbol{\beta}}_2, \tag{4.2.12}$$

定理 4.2.2 的 (1) 和 (2) 得证.

记 $\mathbf{A} = (\mathbf{X}_1'\mathbf{X}_1)^-\mathbf{X}_1'\left(\mathbf{I}_{p_1} - (\mathbf{X}_2'\mathbf{N}_{\mathbf{X}_1}\mathbf{X}_2)^{-1}\mathbf{X}_2'\mathbf{N}_{\mathbf{X}_1}\right)$. 利用事实: $\mathrm{Cov}(\mathbf{A}\boldsymbol{y}) = \mathbf{A}\mathrm{Cov}(\boldsymbol{y})\mathbf{A}'$, 故有

$$\mathrm{Var}(\boldsymbol{c}'\widehat{\boldsymbol{\beta}}_1) = \mathrm{Cov}(\boldsymbol{c}'\widehat{\boldsymbol{\beta}}_1) = \boldsymbol{c}'\mathrm{Cov}(\mathbf{A}\boldsymbol{y})\boldsymbol{c} = \sigma^2\boldsymbol{c}'\mathbf{A}\mathbf{A}'\boldsymbol{c} = \boldsymbol{c}'\mathbf{M}\boldsymbol{c}.$$

同理可证

$$\mathrm{Cov}(\widehat{\boldsymbol{\beta}}_2) = \sigma^2(\mathbf{X}_2'\mathbf{N}_{\mathbf{X}_1}\mathbf{X}_2)^{-1}\mathbf{X}_2'\mathbf{N}_{\mathbf{X}_1}\mathbf{X}_2(\mathbf{X}_2'\mathbf{N}_{\mathbf{X}_1}\mathbf{X}_2)^{-1} = \sigma^2\left(\mathbf{X}_2'\mathbf{N}_{\mathbf{X}_1}\mathbf{X}_2\right)^{-1}.$$

定理证毕.

若 $\mathbf{X}_1$ 为列满秩的, 即 $\mathrm{rk}(\mathbf{X}_1) = p_1$, 则 $\boldsymbol{\beta}_1$ 可估. 此时 $\widehat{\boldsymbol{\beta}}_1$ 和 $\tilde{\boldsymbol{\beta}}$ 分别为全模型和子模型的 LS 估计, 并且 $\mathrm{Cov}(\boldsymbol{\beta}_1) = \sigma^2\mathbf{M}$, 这时 $\mathbf{M}$ 的表达式 (4.2.6) 中的 $(\mathbf{X}_1'\mathbf{X}_1)^-$ 就自然变成了 $(\mathbf{X}_1'\mathbf{X}_1)^{-1}$.

注 4.2.1 对于全模型和子模型, 它们的残差平方和分别为 $\mathrm{SS}_e = \boldsymbol{y}'\mathbf{N}_{\mathbf{X}}\boldsymbol{y}$ 和 $\mathrm{SS}_e^* = \boldsymbol{y}'\mathbf{N}_{\mathbf{X}_1}\boldsymbol{y}$. 由二次投影定理 (见定理 2.4.11) 得

$$\mathbf{N}_{\mathbf{X}} = \mathbf{N}_{\mathbf{X}_1} - \mathbf{N}_{\mathbf{X}_1}\mathbf{X}_2(\mathbf{X}_2'\mathbf{N}_{\mathbf{X}_1}\mathbf{X}_2)^{-1}\mathbf{X}_2'\mathbf{N}_{\mathbf{X}_1}.$$

故立证它们有如下关系

$$\mathrm{SS}_e = \mathrm{SS}_e^* - \widehat{\boldsymbol{\beta}}_2\mathbf{X}_2'\mathbf{N}_{\mathbf{X}_1}\boldsymbol{y}.$$

注 4.2.2 定理 4.2.2 可将 LS 估计降维计算. 因为在该定理中 LS 估计 $\widehat{\boldsymbol{\beta}}_1$ 和 $\widehat{\boldsymbol{\beta}}_2$ 只需对 $p_1 \times p_1$ 和 $p_2 \times p_2$ 的矩阵求逆或广义逆, 大大降低了直接计算 $p \times p$ 矩阵 $(\mathbf{X}'\mathbf{X})^-$ 的难度.

注 4.2.3 定理 4.2.2 也提供了 LS 估计分步计算方法, 有利于对模型中部分感兴趣参数进行分离计算. 在条件 (4.2.4) 和 (4.2.5) 下, 不妨假设 $\boldsymbol{\beta}_2$ 是感兴趣参数, $\boldsymbol{\beta}_1$ 是冗余参数. $\boldsymbol{\beta}_1$ 和 $\boldsymbol{\beta}_2$ 的 LS 解可采用如下分步投影方法获得.

第一步: 将模型 (4.2.1) 正交投影到 $\mathbf{X}_1$ 的列正交补空间, 即用正交投影阵 $\mathbf{N}_{\mathbf{X}_1}$ 左乘模型两边, 得

$$\mathbf{N}_{\mathbf{X}_1}\boldsymbol{y} = \mathbf{N}_{\mathbf{X}_1}\mathbf{X}_2\boldsymbol{\beta}_2 + \boldsymbol{\varepsilon}, \tag{4.2.13}$$

这里 $\boldsymbol{\varepsilon} = \mathbf{N}_{\mathbf{X}_1}\boldsymbol{e}$. 注意到投影后所得的模型不含冗余参数 $\boldsymbol{\beta}_1$, 故称模型(4.2.13)为**约简模型**. 易证约简模型(4.2.13)下 $\boldsymbol{\beta}_2$ 的 LS 估计就是原模型(4.2.1)下的 LS 估计 $\widehat{\boldsymbol{\beta}}_2$.

第二步: 将 $\widehat{\boldsymbol{\beta}}_2$ 替换模型(4.2.1)中的 $\boldsymbol{\beta}_2$, 整理得

$$\tilde{\boldsymbol{y}} = \mathbf{X}_1\boldsymbol{\beta}_1 + \boldsymbol{e}, \tag{4.2.14}$$

这里, $\tilde{\boldsymbol{y}} = \boldsymbol{y} - \mathbf{X}_2\widehat{\boldsymbol{\beta}}_2$. 视 $\tilde{\boldsymbol{y}}$ 为因变量的 “观测向量”, 对该模型下应用最小二乘法求得 $\boldsymbol{\beta}_1$ 的 LS 解, 便是原模型 (4.2.1) 的 LS 解 $\widehat{\boldsymbol{\beta}}_1$.

特别地, 若分块模型中两子矩阵正交, 即 $\mathbf{X}_1'\mathbf{X}_2=\mathbf{0}$, 则 $\mathbf{X}_2'\mathbf{N}_{\mathbf{X}_1}=\mathbf{X}_2'$, 由定理 4.2.2 立得如下推论.

推论 4.2.1　假设模型 (4.2.1) 中 $\mathbf{X}_1'\mathbf{X}_2=\mathbf{0}$, $\mathrm{rk}(\mathbf{X}_2)=p_2$, 则可估函数 $\boldsymbol{c}'\boldsymbol{\beta}_1$ 和 $\boldsymbol{\beta}_2$ 的 LS 估计为

$$\boldsymbol{c}'\widehat{\boldsymbol{\beta}}_1=\boldsymbol{c}'(\mathbf{X}_1'\mathbf{X}_1)^-\mathbf{X}_1'\boldsymbol{y},\quad \widehat{\boldsymbol{\beta}}_2=(\mathbf{X}_2'\mathbf{X}_2)^{-1}\mathbf{X}_2'\boldsymbol{y},$$

且

$$\mathrm{Cov}(\boldsymbol{c}'\widehat{\boldsymbol{\beta}}_1)=\sigma^2\boldsymbol{c}'(\mathbf{X}_1'\mathbf{X}_1)^-\boldsymbol{c}',\quad \mathrm{Cov}(\widehat{\boldsymbol{\beta}}_2)=\sigma^2(\mathbf{X}_2'\mathbf{X}_2)^{-1},$$

这里 $\boldsymbol{c}\in\mathcal{M}(\mathbf{X}_1)$.

推论 4.2.1 的结论可推广到多分块线性模型的情形. 事实上, 对于多分块模型

$$\boldsymbol{y}=\mathbf{X}_1\boldsymbol{\beta}_1+\cdots+\mathbf{X}_k\boldsymbol{\beta}_k+\boldsymbol{e},\quad E(\boldsymbol{e})=\mathbf{0},\quad \mathrm{Cov}(\boldsymbol{e})=\sigma^2\mathbf{I}_n,$$

其中 $\mathbf{X}_i$ 为 $n\times p_i$ 的矩阵, 不妨假设 $\mathrm{rk}(\mathbf{X}_i)=p_i$, 记

$$\mathbf{X}=(\mathbf{X}_1,\cdots,\mathbf{X}_k),\quad \boldsymbol{\beta}=(\boldsymbol{\beta}_1',\cdots,\boldsymbol{\beta}_k')',$$

则 $\mathbf{X}$ 列满秩, 故 $\boldsymbol{\beta}$ 可估. 若 $\mathbf{X}_i'\mathbf{X}_j=\mathbf{0}\ (i\neq j)$, 则由 $\boldsymbol{\beta}$ 的 LS 估计 $\widehat{\boldsymbol{\beta}}=(\mathbf{X}'\mathbf{X})^{-1}\mathbf{X}'\boldsymbol{y}$ 立得

$$\begin{pmatrix}\widehat{\boldsymbol{\beta}}_1\\ \vdots\\ \widehat{\boldsymbol{\beta}}_k\end{pmatrix}=\begin{pmatrix}\mathbf{X}_1'\mathbf{X}_1 & & \\ & \ddots & \\ & & \mathbf{X}_k'\mathbf{X}_k\end{pmatrix}^{-1}\begin{pmatrix}\mathbf{X}_1'\boldsymbol{y}\\ \vdots\\ \mathbf{X}_k'\boldsymbol{y}\end{pmatrix}=\begin{pmatrix}(\mathbf{X}_1'\mathbf{X}_1)^{-1}\mathbf{X}_1'\boldsymbol{y}\\ \vdots\\ (\mathbf{X}_k'\mathbf{X}_k)^{-1}\mathbf{X}_k'\boldsymbol{y}\end{pmatrix}. \tag{4.2.15}$$

由此可见, 当设计阵分块彼此正交时, 即 $\mathbf{X}_i'\mathbf{X}_j=\mathbf{0}\ (i\neq j)$, 参数子向量 $\boldsymbol{\beta}_i$ 的 LS 估计可直接从其对应的子模型 $\boldsymbol{y}=\mathbf{X}_i\boldsymbol{\beta}_i+\boldsymbol{e}$ 求得.

例 4.2.1　考虑线性回归模型

$$\boldsymbol{y}=\mathbf{1}_n\beta_0+\mathbf{X}_1\boldsymbol{\beta}_1+\boldsymbol{e},\quad E(\boldsymbol{e})=\mathbf{0},\quad \mathrm{Cov}(\boldsymbol{e})=\sigma^2\mathbf{I}_n, \tag{4.2.16}$$

其中 $\mathbf{X}_1=(x_{ij})$ 为 $n\times(p-1)$ 的协变量观测矩阵, β_0 为回归直线的截距项, $\boldsymbol{\beta}$ 为回归系数. 于是 β_0 和 $\boldsymbol{\beta}_1$ 的 LS 估计可被分块表达为

$$\widehat{\boldsymbol{\beta}}_1=(\mathbf{X}_1'(\mathbf{I}_n-\mathbf{1}_n\mathbf{1}_n'/n)\mathbf{X}_1)^{-1}\mathbf{X}_1'(\mathbf{I}_n-\mathbf{1}_n\mathbf{1}_n'/n)\boldsymbol{y}=(\mathbf{X}_C'\mathbf{X}_C)^{-1}\mathbf{X}_C'\boldsymbol{y}\,, \tag{4.2.17}$$

$$\widehat{\beta}_0=\mathbf{1}_n'(\boldsymbol{y}-\mathbf{X}_1\widehat{\boldsymbol{\beta}}_1)/n=\bar{y}-\bar{\boldsymbol{x}}_1{}'\widehat{\boldsymbol{\beta}}_1, \tag{4.2.18}$$

这里 $\bar{y}=\sum\limits_{i=1}^{n}y_i/n$, $\mathbf{X}_C=(\mathbf{I}_n-\mathbf{1}_n\mathbf{1}_n'/n)\mathbf{X}_1=(x_{ij}-\bar{x}_{\cdot j})$, 即对 $\mathbf{X}_1$ 各列进行中心化后所得的矩阵, $\bar{\boldsymbol{x}}=(\bar{x}_{\cdot 1},\cdots,\bar{x}_{\cdot p-1})$, 其中 $\bar{\boldsymbol{x}}_{\cdot j}=\sum\limits_{i=1}^{n}x_{ij}/n$.

令 $\alpha=\beta_0+\bar{\boldsymbol{x}}'\boldsymbol{\beta}_1$, 则线性回归模型(4.2.16)可改写为中心化的形式

$$\boldsymbol{y}=\mathbf{1}_n\alpha+\mathbf{X}_C\boldsymbol{\beta}_1+\boldsymbol{e},\quad E(\boldsymbol{e})=\mathbf{0},\quad \mathrm{Cov}(\boldsymbol{e})=\sigma^2\mathbf{I}_n.$$

因为 $\mathbf{1}_n'\mathbf{X}_C=\mathbf{0}$, 所以 α 和 $\boldsymbol{\beta}_1$ 的 LS 估计分别为

$$\widehat{\alpha}=\bar{y},\quad \widehat{\boldsymbol{\beta}}_1=(\mathbf{X}_C'\mathbf{X}_C)^{-1}\mathbf{X}_C'\boldsymbol{y}, \tag{4.2.19}$$

可分别看作模型 $\boldsymbol{y}=\mathbf{1}_n\alpha+\boldsymbol{e}$ 和 $\boldsymbol{y}=\mathbf{X}_C\boldsymbol{\beta}_1+\boldsymbol{e}$ 下的 LS 估计, 另外, 在正态假设下, 易证两者独立, 这也是本书第 6 章介绍的线性回归模型中通常会先对协变量进行中心化的原因.

下面考虑观测数据分块的情形. 假设观测数据被分块存储在 K 台机器上, 相应地将模型 (4.2.1) 分块表示为

$$\begin{pmatrix}\boldsymbol{y}_1\\ \vdots\\ \boldsymbol{y}_K\end{pmatrix}=\begin{pmatrix}\mathbf{X}_1\\ \vdots\\ \mathbf{X}_K\end{pmatrix}\boldsymbol{\beta}+\begin{pmatrix}\boldsymbol{e}_1\\ \vdots\\ \boldsymbol{e}_K\end{pmatrix}, \tag{4.2.20}$$

等价于

$$\boldsymbol{y}_k=\mathbf{X}_k\boldsymbol{\beta}_k+\boldsymbol{e}_k,\quad E(\boldsymbol{e})=\mathbf{0},\quad \mathrm{Cov}(\boldsymbol{e})=\sigma^2\mathbf{I}_{n_k},\quad k=1,\cdots,K, \tag{4.2.21}$$

这里, K 为数据分块存储的个数, 即子模型的个数; n_k 表示第 k 块包含的数据样本量. 相对于每个子模型而言, 称模型 (4.2.20) 为全模型. 假设每个子模型下 $\boldsymbol{\beta}$ 可估, 即 $\mathrm{rk}(\mathbf{X}_k)=p$, 则第 k 子模型下 $\boldsymbol{\beta}$ 的 LS 估计为 $\hat{\boldsymbol{\beta}}_k=\mathbf{V}_k^{-1}\mathbf{X}_k'\boldsymbol{y}_k$. 记 $\mathbf{V}_k=\mathbf{X}_k'\mathbf{X}_k$. 于是, 全模型 (4.2.20)下 $\boldsymbol{\beta}$ 的 LS 估计就可由局部 LS 估计 $\hat{\boldsymbol{\beta}}_k$ 和矩阵 $\mathbf{V}_k=\mathbf{X}_k'\mathbf{X}_k$, $k=1,\cdots,K$, 分块表达为

$$\widehat{\boldsymbol{\beta}}=\left(\sum_{k=1}^{K}\mathbf{X}_k'\mathbf{X}_k\right)^{-1}\sum_{k=1}^{K}\mathbf{X}_k'\boldsymbol{y}_k=\left(\sum_{k=1}^{K}\mathbf{V}_k\right)^{-1}\sum_{k=1}^{K}\mathbf{V}_k\hat{\boldsymbol{\beta}}_k. \tag{4.2.22}$$

因此, 各台机器仅需传输一个 $p\times 1$ 的向量和 $p\times p$ 的矩阵到中央机器即可, 避免大量原始数据的传输和超大规模数据运算困难问题. 关于分布式统计推断的综述, 大家可参考 (Gao et al., 2022).

4.3 约束最小二乘估计

对线性模型 (4.1.1), 在 4.1 节, 我们导出了可估函数 $\boldsymbol{c}'\boldsymbol{\beta}$ 和 σ^2 的没有任何附带约束条件的最小二乘估计, 并讨论了它们的基本性质, 但是在检验问题的讨论中或其他一些场合, 我们需要求带一定约束条件的最小二乘估计.

假设

$$\mathbf{H}\boldsymbol{\beta} = \boldsymbol{d} \tag{4.3.1}$$

是一个相容线性方程组, 其中 $\mathbf{H}$ 为 $k \times p$ 的已知矩阵, 且秩为 k, $\mathcal{M}(\mathbf{H}') \subset \mathcal{M}(\mathbf{X}')$, 于是 $\mathbf{H}\boldsymbol{\beta}$ 是 k 个线性无关的可估函数, $\boldsymbol{d}$ 为 $k \times 1$ 的已知向量. 本节用 Lagrange 乘子法求模型 (4.1.1) 满足线性约束 (4.3.1) 的最小二乘估计. 记

$$\mathbf{H} = \begin{pmatrix} \boldsymbol{h}_1' \\ \vdots \\ \boldsymbol{h}_k' \end{pmatrix}, \qquad \boldsymbol{d} = \begin{pmatrix} d_1 \\ \vdots \\ d_k \end{pmatrix}, \tag{4.3.2}$$

则线性约束 (4.3.1) 可以改写为

$$\boldsymbol{h}_i'\boldsymbol{\beta} = d_i, \quad i = 1, \cdots, k. \tag{4.3.3}$$

我们的问题是在 (4.3.3) 的 k 个条件下求 $\boldsymbol{\beta}$ 使 $Q(\boldsymbol{\beta}) = \|\boldsymbol{y} - \mathbf{X}\boldsymbol{\beta}\|^2$ 达到最小值. 为此应用 Lagrange 乘子法, 构造辅助函数

$$\begin{aligned} F(\boldsymbol{\beta}, \boldsymbol{\lambda}) &= \|\boldsymbol{y} - \mathbf{X}\boldsymbol{\beta}\|^2 + 2\sum_{i=1}^{k} \lambda_i (\boldsymbol{h}_i'\boldsymbol{\beta} - d_i) \\ &= \|\boldsymbol{y} - \mathbf{X}\boldsymbol{\beta}\|^2 + 2\boldsymbol{\lambda}'(\mathbf{H}\boldsymbol{\beta} - \boldsymbol{d}) \\ &= (\boldsymbol{y} - \mathbf{X}\boldsymbol{\beta})'(\boldsymbol{y} - \mathbf{X}\boldsymbol{\beta}) + 2\boldsymbol{\lambda}'(\mathbf{H}\boldsymbol{\beta} - \boldsymbol{d}), \end{aligned}$$

其中 $\boldsymbol{\lambda} = (\lambda_1, \cdots, \lambda_k)'$ 为 Lagrange 乘子, 对函数 $F(\boldsymbol{\beta}, \boldsymbol{\lambda})$ 求对 $\boldsymbol{\beta}$ 的偏导数, 整理并令它们等于零, 得到

$$\mathbf{X}'\mathbf{X}\boldsymbol{\beta} = \mathbf{X}'\boldsymbol{y} - \mathbf{H}'\boldsymbol{\lambda}. \tag{4.3.4}$$

然后求解 (4.3.4) 和 (4.3.1) 组成的联立方程组, 记它们的解为 $\widehat{\boldsymbol{\beta}}_{\mathbf{H}}$ 和 $\widehat{\boldsymbol{\lambda}}_{\mathbf{H}}$.

因为 $\mathcal{M}(\mathbf{H}') \subset \mathcal{M}(\mathbf{X}')$, 所以 (4.3.4) 关于 $\boldsymbol{\beta}$ 是相容的, 其解

$$\widehat{\boldsymbol{\beta}}_{\mathbf{H}} = (\mathbf{X}'\mathbf{X})^{-}\mathbf{X}'\boldsymbol{y} - (\mathbf{X}'\mathbf{X})^{-}\mathbf{H}'\widehat{\boldsymbol{\lambda}}_{\mathbf{H}} = \widehat{\boldsymbol{\beta}} - (\mathbf{X}'\mathbf{X})^{-}\mathbf{H}'\widehat{\boldsymbol{\lambda}}_{\mathbf{H}}. \tag{4.3.5}$$

代入 (4.3.1) 得

$$\boldsymbol{d} = \mathbf{H}\widehat{\boldsymbol{\beta}}_{\mathbf{H}} = \mathbf{H}\widehat{\boldsymbol{\beta}} - \mathbf{H}(\mathbf{X}'\mathbf{X})^{-}\mathbf{H}'\widehat{\boldsymbol{\lambda}}_{\mathbf{H}},$$

等价地

$$\mathbf{H}(\mathbf{X}'\mathbf{X})^{-}\mathbf{H}'\widehat{\boldsymbol{\lambda}}_{\mathbf{H}} = (\mathbf{H}\widehat{\boldsymbol{\beta}} - \boldsymbol{d}). \tag{4.3.6}$$

这是一个关于 $\widehat{\boldsymbol{\lambda}}_{\mathbf{H}}$ 的线性方程组. 因为 $\mathbf{H}$ 的秩为 k, 且 $\mathcal{M}(\mathbf{H}') \subset \mathcal{M}(\mathbf{X}')$, 所以 $\mathbf{H}(\mathbf{X}'\mathbf{X})^{-}\mathbf{H}'$ 跟所包含广义逆的选择无关. 故可证它是 $k \times k$ 的可逆矩阵, 因而 (4.3.6) 有唯一解

$$\widehat{\boldsymbol{\lambda}}_{\mathbf{H}} = (\mathbf{H}(\mathbf{X}'\mathbf{X})^{-}\mathbf{H}')^{-1}(\mathbf{H}\widehat{\boldsymbol{\beta}} - \boldsymbol{d}).$$

将 $\widehat{\boldsymbol{\lambda}}_{\mathbf{H}}$ 代入 (4.3.5) 得到

$$\widehat{\boldsymbol{\beta}}_{\mathbf{H}} = \widehat{\boldsymbol{\beta}} - (\mathbf{X}'\mathbf{X})^{-}\mathbf{H}'(\mathbf{H}(\mathbf{X}'\mathbf{X})^{-}\mathbf{H}')^{-1}(\mathbf{H}\widehat{\boldsymbol{\beta}} - \boldsymbol{d}). \tag{4.3.7}$$

现在我们证明 $\widehat{\boldsymbol{\beta}}_{\mathbf{H}}$ 确实是线性约束 $\mathbf{H}\boldsymbol{\beta} = \boldsymbol{d}$ 下 $\boldsymbol{\beta}$ 的最小二乘解. 为此我们只需证明如下两点:

(a) $\mathbf{H}\widehat{\boldsymbol{\beta}}_{\mathbf{H}} = \boldsymbol{d}$;

(b) 对一切满足 $\mathbf{H}\boldsymbol{\beta} = \boldsymbol{d}$ 的 $\boldsymbol{\beta}$, 都有

$$\|\boldsymbol{y} - \mathbf{X}\boldsymbol{\beta}\|^2 \geqslant \|\boldsymbol{y} - \mathbf{X}\widehat{\boldsymbol{\beta}}_{\mathbf{H}}\|^2.$$

根据 (4.3.7), 结论 (a) 是很容易验证的. 为了证明 (b), 我们将平方和 $\|\boldsymbol{y} - \mathbf{X}\boldsymbol{\beta}\|^2$ 作分解

$$\begin{aligned}
\|\boldsymbol{y} - \mathbf{X}\boldsymbol{\beta}\|^2 &= \|\boldsymbol{y} - \mathbf{X}\widehat{\boldsymbol{\beta}}\|^2 + (\widehat{\boldsymbol{\beta}} - \boldsymbol{\beta})'\mathbf{X}'\mathbf{X}(\widehat{\boldsymbol{\beta}} - \boldsymbol{\beta}) \\
&= \|\boldsymbol{y} - \mathbf{X}\widehat{\boldsymbol{\beta}}\|^2 + (\widehat{\boldsymbol{\beta}} - \widehat{\boldsymbol{\beta}}_{\mathbf{H}} + \widehat{\boldsymbol{\beta}}_{\mathbf{H}} - \boldsymbol{\beta})'\mathbf{X}'\mathbf{X}(\widehat{\boldsymbol{\beta}} - \widehat{\boldsymbol{\beta}}_{\mathbf{H}} + \widehat{\boldsymbol{\beta}}_{\mathbf{H}} - \boldsymbol{\beta}) \\
&= \|\boldsymbol{y} - \mathbf{X}\widehat{\boldsymbol{\beta}}\|^2 + (\widehat{\boldsymbol{\beta}} - \widehat{\boldsymbol{\beta}}_{\mathbf{H}})'\mathbf{X}'\mathbf{X}(\widehat{\boldsymbol{\beta}} - \widehat{\boldsymbol{\beta}}_{\mathbf{H}}) + (\widehat{\boldsymbol{\beta}}_{\mathbf{H}} - \boldsymbol{\beta})'\mathbf{X}'\mathbf{X}(\widehat{\boldsymbol{\beta}}_{\mathbf{H}} - \boldsymbol{\beta}) \\
&= \|\boldsymbol{y} - \mathbf{X}\widehat{\boldsymbol{\beta}}\|^2 + \|\mathbf{X}(\widehat{\boldsymbol{\beta}} - \widehat{\boldsymbol{\beta}}_{\mathbf{H}})\|^2 + \|\mathbf{X}(\widehat{\boldsymbol{\beta}}_{\mathbf{H}} - \boldsymbol{\beta})\|^2.
\end{aligned} \tag{4.3.8}$$

这里我们利用了 (4.3.5) 及 $\mathcal{M}(\mathbf{H}') \subset \mathcal{M}(\mathbf{X}')$ 导出的下述关系:

$$(\widehat{\boldsymbol{\beta}} - \widehat{\boldsymbol{\beta}}_{\mathbf{H}})'\mathbf{X}'\mathbf{X}(\widehat{\boldsymbol{\beta}}_{\mathbf{H}} - \boldsymbol{\beta}) = \widehat{\boldsymbol{\lambda}}_{\mathbf{H}}'\mathbf{H}(\widehat{\boldsymbol{\beta}}_{\mathbf{H}} - \boldsymbol{\beta}) = \widehat{\boldsymbol{\lambda}}'(\mathbf{H}\widehat{\boldsymbol{\beta}}_{\mathbf{H}} - \mathbf{H}\boldsymbol{\beta}) = \widehat{\boldsymbol{\lambda}}_{\mathbf{H}}'(\boldsymbol{d} - \boldsymbol{d}) = 0.$$

这个等式对一切满足 $\mathbf{H}\boldsymbol{\beta} = \boldsymbol{d}$ 的 $\boldsymbol{\beta}$ 都成立.

(4.3.8) 式表明, 对一切满足 $\mathbf{H}\boldsymbol{\beta} = \boldsymbol{d}$ 的 $\boldsymbol{\beta}$, 总有

$$\|\boldsymbol{y} - \mathbf{X}\boldsymbol{\beta}\|^2 \geqslant \|\boldsymbol{y} - \mathbf{X}\widehat{\boldsymbol{\beta}}\|^2 + \|\mathbf{X}(\widehat{\boldsymbol{\beta}} - \widehat{\boldsymbol{\beta}}_{\mathbf{H}})\|^2, \tag{4.3.9}$$

且等号成立当且仅当 (4.3.8) 式的第三项等于零, 也就是 $\mathbf{X}\boldsymbol{\beta} = \mathbf{X}\widehat{\boldsymbol{\beta}}_{\mathbf{H}}$. 于是在 (4.3.9) 中用 $\mathbf{X}\widehat{\boldsymbol{\beta}}_{\mathbf{H}}$ 代替 $\mathbf{X}\boldsymbol{\beta}$, 等式成立, 即

$$\|\boldsymbol{y} - \mathbf{X}\widehat{\boldsymbol{\beta}}_{\mathbf{H}}\|^2 = \|\boldsymbol{y} - \mathbf{X}\widehat{\boldsymbol{\beta}}\|^2 + \|\mathbf{X}(\widehat{\boldsymbol{\beta}} - \widehat{\boldsymbol{\beta}}_{\mathbf{H}})\|^2. \tag{4.3.10}$$

综合 (4.3.9) 和 (4.3.10), 便证明了结论 (b).

定理 4.3.1　对于线性模型 (4.1.1), 设 $\mathbf{H}$ 为 $k\times p$ 矩阵, $\mathrm{rk}(\mathbf{H})=k$, $\mathcal{M}(\mathbf{H}')\subset\mathcal{M}(\mathbf{X}')$, 且 $\mathbf{H}\boldsymbol{\beta}=\boldsymbol{d}$ 相容, 则

(1) $\widehat{\boldsymbol{\beta}}_{\mathbf{H}}=\widehat{\boldsymbol{\beta}}-(\mathbf{X}'\mathbf{X})^{-}\mathbf{H}'(\mathbf{H}(\mathbf{X}'\mathbf{X})^{-}\mathbf{H}')^{-1}(\mathbf{H}\widehat{\boldsymbol{\beta}}-\boldsymbol{d})$ 为 $\boldsymbol{\beta}$ 在线性约束条件 $\mathbf{H}\boldsymbol{\beta}=\boldsymbol{d}$ 下的约束 LS 解, $\mathbf{H}\widehat{\boldsymbol{\beta}}_{\mathbf{H}}$ 为 $\mathbf{H}\boldsymbol{\beta}$ 的约束 LS 估计, 这里 $\widehat{\boldsymbol{\beta}}=(\mathbf{X}'\mathbf{X})^{-}\mathbf{X}'\boldsymbol{y}$.

(2) 若 $\mathrm{rk}(\mathbf{X})=p$, 则 $\widehat{\boldsymbol{\beta}}_{\mathbf{H}}=\widehat{\boldsymbol{\beta}}-(\mathbf{X}'\mathbf{X})^{-1}\mathbf{H}'(\mathbf{H}(\mathbf{X}'\mathbf{X})^{-1}\mathbf{H}')^{-1}(\mathbf{H}\widehat{\boldsymbol{\beta}}-\boldsymbol{d})$ 为 $\boldsymbol{\beta}$ 的约束 LS 估计, 这里 $\widehat{\boldsymbol{\beta}}=(\mathbf{X}'\mathbf{X})^{-1}\mathbf{X}'\boldsymbol{y}$.

例 4.3.1　在天文测量中, 对天空中三个星位点构成的三角形 ABC 的三个内角 $\theta_1,\theta_2,\theta_3$ 进行测量, 得到的测量值分别为 y_1,y_2,y_3, 由于存在测量误差, 所以需对它们进行估计, 利用线性模型表示有关的量:

$$\begin{cases} y_1=\theta_1+e_1,\\ y_2=\theta_2+e_2,\\ y_3=\theta_3+e_3,\\ \theta_1+\theta_2+\theta_3=\pi,\end{cases}$$

其中 $e_i, i=1,2,3$ 表示测量误差. 假设它们满足 Gauss-Markov 假设, 这就是一个带有约束条件的线性模型. 将它写成矩阵形式

$$\begin{cases} \boldsymbol{y}=\mathbf{X}\boldsymbol{\beta}+\boldsymbol{e},\\ \mathbf{H}\boldsymbol{\beta}=\boldsymbol{b},\end{cases}$$

其中 $\boldsymbol{y}=(y_1,y_2,y_3)'$, $\boldsymbol{\beta}=(\theta_1,\theta_2,\theta_3)'$, $\mathbf{X}=\mathbf{I}_3$, $\mathbf{H}=(1,1,1)$, $\boldsymbol{b}=\pi$, 这里 $\mathbf{I}_3$ 表示 3 阶单位阵. 利用定理 4.3.1 可得到 $\boldsymbol{\beta}$ 的约束最小二乘估计:

$$\widehat{\boldsymbol{\beta}}_{\mathbf{H}}=\widehat{\boldsymbol{\beta}}-(\mathbf{X}'\mathbf{X})^{-}\mathbf{H}'(\mathbf{H}(\mathbf{X}'\mathbf{X})^{-}\mathbf{H}')^{-1}(\mathbf{H}\widehat{\boldsymbol{\beta}}-\boldsymbol{b}),$$

其中 $\widehat{\boldsymbol{\beta}}=(\mathbf{X}'\mathbf{X})^{-1}\mathbf{X}'\boldsymbol{y}$ 是 $\boldsymbol{\beta}$ 的无约束最小二乘估计, 经计算可得

$$\widehat{\boldsymbol{\beta}}_{\mathbf{H}}=\begin{pmatrix} y_1\\ y_2\\ y_3\end{pmatrix}-\frac{1}{3}\left(\sum_{i=1}^{3}y_i-\pi\right)\begin{pmatrix}1\\1\\1\end{pmatrix},$$

即 $\widehat{\boldsymbol{\theta}}_i=y_i-\dfrac{1}{3}(y_1+y_2+y_3-\pi)$, $i=1,2,3$ 为 θ_i 的约束最小二乘估计.

和 4.1 节类似, 我们可以构造 σ^2 的约束 LS 估计如下:

$$\widehat{\sigma}^2_{\mathbf{H}}=\frac{\|\boldsymbol{y}-\mathbf{X}\widehat{\boldsymbol{\beta}}_{\mathbf{H}}\|^2}{n-r+k}.$$

定理 4.3.2 在定理 4.3.1 假设下, 在参数区域 $\mathbf{H}\boldsymbol{\beta}=\boldsymbol{d}$ 上, $\widehat{\sigma}^2_{\mathbf{H}}$ 是 σ^2 的无偏估计.

证明 由 (4.3.10), 得

$$E\|\boldsymbol{y}-\mathbf{X}\widehat{\boldsymbol{\beta}}_{\mathbf{H}}\|^2=E\|\boldsymbol{y}-\mathbf{X}\widehat{\boldsymbol{\beta}}\|^2+E\|\mathbf{X}(\widehat{\boldsymbol{\beta}}-\widehat{\boldsymbol{\beta}}_{\mathbf{H}})\|^2. \tag{4.3.11}$$

由 4.1 节知 $E\|\boldsymbol{y}-\mathbf{X}\widehat{\boldsymbol{\beta}}\|^2=(n-r)\sigma^2$. 对上式第二项应用定理 3.2.1, 得

$$\begin{aligned}E\|\mathbf{X}(\widehat{\boldsymbol{\beta}}-\widehat{\boldsymbol{\beta}}_{\mathbf{H}})\|^2&=E(\mathbf{H}\widehat{\boldsymbol{\beta}}-\boldsymbol{d})'(\mathbf{H}(\mathbf{X}'\mathbf{X})^-\mathbf{H}')^{-1}(\mathbf{H}\widehat{\boldsymbol{\beta}}-\boldsymbol{d})\\&=(\mathbf{H}\boldsymbol{\beta}-\boldsymbol{d})'(\mathbf{H}(\mathbf{X}'\mathbf{X})^-\mathbf{H}')^{-1}(\mathbf{H}\boldsymbol{\beta}-\boldsymbol{d})\\&\quad+\mathrm{tr}[(\mathbf{H}(\mathbf{X}'\mathbf{X})^-\mathbf{H}')^{-1}\mathrm{Cov}(\mathbf{H}\widehat{\boldsymbol{\beta}})]\\&=\delta+\mathrm{tr}(\sigma^2\mathbf{I}_k)\\&=\delta+k\sigma^2,\end{aligned}$$

这里 $\delta=(\mathbf{H}\boldsymbol{\beta}-\boldsymbol{d})'(\mathbf{H}(\mathbf{X}'\mathbf{X})^-\mathbf{H}')^{-1}(\mathbf{H}\boldsymbol{\beta}-\boldsymbol{d})$. 于是我们证明了

$$E\|\boldsymbol{y}-\mathbf{X}\hat{\boldsymbol{\beta}}_{\mathbf{H}}\|^2=(n-r+k)\sigma^2+\delta.$$

显然, 在参数区域 $\mathbf{H}\boldsymbol{\beta}=\boldsymbol{d}$ 上, $\delta=0$. 定理证毕.

定理 4.3.3 对于正态线性模型 (4.1.13), 若定理 4.3.1 假设成立, 则 $\mathbf{H}\widehat{\boldsymbol{\beta}}_{\mathrm{H}}$ 和 $(n-r+k)\widehat{\sigma}^2_{\mathbf{H}}/n$ 分别为 $\mathbf{H}\boldsymbol{\beta}$ 和 σ^2 在线性约束 $\mathbf{H}\boldsymbol{\beta}=\boldsymbol{d}$ 下的约束 ML 估计.

证明 记 $\boldsymbol{\mu}=\mathbf{X}\boldsymbol{\beta}$, 考虑 $\boldsymbol{\mu}$ 和 σ^2 的对数似然函数

$$\log L(\boldsymbol{\mu},\sigma^2)=-\frac{n}{2}\log(2\pi)-\frac{n}{2}\log\sigma^2-\frac{1}{2\sigma^2}\|\boldsymbol{y}-\boldsymbol{\mu}\|^2. \tag{4.3.12}$$

由定理 4.1.5 的证明不难看出: 在 $\mathbf{H}\boldsymbol{\beta}=\boldsymbol{d}$ 下 $\boldsymbol{\mu}=\mathbf{X}\boldsymbol{\beta}$ 的 ML 估计为

$$\widehat{\boldsymbol{\mu}}_{\mathbf{H}}=\arg\min_{\substack{\boldsymbol{\mu}=\mathbf{X}\boldsymbol{\beta}\\ \mathbf{H}\boldsymbol{\beta}=\boldsymbol{d}}}\|\boldsymbol{y}-\boldsymbol{\mu}\|^2,$$

即

$$\widehat{\boldsymbol{\mu}}_{\mathbf{H}}=\mathbf{X}\widehat{\boldsymbol{\beta}}_{\mathbf{H}}.$$

将其代入(4.3.12), 求得极大化 $\log L(\widehat{\boldsymbol{\mu}}_{\mathbf{H}},\sigma^2)$ 的 σ^2 为

$$\widetilde{\sigma}^2_{\mathbf{H}}=\frac{\|\boldsymbol{y}-\mathbf{X}\widehat{\boldsymbol{\beta}}_{\mathbf{H}}\|^2}{n}=(n-r+k)\widehat{\sigma}^2_{\mathbf{H}}/n.$$

定理证毕.

注 4.3.1 记 $\widehat{\boldsymbol{e}}_{\mathbf{H}} = \boldsymbol{y} - \mathbf{X}\widehat{\boldsymbol{\beta}}_{\mathbf{H}}$. 我们称 $\mathrm{SS}_{\mathbf{H}e} = \widehat{\boldsymbol{e}}'_{\mathbf{H}}\widehat{\boldsymbol{e}}_{\mathbf{H}}$ 为约束残差平方和. 易证 $\mathrm{SS}_{\mathbf{H}e}$ 有如下等价形式:

$$\mathrm{SS}_{\mathbf{H}e} = \|\boldsymbol{y} - \mathbf{X}\widehat{\boldsymbol{\beta}}_{\mathbf{H}}\|^2 = \boldsymbol{y}'\boldsymbol{y} - \boldsymbol{y}'\mathbf{X}\widehat{\boldsymbol{\beta}}_{\mathbf{H}}. \tag{4.3.13}$$

4.4 广义最小二乘估计

到目前为止, 我们的讨论都假定误差协方差阵为 $\sigma^2\mathbf{I}_n$ 的情形. 但是, 客观上存在着许多线性模型, 其误差协方差阵具有形式 $\sigma^2\boldsymbol{\Sigma}$, 并且 $\boldsymbol{\Sigma}$ 往往包含未知参数. 暂时我们先假设 $\boldsymbol{\Sigma}$ 是已知正定方阵, σ^2 为未知参数. 于是本节讨论线性模型:

$$\boldsymbol{y} = \mathbf{X}\boldsymbol{\beta} + \boldsymbol{e}, \qquad E(\boldsymbol{e}) = \mathbf{0}, \qquad \mathrm{Cov}(\boldsymbol{e}) = \sigma^2\boldsymbol{\Sigma} \tag{4.4.1}$$

的参数 $\boldsymbol{\beta}$, σ^2 的估计问题, 其中 $\boldsymbol{\Sigma} > \mathbf{0}$.

因假设了 $\boldsymbol{\Sigma} > \mathbf{0}$, 故存在唯一的正定对称阵 $\boldsymbol{\Sigma}^{\frac{1}{2}}$. 用 $\boldsymbol{\Sigma}^{-\frac{1}{2}}$ 左乘 (4.4.1), 并记 $\widetilde{\boldsymbol{y}} = \boldsymbol{\Sigma}^{-\frac{1}{2}}\boldsymbol{y}$, $\widetilde{\mathbf{X}} = \boldsymbol{\Sigma}^{-\frac{1}{2}}\mathbf{X}$, $\boldsymbol{u} = \boldsymbol{\Sigma}^{-\frac{1}{2}}\boldsymbol{e}$, 则得到

$$\widetilde{\boldsymbol{y}} = \widetilde{\mathbf{X}}\boldsymbol{\beta} + \boldsymbol{u}, \qquad E(\boldsymbol{u}) = \mathbf{0}, \qquad \mathrm{Cov}(\boldsymbol{u}) = \sigma^2\mathbf{I}_n, \tag{4.4.2}$$

这就化为以前讨论过的情形了.

对模型 (4.4.2) 用最小二乘法求 $\boldsymbol{\beta}$ 的 LS 解, 即解 $Q(\boldsymbol{\beta}) = \|\widetilde{\boldsymbol{y}} - \widetilde{\mathbf{X}}\boldsymbol{\beta}\|^2$ 的最小值问题. 等价地, 解

$$\min Q(\boldsymbol{\beta}) = \min\,(\boldsymbol{y} - \mathbf{X}\boldsymbol{\beta})'\boldsymbol{\Sigma}^{-1}(\boldsymbol{y} - \mathbf{X}\boldsymbol{\beta}). \tag{4.4.3}$$

正则方程组为

$$\mathbf{X}'\boldsymbol{\Sigma}^{-1}\mathbf{X}\boldsymbol{\beta} = \mathbf{X}'\boldsymbol{\Sigma}^{-1}\boldsymbol{y}, \tag{4.4.4}$$

于是, $\boldsymbol{\beta}$ 的 LS 解为

$$\boldsymbol{\beta}^* = (\mathbf{X}'\boldsymbol{\Sigma}^{-1}\mathbf{X})^-\mathbf{X}'\boldsymbol{\Sigma}^{-1}\boldsymbol{y}, \tag{4.4.5}$$

称为广义最小二乘解. 特别, 当 $\boldsymbol{\Sigma} = \mathrm{diag}(\sigma_1^2, \cdots, \sigma_n^2)$, σ_i^2, $i = 1, \cdots, n$ 已知时, 称 $\boldsymbol{\beta}^*$ 为加权最小二乘解.

因为 (4.4.1) 和以前讨论的模型只是误差协方差阵不同, 而线性函数 $\boldsymbol{c}'\boldsymbol{\beta}$ 的可估性又与协方差阵无关, 所以, 对模型 (4.4.1), $\boldsymbol{c}'\boldsymbol{\beta}$ 可估的充要条件仍为 $\boldsymbol{c} \in \mathcal{M}(\mathbf{X}')$. 我们称 $\boldsymbol{c}'\boldsymbol{\beta}^*$ 为可估函数 $\boldsymbol{c}'\boldsymbol{\beta}$ 的广义最小二乘 (generalized least square, GLS) 估计. 对应地, 当 $\boldsymbol{\Sigma}$ 为对角阵时, 称 $\boldsymbol{c}'\boldsymbol{\beta}^*$ 为可估函数 $\boldsymbol{c}'\boldsymbol{\beta}$ 的加权最小二乘 (weighted least square, WLS) 估计. 当 $\mathrm{rk}(\mathbf{X}_{n\times p}) = p$ 时, $\boldsymbol{\beta}$ 可估, 称 $\boldsymbol{\beta}^*$ 为 $\boldsymbol{\beta}$ 的 GLS 估计. 因为导出 (4.4.5) 的方法是由 Aitken(1936) 首先提出的, 所以文献中也称 $\boldsymbol{c}'\boldsymbol{\beta}^*$ 和 $\boldsymbol{\beta}^*$ 为 Aitken 估计. 对应于 Gauss-Markov 定理, 我们有

定理 4.4.1 对任一可估函数 $\boldsymbol{c}'\boldsymbol{\beta}$, $\boldsymbol{c}'\boldsymbol{\beta}^*$ 为其唯一的 BLU 估计, 其方差为 $\sigma^2\boldsymbol{c}'(\mathbf{X}'\boldsymbol{\Sigma}^{-1}\mathbf{X})^-\boldsymbol{c}$.

证明 因 $\boldsymbol{c}\in\mathcal{M}(\mathbf{X}')=\mathcal{M}(\mathbf{X}'\boldsymbol{\Sigma}^{-1}\mathbf{X})$, 故存在向量 $\boldsymbol{\alpha}$ 使得 $\boldsymbol{c}=\mathbf{X}'\boldsymbol{\Sigma}^{-1}\mathbf{X}\boldsymbol{\alpha}$. 于是

$$\begin{aligned}\mathrm{Var}(\boldsymbol{c}'\boldsymbol{\beta}^*)&=\sigma^2\boldsymbol{c}'(\mathbf{X}'\boldsymbol{\Sigma}^{-1}\mathbf{X})^-\mathbf{X}'\boldsymbol{\Sigma}^{-1}\mathbf{X}(\mathbf{X}'\boldsymbol{\Sigma}^{-1}\mathbf{X})^-\boldsymbol{c}\\&=\sigma^2\boldsymbol{c}'(\mathbf{X}'\boldsymbol{\Sigma}^{-1}\mathbf{X})^-\boldsymbol{c}.\end{aligned}$$

设 $\boldsymbol{a}'\boldsymbol{y}$ 为 $\boldsymbol{c}'\boldsymbol{\beta}$ 的任一无偏估计, 则 $\boldsymbol{c}=\mathbf{X}'\boldsymbol{a}$, 故

$$\begin{aligned}\mathrm{Var}(\boldsymbol{a}'\boldsymbol{y})-\mathrm{Var}(\boldsymbol{c}'\boldsymbol{\beta}^*)&=\sigma^2(\boldsymbol{a}'\boldsymbol{\Sigma}\boldsymbol{a}-\boldsymbol{c}'(\mathbf{X}'\boldsymbol{\Sigma}^{-1}\mathbf{X})^-\boldsymbol{c})\\&=\sigma^2(\boldsymbol{a}'\boldsymbol{\Sigma}\boldsymbol{a}-\boldsymbol{a}'\mathbf{X}'(\mathbf{X}'\boldsymbol{\Sigma}^{-1}\mathbf{X})^-\mathbf{X}'\boldsymbol{a})\\&=\sigma^2(\boldsymbol{b}'\boldsymbol{b}-\boldsymbol{b}'\mathbf{Q}(\mathbf{Q}'\mathbf{Q})^-\mathbf{Q}'\boldsymbol{b})\\&=\sigma^2\boldsymbol{b}'(\mathbf{I}_n-\mathbf{P}_{\mathbf{Q}})\boldsymbol{b}\geqslant 0,\end{aligned}$$

其中 $\boldsymbol{b}=\boldsymbol{\Sigma}^{1/2}\boldsymbol{a}$, $\mathbf{Q}=\boldsymbol{\Sigma}^{-1/2}\mathbf{X}$, $\mathbf{P}_{\mathbf{Q}}=\mathbf{Q}(\mathbf{Q}'\mathbf{Q})^-\mathbf{Q}'$. 这就证明了 $\boldsymbol{c}'\boldsymbol{\beta}^*$ 的方差最小性, 上式等号成立 $\Longleftrightarrow(\mathbf{I}_n-\mathbf{P}_{\mathbf{Q}})\boldsymbol{b}=\mathbf{0}\Longleftrightarrow\boldsymbol{b}=\mathbf{P}_{\mathbf{Q}}\boldsymbol{b}\Longleftrightarrow\boldsymbol{a}=\boldsymbol{\Sigma}^{-1}\mathbf{X}(\mathbf{X}'\boldsymbol{\Sigma}^{-1}\mathbf{X})^-\boldsymbol{c}\Longleftrightarrow$ $\boldsymbol{a}'\boldsymbol{y}=\boldsymbol{c}'\boldsymbol{\beta}^*$. 唯一性得证. $\boldsymbol{c}'\boldsymbol{\beta}^*$ 的无偏性是显然的. 定理证毕.

根据 GLS 解 $\boldsymbol{\beta}^*$, 我们可以给出 σ^2 的无偏估计, 记

$\boldsymbol{e}^*=\boldsymbol{y}-\mathbf{X}\boldsymbol{\beta}^*=\boldsymbol{y}-\mathbf{X}(\mathbf{X}'\boldsymbol{\Sigma}^{-1}\mathbf{X})^{-1}\mathbf{X}'\boldsymbol{\Sigma}^{-1}\boldsymbol{y}=\boldsymbol{\Sigma}^{1/2}\left(\mathbf{I}_n-\mathbf{P}_{\boldsymbol{\Sigma}^{-1/2}\mathbf{X}}\right)\boldsymbol{\Sigma}^{-1/2}\boldsymbol{y}$

称为残差向量. 容易证明

$$\begin{aligned}&E(\boldsymbol{e}^*)=\mathbf{0},\\&\mathrm{Cov}(\boldsymbol{e}^*)=\sigma^2\boldsymbol{\Sigma}^{1/2}\left(\mathbf{I}_n-\mathbf{P}_{\boldsymbol{\Sigma}^{-1/2}\mathbf{X}}\right)\boldsymbol{\Sigma}^{1/2}.\end{aligned}$$

记 $r=\mathrm{rk}(\mathbf{X})$, 定义

$$\sigma^{2*}=(\boldsymbol{y}-\mathbf{X}\boldsymbol{\beta}^*)'\boldsymbol{\Sigma}^{-1}(\boldsymbol{y}-\mathbf{X}\boldsymbol{\beta}^*)/(n-r)=\frac{\boldsymbol{e}^{*\prime}\boldsymbol{\Sigma}^{-1}\boldsymbol{e}^*}{n-r}.$$

类似于定理 4.1.2、定理 4.1.5 和定理 4.1.6, 可以证明如下定理.

定理 4.4.2 σ^{2*} 为 σ^2 的无偏估计.

定理 4.4.3 设 $\boldsymbol{e}\sim N(0,\sigma^2\boldsymbol{\Sigma})$, $\boldsymbol{\Sigma}(>\mathbf{0})$ 已知, 则

(1) 对任一可估函数 $\boldsymbol{c}'\boldsymbol{\beta}$, $\boldsymbol{c}'\boldsymbol{\beta}^*$ 为 $\boldsymbol{c}'\boldsymbol{\beta}$ 的 ML 估计, 且 $\boldsymbol{c}'\boldsymbol{\beta}^*\sim N(\boldsymbol{c}'\boldsymbol{\beta},\sigma^2\boldsymbol{c}'\cdot(\mathbf{X}'\boldsymbol{\Sigma}^{-1}\ \mathbf{X})^-\boldsymbol{c})$;

(2) $\dfrac{n-r}{n}\sigma^{2*}$ 为 σ^2 的 ML 估计, 且 $(n-r)\sigma^{2*}/\sigma^2\sim\chi^2_{n-r}$;

(3) $\boldsymbol{c}'\boldsymbol{\beta}^*$ 与 σ^{2*} 相互独立;

(4) 当 $\text{rk}(\mathbf{X}_{n\times p}) = p$ 时, $\boldsymbol{\beta}^*$ 为 $\boldsymbol{\beta}$ 的 ML 估计, $\boldsymbol{\beta}^* \sim N(\boldsymbol{\beta}, \sigma^2(\mathbf{X}'\boldsymbol{\Sigma}^{-1}\mathbf{X})^{-1})$, 且与 σ^{2*} 相互独立;

(5) 若 $\boldsymbol{c}'\boldsymbol{\beta}$ 可估, 则 $\boldsymbol{c}'\boldsymbol{\beta}^*$ 为其唯一 MVU 估计;

(6) σ^{2*} 为 σ^2 的唯一 MVU 估计.

如果我们忽略 $\text{Cov}(\boldsymbol{e}) = \sigma^2\boldsymbol{\Sigma} \neq \sigma^2\mathbf{I}_n$. 而按以前的 $\text{Cov}(\boldsymbol{e}) = \sigma^2\mathbf{I}_n$ 的情形来处理, 这就导致了 LS 解 $(\mathbf{X}'\mathbf{X})^-\mathbf{X}'\boldsymbol{y}$, 这样一来, 对任一可估函数 $\boldsymbol{c}'\boldsymbol{\beta}$, 我们就有了两个估计: LS 估计 $\boldsymbol{c}'\widehat{\boldsymbol{\beta}}$ 和 GLS 估计 $\boldsymbol{c}'\boldsymbol{\beta}^*$, 两者都是无偏估计, 而后者是 BLU 估计. 一般来说, $\boldsymbol{c}'\widehat{\boldsymbol{\beta}} \neq \boldsymbol{c}'\boldsymbol{\beta}^*$, 即 LS 估计和 BLU 估计不一定相等, 这是和 $\text{Cov}(\boldsymbol{e}) = \sigma^2\mathbf{I}_n$ 情形所不同的. 特别, 当 $\text{rk}(\mathbf{X}_{n\times p}) = p$ 时, $\boldsymbol{\beta}$ 的 LS 估计 $\widehat{\boldsymbol{\beta}} = (\mathbf{X}'\mathbf{X})^{-1}\mathbf{X}'\boldsymbol{y}$, 而 GLS 估计 $\boldsymbol{\beta}^* = (\mathbf{X}'\boldsymbol{\Sigma}^{-1}\mathbf{X})^{-1}\mathbf{X}'\boldsymbol{\Sigma}^{-1}\boldsymbol{y}$, 它们都是 $\boldsymbol{\beta}$ 的无偏估计, 但协方差阵分别为

$$\begin{aligned}\text{Cov}(\boldsymbol{\beta}^*) &= \sigma^2(\mathbf{X}'\boldsymbol{\Sigma}^{-1}\mathbf{X})^{-1},\\ \text{Cov}(\widehat{\boldsymbol{\beta}}) &= \sigma^2(\mathbf{X}'\mathbf{X})^{-1}\mathbf{X}'\boldsymbol{\Sigma}\mathbf{X}(\mathbf{X}'\mathbf{X})^{-1}.\end{aligned}$$

根据定理 4.4.1, 立即可推得 $\text{Cov}(\widehat{\boldsymbol{\beta}}) \geqslant \text{Cov}(\boldsymbol{\beta}^*)$, 即

$$(\mathbf{X}'\mathbf{X})^{-1}\mathbf{X}'\boldsymbol{\Sigma}\mathbf{X}(\mathbf{X}'\mathbf{X})^{-1} \geqslant (\mathbf{X}'\boldsymbol{\Sigma}^{-1}\mathbf{X})^{-1}.$$

这里 $\mathbf{A} \geqslant \mathbf{B}$ 意为 $\mathbf{A} - \mathbf{B}$ 为半正定矩阵, 即 $\mathbf{A} - \mathbf{B} \geqslant \mathbf{0}$, 此式表明 $\boldsymbol{\beta}^*$ 优于 $\widehat{\boldsymbol{\beta}}$.

例 4.4.1 假设我们用一种精密仪器在两个实验室对同一个量 μ 分别进行了 n_1 次和 n_2 次测量, 记这些测量值分别为 $y_{11}, \cdots, y_{1n_1}$ 和 $y_{21}, \cdots, y_{2n_2}$. 把它们写成线性模型形式为

$$\begin{aligned}y_{1i} &= \mu + e_{1i}, \quad i = 1, \cdots, n_1,\\ y_{2i} &= \mu + e_{2i}, \quad i = 1, \cdots, n_2.\end{aligned}$$

由于两个实验室的客观条件及精密仪器的精度不同, 故它们的测量误差的方差不等. 设 $\text{Var}(e_{1i}) = \sigma_1^2$, $\text{Var}(e_{2i}) = \sigma_2^2$, 且 $\sigma_1^2 \neq \sigma_2^2$. 记 $\boldsymbol{e} = (e_{11}, \cdots, e_{1n_1}, e_{21}, \cdots, e_{2n_2})'$, 则

$$\text{Cov}(\boldsymbol{e}) = \begin{pmatrix} \sigma_1^2\mathbf{I}_{n_1} & \mathbf{0} \\ \mathbf{0} & \sigma_2^2\mathbf{I}_{n_2} \end{pmatrix} = \sigma_2^2 \begin{pmatrix} \theta\mathbf{I}_{n_1} & \mathbf{0} \\ \mathbf{0} & \mathbf{I}_{n_2} \end{pmatrix} = \sigma_2^2\boldsymbol{\Sigma},$$

这里 $\boldsymbol{\Sigma} = \text{diag}(\theta\mathbf{I}_{n_1}, \mathbf{I}_{n_2})$, $\theta = \sigma_1^2/\sigma_2^2$. 假设 θ 已知, 则 $\boldsymbol{\Sigma}$ 已知. 于是 μ 的广义最小

二乘估计

$$\mu^* = \left(\frac{n_1}{\theta} + n_2\right)^{-1} \left(\frac{\sum\limits_{i=1}^{n_1} y_{1i}}{\theta} + \sum_{i=1}^{n_2} y_{2i}\right).$$

记

$$\overline{y}_1 = \frac{1}{n_1}\sum_{i=1}^{n_1} y_{1i}, \quad \overline{y}_2 = \frac{1}{n_2}\sum_{i=1}^{n_2} y_{2i},$$

$$\omega_1 = \frac{1}{\mathrm{Var}(\overline{y}_1)} = \frac{n_1}{\sigma_1^2}, \quad \omega_2 = \frac{1}{\mathrm{Var}(\overline{y}_2)} = \frac{n_2}{\sigma_2^2},$$

则 μ^* 可改写为

$$\mu^* = \frac{\omega_1}{\omega_1+\omega_2}\overline{y}_1 + \frac{\omega_2}{\omega_1+\omega_2}\overline{y}_2,$$

即 μ^* 是两个实验室观测数据均值的加权平均, 它们的权 $\omega_1/(\omega_1+\omega_2)$ 和 $\omega_2/(\omega_1+\omega_2)$ 与各实验室测量的误差方差和测量次数有关, 误差方差大的, 测量次数少的, 对应的权就小.

当然, μ^* 包含未知参数 σ_1^2 和 σ_2^2, 因此它不能付诸实际应用. 然而对现在的情形, 我们可以设法构造 σ_1^2 和 σ_2^2 的估计. 事实上, 这两个实验室的观测数据分别构成线性模型

$$\boldsymbol{y}_i = \mu\mathbf{1}_{n_i} + e_i, \quad i=1,2,$$

这里 $\boldsymbol{y}_i = (y_{1i}, \cdots, y_{1n_i})'$, $\mathbf{1}_{n_i}$ 为 $n_i \times 1$ 的向量, 其所有元素皆为 1. $\boldsymbol{e}_i = (e_{1i}, \cdots, e_{1n_i})'$, 因为 $\mathrm{Cov}(\boldsymbol{e}_i) = \sigma_i^2\mathbf{I}_{n_i}$, 所以 e_i, $i=1,2$ 都满足 Gauss-Markov 条件. 应用 4.1 节的结果, 可得到 σ_i^2 的 LS 估计

$$\widehat{\sigma}_i^2 = \frac{1}{n_i - 1}\|\boldsymbol{y}_i - \mathbf{1}_{n_i}\overline{y}_i\|^2,$$

用 $\widehat{\sigma}_i^2$ 代替 μ^* 中的 σ_i^2, 得到新估计记为 $\widetilde{\mu}$, 称为 μ 的两步估计 (two-stage estimate). $\widetilde{\mu}$ 不再包含任何未知参数, 是一种可行估计 (feasiable estimate). 关于这类估计的统计性质将在 4.7 节讨论.

4.5 最小二乘统一理论

对于线性模型

$$\boldsymbol{y} = \mathbf{X}\boldsymbol{\beta} + \boldsymbol{e} \quad E(\boldsymbol{e}) = \mathbf{0}, \quad \mathrm{Cov}(\boldsymbol{e}) = \sigma^2\mathbf{\Sigma}, \tag{4.5.1}$$

如果 $|\mathbf{\Sigma}| = 0$, 则称该模型为奇异线性模型. 对于这样的模型, 因为 $\mathbf{\Sigma}^{-1}$ 不存在, 所以我们不能通过最小化 (4.4.3) 所定义的 $Q(\boldsymbol{\beta})$ 来求得 $\boldsymbol{\beta}$ 的最小二乘估计. 20 世纪 60 年代以来, 许多统计学家研究了这种模型的参数估计, 提出了几种估计方法. 在这些估计方法中, 著名统计学家 Rao 应用推广的最小二乘法所导出的估计以其形式简单便于理论研究而得到普遍采用. 本节的目的是讨论这个方法.

对于奇异线性模型, 因为 $\mathbf{\Sigma}^{-1}$ 不存在, 所以 (4.4.3) 的 $Q(\boldsymbol{\beta})$ 无定义. 如果用任一广义逆 $\mathbf{\Sigma}^{-}$ 代替 $\mathbf{\Sigma}^{-1}$, 把 $Q(\boldsymbol{\beta})$ 定义为 $Q(\boldsymbol{\beta}) = (\boldsymbol{y} - \mathbf{X}\boldsymbol{\beta})'\mathbf{\Sigma}^{-}(\boldsymbol{y} - \mathbf{X}\boldsymbol{\beta})$, 因为这样的 $Q(\boldsymbol{\beta})$ 与所含的广义逆 $\mathbf{\Sigma}^{-}$ 有关, 取不同的广义逆得到不同的 $Q(\boldsymbol{\beta})$, 因而 (4.4.3) 失去意义, 于是对于奇异线性模型, 一个核心的问题是寻找一个新矩阵 $\mathbf{T}$, 它能够充当 (4.4.3) 中 $\mathbf{\Sigma}^{-1}$ 所担负的作用. Rao (1973) 成功地解决了这个问题. 他定义

$$\mathbf{T} = \mathbf{\Sigma} + \mathbf{XUX}', \qquad \text{其中 } \mathbf{U} \geqslant \mathbf{0}, \qquad \text{rk}(\mathbf{T}) = \text{rk}(\mathbf{\Sigma}, \mathbf{X}), \tag{4.5.2}$$

然后定义

$$Q(\boldsymbol{\beta}) = (\boldsymbol{y} - \mathbf{X}\boldsymbol{\beta})'\mathbf{T}^{-}(\boldsymbol{y} - \mathbf{X}\boldsymbol{\beta}). \tag{4.5.3}$$

用最小化 $Q(\boldsymbol{\beta})$ 求出最小值点

$$\boldsymbol{\beta}^* = (\mathbf{X}'\mathbf{T}^{-}\mathbf{X})^{-}\mathbf{X}'\mathbf{T}^{-}\boldsymbol{y}. \tag{4.5.4}$$

后面我们将证明, 对任一可估函数 $\boldsymbol{c}'\boldsymbol{\beta}$, $\boldsymbol{c}'\boldsymbol{\beta}^*$ 为其 BLU 估计. 这个结论既适用于设计阵 $\mathbf{X}$ 列满秩或列降秩的情形, 又适用于 $\mathbf{\Sigma}$ 奇异或非奇异的情形. 正是由于这个原因, 通常把这个结果称为最小二乘统一理论, 参见 (Rao, 1973).

在 $\mathbf{T}$ 的定义中, 包含一个可以选择的半正定阵 $\mathbf{U}$. 事实上满足条件的方阵 $\mathbf{U}$ 是很多的. 例如, 一个简单的选择是 $\mathbf{U} = \mathbf{I}_p$, 这是因为等式

$$\text{rk}(\mathbf{\Sigma} + \mathbf{XX}') = \text{rk}(\mathbf{\Sigma}, \mathbf{X})$$

对一切 $\mathbf{\Sigma}$ 和 $\mathbf{X}$ 都成立. 另外, 当 $\mathbf{\Sigma} > \mathbf{0}$ 时, 可取 $\mathbf{U} = \mathbf{0}$, 此时 $\mathbf{T} = \mathbf{\Sigma}$, (4.5.4) 就变成了 (4.4.5). 为了证明 $\boldsymbol{c}'\boldsymbol{\beta}^*$ 为 $\boldsymbol{c}'\boldsymbol{\beta}$ 的 BLU 估计, 先证明几个预备事实.

引理 4.5.1 对于线性模型 (4.5.1), 不管 $\mathbf{\Sigma} > \mathbf{0}$ 或 $\mathbf{\Sigma} \geqslant \mathbf{0}$, $\boldsymbol{y} \in \mathcal{M}(\mathbf{\Sigma}, \mathbf{X})$ 总是成立.

证明 因为 $\mathbf{\Sigma} \geqslant \mathbf{0}$, 将 $\mathbf{\Sigma}$ 分解为 $\mathbf{\Sigma} = \mathbf{LL}'$, 这里 $\mathbf{L}$ 为 $n \times t$ 矩阵, $t = \text{rk}(\mathbf{\Sigma}) = \text{rk}(\mathbf{L})$. 记 $\boldsymbol{e} = \mathbf{L}\boldsymbol{\varepsilon}, E(\boldsymbol{\varepsilon}) = \mathbf{0}, \text{Cov}(\boldsymbol{\varepsilon}) = \sigma^2\mathbf{I}_n$, 则 $\boldsymbol{y}$ 可表示为如下新线性模型的形式:

$$\boldsymbol{y} = \mathbf{X}\boldsymbol{\beta} + \mathbf{L}\boldsymbol{\varepsilon}, \qquad E(\boldsymbol{\varepsilon}) = \mathbf{0}, \quad \text{Cov}(\boldsymbol{\varepsilon}) = \sigma^2\mathbf{I}_n,$$

于是 $\boldsymbol{y} \in \mathcal{M}(\mathbf{X}, \mathbf{L})$. 再利用 $\mathcal{M}(\mathbf{L}) = \mathcal{M}(\mathbf{LL}') = \mathcal{M}(\mathbf{\Sigma})$, 结论得证.

引理 4.5.2 对 (4.5.2) 所定义的 $\mathbf{T}$, 总有

(1) $\mathcal{M}(\mathbf{T}) = \mathcal{M}(\mathbf{\Sigma}, \mathbf{X})$;

(2) $\mathbf{X}'\mathbf{T}^-\mathbf{X}, \mathbf{X}'\mathbf{T}^-\boldsymbol{y}$ 和 $(\boldsymbol{y} - \mathbf{X}\beta)\mathbf{T}^-(\boldsymbol{y} - \mathbf{X}\beta)$ 都与广义逆 $\mathbf{T}^-$ 的选择无关.

证明 (1) 是 (4.5.2) 的直接推论. 因为 $\boldsymbol{y} \in \mathcal{M}(\mathbf{T})$, $\mathcal{M}(\mathbf{X}) \subset \mathcal{M}(\mathbf{T})$, $\boldsymbol{y} - \mathbf{X}\beta \in \mathcal{M}(\mathbf{T})$, 再利用事实: 若 $\mathcal{M}(\mathbf{A}) \subset \mathcal{M}(\mathbf{B})$, 则 $\mathbf{A}'\mathbf{B}^-\mathbf{A}$ 与 $\mathbf{B}^-$ 的选择无关, 便可证得 (2), 引理证毕.

这个推论表明, (4.5.3) 所定义的 $Q(\boldsymbol{\beta})$ 与所含的广义逆 $\mathbf{T}^-$ 的选择无关, 同时也可以证明, 对任一可估函数 $\boldsymbol{c}'\boldsymbol{\beta}$, $\boldsymbol{c}'\boldsymbol{\beta}^* = \boldsymbol{c}'(\mathbf{X}'\mathbf{T}^-\mathbf{X})^-\mathbf{X}'\mathbf{T}^-\boldsymbol{y}$ 也与所含的广义逆的选择无关.

引理 4.5.3 对于线性模型 (4.5.1), 可估函数 $\boldsymbol{c}'\boldsymbol{\beta}$ 的一个无偏估计 $\boldsymbol{a}'\boldsymbol{y}$ 为 BLU 估计, 当且仅当它满足

$$\mathrm{Cov}(\boldsymbol{a}'\boldsymbol{y}, \boldsymbol{b}'\boldsymbol{y}) = 0,$$

这里 $\boldsymbol{b}'\boldsymbol{y}$ 为零的任一无偏估计, 即 $E(\boldsymbol{b}'\boldsymbol{y}) = 0$.

证明 设 $\boldsymbol{l}'\boldsymbol{y}$ 为 $\boldsymbol{c}'\boldsymbol{\beta}$ 的任一无偏估计, 则 $\boldsymbol{l}$ 一定可表示为 $\boldsymbol{l} = \boldsymbol{a} + \boldsymbol{b}$, 对某个满足 $\mathbf{X}'\boldsymbol{b} = \mathbf{0}$ 的 $\boldsymbol{b}$. 于是

$$\mathrm{Var}(\boldsymbol{l}'\boldsymbol{y}) = \mathrm{Var}(\boldsymbol{a}'\boldsymbol{y}) + \mathrm{Var}(\boldsymbol{b}'\boldsymbol{y}) + 2\mathrm{Cov}(\boldsymbol{a}'\boldsymbol{y}, \boldsymbol{b}'\boldsymbol{y}). \tag{4.5.5}$$

由 (4.5.5), 充分性部分得证.

下面用反证法来证明必要性. 设 $\boldsymbol{a}'\boldsymbol{y}$ 为 $\boldsymbol{c}'\boldsymbol{\beta}$ 的 BLU 估计. 若存在一个 $\boldsymbol{b}_0$, 满足 $\mathbf{X}'\boldsymbol{b}_0 = \mathbf{0}$, 但有 $\mathrm{Cov}(\boldsymbol{a}'\boldsymbol{y}, \boldsymbol{b}_0'\boldsymbol{y}) = d \neq 0$, 不妨设 $d < 0$. 若不然, 只需取 $-\boldsymbol{b}_0$ 代替 $\boldsymbol{b}_0$, 就可化为 $d < 0$ 的情形. 用 $\boldsymbol{b} = \alpha\boldsymbol{b}_0$ 代替 (4.5.5) 中的 $\boldsymbol{b}$, 则 (4.5.5) 为 α 的二次三项式, 且一次项为负数, 故必存在 α_0 使此二次三项式的后面两项之和取负值. 取 $\boldsymbol{l}_0 = \boldsymbol{a} + \alpha_0\boldsymbol{b}_0$, 必有

$$\mathrm{Var}(\boldsymbol{l}_0'\boldsymbol{y}) < \mathrm{Var}(\boldsymbol{a}'\boldsymbol{y}),$$

这与 $\boldsymbol{a}'\boldsymbol{y}$ 为 BLU 估计相矛盾. 引理得证.

现在证明如下重要定理.

定理 4.5.1 对于线性模型 (4.5.1) 和任一可估函数 $\boldsymbol{c}'\boldsymbol{\beta}$ 有

(1) $\boldsymbol{c}'\boldsymbol{\beta}^* = \boldsymbol{c}'(\mathbf{X}'\mathbf{T}^-\mathbf{X})^-\mathbf{X}'\mathbf{T}^-\boldsymbol{y}$ 为 $\boldsymbol{c}'\boldsymbol{\beta}$ 的 BLU 估计;

(2) $\mathrm{Var}(\boldsymbol{c}'\boldsymbol{\beta}^*) = \sigma^2\boldsymbol{c}'\left[(\mathbf{X}'\mathbf{T}^-\mathbf{X})^- - \mathbf{U}\right]\boldsymbol{c}$.

证明 (1) 由 $\boldsymbol{c}'\boldsymbol{\beta}$ 的可估性, 知存在 $n \times 1$ 的向量 $\boldsymbol{t}$, 使得 $\boldsymbol{c}' = \boldsymbol{t}'\mathbf{X}$. 利用 $\mathbf{X}(\mathbf{X}'\mathbf{T}^-\mathbf{X})^-\mathbf{X}'\mathbf{T}^-\mathbf{X} = \mathbf{X}$, 于是

$$E(\boldsymbol{c}'\boldsymbol{\beta}^*) = \boldsymbol{t}'\mathbf{X}(\mathbf{X}'\mathbf{T}^-\mathbf{X})^-\mathbf{X}'\mathbf{T}^-\mathbf{X}\beta = \boldsymbol{t}'\mathbf{X}\beta = \boldsymbol{c}'\beta,$$

无偏性得证. 以下我们应用引理 4.5.3 来证明 $\boldsymbol{c}'\boldsymbol{\beta}^*$ 在线性无偏估计类中是方差最小的. 对任一满足 $\mathbf{X}'\boldsymbol{b}=\mathbf{0}$ 的向量 $\boldsymbol{b}$, 总有

$$\begin{aligned}\mathrm{Cov}(\boldsymbol{c}'\boldsymbol{\beta}^*,\boldsymbol{b}'\boldsymbol{y}) &= \sigma^2\boldsymbol{c}'(\mathbf{X}'\mathbf{T}^-\mathbf{X})^-\mathbf{X}'\mathbf{T}^-\boldsymbol{\Sigma}\boldsymbol{b}\\ &= \sigma^2\boldsymbol{c}'(\mathbf{X}'\mathbf{T}^-\mathbf{X})^-\mathbf{X}'\mathbf{T}^-\mathbf{T}\boldsymbol{b}\\ &= \sigma^2\boldsymbol{c}'(\mathbf{X}'\mathbf{T}^-\mathbf{X})^-\mathbf{X}'\boldsymbol{b}=0,\end{aligned}$$

这里我们利用了 $\mathbf{X}'\mathbf{T}^-\mathbf{T}=\mathbf{X}'$ 和 $\mathbf{X}'\boldsymbol{b}=\mathbf{0}$. 根据引理 4.5.3, $\boldsymbol{c}'\boldsymbol{\beta}^*$ 为 $\boldsymbol{c}'\boldsymbol{\beta}$ 的 BLU 估计.

(2) 首先注意到

$$\mathrm{Var}(\boldsymbol{c}'\boldsymbol{\beta}^*) = \sigma^2\boldsymbol{c}'(\mathbf{X}'\mathbf{T}^-\mathbf{X})^-\mathbf{X}'\mathbf{T}^-\boldsymbol{\Sigma}\mathbf{T}^-\mathbf{X}(\mathbf{X}'\mathbf{T}^-\mathbf{X})^-\boldsymbol{c}.$$

用 $\mathbf{T}-\mathbf{XUX}'$ 代替其中的 $\boldsymbol{\Sigma}$, 得到

$$\begin{aligned}\mathrm{Var}(\boldsymbol{c}'\boldsymbol{\beta}^*) = \sigma^2\Big[&\boldsymbol{c}'(\mathbf{X}'\mathbf{T}^-\mathbf{X})^-\mathbf{X}'\mathbf{T}^-\mathbf{T}\mathbf{T}^-\mathbf{X}(\mathbf{X}'\mathbf{T}^-\mathbf{X})^-\boldsymbol{c}\\ &-\sigma^2\boldsymbol{c}'(\mathbf{X}'\mathbf{T}^-\mathbf{X})^-\mathbf{X}'\mathbf{T}^-\mathbf{XUX}'\mathbf{T}^-\mathbf{X}(\mathbf{X}'\mathbf{T}^-\mathbf{X})^-\boldsymbol{c}\Big].\end{aligned}$$

注意到 $\mathbf{X}'\mathbf{T}^-\mathbf{T}=\mathbf{X}'$, 故上式右端第一项变为

$$\boldsymbol{c}'(\mathbf{X}'\mathbf{T}^-\mathbf{X})^-\mathbf{X}'\mathbf{T}^-\mathbf{X}(\mathbf{X}'\mathbf{T}^-\mathbf{X})^-\boldsymbol{c}.$$

再利用 $\boldsymbol{c}'=\boldsymbol{t}'\mathbf{X}$ 和 $\boldsymbol{X}(\mathbf{X}'\mathbf{T}^-\mathbf{X})^+\mathbf{X}'\mathbf{T}^-\mathbf{X}=\mathbf{X}$, 立得

$$\boldsymbol{c}'(\mathbf{X}'\mathbf{T}^-\mathbf{X})^-\mathbf{X}'\mathbf{T}^-\mathbf{X}=\boldsymbol{t}'\mathbf{X}(\mathbf{X}'\mathbf{T}^-\mathbf{X})^-\mathbf{X}'\mathbf{T}^-\mathbf{X}=\boldsymbol{t}'\mathbf{X}=\boldsymbol{c}',$$

上式右端第一项和右端第二项分别变为

$$\boldsymbol{c}'(\mathbf{X}'\mathbf{T}^-\mathbf{X})^-\mathbf{X}'\mathbf{T}^-\mathbf{X}(\mathbf{X}'\mathbf{T}^-\mathbf{X})^-\boldsymbol{c} = \boldsymbol{c}'(\mathbf{X}'\mathbf{T}^-\mathbf{X})^+\boldsymbol{c}$$

和

$$\boldsymbol{c}'(\mathbf{X}'\mathbf{T}^-\mathbf{X})^-\mathbf{X}'\mathbf{T}^-\mathbf{XUX}'\mathbf{T}^-\mathbf{X}(\mathbf{X}'\mathbf{T}^-\mathbf{X})^-\boldsymbol{c}=\boldsymbol{c}'\mathbf{U}\boldsymbol{c}.$$

定理得证.

若 $\mathrm{rk}(\mathbf{X})=p$, 则 $\boldsymbol{\beta}$ 的 BLU 估计为

$$\boldsymbol{\beta}^*=(\mathbf{X}'\mathbf{T}^-\mathbf{X})^{-1}\mathbf{X}'\mathbf{T}^-\boldsymbol{y}.$$

若 $\mathbf{X}$ 为列降秩, 这时需要研究全体可估函数的估计. 因为任一可估函数都可表为 $\boldsymbol{\mu}$ 的线性组合, 所以在这种情况下, 只需讨论均值向量 $\boldsymbol{\mu}=\mathbf{X}\boldsymbol{\beta}$ 即可. 容易证明它的 BLU 估计为

$$\boldsymbol{\mu}^*=\mathbf{X}\boldsymbol{\beta}^*=\mathbf{X}(\mathbf{X}'\mathbf{T}^-\mathbf{X})^-\mathbf{X}'\mathbf{T}^-\boldsymbol{y},$$

且

$$\operatorname{Cov}(\boldsymbol{\mu}^*)=\sigma^2\mathbf{X}\left[(\mathbf{X}'\mathbf{T}^-\mathbf{X})^- - \mathbf{U}\right]\mathbf{X}'.$$

下面的推论是一个具有广泛应用的重要特殊情形.

推论 4.5.1 对于线性模型 (4.5.1), 若 $\mathcal{M}(\mathbf{X})\subset\mathcal{M}(\boldsymbol{\Sigma})$, 则对任一可估函数 $\boldsymbol{c}'\boldsymbol{\beta}$, 它的 BLU 估计为

$$\boldsymbol{c}'\boldsymbol{\beta}^*=\boldsymbol{c}'(\mathbf{X}'\boldsymbol{\Sigma}^-\mathbf{X})^-\mathbf{X}'\boldsymbol{\Sigma}^-\boldsymbol{y}, \tag{4.5.6}$$

$$\operatorname{Var}(\boldsymbol{c}'\boldsymbol{\beta}^*)=\sigma^2\boldsymbol{c}'(\mathbf{X}'\boldsymbol{\Sigma}^-\mathbf{X})^-\boldsymbol{c},$$

并且所有表达式与所包含的广义逆选择无关, 特别, 当 $\operatorname{rk}(\mathbf{X})=p$ 时, $\boldsymbol{\beta}^*=(\mathbf{X}'\boldsymbol{\Sigma}^-\mathbf{X})^{-1}\mathbf{X}'\boldsymbol{\Sigma}^-\boldsymbol{y}$ 为 $\boldsymbol{\beta}$ 的 BLU 估计, 它的协方差阵为 $\operatorname{Cov}(\boldsymbol{\beta}^*)=\sigma^2(\mathbf{X}'\boldsymbol{\Sigma}^-\mathbf{X})^{-1}$.

证明 因为在条件 $\mathcal{M}(\mathbf{X})\subset\mathcal{M}(\boldsymbol{\Sigma})$ 下, 在 (4.5.2) 中的 $\mathbf{U}$ 可取为零矩阵, 这时 $\mathbf{T}=\boldsymbol{\Sigma}$. 定理证毕.

我们知道, 当 $\boldsymbol{\Sigma}>\mathbf{0}$ 时, 对任一可估函数 $\boldsymbol{c}'\boldsymbol{\beta}$, 它的 BLU 估计为

$$\boldsymbol{c}'\boldsymbol{\beta}^*=\boldsymbol{c}'(\mathbf{X}'\boldsymbol{\Sigma}^{-1}\mathbf{X})^-\mathbf{X}'\boldsymbol{\Sigma}^{-1}\boldsymbol{y},$$

$$\operatorname{Var}(\boldsymbol{c}'\boldsymbol{\beta}^*)=\sigma^2\boldsymbol{c}'(\mathbf{X}'\boldsymbol{\Sigma}^{-1}\mathbf{X})^-\boldsymbol{c},$$

与 (4.5.6) 相比较, 我们发现, 当 $|\boldsymbol{\Sigma}|=0$ 时, 只要 $\mathcal{M}(\mathbf{X})\subset\mathcal{M}(\boldsymbol{\Sigma})$, $\boldsymbol{\Sigma}^-$ 就能够担负起 $\boldsymbol{\Sigma}>\mathbf{0}$ 时 $\boldsymbol{\Sigma}^{-1}$ 所起的作用.

注 4.5.1 条件 $\mathcal{M}(\mathbf{X})\subset\mathcal{M}(\boldsymbol{\Sigma})$ 是任一可估函数 $\boldsymbol{c}'\boldsymbol{\beta}$ 的 BLU 估计为 (4.5.6) 的充分条件, 但它并不必要. 例如, 在线性模型 (4.5.1) 中, 若 $\mathbf{X}=(\mathbf{1}_n,\mathbf{X}_1)$, 这里 $\mathbf{1}_n=(1,\cdots,1)'$, 即 n 个元素皆为 1 的 n 维向量, $\mathbf{X}_1$ 为任意的 $n\times(p-1)$ 矩阵, $\boldsymbol{\Sigma}=\mathbf{I}_n-\mathbf{1}_n\mathbf{1}_n'/n$, 即 $\boldsymbol{\Sigma}$ 为中心化矩阵, 这是一个幂等阵, 单位阵 $\mathbf{I}_n$ 和 $\boldsymbol{\Sigma}$ 本身都是 $\boldsymbol{\Sigma}$ 的广义逆. 由定理 4.5.1 可以证明, 在这个模型里, 任一可估函数的 LS 估计都是它的 BLU 估计, 这相当于在 (4.5.6) 中取 $\boldsymbol{\Sigma}^-$ 为 $\mathbf{I}_n$, 但是条件 $\mathcal{M}(\mathbf{X})\subset\mathcal{M}(\boldsymbol{\Sigma})$ 并不成立.

定理 4.5.2

$$\sigma^{2^*}=(\boldsymbol{y}-\mathbf{X}\boldsymbol{\beta}^*)'\mathbf{T}^-(\boldsymbol{y}-\mathbf{X}\boldsymbol{\beta}^*)/q$$

为 σ^2 的无偏估计, 其中 $q=\operatorname{rk}(\mathbf{T})-\operatorname{rk}(\mathbf{X})$.

证明　因为

$$E(\boldsymbol{y}-\mathbf{X}\boldsymbol{\beta}^*)'\mathbf{T}^-(\boldsymbol{y}-\mathbf{X}\boldsymbol{\beta}^*)=\mathrm{tr}[\mathbf{T}^-E(\boldsymbol{y}-\mathbf{X}\boldsymbol{\beta}^*)(\boldsymbol{y}-\mathbf{X}\boldsymbol{\beta}^*)'],$$

直接计算 $E(\boldsymbol{y}-\mathbf{X}\boldsymbol{\beta}^*)(\boldsymbol{y}-\mathbf{X}\boldsymbol{\beta}^*)'$ 并将所得表达式中的 $\boldsymbol{\Sigma}$ 用 $\mathbf{T}-\mathbf{XUX}'$ 代替, 再利用关系式

$$\mathbf{X}(\mathbf{X}'\mathbf{T}^-\mathbf{X})^-\mathbf{X}'\mathbf{T}^-\mathbf{X}=\mathbf{X},\quad \mathbf{X}'\mathbf{T}^-\mathbf{T}=\mathbf{X}'$$

得到

$$E(\boldsymbol{y}-\mathbf{X}\boldsymbol{\beta}^*)'\mathbf{T}^-(\boldsymbol{y}-\mathbf{X}\boldsymbol{\beta}^*)=\sigma^2\mathrm{tr}[\mathbf{T}^-\mathbf{T}-\mathbf{T}^-\mathbf{X}(\mathbf{X}'\mathbf{T}^-\mathbf{X})^-\mathbf{X}'].$$

注意到 $\mathbf{T}^-\mathbf{T}$ 和 $(\mathbf{X}'\mathbf{T}^-\mathbf{X})^-\mathbf{X}'\mathbf{T}^-\mathbf{X}$ 都是幂等阵, 利用幂等阵的性质: 若 $\mathbf{A}$ 为幂等阵, 则 $\mathrm{rk}(\mathbf{A})=\mathrm{tr}(\mathbf{A})$, 以及对任意矩阵 $\mathbf{B}$, 有 $\mathrm{rk}(\mathbf{B}^-\mathbf{B})=\mathrm{rk}(\mathbf{B})$, 于是有

$$\begin{aligned}E(\boldsymbol{y}-\mathbf{X}\boldsymbol{\beta}^*)'\mathbf{T}^-(\boldsymbol{y}-\mathbf{X}\boldsymbol{\beta}^*)&=\sigma^2[\mathrm{rk}(\mathbf{T}^-\mathbf{T})-\mathrm{rk}((\mathbf{X}'\mathbf{T}^-\mathbf{X})^-\mathbf{X}'\mathbf{T}^-\mathbf{X})]\\&=\sigma^2[\mathrm{rk}(\mathbf{T})-\mathrm{rk}(\mathbf{X}'\mathbf{T}^-\mathbf{X})]\\&=\sigma^2[\mathrm{rk}(\mathbf{T})-\mathrm{rk}(\mathbf{X})]=\sigma^2q,\end{aligned}$$

定理证毕.

注 4.5.2　对任一可估函数 $\boldsymbol{c}'\boldsymbol{\beta}$, 它的 BLU 估计 $\boldsymbol{c}'\boldsymbol{\beta}^*$ 及其方差以及估计 σ^{2^*} 都与所含的广义逆无关, 因此都可以用对应的 Moore-Penrose 广义逆代替, 即

$$\begin{aligned}\boldsymbol{c}'\boldsymbol{\beta}^*&=\boldsymbol{c}'(\mathbf{X}'\mathbf{T}^+\mathbf{X})^+\mathbf{X}'\mathbf{T}^+\boldsymbol{y},\\ \mathrm{Var}(\boldsymbol{c}'\boldsymbol{\beta}^*)&=\sigma^2\boldsymbol{c}'[(\mathbf{X}'\mathbf{T}^+\mathbf{X})^+-\mathbf{U}]\boldsymbol{c},\\ \sigma^{2^*}&=(\boldsymbol{y}-\mathbf{X}\boldsymbol{\beta}^*)\mathbf{T}^+(\boldsymbol{y}-\mathbf{X}\boldsymbol{\beta}^*)/q.\end{aligned}$$

另外, 这些表达式还都与 $\mathbf{T}$ 的选择无关, 只要它满足 (4.5.2). 为简单计常取 $\mathbf{U}=\mathbf{I}$, 这时 $\mathbf{T}=\boldsymbol{\Sigma}+\mathbf{XX}'$. 特别当 $\mathcal{M}(\mathbf{X})\subset\mathcal{M}(\boldsymbol{\Sigma})$ 时, 取 $\mathbf{U}=\mathbf{0}$, 即 $\mathbf{T}=\boldsymbol{\Sigma}$, 于是

$$\begin{aligned}\boldsymbol{c}'\boldsymbol{\beta}^*&=\boldsymbol{c}'(\mathbf{X}'\boldsymbol{\Sigma}^+\mathbf{X})^+\mathbf{X}'\boldsymbol{\Sigma}^+\boldsymbol{y},\\ \mathrm{Var}(\boldsymbol{c}'\boldsymbol{\beta}^*)&=\sigma^2\boldsymbol{c}'(\mathbf{X}'\boldsymbol{\Sigma}^+\mathbf{X})^+\boldsymbol{c}.\end{aligned}$$

例 4.5.1　Panel 模型.

考虑如下线性模型:

$$y_{it}=\beta_0+x_{it1}\beta_1+\cdots+x_{itk}\beta_k+\mu_i+e_{it},$$

$$i=1,2,\cdots,N;\quad t=1,2,\cdots,T,\tag{4.5.7}$$

这里 y_{it} 表示第 i 个个体在时刻 t 的观测值, x_{itj} 表示第 i 个个体上第 j 个自变量在时刻 t 的取值, $\beta_1,\cdots,\beta_k$ 为通常的回归系数, μ_i 为第 i 个个体的效应. 如果这 N 个个体是从一个大的个体总体中随机抽取的, 那么个体效应是随机的,e_{it} 为随机误差. 假设所有的 μ_i 和 e_{it} 都互不相关, 且 $E(e_{it})=0$, $\mathrm{Var}(e_{it})=\sigma_e^2$, $E(\mu_i)=0$, $\mathrm{Var}(\mu_i)=\sigma_\mu^2$.

记

$$\begin{aligned}
&\boldsymbol{y}=(y_{11},\cdots,y_{1T},y_{21},\cdots,y_{2T},\cdots,y_{NT})',\\
&\mathbf{X}=(\boldsymbol{x}_{11},\cdots,\boldsymbol{x}_{1T},\boldsymbol{x}_{21},\cdots,\boldsymbol{x}_{2T},\cdots,\boldsymbol{x}_{NT})',\\
&\boldsymbol{\beta}=(\beta_1,\cdots,\beta_k)',\\
&\boldsymbol{\mu}=(\mu_1,\cdots,\mu_N)',\\
&\boldsymbol{e}=(e_{11},\cdots,e_{1T},e_{21},\cdots,e_{2T},\cdots,e_{NT})',
\end{aligned}$$

其中 $\boldsymbol{x}_{it}=(x_{it1},\cdots,x_{itk})'$, 于是模型 (4.5.7) 可以写为

$$\boldsymbol{y}=\mathbf{1}_{NT}\beta_0+\mathbf{X}\boldsymbol{\beta}+\boldsymbol{u},\tag{4.5.8}$$

其中 $\boldsymbol{u}=(\mathbf{I}_N\otimes\mathbf{1}_T)\boldsymbol{\mu}+\boldsymbol{e}$, 符号 “$\otimes$” 表示 Kronecker 乘积. 容易验证

$$\mathrm{Cov}(\boldsymbol{u})=\sigma_1^2\mathbf{P}_1+\sigma_e^2\mathbf{Q}+\sigma_1^2\mathbf{J}_{NT},$$

其中 $\sigma_1^2=T\sigma_\mu^2+\sigma_e^2$,

$$\mathbf{P}_1=\mathbf{P}-\mathbf{J}_{NT},\quad \mathbf{P}=\mathbf{I}_N\otimes\mathbf{J}_T,\quad \mathbf{Q}=\mathbf{I}_{NT}-\mathbf{P},\quad \mathbf{J}_T=\mathbf{1}_T\mathbf{1}_T'/T.$$

下面我们讨论 $\boldsymbol{\beta}$ 的几种估计, 以后我们总假定 $\mathrm{rk}(\mathbf{X})=k$.

引理 4.5.4 (1) $\mathbf{P}$, $\mathbf{Q}$, $\mathbf{P}_1$ 和 $\mathbf{J}_{NT}$ 都是对称幂等阵, 其秩分别为 N, $N(T-1)$, $N-1$ 和 1;

(2) $\mathbf{P}_1,\mathbf{Q}$ 和 $\mathbf{J}_{NT}$ 两两正交, 即 $\mathbf{P}_1\mathbf{Q}=\mathbf{0}$, $\mathbf{P}_1\mathbf{J}_{NT}=\mathbf{0}$, $\mathbf{Q}\mathbf{J}_{NT}=\mathbf{0}$;

(3) $\mathbf{P}\mathbf{Q}=\mathbf{0}$, $\mathbf{P}\mathbf{J}_{NT}=\mathbf{J}_{NT}$, $\mathbf{P}\mathbf{P}_1=\mathbf{P}_1\mathbf{P}=\mathbf{P}_1$.

这些事实的证明并不困难, 但它们对后面结论的证明是很关键的.

假定 σ_μ^2 和 σ_e^2 已知, 则 $\boldsymbol{\beta}$ 的 BLU 估计可表示为

$$\boldsymbol{\beta}^*(\boldsymbol{\sigma}^2)=\left(\frac{\mathbf{X}'\mathbf{P}_1\mathbf{X}}{\sigma_1^2}+\frac{\mathbf{X}'\mathbf{Q}\mathbf{X}}{\sigma_e^2}\right)^{-1}\left(\frac{\mathbf{X}'\mathbf{P}_1\boldsymbol{y}}{\sigma_1^2}+\frac{\mathbf{X}'\mathbf{Q}\boldsymbol{y}}{\sigma_e^2}\right).\tag{4.5.9}$$

$\boldsymbol{\sigma}^2=(\sigma_1^2,\sigma_e^2)'$, 它的协方差阵为

$$\mathrm{Cov}(\boldsymbol{\beta}^*(\boldsymbol{\sigma}^2))=\left(\frac{\mathbf{X}'\mathbf{P}_1\mathbf{X}}{\sigma_1^2}+\frac{\mathbf{X}'\mathbf{Q}\mathbf{X}}{\sigma_e^2}\right)^{-1}. \tag{4.5.10}$$

但是, 在实际应用中, 因为 σ_μ^2 和 σ_e^2 都是未知的, 所以 $\boldsymbol{\beta}^*(\boldsymbol{\sigma}^2)$ 并不能付诸应用. 这时我们有两种处理方法: 一种是先设法获得 σ_μ^2 和 σ_e^2 的某种估计, 然后代入 (4.5.9). 通常把所得的估计称为**两步估计**. 关于这种估计, 我们将在后面讨论. 另一种方法是寻求不包含 σ_μ^2 和 σ_e^2 的估计, 例如, LS 估计

$$\widehat{\boldsymbol{\beta}}=(\mathbf{X}'\mathbf{P}_1\mathbf{X}+\mathbf{X}'\mathbf{Q}\mathbf{X})^{-1}(\mathbf{X}'\mathbf{P}_1\boldsymbol{y}+\mathbf{X}'\mathbf{Q}\boldsymbol{y}), \tag{4.5.11}$$

Within 估计

$$\widehat{\boldsymbol{\beta}}_W=(\mathbf{X}'\mathbf{Q}\mathbf{X})^{-1}\mathbf{X}'\mathbf{Q}\boldsymbol{y} \tag{4.5.12}$$

以及 Between 估计

$$\widehat{\boldsymbol{\beta}}_B=(\mathbf{X}'\mathbf{P}_1\mathbf{X})^{-1}\mathbf{X}'\mathbf{P}_1\boldsymbol{y}. \tag{4.5.13}$$

比较 (4.5.11) 和 (4.5.9) 知, LS 估计可以看作是在 (4.5.9) 中令 $\sigma_1^2=\sigma_e^2$, 即 $\sigma_\mu^2=0$ 时产生的. 而 Within 估计和 Between 估计的获得稍微复杂一点, 需要对两个变换模型应用最小二乘统一理论才能获得.

对模型 (4.5.8) 分别左乘 $\mathbf{P}_1$ 和 $\mathbf{Q}$, 得到

$$\mathbf{P}_1\boldsymbol{y}=\mathbf{P}_1\mathbf{X}\boldsymbol{\beta}+\boldsymbol{u}_1, \tag{4.5.14}$$

$$\mathbf{Q}\boldsymbol{y}=\mathbf{Q}\mathbf{X}\boldsymbol{\beta}+\boldsymbol{u}_2, \tag{4.5.15}$$

这里 $\boldsymbol{u}_1=\mathbf{P}_1\boldsymbol{u}$, $\boldsymbol{u}_2=\mathbf{Q}\boldsymbol{u}$. 显然, $\boldsymbol{u}_1$ 和 $\boldsymbol{u}_2$ 的均值皆为零, 它们的协方差阵分别为

$$\mathbf{V}_1=\mathrm{Cov}(\boldsymbol{u}_1)=\sigma_1^2\mathbf{P}_1,\quad \mathbf{V}_2=\mathrm{Cov}(\boldsymbol{u}_2)=\sigma_e^2\mathbf{Q}.$$

因为 $\mathbf{P}_1$ 和 $\mathbf{Q}$ 都是幂等阵, 所以这两个模型都是奇异线性模型. 因

$$\mathcal{M}(\mathbf{P}_1\mathbf{X})\subset\mathcal{M}(\mathbf{P}_1),\quad \mathcal{M}(\mathbf{Q}\mathbf{X})\subset\mathcal{M}(\mathbf{Q}),$$

故由推论 4.5.1 容易证明 $\widehat{\boldsymbol{\beta}}_W$ 和 $\widehat{\boldsymbol{\beta}}_B$ 分别是从模型 (4.5.14) 和 (4.5.15) 求到的 $\boldsymbol{\beta}$ 的 BLU 估计. 这里我们总是假定 $(\mathbf{X}'\mathbf{P}_1\mathbf{X})^{-1}$ 和 $(\mathbf{X}'\mathbf{Q}\mathbf{X})^{-1}$ 是存在的, 这在经济数据分析中总是成立的. 容易验证, $\widehat{\boldsymbol{\beta}}_W$ 和 $\widehat{\boldsymbol{\beta}}_B$ 的协方差阵分别为

$$\mathrm{Cov}(\widehat{\boldsymbol{\beta}}_W)=\sigma_e^2(\mathbf{X}'\mathbf{Q}\mathbf{X})^{-1},\quad \mathrm{Cov}(\widehat{\boldsymbol{\beta}}_B)=\sigma_1^2(\mathbf{X}'\mathbf{P}_1\mathbf{X})^{-1}.$$

4.6 最小二乘估计的稳健性

虽然稳健性 (robustness) 这种统计思想在统计文献中由来已久, 并且从 20 世纪 20 年代就开始受到统计学家的重视, 但"稳健性"一词只是到了 1953 年才由 G. E. P. Box 第一次明确提出来. 直观地讲, 稳健性是指统计推断关于统计模型的假设条件具有相对稳定性. 这就是说, 当模型假设发生某种微小变化时, 相应的统计推断只有微小改变. 这时, 我们就说统计推断关于这种微小变化具有稳健性. 例如, 本章开头几节的讨论中, 关于线性模型有一个重要的假设是 $\mathrm{Cov}(\boldsymbol{e}) = \sigma^2\mathbf{I}_n$. 在此条件下, 证明了可估函数 $\boldsymbol{c}'\boldsymbol{\beta}$ 的 LS 估计 $\boldsymbol{c}'\widehat{\boldsymbol{\beta}}$ 是 BLU 估计. 但是在应用上我们不可能要求一个实际问题完完全全满足这一假设. 事实上, 我们也根本无法知道, 它确实满足这条假设. 只能通过分析或检验, 判断假设 $\mathrm{Cov}(\boldsymbol{e}) = \sigma^2\mathbf{I}_n$ 是否大致上可以接受. 因此, 我们总是希望当实际的 $\mathrm{Cov}(\boldsymbol{e})$ 与 $\sigma^2\mathbf{I}_n$ 相差不是太远时, LS 估计 $\boldsymbol{c}'\widehat{\boldsymbol{\beta}}$ 仍然保持原来的最优性或即便不是最优的, 但不要变得很坏, 大体上还"过得去". 若是这样的话, 我们就说 LS 估计关于协方差阵是稳健的. 相反, 如果出现失之毫厘, 谬之千里的情况, 这个估计就不具有稳健性, 应用起来就得特别谨慎. 稳健性总是相对于模型的某种变化而言的. 例如, 上面举的例子是 LS 估计关于协方差阵变化的稳健性. 我们自然也可以讨论它关于设计阵的稳健性, 或者它的某一条性质关于误差分布的稳健性等等.

应该说, 稳健性是每一种统计推断都应当具有的性质. 因此, 统计文献中有了稳健设计, 稳健检验等概念. 足见稳健性的研究已经渗透到统计学的很多分支. 前面已经说过, 在某种意义上讲, 稳健性就是稳定性. 在数学的其他分支, 我们也可以找到与之相当的概念. 例如, 常微分方程中十分重要的稳定性理论, 就是专门研究方程的解关于初始条件的稳定性. 又如在非线性规划中, 也有类似的解的稳定性概念. 这一节我们主要讨论 LS 估计关于协方差阵的稳健性.

考虑线性模型

$$\boldsymbol{y} = \mathbf{X}\boldsymbol{\beta} + \boldsymbol{e}, \qquad E(\boldsymbol{e}) = \mathbf{0}, \qquad \mathrm{Cov}(\boldsymbol{e}) = \sigma^2\boldsymbol{\Sigma}, \tag{4.6.1}$$

这里 $\boldsymbol{\Sigma} \geqslant \mathbf{0}$ 已知. 对任一可估函数 $\boldsymbol{c}'\boldsymbol{\beta}$, 它的 LS 估计为

$$\boldsymbol{c}'\widehat{\boldsymbol{\beta}} = \boldsymbol{c}'(\mathbf{X}'\mathbf{X})^{-}\mathbf{X}'\boldsymbol{y}.$$

我们知道, 当 $\mathrm{Cov}(\boldsymbol{e}) = \sigma^2\mathbf{I}_n$ 时, 它是 BLU 估计. 现在尽管协方差阵 $\mathrm{Cov}(\boldsymbol{e}) = \sigma^2\boldsymbol{\Sigma} \neq \sigma^2\mathbf{I}_n$, 我们希望 $\boldsymbol{c}'\widehat{\boldsymbol{\beta}}$ 关于误差协方差阵的这种变化具有稳健性, 即 $\boldsymbol{c}'\widehat{\boldsymbol{\beta}}$ 仍然是 BLU 估计:

$$\boldsymbol{c}'\widehat{\boldsymbol{\beta}} = \boldsymbol{c}'\boldsymbol{\beta}^*, \tag{4.6.2}$$

这里 β^* 由 4.5 节最小二乘统一理论给出, 见 (4.5.4). 下面两个定理回答了这个问题.

记 $\mathbf{Z}$ 为 $n \times (n-r)$ 且秩为 $n-r$ 的矩阵, 满足 $\mathbf{X}'\mathbf{Z} = \mathbf{0}$, 这里 $r = \mathrm{rk}(\mathbf{X})$. 不失一般性, 以下讨论中假设 $\sigma^2 = 1$.

定理 4.6.1　对于线性模型 (4.6.1) 和任一可估函数 $\boldsymbol{c}'\boldsymbol{\beta}$, (4.6.2) 成立当且仅当下列条件之一成立.

(1) $\mathbf{X}'\boldsymbol{\Sigma}\mathbf{Z} = \mathbf{0}$;

(2) $\boldsymbol{\Sigma} = \mathbf{X}\boldsymbol{\Lambda}_1\mathbf{X}' + \mathbf{Z}\boldsymbol{\Lambda}_2\mathbf{Z}'$;

(3) $\boldsymbol{\Sigma} = \mathbf{X}\mathbf{D}_1\mathbf{X}' + \mathbf{Z}\mathbf{D}_2\mathbf{Z}' + \mathbf{I}_n$,

其中 $\boldsymbol{\Lambda}_1$, $\boldsymbol{\Lambda}_2$, $\mathbf{D}_1$ 和 $\mathbf{D}_2$ 为任意对称阵, 但使 $\boldsymbol{\Sigma} \geqslant \mathbf{0}$.

证明　(1) 由引理 4.5.3, 我们只要证明, 在模型 (4.6.1) 下, 对任意 $\boldsymbol{b} = \mathbf{Z}\boldsymbol{t}$, $\boldsymbol{t}$ 为任意向量, 总有 $\mathrm{Cov}(\boldsymbol{c}'\widehat{\boldsymbol{\beta}}, \boldsymbol{b}'\boldsymbol{y}) = 0$. 由 $\boldsymbol{c}'\boldsymbol{\beta}$ 的可估性知, 存在向量 $\boldsymbol{\alpha}$, 使得 $\boldsymbol{c} = \mathbf{X}'\boldsymbol{\alpha}$, 故

$$
\begin{aligned}
&\mathrm{Cov}(\boldsymbol{c}'\widehat{\boldsymbol{\beta}}, \boldsymbol{b}'\boldsymbol{y}) = 0 \\
\Longleftrightarrow\ & \boldsymbol{\alpha}'\mathbf{X}(\mathbf{X}'\mathbf{X})^-\mathbf{X}'\boldsymbol{\Sigma}\mathbf{Z}\boldsymbol{t} = 0\ (\text{对一切 } \boldsymbol{\alpha} \text{ 和 } \boldsymbol{t}) \\
\Longleftrightarrow\ & \mathbf{X}(\mathbf{X}'\mathbf{X})^-\mathbf{X}'\boldsymbol{\Sigma}\mathbf{Z} = \mathbf{0} \\
\Longleftrightarrow\ & \mathbf{P}_{\mathbf{X}}\boldsymbol{\Sigma}\mathbf{Z} = \mathbf{0} \Longleftrightarrow \mathbf{X}'\boldsymbol{\Sigma}\mathbf{Z} = \mathbf{0},
\end{aligned}
$$

这里 $\mathbf{P}_{\mathbf{X}} = \mathbf{X}(\mathbf{X}'\mathbf{X})^-\mathbf{X}'$, 结论 (1) 得证.

(2) 因 $\mathbf{X}$ 和 $\mathbf{Z}$ 的列向量互相正交, 且 $\mathbb{R}^n = \mathcal{M}(\mathbf{X}) \dotplus \mathcal{M}(\mathbf{Z})$, 故对任一矩阵 $\mathbf{A}_{n\times n}$, 存在矩阵 $\mathbf{T}_1$,$\mathbf{T}_2$, 使 $\mathbf{A} = \mathbf{X}\mathbf{T}_1 + \mathbf{Z}\mathbf{T}_2$. 由 $\boldsymbol{\Sigma} \geqslant \mathbf{0}$ 知, 存在 $\mathbf{Q}_{n\times n}$, 使得 $\boldsymbol{\Sigma} = \mathbf{Q}\mathbf{Q}'$, 将 $\mathbf{Q}$ 表示为 $\mathbf{Q} = \mathbf{X}\mathbf{U}_1 + \mathbf{Z}\mathbf{U}_2$, 于是

$$
\boldsymbol{\Sigma} = \mathbf{X}\boldsymbol{\Lambda}_1\mathbf{X}' + \mathbf{Z}\boldsymbol{\Lambda}_2\mathbf{Z}' + \mathbf{X}\boldsymbol{\Lambda}_3\mathbf{Z}' + \mathbf{Z}\boldsymbol{\Lambda}_3'\mathbf{X}', \tag{4.6.3}
$$

其中 $\boldsymbol{\Lambda}_1 = \mathbf{U}_1\mathbf{U}_1'$, $\boldsymbol{\Lambda}_2 = \mathbf{U}_2\mathbf{U}_2'$, $\boldsymbol{\Lambda}_3 = \mathbf{U}_1\mathbf{U}_2'$. 因为

$$
\begin{aligned}
&\mathbf{X}'\boldsymbol{\Sigma}\mathbf{Z} = \mathbf{X}'\mathbf{X}\boldsymbol{\Lambda}_3\mathbf{Z}\mathbf{Z}' = \mathbf{0} \\
\Longleftrightarrow\ & \mathbf{X}(\mathbf{X}'\mathbf{X})^-\mathbf{X}'\mathbf{X}\boldsymbol{\Lambda}_3\mathbf{Z}'\mathbf{Z}(\mathbf{Z}'\mathbf{Z})^{-1}\mathbf{Z}' = \mathbf{0} \\
\Longleftrightarrow\ & \mathbf{X}\boldsymbol{\Lambda}_3\mathbf{Z}' = \mathbf{0} \qquad (\text{利用 } \mathbf{X}(\mathbf{X}'\mathbf{X})^-\mathbf{X}'\mathbf{X} = \mathbf{X}) \\
\Longleftrightarrow\ & \boldsymbol{\Sigma} = \mathbf{X}\boldsymbol{\Lambda}_1\mathbf{X}' + \mathbf{Z}\boldsymbol{\Lambda}_2\mathbf{Z}' \qquad (\text{利用 (4.6.3)}),
\end{aligned}
$$

这就证明了 (1) 和 (2) 等价.

(3) 由 $\mathbf{Z}$ 的定义知 $\mathbf{I}_n - \mathbf{P}_{\mathbf{X}} = \mathbf{P}_{\mathbf{Z}} = \mathbf{Z}(\mathbf{Z}'\mathbf{Z})^{-1}\mathbf{Z}'$, 于是 $\mathbf{I}_n$ 可表示为

$$
\mathbf{I}_n = \mathbf{P}_{\mathbf{X}} + (\mathbf{I}_n - \mathbf{P}_{\mathbf{X}}) = \mathbf{X}(\mathbf{X}'\mathbf{X})^-\mathbf{X}' + \mathbf{Z}(\mathbf{Z}'\mathbf{Z})^{-1}\mathbf{Z}'.
$$

将上式两边从 (4.6.3) 中减去, 得

$$\begin{aligned}\boldsymbol{\Sigma} &= \mathbf{X}(\boldsymbol{\Lambda}_1-(\mathbf{X}'\mathbf{X})^-)\mathbf{X}'+\mathbf{Z}(\boldsymbol{\Lambda}_2-(\mathbf{Z}'\mathbf{Z})^{-1})\mathbf{Z}'+\mathbf{I}_n\\ &\triangleq \mathbf{X}\mathbf{D}_1\mathbf{X}'+\mathbf{Z}\mathbf{D}_2\mathbf{Z}'+\mathbf{I}_n.\end{aligned}$$

这就从 (2) ⇒ (3). 反过来, 利用 $\mathbf{I}_n=\mathbf{X}(\mathbf{X}'\mathbf{X})^-\mathbf{X}'+\mathbf{Z}(\mathbf{Z}'\mathbf{Z})^{-1}\mathbf{Z}'$, 立即可从 (3) ⇒ (2). 定理证毕.

例 4.6.1 误差均匀相关模型 (error uniform correlation model)

$$\boldsymbol{y}=\mathbf{X}\boldsymbol{\beta}+\boldsymbol{e},\qquad E(\boldsymbol{e})=\mathbf{0},$$

误差向量 $\boldsymbol{e}$ 的协方差阵具有如下形式

$$\mathrm{Cov}(\boldsymbol{e})=\sigma^2\begin{pmatrix}1&\rho&\cdots&\rho\\ \rho&1&\cdots&\rho\\ \vdots&\vdots&\ddots&\vdots\\ \rho&\rho&\cdots&1\end{pmatrix},$$

即所有观测有等方差 σ^2, 且所有观测之间有相同的相关系数. 这个协方差阵可改写为

$$\mathrm{Cov}(\boldsymbol{e})=\sigma^2[\rho\mathbf{1}_n\mathbf{1}_n'+(1-\rho)\mathbf{I}_n].$$

假设 $\mathbf{X}$ 的第一列全为 1, 即模型包含常数项, 则定理中所定义的 $\mathbf{Z}$ 满足 $\mathbf{1}_n'\mathbf{Z}=\mathbf{0}$. 于是容易验证

$$\mathbf{X}'\mathrm{Cov}(\boldsymbol{e})\mathbf{Z}=\mathbf{0}.$$

因此对于这个模型, 任一可估函数 $\boldsymbol{c}'\boldsymbol{\beta}$ 的 LS 估计仍为 BLU 估计.

定理 4.6.2 对于线性模型 (4.6.1) 和任一可估函数 $\boldsymbol{c}'\boldsymbol{\beta}$, (4.6.2) 成立当且仅当下列条件之一成立.

(1) $\boldsymbol{\Sigma}\mathbf{X}=\mathbf{X}\mathbf{B}$, 对某矩阵 $\mathbf{B}$;

(2) $\mathcal{M}(\mathbf{X})$ 由 $\boldsymbol{\Sigma}$ 的 $r=\mathrm{rk}(\mathbf{X})$ 个特征向量张成;

(3) $\mathbf{P}_{\mathbf{X}}\boldsymbol{\Sigma}$ 为对称阵, 其中 $\mathbf{P}_{\mathbf{X}}=\mathbf{X}(\mathbf{X}'\mathbf{X})^-\mathbf{X}'$.

证明 (1) 根据 (4.6.3), $\boldsymbol{c}'\widehat{\boldsymbol{\beta}}$ 为 $\boldsymbol{c}'\boldsymbol{\beta}$ 的 BLU 估计 $\Longleftrightarrow$ $\mathbf{X}'\boldsymbol{\Sigma}\mathbf{Z}=\mathbf{0}$ $\Longleftrightarrow$ $\mathcal{M}(\boldsymbol{\Sigma}\mathbf{X})\subset\mathcal{M}(\mathbf{X})$ $\Longleftrightarrow$ $\boldsymbol{\Sigma}\mathbf{X}=\mathbf{X}\mathbf{B}$ 对某个矩阵 $\mathbf{B}$.

(2) 我们证明 (1) $\Longleftrightarrow$ (2). 先证明 (1) ⇒ (2).

设 $\boldsymbol{\xi}$ 为 $\boldsymbol{\Sigma}$ 的对应于特征根 λ 的特征向量, 对 $\boldsymbol{\xi}$ 作正交分解

$$\boldsymbol{\xi}=\boldsymbol{\xi}_1+\boldsymbol{\xi}_2,\qquad \text{其中 } \boldsymbol{\xi}_1\in\mathcal{M}(\mathbf{X}),\quad \boldsymbol{\xi}_2\in\mathcal{M}(\mathbf{Z}).\tag{4.6.4}$$

根据正交投影的定义, $\boldsymbol{\xi}_1$ 就是 $\boldsymbol{\xi}$ 在 $\mathcal{M}(\mathbf{X})$ 上的正交投影. 再从 $\boldsymbol{\Sigma\xi} = \lambda\boldsymbol{\xi}$, 得

$$\boldsymbol{\Sigma\xi}_1 - \lambda\boldsymbol{\xi}_1 = -(\boldsymbol{\Sigma\xi}_2 - \lambda\boldsymbol{\xi}_2). \tag{4.6.5}$$

若 (1) 成立, 则 $\boldsymbol{\Sigma\xi}_1 \in \mathcal{M}(\mathbf{X})$, 于是上式左边

$$\boldsymbol{\Sigma\xi}_1 - \lambda\boldsymbol{\xi}_1 \in \mathcal{M}(\mathbf{X}). \tag{4.6.6}$$

另一方面,

$$\mathbf{X}'\boldsymbol{\Sigma}\mathbf{Z} = \mathbf{0} \iff \mathcal{M}(\boldsymbol{\Sigma}\mathbf{Z}) \subset \mathcal{M}(\mathbf{Z}) \iff \boldsymbol{\Sigma}\mathbf{Z} = \mathbf{ZA},$$

对某个矩阵 $\mathbf{A}$. 类似上面的讨论, 可以证明: $\boldsymbol{\Sigma\xi}_2 - \lambda\boldsymbol{\xi}_2 \in \mathcal{M}(\mathbf{Z})$. 结合 (4.6.5) 和 (4.6.6) 可知,

$$\boldsymbol{\Sigma\xi}_1 - \lambda\boldsymbol{\xi}_1 = \boldsymbol{\Sigma\xi}_2 - \lambda\boldsymbol{\xi}_2 = \mathbf{0},$$

即 $\boldsymbol{\Sigma\xi}_1 = \lambda\boldsymbol{\xi}_1$. 于是 $\boldsymbol{\xi}_1$ 若不是零, 则必为 $\boldsymbol{\Sigma}$ 的特征向量. 所以, $\boldsymbol{\xi}$ 在 $\mathcal{M}(\mathbf{X})$ 上的正交投影 $\boldsymbol{\xi}_1$ 或者为 $\mathbf{0}$ 或者仍为 $\boldsymbol{\Sigma}$ 的特征向量, 两者必居其一. 设 $\boldsymbol{\xi}_1, \cdots, \boldsymbol{\xi}_n$ 为 $\boldsymbol{\Sigma}$ 的 n 个标准正交化特征向量. $\boldsymbol{\eta}_1, \cdots, \boldsymbol{\eta}_n$ 为它们在 $\mathcal{M}(\mathbf{X})$ 上的正交投影, 即

$$(\boldsymbol{\eta}_1, \cdots, \boldsymbol{\eta}_n) = \mathbf{P}_\mathbf{X}(\boldsymbol{\xi}_1, \cdots, \boldsymbol{\xi}_n). \tag{4.6.7}$$

由已证事实知 $\boldsymbol{\eta}_1, \cdots, \boldsymbol{\eta}_n$ 中的非零向量为 $\boldsymbol{\Sigma}$ 的特征向量. 注意到 $(\boldsymbol{\xi}_1, \cdots, \boldsymbol{\xi}_n)$ 为正交阵, 因

$$\mathcal{M}(\boldsymbol{\eta}_1, \cdots, \boldsymbol{\eta}_n) = \mathcal{M}(\mathbf{P}_\mathbf{X}) = \mathcal{M}(\mathbf{X}), \tag{4.6.8}$$

故 $\boldsymbol{\eta}_1, \cdots, \boldsymbol{\eta}_n$ 只有 r 个线性无关, 且它们张成了 $\mathcal{M}(\mathbf{X})$. 这就证明了 (1) $\Rightarrow$ (2).

反过来, 设 $\mathcal{M}(\mathbf{X})$ 由 $\boldsymbol{\Sigma}$ 的 r 个特征向量 $\boldsymbol{\xi}_1, \cdots, \boldsymbol{\xi}_r$ 张成. 则存在矩阵 $\mathbf{C}$, 使得

$$\mathbf{X} = (\boldsymbol{\xi}_1, \cdots, \boldsymbol{\xi}_r)\mathbf{C} = \mathbf{QC},$$

其中 $\mathbf{Q} = (\boldsymbol{\xi}_1, \cdots, \boldsymbol{\xi}_r)$. 于是

$$\boldsymbol{\Sigma}\mathbf{X} = \boldsymbol{\Sigma}\mathbf{QC} = \mathbf{Q}\boldsymbol{\Lambda}\mathbf{C},$$

其中, $\boldsymbol{\Lambda} = \mathrm{diag}(\lambda_1, \cdots, \lambda_r)$. 从而 $\mathbf{X}'\boldsymbol{\Sigma}\mathbf{Z} = \mathbf{C}'\boldsymbol{\Lambda}\mathbf{Q}'\mathbf{Z} = \mathbf{0}$, 由此可得 (1). 于是 (2) 得证.

(3) 由 (4.6.3), $\mathbf{P}_\mathbf{X}\boldsymbol{\Sigma}$ 对称 $\iff \mathbf{X}\boldsymbol{\Lambda}_1\mathbf{X}' + \mathbf{X}\boldsymbol{\Lambda}_3\mathbf{Z}'$ 对称 $\iff \mathbf{X}\boldsymbol{\Lambda}_3\mathbf{Z}' = \mathbf{0} \iff \boldsymbol{\Sigma} = \mathbf{X}\boldsymbol{\Lambda}_1\mathbf{X}' + \mathbf{Z}\boldsymbol{\Lambda}_2\mathbf{Z}'$, 此即 (4.6.3). 定理证毕.

例 4.6.2 单向分类随机模型.

考虑单向分类随机模型

$$y_{ij} = \mu + \alpha_i + e_{ij}, \quad i = 1, \cdots, a, \ \ j = 1, \cdots, b,$$

这里 μ 为固定效应, α_i 为随机效应, e_{ij} 为随机误差. 所有 α_i 和 e_{ij} 都互不相关. $\text{Var}(\alpha_i)=\sigma_\alpha^2$, $\text{Var}(e_{ij})=\sigma_e^2$, 将它写成矩阵形式

$$\boldsymbol{y}=\mathbf{X}\mu+\mathbf{U}\boldsymbol{\alpha}+\boldsymbol{e},$$

这里 $n=ab$, $\mathbf{X}=\mathbf{1}_n$, $\mathbf{U}=\mathbf{I}_a\otimes\mathbf{1}_b$. 于是

$$\text{Cov}(\boldsymbol{y}) = \sigma_\alpha^2\mathbf{U}\mathbf{U}'+\sigma_e^2\mathbf{I}_n=\sigma_\alpha^2(\mathbf{I}_a\otimes\mathbf{1}_b\mathbf{1}_b')+\sigma_e^2\mathbf{I}_n\triangleq\boldsymbol{\Sigma}(\sigma^2).$$

根据矩阵 $\mathbf{Z}$ 的定义 $\mathbf{X}'\mathbf{Z}=\mathbf{1}_n'\mathbf{Z}=\mathbf{0}$, 所以 $\mathbf{X}'\boldsymbol{\Sigma}\mathbf{Z}=\mathbf{0}$. 依定理 4.6.1, 固定效应 μ 的 LS 估计

$$\widehat{\mu}=\frac{1}{n}\sum_{i,j}y_{ij}=\overline{y}_{..}$$

是 μ 的 BLU 估计.

应用定理 4.6.2, 也可以很容易证明这一点. 事实上, 我们只需证明 $\mathbf{X}=\mathbf{1}_a\otimes\mathbf{1}_b$ 是 $\boldsymbol{\Sigma}$ 的特征向量. 显然

$$\begin{aligned}\boldsymbol{\Sigma}\mathbf{X} &= b\sigma_\alpha^2(\mathbf{1}_a\otimes\mathbf{1}_b)+\sigma_e^2(\mathbf{1}_a\otimes\mathbf{1}_b)\\ &=(b\sigma_\alpha^2+\sigma_e^2)(\mathbf{1}_a\otimes\mathbf{1}_b)=(b\sigma_\alpha^2+\sigma_e^2)\mathbf{X},\end{aligned}$$

因此, 对单向分类随机模型, μ 的 LS 估计 $\widehat{\mu}=\overline{y}_{..}$ 是 μ 的 BLU 估计.

4.7 两步估计

假设线性模型的观测向量 $\boldsymbol{y}$ 的协方差阵 $\text{Cov}(\boldsymbol{y})=\sigma^2\boldsymbol{\Sigma}$, 除了 σ^2 之外都是完全已知的, 这时应用最小二乘法获得的可估函数的 GLS 估计是最佳线性无偏估计. 但在一些实际问题中, 除了 σ^2, $\boldsymbol{\Sigma}$ 还包含若干未知参数, 记为 $\boldsymbol{\theta}$. 例如, 在线性混合效应模型中这些参数就是方差分量或它们的商. 在统计学中, 对这样的模型参数估计的基本方法是, 第一步, 先假定这些参数是已知的, 应用最小二乘法获得回归参数的 GLS 估计, 当然这些估计中包含了未知参数 $\boldsymbol{\theta}$. 第二步, 设法找到 $\boldsymbol{\theta}$ 的某个估计 $\widehat{\boldsymbol{\theta}}$, 然后在回归系数的 GLS 估计中用 $\widehat{\boldsymbol{\theta}}$ 代替 $\boldsymbol{\theta}$, 所得到的估计称为两步 (two-stage) 估计或可行 (feasiable) GLS 估计.

本节的目的是研究两步估计的性质. 因为两步估计往往是观测向量的很复杂的非线性函数, 所以关于它的统计性质的研究难度颇大. 一个基本的问题是两步估计的无偏性. Kackar 和 Harville (1981) 对这个问题做了奠定性的工作, 提出了无偏性的很一般的条件. 另外, 本节还将讨论两步估计协方差阵的一个表达式.

考虑一般线性模型

$$\boldsymbol{y}=\mathbf{X}\boldsymbol{\beta}+\boldsymbol{e},\qquad E(\boldsymbol{e})=\mathbf{0},\quad \mathrm{Cov}(\boldsymbol{e})=\mathbf{\Sigma}(\boldsymbol{\theta}),\tag{4.7.1}$$

这里 $\boldsymbol{y}$ 为 $n\times 1$ 观测向量, $\mathbf{X}$ 为 $n\times p$ 设计阵, $\boldsymbol{\beta}$ 为 $p\times 1$ 未知参数向量, $\boldsymbol{e}$ 为 $n\times 1$ 随机误差, $\boldsymbol{\theta}=(\theta_1,\cdots,\theta_m)'$ 也是未知参数向量. 设 $\mathbf{\Sigma}(\boldsymbol{\theta})>0$ 对一切 $\boldsymbol{\theta}$ 成立. 记

$$\widehat{\boldsymbol{\beta}}(\boldsymbol{\theta})=(\mathbf{X}'\mathbf{\Sigma}^{-1}(\boldsymbol{\theta})\mathbf{X})^{-}\mathbf{X}'\mathbf{\Sigma}^{-1}(\boldsymbol{\theta})\boldsymbol{y}.$$

对任一可估函数 $\boldsymbol{c}'\boldsymbol{\beta}$, 当 $\boldsymbol{\theta}$ 已知时, $\boldsymbol{c}'\widehat{\boldsymbol{\beta}}(\boldsymbol{\theta})$ 就是它的 GLS 估计, 也是 BLU 估计. 如果 $\boldsymbol{\theta}$ 是未知的, 设 $\widehat{\boldsymbol{\theta}}$ 为它的一个估计, 则 $\boldsymbol{c}'\widehat{\boldsymbol{\beta}}(\widehat{\boldsymbol{\theta}})$ 就是 $\boldsymbol{c}'\boldsymbol{\beta}$ 的两步估计. 我们先证明, 在一定条件下, $\boldsymbol{c}'\widehat{\boldsymbol{\beta}}(\widehat{\boldsymbol{\theta}})$ 是 $\boldsymbol{c}'\boldsymbol{\beta}$ 的无偏估计.

我们先引进一些概念.

设 $\mathbb{W}$ 为一空间, 若对任一 $\boldsymbol{y}\in\mathbb{W}$, 统计量 $S(\boldsymbol{y})$ 满足 $S(-\boldsymbol{y})=S(\boldsymbol{y})$, 则称 $S(\boldsymbol{y})$ 对 $\boldsymbol{y}\in\mathbb{W}$ 是偶函数. 若对 $\boldsymbol{y}\in\mathbb{W}$, $S(-\boldsymbol{y})=-S(\boldsymbol{y})$, 则称 $S(\boldsymbol{y})$ 对 $\boldsymbol{y}\in\mathbb{W}$ 为奇函数. 对于模型 (4.7.1), 若对一切 $\boldsymbol{y}$ 和 $\boldsymbol{\beta}$, 统计量 $S(\boldsymbol{y})$ 满足

$$S(\boldsymbol{y}-\mathbf{X}\boldsymbol{\beta})=S(\boldsymbol{y}),\tag{4.7.2}$$

则称 $S(\boldsymbol{y})$ 是变换不变的.

引理 4.7.1　设 $\boldsymbol{u}$ 为一随机向量, 其分布关于原点是对称的, 记为 $\boldsymbol{u}\overset{d}{=}-\boldsymbol{u}$, 又 $g(\boldsymbol{u})$ 是 $\boldsymbol{u}$ 的奇函数, 则 $g(\boldsymbol{u})$ 的分布关于原点也是对称的.

证明　因为 $\boldsymbol{u}\overset{d}{=}-\boldsymbol{u}$, 所以 $g(\boldsymbol{u})\overset{d}{=}g(-\boldsymbol{u})$, 但是 $g(\boldsymbol{u})$ 为奇函数, 故 $g(-\boldsymbol{u})=-g(\boldsymbol{u})$, 这样就有

$$g(\boldsymbol{u})\overset{d}{=}g(-\boldsymbol{u})=-g(\boldsymbol{u}),$$

这就证明了 $g(\boldsymbol{u})$ 的分布关于原点对称. 引理证毕.

关于原点对称的分布是很多的. 下面是一些例子.

例 4.7.1　(1) 对任意 $\mathbf{\Sigma}>0$, 多元正态分布 $N_p(\mathbf{0},\ \sigma^2\mathbf{\Sigma})$ 都是关于原点对称的.

(2) 有污染的正态分布为 $(1-\varepsilon)N_p(\mathbf{0},\ \mathbf{I}_p)+\varepsilon N_p(\mathbf{0},\ \sigma^2\mathbf{I}_p)$, 它的密度函数为

$$f(\boldsymbol{x})=\frac{1-\varepsilon}{(2\pi)^{p/2}}\exp\left\{-\frac{1}{2}\boldsymbol{x}'\boldsymbol{x}\right\}+\frac{\varepsilon}{(2\pi\sigma^2)^{p/2}}\exp\left\{-\frac{1}{2\sigma^2}\boldsymbol{x}'\boldsymbol{x}\right\}.$$

(3) 自由度为 n 的多元 t 分布, 它的密度函数为

$$\frac{\Gamma\left(\dfrac{n+p}{2}\right)}{\Gamma\left(\dfrac{n}{2}\right)(n\pi)^{p/2}}\left(1+\frac{1}{n}\boldsymbol{x}'\boldsymbol{x}\right)^{-\frac{n+p}{2}},$$

这里 p 为维数. 当 $n=1$ 时, 它就是多元 Cauchy 分布.

定理 4.7.1 对于线性模型 (4.7.1), 假设 $\boldsymbol{e}$ 的分布关于原点是对称的. 设 $\widehat{\boldsymbol{\theta}}=\widehat{\boldsymbol{\theta}}(\boldsymbol{y})$ 是 θ 的一个估计, 它是 y 的偶函数且具有变换不变性. 设 $\boldsymbol{c}'\boldsymbol{\beta}$ 为任一可估函数, 若 $E(\boldsymbol{c}'\widehat{\boldsymbol{\beta}}(\widehat{\boldsymbol{\theta}}))$ 存在, 则两步估计 $\boldsymbol{c}'\widehat{\boldsymbol{\beta}}(\widehat{\boldsymbol{\theta}})$ 是 $\boldsymbol{c}'\boldsymbol{\beta}$ 的无偏估计.

证明 因 $\boldsymbol{c}'\boldsymbol{\beta}$ 可估, 故存在 $\boldsymbol{\alpha}$ 使得 $\boldsymbol{c}=\mathbf{X}'\boldsymbol{\alpha}$. 于是

$$\begin{aligned}\boldsymbol{c}'\widehat{\boldsymbol{\beta}}(\widehat{\boldsymbol{\theta}})-\boldsymbol{c}'\boldsymbol{\beta} &= \boldsymbol{\alpha}'[\mathbf{X}(\mathbf{X}'\boldsymbol{\Sigma}^{-1}(\widehat{\boldsymbol{\theta}})\mathbf{X})^{-}\mathbf{X}'\boldsymbol{\Sigma}^{-1}(\widehat{\boldsymbol{\theta}})\boldsymbol{y}-\mathbf{X}\boldsymbol{\beta}]\\ &= \boldsymbol{\alpha}'\mathbf{X}(\mathbf{X}'\boldsymbol{\Sigma}^{-1}(\widehat{\boldsymbol{\theta}})\mathbf{X})^{-}\mathbf{X}'\boldsymbol{\Sigma}^{-1}(\widehat{\boldsymbol{\theta}})(\boldsymbol{y}-\mathbf{X}\boldsymbol{\beta})\\ &= \boldsymbol{c}'(\mathbf{X}'\boldsymbol{\Sigma}^{-1}(\widehat{\boldsymbol{\theta}})\mathbf{X})^{-}\mathbf{X}'\boldsymbol{\Sigma}^{-1}(\widehat{\boldsymbol{\theta}})\boldsymbol{e}.\end{aligned}$$

从 $\widehat{\boldsymbol{\theta}}$ 的不变性可得

$$\widehat{\boldsymbol{\theta}}=\widehat{\boldsymbol{\theta}}(\boldsymbol{y})=\widehat{\boldsymbol{\theta}}(\boldsymbol{y}-\mathbf{X}\boldsymbol{\beta})=\widehat{\boldsymbol{\theta}}(\boldsymbol{e}),$$

因而

$$\boldsymbol{c}'\widehat{\boldsymbol{\beta}}(\widehat{\boldsymbol{\theta}})-\boldsymbol{c}'\boldsymbol{\beta}=\boldsymbol{c}'(\mathbf{X}'\boldsymbol{\Sigma}^{-1}(\widehat{\boldsymbol{\theta}}(\boldsymbol{e}))\mathbf{X})^{-}\mathbf{X}'\boldsymbol{\Sigma}^{-1}(\widehat{\boldsymbol{\theta}}(\boldsymbol{e}))\boldsymbol{e}.$$

记 $u(\boldsymbol{e})=\boldsymbol{c}'\widehat{\boldsymbol{\beta}}(\widehat{\boldsymbol{\theta}})-\boldsymbol{c}'\boldsymbol{\beta}$. 因为 $\widehat{\boldsymbol{\theta}}=\widehat{\boldsymbol{\theta}}(\boldsymbol{y})=\widehat{\boldsymbol{\theta}}(\boldsymbol{e})$ 是 $\boldsymbol{e}$ 的偶函数, 从上式容易推出 $u(-\boldsymbol{e})=-u(\boldsymbol{e})$, 即 $u(\boldsymbol{e})$ 为 $\boldsymbol{e}$ 的奇函数. 利用引理便知, $u(\boldsymbol{e})$ 的分布关于原点是对称的, 故有

$$E(u(\boldsymbol{e}))=E(\boldsymbol{c}'\widehat{\boldsymbol{\beta}}(\widehat{\boldsymbol{\theta}})-\boldsymbol{c}'\boldsymbol{\beta})=0.$$

定理证毕.

回到 4.5 节的 Panel 模型. 现在沿用那里的记号. 对于固定效应 $\boldsymbol{\beta}$, 在 4.4 节已给出了几种重要估计, 包括 LS 估计 $\widehat{\boldsymbol{\beta}}$、Within 估计 $\widehat{\boldsymbol{\beta}}_W$、Between 估计 $\widehat{\boldsymbol{\beta}}_B$ 以及当方差分量 σ_μ^2 和 σ_e^2 已知时的 BLU 估计 $\boldsymbol{\beta}^*(\sigma^2)$. 现在我们引进两步估计.

在 Panel 模型讨论中, 总是假设 $\mathbf{X}'\mathbf{P}_1\mathbf{X}$ 和 $\mathbf{X}'\mathbf{Q}\mathbf{X}$ 都是可逆的. 对于一般实际问题, 这些假设往往是满足的. 从模型 (4.5.14) 的残差向量 $\widehat{\boldsymbol{u}}_1=\mathbf{P}_1(\boldsymbol{y}-\mathbf{X}\widehat{\boldsymbol{\beta}}_B)$ 可以构造 σ_1^2 的一个无偏估计

$$s_1^2=\widehat{\boldsymbol{u}}_1'\mathbf{P}_1^{-}\widehat{\boldsymbol{u}}_1/n, \tag{4.7.3}$$

这里

$$n=\mathrm{rk}(\mathbf{P}_1)-\mathrm{rk}(\mathbf{P}_1\mathbf{X})=N-k-1. \tag{4.7.4}$$

因为 $\mathcal{M}(\mathbf{P}_1\mathbf{X})\subset\mathcal{M}(\mathbf{P}_1)$, 知 s_1^2 与广义逆 $\mathbf{P}_1^{-}$ 的选择无关. 又因 $\mathbf{P}_1$ 是对称幂等阵, 故它是自身的一个广义逆, 所以 (4.7.3) 中的 $\mathbf{P}_1^{-}$ 可简单地取为 $\mathbf{P}_1$, 得

$$s_1^2=\widehat{\boldsymbol{u}}_1'\mathbf{P}_1\widehat{\boldsymbol{u}}_1/n. \tag{4.7.5}$$

类似地, 从模型 (4.5.15) 的残差向量 $\widehat{\boldsymbol{u}}_2=\boldsymbol{Q}(\boldsymbol{y}-\mathbf{X}\widehat{\boldsymbol{\beta}}_{\mathbf{W}})$ 可以构造 σ_e^2 的一个无偏估计

$$s_2^2=(\boldsymbol{y}-\mathbf{X}\widehat{\boldsymbol{\beta}}_{\mathbf{W}})'\mathbf{Q}(\boldsymbol{y}-\mathbf{X}\widehat{\boldsymbol{\beta}}_{\mathbf{W}})/m, \tag{4.7.6}$$

其中

$$m = \text{rk}(\mathbf{Q}) - \text{rk}(\mathbf{QX}) = N(T-1) - k. \tag{4.7.7}$$

不难证明如下事实.

引理 4.7.2 (1) $\mathbf{X}'\mathbf{P}_1\boldsymbol{y}$, $\mathbf{X}'\mathbf{Q}\boldsymbol{y}$, s_1^2, s_2^2 都相互独立;

(2) $ns_1^2/\sigma_1^2 \sim \chi_n^2, ms_2^2/\sigma_e^2 \sim \chi_m^2$.

证明 记 $\boldsymbol{\sigma}^2 = (\sigma_1^2, \sigma_e^2)'$, 将模型 (4.5.14) 和 (4.5.15) 联立并利用 $\boldsymbol{u}_1$ 和 $\boldsymbol{u}_2$ 的独立性可以把 BLU 估计 $\boldsymbol{\beta}^*(\boldsymbol{\sigma}^2)$ 表示为 $\widehat{\boldsymbol{\beta}}_{\mathbf{W}}$ 和 $\widehat{\boldsymbol{\beta}}_{\mathbf{B}}$ 的以矩阵为权的凸组合形式

$$\boldsymbol{\beta}^*(\sigma^2) = \mathbf{W}_1(\boldsymbol{\sigma}^2)\widehat{\boldsymbol{\beta}}_{\mathbf{B}} + \mathbf{W}_2(\boldsymbol{\sigma}^2)\widehat{\boldsymbol{\beta}}_{\mathbf{W}}, \tag{4.7.8}$$

这里权矩阵

$$\mathbf{W}_1(\boldsymbol{\sigma}^2) = \left(\frac{\mathbf{B}}{\sigma_1^2} + \frac{\mathbf{W}}{\sigma_e^2}\right)^{-1} \frac{\mathbf{X}'\mathbf{P}_1\mathbf{X}}{\sigma_1^2},$$

$$\mathbf{W}_2(\boldsymbol{\sigma}^2) = \left(\frac{\mathbf{B}}{\sigma_1^2} + \frac{\mathbf{W}}{\sigma_e^2}\right)^{-1} \frac{\mathbf{X}'\mathbf{QX}}{\sigma_e^2},$$

$$\mathbf{B} = \mathbf{X}'\mathbf{P}_1\mathbf{X}, \quad \mathbf{W} = \mathbf{X}'\mathbf{QX}.$$

在应用上, 当然 σ_1^2 和 σ_e^2 皆未知, 这时可以用前面所得到的它们的估计 s_1^2 和 s_2^2 来代替, 这就产生了 $\boldsymbol{\beta}$ 的一种两步估计

$$\widehat{\boldsymbol{\beta}}(\boldsymbol{s}^2) = \left(\frac{\mathbf{B}}{s_1^2} + \frac{\mathbf{W}}{s_2^2}\right)^{-1} \left(\frac{\mathbf{X}'\mathbf{P}_1\,\boldsymbol{y}}{s_1^2} + \frac{\mathbf{X}'\mathbf{Q}\,\boldsymbol{y}}{s_2^2}\right),$$

这里 $\boldsymbol{s}^2 = (s_1^2, s_2^2)'$. 显然

$$\widehat{\boldsymbol{\beta}}(\boldsymbol{s}^2) = \mathbf{W}_1(\boldsymbol{s}^2)\widehat{\boldsymbol{\beta}}_B + \mathbf{W}_2(\boldsymbol{s}^2)\widehat{\boldsymbol{\beta}}_W,$$

而 LS 估计可表示为

$$\widehat{\boldsymbol{\beta}} = (\mathbf{B} + \mathbf{W})^{-1}(\mathbf{X}'\mathbf{P}_1\mathbf{X} + \mathbf{X}'\mathbf{QX}).$$

定理 4.7.2 $\widehat{\boldsymbol{\beta}}(\boldsymbol{s}^2)$ 是 $\boldsymbol{\beta}$ 的无偏估计.

证明 因为

$$\widehat{\boldsymbol{\beta}}(\boldsymbol{s}^2) - \boldsymbol{\beta} = \left(\frac{\mathbf{B}}{s_1^2} + \frac{\mathbf{W}}{s_2^2}\right)^{-1} \left(\frac{\mathbf{X}'\mathbf{P}_1\,\boldsymbol{u}_1}{s_1^2} + \frac{\mathbf{X}'\mathbf{Q}\,\boldsymbol{u}_2}{s_2^2}\right),$$

利用引理 4.7.2 的 (1) 可得 $E(\widehat{\boldsymbol{\beta}}(\boldsymbol{s}^2)-\boldsymbol{\beta})=E(E(\widehat{\boldsymbol{\beta}}(\boldsymbol{s}^2)-\boldsymbol{\beta})|s_1^2,s_2^2)=0$, 定理证毕.

本节最后研究两步估计的协方差阵. 在下面的讨论中, 总是假设 $\text{rk}(\mathbf{X})=p$, θ 的估计 $\widehat{\boldsymbol{\theta}}$ 是基于残差向量 $\widehat{\boldsymbol{e}}=\mathbf{N}\boldsymbol{y}$ 而作出的, 这里 $\mathbf{N}=\mathbf{I}_n-\mathbf{X}(\mathbf{X}'\mathbf{X})^{-1}\mathbf{X}'$. 为符号简单计, 记 $\mathbf{\Sigma}(\boldsymbol{\theta})=\mathbf{\Sigma}$, 则

$$
\begin{aligned}
\boldsymbol{\beta}^* &= (\mathbf{X}'\mathbf{\Sigma}^{-1}\mathbf{X})^{-1}\mathbf{X}'\mathbf{\Sigma}^{-1}\boldsymbol{y},\\
\widetilde{\boldsymbol{\beta}} &= (\mathbf{X}'\mathbf{\Sigma}^{-1}(\widehat{\boldsymbol{\theta}})\mathbf{X})^{-1}\mathbf{X}'\mathbf{\Sigma}^{-1}(\widehat{\boldsymbol{\theta}})\boldsymbol{y},
\end{aligned}
$$

它们分别是 $\boldsymbol{\beta}$ 的 GLS 估计 (假定 $\mathbf{\Sigma}$ 已知时) 和两步估计. 下面我们研究两步估计 $\widetilde{\boldsymbol{\beta}}$ 的均方误差矩阵 (mean square error matrix, MSEM) $\text{MSEM}(\widetilde{\boldsymbol{\beta}})$ 的一些重要性质. 王松桂和刘爱义 (1989) 对椭球等高分布证明了下面的定理. 为了不超出本书的范围, 我们只对多元正态分布的情况给予证明.

定理 4.7.3 设 $\boldsymbol{e}\sim N_n(\mathbf{0},\sigma^2\mathbf{\Sigma})$, 则

$$
\text{MSEM}(\widetilde{\boldsymbol{\beta}})=\text{Cov}(\boldsymbol{\beta}^*)+E(\boldsymbol{b}\boldsymbol{b}'), \tag{4.7.9}
$$

$\boldsymbol{b}=\widetilde{\boldsymbol{\beta}}-\boldsymbol{\beta}^*$.

证明 对误差向量 $\boldsymbol{e}$ 作分解

$$
\boldsymbol{e}=(\boldsymbol{y}-\mathbf{X}\boldsymbol{\beta}^*)+(\mathbf{X}\boldsymbol{\beta}^*-\mathbf{X}\boldsymbol{\beta})\triangleq\boldsymbol{u}_1+\boldsymbol{u}_2,
$$

这里

$$
\boldsymbol{u}_1=\boldsymbol{y}-\mathbf{X}\boldsymbol{\beta}^*\triangleq(\mathbf{I}_n-\mathbf{M})\boldsymbol{e},\quad \boldsymbol{u}_2=\mathbf{M}\boldsymbol{e},
$$

其中 $\mathbf{M}=\mathbf{X}(\mathbf{X}'\mathbf{\Sigma}^{-1}\mathbf{X})^{-1}\mathbf{X}'\mathbf{\Sigma}^{-1}$. 因为

$$
\begin{pmatrix}\boldsymbol{u}_1\\ \boldsymbol{u}_2\end{pmatrix}=\begin{pmatrix}\mathbf{I}_n-\mathbf{M}\\ \mathbf{M}\end{pmatrix}\boldsymbol{e},
$$

$$
\begin{aligned}
\text{Cov}\begin{pmatrix}\boldsymbol{u}_1\\ \boldsymbol{u}_2\end{pmatrix} &= \sigma^2\begin{pmatrix}(\mathbf{I}_n-\mathbf{M})\mathbf{\Sigma}(\mathbf{I}_n-\mathbf{M})' & (\mathbf{I}_n-\mathbf{M})\mathbf{\Sigma}\mathbf{M}'\\ \mathbf{M}\mathbf{\Sigma}(\mathbf{I}_n-\mathbf{M})' & \mathbf{M}\mathbf{\Sigma}\mathbf{M}'\end{pmatrix}\\
&\triangleq \sigma^2\begin{pmatrix}\mathbf{\Delta}_{11} & \mathbf{\Delta}_{12}\\ \mathbf{\Delta}_{21} & \mathbf{\Delta}_{22}\end{pmatrix}=\sigma^2\mathbf{\Delta}.
\end{aligned}
$$

由第 2 章知

$$
\begin{pmatrix}\boldsymbol{u}_1\\ \boldsymbol{u}_2\end{pmatrix}\sim N_{2n}(\mathbf{0},\sigma^2\mathbf{\Delta}).
$$

注意到 $\boldsymbol{\beta}_{21}=\mathbf{0}$, 于是我们有

$$E(\boldsymbol{u}_2|\boldsymbol{u}_1)=\boldsymbol{\Delta}_{21}\boldsymbol{\Delta}_{11}^{-1}\boldsymbol{u}_1=\mathbf{0}. \tag{4.7.10}$$

另一方面

$$\mathrm{MSEM}(\widetilde{\boldsymbol{\beta}})=\mathrm{Cov}(\boldsymbol{\beta}^*)+E(\boldsymbol{b}\boldsymbol{b}')+E(\widetilde{\boldsymbol{\beta}}-\boldsymbol{\beta}^*)(\boldsymbol{\beta}^*-\boldsymbol{\beta})'+E(\boldsymbol{\beta}^*-\boldsymbol{\beta})(\widetilde{\boldsymbol{\beta}}-\boldsymbol{\beta}^*)'.$$

显然, 只需证明

$$E(\widetilde{\boldsymbol{\beta}}-\boldsymbol{\beta}^*)(\boldsymbol{\beta}^*-\boldsymbol{\beta})'=\mathbf{0}. \tag{4.7.11}$$

因为

$$\mathrm{Cov}(\widehat{\boldsymbol{\theta}})=\mathrm{Cov}(\mathbf{N}\boldsymbol{y})=\mathrm{Cov}(\mathbf{N}(\mathbf{I}_n-\mathbf{M})\boldsymbol{y})=\mathrm{Cov}(\mathbf{N}\boldsymbol{u}_1),$$

利用 $\mathbf{N}\boldsymbol{y}=\mathbf{N}\boldsymbol{e}=\mathbf{N}\boldsymbol{u}$,

$$\widetilde{\boldsymbol{\beta}}-\boldsymbol{\beta}^*=\mathbf{X}(\mathbf{X}'\boldsymbol{\Sigma}^{-1}(\widehat{\boldsymbol{\theta}})\mathbf{X})^{-1}\mathbf{X}'\boldsymbol{\Sigma}^{-1}(\widehat{\boldsymbol{\theta}})\boldsymbol{u}_1,$$

$$\boldsymbol{\beta}^*-\boldsymbol{\beta}=\mathbf{X}(\mathbf{X}'\mathbf{X})^{-1}\mathbf{X}'\boldsymbol{u}_2,$$

以及 (4.7.10) 得

$$\begin{aligned}
&E(\widetilde{\boldsymbol{\beta}}-\boldsymbol{\beta}^*)(\boldsymbol{\beta}^*-\boldsymbol{\beta})'\\
=&E[(\mathbf{X}'\boldsymbol{\Sigma}^{-1}(\widehat{\boldsymbol{\theta}})\mathbf{X})^{-1}\mathbf{X}'\boldsymbol{\Sigma}^{-1}(\widehat{\boldsymbol{\theta}})\boldsymbol{u}_1\boldsymbol{u}_2'\mathbf{X}(\mathbf{X}'\mathbf{X})^{-1}]\\
=&E[(\mathbf{X}'\boldsymbol{\Sigma}^{-1}(\widehat{\boldsymbol{\theta}})\mathbf{X})^{-1}\mathbf{X}'\boldsymbol{\Sigma}^{-1}(\widehat{\boldsymbol{\theta}})\boldsymbol{u}_1E(\boldsymbol{u}_2'|\boldsymbol{u}_1)]\mathbf{X}(\mathbf{X}'\mathbf{X})^{-1}\\
=&\mathbf{0}.
\end{aligned}$$

这就证明了 (4.7.11), 定理证毕.

推论 4.7.1 设 $\boldsymbol{e}\sim N_n(\mathbf{0},\sigma^2\boldsymbol{\Sigma}(\boldsymbol{\theta}))$, $\boldsymbol{\Sigma}(\widehat{\boldsymbol{\theta}})$ 是 $\widehat{\boldsymbol{e}}$ 的偶函数, 且 $E(\widetilde{\boldsymbol{\beta}})$ 存在, 则 $\widetilde{\boldsymbol{\beta}}$ 是 $\boldsymbol{\beta}$ 的无偏估计, 且

$$\mathrm{Cov}(\widetilde{\boldsymbol{\beta}})=\mathrm{Cov}(\boldsymbol{\beta}^*)+E(\boldsymbol{b}\boldsymbol{b}'). \tag{4.7.12}$$

证明 因为残差向量 $\widehat{\boldsymbol{e}}$ 关于变换 $\boldsymbol{y}\to\boldsymbol{y}+\mathbf{X}\boldsymbol{t}$ 是不变的, 应用定理 4.7.1 得 $\widetilde{\boldsymbol{\beta}}$ 的无偏性, 其余结论是显然的. 定理证毕.

(4.7.9) 和 (4.7.12) 右端第二项 $\mathbf{Q}=E(\boldsymbol{b}\boldsymbol{b}')$ 表示了用估计 $\boldsymbol{\Sigma}(\widehat{\boldsymbol{\theta}})$ 代替 $\boldsymbol{\Sigma}(\boldsymbol{\theta})$ 所引起的估计量的协方差阵的扩大. 一个自然又很重要的问题是估计 $\mathbf{Q}$ 的上界. 但是在一般情况下, 这是一个很困难的问题. Toyooka 和 Kariya (1986) 研究了 $\boldsymbol{\theta}$ 为单参数的情况.

4.8 协方差改进法

在统计参数估计理论中, 围绕 MVU 估计这一重要概念, 有许多既有数学美又有统计理论与应用价值的重要结果, 其中之一就是所谓的 MVU 估计的判定定理 (陈希孺, 1999): 参数 $\boldsymbol{\theta}$ 的一个无偏估计 T 为 MVU 估计, 当且仅当对零的任一无偏估计 U, 有 $\mathrm{Cov}(T, U) = 0$ 对一切 $\boldsymbol{\theta} \in \Theta$ 成立, 这里 Θ 为参数空间, $\mathrm{Var}(T) < \infty$, $\mathrm{Var}(U) < \infty$. 这就是说, 一个无偏估计要具有最小方差当且仅当它跟零的所有无偏估计都不相关. 因此, 若存在零的一个无偏估计 U_0, 它跟 T 是相关的, 即 $\mathrm{Cov}(T, U_0) \neq 0$, 则 T 就不是它的均值的 MVU 估计. 一个重要问题是, 如何利用 U_0 与 T 的相关性, 构造一个比 T 具有更小方差的新的无偏估计呢? 关于这一点, 统计估计理论的专著中似乎很少论及. Rao (1967) 引进协方差改进法 (covariance adjustment approach), 它利用 U_0 与 T 的相关性, 即它们的协方差不等于零, 很简单地构造 U_0 与 T 的线性组合, 它确实比 T 具有更小方差的新的无偏估计. 许多统计学家把这个技巧应用于各种线性回归模型、混合模型, 以及生长曲线模型. 使得协方差法成为寻找改进估计的有力工具, 参阅王松桂 (1988)、王松桂和杨振海 (1995)、王松桂和杨爱军 (1998) 等. 本节的目的是对线性模型的情形讨论协方差改进法.

我们把协方差改进法归纳为如下定理.

定理 4.8.1 设 $\boldsymbol{\theta}$ 为 $p \times 1$ 未知参数, $\boldsymbol{T}_1$ 和 $\boldsymbol{T}_2$ 分别为 $p \times 1$ 和 $q \times 1$ 统计量, 且 $E(\boldsymbol{T}_1) = \boldsymbol{\theta}$, $E(\boldsymbol{T}_2) = \mathbf{0}$. 记

$$\mathrm{Cov}\begin{pmatrix} \boldsymbol{T}_1 \\ \boldsymbol{T}_2 \end{pmatrix} = \begin{pmatrix} \boldsymbol{\Sigma}_{11} & \boldsymbol{\Sigma}_{12} \\ \boldsymbol{\Sigma}_{21} & \boldsymbol{\Sigma}_{22} \end{pmatrix} \triangleq \boldsymbol{\Sigma}. \tag{4.8.1}$$

假定 $\boldsymbol{\Sigma} > \mathbf{0}$, $\boldsymbol{\Sigma}_{12} \neq \mathbf{0}$. 则在线性估计类 $\mathbf{A} = \{\boldsymbol{T} = \mathbf{A}_1\boldsymbol{T}_1 + \mathbf{A}_2\boldsymbol{T}_2, \mathbf{A}_1$ 和 $\mathbf{A}_2$ 为非随机阵, $E(\boldsymbol{T}) = \boldsymbol{\theta}\}$ 中, $\boldsymbol{\theta}$ 的 BLU 估计

$$\boldsymbol{\theta}^* = \boldsymbol{T}_1 - \boldsymbol{\Sigma}_{12}\boldsymbol{\Sigma}_{22}^{-1}\boldsymbol{T}_2, \tag{4.8.2}$$

且

$$\mathrm{Cov}(\boldsymbol{\theta}^*) = \boldsymbol{\Sigma}_{11} - \boldsymbol{\Sigma}_{12}\boldsymbol{\Sigma}_{22}^{-1}\boldsymbol{\Sigma}_{21} \leqslant \boldsymbol{\Sigma}_{11} = \mathrm{Cov}(\boldsymbol{T}_1). \tag{4.8.3}$$

证明 将定理的条件用线性模型表示, 即为

$$\begin{pmatrix} \boldsymbol{T}_1 \\ \boldsymbol{T}_2 \end{pmatrix} = \begin{pmatrix} \boldsymbol{I}_n \\ \mathbf{0} \end{pmatrix}\boldsymbol{\theta} + \boldsymbol{e}, \qquad \boldsymbol{e} \sim (\mathbf{0}, \boldsymbol{\Sigma}),$$

易验证 $\boldsymbol{\theta}^*$ 为该模型中 $\boldsymbol{\theta}$ 的 BLU 估计. 其他结论显然, 定理证毕.

以下称 (4.8.2) 所定义的估计 $\boldsymbol{\theta}^*$ 为协方差改进估计, (4.8.3) 表明协方差改进估计 $\boldsymbol{\theta}^*$ 比 $\boldsymbol{T}_1$ 有较小的协方差阵, 两者协方差阵之差为 $\boldsymbol{\Sigma}_{12}\boldsymbol{\Sigma}_{22}^{-1}\boldsymbol{\Sigma}_{21}$. 它是使用了 $\boldsymbol{T}_2$ 和 $\boldsymbol{T}_1$ 的相关性所带来附加信息的结果. 如果 $\boldsymbol{\Sigma}_{12}=\mathbf{0}$, 那么两个协方差阵为零, 这时 $\boldsymbol{T}_2$ 与 $\boldsymbol{T}_1$ 不相关, 自然 $\boldsymbol{T}_2$ 也就没有任何改进 $\boldsymbol{T}_1$ 的附加信息. 为叙述方便, 文献中有时称 $\boldsymbol{T}_2$ 为协变量.

注 4.8.1　若 $\boldsymbol{\Sigma}\geqslant\mathbf{0}$, 此时 $\boldsymbol{\Sigma}_{22}$ 可能是奇异阵, 这时在 (4.8.2) 和 (4.8.3) 中将 $\boldsymbol{\Sigma}_{22}^{-1}$ 改为 $\boldsymbol{\Sigma}_{22}$ 的任一广义逆 $\boldsymbol{\Sigma}_{22}^{-}$, 定理仍然成立.

例 4.8.1　考虑一般线性回归模型

$$\boldsymbol{y}=\mathbf{X}\boldsymbol{\beta}+\boldsymbol{e},\qquad E(\boldsymbol{e})=\mathbf{0},\quad \mathrm{Cov}(\boldsymbol{e})=\sigma^2\boldsymbol{\Sigma},$$

这里 $\boldsymbol{y}$ 为 $n\times1$ 观测向量, $\mathbf{X}$ 为 $n\times p$ 的设计矩阵, $\mathrm{rk}(\mathbf{X})=p$, $\boldsymbol{e}$ 为 $n\times1$ 随机误差, $\boldsymbol{\Sigma}>\mathbf{0}$. 众所周知, $\boldsymbol{\beta}$ 的 BLU 估计和 LS 估计分别为 $\boldsymbol{\beta}^*=(\mathbf{X}'\boldsymbol{\Sigma}^{-1}\mathbf{X})^{-1}\mathbf{X}'\boldsymbol{\Sigma}^{-1}\boldsymbol{y}$ 和 $\widehat{\boldsymbol{\beta}}=(\mathbf{X}'\mathbf{X})^{-1}\mathbf{X}'\boldsymbol{y}$.

如果在定理 4.8.1 中, 取 $\boldsymbol{T}_1=\widehat{\boldsymbol{\beta}}$, $\boldsymbol{T}_2=\mathbf{Z}'\boldsymbol{y}$, 这里 $\mathbf{Z}$ 为 $n\times(n-p)$ 矩阵, 满足 $\mathbf{X}'\mathbf{Z}=\mathbf{0}$, 且 $\mathrm{rk}(\mathbf{Z})=n-p$, 则

$$\begin{aligned}E(\boldsymbol{T}_1)&=E(\widehat{\boldsymbol{\beta}})=\boldsymbol{\beta},\\E(\boldsymbol{T}_2)&=\mathbf{0},\end{aligned}$$

且

$$\mathrm{Cov}\begin{pmatrix}\boldsymbol{T}_1\\ \boldsymbol{T}_2\end{pmatrix}=a^2\begin{pmatrix}(\mathbf{X}'\mathbf{X})^{-1}\mathbf{X}'\boldsymbol{\Sigma}\mathbf{X}(\mathbf{X}'\mathbf{X})^{-1} & (\mathbf{X}'\mathbf{X})^{-1}\mathbf{X}'\boldsymbol{\Sigma}\mathbf{Z}\\ \mathbf{Z}'\boldsymbol{\Sigma}\mathbf{X}(\mathbf{X}'\mathbf{X})^{-1} & \mathbf{Z}'\boldsymbol{\Sigma}\mathbf{Z}\end{pmatrix}.$$

假定 $\mathbf{X}'\boldsymbol{\Sigma}\mathbf{Z}\neq\mathbf{0}$, 应用定理 4.8.1, 则得到协方差改进估计

$$\widetilde{\boldsymbol{\beta}}=\widehat{\boldsymbol{\beta}}-(\mathbf{X}'\mathbf{X})^{-1}\mathbf{X}'\boldsymbol{\Sigma}\mathbf{Z}(\mathbf{Z}'\boldsymbol{\Sigma}\mathbf{Z})^{-1}\mathbf{Z}'\boldsymbol{y}.$$

利用如下事实

$$(\mathbf{X}'\boldsymbol{\Sigma}^{-1}\mathbf{X})^{-1}\mathbf{X}'\boldsymbol{\Sigma}^{-1}=(\mathbf{X}'\mathbf{X})^{-1}\mathbf{X}'-(\mathbf{X}'\mathbf{X})^{-1}\mathbf{X}'\boldsymbol{\Sigma}\mathbf{Z}(\mathbf{Z}'\boldsymbol{\Sigma}\mathbf{Z})^{-1}\mathbf{Z}',$$

便有 $\widetilde{\boldsymbol{\beta}}=\boldsymbol{\beta}^*$. 这就是说, $\boldsymbol{\beta}$ 的 BLU 估计 $\boldsymbol{\beta}^*$ 也是协方差改进估计, 它是从 LS 估计经过一次协方差改进得到的.

例 4.8.2　带线性约束的线性回归模型.

考虑如下模型

$$\begin{cases}\boldsymbol{y}=\mathbf{X}\boldsymbol{\beta}+\boldsymbol{e}, & E(\boldsymbol{e})=\mathbf{0}, \qquad \mathrm{Cov}(\boldsymbol{e})=\sigma^2\mathbf{I}_n,\\ \mathbf{H}\boldsymbol{\beta}=\boldsymbol{d},\end{cases}$$

这里 $\mathbf{H}$ 为 $m \times p$ 矩阵, $\text{rk}(\mathbf{H}) = m$, 且 $\mathbf{H}\boldsymbol{\beta} = \boldsymbol{d}$ 是相容的, 其余假设同例 4.8.1. 取

$$\boldsymbol{\beta}^* = (\mathbf{X}'\boldsymbol{\Sigma}^{-1}\mathbf{X})^{-1}\mathbf{X}'\boldsymbol{\Sigma}^{-1}\boldsymbol{y}, \quad \widehat{\boldsymbol{\beta}} = (\mathbf{X}'\mathbf{X})^{-1}\mathbf{X}'\boldsymbol{y}.$$

取 $\boldsymbol{T}_1 = \widehat{\boldsymbol{\beta}}$, $\boldsymbol{T}_2 = \mathbf{H}\widehat{\boldsymbol{\beta}} - \boldsymbol{d}$. 在约束参数区域 $\mathbf{H}\boldsymbol{\beta} = \boldsymbol{d}$ 上, $E(\boldsymbol{T}_2) = \mathbf{0}$.

$$\text{Cov}\begin{pmatrix} \boldsymbol{T}_1 \\ \boldsymbol{T}_2 \end{pmatrix} = \sigma^2 \begin{pmatrix} (\mathbf{X}'\mathbf{X})^{-1} & (\mathbf{X}'\mathbf{X})^{-1}\mathbf{H}' \\ \mathbf{H}(\mathbf{X}'\mathbf{X})^{-1} & \mathbf{H}(\mathbf{X}'\mathbf{X})^{-1}\mathbf{H}' \end{pmatrix}.$$

对这样定义的 $\boldsymbol{T}_1$ 和 $\boldsymbol{T}_2$ 应用定理 4.8.1, 得到协方差改进估计

$$\widehat{\boldsymbol{\beta}}_{\mathbf{H}} = \widehat{\boldsymbol{\beta}} - (\mathbf{X}'\mathbf{X})^{-1}\mathbf{H}'(\mathbf{H}(\mathbf{X}'\mathbf{X})^{-1}\mathbf{H}')^{-1}(\mathbf{H}\widehat{\boldsymbol{\beta}} - \boldsymbol{d}),$$

它正是 $\boldsymbol{\beta}$ 的约束 LS 估计 (见 4.3 节).

例 4.8.3 带随机形式附加信息的线性回归模型 (即带随机线性约束情形).

考虑线性回归模型

$$\boldsymbol{y} = \mathbf{X}\boldsymbol{\beta} + \boldsymbol{e} \qquad E(\boldsymbol{e}) = \mathbf{0}, \qquad \text{Cov}(\boldsymbol{e}) = \sigma^2\mathbf{I}_n,$$

假设有附加信息

$$\boldsymbol{u} = \mathbf{H}\boldsymbol{\beta} + \boldsymbol{\varepsilon}, \qquad E(\boldsymbol{\varepsilon}) = \mathbf{0}, \qquad \text{Cov}(\boldsymbol{\varepsilon}) = \mathbf{W}, \tag{4.8.4}$$

这里 $\mathbf{W} > \mathbf{0}$ 是已知矩阵. $\boldsymbol{\varepsilon}$ 和 $\boldsymbol{e}$ 不相关. 随机附加信息的一个例子是, 假设从历史数据已经得到 $\boldsymbol{\beta}$ 的一个估计 $\widetilde{\boldsymbol{\beta}}$, 则 $\widetilde{\boldsymbol{\beta}} = \boldsymbol{\beta} + \boldsymbol{\varepsilon}$, $E(\boldsymbol{\varepsilon}) = \mathbf{0}$. 它是 (4.8.4) 中 $\mathbf{H} = \mathbf{I}_p$ 的特例. 在定理 4.8.1 中, 取 $\boldsymbol{T}_1 = \widehat{\boldsymbol{\beta}}$, $\boldsymbol{T}_2 = \boldsymbol{u} - \mathbf{H}\widehat{\boldsymbol{\beta}}$, 则所得到的协方差改进估计具有形式

$$\boldsymbol{\beta}^*(\sigma^2) = \widehat{\boldsymbol{\beta}} - (\mathbf{X}'\mathbf{X})^{-1}\mathbf{H}'\left(\frac{\mathbf{W}}{\sigma^2} + \mathbf{H}(\mathbf{X}'\mathbf{X})^{-1}\mathbf{H}'\right)^{-1}(\mathbf{H}\widehat{\boldsymbol{\beta}} - \boldsymbol{u}),$$

这里假定 σ^2 已知. 利用矩阵之和的求逆公式

$$(\mathbf{A} + \mathbf{BCB}')^{-1} = \mathbf{A}^{-1} - \mathbf{A}^{-1}\mathbf{B}(\mathbf{B}'\mathbf{A}^{-1}\mathbf{B} + \mathbf{C}^{-1})\mathbf{B}'\mathbf{A}^{-1},$$

不难证明

$$\boldsymbol{\beta}^*(\sigma^2) = \left(\frac{\mathbf{X}'\mathbf{X}}{\sigma^2} + \mathbf{H}\mathbf{W}^{-1}\mathbf{H}'\right)^{-1}\left(\frac{\mathbf{X}'\boldsymbol{y}}{\sigma^2} + \mathbf{H}\mathbf{W}^{-1}\boldsymbol{u}\right).$$

这就是通常的混合估计. 因此, 我们证明了混合估计也是协方差改进估计.

从上面三个例子可以看出, 对于线性回归模型从 LS 估计出发选用三个不同的协变量 (它们代表三种不同来源的附加信息) 就可以得出三种协方差改进估计, 它们都是我们熟知的估计.

在实际应用中, $\boldsymbol{\Sigma}$ 往往未知, 但我们可能设法构造 $\boldsymbol{\Sigma}$ 的一个估计

$$\mathbf{S}=\begin{pmatrix} \mathbf{S}_{11} & \mathbf{S}_{12} \\ \mathbf{S}_{21} & \mathbf{S}_{22} \end{pmatrix}.$$

在 (4.8.2) 中, 分别用 $\mathbf{S}_{12}$ 和 $\mathbf{S}_{22}$ 代替 $\boldsymbol{\Sigma}_{12}$ 和 $\boldsymbol{\Sigma}_{22}$, 得到

$$\widetilde{\boldsymbol{\theta}}=\boldsymbol{T}_1-\mathbf{S}_{12}\mathbf{S}_{22}^{-1}\boldsymbol{T}_2,$$

称为两步协方差改进估计. 一个重要问题是 $\widetilde{\boldsymbol{\theta}}$ 的统计性质如何呢? 在这一方面已有了一些初步研究结果. 这部分内容超出了本书的范围, 感兴趣的读者可参阅陈希孺和王松桂 (2003, p.101).

4.9 多元线性模型

前面各节所讨论的线性模型都只包含一个因变量. 例如, 研究产品的某一项性能指标 Y_1 与原材料含量, 加工条件 $X_1,\cdots,X_{p-1}$ 之间的关系, 导致了一个因变量 Y_1 对多个自变量 $X_1,\cdots,X_{p-1}$ 的线性模型. 但是, 实际应用上, 人们也常常会遇到含多个因变量的问题. 例如, 如果我们同时对产品的多个指标 $Y_1,\cdots,Y_q$ 感兴趣, 这时就有 q 个因变量, 这很自然地导致了对多个因变量与多个自变量的线性模型的研究. 为了叙述方便, 我们把以前讨论的仅含一个因变量的线性模型称为一元线性模型, 而把含多个因变量的线性模型称为多元线性模型. 虽然这种只按因变量多少对模型进行分类的方法不尽合理, 但我们还是遵守这种已经形成的习惯.

本节通过多元线性模型参数估计问题的讨论, 旨在介绍一种把多元线性模型问题化为一元线性模型问题的方法.

一般, 假设研究 q 个因变量 $Y_1,\cdots,Y_q$ 和 $p-1$ 个自变量 $X_1,\cdots,X_{p-1}$ 之间的关系, 若 Y_j 与 $X_1,\cdots,X_{p-1}$ 呈线性关系:

$$Y_j=\beta_{0j}+\beta_{1j}X_1+\cdots+\beta_{p-1j}X_{p-1}+\varepsilon_j,\qquad j=1,\cdots,q, \tag{4.9.1}$$

为了估计系数 β_{ij}, 对 $Y_1,\cdots,Y_q$ 和 $X_1,\cdots,X_{p-1}$ 作 n 次观测, 得到数据

$$y_{i1},\cdots,y_{iq},\qquad x_{i1},\cdots,x_{ip-1},\qquad i=1,\cdots,n.$$

它们满足

$$y_{ij}=\beta_{0j}+\beta_{1j}x_{i1}+\cdots+\beta_{p-1j}x_{ip-1}+\varepsilon_{ij},\quad i=1,\cdots,n,\ j=1,\cdots,q. \tag{4.9.2}$$

引进矩阵记号

$$\mathbf{Y}_{n\times q}=\begin{pmatrix} y_{11} & y_{12} & \cdots & y_{1q} \\ y_{21} & y_{22} & \cdots & y_{2q} \\ \vdots & \vdots & & \vdots \\ y_{n1} & y_{n2} & \cdots & y_{nq} \end{pmatrix}=(\boldsymbol{y}_1,\boldsymbol{y}_2,\cdots,\boldsymbol{y}_q),$$

$$\mathbf{X}_{n\times p}=\begin{pmatrix} 1 & x_{11} & \cdots & x_{1(p-1)} \\ 1 & x_{21} & \cdots & x_{2(p-1)} \\ \vdots & \vdots & & \vdots \\ 1 & x_{n1} & \cdots & x_{n(p-1)} \end{pmatrix},$$

$$\mathbf{B}_{p\times q}=\begin{pmatrix} \beta_{01} & \beta_{02} & \cdots & \beta_{0q} \\ \beta_{11} & \beta_{12} & \cdots & \beta_{1q} \\ \vdots & \vdots & & \vdots \\ \beta_{(p-1)1} & \beta_{(p-1)2} & \cdots & \beta_{(p-1)q} \end{pmatrix}=(\boldsymbol{\beta}_1,\boldsymbol{\beta}_2,\cdots,\boldsymbol{\beta}_q),$$

$$\boldsymbol{\varepsilon}_{n\times q}=\begin{pmatrix} \varepsilon_{11} & \varepsilon_{12} & \cdots & \varepsilon_{1q} \\ \varepsilon_{21} & \varepsilon_{22} & \cdots & \varepsilon_{2q} \\ \vdots & \vdots & & \vdots \\ \varepsilon_{n1} & \varepsilon_{n2} & \cdots & \varepsilon_{nq} \end{pmatrix}=(\boldsymbol{\varepsilon}_1,\boldsymbol{\varepsilon}_2,\cdots,\boldsymbol{\varepsilon}_q),$$

这里, 随机误差矩阵 $\boldsymbol{\varepsilon}$ 的不同行对应于不同次观测, 我们假定它们不相关, 均值为零, 有公共协方差阵为 $\mathbf{\Sigma}>\mathbf{0}$. $\boldsymbol{B}$ 为未知参数阵, 每个列对应于一个因变量. $\mathbf{Y}$ 为因变量随机观测阵, 它的不同行对应于不同次观测 (或试验), 每个列对应于一个因变量. 假设 $\mathrm{rk}(\mathbf{X})=p$. 于是 (4.9.2) 变为

$$\begin{cases} \mathbf{Y}=\mathbf{XB}+\boldsymbol{\varepsilon}, \\ \boldsymbol{\varepsilon} \text{ 的行向量互不相关, 均值为零, 协方差阵为 } \mathbf{\Sigma}. \end{cases} \tag{4.9.3}$$

我们称 (4.9.3) 为多元线性模型.

现在讨论 (4.9.3) 中未知参数 $\mathbf{B}$ 和 $\mathbf{\Sigma}$ 的估计问题. 基本方法是应用矩阵向量化运算, 把 (4.9.3) 转化为一元线性模型, 然后应用前面的结果, 导出 $\mathbf{B}$ 和 $\mathbf{\Sigma}$ 的估计.

应用 $\mathrm{Vec}(\mathbf{ABC})=(\mathbf{C}'\otimes\mathbf{A})\mathrm{Vec}(\mathbf{B})$, 有

$$\mathrm{Vec}(\mathbf{Y})=(\mathbf{I}_q\otimes\mathbf{X})\mathrm{Vec}(\mathbf{B})+\mathrm{Vec}(\boldsymbol{\varepsilon}). \tag{4.9.4}$$

因为

$$\mathrm{Cov}(\boldsymbol{y}_i, \boldsymbol{y}_j) = \sigma_{ij}\mathbf{I}_n, \qquad i,j = 1,\cdots,q,$$

这里 $\boldsymbol{\Sigma} = (\sigma_{ij})_{q\times q}$, 再由 $\mathrm{Cov}(\mathrm{Vec}(\boldsymbol{\varepsilon})) = \boldsymbol{\Sigma}\otimes\mathbf{I}_n$, 多元线性模型 (4.9.3) 化为如下一元线性模型

$$\begin{cases} \mathrm{Vec}(\mathbf{Y}) = (\mathbf{I}_q\otimes\mathbf{X})\mathrm{Vec}(\mathbf{B}) + \mathrm{Vec}(\boldsymbol{\varepsilon}), \\ \mathrm{Cov}(\mathrm{Vec}(\boldsymbol{\varepsilon})) = \boldsymbol{\Sigma}\otimes\mathbf{I}_n, \\ E(\mathrm{Vec}(\boldsymbol{\varepsilon})) = \mathbf{0}. \end{cases} \tag{4.9.5}$$

应用一元线性模型的结果和 Kronecker 乘积的性质, $\boldsymbol{\beta} \triangleq \mathrm{Vec}(\mathbf{B})$ 的 BLU 估计为

$$\begin{aligned} \boldsymbol{\beta}^* &= \mathrm{Vec}(\mathbf{B}^*) \\ &= [(\mathbf{I}_q\otimes\mathbf{X})'(\boldsymbol{\Sigma}\otimes\mathbf{I}_n)^{-1}(\mathbf{I}_q\otimes\mathbf{X})]^{-1}(\mathbf{I}_q\otimes\mathbf{X})(\boldsymbol{\Sigma}\otimes\mathbf{I}_n)^{-1}\mathrm{Vec}(\mathbf{Y}) \\ &= (\boldsymbol{\Sigma}^{-1}\otimes\mathbf{X}'\mathbf{X})^{-1}(\boldsymbol{\Sigma}^{-1}\otimes\mathbf{X}')\mathrm{Vec}(\mathbf{Y}) \\ &= (\mathbf{I}_q\otimes(\mathbf{X}'\mathbf{X})^{-1}\mathbf{X}')\mathrm{Vec}(\mathbf{Y}) \\ &= \mathrm{Vec}((\mathbf{X}'\mathbf{X})^{-1}\mathbf{X}'\boldsymbol{y}), \end{aligned} \tag{4.9.6}$$

于是 $\mathbf{B}$ 的 BLU 估计为

$$\mathbf{B}^* = (\mathbf{X}'\mathbf{X})^{-1}\mathbf{X}'\boldsymbol{y}. \tag{4.9.7}$$

若记 $\mathbf{B}^* = (\boldsymbol{\beta}_1^*, \boldsymbol{\beta}_2^*, \cdots, \boldsymbol{\beta}_q^*)$, 则

$$\boldsymbol{\beta}_i^* = (\mathbf{X}'\mathbf{X})^{-1}\mathbf{X}'\boldsymbol{y}_i, \qquad i = 1,\cdots,q,$$

此即从一元线性模型

$$y_i = \mathbf{X}\boldsymbol{\beta}_i + \boldsymbol{\varepsilon}_i, \qquad i = 1,\cdots,q \tag{4.9.8}$$

导出的 LS 估计. 这个结果表明 q 个因变量的多元线性模型的参数矩阵 $\mathbf{B}$ 的 BLU 估计可以从 q 个一元线性模型 (4.8.8) 得到. 对一元线性模型 (4.9.5) 应用定理 4.6.2 的 (3), 也可以证明, $\mathrm{Vec}(\mathbf{B}^*)$ 的 BLU 估计和 LS 估计相同, 与协方差阵 $\mathrm{Cov}(\mathrm{Vec}(\boldsymbol{\varepsilon})) = \boldsymbol{\Sigma}\otimes\mathbf{I}_n$ 无关.

容易证明

$$\mathrm{Cov}(\mathrm{Vec}(\mathbf{B}^*)) = \boldsymbol{\Sigma}\otimes(\mathbf{X}'\mathbf{X})^{-1}, \tag{4.9.9}$$

于是

$$\mathrm{Cov}(\boldsymbol{\beta}_i^*, \boldsymbol{\beta}_j^*) = \sigma_{ij}\,(\mathbf{X}'\mathbf{X})^{-1}, \qquad i,j = 1,\cdots,q.$$

现在讨论 $\boldsymbol{\Sigma}$ 的估计, 定义

$$\mathbf{Y}^* = \mathbf{X}\mathbf{B}^* = \mathbf{X}(\mathbf{X}'\mathbf{X})^{-1}\mathbf{X}'\boldsymbol{y} \triangleq \mathbf{P}_{\mathbf{X}}\mathbf{Y},$$

$$\widehat{\boldsymbol{\varepsilon}} = \mathbf{Y} - \mathbf{Y}^* = (\mathbf{I}_n - \mathbf{P}_\mathbf{X})\mathbf{Y}.$$

应用事实: $E(\boldsymbol{x}'\mathbf{A}\boldsymbol{y}) = \mathrm{tr}[\mathbf{A}\mathrm{Cov}(\boldsymbol{y}, \boldsymbol{x})] + [E(\boldsymbol{x})]'\mathbf{A}[E(\boldsymbol{y})]$, 有

$$\begin{aligned}&E[\boldsymbol{y}_i'(\mathbf{I}_n - \mathbf{P}_\mathbf{X})\boldsymbol{y}_j]\\ &= \sigma_{ij}\,\mathrm{tr}(\mathbf{I}_n - \mathbf{P}_\mathbf{X}) + \boldsymbol{\beta}_i'\mathbf{X}'(\mathbf{I}_n - \mathbf{P}_\mathbf{X})\mathbf{X}\boldsymbol{\beta}_j\\ &= \sigma_{ij}\,\mathrm{tr}(\mathbf{I}_n - \mathbf{P}_\mathbf{X}) = (n-q)\,\sigma_{ij}.\end{aligned}$$

于是

$$E(\widehat{\boldsymbol{\varepsilon}}'\widehat{\boldsymbol{\varepsilon}}) = E[\mathbf{Y}'(\mathbf{I}_n - \mathbf{P}_\mathbf{X})\mathbf{Y}] = (n-p)\,\boldsymbol{\Sigma}.$$

最后, 我们得到 $\boldsymbol{\Sigma}$ 的一个无偏估计

$$\boldsymbol{\Sigma}^* = \frac{1}{n-p}\,\mathbf{Y}'(\mathbf{I}_n - \mathbf{P}_\mathbf{X})\mathbf{Y}. \tag{4.9.10}$$

如果进一步假设 (4.9.3) 中 $\boldsymbol{\varepsilon}$ 的行向量服从正态分布, 则可以证明 $\mathbf{B}^*$ 与 $\boldsymbol{\Sigma}^*$ 相互独立. 事实上, 在正态假设下

$$\mathrm{Vec}(\mathbf{Y}) \sim N_{nq}((\,\mathbf{I}_q \otimes \mathbf{X})\mathrm{Vec}(\mathbf{B}),\, \boldsymbol{\Sigma} \otimes \mathbf{I}_n). \tag{4.9.11}$$

记 $\boldsymbol{\Sigma}^* = (\sigma_{ij}^*)$, 则

$$\begin{aligned}(n-p)\sigma_{ij}^* &= \boldsymbol{y}_i'(\mathbf{I}_n - \mathbf{P}_\mathbf{X})\boldsymbol{y}_j\\ &= \mathrm{Vec}(\mathbf{Y})'[\mathbf{E}_{ij}(q \times q) \otimes (\mathbf{I}_n - \mathbf{P}_\mathbf{X})]\mathrm{Vec}(\mathbf{Y}),\end{aligned}$$

这里 $\mathbf{E}_{ij}(q \times q)$ 表示 q 阶方阵, 除 $(i,\ j)$ 元为 1 外, 其余均为零. 从 (4.9.6) 和上式知, $(n-p)\sigma_{ij}^*$ 和 $\mathbf{B}^*$ 分别是正态向量 $\mathrm{Vec}(\mathbf{Y})$ 的二次型和线性型. 因为

$$\begin{aligned}&(\mathbf{I}_q \otimes \mathbf{X}(\mathbf{X}'\mathbf{X})^{-1}\mathbf{X}')(\boldsymbol{\Sigma} \otimes \mathbf{I}_n)(\mathbf{E}_{ij}(q \times q) \otimes (\mathbf{I}_n - \mathbf{P}_\mathbf{X}))\\ &\cdot[\boldsymbol{\Sigma}\,\mathbf{E}_{ij}(q \times q)] \otimes [\mathbf{X}(\mathbf{X}'\mathbf{X})^{-1}\mathbf{X}'(\mathbf{I}_n - \mathbf{P}_\mathbf{X})] = \mathbf{0},\end{aligned}$$

知 σ_{ij}^* 与 $\mathbf{B}^*$ 相互独立, 且对一切 $i, j = 1, \cdots, q$ 都成立, 所以 $\boldsymbol{\Sigma}^*$ 与 B^* 相互独立.

上面讨论的是 $\mathrm{rk}(\mathbf{X}_{n\times p}) = p$ 的情况. 若 $\mathrm{rk}(\mathbf{X}_{n\times p}) < p$, 此时在 (4.9.6) 中, 改 $(\mathbf{X}'\mathbf{X})^{-1}$ 为广义逆 $(\mathbf{X}'\mathbf{X})^-$, 则 $\boldsymbol{\beta}^* = \mathrm{Vec}(\mathbf{B}^*)$ 或等价地

$$\mathbf{B}^* = (\mathbf{X}'\mathbf{X})^-\mathbf{X}'\boldsymbol{y} \tag{4.9.12}$$

就是 $\mathbf{B}$ 的 GLS 解. 设 $\mathbf{A}$ 为任一 $p \times q$ 矩阵, 则参数矩阵 $\mathbf{B}$ 的任一线性函数可表示为 $\varphi = \mathrm{tr}(\mathbf{A}'\mathbf{B})$. 因为

$$\varphi = \mathrm{tr}(\mathbf{A}'\mathbf{B}) = \mathrm{Vec}(\mathbf{A})'\mathrm{Vec}(\mathbf{B}),$$

从模型 (4.9.5) 可推知, 此函数可估当且仅当

$$\begin{aligned}&\mathrm{Vec}(\mathbf{A}) \in \mathcal{M}(\mathbf{I}_q \otimes \mathbf{X}')\\ \Longleftrightarrow\ &\text{存在 } \mathbf{T}_{n\times q},\ \text{使得 } \mathrm{Vec}(\mathbf{A}) = (\mathbf{I}_q \otimes \mathbf{X}')\mathrm{Vec}(\mathbf{T})\\ \Longleftrightarrow\ &\mathbf{A} = \mathbf{X}'\mathbf{T}.\end{aligned} \tag{4.9.13}$$

于是, 对任一 $\mathbf{A} = \mathbf{X}'\mathbf{T}$, 可估函数 $\varphi = \mathrm{tr}(\mathbf{A}'\mathbf{B})$ 的 BLU 估计为

$$\varphi^* = \mathrm{tr}(\mathbf{A}'\mathbf{B}^*). \tag{4.9.14}$$

对于 $\mathbf{\Sigma}$ 的无偏估计, 只需将 (5.1.10) 中 $\mathbf{P_X} = \mathbf{X}(\mathbf{X}'\mathbf{X})^{-1}\mathbf{X}'$ 改为 $\mathbf{P_X} = \mathbf{X}(\mathbf{X}'\mathbf{X})^{-}\mathbf{X}'$, 二次型的因子中 p 改为 $r = \mathrm{rk}(\mathbf{X})$ 即可. 在误差正态假设下, φ^* 与 $\mathbf{\Sigma}^*$ 的独立性仍然成立.

同样的处理手法也可应用于更一般的多元线性模型:

$$\begin{cases}\mathbf{Y} = \mathbf{X}_1\mathbf{B}\mathbf{X}_2 + \boldsymbol{\varepsilon},\\ \boldsymbol{\varepsilon} \text{ 的行向量互不相关, 均值为零, 协方差阵为 } \mathbf{\Sigma},\end{cases} \tag{4.9.15}$$

这里 $\mathbf{Y}$ 仍为 $n \times q$ 随机观测阵, $\mathbf{X}_1$ 和 $\mathbf{X}_2$ 分别为 $n \times p$ 和 $k \times q$ 已知矩阵, $\mathbf{B}$ 为 $n \times q$ 的未知参数阵, 关于 ε 的假设同模型 (4.9.3). 这类模型的不少例子来自生物生长问题, 故得生长曲线模型 (growth–curve model) 之名.

我们举两个例子以说明这类模型的实际背景.

例 4.9.1 生物学家欲研究白鼠的某个特征随时间变化情况, 随机选用 n 只小白鼠做试验. 在时刻 $t_1, \cdots, t_p$ 对每只小白鼠观测该特征的值. 设第 i 只小白鼠的 p 次观测值为 $y_{i1}, \cdots, y_{ip}$, $i = 1, \cdots, n$. 假定不同白鼠的观测值是不相关的, 而同一只白鼠的 p 次观测却是相关的, 且协方差阵为 $\mathbf{\Sigma}$ ($> \mathbf{0}$). 从理论分析认为, 这些观测值与观测时间 t 的关系为 $k-1$ 阶多项式:

$$Y = f(t) = \beta_0 + \beta_1 t + \cdots + \beta_{k-1}t^{k-1}, \tag{4.9.16}$$

这就是所谓理论生长曲线. 生物学家的目的是估计 $\beta_0, \beta_1, \cdots, \beta_{k-1}$, 以得到经验生长曲线. 若以 ε_{ij} 记 y_{ij} 所含的误差, 则对观测数据 y_{ij}, 我们有模型

$$\begin{pmatrix} y_{11} & y_{12} & \cdots & y_{1p}\\ y_{21} & y_{22} & \cdots & y_{2p}\\ \vdots & \vdots & & \vdots\\ y_{n1} & y_{n2} & \cdots & y_{np}\end{pmatrix}$$

$$
= \begin{pmatrix} 1 \\ 1 \\ \vdots \\ 1 \end{pmatrix} (\beta_0, \beta_1, \cdots, \beta_{k-1}) \begin{pmatrix} 1 & 1 & \cdots & 1 \\ t_1 & t_2 & \cdots & t_p \\ \vdots & \vdots & & \vdots \\ t_1^{k-1} & t_2^{k-1} & \cdots & t_p^{k-1} \end{pmatrix} + (\varepsilon_{ij}).
$$

它具有 (4.9.15) 的形式, 且 $\boldsymbol{\varepsilon}$ 也满足所作的假设.

例 4.9.2 研究的问题和上例相同. 但是, 现在欲建立 m 个经验生长曲线. 假设对 n 只小白鼠依品种或其他指标分成 m 个小组, 第 i 组有 n_i 只, $n = \sum\limits_{i=1}^{m} n_i$. 和上例一样, 在时刻 $t_1, \cdots, t_p$ 对每只小白鼠的特征进行观测. 在理论上, 对每小组有一条生长曲线

$$
Y_i = f_i(t) = \beta_{i0} + \beta_{i1} t + \cdots + \beta_{i,k-1} t^{k-1}, \quad i = 1, \cdots, m. \tag{4.9.17}
$$

记 y_{ijl} 为在时刻 t_i 对第 i 组的第 j 只小白鼠的观测值, 引进下列矩阵:

$$
\mathbf{Y}_{n\times p} = \begin{pmatrix} \mathbf{Y}_1 \\ \vdots \\ \mathbf{Y}_m \end{pmatrix}, \quad \mathbf{Y}_i = (y_{ij\,l})_{n_i \times p}, \quad i = 1, \cdots, m,
$$

$$
\mathbf{X}_1 = \begin{pmatrix} \mathbf{1}_{n_1} & 0 & \cdots & 0 \\ 0 & \mathbf{1}_{n_2} & \cdots & 0 \\ \vdots & \vdots & \ddots & \vdots \\ 0 & 0 & \cdots & \mathbf{1}_{n_m} \end{pmatrix}, \quad \mathbf{X}_2 = \begin{pmatrix} 1 & 1 & \cdots & 1 \\ t_1 & t_2 & \cdots & t_p \\ \vdots & \vdots & & \vdots \\ t_1^{k-1} & t_2^{k-1} & \cdots & t_p^{k-1} \end{pmatrix},
$$

$$
\mathbf{B}_{p\times q} = \begin{pmatrix} \beta_{10} & \beta_{11} & \cdots & \beta_{1,k-1} \\ \beta_{20} & \beta_{21} & \cdots & \beta_{2,k-1} \\ \vdots & \vdots & & \vdots \\ \beta_{m0} & \beta_{m1} & \cdots & \beta_{m,k-1} \end{pmatrix},
$$

$$
\boldsymbol{\varepsilon} = \begin{pmatrix} \varepsilon_1 \\ \varepsilon_2 \\ \vdots \\ \varepsilon_m \end{pmatrix}, \quad \boldsymbol{\varepsilon}_i = (\varepsilon_{ijl})_{n_i \times p},
$$

这里 $\mathbf{1}_n$ 表示 n 个 1 组成的 $n \times 1$ 向量. 我们就有

$$
\mathbf{Y} = \mathbf{X}_1 \mathbf{B} \mathbf{X}_2 + \boldsymbol{\varepsilon},
$$

且 $\boldsymbol{\varepsilon}$ 满足 (4.9.15) 的假设.

应用矩阵向量化方法, (4.9.15) 变为

$$\begin{cases} \mathrm{Vec}(\mathbf{Y}) = (\mathbf{X}_2' \otimes \mathbf{X}_1)\mathrm{Vec}(\mathbf{B}) + \mathrm{Vec}(\boldsymbol{\varepsilon}), \\ E(\mathrm{Vec}(\boldsymbol{\varepsilon})) = \mathbf{0}, \\ \mathrm{Cov}(\mathrm{Vec}(\boldsymbol{\varepsilon})) = \boldsymbol{\Sigma} \otimes \mathbf{I}_n. \end{cases} \tag{4.9.18}$$

利用 (4.9.18) 不难证明, 线性函数 $\varphi = \mathrm{tr}(\mathbf{A}'\mathbf{B})$ 可估的充要条件是: 存在矩阵 $\mathbf{T}_{n\times q}$, 使得

$$\mathbf{A} = \mathbf{X}_1'\mathbf{T}\mathbf{X}_2. \tag{4.9.19}$$

若 $\boldsymbol{\Sigma}$ 已知, 则 $\boldsymbol{\beta}^* = \mathrm{Vec}(\mathbf{B}^*)$ 的 GLS 解为

$$\boldsymbol{\beta}^* = \mathrm{Vec}((\mathbf{X}_1'\mathbf{X}_1)^-\mathbf{X}_1'\mathbf{Y}\boldsymbol{\Sigma}^{-1}\mathbf{X}_2'(\mathbf{X}_2\boldsymbol{\Sigma}^{-1}\mathbf{X}_2')^-), \tag{4.9.20}$$

等价地

$$\mathbf{B}^* = (\mathbf{X}_1'\mathbf{X}_1)^-\mathbf{X}_1'\mathbf{Y}\boldsymbol{\Sigma}^{-1}\mathbf{X}_2'(\mathbf{X}_2\boldsymbol{\Sigma}^{-1}\mathbf{X}_2')^-. \tag{4.9.21}$$

这两个上式的证明留给读者作练习.

在 $\boldsymbol{\Sigma}$ 已知的条件下, 对任一满足 (4.9.19) 的 $\mathbf{A}$, 可估函数 $\varphi = \mathrm{tr}(\mathbf{A}'\mathbf{B})$ 的 BLU 估计为

$$\varphi^* = \mathrm{tr}(\mathbf{A}'\mathbf{B}^*). \tag{4.9.22}$$

容易看到, 当 $k = q$, $\mathbf{X}_2 = \mathbf{I}_q$ 时, 模型 (4.9.15) 变为模型 (4.9.3), 相应地, (4.9.19) 和 (4.9.21) 就变为 (4.9.13) 和 (4.9.12). 和模型 (4.9.3) 所不同的是, 在 (4.9.21) 中, $\mathbf{B}^*$ 表达式与 $\boldsymbol{\Sigma}$ 有关. 当 $\boldsymbol{\Sigma}$ 未知时, (4.9.22) 就不再是 $\varphi = \mathrm{tr}(\mathbf{A}'\mathbf{B})$ 的 BLU 估计了. 和 4.3 节一样, 需要先对 $\boldsymbol{\Sigma}$ 作出估计, 然后在 (4.9.21) 中用其估计代替 $\boldsymbol{\Sigma}$, 得到两步估计.

不难证明

$$\mathbf{S} = \frac{1}{n - \mathrm{rk}(\mathbf{X}_1)}\mathbf{Y}'(\mathbf{I}_n - \mathbf{X}_1(\mathbf{X}_1'\mathbf{X}_1)^-\mathbf{X}_1')\mathbf{Y} \tag{4.9.23}$$

是 $\boldsymbol{\Sigma}$ 的一个无偏估计. 当 $n - \mathrm{rk}(\mathbf{X}_1) > q$ 时, 它以概率为 1 的正定. 将 $\mathbf{S}$ 代入 (4.9.21), 得到

$$\widetilde{\mathbf{B}} = (\mathbf{X}_1'\mathbf{X}_1)^-\mathbf{X}_1\mathbf{S}^{-1}\mathbf{X}_2'(\mathbf{X}_2\mathbf{S}^{-1}\mathbf{X}_2')^-, \tag{4.9.24}$$

称为 $\mathbf{B}$ 的两步 GLS 解. 对任一可估函数 $\varphi = \mathrm{tr}(\mathbf{A}'\mathbf{B})$, 其两步估计为

$$\widetilde{\varphi} = \mathrm{tr}(\mathbf{A}'\widetilde{\mathbf{B}}). \tag{4.9.25}$$

当 $\boldsymbol{\varepsilon}$ 的行向量的分布关于原点对称时, 它是 φ 的无偏估计, 即 $E(\widetilde{\varphi}) = \varphi$.

从本节的讨论我们可以看出, 一元线性模型参数估计理论和方法为一般多元线性模型以及生长曲线模型的研究提供了基础. 关于这些模型的深入讨论, 读者可参阅 (Kshirsagar and Smith, 1995).

本章讨论了线性模型 LS 估计的一些基本性质. 关于一些进一步研究的问题, 如 LS 估计的相对效率、可容许性、相合性等, 限于本书性质及篇幅, 不再予以讨论, 但书后给出了能够反映这些领域的研究现状的近期重要文献, 如 (Rao and Toutenburg, 1995; 陈希孺和王松桂, 2006), 供读者参考.

习 题 四

4.1 对线性模型

$$y_1 = \beta_1 + \beta_2 + e_1,$$
$$y_2 = \beta_1 + \beta_2 + e_2,$$
$$y_3 = \beta_1 + \beta_3 + e_3,$$

证明 $\sum\limits_{i=1}^{3} c_i\beta_i$ 可估 $\Longleftrightarrow c_1 = c_2 + c_3$.

4.2 对线性模型 $\boldsymbol{y} = \mathbf{X}\boldsymbol{\beta} + \boldsymbol{e}, \boldsymbol{e} \sim (\mathbf{0},\ \sigma^2\mathbf{I}_n)$, 线性函数 $\beta_1 - \beta_2,\ \beta_1 - \beta_3,\ \cdots,\ \beta_1 - \beta_p$ 可估 $\Longleftrightarrow$ 对一切满足 $\sum\limits_{i=1}^{p} c_i = 0$ 的 $c_1, \cdots, c_p$, $\sum\limits_{i=1}^{p} c_i\beta_i$ 可估.

4.3 对线性模型 $\boldsymbol{y} = \mathbf{X}\boldsymbol{\beta} + \boldsymbol{e}, \boldsymbol{e} \sim (\mathbf{0},\ \sigma^2\boldsymbol{\Sigma})$, $\boldsymbol{\Sigma} > \mathbf{0}$. $\mathbf{A}\boldsymbol{\beta}^*$ 为可估函数 $\mathbf{A}\boldsymbol{\beta}$ 的 BLU 估计, 这里 $\mathbf{A}$ 是 $n \times p$ 的矩阵. 设 $\mathbf{B}\boldsymbol{y}$ 为 $\mathbf{A}\boldsymbol{\beta}$ 的任一无偏估计. 证明

$$\mathrm{Cov}(\mathbf{B}\boldsymbol{y}) \geqslant \mathrm{Cov}(\mathbf{A}\boldsymbol{\beta}^*),$$

这里 $\mathbf{M}_1 \geqslant \mathbf{M}_2$ 定义为 $\mathbf{M}_1 - \mathbf{M}_2 \geqslant \mathbf{0}$.

4.4 对线性模型 $\boldsymbol{y} = \mathbf{X}\boldsymbol{\beta} + \boldsymbol{e}, \boldsymbol{e} \sim N_n(\mathbf{0},\ \sigma^2\mathbf{I}_n)$, $\mathrm{rk}(\mathbf{X}_{n\times p}) = p$, $\widehat{\boldsymbol{\beta}} = (\mathbf{X}'\mathbf{X})^{-1}\mathbf{X}'\boldsymbol{y}$, $\widehat{\sigma}^2 = \|\boldsymbol{y} - \mathbf{X}\boldsymbol{\beta}\|^2/(n-p)$.

(1) 求 $\mathrm{Var}(\widehat{\sigma}^2)$.

(2) 设 $\mathbf{A} = (\mathbf{I}_n - \mathbf{X}\mathbf{X}^+)/(n-p+2)$, 计算 $E(\boldsymbol{y}'\mathbf{A}\boldsymbol{y} - \sigma^2)^2$.

(3) 证明: $\boldsymbol{y}'\mathbf{A}\boldsymbol{y}$ 作为 σ^2 的一个估计, 比 $\widehat{\sigma}^2$ 有较小的均方误差, 即 $\mathrm{MSE}(\boldsymbol{y}'\mathbf{A}\boldsymbol{y}) < \mathrm{MSE}(\widehat{\sigma}^2)$.

(4) 试证明: 将条件 $\boldsymbol{e} \sim N_n(\mathbf{0}, \sigma^2\mathbf{I}_n)$ 替换成 $E(\boldsymbol{e}) = \mathbf{0}, \mathrm{Var}(\boldsymbol{e}) = \sigma^2\mathbf{I}_n$, 且其分量 e_i 的分布峰值 $E(e_i^4)/\sigma^4$ 皆大于 2, 则 (3) 的结论仍成立.

4.5 称重设计: 假设我们用天平称重量分别为 $\beta_1, \cdots, \beta_p$ 的 p 件物体, 每次称若干件. 这种称物方法可用线性模型

$$Y = \beta_1X_1 + \cdots + \beta_pX_p + e$$

来描述, 这里

$$X_i = \begin{cases} 1, & \text{第 } i \text{ 件物体放在天平的左边}, \\ 0, & \text{第 } i \text{ 件物体没有称}, \\ -1, & \text{第 } i \text{ 件物体放在天平的右边}, \end{cases}$$

Y 表示所加的砝码重量. 若砝码放在天平的右边, 取正值, 不然取负值, e 表示误差. 假定我们每次把一部分物体放在天平左边, 而另外的一部分或全部放在天平右边, 总共称了 n 次, 每次所加的砝码的重量为 $y_1, \cdots, y_n$. 于是得到模型

$$\begin{pmatrix} y_1 \\ y_2 \\ \vdots \\ y_n \end{pmatrix} = \begin{pmatrix} x_{11} & \cdots & x_{1p} \\ x_{21} & \cdots & x_{2p} \\ \vdots & & \vdots \\ x_{n1} & \cdots & x_{np} \end{pmatrix} \begin{pmatrix} \beta_1 \\ \beta_2 \\ \vdots \\ \beta_p \end{pmatrix} + \begin{pmatrix} e_1 \\ e_2 \\ \vdots \\ e_n \end{pmatrix}.$$

记 $\mathbf{X} = (x_{ij})$, 并认为各次称物过程相互独立. 于是我们可以从这个模型得到的 p 件物体重量 $\beta_1, \cdots, \beta_p$ 的 LS 估计 $\widehat{\beta}_1, \cdots, \widehat{\beta}_p$.

(1) 证明 $\mathrm{Var}(\widehat{\beta}_i) \geqslant \sigma^2/n, i = 1, \cdots, p$. 并且对 $i = 1, \cdots, p$ 达到最小值的充要条件为 $\hat{\beta}_i$ 的元素只取 ± 1, 且 $\mathbf{X}$ 的任两列彼此正交.

(2) 如果每次只称一件物体, 为了达到 (1) 中的精度 (即估计的方差), 总共要称 np 次.

(**注** 一个 n 阶方阵 $\mathbf{X}$ 若其元素只取 ± 1, 且任两列都正交, 则称 $\mathbf{X}$ 为 n 阶 Hadamard 阵. 结论 (1) 表示, 当 $n \geqslant p$ 时, 由 n 阶 Hadamard 阵的任 p 列作为设计阵, 可使 $\mathrm{Var}(\widehat{\beta}_i)$ 达到最小.)

4.6 对线性模型 $\boldsymbol{y} = \mathbf{X}\boldsymbol{\beta} + \boldsymbol{e}, \boldsymbol{e} \sim (\mathbf{0}, \sigma^2\mathbf{I}_n)$, $\mathrm{rk}(\mathbf{X}_{n\times p}) = p$, 证明

$$\mathrm{Var}(\widehat{\beta}_i) \geqslant \sigma^2/x_i'x_i, \quad 1 \leqslant i \leqslant p,$$

且等号成立 $\Longleftrightarrow \boldsymbol{x}_i'\boldsymbol{x}_j = 0$ 对一切 $i \neq j$, 这里 $\boldsymbol{x}_i$ 表示 $\mathbf{X}$ 的第 i 列.

4.7 对线性模型 $\boldsymbol{y} = \mathbf{X}\boldsymbol{\beta} + \boldsymbol{e}, \boldsymbol{e} \sim N_n(\mathbf{0}, \sigma^2\mathbf{V})$, $\mathrm{rk}(\mathbf{X}_{n\times p}) = p$, $\mathbf{V} > \mathbf{0}$, 求参数 $\boldsymbol{\beta}$ 和 σ^2 的 ML 估计以及 ML 估计的分布.

4.8 对奇异线性模型 $\boldsymbol{y} = \mathbf{X}\boldsymbol{\beta} + \boldsymbol{e}, \boldsymbol{e} \sim (\mathbf{0}, \sigma^2\boldsymbol{\Sigma})$, $\boldsymbol{\Sigma} \geqslant \mathbf{0}$. 设 $\widetilde{\boldsymbol{\beta}}$ 为 $\mathbf{X}'\boldsymbol{\Sigma}^-\mathbf{X}\boldsymbol{\beta} = \mathbf{X}'\boldsymbol{\Sigma}^-\boldsymbol{y}$ 的任一解. 对一切可估函数 $\boldsymbol{c}'\boldsymbol{\beta}$, $\boldsymbol{c}'\widetilde{\boldsymbol{\beta}}$ 为其无偏估计 $\Longleftrightarrow \mathrm{rk}(\mathbf{X}'\boldsymbol{\Sigma}^-\mathbf{X}) = \mathrm{rk}(\mathbf{X})$.

4.9 证明引理 4.5.4.

4.10 在 Panel 模型 (4.5.8) 下, 试证 $\boldsymbol{\beta}$ 的 BLU 估计为 (4.5.9).

4.11 对线性模型 $\boldsymbol{y} = \mathbf{X}\boldsymbol{\beta} + \boldsymbol{e}, \boldsymbol{e} \sim (\mathbf{0}, \sigma^2\boldsymbol{\Sigma})$, 证明若 $\boldsymbol{\Sigma} = \mathbf{X}\mathbf{D}_1\mathbf{X}' + \boldsymbol{\Sigma}_0\mathbf{Z}\mathbf{D}_2\mathbf{Z}'\boldsymbol{\Sigma}_0 + \boldsymbol{\Sigma}_0$ 其中, $\mathbf{D}_1 \geqslant \mathbf{0}$, $\mathbf{D}_2 \geqslant \mathbf{0}$, $\boldsymbol{\Sigma}_0 > \mathbf{0}$, 则对于任一可估函数 $\boldsymbol{c}'\boldsymbol{\beta}$, 它的 BLU 估计为 $\boldsymbol{c}'\boldsymbol{\beta}^*(\boldsymbol{\Sigma}_0)$, 这里 $\boldsymbol{\beta}^*(\boldsymbol{\Sigma}_0) = (\mathbf{X}'\boldsymbol{\Sigma}_0^{-1}\mathbf{X})^-\mathbf{X}'\boldsymbol{\Sigma}_0^{-1}\boldsymbol{y}$. (提示: 利用定理 4.6.1.)

4.12 对生长曲线模型 (4.9.15), 证明

(1) 线性函数 $\varphi = \mathrm{tr}(\mathbf{A}'\mathbf{B})$ 可估的充要条件为存在 $\mathbf{T}_{n\times q}$ 使得 $\mathbf{A} = \mathbf{X}_1'\mathbf{T}\mathbf{X}_2$.

(2) 证明 (4.9.20) 和 (4.9.21).

(3) 若误差阵的行向量的分布关于原点对称, 则对任一可估函数 $\varphi = \mathrm{tr}(\mathbf{A}'\mathbf{B})$, 两步估计 $\widetilde{\varphi} = \mathrm{tr}(\mathbf{A}'\widetilde{\mathbf{B}})$ 为 φ 的无偏估计, 这里 $\widetilde{\mathbf{B}}$ 由 (4.9.24) 定义.

第 5 章　假设检验及其他

在第 4 章, 我们系统地讨论了一般线性模型的最小二乘估计理论. 在此基础上, 本章将转入线性模型的其他形式的统计推断, 包括线性假设检验、置信椭球、同时置信区间、因变量的预测. 因为这些形式的统计推断都离不开观测向量的分布, 所以, 本章我们主要考虑模型误差服从多元正态分布的情形. 由于模型误差协方差阵为 $\sigma^2\mathbf{\Sigma} > \mathbf{0}$ 时, 我们可通过对模型左乘 $\mathbf{\Sigma}^{-1/2}$ 化成模型误差为 $\sigma^2\mathbf{I}_n$ 的情形, 故不失一般性, 假定正态线性模型为

$$\boldsymbol{y} = \mathbf{X}\boldsymbol{\beta} + \boldsymbol{e}, \qquad \boldsymbol{e} \sim N_n(\mathbf{0},\ \sigma^2\mathbf{I}_n). \tag{5.0.1}$$

5.1　线性假设检验

我们先简要介绍一般的似然比检验原理, 然后把它应用于模型 (5.0.1) 的线性假设检验. 设随机向量 $\boldsymbol{y}$ 服从参数为 $\boldsymbol{\theta} \in \mathbf{\Theta}$ 的概率分布族, 考虑参数检验问题: H_0: $\boldsymbol{\theta} \in \mathbf{\Theta}_0$ 对 H_1: $\boldsymbol{\theta} \notin \mathbf{\Theta}_0$, 这里 $\mathbf{\Theta}_0$ 为 $\mathbf{\Theta}$ 的一个子集. 记 $L(\boldsymbol{\theta}; \boldsymbol{y})$ 为似然函数, $\widehat{\boldsymbol{\theta}}$ 为 $\boldsymbol{\theta}$ 的 ML 估计. $\widehat{\boldsymbol{\theta}}_H$ 是原假设 H_0: $\boldsymbol{\theta} \in \mathbf{\Theta}_0$ 成立时 $\boldsymbol{\theta}$ 的约束 ML 估计. 于是

$$\sup_{\boldsymbol{\theta}\in\mathbf{\Theta}} L(\boldsymbol{\theta};\ \boldsymbol{y}) = L(\widehat{\boldsymbol{\theta}};\ \boldsymbol{y}),$$

$$\sup_{\boldsymbol{\theta}\in\mathbf{\Theta}_0} L(\boldsymbol{\theta};\ \boldsymbol{y}) = L(\widehat{\boldsymbol{\theta}}_H;\ \boldsymbol{y}),$$

似然比定义为

$$\lambda(\boldsymbol{y}) = \frac{\sup\limits_{\boldsymbol{\theta}\in\mathbf{\Theta}} L(\boldsymbol{\theta};\ \boldsymbol{y})}{\sup\limits_{\boldsymbol{\theta}\in\mathbf{\Theta}_0} L(\boldsymbol{\theta};\ \boldsymbol{y})} = \frac{L(\widehat{\boldsymbol{\theta}};\ \boldsymbol{y})}{L(\widehat{\boldsymbol{\theta}}_H;\ \boldsymbol{y})}.$$

显然, $\lambda(\boldsymbol{y}) \geqslant 1$, 因为 $L(\widehat{\boldsymbol{\theta}}_H; \boldsymbol{y})$ 是原假设成立时, 观察到样本 $\boldsymbol{y}$ 的可能性的一个度量, 当在 $\lambda(\boldsymbol{y})$ 比较大时, 则 $L(\widehat{\boldsymbol{\theta}}_H;\ \boldsymbol{y})$ 相对较小, 即原假设成立观察到样本点 $\boldsymbol{y}$ 的可能性较小, 自然地, 在 $\lambda(\boldsymbol{y})$ 较大时拒绝原假设, 于是取检验的拒绝域形为 $\{\boldsymbol{y}\colon \lambda(\boldsymbol{y}) \geqslant c\}$, 这里 c 是一个待定常数. 在具体问题中, 为了方便求检验统计量的分布, 往往需要求分布已知的 $\lambda(\boldsymbol{y})$ 的单调函数 $G(\boldsymbol{y})$. 例如, 若统计量 $G(\boldsymbol{y})$ 是 $\lambda(\boldsymbol{y})$ 的单调增函数, 则检验的拒绝域取为 $\{\boldsymbol{y}\colon G(\boldsymbol{y}) \geqslant c\}$. 这样得到的检验称为似然比检验 (likelihood ratio test).

对于正态线性模型 (5.0.1), 考虑线性假设

$$H_0 : \mathbf{H}\boldsymbol{\beta} = \boldsymbol{d} \leftrightarrow H_1 : \mathbf{H}\boldsymbol{\beta} \neq \boldsymbol{d} \tag{5.1.1}$$

的检验问题, 这里 $\mathrm{rk}(\mathbf{X}) = r$, $\mathbf{H}$ 为 $k \times p$ 的矩阵, 满足条件: $\mathrm{rk}(\mathbf{H}) = k$, $\mathcal{M}(\mathbf{H}') \subset \mathcal{M}(\mathbf{X}')$. 当 $\boldsymbol{d} = \mathbf{0}$ 时, 则 $H_0 : \mathbf{H}\boldsymbol{\beta} = \mathbf{0}$, 文献中, 称其为齐次线性假设, 否则为非齐次线性假设. 该检验问题可以看作是对模型参数线性约束条件的 $\mathbf{H}\boldsymbol{\beta} = \boldsymbol{d}$ 检验, 也可被应用于后续章节的回归方程显著性、回归系数显著性、因子显著性等问题的研究中.

记 $\boldsymbol{\mu} = \mathbf{X}\boldsymbol{\beta}$. 似然函数 $(\boldsymbol{\mu},\ \sigma^2)$ 为

$$L(\boldsymbol{\mu},\ \sigma^2) = (2\pi)^{-\frac{n}{2}} \sigma^{-n} \exp\left(-\frac{1}{2\sigma^2}\|\boldsymbol{y} - \boldsymbol{\mu}\|^2\right).$$

由定理 4.1.5 和定理 4.3.3 可知, $(\boldsymbol{\mu}, \sigma^2)$ 的 ML 估计和约束 ML 估计分别为

$$\widehat{\boldsymbol{\mu}} = \mathbf{X}\widehat{\boldsymbol{\beta}} = \mathbf{X}(\mathbf{X}'\mathbf{X})^{-}\mathbf{X}'\boldsymbol{y}, \qquad \tilde{\sigma}^2 = \frac{\|\boldsymbol{y} - \mathbf{X}\widehat{\boldsymbol{\beta}}\|^2}{n},$$

$$\widehat{\boldsymbol{\mu}}_{\mathbf{H}} = \mathbf{X}\widehat{\boldsymbol{\beta}}_{\mathbf{H}} = \mathbf{X}\widehat{\boldsymbol{\beta}} - \mathbf{A}(\mathbf{H}\widehat{\boldsymbol{\beta}} - \boldsymbol{d}), \qquad \tilde{\sigma}^2_{\mathbf{H}} = \frac{\|\boldsymbol{y} - \mathbf{X}\widehat{\boldsymbol{\beta}}_{\mathbf{H}}\|^2}{n},$$

这里, $\mathbf{A} = \mathbf{X}(\mathbf{X}'\mathbf{X})^{-}\mathbf{H}'(\mathbf{H}(\mathbf{X}'\mathbf{X})^{-}\mathbf{H}')^{-1}$. 于是似然函数 $(\boldsymbol{\mu},\ \sigma^2)$ 在原假设 H_0 和备择假设 H_1 下的极值分别为

$$\sup_{H_0} L(\boldsymbol{\mu}, \sigma^2) = L(\mathbf{X}\widehat{\boldsymbol{\beta}}_{\mathbf{H}}, \tilde{\sigma}^2_{\mathbf{H}}) = \left(\frac{2\pi e}{n}\right)^{-\frac{n}{2}} \|\boldsymbol{y} - \mathbf{X}\widehat{\boldsymbol{\beta}}_{\mathbf{H}}\|^{-n}, \tag{5.1.2}$$

$$\sup_{H_1} L(\boldsymbol{\mu}, \sigma^2) = L(\mathbf{X}\widehat{\boldsymbol{\beta}}, \tilde{\sigma}^2) = \left(\frac{2\pi e}{n}\right)^{-\frac{n}{2}} \|\boldsymbol{y} - \mathbf{X}\widehat{\boldsymbol{\beta}}\|^{-n}, \tag{5.1.3}$$

似然比为

$$\lambda = \frac{\sup_{H_0} L(\boldsymbol{\mu}, \sigma^2)}{\sup_{H_1} L(\boldsymbol{\mu}, \sigma^2)} = \left(\frac{\|\boldsymbol{y} - \mathbf{X}\widehat{\boldsymbol{\beta}}_{\mathbf{H}}\|^2}{\|\boldsymbol{y} - \mathbf{X}\widehat{\boldsymbol{\beta}}\|^2}\right)^{n/2}.$$

记

$$\mathrm{SS}_e = \|\boldsymbol{y} - \mathbf{X}\boldsymbol{\beta}\|^2,$$

$$\mathrm{SS}_{\mathbf{H}e} = \|\boldsymbol{y} - \mathbf{X}\boldsymbol{\beta}_{\mathbf{H}}\|^2$$

分别表示模型残差平方和与在约束 $\mathbf{H}\boldsymbol{\beta} = \mathbf{0}$ 下的残差平方和. 令

$$F = \frac{n-r}{k}\left(\lambda^{2/n} - 1\right) = \frac{(\mathrm{SS}_{\mathbf{H}e} - \mathrm{SS}_e)/k}{\mathrm{SS}_e/(n-r)}. \tag{5.1.4}$$

显然, 统计量 F 仅依赖于 λ 且为 λ 的严增函数.

定理 5.1.1 设 $\mathbf{H}$ 为 $k\times p$ 的矩阵, 满足条件: $\text{rk}(\mathbf{H})=k$, $\mathcal{M}(\mathbf{H}')\subset\mathcal{M}(\mathbf{X}')$. 则

(1) $\text{SS}_e\sim\sigma^2\chi^2_{n-r}$;

(2) $\text{SS}_{\mathbf{H}e}-\text{SS}_e=(\mathbf{H}\widehat{\boldsymbol{\beta}}-\boldsymbol{d})'(\mathbf{H}(\mathbf{X}'\mathbf{X})^-\mathbf{H}')^{-1}(\mathbf{H}\widehat{\boldsymbol{\beta}}-\boldsymbol{d})\sim\sigma^2\chi^2_{k,\delta}$;

(3) $\text{SS}_{\mathbf{H}e}-\text{SS}_e$ 与 SS_e 相互独立;

(4) 当线性假设 $H_0:\mathbf{H}\boldsymbol{\beta}=\boldsymbol{d}$ 为真时, $F\sim F_{k,n-r}$,

这里, $r=\text{rk}(\mathbf{X})$, δ 为非中心参数, $\delta=(\mathbf{H}\boldsymbol{\beta}-\boldsymbol{d})'\left(\mathbf{H}(\mathbf{X}'\mathbf{X})^-\mathbf{H}'\right)^{-1}(\mathbf{H}\boldsymbol{\beta}-\boldsymbol{d})/\sigma^2$.

证明 (1) 的证明见定理 4.1.5.

(2) 记 $\mathbf{P_X}=\mathbf{X}(\mathbf{X}'\mathbf{X})^-\mathbf{X}'$, $\mathbf{A}=\mathbf{X}(\mathbf{X}'\mathbf{X})^-\mathbf{H}'(\mathbf{H}(\mathbf{X}'\mathbf{X})^-\mathbf{H}')^{-1}\mathbf{H}$. 注意到 $(\mathbf{I}_n-\mathbf{P_X})\mathbf{A}=\mathbf{0}$, $\boldsymbol{y}-\mathbf{X}\widehat{\boldsymbol{\beta}}=(\mathbf{I}_n-\mathbf{P_X})\boldsymbol{y}$, 于是有

$$\begin{aligned}\text{SS}_{\mathbf{H}e}&=\|\boldsymbol{y}-\mathbf{X}\widehat{\boldsymbol{\beta}}_H\|^2\\&=\|\boldsymbol{y}-\mathbf{X}\widehat{\boldsymbol{\beta}}+\mathbf{A}(\mathbf{H}\widehat{\boldsymbol{\beta}}-\boldsymbol{d})\|^2\\&=\|\boldsymbol{y}-\mathbf{X}\widehat{\boldsymbol{\beta}}\|^2+2(\boldsymbol{y}-\mathbf{X}\widehat{\boldsymbol{\beta}})'\mathbf{A}(\mathbf{H}\widehat{\boldsymbol{\beta}}-\boldsymbol{d})+(\mathbf{H}\widehat{\boldsymbol{\beta}}-\boldsymbol{d})'\mathbf{A}'\mathbf{A}(\mathbf{H}\widehat{\boldsymbol{\beta}}-\boldsymbol{d})\\&=\text{SS}_e+(\mathbf{H}\widehat{\boldsymbol{\beta}}-\boldsymbol{d})'\mathbf{A}'\mathbf{A}(\mathbf{H}\widehat{\boldsymbol{\beta}}-\boldsymbol{d}).\end{aligned}$$

因为 $\mathcal{M}(\mathbf{H}')\subset\mathcal{M}(\mathbf{X}')$, 所以 $\mathbf{A}'\mathbf{A}=(\mathbf{H}(\mathbf{X}'\mathbf{X})^-\mathbf{H}')^{-1}$. 故证得

$$\text{SS}_{\mathbf{H}e}-\text{SS}_e=(\mathbf{H}\widehat{\boldsymbol{\beta}}-\boldsymbol{d})'(\mathbf{H}(\mathbf{X}'\mathbf{X})^-\mathbf{H}')^{-1}(\mathbf{H}\widehat{\boldsymbol{\beta}}-\boldsymbol{d}).$$

再利用正态随机向量的线性变换性质, 有

$$\mathbf{H}\widehat{\boldsymbol{\beta}}-\boldsymbol{d}\sim N_k\left(\mathbf{H}\boldsymbol{\beta}-\boldsymbol{d},\sigma^2\mathbf{H}(\mathbf{X}'\mathbf{X})^-\mathbf{H}'\right),\tag{5.1.5}$$

结合 $\text{rk}(\mathbf{H}(\mathbf{X}'\mathbf{X})^-\mathbf{H}')=k$ 和推论 3.4.3 推出 (2).

(3) 注意到 $\text{SS}_{\mathbf{H}e}-\text{SS}_e$ 为 $\mathbf{H}\widehat{\boldsymbol{\beta}}$ 的函数,

$$\text{SS}_e=\|\boldsymbol{y}-\mathbf{X}\widehat{\boldsymbol{\beta}}\|^2=\boldsymbol{y}'(\mathbf{I}_n-\mathbf{P_X})\boldsymbol{y},$$

$$\mathbf{H}\widehat{\boldsymbol{\beta}}=\mathbf{H}(\mathbf{X}'\mathbf{X})^-\mathbf{X}'\boldsymbol{y},$$

$$\mathbf{H}(\mathbf{X}'\mathbf{X})^-\mathbf{X}'(\mathbf{I}_n-\mathbf{P_X})=\mathbf{0},$$

因此, 利用推论 3.5.1 立得 SS_e 和 $\mathbf{H}\widehat{\boldsymbol{\beta}}$ 独立, 从而证得 SS_e 和 $\text{SS}_{\mathbf{H}e}-\text{SS}_e$ 独立.

(4) 是 (1)—(3) 及 F 分布定义的直接推论. 定理证毕.

于是线性假设 $\mathbf{H}\boldsymbol{\beta}=\boldsymbol{d}$ 的似然比检验统计量的另一个表达式为

$$F=\frac{(\text{SS}_{\mathbf{H}e}-\text{SS}_e)/k}{\text{SS}_e/(n-r)}=\frac{(\mathbf{H}\widehat{\boldsymbol{\beta}}-\boldsymbol{d})'(\mathbf{H}(\mathbf{X}'\mathbf{X})^-\mathbf{H}')^{-1}(\mathbf{H}\widehat{\boldsymbol{\beta}}-\boldsymbol{d})/k}{\text{SS}_e/(n-r)}.\tag{5.1.6}$$

依似然比检验方法, 对于给定的显著性水平 $\alpha\,(0<\alpha<1)$, 若 $F>F_{k,n-r}(\alpha)$, 或 P 值 $P(F_{k,n-r}>F)<\alpha$, 则拒绝原假设 $\mathbf{H}\boldsymbol{\beta}=\boldsymbol{d}$; 否则接受原假设 $\mathbf{H}\boldsymbol{\beta}=\boldsymbol{d}$, 这里 $F_{k,n}(\alpha)$ 表示自由度为 k, n 的 F 分布的上侧 α 分点, 称 (5.1.6) 为 F 统计量, 称对应的检验为 F 检验. 此时, F 检验的功效函数 (power function) 为

$$\psi=P\left(F>F_{k,\ n-r}(\alpha)\right)=1-\int_{-\infty}^{F_{k,\ n-r}(\alpha)} f_{k,n-r,\delta}(t)dt,$$

这里 $f_{k,n-r,\delta}(x)$ 表示自由度为 k, $n-r$、非中心参数为 δ 的 F 分布的概率密度函数. 对给定的 k 和 $n-r$, 这个功效函数只依赖于非中心参数 $\delta=(\mathbf{H}\boldsymbol{\beta}-\boldsymbol{d})'(\mathbf{H}(\mathbf{X}'\mathbf{X})^{-}\mathbf{H}')^{-1}(\mathbf{H}\boldsymbol{\beta}-\boldsymbol{d})/\sigma^2$, 且是它的单调增函数.

从理论上可以证明: 对给定的显著性水平 α, 在一定的检验类中, F 检验一致具有最大功效函数, 即它是一致最优 (uniformly most powerful, UMP) 检验. 有关这方面的讨论, 参见 (陈希孺, 1999; Khuri et al., 1998).

注 5.1.1 结合定理 5.1.1 和 (5.1.6), 检验统计量 F 也可以由 Wald 方法直接构造, 即依据 $\mathbf{H}\boldsymbol{\beta}$ 的无偏估计 $\mathbf{H}\widehat{\boldsymbol{\beta}}$ 的分布构造: 当原假设 $H_0:\mathbf{H}\boldsymbol{\beta}=\boldsymbol{d}$ 成立时, 则 (5.1.5) 成立, 故

$$\frac{(\mathbf{H}\widehat{\boldsymbol{\beta}}-\boldsymbol{d})(\mathbf{H}(\mathbf{X}'\mathbf{X})^{-}\mathbf{H}')^{-1}(\mathbf{H}\widehat{\boldsymbol{\beta}}-\boldsymbol{d})}{\sigma^2}\sim\chi_k^2,$$

将 σ^2 用其无偏估计 $\widehat{\sigma}^2=\mathrm{SS}_e/(n-r)$ 替代, 再除以分子的自由度 k, 便得到了检验统计量 F.

令 $\boldsymbol{d}=\mathbf{0}$, 由定理 5.1.1 立得如下结论.

推论 5.1.1 对于相容齐次线性假设 $\mathbf{H}\boldsymbol{\beta}=\mathbf{0}$, $\mathrm{rk}(\mathbf{H})=k$, $\mathcal{M}(\mathbf{H}')\subset\mathcal{M}(\mathbf{X}')$, 有

(1) $\mathrm{SS}_{\mathbf{H}e}-\mathrm{SS}_e=\widehat{\boldsymbol{\beta}}'\mathbf{H}'(\mathbf{H}(\mathbf{X}'\mathbf{X})^{-}\mathbf{H}')^{-1}\mathbf{H}\widehat{\boldsymbol{\beta}}\sim\sigma^2\chi^2_{k,\ \delta}$, 其中 $\delta=\boldsymbol{\beta}'\mathbf{H}(\mathbf{H}(\mathbf{X}'\mathbf{X})^{-}\mathbf{H}')^{-1}\mathbf{H}\boldsymbol{\beta}/\sigma^2$.

(2) 当 $\mathbf{H}\boldsymbol{\beta}=\mathbf{0}$ 为真时,

$$F=\frac{\widehat{\boldsymbol{\beta}}'\mathbf{H}'(\mathbf{H}(\mathbf{X}'\mathbf{X})^{-}\mathbf{H}')^{-1}\mathbf{H}\widehat{\boldsymbol{\beta}}/k}{\mathrm{SS}_e/(n-r)}\sim F_{k,n-r}.$$

利用 (4.1.10) 和 (4.3.13), F 统计量 (5.1.4) 中的 SS_e 和 $\mathrm{SS}_{\mathbf{H}e}$ 实际上多采用如下计算公式:

$$\mathrm{SS}_e=\|\boldsymbol{y}-\mathbf{X}\boldsymbol{\beta}\|^2=\boldsymbol{y}'\boldsymbol{y}-\widehat{\boldsymbol{\beta}}'\mathbf{X}'\boldsymbol{y},$$

$$\mathrm{SS}_{\mathbf{H}e}=\|\boldsymbol{y}-\mathbf{X}\boldsymbol{\beta}_{\mathbf{H}}\|^2=\boldsymbol{y}'\boldsymbol{y}-\widehat{\boldsymbol{\beta}}_{\mathbf{H}}'\mathbf{X}'\boldsymbol{y},$$

其中 $\widehat{\boldsymbol{\beta}}'\mathbf{X}'\boldsymbol{y}$ 等于未知参数 $\boldsymbol{\beta}$ 的 LS 解与正则方程右端向量 $\mathbf{X}'\boldsymbol{y}$ 的内积, 表示了数据平方和 $\boldsymbol{y}'\boldsymbol{y}$ 中能够由因变量 Y 与自变量 $X_1,\cdots,X_p$ 的线性关系所能解释的部分, 称为回归平方和 (regression sum of squares, RSS). 这个术语来自线性回归模型, 为方便计, 在讨论一般线性模型时我们也采用这个术语. 于是记

$$\mathrm{RSS}(\boldsymbol{\beta})=\widehat{\boldsymbol{\beta}}'\mathbf{X}'\boldsymbol{y},$$

若需明确指出是关于哪些参数的回归平方和时, 也记为 $\mathrm{RSS}(\beta_1,\cdots,\beta_p)$. 于是 SS_e 还可以改写为

$$\mathrm{SS}_e=\boldsymbol{y}'\boldsymbol{y}-\mathrm{RSS}(\boldsymbol{\beta}),$$

即残差平方和等于总平方和减去回归平方和. 类似地, 称 $\widehat{\boldsymbol{\beta}}'_{\mathbf{H}}\mathbf{X}'\boldsymbol{y}$ 为约束条件 $\mathbf{H}\boldsymbol{\beta}=\boldsymbol{d}$ 下的回归平方和, 记为 $\mathrm{RSS}_{\mathbf{H}}(\boldsymbol{\beta})$. 相应地,

$$\mathrm{SS}_{\mathbf{H}e}=\boldsymbol{y}'\boldsymbol{y}-\mathrm{RSS}_{\mathbf{H}}(\boldsymbol{\beta}).$$

F 统计量 (5.1.4) 具有形式

$$F=\frac{(\mathrm{RSS}(\boldsymbol{\beta})-\mathrm{RSS}_{\mathbf{H}}(\boldsymbol{\beta}))/k}{\mathrm{SS}_e/(n-r)}. \tag{5.1.7}$$

于是 F 统计量的分子为增加了约束条件 $\mathbf{H}\beta=\boldsymbol{d}$ 之后, 回归平方和所减少的量除以 k, 而 k 作为分子的自由度, 等于线性假设 $\mathbf{H}\boldsymbol{\beta}=\boldsymbol{d}$ 所含的独立方程的个数.

注 5.1.2 在建模时常常需要考虑模型的部分参数是否为零, 即对分块模型

$$\boldsymbol{y}=\mathbf{X}_1\boldsymbol{\beta}_1+\mathbf{X}_2\boldsymbol{\beta}_2+\boldsymbol{e},\quad \boldsymbol{e}\sim N_n(\mathbf{0},\sigma^2\mathbf{I}_n),$$

检验假设 $\boldsymbol{\beta}_2=\mathbf{0}$, 其中 $(\mathbf{X}_1,\mathbf{X}_2)$ 是列满秩的矩阵, 因此 $\boldsymbol{\beta}_1$ 和 $\boldsymbol{\beta}_2$ 皆可估. 若 $\boldsymbol{\beta}_2=\mathbf{0}$ 成立, 原模型就可降维为 $\boldsymbol{y}=\mathbf{X}_1\boldsymbol{\beta}_1+\boldsymbol{e},\boldsymbol{e}\sim N_n(\mathbf{0},\sigma^2\mathbf{I}_n)$. 结合 4.1.4 节的结论, 检验统计量 (5.1.4) 可写作为

$$F=\frac{\widehat{\boldsymbol{\beta}}_2'\mathbf{X}_2'\mathbf{N}_{\mathbf{X}_1}\boldsymbol{y}/p_2}{\mathrm{SS}_e/(n-r)},$$

这里, $\mathbf{N}_{\mathbf{X}_1}=\mathbf{I}_n-\mathbf{X}_1(\mathbf{X}_1'\mathbf{X}_1)^-\mathbf{X}_1'$, $\widehat{\boldsymbol{\beta}}_2=(\mathbf{X}_2'\mathbf{N}_{\mathbf{X}_1}\mathbf{X}_2')^{-1}\mathbf{X}_2\mathbf{N}_{\mathbf{X}_1}\boldsymbol{y}$.

另外, 关于约束残差平方和 $\mathrm{SS}_{\mathbf{H}e}$ 的计算, 经常还可以采用把约束条件 $\mathbf{H}\boldsymbol{\beta}=\mathbf{0}$ “融入” 到原模型, 从而把原模型化为一个无约束的线性模型, 称其为约简模型. 约简模型和有附加约束的原模型等价, 其残差平方和等于原模型的约束残差平方和.

例 5.1.1 模型同质性检验 (homogeneity test).

假设我们对因变量 Y 和自变量 $X_1, \cdots, X_{p-1}$ 有两批独立的观察数据. 对第一批数据, 有线性回归模型

$$y_i^{(1)} = \beta_0^{(1)} + \beta_1^{(1)} x_{i1} + \cdots + \beta_{p-1}^{(1)} x_{i(p-1)} + e_i, \qquad i = 1, \cdots, n_1.$$

而对第二批数据, 也有线性回归模型

$$y_i^{(2)} = \beta_0^{(2)} + \beta_1^{(2)} x_{i1} + \cdots + \beta_{p-1}^{(2)} x_{i(p-1)} + e_i, \qquad i = n_1 + 1, \cdots, n_1 + n_2,$$

其中所有误差 e_i 都独立, 且服从 $N(0,\ \sigma^2)$. 现在的问题是, 考察这两批数据所反映的因变量 Y 与自变量 $X_1, \cdots, X_{p-1}$ 之间的依赖关系是不是完全一样. 也就是要检验模型中的系数是否完全相等, 即检验 $\beta_i^{(1)} = \beta_i^{(2)}$, $i = 0, 1, \cdots, p-1$. 记

$$\boldsymbol{y}_1 = \left(y_1^{(j)}, \cdots, y_{n_j}^{(j)}\right)', \quad \boldsymbol{\beta}_j = \left(\beta_0^{(j)}, \beta_1, \cdots, \beta_{p-1}^{(j)}\right)', \quad j = 1, 2,$$

$$\boldsymbol{e}_1 = (e_1, \cdots, e_{n_1})', \qquad \boldsymbol{e}_2 = (e_{n_1+1}, \cdots, e_{n_1+n_2})',$$

$$\mathbf{X}_1 = (\boldsymbol{x}_1, \cdots, \boldsymbol{x}_{n_1})', \qquad \mathbf{X}_2 = (\boldsymbol{x}_{n_1+1}, \cdots, \boldsymbol{x}_{n_1+n_2})',$$

其中 $\boldsymbol{x}_i = (1, x_{i1}, \cdots, x_{i,p-1})'$, $i = 1, \cdots, n_1 + n_2$, 则两个模型的矩阵形式为

$$\boldsymbol{y}_1 = \mathbf{X}_1 \boldsymbol{\beta}_1 + \boldsymbol{e}_1, \qquad \boldsymbol{e}_1 \sim N_{n_1}(\mathbf{0},\ \sigma^2 \mathbf{I}_{n_1}),$$

$$\boldsymbol{y}_2 = \mathbf{X}_2 \boldsymbol{\beta}_2 + \boldsymbol{e}_2, \qquad \boldsymbol{e}_2 \sim N_{n_2}(\mathbf{0},\ \sigma^2 \mathbf{I}_{n_2}).$$

进一步将它们合并, 便得到模型

$$\begin{pmatrix} \boldsymbol{y}_1 \\ \boldsymbol{y}_2 \end{pmatrix} = \begin{pmatrix} \mathbf{X}_1 & \mathbf{0} \\ \mathbf{0} & \mathbf{X}_2 \end{pmatrix} \begin{pmatrix} \boldsymbol{\beta}_1 \\ \boldsymbol{\beta}_2 \end{pmatrix} + \begin{pmatrix} \boldsymbol{e}_1 \\ \boldsymbol{e}_2 \end{pmatrix}, \quad \begin{pmatrix} \boldsymbol{e}_1 \\ \boldsymbol{e}_2 \end{pmatrix} \sim N_n(\mathbf{0}, \sigma^2 \mathbf{I}_n), \quad (5.1.8)$$

这里 $n = n_1 + n_2$. 检验问题归结为

$$\mathbf{H} \begin{pmatrix} \boldsymbol{\beta}_1 \\ \boldsymbol{\beta}_2 \end{pmatrix} = (\mathbf{I}_p, -\mathbf{I}_p) \begin{pmatrix} \boldsymbol{\beta}_1 \\ \boldsymbol{\beta}_2 \end{pmatrix} = \mathbf{0}, \tag{5.1.9}$$

其中 $\mathbf{H} = (\mathbf{I}_p, -\mathbf{I}_p)$. 在模型 (5.1.8) 下, $\boldsymbol{\beta}_1$ 和 $\boldsymbol{\beta}_2$ 的 LS 估计为

$$\begin{pmatrix} \widehat{\boldsymbol{\beta}}_1 \\ \widehat{\boldsymbol{\beta}}_2 \end{pmatrix} = \begin{pmatrix} \mathbf{X}_1'\mathbf{X}_1 & \mathbf{0} \\ \mathbf{0} & \mathbf{X}_2'\mathbf{X}_2 \end{pmatrix}^{-1} \begin{pmatrix} \mathbf{X}_1' & \mathbf{0} \\ 0 & \mathbf{X}_2' \end{pmatrix} \begin{pmatrix} \boldsymbol{y}_1 \\ \boldsymbol{y}_2 \end{pmatrix} = \begin{pmatrix} (\mathbf{X}_1'\mathbf{X}_1)^{-1}\mathbf{X}_1'\boldsymbol{y}_1 \\ (\mathbf{X}_2'\mathbf{X}_2)^{-1}\mathbf{X}_2'\boldsymbol{y}_2 \end{pmatrix},$$

等价于各自模型下的 LS 估计, 即

$$\widehat{\boldsymbol{\beta}}_1 = (\mathbf{X}_1'\mathbf{X}_1)^{-1}\mathbf{X}_1'\boldsymbol{y}_1,$$

$$\widehat{\boldsymbol{\beta}}_2 = (\mathbf{X}_2'\mathbf{X}_2)^{-1}\mathbf{X}_2'\boldsymbol{y}_2.$$

模型 (5.1.8) 的残差平方和为

$$\mathrm{SS}_e = \boldsymbol{y}_1'\boldsymbol{y}_1 + \boldsymbol{y}_2'\boldsymbol{y}_2 - \widehat{\boldsymbol{\beta}}_1'\mathbf{X}_1'\boldsymbol{y}_1 - \widehat{\boldsymbol{\beta}}_2'\mathbf{X}_2'\boldsymbol{y}_2.$$

在约束条件 (5.1.9) 下, $\boldsymbol{\beta}_1 = \boldsymbol{\beta}_2$, 记它们的公共值为 $\boldsymbol{\beta}$, 代入原模型 (5.1.8), 便得到约简模型

$$\begin{pmatrix} \boldsymbol{y}_1 \\ \boldsymbol{y}_2 \end{pmatrix} = \begin{pmatrix} \mathbf{X}_1 \\ \mathbf{X}_2 \end{pmatrix}\boldsymbol{\beta} + \begin{pmatrix} \boldsymbol{e}_1 \\ \boldsymbol{e}_2 \end{pmatrix},$$

于是原模型中 $\boldsymbol{\beta}_i$ 在约束条件 (5.1.9) 下的 LS 估计就是从约简模型求得 $\boldsymbol{\beta}$ 的无约束的 LS 估计,

$$\widehat{\boldsymbol{\beta}}_{\mathbf{H}} = (\mathbf{X}_1'\mathbf{X}_1 + \mathbf{X}_2'\mathbf{X}_2)^{-1}(\mathbf{X}_1'\boldsymbol{y}_1 + \mathbf{X}_2'\boldsymbol{y}_2).$$

故原模型的约束残差平方和为

$$\mathrm{SS}_{\mathbf{H}e} = \boldsymbol{y}_1'\boldsymbol{y}_1 + \boldsymbol{y}_2'\boldsymbol{y}_2 - \widehat{\boldsymbol{\beta}}_{\mathbf{H}}'(\mathbf{X}_1'\boldsymbol{y}_1 + \mathbf{X}_2'\boldsymbol{y}_2).$$

于是

$$\begin{aligned}\mathrm{SS}_{\mathbf{H}e} - \mathrm{SS}_e &= \widehat{\boldsymbol{\beta}}_1'\mathbf{X}_1'\boldsymbol{y}_1 + \widehat{\boldsymbol{\beta}}_2'\mathbf{X}_2'\boldsymbol{y}_2 - \widehat{\boldsymbol{\beta}}_{\mathrm{H}}'(\mathbf{X}_1'\boldsymbol{y}_1 + \mathbf{X}_2'\boldsymbol{y}_2) \\ &= (\widehat{\boldsymbol{\beta}}_1 - \widehat{\boldsymbol{\beta}}_{\mathrm{H}})'\mathbf{X}_1'\boldsymbol{y}_1 + (\widehat{\boldsymbol{\beta}}_2 - \widehat{\boldsymbol{\beta}}_{\mathbf{H}})'\mathbf{X}_2'\boldsymbol{y}_2,\end{aligned}$$

得到检验统计量

$$F = \frac{(\mathrm{SS}_{\mathbf{H}e} - \mathrm{SS}_e)/p}{\mathrm{SS}_e/(n-2p)} = \frac{((\widehat{\boldsymbol{\beta}}_1 - \widehat{\boldsymbol{\beta}}_{\mathbf{H}})'\mathbf{X}_1'\boldsymbol{y}_1 + (\widehat{\boldsymbol{\beta}}_2 - \widehat{\boldsymbol{\beta}}_{\mathbf{H}})'\mathbf{X}_2'\boldsymbol{y}_2)/p}{\mathrm{SS}_e/(n-2p)}.$$

对给定的显著性水平 α, 若 $F > F_{p,n-2p}(\alpha)$, 则拒绝原假设 $\boldsymbol{\beta}_1 = \boldsymbol{\beta}_2$, 即认为两批数据不服从同一个线性回归模型. 否则, 我们认为它们服从同一个线性回归模型.

注 5.1.3　当 $\mathrm{Cov}(\boldsymbol{e}) = \sigma^2\boldsymbol{\Sigma} > \mathbf{0}$, $\boldsymbol{\Sigma}$ 完全已知时, 用 $\boldsymbol{\Sigma}^{-1/2}\mathbf{X}$ 和 $\boldsymbol{\Sigma}^{-1/2}\boldsymbol{y}$ 分别替换 (5.1.6) 中的 $\mathbf{X}$ 和 $\boldsymbol{y}$, 便可得到相应的检验统计量

$$F^* = \frac{(\mathbf{H}\boldsymbol{\beta}^* - \boldsymbol{d})'(\mathbf{H}(\mathbf{X}'\boldsymbol{\Sigma}^{-1}\mathbf{X})^-\mathbf{H}')^{-1}(\mathbf{H}\boldsymbol{\beta}^* - \boldsymbol{d})/k}{\mathrm{SS}_e^*/(n-r)}, \tag{5.1.10}$$

其中 $\boldsymbol{\beta}^* = (\mathbf{X}'\boldsymbol{\Sigma}^{-1}\mathbf{X})^-\mathbf{X}'\boldsymbol{\Sigma}^{-1}\boldsymbol{y}$, $\mathrm{SS}_e^* = (\boldsymbol{y} - \mathbf{X}\boldsymbol{\beta}^*)'\boldsymbol{\Sigma}^{-1}(\boldsymbol{y} - \mathbf{X}\boldsymbol{\beta}^*)$. 易证: 在原假设 $\mathbf{H}\boldsymbol{\beta} = \boldsymbol{d}$ 下, $F^* \sim F_{k,n-r}$.

5.2 置信域和同时置信区间

对给定的水平, 如果线性假设 $\mathbf{H}\boldsymbol{\beta}=\mathbf{0}$ 的 F 检验是显著的, 这说明从现有数据看我们不能接受假设 $\mathbf{H}\boldsymbol{\beta}=\mathbf{0}$. 此时, 我们自然希望构造 k 个可估函数 $\boldsymbol{h}_i'\boldsymbol{\beta}$ $(i=1,\cdots,k)$ 的置信域, 这里 $\mathbf{H}'=(\boldsymbol{h}_1,\cdots,\boldsymbol{h}_k)$.

本节将依次讨论单个可估函数 $\boldsymbol{h}'\boldsymbol{\beta}$ 的置信区间、可估函数向量 $\mathbf{H}\boldsymbol{\beta}=(\boldsymbol{h}_1'\boldsymbol{\beta},\cdots,\boldsymbol{h}_k'\boldsymbol{\beta})'$ 的置信域以及多个可估函数的同时置信区间的构造方法, 不失一般性, 假设 $\mathbf{H}=(\boldsymbol{h}_1,\cdots,\boldsymbol{h}_k)'$ 为 $k\times p$ 的行满秩矩阵, $\mathrm{rk}(\mathbf{H})=k$, $\mathcal{M}(\mathbf{H}')\subset\mathcal{M}(\mathbf{X}')$. 考虑正态线性模型

$$\boldsymbol{y}=\mathbf{X}\boldsymbol{\beta}+\boldsymbol{e},\qquad \boldsymbol{e}\sim N_n(\mathbf{0},\ \sigma^2\mathbf{I}_n),\tag{5.2.1}$$

这里 $\mathrm{rk}(\mathbf{X})=r$.

5.2.1 单个可估函数的置信区间

在正态线性模型(5.2.1)下, 考虑可估函数 $\boldsymbol{h}'\boldsymbol{\beta}$ 的置信区间, 其中 $\boldsymbol{h}\subset\mathcal{M}(\mathbf{X}')$.

由定理 4.1.5 知, $\boldsymbol{h}'\boldsymbol{\beta}$ 的 LS 估计 $\boldsymbol{h}'\widehat{\boldsymbol{\beta}}$ 服从正态分布, 即

$$\boldsymbol{h}'\widehat{\boldsymbol{\beta}}\sim N(\boldsymbol{h}'\boldsymbol{\beta},\sigma^2\boldsymbol{h}'(\mathbf{X}'\mathbf{X})^-\boldsymbol{h});$$

σ^2 的 LS 估计 $\widehat{\sigma}^2$ 有如下分布:

$$(n-r)\widehat{\sigma}^2/\sigma^2\sim\chi^2_{n-r},$$

且两者独立, 这里 $\widehat{\boldsymbol{\beta}}=(\mathbf{X}'\mathbf{X})^-\mathbf{X}'\boldsymbol{y}$, $\widehat{\sigma}^2=\|\boldsymbol{y}-\mathbf{X}\widehat{\boldsymbol{\beta}}\|^2/(n-r)$. 于是

$$\frac{\boldsymbol{h}'\widehat{\boldsymbol{\beta}}-\boldsymbol{h}'\boldsymbol{\beta}}{\widehat{\sigma}_{\boldsymbol{h}'\widehat{\boldsymbol{\beta}}}}\sim t_{n-r},\tag{5.2.2}$$

$$P\left(\frac{|\boldsymbol{h}'\widehat{\boldsymbol{\beta}}-\boldsymbol{h}'\boldsymbol{\beta}|}{\widehat{\sigma}_{\boldsymbol{h}'\widehat{\boldsymbol{\beta}}}}\leqslant t_{n-r}\left(\frac{\alpha}{2}\right)\right)=1-\alpha,$$

这里, $\widehat{\sigma}_{\boldsymbol{h}'\widehat{\boldsymbol{\beta}}}=\widehat{\sigma}\sqrt{\boldsymbol{h}'(\mathbf{X}'\mathbf{X})^-\boldsymbol{h}}$ 为 $\boldsymbol{h}'\widehat{\boldsymbol{\beta}}$ 的标准差的估计, $t_{n-r}(\alpha/2)$ 为自由度为 $n-r$ 的 t 分布上 $\alpha/2$ 分位数. 从而可推得可估函数 $\boldsymbol{h}'\boldsymbol{\beta}$ 的置信系数为 $1-\alpha$ 的置信区间为

$$\left[\boldsymbol{h}'\widehat{\boldsymbol{\beta}}-t_{n-r}\left(\frac{\alpha}{2}\right)\widehat{\sigma}_{\boldsymbol{h}'\widehat{\boldsymbol{\beta}}}\ ,\quad \boldsymbol{h}'\widehat{\boldsymbol{\beta}}+t_{n-r}\left(\frac{\alpha}{2}\right)\widehat{\sigma}_{\boldsymbol{h}'\widehat{\boldsymbol{\beta}}}\right].\tag{5.2.3}$$

依 (5.2.3), 均值函数 $f(\boldsymbol{x})=\boldsymbol{x}'\boldsymbol{\beta}$ 的置信系数为 $1-\alpha$ 区间估计为

$$\left[\boldsymbol{x}'\widehat{\boldsymbol{\beta}}-t_{n-p}\left(\frac{\alpha}{2}\right)\widehat{\sigma}\sqrt{\boldsymbol{x}'(\mathbf{X}'\mathbf{X})^{-1}\boldsymbol{x}},\quad \boldsymbol{x}'\widehat{\boldsymbol{\beta}}+t_{n-p}\left(\frac{\alpha}{2}\right)\widehat{\sigma}\sqrt{\boldsymbol{x}'(\mathbf{X}'\mathbf{X})^{-1}\boldsymbol{x}}\right].\tag{5.2.4}$$

5.2.2 可估函数向量的置信域

考虑可估函数向量 $\mathbf{H}\boldsymbol{\beta}=(\boldsymbol{h}_1'\boldsymbol{\beta},\cdots,\boldsymbol{h}_k'\boldsymbol{\beta})'$ 的置信域. 其中 $\mathbf{H}=(\boldsymbol{h}_1,\cdots,\boldsymbol{h}_k)'$ 为 $k\times p$ 的矩阵, 满足条件: $\mathrm{rk}(\mathbf{H})=k$, $\mathcal{M}(\mathbf{H}')\subset\mathcal{M}(\mathbf{X}')$.

记 $\boldsymbol{\Phi}=\mathbf{H}\boldsymbol{\beta}$, 则 $\widehat{\boldsymbol{\Phi}}=\mathbf{H}\widehat{\boldsymbol{\beta}}$ 为 $\boldsymbol{\Phi}$ 的 LS 估计, 且 $\widehat{\boldsymbol{\Phi}}\sim N_k(\boldsymbol{\Phi},\ \sigma^2\mathbf{V})$, 这里 $\mathbf{V}=\mathbf{H}(\mathbf{X}'\mathbf{X})^-\mathbf{H}'>\mathbf{0}$. 根据推论 3.4.3, 有

$$(\widehat{\boldsymbol{\Phi}}-\boldsymbol{\Phi})'\mathbf{V}^{-1}(\widehat{\boldsymbol{\Phi}}-\boldsymbol{\Phi})\sim\sigma^2\chi^2_k.$$

另一方面, 由定理 4.1.5 知,

$$\frac{(n-r)\widehat{\sigma}^2}{\sigma^2}\sim\chi^2_{n-r},$$

且与 $\widehat{\boldsymbol{\Phi}}$ 相互独立. 于是

$$\frac{(\widehat{\boldsymbol{\Phi}}-\boldsymbol{\Phi})'\mathbf{V}^{-1}(\widehat{\boldsymbol{\Phi}}-\Phi)}{k\widehat{\sigma}^2}\sim F_{k,n-r}. \tag{5.2.5}$$

故对任意的 $0<\alpha<1$, 有

$$P\left(\frac{(\widehat{\boldsymbol{\Phi}}-\boldsymbol{\Phi})'\mathbf{V}^{-1}(\widehat{\boldsymbol{\Phi}}-\Phi)}{k\widehat{\sigma}^2}\leqslant F_{k,n-r}(\alpha)\right)=1-\alpha. \tag{5.2.6}$$

故

$$\mathcal{D}=\left\{\boldsymbol{\Phi}:(\widehat{\boldsymbol{\Phi}}-\boldsymbol{\Phi})'\mathbf{V}^{-1}(\widehat{\boldsymbol{\Phi}}-\boldsymbol{\Phi})\leqslant k\widehat{\sigma}^2F_{k,n-r}(\alpha)\right\} \tag{5.2.7}$$

是一个以 $\widehat{\boldsymbol{\Phi}}$ 为中心的椭球, 由 (5.2.6) 知它包含未知的 $\boldsymbol{\Phi}=\mathbf{H}\boldsymbol{\beta}$ 的概率为 $1-\alpha$. 称 (5.2.7) 定义的 $\mathcal{D}$ 为 $\boldsymbol{\Phi}$ 的置信系数为 $1-\alpha$ 的置信域. 将 $\boldsymbol{\Phi}=\mathbf{H}\boldsymbol{\beta}$, $\widehat{\boldsymbol{\Phi}}=\mathbf{H}\widehat{\boldsymbol{\beta}}$ 及 $\mathbf{V}=\mathbf{H}(\mathbf{X}'\mathbf{X})^-\mathbf{H}'$ 代入 (5.2.7), 置信域可表达为

$$(\mathbf{H}\boldsymbol{\beta}-\mathbf{H}\widehat{\boldsymbol{\beta}})'(\mathbf{H}(\mathbf{X}'\mathbf{X})^-\mathbf{H}')^{-1}(\mathbf{H}\boldsymbol{\beta}-\mathbf{H}\widehat{\boldsymbol{\beta}})\leqslant k\widehat{\sigma}^2F_{k,\ n-r}(\alpha). \tag{5.2.8}$$

特别地, 假设 $\mathrm{rk}(\mathbf{X})=p$, 故 $\boldsymbol{\beta}$ 可估. 令 (5.2.8) 中 $\mathbf{H}=\mathbf{I}_p$, 得未知参数 $\boldsymbol{\beta}$ 的置信系数为 $1-\alpha$ 的置信域为

$$(\boldsymbol{\beta}-\widehat{\boldsymbol{\beta}})'\mathbf{X}'\mathbf{X}(\boldsymbol{\beta}-\widehat{\boldsymbol{\beta}})\leqslant p\widehat{\sigma}^2F_{p,n-p}(\alpha).$$

另外, 当 $k=1$ 时, 改记 $\boldsymbol{h}=\boldsymbol{h}_1$, 上式变为

$$(\boldsymbol{h}'\boldsymbol{\beta}-\boldsymbol{h}'\widehat{\boldsymbol{\beta}})^2\leqslant\widehat{\sigma}^2F_{1,n-r}(\alpha)\boldsymbol{h}'(\mathbf{X}'\mathbf{X})^-\boldsymbol{h}. \tag{5.2.9}$$

注意到 F 分布与 t 分布之间的关系:

$$F_{1,n-r}=t^2_{n-r},$$

故由 (5.2.9) 也可推得单个可估函数 $\boldsymbol{h}'\boldsymbol{\beta}$ 的置信系数为 $1-\alpha$ 的置信区间 (5.2.3).

5.2.3 多个可估函数的同时置信区间

在线性模型 (5.2.1) 下, 首先考虑多个线性不相关的可估函数 $\boldsymbol{h}_1'\boldsymbol{\beta},\cdots,\boldsymbol{h}_k'\boldsymbol{\beta}$ 的同时置信区间 (或称联立区间估计), 其中 $\boldsymbol{h}_1,\cdots,\boldsymbol{h}_k$ 线性不相关. 记

$$\mathbf{H}=(\boldsymbol{h}_1,\cdots,\boldsymbol{h}_k)',\quad \boldsymbol{\Phi}=(\boldsymbol{h}_1'\boldsymbol{\beta},\cdots,\boldsymbol{h}_k'\boldsymbol{\beta})',$$

则 $\boldsymbol{\Phi}=\mathbf{H}\boldsymbol{\beta}$, $\mathrm{rk}(\mathbf{H})=k$, $\mathcal{M}(\mathbf{H}')\subset\mathcal{M}(\mathbf{X}')$. 同 (5.2.5), 记

$$\widehat{\boldsymbol{\Phi}}=\mathbf{H}\widehat{\boldsymbol{\beta}}=(\boldsymbol{h}_1'\widehat{\boldsymbol{\beta}},\cdots,\boldsymbol{h}_k'\widehat{\boldsymbol{\beta}}),\quad \mathbf{V}=\mathbf{H}(\mathbf{X}'\mathbf{X})^-\mathbf{H}'.$$

由 $\mathbf{H}$ 行满秩和 $\mathcal{M}(\mathbf{H}')\subset\mathcal{M}(\mathbf{X}')$ 易证 $\mathbf{V}>\mathbf{0}$. 下面介绍两种求同时置信区间的方法.

1. Scheffé 同时置信区间

在应用中, 往往需要给出所有可估函数 $\boldsymbol{h}'\boldsymbol{\beta}$, $\boldsymbol{h}\in\mathcal{M}(\mathbf{H}')$ 的置信区间 $\mathcal{I}_{\boldsymbol{h}}$, 使得

$$P\left\{\boldsymbol{h}'\boldsymbol{\beta}\in\mathcal{I}_{\boldsymbol{h}},\ \text{对于一切}\ \ \boldsymbol{h}\in\mathcal{M}(\mathbf{H}')\right\}\geqslant 1-\alpha, \tag{5.2.10}$$

文献中称满足 (5.2.10) 的区间 $\mathcal{I}_{\boldsymbol{h}}$ 为 $\boldsymbol{h}'\boldsymbol{\beta}$, $\boldsymbol{h}\in\mathcal{M}(\mathbf{H}')$ 的 Scheffé 同时置信区间.

由 (5.2.8) 立得: 对一切可估函数 $\boldsymbol{h}'\boldsymbol{\beta}$, 都有

$$T_{\boldsymbol{h}}=\frac{(\boldsymbol{h}'\widehat{\boldsymbol{\beta}}-\boldsymbol{h}'\boldsymbol{\beta})^2}{\widehat{\sigma}^2(\boldsymbol{h}'(\mathbf{X}'\mathbf{X})^-\boldsymbol{h})}\sim F_{1,n-r},$$

即表明对于所有的 $\boldsymbol{h}\in\mathcal{M}(\mathbf{H}')$, $T_{\boldsymbol{h}}$ 的分布都相同, 且 $\sqrt{T_{\boldsymbol{h}}}$ 刻画了可估函数 $\boldsymbol{h}'\boldsymbol{\beta}$ 与其 LS 估计 $\boldsymbol{h}'\widehat{\boldsymbol{\beta}}$ 的一种距离. 因此, 我们可以通过寻找 $T_{\boldsymbol{h}}$ 的共同上界 $c\ (>0)$ 导出置信区间 $\mathcal{I}_{\boldsymbol{h}}$, 即

$$\mathcal{I}_{\boldsymbol{h}}=\{\boldsymbol{h}'\boldsymbol{\beta};\ \ T_{\boldsymbol{h}}\leqslant c\},$$

其中 c 满足如下条件:

$$P\{T_{\boldsymbol{h}}\leqslant c,\ \ \text{对于一切}\ \boldsymbol{h}\in\mathcal{M}(\mathbf{H}')\}=1-\alpha, \tag{5.2.11}$$

等价于

$$P\left\{\sup_{\boldsymbol{h}\in\mathcal{M}(\mathbf{H}')}T_{\boldsymbol{h}}\leqslant c\right\}=P\left\{\sup_{\boldsymbol{h}\in\mathcal{M}(\mathbf{H}')}\frac{(\boldsymbol{h}'(\widehat{\boldsymbol{\beta}}-\boldsymbol{\beta}))^2}{\widehat{\sigma}^2(\boldsymbol{h}'(\mathbf{X}'\mathbf{X})^-\boldsymbol{h})}\leqslant c\right\}=1-\alpha. \tag{5.2.12}$$

因为 $\boldsymbol{h}\in=\mathcal{M}(\mathbf{H}')$, 所以存在 $k\times 1$ 的向量 $\boldsymbol{b}$, 使得 $\boldsymbol{h}=\mathbf{H}'\boldsymbol{b}$. 于是

$$\sup_{\boldsymbol{h}\in\mathcal{M}(\mathbf{H}')}\frac{(\boldsymbol{h}'(\widehat{\boldsymbol{\beta}}-\boldsymbol{\beta}))^2}{\widehat{\sigma}^2\boldsymbol{h}'(\mathbf{X}'\mathbf{X})^-\boldsymbol{h}}=\sup_{\boldsymbol{b}\in\mathbb{R}^k}\frac{(\boldsymbol{b}'(\mathbf{H}\widehat{\boldsymbol{\beta}}-\mathbf{H}\boldsymbol{\beta}))^2}{\widehat{\sigma}^2\boldsymbol{b}'\mathbf{H}(\mathbf{X}'\mathbf{X})^-\mathbf{H}'\boldsymbol{b}}$$

$$= \sup_{\boldsymbol{b}\in\mathbb{R}^k} \frac{(\boldsymbol{b}'(\widehat{\boldsymbol{\Phi}}-\boldsymbol{\Phi}))^2}{\widehat{\sigma}^2\boldsymbol{b}'\mathbf{V}\boldsymbol{b}} = \frac{(\widehat{\boldsymbol{\Phi}}-\boldsymbol{\Phi})'\mathbf{V}^{-1}(\widehat{\boldsymbol{\Phi}}-\boldsymbol{\Phi})}{\widehat{\sigma}^2}.$$

后一等式的证明应用了如下引理.

引理 5.2.1 设 $\boldsymbol{a}$ 和 $\boldsymbol{b}$ 均为 $n\times 1$ 的向量, $\mathbf{A}$ 为 $n\times n$ 正定方阵, 则

$$\sup_{\boldsymbol{b}\neq\mathbf{0}} \frac{(\boldsymbol{a}'\boldsymbol{b})^2}{\boldsymbol{b}'\mathbf{A}\boldsymbol{b}} = \boldsymbol{a}'\mathbf{A}^{-1}\boldsymbol{a}.$$

该引理可由 Cauchy-Schwarz 不等式 $(\boldsymbol{a}'\boldsymbol{b})^2 \leqslant \boldsymbol{a}'\mathbf{A}^{-1}\boldsymbol{a}\cdot\boldsymbol{b}'\mathbf{A}\boldsymbol{b}$ 直接推得.

结合 (5.2.6) 知, 只要取 $c = kF_{k,n-r}(\alpha)$, 就可使得 (5.2.11) 成立. 由此得证如下定理.

定理 5.2.1 对于正态线性模型 (5.2.1), 若 $\mathrm{rk}(\mathbf{H}) = k$, $\mathcal{M}(\mathbf{H}') \subset \mathcal{M}(\mathbf{X}')$, 则对一切可估函数 $\boldsymbol{h}'\boldsymbol{\beta}$, $\boldsymbol{h}\in\mathcal{M}(\mathbf{H}')$, 其置信系数为 $1-\alpha$ 的同时置信区间为

$$\left[\boldsymbol{h}'\widehat{\boldsymbol{\beta}} - \widehat{\sigma}_{\boldsymbol{h}'\widehat{\boldsymbol{\beta}}}\sqrt{kF_{k,n-r}(\alpha)},\ \ \boldsymbol{h}'\widehat{\boldsymbol{\beta}} + \widehat{\sigma}_{\boldsymbol{h}'\widehat{\boldsymbol{\beta}}}\sqrt{kF_{k,n-r}(\alpha)}\right]. \tag{5.2.13}$$

这里 $\widehat{\sigma}_{\boldsymbol{h}'\widehat{\boldsymbol{\beta}}} = \widehat{\sigma}\sqrt{\boldsymbol{h}'(\mathbf{X}'\mathbf{X})^-\boldsymbol{h}}$.

若 $k = r = \mathrm{rk}(\mathbf{X})$, 则我们得到所有可估函数 $\boldsymbol{h}'\boldsymbol{\beta}$ 的同时置信区间

$$\left[\boldsymbol{h}'\widehat{\boldsymbol{\beta}} - \widehat{\sigma}_{\boldsymbol{h}'\widehat{\boldsymbol{\beta}}}\sqrt{rF_{r,n-r}(\alpha)},\ \ \boldsymbol{h}'\widehat{\boldsymbol{\beta}} + \widehat{\sigma}_{\boldsymbol{h}'\widehat{\boldsymbol{\beta}}}\sqrt{rF_{r,n-r}(\alpha)}\right].$$

值得注意的是, 定理 5.2.1 的结论对于非行满秩的 $\mathbf{H}$ 也是成立的. 事实上, 对于任意给定的 k 个线性相关的可估函数, 不妨记 $\boldsymbol{h}_1,\cdots,\boldsymbol{h}_{k_0}$ 为 $\boldsymbol{h}_1,\cdots,\boldsymbol{h}_k$ 的最大线性无关组. 令 $\mathbf{H} = (\boldsymbol{h}_1,\cdots,\boldsymbol{h}_k)'$, $\mathbf{H}_0 = (\boldsymbol{h}_1,\cdots,\boldsymbol{h}_{k_0})'$. 显然, $\mathbf{H}_0$ 行满秩, $\mathrm{rk}(\mathbf{H}) = \mathrm{rk}(\mathbf{H}_0) = k_0$, 且对于每个 $i\in\{1,\cdots,k\}$, 都有 $\boldsymbol{h}_i\in\mathcal{M}(\mathbf{H}_0')$. 故由定理 5.2.1 立得如下推论.

推论 5.2.1 对于正态线性模型 (5.2.1), k 个可估函数 $\boldsymbol{h}_i'\boldsymbol{\beta}$, $i=1,\cdots,k$ 的同时置信区间为

$$\left[\boldsymbol{h}_i'\widehat{\boldsymbol{\beta}} - \widehat{\sigma}_{\boldsymbol{h}_i'\widehat{\boldsymbol{\beta}}}\sqrt{k_0F_{k_0,\ n-r}(\alpha)},\ \ \boldsymbol{h}_i'\widehat{\boldsymbol{\beta}} + \widehat{\sigma}_{\boldsymbol{h}_i'\widehat{\boldsymbol{\beta}}}\sqrt{k_0F_{k_0,\ n-r}(\alpha)}\right],\quad i=1,\cdots,k, \tag{5.2.14}$$

这里 k_0 为 $\boldsymbol{h}_1,\cdots,\boldsymbol{h}_k$ 的最大线性无关组的个数, 即 $k_0 = \mathrm{rk}(\mathbf{H})$, 其中 $\mathbf{H} = (\boldsymbol{h}_1,\cdots,\boldsymbol{h}_k)'$.

由于 Scheffé 同时置信区间(5.2.13)是对所有可估函数 $\boldsymbol{h}'\boldsymbol{\beta}$, $\boldsymbol{h}\in\mathcal{M}(\mathbf{H}')$ 都成立的, 所以相应的置信区间长度会偏大些. 如果仅对少数几个可估函数 $\boldsymbol{h}_1'\boldsymbol{\beta},\cdots,\boldsymbol{h}_k'\boldsymbol{\beta}$ 的同时置信区间感兴趣时, 我们可采用另一种常用的同时置信区间.

2. Bonferroni 同时置信区间

考虑 k 个可估函数 $\boldsymbol{h}_i'\boldsymbol{\beta}$, $i=1,\cdots,k$ 的同时置信区间的另一种简单方法: Bonferroni 方法.

由 (5.2.3) 可得到每个可估函数 $\boldsymbol{h}_i'\boldsymbol{\beta}$ 的置信系数为 $1-\alpha$ 的置信区间

$$\mathcal{I}_i(\alpha)=\left[\boldsymbol{h}_i'\widehat{\boldsymbol{\beta}}-t_{n-r}\left(\frac{\alpha}{2}\right)\widehat{\sigma}_{\boldsymbol{h}_i'\widehat{\boldsymbol{\beta}}},\quad \boldsymbol{h}_i'\widehat{\boldsymbol{\beta}}+t_{n-r}\left(\frac{\alpha}{2}\right)\widehat{\sigma}_{\boldsymbol{h}_i'\widehat{\boldsymbol{\beta}}}\right],\qquad i\in\{1,\cdots,k\}.$$

这里并不要求 $\boldsymbol{h}_1,\cdots,\boldsymbol{h}_m$ 线性不相关. 虽然每个区间 $\mathcal{I}_i(\alpha)$ 包含 $\boldsymbol{h}_i'\boldsymbol{\beta}$ 的概率是 $1-\alpha$, 但是 $\boldsymbol{h}_i'\boldsymbol{\beta}\in\mathcal{I}_i(\alpha), i=1,\cdots,k$ 同时成立的概率 (即置信系数) 却不再是 $1-\alpha$, 一般比 $1-\alpha$ 要小. 该结论可由下列引理易证.

引理 5.2.2 (Bonferroni 不等式)　设 $E_i,\cdots,E_k$ 为 k 个随机事件, $P(E_i)=1-\alpha_i$, $i\in\{1,\cdots,k\}$. 则

$$P\left(\bigcap_{i=1}^k E_i\right)=1-P\left(\overline{\bigcap_{i=1}^k E_i}\right)=1-P\left(\bigcup_{i=1}^k \bar{E}_i\right)\geqslant 1-\sum_{i=1}^k P(\bar{E}_i)=1-\sum_{i=1}^k\alpha_i.$$

事实上, 令 $E_i=\{\boldsymbol{h}_i'\boldsymbol{\beta}\in\mathcal{I}_i(\alpha)\}$, 则 $\alpha_i=\alpha$,

$$P\left\{\boldsymbol{h}_i'\boldsymbol{\beta}\in\mathcal{I}_i(\alpha),\ i=1,\cdots,k\right\}=1-P\left(\bigcup_{i=1}^k\bar{E}_i\right)\geqslant 1-P\left(\bar{E}_1\right)=1-\alpha.$$

然而, 若令 $E_i=\{\boldsymbol{h}_i'\boldsymbol{\beta}\in\mathcal{I}_i(\alpha/k)\}$, 则 $\alpha_i=\alpha/k$, 于是, 由 Bonferroni 不等式立得

$$P\left\{\boldsymbol{h}_i'\boldsymbol{\beta}\in\mathcal{I}_i(\alpha/k),\ i=1,\cdots,k\right\}\geqslant 1-k\alpha_i=1-\alpha.$$

因此, 对于给定的 k 个可估函数 $\boldsymbol{h}_i'\boldsymbol{\beta}$, $i=1,\cdots,k$, 其同时置信区间为

$$\mathcal{I}_i(\alpha/k)=\left[\boldsymbol{h}_i'\widehat{\boldsymbol{\beta}}-t_{n-r}\left(\frac{\alpha}{2k}\right)\widehat{\sigma}_{\boldsymbol{h}_i'\widehat{\boldsymbol{\beta}}},\quad \boldsymbol{h}_i'\widehat{\boldsymbol{\beta}}+t_{n-r}\left(\frac{\alpha}{2k}\right)\widehat{\sigma}_{\boldsymbol{h}_i'\widehat{\boldsymbol{\beta}}}\right],\quad i=1,\cdots,k,\tag{5.2.15}$$

通常称 (5.2.15) 为可估函数 $\boldsymbol{h}_i'\boldsymbol{\beta}$, $i=1,\cdots,k$ 的置信系数为 $1-\alpha$ 的 Bonferroni 同时置信区间. 当 k 比较大时, $t_{n-r}(\alpha/2k)$ 也比较大, 于是每个区间 $\mathcal{I}_i(\alpha/k)$ 也会比较长.

注 5.2.1　对照 Scheffé 同时置信区间 (5.2.14) 不难发现: 对于固定的 k 个可估函数 $\boldsymbol{h}_i'\boldsymbol{\beta}$, $i=1,\cdots,k$, 如果

$$t_{n-r}\left(\frac{\alpha}{2k}\right)<\sqrt{k_0F_{k_0,n-r}(\alpha)},\tag{5.2.16}$$

则采用 Bonferroni 同时置信区间, 因为其区间长度更短, 精度更高, 反之, Scheffé 同时置信区间更有优势, 这里 $k_0 = \text{rk}(\mathbf{H})$ 为向量组 $\boldsymbol{h}_1, \cdots, \boldsymbol{h}_k$ 的秩, 当 $\boldsymbol{h}_1, \cdots, \boldsymbol{h}_k$ 为线性无关, 则 $k_0 = k$.

5.3 预 测

所谓预测, 就是对指定的自变量的值, 预测对应的因变量所可能取的值. 从第 1 章我们知道, 在线性模型中, 自变量往往代表一组试验条件或生产条件或社会经济条件, 由于试验或生产等方面的费用或试验周期长, 在我们根据以往积累的数据获得经验模型后, 希望对一些感兴趣的试验、生产条件不真正去做试验, 而利用经验模型就对应的因变量的取值作出合理的估计和分析, 可见, 预测是普遍存在的一个很有意义的实际问题. 和估计一样, 预测也有点预测和区间预测之分, 我们先讨论点预测.

5.3.1 点预测

假设历史数据服从线性模型

$$\boldsymbol{y} = \mathbf{X}\boldsymbol{\beta} + \boldsymbol{e}, \quad E(\boldsymbol{e}) = \mathbf{0}, \quad \text{Cov}(\boldsymbol{e}) = \sigma^2 \boldsymbol{\Sigma}, \tag{5.3.1}$$

这里 $\boldsymbol{y}$ 为 $n \times 1$ 观测向量, $\mathbf{X}$ 为 $n \times p$ 的矩阵, $\text{rk}(\mathbf{X}) = r$, $\boldsymbol{\Sigma}$ 为已知正定阵. 假设我们要预测 k 个点 $\boldsymbol{x}_{0i} = (x_{0i1}, \cdots, x_{0ip})'$, $i = 1, \cdots, k$ 所对应的因变量 y_{0i}, $i = 1, \cdots, k$ 的值, 且已知 y_{0i} 和历史数据服从同一个线性模型, 即

$$y_{0i} = \boldsymbol{x}_{0i}'\boldsymbol{\beta} + \varepsilon_{0i}, \qquad i = 1, \cdots, k.$$

采用矩阵形式, 则这个模型变为

$$\boldsymbol{y}_0 = \mathbf{X}_0\boldsymbol{\beta} + \boldsymbol{\varepsilon}_0, \quad E(\boldsymbol{\varepsilon}_0) = \mathbf{0}, \quad \text{Cov}(\boldsymbol{\varepsilon}_0) = \sigma^2 \boldsymbol{\Sigma}_0, \tag{5.3.2}$$

这里

$$\boldsymbol{y}_0 = \begin{pmatrix} y_{01} \\ \vdots \\ y_{0k} \end{pmatrix}, \quad \mathbf{X}_0 = \begin{pmatrix} x_{011} & \cdots & x_{01p} \\ \vdots & & \vdots \\ x_{0k1} & \cdots & x_{0kp} \end{pmatrix}, \quad \boldsymbol{\varepsilon}_0 = \begin{pmatrix} \varepsilon_{01} \\ \vdots \\ \varepsilon_{0k} \end{pmatrix}.$$

记预测量与历史数据的协方差阵为 $\text{Cov}(\boldsymbol{y}, \boldsymbol{y}_0) = \sigma^2 \mathbf{V}'$. 故有

$$\text{Cov}\begin{pmatrix} \boldsymbol{y} \\ \boldsymbol{y}_0 \end{pmatrix} = \text{Cov}\begin{pmatrix} \boldsymbol{e} \\ \boldsymbol{\varepsilon}_0 \end{pmatrix} = \sigma^2 \begin{pmatrix} \boldsymbol{\Sigma} & \mathbf{V}' \\ \mathbf{V} & \boldsymbol{\Sigma}_0 \end{pmatrix}. \tag{5.3.3}$$

由于被预测量的均值 $\mathbf{X}_0\beta$ 首先需要是可估函数, 因此, 在本节总假设

$$\mathcal{M}(\mathbf{X}_0') \subset \mathcal{M}(\mathbf{X}').$$

一种很自然的做法是, 用 $E(\boldsymbol{y}_0) = \mathbf{X}_0\boldsymbol{\beta}$ 的估计来预测 $\boldsymbol{y}_0$, 例如, 用

$$\boldsymbol{y}_0^* = \mathbf{X}_0\boldsymbol{\beta}^* = \mathbf{X}_0(\mathbf{X}'\boldsymbol{\Sigma}^{-1}\mathbf{X})^-\mathbf{X}'\boldsymbol{\Sigma}^{-1}\boldsymbol{y} \tag{5.3.4}$$

预测 $\boldsymbol{y}_0$. 可以证明 $\boldsymbol{y}_0^*$ 是 $\boldsymbol{y}_0$ 的无偏预测. 这里 "无偏" 的含义是预测量与被预测量具有相同的均值, 即 $E(\boldsymbol{y}_0^*) = E(\boldsymbol{y}_0)$. 尽管 $\boldsymbol{y}_0^*$ 与模型 (5.3.1) 下可估函数 $\boldsymbol{\mu}_0 = \mathbf{X}_0\boldsymbol{\beta}$ 的 BLU 估计完全相同, 但它们的实际意义却不同. $\mathbf{X}_0\boldsymbol{\beta}^*$ 作为 $\boldsymbol{\mu}_0$ 的无偏估计是指 $E(\mathbf{X}_0\boldsymbol{\beta}^*) = \boldsymbol{\mu}_0$. 另外, 定义 $\widehat{\boldsymbol{y}}_0$ 的预测误差为 $\boldsymbol{z} = \boldsymbol{y}_0^* - \boldsymbol{y}_0$, $\mathbf{X}_0\boldsymbol{\beta}^*$ 的估计误差 $\boldsymbol{d} = \mathbf{X}_0\boldsymbol{\beta}^* - \mathbf{X}_0\boldsymbol{\beta}$. 我们可以通过计算两者的协方差阵, 更清晰地发现两者的不同. 为简单, 以被预测量与历史数据不相关的情形为例, 即 $\mathrm{Cov}(\boldsymbol{e}, \boldsymbol{\varepsilon}_0) = \mathbf{0}$, 此时

$$\mathrm{Cov}(\boldsymbol{y}_0^* - \boldsymbol{y}_0) = \mathrm{Cov}(\boldsymbol{y}_0^*) + \mathrm{Cov}(\boldsymbol{y}_0) = \sigma^2(\mathbf{X}_0(\mathbf{X}'\mathbf{X})^-\mathbf{X}_0' + \boldsymbol{\Sigma}_0).$$

另一方面

$$\mathrm{Cov}(\boldsymbol{d}) = \mathrm{Cov}(\mathbf{X}_0\boldsymbol{\beta}^*) = \sigma^2\mathbf{X}_0(\mathbf{X}'\mathbf{X})^-\mathbf{X}_0.$$

因此 $\mathrm{Cov}(\boldsymbol{z}) > \mathrm{Cov}(\boldsymbol{d})$. 这样的差别来源于被预测量 $\boldsymbol{y}_0$ 为随机向量, 而被估计量 $\boldsymbol{\mu}_0$ 为常数向量.

显然, $\boldsymbol{y}_0$ 的无偏预测不唯一, 易证 $\mathbf{X}_0\boldsymbol{\beta}$ 的 LS 估计

$$\widehat{\boldsymbol{y}}_0 = \mathbf{X}_0\widehat{\boldsymbol{\beta}} = \mathbf{X}_0(\mathbf{X}'\mathbf{X})^-\mathbf{X}'\boldsymbol{y}$$

也是 $\boldsymbol{y}_0$ 的一个线性无偏预测. 为了比较和衡量预测的优劣性, 我们介绍如下一种度量方法.

定义 5.3.1　设 $\tilde{\boldsymbol{y}}_0$ 为 $\boldsymbol{y}_0$ 的一个预测, 则 $\tilde{\boldsymbol{y}}_0$ 的广义预测均方误差 (prediction MSE, PMSE) 为

$$\mathrm{PMSE}(\tilde{\boldsymbol{y}}_0) = E(\tilde{\boldsymbol{y}}_0 - \boldsymbol{y}_0)'\mathbf{A}(\tilde{\boldsymbol{y}}_0 - \boldsymbol{y}_0),$$

这里 $\mathbf{A} > \mathbf{0}$. 特别地, 取 $\mathbf{A} = \mathbf{I}_k$, 则 $\mathrm{PMSE}(\tilde{\boldsymbol{y}}_0) = E(\tilde{\boldsymbol{y}}_0 - \boldsymbol{y}_0)'(\tilde{\boldsymbol{y}}_0 - \boldsymbol{y}_0)$ 为 $\tilde{\boldsymbol{y}}_0$ 的预测均方误差.

下面, 我们在广义预测均方误差意义下考虑 $\boldsymbol{y}_0$ 的最优线性无偏预测 (best linear unbiased predictor, BLUP), 即在 $\boldsymbol{y}_0$ 的线性无偏预测类 $\mathcal{D}_0$ 中求广义预测均方误差最小者. 因 $\mathcal{D}_0$ 为 $\boldsymbol{y}_0$ 的线性无偏预测类, 故其中的每个预测 $\tilde{\boldsymbol{y}}_0$ 应满足

$$\tilde{\boldsymbol{y}}_0 = \mathbf{C}\boldsymbol{y}, \quad E(\mathbf{C}\boldsymbol{y}) = \mathbf{C}\mathbf{X}\boldsymbol{\beta} = \mathbf{X}_0\boldsymbol{\beta}, \quad \boldsymbol{\beta} \in \mathbb{R}^p.$$

于是, 我们可以将 $\mathcal{D}_0$ 表达为如下形式:

$$\mathcal{D}_0=\{\tilde{\boldsymbol{y}}_0=\mathbf{C}\boldsymbol{y},\ \text{其中 }\mathbf{C}\text{ 满足条件 }\mathbf{CX}=\mathbf{X}_0\}.$$

定理 5.3.1 对于线性模型 (5.3.1) 和 (5.3.2), 若 $\mathbf{X}_0\boldsymbol{\beta}$ 在模型 (5.3.1) 下可估, 则在广义预测均方误差意义下, $\boldsymbol{y}_0$ 的 BLUP 为

$$\widetilde{\boldsymbol{y}}_0^*=\mathbf{C}\boldsymbol{y}=\mathbf{X}_0\boldsymbol{\beta}^*+\mathbf{V}\boldsymbol{\Sigma}^{-1}(\boldsymbol{y}-\mathbf{X}\boldsymbol{\beta}^*). \tag{5.3.5}$$

证明 对于任一 $\tilde{\boldsymbol{y}}_0\in\mathcal{D}_0$, 我们有 $E(\tilde{\boldsymbol{y}}_0-\boldsymbol{y}_0)=\mathbf{0}$ 且

$$\begin{aligned}\mathrm{Cov}(\tilde{\boldsymbol{y}}_0-\boldsymbol{y}_0)&=\mathrm{Cov}(\tilde{\boldsymbol{y}}_0)+\mathrm{Cov}(\boldsymbol{y}_0)-\mathrm{Cov}(\tilde{\boldsymbol{y}}_0,\boldsymbol{y}_0)-\mathrm{Cov}(\boldsymbol{y}_0,\tilde{\boldsymbol{y}}_0)\\&=\sigma^2(\mathbf{C}\boldsymbol{\Sigma}\mathbf{C}'+\boldsymbol{\Sigma}_0-\mathbf{C}\mathbf{V}'-\mathbf{V}\mathbf{C}').\end{aligned} \tag{5.3.6}$$

结合定理 3.2.1, 立得

$$\mathrm{PMSE}(\tilde{\boldsymbol{y}}_0)=\mathrm{tr}\left(\mathbf{A}\mathrm{Cov}(\tilde{\boldsymbol{y}}_0-\boldsymbol{y}_0)\right)=\sigma^2\mathrm{tr}\left(\mathbf{A}(\mathbf{C}\boldsymbol{\Sigma}\mathbf{C}'+\boldsymbol{\Sigma}_0-2\mathbf{C}\mathbf{V}')\right). \tag{5.3.7}$$

因此, 在广义预测均方误差意义下求 $\boldsymbol{y}_0$ 的 BLUP 等价于在条件 $\mathbf{CX}=\mathbf{X}_0$ 下求 (5.3.7) 的最小值.

应用 Lagrange 乘子法求解这个极值问题. 构造辅助函数

$$F(\mathbf{C},\boldsymbol{\Lambda})=\sigma^2\mathrm{tr}(\mathbf{AC}\boldsymbol{\Sigma}\mathbf{C}'-2\mathbf{ACV}')-2\mathrm{tr}(\mathbf{CX}-\mathbf{X}_0)\boldsymbol{\Lambda},$$

这里 $\boldsymbol{\Lambda}$ 为 $p\times m$ 的 Lagrange 乘子. 由矩阵求导知识得

$$\frac{\partial\mathrm{tr}(\mathbf{AC}\boldsymbol{\Sigma}\mathbf{C}')}{\partial\mathbf{C}}=2\mathbf{AC}\boldsymbol{\Sigma},\quad\frac{\partial\mathrm{tr}(\mathbf{ACV}')}{\partial\mathbf{C}}=\mathbf{AV},\quad\frac{\partial\mathrm{tr}(\mathbf{X}\boldsymbol{\Lambda}\mathbf{C})}{\partial\mathbf{C}}=\boldsymbol{\Lambda}'\mathbf{X}'.$$

于是, 对 $F(\mathbf{C},\boldsymbol{\Lambda})$ 关于 $\mathbf{C},\boldsymbol{\Lambda}$ 求微商, 并令其为零, 得到

$$\boldsymbol{\Sigma}\mathbf{C}'\mathbf{A}=\mathbf{V}'\mathbf{A}+\mathbf{X}\boldsymbol{\Lambda}/\sigma^2, \tag{5.3.8}$$

$$\mathbf{CX}=\mathbf{X}_0. \tag{5.3.9}$$

由 (5.3.8) 可得

$$\mathbf{C}=\mathbf{V}\boldsymbol{\Sigma}^{-1}+\mathbf{A}^{-1}\boldsymbol{\Lambda}'\mathbf{X}'\boldsymbol{\Sigma}^{-1}/\sigma^2. \tag{5.3.10}$$

将其代入 (5.3.9) 整理得

$$\boldsymbol{\Lambda}'\mathbf{X}'\boldsymbol{\Sigma}^{-1}\mathbf{X}=\mathbf{A}(\mathbf{X}_0-\mathbf{V}\boldsymbol{\Sigma}^{-1}\mathbf{X})\sigma^2.$$

因为 $\mathcal{M}(\mathbf{X}_0') \subset \mathcal{M}(\mathbf{X}')$, 即 $\mathbf{X}_0\boldsymbol{\beta}$ 为可估函数, 此方程相容, 其解为

$$\boldsymbol{\Lambda}' = \sigma^2\mathbf{A}(\mathbf{X}_0 - \mathbf{V}\boldsymbol{\Sigma}^{-1}\mathbf{X})(\mathbf{X}'\boldsymbol{\Sigma}^{-1}\mathbf{X})^-.$$

代入 (5.3.10), 得到

$$\mathbf{C} = \mathbf{X}_0(\mathbf{X}'\boldsymbol{\Sigma}^{-1}\mathbf{X})^-\mathbf{X}'\boldsymbol{\Sigma}^{-1} + \mathbf{V}\boldsymbol{\Sigma}^{-1}(\mathbf{I}_n - \mathbf{X}(\mathbf{X}'\boldsymbol{\Sigma}^{-1}\mathbf{X})^-\mathbf{X}'\boldsymbol{\Sigma}^{-1}). \tag{5.3.11}$$

于是, 所求 $\boldsymbol{y}_0$ 的 BLUP 为 $\widetilde{\boldsymbol{y}}_0^* = \mathbf{C}\boldsymbol{y} = \mathbf{X}_0\boldsymbol{\beta}^* + \mathbf{V}\boldsymbol{\Sigma}^{-1}(\boldsymbol{y} - \mathbf{X}\boldsymbol{\beta}^*)$. 定理证毕.

由于 $\widetilde{\boldsymbol{y}}_0^*$ 与广义预测均方误差中的正定矩阵 $\mathbf{A}$ 的无关, 因此, 由 (5.3.5) 定义的预测 $\tilde{\boldsymbol{y}}_0$ 在预测均方误差意义下也是 BLUP. 比较 $\boldsymbol{y}_0^* = \mathbf{X}_0\boldsymbol{\beta}^*$ 和 $\widetilde{\boldsymbol{y}}_0^* = \mathbf{X}_0\boldsymbol{\beta}^* + \mathbf{V}\boldsymbol{\Sigma}^{-1}(\boldsymbol{y} - \mathbf{X}\boldsymbol{\beta}^*)$, 我们看到 $\widetilde{\boldsymbol{y}}_0^*$ 的第二项是由被预测量与历史数据的相关性引起的预测的改进量. 当被预测量与历史数据不相关 ($\mathbf{V} = \mathbf{0}$) 时, 由定理 5.3.1 立得如下推论.

推论 5.3.1 对于线性模型 (5.3.1) 和 (5.3.2), 若 $\mathbf{X}_0\boldsymbol{\beta}$ 在模型 (5.3.1) 下可估, 且 $\mathrm{Cov}(\boldsymbol{e}, \boldsymbol{\varepsilon}_0) = \mathbf{0}$, 则在广义预测均方误差意义下, $\boldsymbol{y}_0$ 的 BLUP 为

$$\boldsymbol{y}_0^* = \mathbf{X}_0\boldsymbol{\beta}^*, \tag{5.3.12}$$

其中 $\boldsymbol{\beta}^* = (\mathbf{X}'\boldsymbol{\Sigma}^{-1}\mathbf{X})^-\mathbf{X}'\boldsymbol{\Sigma}^{-1}\boldsymbol{y}$. 进一步, 假设 $\mathrm{Cov}(\boldsymbol{e}) = \sigma^2\mathbf{I}_n$, 则 $\boldsymbol{y}_0$ 的 BLUP 为

$$\widehat{\boldsymbol{y}}_0 = \mathbf{X}_0\widehat{\boldsymbol{\beta}}, \tag{5.3.13}$$

其中 $\widehat{\boldsymbol{\beta}} = (\mathbf{X}'\boldsymbol{\Sigma}^{-1}\mathbf{X})^-\mathbf{X}'\boldsymbol{\Sigma}^{-1}\boldsymbol{y}$.

在应用中, $k = 1$ 是一个重要的特殊情形. 若我们欲预测 $y_0 = \boldsymbol{x}_0'\boldsymbol{\beta} + e$, 记

$$\mathrm{Cov}\begin{pmatrix} \boldsymbol{y} \\ y_0 \end{pmatrix} = \sigma^2\begin{pmatrix} \boldsymbol{\Sigma} & \boldsymbol{\sigma}_{12} \\ \boldsymbol{\sigma}_{12}' & \sigma_{22} \end{pmatrix},$$

则 $\boldsymbol{y}_0$ 的 BLUP 为

$$\tilde{y}_0 = \boldsymbol{x}_0'\boldsymbol{\beta}^* + \sigma_{12}'\boldsymbol{\Sigma}^{-1}(\boldsymbol{y} - \mathbf{X}\boldsymbol{\beta}^*).$$

若 y_0 与 $\boldsymbol{y}$ 不相关, 则 $y_0^* = \boldsymbol{x}_0'\boldsymbol{\beta}^*$ 为 y_0 的 BLUP, 且

$$\mathrm{Var}(y_0^* - \tilde{y}_0) = \sigma^2\Big(\boldsymbol{x}_0'(\mathbf{X}'\boldsymbol{\Sigma}^{-1}\mathbf{X})^-\boldsymbol{x}_0 + \sigma_{22}\Big),$$

进一步, 若线性模型 (5.3.1) 和 (5.3.2) 皆为 Gauss-Markov 模型, 则 $\mathrm{Cov}(\boldsymbol{y}) = \sigma^2\mathbf{I}_n$, $\mathrm{Var}(y_0) = \sigma^2$, $\widehat{y}_0 = \boldsymbol{x}_0'\widehat{\boldsymbol{\beta}}$ 为 y_0 的 BLUP, 且

$$\mathrm{Var}(\widehat{y}_0 - \tilde{y}_0) = \sigma^2\Big(\boldsymbol{x}_0'(\mathbf{X}'\mathbf{X})^-\boldsymbol{x}_0 + 1\Big).$$

在实际应用中, 往往 $\mathbf{V}$ 和 $\boldsymbol{\Sigma}$ 是未知的, 一种常用的作法是用它们的某种估计 $\widehat{\mathbf{V}}$ 和 $\widehat{\boldsymbol{\Sigma}}$ 替代它们. 这样得到的量尽管不再是 BLUP, 甚至它根本不是线性的, 但是为方便计, 人们称其为经验 BLUP.

5.3.2 区间预测

所谓区间预测, 就是找一个区间, 使得被预测量的可能取值落在该区间内的概率达到预先给定的值. 在应用中, 除了点预测外, 因变量的区间预测更被人们所关注. 例如, 在经济活动中, 我们往往希望预测下一个月某产品的销售量的范围, 而在工程技术中, 设计者想知道新产品的某项性能指标大概会落在多大的区间范围内等等. 本节主要考虑模型 (5.3.1) 和 (5.3.2) 在误差正态假设下因变量 $\boldsymbol{y}_0$ 的区间预测问题.

假设 $(\boldsymbol{y}', \boldsymbol{y}_0')'$ 的联合分布为正态分布,

$$\begin{pmatrix} \boldsymbol{y} \\ \boldsymbol{y}_0 \end{pmatrix} \sim N_{n+m}\left(\begin{pmatrix} \mathbf{X}\boldsymbol{\beta} \\ \mathbf{X}_0\boldsymbol{\beta} \end{pmatrix}, \ \sigma^2 \begin{pmatrix} \boldsymbol{\Sigma} & \mathbf{V}' \\ \mathbf{V} & \boldsymbol{\Sigma}_0 \end{pmatrix}\right). \tag{5.3.14}$$

和前面一样, 假设 $\mathcal{M}(\mathbf{X}_0') \subset \mathcal{M}(\mathbf{X}')$. 记

$$\boldsymbol{\beta}^* = (\mathbf{X}'\boldsymbol{\Sigma}^{-1}\mathbf{X})^-\mathbf{X}'\boldsymbol{\Sigma}^{-1}\boldsymbol{y}, \quad \sigma^{2^*} = (\boldsymbol{y} - \mathbf{X}\boldsymbol{\beta}^*)'\boldsymbol{\Sigma}^{-1}(\boldsymbol{y} - \mathbf{X}\boldsymbol{\beta}^*)/(n-r).$$

1. 被预测量 $\boldsymbol{y}_0$ 与历史数据 $\boldsymbol{y}$ 不相关的情形

被预测量与历史数据独立不相关, 即 $\mathrm{Cov}(\boldsymbol{y}_0, \boldsymbol{y}) = \mathbf{V} = \mathbf{0}$. 于是, 在误差正态条件下, 预测误差

$$\boldsymbol{z} = \boldsymbol{y}_0^* - \boldsymbol{y}_0 = \mathbf{X}_0\boldsymbol{\beta}^* - \boldsymbol{y}_0 \sim N_k(\mathbf{0}, \ \sigma^2\boldsymbol{\Omega}), \tag{5.3.15}$$

其中 $\boldsymbol{\Omega} = (\omega_{ij}) = \boldsymbol{\Sigma}_0 + \mathbf{X}_0(\mathbf{X}'\boldsymbol{\Sigma}^{-1}\mathbf{X})^-\mathbf{X}_0'$. 记 $\boldsymbol{\Sigma}_0 = (\sigma_{ij}^{(0)})$, $\boldsymbol{z} = (z_1, \cdots, z_k)'$, 其中

$$z_i = \widetilde{y}_{0i} - y_{0i}, \quad i = 1, \cdots, k.$$

由定理 4.3.3 可知: ① $\mathbf{X}_0\boldsymbol{\beta}^*$ 与 σ^{2^*} 独立; ② $(n-r)\sigma^{2^*}/\sigma^2 \sim \chi^2_{n-r}$, 这里, $r = \mathrm{rk}(\mathbf{X})$. 注意到 σ^{2^*} 仅与 $\boldsymbol{y}$ 有关, 而 $\boldsymbol{y}_0$ 与 $\boldsymbol{y}$ 独立, 因此, 立得 $\boldsymbol{z}$ 与 σ^{2^*} 独立. 进而有

$$\frac{z_i}{\sigma^*\sqrt{\omega_{ii}}} \sim t_{n-r}, \qquad \frac{\boldsymbol{z}'\boldsymbol{\Omega}^{-1}\boldsymbol{z}}{k\sigma^{2^*}} \sim F_{k,n-r}.$$

类似于 4.9 节构造可估函数置信区间的方法, 我们可导出因变量的预测区间.

定理 5.3.2 在正态假设 (5.3.14) 下, 若 $\mathbf{X}_0\boldsymbol{\beta}$ 在模型 (5.3.1) 下可估, $\mathrm{Cov}(\boldsymbol{y}_0, \boldsymbol{y}) = \mathbf{0}$, 则

(1) 单个因变量 y_{0i} 的置信系数为 $1-\alpha$ 的预测区间为

$$\left[\boldsymbol{x}_{0i}'\boldsymbol{\beta}^* - t_{n-r}\left(\frac{\alpha}{2}\right)\sqrt{\omega_{ii}}\sigma^*, \ \boldsymbol{x}_{0i}'\boldsymbol{\beta}^* + t_{n-r}\left(\frac{\alpha}{2}\right)\sqrt{\omega_{ii}}\sigma^*\right], \quad i \in 1, \cdots, k;$$

(2) $y_{01},\cdots,y_{0k}$ 的置信系数为 $1-\alpha$ 的 Bonferroni 型同时预测区间为

$$\left[\boldsymbol{x}_{0i}'\boldsymbol{\beta}^*-t_{n-r}\left(\frac{\alpha}{2k}\right)\sqrt{\omega_{ii}}\sigma^*,\ \ \boldsymbol{x}_{0i}'\boldsymbol{\beta}^*+t_{n-r}\left(\frac{\alpha}{2k}\right)\sqrt{\omega_{ii}}\sigma^*\right],\quad i=1,\cdots,k;$$

(3) $y_{0i},\cdots,y_{0k}$ 置信系数为 $1-\alpha$ 的 Scheffé 型同时预测区间为

$$\left[\boldsymbol{x}_{0i}'\boldsymbol{\beta}^*-\sqrt{kF_{k,n-r}(\alpha)\omega_{ii}\sigma^*},\ \ \boldsymbol{x}_{0i}'\boldsymbol{\beta}^*+\sqrt{kF_{k,n-r}(\alpha)\omega_{ii}\sigma^*}\right],\quad i=1,\cdots,k,$$

这里 $\mathbf{X}_0=(\boldsymbol{x}_{01},\cdots,\boldsymbol{x}_{0k})'$, $\omega_{ii}=\sigma_{ii}^{(0)}+\boldsymbol{x}_{0i}'(\mathbf{X}'\boldsymbol{\Sigma}^{-1}\mathbf{X})^-\boldsymbol{x}_{0i}$.

Bonferroni 型同时预测区间和 Scheffé 型同时预测区间何者为优? 从定理 5.3.2 不难看出, 此问题取决于 $t_{n-r}^2\left(\dfrac{\alpha}{2k}\right)$ 和 $kF_{k,n-r}(\alpha)$ 何者为小.

注 5.3.1　由定理 5.3.2 知, 当 $\mathrm{Cov}(\boldsymbol{y}_0,\ \boldsymbol{y})=\mathbf{0}$ 时, 总有 $\omega_{ii}=\sigma_{ii}^{(0)}+\mathrm{Var}(\boldsymbol{x}_i'\boldsymbol{\beta}^*)>\mathrm{Var}(\boldsymbol{x}_i'\boldsymbol{\beta}^*)$, 因此, $y_{01},\cdots,y_{0k}$ 置信系数为 $1-\alpha$ 的预测区间总是比其均值 $\boldsymbol{x}_{01}'\boldsymbol{\beta},\cdots,\boldsymbol{x}_{0k}'\boldsymbol{\beta}$ 的相应区间估计的长. 另外, 对照 (5.2.14), 我们不难发现 k 个可估函数 $\boldsymbol{x}_{01}'\boldsymbol{\beta},\cdots,\boldsymbol{x}_{0k}'\boldsymbol{\beta}$ 的 Scheffé 型同时置信区间中 $k_0=\mathrm{rk}(\mathbf{X}_0)$, 而 $y_{0i},\cdots,y_{0k}$ 的 Scheffé 型同时预测区间中的 k 是被预测点的个数, $k\geqslant k_0$.

注 5.3.2　当 $\boldsymbol{\Sigma}=\mathbf{I}_n$, $\boldsymbol{\Sigma}_0=\mathbf{I}_k$ 时, 用 LS 解 $\widehat{\boldsymbol{\beta}}$ 和 $\widehat{\sigma}$ 分别替换定理 5.3.2 中的 GLS 解 $\boldsymbol{\beta}^*$ 和 σ^*, 即可得到相应的结果, 此时 $\omega_{ii}=1+\boldsymbol{x}_{0i}'(\mathbf{X}'\mathbf{X})^-\boldsymbol{x}_{0i}$.

例 5.3.1　考虑一元线性模型 $Y=\beta_0+\beta_1X+e$. 设 $(y_i,x_i),i=1,\cdots,n$ 为 (Y,X) 的 n 组观察数据, 于是

$$y_i=\beta_0+\beta_1x_i+e_i,\quad e_i\sim N(0,\sigma^2)\quad (i=1,\cdots,n),$$

$y_1,\cdots,y_n$ 相互独立. 记

$$\boldsymbol{y}=\begin{pmatrix}y_1\\ \vdots\\ y_n\end{pmatrix},\qquad \mathbf{X}=\begin{pmatrix}1 & x_1\\ \vdots & \vdots\\ 1 & x_n\end{pmatrix},\qquad \boldsymbol{\beta}=\begin{pmatrix}\beta_0\\ \beta_1\end{pmatrix},$$

则

$$\mathbf{X}'\mathbf{X}=\begin{pmatrix}n & n\bar{x}\\ n\bar{x} & \sum\limits_{i=1}^n x_i^2\end{pmatrix},\qquad \mathbf{X}'\boldsymbol{y}=\begin{pmatrix}\sum\limits_{i=1}^n y_i\\ \sum\limits_{i=1}^n x_iy_i\end{pmatrix},$$

其中 $\bar{x}=\sum\limits_{i=1}^n x_i/n$. 于是 $\boldsymbol{\beta}$ 的 LS 估计为

$$\widehat{\boldsymbol{\beta}}=\begin{pmatrix}\hat{\beta}_0\\ \hat{\beta}_1\end{pmatrix}=(\mathbf{X}'\mathbf{X})^{-1}\mathbf{X}'\boldsymbol{y}=\begin{pmatrix}\bar{y}-\hat{\beta}_1\bar{x}\\ \dfrac{\sum\limits_{i=1}^{n}(x_i-\bar{x})(y_i-\bar{y})}{\sum\limits_{i=1}^{n}(x_i-\bar{x})^2}\end{pmatrix},$$

σ^2 的相应估计为

$$\hat{\sigma}^2=(\boldsymbol{y}'\boldsymbol{y}-\widehat{\boldsymbol{\beta}}'\mathbf{X}'\boldsymbol{y})/(n-2).$$

现在对 $x_{01},\cdots,x_{0k}$ 处因变量 Y 的相应值 $y_{01},\cdots,y_{0k}$ 作同时预测. 假定 $y_{0i},i=1,\cdots,k$ 相互独立, 有

$$y_{0i}=\beta_0+\beta_1x_{0i}+\varepsilon_i,\quad \varepsilon_i\sim N(0,\ \sigma^2),\quad i=1,\cdots,k$$

且与 $y_i,i=1,\cdots,n$ 相互独立.

依 (5.3.5) 可得每个点 y_{0i} 的点预测如下:

$$\hat{y}_{0i}=\hat{\beta}_0+\hat{\beta}_1x_{0i},\quad i=1,\cdots,k.$$

依推论 5.3.1 立得: y_{0i} 的置信系数为 $1-\alpha$ 的预测区间为

$$\left[(\hat{\beta}_0+\hat{\beta}_1x_{0i})-t_{n-2}\left(\frac{\alpha}{2}\right)\hat{\sigma}\sqrt{\omega_{ii}},\ (\hat{\beta}_0+\hat{\beta}_1x_{0i})+t_{n-2}\left(\frac{\alpha}{2}\right)\hat{\sigma}\sqrt{\omega_{ii}}\right],\ i\in 1,\cdots,k;$$

$y_{01},\cdots,y_{0k}$ 的 Bonferroni 型同时预测区间为

$$\left[(\hat{\beta}_0+\hat{\beta}_1x_{0i})-t_{n-2}\left(\frac{\alpha}{2k}\right)\hat{\sigma}\sqrt{\omega_{ii}},(\hat{\beta}_0+\hat{\beta}_1x_{0i})+t_{n-2}\left(\frac{\alpha}{2k}\right)\hat{\sigma}\sqrt{\omega_{ii}}\right],\ i=1,\cdots,k;$$

$y_{01},\cdots,y_{0k}$ 的 Scheffé 型同时预测区间为

$$\left[(\hat{\beta}_0+\hat{\beta}_1x_{0i})-\hat{\sigma}\sqrt{kF_{k,n-2}(\alpha)\omega_{ii}},\ \ (\hat{\beta}_0+\hat{\beta}_1x_{0i})+\hat{\sigma}\sqrt{kF_{k,n-2}(\alpha)\omega_{ii}}\right],$$
$$i=1,\cdots,k,$$

其中

$$\omega_{ii}=1+(1,x_{0i})(\mathbf{X}'\mathbf{X})^{-1}(1,x_{0i})'=1+\frac{1}{n}+\frac{(x_{0i}-\bar{x})^2}{\sum\limits_{i=1}^{n}(x_i-\bar{x})^2}.$$

这两类同时预测区间的置信系数都不低于 $1-\alpha$.

2. 被预测量 $\boldsymbol{y}_0$ 与历史数据 $\boldsymbol{y}$ 相关的情形

下面, 我们考虑对于被预测量 $\boldsymbol{y}_0$ 与历史数据 $\boldsymbol{y}$ 相关的情形, 即 $\mathrm{Cov}(\boldsymbol{y}_0, \boldsymbol{y}) = \mathbf{V} \neq \mathbf{0}$. 结合 (5.3.6), 可导出 $\widetilde{\boldsymbol{y}}_0 = \mathbf{X}_0\boldsymbol{\beta}^* + \mathbf{V}\boldsymbol{\Sigma}^{-1}(\boldsymbol{y} - \mathbf{X}\boldsymbol{\beta}^*)$ 的预测误差分布, 即

$$\boldsymbol{z} = \widetilde{\boldsymbol{y}}_0 - \boldsymbol{y}_0 \sim N_k(\mathbf{0},\ \sigma^2\boldsymbol{\Omega}), \tag{5.3.16}$$

这里 $\boldsymbol{\Omega} = (\omega_{ij}) = \mathbf{C}\boldsymbol{\Sigma}\mathbf{C}' + \boldsymbol{\Sigma}_0 - \mathbf{C}\mathbf{V}' - \mathbf{V}\mathbf{C}'$, 其中 $\mathbf{C}$ 的定义见 (5.3.11).

另外, 注意到

$$\boldsymbol{z} = (\mathbf{C}, -\mathbf{I}_k)\begin{pmatrix} \boldsymbol{y} \\ \boldsymbol{y}_0 \end{pmatrix},$$

$$\sigma^{2*} = \frac{1}{n-r}(\boldsymbol{y} - \mathbf{X}\boldsymbol{\beta}^*)'\boldsymbol{\Sigma}^{-1}(\boldsymbol{y} - \mathbf{X}\boldsymbol{\beta}^*) = \begin{pmatrix} \boldsymbol{y} \\ \boldsymbol{y}_0 \end{pmatrix}'\begin{pmatrix} \mathbf{D} & \\ & \mathbf{0} \end{pmatrix}\begin{pmatrix} \boldsymbol{y} \\ \boldsymbol{y}_0 \end{pmatrix},$$

其中 $\mathbf{D} = (\boldsymbol{\Sigma}^{-1} - \boldsymbol{\Sigma}^{-1}\mathbf{X}(\mathbf{X}'\boldsymbol{\Sigma}^{-1}\mathbf{X})^{-}\mathbf{X}'\boldsymbol{\Sigma}^{-1})/(n-r)$. 我们可证得如下引理.

引理 5.3.1 在正态假设 (5.3.14) 下, 若 $\mathbf{X}_0\boldsymbol{\beta}$ 在模型 (5.3.1) 下可估, 且 $\mathcal{M}(\mathbf{V}') \subset \mathcal{M}(\mathbf{X}')$, 则

(1) $\widetilde{\boldsymbol{y}}_0^* - \boldsymbol{y}_0$ 和 σ^{2*} 独立;

(2) $\dfrac{\widetilde{y}_{0i}^* - y_{0i}}{\omega_{ii}\sigma^*} \sim t_{n-r}, i = 1, \cdots, k$;

(3) $\dfrac{(\widetilde{\boldsymbol{y}}_0^* - \boldsymbol{y}_0)'\boldsymbol{\Omega}^{-1}(\widetilde{\boldsymbol{y}}_0^* - \boldsymbol{y}_0)/k}{\sigma^{2*}} \sim F_{r_0, n-r}$,

其中 $r_0 = \mathrm{rk}(\mathbf{X}_0)$, $\omega_{ii} = \mathrm{Var}(\widetilde{y}_{0i}^* - y_{0i}) = \boldsymbol{\Omega}_{ii}$, 见 (5.3.16).

证明 事实上, 利用 $\mathbf{X}'\mathbf{D} = \mathbf{0}$, 立得

$$(\mathbf{C}, -\mathbf{I}_k)\begin{pmatrix} \boldsymbol{\Sigma} & \mathbf{V}' \\ \mathbf{V} & \boldsymbol{\Sigma}_0 \end{pmatrix}\begin{pmatrix} \mathbf{D} & \\ & \mathbf{0} \end{pmatrix} = \mathbf{C}\boldsymbol{\Sigma}\mathbf{D} - \mathbf{V}\mathbf{D} = -\mathbf{V}\mathbf{D}.$$

若 $\mathcal{M}(\mathbf{V}') \subset \mathcal{M}(\mathbf{X})$, 则存在 $p \times k$ 的矩阵 $\mathbf{B}$, 使得 $\mathbf{V}' = \mathbf{X}\mathbf{B}'$, 即 $\mathbf{V} = \mathbf{B}\mathbf{X}'$. 因此,

$$\mathbf{V}\mathbf{D} = \mathbf{B}\mathbf{X}'\mathbf{D} = \mathbf{0}.$$

由推论 3.5.1 立证得 $\widetilde{\boldsymbol{y}}_0 - \boldsymbol{y}_0$ 和 σ^{2*} 独立. 结合 (5.3.16) 和定理 4.4.3, 便可证得引理 5.3.1 的 (2) 和 (3). 引理证毕.

注意到

$$\widetilde{\boldsymbol{y}}_0^* = \mathbf{X}_0\boldsymbol{\beta}^* + \mathbf{V}\boldsymbol{\Sigma}^{-1}(\boldsymbol{y} - \mathbf{X}\boldsymbol{\beta}^*) = \mathbf{X}_0\boldsymbol{\beta}^* + \mathbf{V}\mathbf{D}\boldsymbol{y},$$

由引理的证明可知, 若 $\mathcal{M}(\mathbf{V}') \subset \mathcal{M}(\mathbf{X}')$, 则 $\mathbf{V}\mathbf{D} = \mathbf{0}$, 因此, 在此条件下, 仍有 $\widetilde{\boldsymbol{y}}_0^* = \mathbf{X}_0\boldsymbol{\beta}^*$. 故由引理 5.3.1 可将定理 5.3.2 推广到更一般的情形.

定理5.3.3 在正态假设 (5.3.14) 下, 若 $\mathbf{X}_0\boldsymbol{\beta}$ 在模型 (5.3.1) 下可估, 且 $\mathcal{M}(\mathbf{V}') \subset \mathcal{M}(\mathbf{X}')$, 则

(1) 单个因变量 y_{0i} 的置信系数为 $1-\alpha$ 的预测区间为

$$\left[\boldsymbol{x}_{0i}'\boldsymbol{\beta}^* - t_{n-r}\left(\frac{\alpha}{2}\right)\sqrt{\omega_{ii}}\sigma^*,\ \ \boldsymbol{x}_{0i}'\boldsymbol{\beta}^* + t_{n-r}\left(\frac{\alpha}{2}\right)\sqrt{\omega_{ii}}\sigma^*\right], \quad i \in \{1,\cdots,k\};$$

(2) $y_{0i},\cdots,y_{0k}$ 的置信系数为 $1-\alpha$ 的 Bonferroni 型同时预测区间为

$$\left[\boldsymbol{x}_{0i}'\boldsymbol{\beta}^* - t_{n-r}\left(\frac{\alpha}{2k}\right)\sqrt{\omega_{ii}}\sigma^*,\ \ \boldsymbol{x}_{0i}'\boldsymbol{\beta}^* + t_{n-r}\left(\frac{\alpha}{2k}\right)\sqrt{\omega_{ii}}\sigma^*\right], \quad i = 1,\cdots,k;$$

(3) $y_{0i},\cdots,y_{0k}$ 置信系数为 $1-\alpha$ 的 Scheffé 型同时预测区间为

$$\left[\boldsymbol{x}_{0i}'\boldsymbol{\beta}^* - \sigma^*\sqrt{\omega_{ii}kF_{k,n-r}(\alpha)},\ \ \boldsymbol{x}_{0i}'\boldsymbol{\beta}^* + \sigma^*\sqrt{\omega_{ii}kF_{k,n-r}(\alpha)}\right], \quad i = 1,\cdots,k,$$

这里, ω_{ii} 为矩阵 $\boldsymbol{\Omega} = (\omega_{ij}) = \mathbf{C\Sigma C}' + \boldsymbol{\Sigma}_0 - \mathbf{CV}' - \mathbf{VC}'$ 的第 i 个对角元.

注 5.3.3 当 $\mathbf{V} = \mathbf{0}$ 时, 一定有 $\mathcal{M}(\mathbf{V}') \subset \mathcal{M}(\mathbf{X}')$. 另外易证若 $\mathbf{V} \neq \mathbf{0}$, 则定理 5.3.3 中的条件等价于 $\boldsymbol{\Sigma}_0 = \mathbf{X}_0\mathbf{M}\mathbf{X}_0'$, 其中 $\mathbf{M} \geqslant \mathbf{0}$.

注 5.3.4 若条件 $\mathcal{M}(\mathbf{V}') \subset \mathcal{M}(\mathbf{X}')$ 不成立, 则 $\widetilde{\boldsymbol{y}}_0^*$ 与 σ^{2*} 不独立, 故定理 5.3.3 给出的预测区间不再适用. 此时需要基于渐近性质去构造.

5.4 最 优 设 计

考虑线性模型

$$\boldsymbol{y} = \mathbf{X}\boldsymbol{\beta} + \boldsymbol{e}, \quad E(\boldsymbol{e}) = \mathbf{0}, \quad \mathrm{Cov}(\boldsymbol{e}) = \sigma^2\mathbf{I}_n, \tag{5.4.1}$$

这里 $\boldsymbol{y}' = (y_1,\cdots,y_n)$ 是因变量 Y 的观测向量, $\mathbf{X} = (\boldsymbol{x}_{(1)},\cdots,\boldsymbol{x}_{(n)})'$ 为 $n\times p$ 的自变量 $\boldsymbol{x} = (x_1,\cdots,x_p)'$ 的观测矩阵, 其中 y_i 是自变量在第 i 个观测点 (或试验点) $\boldsymbol{x}_{(i)}$ 处因变量的观测值. 在前面的讨论中, 我们总假定 $\mathbf{X}$ 是给定的, 事实上, 当数据 y_i 是通过控制自变量在 $\boldsymbol{x}_{(i)}$ 处的试验获取时, 试验者在试验前就需要选择自变量的取值 (即设计试验点), 使设计阵 $\mathbf{X}$ 在统计推断中表现出某种优良性质, 这就是所谓的最优设计. 最优设计是 Kiefer 于 1959 年首先提出来的, 其后获得了长足发展. 本节扼要地介绍最优设计问题的基本概念. 对这一领域感兴趣的读者可参阅 Fedorov (1972), Silvey (1980), 茆诗松等 (1981), Atkinson 和 Donev (1992) 以及 Liski 等 (2002).

5.4.1 最优设计准则

如何构造最优设计？首先需要确定好以下四个方面:

(1) 试验的次数 n;

(2) 感兴趣的响应变量/因变量;

(3) 所有可行试验 (feasible treatments) 的候选集 $\mathcal{D}$;

(4) 从候选集中选择最优试验的统计设计准则和各试验样本量的分配办法.

一旦这些量规定好了, 满足指定试验设计准则的最优设计就可以通过计算机数值计算和搜索找到.

设自变量 $\boldsymbol{X}$ 的取值域 (试验区域) 为 $\mathcal{D}$. 假定 n 是固定的, 试验的目的是估计 $\boldsymbol{\beta}$ 线性函数

$$\boldsymbol{\Phi} = \mathbf{H}\boldsymbol{\beta}, \tag{5.4.2}$$

其中 $\mathbf{H}$ 为 $m \times p$ 的已知行满秩阵. 设

$$\mathcal{X} = \{\mathbf{X}_{n\times p}, \mathcal{M}(\mathbf{X}') \supset \mathcal{M}(\mathbf{H}')\},$$

即 $\mathcal{X}$ 为由一切使 $\boldsymbol{\Phi}$ 可估的 $n \times p$ 矩阵组成的集合, 称之为 $\boldsymbol{\Phi}$ 的可行设计集合. 由定理 4.1.4 知: 对于任意给定的 $\mathbf{X} \in \mathcal{X}$, 模型 (5.4.1) 的可估向量 $\boldsymbol{\Phi}$ 的 LS 估计

$$\hat{\boldsymbol{\Phi}} = \mathbf{H}(\mathbf{X}'\mathbf{X})^{-}\mathbf{X}'\boldsymbol{y} \tag{5.4.3}$$

是 MDLU 的. 依定理 3.1.3 易得

$$\mathrm{Cov}(\hat{\boldsymbol{\Phi}}) = \sigma^2\mathbf{H}(\mathbf{X}'\mathbf{X})^{-}\mathbf{H}' \triangleq \sigma^2\mathbf{V}_{\boldsymbol{\Phi}}(\mathbf{X}). \tag{5.4.4}$$

所谓对 $\boldsymbol{\Phi}$ 的一个最优设计就是指从 $\mathcal{X}$ 中找一个 $\mathbf{X}$ 使得 $\boldsymbol{\Phi}$ 的 LS 估计 $\hat{\boldsymbol{\Phi}}$ 具有某种优良性. 下面介绍几种常用的优良性准则.

1. A 最优准则

定义 5.4.1 若存在设计 $\mathbf{X}_A \in \mathcal{X}$ 满足

$$\mathrm{tr}(\mathbf{W}\mathbf{V}_{\boldsymbol{\Phi}}(\mathbf{X}_A)) = \min_{\mathbf{X}\in\mathcal{X}} \mathrm{tr}(\mathbf{W}\mathbf{V}_{\boldsymbol{\Phi}}(\mathbf{X})), \tag{5.4.5}$$

则称 $\mathbf{X}_A$(在 $\mathbf{W}$ 意义下) 为 A 最优, 其中 $\mathbf{W}$ 是一给定的 $m \times m$ 正定阵.

注意到对任意给定的 $\mathbf{X} \in \mathcal{X}$ 和 $m \times m$ 的正定阵 $\mathbf{W}$, $\hat{\boldsymbol{\Phi}}$ 的广义均方误差为

$$\mathrm{GMSE}(\hat{\boldsymbol{\Phi}}) = E(\hat{\boldsymbol{\Phi}} - \boldsymbol{\Phi})'\mathbf{W}(\hat{\boldsymbol{\Phi}} - \boldsymbol{\Phi}) = \sigma^2\mathrm{tr}(\mathbf{W}\mathbf{H}(\mathbf{X}'\mathbf{X})^{-}\mathbf{H}') = \sigma^2\mathrm{tr}(\mathbf{W}\mathbf{V}_{\boldsymbol{\Phi}}(\mathbf{X})), \tag{5.4.6}$$

因此, A 最优准则本质上就是在可行设计集合 $\mathcal{X}$ 中寻找使得 $\hat{\mathbf{\Phi}}$ 的广义均方误差达到最小的 $\mathbf{X}$.

一般取 $\mathbf{W}=\mathbf{I}_n$, 则 (5.4.5) 为

$$\operatorname{tr}(\mathbf{V}_{\mathbf{\Phi}}(\mathbf{X}_A))=\min_{\mathbf{X}\in\mathcal{X}}\sum_{i=1}^{m}\lambda_i(\mathbf{V}_{\mathbf{\Phi}}(\mathbf{X})), \tag{5.4.7}$$

其中 $\lambda_i(\mathbf{V}_{\mathbf{\Phi}}(\mathbf{X}))$ 表示 $\mathbf{V}_{\mathbf{\Phi}}(\mathbf{X})$ 的第 i 个特征值. 显然, 当 $\mathbf{W}=\mathbf{I}_n$ 时, (5.4.6) 等价于 $\hat{\mathbf{\Phi}}$ 的均方误差

$$\operatorname{MSE}(\hat{\mathbf{\Phi}})=E(\hat{\mathbf{\Phi}}-\mathbf{\Phi})'(\hat{\mathbf{\Phi}}-\mathbf{\Phi})=\sigma^2\operatorname{tr}(\mathbf{H}(\mathbf{X}'\mathbf{X})^-\mathbf{H}')=\sigma^2\operatorname{tr}(\mathbf{W}\mathbf{V}_{\mathbf{\Phi}}(\mathbf{X})),$$

此时 A 最优设计就是使 $\hat{\mathbf{\Phi}}$ 的均方误差达到最小的设计, 故 A 最优准则又称为均方误差最小准则.

进一步, 若 $\operatorname{rk}(\mathbf{X})=p,\mathbf{H}=\mathbf{I}_p$, 则 (5.4.7) 可表示为

$$\operatorname{tr}(\mathbf{X}_A'\mathbf{X}_A)^{-1}=\min_{\mathbf{X}\in\mathcal{X}}\sum_{i=1}^{m}\frac{1}{\lambda_i(\mathbf{X}'\mathbf{X})}, \tag{5.4.8}$$

其中 $\lambda_i(\mathbf{X}'\mathbf{X})$ 为矩阵 $\mathbf{X}'\mathbf{X}$ 的第 i 个特征值.

2. E 最优准则

定义 5.4.2 若存在 $\mathbf{X}_E\in\mathcal{X}$ 满足

$$\lambda_1(\mathbf{V}_{\mathbf{\Phi}}(\mathbf{X}_E))=\min_{\mathbf{X}\in\mathcal{X}}\lambda_1(\mathbf{V}_{\mathbf{\Phi}}(\mathbf{X})), \tag{5.4.9}$$

则称 X_E 为 E 最优, 其中 $\lambda_1(\mathbf{V}_{\mathbf{\Phi}}(\mathbf{X}))$ 表示 $\mathbf{V}_{\mathbf{\Phi}}(\mathbf{X})$ 的最大特征值.

显然, E 最优设计就是使 $\hat{\mathbf{\Phi}}$ 的协方差阵的最大特征值最小化的设计, 故 E 最优准则也称为协方差阵的最大特征值最小化准则.

依定理 2.4.1 可得

$$\lambda_1(\mathbf{V}_{\mathbf{\Phi}}(\mathbf{X}))=\max_{\boldsymbol{l}'\boldsymbol{l}=1}\boldsymbol{l}'\mathbf{V}_{\mathbf{\Phi}}(\mathbf{X})\boldsymbol{l}=\max_{\boldsymbol{l}'\boldsymbol{l}=1}\operatorname{Var}(\boldsymbol{l}'\hat{\mathbf{\Phi}})/\sigma^2, \tag{5.4.10}$$

其中 $\boldsymbol{l}'\hat{\mathbf{\Phi}}$ 为 $\boldsymbol{l}'\mathbf{\Phi}$ 的 LS 估计, $\boldsymbol{l}$ 为任意非零的 m 维常数向量. 因此, E 最优准则就是使得所有形如 $\boldsymbol{l}'\mathbf{\Phi}$ $(\boldsymbol{l}'\boldsymbol{l}=1)$ 的可估函数的 LS 估计的最大方差达到最小的准则.

进一步, 若 $\operatorname{rk}(\mathbf{X})=p,\mathbf{H}=\mathbf{I}_p$, 则 (5.4.10) 可表示为

$$\lambda_p(\mathbf{X}_E'\mathbf{X}_E)=\min_{\mathbf{X}\in\mathcal{X}}\lambda_p(\mathbf{X}'\mathbf{X}), \tag{5.4.11}$$

其中 $\lambda_p(\mathbf{X}'\mathbf{X})$ 表示 $\mathbf{X}'\mathbf{X}$ 的最小特征值.

3. D 最优准则

定义 5.4.3 若存在 $\mathbf{X}_D \in \mathcal{X}$, 使得

$$|\mathbf{V}_{\mathbf{\Phi}}(\mathbf{X}_D)| = \min_{\mathbf{X}\in\mathcal{X}} |\mathbf{V}_{\mathbf{\Phi}}(\mathbf{X})| \tag{5.4.12}$$

成立, 则称 $\mathbf{X}_D$ 为 D 最优.

因为 $\sigma^2|\mathbf{V}_{\mathbf{\Phi}}(\mathbf{X})|$ 为 $\hat{\mathbf{\Phi}}$ 的广义方差, 所以 D 最优准则也称为广义方差最小准则. D 最优准则还称为置信椭球体积最小准则. 事实上, 依 5.2 节知, 若 $\boldsymbol{\varepsilon} \sim N(\mathbf{0},\ \sigma^2\mathbf{I}_n)$, σ^2 已知, 则

$$(\hat{\mathbf{\Phi}} - \mathbf{\Phi})'\mathbf{V}_{\mathbf{\Phi}}^{-1}(\mathbf{X})(\hat{\mathbf{\Phi}} - \mathbf{\Phi}) \leqslant \sigma^2\chi_m^2(\alpha)$$

为 $\mathbf{\Phi}$ 的置信水平为 $1-\alpha$ 的置信椭球. 可以证明此椭球的体积为

$$c\cdot(\sigma^2\chi_m^2(\alpha))^m\sqrt{|\mathbf{V}_{\mathbf{\Phi}}(\mathbf{X})|},$$

其中 c 为仅与 m 有关的常数. 可见, 在一定的置信水平下, $\mathbf{\Phi}$ 的置信椭球体积与 $|\mathbf{V}_{\mathbf{\Phi}}(\mathbf{X})|$ 成正比. 自然我们希望在置信水平不变的前提下, 置信椭球的体积越小越好, 这从另一个侧面说明了 D 最优准则的合理性.

若 $\mathrm{rk}(\mathbf{X}) = p$, $\mathbf{H} = \mathbf{I}_p$, 则 (5.4.12) 可表示为

$$|\mathbf{X}_D'\mathbf{X}_D| = \max_{\mathbf{X}\in\mathcal{X}} |\mathbf{X}'\mathbf{X}|. \tag{5.4.13}$$

若 $m=1$, 即 $\mathbf{H} = \boldsymbol{h}'$, $\mathbf{\Phi} = \boldsymbol{h}'\boldsymbol{\beta}$, 以上介绍的三种最优准则等价, 都等价于在集合 $\mathcal{X}$ 上寻找极小化

$$\mathrm{Var}(\boldsymbol{h}'\widehat{\boldsymbol{\beta}})/\sigma^2 = \boldsymbol{h}'(\mathbf{X}'\mathbf{X})^-\boldsymbol{h}$$

的设计矩阵 $\mathbf{X}$. 下面, 我们以一元线性模型为例来说明三大准则下最优设计问题.

例 5.4.1 考虑简单线性模型

$$y_i = \beta_0 + x_i\beta_1 + e_i, \quad i = 1, 2, \cdots, n, \tag{5.4.14}$$

其中 $e_i, i = 1, 2, \cdots, n$ 不相关且均值为零, 方差为 σ^2. 由例 5.3.1 易推得 β_0 和 β_1 的 LS 估计 $\widehat{\beta}_0$ 和 $\widehat{\beta}_1$, 以及 y_0 点预测 $\widehat{y}_0 = \widehat{\beta}_0 + x_0\widehat{\beta}_1$,

$$\mathrm{Var}(\widehat{\beta}_0) = \sigma^2\left(\frac{1}{n} + \frac{\bar{x}^2}{\sum_{i=1}^n (x_i - \bar{x})^2}\right),$$

$$\mathrm{Var}(\widehat{\beta}_1) = \frac{\sigma^2}{\sum_{i=1}^n (x_i - \bar{x})^2},$$

$$\mathrm{Var}(\widehat{y}_0)=\sigma^2\left(\frac{1}{n}+\frac{(x_0-\bar{x})^2}{\sum\limits_{i=1}^{n}(x_i-\bar{x})^2}\right).$$

如果感兴趣的是 β_0 时, 只要要求自变量 X 的 n 个点满足 $\bar{x}=0$ 即可, 只要中心化自变量的观测值即可. 在线性模型中主要感兴趣参数是斜率, 即 β_1. 则在给定的样本量 n 下, 极小化方差 $\mathrm{Var}(\widehat{\beta}_1)$ 等价于极大化 $\sum_{i=1}^n(x_i-\bar{x})^2$. 如果感兴趣的是 $\beta_0+x_0\beta_1$, 则极小化方差 $\mathrm{Var}(\widehat{y}_0)$ 只需自变量的设计点 $x_1,\cdots,x_n$ 的均值 $\bar{x}=x_0$ 即可.

注 5.4.1 最优准则的选择与感兴趣的问题密切关联. 另外在最优设计中除了自变量的空间位置需要选择外, 还涉及某些因子变量选择水平数的问题. Cox (1958) 给出一般性的建议: 当主要研究对象是自变量是否有影响以及影响的方向时, 使用 2 水平; 如果用斜率和曲率来描述响应曲线就足够了, 则使用 3 水平, 这应涵盖大多数情况; 如果需要进一步研究响应曲线的形状, 则使用 4 水平; 当需要估计响应曲线的详细形状时, 或当曲线预计会上升到一个渐近值时, 或在一般情况下显示出斜率和曲率无法充分描述的特征时, 使用多于 4 水平. 一般来说, 试验设计中常采用等间距水平, 每个水平观测点数量相等的方法, 关于这部分内容参见 (Cox, 1958; Kutner et al., 2004).

5.4.2 含多余参数的设计

在某些试验中, 我们常常仅对部分参数的估计感兴趣, 于是便产生了含多余参数的设计问题. 设 $\mathbf{X}$, $\boldsymbol{\beta}$ 的分块形式为

$$\mathbf{X}=(\mathbf{X}_1,\mathbf{X}_2),\qquad \boldsymbol{\beta}=(\boldsymbol{\beta}_1',\boldsymbol{\beta}_2')',\tag{5.4.15}$$

其中 $\mathbf{X}_1$ 为 $n\times q$ 矩阵, $\mathbf{X}_2$ 为 $n\times(p-q)$ 矩阵, $\boldsymbol{\beta}_1$ 为 q 维向量, $\boldsymbol{\beta}_2$ 为 $q-m$ 维向量. 不失一般性, 假定 $\boldsymbol{\beta}_2$ 是模型的多余参数, $\mathrm{rk}(\mathbf{X}_1)=q$, 我们感兴趣的只是

$$\boldsymbol{\Phi}_0=\boldsymbol{\beta}_1.\tag{5.4.16}$$

这相当于在 (5.4.2) 式中取 $\mathbf{H}$ 为 $\mathbf{H}_0=(\mathbf{I}_q,\mathbf{0})$ 为 $q\times p$ 矩阵, 故含多余参数的设计问题本质上是一般设计问题的一个特例. 利用 $\mathbf{H}$ 的特殊性和分块矩阵的相关性质, 我们可以获得更深刻的结果.

依定理 4.2.2, $\boldsymbol{\beta}_1$ 的 LS 估计及其协方差阵分别为

$$\hat{\boldsymbol{\beta}}_1=(\mathbf{X}_1'(\mathbf{I}_n-\mathbf{P}_{\mathbf{X}_2})\mathbf{X}_1)^{-1}\mathbf{X}_1'(\mathbf{I}_n-\mathbf{P}_{\mathbf{X}_2})\boldsymbol{y},\tag{5.4.17}$$

$$\mathrm{Cov}(\hat{\boldsymbol{\beta}}_1)=\sigma^2(\mathbf{X}_1'(\mathbf{I}_n-\mathbf{P}_{\mathbf{X}_2})\mathbf{X}_1)^{-1}\triangleq\sigma^2\mathbf{V}_{\boldsymbol{\beta}_1}(\mathbf{X}),\tag{5.4.18}$$

其中 $\mathbf{V}_{\boldsymbol{\beta}_1}(\mathbf{X}) = (\mathbf{X}_1'(\mathbf{I}_n - \mathbf{P}_{\mathbf{X}_2})\mathbf{X}_1)^{-1}$. 根据 A 最优准则和 D 最优准则的定义, 我们有如下重要定理.

定理 5.4.1 在 (5.4.15) 的假定下, 设 $\mathcal{X}$ 为 $\boldsymbol{\Phi}_0 = \boldsymbol{\beta}_1$ 的可行设计集合. 若存在 $\mathbf{X}_A = (\mathbf{X}_{A_1}, \mathbf{X}_{A_2}) \in \mathcal{X}$, 且满足 (i) $\mathbf{X}_{A_1}'\mathbf{X}_{A_2} = \mathbf{0}$; (ii) $\mathrm{tr}(\mathbf{X}_{A_1}'\mathbf{X}_{A_1})^{-1} = \min\limits_{X\in\mathcal{X}} \mathrm{tr}(\mathbf{X}_1'\mathbf{X}_1)^{-1}$, 则 $\mathbf{X}_A$ 为均方误差意义下的 A 最优设计.

定理 5.4.2 在 (5.4.15) 的假定下, 仍设 $\mathcal{X}$ 为 $\boldsymbol{\Phi}_0 = \boldsymbol{\beta}_1$ 的可行设计集合. 若存在 $\mathbf{X}_D = (\mathbf{X}_{D_1}, \mathbf{X}_{D_2}) \in \mathcal{X}$, 且满足 (i) $\mathbf{X}_{D_1}'\mathbf{X}_{D_2} = \mathbf{0}$; (ii) $|\mathbf{X}_{D_1}'\mathbf{X}_{D_1}| = \max\limits_{\mathbf{X}\in\mathcal{X}} |\mathbf{X}_1'\mathbf{X}_1|$, 则 $\mathbf{X}_D$ 为 D 最优设计.

定理 5.4.3 在 (5.4.15) 的假定下, 设 $\mathcal{X}$ 为 $\boldsymbol{\Phi}_0 = \boldsymbol{\beta}_1$ 的可行设计集合. 若存在 $\mathbf{X}^* = (\mathbf{X}_1^*, \mathbf{X}_2^*) \in \mathcal{X}$, 且 $\mathbf{X}_1^* \triangleq (\boldsymbol{X}_{(1)}^*, \boldsymbol{X}_{(2)}^*, \cdots, \boldsymbol{X}_{(q)}^*)$, 满足 (i) $\mathbf{X}_1^{*\prime}\mathbf{X}_2^* = \mathbf{0}$; (ii) $\boldsymbol{X}_{(i)}^{*}{}'\boldsymbol{X}_{(j)}^* = \mathbf{0}\ (i \neq j, i, j = 1, \cdots, q)$; (iii) $\boldsymbol{X}_{(i)}^{*}{}'\boldsymbol{X}_{(i)}^*\ (i = 1, \cdots, q)$ 在 $\boldsymbol{x} \in \mathcal{D}$ 上达到最大值, 则 $\mathbf{X}^*$ 同时为 A 最优、E 最优和 D 最优.

以上定理的证明留给读者作为练习.

推论 5.4.1 若 $\mathbf{X}_{(i)}'\mathbf{X}_{(i)} = c_i\ (i = 1, \cdots, m)$ 为常数, 只要取 $\mathbf{X}^* = (\mathbf{X}_1^*, \mathbf{X}_2^*) \in \mathcal{X}$ 满足 (i) $\mathbf{X}_1^{*\prime}\mathbf{X}_2^* = \mathbf{0}$; (ii) $\mathbf{X}_{(i)}^{*}{}'\mathbf{X}_{(j)}^* = \mathbf{0}\ (i \neq j, i, j = 1, \cdots, m)$, 则定理 5.4.3 的结论仍成立.

例 5.4.2 (协方差分析模型) 我们考虑如下含一个协变量的协方差分析模型 (如例 1.3.1)

$$\boldsymbol{y} = \mathbf{1}_n\beta_0 + \mathbf{X}\boldsymbol{\beta}_1 + \boldsymbol{z}\alpha + \boldsymbol{e},$$

其中 $\mathbf{X}$ 是给定的 0 或 1 组成的矩阵, $\boldsymbol{z}$ 是要选择的 $n \times 1$ 向量, 使得对估计协变量系数 α 具有某种优良性.

由定理 5.4.3, 问题化为在约束条件

$$\mathbf{1}_n'\boldsymbol{z} = 0, \qquad \mathbf{X}'\boldsymbol{z} = 0 \tag{5.4.19}$$

下, 在 $\boldsymbol{z}$ 的所有可能取值中, 求

$$\max \boldsymbol{z}'\boldsymbol{z} \tag{5.4.20}$$

最大值. 满足 (5.4.19) 和 (5.4.20) 的 $\boldsymbol{z}$ 对估计 α 来说, 同时为 A 最优、E 最优和 D 最优.

5.5 测量误差的影响

在之前的讨论中, 我们没有考虑因变量 Y 或自变量 X 的观测值是否存在测量误差. 本节用简单线性模型来研究响应变量、自变量 X 的测量误差对模型参数

推断的影响. 考虑简单线性模型

$$y_i = \beta_0 + x_i\beta_1 + e_i, \quad i = 1, 2, \cdots, n, \tag{5.5.1}$$

其中 $e_i, i = 1, 2, \cdots, n$ 不相关且均值为零, 方差为 σ^2.

5.5.1 Y 的观测值带测量误差

当因变量 Y 的观测值中存在随机测量误差时, 记

$$y_{0i} = y_i + \delta_i, \quad i = 1, 2, \cdots, n \tag{5.5.2}$$

为 Y 的 n 个带测量误差的观测值, δ_i 为第 i 个观测值 y_{0i} 的测量误差. 如果这些误差 $\delta_i, i = 1, 2, \cdots, n$ 不相关且均值为零, 方差为 σ_δ^2, 则不会产生新的问题. 将 (5.5.2) 代入模型 (5.5.1) 得

$$y_{0i} = \beta_0 + x_i\beta_1 + e_{0i}, \quad i = 1, 2, \cdots, n, \tag{5.5.3}$$

其中 $e_{0i} = e_i + \delta_i, i = 1, 2, \cdots, n$ 不相关, 且 $E(e_{0i}) = 0, \mathrm{Var}(e_{0i}) = \sigma_0^2 = \sigma^2 + \sigma_\delta^2$. 与模型 (5.5.1) 相比, 除了模型随机误差的方差增加外, 关于参数 $(\beta_0, \beta_1)'$ 的估计和检验只需将模型 (5.5.1) 相应结论中的 y_i 换作 y_{0i} 即可.

例如, 考虑研究完成一项任务所需的时间 (Y) 与任务复杂程度 (X) 之间的关系. 完成任务所需的时间可能无法准确测量, 因为操作秒表的人可能无法在要求的精确时刻操作秒表. 只要这些测量误差是随机的、不相关的、没有偏差的, 那么这些测量误差就会被简单地吸收到模型误差项 e_i 中. 模型误差项总是反映了模型中没有考虑到的大量因素的综合影响, 其中之一就是在测量 Y 的过程中由不准确而产生的随机变化.

5.5.2 X 的观测值带测量误差

但当自变量 X 的观测值存在测量误差时, 情况就不同了. X 的观测值通常不存在测量误差, 如自变量是不同商店的产品价格、不同优化问题中的变量数量或不同类别员工的工资率. 然而, 在其他情况下, 测量误差可能会影响自变量的观测值, 如自变量为水箱中的压力、烤箱中的温度、生产线的速度或报告的人的年龄, 与它们的实际值往往不一致.

以报告的人的年龄为例子, 假设我们对雇员的计件收入和他们的年龄之间的关系感兴趣, 让 x_i 表示第 i 个雇员的真实年龄, x_{0i} 表示雇员在就业记录上报告的年龄. 二者往往并不总是相同的. 定义测量误差如下

$$\delta_i = x_{0i} - x_i, \quad i = 1, 2, \cdots, n, \tag{5.5.4}$$

其中测量误差 δ_i 的假设见 (5.5.2). 我们要研究的线性模型(5.5.1), 然而, 只观察到 x_{0i}, 因此, 用报告年龄 x_{0i} 代替 (5.5.1) 中的真实年龄 x_i 得到模型

$$y_i = \beta_0 + (x_{0i} - \delta_i)\beta_1 + e_i, \quad i = 1, 2, \cdots, n, \tag{5.5.5}$$

将模型 (5.5.5) 整理后得

$$y_i = \beta_0 + x_{0i}\beta_1 + (e_i - \delta_i\beta_1), \quad i = 1, 2, \cdots, n. \tag{5.5.6}$$

模型 (5.5.6) 看似一个普通的线性模型, 包含自变量 x_{0i} 和误差项 $(e_i - \delta_i\beta_1)$, 其实不然. 因为自变量观测值 x_{0i} 是一个随机变量, 且与误差项 $(e_i - \delta_i\beta_1)$ 相关. 直观上, 我们知道 $(e_i - \delta_i\beta_1)$ 与 x_{0i} 不独立, 因为 (5.5.4) 约束 $x_{0i} - \delta_i$ 等于 x_i. 为了正式确定这种依赖关系, 我们假设以下简单条件:

$$\text{(a) } E\delta_i = 0, \quad \text{(b) } Ee_i = 0, \qquad \text{(c) } E(\delta_i e_i) = 0. \tag{5.5.7}$$

请注意, 条件 (5.5.7) 的 (a) 意味着 $E(x_{0i}) = E(x_i + \delta_i) = x_i$, 因此在我们的例子中, 报告的年龄将是真实年龄的无偏估计值. 条件 (5.5.7) 的 (b) 是模型通常的要求, 模型误差项 e_i 的期望值为 0. 最后, 条件 (5.5.7) 的 (c) 要求测量误差 δ_i 与模型误差 e_i 不相关.

在条件 (5.5.7) 下, x_{0i} 和 $e_i - \delta_i\beta_1$ 协方差等于

$$\text{Cov}(x_{0i}, e_i - \delta_i\beta_1) = E((x_{0i} - x_i)(e_i - \delta_i\beta_1)) = E(\delta_i(e_i - \delta_i\beta_1)) = -\sigma_\delta^2\beta_1 \neq 0.$$

假设 (y_i, x_{0i}), $i = 1, \cdots, n$ 相互独立且服从正态分布, 其条件均值为 $Ey_i|x_{0i} = \beta_0^* + x_{0i}\beta_1^*$, 条件方差为 $\sigma_{y_i|x_{0i}}^2$. 进一步可以证明

$$\beta_1^* = \frac{\sigma_X^2}{\sigma_X^2 + \sigma_\delta^2}\beta_1 < \beta_1, \tag{5.5.8}$$

其中 σ_X^2 是自变量 X 的方差, σ_δ^2 是测量误差 δ 的方差. 因此, 用 β_1^* 拟合 Y 的斜率的 LS 估计不是 β_1 的估计, 而是 β_1^* 的估计. 这就导致相应的估计是 β_1 的有偏估计, 如果 σ_δ^2 相对于 σ_X^2 较小, 则偏差较小; 否则偏差可能很大. 关于讨论了通过估计未知参数 σ_δ^2 和 σ_X^2 估计 β_1 的可能方法, 参见 (Fuller, 1987). 另一种方法是使用已知与 X 真实值相关但与测量误差 δ 无关的辅助变量, 文献中称其为工具变量 (instrumental variable), 它们被用作研究 X 与 Y 之间关系的工具. 应用工具变量方法可以得到 β_1 的相合估计, 参见 (Fuller, 1987).

注 5.5.1 自变量 X 是随机变量的情况与 X 存在随机测量误差的情况有什么区别?

当 X 是一个随机变量时, X 的观测值不受分析者的控制, 在不同的试验中会随机变化. 如果 X 这个随机变量不存在测量误差, 就可以准确地确定某次试验的情况. 如 X 是一天中进入商店的人数. 尽管无法控制实际进入商店的人数. 但如果在计算一天内进入商店的人数时不存在测量误差, 分析人员就能获得准确的信息来研究进入商店的人数与销售额之间的关系. 另一方面, 如果观察到的进店人数存在测量误差, 那么进店人数与销售额之间的关系就会被扭曲, 这是因为该关系是基于销售额观测值与不正确的人数相拟合所得.

5.5.3 Berkson 模型

有一种情况, X 的测量误差不是问题. Berkson (1950) 首先指出了这种情况. 在试验中, 预测变量经常被设定为一个目标值. 如在一项关于室温对文字处理机工作效率影响的试验中, 根据恒温器上的温度控制器, 温度可能被设定为 68 华氏度、70 华氏度和 72 华氏度. 观察到的温度 X_0 在这里是固定的, 而实际温度 X, 则是一个随机变量, 因为恒温器可能并不完全准确. 根据压力表设定水压, 或根据就业记录选择特定年龄的员工进行研究, 也存在类似情况. 在所有这些情况下, 观测值 x_{0i} 都是固定量, 而未观测到的真实值 x_i 则是一个随机变量.

在所有这些情况下, 观测值 x_{0i} 是一个固定量, 而未观测到的真实值 x_i 则是一个随机变量. 测量误差如前

$$\delta_i = x_{0i} - x_i, \quad i = 1, 2, \cdots, n, \tag{5.5.9}$$

不过 x_{0i} 是一个固定量, 这里 x_{0i} 和 δ_i 之间没有约束关系. 再次假设 $E(\delta_i) = 0$, $\mathrm{Var}(\delta_i) = \sigma_\delta^2$. 将 x_i 用 $x_{0i} - \delta_i$ 替换后仍得到模型

$$y_i = \beta_0 + x_{0i}\beta_1 + (e_i - \delta_i\beta_1), \quad i = 1, 2, \cdots, n, \tag{5.5.10}$$

与模型 (5.5.6) 形式一致, 但 Berkson 模型 (5.5.10) 中 x_{0i} 与误差项 $e_i - \delta_i\beta_1$ 无关, 在假设 (5.5.7)下, 误差期望为零, $E(e_i - \delta_i\beta_1) = 0$, 因此, 满足一般线性模型的假设: ① 误差项的期望值为零; ② 自变量是一个常数, 与误差项不相关. 因此, Berkson 模型中可以直接使用最小二乘法, 而且所得的 β_0 和 β_1 的估计是无偏的. 如果假设误差 $e_i - \delta_i\beta_1$ 服从正态分布 $N(0, \sigma^{*2})$, 则通常线性模型下的检验和区间估计也可使用. 关于 Berkson 模型的参数的其他估计方法, 参见 (Buonaccorsi, 2010). 但 Berkson 误差在非线性模型中就不容忽视, 参见 (Carroll et al., 2006; Schennach, 2013).

5.6 逆 预 测

逆预测 (inverse prediction) 也称回归控制、校准问题, 其目的根据样本建立的线性模型, 推断导致因变量 Y 取到某一值 y_0 的自变量 X 对应的值 x_0, 以及区间. 因其与通常的由自变量预测因变量的过程相反, 故称为 "逆" 预测. 例如

(1) 在生产中往往事先规定了产品的某种标准的水平, 设计或研究人员要知道相应的工艺参数 (自变量值) 达到什么水平, 这就是逆预测问题.

(2) 某行业协会分析师对该协会 15 家会员公司的产品销售价格 (Y) 与成本 (X) 进行了回归分析. 已知另一家不属于行业协会的公司的销售价格 y_h 希望估算这家公司的成本 x_h.

(3) 某医生正在治疗一个新患者, 要求把新患者的胆固醇水平降到 y_h, 他想基于 50 个病例在某种新药剂量 (X) 下的胆固醇减少水平 (Y) 数据进行回归分析的结果, 估计出应给患者开的新药剂量 x_h.

下面我们用一元线性模型来说明. 考虑简单线性模型

$$y_i = \beta_0 + x_i\beta_1 + e_i, \quad i = 1, 2, \cdots, n, \tag{5.6.1}$$

其中 e_i, $i = 1, 2, \cdots, n$ 不相关且均值为零, 方差为 σ^2. 基于样本 (y_i, x_i), $i = 1, 2, \cdots, n$, 采用最小二乘方法可得 $\widehat{\beta}_0$ 和 $\widehat{\beta}_1$ 为 β_0 和 β_1 最小二乘估计, σ^2 的估计 $\widehat{\sigma}^2$, 具体形式见例 5.3.1. 于是, 经验回归方程为

$$\widehat{y} = \widehat{\beta}_0 + X\widehat{\beta}_1. \tag{5.6.2}$$

由例 5.3.1 可知: 模型误差正态假设下, 给定 $X = x_0$ 处, 因变量 y_0 的置信系数为 $1-\alpha$ 的置信区间为

$$[\widehat{y}_0 - s(x_0)t_{n-2}(\alpha/2), \quad \widehat{y}_0 + s(x_0)t_{n-2}(\alpha/2)], \tag{5.6.3}$$

其中 $\widehat{y}_0 = \widehat{\beta}_0 + x_0\widehat{\beta}_1$,

$$s^2(x_0) = \widehat{\sigma}^2 \left(1 + \frac{1}{n} + \frac{(\hat{x}_0 - \bar{x})^2}{\sum\limits_i (x_i - \bar{x})^2}\right).$$

现在感兴趣的是求因变量 Y 的观测值为 y_0 时, 自变量 X 对应取值 x_0. 由回归方程(5.6.2), 自然得到 x_0 的一个点估计:

$$\widehat{x}_0 = \frac{y_0 - \widehat{\beta}_0}{\widehat{\beta}_1}, \quad \widehat{\beta}_1 \neq 0. \tag{5.6.4}$$

可以证明在模型误差正态假设下，该估计为 x_0 的极大似然估计. 由预测区间 (5.6.3) 可反解得 x_0 的置信系数为 $1-\alpha$ 的置信区间近似为

$$\left[\widehat{x}_0 - \frac{1}{|\widehat{\beta}_1|}t_{n-2}(\alpha/2)s(x_0),\ \ \widehat{x}_0 + \frac{1}{|\widehat{\beta}_1|}t_{n-2}(\alpha/2)s(x_0)\right]. \tag{5.6.5}$$

另一个感兴趣的问题是, 如果希望 y 落在区间 $[L_y, U_y]$ 内的概率可达到 $1-\alpha$, 则应该如何控制 X 的取值范围?

设 X 相应的取值区间为 $[L_x, U_x]$. 当 $\widehat{\beta}_1 > 0$ 时, 经验回归函数 (5.6.2) 单调增, 于是由因变量 Y 的预测区间公式(5.6.3), 可令

$$\begin{cases} L_y = \widehat{\beta}_0 + L_x\widehat{\beta}_1 - t_{n-2}(\alpha/2)s(x_0), \\ U_y = \widehat{\beta}_0 + U_x\widehat{\beta}_1 + t_{n-2}(\alpha/2)s(x_0). \end{cases} \tag{5.6.6}$$

由此解得

$$\begin{cases} L_x = [(L_y - \widehat{\beta}_0) + t_{n-2}(\alpha/2)s(x_0)]/\widehat{\beta}_1, \\ U_x = [(U_y - \widehat{\beta}_0) - t_{n-2}(\alpha/2)s(x_0)]/\widehat{\beta}_1. \end{cases} \tag{5.6.7}$$

当 $\widehat{\beta}_1 < 0$ 时, 经验回归函数 (5.6.2) 单调减, 于是令

$$\begin{cases} L_y = \widehat{\beta}_0 + U_x\widehat{\beta}_1 - t_{n-2}(\alpha/2)s(x_0), \\ U_y = \widehat{\beta}_0 + L_x\widehat{\beta}_1 + t_{n-2}(\alpha/2)s(x_0). \end{cases} \tag{5.6.8}$$

从而得

$$\begin{cases} L_x = [(U_y - \widehat{\beta}_0) - t_{n-2}(\alpha/2)s(x_0)]/\widehat{\beta}_1, \\ U_x = [(L_y - \widehat{\beta}_0) + t_{n-2}(\alpha/2)s(x_0)]/\widehat{\beta}_1. \end{cases} \tag{5.6.9}$$

必须注意, 只有当

$$U_y - L_y > 2\widehat{\sigma}t_{n-2}(\alpha/2)s(x_0)$$

时, 所求控制区间才有意义. 另外, 对于控制问题应用中要求因变量 Y 与自变量 X 之间存在一定因果关系. 逆预测方法常用于工业生产中的质量控制.

5.7 缺失数据分析

前面章节介绍的统计方法都是假定数据集是完全可观测到的, 但在实际应用中, 由于各种原因, 数据缺失往往是不可避免且无处不在. 例如

(1) 在抽样调查中, 有些人由于疏忽而忘了回答问卷中的某些问题, 或由于涉及个人隐私和敏感问题 (如收入和酗酒行为) 不愿意回答问卷中的某些问题, 或因人为因素没有被记录、遗漏或丢失, 或有些研究对象的某个或某些属性是不可用的, 如未婚者的配偶姓名、儿童的固定收入状况等;

(2) 在临床长期研究中, 有些人在整个研究期间都没有参与, 有些人由于药物本身的副作用而放弃使用该药物治疗;

(3) 在工业试验中, 出现与试验过程无关的机械故障, 从而导致一些数据的缺失;

(4) 在经济学中, 由于某种产品的收益等具有滞后效应, 信息暂时无法获取.

缺失数据往往会使数据分析变得复杂. 本节主要介绍数据的缺失机制以及线性模型下缺失数据分析的一般方法, 关于缺失数据的更多研究, 读者可参阅 (Rubin, 1976; Little and Rubin, 2019).

5.7.1 数据缺失机制

将数据集中不含缺失值的变量 (属性) 称为完全变量, 数据集中含有缺失值的变量称为不完全变量, Rubin (1976) 定义了以下三种不同的数据缺失机制.

1. 完全随机缺失 (missing completely at random, MCAR)

数据的缺失是完全随机的, 不依赖于任何不完全变量或完全变量, 不影响样本的无偏性. 简单来说, 就是数据缺失的概率与数据本身以及其他变量值都完全无关.

2. 随机缺失 (missing at random, MAR)

随机缺失意味着数据缺失的概率与缺失数据本身无关, 而仅与部分已观测到的数据有关. 也就是说, 数据的缺失不是完全随机的, 该类数据的缺失依赖于其他完全变量.

3. 非随机缺失 (missing not at random, MNAR)

数据的缺失与不完全变量自身的取值有关. 分为两种情况: 缺失值取决于其本身的值 (例如, 高收入人群通常不希望在调查中透露他们的收入); 或者, 缺失值取决于其他变量值 (假设女性通常不想透露她们的年龄, 则这里年龄变量缺失值受性别变量的影响).

假设有两个变量 (Y, X), 其中 Y 是完全被观测到的. 定义新变量 R, 如果观测到 X, 则 $R=1$, 否则 $R=0$. 下面用表 5.7.1 中 X 的缺失概率来描述三种缺失机制.

由表 5.7.1 可知, 在完全随机缺失条件下, 完全观测数据 (所有变量都有观测值) 可以看作是原样本的一个随机子样本, 因此, 基于完全观测数据的统计推断是无偏的, 仅由于样本量减少, 这些推论的精度会低于我们观察到的所有数据. 在随机缺失条件下, 由于给定观测数据 Y, 我们可以估 X 的缺失值或缺失概率, 从而提高统计推断的精度. 在非随机缺失条件下, 观测 X 的概率也取决于 X 的值, 这就意味 X 的分布在不同的个体之间是不同的, 简单的删除有缺失值单元的数据会导致有偏的统计推断结果.

表 5.7.1

X 缺失的概率	缺失机制
不依赖于 Y 和 X 中任何一个, 即 $P(R=0\|Y,X)=P(R=0)$	完全随机缺失
依赖于 Y, 但给定 Y 后其概率不依赖于 X 即 $P(R=0\|Y,X)=P(R=0\|Y)$	随机缺失
至少依赖于 Y 和 X 中的一个	非随机缺失

5.7.2 关于缺失数据的统计方法

关于缺失数据的统计方法, Carpenter 和 Smuk (2021) 给了一个很好的综述. 下面简单介绍其中几类分析缺失值的方法.

1. 完整数据法

将存在遗漏信息属性值的样本删除, 基于所得的完整数据集进行统计推断. 该方法的优点是简单易行, 但当缺失数据所占比例较大, 特别对非随机缺失数据, 这种方法可能导致数据发生偏离, 从而导出错误的结论.

2. 插补

插补 (imputation) 是缺失数据处理中最常用的方法, 将缺失值通过猜或基于相关变量的预测值替换, 然后采用通常的统计推断方法对填充后所得的"完整"数据进行分析. 然而当填充值与 X 的缺失值的真值有较大差异时, 该方法可能会导致统计推断结果不可行. 我们将在接下来的两节讨论这个问题. 下面主要介绍线性模型下几类常见的插补方法.

1) 平均值插补

将初始数据集中的属性分为数值属性和非数值属性来分别进行处理. 如果空值是数值型的, 就根据该属性在其他所有对象的取值的平均值来填充该缺失的属性值; 如果空值是非数值型的, 就根据统计学中的众数原理, 用该属性在其他所有对象的取值中出现频率最高的值来补齐该缺失的属性值.

2) K 近邻法 (K-nearest neighbor, KNN)

先根据欧氏距离或相关分析来确定距离具有缺失数据样本最近的 K 个样本, 将这 K 个值加权平均来估计该样本的缺失数据.

3) 回归插补 (regression)

基于完整数据集建立回归方程, 然后将缺失值用其预测值进行填充. 回归插补的建模问题的讨论和研究可参见 (Little and Rubin, 2019).

4) 多重插补 (multiple imputation, MI)

多重插补的思想来源于贝叶斯估计, 认为缺失值是随机的, 来源于观测到的值. 首先, 将不完整数据集缺失的观测估算填充 m 次, 生成 m 个完整的数据集; 然后, 分别对每一个完整数据集进行分析; 最后, 对来自各个填补数据集的结果进行综合, 产生最终的统计推断.

3. 基于模型分布的方法

在缺失机制为随机缺失的条件下, 假设模型分布对完整的样本是正确的, 那么通过观测值的边际分布可以对未知参数进行极大似然估计. 常采用的算法是期望极大化 (expectation maximization, EM). 该方法适用于样本量较大的情形, 但计算复杂, 容易收敛到局部极值. 另外, 在随机缺失假设下, Horvitz 和 Thompson (1952) 提出的逆概率加权 (inverse probability weighting, IPW) 方法也广受关注, 如果权模型假设正确, 该方法可以提高参数估计的效.

关于以上方法更详细的介绍, 感兴趣的读者可参阅 Carpenter 和 Smuk (2021), 对非线性模型下缺失数据的更多统计方法, 可参阅 Little 和 Rubin (2019).

5.7.3 因变量存在缺失

考虑线性模型

$$\boldsymbol{y} = \mathbf{X}\boldsymbol{\beta} + \boldsymbol{e}, \quad E(\boldsymbol{e}) = \mathbf{0}, \quad \mathrm{Cov}(\boldsymbol{e}) = \sigma^2 \mathbf{I}_n, \tag{5.7.1}$$

其中, $\boldsymbol{y} = (y_1, \cdots, y_n)'$ 为因变量 Y 的 n 次观测值, $\mathbf{X}$ 为 $n \times p$ 的列满秩系数矩阵, $\boldsymbol{\beta}$ 为 $p \times 1$ 的参数向量. 如果 $(\boldsymbol{y}, \mathbf{X})$ 能被完全观测到, 称数据集为完全数据集 (complete data), 此时, $\boldsymbol{\beta}$ 的 LS 估计和相应的 σ^2 的估计为

$$\widehat{\boldsymbol{\beta}} = (\mathbf{X}'\mathbf{X})\mathbf{X}'\boldsymbol{y}, \quad \widehat{\sigma}^2 = (\boldsymbol{y} - \mathbf{X}\widehat{\boldsymbol{\beta}})'(\boldsymbol{y} - \mathbf{X}\widehat{\boldsymbol{\beta}})/(n-p). \tag{5.7.2}$$

在临床试验等受控试验中, 设计矩阵 $\mathbf{X}$ 是固定的, $\boldsymbol{y}$ 是因变量 Y 在因子水平设计矩阵 $\mathbf{X}$ 下的观测值向量. 在这种情况下, 如果数据出现缺失, 那一定发生在因变量 Y 的观测值向量 $\boldsymbol{y}$ 中, 而非设计矩阵 $\mathbf{X}$ 中. 假设 $\boldsymbol{y} = (y_1, \cdots, y_n)'$ 中有 $n-m$ 个观测值缺失, 其中 $m > p$, 于是模型 (5.7.1) 可改写为

$$\begin{pmatrix} \boldsymbol{y}_{\text{obs}} \\ \boldsymbol{y}_{\text{mis}} \end{pmatrix} = \begin{pmatrix} \mathbf{X}_c \\ \mathbf{X}_* \end{pmatrix} \boldsymbol{\beta} + \begin{pmatrix} \boldsymbol{e}_c \\ \boldsymbol{e}_* \end{pmatrix}, \tag{5.7.3}$$

这里 $\boldsymbol{y}_{\text{obs}}$ 为因变量 m 个观测值组成的向量, $\mathbf{X}_c$ 和 $\boldsymbol{e}_c$ 为相应的设计矩阵子块和模型误差子向量.

考虑了该模型下采用回归填充方法. 基于完全观测数据 $(\boldsymbol{y}_{\text{obs}}, \mathbf{X}_c)$ 可得 $\boldsymbol{\beta}$ 的 LS 估计为

$$\widehat{\boldsymbol{\beta}}_c = (\mathbf{X}_c'\mathbf{X}_c)\mathbf{X}_c'\boldsymbol{y}_{\text{obs}}. \tag{5.7.4}$$

进而可得 $n-m$ 个观测值缺失的因变量 Y 的子向量 $\boldsymbol{y}_{\text{mis}}$ 的预测值

$$\widehat{\boldsymbol{y}}_{\text{mis}} = \mathbf{X}_*\widehat{\boldsymbol{\beta}}_c. \tag{5.7.5}$$

将 $\widehat{\boldsymbol{y}}_{\text{mis}}$ 插补到模型(5.7.2)中缺失部分 $\boldsymbol{y}_{\text{mis}}$, 极小化残差平方和

$$\begin{aligned} Q(\boldsymbol{\beta}) &= \left[\begin{pmatrix} \boldsymbol{y}_{\text{obs}} \\ \widehat{\boldsymbol{y}}_{\text{mis}} \end{pmatrix} - \begin{pmatrix} \mathbf{X}_c \\ \mathbf{X}_* \end{pmatrix}\boldsymbol{\beta}\right]' \left[\begin{pmatrix} \boldsymbol{y}_{\text{obs}} \\ \widehat{\boldsymbol{y}}_{\text{mis}} \end{pmatrix} - \begin{pmatrix} \mathbf{X}_c \\ \mathbf{X}_* \end{pmatrix}\boldsymbol{\beta}\right] \\ &= (\boldsymbol{y}_c - \mathbf{X}_c\boldsymbol{\beta})'(\boldsymbol{y}_c - \mathbf{X}_c\boldsymbol{\beta}) + (\widehat{\boldsymbol{y}}_{\text{mis}} - \mathbf{X}_*\boldsymbol{\beta})'(\widehat{\boldsymbol{y}}_{\text{mis}} - \mathbf{X}_*\boldsymbol{\beta}). \end{aligned} \tag{5.7.6}$$

注意到 $\widehat{\boldsymbol{\beta}}_c$ 极小化 $Q(\boldsymbol{\beta})$ 的第一项, 同时使得第二项等于零, 因此

$$\widehat{\boldsymbol{\beta}}_c = \text{argmin}_{\boldsymbol{\beta}} Q(\boldsymbol{\beta}).$$

此时, σ^2 的估计为

$$\widehat{\sigma}_I^2 = Q(\widehat{\boldsymbol{\beta}}_c)/(n-p) = (\boldsymbol{y}_c - \mathbf{X}_c\widehat{\boldsymbol{\beta}}_c)'(\boldsymbol{y}_c - \widehat{\boldsymbol{\beta}}_c)/(n-p) < \widehat{\sigma}_c^2,$$

其中

$$\widehat{\sigma}_c^2 = (\boldsymbol{y}_c - \mathbf{X}_c\widehat{\boldsymbol{\beta}}_c)'(\boldsymbol{y}_c - \widehat{\boldsymbol{\beta}}_c)/(m-p) \tag{5.7.7}$$

为基于完全观测的数据下 σ^2 的估计.

这表明线性模型 (5.7.1) 的因变量存在缺失时, 采用回归填充方法, 关于 $\boldsymbol{\beta}$ 的 LS 估计不变, 而由于虚假还原样本量造成 σ^2 被低估, 不如直接基于完全观测数据 $(\boldsymbol{y}_{\text{obs}}, \mathbf{X}_c)$ 的推断.

如果 $\boldsymbol{y}_{\text{mis}}$ 的缺失概率可被估计, 则可借助于逆概率加权的方法估计 $\boldsymbol{\beta}$,

$$\widetilde{\boldsymbol{\beta}}_{\text{IWP}} = (\mathbf{X}_c'\mathbf{W}\mathbf{X}_c)^{-1}\mathbf{X}_c'\mathbf{W}\boldsymbol{y}_{\text{obs}}, \tag{5.7.8}$$

其中 $\mathbf{W} = \text{diag}(1/\pi_1, \cdots, 1/\pi_c)$, π_i 为 y_{ic} 被观测到的概率. 另外, 结合逆概率加权与填充方法, 定义 $\boldsymbol{y}_W = (y_{W1}, \cdots, y_{Wn})'$,

$$y_{Wi} = \frac{D_i}{\pi_i}y_i + \frac{1-D_i}{\pi_i}\boldsymbol{x}_i'\widehat{\boldsymbol{\beta}}_c, \tag{5.7.9}$$

其中 D_i 为缺失指示变量, 当 y_i 被观测到时 $D_i = 1$, 否则 $D_i = 0$. $\boldsymbol{y}_W$ 看作完全观测数据代入(5.7.2) 得

$$\widetilde{\boldsymbol{\beta}}_W = (\mathbf{X}'\mathbf{X})\mathbf{X}'\boldsymbol{y}_W. \tag{5.7.10}$$

关于这些估计的更多研究可参阅 (Little and Rubin, 2019; Carpenter and Smuk, 2021).

5.7.4 自变量存在缺失

在经济学模型中, 矩阵 $\mathbf{X}$ 往往不是设计阵, 除去其第一列外后的 $n\times(p-1)$ 子矩阵是对某 $(p-1)$ 个自变量的 n 次观测值矩阵, 其中部分变量也不可避免地会存在缺失. 假设此时数据结构为

$$\begin{pmatrix} \boldsymbol{y}_{\text{obs}} \\ \boldsymbol{y}_{\text{mis}} \\ \boldsymbol{y}_{\text{obs}} \end{pmatrix} = \begin{pmatrix} \mathbf{X}_c \\ \mathbf{X}_{\text{obs}} \\ \mathbf{X}_* \end{pmatrix} \boldsymbol{\beta} + \boldsymbol{e},$$

这里 $\mathbf{X}_*$ 中各行元素中至少有一个缺失值的 $\mathbf{X}$ 子块矩阵. 由于 $\boldsymbol{y}_{\text{mis}}$ 可由基于完整数据 $(\boldsymbol{y}_{\text{obs}},\mathbf{X}_c)$ 插补, 将其转化成如下数据结构

$$\begin{pmatrix} \boldsymbol{y}_c \\ \boldsymbol{y}_* \end{pmatrix} = \begin{pmatrix} \mathbf{X}_c \\ \mathbf{X}_* \end{pmatrix} \boldsymbol{\beta} + \begin{pmatrix} \boldsymbol{e}_c \\ \boldsymbol{e}_* \end{pmatrix}, \tag{5.7.11}$$

因此, 下面主要考虑数据结构 (5.7.11) 的自变量随机缺失值的处理方法, 这里不妨记 $\boldsymbol{y}_c$ 的维数为 m.

1. 基于完全观测数据集

该方法仅用模型 (5.7.12) 中完全观测到的数据子模型

$$\boldsymbol{y}_c = \mathbf{X}_c\boldsymbol{\beta} + \boldsymbol{e}, \tag{5.7.12}$$

对模型参数进行估计参数, 结果与 (5.7.4) 和 (5.7.7) 类似. 该方法只适合不完整观测的 $\mathbf{X}_*$ 行数占比 $(n-m)/n$ 较小的情形, 否则删除太多的不完整数据所包含的信息, 使得推断精度很低.

2. 平均值插补

记 x_{ij} 为第 j 个协变量 X_j 的第 i 次观测,

$$\mathcal{D}_j = \{i : x_{ij}\text{缺失}\}$$

表示协变量 X_j 在 n 次观测中缺失值的下标集, m_j 为集合 D_j 的个数. 则协变量 X_j 所有观测到的值的平均值为

$$\bar{x}_j = \frac{1}{n-m_j}\sum_{i\notin D_j} x_{ij}. \tag{5.7.13}$$

将 $\mathbf{X}_*$ 中缺失的 x_{ij} 用相应的 $\bar{x}_j$ 插补, $j=1,\cdots,p$, 记所得到矩阵为 $\mathbf{X}_{(1)}$.

$$\begin{pmatrix} \boldsymbol{y}_c \\ \boldsymbol{y}_* \end{pmatrix} = \begin{pmatrix} \mathbf{X}_c \\ \mathbf{X}_{(1)} \end{pmatrix} \boldsymbol{\beta} + \begin{pmatrix} \boldsymbol{e}_c \\ \boldsymbol{e}_{(1)} \end{pmatrix}, \tag{5.7.14}$$

其中 $\boldsymbol{e}_{(1)} = \boldsymbol{e}_* + (\mathbf{X}_* - \mathbf{X}_{(1)})\boldsymbol{\beta}$. 如果 $E(\mathbf{X}_* - \mathbf{X}_{(1)}) \neq 0$, 则平均值插补会产生估计的偏.

3. 回归插补

利用 $\mathbf{X}$ 的相关结构, 记 $\boldsymbol{x}_{cj}$ 为矩阵 $\mathbf{X}_c = (\mathbf{X}_c)$ 的第 j 列向量, $j = 1, \cdots, p$. 对于每个固定的 j, 建立回归模型

$$\boldsymbol{x}_{c(j)} = \theta_{0,j} + \sum_{u \neq j} \theta_{u,j} \boldsymbol{x}_{c(j)} + u_j, \tag{5.7.15}$$

然后用所得的经验回归方程预测 $\mathbf{X}_*$ 中的缺失数据

$$x_{ij} = \widehat{\theta}_{0,j} + \sum_{u \neq j} \widehat{\theta}_{u,j} x_{uj}, \quad i \in \mathcal{D}_j. \tag{5.7.16}$$

从 (5.7.16) 可以看出: 当 $\mathbf{X}_*$ 的同行出现 2 个及以上的缺失值时, 等式右端也出现了缺失值, 此时需要借助于其他简单插值方法填补右边的缺失值. 当然, 当某行的缺失值个数过多时, 一般建议删除该行数据.

4. 极大似然方法

假设模型误差 $\boldsymbol{e} \sim N(\mathbf{0}, \sigma^2)$, $\mathbf{X}_*$ 是单调缺失模式 (即如果 x_{ij} 缺失, 则对于所有 $k > i$ 的 x_{kj} 都缺失), 则可以采用极大似然方法进行缺失数据分析, 这部分工作参见 (Little and Rubin, 2019). 这里我们用最简单的一种情形, 即 $\mathbf{X}_*$ 的所有元素全缺失, 来显示极大似然估计方法.

在正态假设下模型 (5.7.11) 的对数似然函数为

$$\begin{aligned} \ln L(\boldsymbol{\beta}, \sigma^2, \mathbf{X}_*) = & -\frac{n}{2}\ln(2\pi) - \frac{n}{2}\ln(\sigma^2) \\ & -\frac{n}{2\sigma^2}(\boldsymbol{y}_c - \mathbf{X}_c\boldsymbol{\beta}, \boldsymbol{y}_* - \mathbf{X}_*\boldsymbol{\beta})'(\boldsymbol{y}_c - \mathbf{X}_c\boldsymbol{\beta}, \boldsymbol{y}_* - \mathbf{X}_*\boldsymbol{\beta}). \end{aligned} \tag{5.7.17}$$

令

$$\frac{\partial \ln L}{\partial \boldsymbol{\beta}} = \frac{n}{\sigma^2}(\mathbf{X}_c'(\boldsymbol{y}_c - \mathbf{X}_c\boldsymbol{\beta}) + \mathbf{X}_*'(\boldsymbol{y}_* - \mathbf{X}_*\boldsymbol{\beta})) = \mathbf{0}, \tag{5.7.18}$$

$$\frac{\partial \ln L}{\partial \sigma^2} = \frac{n}{2\sigma^2}(\boldsymbol{y}_c - \mathbf{X}_c\boldsymbol{\beta})'(\boldsymbol{y}_c - \mathbf{X}_c\boldsymbol{\beta}) + (\boldsymbol{y}_* - \mathbf{X}_*\boldsymbol{\beta})'(\boldsymbol{y}_* - \mathbf{X}_*\boldsymbol{\beta}) = \mathbf{0}, \tag{5.7.19}$$

$$\frac{\partial \ln L}{\partial \mathbf{X}_*} = \frac{1}{2\sigma^2}(\boldsymbol{y}_* - \mathbf{X}_*\boldsymbol{\beta})\boldsymbol{\beta}' = \mathbf{0}. \tag{5.7.20}$$

由于 $\boldsymbol{\beta}$ 可取 p 维实数空间上的任意一点, 所以 (5.7.20) 等价于

$$\boldsymbol{y}_* = \mathbf{X}_*\boldsymbol{\beta}. \tag{5.7.21}$$

将 (5.7.4) 代入方程 (5.7.18) 和 (5.7.19), 解得 $\boldsymbol{\beta}$ 和 σ^2 的极大似然估计为

$$\widehat{\boldsymbol{\beta}}_{\text{MLE}} = \widehat{\boldsymbol{\beta}}_c, \tag{5.7.22}$$

$$\widehat{\sigma^2}_{\text{MLE}} = \frac{m}{n}\widehat{\sigma}_c^2. \tag{5.7.23}$$

于是 $\mathbf{X}_*$ 的极大似然估计应满足

$$\boldsymbol{y}_* = \mathbf{X}_*\widehat{\boldsymbol{\beta}}_c. \tag{5.7.24}$$

关于 $\mathbf{X}_*$ 的估计问题, 方程 (5.7.24) 没有唯一解. Toutenburg 等 (1995) 提出了方程 (5.7.24) 一个解, 即

$$\min_{\mathbf{X}_*,\boldsymbol{\lambda}} \left\{ |\mathbf{X}_c'\mathbf{X}_c + \mathbf{X}_*'\mathbf{X}_*| - 2\boldsymbol{\lambda}'(\boldsymbol{y}_* - \mathbf{X}_*\widehat{\boldsymbol{\beta}}_c) \right\} \tag{5.7.25}$$

的解

$$\widehat{\mathbf{X}}_* = \frac{\boldsymbol{y}_*\boldsymbol{y}_c'\mathbf{X}_c}{\boldsymbol{y}_c'\mathbf{X}_c(\mathbf{X}_c'\mathbf{X}_c)^{-1}\mathbf{X}_c'\boldsymbol{y}_c}. \tag{5.7.26}$$

可以验证: 将满足条件 (5.7.21) 的任意 $\widehat{\mathbf{X}}_*$ 替换模型(5.7.11)中的缺失数据块矩阵 $\mathbf{X}_*$ 后, 都有

$$\begin{aligned}\widehat{\boldsymbol{\beta}}(\widehat{\mathbf{X}}_*) &= (\mathbf{X}_c'\mathbf{X}_c + \widehat{\mathbf{X}}_*'\widehat{\mathbf{X}}_*)^{-1}(\mathbf{X}_c'\boldsymbol{y}_c + \widehat{\mathbf{X}}_*'\boldsymbol{y}_*) \\ &= (\mathbf{X}_c'\mathbf{X}_c + \widehat{\mathbf{X}}_*'\widehat{\mathbf{X}}_*)^{-1}(\mathbf{X}_c'\mathbf{X}_c\widehat{\boldsymbol{\beta}}_c + \widehat{\mathbf{X}}_*'\widehat{\mathbf{X}}_*\widehat{\boldsymbol{\beta}}_c) \\ &= \widehat{\boldsymbol{\beta}}_c. \end{aligned} \tag{5.7.27}$$

5. 加权混合模型法

上面介绍的只用完全观测到的数据作模型推断的方法, 这些方法完全舍弃了部分缺失样本所包含的信息, 会减低估计的效, 而插补方法是将插补后的数据完全当成了真实观测值, 在估计中与完整数据视为同等重要, 给予同等的权重. 由于插补方法增加信息利用的同时往往又会引起估计的偏, 因此, 一个自然的想法就是给完全观测到的数据子模型 (5.7.12) 的权大于插补数据子模型

$$\boldsymbol{y}_* = \mathbf{X}_R\boldsymbol{\beta} + \boldsymbol{e}_R \tag{5.7.28}$$

的权, 其中 $\mathbf{X}_R$ 为经过某个插补方法对 $\mathbf{X}_*$ 中缺失值插补后所得的矩阵. Toutenburg 和 Schaffrin (1990) 提出通过极小化两个模型加权误差平方和

$$\min_{\boldsymbol{\beta}} Q_\lambda(\boldsymbol{\beta})=\min_{\boldsymbol{\beta}}\left[(\boldsymbol{y}_c-\mathbf{X}_c\boldsymbol{\beta})'(\boldsymbol{y}_c-\mathbf{X}_c\boldsymbol{\beta})+\lambda(\boldsymbol{y}_*-\mathbf{X}_R\boldsymbol{\beta})'(\boldsymbol{y}_*-\mathbf{X}_R\boldsymbol{\beta})\right], \quad (5.7.29)$$

求 $\boldsymbol{\beta}$ 估计的方法, 其中 λ 为缩放因子 (scalar factor), 刻画了在估计 $\boldsymbol{\beta}$ 中利用插补数据子模型(5.7.28)信息的权重比.

令

$$\frac{\partial Q_\lambda(\boldsymbol{\beta})}{\partial\boldsymbol{\beta}}=(\mathbf{X}_c'\mathbf{X}_c+\lambda\mathbf{X}_R'\mathbf{X}_R)\boldsymbol{\beta}-(\mathbf{X}_c'\boldsymbol{y}_c+\lambda(-\mathbf{X}_R'\boldsymbol{y}_*))=\mathbf{0},$$

求得(5.7.29)的解

$$\widehat{\boldsymbol{\beta}}(\lambda)=(\mathbf{X}_c'\mathbf{X}_c+\lambda\mathbf{X}_R'\mathbf{X}_R)^{-1}(\mathbf{X}_c'\boldsymbol{y}_c+\lambda\mathbf{X}_R'\boldsymbol{y}_*). \quad (5.7.30)$$

假设 $\mathbf{X}_R$ 是非随机的, 则 $\widehat{\boldsymbol{\beta}}(\lambda)$ 偏差为

$$\begin{aligned}\text{bias}(\widehat{\boldsymbol{\beta}}(\lambda))&=E(\widehat{\boldsymbol{\beta}}(\lambda))-\boldsymbol{\beta}\\&=(\mathbf{X}_c'\mathbf{X}_c+\lambda\mathbf{X}_R'\mathbf{X}_R)^{-1}(\mathbf{X}_c'\mathbf{X}_c\boldsymbol{\beta}+\lambda\mathbf{X}_R'\mathbf{X}_*\boldsymbol{\beta})-\boldsymbol{\beta}\\&=\mathbf{S}^{-1}(\lambda)\boldsymbol{\delta}, \end{aligned}\quad (5.7.31)$$

其协方差阵为

$$\text{Cov}(\widehat{\boldsymbol{\beta}}(\lambda))=\sigma^2\mathbf{S}^{-1}(\lambda)(\mathbf{X}_c'\mathbf{X}_c\boldsymbol{\beta}+\lambda^2\mathbf{X}_R'\mathbf{X}_*)\mathbf{S}^{-1}(\lambda), \quad (5.7.32)$$

其中 $\mathbf{S}(\lambda)=\mathbf{X}_c'\mathbf{X}_c+\lambda\mathbf{X}_R'\mathbf{X}_R$, $\boldsymbol{\delta}=\mathbf{X}_R'(\mathbf{X}_*-\mathbf{X}_R')\boldsymbol{\beta}$.

关于 λ 的选择问题, 其中一个常用的准则是极小化预测残差平方均值

$$\begin{aligned}g(\lambda)&=E(y_0-\boldsymbol{x}_0\widehat{\boldsymbol{\beta}}(\lambda))^2\\&=\lambda^2(\boldsymbol{x}_0'\mathbf{S}^{-1}(\lambda)\boldsymbol{\delta})^2+\sigma^2\boldsymbol{x}_0'\mathbf{S}^{-1}(\lambda)\left\{\mathbf{S}_c+\lambda^2\mathbf{S}_R\right\}\mathbf{S}^{-1}(\lambda)\boldsymbol{x}_0+\sigma^2,\end{aligned}\quad (5.7.33)$$

这里, $\mathbf{S}_c=\mathbf{X}_c'\mathbf{X}_c$, $\mathbf{S}_R=\mathbf{X}_R'\mathbf{X}_R$. 注意到

$$\frac{\partial\mathbf{S}(\lambda)}{\partial\lambda}=\mathbf{S}_R,\quad \frac{\partial\text{tr}\,(\mathbf{A}\mathbf{S}^{-1}(\lambda))}{\partial\mathbf{S}^{-1}(\lambda)}=\mathbf{A}',$$

$$\frac{\partial\mathbf{S}^{-1}(\lambda)}{\partial\lambda}=-\mathbf{S}^{-1}(\lambda)\frac{\partial\mathbf{S}(\lambda)}{\partial\lambda}\mathbf{S}^{-1}(\lambda),$$

$$\frac{\partial\text{tr}\,(\mathbf{A}\mathbf{S}^{-1}(\lambda))}{\partial\lambda}=\text{tr}\left(\frac{\partial\mathbf{A}\mathbf{S}^{-1}(\lambda)}{\partial\mathbf{S}^{-1}(\lambda)}\frac{\partial\mathbf{S}^{-1}(\lambda)}{\partial\lambda}\right)=\text{tr}\Big(\mathbf{A}'\mathbf{S}^{-1}(\lambda)\mathbf{S}_R\mathbf{S}^{-1}(\lambda)\Big),$$

$$\frac{\partial \mathrm{tr}(\mathbf{A}\mathbf{S}^{-1}(\lambda)\mathbf{B}\mathbf{S}^{-1}(\lambda))}{\partial \mathbf{S}^{-1}(\lambda)} = -\mathbf{S}^{-1}(\lambda)\Big(\mathbf{A}\mathbf{S}^{-1}(\lambda)\mathbf{B} + \mathbf{A}'\mathbf{S}^{-1}(\lambda)\mathbf{B}'\Big)\mathbf{S}^{-1}(\lambda).$$

于是

$$\begin{aligned}\frac{\partial g(\lambda)}{\partial \lambda} =& 2\lambda(\boldsymbol{\delta}'\mathbf{S}^{-1}(\lambda)\boldsymbol{x}_0)^2 - 2\lambda^2\boldsymbol{x}_0'\mathbf{S}^{-1}(\lambda)\mathbf{S}_R\mathbf{S}^{-1}(\lambda)\boldsymbol{\delta}\boldsymbol{\delta}'\mathbf{S}^{-1}(\lambda)\boldsymbol{x}_0\\ &-2\sigma^2\boldsymbol{x}_0'\mathbf{S}^{-1}(\lambda)\mathbf{S}_R\mathbf{S}^{-1}(\lambda)\mathbf{S}_c\mathbf{S}^{-1}(\lambda)\boldsymbol{x}_0 + 2\lambda\sigma^2\boldsymbol{x}_0'\mathbf{S}^{-1}(\lambda)\mathbf{S}_R\mathbf{S}^{-1}(\lambda)\boldsymbol{x}_0\\ &-2\lambda^2\sigma^2\boldsymbol{x}_0'\mathbf{S}^{-1}(\lambda)\mathbf{S}_R\mathbf{S}^{-1}(\lambda)\mathbf{S}_R\mathbf{S}^{-1}(\lambda)\boldsymbol{x}_0.\end{aligned}$$

注意到 $\lambda\mathbf{S}_R = \mathbf{S}(\lambda) - \mathbf{S}_c$, 将上式等号右边的第二项和第四项中的 $\lambda\mathbf{S}_R$ 用 $\mathbf{S}(\lambda) - \mathbf{S}_c$ 替换, 得

$$\frac{\partial g(\lambda)}{\partial \lambda} = 2\lambda\rho_1(\lambda) - 2\rho_2(\lambda) + 2\lambda\sigma^2\rho_2(\lambda)\boldsymbol{x}_0, \tag{5.7.34}$$

其中

$$\rho_1(\lambda) = \boldsymbol{x}_0'\mathbf{S}^{-1}(\lambda)\mathbf{S}_c\mathbf{S}^{-1}(\lambda)\boldsymbol{\delta}\boldsymbol{\delta}'\mathbf{S}^{-1}(\lambda)\boldsymbol{x}_0,$$

$$\rho_2(\lambda) = \boldsymbol{x}_0'\mathbf{S}^{-1}(\lambda)\mathbf{S}_R\mathbf{S}^{-1}(\lambda)\mathbf{S}_c\mathbf{S}^{-1}(\lambda)\boldsymbol{x}_0.$$

令 $\dfrac{\partial g(\lambda)}{\partial \lambda} = 0$, 从中可得如下关系

$$\lambda = \frac{1}{1 + \sigma^{-2}\rho_1(\lambda)/\rho_2(\lambda)}, \quad 0 \leqslant \lambda \leqslant 1. \tag{5.7.35}$$

由于 $\rho_1(\lambda)$ 和 $\rho_2(\lambda)$ 仍包含 λ, 解方程 (5.7.35) 可通过迭代法求得 λ, 其中未知参数 δ 和 σ^2 可由相应的程序得到其估计. 如设 $\boldsymbol{\beta}$ 和 σ^2 的初值为 $\widehat{\boldsymbol{\beta}}_c$ 和 $\widehat{\sigma}_c^2$, $\lambda^{(k)}$ 为 λ 的第 k 次迭代值, 则在第 $k+1$ 次迭代时, 得

$$\widehat{\boldsymbol{\beta}}^{(k+1)} = \widehat{\boldsymbol{\beta}}(\lambda^{(k)}),$$

$$\delta^{(k+1)} = \mathbf{X}_R'(\boldsymbol{y}_* - \mathbf{X}_R\widehat{\boldsymbol{\beta}}^{(k+1)}),$$

$$\sigma^{2(k+1)} = \frac{Q_{\lambda^{(k)}}\Big(\widehat{\boldsymbol{\beta}}(\lambda^{(k)})\Big)}{m + \lambda^{(k)}(n-m) - p}.$$

关于 (5.7.35) 中 δ 和 σ^2 估计, 还可以采用 Bootstrap 方法, 关于这部分工作可参阅 Toutenburg 等 (1995).

另外, 由于 $\mathbf{X}_*$ 各行缺失的元素个数不一样, 因此, 另一个自然的想法就是在给各行不同的权重, 定义两个模型加权误差平方和为

$$Q_\Lambda(\boldsymbol{\beta}) = (\boldsymbol{y}_c - \mathbf{X}_c\boldsymbol{\beta})'(\boldsymbol{y}_c - \mathbf{X}_c\boldsymbol{\beta}) + (\boldsymbol{y}_* - \mathbf{X}_R\boldsymbol{\beta})'\boldsymbol{\Lambda}(\boldsymbol{y}_* - \mathbf{X}_R\boldsymbol{\beta}), \tag{5.7.36}$$

其中 $\mathbf{\Lambda} = \text{diag}(\lambda_1, \cdots, \lambda_{n-m})$. 类似地, 通过极小化(5.7.29), 得 $\boldsymbol{\beta}$ 的另一个混合模型加权估计

$$\widehat{\boldsymbol{\beta}}(\lambda) = (\mathbf{X}_c'\mathbf{X}_c + \mathbf{X}_R'\mathbf{\Lambda}\mathbf{X}_R)^{-1}(\mathbf{X}_c'\boldsymbol{y}_c + \mathbf{X}_R'\mathbf{\Lambda}\boldsymbol{y}_*). \tag{5.7.37}$$

如何确定 $\mathbf{\Lambda}$ 是该方法的难点, 还有待进一步研究.

习 题 五

5.1 分别检验两条回归直线平行、等截距及相交于某一点, 即设

$$y_{1i} = \alpha_1 + \beta_1 x_{1i} + e_{1i}, \quad e_{1i} \sim N(0,\ \sigma^2), \quad i = 1, \cdots, m,$$

$$y_{2j} = \alpha_2 + \beta_2 x_{2j} + e_{2j}, \quad e_{2j} \sim N(0,\ \sigma^2), \quad j = 1, \cdots, n,$$

其中所有 e_{1i}, e_{2j} 相互独立. 分别检验下面三个原假设:

(1) H_1: $\beta_1 = \beta_2$, 两条回归直线平行;

(2) H_2: $\alpha_1 = \alpha_2$, 两条回归直线等截距;

(3) H_3: 对某个 x_0, $\alpha_1 + \beta_1 x_0 = \alpha_2 + \beta_2 x_0$, 两条回归直线相交于点 $(x_0,\ y_0)$, 其中 $y_0 = \alpha_1 + \beta_1 x_0$.

5.2 对线性模型 $\boldsymbol{y} = \mathbf{X}\boldsymbol{\beta} + \boldsymbol{e},\ \boldsymbol{e} \sim (\mathbf{0},\ \sigma^2\mathbf{I}_n)$, $\mathbf{H}\boldsymbol{\beta}$ 为可估函数, $\mathbf{H}$ 为行满秩, $\hat{\boldsymbol{\beta}}_{\mathbf{H}}$ 和 $\hat{\boldsymbol{\lambda}}$ 满足

$$\begin{cases} \mathbf{X}'\mathbf{X}\boldsymbol{\beta} + \mathbf{H}'\boldsymbol{\lambda} = \mathbf{X}'\boldsymbol{y}, \\ \mathbf{H}\boldsymbol{\beta} = \mathbf{0}. \end{cases}$$

证明: $\text{SS}_{\mathbf{H}e} - \text{SS}_e = \sigma^2\hat{\boldsymbol{\lambda}}'(\text{Cov}(\hat{\boldsymbol{\lambda}}))^{-1}\hat{\boldsymbol{\lambda}}$.

5.3 对 m 个线性模型

$$\boldsymbol{y}_i = \mathbf{X}_i\boldsymbol{\beta}_i + \boldsymbol{e}_i, \quad \boldsymbol{e}_i \sim N_{n_i}(\mathbf{0},\ \sigma^2\mathbf{I}_{n_i}), \qquad i = 1, \cdots, m,$$

这里 $\mathbf{X}_i$ 为 $n_i \times p$ 的列满秩阵. 证明线性假设 $H_0 : \boldsymbol{\beta}_1 = \cdots = \boldsymbol{\beta}_m$ 的似然比统计量为

$$F = \frac{(n-mp)\left(\sum\limits_i \boldsymbol{y}_i'(\mathbf{X}_i\mathbf{X}_i^+)\boldsymbol{y}_i - \left(\sum\limits_i \boldsymbol{y}_i'\mathbf{X}_i\right)\left(\sum\limits_i \mathbf{X}_i'\mathbf{X}_i\right)^{-1}\left(\sum\limits_i \mathbf{X}_i'\boldsymbol{y}_i\right)\right)}{p(m-1)\left(\sum\limits_i \boldsymbol{y}_i'\boldsymbol{y}_i - \sum\limits_i \boldsymbol{y}_i'(\mathbf{X}_i\mathbf{X}_i^+)\boldsymbol{y}_i\right)},$$

其中 $n = \sum\limits_i n_i$, 且当 H_0 为真时, $F \sim F_{(m-1)p,\ n-mp}$.

5.4 由空中观测地面上的一个四边形的四个角 θ_1, θ_2, θ_3 和 θ_4, 观测值分别为 Y_1, Y_2, Y_3 和 Y_4. 如果观测误差是独立正态的, 均值为 0, 方差为 σ^2, 假定四边形为平行四边形, $\theta_1 = \theta_3$ 和 $\theta_2 = \theta_4$, 导出对这个假设的检验统计量.

5.5 对线性模型 $\boldsymbol{y} = \mathbf{X}_1\boldsymbol{\beta}_1 + \mathbf{X}_2\boldsymbol{\beta}_2 + \boldsymbol{e}, \boldsymbol{e} \sim N_n(\mathbf{0},\ \sigma^2\mathbf{I}_n)$. 证明: 检验 $\boldsymbol{\beta}_2 = \mathbf{0}$ 的似然比统计量为

$$F = \frac{n-p}{q}\ \frac{\hat{\boldsymbol{\beta}}'\mathbf{X}'\boldsymbol{y} - \hat{\gamma}'\mathbf{X}_1'\boldsymbol{y}}{\boldsymbol{y}'\boldsymbol{y} - \hat{\boldsymbol{\beta}}'\mathbf{X}'\boldsymbol{y}} = \frac{n-p}{q}\ \frac{\boldsymbol{y}'(\mathbf{X}\mathbf{X}^+ - \mathbf{X}_1\mathbf{X}_1^+)\boldsymbol{y}}{\boldsymbol{y}'(\mathbf{I}_n - \mathbf{X}\mathbf{X}^+)\boldsymbol{y}},$$

其中 $\mathbf{X}_2$ 和 $\mathbf{X}_1$ 分别为 $n\times q$ 和 $n\times(p-q)$ 矩阵, $\mathbf{X}=(\mathbf{X}_1,\mathbf{X}_2)$, $\mathrm{rk}(\mathbf{X})=p$, $\boldsymbol{\beta}'=(\boldsymbol{\beta}_1',\boldsymbol{\beta}_2')$, $\hat{\boldsymbol{\beta}}$ 为 $\mathbf{X}'\mathbf{X}\boldsymbol{\beta}=\mathbf{X}'\boldsymbol{y}$ 的解, $\hat{\gamma}$ 为 $\mathbf{X}_1'\mathbf{X}_1\gamma=\mathbf{X}_1'\boldsymbol{y}$ 的解, 且当 $\boldsymbol{\beta}_2=\mathbf{0}$ 为真时, $F\sim F_{q,\ n-p}$.

5.6 设有两个线性模型

$$\boldsymbol{y}_i=\mathbf{X}_i\boldsymbol{\beta}_i+\boldsymbol{e}_i,\quad \boldsymbol{e}_i\sim N_{n_i}(\mathbf{0},\ \sigma^2\mathbf{I}_{n_i}),\quad i=1,2,$$

其中 $\boldsymbol{e}_1$ 和 $\boldsymbol{e}_2$ 相互独立. 对 $\mathbf{X}_i$ 和 $\boldsymbol{\beta}_i$ 分块如下:

$$\mathbf{X}_i=(\mathbf{X}_{1i},\mathbf{X}_{2i}),\qquad \boldsymbol{\beta}_i=\begin{pmatrix}\boldsymbol{\alpha}_i\\ \boldsymbol{\delta}_i\end{pmatrix},$$

这里 $\mathbf{X}_{1i}$, $\mathbf{X}_{2i}$ 分别为 $n_i\times p_1, n_i\times p_2$ 矩阵, $\boldsymbol{\alpha}_i$ 和 $\boldsymbol{\delta}_i$ 分别为 $p_1\times 1$ 和 $p_2\times 1$ 向量, $p_1+p_2=p$. 证明检验假设 H_0: $\boldsymbol{\delta}_1=\boldsymbol{\delta}_2$ 的似然比统计量为

$$F=\frac{n_1+n_2-2p}{p_2}\ \frac{F_1}{F_2},$$

这里

$$F_1=\sum_i \boldsymbol{y}_i'\left(\mathbf{X}_i\mathbf{X}_i^+-\mathbf{X}_{1i}\mathbf{X}_{1i}^+\right)\boldsymbol{y}_i-\left(\sum_i \boldsymbol{y}_i'\mathbf{Q}_i\mathbf{X}_{2i}\right)\left(\sum_i \mathbf{X}_{2i}'\mathbf{Q}_i\mathbf{X}_{2i}\right)^{-1}\left(\sum_i X_{2i}'\mathbf{Q}_i\boldsymbol{y}_i\right),$$

$$F_2=\sum_i \boldsymbol{y}_i'\left(I_{n_i}-\mathbf{X}_i\mathbf{X}_i^+\right)\boldsymbol{y}_i,$$

其中 $\mathbf{Q}_i=\mathbf{I}_{n_i}-\mathbf{X}_{1i}\mathbf{X}_{1i}^+$.

5.7 设 $y_i=\beta_0+\beta_1x_i+e_i, i=1,\cdots,n, e_i\sim N(0,\ \sigma^2)$ 且相互独立, 对一切线性组合 $a_0\beta_0+a_1\beta_1(a_0a_1\neq 0)$, 试作出置信系数为 $1-\alpha$ 的同时置信区间.

5.8 设两组数据满足

$$y_{1i}=\beta_1+\beta(x_{1i}-\bar{x}_1)+e_{1i},\quad e_{1i}\sim N(0,\ \sigma^2),\qquad i=1,\cdots,n_1,$$

$$y_{2j}=\beta_2+\beta(x_{2j}-\bar{x}_2)+e_{2j},\quad e_{2j}\sim N(0,\ \sigma^2),\qquad j=1,\cdots,n_2,$$

这里 $\bar{x}_1=\sum_{i=1}^{n_1}x_{1i}/n_1, \bar{x}_2=\sum_{j=1}^{n_2}x_{2j}/n_2$, 即这两组数据服从平行直线回归模型

$$y=\beta_1+\beta(x-\bar{x}_1),$$

$$y=\beta_2+\beta(x-\bar{x}_2).$$

在 e_{1i}, e_{2j} 相互独立的条件下, 求:

(1) β_1, β_2, β 的 BLU 估计;

(2) 此两条回归直线平行于 y 轴方向上的距离 d 的 BLU 估计, 即设 $y_A=\beta_1+\beta(x_0-\bar{x}_1)$, $y_B=\beta_2+\beta(x_0-\bar{x}_2)$, 求 $d=y_A-y_B$ 的 BLU 估计;

(3) d 的置信系数为 $1-\alpha$ 的置信区间.

第 6 章　线性回归模型

在第 4 章和第 5 章, 我们系统地讨论了一般线性模型的估计、检验和预测理论. 从本章起将把这些一般理论应用于一些特殊的模型, 如在第 1 章引进的线性回归模型、方差分析模型、协方差分析模型、混合效应模型以及离散响应变量模型. 本章先讨论线性回归模型.

6.1　最小二乘估计

假设 Y 为因变量和 $X_1, \cdots, X_{p-1}$ 为自变量. 含 $p-1$ 个自变量的线性回归模型的一般形式可表示为

$$Y=\beta_0+\beta_1 X_1+\cdots+\beta_{p-1} X_{p-1}+e,$$

其中 β_0 为截距项, $\beta_1, \cdots, \beta_{p-1}$ 为回归系数, e 为随机误差. 如果对因变量 Y 和自变量 $X_1, \cdots, X_{p-1}$ 进行了 n 次观测, 得到的 n 组数据, 即

$$(y_i, x_{i1}, \cdots, x_{i(p-1)}), \quad i=1, \cdots, n,$$

它们满足

$$y_i=\beta_0+\beta_1 x_{i1}+\cdots+\beta_{p-1} x_{i(p-1)}+e_i, \quad i=1, \cdots, n,$$

其中 e_i 为第 i 次观测对应的随机误差. 记

$$\boldsymbol{y}=\begin{pmatrix} y_1 \\ y_2 \\ \vdots \\ y_n \end{pmatrix}, \quad \mathbf{X}=\begin{pmatrix} 1 & x_{11} & \cdots & x_{1(p-1)} \\ 1 & x_{21} & \cdots & x_{2(p-1)} \\ \vdots & \vdots & & \vdots \\ 1 & x_{n1} & \cdots & x_{n(p-1)} \end{pmatrix},$$

$$\boldsymbol{\beta}=\begin{pmatrix} \beta_0 \\ \beta_1 \\ \vdots \\ \beta_{p-1} \end{pmatrix}, \quad \boldsymbol{e}=\begin{pmatrix} e_1 \\ e_2 \\ \vdots \\ e_n \end{pmatrix}.$$

假设 $e_1, \cdots, e_n$ 互不相关, 均值皆为零, 方差皆为 σ^2, 则上述线性回归模型又可表示为

$$\boldsymbol{y} = \mathbf{X}\boldsymbol{\beta} + \boldsymbol{e}, \quad E(\boldsymbol{e}) = \mathbf{0}, \quad \mathrm{Cov}(\boldsymbol{e}) = \sigma^2\mathbf{I}_n, \tag{6.1.1}$$

这里 $\mathbf{X}$ 为 $n \times p$ 的矩阵, 其第一列元素皆为 1, 其他列对应于 $p-1$ 个自变量的 n 次观测值. 下面, 我们假设 $\mathbf{X}$ 列满秩, 即 $\mathrm{rk}(\mathbf{X}) = p$ 和 $\boldsymbol{\beta}$ 可估的情形.

线性回归模型 (6.1.1) 作为特殊的线性模型, 由第 4 章的知识可得 $\boldsymbol{\beta}$ 的 LS 估计

$$\widehat{\boldsymbol{\beta}} = (\mathbf{X}'\mathbf{X})^{-1}\mathbf{X}'\boldsymbol{y} \tag{6.1.2}$$

和 σ^2 的一个无偏估计

$$\widehat{\sigma}^2 = \frac{\|\boldsymbol{y} - \mathbf{X}\widehat{\boldsymbol{\beta}}\|^2}{n-p} = \frac{\boldsymbol{y}'(\mathbf{I}_n - \mathbf{H})\boldsymbol{y}}{n-p}, \tag{6.1.3}$$

其中 $\mathbf{H} = \mathbf{X}(\mathbf{X}'\mathbf{X})^{-1}\mathbf{X}'$. $\widehat{\boldsymbol{\beta}}$ 和 $\widehat{\sigma}^2$ 具有下述性质.

定理 6.1.1 在线性回归模型 (6.1.1) 下, $\boldsymbol{\beta}$ 和 σ^2 的 LS 估计满足如下性质:

(1) 无偏性: $E(\widehat{\boldsymbol{\beta}}) = \boldsymbol{\beta}$;

(2) 方差最小性: 对任意 $p \times 1$ 向量, $\boldsymbol{c}'\widehat{\boldsymbol{\beta}}$ 为 $\boldsymbol{c}'\boldsymbol{\beta}$ 的唯一 BLU 估计;

(3) $\widehat{\sigma}^2 = \|\boldsymbol{y} - \mathbf{X}\widehat{\boldsymbol{\beta}}\|^2/(n-p-1)$ 为 σ^2 的无偏估计.

若进一步假设误差向量 $\boldsymbol{e}$ 服从正态分布, 则有如下定理.

定理 6.1.2 假设线性回归模型 (6.1.1) 中 $\boldsymbol{e} \sim N_n(\mathbf{0}, \ \sigma^2\mathbf{I}_n)$, 则

(1) $\widehat{\boldsymbol{\beta}} \sim N_p(\boldsymbol{\beta}, \sigma^2(\mathbf{X}'\mathbf{X})^{-1})$;

(2) $\boldsymbol{c}'\widehat{\boldsymbol{\beta}} \sim N(\boldsymbol{c}'\boldsymbol{\beta}, \sigma^2\boldsymbol{c}'(\mathbf{X}'\mathbf{X})^{-1}\boldsymbol{c})$ 是 $\boldsymbol{c}'\boldsymbol{\beta}$ 的唯一 MVU 估计;

(3) $(n-p)\widehat{\sigma}^2 \sim \sigma^2\chi^2_{n-p}$, 且与 $\widehat{\boldsymbol{\beta}}$ 相互独立.

特别地, 记 $\boldsymbol{l}_i$ 为 $p \times 1$ 的向量, 其第 $i+1$ 个元素为 1, 其余元素皆为 0, 即 $\boldsymbol{l}_i = (0, \cdots, 0, 1, \cdots, 0)'$. 令定理 6.1.2 中 $\boldsymbol{c} = \boldsymbol{l}_i$, 立得

$$\widehat{\beta}_i \sim N(\beta_i, \sigma^2 c_{ii}), \quad i = 0, 1, \cdots, p-1,$$

这里 $c_{ii} = \boldsymbol{l}_i'(\mathbf{X}'\mathbf{X})^{-1}\boldsymbol{l}_i$ 为 $(\mathbf{X}'\mathbf{X})^{-1}$ 的第 $(i+1)$ 个对角元.

在回归分析中, 我们的主要兴趣在回归系数 $\boldsymbol{\beta}_I = (\beta_1, \beta_2, \cdots, \beta_{p-1})'$, 所以常常需要把它和常数项分开表示. 记

$$\boldsymbol{X} = (\mathbf{1}_n, \tilde{\mathbf{X}}), \qquad \boldsymbol{\beta} = (\beta_0, \boldsymbol{\beta}_I')',$$

其中 $\mathbf{1}_n$ 表示由 n 个 1 组成的 n 维列向量, 则模型 (6.1.1) 可改写为

$$\boldsymbol{y} = \beta_0\mathbf{1}_n + \tilde{\mathbf{X}}\boldsymbol{\beta}_I + \boldsymbol{e}, \quad E(\boldsymbol{e}) = \mathbf{0}, \quad \mathrm{Cov}(\boldsymbol{e}) = \sigma^2\mathbf{I}_n. \tag{6.1.4}$$

在实际应用中, 常常先直接对数据中心化, 即把自变量的度量起点移至它在 n 次试验中所取值的中心点处. 记

$$\bar{x}_j = \frac{1}{n}\sum_{i=1}^{n} x_{ij}, \quad j = 1, \cdots, p-1,$$

它是自变量 X_j 在 n 次试验中取值的算术平均. 则 y_i 可改写为

$$y_i = \alpha_0 + \beta_1(x_{i1} - \bar{x}_1) + \cdots + \beta_{p-1}(x_{i(p-1)} - \bar{x}_{p-1}) + e_i, \quad i = 1, \cdots, n, \tag{6.1.5}$$

这里

$$\alpha_0 = \beta_0 + \beta_1\bar{x}_1 + \cdots + \beta_{p-1}\bar{x}_{p-1} = \beta_0 + \bar{\boldsymbol{x}}'\boldsymbol{\beta}_I, \quad \bar{\boldsymbol{x}}' = (\bar{x}_1, \cdots, \bar{x}_{p-1}). \tag{6.1.6}$$

模型 (6.1.5) 的矩阵形式为

$$\boldsymbol{y} = \mathbf{1}_n\alpha_0 + \tilde{\mathbf{X}}_c\boldsymbol{\beta}_I + \boldsymbol{e}, \tag{6.1.7}$$

其中

$$\tilde{\mathbf{X}}_c = \left(\mathbf{I}_n - \frac{1}{n}\mathbf{1}_n\mathbf{1}_n'\right)\tilde{\mathbf{X}} = \begin{pmatrix} x_{11} - \bar{x}_1 & x_{12} - \bar{x}_2 & \cdots & x_{1(p-1)} - \bar{x}_{p-1} \\ x_{21} - \bar{x}_1 & x_{22} - \bar{x}_2 & \cdots & x_{2(p-1)} - \bar{x}_{p-1} \\ \vdots & \vdots & & \vdots \\ x_{n1} - \bar{x}_1 & x_{n2} - \bar{x}_2 & \cdots & x_{n(p-1)} - \bar{x}_{p-1} \end{pmatrix}$$

为中心化的设计矩阵, 满足性质:

$$\tilde{\mathbf{X}}_c'\mathbf{1}_n = \mathbf{0}. \tag{6.1.8}$$

称 (6.1.5) 和 (6.1.7) 为中心化的线性回归模型.

利用 (6.1.8) 容易验证, 对于中心化线性回归模型 (6.1.7), 正则方程变为

$$\begin{pmatrix} n & 0 \\ 0 & \tilde{\mathbf{X}}_c'\tilde{\mathbf{X}}_c \end{pmatrix}\begin{pmatrix} \alpha_0 \\ \boldsymbol{\beta}_I \end{pmatrix} = \begin{pmatrix} n\bar{y} \\ \tilde{\mathbf{X}}_c'\boldsymbol{y} \end{pmatrix},$$

即

$$\begin{cases} n\alpha_0 = n\bar{y}, \\ \tilde{\mathbf{X}}_c'\tilde{\mathbf{X}}_c\boldsymbol{\beta}_I = \tilde{\mathbf{X}}_c'\boldsymbol{y}, \end{cases}$$

其中 $\bar{y} = \frac{1}{n}\sum\limits_{i=1}^{n} y_i$. 由此立得模型 (6.1.7) 参数 α_0 和 $\boldsymbol{\beta}_I$ 的 LS 估计为

$$\widehat{\alpha}_0 = \bar{y}, \quad \widehat{\boldsymbol{\beta}}_I = (\tilde{\mathbf{X}}_c'\tilde{\mathbf{X}}_c)^{-1}\tilde{\mathbf{X}}_c'\boldsymbol{y}, \tag{6.1.9}$$

并且

$$\operatorname{Cov}\begin{pmatrix}\widehat{\alpha}_0\\ \widehat{\boldsymbol{\beta}}_I\end{pmatrix}=\sigma^2\begin{pmatrix}1/n & \mathbf{0}\\ \mathbf{0} & (\tilde{\mathbf{X}}_c'\tilde{\mathbf{X}}_c)^{-1}\end{pmatrix}. \tag{6.1.10}$$

这个事实说明, 在中心化线性回归模型中, 常数项 α_0 总是用因变量观测值的算术平均值来估计的, 而回归系数 $\boldsymbol{\beta}_I$ 的估计可以从线性回归模型 $\boldsymbol{y}=\tilde{\mathbf{X}}_c\boldsymbol{\beta}_I+\boldsymbol{e}$ 按通常的 LS 公式即 (6.1.9) 得到, 并且这两个估计总是不相关的.

剩下的问题是要证明, 由 (6.1.9) 给出的回归系数的 LS 估计与 (6.1.2) 相一致. 事实上, 由分块矩阵求逆公式 (定理 2.3.4) 得

$$(\mathbf{X}'\mathbf{X})^{-1}=\begin{pmatrix}n & \mathbf{1}_n'\tilde{\mathbf{X}}\\ \tilde{\mathbf{X}}'\mathbf{1}_n & \tilde{\mathbf{X}}'\tilde{\mathbf{X}}\end{pmatrix}^{-1}=\begin{pmatrix}\dfrac{1}{n}+\bar{\boldsymbol{x}}'(\tilde{\mathbf{X}}_c'\tilde{\mathbf{X}}_c)^{-1}\bar{\boldsymbol{x}} & -\bar{\boldsymbol{x}}'(\tilde{\mathbf{X}}_c'\tilde{\mathbf{X}}_c)^{-1}\\ -(\tilde{\mathbf{X}}_c'\tilde{\mathbf{X}}_c)^{-1}\bar{\boldsymbol{x}} & (\tilde{\mathbf{X}}_c'\tilde{\mathbf{X}}_c)^{-1}\end{pmatrix}.$$

代入 (6.1.2) 立得

$$\widehat{\boldsymbol{\beta}}=\begin{pmatrix}\bar{y}-\bar{\boldsymbol{x}}'(\tilde{\mathbf{X}}_c'\tilde{\mathbf{X}}_c)^{-1}\tilde{\mathbf{X}}_c'\boldsymbol{y}\\ (\tilde{\mathbf{X}}_c'\tilde{\mathbf{X}}_c)^{-1}\tilde{\mathbf{X}}_c'\boldsymbol{y}\end{pmatrix}=\begin{pmatrix}\widehat{\alpha}_0-\bar{\boldsymbol{x}}'\widehat{\boldsymbol{\beta}}_I\\ \widehat{\boldsymbol{\beta}}_I\end{pmatrix}.$$

我们也可以直接应用分块线性模型的 LS 估计定理 4.2.2 来证明.

这就证明了中心化模型下回归系数 $\boldsymbol{\beta}_I$ 的估计与非中心化模型的相同, 中心化模型和非中心化模型常数项估计之间有如下关系:

$$\widehat{\alpha}_0=\bar{y}=\widehat{\beta}_0+\bar{\boldsymbol{x}}'\widehat{\boldsymbol{\beta}}_I, \tag{6.1.11}$$

与 (6.1.7) 中 $\alpha_0=\beta_0+\bar{\boldsymbol{x}}'\boldsymbol{\beta}_I$ 相对应. 另外, 注意到

$$\mathrm{SSE}=\|\boldsymbol{y}-\widehat{\beta}_0\mathbf{1}_n-\tilde{\mathbf{X}}\widehat{\boldsymbol{\beta}}_I\|^2=\|\boldsymbol{y}-\widehat{\alpha}_0\mathbf{1}_n-\tilde{\mathbf{X}}_c\widehat{\boldsymbol{\beta}}_I\|^2, \tag{6.1.12}$$

因此, 中心化前后的残差平方和一致, 相应的误差方差 σ^2 的估计也相同.

除了中心化, 对自变量经常作的另一种处理是标准化. 记

$$s_j^2=\frac{1}{n-1}\sum_{i=1}^{n}(x_{ij}-\bar{x}_j)^2, \quad j=1,\cdots,p-1.$$

则 s_j^2 为第 j 个自变量 X_j 的样本方差. 我们刚才讨论过, 将 x_{ij} 减去 $\bar{x}_j$ 称为中心化, 现在再除样本标准差 s_j, 则称标准化. 记

$$z_{ij}=\frac{x_{ij}-\bar{x}_j}{s_j}, \qquad i=1,\cdots,n,\ \ j=1,\cdots,p-1, \tag{6.1.13}$$

$\mathbf{Z}=(z_{ij})$, 则 $\mathbf{Z}$ 就是将原来的设计阵 $\mathbf{X}$ 经过中心化和标准化后得到的新设计阵, 这个矩阵具有如下性质:

(1) $\mathbf{1}_n'\mathbf{Z}=\mathbf{0}$;

(2) $\mathbf{R_X}=\mathbf{Z}'\mathbf{Z}=(r_{ij})$ 为自变量 $\boldsymbol{X}=(X_1,\cdots,X_{p-1})'$ 的样本相关系数矩阵, 其中

$$r_{ij}=\frac{\sum\limits_{k=1}^{n}(x_{ki}-\bar{x}_i)(x_{kj}-\bar{x}_j)}{s_is_j},\quad i,j=1,\cdots,p-1.$$

性质 (1) 是中心化的作用, 它使设计阵的每列元素之和都为零. 性质 (2) 是中心化后再施以标准化后的结果. 如果把回归自变量都看作随机变量, $\mathbf{X}$ 的第 j 列为第 j 个自变量的 n 个随机样本, 那么, $\mathbf{R_X}=\mathbf{Z}'\mathbf{Z}$ 的元素 r_{ij} 正是回归自变量 X_i 与 X_j 的样本相关系数, 因此, $\mathbf{R_X}$ 是回归自变量的相关阵, 于是 $r_{ii}=1$, 对一切 i 成立. 标准化的好处有二: 其一是用 $\mathbf{R_X}$ 可以分析回归自变量之间的相关关系; 其二是在一些问题中, 诸回归自变量所用的单位可能不相同, 取值范围大小也不同, 经过标准化消去了单位和取值范围的差异, 这便于对回归系数的估计值的统计分析.

需要注意的是, 如果把模型 (6.1.1) 自变量经过中心化和标准化后, y_i 可表示为

$$y_i=\alpha_0+\left(\frac{x_{i1}-\bar{x}_1}{s_1}\right)\alpha_1+\cdots+\left(\frac{x_{i(p-1)}-\bar{x}_{p-1}}{s_{p-1}}\right)\alpha_{p-1}+e_i,\quad i=1,\cdots,n, \tag{6.1.14}$$

这里 α_0 同 (6.1.7), $\alpha_i=s_i\beta_i$, $i=1,\cdots,p-1$. 记 $\boldsymbol{\alpha}=(\alpha_1,\cdots,\alpha_{p-1})'$, 用矩阵形式, 模型 (6.1.14) 就是

$$\boldsymbol{y}=\alpha_0\mathbf{1}_n+\mathbf{Z}\boldsymbol{\alpha}+\boldsymbol{e}, \tag{6.1.15}$$

可以验证, α_0 和 $\boldsymbol{\alpha}$ 的 LS 估计分别为

$$\widehat{\alpha}_0=\bar{y},\quad \widehat{\alpha}_i=s_i\widehat{\beta}_i,\quad i=1,\cdots,p-1, \tag{6.1.16}$$

这里 $\widehat{\beta}_i$ 为 $\widehat{\boldsymbol{\beta}}_I$ 的第 i 个分量. 它们对应的经验回归方程分别为

非中心化:

$$\widehat{Y}=\widehat{\beta}_0+\widehat{\beta}_1X_1+\cdots+\widehat{\beta}_{p-1}X_{p-1};$$

中心化:

$$\widehat{Y}=\widehat{\alpha}_0+\widehat{\beta}_1(X_1-\bar{x}_1)+\cdots+\widehat{\beta}_{p-1}(X_{p-1}-\bar{x}_{p-1});$$

中心化标准化:

$$\widehat{Y}=\widehat{\alpha}_0+\widehat{\alpha}_1\frac{X_1-\bar{x}_1}{s_1}+\cdots+\widehat{\alpha}_{p-1}\frac{X_{p-1}-\bar{x}_{p-1}}{s_{p-1}}.$$

由 (6.1.13) 和 (6.1.16) 可立证: 中心化和中心化标准化后所得的经验回归方程都与原数据下所得的经验回归方程等价. 值得注意的是, 中心化的目的是将回归系数和截距项的估计分离开, 简化运算和相应估计的统计性质 (两部分估计不相关); 标准化的主要目的是消除量纲影响, 使得标准化后模型的回归系数可直接反映各自变量对因变量预测的重要程度.

6.2 回归方程和系数的检验

当我们根据前面介绍的估计方法得到回归系数的估计后, 就可以建立起经验回归方程. 但是, 所建立的经验回归方程是否真正地刻画了因变量和自变量之间的实际依赖关系呢? 一方面, 我们需要把经验方程拿到实践中去考察, 这是最重要的一方面; 另一方面, 我们也可以作统计假设检验, 这叫做回归方程的显著性检验. 另外, 我们往往还希望研究因变量是否真正依赖于某个或几个特定的回归自变量, 这就导致了相应的回归系数的显著性检验. 本节我们将讨论这些问题.

6.2.1 回归方程的显著性检验

对于正态线性回归模型

$$y_i = \beta_0 + x_{i1}\beta_1 + \cdots + x_{i(p-1)}\beta_{p-1} + e_i, \quad e_i \sim N(0,\ \sigma^2), \quad i = 1, \cdots, n, \tag{6.2.1}$$

所谓回归方程的显著性检验 (或称回归方程的拟合优度), 就是检验是否所有的回归系数都等于

$$H_0: \ \ \beta_1 = \cdots = \beta_{p-1} = 0 \longleftrightarrow H_1: \ \ \beta_1, \cdots, \beta_{p-1}\text{不全为 } 0. \tag{6.2.2}$$

如果这个假设被拒绝, 这就意味着我们接受断言: 至少有一个 $\beta_i \neq 0$, 当然也可能所有 β_i 都不等于零. 换句话说, 我们认为 Y 线性依赖于至少某一个自变量 X_i, 也可能线性依赖于所有的自变量 $X_1, \cdots, X_{p-1}$. 如果这个假设被接受, 这意味着我们接受断言: 所有 $\beta_i = 0$, 即我们可以认为, 相对于误差而言, 所有自变量对因变量 Y 的影响是不重要的.

显然, 假设 (6.2.2) 是定理 5.1.1 中一般线性假设中 $\mathbf{H} = (\mathbf{0}, \mathbf{I}_{p-1})$ 的特殊情形, 并且 $\mathbf{H} = (0, \mathbf{I}_{p-1})$ 满足定理 5.1.1 的条件, 故定理 5.1.1 所给出的 F 检验统计量可以直接应用在这里, 并导出回归方程的显著性检验的统计量的化简形式. 采用 6.1 节的记号, 记 $\boldsymbol{\beta}_I = (\beta_1, \cdots, \beta_{p-1})'$.

将原假设 $H_0: \ \beta_1 = \cdots = \beta_{p-1} = 0$ 代入模型 (6.2.1), 得到约简模型

$$y_i = \beta_0 + e_i, \quad i = 1, \cdots, n. \tag{6.2.3}$$

它的正则方程为 $n\widehat{\beta}_0 = n\bar{y}$, 于是 β_0 在模型 (6.2.3) 下的 LS 估计为 $\beta_0^* = \bar{y}$. 根据 5.1 节的结果: 该约简模型下的残差平方和就等于总平方和, 即

$$\text{SSE}_{H_0} = \text{SST} = \|\boldsymbol{y} - \bar{y}\mathbf{1}_n\|^2 = \boldsymbol{y}'\boldsymbol{y} - n\bar{y}^2 = \sum_{i=1}^{n}(y_i - \bar{y})^2.$$

为简单记, 我们采用模型 (6.2.1) 的中心化形式 (6.1.6). 由 (6.1.12) 可得原模型 (6.2.1) 的残差平方和为

$$\text{SSE} = \|\boldsymbol{y} - \widehat{\alpha}_0\mathbf{1}_n - \tilde{\mathbf{X}}_c\widehat{\boldsymbol{\beta}}_I\|^2 = \boldsymbol{y}'\boldsymbol{y} - n\bar{y}^2 - \widehat{\boldsymbol{\beta}}_I'\tilde{\mathbf{X}}_c'\boldsymbol{y}. \tag{6.2.4}$$

于是

$$\text{SSE}_{H_0} - \text{SSE} = \widehat{\boldsymbol{\beta}}_I'\tilde{\mathbf{X}}_c'\boldsymbol{y} = \|\tilde{\mathbf{X}}\widehat{\boldsymbol{\beta}}_I\|^2 \triangleq \text{SSR}. \tag{6.2.5}$$

因 $\tilde{\mathbf{X}}_c\widehat{\boldsymbol{\beta}}_I$ 是模型回归项 $\tilde{\mathbf{X}}_c\boldsymbol{\beta}_I$ 的估计, 故称 $\text{SSR} = \widehat{\boldsymbol{\beta}}_I'\tilde{\mathbf{X}}_c'\boldsymbol{y}$ 为模型 (6.2.1) 的回归平方和. 应用 (5.1.4), 我们立即得到检验假设 (6.2.2) 的检验统计量:

$$F = \frac{\text{SSR}/(p-1)}{\text{SSE}/(n-p)} = \frac{(\widehat{\boldsymbol{\beta}}_I'\tilde{\mathbf{X}}_c'\boldsymbol{y})/(p-1)}{\text{SSE}/(n-p)}. \tag{6.2.6}$$

当原假设 H_0 成立时, $F \sim F_{p-1,n-p}$. 给定的水平 α, 当 $F > F_{p-1,n-p}(\alpha)$ 时, 我们拒绝原假设 H_0, 否则就接受 H_0.

由 (6.2.5) 不难发现: 总平方和 $\text{SST} = \sum\limits_{i=1}^{n}(y_i - \bar{y})^2$ 可以分解为回归平方和与残差平方和两部分, 即

$$\text{SST} = \text{SSR} + \text{SSE},$$

其中回归平方和 SSR 反映了协变量 $\boldsymbol{X}$ 对响应变量 Y 变动平方和的贡献, 残差平方和 SSE 反映的是随机误差的变动对总平方和的贡献. 检验统计量 (6.2.6) 就是把回归平方和 SSR 与残差平方和 SSE 进行比较, 当回归平方和 SSR 相对残差平方和 SSE 比较大时, 就拒绝原假设, 认为回归直线与样本观测值的拟合效果是显著的. 类似于方差分析, 对线性回归的显著性检验 (或拟合优度检验) 可使用下面的方差分析表 (表 6.2.1) 进行解释.

表 6.2.1 方差分析表

方差来源	平方和	自由度	均方	F 比值
回归	SSR	$p-1$	$\text{MSR} = \text{SSR}/(p-1)$	$F = \dfrac{\text{MSR}}{\text{MSE}}$
误差	SSE	$n-p$	$\text{MSE} = \text{SSE}/(n-p)$	
总和	SST	$n-1$		

对于非中心化的线性回归模型 (6.1.4), 其回归平方和为

$$\mathrm{SSR}=\widehat{\boldsymbol{\beta}}'\mathbf{X}'\boldsymbol{y}-n\bar{y}^2,$$

也可由容易计算的总平方和 SST 和残差平方和 SSE 来计算, 即

$$\mathrm{SSR}=\mathrm{SST}-\mathrm{SSE}.$$

6.2.2 回归系数的显著性检验

回归方程的显著性检验是对线性回归方程的一个整体性检验. 如果我们检验的结果是拒绝原假设, 这意味着因变量 Y 线性地依赖于自变量 $X_1,\cdots,X_{p-1}$ 这个回归自变量的整体. 但是, 这不排除 Y 并不依赖于其中某些自变量, 即某些 β_i 可能等于零. 于是在回归方程显著性检验被拒绝之后, 我们还需要对每个自变量逐一作显著性检验, 即对固定的 i $(1\leqslant i\leqslant p-1)$, 作如下检验:

$$H_{i0}:\ \ \beta_i=0\longleftrightarrow H_{i1}:\ \ \beta_i\neq 0. \tag{6.2.7}$$

此假设也是一般线性假设 (6.1.1) 的一种特殊情况, 利用定理 6.1.2 可以获得所需的检验. 对于检验问题 (6.2.7), 下面我们给出一种直接导出检验统计量的方法.

对于模型 (6.2.1), $\boldsymbol{\beta}$ 的 LS 估计为 $\widehat{\boldsymbol{\beta}}=(\mathbf{X}'\mathbf{X})^{-1}\mathbf{X}'\boldsymbol{y}$. 根据定理 6.1.1 知

$$\widehat{\boldsymbol{\beta}}\sim N_p(\boldsymbol{\beta},\ \sigma^2(\mathbf{X}'\mathbf{X})^{-1}).$$

记 c_{ii} 为 $(\mathbf{X}'\mathbf{X})^{-1}$ 的第 $i+1$ 个对角元 (即 $(\mathbf{X}_c'\mathbf{X}_c)^{-1}$ 的第 i 个对角元), 则有

$$\widehat{\beta}_i\sim N(\beta_i,\ \sigma^2 c_{ii}),\quad i=1,\cdots,p-1. \tag{6.2.8}$$

于是当原假设 H_{i0} 成立时,

$$\frac{\widehat{\beta}_i}{\sigma\sqrt{c_{ii}}}\sim N(0,\ 1).$$

由于 σ 未知, 因此, 上面的变量不能用来检验 H_{i0}. 依定理 6.1.2 知: $(n-p)\widehat{\sigma}^2\sim\sigma^2\chi^2_{n-p}$, 且与 $\widehat{\beta}_i$ 相互独立, 这里 $\widehat{\sigma}^2=\|\boldsymbol{y}-\mathbf{X}\widehat{\boldsymbol{\beta}}\|^2/(n-p)$. 根据 t 分布的定义, 有

$$t_i=\frac{\widehat{\beta}_i}{\widehat{\sigma}\sqrt{c_{ii}}}\sim t_{n-p}, \tag{6.2.9}$$

这里 t_{n-p} 表示自由度为 $n-p$ 的 t 分布. 对给定的检验水平 α, 当 $|t_i|>t_{n-p}(\alpha/2)$ 或者计算 t 统计量的 P 值进行判断, 即 $P_i=P(t_{n-p}\geqslant|t_i|)<\alpha/2$ 时, 则拒绝原假设 H_{i0}, 认为 $\beta_i\neq 0$. 否则就接受 H_{i0}.

如果经过检验, 接受原假设 $\beta_i = 0$ 时, 就认为回归自变量 X_i 对因变量 Y 无显著影响, 因而可以将其从回归方程中剔除. 将这个回归自变量从回归方程中剔除后, 剩余变量的回归系数的估计也随之发生变化. 将 Y 对剩余的回归自变量重新作回归, 然后再检验其余回归系数是否为零, 再剔除经检验认为对 Y 无显著影响的变量, 这样的过程一直继续下去, 直到对所有的自变量, 经检验都认为对 Y 有显著的影响为止. 对回归系数作显著性检验的过程, 事实上也是对回归自变量的选择过程. 关于回归自变量的选择, 我们将在 6.3 节作详细讨论.

例 6.2.1 煤净化问题 (Mallows, 1964).

表 6.2.2 给出了煤净化过程的一组数据, 表中变量 Y 为净化后煤溶液中所含杂质的重量, 这是衡量净化效率的指标; X_1 表示输入净化过程的溶液所含的煤与杂质的比; X_2 是溶液的 pH 值; X_3 表示溶液流量. 试验者的目的是通过一组试验数据, 建立净化效率 Y 与三个因素 X_1, X_2 和 X_3 的经验关系, 进而据此通过控制某些自变量来提高净化效率 (表 6.2.2).

表 6.2.2 煤净化数据

编号	X_1	X_2	X_3	Y	编号	X_1	X_2	X_3	Y
1	1.50	6.00	1315	243	7	2.00	7.50	1575	183
2	1.50	6.00	1315	261	8	2.00	7.50	1575	207
3	1.50	9.00	1890	244	9	2.50	9.00	1315	216
4	1.50	9.00	1890	285	10	2.50	9.00	1315	160
5	2.00	7.50	1575	202	11	2.50	6.00	1890	104
6	2.00	7.50	1575	180	12	2.50	6.00	1890	110

解 考虑线性回归模型

$$Y = \beta_0 + \beta_1 X_1 + \beta_2 X_2 + \beta_3 X_3 + e,$$

应用最小二乘法, 得到回归系数 $\boldsymbol{\beta} = (\beta_0,\ \beta_1,\ \beta_2,\ \beta_3)'$ 的估计

$$\widehat{\boldsymbol{\beta}} = (\mathbf{X}'\mathbf{X})^{-1}\mathbf{X}'\boldsymbol{y} = (397.087,\ -110.750,\ 15.583,\ -0.058)',$$

$$(\mathbf{X}'\mathbf{X})^{-1} = 10^{-4}\begin{pmatrix} 90359.20696 & -10000 & -4166.6667 & -24.02251 \\ -10000.0000 & 5000 & 0.0000 & 0.000 \\ -4166.6667 & 0.0000 & 555.5556 & 0.0000 \\ -24.0225 & 0.0000 & 0.0000 & 0.0151 \end{pmatrix}.$$

下面考虑回归方程显著性检验, 即检验假设

$$H_0\colon\ \beta_1 = \beta_2 = \beta_3 = 0 \longleftrightarrow H_1\colon\ \beta_1, \beta_2, \beta_3 \text{ 不全为 } 0.$$

计算得 $\bar{y}=199.5833$. 进一步可得各平方和与响应的自由度:

$$\text{SST}=\sum_{i=1}^{12}(y_i-199.5833)^2=34642.92,\quad f_T=12-1=11,$$

$$\text{SSE}=(\boldsymbol{y}-\mathbf{X}\widehat{\boldsymbol{\beta}})'(\boldsymbol{y}-\mathbf{X}\widehat{\boldsymbol{\beta}})=3486.89,\quad f_E=12-4=8,$$

$$\text{SSR}=\text{SST}-\text{SSE}=34642.92-3486.89=31156.03,\quad f_R=3.$$

于是, (6.2.6) 的 F 统计量为

$$F=\frac{\text{SSR}/f_R}{\text{SSE}/f_E}=\frac{10385.34}{435.86}\approx 23.83.$$

取 $\alpha=0.05$, 查表得 $F_{3,8}(0.05)=4.07$. 因为

$$F=23.83>F_{3,8}(0.05)=4.07,$$

或因统计量 F 的 P 值

$$P(F_{3,8}>23.83)=0.00024<\alpha=0.05,$$

我们拒绝原假设 H_0, 认为回归方程显著, 即 β_1, β_2 和 β_3 中至少有一个不为零.

我们将以上计算结果汇总到方差分析表 (表 6.2.3).

表 6.2.3 方差分析表

方差来源	平方和	自由度	均方	F 比值	P 值
回归	31156.02	3	10385.34	23.83	0.00024
误差	3486.89	8	435.86		
总和	34642.91	11			

进一步考虑回归系数的显著性检验, 即对固定的 k $(1\leqslant k\leqslant 3)$, 检验假设

$$H_0:\beta_k=0\longleftrightarrow H_1:\beta_k\neq 0.$$

从 (6.2.8) 我们可以看出, 回归系数 β_i 的 LS 估计 $\widehat{\beta}_i$ 的方差 $\text{Var}(\widehat{\beta}_i)=\sigma^2c_{ii}$, $i=1,2,3$, 其中 c_{ii} 为上面已算的矩阵 $(\mathbf{X}'\mathbf{X})^{-1}$ 的第 $(i+1)$ 个对角元, σ^2 可由 $\widehat{\sigma}^2=\text{SSE}/(n-p)=435.86$ 来估计. 于是 $\widehat{\beta}_1$, $\widehat{\beta}_2$ 和 $\widehat{\beta}_3$ 的标准差的估计为

$$s(\widehat{\beta}_1)=\sqrt{\widehat{\sigma}^2c_{11}}=\sqrt{435.86\times 0.49998}=\sqrt{217.9213}=14.7622,$$

$$s(\widehat{\beta}_2)=\sqrt{\widehat{\sigma}^2c_{22}}=\sqrt{435.86\times 0.05556}=\sqrt{24.21638}=4.9210,$$

$$s(\widehat{\beta}_3) = \sqrt{\widehat{\sigma}^2 c_{33}} = \sqrt{435.86 \times 0.0000011} = \sqrt{0.00048} = 0.0219,$$

再根据上面已得到的 $\boldsymbol{\beta}$ 的 LS 估计值, 容易算得三个回归系数对应的 $t^{(i)}$ 值分别为

$$t^{(1)} = \frac{\widehat{\beta}_1}{s(\widehat{\beta}_1)} = \frac{-110.750}{14.7622} = -7.502, \qquad P \text{ 值} = 2P(t_8 > |t^{(1)}|) = 0.0000691,$$

$$t^{(2)} = \frac{\widehat{\beta}_2}{s(\widehat{\beta}_2)} = \frac{15.583}{4.9210} = 3.167, \qquad P \text{ 值} = 2P(t_8 > |t^{(2)}|) = 0.013258,$$

$$t^{(3)} = \frac{\widehat{\beta}_3}{s(\widehat{\beta}_3)} = \frac{-0.058}{0.0219} = -2.648, \qquad P \text{ 值} = 2P(t_8 > |t^{(3)}|) = 0.052565.$$

对给定的水平 $\alpha = 0.05$, 查表得 $t_8(0.025) = 2.3060$. 由于

$$|t^{(1)}| = 7.502 > t_8(0.025), \quad |t^{(2)}| = 3.167 > t_8(0.025), \quad |t^{(3)}| = 2.648 < t_8(0.025),$$

故在水平 $\alpha = 0.05$ 下拒绝假设 $\beta_1 = 0$ 和 $\beta_2 = 0$, 但不能拒绝假设 $\beta_3 \neq 0$, 即可认为溶液所含的煤与杂质的比 X_1 和溶液的 pH 值 X_2 对煤的净化效率的影响显著, 而溶液流量 X_3 的影响不显著.

关于回归系数的估计和检验以及回归方程的显著性检验, 可采用 R 语言中的函数 lm() 计算, 函数 summary() 提取信息, 该例的程序如下:

```
y<-c(243, 261, 244, 285, 202, 180, 183, 207, 216, 160, 104, 110)
X1<-c(1.5, 1.5, 1.5, 1.5, 2.0, 2.0, 2.0, 2.0, 2.5, 2.5, 2.5, 2.5 )
X2<-c(6.0, 6.0, 9.0, 9.0, 7.5, 7.5, 7.5, 7.5, 9.0, 9.0, 6.0, 6.0)
X3<-c(1315, 1315, 1890, 1890, 1575, 1575, 1575, 1575, 1315, 1315, 1890, 1890)
reg<-lm(Y ~ X1+X2+X3)
summary(reg)
```

由于在显著性水平 $\alpha = 0.05$ 下, 仅 X_3 对 Y 的回归影响不显著, 我们将其从模型中删除, 考虑模型

$$Y = \beta_0 + \beta_1 X_1 + \beta_2 X_2 + e.$$

直接运行 summary(lm(Y ~ X1+X2)) 命令, 得到如下结果:

```
  Call:
lm(formula = Y ~ X1 + X2)


Residuals:
    Min       1Q  Median       3Q      Max
```

```
-34.333 -16.646  -2.583   8.417  48.417


Coefficients:
            Estimate Std. Error t value Pr(>|t|)
(Intercept)  304.208     57.638   5.278 0.000509 ***
X1          -110.750     17.858  -6.202 0.000159 ***
X2            15.583      5.953   2.618 0.027911 *
---
Signif. codes:  0 ‘***’ 0.001 ‘**’ 0.01 ‘*’ 0.05 ‘.’ 0.1 ‘ ’ 1

Residual standard error: 25.26 on 9 degrees of freedom
Multiple R-squared:  0.8343,    Adjusted R-squared:  0.7975
F-statistic: 22.66 on 2 and 9 DF,  p-value: 0.0003069
```

从以上结果可知: 删除变量 X_3 后, F 统计量为 22.66, P 值远小于显著性水平 0.05, 所以认为模型回归方程显著; 回归系数 β_1 和 β_2 的 t 检验统计量的 P 值也都远小于显著性水平 0.05, 因此, X_1 和 X_2 对 Y 都具有显著影响. 于是, 经验回归方程为

$$Y = 304.208 - 110.750X_1 + 15.583X_2.$$

据此可通过控制自变量 X_1 和 X_2 来提高净化效率, 即通过降低输入净化过程的溶液所含的煤与杂质的比或提高溶液的 pH 值, 都可以提高净化效率.

另外, 在 summary() 显示的结果中, 不难发现还包含了 “Multiple R-squared” 和 “Adjusted R-squared” 这两个量, 它们分别表示复相关系数的平方和调整的复相关系数的平方. 这两个量的定义和作用, 我们在 6.2.3 小节中介绍.

6.2.3　复相关系数

复相关系数 (multiple correlation coefficient) 是用来度量随机变量与随机向量相关程度的量. 记 Y 和 $\boldsymbol{X} = (X_1, \cdots, X_{p-1})'$ 分别为随机变量和 $(p-1)\times 1$ 的随机向量, 且

$$\mathrm{Cov}\begin{pmatrix} Y \\ \boldsymbol{X} \end{pmatrix} = \begin{pmatrix} \sigma_Y^2 & \boldsymbol{\sigma}'_{\boldsymbol{X}Y} \\ \boldsymbol{\sigma}_{\boldsymbol{X}Y} & \boldsymbol{\Sigma}_{\boldsymbol{X}\boldsymbol{X}} \end{pmatrix} \triangleq \boldsymbol{\Sigma}_0.$$

则称

$$\rho = \left(\boldsymbol{\sigma}'_{\boldsymbol{X}Y}\boldsymbol{\Sigma}_{\boldsymbol{X}}^{-1}\boldsymbol{\sigma}_{\boldsymbol{X}Y}\right)^{1/2}\Big/\sigma_Y \tag{6.2.10}$$

为 Y 和 $\boldsymbol{X}$ 的复相关系数.

复相关系数 ρ 刻画了随机变量 Y 与随机向量 $\boldsymbol{X}$ 间的线性相关程度. 事实上, 复相关系数 ρ 就是 Y 与 $\boldsymbol{X}$ 的线性组合 $\boldsymbol{a}'\boldsymbol{X}$ 的最大相关系数, 即

$$\rho = \max_{\boldsymbol{a}} \rho_{Y,\boldsymbol{a}'\boldsymbol{X}},$$

其中 $\boldsymbol{a}$ 为 $(p-1)$ 维实数空间上的任意一非零向量. 事实上, 利用 Cauchy-Schwarz 不等式: 设 $\boldsymbol{a}$ 和 $\boldsymbol{b}$ 是两个维数相同的实数向量, 则 $(\boldsymbol{a}'\boldsymbol{b})^2 \leqslant (\boldsymbol{a}'\boldsymbol{a})(\boldsymbol{b}'\boldsymbol{b})$, 其等号成立当且仅当存在非零常数 c 使得 $\boldsymbol{a} = c\boldsymbol{b}$, 立证

$$\begin{aligned}
\max_{\boldsymbol{a}} \rho^2_{Y,\boldsymbol{a}'\boldsymbol{X}} &= \frac{1}{\sigma_Y^2} \max_{\boldsymbol{a}} \frac{(\boldsymbol{a}'\boldsymbol{\sigma}_{\boldsymbol{X}Y})^2}{\boldsymbol{a}'\boldsymbol{\Sigma}_{\boldsymbol{X}}\boldsymbol{a}} \\
&= \frac{1}{\sigma_Y^2} \max_{\boldsymbol{\xi}} \frac{\left(\boldsymbol{\xi}'\left(\boldsymbol{\Sigma}_{\boldsymbol{X}}^{-1/2}\boldsymbol{\sigma}_{\boldsymbol{X}Y}\right)\right)^2}{\boldsymbol{\xi}'\boldsymbol{\xi}} \qquad \left(\text{令 } \boldsymbol{\xi} = \boldsymbol{\Sigma}_{\boldsymbol{X}}^{1/2}\boldsymbol{a}\right) \\
&= \frac{1}{\sigma_Y^2}\left(\boldsymbol{\sigma}'_{\boldsymbol{X}Y}\boldsymbol{\Sigma}_{\boldsymbol{X}}^{-1}\boldsymbol{\sigma}_{\boldsymbol{X}Y}\right) = \rho^2,
\end{aligned}$$

且使 $\rho^2_{Y,\boldsymbol{a}'\boldsymbol{X}}$ 达到最大的 $\boldsymbol{a}$ 可取 $\boldsymbol{a}^* = \boldsymbol{\Sigma}_{\boldsymbol{X}}^{-1}\boldsymbol{\sigma}_{\boldsymbol{X}Y}$ 的任一非零常数倍. 由于 $0 \leqslant \rho^2_{Y,\boldsymbol{a}'\boldsymbol{X}} \leqslant 1$, 因此, Y 与 $\boldsymbol{X}$ 的复相关系数 ρ 满足条件:

$$0 \leqslant \rho \leqslant 1. \tag{6.2.11}$$

在 Y 与 $\boldsymbol{X}$ 的联合分布为正态分布的条件下,

$$\widehat{\sigma}_Y^2 = \frac{1}{n}\sum_i (y_i - \bar{y})^2, \quad \text{其中} \quad \bar{y} = \frac{1}{n}\sum_i y_i,$$

$$\widehat{\boldsymbol{\Sigma}}_{\boldsymbol{X}\boldsymbol{X}} = \frac{1}{n}\tilde{\mathbf{X}}_c'\tilde{\mathbf{X}}_c, \qquad \widehat{\boldsymbol{\sigma}}_{\boldsymbol{X}Y} = \frac{1}{n}\tilde{\mathbf{X}}_c'(\boldsymbol{y} - \bar{y}\mathbf{1}) = \frac{1}{n}\tilde{\mathbf{X}}_c'\boldsymbol{y}$$

分别为 σ_Y, $\boldsymbol{\Sigma}_{\boldsymbol{X}\boldsymbol{X}}$ 和 $\boldsymbol{\sigma}_{\boldsymbol{X}Y}$ 的 ML 估计, 证明可参见文献 (吴密霞和刘春玲, 2014) 或文献 (李高荣和吴密霞, 2021). 用 $\widehat{\sigma}_Y$, $\widehat{\boldsymbol{\Sigma}}_{\boldsymbol{X}\boldsymbol{X}}$ 和 $\widehat{\boldsymbol{\sigma}}_{\boldsymbol{X}Y}$ 代替在 (6.2.10) 中 σ_Y^2, $\boldsymbol{\Sigma}_{\boldsymbol{X}\boldsymbol{X}}$ 和 $\boldsymbol{\sigma}_{\boldsymbol{X}Y}$, 便得到复相关系数 ρ 的 ML 估计, 即

$$R = \left(\frac{\widehat{\boldsymbol{\beta}}_I'\tilde{\mathbf{X}}_c'\boldsymbol{y}}{\sum_i (y_i - \bar{y})^2}\right)^{1/2}, \tag{6.2.12}$$

称其为样本复相关系数, 而称 (6.2.10) 为总体复相关系数. 一般根据上下文可以知道所讨论的复相关系数是总体的还是样本的, 因此, 我们总是略去前面的 "总体" 和 "样本" 两字, 把 (6.2.10) 和 (6.2.12) 统称为复相关系数.

注意到 $\text{SSR} = \widehat{\boldsymbol{\beta}}_I'\tilde{\mathbf{X}}_c'\boldsymbol{y}$ 和 $\text{SST} = \sum_i(y_i - \bar{y})^2$. 于是, 复相关系数的平方等于回归平方和与总平方和之比,

$$R^2 = \frac{\text{SSR}}{\text{SST}}. \tag{6.2.13}$$

若 $R^2 = 1$, 则 SSR = SST, 这说明因变量的总变差可完全由回归部分解释, 此时因变量 Y 与自变量 $X_1, \cdots, X_{p-1}$ 之间有严格的线性关系. 相反, 若 $R^2 = 0$, 则 SSR = 0, 这说明只考虑 Y 与 $X_1, \cdots, X_{p-1}$ 之间的线性关系, 根本无法解释 Y 的变差. 所以, Y 与 $X_1, \cdots, X_{p-1}$ 之间无任何线性关系. 在一般情况下,

$$0 < R^2 < 1.$$

通常 R^2 越大, 表明 Y 与 $X_1, \cdots, X_{p-1}$ 之间的线性关系程度越强. 因此在应用上, 复相关系数的平方 R^2 也是度量回归方程对观测值 $\{(\boldsymbol{x}_i, y_i), i = 1, \cdots, n\}$ 拟合程度的好坏或者回归方程解释能力的大小的一个重要指标, 文献中也称其为**判定系数**.

另外, 注意到

$$R^2 = 1 - \frac{\text{SSE}}{\text{SST}},$$

其中残差平方和 SSE 会随着模型中引入的自变量的增加而减少, 因此, 将其中 SSE 和 SST 比换成它们的均方比, 便得到调整的复相关系数的平方:

$$R_A^2 = 1 - \frac{\text{SSE}/(n-p)}{\text{SST}/(n-1)} = 1 - \frac{n-1}{n-p}(1 - R^2). \tag{6.2.14}$$

回归方程的显著性检验和回归系数的显著性检验, 以及判定系数 R^2 都可以用 R 语言的函数 lm() 计算, 函数 summary() 提取信息. 如例 6.2.1 中程序运行结果所显示, 复相关系数的平方为 $R^2 = 0.8343$, 调整的复相关系数的平方为 $R_A^2 = 0.7975$, 表明 Y 与 X_1, X_2 之间具有较强的线性关系.

是否只用回归方程的显著性检验、回归系数的显著性检验和复相关系数的平方 R^2 (或 R_A^2) 这几个量就足以评价回归模型的好坏？这显然不够, 下面我们用三个例子从不同角度来展示线性回归时可能遇到的另三类问题:

(1) 多个回归系数不显著, 如何处理？

(2) 回归方程显著, 但所有的回归系数都不显著, 怎么解释, 如何处理？

(3) 如果几组数据导出的回归系数的估计、检验、回归方程的显著性检验统计量, 以及判定系数都近似相等, 是否能说明这几组数据真的可用同一个模型作预测？

例 6.2.2 为了了解和预测人体吸入氧气的效率, 收集了 31 名中年男性的健康状况调查资料. 共调查了 7 项指标: 吸氧效率 (Y)、年龄 (X_1, 单位: 岁)、体重 (X_2, 单位: 千克)、跑 1.5 千米所需时间 (X_3, 单位: 分钟)、休息时的心率 (X_4, 单位: 次/分钟)、跑步时的心率 (X_5, 单位: 次/分钟) 和最高心率 (X_6, 单位: 次/分钟), 数据见表 6.2.4. 在该资料中吸氧效率 Y 作为响应变量, 其他 6 个变量作为协变量, 建立多元线性回归模型, 并进行统计分析.

表 6.2.4 31 名中年男性的健康情况调查资料

编号	Y	X_1	X_2	X_3	X_4	X_5	X_6	编号	Y	X_1	X_2	X_3	X_4	X_5	X_6
1	44.609	44	89.47	11.37	62	178	182	17	40.836	51	69.63	10.95	57	168	172
2	45.313	40	75.05	10.07	62	185	185	18	46.672	51	77.91	10.00	48	162	168
3	54.297	44	85.84	8.65	45	156	168	19	46.774	48	91.63	10.25	48	162	164
4	59.571	42	68.15	8.17	40	166	172	20	50.388	49	73.37	10.08	67	168	168
5	49.874	38	89.02	9.22	55	178	180	21	39.407	57	73.37	12.63	58	174	176
6	44.811	47	77.45	11.63	58	176	176	22	46.080	54	79.38	11.17	62	156	165
7	45.681	40	75.98	11.95	70	176	180	23	45.441	56	76.32	9.63	48	164	166
8	49.091	43	81.19	10.85	64	162	170	24	54.625	50	70.87	8.92	48	146	155
9	39.442	44	81.42	13.08	63	174	176	25	45.118	51	67.25	11.08	48	172	172
10	60.055	38	81.87	8.63	48	170	186	26	39.203	54	91.63	12.88	44	168	172
11	50.541	44	73.03	10.13	45	168	168	27	45.790	51	73.71	10.47	59	186	188
12	37.388	45	87.66	14.03	56	186	192	28	50.545	57	59.08	9.93	49	148	155
13	44.754	45	66.45	11.12	51	176	176	29	48.673	49	76.32	9.40	56	186	188
14	47.273	47	79.15	10.60	47	162	164	30	47.920	48	61.24	11.50	52	170	176
15	51.855	54	83.12	10.33	50	166	170	31	47.467	52	82.78	10.50	53	170	172
16	49.156	49	81.42	8.95	44	180	185								

解 首先把表 6.2.4 中的数据用文件 health.txt 保存, 放在 R 语言的工作目录下, 然后用函数 read.table() 读入文件名是 health.txt 的数据, 并建立多元线性回归方程, 用函数 lm() 计算, 程序和运行结果如下:

```
 health.data = read.table("health.txt", header = TRUE)
 lm.reg = lm(Y ~ X1 + X2 + X3 + X4 + X5 + X6, data = health.data)
 summary(reg)
Call:
lm(formula = Y ~ X1 + X2 + X3 + X4 + X5 + X6, data = health.data)
Residuals:
    Min      1Q  Median      3Q     Max
-5.3904 -0.9853  0.0743  1.0220  5.4072
Coefficients:
             Estimate Std. Error t value Pr(>|t|)
(Intercept) 104.86282   12.12765   8.647 7.76e-09 ***
```

```
X1          -0.24072    0.09460  -2.545  0.01779 *
X2          -0.07452    0.05328  -1.399  0.17468
X3          -2.62443    0.37251  -7.045 2.77e-07 ***
X4          -0.02532    0.06467  -0.391  0.69889
X5          -0.35992    0.11757  -3.061  0.00536 **
X6           0.28766    0.13438   2.141  0.04267 *
---
Signif.codes:0  '***'  0.001  '**'  0.01  '*'  0.05  '.'  0.1  ' '  1
Residual standard error: 2.267 on 24 degrees of freedom
Multiple R-squared:  0.8552,    Adjusted R-squared:  0.8189
F-statistic: 23.62 on 6 and 24 DF,  p-value: 5.823e-09
```

由其输出结果可以得经验回归方程 (系数保留两位小数):

$$Y = 104.86 - 0.24X_1 - 0.07X_2 - 2.62X_3 - 0.03X_4 - 0.36X_5 + 0.29X_6.$$

由于回归方程的检验, F 分布的 P 值为 5.823×10^{-9}, 远远小于显著性水平 $\alpha = 0.05$, 说明经验回归方程是显著的, 且复相关系数的平方和调整的复相关系数的平方分别为 $R^2 = 0.8552$, $R_A^2 = 0.8189$, 也反映了人体吸入氧气的效率和其他六个变量存在较强的线性关系. 综合两项分析结果, 采用线性模型刻画人体吸入氧气的效率和其他六个变量之间的关系是可行的.

但值得注意的是, 在回归系数的显著性检验中, 变量 X_2 和 X_4 所对应的回归系数不能排除等于零的假设, 因为它们的 t 检验统计量的 P 值都大于显著性水平 $\alpha = 0.05$. 此时是否可以由此断定变量 X_2 和 X_4 都对 Y 没有显著性影响, 直接从模型中删除它们?

例 6.2.3　Hald 水泥问题. 考察含如下四种化学成分:

X_1: $3CaO{\cdot}Al_2O_3$ 的含量 (%),　　X_2: $3CaO{\cdot}SiO_2$ 的含量 (%),

X_3: $4CaO{\cdot}Al_2O_3{\cdot}Fe_2O_3$ 的含量 (%),　　X_4: $2CaO{\cdot}SiO_2$ 的含量 (%)

的某种水泥, 每一克所释放的热量 Y 与这四种成分含量之间的关系, 共有 13 组数据, 列在表 6.2.5 中.

解　我们用线性模型

$$Y = \beta_0 + X_1\beta_1 + X_2\beta_2 + X_3\beta_3 + X_4\beta_4 + e$$

来拟合表 6.2.5 中数据. 运行如下程序:

```
> data <- read.table("Hald631.txt")
> data1 <- as.data.frame(data)[,-1]
> colnames(data1)<- c("X1","X2","X3","X4","Y")
```

```
> lm.reg <- lm(Y ~ .,data = data1) ##拟合方程
> summary(lm.reg)
Call:
lm(formula = Y ~ ., data = data1)

Residuals:
    Min      1Q  Median      3Q     Max
-3.1750 -1.6709  0.2508  1.3783  3.9254

Coefficients:
            Estimate Std. Error t value Pr(>|t|)
(Intercept)  62.4054    70.0710   0.891   0.3991
X1            1.5511     0.7448   2.083   0.0708
X2            0.5102     0.7238   0.705   0.5009
X3            0.1019     0.7547   0.135   0.8959
X4           -0.1441     0.7091  -0.203   0.8441
---
Signif. codes:  0 '***' 0.001 '**' 0.01 '*' 0.05 '.' 0.1 '' 1

Residual standard error: 2.446 on 8 degrees of freedom
Multiple R-squared:  0.9824,    Adjusted R-squared:  0.9736
F-statistic: 111.5 on 4 and 8 DF,  p-value: 4.756e-07
```

表 6.2.5 Hald 水泥问题的数据

序号	X_1	X_2	X_3	X_4	Y	序号	X_1	X_2	X_3	X_4	Y
1	7	26	6	60	78.5	8	1	31	22	44	72.5
2	1	29	15	52	74.3	9	2	54	18	22	93.1
3	11	56	8	20	104.3	10	21	47	4	26	115.9
4	11	31	8	47	87.6	11	1	40	23	34	83.8
5	7	52	6	33	95.9	12	11	66	9	12	113.3
6	11	55	9	22	109.2	13	10	68	8	12	109.4
7	3	71	17	6	102.7						

运行的结果显示: 回归方程的显著性检验统计量 $F = 111.5$, 其 P 值为 4.756e−07 < 0.05, 这表明回归方程

$$Y = 62.4054 + 1.5511X_1 + 0.5102X_2 + 0.1019X_3 - 0.1441X_4$$

显著; 调整的复相关系数的平方 $R_A^2 = 0.9736$, 说明 Y 与 X_1, X_2, X_3, X_4 间存在强的线性关系; 但模型的每个回归系数的 t 检验的 P 值都大于显著性水平 $\alpha = 0.05$, 显示 4 个回归系数都不能排除等于 0 的假设. 在这种情况下, 回归方程的检验和每个回归系数的检验结果看起来相互矛盾, 如何解释和处理这个问题?

为了回答这个问题, 下面考察这些变量间的相关关系. 运行如下程序

```
round(cor(model.frame(lm.reg)),3)  ##相关系数
data1.names <- c( "Y","X1", "X2", "X3", "X4" )
pairs(model.frame(lm.reg), labels = data1.names[c(1:5)], pch = 19, col =
    "grey50")
```

得到 (Y, X_1, X_2, X_3, X_4) 的样本相关系数矩阵:

```
        Y     X1     X2     X3     X4
Y   1.000  0.731  0.816 -0.535 -0.821
X1  0.731  1.000  0.229 -0.824 -0.245
X2  0.816  0.229  1.000 -0.139 -0.973
X3 -0.535 -0.824 -0.139  1.000  0.030
X4 -0.821 -0.245 -0.973  0.030  1.000
```

其两两变量散点图 (图 6.2.1) 如下.

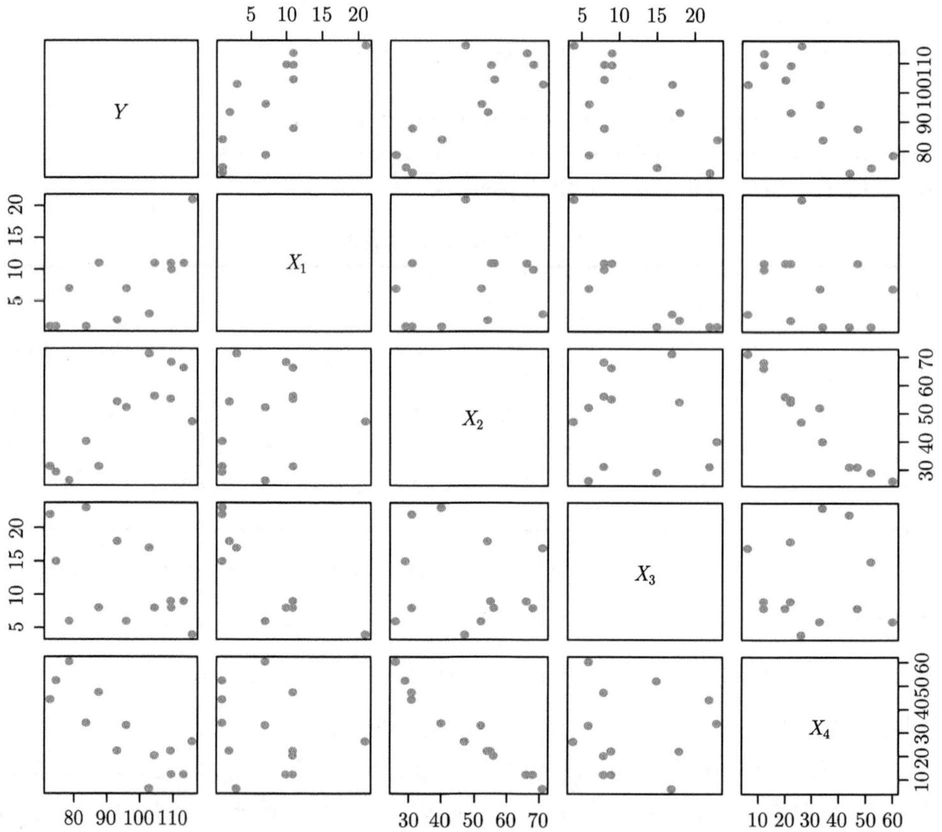

图 6.2.1 (Y, X_1, X_2, X_3, X_4) 的两两变量散点图

从样本相关系数矩阵和两两变量散点图 (图 6.2.1) 不难发现: Y 和每个变量的相关性都比较强, 尤其与 X_4 和 X_2, 这是回归方程显著的原因; 自变量 X_1 与 X_3 以及 X_2 与 X_4 的相关系数分别为 -0.824 和 -0.973, 具有很强的相关性, 这正是导致该例中每个回归系数都被检验不显著的原因.

类似地, 我们计算例 6.2.2 中的 7 个变量 $(Y, X_1, X_2, X_3, X_4, X_5, X_6)$ 的样本相关系数:

```
 Y  1.000 -0.305 -0.163 -0.862 -0.399 -0.398 -0.237
X1 -0.305  1.000 -0.230  0.166 -0.177 -0.342 -0.441
X2 -0.163 -0.230  1.000  0.144  0.044  0.181  0.249
X3 -0.862  0.166  0.144  1.000  0.450  0.314  0.226
X4 -0.399 -0.177  0.044  0.450  1.000  0.352  0.305
X5 -0.398 -0.342  0.181  0.314  0.352  1.000  0.930
X6 -0.237 -0.441  0.249  0.226  0.305  0.930  1.000
```

从中不难发现因变量 Y 与自变量 X_2 和 X_6 的相关性很弱, 相关系数分别为 -0.163 和 -0.237, 自变量 X_5 和 X_6 高度相关. 而在每个回归系数的显著性检验中表现出的是 X_2 和 X_4 对 Y 的影响不显著. 因此, 例 6.2.2 和例 6.2.3 表明: 当模型出现多个回归系数不显著时, 不能简单地将这些检验不显著的变量直接从模型中剔除. 需要进一步寻找出现回归系数不显著的潜在原因.

通常在回归方程显著情况下, 回归系数不显著主要有两方面原因:

(1) 协变量与因变量本身就不线性相关;

(2) 自变量之间存在较强的线性相关 (即复共线问题).

针对第一种情形, 可借助于变量选择方法来确定最终的模型的回归自变量; 针对第二种情形, 除了可以借助变量选择方法外, 还可通过岭回归、主成分回归等方法来改善模型的估计; 当两种情形都存在, 尤其是自变量个数较多时, 带惩罚函数的变量选择方法通常更有效. 关于这两部分内容我们分别放在了 6.3 节和 6.6 节介绍.

下面通过 Anscombe (1973) 构造的 4 组数据来说明回归中出现的另一个问题: 回归方程显著, 每个回归系数都显著, 且复相关系数也较高, 也并不代表相应的模型就一定合适.

例 6.2.4 Anscombe (1973) 构造了两个变量 Y 和 X 的四组数据, 为方便表述, 记 (Y_j, X_j) 为第 j 组数据对应的因变量和自变量, 每组数据有 11 对观测值, 其中前三组数据自变量的值相同见表 6.2.6. 验证这四组数据, 得到的经验回归方程、判定系数、回归方程和回归系数显著性检验 F 统计量和 t 统计量, 以及它们相应 P 值都近似对应相等. 由此是否可以认定一元线性回归模型 $Y = \beta_0 + \beta_1 X + e$ 对这四组数据适合程度是一样的?

表 6.2.6　Anscombe 数据

编号	1 组		2 组		3 组		4 组	
	X_1	Y_1	X_2	Y_2	X_3	Y_3	X_4	Y_4
1	10.0	8.04	10.0	9.14	10.0	7.46	8.0	6.58
2	8.0	6.95	8.0	8.14	8.0	6.77	8.0	5.76
3	13.0	7.58	13.0	8.74	13.0	12.74	8.0	7.71
4	9.0	8.81	9.0	8.77	9.0	7.11	8.0	8.84
5	11.0	8.33	11.0	9.26	11.0	7.81	8.0	8.47
6	14.0	9.96	14.0	8.10	14.0	8.84	8.0	7.04
7	6.0	7.24	6.0	6.13	6.0	6.08	8.0	5.25
8	4.0	4.26	4.0	3.10	4.0	5.39	19.0	12.5
9	12.0	10.84	12.0	9.13	12.0	8.15	8.0	5.56
10	7.0	4.82	7.0	7.26	7.0	6.44	8.0	7.91
11	5.0	5.68	5.0	4.74	5.0	5.73	8.0	6.89

解　首先, 对四组数据分别作一元回归分析. 运行如下程序:

```
data <- read.table("624Anscombe.txt",header = T)
result1<-summary(lm(Y1 ~ X1,data = data))
result2<-summary(lm(Y2 ~ X2,data = data))
result3<-summary(lm(Y3 ~ X3,data = data))
result4<-summary(lm(Y4 ~ X4,data = data))
rbind(result1$coef,result2$coef,result3$coef,result4$coef) ###四个模型回归系数
```

提出各组数据下的回归系数的估计、估计的标准差、t 检验统计量和相应的 P 值如下:

```
组1                 Estimate Std. Error  t value    Pr(>|t|)
       (Intercept) 3.0000909  1.1247468 2.667348 0.025734051
       X1          0.5000909  0.1179055 4.241455 0.002169629
组2
       (Intercept) 3.0009091  1.1253024 2.666758 0.025758941
       X2          0.5000000  0.1179637 4.238590 0.002178816
组3
       (Intercept) 3.0075455  1.1243638 2.674886 0.025418131
       X3          0.4993636  0.1178654 4.236730 0.002184806
组4
       (Intercept) 3.0017273  1.1239211 2.670763 0.025590425
       X4          0.4999091  0.1178189 4.243028 0.002164602
```

四组数据下对应的量几乎相等. 下面提出各组回归结果中的 F 统计量和 R^2 信息, 相应程序和结果如下:

```
F<-c(result1$fstatistic[1],result2$fstatistic[1],result3$fstatistic[1],
                 result4$fstatistic[1])   ###四个模型回归方程的F检验统计量
R2<-c(result1$r.squared,result2$r.squared,result3$r.squared,result4$r.squared)
p <-1- pf(F,1,9)            ##F的p值
t(cbind(F,p,R2) )
```

	组 1	组 2	组 3	组 4
F	17.989942968	17.965648492	17.949878082	18.003288209
p	0.002169629	0.002178816	0.002184806	0.002164602
R2	0.666542460	0.666242034	0.666046727	0.666707257

从上面的分析, 证实四组数据得到近似相同的经验回归方程

$$Y = 3.0 + 0.5X,$$

回归方程显著, 其回归方程显著性检验的 P 值都近似为 0.0022, 回归系数显著, 复相关系数的平方 (判定系数) 都近似为 0.67. 但并不能因此认为一元线性回归模型 $Y = \beta_0 + \beta_1 X + e$ 对这四组数据适合程度是一样的. 我们可从散点图 (图 6.2.2) 很容易清晰地看到这一点.

对第 1 组数据, 一元线性回归确实适当的, 但对其他 3 组数据一元线性回归是不妥的. 第 2 组数据或许缺失了 X 的二次项或更高次项; 对于第 3 组数据, 一元线性回归对大多数数据点是合适的, 唯独第三个观测值 (13.00, 12.74) 远离回归直线, 剔除该点后经验回归方程变为 $Y = 4 + 0.35X$, 与原来的经验回归方程大大不同; 对于第 4 组数据, 从图 6.2.2(d) 看, 我们不能认为 Y 和 X 存在某种线性关

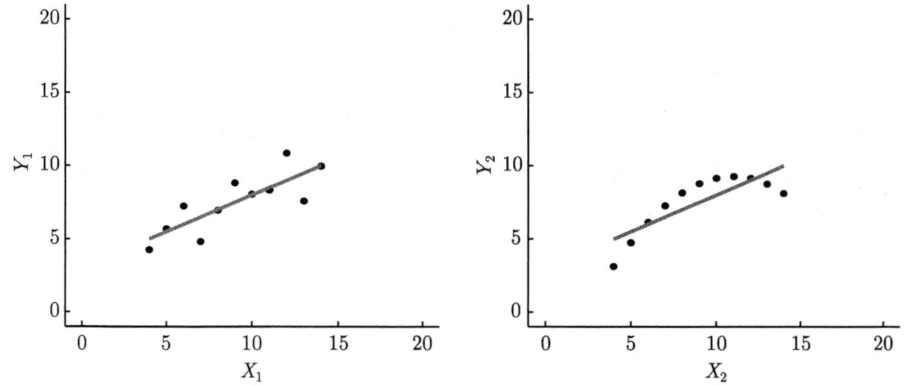

(a) (b)

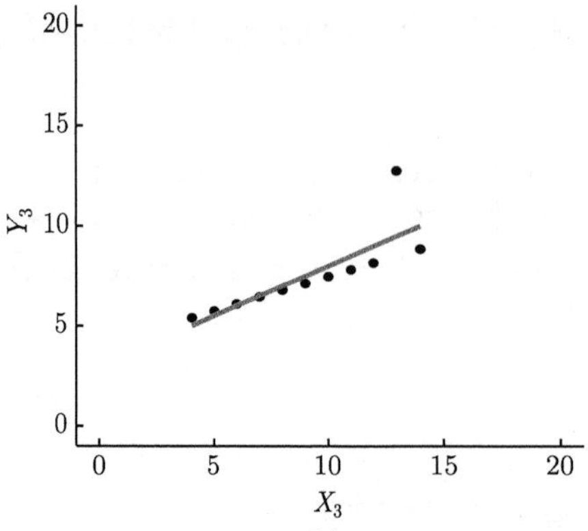

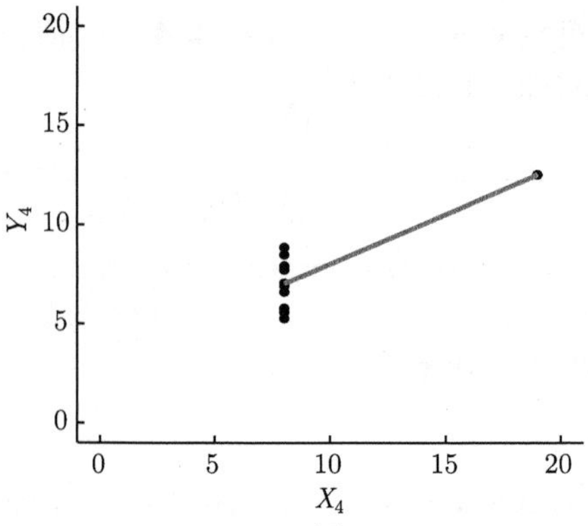

图 6.2.2　Anscombe 数据回归

系. 因此, 仅由回归方程显著性检验, 回归系数显著性检验以及复相关系数的平方是不够的, 需要进一步对模型进行回归诊断. 这部分内容将在 6.4 节介绍.

6.3 变量选择

在应用回归分析去处理实际问题时, 变量选择是首先要解决的重要问题. 通常人们根据自身的专业理论和经验, 把各种与因变量有关或可能有关的自变量引进回归模型. 其结果是把一些对因变量影响很小, 有些甚至没有影响的自变量也选入了回归模型中. 这样一来, 不仅增加计算量, 还会导致模型的复杂度变高出现过拟合, 从而使得模型的预测精度下降. 此外, 在一些情况下, 某些自变量的观测数据的获得代价昂贵. 如果这些自变量本身对因变量的影响很小或根本就没有影响, 但我们不加选择都引进回归模型, 势必造成观测数据收集和模型应用的费用不必要加大. 因此, 在应用回归分析时, 对进入模型的自变量作精心的选择是十分必要的. 本节的目的就是对自变量的选择从理论上作一简要的分析, 介绍一些变量的选择准则和求 “最优” 自变量子集的计算方法.

6.3.1 变量选择对估计和预测的影响

假定根据经验和专业理论, 初步确定一切可能对因变量 Y 有影响的自变量共有 $p-1$ 个, 记为 $X_1,\cdots,X_{p-1}$, 它们与因变量存在线性关系. 在获得了 n 组观测数据后, 我们有模型

$$\boldsymbol{y}=\mathbf{X}\boldsymbol{\beta}+\boldsymbol{e},\quad E(\boldsymbol{e})=\mathbf{0},\quad \mathrm{Cov}(\boldsymbol{e})=\sigma^2\mathbf{I}_n, \tag{6.3.1}$$

这里 $\boldsymbol{y}$ 为 $n\times 1$ 观测向量, $\mathbf{X}$ 为 $n\times p$ 的列满秩设计阵, 约定 $\mathbf{X}$ 的第一列元素皆为 1.

假设根据某些自变量选择准则, 剔除了模型 (6.3.1) 中一些对因变量影响较小的自变量, 不妨假设剔除了后 $p-q$ 个自变量 $X_q,\cdots,X_{p-1}$. 记 $\mathbf{X}=(\mathbf{X}_q,\mathbf{X}_t)$, $\boldsymbol{\beta}'=(\boldsymbol{\beta}_q',\boldsymbol{\beta}_t')$. 则所得的新模型为

$$\boldsymbol{y}=\mathbf{X}_q\boldsymbol{\beta}_q+\boldsymbol{e},\quad E(\boldsymbol{e})=\mathbf{0},\quad \mathrm{Cov}(\boldsymbol{e})=\sigma^2\mathbf{I}_n, \tag{6.3.2}$$

这里我们约定 $\mathbf{X}_q$ 中包含了常数项, $\mathbf{X}_q$ 和 $\mathbf{X}_t$ 分别有 $q, p-q$ 列, $\boldsymbol{\beta}_q$ 和 $\boldsymbol{\beta}_t$ 分别含有 $q, p-q$ 个回归参数.

为方便计, 我们称模型 (6.3.1) 为全模型, 而称模型 (6.3.2) 为选模型. 依 6.1 节的讨论知, 在全模型下, 回归系数 $\boldsymbol{\beta}$ 的 LS 估计为

$$\widehat{\boldsymbol{\beta}}=(\mathbf{X}'\mathbf{X})^{-1}\mathbf{X}'\boldsymbol{y}, \tag{6.3.3}$$

而在选模型下, $\boldsymbol{\beta}_q$ 的 LS 估计为

$$\tilde{\boldsymbol{\beta}}_q=(\mathbf{X}_q'\mathbf{X}_q)^{-1}\mathbf{X}_q'\boldsymbol{y}, \tag{6.3.4}$$

对 $\widehat{\boldsymbol{\beta}}$ 作相应的分块: $\widehat{\boldsymbol{\beta}}=(\widehat{\boldsymbol{\beta}}_q',\widehat{\boldsymbol{\beta}}_t')'$.

定理 6.3.1 假设全模型 (6.3.1) 正确, 则

(1) $E(\tilde{\boldsymbol{\beta}}_q)=\boldsymbol{\beta}_q+\mathbf{A}\boldsymbol{\beta}_t$, 这里 $\mathbf{A}=(\mathbf{X}_q'\mathbf{X}_q)^{-1}\mathbf{X}_q'\mathbf{X}_t$;

(2) $\mathrm{Cov}(\widehat{\boldsymbol{\beta}}_q)\geqslant\mathrm{Cov}(\tilde{\boldsymbol{\beta}}_q)$.

证明 (1) 依 (6.3.4), 得

$$\begin{aligned}E(\tilde{\boldsymbol{\beta}}_q)&=(\mathbf{X}_q'\mathbf{X}_q)^{-1}\mathbf{X}_q'E(\boldsymbol{y})=(\mathbf{X}_q'\mathbf{X}_q)^{-1}\mathbf{X}_q'(\mathbf{X}_q,\mathbf{X}_t)\begin{pmatrix}\boldsymbol{\beta}_q\\ \boldsymbol{\beta}_t\end{pmatrix}\\&=(\mathbf{I}_q,\mathbf{A})\begin{pmatrix}\boldsymbol{\beta}_q\\ \boldsymbol{\beta}_t\end{pmatrix}=\boldsymbol{\beta}_q+\mathbf{A}\boldsymbol{\beta}_t.\end{aligned}$$

于是 (1) 得证.

(2) 根据分块矩阵的逆矩阵公式 (定理 2.2.4), 有

$$(\mathbf{X}'\mathbf{X})^{-1}=\begin{pmatrix}\mathbf{X}_q'\mathbf{X}_q & \mathbf{X}_q'\mathbf{X}_t\\ \mathbf{X}_t'\mathbf{X}_q & \mathbf{X}_t'\mathbf{X}_t\end{pmatrix}^{-1}=\begin{pmatrix}(\mathbf{X}_q'\mathbf{X}_q)^{-1}+\mathbf{A}\mathbf{D}\mathbf{A}' & -\mathbf{A}\mathbf{D}\\ -\mathbf{D}\mathbf{A}' & \mathbf{D}\end{pmatrix}, \tag{6.3.5}$$

这里 $\mathbf{D}=(\mathbf{X}_t'(\mathbf{I}_n-\mathbf{P}_{\mathbf{X}_q})\mathbf{X}_t)^{-1}$. 又由

$$\mathrm{Cov}(\widehat{\boldsymbol{\beta}})=\mathrm{Cov}\begin{pmatrix}\widehat{\boldsymbol{\beta}}_q\\ \widehat{\boldsymbol{\beta}}_t\end{pmatrix}=\sigma^2(\mathbf{X}'\mathbf{X})^{-1},$$

推得 $\mathrm{Cov}(\widehat{\boldsymbol{\beta}}_q)=\sigma^2((\mathbf{X}_q'\mathbf{X}_q)^{-1}+\mathbf{ADA}')$. 但 $\mathrm{Cov}(\tilde{\boldsymbol{\beta}}_q)=\sigma^2(\mathbf{X}_q'\mathbf{X}_q)^{-1}$, 所以

$$\mathrm{Cov}(\widehat{\boldsymbol{\beta}}_q)-\mathrm{Cov}(\tilde{\boldsymbol{\beta}}_q)=\sigma^2\mathbf{ADA}'.$$

因为 $(\mathbf{X}'\mathbf{X})^{-1}>\mathbf{0}$, 所以 $\mathbf{D}>\mathbf{0}$. 于是 $\mathrm{Cov}(\widehat{\boldsymbol{\beta}}_q)-\mathrm{Cov}(\tilde{\boldsymbol{\beta}}_q)>\mathbf{0}$. 从而 (2) 得证.

对于未知参数 $\boldsymbol{\theta}$ 的有偏估计 $\tilde{\boldsymbol{\theta}}$, 协方差阵不能作为衡量估计精度之用, 更合理的是均方误差矩阵 (mean square error matrix, MSEM). 其定义为

$$\mathrm{MSEM}(\tilde{\boldsymbol{\theta}})=E(\tilde{\boldsymbol{\theta}}-\boldsymbol{\theta})(\tilde{\boldsymbol{\theta}}-\boldsymbol{\theta})'.$$

用类似定理 6.6.1 的证明方法, 易得

$$\mathrm{MSEM}(\tilde{\boldsymbol{\theta}})=\mathrm{Cov}(\tilde{\boldsymbol{\theta}})+(E(\tilde{\boldsymbol{\theta}})-\boldsymbol{\theta})(E(\tilde{\boldsymbol{\theta}})-\boldsymbol{\theta})'. \tag{6.3.6}$$

定理 6.3.2 假设全模型 (6.3.1) 正确, 则当 $\mathrm{Cov}(\widehat{\boldsymbol{\beta}}_t)\geqslant\boldsymbol{\beta}_t\boldsymbol{\beta}_t'$ 时,

$$\mathrm{MSEM}(\widehat{\boldsymbol{\beta}}_q)\geqslant\mathrm{MSEM}(\tilde{\boldsymbol{\beta}}_q).$$

证明 对估计 $\tilde{\boldsymbol{\beta}}_q$ 应用 (6.3.6), 依定理 6.3.1 立得

$$\mathrm{MSEM}(\tilde{\boldsymbol{\beta}}_q)=\sigma^2(\mathbf{X}_q'\mathbf{X}_q)^{-1}+\mathbf{A}\boldsymbol{\beta}_t\boldsymbol{\beta}_t'\mathbf{A}'.$$

注意到 $\widehat{\boldsymbol{\beta}}_q$ 为无偏估计, 所以

$$\mathrm{MSEM}(\widehat{\boldsymbol{\beta}}_q)=\sigma^2((\mathbf{X}_q'\mathbf{X}_q)^{-1}+\mathbf{ADA}').$$

又因 $\mathrm{Cov}(\widehat{\boldsymbol{\beta}}_t)=\sigma^2\mathbf{D}$, 故当 $\mathrm{Cov}(\widehat{\boldsymbol{\beta}}_t)\geqslant\boldsymbol{\beta}_t\boldsymbol{\beta}_t'$ 时, $\mathrm{MSEM}(\widehat{\boldsymbol{\beta}}_q)\geqslant\mathrm{MSEM}(\tilde{\boldsymbol{\beta}}_q)$. 定理得证.

下面我们来考虑变量选择对因变量的预测的影响.

假设我们欲预测点 $\boldsymbol{x}_0=(\boldsymbol{x}_{0q}',\ \boldsymbol{x}_{0t}')'$ 对应的因变量 y_0 的值. 已知

$$y_0=\boldsymbol{x}_0'\boldsymbol{\beta}+\varepsilon=\boldsymbol{x}_{0q}'\boldsymbol{\beta}_q+\boldsymbol{x}_{0t}'\boldsymbol{\beta}_t+\varepsilon,\quad E(\varepsilon)=0,\quad \mathrm{Var}(\varepsilon)=\sigma^2,\quad \varepsilon \text{ 与 } \boldsymbol{e} \text{ 不相关}.$$

由 5.3 节知, 在全模型下, 我们用 $\widehat{y}_0=\boldsymbol{x}_0'\widehat{\boldsymbol{\beta}}$ 作为 y_0 的预测, 预测偏差为 $z=\boldsymbol{x}_0'\widehat{\boldsymbol{\beta}}-y_0$. 而在选模型下, 用 $\tilde{y}_0=\boldsymbol{x}_{0q}'\tilde{\boldsymbol{\beta}}_q$ 作为 y_0 的预测, 预测偏差为 $z_q=\boldsymbol{x}_{0q}'\tilde{\boldsymbol{\beta}}_q-y_0$. 显然, 若全模型 (6.3.1) 正确, 则预测 $\widehat{y}_0$ 是无偏的, 即 $E(z)=0$. 下面讨论预测偏差的性质.

定理 6.3.3 假设全模型 (6.3.1) 正确, 则

(1) $E(z_q)=\boldsymbol{x}_{0q}'\mathbf{A}\boldsymbol{\beta}_t-\boldsymbol{x}_{0t}'\boldsymbol{\beta}_t$, 这里 $\mathbf{A}=(\mathbf{X}_q'\mathbf{X}_q)^{-1}\mathbf{X}_q'\mathbf{X}_t$;

(2) $\mathrm{Var}(z)\geqslant\mathrm{Var}(z_q)$.

证明 (1) 因 $E(y_0)=\boldsymbol{x}_{0q}'\boldsymbol{\beta}_q+\boldsymbol{x}_{0t}'\boldsymbol{\beta}_t$, 依定理 6.3.1, 立得 (1).

(2) 依假设, ε 与 $\boldsymbol{e}$ 不相关, 故

$$\mathrm{Var}(z)=\sigma^2(1+\boldsymbol{x}_0'(\mathbf{X}'\mathbf{X})^{-1}\boldsymbol{x}_0),\qquad \mathrm{Var}(z_q)=\sigma^2(1+\boldsymbol{x}_{0q}'(\mathbf{X}_q'\mathbf{X}_q)^{-1}\boldsymbol{x}_{0q}).$$

再依公式 (6.3.5), 得

$$\begin{aligned}\mathrm{Var}(z)-\mathrm{Var}(z_q)&=\sigma^2\left(\boldsymbol{x}_0'\begin{pmatrix}(\mathbf{X}_q'\mathbf{X}_q)^{-1}+\mathbf{ADA}' & -\mathbf{AD}\\ -\mathbf{DA}' & \mathbf{D}\end{pmatrix}\boldsymbol{x}_0-\boldsymbol{x}_{0q}'(\mathbf{X}_q'\mathbf{X}_q)^{-1}\boldsymbol{x}_{0q}\right)\\&=\sigma^2(\boldsymbol{x}_{0q}'\mathbf{ADA}'\boldsymbol{x}_{0q}-2\boldsymbol{x}_{0q}'\mathbf{AD}\boldsymbol{x}_{0t}+\boldsymbol{x}_{0t}'\mathbf{D}\boldsymbol{x}_{0t})\\&=\sigma^2(\mathbf{A}'\boldsymbol{x}_{0q}-\boldsymbol{x}_{0t})'\mathbf{D}(\mathbf{A}'\boldsymbol{x}_{0q}-\boldsymbol{x}_{0t})\geqslant 0.\end{aligned}\tag{6.3.7}$$

定理证毕.

这个定理的第一条结论说明, $\tilde{y}_0$ 不是无偏预测. 和估计的情形一样, 这时的方差不能度量预测的优劣, 需要考虑预测均方误差 (mean square error of prediction, MSEP). $\tilde{y}_0$ 的预测均方误差定义为

$$\mathrm{MSEP}(\tilde{y}_0)=E(\tilde{y}_0-y_0)^2=E(z_q^2)=\mathrm{Var}(z_q)+(E(z_q))^2.\tag{6.3.8}$$

定理 6.3.4 假设全模型 (6.3.1) 正确, 则当 $\mathrm{Cov}(\widehat{\boldsymbol{\beta}}_t)\geqslant\boldsymbol{\beta}_t\boldsymbol{\beta}_t'$ 时, 有

$$\mathrm{MSEP}(\widehat{y}_0)\geqslant\mathrm{MSEP}(\tilde{y}_0).$$

证明 依公式 (6.3.8), 得

$$\mathrm{MSEP}(\widehat{y}_0)=\mathrm{Var}(z).$$

根据假设条件及定理 6.3.3 (1), 有

$$\begin{aligned}(E(z_q))^2&=(\boldsymbol{x}_{0q}'\mathbf{A}\boldsymbol{\beta}_t-\boldsymbol{x}_{0t}'\boldsymbol{\beta}_t)^2=(\boldsymbol{x}_{0q}'\mathbf{A}-\boldsymbol{x}_{0t}')\boldsymbol{\beta}_t\boldsymbol{\beta}_t'(\mathbf{A}'\boldsymbol{x}_{0q}-\boldsymbol{x}_{0t})\\&\leqslant(\boldsymbol{x}_{0q}'\mathbf{A}-\boldsymbol{x}_{0t}')\mathrm{Cov}(\widehat{\boldsymbol{\beta}}_t)(\mathbf{A}'\boldsymbol{x}_{0q}-\boldsymbol{x}_{0t}).\end{aligned}$$

因为 $\mathrm{Cov}(\widehat{\boldsymbol{\beta}}_t)=\sigma^2\mathbf{D}$, 并利用 (6.3.7), 得

$$(E(z_q))^2\leqslant\mathrm{Var}(z)-\mathrm{Var}(z_q),$$

所以有

$$\mathrm{MSEP}(\widehat{y}_0)=\mathrm{Var}(z)\geqslant\mathrm{Var}(z_q)+(E(z_q))^2=\mathrm{MSEP}(\tilde{y}_0).$$

定理证毕.

综上, 我们有如下结论.

(1) 即使全模型正确, 剔除一部分自变量之后, 可使得剩余的那部分自变量的回归系数的 LS 估计的方差减小, 但此时的估计一般为有偏估计. 若被剔除的自变量对因变量影响较小, 则可使得剩余的那部分自变量的回归系数的 LS 估计的精度提高.

(2) 当全模型正确时, 用选模型作预测, 预测一般是有偏的, 但预测的方差减小. 因此, 剔除那些对因变量影响较小的自变量, 可使得预测的精度提高.

总之, 在应用回归分析去处理实际问题时, 无论是从回归系数的估计角度看, 还是从预测角度看, 将那些与因变量关系不是很大 (用 $\mathrm{Cov}(\widehat{\boldsymbol{\beta}}_t) \geqslant \boldsymbol{\beta}_t\boldsymbol{\beta}_t'$ 来刻画) 的自变量从模型中剔除都是有利的. 有了上面的这些一般性讨论, 下面我们介绍自变量选择的准则.

6.3.2　评价回归方程的准则

统计学家从数据与模型的拟合优劣, 预测精度等不同角度出发提出了多种回归自变量的选择准则, 它们都是对回归自变量的所有不同子集进行比较, 然后从中挑出一个 "最优" 的, 且绝大多数选择准则是基于残差平方和 RSS. 常见的准则有 R_A^2 准则、C_p 准则、预测误差平方和 (prediction sum of squares, PRESS_q) 准则, 以及信息准则, 如 AIC 准则 (Akaike information criterion)、BIC 准则 (Bayes information criterion) 等.

1. R_A^2 (或平均残差平方和) 准则

残差平方和 SSE 的大小刻画了数据与模型的拟合程度, SSE 越小, 拟合得越好. 但 "SSE 越小越好" 却不能作为回归自变量的选择准则, 因为它将导致全部自变量的入选. 事实上, 在选模型 (6.3.2) 下, 残差平方和为

$$\mathrm{SSE}_q = \|\boldsymbol{y} - \mathbf{X}_q\tilde{\boldsymbol{\beta}}_q\|^2 = \boldsymbol{y}'(\mathbf{I}_n - \mathbf{P}_{\boldsymbol{X}_q})\boldsymbol{y}.$$

如果在选模型 (6.3.2) 中再增加一个变量, 设对应的设计阵为 $\mathbf{X}_{q+1} = (\mathbf{X}_q, \boldsymbol{b})$, 则残差平方和为

$$\mathrm{SSE}_{q+1} = \boldsymbol{y}'(\mathbf{I}_n - \mathbf{P}_{\mathbf{X}_{q+1}})\boldsymbol{y}.$$

利用分块矩阵求逆公式 (定理 2.3.4), 不难证明 $\mathbf{P}_{\mathbf{X}_{q+1}} \geqslant \mathbf{P}_{\mathbf{X}_q}$, 故 $\mathrm{SSE}_{q+1} \leqslant \mathrm{SSE}_q$.

为了防止选取过多的自变量, 一种常见的作法是在残差平方和 SSE_q 上添加对增加变量的惩罚因子. 平均残差平方和 RMS_q 就是其中一例, 平均残差平方和 MSE_q 定义为

$$\mathrm{MSE}_q = \frac{\mathrm{SSE}_q}{n-q}, \tag{6.3.9}$$

这里 q 为选模型 (6.3.2) 设计阵 $\mathbf{X}_q$ 的列数. 实际上 MSE_q 就是选模型 (6.3.2) 下误差方差的 LS 估计. 因子 $(n-q)^{-1}$ 随自变量的个数增加而变大, 它体现了对变量个数的增加所施加的惩罚. 依 MSE_q 准则, 按 "MSE_q 越小越好" 选择自变量子集.

由于调整的复相关系数 R_A^2 与 MSE_q 有如下关系:

$$R_A^2 = 1-(n-1)\frac{\mathrm{MSE}_q}{\mathrm{SST}},$$

其中, $\mathrm{SST}=\sum\limits_{i=1}^{n}(y_i-\bar{y})^2$ 为总平方和. 因此, 最大化调整的复相关系数 R_A^2 等价于最小化 MSE_q, 即调整的复相关系数准则等价于平均残差平方和准则.

2. C_p 准则

C_p 准则是基于 Mallows (1973) 提出的 C_p 统计量, 它是从预测的观点出发提出的. 对于选模型 (6.3.2), C_p 统计量定义为

$$C_p = \frac{\mathrm{SSE}_q}{\widehat{\sigma}^2}-(n-2q), \tag{6.3.10}$$

这里 SSE_q 为选模型 (6.3.2) 下的残差平方和, $\widehat{\sigma}^2$ 为全模型 (6.3.1) 下 σ^2 的 LS 估计, q 为选模型 (6.3.2) 的设计阵 $\mathbf{X}_q$ 的列数. 依 C_p 准则, 按 "C_p 越小越好" 选择自变量子集.

获得统计量 (6.3.10) 的想法如下: 若采用选模型 (6.3.2) 作回归预测, 即用 $\tilde{\boldsymbol{y}}=\mathbf{X}_q\tilde{\boldsymbol{\beta}}_q$ 去预测 $\boldsymbol{y}=\mathbf{X}\boldsymbol{\beta}+\boldsymbol{e}$, 则

$$d = E\|\tilde{\boldsymbol{y}}-E(\boldsymbol{y})\|^2$$

度量了这种预测的优劣. 根据二次型求期望公式 (定理 3.2.1) 易得

$$d = q\sigma^2+\boldsymbol{\beta}_t'\mathbf{D}^{-1}\boldsymbol{\beta}_t,$$

这里 $\mathbf{D}$ 的定义同 (6.3.5) 式, 即 $\mathbf{D}^{-1}=\mathbf{X}_t'(\mathbf{I}_n-\mathbf{P}_{\mathbf{X}_q})\mathbf{X}_t$. 令

$$\Gamma_q = \frac{d}{\sigma^2} = q+\frac{\boldsymbol{\beta}_t'\mathbf{D}^{-1}\boldsymbol{\beta}_t}{\sigma^2},$$

则 Γ_q 是采用选模型 (6.3.2) 时, 在 n 个试验点预测优劣的一个总度量, 它反映了选模型 (6.3.2) 的好坏. 又因

$$E\Big(\frac{\mathrm{SSE}_q}{\sigma^2}\Big) = (n-q)+\frac{\boldsymbol{\beta}_t'\mathbf{D}^{-1}\boldsymbol{\beta}_t}{\sigma^2},$$

故

$$\Gamma_q=\frac{E(\mathrm{SSE}_q)}{\sigma^2}-(n-2q), \tag{6.3.11}$$

用 SSE_q 代替 $E(\mathrm{SSE}_q)$, 用 σ^2 在全模型下的估计 $\widehat{\sigma}^2$ 代替 σ^2, 便由 (6.3.11) 得到 (6.3.10). 可见, C_p 统计量是作为 Γ_q 的一种估计产生的.

3. PRESS 准则

预测误差平方和 (Prediction sum of square, PRESS) 是对模型预测值与观测值之间差异的衡量, 体现了模型的泛化能力. 其定义为

$$\mathrm{PRESS}_q=\sum_{i=1}^{n}(y_i-\widehat{y}_{i(i)}),$$

其中 $\widehat{y}_{i(i)}=\boldsymbol{x}'_{qi}\widehat{\boldsymbol{\beta}}_{q(i)}$ 为 y_i 在选模型下的预测值, 这里, $\boldsymbol{x}_{qi}$ 为 $\mathbf{X}_q$ 的第 i 行向量, $\widehat{\boldsymbol{\beta}}_{(i)}$ 为模型 (6.3.2) 去掉第 i 个观测值后所得的 $\boldsymbol{\beta}_q$ 的 LS 估计. 不同于模型的残差平方和 SSE_q, PRESS_q 是各点预测误差 $y_i-\widehat{y}_{i(i)}$ 平方和, 而非拟合残差 $y_i-\boldsymbol{x}'_i\widehat{\boldsymbol{\beta}}_q$ 平方和. PRESS_q 越小, 说明对应的选模型在预测意义上越好. PRESS 值也是选模型交叉验证 (cross validation, CV) 的预测误差平方和, 也常被用来验证模型的有效性.

4. 信息准则

R_A^2 准则和 C_p 准则都对选模型自变量的个数做了不同程度的惩罚, 下面介绍基于似然函数的变量选择的信息准则.

1) AIC 准则

AIC 准则是由日本统计学家 Akaike (1973) 提出的, 用于平衡模型选择中模型复杂度 (模型自由参数的个数) 和精度 (拟合度). 该准则建立在信息熵的概念基础上, 是对极大似然原理的一个扩展.

对于一般的统计模型, 设模型的似然函数为 $L(\boldsymbol{\theta};\boldsymbol{y})$, 其中 $\boldsymbol{\theta}$ 为 $q\times 1$ 的未知自由参数向量, $\boldsymbol{y}$ 为 $n\times 1$ 随机变量 Y 的观测向量, 则 AIC 统计量定义为

$$\mathrm{AIC}=-2\ln L(\widetilde{\boldsymbol{\theta}};\boldsymbol{y})+2q, \tag{6.3.12}$$

其中, $\widetilde{\boldsymbol{\theta}}$ 为 $\boldsymbol{\theta}$ 的极大似然估计. (6.3.12) 的第一项是似然函数对数的 -2 倍, 数值变大表明似然函数降低, 模型对数据集的描述能力 (精度) 下降, 第二项是模型参数个数的 2 倍, 数值变大表明模型复杂度增加, 加入此项作为惩罚项, 以避免过拟合问题. 因此, 在该准则下, 选择使得 AIC 达到最小的模型就是最优的模型. 下面我们把此准则应用于回归模型自变量的选择.

在选模型 (6.3.2) 中, 假设误差 $\boldsymbol{e} \sim N_n(0,\ \sigma^2\mathbf{I}_n)$, 则 $\boldsymbol{\beta}_q$ 和 σ^2 的似然函数为

$$L(\boldsymbol{\beta}_q, \sigma^2; \boldsymbol{y}) = (2\pi\sigma^2)^{-n/2}\exp\left(-\frac{1}{2\sigma^2}\|\boldsymbol{y} - \mathbf{X}_q\boldsymbol{\beta}_q\|^2\right). \tag{6.3.13}$$

容易求得 $\boldsymbol{\beta}_q$ 和 σ^2 的极大似然估计分别为

$$\widetilde{\boldsymbol{\beta}}_q = (\mathbf{X}_q'\mathbf{X}_q)^{-1}\mathbf{X}_q'\boldsymbol{y}, \qquad \widetilde{\sigma}_q^2 = \frac{\mathrm{SSE}_q}{n} = \frac{\boldsymbol{y}'(\mathbf{I}_q - \mathbf{X}_q(\mathbf{X}_q'\mathbf{X}_q)^{-1}\mathbf{X}_q')\boldsymbol{y}}{n},$$

代入 (6.3.13), 得到对数似然函数的最大值

$$\ln L(\widetilde{\boldsymbol{\beta}}_q, \widetilde{\sigma}_q^2; \boldsymbol{y}) = -\frac{n}{2}\ln(2\pi) - \frac{n}{2}\ln(\widetilde{\sigma}_q^2) - \frac{n}{2}.$$

将上式代入 (6.3.12), 并略去与 q 无关的常数项得

$$\mathrm{AIC} = n\ln(\mathrm{SSE}_q) + 2q. \tag{6.3.14}$$

于是, 在正态误差回归模型下的 AIC 准则就是选择使 (6.3.14) 达到最小的自变量子集.

值得注意的是, 当样本量 n 趋于无穷时, 由 AIC 准则选择的模型不收敛于真实模型, 由它选择的协变量个数通常比真实模型所含的协变量更多.

2) BIC 准则

Schwarz (1978) 从贝叶斯观点出发提出了另一种变量选择的信息量准则: BIC 准则, 文献中也称 Schwarz 信息量准则 (Schwarz information criterion, SIC) 或 Schwarz 贝叶斯准则 (Schwarz's Bayes criterion, SBC). 对于一般的统计模型, 设模型的似然函数为 $L(\boldsymbol{\theta}; \boldsymbol{y})$, q 为模型参数 $\boldsymbol{\theta}$ 的维数. 则 BIC 统计量定义为

$$\mathrm{BIC} = -2\ln L(\widetilde{\boldsymbol{\theta}}; \boldsymbol{y}) + q\ln(n), \tag{6.3.15}$$

选择使得 BIC 达到最小的模型为最优模型.

在选模型 (6.3.2) 中, 假设误差 $\boldsymbol{e} \sim N(\mathbf{0},\ \sigma^2\mathbf{I}_n)$, 则 BIC 统计量为

$$\mathrm{BIC} = n\ln(\mathrm{SSE}_q) + q\ln(n). \tag{6.3.16}$$

与 AIC 相比, BIC 考虑了样本数量的影响, 其惩罚项为 $q\ln(n)$. 当 $n > 7$ 时,

$$q\ln(n) < 2q, \tag{6.3.17}$$

所以, BIC 相比 AIC 在样本量大时对模型参数惩罚得更多, 导致 BIC 更倾向于选择参数少的模型.

另外, 文献中还有多种对 AIC 和 BIC 准则的扩展, 如 SBIC 准则 (Sawa, 1978)、风险膨胀准则 (risk information criterion, RIC) (Foster and George, 1994)、扩展的 BIC 准则 (extended BIC, EBIC) (Foygel and Drton, 2010) 等. 对此感兴趣的读者可以参阅相关文献.

例 6.3.1　计算例 6.2.3 中模型的所有可能回归子模型的 R^2, R_A^2, C_p, PRESS, AIC 和 BIC 的值.

解　该例中共包含 4 个自变量. 由于回归方程已检验是显著的, 因此所有可能的回归子模型共有 $2^4 - 1 = 15$ 个 (即去掉所有变量都不选的情形). 依据定义, 我们计算该数据下各回归子模型的 R^2, R_A^2, C_p, PRESS, AIC 和 BIC 的值, 将计算结果汇总到表 6.3.1, 为了方便, 我们并将各准则的统计量的最优值加黑标注.

表 6.3.1　所有可能回归子模型的 R^2, R_A^2, C_p, PRESS, AIC 和 BIC 的值

编号	模型中的变量	R^2	R_A^2	C_p	PRESS	AIC	BIC
1	X_4	0.675	0.645	138.731	0.560	97.744	99.439
2	X_2	0.666	0.636	142.486	0.557	98.070	99.765
3	X_1	0.534	0.492	202.549	0.374	102.412	104.107
4	X_3	0.286	0.221	315.154	**0.037**	107.960	109.655
5	X_1, X_2	0.979	0.974	**2.678**	0.965	64.312	**66.572**
6	X_1, X_4	0.972	0.967	5.496	0.955	67.634	69.894
7	X_3, X_4	0.935	0.922	22.373	0.892	78.745	81.005
8	X_2, X_3	0.847	0.816	62.438	0.742	89.930	92.189
9	X_2, X_4	0.680	0.616	138.226	0.462	99.522	101.782
10	X_1, X_3	0.548	0.458	198.095	0.183	104.009	106.269
11	X_1, X_2, X_4	0.9823	**0.9764**	3.018	0.969	**63.866**	66.691
12	X_1, X_2, X_3	0.9823	0.9763	3.041	0.967	63.904	66.728
13	X_1, X_3, X_4	0.981	0.975	3.497	0.965	64.620	67.445
14	X_2, X_3, X_4	0.973	0.964	7.337	0.946	69.468	72.293
15	X_1, X_2, X_3, X_4	**0.9824**	0.974	5.000	0.959	65.837	69.226

由表 6.3.1 不难发现: 全模型 15 的 R^2 值最大; 子模型 11 的 R_A^2 值最大; C_p 和 PRESS 值分别在子模型 5 和 4 下最小; AIC 和 BIC 值最小的子模型分别对应于 R_A^2 值最大和 C_p 值最小的子模型 11 和 5 . 为更直观比较这些值在各子模型间的差异, 我们以模型自变量个数为横轴, 以 15 个模型的 R^2, R_A^2, C_p, PRESS, AIC 和 BIC 值分别为纵轴作相应的散点图 (图 6.3.1), 其中图 6.3.1 (a) 中的折线是自变量个数分别为 1, 2, 3, 4 下子模型的最优回归子模型的 R^2 的连线, 图 6.3.1 (b)—(f) 有类似的解释.

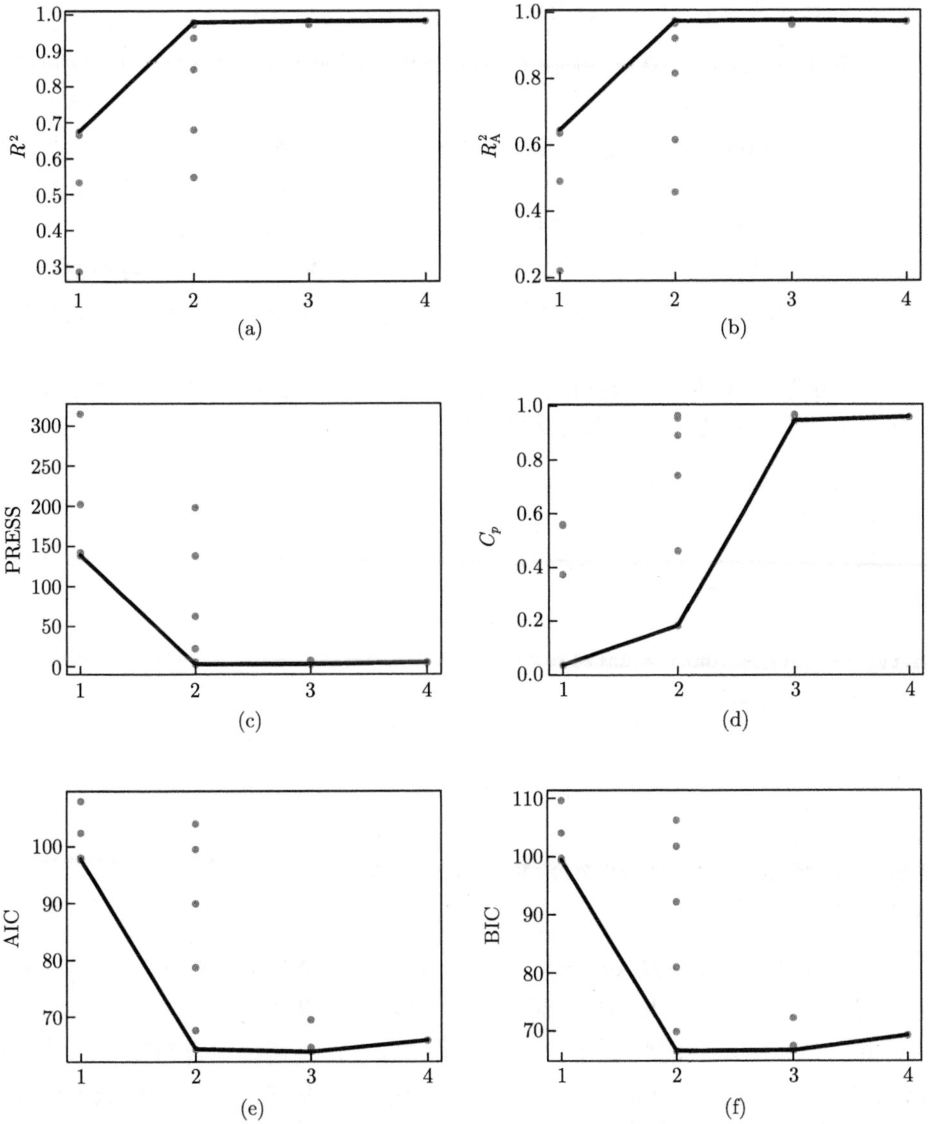

图 6.3.1　子模型的变量个数与 R^2, R_A^2, C_p, PRESS, AIC 和 BIC 各值的散点图

6.3.3 变量选择的自动搜索

设 $\{X_1, X_2, \cdots, X_{p-1}\}$ 是与因变量 Y 有关或者可能有关的自变量集. 为了提高回归模型的估计和预测精度, 需要从中选出一个“最优子集”. 如何挑选出这个“子集”呢? 针对线性回归模型 (6.3.1), 本节介绍几种子集选择的方法, 如最优子集选择法、前向选择法、后向剔除法、逐步回归法.

1. **最优子集选择 (best subset selection) 法**

对自变量 (或预测变量) 的所有可能组合分别使用最小二乘回归方法进行拟合. 当备选自变量个数为 $p-1$ 时, 此时共有 2^{p-1} 个可能的回归模型, 依据事先指定的变量选择准则 (如 C_p, AIC 或 BIC 等) 从中选择一个最优子模型. 如在例 6.3.1 中, 依据回归子模型的 R^2, R_A^2, C_p, PRESS, AIC 和 BIC 各值见表 6.3.1. 不难发现: 在不同准则下, 最优回归子集/最优模型也不相同, 在 R^2 准则下全模型 (即序号为 15 的模型) 最优; 在 R_A^2 和 AIC 准则下, 序号为 11 的子模型都是最优的; 而在 C_p 和 BIC 准则下, 子模型 5 都是最优的; 在 PRESS 准则下, 则最优的是子模型 4, 其只包含一个自变量 X_3.

关于最优子集计算和数据可视化作图, 可采用 R 语言中专为线性模型开发的程序包 olsrr 完成. 例 6.3.1 的计算程序如下:

```
install.packages("olsrr")
library(olsrr)          # #加载程序
data <- read.table("Hald631.txt")
data1 <- as.data.frame(data)[,-1]
colnames(data1)<- c("X1","X2","X3","X4","Y")
lm.reg <- lm(Y ~.,data = data1)
best<-ols_step_all_possible(lm.reg)
best                    ##回归子集, $R^2$, $R^2_A$和$C_p$值
PRESS<-best$predrsq
AIC<-best$aic
BIC<-best$sbc
cbind(PRESS,AIC, BIC) ####提取PRESS, AIC和BIC值
plot(best)
```

虽然最优子集选择方法简单直观, 但随着自变量个数 $p-1$ 的增加, 可选模型的数量 2^{p-1} 迅速增加, 从而使其所需计算量惊人. 如果自变量的个数为 10 时, 则需要拟合 1000 多个模型; 如果自变量的个数为 20, 则需要拟合超过 100 万个模型; 如果自变量的个数为 $p=30$, 则需要拟合超过 10 亿个模型. 因此, 该方法只适合于变量很少的情形. 当协变量的维数 $p-1$ 增大时, 对最优子集选择方法的计算提出了严峻的挑战, 而且一些统计性质也很难进行讨论和研究. James 等 (2014) 指出, 随着搜索空间的增大, 最优子集选择方法找到的模型虽然在训练集上有较好的表现, 但对新的数据不具有良好的预测能力, 通常会有过拟合和系数估计方差大的问题.

为了解决最优子集选择方法计算量大的问题, 并减少搜索空间, 提高运算效率, 下面以回归系数显著性检验为标准 (其他准则类似), 介绍另外三种方法.

2. 前向选择法

前向选择 (forward) 法的思想, 按照某变量选择准则逐一引入变量, 直到没有可引变量为止. 具体做法:

(1) 引进第一个变量: 从不包含任何自变量的初始模型 $Y=\beta_0+e$ 开始, 考察每一个变量与因变量 Y 的样本相关系数, 取样本相关系数绝对值最大的变量作为待选的变量, 不妨记 X_1, 若在一元回归模型 $Y=\beta_0+X_1\beta_1+e$ 下, 回归系数 β_1 显著不等于 0, 即

$$|t_1^*|=\frac{|\widehat{\beta}_1|}{\widehat{\sigma}\left(\sqrt{\sum_{i=1}^{n}(x_{i1}-\bar{x}_1)^2}\right)}=\sqrt{\frac{\mathrm{MSR}(X_1)}{\mathrm{MSE}(X_1)}}>t_{n-2}(\alpha), \tag{6.3.18}$$

就将其引入回归方程, 否则终止, 其中 $\widehat{\beta}_1$ 和 $\widehat{\sigma}^2$ 分别为一元回归下的斜率 β_1 和误差方差的 LS 估计,

$$\widehat{\beta}_1=(\boldsymbol{x}_1'(\mathbf{I}_n-\mathbf{P}_{\mathbf{1}_n})\boldsymbol{x}_1)^{-1}\boldsymbol{x}_1'(\mathbf{I}_n-\mathbf{P}_{\mathbf{1}_n})\boldsymbol{y},\quad \widehat{\sigma}^2=\boldsymbol{y}'(\mathbf{I}_n-\mathbf{P}_{\mathbf{1}_n,\boldsymbol{x}_1})\boldsymbol{y}/(n-2),$$

$\mathrm{MSR}(X_1)$ 和 $\mathrm{MSE}(X_1)$ 分别为平均回归平方和与平均残差平方和,

$$\mathrm{MSR}(X_1)=\boldsymbol{y}'(\mathbf{P}_{(\mathbf{1}_n,\boldsymbol{x}_1)}-\mathbf{P}_{\mathbf{1}_n})\boldsymbol{y},\quad \mathrm{MSE}(X_1)=\widehat{\sigma}^2.$$

注 6.3.1 不难验证:

$$t_1^*=\frac{r_{Y,X_1}}{1-r_{Y,X_1}^2}, \tag{6.3.19}$$

其中

$$r_{Y,X_1}=\frac{\sum_{i=1}^{n}(x_{i1}-\bar{x}_1)(y_i-\bar{y})}{\sqrt{\sum_{i=1}^{n}(x_{i1}-\bar{x}_1)^2\sum_{i=1}^{n}(y_i-\bar{y})^2}}.$$

由于 t_1^* 为 Y,X_1 为样本相关系数 r_{Y,X_1} 的单调增函数, 因此, 选与因变量 Y 的样本相关系数最大的变量等价于选一元回归模型下 t^* 检验统计量最大的变量. 但显然样本相关系数 r_{Y,X_1} 的计算不需要回归模型, 比计算统计量 t^* 更简单.

(2) 引进第二个变量: 其方法是考察每一个未进入回归模型的变量, 计算其与修正后的 Y (即残差变量) 的相关系数 (又称偏相关系数), 取相关系数的绝对值最大者作为待选的变量, 不妨记作 X_2, 然后在回归模型 $Y=\beta_0+X_1\beta_1+X_2\beta_2+e$ 下检验这个变量的回归系数是否显著地不等于 0, 如果显著, 就将这个变量引进回归方程, 其检验统计量可写作

$$|t_2^*| = \sqrt{\frac{\mathrm{MSR}(X_2|X_1)}{\mathrm{MSE}(X_1, X_2)}}, \tag{6.3.20}$$

其中

$$\mathrm{MSR}(X_2|X_1) = \boldsymbol{y}'\left(\mathbf{P}_{(\mathbf{1}_n,\boldsymbol{x}_1,\boldsymbol{x}_2)} - \mathbf{P}_{(\mathbf{1}_n,\boldsymbol{x}_1)}\right)\boldsymbol{y},$$

$$\mathrm{MSE}(X_1, X_2) = \boldsymbol{y}'\left(\mathbf{I}_n - \mathbf{P}_{(\mathbf{1}_n,\boldsymbol{x}_1,\boldsymbol{x}_2)}\right)\boldsymbol{y}.$$

引进后续面变量的步骤与前面的是完全相似的, 当考察被引入的变量在检验时不显著, 或者所有变量都进入回归方程时, 就停止选择过程. 在选择过程中所使用的显著性检验就是标准的 t 检验. 多数前向选择算法在进行 t 检验时用一个较低的阈值作为取舍变量的标准.

当自变量个数为 $p-1$ 时, 前向选择方法搜索全部的变量, 最多可得 p 个可能的回归方程. 该方法的计算复杂度为 $1+\sum_{k=0}^{p-2}(p-k) = 1+p(p-1)/2$. 明显, 前向逐步选择方法大大减少了计算量, 如当协变量的自变量的个数为 10 时, 只需要拟合 56 个模型; 当协变量的自变量的个数为 20 时, 则仅需要拟合 211 个模型; 当协变量的自变量的个数为 30 时, 则仅需要拟合 466 个模型.

3. *后向剔除法*

后向剔除 (backward) 法的思想, 设定初始模型为包含全体自变量的模型, 然后采用一个一个地剔除的办法达到筛选变量的目的. 如果采用剔除变量的准则是在回归方程中检验回归系数的显著性, 则每步考虑将检验中最不显著的那个变量剔除. 具体做法:

(1) 第一个应该被删除的变量: 选择全模型下回归系数检验中 t 统计量的绝对值最小的那个变量, 如果该变量在 t 检验中不显著, 就删除该变量, 否则认为回归方程中的所有变量都显著, 应该都保留, 筛选过程终止. 如果第一步有变量被剔除.

(2) 第二个应该被删除的变量: 在剩下的 $p-2$ 个变量的回归方程中, 再一次进行变量剔除工作 (重复第一次剔除变量的过程), 直到不能剔除或所有变量均被剔除为止.

大部分后向剔除的过程中都设置了较高的 t 检验的剔除阈值, 使得搜索过程一直到全部变量被剔除. 当自变量个数为 $p-1$ 时, 后向剔除法的计算复杂度与前向选择方法的相同, 皆为 $1+p(p-1)/2$.

前向选择法和后向剔除法都有明显的不足. 前向选择法可能存在某个自变量刚开始时是显著的, 但当引入其他自变量后它就变得并不显著了, 但也没有机会将其剔除; 而后向剔除法一开始便把自变量全部引入了回归方程, 这样的计算量很大, 另外某个自变量一旦被剔除, 它就再没有机会重新进入回归方程.

当模型涉及的自变量是相互独立 (或不相关) 时, 无论用前向选择法还是用后向剔除法, 最终所筛选出的变量通常是相同的. 然后在实际应用中自变量之间往往存在一定相关性, 自变量之间有着不同的组合, 因此特定的因变量在不同组合下对因变量 Y 的影响也可能不同. 如果存在几个自变量的联合效应对 Y 的影响很大, 但单个自变量对 Y 影响不显著时, 前向选择法就不能把这几个变量引入模型, 然而后向剔除法却可以保留这几个变量, 关于这部分内容, 参见 (唐年胜和李会琼, 2014, p.76).

4. *逐步回归法*

逐步 (stepwise) 回归法的基本思想就是有进有出, 即在前向选择法/后向剔除法的每一步增加了附加条件考虑对现有变量的剔除/模型外变量的引入问题, 以实现在变量选择的过程中对已引入的变量有可能再次被剔除, 而前面剔除的变量也有机会再次被引入模型, 称相应的方法为前向逐步选择 (forward stepwise selection). 一个很好的案例参见 (唐年胜和李会琼, 2014, 4.3.4 节). 关于引入或剔除的过程与前向选择法和后向剔除法的过程是一样的. 当然引入或剔除变量时所使用的阈值可以不同.

以上基于检验介绍三种变量选择的搜索方法, 这些方法也可以用到依据信息准则 (如 AIC, BIC) 变量选择的情形, 不同之处在于前面方法是根据一个变量的 t 检验的显著性决定一个变量的去留, 而信息准则完全根据信息量统计量的值的增减决定一个变量的去留.

在 R 语言中, 可以使用函数 step() 进行变量选择, 函数 step() 是使用信息准则来达到删除或引入变量的目的, 使用格式为

```
step(object, scope, scale = 0, direction = c("both", "backward",
      "forward"), trace = 1, keep = NULL, steps = 1000, k = 2, ...)
其中
 object是lm()或glm()函数分析的结果,
 scope是确定逐步搜索的区域,
 direction是确定逐步搜索的方向: "both"是"一切子集回归法", "backward"是后向剔
      除法(只减少变量), "forward" 是前向选择法(只增加变量), 默认值为"both".
 k为正数, 表示自由度数目的倍数, k=2 (默认) 为AIC准则; k=log(n)为BIC准则.
```

接着例 6.3.1, 我们采用函数 step() 对函数 lm() 的输出结果作逐步回归分析. 首先在 AIC 准则下作逐步回归, 程序和运行结果如下:

```
lm.aic = step(lm.reg) ##AIC准则
summary(lm.aic)
```

```
> lm.aic = step(lm.reg)     ##AIC准则
####输出结果
Start:  AIC=26.94
Y ~ X1 + X2 + X3 + X4

       Df Sum of Sq    RSS    AIC
- X3    1    0.1091 47.973 24.974
- X4    1    0.2470 48.111 25.011
- X2    1    2.9725 50.836 25.728
<none>              47.864 26.944
- X1    1   25.9509 73.815 30.576

Step:  AIC=24.97
Y ~ X1 + X2 + X4

       Df Sum of Sq    RSS    AIC
<none>               47.97 24.974
- X4    1      9.93  57.90 25.420
- X2    1     26.79  74.76 28.742
- X1    1    820.91 868.88 60.629
```

由上面的输出结果, 可以看出:

(1) 如果用全部变量作回归方程时, AIC 统计量的值为 26.944, 如果去掉变量 X_3 时, AIC 统计量的值为 24.974;

(2) 如果去掉变量 X_4 时, AIC 统计量的值为 25.011, 去掉变量 X_2 时, AIC 统计量的值为 25.728;

(3) 由于去掉变量 X_3 使 AIC 统计量的取值达到最小, 因此 step() 函数会自动去掉变量 X_3, 进入下一轮计算;

(4) 在下一轮中, 无论去掉哪一个变量, AIC 统计量的取值都会升高, 这时自动终止计算, 得到最优回归方程.

下面用函数 summary() 提取逐步回归选出的最优回归方程的相关信息.

```
> summary(lm.aic) ##输出结果
Call:
lm(formula = Y ~ X1 + X2 + X4, data = data1)

Residuals:
    Min      1Q  Median      3Q     Max
-3.0919 -1.8016  0.2562  1.2818  3.8982
```

```
Coefficients:
            Estimate Std. Error t value Pr(>|t|)
(Intercept)  71.6483    14.1424   5.066 0.000675 ***
X1            1.4519     0.1170  12.410 5.78e-07 ***
X2            0.4161     0.1856   2.242 0.051687 .
X4           -0.2365     0.1733  -1.365 0.205395
---
Signif. codes:  0 '***' 0.001 '**' 0.01 '*' 0.05 '.' 0.1 ' ' 1

Residual standard error: 2.309 on 9 degrees of freedom
Multiple R-squared:  0.9823,    Adjusted R-squared:  0.9764
F-statistic: 166.8 on 3 and 9 DF,  p-value: 3.323e-08
```

对照例 6.2.3 中全变量下的回归结果可以看出: 在删除变量 X_3 后, 调整的复相关系数 R_A^2 和回归方程显著性都有所提高; 在全模型下检验不显著的变量 X_2 在当前模型下变得显著了, 即表明 4 个自变量间存在 "遮掩" 现象. 然而模型中仍存在回归系数不显著的变量 X_4.

下面在 BIC 准则下进行逐步回归, 程序和结果如下:

```
> lm.bic <- step(lm.reg,k = log(length(data1[,1])),trace = 0) ##BIC准则
> summary(lm.bic)

Call:
lm(formula = Y ~ X1 + X2, data = data1)

Residuals:
   Min     1Q Median     3Q    Max
-2.893 -1.574 -1.302  1.363  4.048

Coefficients:
            Estimate Std. Error t value Pr(>|t|)
(Intercept) 52.57735    2.28617   23.00 5.46e-10 ***
X1           1.46831    0.12130   12.11 2.69e-07 ***
X2           0.66225    0.04585   14.44 5.03e-08 ***
---
Signif. codes:  0 '***' 0.001 '**' 0.01 '*' 0.05 '.' 0.1 ' ' 1

Residual standard error: 2.406 on 10 degrees of freedom
Multiple R-squared:  0.9787,    Adjusted R-squared:  0.9744
F-statistic: 229.5 on 2 and 10 DF,  p-value: 4.407e-09
```

使用 BIC 准则, 从模型中去掉了变量 X_4, 调整的复相关系数 R_A^2 变化很小, 但模型的回归方程和回归系数变得更加显著. 可以看出 AIC 准则倾向于多选变量, 比较保守. 该例子中采用基于 AIC 准则的逐步回归变量选择结果与基于 R_A^2 准则或 AIC 准则下最优子集选择的结果相同, 其回归方程 (保留三位小数) 为

$$y = 71.648 + 1.468X_1 + 0.416X_2 - 0.237X_4.$$

采用基于 BIC 准则的逐步回归变量选择结果与选择与 C_p 准则下的最优子集的结果相同, 其回归方程 (保留三位小数) 为

$$y = 52.577 + 1.468X_1 + 0.442X_2.$$

6.3.4 带惩罚函数的变量选择方法

以上变量选择的准则适用于备选自变量的个数 $p-1$ 相对较小的情形. 当 p 较大时, 它们所涉及的算法的计算量将也非常大. 本节主要介绍可用于 p 较大情形的带惩罚函数的变量选择方法, 包括 Lasso、自适应 Lasso、SCAD 方法.

事实上, 前面提到的信息准则选择变量的方法大都可转化为最小化带 L_0 惩罚函数的最小二乘目标函数:

$$\|\boldsymbol{y} - \mathbf{X}\boldsymbol{\beta}\|^2 + n\lambda \sum_{j=1}^{p-1} I(|\beta_i| \neq 0), \tag{6.3.21}$$

其中 λ 为调节参数 (turning parameter), $I(\cdot)$ 是示性函数. 当调节参数 λ 取不同的值时, 带 L_0 惩罚函数的最小二乘目标函数 (6.3.21) 将对应不同的信息准则, 如 AIC 和 BIC 准则分别对应于 $\lambda = \sigma\sqrt{2/n}$ 和 $\sigma\sqrt{\ln(n)/n}$ 的情形.

本节主要介绍带压缩惩罚函数的变量选择方法, 其惩罚最小二乘目标函数为

$$\|\boldsymbol{y} - \mathbf{X}\boldsymbol{\beta}\|^2 + \sum_{j=1}^{p-1} p_\lambda(|\beta_i|), \tag{6.3.22}$$

其中 $p_\lambda(\cdot)$ 为惩罚函数, λ 为调节参数或截断参数, 是用来控制模型的复杂度 λ 需要通过交叉验证 (cross-validation, CV)、广义用交叉验证 (generalized cross-validation, GCV) 或 BIC 等数据驱动的准则进行选取.

带压缩惩罚函数的变量选择方法的优点是计算量小, 可以同时选择变量和估计参数. 但遇到的一个主要问题是如何选择合适的惩罚函数. Fan 和 Li (2001) 建议: 一个好的惩罚函数将使导出的统计量具有如下三条性质:

(1) **无偏性** 当真参数很大时, 得到的估计量是渐近无偏的, 以避免不必要的建模偏差;

(2) **稀疏性** 所得到的估计量是一个门限值, 自动把小的参数分量估计成 0, 以便减少模型的复杂性;

(3) **连续性** 所得估计量在数据点处是连续的, 避免模型预测的不稳定性.

目前, 在变量选择中常用的三种压缩的惩罚函数 $p_\lambda(|\theta|)$ 为

- Lasso 惩罚函数 (Tibshirani, 1996):

$$p_\lambda(|\theta|) = \lambda|\theta|;$$

- 硬门限惩罚函数 (Antoniadis, 1997)

$$p_\lambda(|\theta|) = \lambda^2 - (|\theta| - \lambda)^2 I(|\theta| < \lambda); \tag{6.3.23}$$

- SCAD 惩罚函数 (Fan, 1997):

$$p'_\lambda(|\theta|) = \lambda\left\{I(|\theta| \leqslant \lambda) + \frac{(a\lambda - |\theta|)_+}{(a-1)\lambda} I(|\theta| > \lambda)\right\}, \tag{6.3.24}$$

其中 $a > 2$. Fan 和 Li (2001) 从 Bayes 角度建议取 $a = 3.7$.

图 6.3.2 展示了 $\lambda = 2$ 时三种常见惩罚函数 $p_\lambda(|\theta|)$ 图像和它们的二次逼近情况.

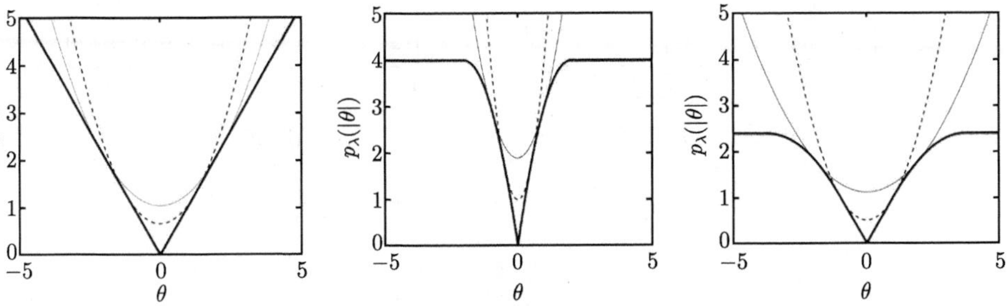

(a) Lasso 惩罚函数 (b) 硬门限惩罚函数 (c) SCAD 惩罚函数

图 6.3.2 三种惩罚函数 $p_\lambda(|\theta|)$ 和它们的二次逼近, $\lambda = 2$, SCAD 惩罚函数中取 $a = 3.7$

为了理解在这三种惩罚函数 $p_\lambda(|\theta|)$ 下, 惩罚最小二乘目标函数 (6.3.22) 解的性质, 我们考虑一个最简单的惩罚最小二乘目标函数的情形, 即目标函数为

$$\frac{1}{2}(z - \theta)^2 + p_\lambda(|\theta|), \tag{6.3.25}$$

极小化目标函数(6.3.25), 得三种惩罚函数 $p_\lambda(|\theta|)$ 下的解分别为

(1) Lasso 惩罚函数 (图 6.3.2(a)) 下的解如下 (图 6.3.3(a)):

$$\widehat{\theta} = \operatorname{sgn}(z)(|z| - \lambda)_+; \tag{6.3.26}$$

(2) 硬门限惩罚函数 (图 6.3.2(b)) 下的解如下 (图 6.3.3(b)):

$$\widehat{\theta} = zI(|z| > \lambda). \tag{6.3.27}$$

(3) SCAD 惩罚函数 (图 6.3.2(c)) 下的解如下 (图 6.3.3(c)): 可以得到如下的 SCAD 惩罚最小二乘解 (图 6.3.3 (c)):

$$\widehat{\theta} = \begin{cases} \operatorname{sgn}(z)(|z| - \lambda)_+, & |z| < 2\lambda, \\ \{(a-1)z - \operatorname{sgn}(z)a\lambda/(a-2)\}, & 2\lambda \leqslant |z| \leqslant a\lambda, \\ z, & |z| > a\lambda. \end{cases} \tag{6.3.28}$$

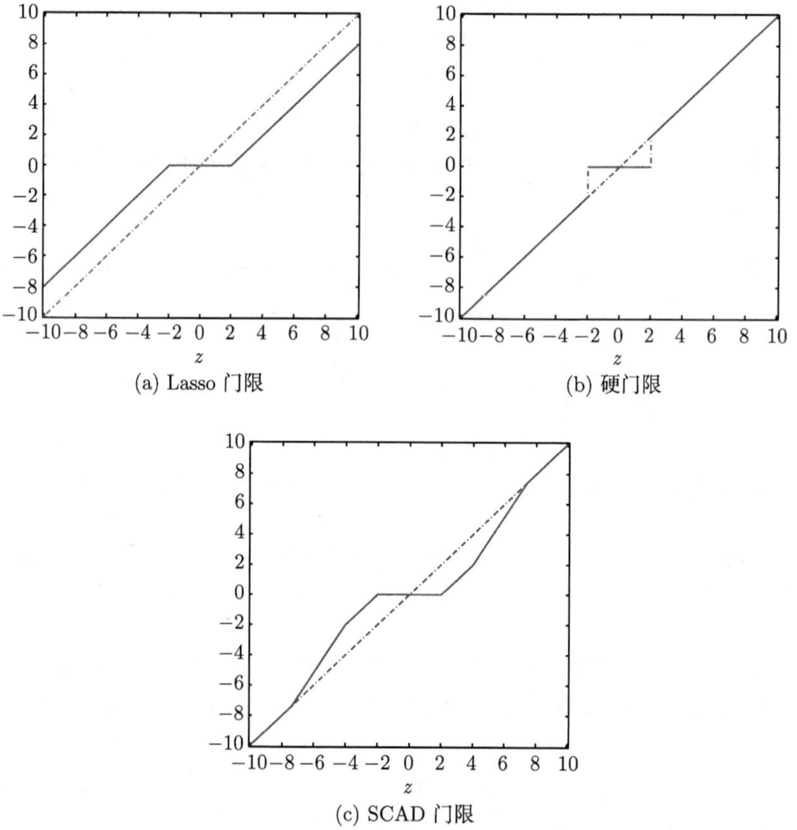

图 6.3.3　三种惩罚函数对应的门限函数图, 其中 $\lambda = 2$, $a = 3.7$

从图 6.3.3 (a), (b) 和 (c) 可以看出: Lasso 惩罚变量选择方法尽管可以产生稀疏解, 并且满足连续性, 但所得的估计不具有无偏性; 硬门限解满足无偏性和稀疏性, 但是对数据点 z, 不满足连续性; SCAD 惩罚函数可以同时满足无偏性、稀疏性和连续性, 并且具有 oracle 性质, 关于 SCAD 估计这些性质, Fan 和 Li (2001) 给出了严格的证明.

Fan 和 Li (2001) 证明了 Lasso 不具有 oracle 性质, 这里 oracle 性质指的是在真实回归子集下估计量所满足的性质. 为了解决这个问题, Zou (2006) 提出了自适应 Lasso (adaptive Lasso) 惩罚函数:

$$p_\lambda(|\beta_i|) = \lambda w_i |\beta_i|,$$

这里 $w_i = 1/\widehat{\beta}_i^{\,\gamma}$, 其中 $\widehat{\beta}_i$ 为模型 (6.3.1) 的 LS 估计, γ 为调节参数. 于是, 自适应 Lasso 估计 $\widehat{\boldsymbol{\beta}}_{\mathrm{aLasso}}$ 定义为

$$\widehat{\boldsymbol{\beta}}_{\mathrm{aLasso}} = \arg\min_{\boldsymbol{\beta}} \left\{ \frac{1}{2n} \|\boldsymbol{Y} - \mathbf{X}\boldsymbol{\beta}\|_2^2 + \lambda \sum_{j=1}^{p-1} \widehat{w}_j |\beta_j| \right\}. \tag{6.3.29}$$

由自适应 Lasso 估计 (6.3.29) 可知, 自适应 Lasso 的基本思想是, 对于 LS 估计大的回归系数, 不进行惩罚, 而对于接近于 0 的回归系数给尽量大的惩罚, 并压缩到 0. 当调节参数取 $\lambda = 2$ 时, 图 6.3.4 分别给出了 $\gamma = 0.5$ 和 $\gamma = 2$ 下目标函数 (6.3.25) 的自适应 Lasso 的门限函数图, 从图中可以看出, 如果选取合适的 γ, 自适应 Lasso 的解将满足无偏性、稀疏性和连续性.

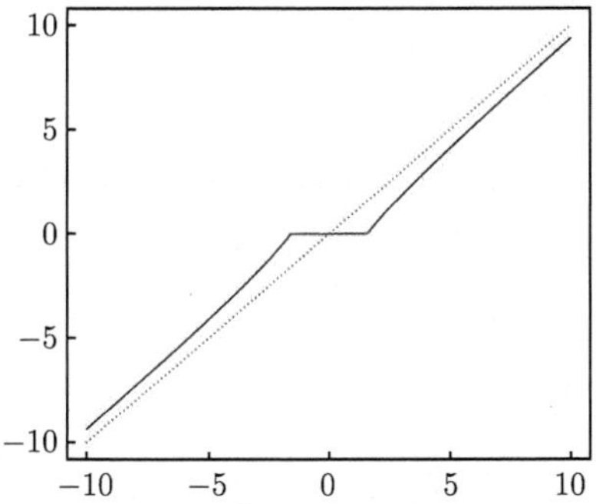

(a) 取 $\gamma=0.5$ 和 $\lambda=2$

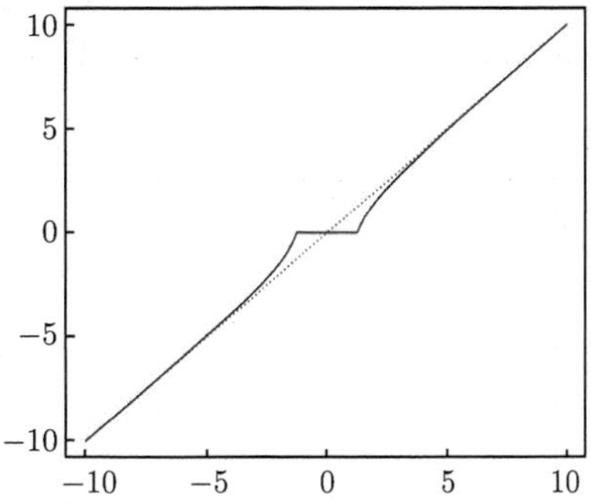

(b) 取 $\gamma=2$ 和 $\lambda=2$

图 6.3.4 自适应 Lasso 门限函数图

注 6.3.2 由于该方法涉及阈值, 因此, 不同于 (6.3.21), 在惩罚最小二乘目标函数 (6.3.22) 中的 $\boldsymbol{y}$ 是中心化后的观测向量, $\mathbf{X}$ 为 $p-1$ 个协变量 $X_1, \cdots, X_{p-1}$ 标准化后的观测矩阵.

关于 Lasso 估计、自适应 Lasso 估计和 SCAD 估计的详细算法, 在 R 语言中, 已有现成的函数. 如可直接用程序包 glmnet 中 glmnet() 进行 Lasso 回归分析、用程序包 ncvreg 中的函数 ncvreg() 进行 SCAD 回归分析、用程序包 msgps 中的函数 msgps() 进行自适应 Lasso 分析等. 需要注意的是, 这三个方法需要对数据进行标准化处理. 下面我们将用一个实际例子来介绍三个方法的应用.

例 6.3.2 对例 6.2.2 的数据, 分别采用 R 语言中相应的程序包进行 Lasso、自适应 Lasso 和 SCAD 回归分析.

解 首先, 对表 6.2.4 的数据, 取参数 alpha = 1, 用函数 glmnet() 进行 Lasso 分析, 然后用函数 path.plot() 绘制 Lasso 估计的路径图, 见图 6.3.5(a). 其次, 用 10 折交叉验证方法的函数 cv.glmnet() 选取最优的调节参数 λ, 并绘制交叉验证误差图, 见图 6.3.5(b). 程序和输出结果如下:

```
library(glmnet);
library(latex2exp)
x<-model.matrix(Y~., health.data[,-1]; y=health.data $ Y;
fit_lasso = glmnet(x, y, alpha = 1, nlambda = 20)
lam = fit_lasso$lambda
beta.hat = as.matrix(fit_lasso$beta)
path.plot(lam, beta.hat)      ## 绘制Lasso估计的路径图
#### 用函数cv.glmnet()选择最优的lambda
set.seed(2021)
cv.lasso = cv.glmnet(x, y, alpha = 1)
plot(cv.lasso)                ## 绘制交叉验证误差图
> cv.lasso$lambda.min         > cv.lasso$lambda.1se
  [1] 0.005075651               [1] 0.5835766
```

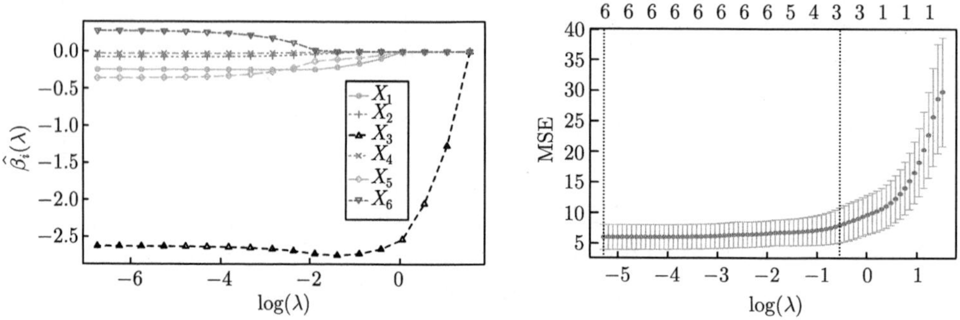

(a) Lasso 估计随着λ变化的路径图 (b) Lasso 回归的交叉验证误差图

图 6.3.5 例 6.2.3 数据的 Lasso 回归分析

图 6.3.5(a) 显示了表 6.2.4 中数据运用 Lasso 方法进行拟合得到的 Lasso 估

计的路径图, 当 $\lambda = 0$ 时, Lasso 估计与最小二乘估计等价; 当 λ 足够大时, Lasso 估计得到一个零模型, 所有回归系数的 Lasso 估计均为 0. 然而在这两个极端之间, Lasso 估计最后被压缩成 0 的系数变量依次为 X_3, X_1, X_5, X_6, 而变量 X_2 和 X_4 的系数随着 λ 变大, 几乎很快同时被压缩成 0. 因此, 根据不同 λ 的取值, 可以得到包含不同变量的模型, 说明 Lasso 方法具有筛选变量的功能.

同样, 图 6.3.5(b) 展示了交叉验证误差图, 可见使 $\text{CV}(\widehat{\lambda})$ 最小化的 λ 为 $\widehat{\lambda} \approx 0.0051$, 而利用 "一个标准差" 准则选取的 λ 为 $\widetilde{\lambda} \approx 0.5836$. 下面使用函数 coef() 分别提取 $\widehat{\lambda}$ 和 $\widetilde{\lambda}$ 对应回归系数的 Lasso 估计.

```
> coef(cv.lasso, s="lambda.min")
> coef(cv.lasso, s="lambda.1se")
7 x 1 sparse Matrix of class "dgCMatrix"
                       1                                  1
(Intercept) 105.01633937            (Intercept) 90.52944150
X1           -0.24071641            X1          -0.11267059
X2           -0.07302177            X2           .
X3           -2.62876371            X3          -2.68260426
X4           -0.02484750            X4           .
X5           -0.35117527            X5          -0.05522621
X6            0.27768283            X6           .
```

从上面的结果可以看出, 尽管 $\widehat{\lambda} \approx 0.0051$ 可使交叉验证误差 $\text{CV}(\widehat{\lambda})$ 达到最小, 不过所有回归系数均非零. 不过, 当采用 "一个标准差" 准则的 $\widetilde{\lambda} \approx 0.5836$ 时, 可以产生稀疏解, 使得 X_2, X_4 和 X_6 的系数为 0, 模型更为简单, 不易导致过拟合.

其次, 对表 6.2.4 的数据用程序包 msgps 中的函数 msgps() 进行自适应 Lasso 分析, 并用函数 plot() 绘制自适应 Lasso 估计的路径图, 见图 6.3.6. 程序和输出结果如下.

```
library(msgps)
alasso_fit = msgps(x, y, penalty = "alasso", gamma = 1, lambda=0)
####绘制自适应Lasso估计的路径图
par(mfrow=c(1,2))
plot(alasso_fit, criterion = "gcv", xvar = "t", main = "GCV")
plot(alasso_fit, criterion = "bic", xvar = "t", main = "BIC")
#### 用函数summary()汇总结果, 并输出结果:
summary(alasso_fit)
Call:msgps(X = x, y = y, penalty = "alasso", gamma = 1, lambda = 0)
Penalty: "alasso"
gamma: 1
```

```
lambda: 0
df:
      tuning     df
 [1,] 0.0000 0.0000
 [2,] 0.1686 0.1569
 [3,] 0.3371 0.3139
 [4,] 0.5057 0.4708
 [5,] 0.6743 0.6277
 [6,] 0.8428 0.7846
 [7,] 1.0114 0.9416
 [8,] 1.2235 1.6275
 [9,] 1.4019 2.1356
[10,] 1.5800 2.5192
[11,] 1.6970 2.8187
[12,] 1.7999 2.9648
[13,] 1.9023 3.1077
[14,] 2.0051 3.2554
[15,] 2.1080 3.4091
[16,] 2.2108 3.5740
[17,] 2.6260 3.9437
[18,] 3.2207 4.3861
[19,] 3.8771 5.2022
[20,] 4.5653 5.9935
tuning.max: 4.567
ms.coef:
                   Cp     AICC       GCV      BIC
(Intercept) 101.59412 100.7412 101.68937 100.9867
X1           -0.21351  -0.2017  -0.21429  -0.1977
X2           -0.02203   0.0000  -0.02421   0.0000
X3           -2.77115  -2.8273  -2.76767  -2.8490
X4            0.00000   0.0000   0.00000   0.0000
X5           -0.31626  -0.2737  -0.31832  -0.2491
X6            0.23411   0.1879   0.23655   0.1626
ms.tuning:
        Cp  AICC   GCV   BIC
[1,] 2.843 2.182 2.901 2.105
ms.df:
       Cp  AICC   GCV   BIC
[1,] 4.11 3.525 4.154 3.405
```

图 6.3.6 和上面输出的结果一致: 当采用 GCV 方法选取调节参数时, 只有

X_4 变量的系数被压缩成 0; 当采用 BIC 方法选取调节参数时, 把 X_2 和 X_4 变量的系数被压缩成 0.

最后, 对表 6.2.4 的数据, 用程序包 ncvreg 中的函数 ncvreg() 进行 SCAD 分析, 然后用函数 path.plot() 绘制 SCAD 估计的路径图, 见图 6.3.7(a). 其次用 10 折交叉验证方法的函数 cv.ncvreg() 选取最优的调节参数 λ, 并绘制交叉验证误差图, 见图 6.3.7(b). 程序和输出结果如下.

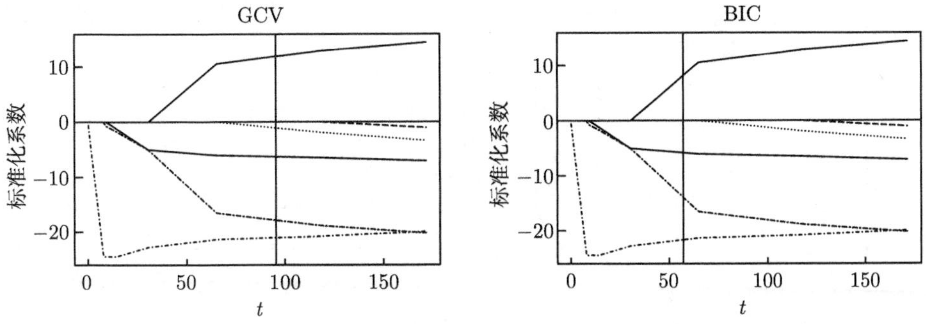

(a) 垂直虚线是用 GCV 准则选取的调节参数　　(b) 垂直虚线是用 BIC 准则选取的调节参数

图 6.3.6　例 6.2.2 数据的自适应 Lasso 估计的路径图

```
library(ncvreg); library(latex2exp)
fit_SCAD = ncvreg(x, y, penalty = "SCAD", nlambda = 20)
lam = fit_SCAD$lambda
beta.hat = fit_SCAD$beta[-1,]
path.plot(lam, beta.hat)      ## 绘制SCAD估计的路径图
#### 用函数cv.glmnet()选择最优的lambda
set.seed(2021)
cv.SCAD = cv.ncvreg(x, y, penalty = "SCAD")
plot(cv.SCAD)                 ## 绘制交叉验证误差图
summary(cv.SCAD)              ## 汇总SCAD回归分析结果
cv.SCAD$lambda.min
[1] 0.1119247
fit = cv.SCAD$fit;  plot(fit)
beta = fit$beta[,cv.SCAD$min]
#### 输出回归系数的SCAD估计:
> beta
  (Intercept)            X1            X2            X3
104.131544027  -0.233572013  -0.072725136  -2.676734567
           X4            X5            X6
-0.004140796  -0.363935989   0.289687415
> cv.SCAD$lambda[36]
```

```
[1] 0.3929893
> fit$beta[,36]
(Intercept)          X1          X2          X3          X4
109.9123501  -0.2463196   0.0000000  -2.8745821   0.0000000
         X5          X6
-0.1198394   0.0000000
```

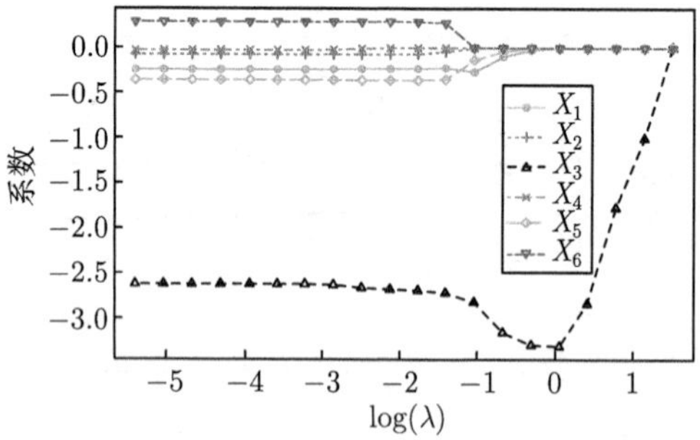

(a) SCAD 估计随着 λ 变化的路径图

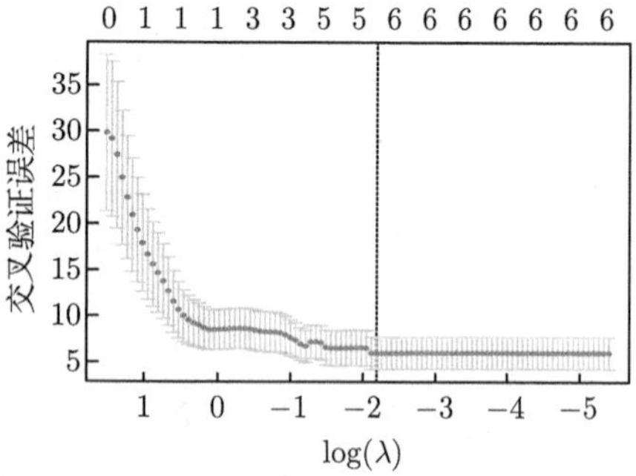

(b) SCAD 回归的交叉验证误差图

图 6.3.7　例 6.2.2 数据的 SCAD 回归分析

图 6.3.7(a) 显示了表 6.2.4中数据运用 SCAD 方法进行拟合得到的 SCAD 估计的路径图. 类似于 Lasso 方法, 当 $\lambda = 0$ 时, SCAD 估计与最小二乘估计等价; 当 λ 足够大时, SCAD 估计得到一个零模型, 所有回归系数的 SCAD 估计均为 0. 然而在这两个极端之间, SCAD 估计最后被压缩成 0 的系数所对应的变量依次为 X_3, X_1, X_5, X_6, 而变量 X_2 和 X_4 的系数随着 λ 变大, 几乎很快同时被压缩成 0. 因此, 根据不同 λ 的取值, 可以得到包含不同变量的模型, 说明 SCAD 方法也具有筛选变量的功能. 同样, 图 6.3.7(b) 展示了交叉验证误差图. 使 $\mathrm{CV}(\widehat{\lambda})$ 最小化的 λ 为 $\widehat{\lambda} \approx 0.1119$, 对应的回归系数分别为 $\widehat{\beta}_0 \approx 104.13, \widehat{\beta}_1 \approx -0.23, \widehat{\beta}_2 \approx -0.07, \widehat{\beta}_3 \approx -2.68, \widehat{\beta}_4 \approx -0.00, \widehat{\beta}_5 \approx -0.36$ 和 $\widehat{\beta}_6 \approx 0.29$. 尽管取 $\widehat{\lambda} \approx 0.1119$ 时, 并没有把一些回归系数压缩成 0. 如果采用 “一个标准差” 准则选取稍微大的调节参数, 则同样会产生稀疏解. 可见, 当取 $\widetilde{\lambda} = 0.3929893$ 时, 可以产生稀疏解, 使得 X_2, X_4 和 X_6 的系数为 0.

总的来说, 当维数 p 较小时, 自适应 Lasso 与 SCAD 方法表现都很好, 通常优于 Lasso 方法, 但随着维数 p 的增加, 自适应 Lasso 表现会变差, 这是因为它需要回归系数 β 的初始估计, 初始估计可能影响自适应 Lasso 估计的均方误差和预测误差; Lasso 方法表现比较稳定, 但易产生过拟合, 会比 SCAD 方法选择更多噪声变量. 目前, Lasso 方法已被应用到高维回归模型, 关于这部分内容, 参见 (李高荣和吴密霞, 2021, p.261).

针对超高维情形下变量选择方法, Fan 和 Lv (2008) 提出了基于因变量和自变量的相关系数筛选重要变量的方法, 即 SIS (sure independence screening) 方法, 并给出了 SIS、Lasso、自适应 Lasso、SCAD 方法各自适用的自变量维数范围, 感兴趣的读者, 参阅 Fan 和 Lv (2008).

6.4 残差分析

在前面几节, 我们讨论了线性回归模型的 LS 估计及检验问题, 当进行上述讨论时, 我们对模型作了一些假设, 其中最主要的是 Gauss-Markov 假设, 即假定模型误差 e_i 满足下列条件:

(1) $\text{Var}(e_i) = \sigma^2$ (等方差);

(2) $\text{Cov}(e_i,\ e_j) = 0,\ i \neq j$ (不相关).

在作关于回归系数的假设检验和区间估计时, 我们还假设 e_i 服从正态分布, 即 $e_i \sim N(0,\ \sigma^2)$ (正态性). 人们自然要问, 在一个具体的场合, 当有了一批数据之后, 怎样考察我们的数据基本上满足这些假设, 这就是回归诊断中要研究的第一个问题. 因为这些假设都是关于误差项的, 所以很自然我们要从分析它们的估计量 (残差) 的角度来解决. 正是这个原因, 这部分内容在文献中也称为残差分析. 残差分析和影响分析是回归诊断两大基本内容, 本节主要介绍残差分析, 影响分析将在 6.5 节给出.

6.4.1 残差

考虑线性回归模型

$$\boldsymbol{y} = \mathbf{X}\boldsymbol{\beta} + \boldsymbol{e}, \quad E(\boldsymbol{e}) = \mathbf{0}, \quad \text{Cov}(\boldsymbol{e}) = \sigma^2\mathbf{I}_n, \tag{6.4.1}$$

其中 $\boldsymbol{y} = (y_1, \cdots, y_n)'$ 为因变量 Y 的 n 次观测, $\mathbf{X}$ 为 $n \times p$ 的列满秩设计阵, 其第 1 列为 $\mathbf{1}_n = (1, \cdots, 1)'$, 第 $i+1$ 列为预测变量 X_i 的 n 次观测值, $i = 1, \cdots, p-1$, $\boldsymbol{e}$ 为 $n \times 1$ 的误差向量.

如何查验这些假定, 需要依赖于模型残差. 因残差作为误差 e_i 的观测值或估计应该与 e_i 相差不远, 故根据残差图的大致性状是否与应有的性质相一致, 就可以对假设 $\boldsymbol{e} \sim (\mathbf{0},\ \sigma^2\mathbf{I}_n)$ 的合理性提供一些有益的信息. 本节将介绍三类常见的残差: 普通残差、标准化残差、标准化预测残差.

1. 普通残差

普通残差即普通最小二乘残差

$$\widehat{\boldsymbol{e}} = \boldsymbol{y} - \widehat{\boldsymbol{y}} = \boldsymbol{y} - \mathbf{X}\widehat{\boldsymbol{\beta}}$$

中 $\widehat{\boldsymbol{\beta}}=(\mathbf{X}'\mathbf{X})^{-1}\mathbf{X}'\boldsymbol{y}$ 为 $\boldsymbol{\beta}$ 在模型 (6.4.1) 下的 LS 估计,

$$\widehat{\boldsymbol{y}}=\boldsymbol{X}\widehat{\boldsymbol{\beta}}=\boldsymbol{X}(\mathbf{X}'\mathbf{X})^{-1}\mathbf{X}'\boldsymbol{y}=\mathbf{P}_{\mathbf{X}}\boldsymbol{y}=\mathbf{H}\boldsymbol{y}$$

为 $\boldsymbol{y}$ 的拟合值向量. 投影阵 $\mathbf{P}_{\mathbf{X}}$ 常常也被称作帽子矩阵, 记作 $\mathbf{H}$, 因为它直接将 $\boldsymbol{y}$ 变成了其"戴帽子"的拟合值 $\widehat{\boldsymbol{y}}$. 如果用 $\boldsymbol{x}_1',\cdots,\boldsymbol{x}_n'$ 表示 $\boldsymbol{X}$ 的 n 个行向量,

$$\widehat{e}_i=y_i-\boldsymbol{x}_i'\widehat{\boldsymbol{\beta}} \tag{6.4.2}$$

为第 i 次试验或观测的残差. 我们把 $\widehat{e}_i$ 看作误差 e_i 的一次观测值, 如果模型 (6.4.1) 正确, 则它应该可反映 e_i 的一些性状. 因此, 我们可以通过这些 $\widehat{e}_i$ 以及基于它们的一些统计量来考察模型假设的合理性.

注意到残差 $\widehat{\boldsymbol{e}}=(\mathbf{I}_n-\mathbf{P}_{\mathbf{X}})\boldsymbol{y}=(\mathbf{I}_n-\mathbf{H})\boldsymbol{y}$ 是 $\boldsymbol{y}$ 的一个线性型, 依据随机向量均值、协方差阵, 以及正态向量线性变换的性质, 得如下定理.

定理 6.4.1　在 Gauss-Markov 假设下, 残差有如下结论.

(1) 若 $E(\widehat{\boldsymbol{e}})=\mathbf{0}$, 则 $\mathrm{Cov}(\widehat{\boldsymbol{e}})=\sigma^2(\mathbf{I}_n-\mathbf{H})$;

(2) $\mathrm{Cov}(\widehat{\boldsymbol{y}},\widehat{\boldsymbol{e}})=\mathbf{0}$, 故残差 $\widehat{\boldsymbol{e}}$ 与拟合值 $\widehat{\boldsymbol{y}}$ 不相关;

(3) $\mathbf{1}_n'\widehat{\boldsymbol{e}}=\mathbf{0}$;

(4) 若 $\boldsymbol{e}\sim N_n(\mathbf{0},\sigma^2\mathbf{I}_n)$, 则残差 $\widehat{\boldsymbol{e}}\sim N_n(\mathbf{0},\sigma^2(\mathbf{I}_n-\mathbf{H}))$ 且与拟合值 $\widehat{\boldsymbol{y}}$ 相互独立.

从定理 6.4.1 可以看出即使误差满足等方差不相关的条件, 残差 $\widehat{e}_i$ 间相关且不等方差的, $\widehat{e}_i$ 的方差 $\sigma^2(1-h_{ii})$, 其中 h_{ii} 为帽子矩阵 $\mathbf{H}$ 的第 i 个对角元素.

2. 标准化残差

由于普通残差 $\widehat{e}_i$ 的方差 $\sigma^2(1-h_{ii})$ 与 h_{ii} 有关, 彼此不相等, 因此, 直接比较残差 $\widehat{e}_i$ 来诊断模型误差是否等方差是不适宜的. 为此, 需对其进行标准化,

$$\frac{\widehat{e}_i}{\sigma\sqrt{1-h_{ii}}},\quad i=1,\cdots,n.$$

但其中 σ 未知, 用其估计 $\widehat{\sigma}=(\|\boldsymbol{y}-\mathbf{X}\widehat{\boldsymbol{\beta}}\|^2/(n-p))^{1/2}$ 代替, 得到

$$r_i=\frac{\widehat{e}_i}{\widehat{\sigma}\sqrt{1-h_{ii}}},\quad i=1,\cdots,n, \tag{6.4.3}$$

称其为**标准化残差**, 或称为**内学生化残差** (internally standardized residual).

值得注意的是, 在 $\boldsymbol{e}\sim N_n(\mathbf{0},\sigma^2\mathbf{I}_n)$ 的条件下, 尽管 $\widehat{e}_i\sim N(0,\sigma^2(1-h_{ii}))$, $\widehat{\sigma}^2\sim\chi^2_{n-p}$, 但 $\widehat{e}_i$ 和 $\widehat{\sigma}^2$ 不独立, 所以 r_i 并不服从 t_{n-p} 分布, 且诸 r_i 彼此也不独立. 关于 $(r_1,\cdots,r_n)$ 的联合分布, 参见 (陈希孺和王松桂, 1987). 由于比较复杂, 这里略省. 下面不加证明地给出内学生化残差 r_i 的边缘分布和一些矩的结果.

定理 6.4.2 若 $\boldsymbol{e}\sim N_n(\mathbf{0},\sigma^2\mathbf{I}_n)$, 则

(1) $r_i^2/(n-p)$ 服从参数为 1/2 和 $(n-p-1)/2$ 的 Beta 分布, 记作

$$\frac{r_i^2}{n-p}\sim \mathrm{Beta}\left(\frac{1}{2},\frac{n-p-1}{2}\right);$$

(2) $E(r_i)=0$, $\mathrm{Var}(r_i)=1$, 且

$$\mathrm{Cov}(r_i,r_j)=-\frac{h_{ij}}{\sqrt{(1-h_{ii})(1-h_{jj})}},\quad i\neq j.$$

因为 $\mathrm{Cov}(r_i,r_j)$ 一般都很小, 所以应用中常常近似地认为 r_i 和 r_j 不相关. 当 n 较大时, 可以近似地认为 r_i 相互独立且服从 $N(0,1)$. 6.4.2 节的残差图主要依据这个事实进行模型假设合理性诊断.

以上普通残差和标准化残差都是从数据与模型的拟合的角度提出的. 由于预测是回归模型的另一个重要目标, 因此下面介绍从预测角度出发所定义的残差.

3. 标准化预测残差

从模型 (6.4.1) 剔除第 i 组数据 $(y_i,\boldsymbol{x}_i')$ 后得到模型

$$\boldsymbol{y}_{(i)}=\mathbf{X}_{(i)}\boldsymbol{\beta}_{(i)}+\boldsymbol{e}_{(i)},$$

这里 $\boldsymbol{y}_{(i)}$ 和 $\mathbf{X}_{(i)}$ 分别为剔除第 i 个观测后相应的 $(n-1)\times 1$ 因变量观测向量和 $(n-1)\times p$ 设计阵. 从此模型得到 $\boldsymbol{\beta}$ 和方差 σ^2 的 LS 估计:

$$\widehat{\boldsymbol{\beta}}_{(i)}=(\mathbf{X}_{(i)}'\mathbf{X}_{(i)})^{-1}\mathbf{X}_{(i)}'\boldsymbol{y}_{(i)},\tag{6.4.4}$$

$$\widehat{\sigma}_{(i)}^2=\frac{\|\boldsymbol{y}_{(i)}-\mathbf{X}_{(i)}\widehat{\boldsymbol{\beta}}_{(i)}\|^2}{n-p-1},\tag{6.4.5}$$

利用 $\widehat{\boldsymbol{\beta}}_{(i)}$, 我们可以得到第 i 个试验点 $\boldsymbol{x}_i$ 处 Y 的预测值, 即为 $\boldsymbol{x}_i'\widehat{\boldsymbol{\beta}}_{(i)}$. 称

$$e_i^*=y_i-\boldsymbol{x}_i'\widehat{\boldsymbol{\beta}}_{(i)}$$

为 $\boldsymbol{x}_i$ 处的预测残差.

由于 $\widehat{\boldsymbol{\beta}}_{(i)}$ 不包含 y_i, 所以, 在 Gauss-Markov 假设下, 我们有 $\widehat{\boldsymbol{\beta}}_{(i)}$ 与 y_i 不相关, 且

$$\mathrm{Var}(e_i^*)=\sigma^2(1+\boldsymbol{x}_i'(\mathbf{X}_{(i)}'\mathbf{X}_{(i)})^{-1}\boldsymbol{x}_i).$$

进一步, 由(6.4.7)可证

$$1+\boldsymbol{x}_i'(\mathbf{X}_{(i)}'\mathbf{X}_{(i)})^{-1}\boldsymbol{x}_i = 1+h_{ii}+\frac{h_{ii}^2}{1-h_{ii}} = \frac{1}{1-h_{ii}},$$

于是对预测残差进行标准化, 得

$$r_i^* = \frac{\sqrt{1-h_{ii}}e_i^*}{\widehat{\sigma}_{(i)}}. \tag{6.4.6}$$

称其为**标准化预测残差**, 也称**外学生化残差** (externally studentized residual).

定理 6.4.3 (1) 标准化预测残差 r_i^* 和标准化残差 r_i 有如下关系:

$$r_i^* = r_i\sqrt{\frac{n-p-1}{n-p-r_i^2}};$$

(2) 如果 $\boldsymbol{e}\sim N_n(\mathbf{0},\sigma^2\mathbf{I}_n)$, 则

$$r_i^*\sim t_{n-p-1}.$$

证明 (1) 由定理 2.3.3 知

$$(\mathbf{A}\pm\boldsymbol{a}\boldsymbol{b}')^{-1} = \mathbf{A}^{-1}\mp\frac{1}{1\pm\boldsymbol{b}'\mathbf{A}^{-1}\boldsymbol{a}}\mathbf{A}^{-1}\boldsymbol{a}\boldsymbol{b}'\mathbf{A}^{-1}.$$

结合事实 $h_{ii}=\boldsymbol{x}_i'(\mathbf{X}'\mathbf{X})^{-1}\boldsymbol{x}_i'$ 和 $\mathbf{X}_{(i)}'\boldsymbol{y}_{(i)}=\mathbf{X}'\boldsymbol{y}-\boldsymbol{x}_iy_i$, 证得

$$(\mathbf{X}_{(i)}'\mathbf{X}_{(i)})^{-1} = (\mathbf{X}'\mathbf{X}-\boldsymbol{x}_i\boldsymbol{x}_i')^{-1} = (\mathbf{X}'\mathbf{X})^{-1}+\frac{1}{1-h_{ii}}(\mathbf{X}'\mathbf{X})^{-1}\boldsymbol{x}_i\boldsymbol{x}_i'(\mathbf{X}'\mathbf{X})^{-1}. \tag{6.4.7}$$

于是

$$\widehat{\boldsymbol{\beta}}_{(i)} = (\mathbf{X}_{(i)}'\mathbf{X}_{(i)})^{-1}\mathbf{X}_{(i)}'\boldsymbol{y}_{(i)} = \widehat{\boldsymbol{\beta}}-\frac{\widehat{e}_i}{1-h_{ii}}(\mathbf{X}'\mathbf{X})^{-1}\boldsymbol{x}_i, \tag{6.4.8}$$

$$e_i^* = y_i-\boldsymbol{x}_i'\widehat{\boldsymbol{\beta}}+\boldsymbol{x}_i'(\widehat{\boldsymbol{\beta}}-\widehat{\boldsymbol{\beta}}_{(i)}) = \widehat{e}_i+\frac{\widehat{e}_ih_{ii}}{1-h_{ii}} = \frac{\widehat{e}_i}{1-h_{ii}}.$$

注意到 $\boldsymbol{y}-\mathbf{X}\widehat{\boldsymbol{\beta}}=(\mathbf{I}_n-\mathbf{H})\boldsymbol{y}$, $(\mathbf{I}_n-\mathbf{H})\mathbf{X}=\mathbf{0}$, 我们可证得

$$\begin{aligned}(n-p-1)\widehat{\sigma}_{(i)}^2 &= \|\boldsymbol{y}_{(i)}-\mathbf{X}_{(i)}\widehat{\boldsymbol{\beta}}_{(i)}\|^2\\ &= \|\boldsymbol{y}-\mathbf{X}\widehat{\boldsymbol{\beta}}_{(i)}\|^2-(y_i-\boldsymbol{x}_i'\widehat{\boldsymbol{\beta}}_{(i)})^2\\ &= \|\boldsymbol{y}-\mathbf{X}\widehat{\boldsymbol{\beta}}+\mathbf{X}(\widehat{\boldsymbol{\beta}}_{(i)}-\widehat{\boldsymbol{\beta}}_{(i)})\|^2-e_i^{*2}\end{aligned}$$

$$\begin{aligned}&=\|\boldsymbol{y}-\mathbf{X}\widehat{\boldsymbol{\beta}}\|^2+\|\mathbf{X}(\widehat{\boldsymbol{\beta}}_{(i)}-\widehat{\boldsymbol{\beta}}_{(i)})\|^2-\left(\frac{\widehat{e}_i}{1-h_{ii}}\right)^2\\&=(n-p)\widehat{\sigma}^2+\frac{\widehat{e}_i^2h_{ii}}{(1-h_{ii})^2}-\frac{\widehat{e}_i^2}{(1-h_{ii})^2}\\&=(n-p)\widehat{\sigma}^2-\frac{\widehat{e}_i^2}{1-h_{ii}}\\&=(n-p-\widehat{r}_i^2)\widehat{\sigma}^2.\end{aligned}\tag{6.4.9}$$

故

$$r_i^*=\frac{\sqrt{1-h_{ii}}e_i^*}{\widehat{\sigma}_{(i)}}=\frac{\sqrt{(1-h_{ii})(n-p-1)}\widehat{e}_i}{\widehat{\sigma}\sqrt{n-p-r^2}}=r\sqrt{\frac{n-p-1}{n-p-r^2}}.$$

(1) 得证.

(2) $\widehat{\boldsymbol{\beta}}_{(i)}$ 不依赖于因变量 y_i, 故在正态假设 $\boldsymbol{e}\sim N_n(\mathbf{0},\sigma^2\mathbf{I}_n)$ 下, y_i, $\widehat{\boldsymbol{\beta}}_{(i)}$ 和 $\widehat{\sigma}^2_{(i)}$ 相互独立, 且

$$e_i^*\sim N_n\left(0,\frac{\sigma^2}{1-h_{ii}}\right),$$

$$\frac{(n-p-1)\widehat{\sigma}^2_{(i)}}{\sigma^2}\sim\chi^2_{n-p-1},$$

由 t 分布的定义, 定理得证.

由定理 6.4.3 的 (1) 可以看出: 这两种标准化残差彼此互为单调函数, 故在残差图中选哪个标准化残差, 结果不会有多少差别. 但 r_i^* 的分布就是 t 分布, 更益于因变量异常值的检验.

注 6.4.1 由于

$$r_i^*=\frac{\sqrt{1-h_{ii}}e_i^*}{\widehat{\sigma}_{(i)}}=\frac{\widehat{e}_i}{\widehat{\sigma}_{(i)}\sqrt{1-h_{ii}}},\quad i=1,\cdots,n,\tag{6.4.10}$$

与标准化残差 r_i 的区别只在于 σ 估计不同, 因此, 标准化预测残差可看作是另一种学生化残差. 因 $\widehat{\sigma}_{(i)}$ 不涉及 (外生于) e_i, 故称 r_i^* 为外学生化残差或学生化删除残差 (studentized deleted residuals), 相对地, 称 r_i 为内学生化残差.

关于回归模型的残差、标准化学生化 (内学生化) 残差和外学生化残差的计算, 可以分别采用 R 语言中的函数 residuals(), rstandard(), rstudent().

6.4.2 残差图

所谓残差图就是以某种残差为纵坐标, 以任何其他的量为横坐标的散点图. 这里横坐标有多种选择, 其中最常见的三种选择是

- 因变量 Y 的拟合值 (fitted value), 也称预测值 (predicted value);
- 自变量 x_j, $j=1,\cdots,p-1$;
- 因变量的观测时间或观测序号 (时间序列情形).

这三类残差图分别侧重于考察随机误差的正态性和等方差性; 单变量的线性性; 误差不相关性等假定.

1. 标准化残差与因变量拟合值的散点图

标准化残差与因变量拟合值的散点图是使用最多的残差图, 可以检查随机误差的正态性、等方差性假定以及模型的线性性假设.

正态性 若 $\boldsymbol{e}\sim N_n(\mathbf{0},\ \sigma^2\mathbf{I}_n)$, 则由定理 6.4.1 知: 残差向量 $\widehat{\boldsymbol{e}}$ 与拟合值向量 $\widehat{\boldsymbol{y}}$ 相互独立. 注意到学生化残差向量

$$\boldsymbol{r}=(r_1,\cdots,r_n)'=\frac{1}{\widehat{\sigma}}\text{diag}\,(1/q_1,\cdots,1/q_p)\,\widehat{\boldsymbol{e}}$$

为残差 $\widehat{\boldsymbol{e}}$ 的函数, 其中, $\widehat{\sigma}=\sqrt{\widehat{\boldsymbol{e}}'\widehat{\boldsymbol{e}}/(n-p)}$, $q_i=\sqrt{1-h_{ii}}$, h_{ii} 为 $\mathbf{P_X}$ 的第 i 对角元素, 故证得学生化残差 $r=(r_1,\cdots,r_n)'$ 与拟合值 $\widehat{\boldsymbol{y}}$ 也相互独立. 根据定理 6.4.2 下面的讨论, 当 n 较大时, 可近似地认为这些 r_i 是来自总体 $N(0,1)$ 的一组简单随机样本. 根据标准正态分布的性质, 大约应有 95%的 r_i 落在 $[-2,2]$ 中. 所以若 $\boldsymbol{e}\sim N_n(\mathbf{0},\ \sigma^2\mathbf{I}_n)$, 则残差图中的点 $(\widehat{y}_i,r_i)$, $i=1,\cdots,n$, 大致应落在宽度为 4 的水平带

$$|r_i|\leqslant 2$$

区域内, 且不呈任何的趋势. 如图 6.4.1(a), 我们就可以认为假设 $\boldsymbol{e}\sim N_n(\mathbf{0},\ \sigma^2\mathbf{I}_n)$ 基本上是合理的.

等方差性 Gauss-Markov 假设下假设误差 e_i 的方差都相等, 即 $\text{Var}(e_i)=\sigma^2, i=1,\cdots,n$. 当误差 e_i 的方差不全相等时, 残差图将大致关于直线 $r=0$ 呈现上下对称且有一定的趋势. 如图 6.4.1 (b)—(d), 其中图 6.4.1 (b) 显示了误差随 $\widehat{y}_i$ 的增大有增加的趋势; 图 6.4.1(c) 所显示的情形正好相反, 即误差方差随 $\widehat{y}_i$ 的增大而减小; 但是图 6.4.1 显示对较大或较小的 $\widehat{y}_i$, 误差方差偏小, 而对中等大小的 $\widehat{y}_i$, 误差方差偏大.

线性性 当残差图呈现一定趋势时, 图 6.4.1(e) 和 (f) 表明回归函数可能是非线性的, 或漏掉了一个或多个重要的回归自变量的二次项或交叉项, 或误差 e_i 之间有一定相关性. 究竟属于何种情况, 还需作进一步的诊断. 一种 “症状” 可能产生于多种不同的 “疾病” 的情况正是回归诊断的困难所在, 在具体处理时, 和医生治病一样, 临床经验是非常重要的.

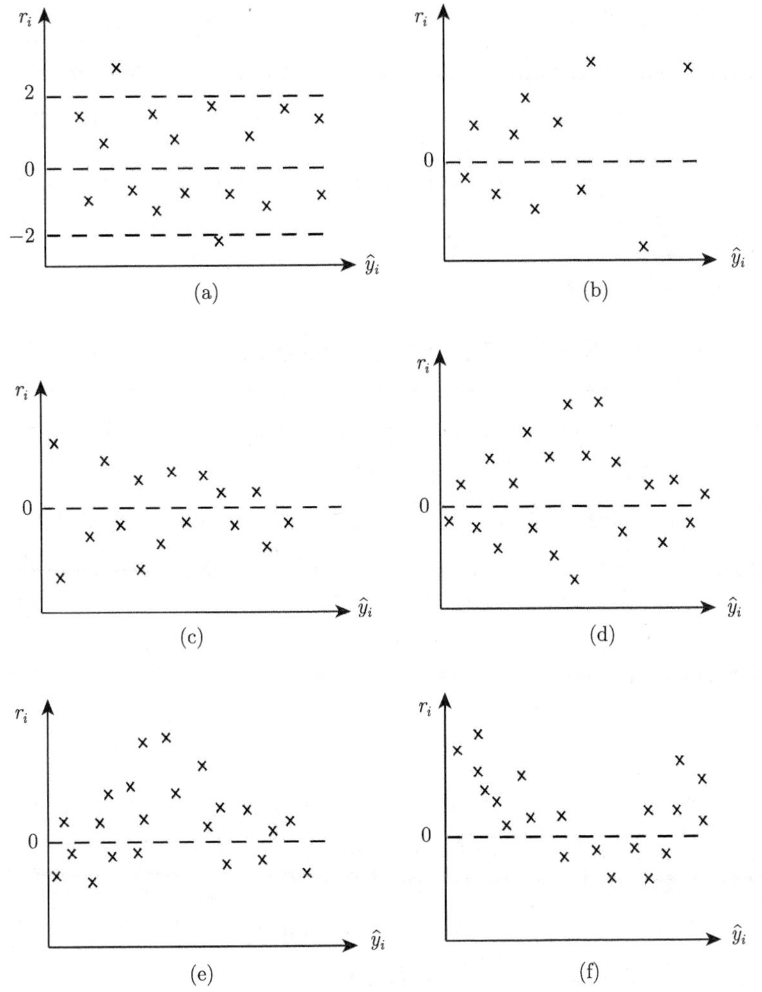

图 6.4.1 残差图的六种典型形状

2. 以自变量为横坐标的残差图

以每个自变量 X_j $(1 \leqslant j \leqslant p)$ 的各个观测值 x_{ij} $(1 \leqslant i \leqslant n)$ 为点的横坐标的残差图. 在正态假设下, 标准化残差与每个自变量都是不相关的. 如果该假设成立, 图中的点应该是随机散布的. 图中有任何可辨别的模式都表明这些假设可能不成立. 因此, 与拟合值 $\widehat{y}_i$ 为横坐标的残差图类似, 满意的残差图呈现图 6.4.1(a) 的水平带状. 如果呈现图 6.4.1 (b) 或 (c) 或 (d) 的形状, 则说明误差方差不等方差, 且受自变量 X_j 的影响; 如果呈现图 6.4.1(e) 或 (f) 的形状, 则需要在模型中增加自变量 X_j 的高次项, 或需要对因变量 Y 作变换以得到线性关系.

对于简单回归模型 $y_i = \beta_0 + x_i\beta_1 + e_i$ 中, y_i 的拟合值 $\widehat{y}_i = x_i\widehat{\beta}_1$ 是 x_i 常

数倍, 此时标准化残差对 x_i 的散点图与标准化残差对拟合值的散点图提供相同的散点图趋势. 因此, 只需标准化残差对 x_i 的散点图即可. 但对于多变量回归模型 $y_i=\beta_0+\sum\limits_{j=1}^{p}x_{ij}\beta_j+e_i$, 则需分别作标准化残差对因变量拟合值的散点图、标准化残差对每个自变量的散点图, 分别了解误差的正态性和异方差性假设以及因变量与各自变量的线性性.

3. 时间为横坐标的残差图

这个诊断图是标准化残差关于观测序号的散点图. 如果观测的顺序不重要, 这个图是不需要的. 然而, 如果顺序很重要, 如按照时间或空间顺序得到的观测, 那么残差的这种顺序号可用来检查误差的独立性假设. 在误差的独立性假设下, 这些点应该随机分布在一条过零的水平带状区域内.

假设因变量 Y 的观测值 $y_1,\cdots,y_n$ 是依一定时间顺序观测得到的, 则它们构成一个时间序列. 观测点分别为 $t_1,\cdots,t_n$, 则我们可以取时间 t 或观测序号为横坐标, 构造 (t_i,r_i) 或 (i,r_i) 的残差图. 在经济、商业以及一些工程问题时, 常常会遇到这样的时间序列数据. 对于时间序列数据, 误差 e_i 往往是自相关的, 例如可能有以下关系

$$e_i=\rho e_i+u_i, \tag{6.4.11}$$

这里 $u_i\sim N(0,\sigma^2)$, 且相互独立, ρ $(|\rho|<0)$ 是自相关参数, 称 (6.4.11) 为一阶自回归模型. 如果 $\rho>0$, 称为正相关, 不然 $\rho<0$, 称为负相关. 当误差 e_i 是正相关时, 残差符号具有 "集团" 性, 即有一段全是正号, 另一段全是负号, 残差符号的改变不频繁, 如图 6.4.2(a). 相反, 当误差 e_i 是负相关时, 则残差符号大致有正负交错的趋势, 符号改变非常频繁, 如图 6.4.2(b).

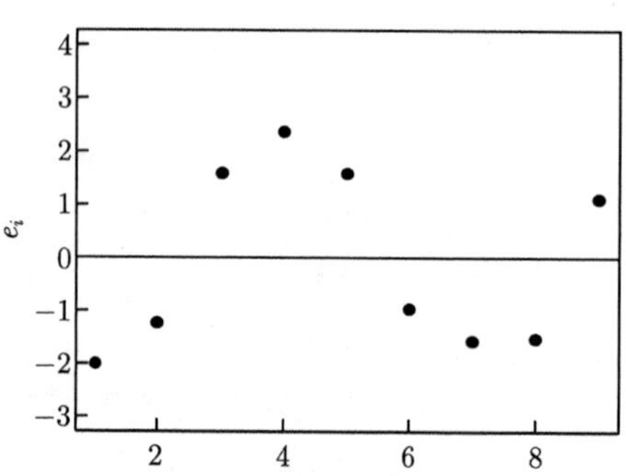

(a) 误差 e_i 是正相关

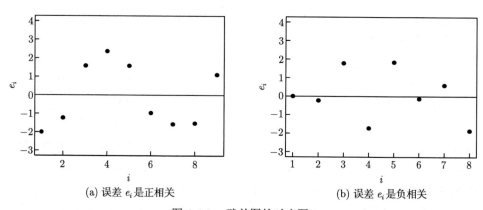

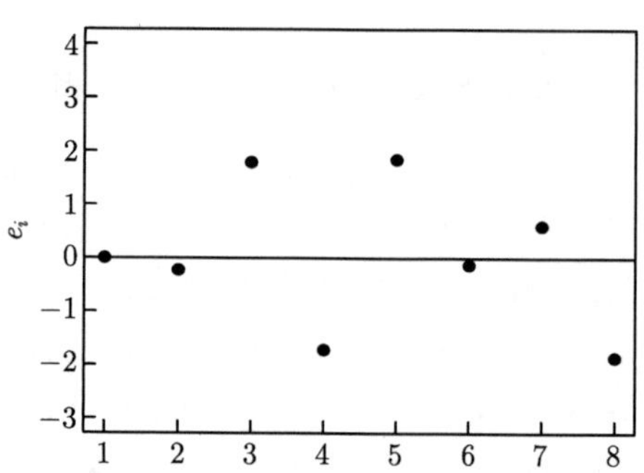

(b) 误差 e_i 是负相关

图 6.4.2　残差图的时序图

从残差图诊断出来的可能的“疾病”, 即知道某些假设条件可能不成立, 进一步的问题就是如何核实并“对症下药”. 我们逐一介绍残差分析中的误差的异方差性、正态性和自相关性三类问题的检验和相应修正方法.

6.4.3 正态性诊断

在回归分析中, 当对回归系数的 LS 估计的分布、回归方程的显著性检验、回归系数的显著性检验或回归系数的置信区间进行深入讨论时, 通常都需要假设模型误差服从正态分布. 因此误差的正态性检验在回归诊断时是很重要的. 常用的正态性诊断方法除了前面介绍的标准化残差图外, 还有如下方法.

1. 残差的 Q-Q 图

可用残差的 Q-Q 图检验残差的正态性, 设 $\widehat{e}_{(i)}$ 表示残差 $\widehat{e}_i$ 的次序统计量, 其中 $i=1,\cdots,n$. 令

$$q_{(i)}=\Phi^{-1}\left(\frac{i-0.375}{n+0.25}\right),\qquad i=1,\cdots,n,$$

其中 $\Phi(x)$ 为标准正态 $N(0,1)$ 的分布函数, $\Phi^{-1}(x)$ 为其反函数. 称 $q_{(i)}$ 为样本量为 n 的标准正态样本的第 i 个顺序统计量的期望值.

可证明, 若 $\widehat{e}_i\ (i=1,\cdots,n)$ 是来自正态分布总体的样本, 则点 $\{(q_{(i)},\widehat{e}_{(i)}),i=1,\cdots,n\}$ 应在一条直线附近. 若残差 Q-Q 图中点的大致趋势明显不在一条直线上, 则有理由怀疑对误差的正态性假设的合理性; 否则认为误差的正态性假设是合理的.

R 语言中, 可用函数 plot(model, 2) 绘制残差的 Q-Q 图, 其中 model 是由 lm 生成的对象.

2. Shapiro-Wilk 检验

该检验是由 Shapiro 和 Wilk (1965) 基于回归和相关提出的, 又被称为 W 检验, 是应用最广的正态性检验之一. 记 $\boldsymbol{m}=(m_1,\cdots,m_n)'$ 和 $\mathbf{V}=(v_{ij})$ 分别为 n 个标准正态分布的随机变量的顺序统计量的期望向量和协方差阵. 令 $\boldsymbol{u}=(u_1,\cdots,u_n)'$ 是随机变量 U 的顺序样本的观测向量. 如果 $\{u_i\}$ 是来自总体正态分布 $N(\mu,\sigma^2)$ 的一组样本, 则

$$u_i=\mu+\sigma m_i+\varepsilon_i,\quad i=1,\cdots,n,\quad \mathrm{Cov}(\varepsilon_i,\varepsilon_j)=\sigma^2 v_{ij},$$

注意到对称分布下, $\boldsymbol{m}\mathbf{V}^{-1}\mathbf{1}_n = 0$, 易证回归系数 σ 的 BLU 估计为

$$\widehat{\sigma} = \boldsymbol{m}\mathbf{V}^{-1}\boldsymbol{u}/(\boldsymbol{m}\mathbf{V}^{-1}\boldsymbol{m}).$$

样本方差 $S^2 = \sum_{i=1}^{2}(u_i - \bar{(u)})^2/(n-1)$ 是 σ^2 的无偏估计. Shapiro-Wilk 检验的 W 统计量为

$$W = \frac{(\boldsymbol{m}'\mathbf{V}^{-1}\boldsymbol{m})^2\widehat{\sigma}^2}{(\boldsymbol{m}'\mathbf{V}^{-2}\boldsymbol{m})S^2} = \frac{\left(\sum_i a_i u_i\right)^2}{\sum_i (u_i - \bar{u})^2}$$

这里 $\bar{u} = \sum u_i/n$, $\boldsymbol{a} = \mathbf{V}^{-1}\boldsymbol{m}/(\boldsymbol{m}'\mathbf{V}^{-2}\boldsymbol{m})$. 可证 $\boldsymbol{a}'\boldsymbol{a} = 1$, $W \leqslant 1$. 计算出的 W 值越接近 1, 样本服从正态分布的可能性越大. R 软件中函数 shapiro.test() 提供 W 统计量和相应的 P 值. 如果计算出的 W 值大于临界值, 则说明数据服从正态分布. 由于误差向量 $\boldsymbol{e}$ 是不可以被直接观测到, 因此, 要检验误差向量 $\boldsymbol{e}$ 服从正态分布 $N_n(\mathbf{0}, \sigma^2\mathbf{I}_n)$, 可借助于对 LS 残差向量 $\widehat{\boldsymbol{e}}$ 作 Shapiro-Wilk 检验.

此外, 文献中关于正态性检验的方法还有 χ^2 检验、Kolmogorov-Smirnov 检验、Anderson-Darling 检验、D'Agostino's K-squared 检验、峰度检验等. 值得注意的是: 当样本量很大时, 正态性检验的必要性就不那么重要了, 因为在大样本下, 回归系数的 t 检验和 F 检验就可用渐近分布来替换了.

例 6.4.1 在例 6.2.3 中, BIC 准则下变量选择的结果表明: 采用模型 $Y = \beta_0 + X_1\beta_1 + +X_2\beta_2 + e$ 可很好地拟合 Hald 水泥数据 (表 6.2.5). 本例对模型的随机误差进行正态性检验.

解 采用 R 语言中的函数 plot() 绘制残差图和残差的 Q-Q 图. 相应程序和绘制的图如下:

```
 lm.reg <- lm(Y ~ X1+X2, data = data1)## 拟合BIC选模型
 plot(lm.reg,1)##绘制残差图
plot(lm.reg, 2)##绘制Q-Q图
shapiro.test(y.res)##正态性检验
```

从残差图 6.4.3 (a) 可以看出: 模型的残差大都在 $[-2, 2]$ 内, 且与 Y 的拟合值没有明显的相依趋势; 从 Q-Q 图 6.4.3(b) 也可以看出点 $\{(q_{(i)}, r_{(i)}), i = 1, \cdots, 13\}$ 大致在一条直线上附近, 因此, 可以初步判定模型误差服从正态分布. 下面采用 R 语言中函数 shapiro.test() 对残差进行 Shapiro-Wilk 正态性检验. 由于 Shapiro-Wilk 统计量 $W = 0.90527$ 较接近于 1, 其 P 值 $= 0.158 > 0.05$, 因此, 依据 Shapiro-Wilk 正态性检验, 不能排除模型误差的正态假设.

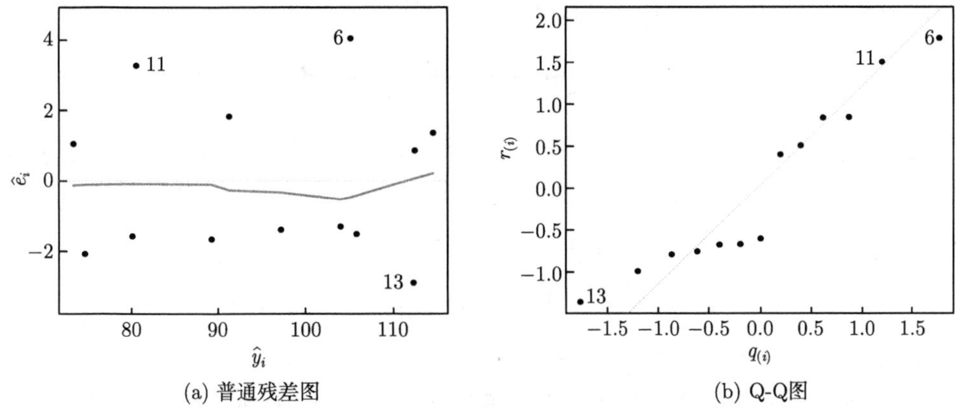

图 6.4.3　例 6.4.1 的普通残差图和 Q-Q 图

6.4.4 异方差性诊断

对于线性回归模型

$$\boldsymbol{y} = \mathbf{X}\boldsymbol{\beta} + \boldsymbol{e}, \quad E(\boldsymbol{e}) = \mathbf{0}, \quad \mathrm{Cov}(\boldsymbol{e}) = \boldsymbol{\Sigma}, \tag{6.4.12}$$

其误差向量 $\boldsymbol{e}$ 的协方差阵具有如下形式:

$$\boldsymbol{\Sigma} = \begin{pmatrix} \sigma_1^2 & 0 & \cdots & 0 \\ 0 & \sigma_2^2 & \cdots & 0 \\ \vdots & \vdots & \ddots & \vdots \\ 0 & 0 & \cdots & \sigma_n^2 \end{pmatrix},$$

若 $\sigma_1^2, \cdots, \sigma_n^2$ 不全相等, 则称模型 (6.4.12) 为异方差线性回归模型. 由本书第 4 章的内容可知: 如果模型误差是异方差的, 则 LS 估计虽然仍满足无偏性, 但不再是有效估计, 基于 LS 估计的回归系数的区间估计、假设检验以及预测精度等都会受到严重的影响. 因此, 需要对模型误差异质性进行诊断. 本节将从异方差性产生的原因和诊断异方差的方法分别进行介绍.

1. 异方差性产生的原因

异方差性产生的原因有许多, 但其中最主要的原因有以下六个方面:

(1) 模型中遗漏了某些重要的自变量. 假设正确的模型为

$$y_i = \beta_0 + \beta_1 x_{i1} + \beta_2 x_{i2} + e_i,$$

如果遗漏了自变量 x_{i2}, 则指定的模型为

$$y_i\beta_0+\beta_1x_{i1}+e_i,$$

此时 y_i 的方差自然与 x_{i2} 有关, 我们也可用指定的模型下残差证实这点. 记 $\boldsymbol{y}=(y_1,\cdots,y_n)'$, $\boldsymbol{x}_j=(x_{1j},\cdots,x_{nj})'$, $j=1,2$, $\boldsymbol{e}=(e_1,\cdots,e_n)'$. 指定模型下的残差为

$$\widehat{\boldsymbol{e}}=(\widehat{e}_1,\cdots,\widehat{e}_n)'=(\mathbf{I}_n-\mathbf{P}_{(\mathbf{1}_n:\boldsymbol{x}_1)})\boldsymbol{y}=(\mathbf{I}_n-\mathbf{P}_{(\mathbf{1}_n:\boldsymbol{x}_1)})(\boldsymbol{x}_2\beta_2+\boldsymbol{e}),$$

故 $\widehat{e}_i$ 会呈现出随着 x_{i2} 的变化而变化的趋势.

(2) 数据的测量误差. 样本数据的观测误差有可能随研究范围的扩大而增加, 或随时间的推移逐步积累, 也可能随着观测技术的提高而逐步减小. 例如, 道格拉斯生产函数的对数模型:

$$y_t=\log(A)+\alpha_t\log(K_t)+\log(L_t)+\varepsilon_t,$$

其中 y_t 表示第 t 时刻某企业生产能力的对数, K_t 表示第 t 时刻该企业的资本, L_t 表示第 t 时刻该企业的劳动力, ε_t 表示第 t 时刻除资本和劳动力的其他因素. 由于不同时期的观测技术、评价标准不同致使企业的投资环境、管理水平和生产规模 (如 L_t 和 K_t 增大) 的观测误差降低引起 ε_t 偏离均值的程度不同, 从而产生异方差.

(3) 分组数据. 一般用分组数据估计线性回归模型往往会产生异方差性. 这是因为不同组数据往往受到不同程度随机因素的影响, 使得模型误差的方差往往不等.

(4) 模型的函数形式存在设定误差. 例如道格拉斯生产函数的对数模型中如果将 y_t 直接用第 t 时刻某企业生产能力取代, 而不是其对数, 则模型就会产生异方差.

(5) 异常点的存在也会产生异方差性.

(6) 一个或多个回归解释变量的分布是偏态 (skewness). 线性模型的同方差假设源自正态向量的条件期望和条件方差的特征, 即假设自变量 $\boldsymbol{X}=(X_1,\cdots,X_{p-1})'$ 和因变量 Y 服从多元正态分布, $(Y,\boldsymbol{X}')'\sim N_p(\boldsymbol{\mu},\ \boldsymbol{\Sigma}_0)$, 其中

$$\boldsymbol{\mu}=\begin{pmatrix}E(Y)\\E(\boldsymbol{X})\end{pmatrix}=\begin{pmatrix}\mu_Y\\\boldsymbol{\mu}_{\boldsymbol{X}}\end{pmatrix},$$

$$\boldsymbol{\Sigma}_0=\mathrm{Cov}\begin{pmatrix}Y\\\boldsymbol{X}\end{pmatrix}=\begin{pmatrix}\sigma_Y^2&\boldsymbol{\sigma}_{Y,\boldsymbol{X}}\\\boldsymbol{\sigma}_{Y,\boldsymbol{X}}'&\boldsymbol{\Sigma}_{\boldsymbol{X}}\end{pmatrix}.$$

应用多元正态向量的条件分布性质 (参见 (吴密霞和刘春玲, 2014) 的定理 2.4.4), 可证得

$$Y|\boldsymbol{X}=\boldsymbol{x}\sim N(\beta_0+\boldsymbol{x}'\boldsymbol{\beta}_1,\sigma^2),$$

其中

$$\beta_0=(\mu_Y-\boldsymbol{\sigma}'_{Y,\boldsymbol{X}}\boldsymbol{\Sigma}_{\boldsymbol{X}}^{-1}\boldsymbol{\mu}_{\boldsymbol{X}}),\quad \boldsymbol{\beta}_1=(\beta_1,\cdots,\beta_{p-1})'=(\boldsymbol{\Sigma}_{\boldsymbol{X}}^{-1}\boldsymbol{\sigma}_{Y,\boldsymbol{X}}),$$

$$\sigma^2=\mathrm{Cov}(Y|\boldsymbol{X}=\boldsymbol{x})=\sigma_Y^2-\boldsymbol{\sigma}'_{Y,\boldsymbol{X}}\boldsymbol{\Sigma}_{\boldsymbol{X}}^{-1}\boldsymbol{\sigma}_{Y,\boldsymbol{X}}.$$

于是, 在给定自变量 $\boldsymbol{X}=\boldsymbol{x}$ 下, 线性回归模型

$$Y=\beta_0+\boldsymbol{x}'\boldsymbol{\beta}_1+\boldsymbol{e}=(1,\boldsymbol{x}')\boldsymbol{\beta}+\boldsymbol{e},\quad \boldsymbol{e}\sim N(\boldsymbol{0},\sigma^2).$$

当 $\boldsymbol{X}$ 和 Y 的联合分布不是正态分布时, 则条件协方差 $\mathrm{Cov}(Y|\boldsymbol{X}=\boldsymbol{x})$ 就可能为自变量的函数 $\sigma^2=u(\boldsymbol{x})$, 从而导致异方差.

2. 异方差性检验

关于异方差性检验问题 (也称方差的齐性检验问题), 文献中已有不少方法, 其共同的特点就是判断随机误差下的方差与自变量之间的相关关系, 通常通过建立不同的模型和相应的检验统计量来检验方差是否都相等, 即检验假设

$$H_0:\ \sigma_1^2=\cdots=\sigma_n^2=\sigma^2.$$

下面我们介绍几种常见的方差齐性检验的方法.

(1) 图示检验法.

关于异方差性的诊断, 除了前面介绍的残差图外, 我们还可以采用 X 与 Y 的散点图进行判断, 看是否存在明显的散点扩大、缩小或复杂性趋势 (即不在一个固定的带形域中), 也可依据自变量 X 与 LS 残差 $\widehat{e}_i$ (或平方 $\widehat{e}_i^2$) 的散点图进行判断, 看是否在一斜率为零的直线附近、是否有一定趋势. 当模型中包含多个自变量时, 可以对自变量逐一进行以上判断.

(2) Spearman 秩相关检验.

Spearman 秩相关检验, 也称等级相关检验, 是一种应用较广泛的非参数检验方法, 通过 Spearman 秩相关系数 (rank correlation coefficient) 探究两个随机变量是否存在依赖关系, 这里, 我们用它检验误差方差是否依赖于某个自变量, 从而体现异方差性是否存在. 计算残差的绝对值 $|\widehat{e}_i|$ 与第 j 个自变量 X_j 的 Spearman 秩相关系数:

$$r_s(j)=1-\frac{6}{n(n^2-1)}\sum_{i=1}^{n}(R(|\widehat{e}_i|)-R(x_{ij}))^2,$$

其中 $R(|\widehat{e}_i|)$ 和 $R(x_{ij})$ 分别为 $|\widehat{e}_i|$ 和 x_{ij} 的秩, 即 $|\widehat{e}_i|$ 和 x_{ij} 分别在 $\{|\widehat{e}_1, \cdots, |\widehat{e}_n|\}$ 和 $\{x_{1j}, \cdots, x_{nj}\}$ 按升序 (或降序) 排列后所得序列中的位置. 选择与绝对值 $|\widehat{e}_i|$ 的 Spearman 秩相关系数最大的自变量所对应的 Spearman 秩相关系数 $r_s = \max r_s(j)$ 构造 t 检验统计量:

$$t = \frac{\sqrt{n-2}r_s}{1-r_s^2}.$$

对于给定的显著性水平 α, 若 $|t| > t_{n-2}(\alpha/2)$, 或 P 值 $P\{t_{n-2} > t\} < \alpha$ 时, 则认为该数据模型存在异方差性, 否则认为是等方差的. 应用中要求 $n > 8$.

如果异方差存在, 则可通过每个自变量 X_j 与残差的绝对值 $|\widehat{e}_i|$ 作 Spearman 检验结果, 挑选出与误差方差相关的自变量来构造误差方差的估计函数.

(3) Goldfeld-Quandt 检验.

该检验的基本思想为先将样本分为两部分, 然后分别对两个样本进行回归, 并计算两个子样的残差平方和所构成的比值, 以此为统计量来判断是否存在异方差. 但这一检验需要满足两个前提条件: 要求变量的观测值为大样本; 除了同方差假定不成立外, 其他假定均满足.

检验的具体做法如下:

步骤 1 排序: 假设随机扰动项的方差与某个解释变量正相关, 把全部观测值按照此解释变量的取值从小到大排序.

步骤 2 数据分组: 将排列在中间的约 1/4 的观测值删除掉, 记为 c, 再将剩余的分为两个部分, 每部分观测值的个数为 $(n-c)/2$.

步骤 3 分别 LS 回归: 用两个子样本分别估计回归直线, 并计算残差平方和. 分别用 n_2 和 n_1 表示两组样本, 用 $\mathrm{SSE}_1 = \sum \widehat{e}_{1i}^2$ 和 $\mathrm{SSE}_2 = \sum \widehat{e}_{2i}^2$ 表示两组样本的残差平方和, 这里的 $n_2 = n_1 = (n-c)/2$.

步骤 4 构造 F 检验: 在同方差假设下, 两组样本方差应该相等, 即原假设 $H_0 : \sigma_1^2 = \sigma_2^2$. 在 H_0 下, 检验统计量

$$F = \frac{\mathrm{SSE}_2/(n_2-p)}{\mathrm{SSE}_1/(n_1-p)} = \frac{\mathrm{SSE}_2}{\mathrm{SSE}_1},$$

若 $F > F_{n_2-p,n_1-p}(\alpha)$, 则认为存在异方差.

该检验的缺点在于检验结果与选择数据删除的个数 c 的大小有关.

另外, 对于分组数据的异方差检验, 可采用 Brown-Forsythe 方差齐性检验. 这个检验的详细介绍我们放在本书第 7 章方差分析模型部分.

以上方法只能判断异方差是否存在, 不能给出异方差的函数结构, 下面我们介绍基于 LS 残差的辅助回归模型的参数检验方法.

(4) 参数检验方法.

假定误差方差 σ_i^2 与自变量 $\boldsymbol{x}_i$ 满足函数关系:

$$g(\sigma_i^2)=\delta_0+\sum_{l}^{h}f_l(\boldsymbol{x}_i)\delta_l,$$

其中 $g(\cdot),f_1(\cdot),\cdots,f_h(\cdot)$ 为已知的连续函数. 于是等方差性假设 $H_0:E(e_i^2|\boldsymbol{X})=\sigma^2$ 就等价于

$$H_0:\delta_1=\delta_2=\cdots=\delta_h=0,$$

基于 LS 残差 $\widehat{\boldsymbol{e}}$ 可得到如下辅助回归模型:

$$g(\widehat{e}_i^2)=\delta_0+\sum_{j}^{h}f_j(\boldsymbol{x}_i)\delta_j+\varepsilon_i,\quad i=1,\cdots,n, \tag{6.4.13}$$

然后对模型 (6.4.13), 再用 LS 方法, 计算其判定系数 $R_{e^2}^2$.

注意到在原假设 H_0 下, 检验统计量 $nR_{e^2}^2$ 近似服从自由度为 h 的 χ^2 分布, 因此, 我们可给出拒绝域: 若

$$nR_{e^2}^2>\chi_{p-1}^2(\alpha),$$

成立, 则认为该数据模型存在异方差性, 否则认为是等方差的. 此外, 当样本量较小时, 我们也可采用 F 检验, 计算 F 统计量:

$$F=\frac{R_{e^2}^2/h}{(1-R_{e^2}^2)/(n-h-1)},$$

当 $F>F(p-1,n-p)(\alpha)$ 时, 认为该数据模型存在异方差性.

参数检验方法的好处是不但可以检验异方差性, 同时若异方差存在, 则可通过辅助回归模型 (6.4.13)给出估计方差 σ_i^2 的函数形式, 其中 $g,f_1,\cdots,f_h$ 可结合残差图和异方差的原因指定. 参数检验方法的关键是辅助回归模型 (6.4.13), 下面给出文献中常见的 2 种异方差检验的参数检验方法.

(I) Breusch-Pagan (B-P) 检验　B-P 检验是由 Breusch 和 Pagan(1979) 提出的一种检验方差异质性的方法, 就是辅助回归模型 (6.4.13)中 $g(\widehat{e}_i)=\widehat{e}_i^2$, $f_j(\boldsymbol{x}_i)=x_{ij}$, $h=p-1$ 为的情形, 即

$$\widehat{e}_i^2=\delta_0+\delta_1x_{i1}+\cdots+\delta_px_{i(p-1)}+\varepsilon_i,\quad i=1,\cdots,n.$$

(II) White 检验 可看作是 B-P 检验的一种拓展, 是将 LS 残差平方 e_i^2 对常数、解释变量、解释变量的平方项及其交叉项等所构成一个辅助回归:

$$\widehat{e_i^2}=\delta_0+\sum_{j=1}^{p-1}\delta_j x_{ij}+\sum_{j=1}^{p-1}\sum_{l=j}^{p-1}\delta_{j,l}x_{ij}x_{il}+\varepsilon_i,\quad i=1,\cdots,n,$$

此时, 自由度为 $h=2p+(p-1)p/2$.

注意到 White 检验随着自变量的增多, 自由度的损失严重, 因此 White 检验可以作以下简化:

$$\widehat{e_i^2}=\delta_0+\delta_1\widehat{y}_i+\delta_2\widehat{y}_i^2+\varepsilon_i.$$

将用拟合值及其平方代替所有的解释变量, 并检验联合假设 $H_0:\delta_1=\delta_2=0$, 同理可用 F 统计量和 $nR_{e^2}^2$ 统计量进行假设检验, 这样可以大大减少辅助回归的长度和自由度的损失.

例 6.4.2 用 R 语言数据包自带的 mtcars 数据集来显示异方差检验各方法的 R 程序. 该数据来自 1974 年美国汽车趋势杂志, 包括 32 辆汽车 (1973-74 款) 的油耗和 10 个方面的汽车设计和性能, 我们选因变量 Y (每加仑油能跑多少英里, miles/gallon, mpg), 自变量为 X_1 (车的排量, displacement, disp) 和 X_2 (总马力, gross horsepower, hp).

解 采用回归模型拟合数据, 得经验回归方程为

$$Y=30.7359-0.0303X_1-0.0248X_2,$$

回归方程显著性检验统计量 $F=43.09$, P 值为 $2.062\mathrm{e}-09$, 调整的复相关系数为 0.7309, 因此可认为回归方程显著. 从回归系数的显著性检验结果看 X_2 的回归系数的显著性检验的 P 值为 0.073679. 结合实际总马力对每加仑油能跑多少英里有影响的, 故将保留该变量在模型中.

```
             Estimate Std. Error t value Pr(>|t|)
(Intercept) 30.735904   1.331566  23.083  < 2e-16 ***
X1          -0.030346   0.007405  -4.098 0.000306 ***
X2          -0.024840   0.013385  -1.856 0.073679 .
```

图 6.4.4(a)—(c) 分别展示了以拟合值 $\hat{y}_i$、自变量 X_1 (disp) 和 X_2 (hp) 为横轴的残差图. 直观上看, 随拟合值和自变量的增加, 残差都有轻微的变化趋势.

下来, 我们使用 R 语言的 cor.test() 函数执行残差与两个变量 X_1 和 X_2 的 Spearman 秩相关检验, 程序如下:

```
e<-abse(resid(model));
cor.test(mtcars$disp, abse, method="spearman" )# X1
cor.test(mtcars$hp, abse, method="spearman" )# X2
```

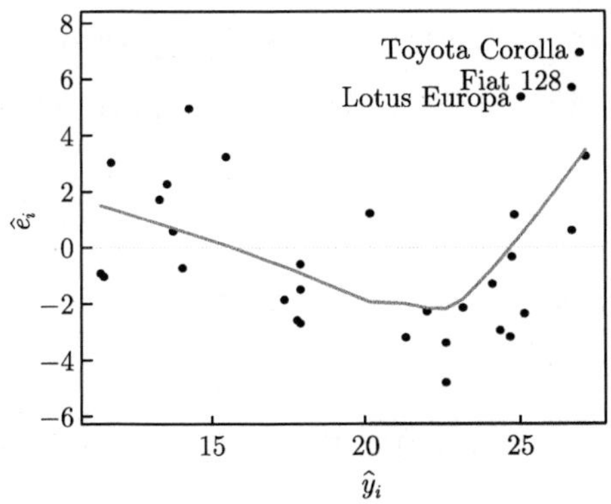

(a) $(\hat{y}_i, \hat{e}_i)$ 散点图

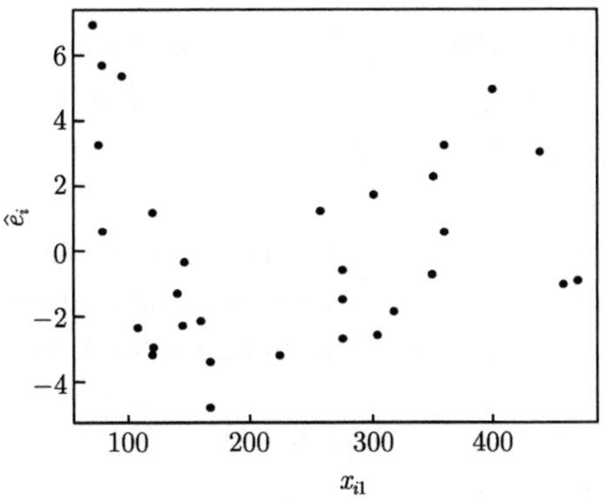

(b) $(x_{i1}, \hat{e}_i)$ 散点图

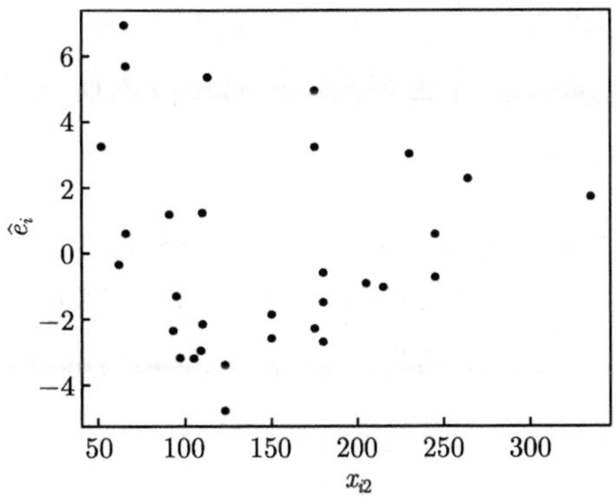

(c) $(x_{i2}, \hat{e}_i)$ 散点图

图 6.4.4 分别以拟合值 $\hat{y}_i$、自变量 X_1 和 X_2 为横轴的残差图

分别计算残差的绝对值 $|\hat{e}_i|$ 与 X_1 的 Spearman 秩相关系数为 -0.3109, Spearman 秩检验统计量 $S = 7152.1$, P 值 $= 0.0833$; 残差的绝对值 $|\hat{e}_i|$ 与 X_2 的 Spearman 秩相关系数为 0.2572, Spearman 秩检验统计量 $S = 6859.1$, P 值 $=$ 0.1554. 因此, 在显著性水平 $\alpha = 0.05$ 下, 认为残差与 X_1 和 X_2 的相关性都不显著, 不能排除模型误差同方差假设.

接下来, 我们再使用 lmtest 包中的 gqtest() 函数进行 Goldfeld-Quandt 异方差检验. Goldfeld-Quandt 检验的工作原理是删除位于数据集中心的多个观测值, 然后测试残差分布是否与位于数据集两侧的两个结果数据集不同. 通常, 我们选择删除总观测值的大约 20%. mtcars 总共有 32 个观测值, 因此我们可以选择删

除中心 7 个观测值, 程序如下:

```
library(lmtest)
gqtest(model, order.by = ~disp+hp, data = mtcars, fraction = 7)
```

计算的检验统计量的 P 值为 0.486, 故该检验也不能排除模型误差同方差假设.

另外, Breusch-Pagan 检验和 White 检验可使用 lmtest 包中的 gqtest() 函数, 相应程序如下:

```
bptest(model)     #Breusch-Pagan test
bptest(model,~ disp*hp+I(disp^2)+I(hp^2), data = mtcars)#White 检验
        studentized Breusch-Pagan test
```

计算的这两个检验统计量的 P 值分别为 0.1296 和 0.215, 故也不能排除模型误差同方差假设.

注 6.4.2 在样本量较少时, 常规统计检验方法通常倾向于作出保守结论的问题, 即在常用的显著性水平 $\alpha = 0.05$ 和 0.01 下, 倾向于不拒绝原假设. 因此, 关于少样本下的检验问题是一个值得关注的有待深入研究.

6.4.5 异方差的处理方法

针对异方差通常采用的两种 "治疗" 方案, 一种治疗方案是改用加权最小二乘法; 另一种是对自变量或因变量作变换, 使得变换后的数据下, 模型误差方差近似相等. 前者适合仅存在异方差的情形, 后者对模型均值的非线性也有改进.

1. *加权最小二乘法*

采用加权最小二乘估计

$$\widehat{\boldsymbol{\beta}}_{\mathbf{W}} = (\mathbf{X}'\mathbf{W}\mathbf{X})^{-1}\mathbf{X}'\mathbf{W}\boldsymbol{y},$$

这里, $\mathbf{W} = \mathrm{diag}(w_1, \cdots, w_n)$ 为权矩阵. 若 σ_i^2 已知, 则令 $w_i = 1/\sigma_i^2, i = 1, \cdots, n$, 此时 $\widehat{\boldsymbol{\beta}}_{\mathbf{W}}$ 为 BLU 估计, 但由于 σ_i^2 往往是未知的, 此时可借助于辅助函数模型 (6.4.13) 得到 σ_i^2 的估计 $\widehat{\sigma}_i^2$, 令 $w_i = 1/\widehat{\sigma}_i^2$, 得到可行的加权最小二乘估计. 特别地, $E(e_i^2) = \sigma_i^2$, 因此, 可以用 LS 估计残差的平方 $\widehat{e}_i^2$ 来估计 σ_i^2.

2. *方差稳定化变换*

设随机变量 Y 的均值为 μ, 方差为 σ^2, 方差和均值有关系 $\sigma = g(\mu)$, 这时 μ 未知, 函数 $g(\cdot)$ 是已知的. 例如 Y 服从参数为 λ 的指数分布, 则 $\mu = \dfrac{1}{\lambda}$ 和

$\sigma^2 = \dfrac{1}{\lambda^2}$, 于是 $\sigma = g(\mu) = \mu$. 我们预寻找变换 $U = f(Y)$, 使得 U 的方差等于或近似等于事先给定的常数 σ_u^2. 假设 f 函数可导, 在 $Y = \mu$ 附近作 Taylor 展开得

$$U = f(\mu) + f'(\mu)(Y - \mu). \tag{6.4.14}$$

求方差得 $\sigma_u^2 = \mathrm{Var}(U) = (f'(\mu))^2\sigma^2$. 从而

$$f'(\mu) = \frac{\sigma_u}{\sigma}.$$

对其求积分, 得

$$f(\mu) = \sigma_u \int \frac{d\mu}{\sigma} = \sigma_u \int \frac{d\mu}{g(\mu)},$$

于是所求的变换为

$$U = f(Y) = \sigma_u \int \frac{dY}{g(Y)}. \tag{6.4.15}$$

由(6.4.15), 容易推得下列方差稳定化变换:

(1) 若 $\sigma^2 \propto \mu$, 则作变换 $U = \sqrt{Y}$;

(2) 若 $\sigma^2 \propto \mu^2$, 则作变换 $U = \ln(Y)$;

(3) 若 $\sigma^2 \propto \mu^3$, 则作变换 $U = Y^{-1/2}$;

(4) 若 $\sigma \propto \mu^2$, 则作变换 $U = Y^{-1}$;

(5) 若 $\sigma^2 \propto \mu(1-\mu)$, 则作变换 $U = \arcsin\sqrt{Y}$,

其中, (5) 主要针对观测值是频率或比值的情形, 关于方差齐性的经验变换更多内容, 有兴趣的读者可参看项可凤和吴启光 (1989, p.215~216).

在应用中, 首先从残差图粗略考察一下 σ^2 与 μ 可能存在的关系, 然后选择相应的变换, 对变换后的数据采用 LS 方法进行模型参数估计, 作新的残差图, 看残差图是否仍有方差非齐性或其新的问题. 下面用一个实例来说明.

例 6.4.3 在一项针对不同规模的 27 家工业企业的研究中, 统计了工人人数 X 和主管人数 Y (表 6.4.1). 我们希望研究两个变量之间的关系.

表 6.4.1 27 家工业企业中工人人数 X 和主管人数 Y

企业	X	Y	企业	X	Y	企业	X	Y
1	294	30	10	697	78	19	700	106
2	247	32	11	688	80	20	850	128
3	267	37	12	630	84	21	980	130
4	358	44	13	709	88	22	1025	160
5	423	47	14	627	97	23	1021	97
6	311	49	15	615	100	24	1200	180
7	450	56	16	999	109	25	1250	112
8	534	62	17	1434	114	26	1500	210
9	438	68	18	1015	117	27	1650	135

解　首先, 我们用简单的线性模型拟合数据. 假设模型为

$$y_i = \beta_0 + x_i\beta_1 + e_i. \tag{6.4.16}$$

应用 R 语言中函数 lm(), 回归结果如下:

```
Coefficients:
            Estimate Std. Error t value Pr(>|t|)
(Intercept) 18.93883   10.19795   1.857   0.0751 .
X            0.09749    0.01177   8.280 1.25e-08 ***
---
Signif. codes:  0  '***'  0.001  '**'  0.01  '*'  0.05  '.'  0.1  ' '  1

Residual standard error: 23.73 on 25 degrees of freedom
Multiple R-squared:  0.7328,    Adjusted R-squared:  0.7221
F-statistic: 68.56 on 1 and 25 DF,  p-value: 1.247e-08
```

从结果可以看出: 回归方程即 X 的回归系数显著, 复相关系数的平方 $R^2 = 0.7328$.

下面我们对模型 (6.4.16) 进行残差分析. 绘制模型的因变量和自变量的散点图, 分别以拟合值和自变量为横轴的残差图以及残差的正态 Q-Q 图, 见图 6.4.5. 从中不难发现: (x_i, y_i) 的散点图 (图 6.4.5(a)) 和残差 $\widehat{e}_i$ 与拟合值 $\widehat{y}_i$ 的散点图 (图 6.4.5(b)) 皆呈现漏斗状, 表明模型误差具有异方差性; 残差 $\widehat{e}_i$ 与自变量 x_i 的散点图 (图 6.4.5(d)) 残差随自变量 X 增大显示出先增大后减小的趋势; 不过残差的正态 Q-Q 图 (图 6.4.5(c)) 显示残差基本符合正态性假设.

对数变换是回归分析中使用最为广泛的变换之一, 它常常能起到降低数据的波动性从而减少不对称性的作用, 也能有效消除异方差性, 特别是当所分析变量的标准差相对于均值而言比较大时, 这种变换特别有用. 我们尝试对表 6.4.1 中的 Y 作对数变换. 另外注意到模型 (6.4.16) 的残差与自变量 X 呈现二次函数特性, 因此, 我们将 X^2 作为自变量加入模型, 从而得到如下模型

$$\ln(y_i) = \beta_0 + x_i\beta_1 + x_i^2\beta_2 + e_i. \tag{6.4.17}$$

拟合数据, 回归结果和残差分析如下:

```
Coefficients:
              Estimate Std. Error t value Pr(>|t|)
(Intercept)  2.818e+00  1.644e-01  17.138 5.77e-15 ***
X            3.242e-03  4.192e-04   7.735 5.70e-08 ***
X2          -1.199e-06  2.312e-07  -5.188 2.58e-05 ***
---
```

```
Signif. codes:  0 ‘***’ 0.001 ‘**’ 0.01 ‘*’ 0.05 ‘.’ 0.1 ‘ ’ 1

Residual standard error: 0.1886 on 24 degrees of freedom
Multiple R-squared:  0.8767,    Adjusted R-squared:  0.8665
F-statistic: 85.36 on 2 and 24 DF,  p-value: 1.23e-11
```

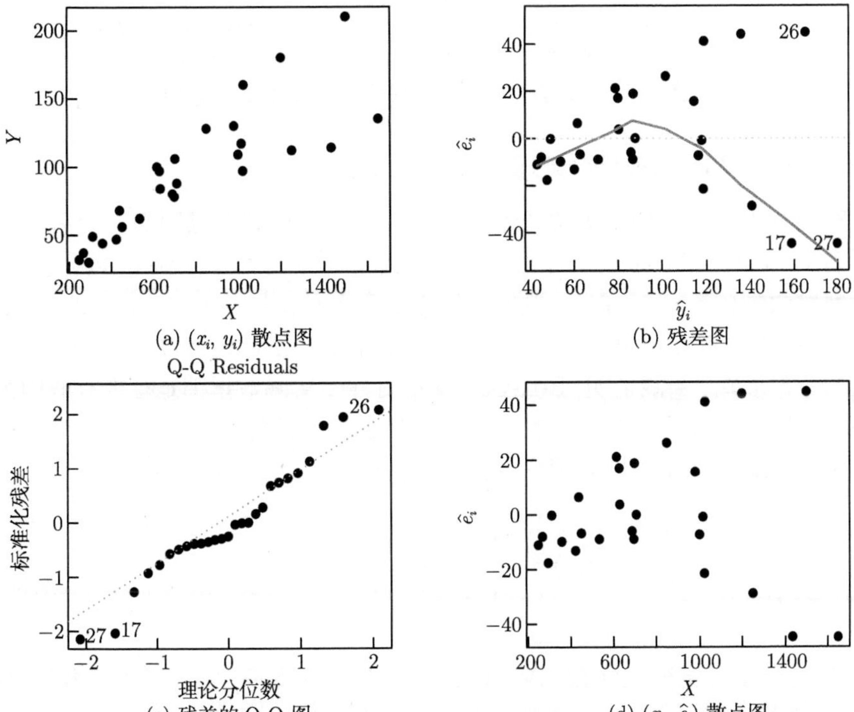

(a) (x_i, y_i) 散点图　(b) 残差图　(c) 残差的 Q-Q 图　(d) $(x_i, \hat{e}_i)$ 散点图

图 6.4.5　主管人数 Y 与工人人数 X 的散点图以及残差 Q-Q 图和残差图

拟合结果表明: 模型 (6.4.17) 的拟合效果更好, 回归方程和回归系数皆显著, 且复相关系数的平方提升至 $R^2 = 0.8767$, 图 6.4.6 显示该模型下的残差大都落在 $[-0.2, 0.2]$ 内, 且随拟合值的变化没有明显的趋势, 其 Q-Q 图显示残差具有较好的正态性. 另外, Shapiro-Wilk 正态性检验也证实了这点, 检验统计量 $W = 0.96058$, P 值 $= 0.381$. 因此, 工人人数 X 和主管人数 Y 的关系可表示为如下经验回归方程

$$\ln(Y) = 2.818 + 3.242X^* - 1.199(X^*)^2,$$

其中 $X^* = (X/10^3)$ 表示以千为单位的工人人数.

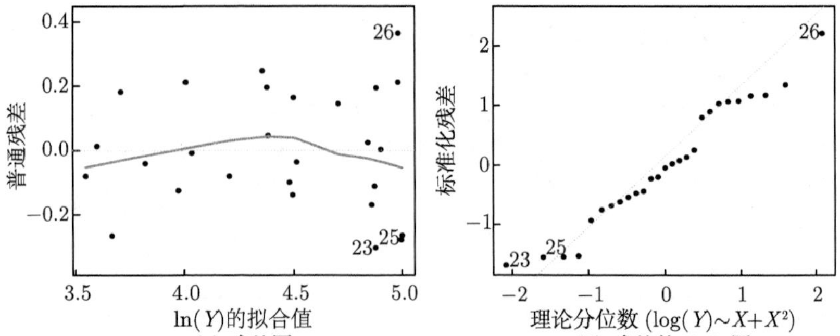

(a) 残差图　　(b) 残差的 Q-Q 图

图 6.4.6　模型 (6.4.17) 的残差图和残差的 Q-Q 图

6.4.6　正态性和异方差综合处理: Box-Cox 变换

对观测得到的试验数据集 $(x_i',\ y_i), i=1,\cdots,n$, 若经过回归诊断后得知, 它们不满足 Gauss-Markov 条件, 我们就要对数据采取 “治疗” 措施, 数据变换是处理有问题数据的一种好方法. 数据变换方法有多种, 本节介绍最著名的 Box-Cox 变换, 它的主要特点是引入一个参数, 通过数据本身估计该参数, 从而确定应采取的数据变换形式. 实践证明, Box-Cox 变换对许多实际数据都是行之有效的, 它可以明显地综合改善数据的正态性、对称性和方差相等性.

Box-Cox 变换是对回归因变量作如下变换:

$$Y^{(\lambda)}=\begin{cases}\dfrac{Y^\lambda-1}{\lambda}, & \lambda\neq 0,\\ \ln Y, & \lambda=0,\end{cases} \tag{6.4.18}$$

这里 λ 是一个待定变换参数, Box-Cox 变换是一族变换, 它包括了许多常见的变换, 诸如对数变换 $(\lambda=0)$、倒数变换 $(\lambda=-1)$ 和平方根变换 $(\lambda=1/2)$ 等等.

对因变量的 n 个观测值 $y_1,\cdots,y_n$, 应用 Box-Cox 变换, 记变换后的向量为

$$\boldsymbol{y}^{(\lambda)}=(y_1^{(\lambda)},\cdots,y_n^{(\lambda)})'.$$

我们的目的是确定变换参数 λ, 使得 $\boldsymbol{y}^{(\lambda)}$ 满足

$$\boldsymbol{y}^{(\lambda)}=\mathbf{X}\boldsymbol{\beta}+\boldsymbol{e},\quad \boldsymbol{e}\sim N(\mathbf{0},\ \sigma^2\mathbf{I}_n). \tag{6.4.19}$$

这也就是说, 要求通过因变量的变换, 使得变换过的向量 $y^{(\lambda)}$ 与回归自变量之间具有线性相依关系, 误差也服从正态分布, 误差各分量是等方差且相互独立. 因此, Box-Cox 变换是通过参数 λ 的选择, 达到对原来数据的 “综合治理”, 使其满足一个正态线性回归模型的所有假设条件.

因为 $\boldsymbol{y}^{(\lambda)} \sim N_n(\mathbf{X}\boldsymbol{\beta},\ \sigma^2\mathbf{I}_n)$, 所以我们可以采用极大似然方法来确定变换参数 λ. 对固定的 λ, $\boldsymbol{\beta}$ 和 σ^2 的似然函数为

$$L(\boldsymbol{\beta},\ \sigma^2) = \frac{1}{(\sqrt{2\pi}\sigma)^n}\exp\left\{-\frac{1}{2\sigma^2}(\boldsymbol{y}^{(\lambda)} - \mathbf{X}\boldsymbol{\beta})'(\boldsymbol{y}^{(\lambda)} - \mathbf{X}\boldsymbol{\beta})\right\} J, \tag{6.4.20}$$

这里 J 为 Jacobi 行列式的绝对值

$$J = \prod_{i=1}^{n}\left|\frac{dy_i^{(\lambda)}}{dy_i}\right| = \prod_{i=1}^{n} y_i^{\lambda-1}.$$

对给定的 λ, 除了常数因子 J 外, $L(\boldsymbol{\beta},\ \sigma^2)$ 就是通常的正态线性模型的似然函数. 于是 $\boldsymbol{\beta}$ 和 σ^2 的极大似然估计为

$$\widehat{\boldsymbol{\beta}}(\lambda) = (\mathbf{X}'\mathbf{X})^{-1}\mathbf{X}'\boldsymbol{y}^{(\lambda)}, \tag{6.4.21}$$

$$\widehat{\sigma}^2(\lambda) = \frac{1}{n}\mathrm{SSE}(\lambda,\ \boldsymbol{y}^{(\lambda)}),$$

这里 $\mathrm{SSE}(\lambda,\ \boldsymbol{y}^{(\lambda)})$ 为残差平方和

$$\mathrm{SSE}(\lambda,\ \boldsymbol{y}^{(\lambda)}) = \boldsymbol{y}^{(\lambda)'}(\mathbf{I}_n - \mathbf{X}(\mathbf{X}'\mathbf{X})^{-1}\mathbf{X}')\boldsymbol{y}^{(\lambda)}.$$

对应的似然函数最大值为

$$L_{\max}(\lambda) = L(\widehat{\boldsymbol{\beta}}(\lambda),\ \widehat{\sigma}^2(\lambda)) = (2\pi e)^{-n/2}\cdot J\cdot\left(\frac{\mathrm{SSE}(\lambda,\ \boldsymbol{y}^{(\lambda)})}{n}\right)^{-n/2}. \tag{6.4.22}$$

按照似然原理, 我们选择使得 $L_{\max}(\lambda)$ 达到最大的 λ 作为变换参数值. 略去与 λ 无关的常数项, 则 (6.4.22) 的对数为

$$\ln L_{\max}(\lambda) = -\frac{n}{2}\ln\left(\frac{\mathrm{SSE}(\lambda, \boldsymbol{y}^{(\lambda)})}{J^{2/n}}\right) = -\frac{n}{2}\ln \mathrm{SSE}(\lambda,\ \boldsymbol{z}^{(\lambda)}), \tag{6.4.23}$$

这里

$$\mathrm{SSE}(\lambda,\ \boldsymbol{z}^{(\lambda)}) = \boldsymbol{z}^{(\lambda)'}(\mathbf{I}_n - \mathbf{X}(\mathbf{X}'\mathbf{X})^{-1}\mathbf{X}')\boldsymbol{z}^{(\lambda)}, \tag{6.4.24}$$

其中

$$\boldsymbol{z}^{(\lambda)} = (z_1^{(\lambda)}, \cdots, z_n^{(\lambda)})' = \frac{\boldsymbol{y}^{(\lambda)}}{J^{1/n}},$$

$$z_i^{(\lambda)} = \begin{cases} \dfrac{y_i^{\lambda}}{\left(\prod\limits_{i=1}^{n} y_i\right)^{(\lambda-1)/n}}, & \lambda \neq 0, \\ (\ln y_i)\left(\prod\limits_{i=1}^{n} y_i\right)^{\frac{1}{n}}, & \lambda = 0 \end{cases} \quad i = 1, \cdots, n. \tag{6.4.25}$$

因此极大化 $L_{\max}(\lambda)$ 就等价于极小化 SSE(λ, $\boldsymbol{z}^{(\lambda)}$). 虽然我们很难找出使 SSE($\lambda$, $\boldsymbol{z}^{(\lambda)}$) 达到最小值的 λ 的解析表达式, 但对一系列给定的 λ 值, 通过最普通的求 LS 估计的回归程序, 我们很容易计算出对应的 SSE(λ, $\boldsymbol{z}^{(\lambda)}$). 画出 SSE($\lambda$, $\boldsymbol{z}^{(\lambda)}$) 关于 λ 的曲线, 从图 6.4.6 可以近似地找出使 SSE(λ, $\boldsymbol{z}^{(\lambda)}$) 达到最小值的 $\widehat{\lambda}$. 现在我们把 Box-Cox 变换的具体步骤归纳如下.

步骤 1　对给定的 λ 值, 利用 (6.4.25) 式计算 $\boldsymbol{z}_i^{(\lambda)}$.

步骤 2　利用 (6.4.24) 式计算残差平方和 SSE(λ, $\boldsymbol{z}^{(\lambda)}$).

步骤 3　对一系列的 λ 值, 重复上述步骤, 得到相应的残差平方和 SSE(λ, $\boldsymbol{z}^{(\lambda)}$) 的一串值, 以 λ 为横轴, 作出相应的曲线. 用直观的方法, 找出使 SSE(λ, $\boldsymbol{z}^{(\lambda)}$) 达到最小值的点 $\widehat{\lambda}$.

步骤 4　利用 (6.4.21) 式求出 $\widehat{\boldsymbol{\beta}}(\widehat{\lambda})$.

其中步骤 3 也可以换成对数似然函数 $\ln L_{\max}(\lambda)$ 与 λ 相应的曲线, 找使得 $\ln L_{\max}(\lambda)$ 达到最大的 $\widehat{\lambda}$. 这条曲线可以由 R 语言中函数 boxcox() 给出.

例 6.4.4　一公司为了研究产品的营销策略, 对产品的销售情况进行了调查. 设 Y 表示某地区该产品的家庭人均购买量 (单位: 元), X 表示家庭人均收入 (单位: 元). 表 6.4.2 记录了 53 个家庭的数据. 试对 Y 和 X 建模.

表 6.4.2　53 个家庭的数据

i	X	Y	i	X	Y	i	X	Y
1	679	0.790	19	745	0.770	37	770	1.740
2	292	0.440	20	435	1.390	38	724	4.100
3	1012	0.560	21	540	0.560	39	808	3.940
4	493	0.790	22	874	1.560	40	790	0.960
5	582	2.700	23	1543	5.280	41	783	3.290
6	1156	3.640	24	1029	0.640	42	406	0.440
7	997	4.730	25	710	4.000	43	1242	3.240
8	2189	9.500	26	1434	0.310	44	658	2.140
9	1097	5.340	27	837	4.200	45	1746	5.710
10	2078	6.850	28	1255	2.630	46	468	0.640
11	1818	5.840	29	1748	4.880	47	1114	1.900
12	1700	5.210	30	1381	3.480	48	413	0.510
13	747	3.250	31	1428	7.580	49	1787	8.330
14	2030	4.430	32	1777	4.990	50	3560	14.940
15	1643	3.160	33	370	0.590	51	1495	5.110
16	414	0.550	34	2316	8.190	52	2221	3.850
17	354	0.170	35	1130	4.790	53	1526	3.930
18	1276	1.880	36	463	0.510			

解　首先采用一元线性回归模型拟合数据, 得经验回归方程

$$\widehat{Y} = -0.828 + 0.004X.$$

回归方程显著性检验的 P 值为 4.164e−15, Y 和 X 的相关系数为 0.839. 然而从模型的残差图 6.4.7(a) 不难发现, 残差图从左向右逐渐散开呈漏斗状, 即随着拟合值 $\hat{y}_i$ 的增大, 模型残差的绝对值有明显的增大趋势, 因此可初步认为误差方差相等的假设不成立; 从学生化残差 r_i 的正态 Q-Q 图 6.4.7(b) 看, 点 $\{(q_{(i)}, r_{(i)}), i=1,\cdots,53\}$ 大都在一条直线上附近, 可初步认为误差服从正态分布, Shapiro-Wilk 正态性检验的结果也证实了这点, 其 Shapiro-Wilk 检验统计量 $W=0.9746$, P 值为 0.3159, 从而可接受模型误差的正态性假设.

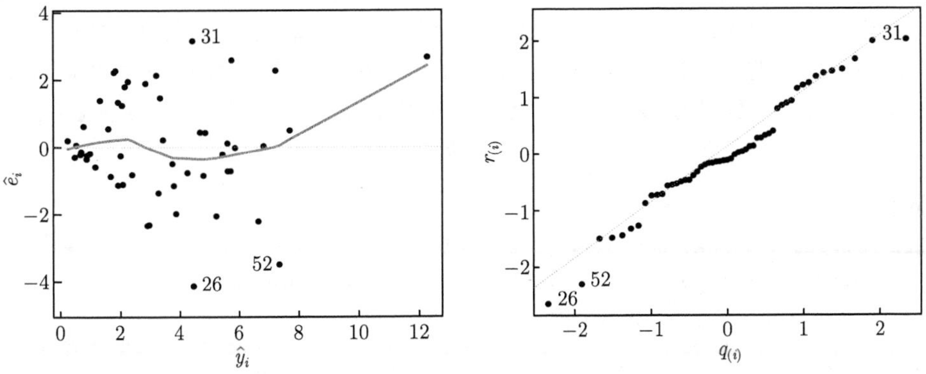

(a) 残差图

(b) Q-Q 图

图 6.4.7　残差图和 Q-Q 图

下面, 采用 Box-Cox 变换对因变量 Y 的异方差性进行 “治理”. 运行如下计算程序

```
boxcox.sse <- function(lambda, model){    ##计算Box-Cox变换后模型 SSE()
{
x<- model.frame(model)$x; y <-model.frame(model)$y
  K2 <- prod(y)^(1/length(y))
  K1 <- 1/(lambda * K2^(lambda-1))
  ifelse(lambda != 0,
    assign("W", K1*(y^lambda-1)),
    assign("W", K2*log(y)))
  return(deviance(lm(W ~x)))  ##SSE
}
y<-data[,3]; x<-data[,2]
lambda <- c(-2,-1,-0.5,0, 0.125, 0.25,0.375,0.5,0.625,0.75,1,2 )
SSE = sapply(lambda, boxcox.sse, lm(y~ x))
t(cbind('lambda' = lambda, 'SSE'=round( SSE ,2))) ##表6.4.3
```

得到计算给出的 12 个不同 λ 值所对应的残差平方和 SSE(λ, $z^{(\lambda)}$), 计算结果汇

总在表 6.4.3 中.

表 6.4.3　残差平方和随着变换参数的变化趋势

λ	-2	-1	-0.5	0	0.125	0.25
SSE	34460.43	988.71	291.56	134.04	118.170	107.20
λ	0.375	0.5	0.625	0.75	1	2
SSE	100.260	96.97	97.310	101.71	126.85	1271.04

简单比较可以看出: 在表 6.4.2 中 12 个 λ 值中, 当 $\lambda = 0.5$ 时, 残差平方和 $\text{SSE}(\lambda,\ \boldsymbol{z}^{(\lambda)})$ 达到最小, 因此我们可以初步认定为最优 λ 应在 0.5 附近. 如果想得到更精确的 λ 的最优值, 我们可在 0.5 附近以更小的间隔搜索. 我们以 0.1 为间隔, 从 -1 到 1.2 取 λ, 来计算残差平方和 $\text{SSE}(\lambda,\ \boldsymbol{z}^{(\lambda)})$, 并将计算的结果 $(\lambda, \text{SSE}(\lambda,\ \boldsymbol{z}^{(\lambda)}))$ 绘制在一张图上. 运行如下程序:

```
lambda <- seq(-1,1.2, by = 0.1)
 SSE = sapply(lambda, boxcox.sse, lm(y~ x))
plot(lambda, SSE, type = "l", lwd=3,  xlab = expression(lambda))
abline(v = 0.55, lty = 3, lwd=3)
```

得 Box-Cox 变换后的残差平方和随 λ 的变化图 6.4.8, 从图 6.4.8 可进一步估算出最优 λ 应该在 0.55 附近. 用类似的方法, 可在 0.55 附近以更小的间隔 (如 0.01) 找到精度更高的 λ. 不过在实际应用中, λ 的选择还会根据 Box-Cox 变换的可解释性和易操作性, 在最优 λ 附近选择点. 如此例中, 虽然 0.55 更靠近最优点, 但 $\lambda = 0.5$ 对应的 Box-Cox 变换等价于算术平方根变换, 因此选择 $\lambda = 0.5$.

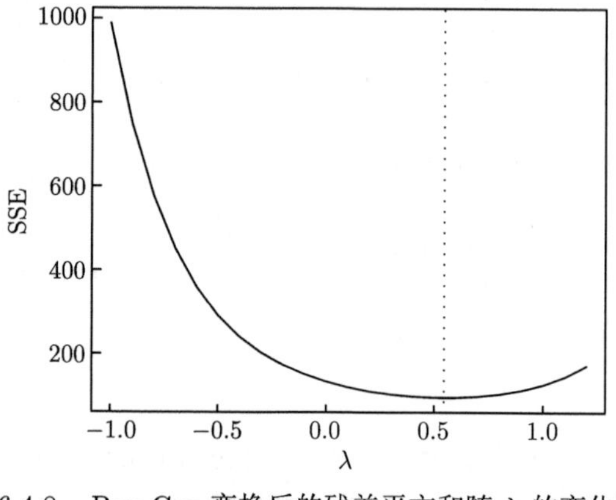

图 6.4.8　Box-Cox 变换后的残差平方和随 λ 的变化图

另外, 利用 R 语言中 boxcox() 函数来寻找最优 λ, 该函数是基于最大化对数似然函数 (6.4.23) 来找到最优 λ. 相应程序如下:

```
b<-boxcox(lm(Y ~ X))
b$x[which.max(b$y)] ##估算的最优lambda
```

该程序估算上最优 λ 为 0.5454545. 为了变换后数据的可解释性, 我们取 $\lambda = 0.5$. 于是令 $Z = Y^{1/2}$ 作为因变量, 对变换后所得新的因变量作回归, 得到如下经验回归方程

$$\sqrt{Y} = 0.5842 + 0.0009517X.$$

由回归的结果:

```
Coefficients:
             Estimate Std. Error t value Pr(>|t|)
(Intercept) 5.842e-01  1.298e-01   4.500 3.96e-05 ***
X           9.517e-04  9.816e-05   9.695 3.66e-13 ***
---
Signif. codes:  0 '***' 0.001 '**' 0.01 '*' 0.05 '.' 0.1 ' ' 1

Residual standard error: 0.4637 on 51 degrees of freedom
Multiple R-squared:  0.6483,    Adjusted R-squared:  0.6414
F-statistic:    94 on 1 and 51 DF,  p-value: 3.663e-13
```

可以看出该回归方程显著和每个回归系数也都显著, 不过 $\sqrt{Y}$ 与 X 的相关系数有所下降, 变为 0.6483.

计算新的残差 $\widetilde{e}_i$ 的残差图 6.4.9(a) 和 Q-Q 图 6.4.9(b). 从图 6.4.9(a) 可以

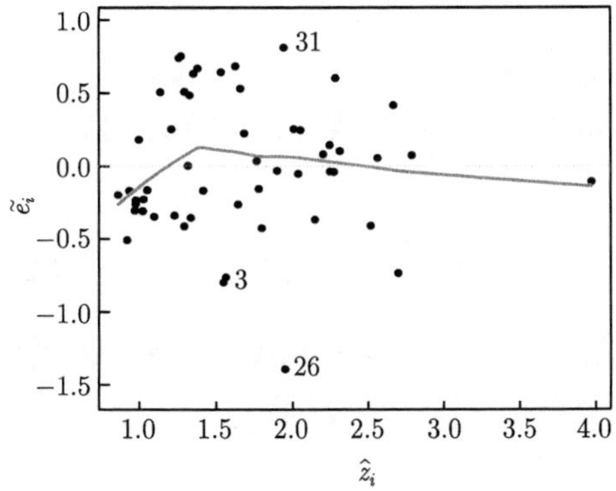

(a) 根式变换 $Z = \sqrt{Y}$ 后的残差图

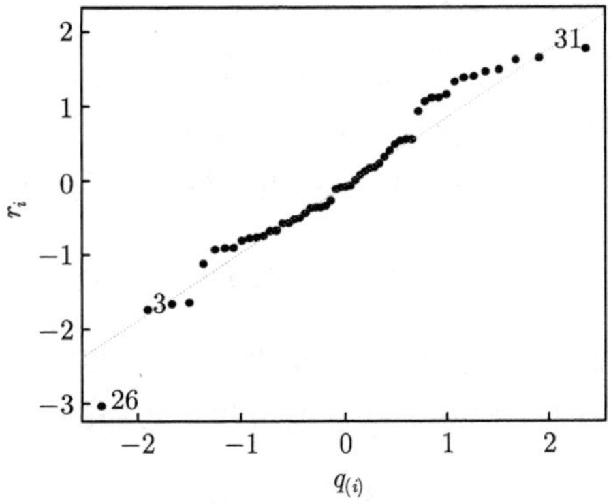

(b) 变换后模型的 Q-Q 图

图 6.4.9 根式变换后模型的残差图和 Q-Q 图

看出, 经过因变量根式变换后, 残差图 6.4.9(a) 比原数据下的残差图 6.4.7(a) 有较大改善, 随着拟合值的增大, 残差基本已无明显变化趋势; 从 Q-Q 图 6.4.9(b) 看残差的正态性似乎有所减弱, 不过新残差的 Shapiro-Wilk 统计量 W 的 P 值为 $0.138 > 0.05$, 因此, 在显著性水平 $\alpha = 0.05$ 下, 作根式变换后的模型误差仍可以被认为服从正态分布. 最后将数据还原, 得到如下经验回归方程:

$$\widehat{Y} = \widehat{Z}^2 = (0.5842 + 0.0009517X)^2 = 0.3412896 + 0.0019034X + 0.00000091X^2.$$

注 6.4.3　值得注意的是, Box-Cox 变换只能应用于 Y 的观测值为正的情形. 如果 Y 可能取到负值时, 则需要对 Box-Cox 变换作一些修正. 令

$$Y^{(\lambda)} = \begin{cases} \dfrac{(Y+\lambda_2)^{\lambda_1}}{\lambda_1}, & \lambda_1 \neq 0, \\ \ln(Y+\lambda_2), & \lambda_1 = 0, \end{cases} \tag{6.4.26}$$

这里 $Y + \lambda_2 > 0$. 这实际上可以看作将 Y 平移后数据再作 Box-Cox 变换. 此时

$$z_i^{(\lambda)} = \begin{cases} \dfrac{(y_i-\lambda_2)^{\lambda_1}}{\left(\prod\limits_{i=1}^{n}(y_i-\lambda_2)\right)^{(\lambda_1-1)/n}}, & \lambda_1 \neq 0, \\ (\ln(y_i-\lambda_2))\left(\prod\limits_{i=1}^{n}(y_i-\lambda_2)\right)^{\frac{1}{n}}, & \lambda_1 = 0, \end{cases} \tag{6.4.27}$$

$\mathrm{SSE}(\boldsymbol{\lambda},\ \boldsymbol{z}^{(\lambda)})$ 为 $\boldsymbol{\lambda} = (\lambda_1, \lambda_2)$ 的二元函数. 由于极小化 $\mathrm{SSE}(\boldsymbol{\lambda},\ \boldsymbol{z}^{(\lambda)})$ 变得比较困难. 在应用中一种简便方法是根据数据直观确定 λ_2 的值, 然后应用 Box-Cox 变换, 如令 $\lambda_2 = \min\{y_1, \cdots, y_n\} - 1$.

6.4.7　自相关性的诊断

回归模型通常假设随机误差 $e_1, \cdots, e_n$ 不相关. 但在许多场合这个假设并不成立. 当观察数据具有自然的顺序时 (例如按时间顺序出现), 这种误差间的相关性就称为自相关. 考虑线性回归模型:

$$\boldsymbol{y} = \mathbf{X}\boldsymbol{\beta} + \boldsymbol{e}, \quad E(\boldsymbol{e}) = \mathbf{0}, \quad \mathrm{Cov}(\boldsymbol{e}) = \boldsymbol{\Sigma} = (\sigma_{ij}), \tag{6.4.28}$$

若 $\sigma_{i,i+1} \neq 0$ 时, 则误差项一定是自相关的. 下面介绍产生自相关的原因、对数据分析的影响、常见的自相关的诊断方法以及自相关性数据分析法.

1. 产生自相关的原因

产生自相关的原因可能是多方面的. 概括起来主要有三个方面:

(1) 在时间上或空间上, 相邻数据趋向于相似. 由于经济系统的经济行为都具有时间上的惯性、经济变量间影响的滞后性、微观经济学中的蛛网现象等, 经济数据往往具有正自相关性, 大的数据紧跟着的也是大的数据, 小的数据也会紧跟着小的数据. 又如空间数据中, 由于受共同的外部环境的影响, 相邻地块的数据往往具有空间自相关性.

(2) 当回归方程设定不正确时, 也会出现自相关现象. 如模型忽略某重要变量就会产生系统误差, 相应的观测值的误差之间就会出现相关性, 当被忽略的变量加入到回归方程以后, 先前出现的自相关现象就会自然消除.

(3) 因对数据进行加工整理而导致误差项之间产生自相关性, 如对缺失值采用特定的统计方法进行插值, 也可能使得插值后的数据自相关.

2. 自相关现象对数据分析的影响

自相关现象对数据分析会有若干方面的影响, 现总结如下:

(1) 回归系数的最小二乘估计是无偏的, 但是不再具有最小方差.

(2) 回归系数的标准差会被严重地低估; 也就是说, 由数据估得的标准差会比它的实际值大大地缩小, 从而给出一个假想的精确估计.

(3) 置信区间和通常采用的各种显著性检验的结论, 严格地说来不再是可信的.

由上述现象看来, 由自相关所带来的问题可谓严重, 必须引起重视.

3. 自相关性的诊断方法

(1) 图示法. 图示法是一种比较直观的诊断方法. 除了前面介绍的残差时序图 6.4.2 外, 还可以绘制 $(\widehat{e}_{t-1}, \widehat{e}_t)$ 的散点图. 如果散点大都集中在一条斜率为正的直线附近, 如图 6.4.10 (a), 说明随机误差项间是正的序列相关; 如果散点大都集中在一条斜率为负的直线附近, 如图 6.4.10 (b), 说明随机误差项间是负的序列相关.

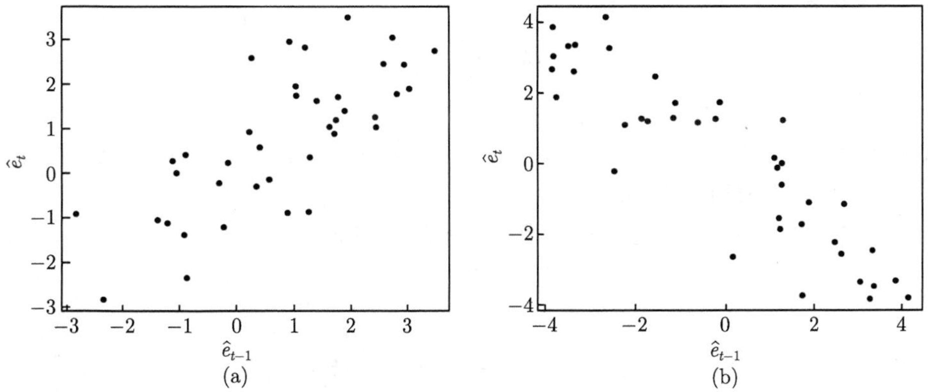

图 6.4.10 $(\widehat{e}_{t-1}, \widehat{e}_t)$ 的散点图

(2) 游程检验法. 从残差时序图判断模型的随机误差项间是否存在正或负的序列相关性, 主要依据是看残差序列的正负号出现是否有规律. 往往是连续出现几个正残差, 跟着出现几个负残差, 如图 6.4.2(a). 这种模式说明模型的误差项可能是相关的, 但是需要对结论做进一步检验和分析. 我们将残差的正负号按时间顺序排列起来, 形成一个符号的序列, 这样的符号序列称为**残差符号的序列图**. 按连续的符号可以将残差的符号序列图分解成若干个游程. 现在设一个序列图共有 n_1 个正号, n_2 个负号, 若这些正负号是完全随机排列的, 则序列图中游程的个数 R 是一个随机变量. 假设模型的随机误差项是独立同分布, 记 $n = n_1 + n_2$, $k = 1, 2, \cdots, [n/2]$, 这里 $[n/2]$ 为对 $n/2$ 作取整运算, 结果为小于 $n/2$ 的最大整数. 则 R 的概率分布为

$$P(R=r) = \begin{cases} \dfrac{2\mathrm{C}_{n_1-1}^{k-1}\mathrm{C}_{n_2-1}^{k-1}}{\mathrm{C}_n^{n_1}}, & r = 2k, \\ \dfrac{\mathrm{C}_{n_1-1}^{k-1}\mathrm{C}_{n_2-1}^{k} + \mathrm{C}_{n_1-1}^{k}\mathrm{C}_{n_2-1}^{k-1}}{\mathrm{C}_n^{n_1}}, & r = 2k+1, \end{cases}$$

$k = 1, 2, \cdots, [n/2]$. R 的期望 μ 和方差 σ^2 分别为

$$E(R) = \mu = \frac{2n_1n_2}{n_1+n_2} + 1, \tag{6.4.29}$$

$$\mathrm{Var}(R) = \sigma^2 = \frac{2n_1n_2(2n_1n_2 - n_1 - n_2)}{(n_1+n_2)^2(n_1+n_2-1)} + 1, \tag{6.4.30}$$

如果实际观测到的游程数远比理论游程数 μ 小或大, 则可认为存在模型的随机误差项间存在序列相关, 这里我们需要依据精确检验或大样本渐近检验来确定拒绝域. 当样本量小时, 可以根据精确分布计算拒绝域; 当样本量很大时, 我们可以依据 R 的渐近正态性检测误差序列的独立性, 即若

$$\frac{|R-\mu|}{\sigma} \leqslant z_{\alpha/2},$$

则认为误差序列的独立性, 否则认为误差序列相关. 关于这个近似的游程检验, 可用 R 语言数据中的函数 runs.test().

如图 6.4.2(a) 中, 残差的符号形成的序列图如下:

$$- \quad - \quad + \quad + \quad + \quad - \quad - \quad - \quad +$$

这个序列图里共有 4 个游程, 第一个游程由 2 个负号组成, 第二个游程由 3 个正号组成, 第三个游程由 3 个负号组成, 第四个游程由 1 个正号组成, $n_1 = 4$, $n_2 = 5$,

计算得游程数的期望值为 5.444, 标准差为 1.914. 观察到的游程数为 4.

$$P(R \leqslant 4) = \frac{2\mathrm{C}_3^0\mathrm{C}_4^0 + \mathrm{C}_3^0\mathrm{C}_4^1 + \mathrm{C}_3^1\mathrm{C}_4^0 + 2\mathrm{C}_3^1\mathrm{C}_4^1}{\mathrm{C}_9^4} = \frac{33}{126} \approx 0.262,$$

因此, 在显著性水平 $\alpha = 0.05$ 下接受原假设, 认为图 6.4.2(a) 中误差序列是不相关序列. 下面采用近似的游程检验,

$$\frac{|R-\mu|}{\sigma} = \frac{|4-5.444|}{1.383} \approx 1.044 < z_{0.025} = 1.96.$$

因此, 得到与精确检验相同的结论. 但值得注意的是该误差序列的确来自一个正相关序列 $e_i = 0.2e_{i-1} + u_i$, 因此, 在该数据下, 两种检验都犯了第二类错误.

一般而言, 近似的游程检验不可用于小样本的情况 (n_1 和 n_2 小于 10). 在小样本情况, 我们须计算游程数的精确分布来判断残差符号的随机性. 另外, 在样本量特别小的情形, 精确检验也会由于信息量不足而倾向于不拒绝原假设. 因此, 实践中需要对精确检验进行极小样本下的修正. 关于游程检验, 读者可参考有关非参数统计的著作, 如 Lehmann (1975)、Conover (1980)、Gibbons (1993) 及 Hollander 和 Wollfe (1999) 等.

(3) Durbin-Watson (DW) 检验.

DW 统计量是回归分析中著名的一阶自相关检验的关键统计量, 这个检验的基本假定误差项满足如下关系:

$$e_i = \rho e_{i-1} + u_i, \quad |\rho| < 1, \tag{6.4.31}$$

其中, ρ 是相邻误差 e_{i-1} 与 e_i 的相关系数, $u_1, \cdots, u_n$ 相互独立, 且 $u_i \sim N(0, \sigma^2)$, 称误差结构(6.4.31)为具有一阶自回归结构, 或一阶自相关. 此时, 模型 (6.4.28) 的误差向量的协方差阵为

$$\mathrm{Cov}(\boldsymbol{e}) = \boldsymbol{\Sigma} = \frac{\sigma^2}{1-\rho^2}\begin{pmatrix} 1 & \rho & \rho^2 & \cdots & \rho^{n-1} \\ \rho & 1 & \rho & \cdots & \rho^{n-2} \\ \vdots & \vdots & \vdots & & \vdots \\ \rho^{n-1} & \rho^{n-2} & \rho^{n-3} & \cdots & 1 \end{pmatrix}.$$

由于在经济学数据中, 倾向于正序列相关, 因此, 关于随机误差项的自相关性检验的原假设和备择假设为

$$H_0: \rho = 0 \longleftrightarrow H_1: \rho > 0. \tag{6.4.32}$$

DW 统计量定义如下:

$$D = \frac{\sum_{i=2}^{n}(\widehat{e}_i - \widehat{e}_{i-1})^2}{\sum_{i=1}^{n}\widehat{e}_i^2}, \tag{6.4.33}$$

其中, $\widehat{e}_i$ 是第 i 个普通最小二乘残差.

当 n 充分大时, 有

$$D \approx \frac{2\sum_{i=2}^{n}\widehat{e}_i^2 - 2\sum_{i=2}^{n}\widehat{e}_{i-1}\widehat{e}_i}{\sum_{i=2}^{n}\widehat{e}_i^2} = 2(1-\widehat{\rho}),$$

其中 $\widehat{\rho}$ 为相关系数 ρ 的一个估计,

$$\widehat{\rho} = \frac{\sum_{i=2}^{n}\widehat{e}_{i-1}\widehat{e}_i}{\sum_{i=2}^{n}\widehat{e}_i^2}. \tag{6.4.34}$$

由此可以得到 D 值与 $\widehat{\rho}$ 之间的如下关系: 由表 6.4.4 可知, 当 $\rho=0$ 时, D 接近于 2. 故 D 值越靠近 2, 误差相互独立性的证据越充分, D 值越大于 2, 则误差存在自相关结构的证据越充分. 自相关的判别准则如下:

表 6.4.4 DW 统计量的值与 $\widehat{\rho}$ 的对应关系

$\widehat{\rho}$	D	误差项的自相关性
−1	4	完全负自相关
(−1, 0)	(2, 4)	负自相关
0	2	无自相关
(0, 1)	(0, 2)	正自相关
1	0	完全正自相关

(I) 若 $D < d_L$, 则拒绝原假设 H_0, 认为误差序列为正自相关;

(II) 若 $D > d_U$, 则接受原假设, 认为判断误差序列是无自相关;

(III) 若 $d_L \leqslant D \leqslant d_U$, 则不能判断误差序列是否自相关,

其中, 临界值 d_L 和 d_U 依赖于样本量 n、协变量个数和显著性水平.

另外, 当备择假设为 $H_1: \rho \leqslant 0$ 时, 采用统计量 $4-D$, 相应的检验过程与正自相关的检验过程完全一样; 当备择假设为 $H_1: \rho \neq 0$ 时, 采用双边检验, 综合两个单边检验, 此时自相关的判别准则如下:

(I) 若 $D < d_L$ 或 $D > 4 - d_U$, 则拒绝原假设 H_0, 认为误差序列自相关;

(II) 若 $d_U \leqslant D \leqslant 4 - d_U$, 则接受原假设, 认为判断误差序列是无自相关;

(III) 若 $d_L \leqslant D \leqslant d_U$ 或 $4 - d_U \leqslant D \leqslant 4 - d_L$, 则不能判断误差序列是否自相关,

此处的临界值 d_L 和 d_U 需要根据双边检验来确定, 对应于上单边检验的 $\alpha/2$ 的临界值. 关于临界值计算, 参见 (Durbin and Watson, 1950, 1951, 1971). R 语言提供了 DW 检验 dwtest() 函数, 调用格式如下:

```
dwtest(formula,  alternative = c("greater", "two.sided", "less"))
```

这里, alternative: 备择假设的选择有右边、双边、左边检验, 默认为右边检验.

尽管 DW 检验被广泛应用, 但在使用时需注意 DW 检验的以下局限性:

- 该检验存在待判区域, 需要增大样本量采用其他方法进一步检验; DW 检验只给了 $n > 15$ 时的临界值, 不能用于 $n \leqslant 15$ 的情形.
- DW 检验是针对误差项是否存在一阶自相关问题构造的检验, 因此不能用于高阶序列相关的检验, 也不能对相依性的阶数提供有价值的信息. 关于高阶序列自相关性检验, 需采用 Breusch-Godfrey (BG) 检验, 也称拉格朗日乘数检验, 具体参见 (Breusch, 1978; Godfrey, 1978).
- DW 检验只适合随机误差方差相等的情形, 不适合异方差的情形, 尤其是因变量有滞后效应的情形, 如自回归的情形: $y_i = \rho y_{i-1} + \boldsymbol{x}_i'\boldsymbol{\beta} + e_i$.

当模型误差项存在自相关时, 前面介绍的基于最小二乘估计的检验和置信区间的结论往往会发生扭曲和失真. 若经 DW 检验, 发现误差具有一阶自相关性, 则首先应该查明模型误差序列自相关性产生的原因. 若是模型选择不当, 则应改用其他更恰当的线性回归模型; 若是线性回归模型中漏掉了具有时序效应的某个或某些重要的自变量, 则把这些解释变量重新引入回归模型; 若不属于以上两种情况中的任何一种, 则需要对变量作差分变换, 然后进行分析. 关于差分变换, 将在下一节介绍.

6.4.8 消除自相关性的方法: 广义差分变换

当模型误差项存在一阶自相关性时, 我们可利用差分变换消除自相关性. 本节以一元线性回归模型为例, 介绍该方法 (多个自变量的情形类似).

考虑模型:

$$y_i = \beta_0 + x_i\beta_1 + e_i, \quad e_i = \rho e_{i-1} + u_i, \quad i = 1, 2, \cdots, n, \tag{6.4.35}$$

这里, 关于 u_i 的假设与 (6.4.31) 中相同. 对数据 (y_i, x_i) 作广义差分变换, 令

$$y_i^* = y_i - \rho y_{i-1}, \quad x_i^* = x_i - \rho x_{i-1}, \quad i = 2, \cdots, n.$$

利用 $e_i=\rho e_{i-1}+u_i$, 于是有

$$y_i^*=(\beta_0+x_i\beta_1+e_i)-\rho(\beta_0+x_{i-1}\beta_1+e_{i-1})=\beta_0^*+\beta_1^*x_i^*+u_i,\quad i=2,\cdots,n, \tag{6.4.36}$$

其中

$$\beta_0^*=\beta_0(1-\rho),\quad \beta_1^*=\beta_1.$$

由于模型 (6.4.36) 中的随机误差项 $u_2,\cdots,u_n$ 独立同分布, 由 Gauss-Markov 定理可知: 一阶差分模型 (6.4.36) 下参数 (β_0^*,β_1^*) 的 LS 估计 $(\widehat{\beta}_0^*,\widehat{\beta}_1^*)$ 就是 BLU 估计. 进一步, 反解得原模型 (6.4.35) 的参数估计:

$$\widehat{\beta}_0=\widehat{\beta}_0^*/(1-\rho),\quad \widehat{\beta}_1=\widehat{\beta}_1^*. \tag{6.4.37}$$

注意到整个计算过程, 参数 ρ 也是一个待估参数. 关于 ρ 的估计, 可采用 Cochrane-Orcutt 迭代估计方法或 Hildreth-Lu 方法获得.

1. Cochrane-Orcutt 迭代估计方法

该方法是由 Cochrane 和 Orcutt (1949) 提出的, 步骤如下:

(1) 估计 ρ. 计算模型 (6.4.35) 的最小二乘残差 $\widehat{e}_i$, 然后通过 (6.4.34) 得到参数 ρ 的估计 $\widehat{\rho}$, 作为 ρ 的初始估计.

(2) 迭代估计 β_0 和 β_1. 令 $y_i^*=y_i-\widehat{\rho}y_{i-1}$, $x_i^*=x_i-\widehat{\rho}x_{i-1}$, 求出这个变换模型下系数 β_0^* 和 β_1^* 的 LS 估计 $\widehat{\beta}_0^*$ 和 $\widehat{\beta}_1^*$, 最后利用 (6.4.37) 得到原回归模型中参数的估计 $\widehat{\beta}_0$ 和 $\widehat{\beta}_1$, 这是 β_0 和 β_1 的迭代估计.

(3) 迭代停时检验. 采用 DW 检验对变换后的模型 (6.4.36) 的误差项进行检验, 若检验显示不相关, 则停止迭代, 输出原模型参数 (β_0,β_1) 的估计; 如果 DW 检验结果显示变换后的模型 (6.4.36) 的误差项仍相关, 则需要在 $\widehat{\beta}_0$ 和 $\widehat{\beta}_1$ 的基础上, 计算原模型 (6.4.35) 的新的残差, 再由 (6.4.34) 得到 ρ 的更新估计.

(4) 重复步骤 (2) 和 (3) 直到 DW 检验显示模型 (6.4.36) 的误差项不相关为止. 但实际应用中, 若经过 1, 2 次迭代, 变换后的模型 (6.4.36) 的误差项经 DW 检验仍是相关的, 则需要考虑其他的方法.

注意到差分模型 (6.4.36) 的样本容量是 $n-1$, 而原模型样本容量 n, 即少一个观测点. 当样本容量很大时, 减少一个观测点对估计的结果影响并不大. 但当样本容量较小时, 则对估计精度有较大影响. 此时, 可用 Prais-Winsten 变换, 将第一个观测点 (y_1,x_1) 变为

$$\left(\sqrt{1-\rho^2}y_1,\sqrt{1-\rho^2}x_1\right),$$

补充到序列 (y_i^*,x_i^*) 中, 再用 LS 方法估计模型 (6.4.36) 的参数.

2. Hildreth-Lu 方法

基于差分模型 (6.4.36), Hildreth 和 Lu (1960) 构造一个直接估计参数 β_0, β_1, ρ 方法, 即利用极小化模型 (6.4.36) 的误差平方和

$$\mathrm{SSE}(\beta_0, \beta_1, \rho) = \sum_{i=2}^{n} \left((y_i - \rho y_{i-1}) - \beta_0(1-\rho) - \beta_1(x_i - \rho x_{i-1})\right)^2 \tag{6.4.38}$$

的方法, 求出 β_0, β_1, ρ 的估计. 若 ρ 已知, 很容易求得极小化 $\mathrm{SSE}(\beta_0, \beta_1, \rho)$ 的 β_0 和 β_1 估计:

$$\widehat{\beta}_0(\rho) = \widehat{\beta}_0^*(\rho)/(1-\rho), \quad \widehat{\beta}_1(\rho) = \widehat{\beta}_1^*(\rho),$$

其中 $\widehat{\beta}_0^*(\rho)$ 和 $\widehat{\beta}_1^*(\rho)$ 是给定 ρ 下一阶差分模型 (6.4.36) 的系数 β_0^* 和 β_1^* 的 LS 估计. 于是, 这个求极值问题就变成了关于 ρ 极小化模型 (6.4.36) 的残差平方和的问题,

$$\widetilde{\rho} = \mathrm{argmin}_{\rho} S(\rho) = \mathrm{argmin}_{\rho} \mathrm{SSE}(\widehat{\beta}_0(\rho), \widehat{\beta}_1(\rho), \rho). \tag{6.4.39}$$

关于(6.4.39) 的极小化求解, 可采用自动搜索方法求得, 即对 ρ 逐一计算 $S(\rho)$, 从中选择使得 $S(\rho)$ 达到最小的 ρ 作为 ρ 的估计.

关于这两种方法的计算, 可通过 R 语言中的 cochrane.orcutt() 函数和 hildreth.lu() 函数实现.

例 6.4.5 (唐年胜, 李会琼, 2014, 例 5.8) 设某地区的居民收入 X(元) 与储蓄额 Y(元) 的历史统计数据如表 6.4.5 所示, 采用一元线性模型进行拟合数据并分析模型的随机误差是否存在自相关性.

表 6.4.5 某地区的居民收入与储蓄额的历史统计数据

t	y_t	x_t	t	y_t	x_t	t	y_t	x_t
1	264	8777	12	950	17633	23	2105	29560
2	105	9210	13	779	18575	24	1600	28150
3	90	9954	14	819	19635	25	2250	32100
4	131	10508	15	1222	21163	26	2420	32500
5	122	10979	16	1702	22880	27	2570	35250
6	107	11912	17	1578	24127	28	1720	22500
7	406	12747	18	1654	25604	29	1900	36000
8	503	13499	19	1400	26500	30	2100	36200
9	431	14269	20	1829	27670	31	2300	38200
10	588	15522	21	2200	28300			
11	898	16730	22	2017	27430			

解 为了考察一元回归模型 $y_t = \beta_0 + \beta_1 x_t + e_t$ 拟合该数据是否合理以及模型随机误差项是否存在序列一阶自相关问题, 我们首先作因变量和自变量 (x_t, y_t)

散点图、以拟合值为横轴的残差图、残差 $\widehat{e}_t$ 的时序图以及相邻时刻残差 $(\widehat{e}_t, \widehat{e}_{t-1})$ 的散点图, 见图 6.4.11. 从图 6.4.11 不难发现: x_t 和 y_t 具有强的线性关系; 随时间 t 或 $\widehat{y}_t$ 增大, 残差 $\widehat{e}_t$ 的波动范围有增大趋势; 相邻时刻的残差对 $(\widehat{e}_t, \widehat{e}_{t-1})$ 大都落在一条斜率为正的直线附近, 说明模型随机误差项有较强的序列一阶正的自相关性.

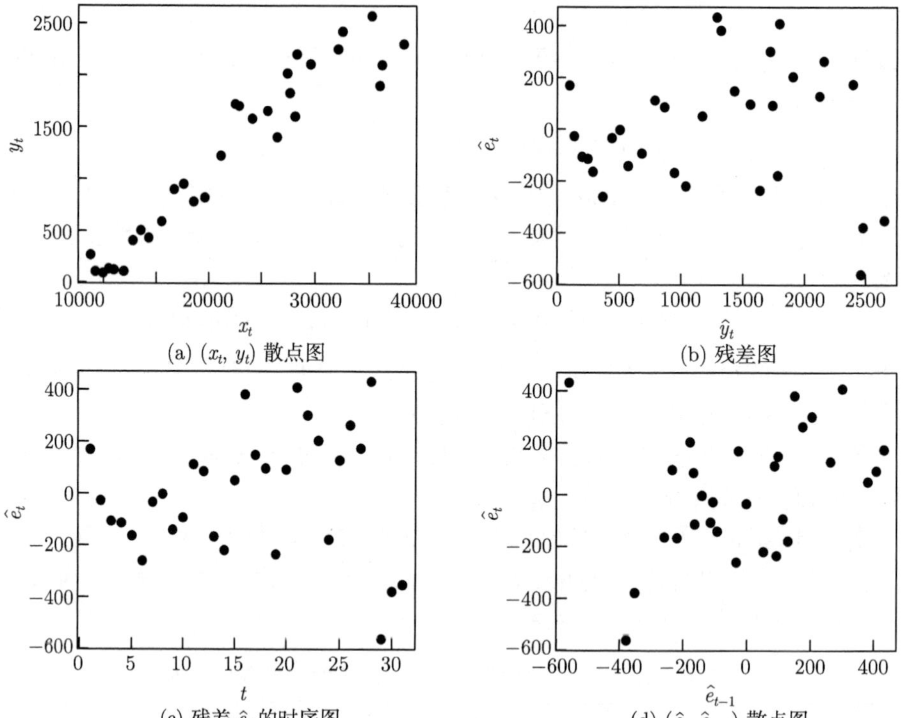

(a) (x_t, y_t) 散点图　　(b) 残差图

(c) 残差 $\widehat{e}_t$ 的时序图　　(d) $(\widehat{e}_t, \widehat{e}_{t-1})$ 散点图

图 6.4.11　误差序列相关分析散点图

事实上, 因变量 y_t 和自变量 x_t 的样本相关系数为 0.956, 也可以证明两者间存在很强的线性关系. 以上结果的计算程序如下:

```
library(zoo)
library(lmtest)
data = read.table("645savingdata.txt", header=TRUE)
lm.reg=lm(y~x, data)
summary(lm.reg)
e<-lm.reg$residuals
e2<-e[-1]    ##e_t
e1<-e[-31]   ##e_{t-1}
par(mfrow=c(2,2))
```

```
plot(data$x,data$y, xlab=expression("x"[t]),ylab=expression("y"[t]), pch=19 )
plot(predict(lm.reg), e,  xlab="Fitted values",ylab="Residuals", pch=19)
plot(data$i,e, pch=19,  xlab =expression(italic("t")),
       ylab = expression(hat(italic("e"))[italic("t")]))
plot(e2, e1, pch=19, xlab =expression(hat(italic("e"))[italic("t-1")]),
     ylab = expression(hat(italic("e"))[italic("t")]))
```

下面采用 Durbin-Watson 检验对模型误差序列的一阶正的自相关性检验, 即检验误差序列 $e_t = \rho e_{t-1} + u_i$ 的参数 ρ 是否大于 0, 其中 u_i 的假设与 (6.4.35) 中相同. 运行如下程序

```
dwtest(lm.reg, alternative ="greater")

        Durbin-Watson test

data:  lm.reg
DW = 1.2529, p-value = 0.008674
alternative hypothesis: true autocorrelation is greater than 0
```

得 DW 检验统计量 $D = 1.2529$, P 值 $= 0.008674 < 0.05$, 因此, 可认为模型随机误差项存在序列一阶自相关.

最后, 我们采用 Cochrane-Orcutt 方法消除模型误差的自相关性, 估计广义差分模型 (6.4.36) 的参数. 相应的程序和运行结果如下:

```
library(orcutt)
>cochrane.orcutt(lm.reg)

Cochrane-orcutt estimation for first order autocorrelation

Call:
lm(formula = y ~ x)
 number of interaction: 77
 rho 0.518639

Durbin-Watson statistic
(original):    1.25293 , p-value: 8.674e-03
(transformed): 1.85994 , p-value: 3.069e-01

 coefficients:
(Intercept)           x
-450.805032    0.076681
```

数据变换后模型的 DW 检验统计量的 P 值 $0.3069 > 0.05$, 因此可认为变换模型的随机误差不再具有自相关性. 基于一阶差分的经验回归方程为

$$\widehat{y}_t^* = -450.805032 + 0.076681x_t^*,$$

其中 $\widehat{y}_t^* = \widehat{y}_t - \hat{\rho}\widehat{y}_{t-1}$, $x_t^* = x_t - \hat{\rho}x_{t-1}$, $\hat{\rho} = 0.518639$.

6.5 影响分析

本节将讨论回归诊断的第二大问题: 影响分析. 在回归分析中, 因变量 Y 的取值 y_i 具有随机性, 而自变量 $X_1, \cdots, X_{p-1}$ 的取值 $\boldsymbol{x}_i' = (x_{i1}, \cdots, x_{i,p-1}), i = 1, \cdots, n$ 也只是许多可能取到的值中的 n 组. 我们希望每组数据 $(\boldsymbol{x}_i',\ y_i)$ 对未知参数的估计有一定的影响, 但这种影响不能过大, 这样得到的经验回归方程就具有一定的稳定性. 否则一旦存在个别组数据对估计有异常大的影响, 则剔除这些数据前后所得的经验回归方程的变化特别大, 这样我们就有理由怀疑所建立的经验回归方程是否真正描述了因变量与诸自变量之间的客观存在的相依关系. 如 Anscombe 四组数据 (例 6.2.4) 中的第三、四组数据, 图 6.2.1(d) 的直线完全由一个点决定, 如果去掉这个极端点, 会得到完全不同的直线. 在这种情况下, 考察残差是没有用的, 因为该例中此点的残差是零. 因此, 在作回归分析时, 有必要考察每组数据对参数估计的影响大小, 称影响大的点为强影响点. 强影响点可能是自变量的离群观测点, 也可能是因变量的离群观测点, 也有可能该点既是自变量的离群观测点, 也是因变量的离群观测点. 文献中, 通常称自变量的离群观测点为**高杠杆点** (high leverage), 称因变量的离群观测点为**异常点**. 如何识别、判定和检验高杠杆点和异常点也是影响分析的重要内容. 下面我们就高杠杆点、异常点、强影响点的诊断问题依次进行讨论.

6.5.1 高杠杆点的诊断

考虑线性回归模型

$$\boldsymbol{y} = \mathbf{X}\boldsymbol{\beta} + \boldsymbol{e}, \quad E(\boldsymbol{e}) = \mathbf{0}, \quad \mathrm{Var}(\boldsymbol{e}) = \sigma^2\mathbf{I}_n. \tag{6.5.1}$$

记 $\boldsymbol{x}_i' = (1, \tilde{\boldsymbol{x}}_i')'$, 即

$$\mathbf{X} = \begin{pmatrix} \boldsymbol{x}_1' \\ \vdots \\ \boldsymbol{x}_n' \end{pmatrix} = \begin{pmatrix} 1 & \tilde{\boldsymbol{x}}_1' \\ \vdots & \vdots \\ 1 & \tilde{\boldsymbol{x}}_n' \end{pmatrix} = (\mathbf{1}, \tilde{\mathbf{X}}),$$

其中 $\tilde{\boldsymbol{x}}_i$ 为自变量向量 $(X_1,\cdots,X_{p-1})'$ 的第 i 个试验点或第 i 次观测. 记

$$\mathbf{H}=(h_{ij})=\mathbf{P_X}=\mathbf{X}(\mathbf{X}'\mathbf{X})^{-1}\mathbf{X}'.$$

注意到 $\boldsymbol{y}$ 的预测值就为 $\hat{\boldsymbol{y}}=\mathbf{X}\widehat{\boldsymbol{\beta}}=\mathbf{H}\boldsymbol{y}$, 故称矩阵 $\mathbf{H}$ 为帽子矩阵.

从定理 6.4.1 可知 $\mathrm{Var}(\widehat{e}_i)=\sigma^2(1-h_{ii})$. 该式表明: 残差 $\widehat{e}_i$ 的方差不但与因变量 Y 的度量单位有关, 还与帽子矩阵的对角元素 h_{ii} 有关. 为此, 我们进一步讨论 $\mathbf{H}=(h_{ij})$ 的元素的一些性质.

定理 6.5.1 (1) $0\leqslant h_{ii}\leqslant 1$, 且当 $h_{ii}=0$ 时, $h_{ij}=0,\ i\neq j$;

(2) $\sum\limits_{i=1}^n h_{ii}=p$;

(3) $\sum\limits_{j=1}^n h_{ij}=1$;

(4) $h_{ii}=\dfrac{1}{n}+(\tilde{\boldsymbol{x}}-\bar{\tilde{\boldsymbol{x}}})'(\tilde{\mathbf{X}}_c'\tilde{\mathbf{X}}_c')^{-1}(\tilde{\boldsymbol{x}}_i-\bar{\tilde{\boldsymbol{x}}})$, 这里 $\bar{\tilde{\boldsymbol{x}}}=\sum\limits_{i=1}^n\tilde{\boldsymbol{x}}_i/n$, $\tilde{\mathbf{X}}_c=\tilde{\mathbf{X}}-\mathbf{1}_n\bar{\tilde{\boldsymbol{x}}}'$ 为自变量观测矩阵 $\tilde{\mathbf{X}}$ 的中心化.

证明 (1) $\mathbf{H}=\mathbf{P_X}$ 是对称幂等阵, $\mathbf{H}^2=\mathbf{H}=\mathbf{H}'$, 故有

$$h_{ii}=h_{ii}^2+\sum_{j\neq i}^n h_{ij}^2\geqslant h_{ii}^2\geqslant 0, \tag{6.5.2}$$

(1) 得证.

(2) 可以通过迹运算的性质 $\mathrm{tr}(\mathbf{AB})=\mathrm{tr}(\mathbf{BA})$ 证得, 即

$$\sum_{i=1}^n h_{ii}=\mathrm{tr}(\mathbf{P_X})=\mathrm{tr}((\mathbf{X}'\mathbf{X})(\mathbf{X}'\mathbf{X})^{-1})=\mathrm{tr}(\mathbf{I}_p)=p.$$

(3) 注意到 $\sum\limits_{j=1}^n h_{ij}$ 为向量 $\mathbf{H}\mathbf{1}_n$ 的第 i 个元素, $\mathbf{X}=(\mathbf{1}_n,\tilde{\mathbf{X}})$, 于是, 由 $\mathbf{1}_n\in\mathcal{M}(\mathbf{X})$ 立得 $\mathbf{H}\mathbf{1}_n=\mathbf{P_X}\mathbf{1}_n=\mathbf{1}_n$, 即 $\sum\limits_{j=1}^n h_{ij}=1,\ i=1,\cdots,n$.

(4) 由分块矩阵的二次正交投影定理 (定理 2.4.11) 得

$$\mathbf{H}=\mathbf{P_X}=\bar{\mathbf{J}}+(\mathbf{I}_n-\bar{\mathbf{J}})\tilde{\mathbf{X}}(\tilde{\mathbf{X}}'(\mathbf{I}_n-\bar{\mathbf{J}})\tilde{\mathbf{X}})^{-1}\tilde{\mathbf{X}}'(\mathbf{I}_n-\bar{\mathbf{J}})=\bar{\mathbf{J}}+\tilde{\mathbf{X}}_c(\tilde{\mathbf{X}}_c'\tilde{\mathbf{X}}_c)^{-1}\tilde{\mathbf{X}}_c',$$

其中 $\bar{\mathbf{J}}=\mathbf{P}_{\mathbf{1}_n}=\mathbf{1}_n\mathbf{1}_n'/n$. 于是证得 (4).

从结论 (4) 我们可以看出 h_{ii} 的几何意义. $(n-1)\left(h_{ii}-\dfrac{1}{n}\right)$ 表示在自变量空间中, 第 i 个试验点 $\tilde{\boldsymbol{x}}_i$ 到试验中心 $\bar{\tilde{\boldsymbol{x}}}$ 的 Mahalanobis 距离, 简称马氏距离, 刻

画了第 i 个试验点到试验中心 $\bar{\tilde{\boldsymbol{x}}}$ 的远近. 这个距离在多元统计分析, 特别在判别分析中有着重要应用. 下面用一元线性回归的例子来说明.

例 6.5.1　对于一元线性回归

$$Y_i = \beta_0 + x_i\beta_1 + e_i, \quad i = 1, \cdots, n,$$

有

$$\mathbf{X} = (\mathbf{1}_n, \boldsymbol{x}), \quad \boldsymbol{x} = (x_1, \cdots, x_n)'.$$

易证

$$h_{ii} = \frac{1}{n} + \frac{(x_i - \bar{x})^2}{\sum\limits_{j=1}^{n}(x_j - \bar{x})^2},$$

当 $x_i - \bar{x} = 0$ 时, h_{ii} 达到最小值 $1/n$, 且随着 x_i 远离中心点 $\bar{x}$, h_{ii} 增大, 当 x_i 离中心点 $\bar{x}$ 足够远时, h_{ii} 能都充分接近于 1.

注意到 $\widehat{\boldsymbol{y}} = \mathbf{X}\widehat{\boldsymbol{\beta}} = \mathbf{P}_{\mathbf{X}}\boldsymbol{y}$, 故拟合值 $\widehat{y}_i = \boldsymbol{x}_i'\widehat{\boldsymbol{\beta}}$ 的另一种表达形式为

$$\widehat{y}_i = h_{i1}y_1 + h_{i2}y_2 + \cdots + h_{in}y_n, \quad i = 1, \cdots, n. \tag{6.5.3}$$

其直接反映观测值和拟合值间的关系, 即第 i 个拟合值 $\widehat{y}_i$ 是 Y 的所有观测值的加权和, 而 h_{ii} 就是 y_i 对 $\widehat{y}_i$ 的权重 (Hoaglin and Welsch, 1978). 因此, h_{ii} 通常被称为第 i 个观测的杠杆值. 当 h_{ii} 越接近于 1, 第 i 拟合值 $\widehat{y}_i$ 越接近于观测值 y_i, 即残差 $\widehat{e}_i$ 越接近于零. 因此, 当 h_{ii} 接近 1 时, 不论观测值 y_i 等于什么值, 总有 $\widehat{y}_i \approx y_i$. 从几何上看, 这个结论就是, 当 $\tilde{\boldsymbol{x}}_i$ 远离试验中心 $\bar{\tilde{\boldsymbol{x}}}$ 时, 点 $(y_i, \tilde{\boldsymbol{x}}_i)$ 就把回归直线拉向它自己.

对于一般的线性回归模型 (6.5.1), 第 i 个观测的杠杆值 h_{ii} 与普通残差 $\widehat{e}_i$ 都有满足关系:

$$h_{ii} + \frac{\widehat{e}_i^2}{\mathrm{SSE}} \leqslant 1, \tag{6.5.4}$$

其中 $\mathrm{SSE} = \sum\limits_{i}^{n}\widehat{e}_i^2$ 为模型 (6.5.1) 的 LS 残差平方和. 这个不等式的证明留作习题. 不等式 (6.5.4) 表明: 高杠杆点 (h_{ii} 值较大的点) 往往有较小的残差. 因此, 高杠杆点不能通过残差检测出来. 需要依据杠杆值 h_{ii} 来判断.

h_{ii} 究竟多大, 对应的点才是高杠杆点呢? 通常很难给出一个处处适用的标准, 下面介绍两种常用的方法.

1. 杠杆值的 2 倍平均值法

由定理 6.5.1 可知平均杠杆值为

$$\bar{h}=\frac{1}{n}\sum_{j=1}^{n}h_{jj}=\frac{p}{n},$$

因此, Hoaglin 和 Welsch (1978) 提出了杠杆值的 2 倍平均值法, 即将

$$h_{ii}>\frac{2p}{n} \tag{6.5.5}$$

的点视为高杠杆点. 当然, 当 p 和 $n-p$ 较小时, 杠杆值的 2 倍平均值法常常会失效.

2. F 检验法

假设 $\boldsymbol{X}=(X_1,\cdots,X_{p-1})'$ 服从正态分布, 将 $\tilde{\boldsymbol{x}}_1,\cdots,\tilde{\boldsymbol{x}}_n$ 看作是该正态总体的一个简单随机样本, 王松桂 (1985) 证明了如下结果:

$$F=\frac{(n-p)(h_{ii}-1/n)}{(p-1)(1-h_{ii})}\sim F_{p-1,n-p}.$$

由于 F 为关于 h_{ii} 单调增函数, 所以 h_{ii} 很大等价于 F 很大. 利用这个事实, 可以给出高杠杆点的检验. 当 $F>F_{p-1,n-p}(\alpha)$ 时, 就认为 h_{ii} 很大, 对应的点 $\boldsymbol{x}_i$ 就是高杠杆点, 通常取 $\alpha=0.05$.

当 $p>10$, $n-p>50$ 时, 两种方法等价. 事实上, 从 F 分布表知

$$P(F_{p-1,n-p}\leqslant 2)\geqslant 0.95,$$

而 $F_{p-1,n-p}\leqslant 2$ 等价于 $h_{ii}>2p/n$. 更直观的方法就是画杠杆值图, 如顺序图、点图或箱线图, 可以揭示存在的高杠杆点.

6.5.2 异常点的诊断

在回归分析中, 一组数据 $(\boldsymbol{x}_i',\ y_i)$ 如果它的残差 ($\widehat{e}_i$ 或 r_i) 较其他组数据的残差大得多, 则称此数据为异常点. 本节我们讨论因变量 Y 的异常点的一种检验方法.

为方便讨论, 我们把正态线性回归模型改写为如下的分量形式:

$$y_i=\boldsymbol{x}_i'\boldsymbol{\beta}+e_i,\quad e_i\sim N(0,\ \sigma^2),\quad i=1,\cdots,n, \tag{6.5.6}$$

这里 $e_i, i=1,\cdots,n$ 相互独立. 如果第 j 组数据 $(\boldsymbol{x}_j', y_j)$ 是一个异常点, 那么它的残差很大是因为它的均值 $E(y_j)$ 发生了非随机漂移 η, 从而 $E(y_j)=\boldsymbol{x}_j'\boldsymbol{\beta}+\eta$. 这样就产生了一个新模型

$$\begin{cases} y_i=\boldsymbol{x}_i'\boldsymbol{\beta}+e_i, & i\neq j, \\ y_j=\boldsymbol{x}_j'\boldsymbol{\beta}+\eta+e_j, & e_i\sim N(0,\ \sigma^2), \end{cases} \tag{6.5.7}$$

记 $\boldsymbol{d}_j=(0,\cdots,0,1,0,\cdots,0)'$, 这是一个 n 维向量, 它的第 j 个元素为 1, 其余元素为零. 将模型 (6.5.7) 写成矩阵形式

$$\boldsymbol{y}=\mathbf{X}\boldsymbol{\beta}+\boldsymbol{d}_j\eta+\boldsymbol{e}, \quad \boldsymbol{e}\sim N(\mathbf{0},\ \sigma^2\mathbf{I}_n), \tag{6.5.8}$$

称模型 (6.5.8) 为均值漂移线性回归模型. 要判定 $(\boldsymbol{x}_j', y_j)$ 不是异常点, 等价于检验假设

$$H_0:\eta=0.$$

为了导出所要的检验统计量, 我们下面先给出漂移模型 (6.5.8) 中参数 $\boldsymbol{\beta}$ 和 η 的 LS 估计.

定理 6.5.2 对均值漂移线性回归模型 (6.5.8), $\boldsymbol{\beta}$ 和 η 的 LS 估计分别为

$$\boldsymbol{\beta}^*=\widehat{\boldsymbol{\beta}}_{(j)}, \qquad \eta^*=\frac{1}{1-h_{jj}}\widehat{e}_j,$$

这里 $\widehat{\boldsymbol{\beta}}_{(j)}$ 为非均值漂移线性回归模型 (6.5.6) 剔除第 j 组数据后得到的 $\boldsymbol{\beta}$ 的 LS 估计, 见公式(6.4.8). h_{jj} 为 $\mathbf{H}=\mathbf{P}_{\mathbf{X}}$ 的第 j 个主对角元, $\widehat{e}_j$ 为从模型 (6.5.6) 导出的第 j 个残差.

证明 显然, $\boldsymbol{d}_j'\boldsymbol{y}=y_j$, $\boldsymbol{d}_j'\boldsymbol{d}_j=1$. 记 $\mathbf{X}=(\boldsymbol{x}_1,\cdots,\boldsymbol{x}_n)'$, 则 $\mathbf{X}'\boldsymbol{d}_j=\boldsymbol{x}_j$. 于是

$$\begin{pmatrix}\boldsymbol{\beta}^*\\ \eta^*\end{pmatrix}=\left[\begin{pmatrix}\mathbf{X}'\\ \boldsymbol{d}_j'\end{pmatrix}(\mathbf{X},\boldsymbol{d}_j)\right]^{-1}\begin{pmatrix}\mathbf{X}'\\ \boldsymbol{d}_j'\end{pmatrix}\boldsymbol{y}=\begin{pmatrix}\mathbf{X}'\mathbf{X} & \boldsymbol{x}_j\\ \boldsymbol{x}_j' & 1\end{pmatrix}^{-1}\begin{pmatrix}\mathbf{X}'\boldsymbol{y}\\ y_j\end{pmatrix}.$$

根据分块矩阵的求逆公式, 以及 $h_{jj}=\boldsymbol{x}_j'(\mathbf{X}'\mathbf{X})^{-1}\boldsymbol{x}_j$, 有

$$\begin{aligned}&\begin{pmatrix}\boldsymbol{\beta}^*\\ \eta^*\end{pmatrix}\\ =&\begin{pmatrix}(\mathbf{X}'\mathbf{X})^{-1}+\dfrac{1}{1-h_{jj}}(\mathbf{X}'\mathbf{X})^{-1}\boldsymbol{x}_j\boldsymbol{x}_j'(\mathbf{X}'\mathbf{X})^{-1} & -\dfrac{1}{1-h_{jj}}(\mathbf{X}'\mathbf{X})^{-1}\boldsymbol{x}_j\\ -\dfrac{1}{1-h_{jj}}\boldsymbol{x}_j'(\mathbf{X}'\mathbf{X})^{-1} & \dfrac{1}{1-h_{jj}}\end{pmatrix}\begin{pmatrix}\mathbf{X}'\boldsymbol{y}\\ y_j\end{pmatrix}\end{aligned}$$

$$=\begin{pmatrix}\widehat{\boldsymbol{\beta}}+\dfrac{1}{1-h_{jj}}(\mathbf{X}'\mathbf{X})^{-1}\boldsymbol{x}_j\boldsymbol{x}_j'\widehat{\boldsymbol{\beta}}-\dfrac{1}{1-h_{jj}}(\mathbf{X}'\mathbf{X})^{-1}\boldsymbol{x}_j y_j\\ -\dfrac{1}{1-h_{jj}}\boldsymbol{x}_j'\widehat{\boldsymbol{\beta}}+\dfrac{1}{1-h_{jj}}y_j\end{pmatrix}$$

$$=\begin{pmatrix}\widehat{\boldsymbol{\beta}}-\dfrac{\widehat{e}_j}{1-h_{jj}}(\mathbf{X}'\mathbf{X})^{-1}\boldsymbol{x}_j\\ \dfrac{1}{1-h_{jj}}\widehat{e}_j\end{pmatrix}.$$

命题得证.

这个定理告诉我们一个很重要的事实: 如果因变量的第 j 个观测值发生均值漂移, 那么在相应的均值漂移的回归模型中, 回归系数的 LS 估计恰等于原来模型中剔除第 j 组数据后, 所获得的 LS 估计.

下面我们应用定理 6.1.2, 来求检验 $H_0:\eta=0$ 的统计量. 注意到对现在的情形, 把约束条件 $\eta=0$ 代入模型 (6.5.8), 得到的约简模型就是模型 (6.5.6), 于是

$$\mathrm{SSE}_H=\boldsymbol{y}'\boldsymbol{y}-\widehat{\boldsymbol{\beta}}'\mathbf{X}'\boldsymbol{y}.$$

而模型 (6.5.8) 的无约束残差平方和

$$\mathrm{SSE}=\boldsymbol{y}'\boldsymbol{y}-\boldsymbol{\beta}^{*\prime}\mathbf{X}'\boldsymbol{y}-\eta^*\boldsymbol{d}_j'\boldsymbol{y}. \tag{6.5.9}$$

利用定理 6.1.2 得

$$\mathrm{SSE}_H-\mathrm{SSE}=(\boldsymbol{\beta}^*-\widehat{\boldsymbol{\beta}})'\mathbf{X}'\boldsymbol{y}+\eta^*\boldsymbol{d}_j'\boldsymbol{y}=-\frac{1}{1-p_{jj}}\widehat{e}_j\boldsymbol{x}_j'\widehat{\boldsymbol{\beta}}+\frac{1}{1-h_{jj}}\widehat{e}_j y_j=\frac{\widehat{e}_j^2}{1-h_{jj}}, \tag{6.5.10}$$

这里为原模型下第 j 组数据的残差.

利用 $\boldsymbol{\beta}^*$ 和 η^* 的具体表达式将 (6.5.9) 作进一步化简:

$$\mathrm{SSE}=\boldsymbol{y}'\boldsymbol{y}-\widehat{\boldsymbol{\beta}}'\mathbf{X}'\boldsymbol{y}+\frac{\widehat{e}_j\widehat{y}_j}{1-h_{jj}}-\frac{\widehat{e}_j y_j}{1-h_{jj}}=(n-p)\widehat{\sigma}^2-\frac{\widehat{e}_j^2}{1-h_{jj}},$$

其中 $\widehat{\sigma}^2=\|\boldsymbol{y}-\mathbf{X}\widehat{\boldsymbol{\beta}}\|^2/(n-p)$. 根据定理 6.1.2, 所求的检验统计量为

$$F=\frac{\mathrm{SSE}_H-\mathrm{SSE}}{\mathrm{SSE}/(n-p-1)}=\frac{(n-p-1)\dfrac{\widehat{e}_j^2}{1-h_{jj}}}{(n-p)\widehat{\sigma}^2-\dfrac{\widehat{e}_j^2}{1-h_{jj}}}=\frac{(n-p-1)r_j^2}{n-p-r_j^2},$$

这里

$$r_j = \frac{\widehat{e}_j}{\widehat{\sigma}\sqrt{1-h_{jj}}},$$

为学生化残差, 于是我们证明了如下事实.

定理 6.5.3 对于均值漂移线性回归模型 (6.5.8), 如果假设 $H:\eta=0$ 成立, 则

$$F_j = \frac{(n-p-1)r_j^2}{n-p-r_j^2} \sim F_{1,n-p-1}.$$

据此, 我们就得到如下检验: 对给定的 α $(0<\alpha<1)$, 若

$$F_j = \frac{(n-p-1)r_j^2}{n-p-r_j^2} > F_{1,\ n-p-1}(\alpha), \tag{6.5.11}$$

则判定第 j 组数据 $(\boldsymbol{x}_j', y_j)$ 为异常点. 当然, 这个结论可能是错的, 也就是说, (x_j', y_j) 可能不是异常点, 而被误判为异常点. 但我们犯这种错误的概率只有 α, 事先我们可以把它控制得很小. 显然, 根据 t 分布和 F 分布的关系, 我们也可以用 t 检验法完成上面的检验. 若定义

$$t_j = F_j^{1/2} = \left(\frac{(n-p-1)r_j^2}{n-p-r_j^2}\right)^{1/2},$$

则对给定的 α, 当

$$|t_j| > t_{n-p-1}\left(\frac{\alpha}{2}\right)$$

时, 我们拒绝假设 $H:\eta=0$, 即判定第 j 组数据 (x_j', y_j) 为异常点.

注意到定理 6.5.3 与标准化预测残差的定理 6.4.3 结论一致. 因此, 以上均值漂移法构造的检验本质上与直接利用预测残差定理 6.4.3 构造的检验等价.

以上方法仅适用于因变量的观测值中存在一个异常点的情形. 如果存在多个异常点时, 异常点的检验就变成一个很复杂的问题. 因为异常点往往把回归方程拉向自身, 所以使得其他点远离拟合方程. 这就会导致检测出的某些异常点并不是真正的异常点, 而真正的异常点可能被淹没未被检测出来. 对异常点的识别中的伪装和淹没问题, Barnett 和 Lewis (1978)、Beckman 和 Cook (1983) 以及 Hadi 和 Simonoff (1993) 等提出了一些方法, 想对此进一步了解的读者可参阅这些文献.

6.5.3 强影响点的诊断

本节我们讨论强影响点的诊断问题, 即探查对估计或预测有较大影响的数据. 为此, 我们先引进一些记号. 用 $\boldsymbol{y}_{(i)}$, $\mathbf{X}_{(i)}$ 和 $\boldsymbol{e}_{(i)}$ 分别表示从 $\boldsymbol{y}, \mathbf{X}$ 和 $\boldsymbol{e}$ 中剔除第 i

行后得到的向量或矩阵. 从线性回归模型 (6.5.1) 剔除第 i 组数据后, 剩余的 $n-1$ 组数据的线性回归模型为

$$\boldsymbol{y}_{(i)}=\mathbf{X}_{(i)}\boldsymbol{\beta}+\boldsymbol{e}_{(i)},\quad E(\boldsymbol{e}_{(i)})=\mathbf{0},\quad \mathrm{Cov}(\boldsymbol{e}_{(i)})=\sigma^2\mathbf{I}_{n-1},\tag{6.5.12}$$

记从模型 (6.5.12) 求到的 $\boldsymbol{\beta}$ 的 LS 估计为 $\widehat{\boldsymbol{\beta}}_{(i)}$, 则

$$\widehat{\boldsymbol{\beta}}_{(i)}=(\mathbf{X}'_{(i)}\mathbf{X}_{(i)})^{-1}\mathbf{X}'_{(i)}\boldsymbol{y}_{(i)}.\tag{6.5.13}$$

很显然, 向量 $\widehat{\boldsymbol{\beta}}-\widehat{\boldsymbol{\beta}}_{(i)}$ 反映了第 i 组数据对回归系数估计的影响大小. 但它是一个向量, 不便于定量地比较影响的大小, 于是考虑它的某种数量化函数, 如从模型拟合角度提出的 Cook 距离统计量、从模型预测 (或单值拟合) 角度提出的 Welsch-Kuh 统计量, 从估计的广义方差出发提出的协方差比统计量, 还有从比较数据剔除前后信息损失的大小提出的信息比统计量等. 下面我们主要介绍前三种.

1. Cook 距离统计量

Cook (1977) 提出一种广泛使用的度量影响的工具. Cook 距离统计量定义为

$$D_i=\frac{(\widehat{\boldsymbol{\beta}}-\widehat{\boldsymbol{\beta}}_{(i)})'\mathbf{X}'\mathbf{X}(\widehat{\boldsymbol{\beta}}-\widehat{\boldsymbol{\beta}}_{(i)})}{p\widehat{\sigma}^2},\quad i=1,\cdots,n,\tag{6.5.14}$$

这里 $\widehat{\sigma}^2=\|\boldsymbol{y}-\mathbf{X}\widehat{\boldsymbol{\beta}}\|^2/(n-p)$. 这样我们就可以用数量 D_i 来刻画第 i 组数据对回归系数估计的影响大小了. 另外, 注意到

$$D_i=\frac{(\widehat{\boldsymbol{y}}-\widehat{\boldsymbol{y}}_{(i)})'(\widehat{\boldsymbol{y}}-\widehat{\boldsymbol{y}}_{(i)})}{p\widehat{\sigma}^2}=\frac{\sum\limits_{i=1}^{n}(\widehat{y}_i-\widehat{y}_{i(i)})^2}{p\widehat{\sigma}^2},$$

因此, Cook 距离统计量 D_i 又刻画了第 i 组数据对模型拟合的影响.

下面定理给出一个计算 D_i 的简便公式.

定理 6.5.4

$$D_i=\frac{1}{p}\left(\frac{h_{ii}}{1-h_{ii}}\right)r_i^2,\quad i=1,\cdots,n,\tag{6.5.15}$$

这里 h_{ii} 为矩阵 $\mathbf{H}=\mathbf{P}_{\mathbf{X}}=\mathbf{X}(\mathbf{X}'\mathbf{X})^{-1}\mathbf{X}'$ 的第 i 个主对角元, r_i 是学生化残差.

证明 利用公式(6.4.8) 知

$$\widehat{\boldsymbol{\beta}}-\widehat{\boldsymbol{\beta}}_{(i)}=\frac{\widehat{e}_i}{1-h_{ii}}(\mathbf{X}'\mathbf{X})^{-1}\boldsymbol{x}_i.\tag{6.5.16}$$

代入 (6.5.14), 再利用学生化残差的定义, 便证明了所要的结论.

此定理可知: 在计算 Cook 距离统计量时, 只需要从完全数据的线性回归模型计算出学生化残差 r_i 和 $\mathbf{H}$ 的主对角元 h_{ii} 即可, 并不必对每一个不完全数据的线性回归模型 (6.5.12) 进行计算.

在 (6.5.15) 中, 除了与 i 无关的因子 $1/p$ 外, Cook 距离统计量 D_i 被分解成两部分, 其中一部分是所谓的势位函数:

$$P_i = \frac{h_{ii}}{1-h_{ii}},$$

另一部分为学生化残差的平方项 r_i^2, 其中 P_i 是杠杆值 h_{ii} 的单调增函数, 随 h_{ii} 增大而增大, 故 P_i 也刻画了第 i 组数据 $\boldsymbol{x}_i$ 距离其他数据的远近. (6.5.15) 表明高杠杆点和异常点都可能是强影响点, 但又不一定都是强影响点. 因此, (6.5.15) 从数学上描述了这三种点的关系.

直观上, 如果一组数据 $\boldsymbol{x}_i$ 距离试验中心很远, 并且对应的学生化残差又很大, 那么它 $(\boldsymbol{x}_i', y_i)$ 必定是强影响点. 但是, 要给 Cook 距离统计量一个用以判定强影响点的临界值是很困难的, 在应用上要视具体问题的实际情况而定.

下面我们借助例 (5.2.8) 的结论对 Cook 距离统计量 D_i 的值的大小给出概率解释. 由 (5.2.8) 知

$$\frac{(\widehat{\boldsymbol{\beta}}-\boldsymbol{\beta})'\mathbf{X}'\mathbf{X}(\widehat{\boldsymbol{\beta}}-\boldsymbol{\beta})}{p\widehat{\sigma}^2} \leqslant F_{p,n-p}(\alpha)$$

为未知参数 $\boldsymbol{\beta}$ 的置信系数为 $1-\alpha$ 置信椭球. 上式左端如果用 $\widehat{\boldsymbol{\beta}}_{(i)}$ 代替 $\boldsymbol{\beta}$, 就得到了 Cook 距离统计量. 因此, 若 $D_i > F_{p,\ n-p}(\alpha)$, 则认为第 i 组数据为强影响点. 在实际操作时, 往往把 $D_i > 1$ 的点视为潜在的强影响点, 再结合 D_i 的点图或顺序图来判断.

2. Welsch-Kuh 统计量 (DFFITS)

Welsch 和 Kuh (1977) 从预测 (或单值拟合) 的角度提供了另一种准则: DFFITS (difference in fits) 准则. 记 $\widehat{y}_i(i) = \boldsymbol{x}_i'\widehat{\boldsymbol{\beta}}_{(i)}$ 为剔除第 i 组数据 $(\boldsymbol{x}_i', y_i)$ 之后, 从剩余的 $n-1$ 组数据回归算得的 $\boldsymbol{x}_i$ 处 Y 的预测. 于是 $\widehat{y}_i - \widehat{y}_i(i) = \boldsymbol{x}_i'(\widehat{\boldsymbol{\beta}} - \widehat{\boldsymbol{\beta}}_{(i)})$ 刻画了第 i 组数据对 $\boldsymbol{x}_i$ 处预测影响的大小. 将 (6.5.16) 代入, 得

$$\widehat{y}_i - \widehat{y}_i(i) = \frac{h_{ii}}{1-h_{ii}}\widehat{e}_i. \tag{6.5.17}$$

因为 $\mathrm{Var}(\widehat{y}_i) = \boldsymbol{x}_i'\widehat{\boldsymbol{\beta}}$ 的标准差为 $\sqrt{h_{ii}}\sigma$, 用 $\widehat{\sigma}_{(i)}$ 代替 σ, 去除 (6.5.17), 得到

$$W_i = \frac{\widehat{y}_i - \widehat{y}_i(i)}{(\widehat{\mathrm{Var}}(\widehat{y}_i))^{1/2}} = \left(\frac{h_{ii}}{1-h_{ii}}\right)^{1/2} r_i^*, \tag{6.5.18}$$

这里 r_i^* 是 (6.4.6) 定义的标准化预测残差.

从 W_i 的定义可知, W_i^2 度量了第 i 组数据对 $\boldsymbol{x}_i$ 处的预测影响大小. 一个问题是 W_i^2 与第 i 组数据对其他点 $\boldsymbol{x}$ 处的预测影响关系如何? 下面定理回答了这个问题.

定理 6.5.5 (1)

$$W_i^2=\frac{(\widehat{\boldsymbol{\beta}}-\widehat{\boldsymbol{\beta}}_{(i)})'\mathbf{X}'\mathbf{X}(\widehat{\boldsymbol{\beta}}-\widehat{\boldsymbol{\beta}}_{(i)})}{\widehat{\sigma}_{(i)}^2};$$

(2) W_i^2 为第 i 组数据对任意点 $\boldsymbol{x}$ 处预测影响的上界, 即对于任意的 $p\times 1$ 的向量 $\boldsymbol{x}$, 都有

$$\frac{(\boldsymbol{x}'\widehat{\boldsymbol{\beta}}-\boldsymbol{x}'\widehat{\boldsymbol{\beta}}_{(i)})^2}{\widehat{\sigma}_{(i)}^2\boldsymbol{x}'(\mathbf{X}'\mathbf{X})^{-1}\boldsymbol{x}}\leqslant W_i^2. \tag{6.5.19}$$

证明 (1) 记

$$D_i(i)=\frac{(\widehat{\boldsymbol{\beta}}-\widehat{\boldsymbol{\beta}}_{(i)})'\mathbf{X}'\mathbf{X}(\widehat{\boldsymbol{\beta}}-\widehat{\boldsymbol{\beta}}_{(i)})}{\widehat{\sigma}_{(i)}^2},$$

即 $D_i(i)$ 就是将 Cook 距离统计量 D_i 中分母 $p\widehat{\sigma}^2$ 用 $\widehat{\sigma}_{(i)}^2$ 替换后得到的. 将 (6.5.16) 直接代入 $D_i(i)$ 得证

$$D_i(i)=\frac{\widehat{e}_i^2h_{ii}}{\widehat{\sigma}_{(i)}^2(1-h_{ii})^2}=\frac{h_{ii}}{1-h_{ii}}(r_i^*)^2=W_i^2.$$

(2) 可由 Cauchy-Schwarz 不等式 (定理 2.5.6) 直接得证, 即

$$\frac{\left(\boldsymbol{x}'\widehat{\boldsymbol{\beta}}-\boldsymbol{x}'\widehat{\boldsymbol{\beta}}_{(i)}\right)^2}{\boldsymbol{x}'(\mathbf{X}'\mathbf{X})^{-1}\boldsymbol{x}}=\frac{\left(\boldsymbol{x}'(\widehat{\boldsymbol{\beta}}-\widehat{\boldsymbol{\beta}}_{(i)})\right)^2}{\boldsymbol{x}'(\mathbf{X}'\mathbf{X})^{-1}\boldsymbol{x}}\leqslant\left(\widehat{\boldsymbol{\beta}}-\widehat{\boldsymbol{\beta}}_{(i)}\right)'\mathbf{X}'\mathbf{X}\left(\widehat{\boldsymbol{\beta}}-\widehat{\boldsymbol{\beta}}_{(i)}\right)=\widehat{\sigma}_{(i)}^2W_i^2.$$

在应用中, 通常当 $|W_i|>2\sqrt{p/(n-p)}$ 时, 则认为第 i 组数据为强影响点. 同样也可用 W_i^2 的顺序图、点图或箱线图等图工具识别强影响点. 应用中 Cook 距离和 Welsch-Kuh 统计量没有优劣之分, 给出的结果相似, 因为它们都是残差和杠杆值的函数. 应用中任选其一即可.

3. COVRATIO 准则

分别利用全部样本和剔除掉第 i 点观测值的样本计算回归系数 $\boldsymbol{\beta}$ 的最小二乘估计 $\widehat{\boldsymbol{\beta}}$ 和 $\widehat{\boldsymbol{\beta}}_{(-i)}$, 以及它们的协方差矩阵

$$\mathrm{Cov}(\widehat{\boldsymbol{\beta}})=\sigma^2(\mathbf{X}'\mathbf{X})^{-1},\quad \mathrm{Cov}(\widehat{\boldsymbol{\beta}}_{(-i)})=\sigma^2(\mathbf{X}_{(-i)}'\mathbf{X}_{(-i)})^{-1},$$

其中, $\mathbf{X}_{(-i)}$ 是 $n \times p$ 的设计矩阵 $\mathbf{X}$ 剔除掉第 i 行得到的矩阵. 分别用 $\widehat{\sigma}$ 和 $\widehat{\sigma}_{(-i)}$ 代替上式中的 σ. 为了比较其对应的回归系数估计的精度, 考虑其协方差比 (covariance ratio, COVRATIO), 即

$$C_i = \frac{\det\left(\widehat{\sigma}^2_{(-i)}(\mathbf{X}'_{(-i)}\mathbf{X}_{(-i)})^{-1}\right)}{\det\left(\widehat{\sigma}^2(\mathbf{X}'\mathbf{X})^{-1}\right)} = \frac{(\widehat{\sigma}^2_{(-i)})^p}{(\widehat{\sigma}^2)^p}\frac{1}{1-h_{ii}}, \quad i = 1, \cdots, n.$$

如果第 i 点观测值所对应的 C_i 值离 1 越远, 则认为该点影响越大.

在 R 语言中函数 influence.measures() 可以直接算出杠杆值 h_{ii}、Cook 距离统计量 D_i、Welsch-Kuh 统计量 W_i 和 COVRATIO 统计量 C_i.

例 6.5.2 智力测试数据. 表 6.5.1 是教育学家测试的 21 个儿童的记录, 其中 X 为儿童的年龄 (以月为单位), y 表示某种智力指标, 通过这些数据, 我们要建立智力随年龄变化的关系.

表 6.5.1 智力测试数据

i	X	y	i	X	y	i	X	y
1	15	95	8	11	100	15	11	102
2	26	71	9	8	104	16	10	100
3	10	83	10	20	94	17	12	105
4	9	91	11	7	113	18	42	57
5	15	102	12	9	96	19	17	121
6	20	87	13	10	83	20	11	86
7	18	93	14	11	84	21	10	100

解 考虑直线回归 $y = \beta_0 + \beta_1 X + e$, 运行如下程序:

```
data <- read.table("IQtest.txt",header=TRUE )
colnames(data)<- c("i","X","Y")
lm.reg <- lm(Y ~ X ,data = data)##
summary(lm.reg) ##输出结果
influence.measures(lm.reg) ### 回归诊断的总结
lm.reg$residuals # 残差
hatvalues(lm.reg) # 杠杆值
r<-rstandard(lm.reg)#标准化残差
n<-length(r);
t<-sqrt((n-3)*r^2)/sqrt(r^2*(n-2-r^2) ) ## 异常值检验
X<-data[,2];  Y<-data[,3]
plot(X,Y)  ## 散点图
abline(lm.reg)
plot(lm.reg,1) # 绘制残差图
```

```
plot(lm.reg,5) # 杠杆值和标准化残差
plot(lm.reg,4) # Cook 距离时序图
```

运行结果汇总: β_0 和 β 的 LS 估计分别为 $\widehat{\beta}_0 = 109.87$ 和 $\widehat{\beta}_1 = -1.13$, 于是经验回归直线为

$$\widehat{Y} = 109.87 - 1.13X.$$

图 6.5.1(a)—(d) 分别为 (x_i, y_i) 散点图、残差与预测值的散点图、残差与杠杆值的散点图以及 Cook 距离时序图, 表 6.5.2 给出了各组数据的有关诊断统计量.

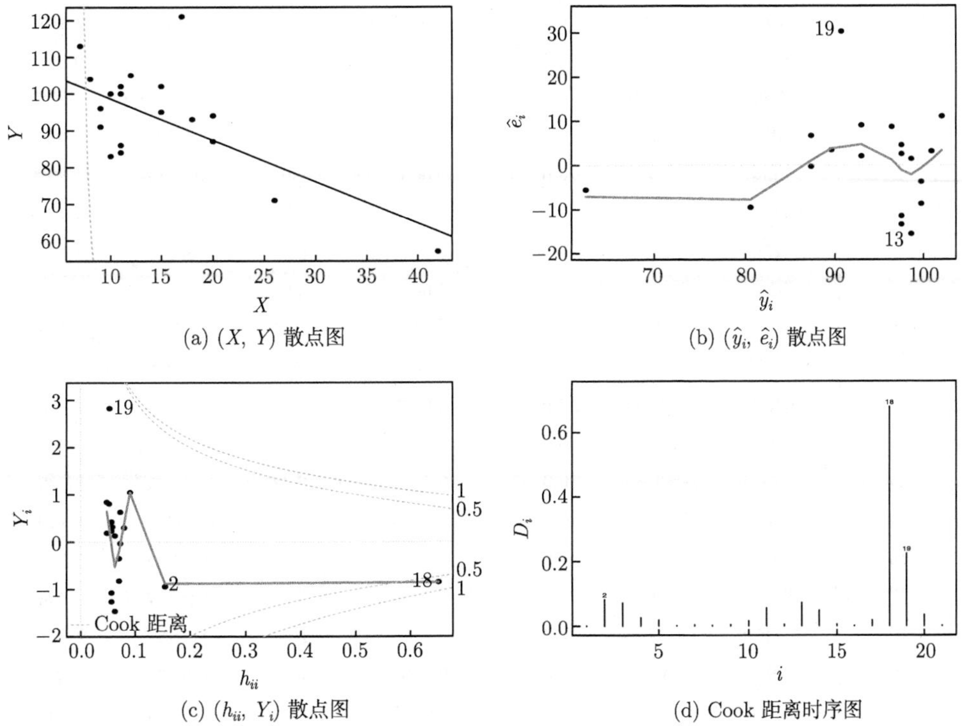

(a) (X, Y) 散点图 (b) $(\hat{y}_i, \hat{e}_i)$ 散点图

(c) (h_{ii}, Y_i) 散点图 (d) Cook 距离时序图

图 6.5.1 模型诊断图

从图 6.5.1(a) 可以看出 X 和 Y 都存在离群值点, 从图 6.5.1(b)—(d) 可以发现 18 号的杠杆值和 19 号的残差和 Cook 距离相对于别的点大很多. 从表 6.5.2 看出, $D_{18} = 0.6781$ 是所有 D_i 中最大的, 而其他 D_i 值与 D_{18} 相比也十分小. 因此, 第 18 号数据是一个对回归估计影响很大的数据, 对此数据我们就要格外注意. 譬如, 检查原始数据的抄录是否有误, 如果有误, 则需改正后重新计算. 不然, 需要从原始数据中剔除它. 表 6.5.2 最后一列给出各组数据对应的 t_i 值. 对现在问题,

$n=21, p=2, n-p-1=18$, 对给定的置信水平 $\alpha=0.05$, $t_{18}(0.025)=2.101$. 从表 6.5.2 中 t_i 列可以看出只有 $t_{19}=3.6071$ 超过这个值. 于是, 我们认为第 19 号数据为异常点. 计算 $2\sqrt{p/(n-p)}=2\sqrt{2/(21-2)}=0.6489$, 从表 6.5.2 中 W_i 列可以看出 W_{18} 和 W_{19} 超过这个值. 另外, 这两点的 Cook 距离比其他点的大很多, 两点的 C_{18} 和 C_{19} 值也远离 1, 因此, 可以判断 18 号和 19 号组数据也是强影响点, 应该认真考察这两点.

表 6.5.2　智力测试数据的诊断统计量

序号	$\widehat{e}_i$	r_i	h_{ii}	D_i	t_i	W_i	C_i
1	2.0310	0.1888	0.0479	0.0009	0.1839	0.04127	1.166
2	−9.5721	−0.9444	0.1545	0.0815	0.9416	−0.40252	1.197
3	−15.6040	−0.8216	0.0628	0.0717	0.8143	−0.39114	0.936
4	−8.7309	−0.8216	0.0705	0.0256	0.8143	−0.22433	1.115
5	9.0310	0.8397	0.0479	0.0177	0.8329	0.18686	1.085
6	−0.3341	−0.0315	0.0726	0.0000	0.0307	−0.00857	1.201
7	3.4120	0.3189	0.0580	0.0031	0.3112	0.07722	1.170
8	2.5230	0.2357	0.0567	0.0017	0.2298	0.05630	1.174
9	3.1420	0.2972	0.0799	0.0038	0.2899	0.08541	1.200
10	6.6659	0.6280	0.0726	0.0154	0.6177	0.17284	1.152
11	11.0151	1.0480	0.0908	0.0548	1.0508	0.33200	1.088
12	−3.7309	−0.3511	0.0705	0.0047	0.3429	−0.09445	1.183
13	−15.6040	−1.4623	0.0628	0.0717	1.5108	−0.39114	0.936
14	−13.4770	−1.2588	0.0567	0.0476	1.2798	−0.31367	0.992
15	4.5230	0.4225	0.0567	0.0054	0.4131	0.10126	1.159
16	1.3960	0.1308	0.0628	0.0006	0.1274	0.03298	1.187
17	8.6500	0.8060	0.0521	0.0179	0.7982	0.18717	1.096
18	−5.5403	−0.8515	**0.6516**	**0.6781**	0.8450	**−1.15578**	**2.959**
19	**30.2850**	**2.8234**	0.0531	0.2233	**3.6071**	**0.85374**	**0.396**
20	−11.4770	−1.0720	0.0567	0.0345	1.0765	−0.26385	1.043
21	1.3960	0.1308	0.0628	0.0006	0.1274	0.03298	1.187

最后需要指出的是, 影响分析只是研究探查强影响数据的统计方法, 至于对已经确认的强影响数据如何处理, 这需要具体问题具体分析. 往往先要仔细核查数据获得全过程, 如果强影响数据是由于试验条件失控或记录失误或其他一些过失所致, 那么这些数据应该剔除. 不然的话, 应该考虑收集更多的数据或采用一些稳健估计方法以缩小强影响数据对估计的影响, 从而获得较稳定的经验回归方程.

6.5.4 强影响点的修正方法——稳健回归

众所周知, 在误差的正态假设 LS 估计对误差的正态假设、异常值和强影响点是敏感的. 对待这些特殊的点, LS 的方法就是删除异常值和强影响点, 用剩下的数据作回归. 另一种处理异常点和强影响观测的方法是稳健回归, 这是一种拟合方法, 对高杠杆点赋以较小的权重. 目前有大量稳健回归的文献, 这里主要介绍最小绝对离差 (least absolute deviation, LAD) 估计、M-估计和加权最小二乘 (WLS) 估计. 针对模型 (6.5.1), 这三种估计的形式如下:

(1) LAD 估计

$$\widehat{\boldsymbol{\beta}} = \arg\min_{\boldsymbol{\beta}} \sum_{i=1}^{n} |y_i - \boldsymbol{x}_i\boldsymbol{\beta}|. \tag{6.5.20}$$

Birkes 和 Dodge (1993, Chapter 4) 给出了 LAD 估计的迭代数值算法. 关于 LAD 估计的性质可参见 (Rao, 1988).

(2) M-估计

$$\widehat{\boldsymbol{\beta}} = \arg\min_{\beta} \sum_{i=1}^{n} \rho(y_i - \boldsymbol{x}_i\boldsymbol{\beta}), \tag{6.5.21}$$

其中 $\rho(\cdot)$ 为一选定的非负函数. M-估计是由 Huber (1964) 提出的当前最为流行的一种稳健估计. Chen 和 Wu (1988) 研究了 $\rho(\cdot)$ 在 $[0,+\infty)$ 上连续非降且在 $(-\infty,0]$ 上非增时, M-估计的渐近性质. 关于 M-估计, 感兴趣的读者可参阅 Rao (1995).

(3) WLS 估计. 该估计的计算过程是一个迭代过程, 第 j 次迭代估计的形式为

$$\widehat{\boldsymbol{\beta}} = (\mathbf{X}'\mathbf{W}^{(j)}\mathbf{X})^{-1}\mathbf{X}'\mathbf{W}^{(j)}\boldsymbol{y}, \tag{6.5.22}$$

其中 $\mathbf{W}^{(j)} = \mathrm{diag}(w_1^{(j)}, \cdots, w_n^{(j)})$, 这里

$$w_i^{(j)} = \frac{(1-h_{ii})^2}{\max\left(|\widehat{e}_i^{(j-1)}|, m_e^{(j-1)}\right)},$$

$m_e^{(j-1)}$ 是 $|\widehat{e}_1^{(j-1)}|, \cdots, |\widehat{e}_n^{(j-1)}|$ 的中位数, h_{ii} 为杠杆值, 初始权重设定为 $w_i^{(0)} = \max(h_{ii}, (p-1)/n), i = 1, \cdots, n$. 关于有关过程细节, 参见 (Chatterjee and Mächler, 1997). 文献中关于权函数 w_i 还有许多选择, 如 DPS 软件提供了 Cauchy 方法、Andrew 方法、Logistic 法、Welsch 法等 10 种不同的权.

稳健性是最小二乘估计所缺乏的. 但要注意到, 稳健性只是参数估计的一个性质, 这个性质与最优性不同, 我们不能说愈稳健就愈好. 对基于正态分布的参数估计, 过于强调稳健性会导致效率损失. 因此, 在实际应用中需要平衡两者的关系.

6.6 复共线性

根据前面的讨论我们知道, 回归系数的 LS 估计有许多优良性质, 其中最为重要的是 Gauss-Markov 定理, 它保证了 LS 估计在线性无偏估计类中的方差最小性. 正是由于这一点, LS 估计在线性统计模型的估计理论与实际应用中占有绝对重要的地位. 随着电子计算机技术的飞速发展, 人们越来越有能力去处理含较多回归自变量的大型回归问题, 许多应用实践表明, 在这些大型线性回归问题中, LS 估计有时表现不理想. 例如, 有时某些回归系数的估计的绝对值异常大, 有时回归系数的估计值的符号与问题的实际意义相违背等. 经大量研究发现, 产生这些问题的原因之一是回归自变量之间存在着近似线性关系, 即复共线性 (multicolinearity). 本节我们研究复共线性对 LS 估计的影响、复共线性的诊断以及几类修正估计方法等问题.

6.6.1 复共线性对估计的影响

为了后面的需要, 我们先引进评价一个估计优劣的标准–均方误差 (mean squared error, MSE), 并讨论它的一些性质.

设 $\boldsymbol{\theta}$ 为 $p\times 1$ 的未知参数向量, $\widehat{\boldsymbol{\theta}}$ 为 $\boldsymbol{\theta}$ 的一个估计. 定义 $\widehat{\boldsymbol{\theta}}$ 的均方误差为

$$\mathrm{MSE}(\widehat{\boldsymbol{\theta}})=E\|\widehat{\boldsymbol{\theta}}-\boldsymbol{\theta}\|^2=E(\widehat{\boldsymbol{\theta}}-\boldsymbol{\theta})'(\widehat{\boldsymbol{\theta}}-\boldsymbol{\theta}).$$

它度量了估计 $\widehat{\boldsymbol{\theta}}$ 与未知参数向量 $\boldsymbol{\theta}$ 的平均偏离的大小, 一个好的估计应该有较小的均方误差.

定理 6.6.1

$$\mathrm{MSE}(\widehat{\boldsymbol{\theta}})=\mathrm{tr}\left[\mathrm{Cov}(\widehat{\boldsymbol{\theta}})\right]+\|E(\widehat{\boldsymbol{\theta}})-\boldsymbol{\theta}\|^2, \tag{6.6.1}$$

这里 $\mathrm{tr}(\boldsymbol{A})$ 表示 $\boldsymbol{A}$ 的迹.

证明

$$\begin{aligned}&\mathrm{MSE}(\widehat{\boldsymbol{\theta}})=E(\widehat{\boldsymbol{\theta}}-\boldsymbol{\theta})'(\widehat{\boldsymbol{\theta}}-\boldsymbol{\theta})\\&=E[(\widehat{\boldsymbol{\theta}}-E(\widehat{\boldsymbol{\theta}}))+(E(\widehat{\boldsymbol{\theta}})-\boldsymbol{\theta})]'[(\widehat{\boldsymbol{\theta}}-E(\widehat{\boldsymbol{\theta}}))+(E(\widehat{\boldsymbol{\theta}})-\boldsymbol{\theta})]\\&=E(\widehat{\boldsymbol{\theta}}-E(\widehat{\boldsymbol{\theta}}))'(\widehat{\boldsymbol{\theta}}-E(\widehat{\boldsymbol{\theta}}))+(E(\widehat{\boldsymbol{\theta}})-\boldsymbol{\theta})'(E(\widehat{\boldsymbol{\theta}}-\boldsymbol{\theta}))\\&=\mathrm{tr}[E(\widehat{\boldsymbol{\theta}}-E(\widehat{\boldsymbol{\theta}}))(\widehat{\boldsymbol{\theta}}-E(\widehat{\boldsymbol{\theta}}))']+\|E(\widehat{\boldsymbol{\theta}})-\boldsymbol{\theta}\|^2\\&=\mathrm{tr}[\mathrm{Cov}(\widehat{\boldsymbol{\theta}})]+\|E(\widehat{\boldsymbol{\theta}})-\boldsymbol{\theta}\|^2.\end{aligned}$$

定理证毕.

从定理 6.6.1 可以看出, $\widehat{\boldsymbol{\theta}}$ 的均方误差可以分解为两项之和, 其中一项为 $\widehat{\boldsymbol{\theta}}$ 的各分量的方差之和, 另一项为 $\widehat{\boldsymbol{\theta}}$ 的各分量的偏差的平方和. 因此, 一个估计的均方

误差就是由它的各分量的方差和偏差所决定的. 一个好的估计应该有较小的方差和偏差.

现在用均方误差这个标准来评价 LS 估计. 考虑线性回归模型

$$\boldsymbol{y} = \beta_0 \mathbf{1}_n + \mathbf{X}\boldsymbol{\beta} + \boldsymbol{e}, \quad E(\boldsymbol{e}) = \mathbf{0}, \quad \mathrm{Cov}(\boldsymbol{e}) = \sigma^2 \mathbf{I}_n, \tag{6.6.2}$$

这里 $\mathbf{X} = (x_{ij})$ 为 $n \times (p-1)$ 的设计阵, 假设已被标准化, 且 $\mathrm{rk}(\mathbf{X}) = p-1$. 由于设计阵 $\mathbf{X}$ 是中心化的, 于是常数项 β_0 和回归系数 $\boldsymbol{\beta}$ 的 LS 估计分别为

$$\widehat{\beta}_0 = \bar{y} = \frac{1}{n}\sum_{i=1}^{n} y_i,$$

$$\widehat{\boldsymbol{\beta}} = (\mathbf{X}'\mathbf{X})^{-1}\mathbf{X}'\boldsymbol{y} = \mathbf{R}_{\mathbf{X}}^{-1}\mathbf{X}'\boldsymbol{y},$$

其中 $\mathbf{R}_{\mathbf{X}} = \mathbf{X}'\mathbf{X}$ 为变量 $(X_1, \cdots, X_{p-1})$ 的样本相关系数矩阵.

因为 $\widehat{\boldsymbol{\beta}}$ 是 $\boldsymbol{\beta}$ 的无偏估计, 所以

$$\mathrm{MSE}(\widehat{\boldsymbol{\beta}}) = \mathrm{tr}(\mathrm{Cov}(\widehat{\boldsymbol{\beta}})) = \sigma^2 \mathrm{tr}(\mathbf{R}_{\mathbf{X}}^{-1}) = \sigma^2 \sum_{i=1}^{p-1} \frac{1}{\lambda_i}, \tag{6.6.3}$$

其中 $\lambda_1 \geqslant \cdots \geqslant \lambda_{p-1} > 0$ 为 $\mathbf{R}_{\mathbf{X}}$ 的特征值. 从这个表达式我们可以看出, 如果 $\mathbf{R}_{\mathbf{X}}$ 至少有一个特征值非常小, 即非常接近于零, 那么 $\mathrm{MSE}(\widehat{\boldsymbol{\beta}})$ 就会很大. 从均方误差的标准来看, 这时的 LS 估计 $\widehat{\boldsymbol{\beta}}$ 就不是一个好的估计. 这一点和 Gauss-Markov 定理并无抵触, 因为我们知道, Gauss-Markov 定理仅仅保证了 LS 估计在线性无偏估计类中的方差最小性, 但在 $\mathbf{R}_{\mathbf{X}}$ 至少有一个特征值很小时, 这个最小的方差值本身却很大, 因而导致了很大的均方误差.

另一方面,

$$\mathrm{MSE}(\widehat{\boldsymbol{\beta}}) = E((\widehat{\boldsymbol{\beta}} - \boldsymbol{\beta})'(\widehat{\boldsymbol{\beta}} - \boldsymbol{\beta})) = E\left(\widehat{\boldsymbol{\beta}}'\widehat{\boldsymbol{\beta}} - 2\boldsymbol{\beta}'\widehat{\boldsymbol{\beta}} + \boldsymbol{\beta}'\boldsymbol{\beta}\right) = E\|\widehat{\boldsymbol{\beta}}\|^2 - \|\boldsymbol{\beta}\|^2,$$

于是

$$E\|\widehat{\boldsymbol{\beta}}\|^2 = \|\boldsymbol{\beta}\|^2 + \mathrm{MSE}(\widehat{\boldsymbol{\beta}}) = \|\boldsymbol{\beta}\|^2 + \sigma^2 \sum_{i=1}^{p-1} \frac{1}{\lambda_i}. \tag{6.6.4}$$

这就是说, 当 $\mathbf{R}_{\mathbf{X}}$ 只要有一个特征值很小, LS 估计 $\widehat{\boldsymbol{\beta}}$ 的模长平均说来要比真正的未知向量 $\boldsymbol{\beta}$ 的模长大得多. 这就导致了 $\widehat{\boldsymbol{\beta}}$ 的某些分量的绝对值太大.

总之, 当 $\mathbf{R}_{\mathbf{X}}$ 至少有一个特征值很小时, LS 估计 $\widehat{\boldsymbol{\beta}}$ 就不再是一个好的估计.

6.6.2 复共线性的诊断

本节研究复共线性的诊断问题. 下面我们首先了解一下 $\mathbf{R_X}$ 至少有一个特征值很小, 对设计阵 $\mathbf{X}$ 本身或回归自变量关系意味着什么?

记 $\mathbf{X}=(\boldsymbol{x}_{(1)},\cdots,\boldsymbol{x}_{(p-1)})$, $\boldsymbol{x}_{(i)}$ 为设计阵 $\mathbf{X}$ 的第 i 列. 设 λ 为 $\mathbf{R_X}$ 的一个特征值, φ 为其对应的特征向量, 其长度为 1, 即 $\varphi'\varphi=1$. 若 $\lambda\approx 0$, 则

$$\mathbf{R_X}\varphi=\lambda\varphi\approx\mathbf{0}.$$

用 φ' 左乘上式, 得

$$\varphi'\mathbf{R_X}\varphi=\lambda\varphi'\varphi=\lambda\approx 0.$$

于是, 有

$$\mathbf{X}\varphi\approx\mathbf{0}.$$

若记 $\varphi=(c_1,\cdots,c_{p-1})'$, 上式即为

$$c_1\boldsymbol{x}_{(1)}+\cdots+c_{p-1}\boldsymbol{x}_{(p-1)}\approx\mathbf{0}. \tag{6.6.5}$$

这表明设计阵 $\mathbf{X}$ 的列向量 $\boldsymbol{x}_{(1)},\cdots,\boldsymbol{x}_{(p-1)}$ 之间有近似的线性关系 (6.6.5). 回归设计阵的列向量之间的关系 (6.6.5), 称为**复共线关系**. 相应地, 称设计阵 $\mathbf{X}$ 或线性回归模型 (6.6.2) 存在复共线性, 有时也称设计阵 $\mathbf{X}$ 是病态的 (ill-conditioned). 因此, $\mathbf{R_X}$ 的最大特征值与最小特征值之比就是度量多重共线性严重程度的一个重要指标, 称之为矩阵 $\mathbf{R_X}$ 的条件数 (conditional number):

$$\kappa=\frac{\lambda_1}{\lambda_{p-1}},$$

其中 λ_1 和 λ_2 分别是矩阵 $\mathbf{R_X}$ 的最大和最小特征值. R 语言提供了计算条件数的函数 kappa(). 直观上, 条件数刻画了 $\mathbf{R_X}$ 的特征值差异性的大小, 可以用来判断复共线性是否存在以及复共线性严重程度. 一般若 $k<100$, 则认为复共线性的程度很小; 若 $100\leqslant k\leqslant 1000$, 则认为存在中等程度或较强的复共线性; 若 $k>1000$, 则认为存在严重的复共线性.

另外, 注意到

$$\mathrm{Var}(\widehat{\beta}_k)=\sigma^2(\mathbf{R_X^{-1}})_{kk},$$

其中 $(\mathbf{R_X^{-1}})_{kk}$ 为相关系数矩阵 $(\mathbf{R_X})^{-1}$ 中第 k 个对角线元素的乘积. 故把矩阵 $\mathbf{R_X^{-1}}$ 中第 k 个对角线元素称为**方差扩大 (膨胀) 因子** (variance inflation factor, VIF), 记为 $\mathrm{VIF}(\beta_k)$, 其中 $k=1,\cdots,p-1$. 可以证明:

$$\mathrm{VIF}(\beta_k)=\frac{1}{1-R^2_{X_k|\boldsymbol{X}_{(-k)}}},\qquad k=1,\cdots,p,$$

其中 $R_{X_k|\boldsymbol{X}_{(-k)}}$ 是第 k 个自变量 X_k 与其余的 $p-2$ 个自变量 $X_{(-k)}$ 之间的复相关系数. 因此, 当第 k 个协变量与其余的自变量之间相关程度越高, 即 $R^2_{X_k|\boldsymbol{X}_{(-k)}}$ 越接近于 1 时, VIF(β_k) 越大; 反之, 第 k 个自变量与其余的自变量之间相关程度越小. VIF(β_k) 越小, 当表示完全不存在多重共线性时, VIF 取得最小值 1. 因此, 方差扩大因子 VIF 成为衡量线性回归模型中自变量间的多重共线性严重程度的又一种度量.

实际应用中, 一个经验法则是当方差扩大因子 VIF 的值超过 5 或 10, 就表示存在多重共线性问题. 在 R 语言中, 可用程序包 car 中的函数 vif() 计算方差扩大因子.

例 6.6.1 考虑一个有六个回归自变量的线性回归问题, 表 6.6.1 给出了原始数据, 这里共有 12 组数据, 除第 1 组外, 协变量 $X_1, X_2, \cdots, X_6$ 的其余 11 组数据满足线性关系:

$$X_1 + X_2 + X_3 + X_4 = 10,$$

试用求矩阵条件数和方差膨胀因子的方法, 分析出自变量间存在多重共线性.

表 6.6.1 原始数据

序号	Y	X_1	X_2	X_3	X_4	X_5	X_6
1	10.006	8	1	1	1	0.541	−0.099
2	9.737	8	1	1	0	0.130	0.070
3	15.087	8	1	1	0	2.116	0.115
4	8.422	0	0	9	1	−2.397	0.252
5	8.625	0	0	9	1	−0.046	0.017
6	16.289	0	0	9	1	0.365	1.504
7	5.958	2	7	0	1	1.996	−0.865
8	9.313	2	7	0	1	0.228	−0.055
9	12.960	2	7	0	1	1.380	0.502
10	5.541	0	0	0	10	−0.798	−0.399
11	8.756	0	0	0	10	0.257	0.101
12	10.937	0	0	0	10	0.440	0.432

解 对协变量 $X_1, \cdots, X_6$ 的数据进行中心化和标准化, 为方便计, 用 $Z_1, \cdots, Z_6$ 表示. 于是得到的矩阵 $\mathbf{Z}'\mathbf{Z}$ 本质上就是由这些协变量生成的相关矩阵. 用 R 语言计算变量均值、标准差、相关系数矩阵的函数 mean()、sd() 和 cor(), 得

$$(\bar{x}_{\cdot 1}, \bar{x}_{\cdot 2}, \bar{x}_{\cdot 3}, \bar{x}_{\cdot 4}, \bar{x}_{\cdot 5}, \bar{x}_{\cdot 6}) = (2.5, 2.0, 2.5, 3.0833, 0.351, 0.1313),$$

$$(s_1, s_2, s_3, s_4, s_5, s_6) = (3.4245, 3.0451, 3.9428, 41878, 1.2070, 0.5646),$$

$$\mathbf{R_X} = \begin{bmatrix} 1.000 & 0.052 & -0.343 & -0.498 & 0.417 & -0.192 \\ & 1.000 & -0.432 & -0.371 & 0.485 & -0.317 \\ & & 1.000 & -0.355 & -0.505 & 0.494 \\ & & & 1.000 & -0.215 & -0.087 \\ & & & & 1.000 & -0.123 \\ & & & & & 1.0000 \end{bmatrix}.$$

从非对角元的绝对值看, 任两个回归自变量之间似乎不存在较严重的线性依赖关系.

用函数 kappa() 求出矩阵 $\mathbf{R_X}$ 的条件数, 用函数 eigen() 求矩阵 $\mathbf{R_X}$ 的最小特征值和相应的特征向量. 然后用函数 vif() 计算方差膨胀因子, 求解程序如下.

```
library(car)
collinear = read.table("collinear.txt", header=TRUE)
apply(collinear,2,mean) #各列均值
apply(collinear,2,sd)   #各列标准差
RX= cor(collinear[2:7]); kappa(RX, exact=TRUE)
lm.fit = lm(Y~., data=collinear)
> round(vif(lm.fit), 3)
     X1      X2      X3      X4      X5      X6
182.052 161.362 266.264 297.715   1.920   1.455
```

得到的条件数是 $\kappa = 2195.908 > 1000$, 认为有严重的多重共线性.

为了找出哪些变量是多重共线性的, 用函数 eigen() 计算矩阵 $\mathbf{R_X}$ 的最小特征值和相应的特征向量, 得

$$\lambda_{\min} = 0.001106, \quad \boldsymbol{\phi} = (0.4477, 0.4211, 0.5417, 0.5734, 0.0061, 0.0022)'.$$

于是

$$0.4477Z_1 + 0.4211Z_2 + 0.5417Z_3 + 0.5734Z_4 + 0.0061Z_5 + 0.0022Z_6 \approx 0,$$

这里, $Z_j = (X_j - \bar{x}_{\cdot j})/s_j$. 由于 Z_5 和 Z_6 的系数近似为 0, 因此有

$$0.4477Z_1 + 0.4211Z_2 + 0.5417Z_3 + 0.5734Z_4 \approx 0, \tag{6.6.6}$$

这说明中心化标准化后变量 Z_1, Z_2, Z_3, Z_4 存在多重共线性. 将 $Z_1 = (X_1 - 2.5)/3.4245$, $Z_2 = (X_2 - 2)/3.0451$, $Z_3 = (X_3 - 2.5)/3.9428$, $Z_4 = (X_4 - 3.0833)/4.1878$. 代入 (6.6.6), 计算得

$$0.1308X_1 + 0.1383X_2 + 0.1374X_3 + 0.1369X_4 \approx 1.3691,$$

这与题目中给的变量关系 $X_1+X_2+X_3+X_4=10$ 大致相同.

从 VIF 得到的结果可以看出: 前 4 个变量 X_1,X_2,X_3,X_4 的 VIF 都远远大于 10, 而 X_5 和 X_6 的 VIF 小于 5, 则表明变量 X_1,X_2,X_3,X_4 存在多重共线性.

复共线性产生的原因是多方面的. 一种是由数据 "收集" 的局限性所致. 虽然这样产生的复共线性是非本质的, 原则上可以通过 "收集" 更多的数据来解决, 但具体实现起来会遇到许多困难. 例如, 在一些问题中, 由于试验或生产过程已经完结或经费限制, 不可能再产生新的数据. 对一些情况, 虽然客观上可以 "收集" 更多的数据, 但对于多于三个自变量的情况, 往往难于确定 "收集" 怎样的数据, 才能 "打破" 复共线性. 最后, 即便收集了一些新的数据, 但为了打破复共线性, 这些数据势必要远离原来的数据, 可能产生强影响点, 从而产生新问题.

另一种产生复共线性的重要原因是, 自变量之间客观上就有近似的线性关系. 比如, 在研究农村家庭用电问题中, 如果把家庭收入 X_1 和住房面积 X_2 都看作自变量, 那么因为家庭收入高的住房也相应的宽敞一些, 在变量 X_1 和 X_2 之间就有复共线性. 一般说来, 导致大型线性回归模型问题, 也就是回归自变量个数 $p-1$ 比较多的问题, 是由于人们往往对自变量之间的关系缺乏认识, 很可能把一些有复共线关系的自变量引入回归方程. 这就是为什么在大型回归问题中, LS 估计的性质往往不理想, 甚至可能很坏的一个原因.

从上面的讨论我们知道, 当设计阵存在复共线关系时, LS 估计的性质不够理想, 有时甚至很坏. 为此, 统计学家做了种种努力, 试图改进最小二乘估计. 一方面是从模型或数据角度去考虑, 前面所讨论的变量选择和回归诊断就是这方面的一部分. 另一个重要方面就是寻求一些新的估计. Stein 于 1955 年证明了, 当维数大于 2 时, 正态均值向量的 LS 估计的不可容许性, 即能够找到另外一个估计在某种意义下一致优于 LS 估计. 文献中称其为 Stein 现象. 以此为开端, 目前人们提出了许多新的估计, 其中主要有岭估计、主成分估计等. 从某种意义上讲, 这些估计都改进了 LS 估计. 因这些估计有一个共同的特点: 它们的均值并不等于待估参数, 故人们把这些估计统称为有偏估计. 下面两节将分别讨论最有影响且得到广泛应用的两种有偏估计: 岭估计和主成分估计.

6.6.3 岭估计

对于线性回归模型 (6.6.2), 回归系数 $\boldsymbol{\beta}$ 的岭估计定义为

$$\widehat{\boldsymbol{\beta}}(k)=(\mathbf{X}'\mathbf{X}+k\mathbf{I}_{p-1})^{-1}\mathbf{X}'\boldsymbol{y}, \tag{6.6.7}$$

这里 $k>0$ 是可选择参数, 称为岭参数或偏参数. 如果 k 取与试验数据 $\boldsymbol{y}$ 无关的常数, 则 $\widehat{\boldsymbol{\beta}}(k)$ 为线性估计, 不然的话, $\widehat{\boldsymbol{\beta}}(k)$ 就是非线性估计. 当 k 取不同的值, 我们得到不同的估计, 因此岭估计 $\widehat{\boldsymbol{\beta}}(k)$ 是一个估计类. 特别地, 取 $k=0$,

$\widehat{\boldsymbol{\beta}}(0)=(\mathbf{X}'\mathbf{X})^{-1}\mathbf{X}'\boldsymbol{y}$ 是通常的 LS 估计. 严格地讲, LS 估计是岭估计类中的一个估计. 但是一般情况下, 当我们提起岭估计时, 总是不包括 LS 估计.

岭估计具有如下性质:

(1) 对一切 $k\neq 0$ 和 $\boldsymbol{\beta}\neq 0$, 总有

$$E(\widehat{\boldsymbol{\beta}}(k))=(\mathbf{X}'\mathbf{X}+k\mathbf{I}_{p-1})^{-1}\mathbf{X}'\mathbf{X}\boldsymbol{\beta}\neq\boldsymbol{\beta},$$

因此, 岭估计是 $\boldsymbol{\beta}$ 的有偏估计.

(2) 对一切 $k>0$ 和 $\widehat{\boldsymbol{\beta}}\neq 0$, 有

$$\|\widehat{\boldsymbol{\beta}}(k)\|=\|(\mathbf{X}'\mathbf{X}+k\mathbf{I}_{p-1})^{-1}\mathbf{X}'\mathbf{X}\widehat{\boldsymbol{\beta}}\|=\|\left(\mathbf{I}_{p-1}-k(\mathbf{X}'\mathbf{X}+k\mathbf{I}_{p-1})^{-1}\right)\widehat{\boldsymbol{\beta}}\|<\|\widehat{\boldsymbol{\beta}}\|,$$

即岭估计 $\widehat{\boldsymbol{\beta}}(k)$ 的模长总比 LS 估计 $\widehat{\boldsymbol{\beta}}$ 的模长小. 因此, 岭估计是一种压缩估计 (shinked estimator), 是将 LS 估计 $\widehat{\boldsymbol{\beta}}$ 向原点压缩.

(3) 岭估计是惩罚最小二乘目标函数

$$\|\boldsymbol{y}-\mathbf{X}\boldsymbol{\beta}\|^2+k\|\boldsymbol{\beta}\|^2 \tag{6.6.8}$$

的极小值点.

第二条性质从一个侧面说明了当设计阵 $\mathbf{X}$ 呈病态时岭估计的合理性. 因为此时 LS 估计的分量有偏大的趋势, 对它作适当的压缩是很有必要的. 另外, 注意到极小化惩罚最小二乘目标函数 (6.6.8), 等价于求解下面约束的最小二乘问题:

$$\begin{cases}\min\limits_{\boldsymbol{\beta}}\dfrac{1}{n}\|\boldsymbol{y}-\mathbf{X}\boldsymbol{\beta}\|_2^2,\\ \text{s.t.}\quad \|\boldsymbol{\beta}\|^2\leqslant c,\end{cases} \tag{6.6.9}$$

其中 c 是非负常数, 作用与岭参数 (调节参数) k 相同. 因此, 第三条性质表明岭估计的本质就是约束模长的最小二乘估计.

与 LS 估计 $\widehat{\boldsymbol{\beta}}$ 相比, 岭估计是把矩阵 $\mathbf{X}'\mathbf{X}$ 换成了矩阵 $\mathbf{X}'\mathbf{X}+k\mathbf{I}_{p-1}$ 得到的. 直观上看这样做的理由也是明显的. 因为当 $\mathbf{X}$ 呈病态时, $\mathbf{X}'\mathbf{X}$ 的特征值至少有一个非常接近于零, 而 $\mathbf{X}'\mathbf{X}+k\mathbf{I}_{p-1}$ 的特征值 $\lambda_1+k,\cdots,\lambda_{p-1}+k$ 接近于零的程度就会得到改善, 从而 "打破" 原来设计阵的复共线性, 使岭估计比 LS 估计有较小的均方误差, 即 $\mathrm{MSE}(\widehat{\boldsymbol{\beta}}(k))<\mathrm{MSE}(\widehat{\boldsymbol{\beta}})$.

下面证明使这个不等式成立的 k 是存在的.

定理 6.6.2 存在 $k>0$, 使得在均方误差意义下, 岭估计优于 LS 估计, 即

$$\mathrm{MSE}(\widehat{\boldsymbol{\beta}}(k))<\mathrm{MSE}(\widehat{\boldsymbol{\beta}}). \tag{6.6.10}$$

证明 记

$$\boldsymbol{\Lambda}=\operatorname{diag}(\lambda_1,\cdots,\lambda_{p-1}),\quad \boldsymbol{\Phi}=(\boldsymbol{\phi}_1,\cdots,\boldsymbol{\phi}_{p-1}),\tag{6.6.11}$$

其中 $\boldsymbol{\phi}_1,\cdots,\boldsymbol{\phi}_{p-1}$ 为 $\mathbf{X}'\mathbf{X}$ 的特征值 $\lambda_1,\cdots,\lambda_{p-1}$ 对应的标准化正交化的特征向量. 则 $\boldsymbol{\Phi}\boldsymbol{\Phi}'=\boldsymbol{\Phi}'\boldsymbol{\Phi}=\mathbf{I}_{p-1}$, $\mathbf{X}'\mathbf{X}=\boldsymbol{\Phi}\boldsymbol{\Lambda}\boldsymbol{\Phi}'$. 于是

$$\begin{aligned}E(\widehat{\boldsymbol{\beta}}(k))&=\boldsymbol{\Phi}(\boldsymbol{\Lambda}+k\mathbf{I}_{p-1})^{-1}\boldsymbol{\Lambda}\boldsymbol{\Phi}'\boldsymbol{\beta},\\ \operatorname{Cov}(\widehat{\boldsymbol{\beta}}(k))&=\sigma^2(\mathbf{X}'\mathbf{X}+k\mathbf{I}_{p-1})^{-1}\mathbf{X}'\mathbf{X}(\mathbf{X}'\mathbf{X}+k\mathbf{I}_{p-1})^{-1}\\ &=\sigma^2\boldsymbol{\Phi}(\boldsymbol{\Lambda}+k\mathbf{I}_{p-1})^{-1}\boldsymbol{\Lambda}(\boldsymbol{\Lambda}+k\mathbf{I}_{p-1})^{-1}\boldsymbol{\Phi}'.\end{aligned}$$

再依定理 6.6.1 和矩阵迹运算的性质: $\operatorname{tr}(\mathbf{AB})=\operatorname{tr}(\mathbf{BA})$, 得

$$\begin{aligned}\operatorname{MSE}(\widehat{\boldsymbol{\beta}}(k))&=\operatorname{tr}\left(\operatorname{Cov}(\widehat{\boldsymbol{\beta}}(k))\right)+\|E(\widehat{\boldsymbol{\beta}}(k))-\boldsymbol{\beta}\|^2\\ &=\sigma^2\sum_{i=1}^{p-1}\frac{\lambda_i}{(\lambda_i+k)^2}+k^2\sum_{i=1}^{p-1}\frac{\alpha_i^2}{(\lambda_i+k)^2}\qquad(6.6.12)\\ &=f_1(k)+f_2(k)=f(k),\end{aligned}$$

这里 $f_1(k)$ 和 $f_2(k)$ 分别表示 (6.6.12) 的第一项和第二项, $\alpha_i=\boldsymbol{\phi}_i'\boldsymbol{\beta}, i=1,\cdots,p-1$. 对 $k>0$, $f_1(k)$ 和 $f_2(k)$ 存在连续的一阶导数, 且

$$f_1'(k)=-2\sigma^2\sum_{i=1}^{p-1}\frac{\lambda_i}{(\lambda_i+k)^3},\quad f_2'(k)=2k\sum_{i=1}^{p-1}\frac{\lambda_i\alpha_i^2}{(\lambda_i+k)^3}.$$

故 $f'(k)=f_1'(k)+f_2'(k)$ 在 $k\geqslant 0$ 时也连续. 注意到 $f'(0)=f_1'(0)+f_2'(0)<0$, 故当 $k>0$ 且 k 充分小时, $f'(k)<0$, 即 $f(k)$ 严格单调函数. 因而存在 $k_0>0$, 当 $k\in(0,\ k_0)$ 时, 有 $\operatorname{MSE}(\widehat{\boldsymbol{\beta}}(k))=f(k)<f(0)=\operatorname{MSE}(\widehat{\boldsymbol{\beta}})$. 这就证明了 (6.6.10). 定理证毕.

如何选择合适的岭参数 k, 这是岭估计的一个很重要问题. 理论上, 使得 $f(k)$ 达到最小值的 k^* 可通过解方程

$$f'(k)=f_1'(k)+f_2'(k)=2\sum_{i=1}^{p-1}\frac{\lambda_i(k\alpha_i^2-\sigma^2)}{(\lambda_i+k)^3}=0\tag{6.6.13}$$

得到, 但显然 k 的最优值 k^* 依赖于未知参数 $\boldsymbol{\beta}$ 和 σ^2, 且没有显示表达式, 故这个方法在实际应用中不可行. 统计学家从别的途径提出了选择 k 的许多方法, 下面介绍其中常用的 4 种方法.

1. Hoerl-Kennard 公式

岭估计是由 Hoerl 和 Kennard 于 1970 年提出的, 他们所用的选择 k 的公式是

$$\widehat{k}=\frac{\widehat{\sigma}^2}{\max_i\widehat{\alpha}_i^2}. \tag{6.6.14}$$

这个方法是基于如下的考虑. 由 (6.6.13) 知, 如果 $k\alpha_i^2-\sigma^2<0$, 对 $i=1,\cdots,p-1$ 都成立, 则 $f'(k)<0$. 于是取

$$k^*=\frac{\sigma^2}{\max_i\alpha_i^2}, \tag{6.6.15}$$

虽然 k^* 不是最优的, 但能确保 $\widehat{\boldsymbol{\beta}}(k^*)$ 是在估计集 $\{\widehat{\boldsymbol{\beta}}(k);\ 0<k\leqslant k^*\}$ 中均方误差是最小的. 用 LS 估计 $\widehat{\alpha}_i=\boldsymbol{\phi}_i'\widehat{\boldsymbol{\beta}}$ 和 $\widehat{\sigma}^2$ 代替 (6.6.15) 中的 α_i 和 σ^2, 便得到 (6.6.14).

2. 方差扩大因子

在识别多重共线性时, 方差扩大因子可用于度量多重共线性关系的严重程度, 一般地, 当方差扩大因子大于 10 时, 认为模型存在严重的多重共线性. 记

$$\mathbf{D}=\left(d^{ij}(k)\right)=\boldsymbol{\Phi}(\boldsymbol{\Lambda}+k\mathbf{I}_{p-1})^{-1}\boldsymbol{\Lambda}(\boldsymbol{\Lambda}+k\mathbf{I}_{p-1})^{-1}\boldsymbol{\Phi}',$$

由于 $\mathrm{Cov}(\widehat{\boldsymbol{\beta}}(k))=\sigma^2\mathbf{D}$, 故 $\mathbf{D}$ 的对角元 $d^{jj}(k)$, $j=1,\cdots,p-1$ 就是岭估计 $\widehat{\boldsymbol{\beta}}(k)$ 的方差扩大因子. 不难看出, $d^{jj}(k)$ 随着 k 的增大而减少. 应用方差扩大因子选择 k 的经验做法就是选择 k 使所有方差扩大因子 $d^{jj}(k)<10$. 这样的 k 会使得岭估计 $\widehat{\boldsymbol{\beta}}(k)$ 相对稳定.

3. 岭迹法

岭估计 $\widehat{\boldsymbol{\beta}}(k)=(\mathbf{X}'\mathbf{X}+k\mathbf{I}_{p-1})^{-1}\mathbf{X}'\boldsymbol{y}$ 是随 k 值改变而变化. 记 $\widehat{\beta}_i(k)$ 为 $\widehat{\boldsymbol{\beta}}(k)$ 的第 i 个分量, 它是 k 的一元函数. 当 k 在 $[0,\ +\infty)$ 上变化时, $\widehat{\beta}_i(k)$ 的图形称为岭迹. 选择 k 的岭迹法是: 将 $\widehat{\beta}_1(k),\cdots,\widehat{\beta}_{p-1}(k)$ 的岭迹画在同一个图上, 根据岭迹的变化趋势选择 k 值, 使得各个回归系数的岭估计大体上稳定, 并且各个回归系数的岭估计值的符号比较合理. 我们知道, LS 估计是使残差平方和达到最小的估计, 而 k 越大, 岭估计与 LS 估计偏离越大, 使得对应的残差平方和也随着 k 的增加而增加. 因此, 当用岭迹法选择 k 值时, 还应考虑使得残差平方和不要上升太多. 在实际处理上, 上述几点原则有时可能会有些互相不一致, 顾此失彼的情况也经常出现, 这就要根据不同情况灵活处理.

4. 广义交叉验证法

通过极小化下面的广义交叉验证目标函数, 获得惩罚最小二乘目标函数(6.6.8)的最优的调节参数 λ, 即

$$\widehat{k}_{\text{gcv}} = \arg\min_k \text{GCV}(k) = \arg\min_k \frac{\|(\mathbf{I}_n - \mathbf{H}(k))\boldsymbol{y}\|_2^2/n}{[\text{tr}(\mathbf{I}_n - \mathbf{H}(k))/n]^2},$$

其中 $\mathbf{H}(\lambda) = \mathbf{X}(\mathbf{X}'\mathbf{X} + k\mathbf{I}_{p-1})^{-1}\mathbf{X}'$.

岭回归的优势是平衡了偏差和方差, 随着 λ 的增加, 岭回归拟合的光滑度降低, 尽管方差变小, 但是偏差变大. 如果 $p > n$, 则最小二乘没有唯一解, 此时岭回归仍然能通过偏差小幅度的增加来换取方差大幅度地下降, 通过这种权衡获得比较好的模型效果.

进一步, 对岭回归进行推广. 一种推广形式是由极小化 L_2 惩罚的最小二乘目标函数:

$$\|\boldsymbol{Y} - \mathbf{X}\boldsymbol{\beta}\|_2^2 + \lambda\boldsymbol{\beta}'\mathbf{D}\boldsymbol{\beta},$$

得到的 $\boldsymbol{\beta}$ 的二次惩罚估计

$$\widehat{\boldsymbol{\beta}}(\lambda) = (\mathbf{X}'\mathbf{X} + \lambda\mathbf{D})^{-1}\mathbf{X}\boldsymbol{Y},$$

其中 $\mathbf{D}$ 是一个已知的, 且依赖于数据的矩阵. 另一种推广形式为

$$\widehat{\boldsymbol{\beta}}(\mathbf{K}) = (\mathbf{X}'\mathbf{X} + \boldsymbol{\Phi}\mathbf{K}\boldsymbol{\Phi}')^{-1}\mathbf{X}'\boldsymbol{y},$$

这里 $\boldsymbol{\Phi}$ 的定义同 (6.6.11), $\mathbf{K} = \text{diag}(k_1, \cdots, k_{p-1})$ 的对角元皆为岭参数. 可以证明: 存在 $\mathbf{K}$ 使得广义岭估计比 LS 估计有较小均方误差, 且能够比岭估计达到更低的均方误差.

R 语言中, 程序包 MASS 中的函数 lm.ridge()、程序包 ridge 中的函数 linearRidge() 和程序包 glmnet 中的函数 glmnet() 都可以实现岭回归, 其中在函数 glmnet() 中, alpha = 0, 拟合岭回归模型. 关于 k 的广义交叉验证法的程序参见 (李高荣和吴密霞, 2021) 的第 233 页. 下面的例子我们采用函数 lm.ridge() 来计算岭估计.

例 6.6.2 外贸数据分析.

本例中因变量 Y 为进口总额, 自变量 X_1 为国内总产值, X_2 为存储量, X_3 为总消费量. 为了建立 Y 对自变量 X_1, X_2 和 X_3 之间的依赖关系, 收集了 11 组数据, 列在表 6.6.2.

表 6.6.2　外贸数据

序号	国内总产值 (X_1)	存储量 (X_2)	总消费量 (X_3)	进口总额 (Y)
1	149.3	4.2	108.1	15.9
2	161.2	4.1	114.8	16.4
3	171.5	3.1	123.2	19.0
4	175.5	3.1	126.9	19.1
5	180.8	1.1	132.1	18.8
6	190.7	2.2	137.7	20.4
7	202.1	2.1	146.0	22.7
8	212.4	5.6	154.1	26.5
9	226.1	5.0	162.3	28.1
10	231.9	5.1	164.3	27.6
11	239.0	0.7	167.6	26.3

解　将原始数据标准化, 计算得自变量的相关系数矩阵

$$\mathbf{R_X} = \begin{bmatrix} 1 & 0.026 & 0.997 \\ 0.026 & 1 & 0.036 \\ 0.997 & 0.036 & 1 \end{bmatrix}.$$

再计算出它的三个特征值, 分别为 $\lambda_1 = 1.999, \lambda_2 = 0.998, \lambda_3 = 0.003$. 于是 $\mathbf{R_X}$ 的条件数 $\lambda_1/\lambda_3 = 666.333$, 可见设计阵存在中等程度的复共线性. λ_3 对应的特征向量为

$$\phi_3 = (-0.7070, \quad -0.0070, \quad 0.7072)'.$$

由 6.5 节的讨论知, 三个自变量之间存在复共线关系

$$-0.7070Z_1 - 0.0070Z_2 + 0.7072Z_3 \approx 0.$$

注意到, Z_2 的系数绝对值相对非常小, 可视为零, 而 Z_1 和 Z_3 的系数又近似相等, 因此自变量之间的复共线关系可近似地写为 $Z_1 = Z_3$. 注意这里的 Z_1 和 Z_3 都是经过标准化的变量, 还原为原来的变量, 近似复共线关系为

$$\frac{X_1 - \bar{x}_1}{s_1} = \frac{X_3 - \bar{x}_3}{s_3}.$$

从表 6.6.2 可以算出

$$\bar{x}_1 = 194.59, \quad s_1 = \left(\frac{1}{10}\sum_{i=1}^{11}(x_{i1} - \bar{x}_1)^2\right)^{1/2} = 30.00,$$

$$\bar{x}_3 = 139.74, \quad s_3 = \left(\frac{1}{10}\sum_{i=1}^{11}(x_{i3} - \bar{x}_3)^2\right)^{1/2} = 20.63.$$

代入上式得

$$X_3 = 5.905 + 0.688X_1. \tag{6.6.16}$$

这就是总消费量和国内总产值之间的一个线性依赖关系, 由相关系数矩阵 $\mathbf{R_X}$ 可知: X_1 的 X_3 相关系数为 0.997. 可见, X_1 与 X_3 有如此大的相关系数, 和我们找出它们之间的复共线关系 (6.6.16) 这一事实是吻合的. 既然自变量之间存在中等程度的复共线性, 我们就采用岭估计来估计回归系数.

对于标准化的变量, 计算出的岭迹列在表 6.6.3, 对应的岭迹图画在图 6.6.1. 计算和作图程序如下.

表 6.6.3 外贸数据的岭回归

k	$\widehat{\beta}_1(k)$	$\widehat{\beta}_2(k)$	$\widehat{\beta}_3(k)$	RSS
0.00	-0.324	0.203	1.242	0.103
0.01	-0.126	0.205	1.044	0.106
0.02	-0.009	0.206	0.926	0.110
0.03	0.069	0.206	0.848	0.114
0.04	0.125	0.207	0.792	0.117
0.05	0.166	0.207	0.750	0.120
0.06	0.199	0.207	0.717	0.122
0.07	0.224	0.207	0.691	0.124
0.08	0.245	0.207	0.670	0.126
0.09	0.263	0.207	0.652	0.127
0.10	0.278	0.207	0.637	0.129
0.11	0.290	0.207	0.624	0.130
0.12	0.301	0.207	0.612	0.131
0.13	0.311	0.207	0.602	0.133
0.14	0.319	0.207	0.594	0.134
0.15	0.326	0.207	0.586	0.135
0.16	0.333	0.207	0.579	0.136
0.17	0.339	0.207	0.573	0.137
0.18	0.344	0.207	0.567	0.138
0.19	0.349	0.206	0.562	0.138
0.20	0.353	0.206	0.557	0.139
0.30	0.382	0.205	0.524	0.147
0.40	0.396	0.203	0.506	0.153
0.50	0.404	0.202	0.494	0.160
0.60	0.409	0.200	0.485	0.167
0.70	0.413	0.199	0.478	0.173
0.80	0.414	0.197	0.472	0.180
0.90	0.415	0.196	0.467	0.187
1.00	0.416	0.194	0.463	0.195

```
library(MASS)
data <- read.table("foreigntradedata.txt",header = T)
data1=scale(data)## 标准化

lm.ridge(y~0+x1+x2+x3, data=data.frame(data1), lambda=c(seq(0,0.2,0.01),
seq(0.3,1,0.1))) ### 岭估计 表6.6.3

####用matplot画岭迹点图6.6.1
ridgesol<-lm.ridge(y~0+x1+x2+x3, data=data.frame(data1),
lambda=seq(0,0.8,0.001))
matplot(x=ridgesol$lambda, y=t(ridgesol$coef),lwd=3, type="l",lty=c(1,2,3),
        xlab = expression(italic("k")),
        ylab=expression(italic(paste(widehat(beta)[i](k)))))
text(.801,0.15,expression(italic(paste(widehat(beta)[2](k)))),cex=0.8)
text(.801,0.35,expression(italic(paste(widehat(beta)[1](k)))),cex=0.8)
text(.801,0.53,expression(italic(paste(widehat(beta)[3](k)))),cex=0.8)
```

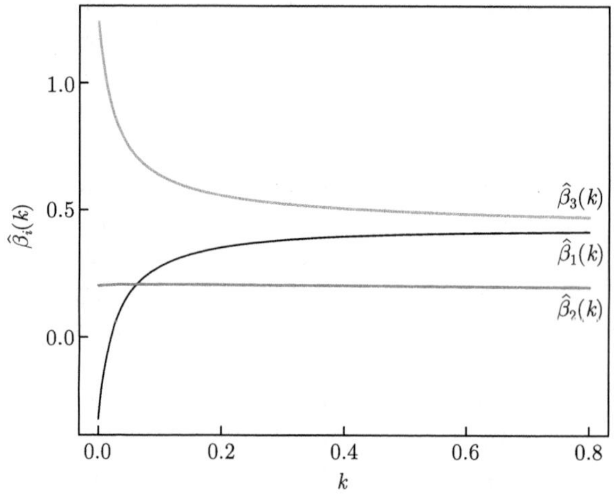

图 6.6.1　外贸数据回归的岭迹

表 6.6.2 的最后一列是岭估计对应的残差平方和. 我们看到, 随着 k 的增加, 岭估计的残差平方和也随之增加, 所以残差平方和是岭参数 k 的单调增函数, 这是很自然的, 因为 LS 估计是使残差平方和达到最小的估计. 随着 k 的增加, 岭估计与 LS 估计的偏离就越大, 因此它的残差平方和自然也就越大. 从岭迹图上可以看出, 岭迹 $\widehat{\beta}_1$ 随着 k 的增加, 很快增加, 大约在 $k=0.01$ 处从负值变为正值. 而 $\widehat{\beta}_2$ 相对比较稳定, 但 $\widehat{\beta}_3$ 随着 k 的增加, 骤然减少, 大约在 $k=0.4$ 以后就稳定下来. 总体来看, 我们可以取 $k=0.4$, 对应的岭估计为

$$\widehat{\beta}_1(0.4)=0.416,\quad \widehat{\beta}_2(0.4)=0.213,\quad \widehat{\beta}_3(0.4)=0.531.$$

各变量的平均值为 $\bar{x}_1=194.59$, $\bar{x}_2=3.30$, $\bar{x}_3=139.74$, $\bar{y}=21.89$. 相应的样本标准差为 $s_1=30.00$, $s_2=1.65$, $s_3=20.63$, $s_y=4.54$. 代入经验回归方程, 化简后得到如下岭回归方程

$$\widehat{Y}=-8.647+0.0630X_1+0.587X_2+0.117X_3.$$

6.6.4 主成分估计

令 $\mathbf{Z}=\mathbf{X\Phi}$, $\alpha_0=\beta_0$, $\boldsymbol{\alpha}=\mathbf{\Phi}'\boldsymbol{\beta}$, $\mathbf{\Phi}=(\boldsymbol{\phi}_1,\cdots,\boldsymbol{\phi}_{p-1})$, 这里, $\boldsymbol{\phi}_1,\cdots,\boldsymbol{\phi}_{p-1}$ 为 $\mathbf{X}'\mathbf{X}$ 的特征值 $\lambda_1,\cdots,\lambda_{p-1}$ 对应的标准正交化特征向量, 则线性回归模型 (6.6.2) 可改写为

$$\boldsymbol{y}=\alpha_0\mathbf{1}_n+\mathbf{Z}\boldsymbol{\alpha}+\boldsymbol{e},\quad E(\boldsymbol{e})=\mathbf{0},\quad \mathrm{Cov}(\boldsymbol{e})=\sigma^2\mathbf{I}_n. \tag{6.6.17}$$

我们称 (6.6.17) 为线性回归模型的典则形式, 称 $\boldsymbol{\alpha}$ 为典则回归系数. 因为 $\mathbf{X}$ 是中心化的, 即 $\mathbf{1}'\mathbf{X}=\mathbf{0}$, 所以 $\mathbf{1}'\mathbf{Z}=\mathbf{1}'\mathbf{X\Phi}=\mathbf{0}$. 所以 $\mathbf{Z}$ 也是中心化的. 不失一般性, 假设 $\lambda_1\geqslant\cdots\geqslant\lambda_{p-1}$.

注意到 $\mathbf{Z}=(\boldsymbol{z}_{(1)},\cdots,\boldsymbol{z}_{(p-1)})=(\mathbf{X}\boldsymbol{\phi}_1,\cdots,\mathbf{X}\boldsymbol{\phi}_{p-1})$, 即

$$\boldsymbol{z}_{(1)}=\mathbf{X}\boldsymbol{\phi}_1,\cdots,\boldsymbol{z}_{(p-1)}=\mathbf{X}\boldsymbol{\phi}_{p-1}, \tag{6.6.18}$$

于是 $\mathbf{Z}$ 的第 i 列 $\boldsymbol{z}_{(i)}$ 是原来 $p-1$ 个回归自变量的线性组合, 其组合系数为 $\mathbf{X}'\mathbf{X}$ 的第 i 个特征值对应的特征向量 $\boldsymbol{\phi}_i$. 因此, $\mathbf{Z}$ 的 $p-1$ 个列就对应于 $p-1$ 个以原来变量的特殊线性组合 (即以 $\mathbf{X}'\mathbf{X}$ 的特征向量为组合系数) 构成的新变量. 在多元统计学中, 称这些新变量为主成分. 排在第一列的新变量对应于 $\mathbf{X}'\mathbf{X}$ 的最大特征值, 称为第一主成分, 排在第二列的就成为第二主成分, 依此类推. 因为 $\mathbf{X}$ 是中心化的, 即 $\mathbf{1}'\mathbf{X}=\mathbf{0}$, 所以 $\mathbf{1}'\mathbf{Z}=\mathbf{1}'\mathbf{X\Phi}=\mathbf{0}$. 所以 $\mathbf{Z}$ 也是中心化的. 因而 $\mathbf{Z}$ 的各列元的平均值为

$$\bar{z}_j=\frac{1}{n}\sum_{i=1}^{n}z_{ij}=0,\quad j=1,\cdots,p-1. \tag{6.6.19}$$

依 (6.6.18) 可得

$$\boldsymbol{z}_{(i)}'\boldsymbol{z}_{(i)}=\boldsymbol{\phi}_i'\mathbf{X}'\mathbf{X}\boldsymbol{\phi}_i=\lambda_i. \tag{6.6.20}$$

结合 (6.6.19) 知

$$\sum_{i=1}^{n}(z_{ij}-\bar{z}_j)^2=\boldsymbol{z}_{(i)}'\boldsymbol{z}_{(i)}=\lambda_i,\quad j=1,\cdots,p-1.$$

于是 $\mathbf{X}'\mathbf{X}$ 的第 i 个特征值 λ_i 就度量了第 i 个主成分取值变动大小. 当设计阵 $\mathbf{X}$ 存在复共线关系时, 有一些 $\mathbf{X}'\mathbf{X}$ 的特征值很小, 不妨假设 $\lambda_{r+1},\cdots,\lambda_{p-1}\approx 0$. 这

时后面的 $p-r-1$ 个主成分取值变动就很小, 再结合 (6.6.19) (即它们的均值都为零), 因而这些主成分取值近似为零. 因此, 在用主成分作为新的回归自变量时, 这后面的 $p-r-1$ 个主成分对应变量的影响就可以忽略掉, 故可将它们从回归模型中剔除. 用最小二乘法作剩下的 r 个主成分的回归, 然后再变回到原来的自变量, 就得到了主成分回归.

现在将上述思想具体化. 记 $\boldsymbol{\Lambda} = \mathrm{diag}(\lambda_1, \cdots, \lambda_{p-1})$, 对 $\boldsymbol{\Lambda}, \boldsymbol{\alpha}, \mathbf{Z}$ 和 $\boldsymbol{\Phi}$ 作分块:

$$\boldsymbol{\Lambda} = \begin{pmatrix} \boldsymbol{\Lambda}_1 & \mathbf{0} \\ \mathbf{0} & \boldsymbol{\Lambda}_2 \end{pmatrix}, \quad \boldsymbol{\alpha} = \begin{pmatrix} \boldsymbol{\alpha}_1 \\ \boldsymbol{\alpha}_2 \end{pmatrix}, \quad \mathbf{Z} = (\mathbf{Z}_1, \mathbf{Z}_2), \quad \boldsymbol{\Phi} = (\boldsymbol{\Phi}_1, \boldsymbol{\Phi}_2),$$

其中 $\boldsymbol{\Lambda}_1$ 为 $r \times r$ 矩阵, $\boldsymbol{\alpha}_1$ 为 $r \times 1$ 向量, $\mathbf{Z}_1$ 为 $n \times r$ 矩阵, $\boldsymbol{\Phi}_1$ 为 $(p-1) \times r$ 矩阵. 代入 (6.6.17) 并剔除 $\mathbf{Z}_2\boldsymbol{\alpha}_2$ 项得到回归模型

$$\boldsymbol{y} = \alpha_0 \mathbf{1}_n + \mathbf{Z}_1\boldsymbol{\alpha}_1 + \boldsymbol{e}, \quad E(\boldsymbol{e}) = \mathbf{0}, \quad \mathrm{Cov}(\boldsymbol{e}) = \sigma^2 \mathbf{I}_n, \tag{6.6.21}$$

这个新的回归模型就是在剔除了后面 $p-r-1$ 个对应变量影响较小的主成分后得到的. 因此, 事实上我们是利用主成分进行了一次回归自变量的选择. 对模型 (6.6.21) 应用最小二乘法, 得到 α_0 和 $\boldsymbol{\alpha}_1$ 的 LS 估计:

$$\widehat{\alpha}_0 = \bar{y} = \frac{1}{n}\sum_{i=1}^n y_i,$$

$$\widehat{\boldsymbol{\alpha}}_1 = (\mathbf{Z}_1'\mathbf{Z}_1)^{-1}\mathbf{Z}_1'\boldsymbol{y} = \boldsymbol{\Lambda}_1^{-1}\mathbf{Z}_1'\boldsymbol{y}.$$

前面我们从模型中剔除了后面 $p-r-1$ 个主成分, 这相当于用 $\tilde{\boldsymbol{\alpha}}_2 = \mathbf{0}$ 去估计 $\boldsymbol{\alpha}_2$. 利用关系 $\boldsymbol{\beta} = \boldsymbol{\Phi}\boldsymbol{\alpha}$, 可以获得原来参数 $\boldsymbol{\beta}$ 的估计

$$\widetilde{\boldsymbol{\beta}} = \Phi \begin{pmatrix} \widehat{\boldsymbol{\alpha}}_1 \\ \widehat{\boldsymbol{\alpha}}_2 \end{pmatrix} = (\boldsymbol{\Phi}_1, \ \boldsymbol{\Phi}_2) \begin{pmatrix} \widehat{\boldsymbol{\alpha}}_1 \\ \mathbf{0} \end{pmatrix} = \boldsymbol{\Phi}_1\boldsymbol{\Lambda}_1^{-1}\mathbf{Z}_1'\boldsymbol{y} = \boldsymbol{\Phi}_1\boldsymbol{\Lambda}^{-1}\boldsymbol{\Phi}_1'\mathbf{X}'\boldsymbol{y}, \tag{6.6.22}$$

这就是 $\boldsymbol{\beta}$ 的主成分估计.

因为根据 (6.6.22) 式有

$$E(\tilde{\boldsymbol{\beta}}) = (\boldsymbol{\Phi}_1, \ \boldsymbol{\Phi}_2) \begin{pmatrix} \boldsymbol{\alpha}_1 \\ \mathbf{0} \end{pmatrix} = \boldsymbol{\Phi}_1\boldsymbol{\alpha}_1,$$

而 $\boldsymbol{\beta} = \boldsymbol{\Phi}\boldsymbol{\alpha} = \boldsymbol{\Phi}_1\boldsymbol{\alpha}_1 + \boldsymbol{\Phi}_2\boldsymbol{\alpha}_2$, 可见, 一般说来 $E(\tilde{\boldsymbol{\beta}}) \neq \boldsymbol{\beta}$, 于是主成分估计也是有偏估计. 对于有偏估计, 我们应该用均方误差作为度量其优劣的标准. 下面的定理证明了, 在一定的条件下主成分估计比 LS 估计有较小均方误差.

定理 6.6.3 当设计阵存在复共线关系时, 适当选择保留的主成分个数可致主成分估计比 LS 估计有较小的均方误差, 即

$$\mathrm{MSE}(\widetilde{\boldsymbol{\beta}}) < \mathrm{MSE}(\widehat{\boldsymbol{\beta}}).$$

证明 利用前面的记号, 假设 $\mathbf{X}'\mathbf{X}$ 的后面 $p-r-1$ 个特征值 $\lambda_{r+1},\cdots,\lambda_{p-1}$ 很接近于零, 根据定理 6.6.1和 (6.6.22) 式, 有

$$\begin{aligned}\mathrm{MSE}(\widetilde{\boldsymbol{\beta}}) &= \mathrm{MSE}\begin{pmatrix}\widehat{\boldsymbol{\alpha}}_1\\ \mathbf{0}\end{pmatrix} = \mathrm{trCov}\begin{pmatrix}\widehat{\boldsymbol{\alpha}}_1\\ \mathbf{0}\end{pmatrix} + \left\|E\begin{pmatrix}\widehat{\boldsymbol{\alpha}}_1\\ \mathbf{0}\end{pmatrix} - \boldsymbol{\alpha}\right\|^2\\ &= \sigma^2\mathrm{tr}(\boldsymbol{\Lambda}_1^{-1}) + \|\boldsymbol{\alpha}_2\|^2.\end{aligned}$$

因为

$$\mathrm{MSE}(\widehat{\boldsymbol{\beta}}) = \sigma^2\mathrm{tr}(\boldsymbol{\Lambda}^{-1}),$$

所以

$$\mathrm{MSE}(\widetilde{\boldsymbol{\beta}}) = \mathrm{MSE}(\widehat{\boldsymbol{\beta}}) + (\|\boldsymbol{\alpha}_2\|^2 - \sigma^2\mathrm{tr}(\boldsymbol{\Lambda}_2^{-1})).$$

于是

$$\mathrm{MSE}(\widetilde{\boldsymbol{\beta}}) < \mathrm{MSE}(\widehat{\boldsymbol{\beta}}),$$

当且仅当

$$\|\alpha_2\|^2 < \sigma^2\mathrm{tr}(\boldsymbol{\Lambda}_2^{-1}) = \sigma^2\sum_{i=r+1}^{p-1}\frac{1}{\lambda_i}. \tag{6.6.23}$$

因为我们假定 $\mathbf{X}'\mathbf{X}$ 的后面 $p-r-1$ 个特征值接近于零, 所以上式右端很大, 故不等式 (6.6.23) 成立. 定理得证.

注 6.6.1 因为 $\boldsymbol{\alpha}_2 = \boldsymbol{\Phi}_2'\boldsymbol{\beta}$, 所以变回到原来参数, (6.6.23) 可变形为

$$\left(\frac{1}{\sigma}\boldsymbol{\beta}\right)'\boldsymbol{\Phi}_2\boldsymbol{\Phi}_2'\left(\frac{1}{\sigma}\boldsymbol{\beta}\right) < \mathrm{tr}(\boldsymbol{\Lambda}_2^{-1}), \tag{6.6.24}$$

这就是说, 仅当 $\boldsymbol{\beta}$ 和 σ^2 满足 (6.6.24) 时, 主成分估计才能比 LS 估计有较小的均方误差, (6.6.24) 表示了参数空间中 (视 $\boldsymbol{\beta}/\sigma$ 为参数) 一个中心在原点的椭球. 于是, 从 (6.6.24) 我们可以得到如下的结论:

(1) 对固定的参数 $\boldsymbol{\beta}$ 和 σ^2, 当 $\mathbf{X}'\mathbf{X}$ 的后面 $p-r-1$ 个特征值很小时, 主成分估计比 LS 估计有较小的均方误差.

(2) 对给定的 $\mathbf{X}'\mathbf{X}$, 也就是固定的 $\boldsymbol{\Lambda}_2$, 对相对比较小的 $\boldsymbol{\beta}/\sigma$, 主成分估计比 LS 估计有较小的均方误差.

在主成分估计应用中, 有一个重要的问题就是如何选择保留主成分个数. 通常有两种方法: 其一是保留对应的特征值相对比较大的那些主成分; 其二是选择 r, 使得 $\sum_{i=1}^{r}\lambda_i$ 与全部 $p-1$ 个特征值之和 $\sum_{i=1}^{p-1}\lambda_i$ 的比值 (称这个比值为前 r 个主成分的贡献率) 达到预先给定的值, 譬如 75%或 80%等.

需要说明一点, 主成分作为原来变量的线性组合, 是一种 "人造变量", 一般并不具有任何实际含义, 特别当回归自变量具有不同度量单位时, 更是如此. 例如, 在研究农作物产量与气候条件、生产条件的关系问题中, 假定 X_1 和 X_2 分别表示该农作物生长期内平均气温和降雨量, 它们的度量单位分别是摄氏度和毫米, 而 X_3 表示单位面积上化学肥料的施用量, 单位是千克. 这时主成分作为这些变量的线性组合, 它们的单位就什么也不是了, 更谈不上其实际意义. 当然也存在一些实际问题, 自变量都是同一类型的物理量, 它们具有相同的度量单位, 并且它们的主成分具有十分明显的实际解释.

例 6.6.3 (续例 6.6.2) 外贸数据分析问题.

在例 6.6.2 中, 我们已经对这批数据作了统计分析, 并且求出了回归系数的岭估计, 现在我们来求它的主成分估计. $\mathbf{R}_{\mathbf{X}}$ 的三个特征值分别为

$$\lambda_1 = 1.999, \quad \lambda_2 = 0.998, \quad \lambda_3 = 0.003,$$

它们对应的三个标准正交化特征向量分别为

$$\begin{aligned}
\boldsymbol{\phi}_1 &= (0.7063,\ 0.043,\ 0.7065)', \\
\boldsymbol{\phi}_2 &= (-0.0357,\ 0.9990,\ -0.0258)', \\
\boldsymbol{\phi}_3 &= (-0.7070,\ -0.0070,\ 0.7072)',
\end{aligned}$$

三个主成分分别为

$$\begin{aligned}
z_1 &= 0.7063X_1 + 0.0435X_2 + 0.7065X_3, \\
z_2 &= -0.0357X_1 + 0.9990X_2 - 0.0258X_3, \\
z_3 &= -0.7070X_1 - 0.0070X_2 + 0.7072X_3.
\end{aligned}$$

注意这里 X_1, X_2 和 X_3 是中心化和标准化后的变量, 因为 $\lambda_3 \approx 0$, 且前两个主成分的贡献率

$$\sum_{i=1}^{2}\lambda_i \Big/ \sum_{i=1}^{3} = 0.999 = 99.9\%.$$

因此, 我们剔除第三个主成分, 只保留前两个主成分, 它们的回归系数的 LS 估计分别为 $\widehat{\alpha}_1 = 0.690, \widehat{\alpha}_2 = 0.1913$. 还原到原来变量, 得到经验回归方程

$$\widehat{Y} = -9.1057 + 0.0727X_1 + 0.6091X_2 + 0.1062X_3.$$

表 6.6.4 给出了主成分估计、岭估计和 LS 估计. 总的来讲, 主成分估计和岭估计比较相近. 而与 LS 估计相比, 复共线关系 (6.6.16) 所包含的 X_1 和 X_3 的回归系数变化较大, 并且 X_1 的回归系数的符号也发生了变化.

表 6.6.4 外贸数据分析问题的三种估计

变量	常数项	x_1	x_2	x_3
主成分估计 ($r=2$)	−9.1057	0.0727	0.6091	0.1062
LS 估计	−10.1300	−0.0514	0.5869	0.2868
岭估计 ($k=0.04$)	−8.5537	0.0635	0.5859	0.1156

习 题 六

6.1 设有四个物体, 在一个化学天平上称重, 方法是这样的: 在天平的两个秤盘上分别放上这四个物体中的几个物体, 并在其中的一个秤盘上加上砝码使之达到平衡. 这样便有一个线性回归模型

$$Y=\alpha_1X_1+\alpha_2X_2+\alpha_3X_3+\alpha_4X_4+e,$$

其中 Y 为使天平达到平衡所需的砝码的重量. 我们约定, 如果砝码放在左边秤盘上, 则 Y 应为负值, X_i 的值为 $0,1$ 或 -1. 0 表示在这次称重时, 第 i 个物体没有被称; 1 和 -1 分别表示该物体放在左边和右边的秤盘上. 回归系数 α_i 就是第 i 个物体的重量, 我们总共称了四次, 其结果如下表.

Y	X_1	X_2	X_3	X_4
20.2	1	1	1	1
8.0	1	−1	1	−1
9.7	1	1	−1	−1
1.9	1	−1	−1	1

(1) 试用线性回归模型表示这些称重数据;

(2) 验证设计矩阵 $\mathbf{X}$ 满足 $\mathbf{X}'\mathbf{X}=4\mathbf{I}_4$, 并计算物体重量 α_i 的最小二乘估计 $\hat{\alpha}_i$;

(3) 假设模型误差的方差为 σ^2, 证明 $\mathrm{Var}(\widehat{\alpha}_i)=\sigma^2/4$;

(4) 如果这些物体是用例 4.1.1 的方法分别称重. α_i 的估计要达到这样的精度: $\mathrm{Var}(\hat{\alpha}_i)=\sigma^2/4$, 需要称多少次?

6.2 设 $\boldsymbol{y}=\mathbf{X}\boldsymbol{\beta}+\boldsymbol{e}$, $E(\boldsymbol{e})=0$, $\mathrm{Cov}(\boldsymbol{e})=\sigma^2\mathbf{I}_n$, $\mathbf{X}$ 是 $n\times p$ 列满秩设计矩阵. 将 $\mathbf{X}$, $\boldsymbol{\beta}$ 分块为

$$\mathbf{X}\boldsymbol{\beta}=(\mathbf{X}_1\ \mathbf{X}_2)\begin{pmatrix}\boldsymbol{\beta}_1\\ \boldsymbol{\beta}_2\end{pmatrix}.$$

(1) 证明 $\boldsymbol{\beta}_2$ 的最小二乘估计 $\widehat{\boldsymbol{\beta}}_2$ 由下式给出

$$\widehat{\boldsymbol{\beta}}_2=[\mathbf{X}_2'\mathbf{X}_2-\mathbf{X}_2'\mathbf{X}_1(\mathbf{X}_1'\mathbf{X}_1)^{-1}\mathbf{X}_1'\mathbf{X}_2]^{-1}[\mathbf{X}_2'\boldsymbol{y}-\mathbf{X}_2'\mathbf{X}_1(\mathbf{X}_1'\mathbf{X}_1)^{-1}\mathbf{X}_1'\boldsymbol{y}];$$

(2) 求 $\mathrm{Cov}(\hat{\boldsymbol{\beta}}_2)$.

6.3 对正态线性回归模型 $\boldsymbol{y}=\beta_0\mathbf{1}_n+\mathbf{X}\boldsymbol{\beta}+\boldsymbol{e},\ \boldsymbol{e}\sim N_n(\mathbf{0},\ \sigma^2\mathbf{I}_n)$, 其中 $\mathbf{X}$ 为 $n\times(p-1)$ 矩阵. 试导出假设

H_{01}: $\beta_1=\cdots=\beta_{p-1}=c$.

H_{02}: $\beta_1=\cdots=\beta_{p-1}$.

H_{03}: $\beta_1+\cdots+\beta_{p-1}=c$

的 F 统计量. 这里 c 为给定的常数.

6.4 设 $\tilde{\sigma}_q^2$ 为 σ^2 在选模型 (6.3.2) 下的最小二乘估计, 假设全模型 (6.3.1) 正确, 试求 $E(\tilde{\sigma}_q^2)$, 并问此结果说明了什么?

6.5 对于线性回归模型 $\boldsymbol{y}=\mathbf{X}\boldsymbol{\beta}+\boldsymbol{e}$, 假设 $\mathbf{X}$ 的第一列的元全为 1, 证明:

(1) $\sum\limits_{i=1}^{n}(y_i-\hat{y}_i)=0$;

(2) $\sum\limits_{i=1}^{n}\hat{y}_i(y_i-\hat{y}_i)=0$,

其中 $\hat{y}_i$ 是拟合值向量 $\hat{\boldsymbol{y}}=\mathbf{X}\hat{\boldsymbol{\beta}}$ 的第 i 个分量.

6.6 对某地区 18 年某种消费品销售情况数据 (见下表), 试用 RMS_q, C_p 和 AIC 准则, 建立子集回归模型.

Y: 消费品的销售额 (百万元).

X_1: 居民可支配收入 (元).

X_2: 该类消费品的价格指数 (%).

X_3: 其他消费品平均价格指数 (%).

Y	X_1	X_2	X_3	Y	X_1	X_2	X_3
7.8	81.2	85.0	87.0	8.4	82.9	92.0	94.0
8.7	83.2	91.5	95.0	9.0	85.9	92.9	95.5
9.6	88.0	93.0	96.0	10.3	99.0	96.0	97.0
10.6	102.0	95.0	97.5	10.9	105.3	95.6	98.0
11.3	117.7	98.9	101.2	12.3	126.4	101.5	102.5
13.5	131.2	102.0	104.0	14.2	148.0	105.0	105.9
14.9	153.0	106.0	109.5	15.9	161.0	109.0	111.0
18.5	170.0	112.0	110.0	19.5	174.0	112.5	112.0
19.9	185.0	113.0	112.3	20.5	189.0	114.0	113.0

6.7 在林业工程中, 研究树干的体积 Y 与离地面一定高度的树干直径 X_1 和树干高度 X_2 之间的关系具有重要的实用意义, 因为这种关系使我们能够用简单的方法从 X_1 和 X_2 的值去估计一棵树的体积, 进一步可估计一片森林的木材储量. 下表是一组观测数据:

试用计算机完成下面的统计分析:

(1) 假设 Y 与 X_1 和 X_2 有如下线性回归关系: $Y=\alpha+\beta_1X_1^2+\beta_2X_2+e$, 作最小二乘分析, 并作相应的残差图. 试计算 Box-Cox 变换参数 λ 的值.

(2) 对 (1) 中计算出的变换参数 λ 值, 作相应的 Box-Cox 变换, 并对变换后的因变量作对 X_1 和 X_2 的最小二乘回归, 并作残差图.

X_1	X_2	Y	X_1	X_2	Y	X_1	X_2	Y
8.3	70	10.3	12.9	85	33.8	12.0	74	22.2
8.6	65	10.3	13.3	86	27.4	20.6	87	77.0
8.8	63	10.2	13.7	71	25.7	12.0	75	19.1
10.5	72	16.4	13.8	64	24.9	18.0	80	51.0
10.7	81	18.8	14.0	78	34.5	11.7	69	21.3
10.8	83	19.7	14.2	80	31.7	18.0	80	51.5
11.0	66	15.6	14.5	74	36.3	11.4	76	21.4
11.0	75	18.2	13.0	72	38.3	17.9	80	58.3
11.1	80	22.6	16.3	77	42.6	11.4	76	21.0
11.2	75	19.9	17.3	81	55.4	17.5	82	55.7
11.3	79	24.2						

6.8 证明定理 6.4.1.

6.9 对正态线性回归模型 $\boldsymbol{y} = \mathbf{X}\boldsymbol{\beta} + \boldsymbol{e}, \boldsymbol{e} \sim N(\mathbf{0}, \sigma^2\mathbf{I}_n)$, 设 $\tilde{\boldsymbol{\beta}} = \mathbf{A}\boldsymbol{y}$ 为 $\boldsymbol{\beta}$ 的一个线性估计.

(1) 证明使均方误差矩阵 $\text{MSEM}(\tilde{\boldsymbol{\beta}}) = E(\tilde{\boldsymbol{\beta}} - \boldsymbol{\beta})(\tilde{\boldsymbol{\beta}} - \boldsymbol{\beta})'$ 达到极小的

$$\mathbf{A}^* = \boldsymbol{\beta}\boldsymbol{\beta}'\mathbf{X}'(\mathbf{X}\boldsymbol{\beta}\boldsymbol{\beta}'\mathbf{X}' + \sigma^2\mathbf{I}_n)^{-1}.$$

(2) 证明

$$\tilde{\boldsymbol{\beta}} = \mathbf{A}^*\boldsymbol{y} = \frac{\boldsymbol{\beta}'\mathbf{X}'\boldsymbol{y}}{\sigma^2 + \boldsymbol{\beta}'\mathbf{X}'\mathbf{X}\boldsymbol{\beta}}\,\boldsymbol{\beta}.$$

注 若用最小二乘估计 $\hat{\boldsymbol{\beta}}$, $\hat{\sigma}^2$ 代替 β, σ^2, 便得到 $\boldsymbol{\beta}$ 的非线性估计

$$\tilde{\boldsymbol{\beta}} = \frac{\hat{\boldsymbol{\beta}}'\mathbf{X}'\boldsymbol{y}}{\hat{\sigma}^2 + \hat{\boldsymbol{\beta}}'\mathbf{X}'\mathbf{X}\hat{\boldsymbol{\beta}}}\,\hat{\boldsymbol{\beta}}.$$

6.10 对于 6.6 节引进的回归系数岭估计的推广形式: 广义岭估计 $\hat{\boldsymbol{\beta}}(\mathbf{K}) = (\mathbf{X}'\mathbf{X} + \boldsymbol{\Phi}\mathbf{K}\boldsymbol{\Phi}')^{-1}\mathbf{X}'\boldsymbol{y}$, 试证明存在 $\mathbf{K} = \text{diag}(k_1, \cdots, k_{p-1}) > 0$, 使得 $\text{MSE}(\hat{\boldsymbol{\beta}}(\mathbf{K})) < \text{MSE}(\hat{\boldsymbol{\beta}})$, 这里 $\hat{\boldsymbol{\beta}}$ 为 $\boldsymbol{\beta}$ 的最小二乘估计.

6.11 作了 10 次试验的观测数据如下:

Y	16.3	16.8	19.2	18.0	19.5	20.9	21.1	20.9	20.3	22.0
X_1	1.0	1.4	1.7	1.7	1.8	1.8	1.9	2.0	2.3	2.4
X_2	1.1	1.5	1.8	1.7	1.9	1.8	1.8	2.1	2.4	2.5

(1) 若以 X_1, X_2 为回归自变量, 问它们之间是否存在复共线关系?

(2) 试用岭迹法求 y 关于 X_1, X_2 的岭回归方程, 并画出岭迹图.

6.12 对某种商品的销售量 Y 进行调查, 并考虑有关的四个因素: X_1: 居民可支配收入, X_2: 该商品的平均价格指数, X_3: 该商品的社会拥有量, X_4: 其他消费品平均价格指数. 下面是调查数据.

i	X_1	X_2	X_3	X_4	Y	i	X_1	X_2	X_3	X_4	Y
1	82.9	92.0	17.0	94.0	8.4	6	131.0	101.0	40.0	101.0	14.2
2	88.0	93.0	21.3	96.0	9.6	7	148.2	105.0	44.0	104.0	15.8
3	99.9	96.0	25.1	97.0	10.4	8	161.8	112.0	49.0	109.0	17.9
4	105.3	94.0	29.0	97.0	11.4	9	174.2	112.0	51.0	111.0	19.6
5	117.7	100.0	34.0	100.0	12.2	10	184.7	112.0	53.0	111.0	20.8

利用主成分方法建立 Y 与 X_1, X_2, X_3, X_4 的回归方程.

6.13　考虑正态线性回归模型

$$\boldsymbol{y} = \mathbf{X}\boldsymbol{\beta} + \boldsymbol{e}, \quad \boldsymbol{e} \sim N_n(\mathbf{0}, \ \sigma^2\mathbf{I}_n).$$

记 $\widehat{\boldsymbol{\beta}} = (\mathbf{X}'\mathbf{X})^{-1}\mathbf{X}'\boldsymbol{y}$, $\hat{\sigma}^2 = \dfrac{1}{n-p}\|\boldsymbol{y} - \mathbf{X}\widehat{\boldsymbol{\beta}}\|^2$.

(1) 求 $\mathrm{Var}(\hat{\sigma}^2)$;

(2) 设 $\mathbf{A} = \dfrac{1}{n-p-2}(\mathbf{I}_n - \mathbf{X}\mathbf{X}^+)$, 计算 $E(\boldsymbol{y}'\mathbf{A}\boldsymbol{y} - \sigma^2)^2$;

(3) 证明 $\boldsymbol{y}'\mathbf{A}\boldsymbol{y}$ 作为 σ^2 的一个估计, 比 $\widehat{\sigma}^2$ 具有较小的均方误差, 即有

$$E(\boldsymbol{y}'\mathbf{A}\boldsymbol{y} - \sigma^2)^2 \leqslant E(\widehat{\sigma}^2 - \sigma^2)^2.$$

6.14　证明不等式 (6.5.4).

6.15　一家广告公司的管理合伙人对能否准确预测每月账单很感兴趣. 以下是最近 20 个月的月度账单金额 (Y, 以千美元为单位) 和员工工时 (X, 以千小时为单位) 数据.

t	Y_t	X_t	t	Y_t	X_t
1	220.4	2.521	11	283.9	3.737
2	203.9	2.171	12	287.0	3.801
3	207.2	2.234	13	275.4	3.576
4	221.9	2.524	14	275.1	3.586
5	211.3	2.305	15	269.1	3.447
6	222.7	2.523	16	232.8	2.723
7	247.6	3.020	17	248.1	3.019
8	247.6	3.014	18	252.4	3.117
9	272.9	3.532	19	278.6	3.623
10	269.1	3.461	20	278.5	3.618

简单的线性回归模型被认为是合适的, 但正的自相关误差项可能会影响预测结果.

(1) 用普通最小二乘法拟合一个简单的线性回归模型, 并求得残差和模型 $\widehat{\beta}_0$ 和 $\widehat{\beta}_1$ 的方差.

(2) 绘制残差与时间的关系图, 并解释您是否发现任何正自相关的证据.

(3) 在显著性水平为 $\alpha = 0.01$ 下, 对模型误差作自相关性检验, 看看残差分析与检验结果是否一致?

(4) 采用 Cochrane-Orcutt 方法给出自相关参数的点估计, 并讨论点估计值 $\hat{\rho}$ 与 Durbin-Watson 检验统计量 W 之间的近似关系 $D \approx 2(1 - \hat{\rho})$ 此例中是否适当?

(5) 用一次迭代得到变换模型 (6.4.36) 中回归系数 β_0^* 和 β_1^* 的估计值, 并说明估计的回归函数.

(6) 在显著性水平为 $\alpha = 0.01$ 下, 检验第一次迭代后是否仍存在正自相关, 说明备选方案、决策规则和结论.

(7) 用原始变量重述 (5) 得到的估计回归函数和并计算回归系数的方差, 并与 (1) 中所得的回归函数和回归系数的方差进行比较.

第 7 章 方差分析模型

从第 1 章我们知道, 方差分析模型是应用非常广泛的一类线性模型. 这种模型多有一定的试验设计背景, 因而也称试验设计模型. 对于这种模型有两种不同的统计分析方法. 第一种方法是将数据总变差平方和按其来源 (各种因子和随机误差) 进行分解, 得到各因子平方和及误差平方和. 接下来的统计分析是基于各因子平方和与误差平方和大小的比较, 这种方法叫做平方和分解法. 这种方法需要的预备知识较少, 一般一些初等统计书都采用此方法. 第二种方法是, 既然方差分析模型是一类线性模型, 我们就可以把前面讨论的一般线性模型的估计与检验的结果应用于这种模型. 因为这种方法与第 6 章线性回归模型大同小异, 因此被冠以回归分析法之名. 此法对各种方差分析模型都采用统一处理模式, 叙述简洁、重点突出. 本章将采用后者.

7.1 单向分类模型

第 1 章我们已经用实例引进了这种模型. 一般地, 设因子 A 有 a 个水平, 分别记为 $A_1, A_2, \cdots, A_a$, 且在水平 A_i 下作 n_i $(i=1,2,\cdots,a)$ 次重复观测. 记 y_{ij} 为在第 i 个水平 A_i 下第 j 次的观测值, 即有模型

$$y_{ij}=\mu+\alpha_i+e_{ij}, \qquad i=1,2,\cdots,a, \quad j=1,2,\cdots,n_i, \tag{7.1.1}$$

这里 μ 为总平均, e_{ij} 表示随机误差, 且假定 $e_{ij}\sim N(0,\sigma^2)$, 诸 e_{ij} 都相互独立, α_i 为第 i 个水平的效应. 不失一般性, 我们常假设

$$\sum_{i=1}^{a} n_i\alpha_i=0. \tag{7.1.2}$$

这是因为 $\sum\limits_{i=1}^{a} n_i\alpha_i=d\neq 0$, 则用 $\mu^*=\mu+d/N$ 和 $\alpha_i^*=\alpha_i-d/N$ 分别代替 μ 和 α_i, 这里 $N=\sum\limits_i n_i$, 得到新模型 $y_{ij}=\mu^*+\alpha_i^*+e_{ij}$, 满足 $\sum\limits_{i=1}^{a} n_i\alpha_i^*=0$. 有些文献称 (7.1.2) 为边界条件, 我们也采用这个术语. 对模型 (7.1.1), 若 $n_1=n_2=\cdots=n_a$, 则称模型为平衡的, 否则, 称为是非平衡的. 对平衡模型, 边界条件变为

$\sum_{i=1}^{a}\alpha_i=0$. 若记 $\boldsymbol{y}=(y_{11},y_{12},\cdots,y_{1n_1},y_{21},\cdots,y_{2n_2},\cdots,y_{a1},y_{a2},\cdots,y_{an_a})'$, $\boldsymbol{\beta}=(\mu,\alpha_1,\alpha_2,\cdots,\alpha_a)'$, $\boldsymbol{e}=(e_{11},e_{12},\cdots,e_{1n_1},e_{21},\cdots,e_{2n_2},\cdots,e_{a1},e_{a2},\cdots,e_{an_a})'$, 则模型 (7.1.1) 的设计阵为

$$\mathbf{X}=\begin{pmatrix}\mathbf{1}_{n_1} & \mathbf{1}_{n_1} & \mathbf{0} & \cdots & \mathbf{0}\\ \mathbf{1}_{n_2} & \mathbf{0} & \mathbf{1}_{n_2} & \cdots & \mathbf{0}\\ \vdots & \vdots & \vdots & \ddots & \vdots\\ \mathbf{1}_{n_a} & \mathbf{0} & \mathbf{0} & \cdots & \mathbf{1}_{n_a}\end{pmatrix}. \tag{7.1.3}$$

于是, 单向分类模型 (7.1.1) 表示成了线性模型的一般形式 $\boldsymbol{y}=\mathbf{X}\boldsymbol{\beta}+\boldsymbol{e}$. 对这个模型, 和第 6 章不同的是, 设计阵 $\mathbf{X}$ 是列降秩的, 即秩小于它的列数.

7.1.1 参数估计

对于单向分类模型 (7.1.1), 其正则方程组 $\mathbf{X}'\mathbf{X}\boldsymbol{\beta}=\mathbf{X}'\boldsymbol{y}$ 为

$$N\mu+\sum_{i=1}^{a}n_i\alpha_i=y_{\cdot\cdot}, \tag{7.1.4}$$

$$n_i\mu+n_i\alpha_i=y_{i\cdot},\qquad i=1,\cdots,a, \tag{7.1.5}$$

这里 $y_{\cdot\cdot}=\sum_i\sum_j y_{ij}$, $y_{i\cdot}=\sum_j y_{ij}$, $N=\sum_i n_i$. 由于设计阵 $\mathbf{X}$ 的秩 $\mathrm{rk}(\mathbf{X})=a$, 于是 $\mathbf{X}$ 是列降秩的, 即秩小于列数. 这还可以从正则方程组 (7.1.4), (7.1.5) 看出. 因为将 (7.1.5) 的 a 个方程相加即得 (7.1.4), 而 (7.1.5) 的 a 个方程又相互独立. 从第 4 章知, 对任一 $\boldsymbol{c}\in\mathcal{M}(\mathbf{X}')$, 线性函数 $\boldsymbol{c}'\boldsymbol{\beta}$ 是可估函数, 且 $\boldsymbol{c}'\widehat{\boldsymbol{\beta}}$ 是 $\boldsymbol{c}'\boldsymbol{\beta}$ 的 LS 估计, 其中 $\widehat{\boldsymbol{\beta}}=(\mathbf{X}'\mathbf{X})^{-}\mathbf{X}'\boldsymbol{y}$ 是任一 LS 解 (即正则方程的解), 即对可估函数而言, 它的 LS 估计不依赖于 LS 解的选择. 因此, 我们只需要求正则方程的任一特解即可. 我们看到把边界条件 (7.1.2) 加入到正则方程组 (7.1.4) 和 (7.1.5) 中, 可容易得在此约束条件下的 μ 和 α_i 的一组 LS 解

$$\hat{\mu}=\frac{1}{N}y_{\cdot\cdot}\overset{\triangle}{=}\overline{y}_{\cdot\cdot}, \tag{7.1.6}$$

$$\hat{\alpha}_i=\frac{1}{n_i}y_{i\cdot}-\widehat{\mu}=\overline{y}_{i\cdot}-\overline{y}_{\cdot\cdot},\quad i=1,\cdots,a. \tag{7.1.7}$$

需要注意的是, $\hat{\mu}$ 和 $\hat{\alpha}_i, i=1,\cdots,a$, 并不是 μ 和 $\alpha_i, i=1,\cdots,a$ 的无偏估计. 因为这些参数都是不可估的.

因为 $\text{rk}(\mathbf{X})=a$, 所以至多只有 a 个线性无关的可估函数. 容易得到 $\mu+\alpha_i, i=1,\cdots,a$ 都是可估的, 且线性无关, 于是任一可估函数都可表示为它们的线性组合, 即具有形式

$$\sum_{i=1}^{a} c_i(\mu+\alpha_i)=\mu\sum_{i=1}^{a} c_i+\sum_{i=1}^{a} c_i\alpha_i. \tag{7.1.8}$$

如果想得到一个只包含效应 α_i $(i=1,\cdots,a)$ 而不包含总均值 μ 的可估函数, 则应取

$$\sum_{i=1}^{a} c_i=0.$$

这个事实的逆也是对的, 即若 $\sum\limits_{i=1}^{a} c_i=0$, 则必有 $\sum\limits_{i=1}^{a} c_i\alpha_i$ 可估. 于是

$$\sum_{i=1}^{a} c_i\alpha_i \text{可估} \Longleftrightarrow \sum_{i=1}^{a} c_i=0.$$

我们称满足条件 $\sum\limits_{i=1}^{a} c_i=0$ 的函数 $\sum\limits_{i=1}^{a} c_i\alpha_i$ 为一个**对照**. 由于诸 $\mu_i=\mu+\alpha_i$, 因此对照

$$\sum_{i=1}^{a} c_i\alpha_i=\sum_{i=1}^{a} c_i\mu_i.$$

例如 $\mu_i-\mu_j(i\neq j)$, $2\mu_i-\mu_j-\mu_k$ $(i,j,k$ 互不相等), $\alpha_i-\alpha_j(i\neq j), 2\alpha_i-\alpha_j-\alpha_k(i,j,k$ 互不相等) 都是对照. 根据 Gauss-Markov 定理, 结合 (7.1.8) 式得: 对照 $\sum\limits_{i=1}^{a} c_i\alpha_i$ 的 BLU 估计为 $\sum\limits_{i=1}^{a} c_i\widehat{\alpha}_i=\sum\limits_{i=1}^{a} c_i\overline{y}_{i\cdot}$. 这个事实可表述为效应 α_i 的任一对照的 BLU 估计等于各组样本均值 $\overline{y}_{i\cdot}$ 的同一对照. 于是我们证明了如下定理.

定理 7.1.1 对于单向分类模型 (7.1.1), 有

(1) $\sum\limits_{i=1}^{a} c_i\alpha_i$ 可估 $\Longleftrightarrow \sum\limits_{i=1}^{a} c_i\alpha_i$ 是一个对照, 即 $\sum\limits_{i=1}^{a} c_i=0$;

(2) 对照 $\sum\limits_{i=1}^{a} c_i\alpha_i$ 的 BLU 估计为 $\sum\limits_{i=1}^{a} c_i\overline{y}_{i\cdot}$.

由此定理得任意 $\alpha_i-\alpha_j$ $(i\neq j)$ 都是可估函数, 其 BLU 估计为 $\widehat{\alpha}_i-\widehat{\alpha}_j=\overline{y}_{i\cdot}-\overline{y}_{j\cdot}$.

注 7.1.1 记 $\mu_i=\mu+\alpha_i$. 将 $\mu+\alpha_i$ 直接用 μ_i 替换, 模型 (7.1.1) 就变成了单元均值模型

$$y_{ij}=\mu_i+e_{ij}, \quad i=1,\cdots,a, \quad j=1,\cdots,n_i,$$

由此立得 μ_i 的 LS 估计为 $\bar{y}_{i\cdot}$.

注 7.1.2 在约束条件(7.1.2), 模型(7.1.1)中的 μ 为因子 A 各水平单元的因变量的子总体均值 μ_i 的加权平均

$$\mu=\sum_{i=1}^{a}\frac{n_i}{N}\mu_i$$

等于全体样本均值的期望 $E(\bar{y}_{\cdot\cdot})$. 当 n_i 不全相等时, 样本量大的单元, 其单元均值的权重大, 对 μ 的重要性大, 反之, 样本量小的单元, 对 μ 的重要性小. 文献中称约束条件 (7.1.2) 下的模型 (7.1.1) 为带加权均值的单向分类模型.

注 7.1.3 在许多场合, 因子 A 各水平单元下因变量的均值被认为对总体均值同等重要的, 此时模型(7.1.1)均值为

$$\mu=\frac{1}{a}\sum_{i=1}^{a}\mu_i,$$

此时, 效应 $\alpha_i=\mu_i-\mu$ 需满足边界约束条件:

$$\sum_{i=1}^{a}\alpha_i=0.$$

文献中称该约束条件的模型(7.1.1)为无加权均值的单向分类模型. R 软件中函数 aov() 就是基于该约束条件, 将 α_1 用 $-\alpha_2-\cdots-\alpha_a$ 替换, 由所得的约简模型 $\boldsymbol{y}=\mathbf{X}^*\boldsymbol{\beta}_{-1}+\boldsymbol{e}$, 其中 $\boldsymbol{\beta}_{-1}=(\mu,\alpha_2,\alpha_3,\cdots,\alpha_a)'$,

$$\mathbf{X}^*=\begin{pmatrix}\mathbf{1}_{n_1} & -\mathbf{1}_{n_1} & -\mathbf{1}_{n_1} & \cdots & -\mathbf{1}_{n_1}\\ \mathbf{1}_{n_2} & \mathbf{1}_{n_2} & \mathbf{0} & \cdots & \mathbf{0}\\ \vdots & \vdots & \vdots & & \vdots\\ \mathbf{1}_{n_{a-1}} & \mathbf{0} & \mathbf{0} & \cdots & \mathbf{1}_{n_{a-1}}\end{pmatrix}.$$

注 7.1.4 单向分类模型(7.1.1)无论在加权边界约束条件 (7.1.2) 还是无加权两种边界约束条件下, 定理 7.1.1 都成立, 因为它们的效应对照都等于相应的均值对照: $\sum\limits_{i=1}^{a}c_i\alpha_i=\sum\limits_{i=1}^{a}c_i\mu_i$. 均值 μ 的定义尽管不同, 但都是各单元均值 μ_i 的线性组合, 分别为 $\sum\limits_{i=1}^{a}\frac{n_i}{N}\mu_i$ 和 $\sum\limits_{i=1}^{a}\frac{1}{a}\mu_i$. 借助于单元均值模型, 易证它们的 LS 估计分别为 $\sum\limits_{i=1}^{a}\frac{n_i}{N}\bar{y}_{i\cdot}=\bar{y}_{\cdot\cdot}$ 和 $\sum\limits_{i=1}^{a}\bar{y}_{i\cdot}/a$.

7.1.2 假设检验

对于单向分类模型, 我们感兴趣的是考察因子 A 的 a 个水平效应是否有显著差异, 即检验假设

$$H_0: \ \alpha_1 = \alpha_2 = \cdots = \alpha_a, \tag{7.1.9}$$

或等价地检验假设

$$H_0: \ \alpha_1 - \alpha_a = \alpha_2 - \alpha_a = \cdots = \alpha_{a-1} - \alpha_a = 0 \ . \tag{7.1.10}$$

由定理 7.1.1 知, $\alpha_i - \alpha_a$, $i = 1, 2, \cdots, a-1$ 都是可估函数, 所以假设 H_0 被称为可检验假设. 若 H_0 为真, 则诸 α_i 相等. 设其公共值为 α, 将此 α 并入总平均值 μ, 得到约简模型

$$y_{ij} = \mu + e_{ij}, \qquad i = 1, 2, \cdots, a, \quad j = 1, 2, \cdots, n_i. \tag{7.1.11}$$

它的正则方程为 $N\mu = \mathbf{1}'_N \boldsymbol{y}$, 其中 $N = \sum\limits_{i=1}^{a} n_i$, $\mathbf{1}_N$ 为所有元素都是 1 的 $N \times 1$ 的向量. 于是 μ 在 H_0 下的约束 LS 解为

$$\widehat{\mu}_{H_0} = \frac{1}{N}\mathbf{1}'_N \boldsymbol{y} = \frac{1}{N} y_{..} = \overline{y}_{..}. \tag{7.1.12}$$

根据 5.1 节的结果: 回归平方和等于未知参数的 LS 解与正则方程右端向量的内积, 有回归平方和

$$\mathrm{RSS}(\mu) = \widehat{\mu}'_{H_0} \mathbf{1}'_N \boldsymbol{y} = y_{..}^2/N. \tag{7.1.13}$$

另一方面, 利用 (7.1.6) 式和 (7.1.7) 式及正则方程, 容易算出 μ 和 $\alpha_1, \alpha_2, \cdots, \alpha_a$ 的回归平方和

$$\begin{aligned} \mathrm{RSS}(\mu, \boldsymbol{\alpha}) &\triangleq \mathrm{RSS}(\mu, \alpha_1, \alpha_2, \cdots, \alpha_a) \\ &= \widehat{\mu} y_{..} + \sum_{i=1}^{a} \widehat{\alpha}_i y_{i.} \\ &= y_{..}^2/N + \sum_{i=1}^{a} y_{i.}(y_{i.}/n_i - y_{..}/N) \\ &= \sum_{i=1}^{a} y_{i.}^2/n_i. \end{aligned} \tag{7.1.14}$$

由于残差平方和等于总平方和减去回归平方和, 于是相应的残差平方和为

$$\mathrm{SS}_e = \boldsymbol{y}'\boldsymbol{y} - \mathrm{RSS}(\mu, \alpha) = \sum_{i=1}^{a}\sum_{j=1}^{n_i} y_{ij}^2 - \sum_{i=1}^{a} y_{i.}^2/n_i = \sum_{i=1}^{a}\sum_{j=1}^{n_i} (y_{ij} - \overline{y}_{i.})^2 \ . \tag{7.1.15}$$

因为 $\overline{y}_{i\cdot}$ 为因子 A 的第 i 个水平 A_i 下的所有观测 (也称第 i 组观测值) 的平均值, 所以 $\sum\limits_{j=1}^{n_i}(y_{ij}-\overline{y}_{i\cdot})^2$ 表示出了第 i 个水平 A_i 下的所有观测 y_{ij} $(j=1,\cdots,n_i)$ 之间的变差平方和. (7.1.15) 为所有 a 组观测的总变差平方和, 常被称为组内平方和, 它度量了随机误差对观测数据的影响. 如果采用 (7.1.1) 结构计算 (7.1.15) 意义就更加清楚了. 由于 $y_{ij}=\mu+\alpha_i+e_{ij}$, $\overline{y}_{i\cdot}=\mu+\alpha_i+\overline{e}_{i\cdot}$, 其中 $\overline{e}_{i\cdot}=\dfrac{1}{n_i}\sum\limits_{j=1}^{n_i}e_{ij}$, 所以 $y_{ij}-\overline{y}_{i\cdot}=e_{ij}-\overline{e}_{i\cdot}$. 因此 $\sum\limits_{i=1}^{a}\sum\limits_{j=1}^{n_i}(y_{ij}-\overline{y}_{i\cdot})^2=\sum\limits_{i=1}^{a}\sum\limits_{j=1}^{n_i}(e_{ij}-\overline{e}_{i\cdot})^2$, 完全是由误差引起的. 实际中常采用如下便于计算的形式

$$\mathrm{SS}_e=\sum_{i=1}^{a}\sum_{j=1}^{n_i}y_{ij}^2-\sum_{i=1}^{a}y_{i\cdot}^2/n_i. \tag{7.1.16}$$

根据 4.1 节的结果知

$$\widehat{\sigma}^2=\mathrm{SS}_e/(N-a)=\sum_{i=1}^{a}\sum_{j=1}^{n_i}(y_{ij}-\overline{y}_{i\cdot})^2/(N-a)\triangleq\mathrm{MS}_e. \tag{7.1.17}$$

从 (7.1.13) 和 (7.1.14) 得到平方和

$$\begin{aligned}\mathrm{SS}_{H_0}&\triangleq\mathrm{RSS}(\mu,\alpha)-\mathrm{RSS}(\mu)=\sum_{i=1}^{a}y_{i\cdot}^2/n_i-y_{\cdot\cdot}^2/N\\&=\sum_{i=1}^{a}n_i(\overline{y}_{i\cdot}-\overline{y}_{\cdot\cdot})^2\ .\end{aligned} \tag{7.1.18}$$

这是由因子 A 的水平变化所引起的观测数据的变差平方和, 故常称为因子 A 的平方和, 也记为 SS_A. 若把因子 A 的每个水平 A_i 下的观测数据看成一组, (7.1.18) 式也称为组间平方和. 因为假设 H_0 只含 $a-1$ 个独立方程, 所以 SS_A 的自由度为 $a-1$, 根据 5.1 节, 从 (7.1.17) 和 (7.1.18) 得到检验假设 H_0 的 F 统计量为

$$F=\frac{\mathrm{SS}_A/(a-1)}{\mathrm{SS}_e/(N-1)}=\frac{\mathrm{MS}_A}{\mathrm{MS}_e}, \tag{7.1.19}$$

其中 $\mathrm{MS}_A=\mathrm{SS}_A/(a-1)$, $\mathrm{MS}_e=\mathrm{SS}_e/(N-a)$ 分别为因子 A 和误差的均方. 当 H_0 为真时, $F\sim F_{a-1,N-a}$.

F 统计量 (7.1.19) 的直观意义很明显. 分子中 SS_A 为因子 A 的组间平方和, 它反映了因子 A 各水平对观测数据影响的大小. 分母中 SS_e 为误差平方和, 它度

量了随机误差的对观测数据的影响大小. 作 F 检验就是把这两部分 (用各自的均方) 进行比较. 若 MS_A 与 MS_e 相差不多, 则 F 统计量的值就相对比较小, 故接受原假设, 认为因子 A 诸水平效应相等. 反之, 若 MS_A 比 MS_e 大很多, 即 F 统计量的值很大, 则我们拒绝原假设 H_0, 认为因子 A 的各水平效应有显著差异. 另外, 也可根据 P 值 (即随机变量 $F_{a-1,N-a}$ 取大于检验统计量 F 值的概率) 是否小于显著性水平 α 来决定拒绝还是接受原假设.

方差分析的计算可用 R 语言提供的函数 aov() 完成. 通常把主要计算结果列成表格, 如表 7.1.1, 称为方差分析表.

表 7.1.1 单因素方差分析表

方差源	自由度	平方和	均方	F 值
组间差 (因子 A)	$a-1$	SS_A	$\mathrm{MS}_A=\mathrm{SS}_A/(a-1)$	$F=\dfrac{\mathrm{MS}_A}{\mathrm{MS}_e}$
组内差 (误差)	$N-a$	SS_e	$\mathrm{MS}_e=\mathrm{SS}_e/(N-a)$	
总和	$N-1$	$\mathrm{SS}_T=\mathrm{SS}_A+\mathrm{SS}_e$		

注 7.1.5 单向分类模型 (7.1.1) 的方差分析本质上等价于 a 个独立总体的均值是否相等的研究问题. 记 μ_i 为在第 i 个水平 A_i 下 y_{ij} 的期望, 由于 $\mu_i=\mu+\alpha_i$, 则单向分类模型 (7.1.1) 等价于均值模型

$$y_{ij}=\mu_i+e_{ij},\quad i=1,2,\cdots,a,\ j=1,2,\cdots,n_i, \tag{7.1.20}$$

检验问题 $H_0:\alpha_1=\alpha_2=\cdots=\alpha_a$ 等价于

$$H_0:\mu_1=\mu_2=\cdots=\mu_a.$$

检验统计量(7.1.19) 可以由多总体均值检验得到.

注 7.1.6 由线性回归模型的残差平方和公式和注 7.1.3, 可证得在边界约束条件为 $\sum\limits_{i=1}^{a}\alpha_i=0$ 下, 推得的假设 H_0 的检验统计量仍为 (7.1.19). 因为此时的模型残差平方和

$$\boldsymbol{y}'(\mathbf{I}_N-\mathbf{P}_{\mathbf{X}^*})\boldsymbol{y}=\boldsymbol{y}'(\mathbf{I}_N-\mathbf{P}_{\mathbf{X}})\boldsymbol{y}=\mathrm{SS}_e.$$

例 7.1.1 为一种儿童糖果的新产品设计了四种不同的包装 (造型不同, 包装纸的色彩和图案不同). 为了考察儿童对这四种包装方案的喜爱程度, 将甲、丁式包装各 2 批, 乙、丙式包装各 3 批, 共 10 批随机地分给 10 家食品商店各一批试销, 观察它们的销售量. 选择的这 10 家食品店所处地段的繁华程度、商店的规模、糖果广告橱窗的布置都相仿. 最后的糖果销售量如表 7.1.2. 问当显著性水平为 $\alpha=0.05$ 时, 儿童对糖果的四种包装方式的喜爱程度是否有显著差异.

表 7.1.2 糖果销售量

包装方式	销售量 y_{ij}			$y_{i\cdot}$	$y_{i\cdot}^2$
甲	12	18		30	900
乙	14	17	13	44	1936
丙	19	17	21	57	3249
丁	24	30		54	2916

解 在这个问题里, 考察的指标 (数据) 是销售量, 因子 A 是包装方式, 其水平 A_1, A_2, A_3, A_4, 分别是甲、乙、丙、丁 4 种包装. 图 7.1.1 是四种包装的糖果销售量散点图, 通过图 7.1.1 可以初步看到四种包装下的糖果销售量有差异. 下面, 采用单向分类模型 (7.1.1) 来分析. 表 7.1.2 中双竖线右侧数据是为了计算诸平方和而根据左侧原始数据先行计算的, 诸平方和计算结果如下:

$$\sum_i \sum_j y_{ij}^2 = (12)^2 + (18)^2 + \cdots + (30)^2 = 3689,$$

$$y_{\cdot\cdot} = \sum_i \sum_j y_{ij} = 12 + 18 + \cdots + 30 = 185,$$

总平方和 $\mathrm{SS}_T = 266.5$, 误差平方和 $\mathrm{SS}_e = 52.67$, 因子 A 平方和 $\mathrm{SS}_A = 213.83$. 于是

$$F = \frac{\mathrm{SS}_A/3}{\mathrm{SS}_e/6} \approx \frac{71.28}{8.78} = 8.12.$$

在显著性水平 $\alpha = 0.05$ 下, 由于 P 值 $= P(F_{3,6} > 8.12) = 0.0156 < \alpha = 0.05$ 或 $F_{3,6}(0.05) = 4.76 < 8.12$, 所以可认为儿童对糖果的四种包装方式的喜爱程度有显著差异.

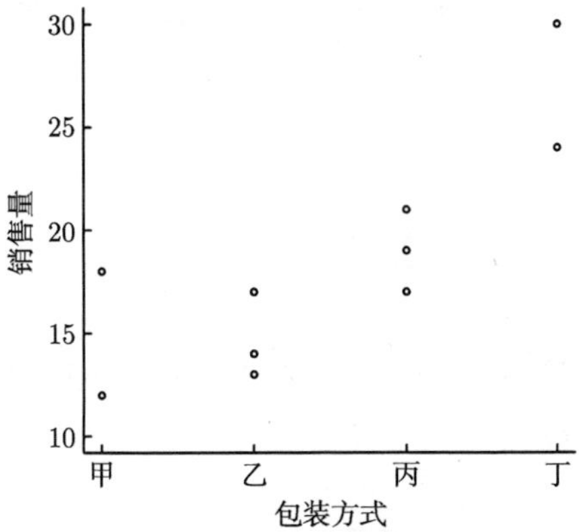

图 7.1.1 四种包装下的糖果销售量散点图

将以上分析结果汇总到方差分析表 7.1.3 中.

表 7.1.3　糖果销售量数据的方差分析表

方差源	自由度	平方和	均方	F 值	P 值
组间差 (因子 A)	3	213.83	71.28	8.12	0.0156
组内差 (误差)	6	52.67	8.78		
总和	9	266.5			

表 7.1.3 可由 R 语言中的方差分析函数 aov() 直接得到, 程序和结果如下:

```
x <- c(12,18,14,17,13,19,17,21,24,30)
A <- factor(c(rep(1,2),rep(2,3),rep(3,3),rep(4,2)))
X.aov <- aov(x ~ A)
summary(X.aov)

            Df Sum Sq Mean Sq F value Pr(>F)
A            3 213.83   71.28    8.12 0.0156 *
Residuals    6  52.67    8.78
```

7.1.3　同时置信区间

如果经方差分析的 F 检验, 假设 $H_0: \alpha_1 = \alpha_2 = \cdots = \alpha_a$ 被拒绝, 则因子 A 的 a 个水平的效应不全相等. 这时我们希望对效应之差 $\alpha_i - \alpha_j$ $(i \neq j)$ 作出置信区间, 以便知道哪些效应不相等. 更一般地, 对任一可估函数 $\sum\limits_i c_i\alpha_i$ 作置信区间. 依定理 7.1.1 知, $\sum\limits_i c_i\alpha_i$ 可估当且仅当 $\sum\limits_i c_i\alpha_i$ 为一对照. 所以, 以下只考虑对照的置信区间. 现在我们先给出 Bonferroni 区间和 Scheffé 区间, 然后详细讨论构造置信区间的另一种方法: Tukey 法.

设 $\boldsymbol{c} = (c_1, c_2, \cdots, c_a)'$, $\boldsymbol{c}'\mathbf{1}_a = 0$, 即 $\sum\limits_i c_i\alpha_i$ 为一对照. 容易验证, 它的 BLU 估计 $\sum\limits_i c_i\overline{y}_{i\cdot}$ 的方差为

$$\mathrm{Var}\Big(\sum_i c_i\overline{y}_{i\cdot}\Big) = \sigma^2\sum_{i=1}^a \frac{c_i^2}{n_i}.$$

根据 5.3 节, 任意 m 个对照 $\sum\limits_i c_i^{(k)}\alpha_i$ $(k = 1, 2, \cdots, m)$ 的置信系数为 $1-\alpha$ 的 Bonferroni 同时置信区间为

$$\sum_i c_i^{(k)}\overline{y}_{i\cdot} \pm t_{N-a}\left(\frac{\alpha}{2m}\right)\widehat{\sigma}\sqrt{\sum_i (c_i^{(k)})^2/n_i}, \qquad k = 1, 2, \cdots, m. \tag{7.1.21}$$

方差 σ^2 的估计 $\widehat{\sigma}^2$ 如 (7.1.17) 式.

特别, 对 m 个形如 $\alpha_i-\alpha_j$ 的对照的置信系数为 $1-\alpha$ 的 Bonferroni 同时置信区间为

$$(\overline{y}_{i\cdot}-\overline{y}_{j\cdot})\pm t_{N-a}\left(\frac{\alpha}{2m}\right)\widehat{\sigma}\sqrt{\frac{1}{n_i}+\frac{1}{n_j}}. \tag{7.1.22}$$

而由 5.3 节, 所有对照 $\sum\limits_i c_i\alpha_i$, 置信系数为 $1-\alpha$ 的 Scheffé 同时置信区间为

$$\sum_i c_i\overline{y}_{i\cdot}\pm\widehat{\sigma}\sqrt{(a-1)F_{a-1,N-a}(\alpha)\sum_i\frac{c_i^2}{n_i}}, \tag{7.1.23}$$

特别, 全部 C_a^2 个对照 $\alpha_i-\alpha_j$, $i\neq j$ 的置信系数为 $1-\alpha$ 的 Scheffé 置信区间为

$$\alpha_i-\alpha_j\pm\widehat{\sigma}\sqrt{(a-1)F_{a-1,N-a}(\alpha)\left(\frac{1}{n_i}+\frac{1}{n_j}\right)}. \tag{7.1.24}$$

现在我们考虑 Tukey 方法. 为此先给出如下定义.

定义 7.1.1　设 $Z_1,Z_2,\cdots,Z_n\sim N(0,1), mW^2\sim\chi_m^2$, 且所有这些随机变量都相互独立, 则称随机变量

$$q_{n,m}=\frac{\max Z_i-\min Z_i}{W}$$

的分布是参数为 n,m 的学生化极差分布 (studentized range distribution). 它的上侧 α 分位点记为 $q_{n,m}(\alpha)$, 即

$$P\{q_{n,m}\leqslant q_{n,m}(\alpha)\}=1-\alpha.$$

关于学生化极差分布的密度函数可查阅 Mood 和 Graybill (1950). 学生化极差分布的分位数 $q_{n,m}(\alpha)$ 可用 R 语言中函数 qtukey() 计算.

下面的定理给出了构造同时置信区间的 Tukey 方法.

定理 7.1.2　设 $Y_i\sim N(\mu_i,\sigma^2)\ (i=1,2,\cdots,n), U=m\frac{\widehat{\sigma}^2}{\sigma^2}\sim\chi_m^2$, 且 $U,Y_1,\cdots,Y_n$ 相互独立, 则所有的 $\mu_i-\mu_j$, $i\neq j$ 的置信系数为 $1-\alpha$ 同时置信区间为

$$Y_i-Y_j-q_{n,m}(\alpha)\widehat{\sigma}\leqslant\mu_i-\mu_j\leqslant Y_i-Y_j+q_{n,m}(\alpha)\widehat{\sigma}\ . \tag{7.1.25}$$

证明　定义

$$Z_i=\frac{Y_i-\mu_i}{\sigma},\qquad i=1,\cdots,n, \tag{7.1.26}$$

则 $Z_i \sim N(0,1)$. 于是由定义 7.1.1 有

$$\frac{\max Z_i - \min Z_i}{\widehat{\sigma}/\sigma} \sim q_{n,m}.$$

所以

$$P\left\{\max Z_i - \min Z_i \leqslant \frac{\widehat{\sigma}}{\sigma} q_{n,m}(\alpha)\right\} = 1-\alpha,$$

等价地

$$P\left\{\max_{i,j} |Z_i - Z_i| \leqslant \frac{\widehat{\sigma}}{\sigma} q_{n,m}(\alpha)\right\} = 1-\alpha,$$

也就是

$$P\left\{|Z_i - Z_i| \leqslant \frac{\widehat{\sigma}}{\sigma} q_{n,m}(\alpha), \text{对所有 } i,j\right\} = 1-\alpha.$$

将 (7.1.26) 代入上式, 即得

$$P\left\{|(Y_i - Y_j) - (\mu_i - \mu_j)| \leqslant \widehat{\sigma} q_{n,m}(\alpha), \text{对所有 } i,j\right\} = 1-\alpha.$$

这就证明了所要的结论.

不难看出, 这个定理只适用于平衡方差分析模型. 例如对平衡单向分类模型, 设 $n_1 = n_2 = \cdots = n_a = n$, 则 $N = na$, $\overline{y}_{i\cdot} \sim N\left(\mu+\alpha_i, \dfrac{\sigma^2}{n}\right)$, 且对 $i \neq j$, $\overline{y}_{i\cdot}$ 与 $\overline{y}_{j\cdot}$ 相互独立, 又 $U = (N-a)\widehat{\sigma}^2/\sigma^2 \sim \chi^2_{N-a}$. 应用定理 7.1.2 可得, 对一切 $\alpha_i - \alpha_j$, $i \neq j$ 的置信系数为 $1-\alpha$ 的同时置信区间为

$$\overline{y}_{i\cdot} - \overline{y}_{j\cdot} \pm q_{a,N-a}(\alpha)\frac{\widehat{\sigma}}{\sqrt{n}}, \tag{7.1.27}$$

这就是所谓的 Tukey 区间.

为了把 Tukey 区间推广到所有的对照 $\sum\limits_i c_i\alpha_i$, 我们先证明如下引理.

引理 7.1.1　设 $\alpha_1, \alpha_2, \cdots, \alpha_m$ 为实数, 且对一切 $i \neq j$, $|\alpha_i - \alpha_j| \leqslant b$, 当且仅当 $\sum\limits_i c_i\alpha_i \leqslant b\sum\limits_i |c_i|/2$, 对一切满足 $\sum\limits_i c_i = 0$ 的 $c_1, c_2, \cdots, c_m$ 都成立.

证明　充分性的证明很容易. 事实上, 若对一切满足 $\sum\limits_i c_i = 0$ 的 $c_1, c_2, \cdots, c_m$ 都有 $\sum\limits_i c_i\alpha_i \leqslant b\sum\limits_i |c_i|/2$ 成立, 则取 $c_i = -c_j = 1$, $c_k = 0$ $(k \neq i,j)$, $|\alpha_i - \alpha_j| =$

$\left|\sum_i c_i\alpha_i\right| \leqslant b(1+1)/2 = b$. 必要性. 若 c_i 都等于 0, 结论自然成立. 假定至少有一个 $c_i \neq 0$, 那么, 记

$$I_1 = \{i, c_i > 0\}, \quad I_2 = \{i, c_i < 0\}, \quad d = \sum_i |c_i|/2,$$

且有

$$\sum_{i\in I_1} c_i + \sum_{i\in I_2} c_i = 0, \qquad d = \frac{1}{2}\left(\sum_{i\in I_1} c_i - \sum_{i\in I_2} c_i\right) = \sum_{i\in I_1} c_i = -\sum_{i\in I_2} c_i. \tag{7.1.28}$$

利用这些关系式, 容易推得

$$\begin{aligned} d\sum_i c_i\alpha_i &= d\left(\sum_{i\in I_1} c_i\alpha_i + \sum_{i\in I_2} c_i\alpha_i\right) \\ &= \sum_{i\in I_1}\sum_{j\in I_2} c_i(-c_j)\alpha_i + \sum_{i\in I_1}\sum_{j\in I_2} c_i(c_j)\alpha_j \\ &= \sum_{i\in I_1}\sum_{j\in I_2} -c_ic_j(\alpha_i - \alpha_j). \end{aligned} \tag{7.1.29}$$

但对于 $i \in I_1$, $j \in I_2$ 有

$$|-c_ic_j(\alpha_i - \alpha_j)| = -c_jc_i|\alpha_j - \alpha_i| \leqslant -c_ic_jb. \tag{7.1.30}$$

对 (7.1.29) 取绝对值并将 (7.1.30) 代入得

$$\begin{aligned} \left|d\sum_i c_i\alpha_i\right| &\leqslant \sum_{i\in I_1}\sum_{j\in I_2} |-c_ic_j(\alpha_i - \alpha_j)| \\ &\leqslant b\sum_{i\in I_1}\sum_{j\in I_2}(-c_ic_j) \\ &= bd^2. \end{aligned} \tag{7.1.31}$$

因 $d > 0$, 从上式立得所证.

定理 7.1.3 对平衡单向分类模型 (7.1.1), 所有对照 $\sum\limits_i c_i\alpha_i$ 的置信系数为 $1-\alpha$ 的 Tukey 区间为

$$\sum_i c_i\overline{y}_{i\cdot} \pm q_{a,a(n-1)}(\alpha)\frac{\widehat{\sigma}}{2\sqrt{n}}\sum_i |c_i|. \tag{7.1.32}$$

证明　因为

$$P\Big\{\sum_{i=1}^{a}c_i\alpha_i\in\sum_i c_i\overline{y}_{i\cdot}\pm q_{a,a(n-1)}(\alpha)\frac{\widehat{\sigma}}{2\sqrt{n}}\sum_i|c_i|,\ \text{对所有满足}\sum_i c_i=0\ \text{的}\ c_i\Big\}$$

$$=P\Big\{\Big|\sum_i c_i(\overline{y}_{i\cdot}-\alpha_i)\Big|\leqslant q_{a,a(n-1)}(\alpha)\frac{\widehat{\sigma}}{2\sqrt{n}}\sum_i|c_i|,\ \text{对所有满足}\sum_i c_i=0\ \text{的}\ c_i\Big\},$$

利用引理 7.1.1 及 (7.1.27) 式, 上式等价于

$$P\left\{|(\overline{y}_{i\cdot}-\overline{y}_{j\cdot})-(\alpha_i-\alpha_j)|\leqslant q_{a,a(n-1)}(\alpha)\frac{\widehat{\sigma}}{\sqrt{n}}\sum_i|c_i|,\ \text{对一切}\ i\neq j\right\}=1-\alpha.$$

定理得证.

最后, 对平衡单向分类模型 (7.1.1), 即 $n_i=n\ (i=1,\cdots,a)$, 我们把 Bonferroni 同时置信区间(7.1.21)、Tukey 同时置信区间 (7.1.32) 和 Scheffé 同时置信区间 (7.1.23) 加以比较. 这三种置信区间的中心都相同, 区间的长度分别为

$$\frac{2\widehat{\sigma}}{\sqrt{n}}t_{N-a}\left(\frac{\alpha}{2m}\right)\sqrt{\sum_i {c_i}^2},\quad \frac{\widehat{\sigma}}{\sqrt{n}}q_{a,a(n-1)}(\alpha)\sum_i|c_i|,$$

$$\frac{2\widehat{\sigma}}{\sqrt{n}}\sqrt{(a-1)F_{a-1,a(n-1)}(\alpha)\sum_i c_i^2},$$

于是区间短者为好. 通常, 当感兴趣的是全部均值对照时, Scheffé 同时置信区间和 Tukey 同时置信区间的区间长度都比 Bonferroni 同时置信区间的短, 但当考虑的是 m 个均值对照, 若 m 较小时, Bonferroni 同时置信区间的区间长度更短, Tukey 同时置信区间次之.

例 7.1.2　某单位研制出一种治疗头痛的新药, 现把此新药与阿司匹林和安慰剂 (并不是真正的药, 而是生理盐水、葡萄糖剂等) 作比较. 观测值为病人服药后头不痛所持续的时间. 数据按药的品种列入表 7.1.4.

表 7.1.4　持续的时间表

药的品种	观测值 y_{ij}	数据个数 n_i	各组总和 $y_{i\cdot}$	各组平均值 $\overline{y}_{i\cdot}$
安慰剂	0.0,　1.0	2	1.0	0.5
新药	2.3, 3.5, 2.8, 2.5	4	11.1	2.775
阿司匹林	3.1, 2.7, 3.8	3	9.6	3.2

解　直接运行如下方差分析和置信区间程序:

```
x <- c(0.0,1.0,2.3,3.5,2.8,2.5,3.1,2.7,3.8)
A <- factor(c(rep(1,2),rep(2,4),rep(3,3)))
X.aov <- aov(x ~A)
summary(X.aov)
```

得如下方差分析表 7.1.5.

表 7.1.5 数据方差分析表

方差源	自由度	平方和	均方	F 值	P 值
组间差	2	9.701	4.851	14.94	0.00467
组内差 (误差)	6	1.948	0.325		
总和	8	11.649			

由表 7.1.5 得 $\widehat{\sigma}^2 = \mathrm{MS}_e = 0.325$, 取显著性水平 $\alpha = 0.05$, 因为 P 值 $= P(F_{2,6} > 14.94) = 0.00467 < 0.05$ (或 $F_{2,6} = 5.14 < F = 14.94$), 所以拒绝原假设: $\alpha_1 = \alpha_2 = \alpha_3$, 认为三种药效有显著差异.

下面我们进一步作新药与安慰剂, 新药与阿司匹林的效应之差 $\alpha_i - \alpha_j\ (i > j)$ 的同时置信区间. 因为这个例子是非平衡模型, 所以我们不能应用 Tukey 方法构造同时置信区间. 我们首先计算

$$t_6\left(\frac{0.05}{2\times 3}\right)\widehat{\sigma}\left(\frac{1}{3}+\frac{1}{4}\right) = 1.430,$$

$$\widehat{\sigma}\left(2F_{2,6}(0.05)\left(\frac{1}{3}+\frac{1}{4}\right)\right)^{1/2} = 1.396.$$

于是依据公式(7.1.22)和(7.1.24)得

(1) $\alpha_i - \alpha_j\ (i > j)$ 的置信系数为 95%的 Bonferroni 同时置信区间分别为

$$\alpha_3 - \alpha_2 : [-1.005,\ 1.855],$$

$$\alpha_3 - \alpha_1 : [0.990,\ 4.410],$$

$$\alpha_2 - \alpha_1 : [0.653,\ 3.897].$$

(2) 置信系数为 95%的 Scheffé 区间

$$\alpha_3 - \alpha_2 : [-0.971,\ 1.821],$$

$$\alpha_3 - \alpha_1 : [1.032,\ 4.368],$$

$$\alpha_2 - \alpha_1 : [0.693,\ 3.857].$$

对于这些结果我们可以得到如下结论:

(1) 凡置信区间不包含 0, 则相应的两个效应的差异就是显著的; 若置信区间包含 0, 则相应的两个效应就无显著差异. 由此可认为新药比安慰剂显著有效, 但新药与阿司匹林的疗效无显著差异.

(2) 对这个例子, 从 Bonferroni 区间和 Scheffé 区间所得出的结论一致, 但 Bonferroni 区间比 Scheffé 区间要长.

7.2 两向分类模型 (无交互效应)

假设在一项试验中, 除因子 A 和 B 之外所有其他因子都处于完全控制状态. 我们的目的是要研究因子 A 和 B 各个水平对因变量 Y 的影响. 假设因子 A 有 a 个水平, 分别记为 $A_1, A_2, \cdots, A_a$, 因子 B 有 b 个水平, 分别记为 $B_1, B_2, \cdots, B_b$. 在因子 A 的第 i 个水平 A_i 与因子 B 的第 j 个水平 B_j(又称水平组合 (A_i, B_j)) 之下进行 c 次重复试验, 并记其第 k 次试验的观测为 y_{ijk} $(i=1,\cdots,a,\ j=1,\cdots,b,\ k=1,\cdots,c)$. 对于无交互效应的两向分类模型在第 1 章已经给出, 此时一般不必进行重复试验, 每个水平组合下只作一次试验就可以了. 所以我们在这一节只讨论 $c=1$ 的情形. 对于 $c>1$ 的情形, 统计分析方法完全相同. 依第 1 章讨论知, 此时的模型为

$$y_{ij} = \mu + \alpha_i + \beta_j + e_{ij}, \quad i=1,\cdots,a, \quad j=1,\cdots,b, \tag{7.2.1}$$

这里 μ 表示总平均, α_i 和 β_j 分别表示水平 A_i 和 B_j 的效应, 满足约束条件:

$$\sum_{i=1}^{a} \alpha_i = 0, \quad \sum_{j=1}^{b} \beta_j = 0. \tag{7.2.2}$$

假设随机误差 $e_{ij} \sim N(0, \sigma^2)$, 且对所有 i, j, e_{ij} 都相互独立. 和上节类似, 引进矩阵

$$\begin{aligned}
\boldsymbol{y} &= (y_{11}, y_{12}, \cdots, y_{1b}, y_{21}, \cdots, y_{2b}, \cdots, y_{a1}, y_{a2}, \cdots, y_{ab})', \\
\boldsymbol{\gamma} &= (\mu, \alpha_1, \alpha_2, \cdots, \alpha_a, \beta_1, \beta_2, \cdots, \beta_b)', \\
\boldsymbol{e} &= (e_{11}, e_{12}, \cdots, e_{1b}, e_{21}, \cdots, e_{2b}, \cdots, e_{a1}, e_{a2}, \cdots, e_{ab})',
\end{aligned}$$

则模型 (7.2.1) 的设计阵为

$$\mathbf{X} = \begin{pmatrix} \mathbf{1}_b & \mathbf{1}_b & & & \mathbf{I}_b \\ \mathbf{1}_b & & \mathbf{1}_b & & \mathbf{I}_b \\ \vdots & & & \ddots & \mathbf{I} \\ \mathbf{1}_b & & & \mathbf{1}_b & \mathbf{I}_b \end{pmatrix} = (\mathbf{1}_{ab},\ \mathbf{I}_a \otimes \mathbf{1}_b,\ \mathbf{1}_a \otimes \mathbf{I}_b),$$

这里 $\otimes$ 表示矩阵的 Kronecker 乘积. 于是, 两向分类模型 (7.2.1) 表示成了线性模型的一般形式 $\boldsymbol{y}=\mathbf{X}\boldsymbol{\gamma}+\boldsymbol{e}$, 这里 $\boldsymbol{e}\sim N_n(\mathbf{0},\sigma^2\mathbf{I}_n)$. 对这个模型, 它的设计阵 $\mathbf{X}$ 仍是列降秩的, 即秩小于它的列数.

7.2.1 参数估计

因为设计阵 (7.2.2) 是列降秩的, $\text{rk}(\mathbf{X})=a+b-1$, 所以所有参数 $\mu,\alpha_1,\alpha_2,\cdots,\alpha_a,\beta_1,\beta_2,\cdots,\beta_b$ 都是不可估的. 依照和 7.1 节完全类似的方法, 我们先导出参数的一组 LS 解, 再表征所有可估函数.

对两向分类模型 (7.2.1), 不难验证正则方程 $\mathbf{X}'\mathbf{X}\boldsymbol{\gamma}=\mathbf{X}'\boldsymbol{y}$ 为

$$\begin{cases} ab\mu+b\sum\limits_{i=1}^{a}\alpha_i+a\sum\limits_{j=1}^{b}\beta_j=y_{\cdot\cdot}, \\ b\mu+b\alpha_i+\sum\limits_{j=1}^{b}\beta_j=y_{i\cdot}, \qquad i=1,\cdots,a, \\ a\mu+\sum\limits_{i=1}^{a}\alpha_i+a\beta_j=y_{\cdot j}, \qquad j=1,\cdots,b, \end{cases} \tag{7.2.3}$$

其中 $y_{\cdot\cdot}=\sum\limits_{i=1}^{a}\sum\limits_{j=1}^{b}y_{ij}$, $y_{i\cdot}=\sum\limits_{j=1}^{b}y_{ij}$, $y_{\cdot j}=\sum\limits_{i=1}^{a}y_{ij}$. 从 (7.2.1) 或 (7.2.3) 容易得到 $\text{rk}(\mathbf{X})=a+b-1$. 和 7.1 节同样的道理, 我们只需求任意一组 LS 解. 因为未知参数有 $a+b+1$ 个, 我们可以找另外两个独立方程. 类似 7.1 节关于边界条件 (7.1.1) 讨论, 对两向分类模型 (7.2.1) 我们引进如下边界条件

$$\sum_{i=1}^{a}\alpha_i=0, \quad \sum_{j=1}^{b}\beta_j=0, \tag{7.2.4}$$

把这两个条件加入方程组 (7.2.3) 中. 正则方程 (7.2.3) 变为

$$\begin{cases} ab\mu=y_{\cdot\cdot}, \\ b\mu+b\alpha_i=y_{i\cdot}, \qquad i=1,\cdots,a, \\ a\mu+a\beta_j=y_{\cdot j}, \qquad j=1,\cdots,b. \end{cases} \tag{7.2.5}$$

由 (7.2.5) 可解得一组 LS 解

$$\hat{\mu}=\frac{1}{ab}y_{\cdot\cdot}\triangleq\overline{y}_{\cdot\cdot},$$

$$\hat{\alpha}_i=\frac{1}{b}y_{i\cdot}-\widehat{\mu}=\overline{y}_{i\cdot}-\overline{y}_{\cdot\cdot}, \qquad i=1,\cdots,a, \tag{7.2.6}$$

$$\hat{\beta}_j = \frac{1}{a} y_{\cdot j} - \widehat{\mu} = \overline{y}_{\cdot j} - \overline{y}_{\cdot\cdot}, \qquad j = 1, \cdots, b.$$

在两向分类模型中, 我们总是分别比较因子 A 和 B 各水平的效应, 于是对形如

$$\sum_{i=1}^{a} c_i \alpha_i \quad 和 \quad \sum_{j=1}^{b} d_j \beta_j$$

的线性函数感兴趣, 下面我们就寻求这样函数的可估条件. 设 $\sum\limits_{i=1}^{a}\sum\limits_{j=1}^{b} l_{ij} y_{ij}$ 为 $\boldsymbol{y}$ 的任一线性函数. 因为

$$E\left(\sum_{i=1}^{a}\sum_{j=1}^{b} l_{ij} y_{ij}\right) = \mu\left(\sum_{i=1}^{a}\sum_{j=1}^{b} l_{ij}\right) + \sum_{i=1}^{a}\left(\sum_{j=1}^{b} l_{ij}\right)\alpha_i + \sum_{j=1}^{b}\left(\sum_{i=1}^{a} l_{ij}\right)\beta_j,$$

所以, 欲使

$$E\left(\sum_{i=1}^{a}\sum_{j=1}^{b} l_{ij} y_{ij}\right) = \sum_{i=1}^{a} c_i \alpha_i$$

当且仅当对所有 j, 满足 $\sum\limits_{i=1}^{a} l_{ij} = 0$, 且

$$\sum_{i=1}^{a}\left(\sum_{j=1}^{b} l_{ij}\right)\alpha_i = \sum_{i=1}^{a} c_i \alpha_i.$$

于是, $\sum\limits_{i=1}^{a} c_i = \sum\limits_{i=1}^{a}\sum\limits_{j=1}^{b} l_{ij} = 0$. 这就证明了: 若 $\sum\limits_{i=1}^{a} c_i \alpha_i$ 可估, 必有 $\sum\limits_{i=1}^{a} c_i = 0$. 反过来, 易见若 $\sum\limits_{i=1}^{a} c_i = 0$, $\sum\limits_{i=1}^{a} c_i \alpha_i$ 必可估. 于是 $\sum\limits_{i=1}^{a} c_i \alpha_i$ 可估当且仅当 $\sum\limits_{i=1}^{a} c_i \alpha_i$ 为一对照. 完全类似地, $\sum\limits_{j=1}^{b} d_j \beta_j$ 可估的充要条件是 $\sum\limits_{j=1}^{b} d_j \beta_j$ 为一对照.

根据 Gauss-Markov 定理, 结合 (7.2.6) 式得: 对照 $\sum\limits_{i=1}^{a} c_i \alpha_i$ 的 BLU 估计为

$$\sum_{i=1}^{a} c_i \widehat{\alpha}_i = \sum_{i=1}^{a} c_i \overline{y}_{i\cdot\cdot}$$

同样, 对照 $\sum\limits_{j=1}^{b} d_j \beta_j$ 的 BLU 估计为

$$\sum_{j=1}^{b} d_j\widehat{\beta}_j = \sum_{j=1}^{b} d_j\overline{y}_{\cdot j}.$$

于是我们证明了如下定理.

定理 7.2.1 对于两向分类模型 (7.2.1),

(1) $\sum\limits_{i=1}^{a} c_i\alpha_i$ 可估当且仅当 $\sum\limits_{i=1}^{a} c_i = 0$, 即 $\sum\limits_{i=1}^{a} c_i\alpha_i$ 是一个对照, 这时, 它的 BLU 估计为 $\sum\limits_{i=1}^{a} c_i\overline{y}_{i\cdot}$;

(2) $\sum\limits_{j=1}^{b} d_j\beta_j$ 可估当且仅当 $\sum\limits_{j=1}^{b} d_j = 0$, 即 $\sum\limits_{j=1}^{b} d_j\beta_j$ 为一对照, 这时, 它的 BLU 估计为 $\sum\limits_{j=1}^{b} d_i\widehat{\beta}_j = \sum\limits_{j=1}^{b} d_j\overline{y}_{\cdot j}$.

例如由此定理得任意 $\alpha_i - \alpha_{i'}, \beta_j - \beta_{j'}$ 都是可估函数, 它们的 BLU 估计分别为 $\widehat{\alpha}_i - \widehat{\alpha}_{i'} = \overline{y}_{i\cdot} - \overline{y}_{i'\cdot}$ 和 $\widehat{\beta}_j - \widehat{\beta}_{j'} = \overline{y}_{\cdot j} - \overline{y}_{\cdot j'}$.

7.2.2 因子的显著性检验

对于两向分类模型, 我们感兴趣的主要有两个. 其一是考察因子 A 的 a 个水平效应是否有显著差异, 即检验假设

$$H_{01}: \alpha_1 = \alpha_2 = \cdots = \alpha_a; \tag{7.2.7}$$

其二是因子 B 的 b 个水平的效应是否有显著差异, 即检验假设

$$H_{02}: \beta_1 = \beta_2 = \cdots = \beta_b. \tag{7.2.8}$$

我们先导出检验 H_{01} 的统计量. 根据 5.1 节, 回归平方和

$$\begin{aligned}\mathrm{RSS}(\mu, \alpha, \boldsymbol{\beta}) &= y_{\cdot\cdot}\widehat{\mu} + \sum_{i=1}^{a} y_{i\cdot}\widehat{\alpha}_i + \sum_{j=1}^{b} y_{\cdot j}\widehat{\beta}_j \\ &= \frac{y_{\cdot\cdot}^2}{ab} + \left(\sum_{i=1}^{a}\frac{y_{i\cdot}^2}{b} - \frac{y_{\cdot\cdot}^2}{ab}\right) + \left(\sum_{j=1}^{b}\frac{y_{\cdot j}^2}{a} - \frac{y_{\cdot\cdot}^2}{ab}\right).\end{aligned} \tag{7.2.9}$$

残差平方和为

$$\begin{aligned}\mathrm{SS}_e &= \boldsymbol{y}'\boldsymbol{y} - \mathrm{RSS}(\mu, \alpha, \boldsymbol{\beta}) \\ &= \sum_{i=1}^{a}\sum_{j=1}^{b} y_{ij}^2 - \frac{y_{\cdot\cdot}^2}{ab} - \left(\sum_{i=1}^{a}\frac{y_{i\cdot}^2}{b} - \frac{y_{\cdot\cdot}^2}{ab}\right) - \left(\sum_{j=1}^{b}\frac{y_{\cdot j}^2}{a} - \frac{y_{\cdot\cdot}^2}{ab}\right).\end{aligned} \tag{7.2.10}$$

其自由度为 $ab-(a+b-1)=(a-1)(b-1)$. 上式也可变形为

$$\mathrm{SS}_e=\sum_{i=1}^{a}\sum_{j=1}^{b}(y_{ij}-\overline{y}_{i\cdot}-\overline{y}_{\cdot j}+\overline{y}_{\cdot\cdot})^2. \tag{7.2.11}$$

于是 σ^2 的无偏估计为

$$\widehat{\sigma}^2=\mathrm{SS}_e/[(a-1)(b-1)]\triangleq\mathrm{MS}_e. \tag{7.2.12}$$

若 H_{01} 为真, 则诸 α_i 相等. 设其公共值为 α, 将此 α 并入总平均值 μ, 得到约简模型

$$y_{ij}=\mu+\beta_j+e_{ij},\quad i=1,2,\cdots,a,\quad j=1,2,\cdots,b, \tag{7.2.13}$$

这是一个单向分类模型. 利用 7.1 节的结果, 立得 μ 和 β_j, $j=1,\cdots,b$ 的一组 LS 解

$$\begin{aligned}\hat{\mu}_{H_{01}}&=\frac{1}{ab}y_{\cdot\cdot}\triangleq\overline{y}_{\cdot\cdot},\\ \widehat{\beta}_{j_{H_{01}}}&=\frac{1}{a}y_{\cdot j}-\frac{y_{\cdot\cdot}}{ab}=\overline{y}_{\cdot j}-\overline{y}_{\cdot\cdot},\qquad j=1,\cdots,b.\end{aligned} \tag{7.2.14}$$

于是可以算出对应的 μ 和 $\beta_1,\beta_2,\cdots,\beta_a$ 的回归平方和

$$\begin{aligned}\mathrm{RSS}(\mu,\boldsymbol{\beta})&=\widehat{\mu}_{H_{01}}y_{\cdot\cdot}+\sum_{j=1}^{b}\widehat{\beta}_{j_{H_{01}}}y_{\cdot j}\\ &=\frac{y_{\cdot\cdot}^2}{ab}+\left(\sum_{j=1}^{b}\frac{y_{\cdot j}^2}{a}-\frac{y_{\cdot\cdot}^2}{ab}\right).\end{aligned} \tag{7.2.15}$$

由 (7.2.9) 和 (7.2.15) 得到因子 A 的平方和为

$$\mathrm{SS}_A=\mathrm{RSS}(\mu,\alpha,\boldsymbol{\beta})-\mathrm{RSS}(\mu,\boldsymbol{\beta})=\sum_{i=1}^{a}\frac{y_{i\cdot}^2}{b}-\frac{y_{\cdot\cdot}^2}{ab}=\sum_{i=1}^{a}\sum_{j=1}^{b}(\overline{y}_{i\cdot}-\overline{y}_{\cdot\cdot})^2. \tag{7.2.16}$$

和单向分类模型一样, SS_A 是因子 A 的水平变化所引起的观测数据的变差平方和. 因为假设 H_{01} 含 $a-1$ 个独立方程, 所以 SS_A 的自由度为 $a-1$. 根据 5.1 节, 从 (7.2.16) 和 (7.2.10) 得到检验假设 H_{01} 的 F 统计量为

$$F_1=\frac{\mathrm{SS}_A/(a-1)}{\mathrm{SS}_e/(a-1)(b-1)}=\frac{\mathrm{MS}_A}{\mathrm{MS}_e}, \tag{7.2.17}$$

其中 $\mathrm{MS}_A=\mathrm{SS}_A/(a-1)$, $\mathrm{MS}_e=\mathrm{SS}_e/(a-1)(b-1)$ 分别为因子 A 和误差的均方. 当 H_{01} 为真时, $F_1\sim F_{a-1,(a-1)(b-1)}$. F_1 统计量 (7.2.17) 的直观意义与 (7.1.19) 类似.

用完全类似的方法, 可以导出检验假设 H_{02} 的 F 统计量. 此时, 因子 B 的平方和为

$$\mathrm{SS}_B=\sum_{j=1}^{b}\frac{y_{\cdot j}^2}{a}-\frac{y_{\cdot\cdot}^2}{ab}=\sum_{i=1}^{a}\sum_{j=1}^{b}(\overline{y}_{\cdot j}-\overline{y}_{\cdot\cdot})^2. \tag{7.2.18}$$

和 SS_A 一样, SS_B 是因子 B 的水平变化所引起的观测数据的变差平方和. 因为假设 H_{02} 含 $b-1$ 个独立方程, 所以 SS_B 的自由度为 $b-1$, 同样根据 5.1 节, 得到检验假设 H_2 的 F 统计量为

$$F_2=\frac{\mathrm{SS}_B/(b-1)}{\mathrm{SS}_e/(a-1)(b-1)}=\frac{\mathrm{MS}_B}{\mathrm{MS}_e}, \tag{7.2.19}$$

其中 $\mathrm{MS}_B=\mathrm{SS}_B/(a-1)$, $\mathrm{MS}_e=\mathrm{SS}_e/(a-1)(b-1)$ 分别为因子 B 和误差的均方. 当 H_{02} 为真时, $F_2\sim F_{b-1,(a-1)(b-1)}$.

对于两向分类模型, 方差分析表如表 7.2.1. 具体的计算可以由 R 语言中的方差分析函数 aov() 直接得到.

表 7.2.1 无重复试验无交互效应两因素方差分析表

方差源	自由度	平方和	均方	F 值
因子 A	$a-1$	SS_A	$\mathrm{MS}_A=\mathrm{SS}_A/(a-1)$	$F_1=\dfrac{\mathrm{MS}_A}{\mathrm{MS}_e}$
因子 B	$b-1$	SS_B	$\mathrm{MS}_B=\mathrm{SS}_B/(b-1)$	$F_2=\dfrac{\mathrm{MS}_B}{\mathrm{MS}_e}$
误差	$(a-1)(b-1)$	SS_e	$\mathrm{MS}_e=\mathrm{SS}_e/(a-1)(b-1)$	
总和	$ab-1$	$\mathrm{SS}_T=\mathrm{SS}_A+\mathrm{SS}_B+\mathrm{SS}_e$		

例 7.2.1 一种火箭使用了四种燃料、三种推进器进行射程试验. 对于每种燃料与推进器的组合作一次试验, 得到的试验数据如表 7.2.2, 问各种燃料之间及各种推进器之间有无显著差异?

表 7.2.2 火箭试验数据

		推进器(B)			
		B_1	B_2	B_3	$y_{i\cdot}$
燃料 (A)	A_1	58.2	56.2	65.3	179.7
	A_2	49.1	54.1	51.6	154.8
	A_3	60.1	70.9	39.2	170.2
	A_4	75.8	58.2	48.7	182.7
$y_{\cdot j}$		243.2	239.4	204.8	

解　这是一个双因素试验, 且不考虑交互效应. 记燃料为因子 A, 它有 4 个水平, 各个水平的效应记为 $\alpha_i\ (i=1,2,3,4)$. 推进器为因子 B, 它有 3 个水平, 记水平的效应为 $\beta_j\ (j=1,2,3)$. 由表 7.2.2 不难计算得 4 种燃料各自的火箭射程样本均值:

$$(\bar{y}_{1\cdot},\bar{y}_{2\cdot},\bar{y}_{3\cdot},\bar{y}_{4\cdot})=(59.900,51.600,56.733,60.900)$$

和三种推进器各自的火箭射程样本均值:

$$(\bar{y}_{\cdot 1},\bar{y}_{\cdot 2},\bar{y}_{\cdot 3})=(60.80,59.85,51.20).$$

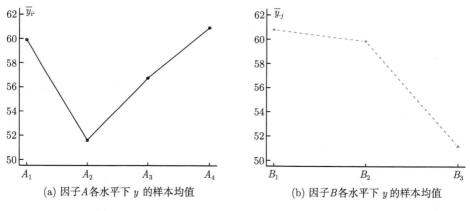

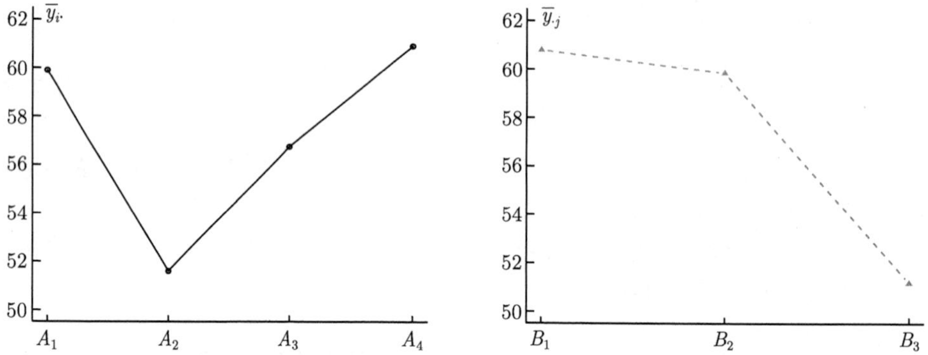

(a) 因子A各水平下 y 的样本均值　　(b) 因子B各水平下 y 的样本均值

图 7.2.1　因子 A 和 B 各水平下 y 的样本均值折线图

将它们用折线图 7.2.1 表示, 图 7.2.1 显示第 2 种燃料的火箭平均射程小于其他 3 种燃料 (A) 下火箭平均射程, 第 1 种推进器 (B) 的火箭平均射程最大, 第 3 种推进器 (B) 的火箭平均射程最小, 貌似燃料 (A) 和推进器 (B) 各水平对火箭射程的影响存在差异. 这种差异是否显著, 需要采用方差分析方法进行检验. 我们在显著性水平为 $\alpha=0.05$ 下检验假设

$H_{01}:\alpha_1=\alpha_2=\alpha_3=\alpha_4;$

$H_{02}:\beta_1=\beta_2=\beta_3.$

用表 7.2.2 中数据作方差分析计算, 并把计算结果填入如下的方差分析表 7.2.3.

表 7.2.3 火箭数据方差分析表

方差源	自由度	平方和	均方	F 值	P 值
因子 A	3	157.6	52.53	$F_1 = 0.431$	0.739
因子 B	2	223.8	111.92	$F_2 = 0.917$	0.449
误差	6	732.0	122.00		
总和	11	1113.4			

因为因子 A 对应的 F 检验的 P 值 $= 0.739 > 0.05$ (或 $F_{3,6}(0.05) = 4.76 > F_1 = 0.431$), 接受 H_{01}, 认为四种燃料对火箭射程无显著影响. 又因为因子 B 对应的 F 检验的 P 值 $= 0.449 > 0.05$ (或 $F_{2,6}(0.05) = 5.14 > F_2 = 0.917$), 所以接受 H_{02}. 综合两个检验的结果, 我们可以认为各种燃料和各种推进器之间的差异对火箭射程无显著影响. 由于该例为平衡数据, 以上计算可以由 R 语言中的方差分析函数 aov() 直接得到, 程序和结果如下:

```
y <- c(58.2,56.2,65.3,49.1,54.1,51.6,60.1,70.9,39.2,75.8,58.2,48.7)
A <- factor(gl(4,3,12))
B <- factor(gl(3,1,12))
y.aov <- aov(y~A+B)
summary(y.aov)

            Df Sum Sq Mean Sq F value Pr(>F)
A            3  157.6   52.53   0.431  0.739
B            2  223.8  111.92   0.917  0.449
Residuals    6  732.0  122.00
```

7.2.3 同时置信区间

如果经 F 检验, 假设 H_{01} 被拒绝, 则表明因子 A 的 a 个水平的效应不全相等. 和单向分类模型一样, 这时我们希望构造对照 $\alpha_i - \alpha_{i'}$ 的同时置信区间. 类似地, 如果 H_{02} 被拒绝, 则表明因子 B 的 b 个水平的效应不全相等, 于是构造对照 $\beta_j - \beta_{j'}$ 的同时置信区间. 下面只给出这两类较简单对照的同时置信区间, 这些结果很容易推广到更一般形式的对照 $\sum\limits_{i=1}^{a} b_i\alpha_i$ 和 $\sum\limits_{j=1}^{b} d_j\beta_j$ 的同时置信区间, 读者可自己完成. 根据 5.3 节同时置信区间的一般结果, 很容易推得下列事实.

1. Bonferroni 区间

任意 m 个 $\alpha_i - \alpha_{i'}, i \neq i'$ 的置信系数为 $1-\alpha$ 的 Bonferroni 同时置信区间为

$$(\overline{y}_{i\cdot} - \overline{y}_{i'\cdot}) \pm t_{(a-1)(b-1)}\left(\frac{\alpha}{2m}\right)\widehat{\sigma}\sqrt{\frac{2}{b}}. \tag{7.2.20}$$

类似地, 任意 m 个 $\beta_j - \beta_{j'}, j \neq j'$ 的置信系数为 $1-\alpha$ 的 Bonferroni 同时置信区间为

$$(\overline{y}_{\cdot j} - \overline{y}_{\cdot j'}) \pm t_{(a-1)(b-1)}\left(\frac{\alpha}{2m}\right)\widehat{\sigma}\sqrt{\frac{2}{a}}, \tag{7.2.21}$$

其中 $\widehat{\sigma}$ 如 (7.2.12) 所示.

2. Scheffé 区间

所有形如 $\alpha_i - \alpha_{i'}, i \neq i'$ 的对照有 $a-1$ 个线性无关, 所以对这种形式的对照的全体, 置信系数为 $1-\alpha$ 的 Scheffé 同时置信区间为

$$(\overline{y}_{i\cdot} - \overline{y}_{i'\cdot}) \pm \widehat{\sigma}\sqrt{(a-1)F_{a-1,(a-1)(b-1)}(\alpha)\left(\frac{2}{b}\right)}. \tag{7.2.22}$$

对于所有对照 $\beta_j - \beta_{j'}, j \neq j'$ 的置信系数为 $1-\alpha$ 的 Scheffé 同时置信区间为

$$(\overline{y}_{\cdot j} - \overline{y}_{\cdot j'}) \pm \widehat{\sigma}\sqrt{(b-1)F_{b-1,(a-1)(b-1)}(\alpha)\left(\frac{2}{a}\right)}. \tag{7.2.23}$$

3. Tukey 区间

对所有对照 $\alpha_i - \alpha_{i'}, i \neq i'$ 的置信系数为 $1-\alpha$ 的 Tukey 同时置信区间为

$$(\overline{y}_{i\cdot} - \overline{y}_{i'\cdot}) \pm q_{a,(a-1)(b-1)}(\alpha)\frac{\widehat{\sigma}}{\sqrt{b}}. \tag{7.2.24}$$

对所有对照 $\beta_j - \beta_{j'}, j \neq j'$ 的置信系数为 $1-\alpha$ 的 Tukey 同时置信区间为

$$(\overline{y}_{\cdot j} - \overline{y}_{\cdot j'}) \pm q_{b,(a-1)(b-1)}(\alpha)\frac{\widehat{\sigma}}{\sqrt{a}}. \tag{7.2.25}$$

注意到在约束条件(7.2.2)下,

$$\overline{y}_{i\cdot} \sim N\left(\mu + \alpha_i, \ \frac{\sigma^2}{b}\right), \qquad i = 1, \cdots, a,$$

$$\overline{y}_{\cdot j} \sim N\left(\mu + \beta_j, \ \frac{\sigma^2}{a}\right), \qquad j = 1, \cdots, b,$$

以及 $(a-1)(b-1)\widehat{\sigma}^2/\sigma^2 \sim \chi^2_{(a-1)(b-1)}$, 应用定理 7.1.2 立可推得 (7.2.24) 和 (7.2.25).

例 7.2.2 为了考察高温合金中碳的含量 (因子 A) 和锑与铝的含量之和 (因子 B) 对合金强度的影响. 因子 A 取 3 个水平 0.03, 0.04, 0.05 (数字表示碳的含量占合金总量的百分比), 因子 B 取 4 个水平 3.3, 3.4, 3.5, 3.6 (数字意义同上). 在每个水平组合下各作一次试验, 试验结果如表 7.2.4 所示.

表 7.2.4 合金强度试验数据

			锑与铝的含量之和 B				
			3.3	3.4	3.5	3.6	$y_{i\cdot}$
碳的含量	A	0.03	63.1	63.9	65.6	66.8	259.4
		0.04	65.1	66.4	67.8	69.0	268.3
		0.05	67.2	71.0	71.9	73.5	283.6
$y_{\cdot j}$			195.4	201.3	205.3	209.3	

解 计算诸平方和, 并将数值填入方差分析表, 如表 7.2.5.

表 7.2.5 方差分析表

方差源	自由度	平方和	均方	F 值	P 值
因子 A	2	74.91	37.46	$F_1 = 70.05$	6.93e—05
因子 B	3	35.17	11.72	$F_2 = 21.92$	0.00124
误差	6	3.21	0.535		
总和	11	113.29			

当显著性水平 $\alpha = 0.05$ 时, 两个因子对应的 F 检验的 P 值都远远小于 0.05, 故因子 A 的 3 个水平之间和因子 B 的 4 个水平之间对合金强度的影响都有显著差异, 即因子 A 和因子 B 都是显著的.

为了进一步比较因子的各水平效应间差异, 可以构造同时置信区间. 我们现在计算 Tukey 同时置信区间. 相应程序和运行结果如下:

```
y <- c(63.1,63.9,65.6,66.8,65.1,66.4,67.8,69.0,67.2,71.0,71.9,73.5)
> A <- factor(gl(3,4,12))
> B <- factor(gl(4,1,12))
> y.aov <- aov(y~A+B)
> TukeyHSD(y.aov)

  Tukey multiple comparisons of means
    95% family-wise confidence level

Fit: aov(formula = y ~ A + B)

$A
      diff        lwr       upr      p adj
```

```
2-1 2.225 0.6384882 3.811512 0.0120177
3-1 6.050 4.4634882 7.636512 0.0000580
3-2 3.825 2.2384882 5.411512 0.0007660

$B
        diff        lwr      upr     p adj
2-1 1.966667 -0.1001852 4.033518 0.0607675
3-1 3.300000  1.2331482 5.366852 0.0059395
4-1 4.633333  2.5664815 6.700185 0.0009953
3-2 1.333333 -0.7335185 3.400185 0.2165455
4-2 2.666667  0.5998148 4.733518 0.0166318
4-3 1.333333 -0.7335185 3.400185 0.2165455
```

其中, diff 列表示两个样本均值之差, lwr 列表示置信区间的下界, upr 列表示置信区间的上界, p adj 列就是 P 值. 由于因子 A 两个水平效应的差对应的 P 值都小于显著性水平 $\alpha = 0.05$, 因此, 因子 A 的各个水平效应间都有显著差异. 然而因子 B 的 4 个水平中, 效应 β_1 和 β_4, β_2 和 β_4 及 β_1 和 β_3 之间存在显著差异.

另外, 各个水平效应间是否有显著差异也可以通过观察置信区间是否包含 0 点来判断, 为了直观, 可以将以上置信区间用图的方式展示出来. 运行如下程序:

```
TukeyHSD(y.aov,"A", ordered = TRUE)
plot(TukeyHSD(y.aov, "A"), las = 1)
TukeyHSD(y.aov, "B", ordered = TRUE)
plot(TukeyHSD(y.aov,"B"), las = 1)
```

得到因子 A 和 B 各自的水平间对照的 95% 的 Tukey 同时置信区间, 见图 7.2.2(a) 和 (b). 从图 7.2.2(b) 可以发现因子 B 的效应 β_1 和 β_2, β_2 和 β_3 及 β_3 和 β_4 的差的置信区间包含 0 点, 故这三对效应不存在显著差异.

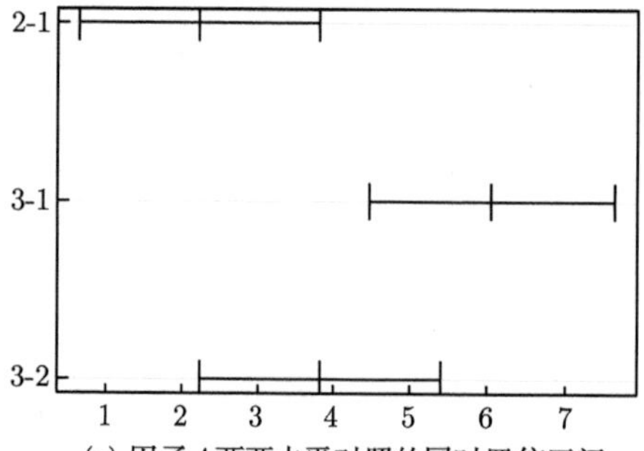

(a) 因子A两两水平对照的同时置信区间

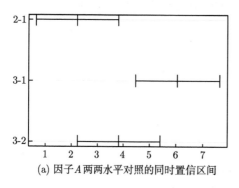

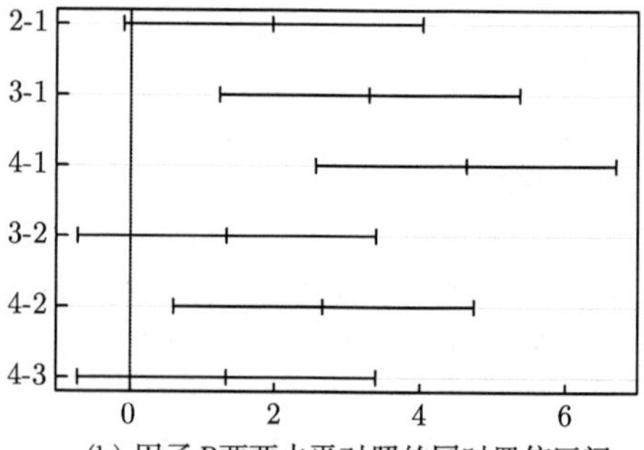

(b) 因子B两两水平对照的同时置信区间

图 7.2.2　各因子水平对照的 95% 的 Tukey 同时置信区间

用 Bonferroni 及 Scheffé 同时置信区间计算, 除了区间不同外, 最后得到的结论和 Tukey 方法一致.

7.2.4 Tukey 可加性检验

两向分类模型(7.2.1)是假设两个主效应之间不存在交互作用的情形. 但交互效应是否存在, 往往未知. 针对每个单元仅有一次观测方差分析模型, Tukey(1949)提出了一种检验交互效应的方法. 为了可估性, 假设两个主效应的交互效应为 γ_{ij}, 满足如下关系:

$$\gamma_{ij} = D\alpha_i\beta_j, \tag{7.2.26}$$

其中 D 是一个常数. 两向分类模型可表示为

$$y_{ij} = \mu + \alpha_i + \beta_j + D\alpha_i\beta_j + e_{ij}, \quad i = 1, \cdots, a, \quad j = 1, \cdots, b. \tag{7.2.27}$$

于是考察模型的两个主效应是否存在交互效应问题, 等价于检验

$$H_0 : D = 0 \longleftrightarrow H_1 : D \neq 0. \tag{7.2.28}$$

注意到诸 $e_{ij} \sim N(0, \sigma^2)$ 且相互独立,

$$\sum_{i=1}^{a} \alpha_i = \sum_{j=1}^{b} \beta_j = \sum_{i=1}^{a}\sum_{j=1}^{b} \alpha_i\beta_j = 0.$$

假设 μ, 诸 α_i 和 β_j 已知, 则 D 的 LS 估计为

$$D^* = \left(\sum_{i=1}^{a}\sum_{j=1}^{b} \alpha_i^2\beta_j^2\right)^{-1} \sum_{i=1}^{a}\sum_{j=1}^{b} \alpha_i\beta_j(Y_{ij} - \mu - \alpha_i - \beta_j) = \frac{\sum\limits_{i=1}^{a}\sum\limits_{j=1}^{b} \alpha_i\beta_j y_{ij}}{\sum\limits_{i=1}^{a} \alpha_i^2 \sum\limits_{j=1}^{b} \beta_j^2},$$

且 $D^* \sim N\left(D, \sigma^2 \Big/ \left(\sum\limits_{i=1}^{a} \alpha_i^2 \sum\limits_{j=1}^{b} \beta_j^2\right)\right)$. 此时, 交互效应 $\sum\limits_{i}\sum\limits_{j} D^2\alpha_i^2\beta_j^2$ 的估计为

$$\mathrm{SS}_{AB}^* = \sum_{i}\sum_{j} D^{*2}\alpha_i^2\beta_j^2.$$

根据平方和分解, 可得残差平方和

$$\mathrm{SS}_e^* = \mathrm{SS}_T - \mathrm{SS}_A - \mathrm{SS}_B - \mathrm{SS}_{AB}^*, \tag{7.2.29}$$

其中 $\mathrm{SS}_T=\sum\limits_{i=1}^{a}\sum\limits_{j=1}^{b}(\bar{y}_{ij}-\bar{y}_{\cdot\cdot})^2$, $\mathrm{SS}_A=b\sum\limits_{i=1}^{a}(\bar{y}_{i\cdot}-\bar{y}_{\cdot\cdot})^2$, $\mathrm{SS}_B=a\sum\limits_{j=1}^{b}(\bar{y}_{\cdot j}-\bar{y}_{\cdot\cdot})^2$. 易证: 当 $D=0$ 时, SS_{AB}^* 和 SS_e^* 独立, 且

$$\mathrm{SS}_{AB}^*/\sigma^2\sim\chi_1^2,\quad \mathrm{SS}_e^*/\chi_{ab-a-b}^2,$$

于是

$$F^*=\frac{\mathrm{SS}_{AB}^*}{\mathrm{SS}_e^*/(ab-a-b)}\sim F_{1,ab-a-b}. \tag{7.2.30}$$

然而, F^* 不能直接用作假设 $H_0:D=0$ 的检验统计量, 因为 D^* 和 SS_{AB}^* 中包含未知的参数 α_i 和 β_j.

用 $\bar{y}_{i\cdot}-\bar{y}_{\cdot\cdot}$ 和 $\bar{y}_{\cdot j}-\bar{y}_{\cdot\cdot}$ 替换 D^* 和 SS_{AB}^* 中所包含的 α_i 和 β_j 得

$$\widehat{D}=\frac{\sum\limits_{i=1}^{a}\sum\limits_{j=1}^{b}(\bar{y}_{i\cdot}-\bar{y}_{\cdot\cdot})(\bar{y}_{\cdot j}-\bar{y}_{\cdot\cdot})y_{ij}}{\sum\limits_{i=1}^{a}(\bar{y}_{i\cdot}-\bar{y}_{\cdot\cdot})^2\sum\limits_{j=1}^{b}(\bar{y}_{\cdot j}-\bar{y}_{\cdot\cdot})^2}, \tag{7.2.31}$$

$$\mathrm{SS}_{AB}=\frac{\left[\sum\limits_{i=1}^{a}\sum\limits_{j=1}^{b}(\bar{y}_{i\cdot}-\bar{y}_{\cdot\cdot})(\bar{y}_{\cdot j}-\bar{y}_{\cdot\cdot})y_{ij}\right]^2}{\sum\limits_{i=1}^{a}(\bar{y}_{i\cdot}-\bar{y}_{\cdot\cdot})^2\sum\limits_{j=1}^{b}(\bar{y}_{\cdot j}-\bar{y}_{\cdot\cdot})^2}. \tag{7.2.32}$$

记相应的残差平方和与 F 统计量分别为

$$\mathrm{SS}_e=\mathrm{SS}_T-\mathrm{SS}_A-\mathrm{SS}_B-\mathrm{SS}_{AB}, \tag{7.2.33}$$

$$F=\frac{\mathrm{SS}_{AB}}{\mathrm{SS}_e/(ab-a-b)}. \tag{7.2.34}$$

当 H_0 成立时, F 倾向于取较小的值, 当它较大时, 就可判定 H_1 成立. 依据(7.2.34), 因此, 我们可给出 H_0 的拒绝域近似为

$$F>F_{1,ab-a-b}(\alpha). \tag{7.2.35}$$

这个检验被称为 Tukey 的可加性检验或 Tukey 单自由度检验. 每个单元格进行一次观察.

例 7.2.3　考察例 7.2.1 中燃料与推进器对火箭射程是否存在交互效应.

解 本例中, $a=4$, $b=3$. 首先计算

$$\sum_{i=1}^{a}\sum_{j=1}^{b}(\bar{y}_{i\cdot}-\bar{y}_{\cdot\cdot})(\bar{y}_{\cdot j}-\bar{y}_{\cdot\cdot})y_{ij}=234.734,$$

$$\mathrm{SS}_A=b\sum_{i=1}^{a}(\bar{y}_{i\cdot}-\bar{y}_{\cdot\cdot})^2=157.590,\quad \mathrm{SS}_B=a\sum_{j=1}^{b}(\bar{y}_{\cdot j}-\bar{y}_{\cdot\cdot})^2=223.847,$$

因此, 由公式 (7.2.32) 和 (7.2.33) 计算得交互效应平方和与残差平方和为

$$\mathrm{SS}_{AB}=\frac{3\times 4\times 234.734^2}{157.590\times 223.847}=18.744,$$

$$\mathrm{SS}_e=1113.417-157.590-223.847-18.744=713.236.$$

最后, 由 (7.2.34) 得检验统计量

$$F=\frac{\mathrm{SS}_{AB}}{\mathrm{SS}_e/(ab-a-b)}=\frac{(12-4-3)\times 18.744}{713.236}=0.131<F_{1,5}(0.05)=6.608,$$

因此, 拒绝原假设, 认为火箭射程研究中燃料与推进器的交互效应不显著.

本例的计算程序如下:

```
y <- c(58.2,56.2,65.3,49.1,54.1,51.6,60.1,70.9,39.2,75.8,58.2,48.7)
a<-4; b<-3; n<-a*b
A <- factor(gl(a,b,n)); B <- factor(gl(b,1,n))
y..<-c(rep(mean(y),n))
muA<-c(rep(mean(y[A==1]),b), rep(mean(y[A==2]),b), rep(mean(y[A==3]),b),
   rep(mean(y[A==4]),b))
muB<- rep(c(mean(y[B==1]), mean(y[B==2]), mean(y[B==3])),a)
SST<-sum((y-y..)*(y-y..))
SSA<-sum((muA-y..)*(muA-y..)); SSB<-sum((muB-y..)*(muB-y..))
SSab<-a*b*(sum((muA-y..)*(muB-y..)*y))^2/(SSA*SSB)
SSe<-SST-SSA-SSB-SSab
F=(n-a-b)*SSab/SSe ##检验统计量
Fq=qf(0.95,1,5); pvalue=pf(F, 1,5)
round(c(SST,SSA,SSB,SSab,SSe, F, Fq, pvalue),3)
[1] 1113.417  157.590  223.847   18.744  713.236  0.131    6.608    0.268
```

7.3 两向分类模型 (交互效应存在)

在 7.2 节的两向分类模型中, 如果因子 A 和 B 之间有交互效应, 并用 γ_{ij} 记水平 A_i 和 B_j 的交互效应, 要分析交互效应, 在各个水平组合下需要作重复试验.

设每种组合下试验次数为 c, 且第 k 次观测值为 y_{ijk}, 则得到模型

$$y_{ijk} = \mu + \alpha_i + \beta_j + \gamma_{ij} + e_{ijk}, \quad i = 1, \cdots, a, \quad j = 1, \cdots, b, \quad k = 1, \cdots, c, \tag{7.3.1}$$

这里 μ 表示总平均, α_i 和 β_j 分别表示水平 A_i 和 B_j 的主效应, e_{ijk} 表示在水平组合 A_i 和 B_j 的第 k 次观测的随机误差, 并假定 $e_{ijk} \sim N(0, \sigma^2)$, 且对所有 i, j, k, e_{ij} 都相互独立. 和以前类似, 通过引进矩阵记号, 模型 (7.3.1) 可表示为标准的线性模型的形式.

7.3.1 参数估计

依照和前面完全类似的方法, 我们先导出参数的一组 LS 解, 再表征所有可估函数.

对两向分类模型 (7.3.1), 不难验证正则方程为

$$abc\mu + bc\sum_{i=1}^{a}\alpha_i + ac\sum_{j=1}^{b}\beta_j + c\sum_{i=1}^{a}\sum_{j=1}^{b}\gamma_{ij} = y_{\cdots}, \tag{7.3.2}$$

$$bc\mu + bc\alpha_i + c\sum_{j=1}^{b}\beta_j + c\sum_{j=1}^{b}\gamma_{ij} = y_{i\cdot\cdot}, \quad i = 1, \cdots, a, \tag{7.3.3}$$

$$ac\mu + c\sum_{i=1}^{a}\alpha_i + ac\beta_j + c\sum_{i=1}^{a}\gamma_{ij} = y_{\cdot j\cdot}, \quad j = 1, \cdots, b, \tag{7.3.4}$$

$$c\mu + c\alpha_i + c\beta_j + c\gamma_{ij} = y_{ij\cdot}, \quad i = 1, \cdots, a, \quad j = 1, \cdots, b, \tag{7.3.5}$$

其中

$$y_{\cdots} = \sum_{i=1}^{a}\sum_{j=1}^{b}\sum_{k=1}^{c} y_{ijk}, \qquad y_{i\cdot\cdot} = \sum_{j=1}^{b}\sum_{k=1}^{c} y_{ijk},$$

$$y_{\cdot j\cdot} = \sum_{i=1}^{a}\sum_{k=1}^{c} y_{ijk}, \qquad y_{ij\cdot} = \sum_{k=1}^{c} y_{ijk}.$$

现在模型的设计阵 $\mathbf{X}$ 有 $a + b + ab + 1$ 列, 即模型未知参数有 $a + b + ab + 1$ 个. 另一方面, 容易看出, 正则方程中只有 (7.3.5) 的 ab 个方程是独立方程, 所以 $\mathrm{rk}(\mathbf{X}) = ab < a + b + ab + 1$. 为了获得一组 LS 解, 我们可以附加 $(a + b + ab + 1) - (ab) = a + b + 1$ 个独立约束条件, 即边界条件. 类似于前面几节的讨论, 边界条件可取为

$$\begin{aligned}&\sum_{i=1}^{a}\alpha_i=0, &&\sum_{j=1}^{b}\beta_j=0,\\&\sum_{i=1}^{a}\gamma_{ij}=0,\quad j=1,\cdots,b, &&\sum_{j=1}^{b}\gamma_{ij}=0,\quad i=1,\cdots,a.\end{aligned}\tag{7.3.6}$$

这里共有 $a+b+2$ 个方程, 但因为 $\sum\limits_{i=1}^{a}\sum\limits_{j=1}^{b}\gamma_{ij}=0$, 所以实际上只有 $a+b+1$ 个是独立方程. 把这些约束条件加入方程组 (7.3.3) 中, 很容易求出参数 $\mu,\alpha_i,\beta_j,\gamma_{ij}$ 的一组特定的 LS 解:

$$\widehat{\mu}=\overline{y}_{\cdots},\tag{7.3.7}$$

$$\widehat{\alpha}_i=\overline{y}_{i\cdot\cdot}-\overline{y}_{\cdots},\qquad i=1,\cdots,a,\tag{7.3.8}$$

$$\widehat{\beta}_j=\overline{y}_{\cdot j\cdot}-\overline{y}_{\cdots},\qquad j=1,\cdots,b,\tag{7.3.9}$$

$$\widehat{\gamma}_{ij}=\overline{y}_{ij\cdot}-\overline{y}_{i\cdot\cdot}-\overline{y}_{\cdot j\cdot}+\overline{y}_{\cdots},\qquad i=1,\cdots,a,\ j=1,\cdots,b,\tag{7.3.10}$$

其中 $\overline{y}_{\cdots}=\dfrac{1}{abc}y_{\cdots}$, $\overline{y}_{i\cdot\cdot}=\dfrac{1}{a}y_{i\cdot\cdot}$, $\overline{y}_{\cdot j\cdot}=\dfrac{1}{b}y_{\cdot j\cdot}$, $\overline{y}_{ij\cdot}=\dfrac{1}{ab}y_{ij\cdot}$.

现在我们讨论对模型 (7.3.1), 哪些参数的函数是可估的. 从 (7.3.3) 知, 对正则方程的任一组解有

$$\frac{y_{i\cdot\cdot}-y_{u\cdot\cdot}}{bc}=\widehat{\alpha}_i-\widehat{\alpha}_u+\frac{1}{b}\left(\sum_{j=1}^{b}\widehat{\gamma}_{ij}-\sum_{j=1}^{b}\widehat{\gamma}_{uj}\right).\tag{7.3.11}$$

注 7.3.1 这里 (7.3.11) 中 $\widehat{\alpha}_i$, $\widehat{\alpha}_u$, $\widehat{\gamma}_{ij}$ 和 $\widehat{\gamma}_{uj}$ 是正则方程的任一组解, 故不必满足 (7.3.6) 式, 此事实以及类似的 $\sum\limits_{i=1}^{a}\alpha_i=0,\sum\limits_{j=1}^{b}\beta_j=0$, $\sum\limits_{i=1}^{a}\gamma_{ij}=0$ 不必成立同样对后面的 (7.3.12)—(7.3.14) 也是对的. 由 (7.3.4) 得

$$\frac{y_{\cdot j\cdot}-y_{\cdot v\cdot}}{ac}=\widehat{\beta}_j-\widehat{\beta}_v+\frac{1}{a}\left(\sum_{i=1}^{a}\widehat{\gamma}_{ij}-\sum_{i=1}^{a}\widehat{\gamma}_{iv}\right).\tag{7.3.12}$$

更进一步, 将 (7.3.2), (7.3.3), (7.3.4) 和 (7.3.5) 分别除以 abc,bc,ac 和 c, 然后将所得到的第一个方程与最后一个方程相加再减去中间两个得到

$$\overline{y}_{ij\cdot}-\overline{y}_{i\cdot\cdot}-\overline{y}_{\cdot j\cdot}+\overline{y}_{\cdots}=\widehat{\gamma}_{ij}-\frac{1}{b}\sum_{j=1}^{b}\widehat{\gamma}_{ij}-\frac{1}{a}\sum_{i=1}^{a}\widehat{\gamma}_{ij}+\frac{1}{ab}\sum_{i=1}^{a}\sum_{j=1}^{b}\widehat{\gamma}_{uj}.\tag{7.3.13}$$

从 (7.3.2) 有

$$\overline{y}_{\cdots}=\widehat{\mu}+\frac{1}{a}\sum_{i=1}^{a}\widehat{\alpha}_i+\frac{1}{b}\sum_{j=1}^{b}\widehat{\beta}_j+\frac{1}{ab}\sum_{i=1}^{a}\sum_{j=1}^{b}\widehat{\gamma}_{ij}. \tag{7.3.14}$$

从 (7.3.11)—(7.3.14) 说明了线性函数

$$\alpha_i-\alpha_u+\overline{\gamma}_{i\cdot}-\overline{\gamma}_{u\cdot},\qquad \text{对所有 } i\neq j, \tag{7.3.15}$$

$$\beta_j-\beta_v+\overline{\gamma}_{\cdot j}-\overline{\gamma}_{\cdot v},\qquad \text{对所有 } j\neq v, \tag{7.3.16}$$

$$\delta_{ij}\triangleq\gamma_{ij}-\overline{\gamma}_{i\cdot}-\overline{\gamma}_{\cdot j}+\overline{\gamma}_{\cdot\cdot},\qquad \text{对所有} i,\ j, \tag{7.3.17}$$

$$\mu+\frac{1}{a}\sum_{i=1}^{a}\alpha_i+\frac{1}{b}\sum_{j=1}^{b}\beta_j+\overline{\gamma}_{\cdot\cdot} \tag{7.3.18}$$

都是可估的, 这里

$$\overline{\gamma}_{i\cdot}=\frac{1}{b}\sum_{j=1}^{b}\gamma_{ij},\quad \overline{\gamma}_{\cdot j}=\frac{1}{a}\sum_{i=1}^{a}\gamma_{ij},\quad \overline{\gamma}_{\cdot\cdot}=\frac{1}{ab}\sum_{i=1}^{a}\sum_{j=1}^{b}\gamma_{ij}.$$

下面我们对这些可估函数再作进一步分析, 以便从中找出 ab 个线性无关的可估函数 (因为对模型 (7.3.1), 设计阵的秩为 ab, 所以一个线性无关的可估函数组最多只含有 ab 个可估函数), 不难看出 (7.3.15) 中的每个可估函数皆为如下 a 个函数

$$\alpha_i+\overline{\gamma}_{i\cdot},\qquad i=1,2,\cdots,a \tag{7.3.19}$$

中的两个函数之差, 于是其中只有 $a-1$ 个是线性无关的. 类似地, (7.3.16) 中的每个可估函数皆为 b 个函数,

$$\beta_j+\overline{\gamma}_{\cdot j},\qquad j=1,2,\cdots,b \tag{7.3.20}$$

中的两个函数之差, 因而其中也只有 $b-1$ 个是线性无关的. 再看 (7.3.17), 虽然这里有 ab 个可估函数, 但它们满足

$$\sum_{i=1}^{a}\delta_{ij}=0,\quad j=1,\cdots,b,\quad \sum_{j=1}^{b}\delta_{ij}=0,\quad i=1,\cdots,a. \tag{7.3.21}$$

这些条件中有 $a+b-1$ 个是独立的. 于是 (7.3.17) 中也只有 $ab-(a+b-1)=(a-1)(b-1)$ 个线性无关的可估函数. 不妨取 δ_{ij} $(i=1,2,\cdots,a-1,\ j=1,2,\cdots,b-1)$. 至此, 我们总共有 ab 个线性无关的可估函数, 它们构成了可估函

数的一个极大线性无关组. 因此任一个可估函数都可以表示它们的线性组合. 根据 Gauss-Markov 定理, 对任一可估函数, 将未知参数用其任一组 LS 解 (7.3.7)—(7.3.10) 代替, 即得到该可估函数的 BLU 估计. 综合上述讨论, 我们得如下定理.

定理 7.3.1　对有交互效应的两向分类模型 (7.3.1), 下列 ab 个函数构成了极大线性无关的可估函数组

$$\alpha_i-\alpha_{i+1}+\overline{\gamma}_{i\cdot}-\overline{\gamma}_{(i+1)\cdot},\quad i=1,\cdots,a-1, \tag{7.3.22}$$

$$\beta_j-\beta_{j+1}+\overline{\gamma}_{\cdot j}-\overline{\gamma}_{\cdot(j+1)},\quad j=1,\cdots,b-1, \tag{7.3.23}$$

$$\delta_{ij}\triangleq\gamma_{ij}-\overline{\gamma}_{i\cdot}-\overline{\gamma}_{\cdot j}+\overline{\gamma}_{\cdot\cdot},\quad i=1,\cdots,a-1\ ,\quad j=1,\cdots,b-1, \tag{7.3.24}$$

$$\mu+\frac{1}{a}\sum_{i=1}^{a}\alpha_i+\frac{1}{b}\sum_{j=1}^{b}\beta_j+\overline{\gamma}_{\cdot\cdot}. \tag{7.3.25}$$

这些可估函数具有明显的实际意义, 从关系式 $\mu_{ij}=\mu+\alpha_i+\beta_j+\gamma_{ij}$ 可以看出, 当 $\gamma_{ij}\neq0$ 时, α_i 并不能反映因子水平 A_i 的优劣, 因为因子水平 A_i 的优劣还与因子 B 的水平有关. 如果对因子 B 的 b 个水平求平均, 得到

$$\overline{\mu}_{i\cdot}=\mu+\alpha_i+\frac{1}{b}\sum_{j=1}^{b}\beta_j+\overline{\gamma}_{i\cdot}.$$

这个量是在因子 B 的诸水平求平均的意义下, 对因子水平 A_i 优劣的度量. 类似地, 有

$$\overline{\mu}_{(i+1)\cdot}=\mu+\alpha_{i+1}+\frac{1}{b}\sum_{j=1}^{b}\beta_j+\overline{\gamma}_{(i+1)\cdot}.$$

将上面两式相减即得 (7.3.22). 因此, 可估函数 (7.3.22) 就是在对因子 B 的诸水平求平均的意义下, 对因子水平 A_i 和 A_{i+1} 的效应差异的度量. (7.3.23) 实际意义与 (7.3.22) 完全相似.

(7.3.24) 的实际意义可从如下两方面去看. 如果考虑了参数约束 (7.3.6), 对一切 i, j, 则 $\delta_{ij}=\gamma_{ij}$, 于是它们就是交互效应. 另一方面, 若 $\delta_{ij}=0$, 则 $\gamma_{ij}=\overline{\gamma}_{i\cdot}+\overline{\gamma}_{\cdot j}-\overline{\gamma}_{\cdot\cdot}$, 代入模型 (7.3.1), 得

$$\begin{aligned}y_{ijk}&=(\mu-\overline{\gamma}_{\cdot\cdot})+(\alpha_i+\overline{\gamma}_{i\cdot})+(\beta_j+\overline{\gamma}_{\cdot j})+e_{ijk}\\&\triangleq\mu^0+\alpha_i^0+\beta_j^0+e_{ijk},\end{aligned} \tag{7.3.26}$$

其中 $\mu^0=\mu-\overline{\gamma}_{\cdot\cdot}$, $\alpha_i^0=\alpha_i+\overline{\gamma}_{i\cdot}$, $\beta_j^0=\beta_j+\overline{\gamma}_{\cdot j}$. 于是 (7.3.26) 就是一个无交互效应的两向分类模型. 这也说明了 δ_{ij} 度量了 A_i 和 B_j 的交互效应.

至于 (7.3.25), 它是在总平均 μ 上加了些与 i, j 都无关的量, 它还是总平均. 这是因为模型 (7.3.1) 以及一般的任一方差分析模型, 总平均无实际意义, 它只是一个度量的起点. 现在在 μ 上增加了一些与 i, j 都无关的量, 只表明度量的起点发生了改变.

7.3.2　假设检验

从参数估计的讨论我们看到, 对有交互效应的两向分类模型, 由于交互效应的存在, α_i 并不能反映因子水平 A_i 的优劣, 因为因子水平 A_i 的优劣还与因子 B 的水平有关. 对不同的 B_j, A_i 的优劣也不相同. 因此, 对这样的模型, 单纯检验 $\alpha_1 = \cdots = \alpha_a = 0$ 与检验 $\beta_1 = \cdots = \beta_b = 0$ 都是没有实际意义的. 然而一个重要的检验问题是交互效应是否存在.

1. *交互效应是否存在的检验*

这就是检验假设: $\gamma_{ij} = 0\ (i = 1, 2, \cdots, a, j = 1, 2, \cdots, b)$. 但 γ_{ij} 不是可估函数. 根据上段的讨论, 我们可以改为检验一个等价的假设

$$H_{01}:\quad \delta_{ij} = 0, \qquad i = 1, 2, \cdots, a, \quad j = 1, 2, \cdots, b.$$

从正则方程 (7.3.2)—(7.3.5) 以及 LS 解 (7.3.7)—(7.3.10) 容易算出回归平方和

$$\begin{aligned} &\mathrm{RSS}(\mu, \boldsymbol{\alpha}, \boldsymbol{\beta}, \boldsymbol{\gamma}) \\ =&\widehat{\mu} y_{\cdots} + \widehat{\alpha}_i \sum_{i=1}^{a} y_{i\cdot\cdot} + \widehat{\beta}_j \sum_{j=1}^{b} y_{\cdot j\cdot} + \widehat{\gamma}_{ij} \sum_{i=1}^{a}\sum_{j=1}^{b} y_{ij\cdot} \\ =&\frac{1}{c}\sum_{i=1}^{a}\sum_{j=1}^{b} y_{ij\cdot}^2. \end{aligned} \tag{7.3.27}$$

残差平方和为

$$\begin{aligned} \mathrm{SS}_e =& \sum_{i=1}^{a}\sum_{j=1}^{b}\sum_{k=1}^{c} y_{ijk}^2 - \mathrm{RSS}(\mu, \alpha, \gamma) \\ =& \sum_{i=1}^{a}\sum_{j=1}^{b}\sum_{k=1}^{c} y_{ijk}^2 - \frac{1}{c}\sum_{i=1}^{a}\sum_{j=1}^{b} y_{ij\cdot}^2 \\ =& \sum_{i=1}^{a}\sum_{j=1}^{b}\sum_{k=1}^{c} (y_{ijk} - \overline{y}_{ij\cdot})^2, \end{aligned} \tag{7.3.28}$$

其自由度为 $abc-ab=ab(c-1)$. 如果 $c=1$, 即对 A 与 B 的每个水平组合 (文献中常称为一个单元, cell) 只有一个观测, 在交互效应存在的情况下, 残差平方和的自由度为 0, 这时我们只能作估计而不能作检验, 但检验对方差分析来讲是不可缺少的. 所以在交互效应存在的情形下, 我们要求每个水平组合的重复观测数据个数 $c>1$. 若 $c>1$, σ^2 的无偏估计为

$$\widehat{\sigma}^2=\frac{\mathrm{SS}_e}{ab(c-1)}\triangleq \mathrm{MS}_e. \tag{7.3.29}$$

在假设 H_{01} 下, 模型 (7.3.1) 化为无交互效应的两向分类模型, 应用 7.2 节的结果, 此时的回归平方和为

$$\mathrm{RSS}(\mu,\boldsymbol{\alpha},\boldsymbol{\beta})=\frac{y_{\cdots}^2}{abc}+\left(\sum_{i=1}^{a}\frac{y_{i\cdot\cdot}^2}{bc}-\frac{y_{\cdots}^2}{abc}\right)+\left(\sum_{j=1}^{b}\frac{y_{\cdot j\cdot}^2}{ac}-\frac{y_{\cdots}^2}{abc}\right). \tag{7.3.30}$$

结合 (7.3.27), 得到平方和

$$\begin{aligned}\mathrm{SS}_{H_{01}}=&\ \mathrm{RSS}(\mu,\boldsymbol{\alpha},\boldsymbol{\beta},\boldsymbol{\gamma})-\mathrm{RSS}(\mu,\boldsymbol{\alpha},\boldsymbol{\beta})\\ =&\left(\frac{1}{c}\sum_{i=1}^{a}\sum_{j=1}^{b}y_{ij\cdot}^2-\frac{y_{\cdots}^2}{abc}\right)-\left(\sum_{i=1}^{a}\frac{y_{i\cdot\cdot}^2}{bc}-\frac{y_{\cdots}^2}{abc}\right)-\left(\sum_{j=1}^{b}\frac{y_{\cdot j\cdot}^2}{ac}-\frac{y_{\cdots}^2}{abc}\right)\\ =&\sum_{i=1}^{a}\sum_{j=1}^{b}\sum_{k=1}^{c}(\overline{y}_{ij\cdot}-\overline{y}_{\cdots})^2\\ &-\sum_{i=1}^{a}\sum_{j=1}^{b}\sum_{k=1}^{c}(\overline{y}_{i\cdot\cdot}-\overline{y}_{\cdots})^2-\sum_{i=1}^{a}\sum_{j=1}^{b}\sum_{k=1}^{c}(\overline{y}_{\cdot j\cdot}-\overline{y}_{\cdots})^2.\end{aligned} \tag{7.3.31}$$

根据直观意义, 这三项分别为格间平方和, 行间平方和与列间平方和. 后面将会看到行间平方和与列间平方和也就是因子 A,B 的平方和. 我们称 $\mathrm{SS}_{H_{01}}$ 为交互效应平方和, 也常记为 SS_{AB}. 这是因为 $\mathrm{SS}_{H_{01}}$ 是由于交互效应引起的观测数据变差平方和. 不难证明

$$\mathrm{SS}_{AB}=\sum_{i=1}^{a}\sum_{j=1}^{b}c(\overline{y}_{ij\cdot}-\overline{y}_{i\cdot\cdot}-\overline{y}_{\cdot j\cdot}+\overline{y}_{\cdots})^2.$$

它的自由度等于假设 H_{01} 所含独立方程个数 $(a-1)(b-1)$. 根据 5.1 节, 检验假设 H_{01} 的 F 统计量为

$$F_{AB}=\frac{\mathrm{SS}_{H_{01}}/[(a-1)(b-1)]}{\mathrm{SS}_e/[ab(c-1)]}=\frac{\mathrm{SS}_{AB}/[(a-1)(b-1)]}{\mathrm{SS}_e/[ab(c-1)]}. \tag{7.3.32}$$

当 H_{01} 成立时, $F_{A\times B} \sim F_{(a-1)(b-1),ab(c-1)}$. 对给定的显著性水平 α, 若

$$F_{AB} < F_{(a-1)(b-1),ab(c-1)}(\alpha),$$

则我们认为因子 A 与因子 B 的相互效应不存在. 这时就可以使用 7.2 节内容去检验因子 A 和 B 的各水平效应的差异.

2. 关于因子效应的检验

前面已经指出, 对有交互效应的两向分类模型, 由于交互效应的存在, α_i 并不能反映因子水平 A_i 的优劣, 这是因为因子水平 A_i 的优劣还与因子 B 的水平有关. 对不同的 B_j, A_i 的优劣也不相同. 这时, 我们只能退而求其次, 在因子 B 的平均水平意义下, 比较因子 A 的诸水平优劣. 对因子 B 也是一样. 于是, 我们讨论如下两个假设.

$H_{02}: \alpha_1 + \overline{\gamma}_{i\cdot} = \cdots = \alpha_a + \overline{\gamma}_{a\cdot};$

$H_{03}: \beta_1 + \overline{\gamma}_{\cdot 1} = \cdots = \beta_a + \overline{\gamma}_{\cdot b}$

的检验问题. 由定理 7.3.1, H_{02} 和 H_{03} 都是可检验假设.

若 H_{02} 成立, 则模型 (7.3.1) 可改写为如下约简模型:

$$\begin{aligned} y_{ijk} &= \mu + (\alpha_i + \overline{\gamma}_{i\cdot}) + \beta_j + (\gamma_{ij} - \overline{\gamma}_{i\cdot}) + e_{ij} \\ &= \mu^\star + \beta_j^\star + \gamma_{ij}^\star + e_{ij}, \end{aligned} \tag{7.3.33}$$

其中 $\mu^\star = \mu + \alpha_i + \overline{\gamma}_{i\cdot}, \beta_j^\star = \beta_j, \gamma_{ij}^\star = \gamma_{ij} - \overline{\gamma}_{i\cdot}$. 对任意的 i, $\sum\limits_{j=1}^{b} \gamma_{ij}^\star = 0$, 当 H_{02} 成立时, $\mu^\star$ 与 i 无关. 应用 Lagrange 乘子法, 极小化辅助函数

$$\sum_{i=1}^{a}\sum_{j=1}^{b}\sum_{k=1}^{c}(y_{ijk} - \mu^\star - \beta_j^\star - \gamma_{ij}^\star)^2 + 2\sum_{i=1}^{a}\lambda_i \sum_{j=1}^{b}\gamma_{ij}^\star,$$

这里 λ_i 为 Lagrange 乘子系数. 将上式对 $\mu^\star$, $\beta_j^\star$, $\gamma_{ij}^\star$ 求导数, 并令其等于 0, 得到正则方程

$$\begin{cases} abc\mu^\star + ac\sum\limits_{j=1}^{b}\beta_j^\star + c\sum\limits_{i=1}^{a}\sum\limits_{j=1}^{b}\gamma_{ij}^\star = y_{\cdots}, \\ ac\mu^\star + ac\beta_j^\star + c\sum\limits_{i=1}^{a}\gamma_{ij}^\star = y_{\cdot j\cdot}, \\ c\mu^\star + c\beta_j^\star + c\gamma_{ij}^\star + \lambda_i = y_{ij\cdot}. \end{cases} \tag{7.3.34}$$

再应用 $\sum_{j=1}^{b}\beta_j^{\star}=0,\ \sum_{j=1}^{b}\gamma_{ij}^{\star}=0$, 很容易求到 LS 解

$$\begin{cases}\widehat{\mu}^{\star}=\overline{y}_{\cdots}, & \widehat{\beta}_j^{\star}=\overline{y}_{\cdot j\,\cdot}-\overline{y}_{\cdots},\\ \widehat{\gamma}_{ij}^{\star}=\overline{y}_{ij\,\cdot}-\overline{y}_{i\cdot\cdot}-\overline{y}_{\cdot j\,\cdot}+\overline{y}_{\cdots}\,. \end{cases} \tag{7.3.35}$$

除了没有 $\hat{\alpha}_i$ 之外, 它们与 (7.3.7), (7.3.9) 和 (7.3.10) 完全一样. 于是对约简模型 (7.3.33), 回归平方和为

$$\mathrm{RSS}(\mu^{\star},\boldsymbol{\beta}^{\star},\boldsymbol{\gamma}^{\star})=y_{\cdots}\widehat{\mu}^{\star}+\widehat{\beta}_j^{\star}\sum_{j=1}^{b}y_{\cdot j\,\cdot}+\widehat{\gamma}_{ij}^{\star}\sum_{i=1}^{a}\sum_{j=1}^{b}y_{ij\,\cdot}\,,$$

结合 (7.3.27), 得到平方和

$$\begin{aligned}\mathrm{SS}_{H_{02}}&=\mathrm{RSS}(\mu,\boldsymbol{\alpha},\boldsymbol{\beta},\boldsymbol{\gamma})-\mathrm{RSS}(\mu^{\star},\boldsymbol{\beta}^{\star},\boldsymbol{\gamma}^{\star})\\&=\hat{\alpha}_i\sum_{i=1}^{a}\overline{y}_{i\cdot\cdot}=\sum_{i=1}^{a}\sum_{j=1}^{b}\sum_{k=1}^{c}(\overline{y}_{i\cdot\cdot}-\overline{y}_{\cdots})^2\,.\end{aligned} \tag{7.3.36}$$

它正是 (7.3.31) 中的第二项, 即行间平方和. 其自由度等于 H_{02} 所含独立方程个数 $a-1$. 从 (7.3.36) 可以看出, $\mathrm{SS}_{H_{02}}$ 是因子 A 的水平变化所引起的观测数据变差平方和, 因此可以称为因子 A 的平方和, 有时也记作 SS_A. 根据 5.1 节, 可得假设 H_{02} 的 F 检验统计量

$$F_A=\frac{\mathrm{SS}_{H_{02}}/(a-1)}{\mathrm{SS}_e/ab(c-1)}=\frac{\mathrm{SS}_A/(a-1)}{\mathrm{SS}_e/ab(c-1)}\,. \tag{7.3.37}$$

若 H_{02} 为真, $F_A\sim F_{a-1,ab(c-1)}$.

用完全同样的方法, 可以证明对于 H_{03} 有平方和

$$\mathrm{SS}_{H_{03}}=\sum_{j=1}^{b}\frac{y_{\cdot j\,\cdot}^2}{ac}-\frac{y_{\cdots}^2}{abc}=\sum_{i=1}^{a}\sum_{j=1}^{b}\sum_{k=1}^{c}(\overline{y}_{\cdot j\,\cdot}-\overline{y}_{\cdots})^2\,,$$

其自由度为 $b-1$. 同样的理由, 把 $\mathrm{SS}_{H_{02}}$ 称为因子 B 的平方和, 记为 SS_B, 它是 (7.3.31) 中的第三项, 即列间平方和. 假设 H_{03} 的 F 检验统计量

$$F_B=\frac{\mathrm{SS}_{H_{03}}/(b-1)}{\mathrm{SS}_e/ab(c-1)}=\frac{\mathrm{SS}_B/(b-1)}{\mathrm{SS}_e/ab(c-1)}\,. \tag{7.3.38}$$

若 H_{03} 为真, $F_B\sim F_{b-1,ab(c-1)}$.

经常把以上主要计算结果列成如下的方差分析表, 如表 7.3.1.

表 7.3.1 有交互效应两因素方差分析表

方差源	自由度	平方和	均方	F 值
因子 A	$a-1$	SS_A	$\mathrm{MS}_A=\mathrm{SS}_A/(a-1)$	$F_A=\dfrac{\mathrm{MS}_A}{\mathrm{MS}_e}$
因子 B	$b-1$	SS_B	$\mathrm{MS}_B=\mathrm{SS}_B/(b-1)$	$F_B=\dfrac{\mathrm{MS}_B}{\mathrm{MS}_e}$
交互效应 $(A\times B)$	$(a-1)(b-1)$	SS_{AB}	$\mathrm{MS}_{AB}=\dfrac{\mathrm{SS}_{AB}}{(a-1)(b-1)}$	$F_{AB}=\dfrac{\mathrm{MS}_{AB}}{\mathrm{MS}_e}$
误差	$ab(c-1)$	SS_e	$\mathrm{MS}_e=\mathrm{SS}_e/ab(c-1)$	
总和	$abc-1$	$\sum\limits_{i,j,k}(y_{ijk}-y_{\cdots})^2/abc$		

关于置信区间, 基本做法与前面诸节类似, 这里就不再讨论了.

例 7.3.1 为了考察某种电池的最大输出电压受板极材料与使用电池的环境温度的影响, 材料类型 (因子 A) 取 3 个水平 (即 3 种不同的材料), 温度也取 3 个水平, 每个水平组合下重复 4 次试验, 所得数据如表 7.3.2.

表 7.3.2 电池试验数据

		温度 B			
		B_1 (15°)	B_2 (25°)	B_3(35°)	$y_{i\cdot\cdot}$
材料类型 A	A_1	130 155 174 180 (639)	34 40 80 75 (229)	20 70 82 58 (230)	1098
	A_2	150 188 159 126 (623)	136 122 106 115 (479)	25 70 58 45 (198)	1300
	A_3	138 110 168 160 (576)	174 120 150 139 (583)	96 104 82 60 (342)	1501
$y_{\cdot j\cdot}$		1838	1291	770	$3899=y_{\cdots}$

解 数据表括号中的数据是诸 $y_{ij\cdot}$, $y_{\cdot j\cdot}$ 和 $y_{i\cdot\cdot}$, 在这个问题中 $a=3$, $b=3$, $c=4$. 为了便于了解各平方和的计算, 我们下面给出计算诸平方和过程:

$$\mathrm{SS}_T=\sum_{i=1}^{a}\sum_{j=1}^{b}\sum_{k=1}^{c}y_{ijk}^2-\frac{y_{\cdots}^2}{abc}=130^2+155^2+\cdots+60^2-\frac{3899^2}{36}=81063.64,$$

$$\mathrm{SS}_A=\sum_{i=1}^{a}\frac{y_{i\cdot\cdot}^2}{bc}-\frac{y_{\cdots}^2}{abc}=\frac{1}{12}\left[1098^2+1300^2+1501^2\right]-\frac{3899^2}{36}=6767.06,$$

$$\mathrm{SS}_B = \sum_{j=1}^{b} \frac{y_{\cdot j \cdot}^2}{ac} - \frac{y_{\cdots}^2}{abc} = \frac{1}{12}\left[1838^2 + 1291^2 + 770^2\right] - \frac{3899^2}{36} = 47535.39,$$

$$\begin{aligned}\mathrm{SS}_{AB} &= \sum_{i=1}^{a}\sum_{j=1}^{b} \frac{y_{ij\cdot}^2}{c} - \frac{y_{\cdots}^2}{abc} - \mathrm{SS}_A - \mathrm{SS}_B \\ &= \frac{1}{4}\left[639^2 + 229^2 + \cdots + 342^2\right] - \frac{3899^2}{36} - 6767.06 - 47535.39 \\ &= 13180.44,\end{aligned}$$

$$\begin{aligned}\mathrm{SS}_e &= \mathrm{SS}_T - \mathrm{SS}_A - \mathrm{SS}_B - \mathrm{SS}_{AB} = 81063.64 - 6767.06 - 47535.39 - 13180.44 \\ &= 13580.75.\end{aligned}$$

把上述结果填入对应的方差分析表 7.3.3 中.

表 7.3.3 电池试验数据的方差分析表

方差源	自由度	平方和	均方	F 值	P 值
因子 A	2	6767.06	3383.53	$F_A = 6.727$	0.004261
因子 B	2	47535.39	23767.70	$F_B = 47.253$	1.52e–09
交互效应 ($A \times B$)	4	13180.44	3295.11	$F_{AB} = 6.551$	0.000807
误差	27	13580.75	502.99		
总和	35	81063.64			

由于 $F_{2,27}(0.05) = 3.35, F_{4,27}(0.05) = 2.73$, 所以因子 A、因子 B 以及交互效应 $A \times B$ 在显著性水平 $\alpha = 0.05$ 下都是显著的.

以上平衡数据下的检验统计量的计算可采用如下方差分析函数 aov() 实现, 程序如下:

```
y <- c(130,155,174,180,34,40,80,75, 20,70,82,58,150,188,159,126, 136,122,106,
       115,25,70,58,45,138,110,168,160,174,120,150,139,96,104,82,60)
A <- factor(gl(3,12,36));B <- factor(gl(3,4,36))## 因子
y.aov <- aov(y~A+B+A:B);  summary(y.aov)
```

7.3.3 不平衡数据下的推断

在前面讨论的两向分类模型 (7.2.1) 和 (7.3.1) 中, A 和 B 因子的各水平单元具有相同次观测, 即平衡样本情形. 其各因子平方和、交效应平方和都可以通过以上总平方和分解分析方法得到. 然而, 当双因素研究中各单元样本量不等时, 方差分析将变得复杂, 这是因为其 LS 正则方程组不再如平衡数据时的方程组(7.2.3)那么简单易解; 各因子不再正交, 各项平方和不再等于总变差平方和. 通常的方法是通过引入哑变量, 将边界约束条件代入模型, 然后采用一般线性模型的估计和检

验方法对因子效应作推断. 本节将主要介绍不平衡数据的起因、方差分析常见的三种类型, 以及相关运算等方面的内容.

1. 不平衡数据出现的原因

在实践中, 不平衡数据更为常见, 其原因有多方面, 如

(1) 在观察性研究中, 研究者通常很少或根本无法控制单元样本量. 如在一项关于制造业的比较研究中研究人员根据工厂规模 (因素 A: 小型、中型、大型) 和所有权 (因素 B: 国企、外企) 对制造工厂的绩效进行了考察. 在这项两因素研究中, 研究人员无法完全控制六种处理的单元样本量. 这是因为每个规模-所有制类别中可供研究的工厂数量本身各不相同; 许多工厂无法或不愿参与研究.

(2) 在试验性研究中, 研究者也会遇到各单元样本量不等的情况. 例如, 试验者可能希望每个单元的样本数量相同, 但由于各种原因 (如受试者生病、记录不完整、技术问题等), 最终导致各单元样本量不等.

(3) 样本量不等的另一个原因是, 无论是观察性研究还是试验性研究, 研究者都可能在试验成本较低的处理单元采样较多, 成本高的单元采样较少. 在其他情况下, 可能需要不等样本, 以便更精确地估计某些处理平均值或处理平均值的某些线性组合. 例如, 一家包装食品制造商希望测量其早餐谷物食品中玉米糖浆改为低热量甜味剂 (因子 A) 对消费者产品评价的影响. 三类消费者 (因素 B: 儿童、成年女性和成年男性) 被认为是重要的. 据了解, 约 60% 的消费者是儿童, 20% 是成年男性, 20% 是成年女性. 因此, 要求 60% 的受试者为儿童、20% 为成年男性、20% 为成年女性是合理的, 这样可以为最重要的消费者群体提供更高的精确度.

2. 方差分析中平方和

文献中关于方差分析中各平方和的定义, 主要有三种类型, 这三种方法只在非平衡数据中才有区别, 平衡数据中完全一致. 下面我们以两向分类模型为例加以说明.

考虑两向分类模型

$$y_{ijk}=\mu+\alpha_i+\beta_j+\gamma_{ij}+e_{ijk},\quad i=1,\cdots,a,\quad j=1,\cdots,b,\quad k=1,\cdots,n_{ij},\tag{7.3.39}$$

其中 $\{e_{ijk}\}$ 独立同分布, $e_{ijk}\sim N(0,\sigma^2)$, 单元样本量 n_{ij} 不全相等. 假设因子 A 和 B 各水平组合单元皆有观测值, 即 $n_{ij}>0$. 因为 n_{ij} 不全相等, 两向分类模型的方差分析变得复杂. 最小二乘正则方程组不再如平衡数据时的方程组(7.2.3)那么简单易解; 各因子效应平方和不再独立, 它们的和不再等于总变差平方和

$$\mathrm{SS}_T=\sum_{i=1}^{a}\sum_{j=1}^{b}\sum_{k=1}^{n_{ij}}(y_{ijk}-\bar{y}_{\cdots})^2,$$

其中

$$y_{\cdots} = \sum_{i=1}^{a}\sum_{j=1}^{b}\sum_{k=1}^{n_{ij}} y_{ijk}/N, \quad N = \sum_{i=1}^{a}\sum_{j=1}^{b} n_{ij}.$$

记 $\mu_{ij} = E(y_{ijk}) = \mu + \alpha_i + \beta_j + \gamma_{ij}$ 为在 A 因子第 i 水平和 B 因子第 j 水平下因变量的期望.

$$\mu_{i\cdot} = \sum_{j=1}^{b} \mu_{ij}/b, \quad \mu_{\cdot j} = \sum_{i=1}^{a} \mu_{ij}/a, \quad n_{i\cdot} = \sum_{j=1}^{b} n_{ij}, \quad n_{\cdot j} = \sum_{i=1}^{a} n_{ij}.$$

大多情况下, 假设各单元上的均值 μ_{ij} 具有同等重要性, 模型总的均值 μ 为不加权均值:

$$\mu = \frac{1}{ab}\sum_{i=1}^{a}\sum_{j=1}^{b} \mu_{ij},$$

主效应和交互效应项分别为

$$\alpha_i = \mu_{i\cdot} - \mu, \quad \beta_j = \mu_{\cdot j} - \mu, \quad \gamma_{ij} = \mu_{ij} - \mu_{i\cdot} - \mu_{\cdot j} + \mu,$$

其中

$$\mu_{i\cdot} = \sum_{j=1}^{b} \mu_{ij}/b, \quad \mu_{\cdot j} = \sum_{i=1}^{a} \mu_{ij}/a.$$

此时边界约束条件(7.3.6)仍成立. 于是有

$$\alpha_a = -\sum_{i=1}^{a-1} \alpha_i, \quad \beta_b = -\sum_{j=1}^{b-1} \beta_j, \quad \gamma_{ib} = -\sum_{j=1}^{b-1} \gamma_{ij}, \quad \gamma_{aj} = -\sum_{i=1}^{a-1} \gamma_{ij}. \tag{7.3.40}$$

为了表示模型的回归项, 我们引入虚拟变量,

$$A_{ijkg} = \begin{cases} 1, & i = g, \\ -1, & i = a, \\ 0, & i \neq l, a, \end{cases} \qquad g = 1, \cdots, a-1,$$

$$B_{ijkh} = \begin{cases} 1, & j = h, \\ -1, & j = b, \\ 0, & j \neq h, b, \end{cases} \qquad h = 1, \cdots, b-1.$$

在约束条件(7.3.6)下方差分析模型(7.3.39)等价于约简回归模型

$$y_{ijk}=\mu+\sum_{g=1}^{a-1}A_{ijkg}\alpha_g+\sum_{h=1}^{b-1}B_{ijkh}\beta_h+\sum_{g=1}^{a-1}\sum_{h=1}^{b-1}A_{ijkg}B_{ijkh}\gamma_{gh}+e_{ijk}, \qquad (7.3.41)$$

其中未知回归参数个数为 $1+(a-1)+(b-1)+(a-1)(b-1)=ab$, 且以上 ab 个参数皆可估. 依据第 4 章和第 5 章线性模型的估计和检验方法给出它们的 LS 估计以及各因子效应的显著性检验. 记

$\mathrm{SS}_e(A)$ 为模型 $y_{ijk}=\mu+\sum\limits_{g=1}^{a-1}A_{ijkg}\alpha_g+e_{ijk}$ 的残差平方和;

$\mathrm{SS}_e(A,B)$ 为模型 $y_{ijk}=\mu+\sum\limits_{g=1}^{a-1}A_{ijkg}\alpha_g+\sum\limits_{h=1}^{b-1}B_{ijkh}\beta_h+e_{ijk}$ 的残差平方和;

$\mathrm{SS}_e(AB)$ 为模型 $y_{ijk}=\mu+\sum\limits_{i=1}^{a-1}\sum\limits_{i=1}^{b-1}A_{ijk}B_{ijk}\gamma_{ij}+e_{ijk}$ 的残差平方和;

SS_e 为全模型 (7.3.41) 的残差平方和;

$\mathrm{SS}_e(A,AB)$ 为全模型(7.3.41)去掉 B 因子后模型的残差平方和 (令全部的 $\beta_h=0$);

$\mathrm{SS}_e(B,AB)$ 为全模型(7.3.41)去掉 A 因子后模型的残差平方和 (令全部的 $\alpha_g=0$),

则方差分析中三种类型平方和的定义如下:

1) I 型平方和 (序贯型)

首先, 求 A 对 y 的影响, 令因子 A 的平方和为

$$R(\boldsymbol{\alpha}|\mu)=\mathrm{SS}(A)=\mathrm{SS}_T-\mathrm{SS}_e(A)=\sum_{i=1}^{a}n_{i.}(\bar{y}_{i..}-\bar{y}_{...})^2;$$

其次, 控制 A, 求 B 对 y 的影响, 令因子 B 的调整平方和为

$$R(\boldsymbol{\beta}|\mu,\boldsymbol{\alpha})=\mathrm{SS}_e(A)-\mathrm{SS}_e(A,B);$$

最后, 控制 A 和 B 的主效应, 求 A 与 B 的交互效应对 y 的影响, 令 A 与 B 交互效应的调整平方和为

$$R(\boldsymbol{\gamma}|\mu,\boldsymbol{\alpha},\boldsymbol{\beta})=\mathrm{SS}_e(A,B)-\mathrm{SS}_e. \qquad (7.3.42)$$

R 软件中的 aov() 默认使用的是 I 型平方和, $H_{01}:\alpha_1=\alpha_2=\cdots=\alpha_a$ 的检验统计量为

$$F_1^{(I)}=\frac{R(\boldsymbol{\beta}|\mu,\boldsymbol{\alpha})/(a-1)}{\mathrm{SS}_e/(N-ab)}$$

$H_{02}: \beta_1 = \beta_2 = \cdots = \beta_b$ 的检验统计量为

$$F_2^{(I)} = \frac{R(\boldsymbol{\beta}|\mu, \boldsymbol{\alpha})/(b-1)}{\mathrm{SS}_e/(N-ab)}.$$

H_{03}：所有的 $\gamma_{ij} = 0$ 的检验统计量为

$$F_3 = \frac{R(\boldsymbol{\gamma}|\mu, \boldsymbol{\alpha}, \boldsymbol{\beta})/(a-1)(b-1)}{\mathrm{SS}_e/(N-ab)}. \tag{7.3.43}$$

显然, 对于非平衡数据情形, I 型平方和仍满足平方和分解:

$$\mathrm{SS}_T = R(\boldsymbol{\alpha}|\mu) + R(\boldsymbol{\beta}|\mu, \boldsymbol{\alpha}) + R(\boldsymbol{\gamma}|\mu, \boldsymbol{\alpha}, \boldsymbol{\beta}) + \mathrm{SS}_e.$$

其中 $R(\boldsymbol{\alpha}|\mu)$, $R(\boldsymbol{\beta}|\mu, \boldsymbol{\alpha})$ 和 $R(\boldsymbol{\gamma}|\mu, \boldsymbol{\alpha}, \boldsymbol{\beta})$ 都与残差平方和 SS_e 独立. 但由于 $\bar{y}_{i\cdot\cdot} - \bar{y}_{\cdots}$ 不能将 B 因子的效应和 A 与 B 的交互效应的信息完全消除, 在 H_{01} 成立时, $R(\boldsymbol{\alpha}|\mu)/\sigma^2$ 服从的是非中心的 χ^2 分布, 故 $F_1^{(I)}$ 不适合作为 H_{01} 的检验统计量. 同理 $F_2^{(I)}$ 也不适合作为 H_{02}: $\beta_1 = \beta_2 = \cdots = \beta_b$ 的检验统计量. 只有关于模型(7.3.41) 中交互效应的显著性检验, 基于 F_3 的检验是精确检验, 因为可以验证: 当 H_{03} 成立时, 有 $F_3 \sim F_{(a-1)(b-1),(N-ab)}$. 因此, 非平衡数据情形, R 软件中的函数 aov() 的结果中只有关于结果交互效应的显著性检验是可信的.

总之, I 型平方和适合用于平衡数据的情形以及不平衡数据单向分类模型的情形.

2) II 型平方和 (分层型)

效应根据同水平或低水平的效应做调整. 对因子 A 的平方和也根据因子 B 作调整, 令其调整平方和为 $R(\boldsymbol{\alpha}|\mu, \boldsymbol{\beta}) = \mathrm{SS}_e(B) - \mathrm{SS}_e(A, B)$, 关于因子 B 调整平方和以及 A 与 B 的交互效应的调整平方和与 I 型平方和相同.

II 型平方和适合平衡数据的方差分析模型、无交互效应的方差分析模型以及纯线性回归模型.

3) III 型平方和 (边界型)

每个效应根据模型其他各效应作相应调整, 即令因子 A、B 的调整平方和分别为

$$R(\boldsymbol{\alpha}|\mu, \boldsymbol{\beta}, \boldsymbol{\gamma}) = \mathrm{SS}_e(B, AB) - \mathrm{SS}_e, \tag{7.3.44}$$

$$R(\boldsymbol{\beta}|\mu, \boldsymbol{\alpha}, \boldsymbol{\gamma}) = \mathrm{SS}_e(A, AB) - \mathrm{SS}_e, \tag{7.3.45}$$

A 与 B 的交互效应的调整平方和同 (7.3.42). 由线性模型的假设检验性质, 立得当 H_{01} 成立时, 调整的统计量

$$F_1 = \frac{R(\boldsymbol{\alpha}|\mu, \boldsymbol{\beta}, \boldsymbol{\gamma})/(a-1)}{\mathrm{SS}_e/(N-ab)} \sim F_{(a-1),(N-ab)}; \tag{7.3.46}$$

当 H_{02} 成立时, 调整的统计量

$$F_2 = \frac{R(\boldsymbol{\beta}|\mu, \boldsymbol{\alpha}, \boldsymbol{\gamma})/(b-1)}{\mathrm{SS}_e/(N-ab)} \sim F_{(b-1),(N-ab)}, \tag{7.3.47}$$

因此, F_1, F_2 和 F_3 可分别作为假设 H_{01}, H_{02} 和 H_{03} 的检验统计量. 由于 III 型平方和可以构造关于交互效应、主因子效应的显著性的精确检验, 因此, 在不平衡数据下大部分方差分析模型中都可用.

将这三种平方和汇总在表 7.3.4 中, 如下所示.

表 7.3.4　方差分析中三种类型平方和的定义

效应平方和	I 型平方和	II 型平方和	III 型平方和
A	$R(\boldsymbol{\alpha}\|\mu)$	$R(\boldsymbol{\alpha}\|\mu, \boldsymbol{\beta})$	$R(\boldsymbol{\alpha}\|\mu, \boldsymbol{\beta}, \boldsymbol{\gamma})$
B	$R(\boldsymbol{\beta}\|\mu, \boldsymbol{\alpha})$	$R(\boldsymbol{\beta}\|\mu, \boldsymbol{\alpha})$	$R(\boldsymbol{\beta}\|\mu, \boldsymbol{\alpha}, \boldsymbol{\gamma})$
AB	$R(\boldsymbol{\gamma}\|\mu, \boldsymbol{\alpha}, \boldsymbol{\beta})$	$R(\boldsymbol{\gamma}\|\mu, \boldsymbol{\alpha}, \boldsymbol{\beta})$	$R(\boldsymbol{\gamma}\|\mu, \boldsymbol{\alpha}, \boldsymbol{\beta})$

通过回归模型比较, 可以发现: I 型平方和的模型是 “从无到有”, 逐步增加的, 而 III 型平方和都是用全模型与缺少某效应的模型比较; 针对不平衡设计, I 型平方和根据主效应进场顺序的不同, 计算结果也不同, 而 III 型平方和与进场顺序无关; I 型平方和虽然能完全分解组间平方和, 但是计算结果 “不纯净”; III 型平方和虽然没有完全分解组间平方和, 但其排除了其他效应的干扰, 可以被用来构造关于因子显著性以及因子间交互效应显著性的精确 F 检验; 如果没有交互效应, III 型平方和就变成 II 型平方和; 三者关于交互作用的结果相同; 在平衡设计中, 三种类型的主因子平方和都等价于单因素方差分析的平方和 (7.2.16) 和 (7.2.18). 因此, 针对不平衡数据, 我们直接采用 III 型平方和.

例 7.3.2　一家临床研究中心为生长激素缺乏、尚未进入青春期的矮小儿童注射合成生长激素. 研究人员对儿童的性别 (因素 A) 和骨骼发育 (因素 B) 对激素诱导生长速度的影响很感兴趣. 儿童的骨骼发育分为三类: 严重发育不良、中度发育不良和轻度发育不良. 每个性别-骨骼发育组随机抽取 3 名儿童. 我们关注的反应变量 (Y) 是生长激素治疗期间的生长速度与治疗前正常生长速度之间的差异, 以每月厘米为单位. 18 名儿童中有 4 名未能完成为期一年的研究, 因此产生了不等的治疗样本量. 请注意, 这是一项观察性研究, 所有儿童都接受了相同的激素治疗, 随后观察了各性别儿童骨骼发育情况的变化, 没有对受试者进行随机治疗. 表 7.3.5 列出了研究数据. 图 7.3.1 显示了估计的治疗均值图. 从图 7.3.1 中可以明显看出, 儿童的骨骼发育对生长率的变化有很大影响. 为了检验是否存在这些因素的影响, 我们采用了一般线性检验方法和等效回归模型.

表 7.3.5 生长激素治疗期间的生长速度与治疗前正常生长速度的差 (厘米/月)

性别 (因素 A)	骨骼发育 (因素 B)		
	严重发育不良	中度发育不良	轻度发育不良
男孩	1.4, 2.4, 2.2	2.1, 1.7	0.7, 1.1
女孩	2.4	2.5, 1.8, 2.0	0.5, 0.9, 1.3

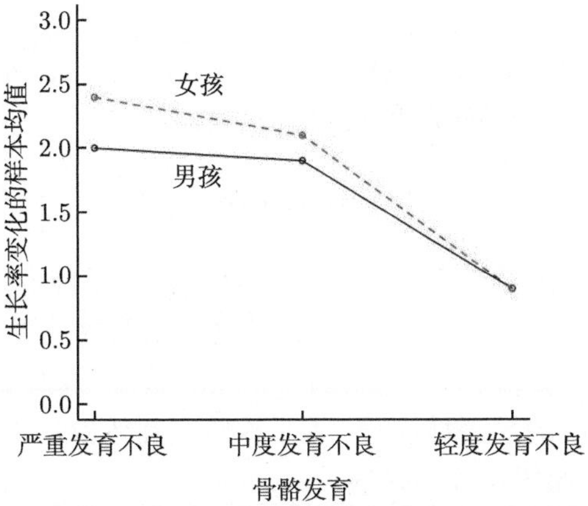

图 7.3.1 3 类不同骨骼发育下男孩和女孩各自生长率变化的样本均值

解 采用两向分类模型

$$y_{ijk} = \mu + \alpha_i + \beta_j + \gamma_{ij} + e_{ijk}, \quad i = 1, 2, \quad j = 1, 2, 3 \tag{7.3.48}$$

拟合该数据, 其中 $a = 2$, $b = 3$. 由于不平衡数据, 因此由边界约束条件 (7.3.6) 得

$$\alpha_2 = -\alpha_1, \quad \beta_3 = -\beta_1 - \beta_2, \quad \gamma_{13} = -\gamma_{11} - \gamma_{12}, \quad \gamma_{21} = -\gamma_{11}. \tag{7.3.49}$$

方差分析模型 (7.3.48) 等价于回归模型

$$y_{ijk} = \mu + A_{ijk1}\alpha_1 + B_{ijk1}\beta_1 + B_{ijk2}\beta_2 + A_{ijk1}B_{ijk1}\gamma_{11} + A_{ijk1}B_{ijk2}\gamma_{12} + e_{ijk}, \tag{7.3.50}$$

其中 $(\mu, \alpha_1, \beta_1, \beta_2, \gamma_{11}, \gamma_{12})$ 为模型未知回归参数, A_{ijk1}, B_{ijk1}, B_{ijk2} 为虚拟变量. 记

$$\boldsymbol{y} = (1.4, 2.4, 2.2, 2.1, 1.7, 0.7, 1.1, 2.4, 2.5, 1.8, 2.0, 0.5, 0.9, 1.3)',$$

根据(7.3.41), 则 α_1,β_1, β_2, γ_{11},γ_{12} 相应的虚拟变量向量分别为

$$(1, 1, 1, 1, 1, 1, 1, -1, -1, -1, -1, -1, -1, -1)' \triangleq \boldsymbol{x}_1,$$

$$(1,1,1,0,0,-1,-1,1,0,0,0,-1,-1,-1)' \triangleq \boldsymbol{x}_2,$$

$$(0,0,0,1,1,-1,-1,0,1,1,1,-1,-1,-1)' \triangleq \boldsymbol{x}_3,$$

$$(1,1,1,0,0,-1,-1,-1,0,0,0,1,1,1)' \triangleq \boldsymbol{x}_4,$$

$$(0,0,0,1,1,-1,-1,0,-1,-1,-1,1,1,1)' \triangleq \boldsymbol{x}_5.$$

记 $\mathbf{X}=(\mathbf{1}_{14},\boldsymbol{x}_1,\boldsymbol{x}_2,\boldsymbol{x}_3,\boldsymbol{x}_4,\boldsymbol{x}_5)$, $\boldsymbol{\theta}=(\mu,\alpha_1,\beta_1,\beta_2,\gamma_{11},\gamma_{12})'$, $\boldsymbol{e}$ 为相应的误差向量. 则线性模型(7.3.50)的矩阵形式为

$$\boldsymbol{y}=\mathbf{X}\boldsymbol{\theta}+\boldsymbol{e}. \tag{7.3.51}$$

因此, 方差分析模型下关于交互效应、A 与 B 主因子效应的显著性检验问题就转化成检验线性模型 (7.3.50) 或 (7.3.51) 的某些回归系数是否为零的问题. 具体检验如下:

(1) 关于交互效应的显著性检验. 为了检验交互效应是否存在, 首先将方差分析模型 (7.3.48) 下的原假设和备择假设

$$H_0: \text{全部的 } \gamma_{ij}=0 \longleftrightarrow H_1: \gamma_{ij} \text{ 不全为零}$$

转化成回归模型 (7.3.50) 下的原假设和备择假设

$$H_0: \gamma_{11}=\gamma_{12}=0 \longleftrightarrow H_1: \gamma_{11} \text{ 和 } \gamma_{12} \text{ 不全为零}.$$

因此, 我们只需检验模型(7.3.50)的两个回归系数是否为零. H_0 成立, 约简模型为

$$y_{ijk}=\mu+A_{ijk1}\alpha_1+B_{ijk1}\beta_1+B_{ijk2}\beta_2+e_{ijk}. \tag{7.3.52}$$

分别计算原模型(7.3.50)和约简模型(7.3.51)下的 LS 残差平方和, 分别为

$$\mathrm{SS}_e=\boldsymbol{y}'(\mathbf{I}_{14}-\mathbf{X}(\mathbf{X}'\mathbf{X})^{-1}\mathbf{X}')\boldsymbol{y}=1.3000,$$

$$\mathrm{SS}_e(A,B)=\boldsymbol{y}'(\mathbf{I}_{14}-\mathbf{X}_0(\mathbf{X}_0'\mathbf{X}_0)^{-1}\mathbf{X}_0')\boldsymbol{y}=1.3754,$$

其中 $\mathbf{X}_0=(\mathbf{1}_{14},\boldsymbol{x}_1,\boldsymbol{x}_2,\boldsymbol{x}_3)$. 它们的自由度分别为 8 和 10. 于是检验统计量

$$F_3=\frac{(\mathrm{SS}_e(A,B)-\mathrm{SS}_e)/(10-8)}{\mathrm{SS}_e/8}=\frac{1.3754-1.3000}{2}\div\frac{1.3000}{8}$$

$$=\frac{0.0377}{0.1625}=0.232.$$

在显著性水平 $\alpha = 0.05$ 下, 由于 $F_3 = 0.232 < F_{2,8}(0.05) = 4.46$, 因此接收 H_0, 认为儿童的性别 (A) 和骨骼发育 (B) 的交互效应对激素诱导生长速度的影响不显著. 该检验统计量的 P 值为 0.7980.

(2) 关于主因子效应的显著性检验. 检验儿童的性别 A 或骨骼发育 B 对激素诱导生长速度的影响是否显著. 方差分析模型 (7.3.48) 下的原假设和备择假设

$$H_{01}: \alpha_1 = \alpha_2 = 0 \longleftrightarrow H_{11}: \alpha_1 \text{ 和 } \alpha_2\text{不全为零},$$

$$H_{02}: \beta_1 = \beta_2 = \beta_3 = 0 \longleftrightarrow H_{12}: \beta_1, \beta_2 \text{ 和 } \beta_3\text{不全为零}$$

分别转化成回归模型(7.3.50)下的原假设和备择假设

$$H_{01}: \alpha_1 = 0 \longleftrightarrow H_{11}: \alpha_1 \neq 0,$$

$$H_{02}: \beta_1 = \beta_2 = 0 \longleftrightarrow H_{12}: \beta_1 \text{ 和}\beta_2\text{不全为零}.$$

于是在 H_{01}, H_{02} 下的相应约简模型分别

$$y_{ijk} = \mu + B_{ijk1}\beta_1 + B_{ijk2}\beta_2 + A_{ijk1}B_{ijk1}\gamma_{11} + A_{ijk1}B_{ijk2}\gamma_{12} + e_{ijk}, \tag{7.3.53}$$

$$y_{ijk} = \mu + A_{ijk1}\alpha_1 + A_{ijk1}B_{ijk1}\gamma_{11} + A_{ijk1}B_{ijk2}\gamma_{12} + e_{ijk}. \tag{7.3.54}$$

计算约简模型 (7.3.53) 和 (7.3.54) 下的 LS 残差平方和, 分别得

$$\mathrm{SS}_e(B, AB) = \boldsymbol{y}'(\mathbf{I}_{14} - \mathbf{X}_{-A}(\mathbf{X}'_{-A}\mathbf{X}_{-A})^{-1}\mathbf{X}'_{-A})\boldsymbol{y} = 1.4200,$$

$$\mathrm{SS}_e(A, AB) = \boldsymbol{y}'(\mathbf{I}_{14} - \mathbf{X}_{-B}(\mathbf{X}'_{-B}\mathbf{X}_{-B})^{-1}\mathbf{X}'_{-B})\boldsymbol{y} = 5.4897,$$

其中 $\mathbf{X}_{-A} = (\mathbf{1}_{14}, \boldsymbol{x}_2, \boldsymbol{x}_3, \boldsymbol{x}_4, \boldsymbol{x}_5)$, $\mathbf{X}_{-B} = (\mathbf{1}_{14}, \boldsymbol{x}_1, \boldsymbol{x}_4, \boldsymbol{x}_5)$. 它们的自由度分别为 9 和 10. 将其代入 (7.3.46) 和 (7.3.47), 分别计算 H_{01} 和 H_{02} 的检验统计量的值

$$F_1 = \frac{1.4200 - 1.3000}{9 - 8} \div \frac{1.3000}{8} = \frac{0.1200}{0.1625} = 0.7385 < F_{1,8}(0.05) = 5.32,$$

$$F_2 = \frac{5.4897 - 1.3000}{10 - 8} \div \frac{1.3000}{8} = \frac{2.0949}{0.1625} = 12.8917 > F_{2,8}(0.05) = 4.46.$$

因此, 在显著性水平 $\alpha = 0.05$ 下, 可以认为儿童的性别 (A) 对激素诱导生长速度的影响是不显著的, 但儿童的骨骼发育 (B) 对激素诱导生长速度有显著影响. 两个检验统计量的 P 值分别为 0.4152 和 0.0031. 将以上所得的方差分析结果汇总在表 7.3.6. 相应的计算程序如下.

表 7.3.6　生长激素数据的方差分析

方差源	自由度	平方和	均方	F 值	P 值
性别 (A)	1	0.1200	0.1200	0.7385	0.4152
骨骼发育 (B)	2	4.1897	2.0948	12.8914	0.0031
A 和 B 交互	2	0.0754	0.0377	0.2321	0.7980
残差	8	1.3000	0.1625		

```
y<-c(1.4, 2.4, 2.2,2.1, 1.7, 0.7,  1.1, 2.4, 2.5, 1.8, 2.0, 0.5, 0.9, 1.3)
A1<-c(1,1,1, 1,1,1,1,-1,-1,-1, -1,-1,-1,-1) ## A虚拟变量
B1<-c(1,1,1, 0,0,-1,-1,1,0,0, 0,-1,-1,-1)  ## B虚拟变量
B2<-c(0,0,0, 1,1,-1,-1,0,1,1, 1,-1,-1,-1)
A1B1<- A1*B1; A1B2<- A1*B2          ## AB交互虚拟变量
n<- length(y)                 ## 总样本量
ylm<- lm(y~A1+ B1+B2+A1B1+A1B2)
SSE<- sum(anova(ylm)["Residuals", "Sum Sq"]) #全模型残差
ylmA<- lm(y~B1+B2+A1B1+A1B2)
SSE_A<- sum(anova(ylmA)["Residuals", "Sum Sq"])
SSA=SSE_A-SSE                          # A因子平方和
ylmB<- lm(y~A1+A1B1+A1B2)
SSE_B<- sum(anova(ylmB)["Residuals", "Sum Sq"])
SSB=SSE_B-SSE                        # B因子平方和
ylmAB<- lm(y~A1+B1+B2)
SSE_AB<- sum(anova(ylmAB)["Residuals", "Sum Sq"])
SSAB=SSE_AB-SSE                      # AB因子平方和
SS<-round(c(SSA,SSB,SSAB,SSE),4)       # III 型平方和
F_A=(n-6)*SSA/(1*SSE)                # F 统计量
F_B=(n-6)*SSB/(2*SSE)
F_AB=(n-6)*SSAB/(2*SSE)
df<-c(1,2,2,n-6)                   #自由度
MSS<-round(SS/df,4)                 #均方
F<-c(round(F_A,4), round(F_B,4),round( F_AB,4),NA)
pvalue<-c(1- round(pf(F_A,1,n-6),4), 1-round(pf(F_B,2,n-6), 4),
1-round(pf(F_AB, 2,n-6),4),NA)
TypeIIIresult= cbind(df,SS, MSS, F, pvalue)      ###结果
rownames (TypeIIIresult) <-c('A', 'B', 'A:B', 'Residual')
TypeIIIresult
```

注 7.3.2　值得注意的是, 尽管 R 语言 “car” 程序包中的 Anova() 函数提供了三种类型平方和计算方法, 其默认为 I 型平方和 (与 aov() 的结果相同), “type = 2” 对应于这里的 II 型平方和, 但其 “type = 3” 并非对应于通常定义的 III 型

平方和 (表 7.3.4), 尽管针对无交互效应的方差分析模型, 其结果与 "type = 2" 相同, 但对于带交互效应的方差分析模型, 在平衡数据下, 其结果不能与 I 型、II 型平方和结果相同.

注 7.3.3 在方差分析模型的检验中, 一般首先检验交互效应是否显著, 如果不显著, 则在检验主因子效应的显著性时可直接基于无交互效应的方差分析模型, 从而可提高检验的精度. 如例 7.3.2 中, 由 F_3 检验结果表明 A 和 B 的交互效应不显著后, A 和 B 的显著性检验就可以基于模型:

$$y_{ijk} = \mu + A_{ijk1}\alpha_1 + B_{ijk1}\beta_1 + B_{ijk2}\beta_2 + e_{ijk}. \tag{7.3.55}$$

类似可计算在 H_{01}, H_{02} 下的相应约简模型

$$y_{ijk} = \mu + B_{ijk1}\beta_1 + B_{ijk2}\beta_2 + e_{ijk}$$

和

$$y_{ijk} = \mu + A_{ijk1}\alpha_1 + e_{ijk}$$

的 LS 残差平方和, 分别为 $\mathrm{SS}_e^*(B) = 1.468$, $\mathrm{SS}_e^*(A) = 5.771$. 从而计算得 $R(\boldsymbol{\alpha}|\mu, \boldsymbol{\beta}) = \mathrm{SS}_e^*(B) - \mathrm{SS}_e(A, B) = 0.0926$, $R(\boldsymbol{\beta}|\mu, \boldsymbol{\alpha}) = \mathrm{SS}_e^*(A) - \mathrm{SS}_e(A, B) = 4.3960$, $\mathrm{SS}_e^* = \mathrm{SS}_e^*(A, B) = 1.3754$, 它们的自由度分别为 1, 2, 10,

$$F_1^* = \frac{R(\boldsymbol{\alpha}|\mu, \boldsymbol{\beta})}{\mathrm{SS}_e^*/10} = 0.673 < F_{1,10}(0.05) = 4.9646,$$

$$F_2^* = \frac{R(\boldsymbol{\beta}|\mu, \boldsymbol{\alpha})/2}{\mathrm{SS}_e^*/10} = 15.981 > F_{2,10}(0.05) = 4.1028.$$

以上结果表明: 儿童的性别 (A) 对激素诱导生长速度的影响不显著, 儿童的骨骼发育 (B) 对激素诱导生长速度有显著影响. 不过, 两个统计量相应的 P 值分别为 0.4311 和 0.00077. 与表 7.3.6 中的检验 P 值比较, 剔除不显著的交互效应后, 因子 A 显著性检验统计量的 P 值更大, 而因子 B 的检验统计量的 P 值更小, 即表明关于因子 A 和 B 的显著性检验的精度提高. 以上无交互效应的两向分类模型的主因子的精确检验, 直接应用函数 Anova(lm(y∼A+B, Type=2)) 完成, 具体程序如下:

```
install.packages("car")
library(car)
A<-factor( c(1,1,1, 1,1,1,1,2,2,2, 2,2,2,2) )
B<-factor(c(1,1,1, 2,2,3,3,1,2,2,2,3,3,3))
ylm<- lm(y~A+B)
Anova(ylm, type=2)
```

注 7.3.4 本节以上结论是基于 $n_{ij}>0$ 且单元均值 μ_{ij} 等重要性假设下的边界约束条件 (7.3.6) 导出的, 针对 μ_{ij} 重要性不等情形和部分单元没有观测值 $(n_{ij}=0)$ 的情形的相关研究, 感兴趣的读者可参见 (Kutner et al., 2004).

前面几节我们分别讨论了单向分类模型、两向分类模型. 如果试验中所含的因素多于两个, 则需要多向分类模型. 例如, 假设有三个因子 A, B, C, 水平数分别为 a, b, c. 在 A, B, C 之间可能还存在着交互效应, 于是, 在因子水平组合 A_i, B_j 和 C_k 的第 l 次观测 y_{ijkl} 可以分解为

$$y_{ijkl}=\mu+\alpha_i+\beta_j+\gamma_k+(\boldsymbol{\alpha})_{ij}+(\boldsymbol{\gamma})_{jk}+(\boldsymbol{\alpha\gamma})_{ij}+(\boldsymbol{\alpha\gamma})_{ijk}+e_{ijkl}, \tag{7.3.56}$$

$$i=1,\cdots,a,\quad j=1,\cdots,b,\quad k=1,\cdots,c,\quad l=1,\cdots,n_{ij},$$

其中 μ, α_i, β_j, γ_k 的意义和前面相同. $(\boldsymbol{\alpha})_{ij}$ 表示水平组合 A_i 和 B_j 的交互效应, 余类推. $(\boldsymbol{\alpha\gamma})_{ijk}$ 表示水平组合 A_i, B_j 和 C_k 的交互效应. 一般称 $(\boldsymbol{\alpha})_{ij}$ 为一级交互效应, 称 $(\boldsymbol{\alpha\gamma})_{ijk}$ 为二级交互效应. 模型 (7.3.39) 称为三向分类模型, 仿此, 读者可以写出四向、五向分类模型. 原则上, 我们可以把模型推广到任意向分类模型. 对于这些模型的统计分析, 其原理和具体方法与前面几节基本相同. 有了前面的基础, 原则上我们能够处理含任意多个因素的方差分析模型的统计分析. 于是, 对这些模型的统计分析我们不再详细讨论了.

7.4 套分类模型

前面所讨论的两向分类模型有一个特点, 就是因子 A 和 B 的任意两个水平都可以相遇, 这时因子 A 和 B 处于交叉状态, 于是这类模型又称为交叉分类模型. 但是在一些情况下, 因子 A 和 B 并不是所有的水平都能相遇. 例如在化工试验中, 要比较甲, 乙两种催化剂, 同时还要选择每种催化剂所适应的温度. 往往不同的催化剂所要求的温度不同. 例如催化剂甲可能要求的温度高一些, 而催化剂乙则要求的温度低一些. 因此在进行试验时, 对不同的催化剂温度水平的选择就不一样. 如果对催化剂甲选择的温度是 200℃, 220℃ 和 240℃, 而对催化剂乙选择的温度是 150℃, 170℃ 和 190℃, 这时催化剂甲就不能与温度低的水平 150℃, 170℃ 和 190℃ 相遇, 而催化剂乙就不能与温度高的水平 200℃, 220℃ 和 240℃ 相遇. 我们称催化剂是一级因素, 温度是二级因素. 二级因素像是套在一级因素里面, 于是把这种安排试验的方法叫做套设计 (nested design). 对应的模型叫做套分类模型 (nested classification model). 刚才的例子含催化剂和温度两个因素, 叫做两级套分类模型.

一般假设因子 A 有 a 个水平, 且在因子 A 的第 i 个水平下因子 B 有 b_i 个水平, 并记套在因子水平 A_i 的因子 B 的第 j 个水平为 $b_{j(i)}$ 且在水平组合 A_i 和

$B_{j(i)}$ 下重复观测 n_{ij} 次, 记 y_{ijk} 为在此组合下的第 k 个观测值 (表 7.4.1), 则两级套分类模型可表示为如下形式:

$$y_{ijk}=\mu+\alpha_i+\beta_{j(i)}+e_{ijk},\quad i=1,\cdots,a,\quad j=1,\cdots,b_i,\quad k=1,\cdots,n_{ij}, \tag{7.4.1}$$

这里 μ,α_i,e_{ijk} 的意义和以前讨论的各种模型都相同. 并假定 $e_{ijk}\sim N(0,\sigma^2)$, 所有 e_{ijk} 相互独立, 且称 $\beta_{j(i)}$ 为水平 $B_{j(i)}$ 的效应.

引入矩阵符号, 可以把 (7.4.1) 式表示为矩阵形式, 即线性模型的一般形式. 因此我们能够和前面几节一样把线性模型的估计和检验理论应用于这个模型的统计分析.

表 7.4.1 两级套分类模型数据形式表

因子A									
A_1			A_2			$\cdots$	A_a		
$B_{1(1)}$	$\cdots$	$B_{b_1(1)}$	$B_{1(2)}$	$\cdots$	$B_{b_2(2)}$	$\cdots$	$B_{1(a)}$	$\cdots$	$B_{b_a(a)}$
y_{111}	$\cdots$	y_{1b_11}	y_{211}	$\cdots$	y_{2b_21}	$\cdots$	y_{a11}	$\cdots$	y_{ab_a1}
y_{112}	$\cdots$	y_{1b_12}	y_{212}	$\cdots$	y_{2b_22}	$\cdots$	y_{a12}	$\cdots$	y_{ab_a2}
$\vdots$		$\vdots$	$\vdots$		$\vdots$		$\vdots$		$\vdots$
$y_{11n_{11}}$	$\cdots$	$y_{1b_1n_{1b_1}}$	$y_{21n_{21}}$	$\cdots$	$y_{2b_2n_{2b_2}}$	$\cdots$	$y_{a1n_{a1}}$	$\cdots$	$y_{ab_an_{ab_a}}$

7.4.1 参数估计

写出设计阵 $\mathbf{X}$, 不难推得正则方程为

$$n_{\cdot\cdot}\mu+\sum_{i=1}^{a}n_{i\cdot}\,\alpha_i+\sum_{i=1}^{a}\sum_{j=1}^{b_i}n_{ij}\beta_{j(i)}=y_{\cdots}, \tag{7.4.2}$$

$$n_{i\cdot}\,\mu+n_{i\cdot}\,\alpha_i+\sum_{j=1}^{b_i}n_{ij}\beta_{j(i)}=y_{i\cdot\cdot},\qquad i=1,\cdots,a, \tag{7.4.3}$$

$$n_{ij}\mu+n_{ij}\alpha_i+n_{ij}\beta_{j(i)}=y_{ij\,\cdot},\qquad j=1,\cdots,b_i, \tag{7.4.4}$$

其中 $n_{i\cdot}=\sum\limits_{j=1}^{b_i}n_{ij}$, $n_{\cdot\cdot}=\sum\limits_{i=1}^{a}\sum\limits_{j=1}^{b_i}n_{ij}$. 从正则方程容易看出, 只有 (7.4.4) 所含的 $\sum\limits_{i=1}^{a}b_i$ 个方程是独立的, 即 $\mathrm{rk}(\mathbf{X})=\sum\limits_{i=1}^{a}b_i$. 因为未知参数有 $\sum\limits_{i=1}^{a}b_i+a+1$ 个, 所以和前几节一样, 我们还需寻找未知量间另外 $a+1$ 个独立方程, 即所谓的边界条件. 但对现在的情况, 从 (7.4.4) 容易看到, 取边界条件为

$$\mu=0,\quad \alpha_i=0,\quad i=1,2,\cdots,a \tag{7.4.5}$$

是很方便求解的. 由 (7.4.4) 和 (7.4.5) 解得

$$\widehat{\beta}_{j(i)}=\frac{y_{ij\cdot}}{n_{ij}},\qquad i=1,2,\cdots,a,\quad j=1,2,\cdots,b_i. \tag{7.4.6}$$

它们与

$$\widehat{\mu}=0,\qquad \widehat{\alpha}_i=0,\qquad i=1,2,\cdots,a \tag{7.4.7}$$

一起构成未知参数的一组 LS 解.

显然 $\mu_{ij}=\mu+\alpha_i+\beta_{j(i)}$ $(i=1,2,\cdots,a,\ j=1,2,\cdots,b_i)$ 都是可估的, 且构成了极大线性无关的可估函数组. 容易证明, 参数函数

$$\beta_{j(i)}-\beta_{j'(i)},\qquad \text{对一切 } i,j\neq j' \tag{7.4.8}$$

都是可估的. 对于固定的 i, $\beta_{j(i)}-\beta_{j'(i)}$ 为因子 B 的水平 $B_{j(i)}$ 和 $B_{j'(i)}$ 效应之差. 对本节一开头的例子, 它就是对某种催化剂, 两种不同温度效应之差. 但是 $\alpha_i-\alpha_{i'}$, $i\neq i'$, 更一般地, 任何形如 $\sum\limits_i c_i\alpha_i$ 的函数都是不可估计的. 如果 $b_i=b$, $i=1,\cdots,a$, 即对因子 A 的每个水平, 因子 B 的水平数都相同, 且 $n_{ij}=c$ $(i=1,2,\cdots,a,\ j=1,2,\cdots,b)$. 记 $\sum\limits_j \beta_{j(i)}/b=\overline{\beta}_{\cdot(i)}$, 则

$$(\alpha_i+\overline{\beta}_{\cdot(i)})-(\alpha_{i'}+\overline{\beta}_{\cdot(i')}),\qquad i\neq i' \tag{7.4.9}$$

都是可估的. 它的实际意义和 (7.3.22), (7.3.23) 相类似, 即在对因子 B 求平均的意义下, 因子 A 的两个水平 i 和 i' 的效应之差. 对催化剂的那个例子, (7.4.9) 就是对温度平均的意义下, 催化剂甲和乙的效应之差. 容易验证, 可估函数 (7.4.8) 和 (7.4.9) 的 BLU 估计分别为

$$\frac{y_{ij\cdot}}{n_{ij}}-\frac{y_{ij'\cdot}}{n_{ij'}},\quad \text{对一切 } i\neq j \tag{7.4.10}$$

和 (在 $b_i=b$, $n_{ij}=c$ 的条件下)

$$\overline{y}_{i\cdot\cdot}-\overline{y}_{i'\cdot\cdot}\quad \text{对一切 } i\neq i'.$$

7.4.2 假设检验

我们首先考虑二级因子诸水平效应是否相等的假设, 即

$$H_{01}:\quad \beta_{1(i)}=\cdots=\beta_{b_i(i)},\quad i=1,\cdots,a. \tag{7.4.11}$$

根据正则方程 (7.4.2)—(7.4.4) 和 LS 解 (7.4.6) 和 (7.4.7), 立得回归平方和

$$\text{RSS}(\mu,\boldsymbol{\alpha},\boldsymbol{\beta})=y_{\cdots}\widehat{\mu}+\sum_{i=1}^{a}y_{i\cdot\cdot}\widehat{\alpha}_i+\sum_{i=1}^{a}\sum_{j=1}^{b_i}y_{ij\cdot}\widehat{\beta}_{j(i)}=\frac{1}{n_{ij}}\sum_{i=1}^{a}\sum_{j=1}^{b_i}y_{ij\cdot}^2,$$

残差平方和

$$\begin{aligned}\text{SS}_e&=\sum_{i=1}^{a}\sum_{j=1}^{b_i}\sum_{k=1}^{n_{ij}}y_{ijk}^2-\text{RSS}(\mu,\boldsymbol{\alpha},\boldsymbol{\beta})\\&=\sum_{i=1}^{a}\sum_{j=1}^{b_i}\sum_{k=1}^{n_{ij}}y_{ijk}^2-\frac{1}{n_{ij}}\sum_{i=1}^{a}\sum_{j=1}^{b_i}y_{ij\cdot}^2\\&=\sum_{i=1}^{a}\sum_{j=1}^{b_i}\sum_{k=1}^{n_{ij}}(y_{ijk}-\overline{y}_{ij\cdot})^2.\end{aligned}\tag{7.4.12}$$

其自由度等于 $n_{\cdot\cdot}-m$, 这里 $m=\sum\limits_i b_i$. 当假设 H_{01} 成立时, $\beta_{j(i)}$ 只与 i 有关与 j 无关, 故记作 β_i. 于是约简模型为

$$y_{ijk}=\mu+\alpha_i+\beta_i+e_{ijk}\triangleq\mu^0+\alpha_i^0+e_{ijk},\tag{7.4.13}$$

这里 $\mu^0=\mu$, $\alpha_i^0=\alpha_i+\beta_i$, 这是一个单向分类模型. 记 $\boldsymbol{\alpha}^0=(\alpha_1^0,\cdots,\alpha_a^0)$. 应用 7.1 节的结果, 立得回归平方和

$$\text{RSS}(\mu^0,\boldsymbol{\alpha}^0)=\sum_{i=1}^{a}\frac{y_{i\cdot\cdot}^2}{n_{i\cdot}}\ .\tag{7.4.14}$$

结合 (7.3.13), 得到平方和

$$\begin{aligned}\text{SS}_{H_{01}}&=\text{RSS}(\mu,\boldsymbol{\alpha},\boldsymbol{\beta})-\text{RSS}(\mu^0,\boldsymbol{\alpha}^0)\\&=\frac{1}{n_{ij}}\sum_{i=1}^{a}\sum_{j=1}^{b_i}y_{ij\cdot}^2-\sum_{i=1}^{a}\frac{y_{i\cdot\cdot}^2}{n_{i\cdot}}\ .\end{aligned}\tag{7.4.15}$$

它是二级因子 B 的水平变化所引起的观测数据变差平方和, 故称为因子 B 的平方和, 也记为 SS_B, 其自由度等于假设 H_{01} 所含独立方程个数 $m-a$,这里 $m=\sum\limits_i b_i$.

根据 5.1 节, 检验 H_{01} 的 F 统计量为

$$F_1=\frac{\text{SS}_{H_{01}}/(m-a)}{\text{SS}_e/(n_{\cdot\cdot}-m)}\ .\tag{7.4.16}$$

当 H_{01} 为真时, $F_1 \sim F_{m-a,\ n_{..}-m}$.

下面讨论一级因子 A 诸水平效应相等性检验. 因为 $\alpha_1 = \cdots = \alpha_a$ 是不可检验假设. 我们退一步考虑对因子 B 诸水平平均的意义下, 因子 A 各水平效应相等性检验. 为简单起见, 假设因子 B 的水平 b_i 都相等, 即假定 $b_i = b\ (i = 1, \cdots, a)$, 又设对一切 i, j, $n_{ij} = c$, 则问题归结为检验假设

$$H_{02}:\quad \alpha_1 + \overline{\beta}_{\cdot(1)} = \cdots = \alpha_a + \overline{\beta}_{\cdot(a)}. \tag{7.4.17}$$

由 (7.4.9) 处的讨论知, H_{02} 是可检验假设. 对 b_i 或 n_{ij} 不都相等的情形, 读者可参阅 Searle (1971).

若 H_{02} 成立, $\alpha_i + \overline{\beta}_{\cdot(i)}$ 与 i 无关. 采用与 7.3 节类似的方法, 把模型 (7.4.1) 改写为

$$\begin{aligned} y_{ijk} &= \mu + (\alpha_i + \overline{\beta}_{\cdot(i)}) + (\beta_{j(i)} - \overline{\beta}_{\cdot(i)}) + e_{ijk} \\ &= \mu^* + \beta^*_{j(i)} + e_{ijk}, \end{aligned} \tag{7.4.18}$$

其中

$$\mu^* = \mu + \alpha_i + \overline{\beta}_{\cdot(i)},\ \text{它与 } i \text{ 无关},\quad \beta^*_{j(i)} = \beta_{j(i)} - \overline{\beta}_{\cdot(i)}$$

满足 $\sum\limits_{j=1}^{b} \beta^*_{j(i)} = 0$, 应用 Lagrange 乘子法, 极小化辅助函数

$$\sum_{i=1}^{a}\sum_{j=1}^{b}\sum_{k=1}^{c}(y_{ijk} - \mu^* - \beta^*_{j(i)})^2 + 2\sum_{i=1}^{a}\sum_{j=1}^{b}\lambda_i\beta^*_{j(i)},$$

可以求出 μ^* 和 $\beta^*_{j(i)}$ 的约束 LS 解. 正则方程为

$$\begin{cases} abc\widehat{\mu}^* + c\sum\limits_{i=1}^{a}\sum\limits_{j=1}^{b}\widehat{\beta}^*_{j(i)} = y_{\cdots}, \\ c\widehat{\mu}^* + c\widehat{\beta}^*_{j(i)} + c\lambda_i = y_{ij\cdot}, \quad i = 1, \cdots, a, \quad j = 1, \cdots, b. \end{cases}$$

$\beta^*_{j(i)}$ 的约束 LS 解为

$$\widehat{\beta}^*_{j(i)} = \overline{y}_{ij\cdot} - \overline{y}_{i\cdot\cdot}, \quad i = 1, \cdots, a, \quad j = 1, \cdots, b. \tag{7.4.19}$$

根据这些结果, 对约简模型 (7.4.18), μ^*, $\beta^*_{j(i)}$ 等的回归平方和为

$$\mathrm{RSS}(\mu^*,\ \beta^*_{j(i)}) = \widehat{\mu}^* y_{\cdots} + \sum_{i=1}^{a}\sum_{j=1}^{b}\widehat{\beta}^*_{j(i)}y_{ij\cdot} = \frac{y^2_{\cdots}}{abc} + \sum_{i=1}^{a}\sum_{j=1}^{b}(\overline{y}_{ij\cdot} - \overline{y}_{i\cdot\cdot})y_{ij\cdot}. \tag{7.4.20}$$

于是从 (7.4.12) 和 (7.4.20) 算得平方和

$$\begin{aligned}\mathrm{SS}_{H_{02}} &= \mathrm{RSS}(\mu, \boldsymbol{\alpha}, \boldsymbol{\beta}) - \mathrm{RSS}(\mu^*, \boldsymbol{\beta}^*)\\ &= \sum_{i=1}^{a} \frac{y_{i\cdot\cdot}^2}{bc} - \frac{y_{\cdot\cdot\cdot}^2}{abc}\\ &= \sum_{i=1}^{a}\sum_{j=1}^{b}\sum_{k=1}^{c}(\overline{y}_{i\cdot\cdot} - \overline{y}_{\cdot\cdot\cdot})^2. \end{aligned} \tag{7.4.21}$$

从 (7.4.21) 可以看出, $\mathrm{SS}_{H_{02}}$ 是因子 A 各水平下所有观测值的平均对总平均的变差平方和, 故也称 $\mathrm{SS}_{H_{02}}$ 为因子 A 的平方和, 相应地也记为 SS_A. 很明显, 这个平方和的自由度为 $a-1$, 根据 5.1 节, 检验假设 H_{02} 的 F 统计量为

$$F_2 = \frac{\mathrm{SS}_{H_2}/(a-1)}{\mathrm{SS}_e/ab(c-1)}\ , \tag{7.4.22}$$

当 H_{02} 为真时, $F_2 \sim F_{a-1,\ ab(c-1)}$.

例 7.4.1 比较甲、乙、丙、丁四种催化剂, 每种催化剂要求的温度范围不完全相同. 对每种催化剂, 温度都取了三个水平 (℃):

甲 (A_1): 50, 55, 60, 乙 (A_2): 70, 80, 90,

丙 (A_3): 55, 65, 75, 丁 (A_4): 90, 95, 100.

观测数据如表 7.4.2.

表 7.4.2 催化剂数据表

		催化剂			
		A_1	A_2	A_3	A_4
温度	$B_{1(i)}$	85, 89	82, 84	65, 61	67, 71
	$B_{2(i)}$	72, 70	91, 88	59, 62	75, 78
	$B_{3(i)}$	70, 67	85, 83	60, 56	85, 89

解 对此例 $a=4,\ b=3,\ c=2,\ n_{i\cdot}=6,\ n_{\cdot j}=8,\ n_{\cdot\cdot}=24,\ \sum\limits_i b_i = 12.$

$$\mathrm{SS}_{H_{01}} = \sum_{i=1}^{a}\sum_{j=1}^{b} y_{ij\cdot}^2/2 - \sum_{i=1}^{a} y_{i\cdot\cdot}^2/6 = 136866 - 136062 = 804\ (= \mathrm{SS}_B),$$

其自由度为 8.

$$\mathrm{SS}_{H_{02}} = \sum_{i=1}^{a} y_{i\cdot\cdot}^2/6 - \sum_{i=1}^{a}\sum_{j=1}^{b} y_{\cdot\cdot\cdot}^2/24 = 1960.5\ (= \mathrm{SS}_A),$$

其自由度为 3. 残差平方和

$$\mathrm{SS}_e=\sum_{i=1}^{a}\sum_{j=1}^{b}\sum_{k=1}^{c}y_{ijk}^2-\sum_{i=1}^{a}\sum_{j=1}^{b}y_{ij\cdot}^2/2=64,$$

其自由度为 12. 将计算结果列于表 7.4.3 中, 从表 7.4.3 中可以看出, $P(F_{3,12}>122.5)=2.89\text{e-}09$, $P(F_{8,12}>18.84)=1.11\text{e-}05$, 所以在显著性水平 $\alpha=0.01$, 我们拒绝两个原假设. 即对这四种催化剂, 温度不同水平的差异是显著的, 并且就三种温度平均来说, 四种催化剂的差异也都是显著的. 以上计算对应的程序为

```
y<- c(85,89,82,84,65,61,67,71,72,70,91,88,59,62,75,78,70,67,85,83,60,56,85,89)
B<-factor(gl(3,8,24))
 A<-factor(gl(4,2,24))
 y.aov <- aov(y~A/B)  # 或  aov(y~A+A:B) 套结构
 summary(y.aov)
```

表 7.4.3 方差分析表

方差源	自由度	平方和	均方	F 值	P 值
催化剂 A	3	1960.5	653.5	$F_1=122.5$	2.89e–09
温度 (催化剂) $B(A)$	8	804.0	100.5	$F_2=18.84$	1.11e–05
误差	12	64.0	5.3		
总和	23	2828.5			

要进一步搞清楚, 对固定的催化剂是哪些温度之间有差异, 以及在四种催化剂中, 哪些催化剂之间有显著的差异, 需要作 $\beta_{j(i)}-\beta_{j'(i)}$, $j\neq j'$ 和 $(\alpha_i+\beta_{\cdot(i)})-(\alpha_i'+\beta_{\cdot(i')})$ 的同时置信区间. 感兴趣的读者可以把这些工作作为练习.

在例 7.4.1 中, 如果除了催化剂和温度之外, 还考虑反应压力. 而且对不同的温度所需要的反应压力也不完全相同, 这样试验就需要先按催化剂分类, 然后在每一类中再按温度分类, 最后按压力分类. 这样就形成了压力套在温度各水平内, 而温度又套在催化剂的各水平内的状况, 这就是三级套分类试验, 其中催化剂是一级因素, 温度是二级因素, 反应压力是三级因素. 三级套分类模型一般形式为

$$y_{ijkl}=\mu+\alpha_i+\beta_{j(i)}+\gamma_{k(ij)}+e_{ijkl}, \tag{7.4.23}$$

$$i=1,\cdots,a,\quad j=1,\cdots,b_i,\quad k=1,\cdots,n_{ij},\quad l=1,\cdots,n_{ijk}.$$

如果把三个因素分别记为 A, B, C, 则 y_{ijkl} 就是在水平组合 A_i, $B_{j(i)}$, $C_{k(ij)}$ 下的第 l 次观测值. (7.4.23) 中 μ, α_i, $\beta_{j(i)}$ 的意义与 7.3 节意义相同, $\gamma_{k(ij)}$ 是水平

$C_{k(ij)}$ 的效应, 即因子 A 在水平 A_i, 因子 B 在水平 $B_{j(i)}$, 因子 C 的第 k 个水平 $C_{k(ij)}$ 的效应.

更一般地, 可以有任意 k 级套分类模型.

有时在一些试验中, 一部分因子处于交叉状态, 而另一些因子处于镶套状态, 这时就产生了混合分类模型. 例如, 试验者考虑三个因子 A, B, C 的试验, 如果 A 和 B 是交叉的, 而因子 C 套在因子 B 内, 假设诸因子没有交叉效应, 则这个试验的模型为

$$y_{ijkl} = \mu + \alpha_i + \beta_j + \gamma_{k(j)} + e_{ijkl},$$

$$i = 1, \cdots, a, \quad j = 1, \cdots, b, \quad k = 1, \cdots, c_j, \quad l = 1, \cdots, n_{ijk}.$$

这就是一个混合分类模型.

关于这些模型的统计分析, 本质上与两级套分类模型相同, 此处不再详细讨论了, 读者可以把它们当作练习去完成. 至于其他试验设计模型的统计分析, 读者可参阅方开泰和马长兴 (2001).

7.5 误差正态性及方差齐性检验

在前面所有模型假设检验问题的讨论中, 我们都假定观测误差向量 e 满足 ① 诸分量相互独立; ② 正态性; ③ 方差齐性 (即每个观测值的方差相等). 如果某一条假设不满足的话, 方差分析的检验统计量一般不会服从 F 分布, 这时方差分析的结果就不可靠, 甚至会导致错误的结论. 一般来说, 对一个具体问题, 这些假设是否满足并不是明显的. 我们容易理解, 只要在试验过程中随机化得到很好的实现, 试验结果的相互独立性一般是容易满足的. 但是, 因变量 (响应变量, 即指标) 的方差齐性或正态性却不然. 所以本节我们讨论后两种假设的检验.

7.5.1 正态性检验

对单向分类模型, 若误差方差相等, 则模型可表示为

$$y_{ij} = \mu + \alpha_i + e_{ij}, \quad i = 1, \cdots, a, \quad j = 1, \cdots, n_i, \tag{7.5.1}$$

这里诸 e_{ij} 相互独立. 本节的问题是检验随机误差 $e_{ij} \sim N(0, \sigma^2)$ 是否成立. 当样本量 n_i 都较大时, 我们可以采用第 6 章介绍的基于残差的正态性检验的方法. 本节介绍另外一种针对小样本的正态性检验方法.

记第 i 水平下第 j 次观测的残差为

$$\hat{e}_{ij} = y_{ij} - \overline{y}_{i\cdot}, \quad i = 1, \cdots, a, \quad j = 1, \cdots, n_i.$$

若 e_{ij} 服从正态分布 $N(0,\sigma^2)$, 则残差 $\hat{e}_{ij}$ 的均值、方差和协方差分别为

$$E(\hat{e}_{ij})=0,\quad \mathrm{Var}(\hat{e}_{ij})=\frac{n_i-1}{n_i}\sigma^2,$$

$$\mathrm{Cov}(\hat{e}_{ij},\hat{e}_{i'j'})=\begin{cases}0, & i\neq i',\\ -\dfrac{\sigma^2}{n_i}, & i=i',\ j\neq j'.\end{cases}$$

也就是说在同一水平下残差方差相同但不独立, 而在不同水平下残差方差不等, 但是相互独立. 若作如下线性变换

$$z_{il}=\sqrt{\frac{l}{l+1}}\left(\frac{1}{l}\sum_{j=1}^{l}\hat{e}_{ij}-\hat{e}_{i,l+1}\right)=\sqrt{\frac{l}{l+1}}\left(\frac{1}{l}\sum_{j=1}^{l}y_{ij}-y_{i,l+1}\right),\tag{7.5.2}$$

$$i=1,2,\cdots,a,\qquad l=1,2,\cdots,n_i-1.$$

将 $N=\sum\limits_i n_i$ 个残差变为 $N-a$ 个 z_{il}, 这 $N-a$ 个统计量具有均值为 0, 而

$$\mathrm{Var}(z_{il})=\sigma^2,\qquad \mathrm{Cov}(z_{il},z_{i'l'})=0.$$

这样, 我们可把 $\{z_{il},\ i=1,2,\cdots,a,\ l=1,2,\cdots,n_i-1\}$ 作为从 $N(0,\sigma^2)$ 总体抽取的一组独立样本. 通过它可以检验误差分布的正态性. 因为我们在初等统计学中, 对一组 (或单个变量) 独立样本正态性的检验已经学过很多方法, 如 Q-Q 图、Shapiro-Wilk 法、Kolmogorov 检验法、偏度检验法、峰度检验法等.

方差分析法对总体分布偏离正态分布有较好的稳健性. 但当总体分布偏离正态分布较大时, 方差分析法对于检验均值的均匀性可能就不敏感, 此时, 使用非参数法较为合适.

7.5.2　方差齐性检验

若把单因素方差分析的每个水平下所有可能的观测当作一个总体, a 个水平的实际试验观测值相当于从 a 个总体抽取的 a 个样本. 单因素方差分析问题是在各总体方差相等的条件下分析各总体的均值的变化. 若各总体的方差不等, 则它将对均值的分析结果产生一定的影响. 因此本节要介绍如何检验多总体方差是否相等的问题, 通常称为方差齐性检验. 下面我们不加证明地介绍几种常用的方法, 关心证明的读者可参看 Box 等 (1978) 和 Arnold (1981).

对单向分类模型, 若误差方差不相等, 则模型可表示为

$$y_{ij}=\mu+\alpha_i+e_{ij},\quad i=1,\cdots,a,\quad j=1,\cdots,n_i,\tag{7.5.3}$$

这里诸 e_{ij} 相互独立, 且 $e_{ij} \sim N(0, \sigma_i^2)$. 那么我们要检验的假设为

$$H_0: \quad \sigma_1^2 = \sigma_2^2 = \cdots = \sigma_a^2 \Longleftrightarrow H_1: \quad \sigma_1^2, \sigma_2^2, \cdots, \sigma_a^2 \text{ 不全相等}. \tag{7.5.4}$$

设第 i 个水平的误差平方和为 $\mathrm{SS}_{e_i} = \sum\limits_{j=1}^{n_i}(y_{ij} - \overline{y}_{i\cdot})^2$. 在正态性假设下, SS_{e_i} 是服从 $\sigma_i^2\chi_{n_i-1}^2$ 的变量. 记 $\mathrm{MS}_{e_i} = \mathrm{SS}_{e_i}/(n_i - 1)$ 为其均方, $N = \sum\limits_{i=1}^{a} n_i$ 为总样本量. 与一般线性模型下的异方差检验不同 (不同次观测对应的误差方差不等), 方差分析模型的方差齐性检验是在假设同一水平的 n_i 次重复观测所对应的误差方差相等下, 检验不同水平间的误差方差 σ_i^2 是否相等. 因此, 方差齐性检验有它特有的检验方法.

1. Levene 检验

Levene 检验是由 Levene (1960) 提出一种常用的适用性较广泛的方差齐性检验方法.

记第 i 个水平下第 j 次观测的残差为 $\hat{e}_{ij} = y_{ij} - \overline{y}_{i\cdot}$, $i = 1, \cdots, a$, $j = 1, \cdots, n_i$, 这里 $\overline{y}_{i\cdot} = \sum\limits_{j=1}^{n_i} y_{ij}/n_i$. 令

$$d_{ij} = |\hat{e}_{ij}|, \quad i = 1, \cdots, a, \quad j = 1, \cdots, n_i. \tag{7.5.5}$$

则

$$E(d_{ij}) = \sigma_i\sqrt{\frac{2(n_i - 1)}{n_i\pi}}, \quad i = 1, \cdots, a, \quad j = 1, \cdots, n_i.$$

特别对于平衡数据, 即 $n_1 = \cdots = n_a = n$ 时, $E(\varepsilon_{ij}) = \sigma_i\sqrt{2(n-1)/(n\pi)}$. 把 d_{ij} 看作观测值, 当作单因素试验数据处理, 计算组内和组间平方和

$$\mathrm{SS}_W^2 = \sum_{i=1}^{a}\sum_{j=1}^{n_i}(d_{ij} - \overline{d}_{i\cdot})^2, \quad \mathrm{SS}_B^2 = \sum_{i=1}^{a} n_i(\overline{d}_{i\cdot} - \overline{d}_{\cdot\cdot})^2\,. \tag{7.5.6}$$

构造 F 检验统计量:

$$L = \frac{\mathrm{SS}_B^2/(a-1)}{\mathrm{SS}_W^2/(N-a)}, \tag{7.5.7}$$

这里, $\overline{d}_{i\cdot} = \sum\limits_{j=1}^{n_i} d_{ij}/n_i$, $\overline{d}_{\cdot\cdot} = \sum\limits_{i=1}^{a}\sum\limits_{j=1}^{n_i} d_{ij}/N$. 在原假设 H_0 成立的条件下, 当每个

n_i 不是很小时, L 近似服从 $F_{a-1,N-a}$. 因此, 若 L 的值大于 $F_{a-1,N-a}(\alpha)$ 值, 就拒绝 H_0, 认为各水平间的方差不全相等.

Levene 检验对总体分布偏离正态分布有较好的稳健性. 值得注意的是, 在使用适用 Levene 检验时, 一般要求重复的次数 n_i 不能太小, 即使对于平衡数据情形, 一般也要求 $n_i > 3$.

为了进一步增加 Levene 检验的稳健性, 文献中提出了一系列改进的 Levene 型检验, 其中使用最为普遍的是 Brown-Forsythe 检验. 该检验是由 Brown 和 Forsythe (1974) 提出的, 即用

$$z_{ij} = |y_{ij} - m_i|$$

替换 d_{ij} 后所得的 Levene 型检验, 其中 m_i 为第 i 组数据的中位数. Conover 等 (1981) 与 Lim 和 Loh (1996) 的研究表明基于各观测值与各水平中位数的绝对偏差 z_{ij} 的 Brown-Forsythe 检验优于基于各观测值与各水平均值的绝对偏差 d_{ij} 的 Levene 检验. 因此, 在许多软件中, 不加说明时 Levene 检验通常默认是基于 z_{ij} 的 Levene 型检验 (即 Brown-Forsythe 检验). 如 R 语言 car 包中的函数 leveneTest():

```
install.packages("car")
library(car)
leveneTest(outcome variable, group, center = median/mean)

outcome variable为要检测方差是否齐性的变量, group为分组变量, 需是factor类型.
center = median/mean是非必须指定的参数, 这个选项指定离差的计算方式是以组内均值
  为中心还是以组内中位数为中心.
若未指定则默认center=median.
```

另一个 Levene 型检验是适用于小、中等样本量的不平衡样本情形的 O'Brien 检验. 注意到当样本量不等时, 在 H_0 下 $E(d_{ij}) = \sigma_i\sqrt{2(n_i-1)/(n_i\pi)}$ 也不相等. O'Brien (1979) 提出用

$$u_{ij} = d_{ij} \Bigg/ \sqrt{\frac{(n_i - 1)}{n_i}}$$

替换 Levene 检验中的 d_{ij}, 称相应的检验为 O'Brien 检验. 由于在 H_0 下, u_{ij} 的期望都相等, 故 O'Brien 检验针对小、中等样本量的不平衡数据具有更好的表现. 对更多 Levene 型检验的构造和应用感兴趣的读者, 可参阅 Gastwirth 等 (2009).

2. Hartley 检验

Hartley 检验是由 Hartley (1950) 提出的, 也称最大 F 比检验. 这个方法所

用的统计量为

$$F_{\max}=\frac{\max_i(\mathrm{MS}_{e_i})}{\min_i(\mathrm{MS}_{e_i})}. \tag{7.5.8}$$

特别地, 当 $a=2$ 时, Hartley 检验就是 F 检验, 在 H_0 下, $F_{\max}\sim F_{n_1-1,n_2-1}$.

Hartley 检验严格上只适用于样本量相等, 即 $n_1=n_2=\cdots=n_a=n$ 的情形, 此时 $F_{\max}$ 就是组合数 P_a^2 个 $F_{n-1,n-1}$ 随机变量的最大值. 关于 $F_{\max}$ 的临界值可查 Pearson 和 Hartley (1966) 提供的表, 表中的 k 为参加比较的方差的个数, 即这里的水平数 a, 表中的 ν 即为 MS_{e_i} 的自由度, 即这里的 $n-1$. 当由 (7.5.8) 计算的值超过临界值时, 将拒绝原假设 H_0. 对于样本量不相等情形, 若它们间差别不大时, 可近似用通常的 F 分布表, 其自由度分别由 $\max_i(\mathrm{MS}_{e_i})$ 与 $\min_i(\mathrm{MS}_{e_i})$ 所对应的自由度决定. 若计算的 (7.5.8) 中 $F_{\max}$ 值没有超过通常的 F 的临界值, 更不会超过正确的临界值. 接受 H_0, 所犯的第二类错误的概率不会超过正确临界值的概率. R 语言提供了 Hartley 检验的函数 hartleyTest().

Hartley 检验对于正态性的偏离十分敏感. Conover 等 (1981) 对包括 Hartley 检验和 Levene 检验在内的各种方差齐性检验进行了模拟研究. 他们的研究表明, 当总体分布严重偏离正态时, Hartley 检验的真实水平会膨胀. 此时, 他们推荐使用 Levene 检验. 但是当总体服从正态分布时, 用 Hartley 检验比 Levene 检验具有更高的功效.

3. Bartlett 检验

Bartlett 检验的检验统计量为

$$B=\left((N-a)\ln(\mathrm{MS}_e)-\sum_{i=1}^{a}(n_i-1)\ln(\mathrm{MS}_{e_i})\right)\Big/ c\,, \tag{7.5.9}$$

其中

$$c=1+\frac{1}{3(a-1)}\left\{\left(\sum_{i=1}^{a}\frac{1}{n_i-1}\right)-\frac{1}{N-a}\right\}. \tag{7.5.10}$$

可以证明, 在误差正态假定下, 若 H_0 成立, 则检验统计量 $B\sim\chi^2_{a-1}$. 当假设 H_0 成立时, 诸样本方差的观测值的差别一般不大, Q 的值一般将很小 (特别当诸样本方差的观测值相等时, $B=0$). 当假设 H_0 不成立时, 诸样本方差的观测值的差别将较大, B 的值也将较大. 因此, 当由 (7.5.9) 中计算的 B 值大于 $\chi^2_{a-1}(\alpha)$ 时, 将拒绝 H_0. 该运算可调用 R 语言程序包 stats 中的函数 bartlett.test() 完成.

Bartlett 检验的优点是不要求各水平重复观测次数 n_i 相等或相近, 但它的缺点是对误差非正态性是很敏感. 因此, 误差偏离正态性时, 不能使用这个方法.

4. 最大方差检验法 (Cochran 法)

因为 Hartley 法和 Bartlett 法对较小的 SS_{e_i} 值很敏感, 所以当 SS_{e_i} 中存在一个值为 0 或者很小时, Hartley 法和 Bartlett 法均不能使用. 但是当重复数 n_i 较小时, 这种情况是经常会出现的. 下面介绍的 Cochran 法可避免这个问题, 其统计量为

$$C = \frac{\max_i(\mathrm{MS}_{e_i})}{\sum_{i=1}^{a} \mathrm{MS}_{e_i}}. \tag{7.5.11}$$

不过 Cochran 的方差齐性检验法只适用于 $n_1 = n_2 = \cdots = n_a = n$ 的平衡数据情形. 在实际中, 当 n 较小时, Cochran 法应用较为广泛. 统计量 C 的临界值表可见项可风和吴启光 (1989) (p.579–580, 表 4). 当由 (7.5.11) 计算的 C 大于表中相对应的临界值, 就拒绝方差相等的零假设, 认为方差不全相等. 我们可采用 R 语言中的函数 cochranTest() 完成检验.

需要注意的是, 对方差齐性的检验一般是针对单向分类模型, 因为对单因素问题, 我们研究的主要目的是水平变化对指标 (或观测值) 的影响, 而对两向 (或多向) 分类模型, 我们不仅要比较各水平组合下指标理论值间的差异, 更重要的是要通过数据分析了解各个因素以及各因素之间的搭配对理论真值的影响. 例如对两向分类模型 (7.2.1), 如果仅仅是想比较所有 $a \times b$ 个水平组合的理论真值, 那么可把每个水平组合作为因素, 就变成了 ab 个水平的单因素问题, 就有必要先进行方差齐性的模型检验. 另外对两向 (或多向) 分类模型还涉及各因子效应是否是随机的问题 (详见第 9 章介绍). 例如对无交互两向分类模型 (7.2.1), 若两个效应中有一个随机效应, 即混合效应模型, 例如 α_i 是随机效应部分, 一般假定 $\alpha_i \sim N(0, \sigma_\alpha^2)$, 这时一般关心的主要是随机效应方差是否为 0, 即对假设 $H_0: \sigma_\alpha^2 = 0$ 进行检验; 若两个效应都是随机的, 即随机效应模型, 又设 $\beta_j \sim N(0, \sigma_\beta^2)$, 此时要检验的假设一般是 $\sigma_\alpha^2 = \sigma_\beta^2 = 0$ 是否成立.

当方差齐性假定不成立时, 三种常见的修正办法如下.

(1) **加权 LS 方法**. 如果随机误差项是正态分布但异方差时, 则可以采用第 4 章介绍加权 LS 方法来作相应的估计和检验, 其中第 i 个水平的第 j 次观测的权为

$$w_{ij} = \frac{1}{\mathrm{MS}_{e_i}},$$

即第 i 个水平的样本方差的倒数.

(2) **数据变化法**. 如果随机误差项非正态分布且异方差时, 为了检验各水平下均值是否相等可对数据进行适当变换, 使变换后的数据正态化且具有齐性的方差, 数据变换的方法可参考本书第 6 章介绍的方差稳定化变换、Box-Cox 变换等. 值得注意的是, 变换后的数据可能仍不是正态的. 一般来说, 对于统计推断的结果来说, 方差齐性的要求远比正态性假设更为重要. 因此, 宁可偏离一点正态性也要保证方差的齐性.

(3) **非参数法**. 当数据变化不能使得模型的误差分布正态化时, 非参数方法往往更受欢迎, 因为它不依赖于误差分布. 针对方差相等, 检验 a 个不同处理/水平对应的子总体均值或中位数是否相等的问题, 可以采用非参数秩 F 检验, 其检验统计量为

$$F_R=\frac{(N-a)\sum\limits_{i=1}^{a}n_i(\bar{R}_{i\cdot}-\bar{R}_{\cdot\cdot})^2}{(a-1)\sum\limits_{i=1}^{a}\sum\limits_{j=1}^{n_i}(R_{ij}-\bar{R}_{i\cdot})^2},$$

其中 $N=\sum\limits_{i=1}^{a}n_i$, R_{ij} 是 y_{ij} 的秩, 即 y_{ij} 在集合 $\{y_{ij};i=1,\cdots,a,j=1,\cdots,n_i\}$ 的元素从小到大排列后所处的位置,

$$\bar{R}_{i\cdot}=\sum_{j=1}^{n_i}R_{ij}/n_i,\quad \bar{R}_{\cdot\cdot}=\sum_{i=1}^{a}\sum_{j=1}^{n_i}R_{ij}/N.$$

当 a 个水平对应的子总体均值或中位数相等时, 若样本量 n_i 不是很小, 则检验统计量 F_R 可近似认为服从 $F_{a-1,N-a}$. 于是若 $F_R>F_{a-1,N-a}(\alpha)$, 拒绝原假设, 认为 a 个子总体的均值不全相等, 否则接收子总体均值全相等的假设.

我们将在下面这个例子中举例说明几种检验的计算.

例 7.5.1 (饲料对比试验)　为发展我国机械化养鸡, 某研究所根据我国的资源情况, 研究用槐树粉、苜蓿粉等原料代替国外用鱼粉做饲料的方法. 他们研究了三种饲料配方: 第一种, 以鱼粉为主的鸡饲料; 第二种, 以槐树粉、苜蓿粉为主, 加少量鱼粉; 第三种, 以槐树粉、苜蓿粉为主, 加少量化学药品. 后两种是他们研制的新配方. 为比较三种饲料在养鸡增肥上的效果, 各喂养 10 只母雏鸡, 于 60 天后观察它们的重量. 如表 7.5.1 所示.

表 7.5.1　鸡饲料试验原始数据表

饲料	鸡重/克									
第一种	1073	1058	1071	1037	1066	1026	1053	1049	1065	1051
第二种	1016	1058	1038	1042	1020	1045	1044	1061	1034	1049
第三种	1084	1069	1106	1078	1075	1090	1079	1094	1111	1092

在这项试验中, 60 天的鸡重是指标; 因素是饲料. 在试验方案中共取了三个水平, 试验的目的是要比较三种饲料在养鸡增肥的效果上有何差别. 为了比较三种饲料在养鸡增肥的效果上有何差别, 就需要作均值间的比较检验, 因为这是一个单因素方差分析问题, 可用 7.1 节介绍的方法进行各均值相等性检验, 然后作所有两两均值差的同时置信区间以进一步得到每两种喂养效应间有无显著差异. 在作均值的相关推断前, 需要先对模型误差作正态性检验和方差齐性检验.

解 设模型

$$y_{ij} = \mu_i + e_{ij}, \quad i = 1,2,3, \quad j = 1,2,\cdots,10,$$

其中 y_{ij} 为采用第 i 种饲料喂养的第 j 只鸡 60 天的重量. 首先对随机误差 e_{ij} 作正态性检验和方差齐性检验.

1) 正态性检验

运行如下程序:

```
y1<-c(1073,1058,1071,1037,1066,1026,1053,1049,1065,1051)
y2<-c(1016,1058,1038,1042,1020,1045,1044,1061,1034,1049)
y3<-c(1084,1069,1106,1078,1075,1090,1079,1094,1111,1092)
y <- c(y1,y2,y3)
lm.reg<-lm(y~A)
y.res = residuals(lm.reg); y.res # 残差
### 由残差构造的独立等方差序列
n1<-length(y1); n2<-length(y2);n3<-length(y3)
z1<-c(rep(0,n1-1));z2<-c(rep(0,n2-1));z3<-c(rep(0,n3-1))
s1<-0;s2<-0;s3<-0
for (l in 1:(n1-1)){
s1<-s1+y1[l]
z1[l]=(s1/l-y1[l+1])*sqrt(l/(l+1))}
for (l in 1:(n2-1)){
s2<-s2+y2[l]
z2[l]=(s2/l-y2[l+1])*sqrt(l/(l+1))}
for (l in 1:(n3-1)){
s3<-s3+y3[l]
z3[l]=(s3/l-y3[l+1])*sqrt(l/(l+1))}
z<-c(z1,z2,z3); z ## 基于残差构造独立等方差序列
```

得到残差数据值 $\hat{e}_{ij}$ $(i=1,2,3,\ j=1,2,\cdots,10)$ 及其根据本节介绍的线性变换 (7.5.2) 变换后数据值 z_{il} $(i=1,2,3, l=1,2,\cdots,9)$, 如表 7.5.2.

表 7.5.2 残差及其正态线性变换数据表

组内编号	第一种饲料		第二种饲料		第三种饲料	
	$\hat{e}_{ij}$	z_{il}	$\hat{e}_{ij}$	z_{il}	$\hat{e}_{ij}$	z_{il}
1	18.1	10.6066	−24.7	−29.6985	−3.8	10.6066
2	3.1	−4.4907	17.3	−0.8165	−18.8	−24.0866
3	16.1	26.2694	−2.7	−4.0415	18.2	7.2169
4	−17.9	−5.5902	1.3	16.5469	−9.8	8.2735
5	11.1	31.9505	−20.7	−9.3113	−12.8	−6.9378
6	−28.9	2.0059	4.3	−6.9437	2.2	4.3205
7	−1.9	5.4789	3.3	−21.9154	−8.8	−10.2896
8	−5.9	−10.2530	20.3	6.1283	6.2	−25.1023
9	10.1	4.1110	−6.7	−8.7490	23.2	−4.4272
10	−3.9		8.3		4.2	

采用 Shapiro-Wilk 法和 Q-Q 图分别对残差 $\hat{e}_{ij}$ 和变换数据 z_{il} 作正态性检验. 程序和运行结果如下:

```
 shapiro.test(y.res)
      Shapiro-Wilk normality test
data:  y.res
W = 0.9738, p-value = 0.6474

shapiro.test(z)
        Shapiro-Wilk normality test
data:  z
W = 0.97175, p-value = 0.6486
###分别基于残差和z的Q-Q图
plot(lm.reg,2) ##残差的Q-Q图
qqnorm(z, main = "Normal Q-Q Plot", xlab = "Theoretical Quantiles",
 ylab = "Sample Quantiles", plot.it = TRUE, datax = FALSE, lwd=2)
abline(mean(z), sd(z), col=2, lwd=2) #独立等方差数据z的 Q-Q图
```

从上面的结果可以看出: 无论直接对模型残差还是对变换后所得数据作正态性检验, 它们的 Q-Q 图和 Shapiro-Wilk 检验结果, 都能得出这批数据服从正态性的结论 (图 7.5.1).

2) 方差齐性检验

因数据服从正态分布且数据是平衡的, 故我们以上介绍的四种检验方差齐性的方法都可用.

(i) Levene 检验法.

由表 7.5.2 中的残差数据 $\hat{e}_{ij}$, 代入 (7.5.6) 可算得组内和组间平方和

$$\mathrm{SS}_W = 1832.1, \qquad \mathrm{SS}_B = 4.6,$$

故

$$L = \frac{a(n-1)}{a-1}\frac{\mathrm{SS}_B}{\mathrm{SS}_W} = 0.034,$$

而 $F_{a-1,a(n-1)} = F_{2,27}(0.05) = 3.35$. 故在显著性水平 0.05 下, 没有发现误差方差不相等.

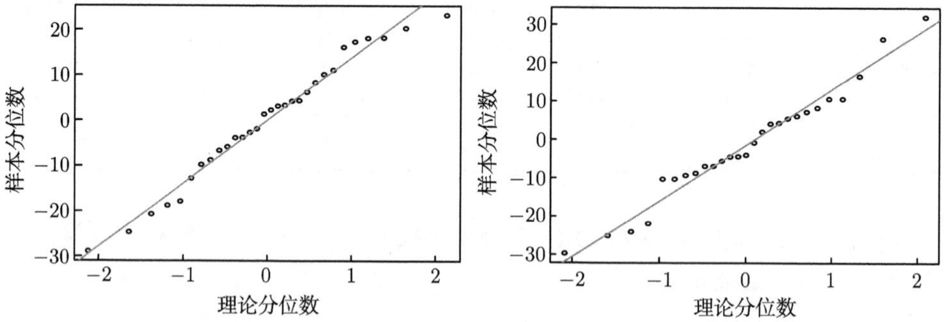

(a) 残差 $\hat{e}_{ij}$ 的正态 Q-Q 图　　(b) 数据 z_{il} 的正态 Q-Q 图

图 7.5.1　基于残差和变换数据的正态 Q-Q 图

事实上, 可以直接调用函数 leveneTest() 作 Levene 检验和 Brown-Forsythe 检验, 检验结果如下:

```
>install.packages("car")
>library(car)
>leveneTest(y.res, A, center = mean)  # leveneTest 检验
Levene's Test for Homogeneity of Variance (center = mean)
      Df F value Pr(>F)
group  2   0.034 0.9666
      27

>leveneTest(y.res, A, center = median ) # Brown-Forsythe 检验
Levene's Test for Homogeneity of Variance (center = median)
      Df F value Pr(>F)
group  2   0.042  0.959
      27
```

Levene 检验和 Brown-Forsythe 检验结果都表明接受原假设, 认为误差方差是等方差的. 另外, Levene 检验本质上是基于残差绝对值的方差分析, 因此, 也可通过对绝对残差调用函数 aov() 获得其检验结果:

```
L<-abs(y.res)
aovl<-aov(L~ A)
```

```
summary(aovl)
            Df Sum Sq Mean Sq F value Pr(>F)
A            2    4.6    2.31   0.034  0.967
Residuals   27 1832.1   67.85
```

类似地, Brown-Forsythe 检验可通过如下程序实现:

```
 d1<-abs(y1-median(y1))
 d2<-abs(y2-median(y2))
 d3<-abs(y3-median(y3))
 d<-c(d1,d2,d3)
 aovd<-aov(d~A)
 summary(aovd)
            Df Sum Sq Mean Sq F value Pr(>F)
A            2    6.1    3.03   0.042  0.959
Residuals   27 1951.3   72.27
```

这两个 F 检验的结果与直接采用函数 leveneTest() 的结果一致.

(ii) Hartley 最大 F 比法.

首先计算 MS_{e_i}. 计算程序如下:

```
install.packages("SuppDists")
library(SuppDists)
ms1<-var(y1);ms2<-var(y2);ms3<-var(y3)
ms1;ms2;ms3
Fmax<-max(ms1,ms2,ms3)/min(ms1,ms2,ms3);
q<-qmaxFratio(p=0.95, df=c(3,9), 3, lower.tail=TRUE, log.p=FALSE) ##F_{max}的
  分位数
round(c(Fmax, q[2]),2) #保留两位小数
```

经计算得

$$\mathrm{MS}_{e_1} = 226, \quad \mathrm{MS}_{e_2} = 211, \quad \mathrm{MS}_{e_3} = 182.$$

故

$$F_{\max} = \frac{\max_i(\mathrm{MS}_{e_i})}{\min_i(\mathrm{MS}_{e_i})} = \frac{226}{182} = 1.24,$$

而此时的临界值表 $F_{\max}(0.05, 3, 9) = 5.34 > 1.24$. 统计结论与 Levene 法相同.

(iii) Bartlett 的 χ^2 检验法.

经计算得 $\mathrm{MS}_e = 206$, $c = 1.05$, $B \approx 0.104$, 但 $\chi^2_2(0.05) = 5.99 > B$. 统计结论与 Levene 法相同. 以上检验可直接调用如下程序得到.

```
> bartlett.test(y, A)
```

```
        Bartlett test of homogeneity of variances
data:  y and A
Bartlett's K-squared = 0.10418, df = 2, p-value = 0.9492
```

其中 "Bartlett's K-squared" 对应于统计量 B, 该函数输出的检验结果是 P 值, 此例的 P 值为 0.9492, 远大于显著性水平 $\alpha = 0.05$, 因此, 接受原假设 H_{01}.

(iv) Cochran 检验法.

由前面的计算结果得

$$C = \frac{\max(\mathrm{MS}_{e_i})}{\mathrm{MS}_{e_1} + \mathrm{MS}_{e_2} + \mathrm{MS}_{e_3}} = \frac{226}{619} \approx 0.365.$$

由表查得 $C_{n-1,a}(\alpha) = C_{9,3}(0.05) = 0.6167 > 0.365$. 统计结论与上面几个方法的相同.

综上检验的结果, 故接受模型误差 e_{ij} 服从 $N(0, \sigma^2)$ 的假设.

接下来, 我们检验假设 $H_{01}: \mu_1 = \mu_2 = \mu_3$ 和 $H_{02}: \mu_i = \mu_j\ (i \neq j)$. 在作检验前, 我们先通过 Box 图直观了解三组数据 $\{y_{il}, \cdots, y_{in}\}$, $i = 1, 2, 3$, 以及两两组差数据 $\{y_{1j} - y_{2j}, \cdots, y_{1n} - y_{2n}\}$, $\{y_{2j} - y_{3j}, \cdots, y_{2n} - y_{3n}\}$, $\{y_{3j} - y_{1j}, \cdots, y_{3n} - y_{1n}\}$ 的各自均值情况. 由图 7.5.2(a) 可以大致看出三组数据的均值不相等, 结合图 7.5.2(b), 可以发现第 1、2 组的均值比较近, 而第 3 组的均值离第 1、2 组的均值都比较远. 采用方差分析进一步检验假设 H_{01} : 三组均值都相等, 相应程序和运行结果如下:

```
 A<-factor(gl(3,10,30))
y.aov <- aov(y~A)    ### 方差分析
 summary(y.aov)
            Df  Sum Sq  Mean Sq  F value    Pr(>F)
A            2   11675     5837     28.3  2.36e-07 ***
Residuals   27    5569      206
---
Signif. codes:  0 '***' 0.001 '**' 0.01 '*' 0.05 '.' 0.1 ' ' 1
```

结果表明: 拒绝均值全相等的假设, 认为三种饲料下 60 天的鸡重的均值存在显著差异.

下面我们采用置信区间作两两均值相等的检验, 同时给出两两均值对照的同时置信区间.

计算得三组均值的估计为

$$\widehat{\mu}_1 = \bar{y}_{1\cdot} = 1054.9, \quad \widehat{\mu}_2 = \bar{y}_{2\cdot} = 1040.7, \quad \widehat{\mu}_3 = \bar{y}_{3\cdot} = 1087.8,$$

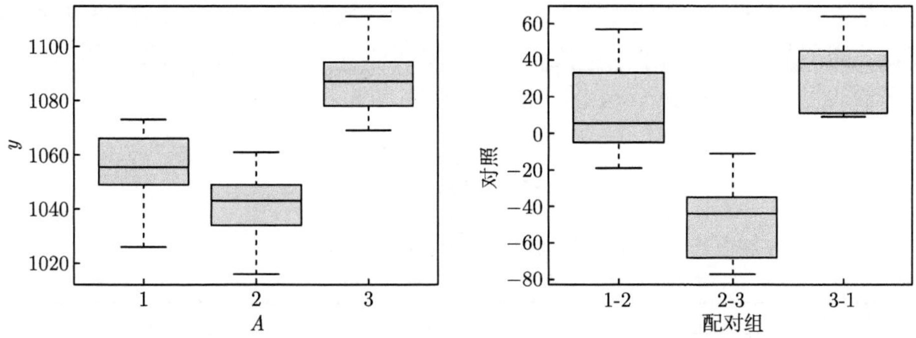

(a) 三组数据的 Box 图　　(b) 两两组差数据的 Box 图

图 7.5.2　三组数据以及两两组差数据的 Box 图

误差方差 σ^2 的估计为 $\widehat{\sigma}^2 = \mathrm{MS}_e = 206$. 由于 $e_{ij} \sim N(0,\sigma^2)$, 立得

$$\frac{(\widehat{\mu}_i - \widehat{\mu}_j) - (\mu_i - \mu_j)}{\widehat{\sigma}/\sqrt{5}} \sim t_{27}, \quad i \neq j.$$

$\alpha = 0.05$, 查表得 $t_{27}(\alpha/2) = t_{27}(0.025) = 2.052$, $t_{27}(\alpha/6) \approx t_{27}(0.0083) = 2.552$, $F_{2,27}(0.05) = 3.354$, $q_{2,27}(0.05) = 3.506$. 依据 (7.1.22)($m = 1, 3$), (7.1.24)和 (7.1.27), 可计算得两两均值对照的 95% 的置信区间和同时置信区间. 相应计算程序如下:

```
hatmu<-c(mean(y1),mean(y2),mean(y3))
q<-c(qt(0.975,df=27),qt((1-0.025/3),df=27),qf(0.95,2,27), qtukey(0.95, 3, 27))
C<-matrix(0,3,8)
delta<-c(hatmu[1]-hatmu[2], hatmu[2]-hatmu[3], hatmu[3]-hatmu[1])
dd<-c(sqrt(2)*q[1], sqrt(2)*q[2], sqrt(4 *q[3]), q[4])*sqrt(MSe/10)
for (i in 1:3){
for (j in 1:4){
C[i,(2*j-1)]<- delta[i]-dd[j]
C[i,(2*j)]<- delta[i]+dd[j]  }}
round(C,3)
```

计算结果见表 7.5.3.

表 7.5.3　两两均值对照的 95% 的置信区间

均值对照	置信区间	同时置信区间		
		Bonferroni 区间	Scheffé 区间	Tukey 区间
$\mu_1 - \mu_2$	[1.022, 27.378]	[−2.193, 30.593]	[−2.435, 30.835]	[−1.724 30.124]
$\mu_2 - \mu_3$	[−60.278, −33.922]	[−63.493, −30.707]	[−63.735, −30.465]	[−63.024 −31.176]
$\mu_3 - \mu_1$	[19.722, 46.078]	[16.507, 49.293]	[16.265, 49.535]	[16.976 48.824]

由表 7.5.3 的第 2 列两两均值对照置信区间发现, 三个对照的置信区间都没

有包括 0, 因此表明: 在显著性水平 $\alpha = 0.05$ 下, 均值 μ_1、μ_2, μ_2、μ_3 两两之间都存在显著差异. 对照三个同时置信区间, 此例中 Tukey 区间的长度最短, Scheffé 区间的长度最长, Bonferroni 区间的长度略比 Scheffé 区间的短.

习 题 七

7.1 试验 6 种农药对杀虫效果的影响, 所得数据见下表.

农药编号	杀虫量			
1	87.4	85.0	80.2	
2	90.5	88.5	87.3	94.3
3	56.2	62.4		
4	55.0	48.2		
5	92.0	99.2	95.3	91.5
6	75.2	72.3	81.3	

(1) 写出试验的统计模型.

(2) 在 $\alpha = 0.05$ 时, 不同农药的杀虫效果有显著差异吗?

(3) 试给出诸参数的一组 LS 解.

(4) 试写出第 5 号农药的平均杀虫量的 95%的置信区间.

7.2 对单向分类模型 (7.1.1), 试把平方和 SS_A 和 SS_e 表示成观测向量 $\boldsymbol{y}' = (y_{11}, y_{12}, \cdots, y_{1n_1}, y_{21}, \cdots, y_{2n_2}, \cdots, y_{a1}, y_{a2}, \cdots, y_{an_a})$ 的二次型, 并利用第 2 章的结果, 证明:

(1) $\text{SS}_A \sim \chi^2_{a-1,\lambda}$, 写出非中心参数 λ;

(2) 当 $H_0:\ \alpha_1 = \cdots = \alpha_a$ 成立时, $\text{SS}_A \sim \chi^2_{a-1}$;

(3) $\text{SS}_e \sim \chi^2_{N-a}$, 且与 SS_A 相互独立.

7.3 对单向分类模型 (7.1.1), 给定 $c_1, c_2, \cdots, c_a$, 试导出检验线性假设 H_0:

$$\frac{\mu+\alpha_1}{c_1} = \frac{\mu+\alpha_2}{c_2} = \cdots = \frac{\mu+\alpha_a}{c_a}$$

的 F 统计量.

7.4 设 $y_{ij} = \mu_i + e_{ij}, i = 1, \cdots, a, j = 1, \cdots, b$, 其中诸 e_{ij} 是独立同分布的, $e_{ij} \sim N(0, \sigma^2)$.

(1) 试求 $a = 4$ 时检验 $H_0:\ \mu_1 = 2\mu_2 = 3\mu_3$ 的 F 统计量;

(2) 试验证当 $b = 2$ 时检验 $H_0:\ \mu_1 = \mu_2$ 的 F 统计量即检验具有共同方差的两个正态总体的均值是否相等的 t 统计量的平方.

7.5 在心脏移植手术中, 供体器官类型与受体器官类型的相似性非常重要, 因为差异过大可能会增加移植心脏排异的概率. 下表显示了 39 名接受心脏移植手术的患者进行观察研究后得出的部分存活时间 (天数). 根据供体组织和受体组织的不匹配度, 这些数被分为三类. 研究人员希望确定平均存活时间是否会随着不匹配度的变化而变化, 即检验

$$H_0:\ \mu_1 = \mu_2 = \mu_3 \longleftrightarrow \mu_1, \mu_2 \text{ 和 } \mu_3 \text{ 不全相等}.$$

(1) 用模型 $y_{ij} = \mu_i + e_{ij}$ 拟合数据, 检验模型误差是否满足正态性和方差齐性?

(2) 如果不满足正态性, 对数据进行 Box-Cox 变换. 讨论对数变换 (即 $\lambda=0$) 是否合适?

(3) 在 $\alpha=0.05$ 下, 检验 H_0.

编号	器官不匹配度 (A)			编号	器官不匹配度 (A)		
	低 (A_1)	中 (A_2)	高 (A_3)		低 (A_1)	中 (A_2)	高 (A_3)
1	44	15	3	8	65	624	54
2	551	280	136	9	12	39	63
3	127	1024	65	10	1350	51	50
4	1	253	25	11	730	68	10
5	297	66	64	12	47	836	48
6	46	29	322	13	994	51	
7	60	161	23	14	26		

7.6 对线性模型 $\boldsymbol{y}=\mathbf{X}_1\boldsymbol{\beta}_1+\mathbf{X}_2\boldsymbol{\beta}_2+\boldsymbol{e},\boldsymbol{e}\sim(\mathbf{0},\sigma^2\mathbf{I}_n)$, 若对 $\boldsymbol{\beta}_1$ 和 $\boldsymbol{\beta}_2$ 的任一可估函数 $\boldsymbol{c}_1'\boldsymbol{\beta}_1$ 和 $\boldsymbol{c}_2'\boldsymbol{\beta}_2$, 用 $\boldsymbol{c}_1'\widehat{\boldsymbol{\beta}}_1$ 和 $\boldsymbol{c}_2'\widehat{\boldsymbol{\beta}}_2$ 分别表示它们的 BLU 估计. 若对任意两个可估函数 $\boldsymbol{c}_1'\boldsymbol{\beta}_1$ 和 $\boldsymbol{c}_2'\boldsymbol{\beta}_2$, 有 $\mathrm{Cov}(\boldsymbol{c}_1'\widehat{\boldsymbol{\beta}}_1,\boldsymbol{c}_2'\widehat{\boldsymbol{\beta}}_2)=0$, 则称 $\boldsymbol{\beta}_1$ 和 $\boldsymbol{\beta}_2$ 正交. 对两向分类模型

$$y_{ij}=\mu+\alpha_i+\beta_j+e_{ij},\quad i=1,\cdots,a,\quad j=1,\cdots,b,$$

其中 $e_{ij}\sim N(0,\sigma^2)$, 且所有 e_{ij} 相互独立. 证明 $\boldsymbol{\alpha}=(\alpha_1,\alpha_2,\cdots,\alpha_a)'$ 与 $\boldsymbol{\beta}=(\beta_1,\beta_2,\cdots,\beta_b)'$ 相互正交.

7.7 对无交互效应两向分类模型 (7.2.1), 引入相同的矩阵向量符号, 记 $\mathbf{J}_m=\mathbf{1}_m\mathbf{1}_m',\bar{\mathbf{J}}_a=\dfrac{1}{m}\mathbf{J}_m$, 则易得 $\bar{\mathbf{J}}_{ab}=\bar{\mathbf{J}}_a\otimes\bar{\mathbf{J}}_b$. 试证明

$$\mathrm{SS}_T=\sum_{i=1}^{a}\sum_{j=1}^{b}(y_{ij}-\bar{y}_{\cdot\cdot})^2=\boldsymbol{y}'\left[\mathbf{I}_{ab}-\bar{\mathbf{J}}_{ab}\right]\boldsymbol{y},$$

$$\mathrm{SS}_A=\sum_{i=1}^{a}\frac{y_{i\cdot}^2}{b}-\frac{y_{\cdot\cdot}^2}{ab}=\boldsymbol{y}'\left[\left(\mathbf{I}_a-\bar{\mathbf{J}}_a\right)\otimes\bar{\mathbf{J}}_b\right]\boldsymbol{y},$$

$$\mathrm{SS}_B=\sum_{j=1}^{b}\frac{y_{\cdot j}^2}{a}-\frac{y_{\cdot\cdot}^2}{ab}=\boldsymbol{y}'\left[\bar{\mathbf{J}}_a\otimes\left(\mathbf{I}_b-\bar{\mathbf{J}}_b\right)\right]\boldsymbol{y},$$

$$\mathrm{SS}_e=\sum_{i=1}^{a}\sum_{j=1}^{b}(y_{ij}-\bar{y}_{i\cdot}-\bar{y}_{\cdot j}+\bar{y}_{\cdot\cdot})^2=\boldsymbol{y}'\left[\left(\mathbf{I}_a-\bar{\mathbf{J}}_a\right)\otimes\left(\mathbf{I}_b-\bar{\mathbf{J}}_b\right)\right]\boldsymbol{y}.$$

7.8 对有交互效应两向分类模型 (7.3.1), 并引入相同的矩阵向量符号, 符号 $\bar{\mathbf{J}}_m$ 同上, 试证明

$$\mathrm{SS}_T=\sum_{i=1}^{a}\sum_{j=1}^{b}\sum_{k=1}^{k}y_{ijk}^2-\frac{y_{\cdots}^2}{abc}=\boldsymbol{y}'\left[\mathbf{I}_{abc}-\bar{\mathbf{J}}_{abc}\right]\boldsymbol{y},$$

$$\mathrm{SS}_A=\sum_{i=1}^{a}\sum_{j=1}^{b}\sum_{k=1}^{c}(\overline{y}_{i\cdot\cdot}-\overline{y}_{\cdots})^2=\boldsymbol{y}'\left[\left(\mathbf{I}_a-\bar{\mathbf{J}}_a\right)\otimes\bar{\mathbf{J}}_{bc}\right]\boldsymbol{y},$$

$$\mathrm{SS}_B=\sum_{i=1}^{a}\sum_{j=1}^{b}\sum_{k=1}^{c}(\overline{y}_{\cdot j\cdot}-\overline{y}_{\cdots})^2=\boldsymbol{y}'\left[\bar{\mathbf{J}}_a\otimes(\mathbf{I}_b-\bar{\mathbf{J}}_b)\otimes\bar{\boldsymbol{J}}_c\right]\boldsymbol{y},$$

$$\mathrm{SS}_{A\times B}=\sum_{i=1}^{a}\sum_{j=1}^{b}\sum_{k=1}^{c}(\overline{y}_{ij\cdot}-\overline{y}_{i\cdot\cdot}-\overline{y}_{\cdot j\cdot}+\overline{y}_{\cdots})^2=\boldsymbol{y}'\left[(\mathbf{I}_a-\bar{\mathbf{J}}_a)\otimes(\mathbf{I}_b-\bar{\mathbf{J}}_b)\otimes\bar{\mathbf{J}}_c\right]\boldsymbol{y},$$

$$\mathrm{SS}_e=\sum_{i=1}^{a}\sum_{j=1}^{b}\sum_{k=1}^{c}(y_{ijk}-\overline{y}_{ij\cdot})^2=\boldsymbol{y}'\left[\mathbf{I}_a\otimes\mathbf{I}_b\otimes(\mathbf{I}_c-\bar{\mathbf{J}}_c)\right]\boldsymbol{y}.$$

7.9 对无交互效应的三向分类模型

$$y_{ijk}=\mu+\alpha_i+\beta_j+\gamma_k+e_{ijk},\quad i=1,\cdots,a,\quad j=1,\cdots,b,\quad k=1,\cdots,c,$$

这里 $e_{ijk}\sim N(0,\sigma^2)$, 并且所有的 e_{ijk} 相互独立.

(1) 如果增加边界条件为 $\sum\limits_i\alpha_i=0$, $\sum\limits_j\beta_j=0$, $\sum\limits_k\gamma_k=0$, 则诸参数的一组 LS 解为

$$\widehat{\mu}=\overline{y}_{\cdots},\qquad \widehat{\alpha}_i=\overline{y}_{i\cdot\cdot}-\overline{y}_{\cdots},$$
$$\widehat{\beta}_j=\overline{y}_{\cdot j\cdot}-\overline{y}_{\cdots},\qquad \widehat{\gamma}=\overline{y}_{\cdot\cdot k}-\overline{y}_{\cdots}.$$

(2) 试导出检验假设 $H_0:\alpha_1=\alpha_2=\cdots=\alpha_a$ 的 F 统计量.

7.10 试将两级套分类模型 (7.4.1), 写成线性模型的一般形式 $\boldsymbol{y}=\mathbf{X}\boldsymbol{\beta}+\boldsymbol{e}$, 并将各平方和写成形如前两个习题的 Kronecker 乘积的形式.

7.11 对两级套分类模型 (7.4.1), 设 $b_i=b$, $i=1,\cdots,a, n_{ij}=c$. 对一切 i, j 试导出形如

$$(\alpha_i+\overline{\beta}_{\cdot(i)})-(\alpha_{i'}+\overline{\beta}_{\cdot(i')}),\quad i\neq i'$$

的可估函数的 Bonferroni 区间、Scheffé 区间和 Tukey 区间.

7.12 (康复治疗) 一位康复中心的研究人员想研究接受膝关节矫正手术者手术前的体能与成功康复前所需物理治疗时间之间的关系. 他查阅了康复中心的病人记录, 并从过去一年中接受过类似膝关节矫正手术的男性受试者中, 挑选了年龄在 18 岁至 30 岁之间的 24 名进行研究. 每位受试者成功完成物理治疗所需的天数与其之前的体能状况 (低于平均水平、平均水平、高于平均水平) 见下表: 假设方差分析模型 (7.2.1) 是合适的.

体能状况	各组个体编号									
	1	2	3	4	5	6	7	8	9	10
低于平均水平	29	42	38	40	43	40	30	42		
平均水平	30	35	39	28	31	31	29	35	29	33
高于平均水平	26	32	21	20	23	22				

(1) 分组绘制数据的 Box 图, 各因素水平的均值是否有差异? 对于所有因子水平, 每个因子水平内观测值的变异性是否大致相同?

(2) 获取拟合值和残差, 并看看所有残差和是否为零?

(3) 得出方差分析表, 判断三种体能状况下受试者成功完成物理治疗所需的天数是否有显著差异? 给出检验的假设问题 (包括原假设和备择假设)、拒绝域和检验结论.

(4) 给出以上检验的 P 值, 并解释如何根据 P 值给出检验的结论.

(5) 受试者成功完成物理治疗所需的天数与其之前的体能状况之间有怎样的关系?

7.13 (问卷颜色) 为了调查纸张颜色 (蓝色、绿色、橙色) 对问卷应答率的影响, 有人曾经做过这样一个试验: 采用超市停车场挡风玻璃法发放问卷, 在某大城市选择了 15 个具有代表性的超市停车场, 每种颜色被随机分配到其中的 5 个停车场, 将问卷随机放到停车场内的一些汽车的挡风玻璃和雨刷器之间. 应答率 (%) 如下. 假设方差分析模型 $y_{ij} = \mu_i + e_{ij}$ 是合适的.

问卷颜色	停车场编号				
	1	2	3	4	5
蓝色	28	26	31	27	35
绿色	34	29	25	31	29
橙色	31	25	27	29	28

(1) 分组绘制数据的 Box 图, 各因素水平的均值是否有差异? 对于所有因子水平, 每个因子水平内观测值的变异性是否大致相同? 求拟合值和残差.

(2) 给出方差分析表. 在显著性水平 $\alpha = 0.10$ 下进行检验, 确定三种颜色的平均回复率是否存在差异. 说明备选方案、决策规则和结论, 检验的 P 值是多少?

(3) 在得知调查结果后, 一位主管说: "看, 我一直都是对的, 我们还不如用普通白纸打印问卷, 这样更便宜. " 这一结论是否与研究结果相符? 请讨论.

7.14 (大豆香肠) 一位食品技术专家在测试一种新开发的仿大豆香肠的储存能力时, 他对冷冻室的湿度 (因素 A) 进行了一项试验, 测试冷冻室的湿度水平 (因素 A) 和温度水平 (因素 B) 对香肠颜色变化的影响. 试验考虑了三个湿度水平和四个温度水平. 在每种湿度和温度下各储存了 500 根香肠. 12 种湿度-温度组合, 每种组合下的香肠存放 90 天. 在储藏期结束时, 研究人员测定了每种湿度-温度组合下出现颜色变化的香肠比例 p_{ij}. 研究人员通过 arcsin 变换对数据进行变换, 以稳定化方差. 变换后的数据 $y_{ij} = 2\arcsin(\sqrt{p_{ij}})$ 如下.

湿度 (A)	温度 (B)			
	B_1	B_2	B_3	B_4
A_1	13.9	14.2	20.5	24.8
A_2	15.7	16.3	21.7	23.6
A_3	15.1	15.4	19.9	26.1

(1) 假设无交互作用方差分析模型 (7.2.1) 是合适的, 在显著性水平 $\alpha = 0.05$ 下, 分别检验因子 A 和因子 B 的主效应是否显著? 给出最佳存储方案.

(2) 给出 $D_1 = \beta_2 - \beta_1$, $D_2 = \beta_3 - \beta_2$ 和 $D_3 = \beta_4 - \beta_3$ 置信系数为 95%的 Bonferroni 同时置信区间, 与 Tukey 同时置信区间进行比较.

(3) 求出 $\mu_{23} = \mu + \alpha_i + \beta_j$ 的点估计和点估计的方差以及它的置信系数为 98%的置信区间.

(4) 用 Tukey 可加性检验, 检验模型是否存在交互效应?

7.15 假设表 7.3.2 中单元格 (A_1, B_1) 和 (A_1, B_3) 上的前两个观测值 130, 155, 20, 70, 以及 (A_1, B_2) 的观测值 80 未被观察到, 采用 Ⅲ 型平方和对所得到不平衡数据进行方差分析.

第 8 章　协方差分析模型

在第 1 章我们通过实例引进了协方差分析模型. 本质上讲, 它是包含定性和定量预测变量的线性模型, 是方差分析模型和线性回归模型的一种“混合”, 这里“混合”二字是指, 它的设计矩阵可以分成两部分: 一部分的元素由 0 和 1 两个数组成, 是方差分析模型的设计阵; 另一部分的元素可以取任意实数值, 是线性回归模型的设计阵. 对于一个协方差分析模型, 方差分析部分是主要的, 我们的基本目的是作方差分析, 而回归部分仅仅是因为回归变量即协变量不能完全控制而引入, 以减少模型中误差项的方差. 在本章中, 我们将首先讨论协方差模型如何比普通方差分析模型更有效. 然后, 我们将讨论该模型下参数估计和假设检验问题. 最后以单因素协方差模型为例, 给出协方差分析模型中方差分析部分的计算方法.

8.1　协方差分析的基本概念

8.1.1　协方差分析对误差项方差的影响

在方差分析时, 有时会出现模型误差项方差较大的情形. 此时协方差分析就是一种有效降低模型误差方差的方法. 如在研究三种促销策略对某种苏打饼干销量的影响试验中, 我们选择 15 个商店, 每个商店被随机指派采用其中一种促销策略, 每种促销策略指派 5 家商店. 三种促销策略分别为

策略 1: 常规货架空间, 顾客可在店内免费品尝;

策略 2: 在常规位置增加货架空间;

策略 3: 除常规货架空间外, 在过道两端设置特殊陈列架.

为了试验的可比性, 要求各商店在促销期间该苏打饼干的售价和广告等相关条件相同. 但促销前各商店该苏打饼干的销量 x_{ij} 无法控制是相等的, 在这种情况下, 可以使用协方差分析法. 各商店的该苏打饼干的促销前和促销期间的销量见表 8.1.1, 该例子来源于 Kutner 等 (2004).

为了解为什么协方差分析可能非常有效, 我们看图 8.1.1(a), 其中图 8.1.1(a) 绘制了该苏打饼干在每种促销方法下不同的五家商店的销量 y_{ij}. 从中可以明显看出, 误差项 (如估计的组平均值 $\bar{y}_{i\cdot}$ 周围的散点所示) 相当大, 表明误差项存在较大的方差. 现在将各商店促销前该苏打饼干的销量也引入模型, 将三种促销策略回归直线绘制图 8.1.1(b) 中, 并将 15 个商店促销前和促销期间该苏打饼干的销

量 (x_{ij}, y_{ij}) 点也添加到图中. 各组点 (x_{ij}, y_{ij}) 更加靠近其所在组的回归线, 这表明协方差模型的误差变异性更小.

表 8.1.1 苏打饼干销量

促销策略 i	商店 1		2		3		4		5	
	y_{i1}	x_{i1}	y_{i2}	x_{i2}	y_{i3}	x_{i3}	y_{i4}	x_{i4}	y_{i5}	x_{i5}
1	38	21	39	26	36	22	45	28	33	19
2	43	34	38	26	38	29	27	18	34	25
3	24	23	32	29	31	30	21	16	28	29

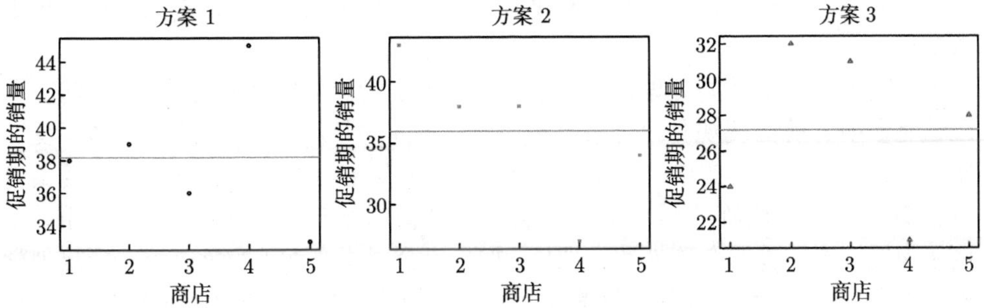

(a) 方差分析模型的误差变异性

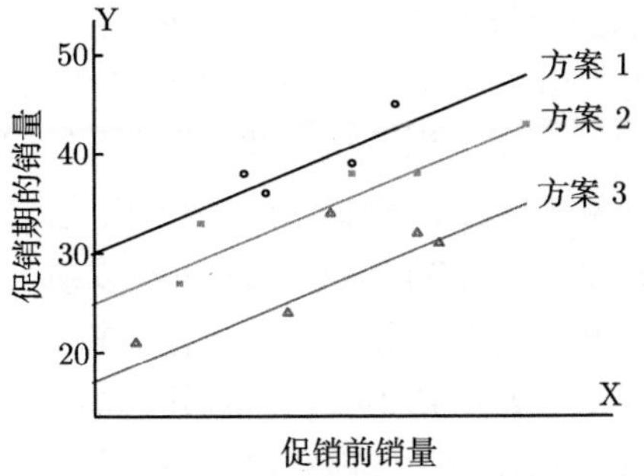

(b) 协方差分析模型的误差变异性

图 8.1.1 销售量数据两个模型下误差变异性的比较

8.1.2 伴随变量的选择

在协方差分析中, 将添加到方差分析模型中的定量变量称作是伴随 (concomitant) 变量. 事实上, 在控制试验的回归模型中有时会使用辅助变量或非可控变量, 以减少试验误差项的方差; 而在验证性观察研究中, 在检验新的主要变量是否对因变量有影响时, 也会把先前已被文献确定的控制变量 (如流行病学中的风险因子) 添加到回归模型中, 这里所谓的“控制变量”不同于其在试验设计中的定义, 是指验证性观察研究前已经知道的对因变量有影响的自变量. 控制试验中的辅助变量或非可控变量以及验证性观察研究中的控制变量都是伴随变量, 加入模型的主要目的是减少误差项的方差. 伴随变量有时也称为协变量. 总之, 伴随变量不是研究中主要感兴趣的变量, 但它可能与正在研究的感兴趣变量有一些相互作用.

伴随变量的选择. 伴随变量的选择非常重要. 正如本书第 6 章讲过的变量选择, 如果把与因变量无关变量添加进方差分析模型, 不但不能降低模型误差方差, 反而会因模型复杂度的增加导致模型推断的精度降低, 失去协方差分析意义. 伴随变量通常包括研究对象前期的状态变量, 如被研究对象的年龄、社会经济地位、事先的态度等. 当零售店为研究对象时, 伴随变量可能是试验前的销售额或员工人数.

伴随变量不受不同处理或方案的影响. 为了清楚地解释研究结果, 伴随变量应该是在研究前已被观测或者虽然是在研究期间进行观察, 但该变量应该不受试验处理或方案的任何影响. 如 8.1.1 节中所述的该苏打饼干促销前各商店的销售量就满足这一要求, 它们不受后面研究中三种促销方案的影响. 下面我们用一个例子说明这个要求的必要性和合理性. 如一家公司正在为工程师开办一所培训学校, 主要培训内容是会计和预算原理. 为了对比两种教学方法的培训效果, 将学员们随机分配到两种方法中的一种, 当课程结束时, 每位学员都会得到一个反映学习程度的分数. 从各组随机抽取 12 名学员的成绩. 图 8.1.2(a) 展示了各组成绩的 Box 图, 不难发现两组教学方法下学员的成绩是有显著差异的, 方差分析的结果也证实了第二种培训方法更优. 为了进一步降低模型误差项方差, 有分析师尝试将学习时间作为伴随变量 (要求工程师记录) 引入模型, 然而协方差分析结果显示培训方法对培训成绩几乎没有影响, 从学习时间和成绩 (X, Y) 的散点图 8.1.2(b) 也能发现这点. 令人困惑的是方差分析和协方差分析的分析结果为什么矛盾. 仔细研究发现引入的新变量 (学员学习时间) 学习时间和因变量 (学员成绩) 都受到了培训方法的影响, 从图 8.1.2 (b) 可以看出分配到第二种培训方法组的学员普遍比分配给第一组的学习时间长和成绩高, 而且学习时间与学习成绩之间高度相关. 正是它们间的高度相关使得协方差分析模型中的教学方法效应变得不显著. 而两组学员学习时间差异是由组别不同引起的, 第二组学员学习时间长的原因是第二种培训方法涉及计算机辅助学习, 这对工程师们很有吸引力, 因此他们花了更多的时间学习, 也学到了更多的知识. 因此, 协方差分析一定要求伴随变量不受处理方法的影响, 否则协方差分析就无法显示处理方法对响应变量的部分 (或大部分) 影响, 可能会导致严重误导性结论.

协方差分析关心的是伴随变量为定量变量的情形, 当伴随变量仍为定性变量时, 则模型仍然是方差分析模型, 分析方法见本书第 7 章. 下面介绍协方差分析模型的参数估计.

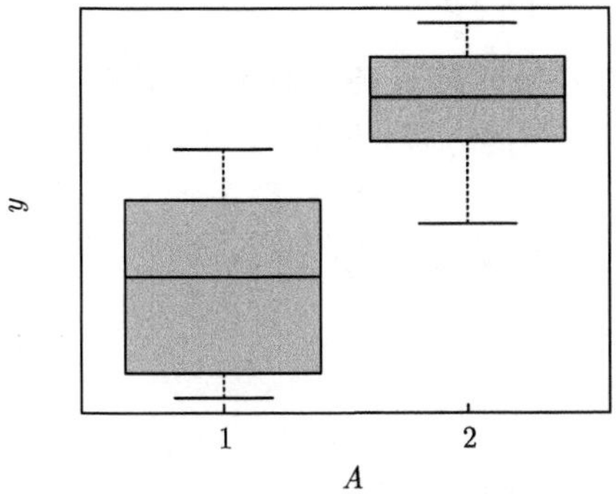

(a) 两组学员成绩的 Box 图

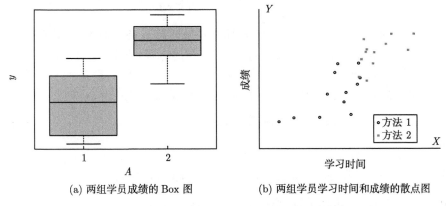

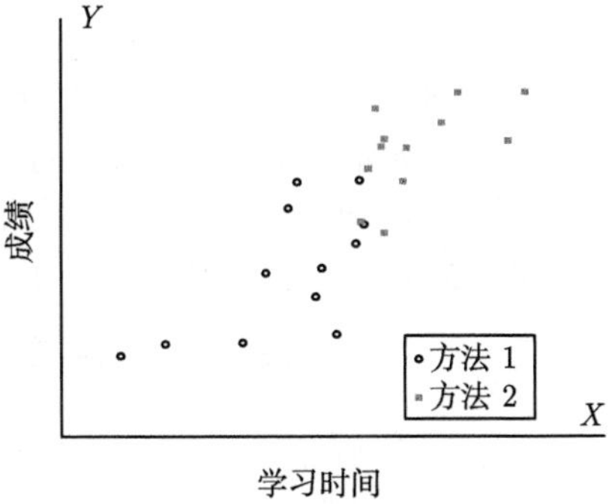

(b) 两组学员学习时间和成绩的散点图

图 8.1.2 伴随变量 (学习时间) 受培训方法影响

8.2 参数估计

我们考虑一般的协方差分析模型

$$\boldsymbol{y} = \mathbf{X}\boldsymbol{\beta} + \mathbf{Z}\boldsymbol{\gamma} + \boldsymbol{e}, \quad \boldsymbol{e} \sim N_n(\mathbf{0}, \sigma^2\mathbf{I}_n), \tag{8.2.1}$$

这里 $\boldsymbol{y}$ 为 $n \times 1$ 观测向量, 设 $\mathbf{X}\boldsymbol{\beta}$ 为模型的方差分析部分, $\mathbf{X} = (x_{ij})$ 为 $n \times p$ 已知矩阵, 其元素 x_{ij} 皆为 0 或 1, $\boldsymbol{\beta}$ 为因子效应向量, $\mathbf{Z}\boldsymbol{\gamma}$ 为模型的回归部分, $\mathbf{Z} = (z_{ij})$ 为 $n \times q$ 已知矩阵, 其元素 (z_{ij}) 可以取任意实数值. $\boldsymbol{\gamma}$ 为 $q \times 1$ 的回归系数向量. 在下面的讨论中我们总假设在以下的讨论中, 我们对 $\mathbf{X}$ 的秩不作假设, 但总是假定 $\mathbf{Z}$ 是列满秩, 并且 $\mathbf{Z}$ 的列与 $\mathbf{X}$ 的列线性无关, 即

$$\mathcal{M}(\mathbf{X}) \cap \mathcal{M}(\mathbf{Z}) = \{0\}, \tag{8.2.2}$$

$$\text{rk}(\mathbf{Z}) = q. \tag{8.2.3}$$

因为从形式上讲, 协方差分析模型可以看成一般分块线性模型的特殊情况, 所以, 关于一般分块线性模型的结论定理 4.2.1 和定理 4.2.2 对协方差分析模型 (8.2.1) 都成立.

依据定理 4.2.1 的结论 (1) 和 (2) 表明, 对协方差分析模型 (8.2.1), $\boldsymbol{\gamma}$ 总是可估的, 参数函数 $\boldsymbol{c}'\boldsymbol{\beta}$ 的可估性与对应的纯方差分析模型

$$\boldsymbol{y} = \mathbf{X}\boldsymbol{\beta} + \boldsymbol{e}, \quad \boldsymbol{e} \sim N_n(\mathbf{0}, \sigma^2\mathbf{I}_n) \tag{8.2.4}$$

中 $\boldsymbol{c}'\boldsymbol{\beta}$ 的可估性相同.

由定理 4.2.2, 得模型 (8.2.1) 中回归系数 $\boldsymbol{\gamma}$ 的 LS 估计为

$$\boldsymbol{\gamma}^* = (\mathbf{Z}'\mathbf{N_X}\mathbf{Z})^{-1}\mathbf{Z}'\mathbf{N_X}\boldsymbol{y}. \tag{8.2.5}$$

这里幂等阵 $\mathbf{N_X} = \mathbf{I}_n - \mathbf{X}(\mathbf{X}'\mathbf{X})^-\mathbf{X}'$ 是纯方差分析模型 (8.2.4) 作方差分析时残差平方和 $\mathrm{SS}_e = \boldsymbol{y}'\boldsymbol{y} - \widehat{\boldsymbol{\beta}}'\mathbf{X}'\boldsymbol{y} = \boldsymbol{y}'\mathbf{N_X}\boldsymbol{y}$ 的二次型的方阵. 所以 $\boldsymbol{\gamma}^*$ 的计算可以利用纯方差分析模型 (8.2.4) 的方差分析结果.

同样由定理 4.2.2, 得模型 (8.2.1) 中因子效应 $\boldsymbol{\beta}$ 的 LS 解为

$$\boldsymbol{\beta}^* = \widehat{\boldsymbol{\beta}} - (\mathbf{X}'\mathbf{X})^-\mathbf{X}'\mathbf{Z}\boldsymbol{\gamma}^* = \widehat{\boldsymbol{\beta}} - \mathbf{X_Z}\boldsymbol{\gamma}^*, \tag{8.2.6}$$

其中

$$\widehat{\boldsymbol{\beta}} = (\mathbf{X}'\mathbf{X})^-\mathbf{X}'\boldsymbol{y}, \quad \mathbf{X_Z} = (\mathbf{X}'\mathbf{X})^-\mathbf{X}'\mathbf{Z}. \tag{8.2.7}$$

对任意 $\boldsymbol{c} \in \mathcal{M}(\mathbf{X}')$, 可估函数 $\boldsymbol{c}'\boldsymbol{\beta}$ 的 BLU 估计为

$$\boldsymbol{c}'\boldsymbol{\beta}^* = \boldsymbol{c}'\widehat{\boldsymbol{\beta}} - \boldsymbol{c}'\mathbf{X_Z}\boldsymbol{\gamma}^*,$$

其中第一项为从纯方差分析模型 (8.2.4) 得到的 $\boldsymbol{c}'\boldsymbol{\beta}$ 的 BLU 估计, 而第二项为引进了协变量之后对 $\boldsymbol{c}'\widehat{\boldsymbol{\beta}}$ 所作的修正. 若 $\mathbf{X}'\mathbf{Z} = \mathbf{0}$, 则 $\mathbf{X_Z} = \mathbf{0}$, 此时 $\boldsymbol{\beta}^* = \widehat{\boldsymbol{\beta}}$. 这表明当设计阵 $\mathbf{X}$ 和 $\mathbf{Z}$ 的列向量相互正交时协变量的引入对可估函数 $\boldsymbol{c}'\boldsymbol{\beta}$ 的 BLU 估计并没有产生任何影响.

对任一可估函数 $\boldsymbol{c}'\boldsymbol{\beta}$, 其 BLU 估计 $\boldsymbol{c}'\boldsymbol{\beta}^*$ 的方差为

$$\mathrm{Var}(\boldsymbol{c}'\boldsymbol{\beta}^*) = \boldsymbol{c}'\mathrm{Cov}(\boldsymbol{\beta}^*)\boldsymbol{c}.$$

从定理 4.2.2 得, 对任一可估函数 $\boldsymbol{c}'\boldsymbol{\beta}$, 有

$$\mathrm{Var}(\boldsymbol{c}'\boldsymbol{\beta}^*) = \sigma^2[\boldsymbol{c}'(\mathbf{X}'\mathbf{X})^-\boldsymbol{c} + \boldsymbol{c}'\mathbf{X_Z}(\mathbf{Z}'\mathbf{N_X}\mathbf{Z})^{-1}\mathbf{X_Z}\boldsymbol{c}]. \tag{8.2.8}$$

从 (8.2.6) 和 (8.2.8) 可以看出, 对于协方差分析模型的可估函数 $\boldsymbol{c}'\boldsymbol{\beta}$ 而言, 它的 BLU 估计及其方差可以从对应的方差分析模型的 BLU 估计经过简单修正得到.

下面举一个例子说明上面的结果.

例 8.2.1 具有一个协变量的两向分类模型为

$$y_{ij} = \mu + \alpha_i + \beta_j + \gamma z_{ij} + e_{ij}, \quad i = 1, \cdots, a, \quad j = 1, \cdots, b, \tag{8.2.9}$$

这里 $e_{ij} \sim N(0, \sigma^2)$, 且所有 e_{ij} 都相互独立, $\sum\limits_{i=1}^{a}\alpha_i = \sum\limits_{j=1}^{b}\beta_j = 0$. 相应的纯方差分析模型为

$$y_{ij} = \mu + \alpha_i + \beta_j + e_{ij}, \quad i = 1, \cdots, a, \quad j = 1, \cdots, b. \tag{8.2.10}$$

结合(7.2.2)知: 模型(8.2.9)的矩阵形式中,

$\mathbf{X}=(\mathbf{1}_{ab},\ \mathbf{I}_a\otimes\mathbf{1}_b,\ \mathbf{1}_a\otimes\mathbf{I}_b),\quad \mathbf{Z}=\boldsymbol{z}=(z_{11},\cdots,z_{1b},z_{21},\cdots,z_{2b},\cdots,z_{a1},\cdots,z_{ab})'$,

这里, $\otimes$ 为矩阵的 Kronecker 乘积运算, 即对于任意矩阵 $\mathbf{A}=(a_{ij})$ 和 $\mathbf{B}=(b_{ij})$, $\mathbf{A}\otimes\mathbf{B}=(a_{ij}\mathbf{B})$.

由 (7.2.11) 得纯方差分析模型(8.2.10) 的残差平方和

$$\mathrm{SS}_e=\sum_{i=1}^{a}\sum_{j=1}^{b}(y_{ij}-\overline{y}_{i.}-\overline{y}_{.j}+\overline{y}_{..})^2\triangleq\boldsymbol{y}'\mathbf{N}_\mathbf{X}\boldsymbol{y}. \tag{8.2.11}$$

根据这个表达式, 容易知道

$$\mathbf{Z}'\mathbf{N}_\mathbf{X}\boldsymbol{y}=\boldsymbol{z}'\mathbf{N}_\mathbf{X}\boldsymbol{y}=\sum_{i=1}^{a}\sum_{j=1}^{b}(y_{ij}-\overline{y}_{i.}-\overline{y}_{.j}+\overline{y}_{..})(z_{ij}-\overline{z}_{i.}-\overline{z}_{.j}+\overline{z}_{..}),$$

$$\mathbf{Z}'\mathbf{N}_\mathbf{X}\mathbf{Z}=\boldsymbol{z}'\mathbf{N}_\mathbf{X}\boldsymbol{z}=\sum_{i=1}^{a}\sum_{j=1}^{b}(z_{ij}-\overline{z}_{i.}-\overline{z}_{.j}+\overline{z}_{..})^2.$$

依 (8.2.5) 回归系数 $\boldsymbol{\gamma}$ 的 LS 估计为

$$\begin{aligned}\boldsymbol{\gamma}^*&=(\mathbf{Z}'\mathbf{N}_\mathbf{X}\mathbf{Z})^{-1}\mathbf{Z}'\mathbf{N}_\mathbf{X}\boldsymbol{y}\\&=\frac{\sum\limits_{i=1}^{a}\sum\limits_{j=1}^{b}(y_{ij}-\overline{y}_{i.}-\overline{y}_{.j}+\overline{y}_{..})(z_{ij}-\overline{z}_{i.}-\overline{z}_{.j}+\overline{z}_{..})}{\sum\limits_{i=1}^{a}\sum\limits_{j=1}^{b}(z_{ij}-\overline{z}_{i.}-\overline{z}_{.j}+\overline{z}_{..})^2}.\end{aligned} \tag{8.2.12}$$

又从纯方差分析模型解得 α_i 的 LS 解 (见 7.2 节) 为 $\widehat{\alpha}_i=\overline{y}_{i.}-\overline{y}_{..}$. 对应于 (8.2.7) 的 $\mathbf{X}_\mathbf{Z}$, 取 $\widehat{\alpha}_{z_i}=\overline{z}_{i.}-\overline{z}_{..}$, 由 (8.2.6) 得到协方差分析模型 α_i 的 LS 解

$$\alpha_i^*=\widehat{\alpha}_i-\widehat{\alpha}_{z_i}\gamma^*=\overline{y}_{i.}-\overline{y}_{..}-\gamma^*(\overline{z}_{i.}-\overline{z}_{..}),$$

类似地

$$\begin{aligned}\mu^*&=\overline{y}_{..}-\gamma^*\overline{z}_{..},\\ \beta_j^*&=\overline{y}_{.j}-\overline{y}_{..}-\gamma^*(\overline{z}_{.j}-\overline{z}_{..}).\end{aligned}$$

根据定理 4.2.2 和定理 7.2.1 知, 任意对照 $\sum\limits_{i=1}^{a}c_i\alpha_i$ 和 $\sum\limits_{j=1}^{b}d_j\beta_j$ 都可估, 且它们的 BLU 估计分别为

$$\sum_{i=1}^{a}c_i(\overline{y}_{i.}-\gamma^*\overline{z}_{i.}),\qquad\sum_{j=1}^{b}d_j(\overline{y}_{.j}-\gamma^*\overline{z}_{.j}),$$

这里 $\sum\limits_i c_i = 0$, $\sum\limits_j d_j = 0$. 特别地, $\alpha_i - \alpha_u$ 的 BLU 估计为

$$\alpha_i^* - \alpha_u^* = \overline{y}_{i\cdot} - \overline{y}_{u\cdot} - \gamma^*(\overline{z}_{i\cdot} - \overline{z}_{u\cdot}), \tag{8.2.13}$$

$\beta_j - \beta_v$ 的 BLU 估计为

$$\beta_j^* - \beta_v^* = \overline{y}_{\cdot j} - \overline{y}_{\cdot v} - \gamma^*(\overline{z}_{\cdot j} - \overline{z}_{\cdot v}). \tag{8.2.14}$$

(8.2.13) 和 (8.2.14) 与纯方差分析模型的结果 (定理 7.2.1) 相比, 都多了一个由协变量引起的修正项, 它们的方差分别为

$$\mathrm{Var}(\alpha_i^* - \alpha_u^*) = \sigma^2 \left[\frac{2}{b} + \frac{(\overline{z}_{i\cdot} - \overline{z}_{u\cdot})^2}{\boldsymbol{z}'\mathbf{N_X}\boldsymbol{z}} \right] \tag{8.2.15}$$

和

$$\mathrm{Var}(\beta_j^* - \beta_v^*) = \sigma^2 \left[\frac{2}{a} + \frac{(\overline{z}_{\cdot j} - \overline{z}_{\cdot v})^2}{\boldsymbol{z}'\mathbf{N_X}\boldsymbol{z}} \right]. \tag{8.2.16}$$

利用这些结果可以给出 $\alpha_i - \alpha_u$, $i \neq u$ 和 $\beta_j - \beta_v$, $j \neq v$ 的各种同时置信区间.

从这个例子我们可以看出, 对协方差分析模型 (8.2.9) 的参数估计的计算利用对应的纯方差分析模型 (8.2.10) 的残差平方和 (8.2.12), 使计算大大简化.

8.3 假设检验

本章一开始就已经指出, 对协方差分析模型我们的基本兴趣放在方差分析部分, 即主要目的是对方差分析部分的参数作检验. 所以这一节我们先导出检验线性假设 $\mathbf{H}\boldsymbol{\beta} = \mathbf{0}$ 的 F 统计量, 这里 $\mathbf{H}\boldsymbol{\beta}$ 为 m 个线性无关的可估函数, 而后给出检验假设 $\boldsymbol{\gamma} = \mathbf{0}$ 的 F 统计量, 这个检验的直观意义也是很明显的.

首先, 模型 (8.2.1) 的残差平方和为

$$\begin{aligned} \mathrm{SS}_e^* &= (\boldsymbol{y} - \mathbf{X}'\boldsymbol{\beta}^* - \mathbf{Z}\gamma^*)'(\boldsymbol{y} - \mathbf{X}'\boldsymbol{\beta}^* - \mathbf{Z}\gamma^*) \\ &= \boldsymbol{y}'\mathbf{N_X}\boldsymbol{y} - \gamma^{*'}\mathbf{Z}'\mathbf{N_X}\boldsymbol{y} \\ &= \boldsymbol{y}'\mathbf{N_X}\boldsymbol{y} - \boldsymbol{y}'\mathbf{N_X}\mathbf{Z}(\mathbf{Z}'\mathbf{N_X}\mathbf{Z})^{-1}(\mathbf{Z}'\mathbf{N_X}\boldsymbol{y}), \end{aligned} \tag{8.3.1}$$

其中第一项为纯方差分析模型 (8.2.4) 作方差分析时的残差平方和 $\mathrm{SS}_e = \boldsymbol{y}'\mathbf{N_X}\boldsymbol{y}$. 第二项则是由于在模型中引进了协变量致使残差平方和所减少的量. (8.3.1) 式表明, 对协方差分析模型 (8.2.1), 残差平方和 SS_e^* 可以由纯方差分析模型 (8.2.4) 的残差平方和 SS_e 减去一个修正量

$$\boldsymbol{y}'\mathbf{N_X}\mathbf{Z}(\mathbf{Z}'\mathbf{N_X}\mathbf{Z})^{-1}\mathbf{Z}'\mathbf{N_X}\boldsymbol{y}$$

得到. 而且此修正量只依赖于 $\boldsymbol{y}$ 和 $\mathbf{Z}$ 的列向量 $\boldsymbol{z}_1, \boldsymbol{z}_2, \cdots, \boldsymbol{z}_q$ 的若干形如 $\boldsymbol{z}_i'\mathbf{N_X}\boldsymbol{z}_j$ $(i,j=1,\cdots,q)$ 和 $\boldsymbol{z}_i'\mathbf{N_X}\boldsymbol{y}$ $(i=1,\cdots,q)$ 的二次型和双线性型, 这些二次型和双线性型的矩阵都是残差平方和 $\mathrm{SS}_e = \boldsymbol{y}'\mathbf{N_X}\boldsymbol{y}$ 的二次型方阵 $\mathbf{N_X}$. 因此, 对协方差分析模型 (8.2.1), 协方差分析的残差平方和 SS_e^* 可直接利用纯方差分析模型 (8.2.4) 的残差平方和 SS_e 来计算.

若以 $\widehat{\boldsymbol{\beta}}_{\mathbf{H}}$ 记纯方差分析模型 (8.2.4) 中参数 $\boldsymbol{\beta}$ 在约束 $\mathbf{H}\boldsymbol{\beta} = \mathbf{0}$ 下的 LS 解, 则对应的残差平方和

$$\mathrm{SS}_{\mathbf{H}_e} = \boldsymbol{y}'\boldsymbol{y} - \widehat{\boldsymbol{\beta}}_{\mathbf{H}}'\mathbf{X}'\boldsymbol{y} \triangleq \boldsymbol{y}'\mathbf{Q}\boldsymbol{y}. \tag{8.3.2}$$

若记协方差分析模型 (8.2.1) 在约束 $\mathbf{H}\boldsymbol{\beta} = \mathbf{0}$ 下参数 $\boldsymbol{\beta}$ 和 $\boldsymbol{\gamma}$ 的约束 LS 解对应的残差平方和为 $\mathrm{SS}_{\mathbf{H}_e}^*$. 因 $\mathrm{SS}_{\mathbf{H}_e}^*$ 与 $\mathrm{SS}_{\mathbf{H}_e}$ 的关系和 SS_e^* 与 SS_e 的关系完全一样, 故从 (8.3.1) 和 (8.3.2) 知

$$\mathrm{SS}_{\mathbf{H}_e}^* = \boldsymbol{y}'\mathbf{Q}\boldsymbol{y} - \boldsymbol{y}'\mathbf{Q}\mathbf{Z}(\mathbf{Z}'\mathbf{Q}\mathbf{Z})^{-1}\mathbf{Z}'\mathbf{Q}\boldsymbol{y}, \tag{8.3.3}$$

这里 $\mathbf{Z}'\mathbf{Q}\mathbf{Z}$ 是可逆阵, 其证明与定理 4.1.7 (3) 相类似. 上式表明, $\mathrm{SS}_{\mathbf{H}_e}^*$ 是由 $\mathrm{SS}_{\mathbf{H}_e}$ 减去由于引进协变量而产生的修正项得到的. 比较 (8.3.1) 和 (8.3.3), 再结合 (8.2.1) 式后面的讨论可以知道, $\mathrm{SS}_{\mathbf{H}_e}^*$ 的计算可以利用 $\mathrm{SS}_{\mathbf{H}_e}$ 来完成. 根据 5.1 节及 (8.3.1) 和 (8.3.3), 对协方差分析模型 (8.2.1), 假设检验 $H_{01}: \mathbf{H}\boldsymbol{\beta} = \mathbf{0}$ 的 F 统计量为

$$F_1 = \frac{(\mathrm{SS}_{\mathbf{H}_e}^* - \mathrm{SS}_e^*)/m}{\mathrm{SS}_e^*/(n-r-q)}. \tag{8.3.4}$$

当 $\mathbf{H}\boldsymbol{\beta} = \mathbf{0}$ 为真时, $F_1 \sim F_{m,\ n-r-q}$, 这里 $r = \mathrm{rk}(\mathbf{X})$, $m = \mathrm{rk}(\mathbf{H})$.

上面的讨论说明, 在协方差分析模型 (8.3.1) 的统计分析中, 相应的纯方差分析模型 (8.2.4) 起着中心的作用. 要对协方差分析模型 (8.2.1) 假设检验 $\mathbf{H}\boldsymbol{\beta} = \mathbf{0}$, 可以先对对应的纯方差分析模型 (8.3.3) 作同样的检验, 导出 $\mathrm{SS}_e = \boldsymbol{y}'\mathbf{N_X}\boldsymbol{y}$ 和 $\mathrm{SS}_{\mathbf{H}_e} = \boldsymbol{y}'\mathbf{Q}\boldsymbol{y}$, 计算出各自的修正量, 利用 (8.3.1) 和 (8.3.3) 简便地计算出 SS_e^* 和 $\mathrm{SS}_{\mathbf{H}_e}^*$, 这样大大节省了计算量. 这正是本章一开始所指出的我们研究协方差分析的目的所在.

对于线性假设 $H_{02}: \boldsymbol{\gamma} = \mathbf{0}$, 读者容易明白, F 统计量为

$$F_2 = \frac{(\mathrm{SS}_e - \mathrm{SS}_e^*)/q}{\mathrm{SS}_e^*/(n-r-q)}\ . \tag{8.3.5}$$

当 $\boldsymbol{\gamma} = \mathbf{0}$ 成立时, $F_2 \sim F_{q,n-r-q}$. 如果经检验, 假设 $\boldsymbol{\gamma} = \mathbf{0}$ 被接受, 则可以认为协变量的影响不存在, 我们只要研究纯方差分析模型 (7.2.1) 就够了.

例 8.3.1 对具有一个协变量的两向分类模型

$$y_{ij} = \mu + \alpha_i + \beta_j + \gamma z_{ij} + e_{ij}, \quad i = 1, \cdots, a,\ j = 1, \cdots, b,$$

这里 $e_{ij} \sim N(0,\ \sigma^2)$, 且所有 e_{ij} 相互独立. 考虑假设

(1) H_{01}: $\beta_1 = \cdots = \beta_b$;

(2) H_{02}: $\gamma = 0$

的检验问题.

解　对于纯方差分析模型

$$y_{ij} = \mu + \alpha_i + \beta_j + e_{ij}, \quad i = 1, \cdots, a, \quad j = 1, \cdots, b. \tag{8.3.6}$$

由例 8.2.1 知, 残差平方和为

$$\mathrm{SS}_e = \sum_{i=1}^{a}\sum_{j=1}^{b}(y_{ij} - \overline{y}_{i\cdot} - \overline{y}_{\cdot j} + \overline{y}_{\cdot\cdot})^2 \triangleq \boldsymbol{y}'\mathbf{N_X}\boldsymbol{y},$$

以及

$$\boldsymbol{z}'\mathbf{N_X}\boldsymbol{y} = \sum_{i=1}^{a}\sum_{j=1}^{b}(y_{ij} - \overline{y}_{i\cdot} - \overline{y}_{\cdot j} + \overline{y}_{\cdot\cdot})(z_{ij} - \overline{z}_{i\cdot} - \overline{z}_{\cdot j} + \overline{z}_{\cdot\cdot}),$$

$$\boldsymbol{z}'\mathbf{N_X}\boldsymbol{z} = \sum_{i=1}^{a}\sum_{j=1}^{b}(z_{ij} - \overline{z}_{i\cdot} - \overline{z}_{\cdot j} + \overline{z}_{\cdot\cdot})^2.$$

由 (8.3.1) 得

$$\begin{aligned}\mathrm{SS}_e^* &= \boldsymbol{y}'\mathbf{N_X}\boldsymbol{y} - \frac{(\boldsymbol{z}'\mathbf{N_X}\boldsymbol{y})^2}{\boldsymbol{z}'\mathbf{N_X}\boldsymbol{z}} \\ &= \sum_{i=1}^{a}\sum_{j=1}^{b}(y_{ij} - \overline{y}_{i\cdot} - \overline{y}_{\cdot j} + \overline{y}_{\cdot\cdot})^2 \\ &\quad - \frac{\left[\sum\limits_{i=1}^{a}\sum\limits_{j=1}^{b}(y_{ij} - \overline{y}_{i\cdot} - \overline{y}_{\cdot j} + \overline{y}_{\cdot\cdot})(z_{ij} - \overline{z}_{i\cdot} - \overline{z}_{\cdot j} + \overline{z}_{\cdot\cdot})\right]^2}{\sum\limits_{i=1}^{a}\sum\limits_{j=1}^{b}(z_{ij} - \overline{z}_{i\cdot} - \overline{z}_{\cdot j} + \overline{z}_{\cdot\cdot})^2}.\end{aligned} \tag{8.3.7}$$

(1) 在原假设 H_{01} 下, 纯方差分析模型 (8.3.6) 变为单向分类模型. 由 (7.1.15) 知, 残差平方和

$$\mathrm{SS}_{\mathbf{H}_e} = \sum_{i=1}^{a}\sum_{j=1}^{b}(y_{ij} - \overline{y}_{i\cdot})^2 \triangleq \boldsymbol{y}'\mathbf{Q}\boldsymbol{y},$$

其中, $\mathbf{Q}=\mathbf{I}_{ab}-\mathbf{I}_a\otimes\mathbf{1}_b$. 根据这个表达式, 容易证得

$$\boldsymbol{z}'\mathbf{Q}\boldsymbol{y}=\sum_{i=1}^{a}\sum_{j=1}^{b}(y_{ij}-\overline{y}_{i\cdot})(z_{ij}-\overline{z}_{i\cdot}),\quad \boldsymbol{z}'\mathbf{Q}\boldsymbol{z}=\sum_{i=1}^{a}\sum_{j=1}^{b}(z_{ij}-\overline{z}_{i\cdot})^2.$$

由 (8.3.3) 立得

$$\begin{aligned}\mathrm{SS}^*_{\mathbf{H}_e}&=\boldsymbol{y}'\mathbf{Q}\boldsymbol{y}-\frac{(\boldsymbol{z}'\mathbf{Q}\boldsymbol{y})^2}{\boldsymbol{z}'\mathbf{Q}\boldsymbol{z}}\\&=\sum_{i=1}^{a}\sum_{j=1}^{b}(y_{ij}-\overline{y}_{i\cdot})^2-\frac{\left[\sum\limits_{i=1}^{a}\sum\limits_{j=1}^{b}(y_{ij}-\overline{y}_{i\cdot})(z_{ij}-\overline{z}_{i\cdot})\right]^2}{\sum\limits_{i=1}^{a}\sum\limits_{j=1}^{b}(z_{ij}-\overline{z}_{i\cdot})^2}.\end{aligned}\tag{8.3.8}$$

根据这些结果, 容易写出检验假设 H_{01} 的 F 统计量.

(2) 在 (1) 中已计算出 SS_e 和 SS_e^*, 依 (8.3.5), 也可立即写出检验假设 H_{02} : $\gamma=0$ 的 F 统计量. 如果这个检验显著, 说明协变量 Z 不能忽视. 当 H_0 被拒绝时, 我们希望求 γ 的置信区间. 应用一般的回归理论到模型 (8.2.1) 式, 易得 γ 的置信区间.

8.4　带一个协变量的单向分类模型

对具有一个协变量的两向分类模型

$$y_{ij}=\mu+\alpha_i+\gamma z_{ij}+e_{ij},\quad i=1,\cdots,a,\quad j=1,\cdots,b,\tag{8.4.1}$$

我们把 $\alpha_1,\alpha_2,\cdots,\alpha_a$ 看作因子 A 的 a 个水平的效应, 满足约束条件 $\sum\limits_{i=1}^{a}\alpha_i=0$, 和前面一样假定 $e_{ij}\sim N(0,\ \sigma^2)$, 且所有 e_{ij} 相互独立. 在应用中, 常常对 z_{ij} 中心化. 中心化不影响方差分析的结果, 仅是截距项 μ 换成 $\mu^*=\mu+\bar{z}_{\cdot\cdot}\gamma$ 即可. 记 $\boldsymbol{y}=(y_{11},\cdots,y_{1b},\cdots,y_{a1},\cdots,y_{ab})$, $\boldsymbol{z}=(z_{11},\cdots,z_{1b},\cdots,z_{a1},\cdots,z_{ab})$, $\boldsymbol{e}=(e_{11},\cdots,e_{1b},\cdots,e_{a1},\cdots,e_{ab})$, $\mathbf{X}=(\mathbf{1}_{ab},\mathbf{I}_a\otimes\mathbf{1}_a)'$, $\boldsymbol{\theta}=(\mu,\alpha_1,\cdots,\alpha_a,\gamma)'$. 则模型(8.4.1)的矩阵形式可表达为

$$\boldsymbol{y}=\mathbf{X}\boldsymbol{\theta}+\boldsymbol{z}\gamma+\boldsymbol{e}.$$

关于模型 (8.4.1) 的协方差分析, 主要就是检验因子 A 的效应是否显著, 以及协变量 Z 的回归系数是否显著, 即检验如下两个假设:

$H_{01}:\alpha_1=\cdots=\alpha_a$;

$H_{02}:\gamma=0$.

8.4.1 协方差分析表的计算

为更清晰地了解方差分析模型和协方差分析模型下 H_{01} 和 H_{02} 的检验统计量的关系, 记

$$S_{yy}=\sum_{i=1}^{a}\sum_{j=1}^{b}(y_{ij}-\overline{y}_{..})^2,$$

$$S_{zz}=\sum_{i=1}^{a}\sum_{j=1}^{b}(z_{ij}-\overline{z}_{..})^2,$$

$$S_{yz}=\sum_{i=1}^{a}\sum_{j=1}^{b}(y_{ij}-\overline{y}_{..})(z_{ij}-\overline{z}_{..}),$$

$$A_{yy}=\sum_{i=1}^{a}\sum_{j=1}^{b}(\overline{y}_{i.}-\overline{y}_{..})^2,$$

$$A_{zz}=\sum_{i=1}^{a}\sum_{j=1}^{b}(\overline{z}_{i.}-\overline{z}_{..})^2,$$

$$A_{yz}=\sum_{i=1}^{a}\sum_{j=1}^{b}(\overline{y}_{i.}-\overline{y}_{..})(\overline{z}_{i.}-\overline{z}_{..}),$$

$$E_{yy}=\boldsymbol{y}'\mathbf{N_X}\boldsymbol{y}=\sum_{i=1}^{a}\sum_{j=1}^{b}(y_{ij}-\overline{y}_{i.})^2,$$

$$E_{zz}=\boldsymbol{z}'\mathbf{N_X}\boldsymbol{z}=\sum_{i=1}^{a}\sum_{j=1}^{b}(z_{ij}-\overline{z}_{i.})^2\ ,$$

$$E_{yz}=\boldsymbol{y}'\mathbf{N_X}\boldsymbol{z}=\sum_{i=1}^{a}\sum_{j=1}^{b}(y_{ij}-\overline{y}_{i.})(z_{ij}-\overline{z}_{i.}),$$

其中 S_{yy}, A_{yy} 和 E_{yy} 分别为单向分类方差分析模型下的总平方和、因子 A 的平方和以及残差平方和,

$$\overline{y}_{..}=\frac{1}{ab}\sum_{i=1}^{a}\sum_{j=1}^{b}y_{ij},\quad \overline{y}_{i.}=\frac{1}{b}\sum_{j=1}^{b}y_{ij},\quad \overline{z}_{..}=\frac{1}{ab}\sum_{i=1}^{a}\sum_{j=1}^{b}z_{ij},\quad \overline{z}_{i.}=\frac{1}{b}\sum_{j=1}^{b}z_{ij}.$$

由公式(8.2.5), 回归系数 γ 的 LS 估计为

$$\widehat{\gamma}=\frac{\boldsymbol{z}'\mathbf{N_X}\boldsymbol{y}}{\boldsymbol{z}'\mathbf{N_X}\boldsymbol{z}}=\frac{E_{yz}}{E_{zz}}.$$

由公式(8.2.6)的 μ 和 $\alpha_1,\alpha_2,\cdots,\alpha_a$ 的 LS 解为

$$\widehat{\mu}=\overline{y}_{..}-\widehat{\gamma}\overline{z}_{..},\quad \widehat{\alpha}_i=(\overline{y}_{i.}-\overline{y}_{..})-\widehat{\gamma}(\overline{z}_{i.}-\overline{z}_{..}).$$

于是模型 (8.4.1) 的 LS 残差平方和为

$$\mathrm{SS}_e^*=\sum_{i=1}^{a}\sum_{j=1}^{b}(y_{ij}-\widehat{\mu}-\widehat{\alpha}_i-z_{ij}\widehat{\gamma})=E_{yy}-\frac{E_{zy}^2}{E_{zz}}.$$

在 H_{01} 下, 模型(8.4.1)简化为纯回归模型:

$$y_{ij}=\mu+\gamma z_{ij}+e_{ij},\quad i=1,\cdots,a,\quad j=1,\cdots,b,$$

类似方法可推得此时模型的 LS 残差平方和变为

$$\mathrm{SS}_{He}^*=S_{yy}-\frac{S_{zy}^2}{S_{zz}}.$$

由 (8.3.4)得, 检验假设 $H_{01}:\alpha_1=\cdots=\alpha_a$ 的 F 统计量为

$$F_1=\frac{(\mathrm{SS}_{He}^*-\mathrm{SS}_e^*)/(a-1)}{\mathrm{SS}_e^*/(a(b-1)-1)}=\frac{(S_{yy}-S_{zy}^2/S_{zz}-E_{yy}+E_{zy}^2/E_{zz})/(a-1)}{(E_{yy}-E_{zy}^2/E_{zz})/(a(b-1)-1)},\tag{8.4.2}$$

其中, $(\mathrm{SS}_{He}^*-\mathrm{SS}_e^*)$ 被称为因子 A 的修正平方和. 当 H_{01} 成立时, $F_1\sim F_{a-1,a(b-1)-1}$.

注意到当 $\gamma=0$ 时, 模型(8.4.1)就变成单向分类方差分析模型, 此时模型的 LS 残差平方和为

$$\mathrm{SS}_e=E_{yy}.$$

于是, 检验假设 $H_{02}:\gamma=0$ 的 F 统计量为

$$F_2=\frac{\mathrm{SS}_e-\mathrm{SS}_e^*}{\mathrm{SS}_e^*/(a(b-1)-1)}=\frac{E_{zy}^2/E_{zz}}{(E_{yy}-E_{zy}^2/E_{zz})/(a(b-1)-1)},\tag{8.4.3}$$

其中 $\mathrm{SS}_e-\mathrm{SS}_e^*=E_{zy}^2/E_{zz}$ 被称作是修正的回归平方和. 类似于方差分析表, 具有一个协变量的单向分类模型协方差分析表如表 8.4.1.

表 8.4.1 具有一个协变量的单向分类模型协方差分析表

方差源	自由度	平方和与交叉乘积之和		
		y	z	yz
因子 A	$a-1$	A_{yy}	A_{zz}	A_{yz}
误差	$a(b-1)$	E_{yy}	E_{zz}	E_{yz}
总和	$ab-1$	S_{yy}	S_{zz}	S_{yz}
因子 A + 误差		$A_{yy}+E_{yy}$	$A_{zz}+E_{zz}$	$A_{yz}+E_{yz}$
协变量	1			

续表

方差源	修正平方和	修正自由度	均方	F 值
因子 A	$Q_1 = T_1 - Q_0$	$a-1$	$Q_1/(a-1)$	$\dfrac{Q_1/(a-1)}{Q_0/f}$
误差	$Q_0 = E_{yy} - E_{yz}^2/E_{zz}$	$f \triangleq a(b-1)-1$	Q_0/f	
总和	S_{yy}			
因子 A+误差	$T_1 = S_{yy} - S_{yz}^2/S_{zz}$			
协变量	$T_3 = E_{yz}^2/E_{zz} \triangleq Q_2$	1	Q_2	$Q_2/(Q_0/f)$

表 8.4.1 中平方和与检验统计量的计算方法是针对平衡数据而言的, 更一般的计算方法 (允许单元样本量不等), 可类似于第 7 章, 将协方差模型通过虚拟变量转化为线性模型, 将协变量 Z 和因子 A 对因变量 Y 影响是否显著转化为对线性模型的部分回归系数是否为零的检验问题. 下面以苏打饼干的促销活动为例展示.

例 8.4.1 使用协方差分析模型 (8.4.1) 拟合表 8.1.1 苏打饼干的销售量数据, 此时, $a=3$, $b=5$. 约束条件 $\sum\limits_{i=1}^{3}\alpha_i = 0$ 等价于 $\alpha_3 = -\alpha_1 - \alpha_2$.

解 为了更清晰展示不同促销策略下系数参数的点估计与各平方和统计意义, 将 α_3 用 $-\alpha_1 - \alpha_2$ 替代, 得到如下线性回归模型

$$y_{ij} = \mu + \alpha_1 A_{ij1} + \alpha_2 A_{ij2} + \gamma z_{ij} + e_{ij}, \quad i = 1,2,3, \quad j = 1,\cdots,5, \tag{8.4.4}$$

其中

$$A_{ij1} = \begin{cases} 1, & i=1, \\ 0, & i=2, \\ -1, & i=3, \end{cases} \qquad A_{ij2} = \begin{cases} 0, & i=1, \\ 1, & i=2, \\ -1, & i=3. \end{cases}$$

记因变量观测向量为 $\boldsymbol{y} = (38,39,36,45,33,43,38,38,27,34,24,32,31,21,28)'$, 相应的虚拟变量向量为

$$\boldsymbol{x}_1 = (1,1,1,1,1,0,0,0,0,0,-1,-1,-1,-1,-1)',$$

$$\boldsymbol{x}_2 = (0,0,0,0,0,1,1,1,1,1,-1,-1,-1,-1,-1)'.$$

令 $\mathbf{X}^* = (\mathbf{1}_{ab}, \boldsymbol{x}_1, \boldsymbol{x}_2)$, $\mathbf{W} = (\mathbf{X}^*, \boldsymbol{z})$. 由于 $\mathbf{W}$ 列满秩, 故参数 $(\mu, \alpha_1, \alpha_2, \gamma)'$ 可估, 其 LS 估计为

$$(\widehat{\mu}, \widehat{\alpha}_1, \widehat{\alpha}_2, \widehat{\gamma})' = (\mathbf{W}'\mathbf{W})^{-1}\mathbf{W}'\boldsymbol{y} = (11.3360, 6.0174, 0.9420, 0.8986)',$$

模型的残差平方和为 $\mathrm{SS}_e^* = \boldsymbol{y}'(\mathbf{I}_{15} - (\mathbf{W}'\mathbf{W})^{-1}\mathbf{W}')\boldsymbol{y} = 38.571$, 其自由度为 11.

1. 协变量回归系数的显著性检验

在假设 $H_{02}:\ \gamma=0$ 下, 协方差分析模型 (8.4.4) 变成了纯方差分析模型:

$$y_{ij}=\mu+\alpha_1 A_{ij1}+\alpha_2 A_{ij2}+e_{ij},$$

计算得相应的残差平方和 $\mathrm{SS}_e=\boldsymbol{y}'(\mathbf{I}_{15}-\mathbf{P}_{\mathbf{X}^*})\boldsymbol{y}=307.612$, 其自由度为 12. 由于

$$F_2=\frac{(\mathrm{SS}_e-\mathrm{SS}_e^*)/(12-11)}{\mathrm{SS}_e^*/11}=\frac{269.03}{3.506}=76.734>F_{1,11}(0.05)=4.844, \quad (8.4.5)$$

因此, 在显著性水平 $\alpha=0.05$ 下, 我们可拒绝假设 $H_{02}:\ \gamma=0$, 认为该苏打饼干促销前的销售量 Z (协变量) 对促销期间的销量 Y 有显著影响. 该检验统计量的 P 值为 0.0000027.

2. 因子效应的显著性检验

在假设 $H_{01}:\alpha_1=\alpha_2=0$ 下, 约简模型变为纯回归模型 $y_{ij}=\mu+\gamma z_{ij}+e_{ij}$. 此时模型的残差平方和为 $\mathrm{SS}_{He}^*=\boldsymbol{y}'(\mathbf{I}_{15}-\mathbf{P}_{(\mathbf{1}_{15},\boldsymbol{z})})\boldsymbol{y}=455.72$, 自由度为 13. 故因子 A 的修正平方和为

$$\mathrm{SS}_A^*=\mathrm{SS}_{He}^*-\mathrm{SS}_e^*=455.72-38.571=417.149,$$

其自由度为 $13-11=2$. 由于检验统计量

$$F_1=\frac{\mathrm{SS}_A^*/2}{\mathrm{SS}_e^*/(a(b-1)-1)}\frac{208.575}{3.506}=59.491>F_{2,11}=3.9823,$$

故拒绝原假设 H_{01}, 认为不同的促销方案对促销期间的销售量有显著影响. 该检验统计量的 P 值为 1.263e–06.

将以上两部分的分析结果汇总到协方差分析表 8.4.2. 结果表明促销策略和商店促销前该品牌饼干的销售量都对促销期间的该品牌饼干的销量都有显著影响. 以上协方差分析结果可以调用 R 软件的程序包 "car" 中的 Anova() 得到, 具体程序如下:

```
install.packages("car") #安装程序包
library(car)
data<-read.table("811.txt", header=TRUE ) #读取数据
A<-factor(c(rep(1,5),rep(2,5),rep(3,5)))    ##因子
yreg<-lm(Y~A+Z, data=data)        ##协方差模型
Anova(yreg,type=2)              ## "type=2" 显示无交互效应协方差分析结果
```

表 8.4.2　苏打饼干的销售量数据的协方差分析表

方差源	修正平方和	修正自由度	均方	F 值	P 值
因子 A	417.149	2	208.575	$F_1 = 59.491$	1.263e–06
误差	38.571	11	3.506		
总和	646.400	14			
因子 A + 误差	455.72				
协变量	269.029	1		$F_2 = 76.734$	2.731e–06

如果采用单向分类方差分析模型 (8.4.6), 因子 A 的平方和与残差平方和

$$\mathrm{SS}_A = \sum_{i=1}^{3}\sum_{j=1}^{5}(y_{ij} - \overline{y}_{i\cdot})^2 = 338.8, \quad \mathrm{SS}_e = \sum_{i=1}^{a}\sum_{j=1}^{b}(\overline{y}_{i\cdot} - \overline{y}_{\cdot\cdot})^2 = 307.6.$$

它们的自由度分别为 2 和 12. 计算得模型 (8.4.6) 下因子 A 的显著性检验统计量

$$F = \frac{\mathrm{SS}_A/2}{\mathrm{SS}_e/12} = \frac{338.8}{2} \div \frac{307.6}{12} = \frac{169.4}{25.633} = 6.6087 > F_{2,12}(0.05) = 3.885.$$

尽管在单向分类方差分析模型下因子 A 也显著, 但不难发现引入协变量 (促销前该品牌饼干的销售量) 后, 协方差分析模型大大降低了该数据模型的残差平方和, 由 307.6 下降到了 38.571, 而模型的判定系数 R^2 由 0.5241 升到了 0.9403. 因此, 采用带一个协变量的单向分类模型拟合和分析苏打饼干的销售量数据优于纯方差分析模型.

8.4.2　因子两两水平效应的比较

协方差分析模型研究的另一个重点是比较因子不同水平的效应. 如例 8.4.1 感兴趣的问题是比较三种促销策略的效应. 下面接着例 8.4.1 研究两两效应差 $\alpha_1-\alpha_2$, $\alpha_1-\alpha_3$ 和 $\alpha_2-\alpha_3$ 的区间估计. 计算得协变量方差分析模型系数参数的 LS 估计为

$$(\widehat{\mu}, \widehat{\alpha}_1, \widehat{\alpha}_2, \widehat{\gamma}) = (11.3360, 6.0174, 0.9420, 0.8986),$$

其协方差阵的估计为

$$\widehat{\sigma}^2 \cdot (\mathbf{W}'\mathbf{W})^{-1} = \begin{pmatrix} 6.8111 & -0.4736 & 0.3683 & -0.2631 \\ -0.4736 & 0.5016 & -0.2603 & 0.0189 \\ 0.3683 & -0.2603 & 0.4882 & -0.0147 \\ -0.2631 & 0.0189 & -0.0147 & 0.0105 \end{pmatrix},$$

其中 $\mathbf{W}=(\mathbf{X}^*,\boldsymbol{z})$ 为模型的系数矩阵, $\widehat{\sigma}^2=\mathrm{SS}_e^*/11=3.506$. 结合 $\alpha_3=-\alpha_1-\alpha_2$, 我们可算得两两效应差的估计和其方差的估计如下:

$$\begin{aligned}
&\widehat{\alpha}_1-\widehat{\alpha}_2=6.0174-0.9420=5.0754,\\
&\mathrm{Var}(\widehat{\alpha}_1-\widehat{\alpha}_2)=0.5016+0.4882+2\times 0.2603=1.5104,\\
&\alpha_1-\alpha_3=2\times 6.0174+0.9420=12.9768,\\
&\widehat{\mathrm{Var}}(\widehat{\alpha}_1-\widehat{\alpha}_3)=4\times 0.5016+0.4882-4\times 0.2603=1.4534,\\
&\alpha_2-\alpha_3=6.0174+2\times 0.9420=7.9014,\\
&\widehat{\mathrm{Var}}(\widehat{\alpha}_2-\widehat{\alpha}_3)=0.5016+4\times 0.4882-4\times 0.2603=1.4132.
\end{aligned}$$

查表得

$$t_{11}(\alpha/2)=2.2010,\quad t_{11}(\alpha/4)=2.5931,\quad F_{2,11}=3.9822.$$

根据本书 5.2 节的知识, 计算出这 3 组效应差的置信系数为 95% 的置信区间、Scheffé 同时置信区间和 Bonferroni 同时置信区间. 将结果汇总到表 8.4.3.

表 8.4.3 三种促销策略的两两效应差的置信区间

两两效应差	置信区间	Scheffé 同时置信区间	Bonferroni 同时置信区间
$\alpha_1-\alpha_2$	(2.370, 7.780)	(1.607, 8.543)	(1.888, 8.262)
$\alpha_1-\alpha_3$	(10.323, 15.630)	(9.574, 16.379)	(9.851, 16.103)
$\alpha_2-\alpha_3$	(5.285, 10.518)	(4.546, 11.256)	(4.819, 10.984)

表 8.4.3 的第二列所有的置信区间都不包含零点, 说明在检验水平 $\alpha=0.05$ 下, 三种促销策略的效应间存在显著差异; Scheffé 同时置信区间和 Bonferroni 同时置信区间显示

$$\alpha_1>\alpha_2>\alpha_3,$$

即第一种促销策略 (提供样品供品尝) 的效应显著地优于其他两种基于货架的促销策略, 增加货架空间方案显著优于增加货架过道端展示的策略.

8.4.3 因子各水平回归直线的平行性检验

协方差分析的一个重要假设是各水平下的回归直线都有相同的斜率. 因此, 也需要对这个假设进行检验. 如果例 8.4.1 中不同促销策略下该饼干销售量的回归直线斜率不同, 则模型可被表达为

$$y_{ij}=\mu+\alpha_1 A_{ij1}+\alpha_1 A_{ij2}+\gamma z_{ij}+\theta_1 A_{ij1}z_{ij}+\theta_2 A_{ij2}z_{ij}+e_{ij},\tag{8.4.6}$$

即三种促销策略下回归直线的斜率分别为 $\gamma+\theta_1, \gamma+\theta_2, \gamma-\theta_1-\theta_2$. 各水平回归直线的平行性检验就等价于检验

$$H_{03}:\theta_1=\theta_2=0 \longleftrightarrow H_{13}:\theta_1 \text{ 和 } \theta_2 \text{ 不全为零}. \tag{8.4.7}$$

计算得模型 (8.4.6) 的残差平方和 $\mathrm{SS}_e^{**}=31.52$. 当 $H_{03}:\theta_1=\theta_2=0$ 成立时, 模型的残差平方和就等于 $\mathrm{SS}_e^{*}=38.571$. 于是

$$F_3=\frac{(\mathrm{SS}_e^*-\mathrm{SS}_e^{**})/(11-9)}{\mathrm{SS}_e^{**}/9}=\frac{(38.571-31.52)/(11-9)}{31.52/9}=1.01<F_{2,9}(0.05),$$

故接受原假设 H_{03}, 认为三种促销策略下该饼干销售量的回归直线具有相同的斜率, 与三个促销策略下各自回归直线图 8.1.1 反映的情况一致. 也就是该数据可采用协方差分析模型 (8.4.4).

在协方差分析中, 值得注意的是: ① 修正平方和不再满足平方和分解性质, 即总平方和不再等于因子、误差、协变量的修正平方和的和; ② 关于协变量回归系数的 γ 的显著性检验、F 检验和 t 检验的结果一致; ③ 模型中协变量是否中心化只影响参数 μ 的估计不影响其他参数的推断 (参见本书第 6 章); ④ 由于协方差分析模型下因子水平对照估计的方差不再相等, 因此 Tukey 同时置信区间不再适用.

8.5　带一个协变量的两向分类模型

考虑带一个协变量的两向分类模型

$$y_{ijk}=\mu+\alpha_i+\beta_j+\gamma z_{ijk}+e_{ijk},\quad i=1,\cdots,a\quad j=1,\cdots,b,\quad k=1,\cdots,c, \tag{8.5.1}$$

其中 $\alpha_1,\alpha_2,\cdots,\alpha_a$ 是因子 A 的 a 个水平的效应, $\beta_1,\beta_2,\cdots,\beta_b$ 是因子 B 的 b 个水平的效应, 满足约束条件:

$$\sum_{i=1}^{a}\alpha_i=0,\quad \sum_{j=1}^{b}\beta_j=0, \tag{8.5.2}$$

c 为每个单元上试验重复的次数. 本节主要介绍该模型下关于协变量显著性检验、因子 A 和因子 B 显著性检验的协方差分析表的计算以及因子水平对照的区间估计问题.

8.5.1 协方差分析表的计算

仍假设 $e_{ijk} \sim N(0,\ \sigma^2)$, 且所有 e_{ijk} 相互独立. 当 $c=1$ 时就是模型 (8.2.9). 记

$$S_{yy}=\sum_{i=1}^{a}\sum_{j=1}^{b}\sum_{k=1}^{c}(y_{ijk}-\overline{y}_{...})^2 \quad (\text{总平方和}),$$

$$S_{zz}=\sum_{i=1}^{a}\sum_{j=1}^{b}\sum_{k=1}^{c}(z_{ijk}-\overline{z}_{..})^2\ , \quad S_{yz}=\sum_{i=1}^{a}\sum_{j=1}^{b}\sum_{k=1}^{c}(y_{ijk}-\overline{y}_{...})(z_{ijk}-\overline{z}_{...})\ ,$$

$$A_{yy}=\sum_{i=1}^{a}\sum_{j=1}^{b}(\overline{y}_{i\cdot}-\overline{y}_{..})^2 \triangleq \mathrm{SS}_A \quad (\text{纯方差分析下因子 } A \text{ 的平方和}),$$

$$A_{zz}=\sum_{i=1}^{a}\sum_{j=1}^{b}\sum_{k=1}^{c}(\overline{z}_{i\cdot\cdot}-\overline{z}_{...})^2\ , \quad A_{yz}=\sum_{i=1}^{a}\sum_{j=1}^{b}\sum_{k=1}^{c}(\overline{y}_{i\cdot\cdot}-\overline{y}_{..})(\overline{z}_{i\cdot\cdot}-\overline{z}_{...}),$$

$$B_{yy}=\sum_{i=1}^{a}\sum_{j=1}^{b}\sum_{k=1}^{c}(\overline{y}_{\cdot j\cdot}-\overline{y}_{...})^2 \triangleq \mathrm{SS}_B \quad (\text{纯方差分析下因子 } B \text{ 的平方和}),$$

$$B_{zz}=\sum_{i=1}^{a}\sum_{j=1}^{b}\sum_{k=1}^{c}(\overline{z}_{\cdot j\cdot}-\overline{z}_{...})^2\ , \quad B_{yz}=\sum_{i=1}^{a}\sum_{j=1}^{b}\sum_{k=1}^{c}(\overline{y}_{\cdot j\cdot}-\overline{y}_{...})(\overline{z}_{\cdot j\cdot}-\overline{z}_{...})\ ,$$

$$E_{yy}=\sum_{i=1}^{a}\sum_{j=1}^{b}\sum_{k=1}^{c}(y_{ijk}-\overline{y}_{i\cdot\cdot}-\overline{y}_{\cdot j\cdot}+\overline{y}_{...})^2\ ,$$

$$E_{zz}=\sum_{i=1}^{a}\sum_{j=1}^{b}\sum_{k=1}^{c}(z_{ijk}-\overline{z}_{i\cdot\cdot}-\overline{z}_{\cdot j\cdot}+\overline{z}_{...})^2 \quad (\text{纯方差分析下残差平方和}),$$

$$E_{yz}=\sum_{i=1}^{a}\sum_{j=1}^{b}\sum_{k=1}^{c}(z_{ijk}-\overline{z}_{i\cdot\cdot}-\overline{z}_{\cdot j\cdot}+\overline{z}_{...})(y_{ijk}-\overline{y}_{i\cdot\cdot}-\overline{y}_{\cdot j\cdot}+\overline{y}_{...}),$$

这里

$$\overline{y}_{...}=\sum_{i=1}^{a}\sum_{j=1}^{b}\sum_{k=1}^{c}y_{ijk}/abc, \quad \overline{y}_{i\cdot\cdot}=\sum_{j=1}^{b}\sum_{k=1}^{c}y_{ijk}/bc,$$

$$\overline{y}_{\cdot j\cdot}=\sum_{i=1}^{a}\sum_{k=1}^{c}y_{ijk}/ac, \quad \overline{y}_{ij\cdot}=\sum_{k=1}^{c}y_{ijk}/c,$$

$$\overline{z}_{\cdots}=\sum_{i=1}^{a}\sum_{j=1}^{b}\sum_{k=1}^{c}z_{ijk}/abc,\quad \overline{z}_{i\cdot\cdot}=\sum_{j=1}^{b}\sum_{k=1}^{c}z_{ijk}/bc,$$

$$\overline{z}_{\cdot j\cdot}=\sum_{i=1}^{a}\sum_{k=1}^{c}z_{ijk}/ac,\quad \overline{z}_{ij\cdot}=\sum_{k=1}^{c}z_{ijk}/c.$$

我们有

$$E_{yy}=S_{yy}-A_{yy}-B_{yy},\quad E_{zz}=S_{zz}-A_{zz}-B_{zz},\quad E_{yz}=S_{yz}-A_{yz}-B_{yz}.$$

利用这些记号, 模型的残差平方和 SS_e^* 可表示为

$$\mathrm{SS}_e^*=E_{yy}-E_{yz}^2/E_{zz}\triangleq Q_0.$$

若假设 $H_{01}:\alpha_1=\cdots=\alpha_a$ 成立, 则模型 (8.5.1) 就变成 $y_{ijk}=\mu+\beta_j+\gamma z_{ijk}+e_{ijk}$, 其残差平方和为

$$\mathrm{SS}_{e_{H_{01}}}=(E_{yy}+A_{yy})-\frac{(E_{yz}+A_{yz})^2}{E_{zz}+A_{zz}}\triangleq T_1,$$

类似地, 若假设 $H_{02}:\beta_1=\cdots=\beta_b$ 成立, 则模型(8.5.1)就变成 $y_{ijk}=\mu+\alpha_i+\gamma z_{ijk}+e_{ijk}$, 其模型的残差平方和为

$$\mathrm{SS}_{e_{H_{02}}}=(E_{yy}+B_{yy})-\frac{(E_{yz}+B_{yz})^2}{E_{zz}+B_{zz}}\triangleq T_2\ ,$$

若假设 $H_{03}:\gamma=0$ 成立, 则模型 (8.5.1) 就变成纯两向分类模型: $y_{ijk}=\mu+\alpha_i+\beta_j+e_{ijk}$, 其模型的残差平方和为 $\mathrm{SS}_e=E_{yy}$. 故协变量 Z 的修正的回归平方和为

$$\mathrm{SS}_\gamma^*=\mathrm{SS}_e-\mathrm{SS}_e^*=E_{yz}^2/E_{zz}\triangleq T_3.$$

依据 (8.3.4) 和 (8.3.5) 可导出计算假设 H_{01}, H_{02} 和 H_{03} 的检验统计量公式, 汇总结果于表 8.5.1.

例 8.5.1 在化学纤维生产中影响化纤弹性 Y 的因素有收缩率 A 和总拉伸倍数 B. 对 A, B 各取四个水平进行试验, 各个试验重复 1 次. 由于试验中电流周波 (Z) 不能完全控制, 把它作为协变量, 试验数据如表 8.5.2. 对该数据进行协方差分析 (检验的显著性水平 $\alpha=0.05$).

表 8.5.1 具有一个协变量的两向分类模型协方差分析表

方差源	自由度	平方和与交叉乘积之和		
		y	z	yz
因子 A	$a-1$	A_{yy}	A_{zz}	A_{yz}
因子 B	$b-1$	B_{yy}	B_{zz}	B_{yz}
误差	$(a-1)(b-1)-1$	E_{yy}	E_{zz}	E_{yz}
总和	$ab-1$	S_{yy}	S_{zz}	S_{yz}
因子 A + 误差		$A_{yy}+E_{yy}$	$A_{zz}+E_{zz}$	$A_{yz}+E_{yz}$
因子 B + 误差		$B_{yy}+E_{yy}$	$B_{zz}+E_{zz}$	$B_{yz}+E_{yz}$
协变量	1			

方差源	修正平方和	修正自由度	均方	F 值
因子 A	$Q_1=T_1-Q_0$	$a-1$	$Q_1/(a-1)$	$F_1=\dfrac{Q_1/(a-1)}{Q_0/f}$
因子 B	$Q_2=T_2-Q_0$	$b-1$	$Q_2/(b-1)$	$F_2=\dfrac{Q_2/(b-1)}{Q_0/f}$
误差	$Q_0=E_{yy}-E_{yz}^2/E_{zz}$	$f\triangleq abc-a-b$	Q_0/f	
总和	S_{yy}			
因子 A + 误差	$T_1=A_{yy}+E_{yy}-(A_{yz}+E_{yz})^2/(A_{zz}+E_{zz})$			
因子 B + 误差	$T_2=B_{yy}+E_{yy}-(B_{yz}+E_{yz})^2/(B_{zz}+E_{zz})$			
协变量	$T_3=E_{yz}^2/E_{zz}\triangleq Q_3$	1	Q_3	$F_3=Q_3/(Q_0/f)$

表 8.5.2 试验原始数据表

	变量		伸缩率							
			A_1		A_2		A_3		A_4	
总拉伸倍数	B_1	Z	49.0	49.2	49.8	49.9	49.9	49.9	49.7	49.8
		Y	71	73	73	75	76	73	75	73
	B_2	Z	49.5	49.3	49.9	49.8	50.2	50.1	49.4	49.4
		Y	72	73	76	74	79	77	73	72
	B_3	Z	49.7	49.5	50.1	50.0	49.7	50.0	49.5	49.6
		Y	75	73	78	77	74	75	70	71
	B_4	Z	49.9	49.7	49.6	49.3	49.5	49.2	49.0	48.9
		Y	77	75	74	74	74	73	69	69

解 首先, 我们作因子 A 和 B 各自水平下 Y 的 Box 图和 (Z,Y) 散点图, 见图 8.5.1. 图 8.5.1(a) 和 (b) 显示: 因子 A 的不同水平下 Y 的分布有明显的差异, 尤其是第四水平下, Y 的取值普遍比较低, 但因子 B 的第 4 水平下 Y 的 Box 图重叠部分较多, 中位数较靠近; 由图 8.5.1 (c) 和 (d) 发现两个因子下 (Z,Y) 散点图都呈现一定线性趋势, 且因子在不同水平下散点的分布大致没有太大差异. 因此, 初步可认为收缩率因子 A 和电流周波 Z 对化纤弹性 Y 有影响, 后者的影响是线性的, 而总拉伸倍数因子 B 的影响可能不大. 下面采用以上 F 检验对这些发现进行严格检验, 即该数据对协方差分析模型 (8.5.1) 的假设如下

$$H_{01}:\alpha_1=\alpha_2=\alpha_3=\alpha_4=0\longleftrightarrow H_{11}:\alpha_1,\alpha_2,\alpha_3,\alpha_4\ \text{不全为零};$$

$$H_{02}: \beta_1 = \beta_2 = \beta_3 = \beta_4 = 0 \longleftrightarrow H_{12}: \beta_1, \beta_2, \beta_3, \beta_4 \text{ 不全为零};$$

$$H_{03}: \gamma = 0 \longleftrightarrow H_{13}: \gamma \neq 0$$

分别作检验, 并进一步优化模型.

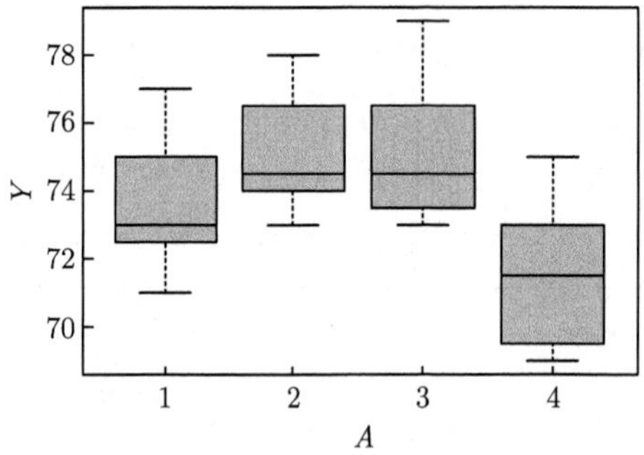

(a) 因子A各水平下 Y的 Box 图

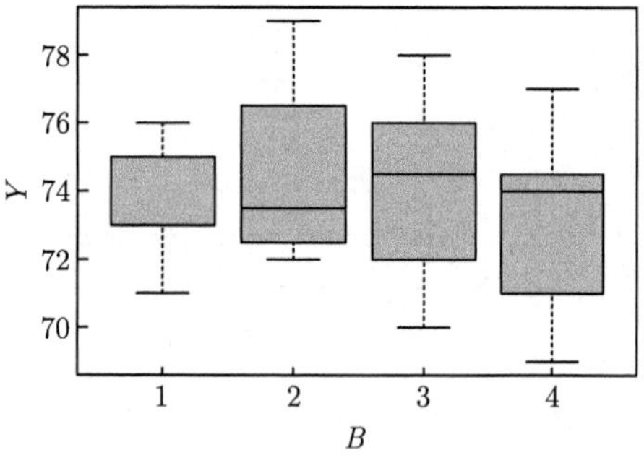

(b) 因子B各水平下 Y 的 Box 图

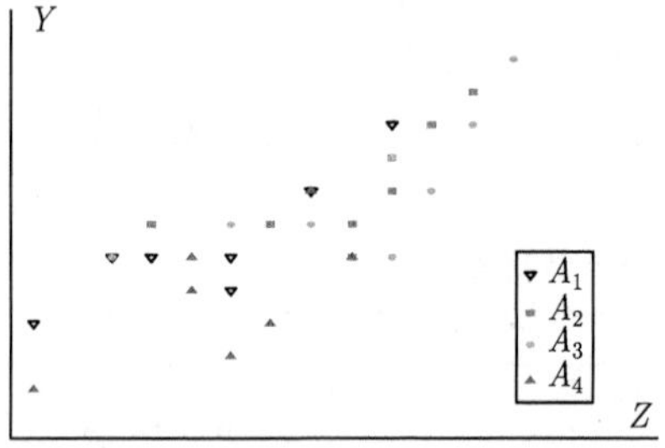

(c) 因子A各水平下 $(Z,\ Y)$ 的散点图

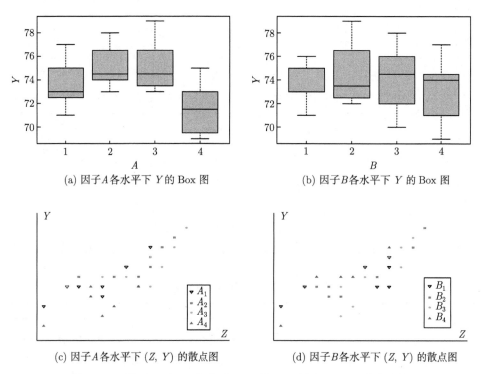

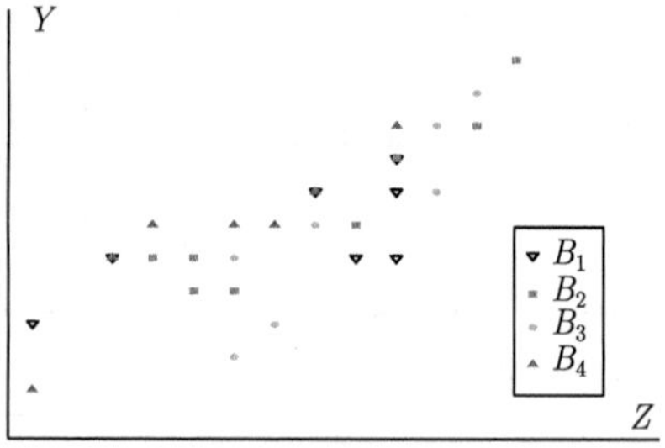

(d) 因子B各水平下 $(Z,\ Y)$ 的散点图

图 8.5.1　因子 A 和 B 各水平下 Y 的 Box 图和 (Z, Y) 的散点图

1. 协变量回归系数的显著性检验

计算模型(8.5.1)的残差平方和以及在假设 $H_{03}: \gamma = 0$ 下模型的残差平方和, 分别为

$$\mathrm{SS}_e^* = 37.399, \quad \mathrm{SS}_e^*(A, B) = 101.031,$$

其自由度分别为 24, 25. 于是可得协变量的回归平方和

$$\mathrm{SS}_\gamma^* = \mathrm{SS}_e^*(A, B) - \mathrm{SS}_e^* = 101.031 - 37.399 = 63.632,$$

自由度为 $25 - 24 = 1$. 依据表 8.5.1, 计算得 H_{03} 的检验统计量

$$F_3 = \frac{\mathrm{SS}_\gamma^*}{\mathrm{SS}_e^*/24} = \frac{63.632}{37.399/24} = \frac{63.632}{1.558} = 40.8421 > F_{1,24}(0.05) = 4.2597,$$

因此, 在显著性水平 $\alpha = 0.05$ 下, 拒绝 $H_{03}:\gamma = 0$, 认为电流周波 Z 与化纤弹性 Y 有显著影响. 该检验统计量的 P 值为 1.316e–06.

2. 收缩率 (因子 A) 的显著性检验

关于收缩率 (因子 A) 对化纤弹性的影响, 我们检验假设 $H_{01}:\alpha_1 = \alpha_2 = \alpha_3 = \alpha_4 = 0$. 从原模型中去掉因子 A 后作回归. 得在 H_{01} 下模型修正的残差平方和:

$$\mathrm{SS}_{eH_{01}}^* = 50.434.$$

进而算得因子 A 的修正平方和为

$$\mathrm{SS}_{eH_{01}}^* - \mathrm{SS}_e^* = 50.434 - 37.399 = 13.035.$$

于是 H_{01} 的检验统计量为

$$F_1 = \frac{(\mathrm{SS}_{eH_{01}}^* - \mathrm{SS}_e^*)/3}{\mathrm{SS}_e^*/24} = \frac{13.035}{3}\Bigg/\frac{37.399}{24} = 2.788 < F_{3,24}(0.05) = 3.01,$$

由此初步判定收缩率 (因子 A) 对纤维弹性 Y 的影响不显著.

3. 总拉伸倍数 (因子 B) 的显著性检验

类似地作关于假设 $H_{02}:\beta_1 = \beta_2 = \beta_3 = \beta_4 = 0$ 的检验. 从原模型中去掉因子 B 后作回归, 得模型修正的残差平方和 $\mathrm{SS}_{eH_{02}}^* = 43.277$, 故因子 A 的修正平方和为

$$\mathrm{SS}_{eH_{02}}^* - \mathrm{SS}_e^* = 43.277 - 37.399 = 5.878.$$

由于 H_{02} 的检验统计量

$$F_2 = \frac{(\mathrm{SS}_{eH_{02}}^* - \mathrm{SS}_e^*)/3}{\mathrm{SS}_e^*/24} = \frac{5.878/3}{37.399/24} = 1.257 < F_{3,24}(0.05) = 3.01,$$

因此, 接受 H_{02}, 认为总拉伸倍数 B 对纤维弹性 Y 影响不显著.

将以上协方差分析的结果汇总到表 8.5.3 中. 表 8.5.3 的计算可以直接调用 R 软件的程序包 “car” 中的函数 Anova 得到, 具体程序和结果如下:

```
install.packages("car")
library(car)
data <- read.table("ex842.txt",header=TRUE )
A<-factor(gl(4,2,32))  ### 因子A
B<-factor(gl(4,8,32))  ### 因子B
yreg<-lm(y~A+B+Z, data=data)
```

```
Anova(yreg, type=2)      ###
Anova Table (Type II tests)

Response: y
          Sum Sq Df F value    Pr(>F)
A         13.035  3  2.7884   0.06237 .
B          5.878  3  1.2574   0.31124
Z         63.632  1 40.8349 1.316e-06 ***
Residuals 37.399 24
```

表 8.5.3　试验数据协方差分析表

方差源	修正平方和	修正自由度	均方	F 值	P 值
因子 A	13.035	3	4.345	2.7884	0.06237
因子 B	5.878	3	1.959	1.2574	0.31124
误差	37.399	24	1.558		
总和	180.22				
因子 A + 误差	50.434				
因子 B + 误差	43.277				
协变量	63.632	1	63.632	40.8349	1.316e–06

8.5.2　协方差分析模型选择

在线性回归模型下, 当其多个回归系数被检验不显著时, 则不能将其全部删除, 而需通过变量选择来确定最优回归子集 (参见本书第 6 章). 注意到表 8.5.3 显示因子 A 和 B 都被检验为不显著, 因此, 类似地这不能认定这两个因子一定都对因变量没有显著影响. 结合图 8.5.1 (a) 和 (b) 以及检验统计量 F_1 和 F_2 的 P 值, 可认为因子 B 对化纤弹性 Y 没有显著影响. 从模型中去除因子 B, 采用单因子协方差模型

$$y_{ijk} = \mu + \alpha_i + \gamma z_{ijk} + e_{ijk}, \quad i = 1, \cdots, 4, \quad j = 1, \cdots, 4, \quad k = 1, 2 \quad (8.5.3)$$

拟合数据, 检验因子 A 的显著性问题, 即在模型 (8.5.3)下检验假设 $H_{01} : \alpha_1 = \alpha_2 = \alpha_3 = \alpha_4 = 0$.

显然, 模型 (8.5.3) 的残差平方和为

$$\text{SS}_e^{**} = \text{SS}_{eH_{01}}^{*} = 43.277.$$

当 H_{01} 成立时, 模型(8.5.3)就变成了纯线性回归模型:

$$y_{ijk} = \mu + \gamma z_{ijk} + e_{ijk}, \quad i = 1, \cdots, 4, \quad j = 1, \cdots, 4, \quad k = 1, 2, \quad (8.5.4)$$

其残差平方和 $SS_{eH_{01}}^{**}=SS_{yy}=58.592$. 于是统计量

$$F_4=\frac{(SS_{eH_{01}}^{**}-SS_e^{**})/(30-27)}{SS_e^{**}/27}=\frac{(58.592-43.277)/3}{43.277/27}$$
$$=3.185>F_{3,27}(0.05)=2.960,$$

所以在显著性水平 $\alpha=0.05$ 下, 可认为收缩率 (A) 对化纤弹性 (Y) 有显著影响. 该检验统计量的 P 值为 0.03974.

模型(8.5.3)的协方差分析的程序和运行结果如下:

```
>yreg2<-lm(y~A+Z, data=data)
> Anova(yreg2,type=2)
Anova Table (Type II tests)

Response: y
          Sum Sq Df F value    Pr(>F)
A         15.315  3   3.185   0.03974 *
Z         66.348  1  41.394 6.802e-07 ***
Residuals 43.277 27
```

在模型(8.5.3)下, 协变量回归系数的显著性检验表明协变量 (电流周波) 对化纤弹性有一定的影响, 检验统计量的 P 值为 6.802e–07 小于双因子协方差模型(8.5.1)下相应检验统计量的 P 值 1.316e–06.

由于模型(8.5.4) 就是一个单因子协方差模型, A 因素两两水平效应的对照的估计和区间估计的计算方法与例 8.4.1 类似, 故省略分析过程 (留给读者当练习, 计算见如下程序), 直接将结果汇总在表 8.5.4 中.

表 8.5.4 两两效应差的置信区间

两两效应差	点估计	置信区间	Scheffé 同时置信区间	Bonferroni 同时置信区间
$\alpha_1-\alpha_2$	2.360	(0.957, 3.763)	(0.322, 4.398)	(0.413, 4.307)
$\alpha_1-\alpha_3$	2.424	(1.014, 3.834)	(0.377, 4.471)	(0.468, 4.380)
$\alpha_1-\alpha_4$	4.001	(2.698, 5.304)	(2.109, 5.893)	(2.193, 5.809)
$\alpha_2-\alpha_3$	0.064	(−1.235, 1.363)	(−1.476, 1.604)	(−1.738, 1.866)
$\alpha_2-\alpha_4$	1.642	(0.198, 3.086)	(−1.822, 1.950)	(−0.362, 3.646)
$\alpha_3-\alpha_4$	1.578	(0.123, 3.033)	(−0.535, 3.691)	(−0.440, 3.596)

```
yreg2<-lm(y~A+Z, data=data)
lmResults<-summary(yreg2)
s<-round(lmResults$sigma,3); ##残差标准差1.266
coef<-yreg2$coefficients       #回归系数
dalta<-round(C%*% coef,3)     ##水平对照
```

```
##将alpha_1=-alpha_2+alpha_3+alpha_4代入模型后，约简模型的系数矩阵
o1<-c(rep(1,n))
I2<-c(rep(0,n)); I2[A==1]<- -1; I2[A==2]<- 1;
I3<-c(rep(0,n)); I3[A==1]<- -1; I3[A==3]<- 1;
I4<-c(rep(0,n)); I4[A==1]<- -1; I4[A==4]<- 1;
W=cbind(o1,I2, I3, I4, data$Z) ###模型系数矩阵
D<-round(solve(t(W)%*%W),4) ##(W'W)^{-1}
C<-cbind(c(rep(0,6)), c(-2,-1,-1,1,1,0),
c(-1,-2,-1,-1,0, 1),c(-1,-1,-2,0,-1,-1), c(rep(0,6)) )
sqtvar<-round(s* sqrt(diag(C%*%D%*%t(C))),3) ##对照的标准差
n<- length(data$y); alpha=0.05;f=n-ncol(W)

##两两水平对照的置信区间
daltaL<-dalta-sqtvar*qt(1-alpha/2, f)
daltaR<-dalta+sqtvar*qt(1-alpha/2, f)

##Scheffé同时置信区间
daltaSL<-dalta-sqtvar*sqrt(3*qf(1-alpha, 3,f))
daltaSR<-dalta+sqtvar*sqrt(3*qf(1-alpha, 3,f))

##Bonferroni同时置信区间
daltaBL<-dalta-sqtvar*qt(1-alpha/(2*6), f)
daltaBR<-dalta+sqtvar*qt(1-alpha/(2*6), f)

Confi<-cbind(dalta, daltaL,daltaR,daltaSL,daltaSR, daltaBL,daltaBR)
  round(Confi,3)

#6对对照的右边检验的拒绝域左端点
daltaR0<-sqtvar*qt(1-alpha, f)
1.165049 1.170159 1.081588 1.078182 1.199115 1.207632
```

从表 8.5.4 可以看出 6 对水平的对照中, 只有 $\alpha_2-\alpha_3$ 的置信系数为 95% 的置信区间包含了零点, 因此, 可以认为因子 A 的第二水平 α_2 和第三水平 α_3 间的差异不显著. 由于其他 5 对的置信区间都落在实数的正半轴上. 结合它们的右边检验, 这 5 对效应对照都显著大于零. 因此, 基于以上置信区间和检验, 可以给因子 A 的第四水平排序如下:

$$\alpha_1>\alpha_2=\alpha_3>\alpha_4.$$

除了关于 α_1 和 α_2 的序外, 这个排序与图 8.5.1(a) 描述统计分析结果大致相同.

在该图表现出的是 $\alpha_1 < \alpha_2$. 这点不同恰好说明了描述性统计分析的局限性, 协方差分析可以将数据潜在信息挖掘出来.

另外, 由于 $\sqrt{3F_{3,27}(0.05)} = 2.980 > t_{27}(0.05) = 2.847$, 因此它们的 Bonferroni 同时置信区间具有更短的置信区间长度, 优于 Scheffé 同时置信区间.

注 8.5.1 对于不平衡设计下的协方差分析模型, 只需引入虚拟变量 (见本书第 7 章), 将协方差分析模型转化为线性模型, 应用线性模型相关检验和估计理论即可导出协方差分析的相应结果. 对于无交互效应的情形, 协方差分析表的结果可调用 R 软件的程序包 "car" 中的函数 Anova() 中的 type=2 选项实现, 当模型存在交互效应时, 程序类似于例 7.3.2.

习 题 八

8.1 在模型 (8.2.1) 下, 证明

$$\boldsymbol{y}'\mathbf{N_X}\boldsymbol{y} - \boldsymbol{y}'\mathbf{N_{(X,Z)}}\boldsymbol{y} = \gamma^{*'}(\mathbf{Z}'\mathbf{N_X}\mathbf{Z})^{-1}\gamma^*,$$

这里此处各符号与 (8.2.5) 相同.

8.2 对一般分块模型 $\boldsymbol{y} = \mathbf{X}\boldsymbol{\beta} + \mathbf{Z}\gamma + \boldsymbol{e}$, $\boldsymbol{e} \sim (\mathbf{0}, \sigma^2\mathbf{I}_n)$, 设 $\mathrm{rk}(\mathbf{X}) = p$. 记 $\mathbf{W} = (\mathbf{X}, \mathbf{Z})$, $\boldsymbol{\beta}^* = (\mathbf{I}_p, \mathbf{0})(\mathbf{W}'\mathbf{W})^{-1}\mathbf{W}'\boldsymbol{y}$ 和 $\widehat{\boldsymbol{\beta}} = (\mathbf{X}'\mathbf{X})^{-1}\mathbf{X}'\boldsymbol{y}$. 证明

$$\mathrm{Var}(\beta_i^*) \geqslant \mathrm{Var}(\widehat{\beta}_i).$$

8.3 对线性模型 $\boldsymbol{y} = \mathbf{X}\boldsymbol{\beta} + \boldsymbol{e}, \boldsymbol{e} \sim N_n(\mathbf{0}, \sigma^2\mathbf{I}_n)$, 设计阵 $\mathbf{X}_{n\times p}$ 是列降秩的, 为克服 $\boldsymbol{\beta}$ 的不确定性, 我们需要一组适当的约束条件, 称为可识别性约束条件 (或边界条件). 如果 $\mathbf{H}$ 是 $m \times p$ 矩阵, 则约束 $\mathbf{H}\boldsymbol{\beta} = \mathbf{0}$ 是可识别性约束, 当且仅当

(1) $\mathcal{M}(\mathbf{X}') \cap \mathcal{M}(\mathbf{H}') = \mathbf{0}$ (即 $\mathbf{X}$ 的行与 $\mathbf{H}$ 的行线性无关);

(2) $\mathbf{G} = \begin{pmatrix} \mathbf{X} \\ \mathbf{H} \end{pmatrix}$ 的列线性无关, 即 $\mathrm{rk}(\mathbf{G}) = p$.

设 $\mathbf{H}\boldsymbol{\beta} = \mathbf{0}$ 是对模型 $\boldsymbol{y} = \mathbf{X}\boldsymbol{\beta}$ 的可识别性约束条件. 证明它也是对模型 $\boldsymbol{y} = \mathbf{X}\boldsymbol{\beta} + \mathbf{Z}\gamma$ 的可识别性约束条件, 由此证明此时 $\boldsymbol{\beta}$ 的估计为

$$\boldsymbol{\beta}^*_{\mathbf{H}} = (\mathbf{G}'\mathbf{G})^{-1}\mathbf{X}'(\boldsymbol{y} - \mathbf{Z}\gamma^*),$$

其中 $\gamma^* = (\mathbf{Z}'\mathbf{N_X}\mathbf{Z})^{-1}\mathbf{Z}'\mathbf{N_X}\boldsymbol{y}$.

8.4 对有一个协变量的单向分类模型

$$y_{ij} = \mu + \alpha_i + \gamma z_{ij} + e_{ij}, \qquad i = 1, \cdots, a, \quad j = 1, \cdots, n,$$

其中 $e_{ij} \sim N(0, \sigma^2)$, 所有 e_{ij} 相互独立,

(1) 求对照 $\alpha_i - \alpha_u$, $i \neq u$ 的 BLU 估计;

(2) 求回归系数 γ 的 BLU 估计;

(3) 导出假设 $H_0 : \gamma = 0$ 和 $H_1 : \alpha_1 = \cdots = \alpha_a$ 的 F 检验统计量;

(4) 列出相应的协方差分析表.

8.5 (检验回归线是否平衡) 令

$$y_{ij} = \mu_i + \gamma_i z_{ij} + \varepsilon_{ij}, \quad i = 1, 2, \cdots, a, \quad j = 1, 2, \cdots, b,$$

其中 ε_{ij} 是相互独立同分布, 均服从 $N(0, \sigma^2)$, 这里有 a 条回归线, 每条线有 b 个观测值, 试导出希望检验

$$H_0 : \gamma_1 = \gamma_2 = \cdots = \gamma_a$$

的检验统计量.

8.6 对例 8.2.1 的协方差分析模型, 导出对照 $\alpha_i - \alpha_u$, $i \neq u$ 和 $\beta_j - \beta_v$, $j \neq v$ 的 Bonferroni 区间和 Scheffé 区间.

8.7 具有单个协变量的某个随机区组试验, 见以下数据表, 试完成协方差分析并作适当结论.

方差源	自由度	平方和与交叉乘积之和		
		y	z	yz
区组	8	1200	200	600
处理	4	800	100	300
误差	32	1400	600	700

8.8 在调查问卷的颜色问题 (习题 7.13) 中, 调查人员认为, 停车场的车位可能是一个有用的伴随变量. 研究中使用的现有停车场的车位数量 (z_{ij}) 见下表.

i	j				
	1	2	3	4	5
1	300	381	226	350	100
2	153	334	473	264	325
3	144	359	296	243	252

(1) 求该数据下协方差分析模型 (8.4.1) 的残差. 并绘制残差的正态 Q-Q 图.

(2) 为每种处理 (颜色), 绘制残差与拟合值的对比图和残差的正态 Q-Q 图, 您的分析结论是什么?

(3) 采用的虚拟变量将模型 (8.4.1) 转化成回归模型, 在显著性水平 $\alpha = 0.05$ 下, 检验各水平下的回归线是否具有相同斜率? 说明备选方案、决策规则和结论, 检验的 P 值是多少?

(4) 协方差模型的均方误差 MSE(F) 是否远远小于方差分析模型的均方误差 MSE? 这对推断颜色因子对问卷应答率是否有影响的结果?

(5) 估算大小为 $Z = 280$ 的停车场中蓝色问卷的平均回收率, 并求其 90% 的置信区间.

(6) 给出颜色因子两两效应对照的 Bonferroni 或 Scheffé 同时置信区间 (置信系数为 90%), 该例中推荐采用哪种同时置信区间, 并说明原因.

第 9 章　线性混合效应模型

在前两章方差分析模型和协方差模型中, 因子水平皆被认为是固定的. 本章将考虑模型中部分因子为随机的线性混合效应模型. 与前几章所讨论的线性模型有一些不同, 线性混合效应模型的参数估计和假设检验问题将变得更为复杂. 限于本书的性质和篇幅, 本章主要介绍一类最基础的线性混合效应模型, 即方差分量模型. 集中讨论方差参数的几种重要估计: 方差分析 (analysis of variance, ANOVA) 估计、极大似然 (maximum likelihood, ML) 估计、限制极大似然 (restricted maximum likelihood, REML) 估计、最小范数二次无偏 (minimum norm quadratic unbised, MINQU) 估计, 以及固定效应的估计、随机效应的预测和方差分量的检验问题.

9.1　随机因子和固定因子

在方差分析模型和协方差模型中, 人们感兴趣的是所选特定因子水平是否对因变量有影响的问题. 然而在一些研究中, 模型中的因子水平是从潜在因子水平的更大总体中抽取出的一个样本, 研究的重点是因子水平潜在总体. 因此, 如何区分固定因子还是随机因子, 取决于研究的目标是水平效应还是潜在的水平总体. 下面用一个例子来说明.

例如, 对拥有几百家零售店的一家公司作单因素研究. 该公司随机选取了其中七家店, 并要求每家店的员工对该店的管理进行评价. 被选中进行研究的七家商店构成了随机因子 "零售商店" 的七个水平. 在这种情况下, 管理层不仅对所选七家商店的管理情况感兴趣, 还希望将结果推广到所有商店. 由于零售店是随机选择的, 因此, 本例中的零售店因子被视为随机因子. 随机因子也可能出现在双因素和多因素研究中, 或者所有因素都是随机的, 或者有些因素是随机的, 有些因素是固定的. 例如上例中, 从每个商店的五个部门中随机抽取了八名员工, 现在关注的是员工对部门和门店管理的评价. 此时, 门店是一个随机因子, 因为所选的这七家门店只是所有门店的一个样本. 但部门是一个固定因子, 因为每家店只有五个部门, 而人们关注的就是这五个部门.

文献中, 称所有因子都是固定因子的方差/协方差分析模型为固定效应模型; 所有因子都是随机因子的方差分析模型为随机效应模型; 部分因子是随机、部分因子是固定的方差或协方差分析模型称为混合效应模型.

考虑一般的线性混合效应模型

$$\boldsymbol{y} = \mathbf{X}\boldsymbol{\beta} + \mathbf{U}\boldsymbol{\xi} + \boldsymbol{e}, \tag{9.1.1}$$

其中 $\boldsymbol{y}$ 为 $n\times 1$ 观测向量, $\mathbf{X}$ 和 $\mathbf{U}$ 分别为 $n\times p$ 和 $n\times q$ 的已知设计阵, $\boldsymbol{\beta}$ 为 $p\times 1$ 未知参数向量, 称为固定效应, $\boldsymbol{\xi}$ 为 $q\times 1$ 随机向量, 称为随机效应, $\boldsymbol{e}$ 为 $n\times 1$ 随机误差. 一般假设 $E(\boldsymbol{\xi}) = \mathbf{0}$, $E(\boldsymbol{e}) = \mathbf{0}$, $\mathrm{Cov}(\boldsymbol{\xi}) = \mathbf{D} \geqslant \mathbf{0}$, $\mathrm{Cov}(\boldsymbol{e}) = \mathbf{R} > \mathbf{0}$, 且 $\boldsymbol{\xi}$ 和 $\boldsymbol{e}$ 不相关, 即 $\mathrm{Cov}(\boldsymbol{\xi}, \boldsymbol{e}) = \mathbf{0}$. 于是 $\boldsymbol{y}$ 的协方差阵为

$$\mathrm{Cov}(\boldsymbol{y}) = \boldsymbol{\Sigma} = \mathbf{UDU}' + \mathbf{R} > \mathbf{0}.$$

假设随机效应 $\boldsymbol{\xi}$ 是由 k 个随机因子的效应组成的, $\boldsymbol{\xi} = (\boldsymbol{\xi}_1', \cdots, \boldsymbol{\xi}_{k-1}')'$, 其中 $\boldsymbol{\xi}_i$ 为 $q_i\times 1$ 随机效应子向量. 如果不同因子的效应间都不相关, 且同一因子的效应间也不相关, 但方差相等, 则随机效应 $\boldsymbol{\xi}$ 的协方差阵具有如下结构:

$$\mathbf{D} = \mathrm{diag}(\sigma_1^2\mathbf{I}_{q_1}, \cdots, \sigma_{k-1}^2\mathbf{I}_{q_{k-1}}). \tag{9.1.2}$$

对 $\mathbf{U}$ 作相应的分块 $\mathbf{U} = (\mathbf{U}_1, \cdots, \mathbf{U}_{k-1})$, 其中 $\mathbf{U}_i$ 为 $n\times q_i$ 设计阵. 假设 $\mathrm{Cov}(\boldsymbol{e}) = \mathbf{R} = \sigma_e^2\mathbf{I}_n$, 并记 $\mathbf{U}_k = \mathbf{I}_n$, $\boldsymbol{\xi}_k = \boldsymbol{e}$, $\sigma_k^2 = \sigma_e^2$. 此时模型 (9.1.1) 就可改写成

$$\boldsymbol{y} = \mathbf{X}\boldsymbol{\beta} + \mathbf{U}_1\boldsymbol{\xi}_1 + \mathbf{U}_2\boldsymbol{\xi}_2 + \cdots + \mathbf{U}_k\boldsymbol{\xi}_k, \tag{9.1.3}$$

其中

$$E(\boldsymbol{\xi}_i) = \mathbf{0}, \quad \mathrm{Cov}(\boldsymbol{\xi}_i) = \sigma_i^2\mathbf{I}_{q_i}, \quad \mathrm{Cov}(\boldsymbol{\xi}_i, \boldsymbol{\xi}_j) = \mathbf{0}, \quad i \neq j. \tag{9.1.4}$$

于是有

$$E(\boldsymbol{y}) = \mathbf{X}\boldsymbol{\beta}, \quad \mathrm{Cov}(\boldsymbol{y}) = \sum_{i=1}^{k}\sigma_i^2\mathbf{U}_i\mathbf{U}_i' \triangleq \boldsymbol{\Sigma}(\boldsymbol{\sigma}^2),$$

这里 $\boldsymbol{\sigma}^2 = (\sigma_1^2, \cdots, \sigma_k^2)'$. 文献中称 σ_i^2 为方差分量 (variance component), 相应地称模型 (9.1.3) 为方差分量模型, 这是混合效应模型中一类常用的较简单的模型. 从而有 $\mathrm{Cov}(\boldsymbol{y}) = \boldsymbol{\Sigma}(\boldsymbol{\sigma}^2)$.

如第 1 章所述, 混合效应模型在生物、医学、经济、金融等领域具有广泛应用. 关于混合效应模型 (9.1.3) 的估计和检验方法的著作, 可参阅 Rao 和 Kleffe (1988), Searle (1992), Khuri 等 (1998). 另外, 关于纵向数据 (longitudinal data) 分析中混合效应模型更多研究参见 (Verbeke and Molenberghs, 2000; Brown, 2021) 等. 下面我们将依次介绍混合效应模型的固定效应的估计、随机效应的预测、混合模型方程以及方差分量的估计和检验问题.

9.2 固定效应的估计

针对一般的线性混合效应模型 (9.1.1), 若暂视随机效应 $\boldsymbol{\xi}$ 和随机误差 $\boldsymbol{e}$ 的协方差阵 $\mathbf{D}$ 和 $\mathbf{R}$ 已知, 应用广义 LS 法得正则方程 $\mathbf{X}'\boldsymbol{\Sigma}^{-1}\mathbf{X}\boldsymbol{\beta}^* = \mathbf{X}'\boldsymbol{\Sigma}^{-1}\boldsymbol{y}$, 从中解得 $\boldsymbol{\beta}$ 的广义 LS 解, 即 $\boldsymbol{\beta}^* = (\mathbf{X}'\boldsymbol{\Sigma}^{-1}\mathbf{X})^-\mathbf{X}'\boldsymbol{\Sigma}^{-1}\boldsymbol{y}$. 因此, 对任意的可估函数 $\boldsymbol{c}'\boldsymbol{\beta}$, 它的 BLU 估计为

$$\boldsymbol{c}'\boldsymbol{\beta}^* = \boldsymbol{c}'(\mathbf{X}'\boldsymbol{\Sigma}^{-1}\mathbf{X})^-\mathbf{X}'\boldsymbol{\Sigma}^{-1}\boldsymbol{y}, \tag{9.2.1}$$

其中 $\boldsymbol{c} \in \mathcal{M}(\mathbf{X}')$. 但在实际应用中, 协方差阵 $\mathbf{D}$ 和 $\mathbf{R}$ 往往是未知的, 需要用它们的估计 $\widehat{\mathbf{D}}$ 和 $\widehat{\mathbf{R}}$ 代替, 得到 $\boldsymbol{c}'\boldsymbol{\beta}$ 的两步估计

$$\boldsymbol{c}'\tilde{\boldsymbol{\beta}}(\widehat{\boldsymbol{\Sigma}}) = \boldsymbol{c}'(\mathbf{X}'\widehat{\boldsymbol{\Sigma}}^{-1}\mathbf{X})^-\mathbf{X}'\widehat{\boldsymbol{\Sigma}}^{-1}\boldsymbol{y}, \tag{9.2.2}$$

其中, $\widehat{\boldsymbol{\Sigma}} = \mathbf{U}\widehat{\mathbf{D}}\mathbf{U}' + \widehat{\mathbf{R}}$.

若协方差阵 $\mathbf{D}$ 满足 (9.1.2) 的结构, 即模型 (9.1.4) 下, 则 $\boldsymbol{c}'\boldsymbol{\beta}$ 的两步估计又可写作为

$$\boldsymbol{c}'\tilde{\boldsymbol{\beta}}(\widehat{\boldsymbol{\sigma}}^2) = \boldsymbol{c}'(\mathbf{X}'\boldsymbol{\Sigma}^{-1}(\widehat{\boldsymbol{\sigma}}^2)\mathbf{X})^-\mathbf{X}'\boldsymbol{\Sigma}^{-1}(\widehat{\boldsymbol{\sigma}}^2)\boldsymbol{y}, \tag{9.2.3}$$

这里 $\widehat{\boldsymbol{\sigma}}^2 = (\widehat{\sigma}_1^2, \cdots, \widehat{\sigma}_k^2)'$, 其中 $\widehat{\sigma}_i^2$ 为方差分量 σ_i^2 的一种估计. 应用定理 4.7.1 可以证明如下定理.

定理 9.2.1 对于混合效应模型 (9.1.1), 假设 $\boldsymbol{e}, \boldsymbol{\xi}$ 的联合分布关于原点对称. 设 $\widehat{\boldsymbol{\sigma}}^2 = \widehat{\boldsymbol{\sigma}}^2(\boldsymbol{y})$ 是 $\boldsymbol{\sigma}^2$ 的一个估计, 它是 $\boldsymbol{y}$ 的偶函数且具有变换不变性. 对一切可估函数 $\boldsymbol{c}'\boldsymbol{\beta}$, 若 $E(\boldsymbol{c}'\tilde{\boldsymbol{\beta}}(\widehat{\boldsymbol{\sigma}}^2))$ 存在, 则两步估计 $\boldsymbol{c}'\tilde{\boldsymbol{\beta}}(\widehat{\boldsymbol{\sigma}}^2)$ 必为 $\boldsymbol{c}'\boldsymbol{\beta}$ 无偏估计.

事实上, 记 $\boldsymbol{\varepsilon} = \mathbf{U}\boldsymbol{\xi} + \boldsymbol{e} = (\mathbf{U}, \mathbf{I}_n)(\boldsymbol{\xi}', \boldsymbol{e}')'$. 由 $\boldsymbol{e}, \boldsymbol{\xi}$ 的联合分布关于原点对称, 立得 $\boldsymbol{\varepsilon}$ 的分布关于原点对称, 于是在线性模型 $\boldsymbol{y} = \mathbf{X}\boldsymbol{\beta} + \boldsymbol{\varepsilon}$ 下, 由定理 4.6.1 立证得两步估计 $\boldsymbol{c}'\tilde{\boldsymbol{\beta}}(\widehat{\boldsymbol{\sigma}}^2)$ 的无偏性.

定理中关于 $\boldsymbol{\xi}$ 和 $\boldsymbol{e}$ 分布的假设在许多情况下是满足的. 例如, 当 $\boldsymbol{\xi}, \boldsymbol{e}$ 服从多元正态或各自的分布关于原点对称, 且相互独立时, 则 $\boldsymbol{\xi}$ 和 $\boldsymbol{e}$ 的联合分布都关于原点对称. 另外可以证明方差分析法、极大似然法、限制极大似然法和 MINQUE 法, 所产生的估计 $\widehat{\sigma}_i^2$ 都是 $\boldsymbol{y}$ 的偶函数, 且是变换不变的, 参见陈希孺和王松桂 (2003). 因此, 对于混合效应模型的固定效应, 定理 9.2.1 给出了一大类两步估计的无偏性.

方差分量的不同估计, 往往会产生不同两步估计. 注意到两步估计的分布通常较为复杂, 在应用中, 除了 LS 估计, 还会结合具体的应用背景, 构造另外一些简单估计, 如 Panel 数据下的 Between 估计和 Within 估计 (Baltagi, 1994, 1995); 谱分解 (spectral decomposition, SD) 估计 (王松桂和尹素菊, 2002), 约简估计 (Wu and Wang, 2002). 如何评价这些的优良性, 王松桂和范永辉 (1998) 针对 Panel 数

据模型给出了一个两步估计协方差阵的精确表达式, 并获得了该两步估计优于 LS 估计, Within 估计的一些简单的充分条件. 但总的来说, 目前这方面的理论结果还很少, 其主要原因是两步估计通常是观测向量 $\boldsymbol{y}$ 非线性函数, 它的分布往往特别复杂, 这使得它的应用受到了一定的限制.

在结束这一节之前, 我们指出一种重要情形. 从第 4 章的 LS 估计的稳健性定理 4.6.2 知, 当协方差阵和设计阵满足一组彼此等价关系中的任意一个时, 可估函数 $\boldsymbol{c}'\boldsymbol{\beta}$ 的 LS 估计

$$\boldsymbol{c}'\widehat{\boldsymbol{\beta}}=\boldsymbol{c}'(\mathbf{X}'\mathbf{X})^{-}\mathbf{X}'\boldsymbol{y} \tag{9.2.4}$$

等于 BLU 估计, 例如, 其中的一个较易验证的条件是: $\mathbf{P_X\Sigma}$ 为对称阵, 这里 $\mathbf{P_X}=\mathbf{X}(\mathbf{XX})^{-}\mathbf{X}'$. 下面举一例.

例 9.2.1 单向分类模型.

我们考虑平衡单向分类模型

$$y_{ij}=\mu+\alpha_i+e_{ij},\quad i=1,\cdots,a,\ j=1,\cdots,b,$$

其中 μ 是固定效应, $\boldsymbol{\alpha}=(\alpha_1,\cdots,\alpha_a)'$ 为随机效应. 假设所有 α_i, e_{ij} 都不相关, 且均值为 $0, \mathrm{Var}(\alpha_i)=\sigma_\alpha^2$, $i=1,\cdots,a$, 对一切 i,j, $\mathrm{Var}(e_{ij})=\sigma_e^2$. 这个模型的矩阵形式为

$$\boldsymbol{y}=(\mathbf{1}_a\otimes\mathbf{1}_b)\mu+(\mathbf{I}_a\otimes\mathbf{1}_b)\boldsymbol{\alpha}+\boldsymbol{e},$$

其中 $\otimes$ 为 Kronecker 乘积. 不难验证

$$\mathrm{Cov}(\boldsymbol{y})=\sigma_\alpha^2(\mathbf{I}_a\otimes\mathbf{1}_b\mathbf{1}_b')+\sigma_e^2\mathbf{I}_{ab},$$

$$\mathbf{P_X}\mathrm{Cov}(\boldsymbol{y})=\mathrm{Cov}(\boldsymbol{y})\mathbf{P_X}=\left(\frac{b\sigma_\alpha^2+\sigma_e^2}{ab}\right)\mathbf{1}_a\mathbf{1}_a'\otimes\mathbf{1}_b\mathbf{1}_b',$$

这里 $\mathbf{X}=\mathbf{1}_a\otimes\mathbf{1}_b$. 因此, μ 的 BLU 估计等于其 LS 估计, 即 $\mu^*=\widehat{\mu}=\overline{y}_{\cdot\cdot}$.

事实上, 对许多常见的平衡数据下部分效应为随机的多向分类模型, 其固定效应的可估函数的 LS 估计都是其 BLU 估计, 参见 (Searle, 1988; 吴密霞, 2013).

9.3 随机效应的预测

已知历史数据服从以下线性模型

$$\boldsymbol{y}=\mathbf{X}\boldsymbol{\beta}+\boldsymbol{e},\quad E(\boldsymbol{e})=\mathbf{0},\quad \mathrm{Cov}(\boldsymbol{e})=\sigma^2\mathbf{\Sigma},$$

这里 $\boldsymbol{y}$ 为 $n\times 1$ 观测向量, $\mathrm{rk}(\mathbf{X}_{n\times p})=r$, $\mathbf{\Sigma}$ 为已知正定阵. 我们要预测 m 个点 $\boldsymbol{x}_{0i}=(x_{0i1},\cdots,x_{0ip})'$, $i=1,\cdots,m$ 所对应的因变量 $y_{01},\cdots,y_{0m}$ 的值, 且已知

y_{0i} 和历史数据服从同一个线性模型, 即

$$y_{0i} = \boldsymbol{x}_{0i}'\boldsymbol{\beta} + \varepsilon_{0i}, \qquad i = 1, \cdots, m.$$

采用矩阵形式, 则这个模型变为

$$\boldsymbol{y}_0 = \mathbf{X}_0\boldsymbol{\beta} + \boldsymbol{\varepsilon}_0, \quad E(\boldsymbol{\varepsilon}_0) = \mathbf{0}, \quad \mathrm{Cov}(\boldsymbol{\varepsilon}_0) = \sigma^2\boldsymbol{\Sigma}_0,$$

这里

$$\boldsymbol{y}_0 = \begin{pmatrix} y_{01} \\ \vdots \\ y_{0m} \end{pmatrix}, \quad \mathbf{X}_0 = \begin{pmatrix} x_{011} & \cdots & x_{01p} \\ \vdots & & \vdots \\ x_{0m1} & \cdots & x_{0mp} \end{pmatrix}, \quad \boldsymbol{\varepsilon}_0 = \begin{pmatrix} \varepsilon_{01} \\ \vdots \\ \varepsilon_{0m} \end{pmatrix}.$$

假设 $\mathcal{M}(\mathbf{X}_0') \subset \mathcal{M}(\mathbf{X}')$ 且 $\boldsymbol{y}_0$ 与 $\boldsymbol{y}$ 相关, 记 $\mathrm{Cov}(\boldsymbol{e}, \boldsymbol{\varepsilon}_0) = \sigma^2\mathbf{V}' \neq \mathbf{0}$, 则

$$\mathrm{Cov}\begin{pmatrix} \boldsymbol{y} \\ \boldsymbol{y}_0 \end{pmatrix} = \sigma^2 \begin{pmatrix} \boldsymbol{\Sigma} & \mathbf{V}' \\ \mathbf{V} & \boldsymbol{\Sigma}_0 \end{pmatrix}.$$

在广义预测均方误差 (generalized prediction MSE, GPMLE) 准则下, $\boldsymbol{y}_0$ 的最佳线性无偏预测 (best linear unbiased predictor, BLUP) 为

$$\tilde{\boldsymbol{y}}_0 = \mathbf{X}_0\boldsymbol{\beta}^* + \mathbf{V}\boldsymbol{\Sigma}^{-1}(\boldsymbol{y} - \mathbf{X}\boldsymbol{\beta}^*), \tag{9.3.1}$$

相关细节参见本书第 5 章.

现在我们利用这个结果来求混合效应模型 (9.1.1) 中随机效应 $\boldsymbol{\xi}$ 的 BLUP 测. 因为

$$\boldsymbol{y} = \mathbf{X}\boldsymbol{\beta} + \mathbf{U}\boldsymbol{\xi} + \boldsymbol{e}, \quad E(\boldsymbol{e}) = \mathbf{0}, \quad \mathrm{Cov}(\boldsymbol{e}) = \mathbf{R} > \mathbf{0},$$
$$E(\boldsymbol{\xi}) = \mathbf{0}, \quad \mathrm{Cov}(\boldsymbol{\xi}) = \mathbf{D} \geqslant \mathbf{0},$$

并且

$$\mathrm{Cov}\begin{pmatrix} \boldsymbol{y} \\ \boldsymbol{\xi} \end{pmatrix} = \begin{pmatrix} \mathbf{UDU}' + \mathbf{R} & \mathbf{UD} \\ \mathbf{DU}' & \mathbf{D} \end{pmatrix}.$$

利用 (9.3.1) 得 $\boldsymbol{\xi}$ 的 BLUP 为

$$\widehat{\boldsymbol{\xi}} = \mathbf{DU}'(\mathbf{UDU}' + \mathbf{R})^{-1}(\boldsymbol{y} - \mathbf{X}\boldsymbol{\beta}^*), \tag{9.3.2}$$

这里我们假设 $\mathbf{D}$, $\mathbf{R}$ 都是已知的. 如果它们含有未知参数, 在应用中用它们的估计代替.

我们也可以用另外的方法导出 (9.3.2). 如果假设 $\boldsymbol{\xi}$, $\boldsymbol{e}$ 的联合分布为多元正态分布, 则

$$\begin{pmatrix} \boldsymbol{y} \\ \boldsymbol{\xi} \end{pmatrix} \sim N_{n+q}\left(\begin{pmatrix} \mathbf{X}\beta \\ \mathbf{0} \end{pmatrix}, \begin{pmatrix} \mathbf{UDU}' + \mathbf{R} & \mathbf{UD} \\ \mathbf{DU}' & \mathbf{D} \end{pmatrix} \right).$$

在均方误差意义下, $\boldsymbol{\xi}$ 的最佳预测 (best prediction, BP) 指的是使 $E(\boldsymbol{\xi} - g(\boldsymbol{y}))^2$ 达到最小的 $g(\boldsymbol{y})$, 记为 $g_0(\boldsymbol{y})$. 不难证明: $g_0(\boldsymbol{y}) = E(\boldsymbol{\xi}|\boldsymbol{y})$. 依多元正态分布的性质 (定理 3.3.6), 我们可以得到

$$E(\boldsymbol{\xi}|\boldsymbol{y}) = \mathbf{DU}'(\mathbf{UDU}' + \mathbf{R})^{-1}(\boldsymbol{y} - \mathbf{X}\beta).$$

再用 $\mathbf{X}\beta$ 的 BLU 估计 $\mathbf{X}\beta^*$ 代替 $\mathbf{X}\beta$ 便得到 (9.3.2).

Henderson (1975) 和 Harville (1976) 进一步研究了线性组合 $\boldsymbol{c}'\boldsymbol{\beta} + \boldsymbol{d}'\boldsymbol{\xi}$ 的估计 (或称预测) $\boldsymbol{c}'\boldsymbol{\beta}^* + \boldsymbol{d}'\widehat{\boldsymbol{\xi}}$ 的优良性.

9.4 混合模型方程

现在我们引进一个著名的混合模型方程, 该方程组形式上类似于正则方程, 然而它却能同时给出固定效应可估函数的 BLUE 及其随机效应的 BLUP.

考虑模型 (9.1.1), 我们假设 $\mathbf{R} > \mathbf{0}$, $\mathbf{D} > \mathbf{0}$, 若视 $\boldsymbol{\xi}$ 为固定效应, 则估计 $\boldsymbol{\beta}$, $\boldsymbol{\xi}$ 的正则方程为

$$\begin{pmatrix} \mathbf{X}'\mathbf{R}^{-1}\mathbf{X} & \mathbf{X}'\mathbf{R}^{-1}\mathbf{U} \\ \mathbf{U}'\mathbf{R}^{-1}\mathbf{X} & \mathbf{U}'\mathbf{R}^{-1}\mathbf{U} \end{pmatrix} \begin{pmatrix} \beta \\ \boldsymbol{\xi} \end{pmatrix} = \begin{pmatrix} \mathbf{X}'\mathbf{R}^{-1}\boldsymbol{y} \\ \mathbf{U}'\mathbf{R}^{-1}\boldsymbol{y} \end{pmatrix}. \tag{9.4.1}$$

在系数矩阵的右下角的 $\mathbf{U}'\mathbf{R}^{-1}\mathbf{U}$ 上加上 $\mathbf{D}^{-1}$, 得到

$$\begin{pmatrix} \mathbf{X}'\mathbf{R}^{-1}\mathbf{X} & \mathbf{X}'\mathbf{R}^{-1}\mathbf{U} \\ \mathbf{U}'\mathbf{R}^{-1}\mathbf{X} & \mathbf{U}'\mathbf{R}^{-1}\mathbf{U} + \mathbf{D}^{-1} \end{pmatrix} \begin{pmatrix} \widetilde{\beta} \\ \widetilde{\boldsymbol{\xi}} \end{pmatrix} = \begin{pmatrix} \mathbf{X}'\mathbf{R}^{-1}\boldsymbol{y} \\ \mathbf{U}'\mathbf{R}^{-1}\boldsymbol{y} \end{pmatrix} \tag{9.4.2}$$

称为混合模型方程 (mixed model equation). 记混合模型的解为 $\widetilde{\beta}$, $\widetilde{\boldsymbol{\xi}}$. 下面, 我们将给出该解的一个重要性质.

定理 9.4.1 对混合效应模型 (9.1.1),

$$\widetilde{\beta} = \beta^*, \quad \widetilde{\boldsymbol{\xi}} = \widehat{\boldsymbol{\xi}},$$

这里 $\beta^* = (\mathbf{X}'\boldsymbol{\Sigma}^{-1}\mathbf{X})^-\mathbf{X}'\boldsymbol{\Sigma}^{-1}\boldsymbol{y}$ 是 GLS 解, $\widehat{\boldsymbol{\xi}}$ 是由 (9.3.2) 给出的 BLUP.

证明 由 (9.4.2) 的第二方程得

$$\widetilde{\boldsymbol{\xi}} = (\mathbf{U}'\mathbf{R}^{-1}\mathbf{U}+\mathbf{D}^{-1})^{-1}(\mathbf{U}'\mathbf{R}^{-1}\boldsymbol{y}-\mathbf{U}'\mathbf{R}^{-1}\mathbf{X}\widetilde{\boldsymbol{\beta}}), \tag{9.4.3}$$

代入第一方程, 得到

$$\begin{aligned}&\mathbf{X}'\left(\mathbf{R}^{-1}-\mathbf{R}^{-1}\mathbf{U}(\mathbf{U}'\mathbf{R}^{-1}\mathbf{U}+\mathbf{D}^{-1})\mathbf{U}'\mathbf{R}^{-1}\right)\mathbf{X}\widetilde{\boldsymbol{\beta}}\\ =&\mathbf{X}'\left(\mathbf{R}^{-1}-\mathbf{R}^{-1}\mathbf{U}(\mathbf{U}'\mathbf{R}^{-1}\mathbf{U}+\mathbf{D}^{-1})\mathbf{U}'\mathbf{R}^{-1}\right)\boldsymbol{y}.\end{aligned} \tag{9.4.4}$$

若记 $\mathbf{W}=\mathbf{R}^{-1}-\mathbf{R}^{-1}\mathbf{U}(\mathbf{U}'\mathbf{R}^{-1}\mathbf{U}+\mathbf{D}^{-1})\mathbf{U}'\mathbf{R}^{-1}$, 则上式为

$$\mathbf{X}'\mathbf{W}\mathbf{X}\widetilde{\boldsymbol{\beta}}=\mathbf{X}'\mathbf{W}\boldsymbol{y}. \tag{9.4.5}$$

易验证 $\mathbf{W}\boldsymbol{\Sigma}=\mathbf{I}_n$, 即 $\mathbf{W}=\boldsymbol{\Sigma}^{-1}$, 第一条结论得证. 由 (9.4.2) 并结合已证部分, $\widetilde{\boldsymbol{\xi}}$ 可重新写为

$$\begin{aligned}\widetilde{\boldsymbol{\xi}} &= (\mathbf{U}'\mathbf{R}^{-1}\boldsymbol{y})^{-1}\mathbf{U}'\mathbf{R}^{-1}\boldsymbol{\Sigma}\boldsymbol{\Sigma}^{-1}(\boldsymbol{y}-\mathbf{X}\widetilde{\boldsymbol{\beta}})\\ &= (\mathbf{U}'\mathbf{R}^{-1}\boldsymbol{y})^{-1}\mathbf{U}'\mathbf{R}^{-1}(\mathbf{U}\mathbf{D}\mathbf{U}'+\mathbf{R})\boldsymbol{\Sigma}^{-1}(\boldsymbol{y}-\mathbf{X}\boldsymbol{\beta}^*)\\ &= (\mathbf{U}'\mathbf{R}^{-1}\boldsymbol{y})^{-1}(\mathbf{U}'\mathbf{R}^{-1}\mathbf{U}+\mathbf{D}^{-1})\mathbf{D}\mathbf{U}'\boldsymbol{\Sigma}^{-1}(\boldsymbol{y}-\mathbf{X}\boldsymbol{\beta}^*)\\ &= \mathbf{D}\mathbf{U}'\boldsymbol{\Sigma}^{-1}(\boldsymbol{y}-\mathbf{X}\boldsymbol{\beta}^*)=\widehat{\boldsymbol{\xi}}.\end{aligned}$$

定理证毕.

定理 9.4.1 为我们提供了一个降维且一次性计算 $\boldsymbol{\beta}^*(\boldsymbol{\Sigma})$ 和 $\widehat{\boldsymbol{\xi}}$ 的方法. 因为方程组 (9.4.2) 避免了对 $n\times n$ 矩阵 $\boldsymbol{\Sigma}$ 求逆计算, 只需对 (9.4.2) 等式左端 $(p+q)\times(p+q)$ 矩阵和其内部涉及 $p\times p$ 和 $q\times q$ 矩阵 $\mathbf{R}$ 和 $\mathbf{D}$ 求逆即可. 当 n 相对于 $p+q$ 很大时, 它的运算优势越明显.

当 $\mathbf{R}$, $\mathbf{D}$ 为对角阵时, $\boldsymbol{\Sigma}$ 不必为对角阵, 此时用 (9.4.2) 有相当多的好处. 例如 $\mathbf{R}=\sigma_e^2\mathbf{I}_n$, $\mathbf{D}=\mathrm{diag}(\sigma_1^2\mathbf{I}_{q_1},\cdots,\sigma_k^2\mathbf{I}_{q_k})$ (即方差分量模型), 此时 (9.3.2) 变为

$$\begin{pmatrix}\mathbf{X}'\mathbf{X} & \mathbf{X}'\mathbf{U}_1 & \cdots & \mathbf{X}'\mathbf{U}_{k-1}\\ \mathbf{U}_1'\mathbf{X} & \mathbf{V}_1+\theta_1\mathbf{I}_{q_1} & & \\ \vdots & & \ddots & \\ \mathbf{U}_{k-1}'\mathbf{X} & & & \mathbf{V}_{k-1}+\theta_{k-1}\mathbf{I}_{q_k}\end{pmatrix}\begin{pmatrix}\widetilde{\boldsymbol{\beta}}\\ \widetilde{\boldsymbol{\xi}}_1\\ \vdots\\ \widetilde{\boldsymbol{\xi}}_{k-1}\end{pmatrix}=\begin{pmatrix}\mathbf{X}'\boldsymbol{y}\\ \mathbf{U}_1'\boldsymbol{y}\\ \vdots\\ \mathbf{U}_{k-1}'\boldsymbol{y}\end{pmatrix}, \tag{9.4.6}$$

这里 $\mathbf{V}_i=\mathbf{U}_i\mathbf{U}_i'$, $i=1,\cdots,k-1$. 它不涉及任何形式的逆矩阵计算, 只包含了方差参数之比 $\theta_i=\sigma_e^2/\sigma_i^2$, $i=1,\cdots,k-1$.

另外, 混合模型方程组在求导混合效应模型参数的 ML 估计的迭代算法中, 起着非常重要的作用. 关于这部分内容我们将在 9.5.2 节给出详细的介绍.

由于 σ_e^2 和 σ_i^2 皆未知, 若用它们的估计 (有关方差参数的估计我们将在后面讨论) 取代真值, 我们就可得到两步估计 $\boldsymbol{c}'\widehat{\boldsymbol{\beta}}(\widehat{\theta}_1,\cdots,\widehat{\theta}_{k-1})$ 和随机效应的检验 BLUP. 关于混合效应模型下经验 BLUP 的性质, Jiang (1998) 考虑了用限制极大似然估计替代方差分量后得到经验 BLUP 的渐近性质, 感兴趣的读者可参阅该文献.

9.5 方差分量的估计方法

9.5.1 方差分析估计

从本节起, 我们将先从方差分析法谈起, 逐一介绍方差分量的几种常用估计方法. 顾名思义, 方差分析估计法源于固定效应模型的方差分析. 我们用一个简单例子来阐明它的原理和方法.

例 9.5.1 单向分类模型.

对于单向分类模型

$$y_{ij}=\mu+\alpha_i+e_{ij},\quad i=1,\cdots,a,\quad j=1,\cdots,b,$$

这里, μ 为总均值, $\alpha_1,\cdots,\alpha_a$ 为随机效应. 假定所有 α_i, e_{ij} 都不相关, 且其均值为 0, 方差为 $\mathrm{Var}(\alpha_i)=\sigma_\alpha^2$ 和 $\mathrm{Var}(e_{ij})=\sigma_e^2$.

记 $\boldsymbol{y}=(y_{11},\cdots,y_{ab})'$. 暂时先把 α_i 看作因子 A 的 i 水平 A_i 的固定效应, 按照 7.1 节单向分类模型方差分析的结果, 有

$$\mathrm{RSS}(\mu)=y_{\cdot\cdot}^2/(ab)\triangleq\mathrm{SS}_\mu,\tag{9.5.1}$$

其自由度为 1. 对应于 $\alpha_1,\cdots,\alpha_a$ 的平方和, 即因子 A 的平方和

$$\mathrm{SS}_A=\mathrm{RSS}(\mu,\boldsymbol{\alpha})-\mathrm{RSS}(\mu)=\sum_i\sum_j(\overline{y}_{i\cdot}-\overline{y}_{\cdot\cdot})^2,\tag{9.5.2}$$

其自由度为 $a-1$. 残差平方和为

$$\mathrm{SS}_e=\boldsymbol{y}'\boldsymbol{y}-\mathrm{RSS}(\mu,\alpha)=\sum_i\sum_j(y_{ij}-\overline{y}_{i\cdot})^2,\tag{9.5.3}$$

其自由度为 $a(b-1)$. 由 (9.4.1)—(9.4.3) 可推出总平方和的分解式

$$\begin{aligned}\boldsymbol{y}'\boldsymbol{y}&=\mathrm{SS}_\mu+\mathrm{SS}_A+\mathrm{SS}_e\\&=\overline{y}_{\cdot\cdot}^2/(ab)+\sum_i(\overline{y}_{i\cdot}-\overline{y}_{\cdot\cdot})^2+\sum_j(y_{ij}-\overline{y}_{i\cdot})^2\,.\end{aligned}\tag{9.5.4}$$

将各平方和除以自由度, 得到均方

$$Q_0 = \overline{y}_{..}^2/(ab),$$
$$Q_1 = \sum_{i=1}^{a}(\overline{y}_{i.} - \overline{y}_{..})^2/(a-1),$$
$$Q_2 = \sum_{i=1}^{a}\sum_{j=1}^{b}(y_{ij} - \overline{y}_{i.})^2/[a(b-1)].$$

再按照 α_i 为随机效应的假设, 求出各均方的均值:

$$\begin{aligned} E(Q_0) &= ab\mu^2 + b\sigma_\alpha^2 + \sigma_e^2, \\ E(Q_1) &= b\sigma_\alpha^2 + \sigma_e^2, \\ E(Q_2) &= \sigma_e^2. \end{aligned} \tag{9.5.5}$$

我们看到, 后两式的右端为方差分量 σ_α^2 和 σ_e^2 的线性函数, 令

$$E(Q_1) = Q_1, \quad i = 1, 2,$$

便得到关于 σ_α^2 和 σ_e^2 的线性方程组

$$\begin{cases} b\sigma_\alpha^2 + \sigma_e^2 = Q_1, \\ \sigma_e^2 = Q_2. \end{cases}$$

解此方程组, 得

$$\widehat{\sigma}_e^2 = Q_2, \quad \widehat{\sigma}_\alpha^2 = (Q_1 - Q_2)/b.$$

它们就是方差分量 σ_α^2 和 σ_e^2 的方差分析估计.

从上面的讨论, 我们可以把方差分析法归纳如下:

(1) 对一个方差分量模型, 现将其随机效应看作固定效应, 按通常方差分析方法算出各效应对应的平方和 (或均方).

(2) 求这些平方和 (或均方) 的均值 (此时的随机效应不再看作固定效应), 它们是方差分量的线性函数.

(3) 令这些平方和 (或均方) 等于它们各自的均值, 得到关于方差分量的一个线性方程组, 解此方程组便得到方差分量的估计.

现在把上面的方法用于一般的混合效应模型. 为简单计, 考虑方差分类模型

$$\boldsymbol{y} = \mathbf{X}\boldsymbol{\beta} + \mathbf{U}_1\boldsymbol{\xi}_1 + \mathbf{U}_2\boldsymbol{\xi}_2 + \boldsymbol{e}, \tag{9.5.6}$$

即模型 (9.1.3) 中 $k = 3$, 且 $\mathbf{U}_3 = \mathbf{I}_n$, $\boldsymbol{\xi}_3 = \boldsymbol{e}$. 关于 $\boldsymbol{\xi}_1$, $\boldsymbol{\xi}_2$ 和 $\boldsymbol{e}$ 的假设同模型 (9.1.3), 改记 $\sigma_3^2 = \sigma_e^2$. 所以 $\text{Cov}(\boldsymbol{y}) = \sigma_1^2\mathbf{U}_1\mathbf{U}_1' + \sigma_2^2\mathbf{U}_2\mathbf{U}_2' + \sigma_e^2\mathbf{I}_n \triangleq \boldsymbol{\Sigma}(\boldsymbol{\sigma}^2)$.

按照前面的步骤, 暂时视 $\boldsymbol{\xi}_1$ 和 $\boldsymbol{\xi}_2$ 为固定效应, 对总平方和 $\boldsymbol{y}'\boldsymbol{y}$ 作平方和分解

$$\boldsymbol{y}'\boldsymbol{y} = \text{SS}_{\boldsymbol{\beta}} + \text{SS}_1 + \text{SS}_2 + \text{SS}_e, \tag{9.5.7}$$

这里 SS_{β} 为模型 $\boldsymbol{y}=\mathbf{X}\boldsymbol{\beta}+\boldsymbol{e}$ 中 $\boldsymbol{\beta}$ 的回归平方和

$$\mathrm{SS}_{\beta}=\mathrm{RSS}(\boldsymbol{\beta})=\widehat{\boldsymbol{\beta}}'\mathbf{X}'\boldsymbol{y},$$

其中 $\widehat{\boldsymbol{\beta}}=(\mathbf{X}'\mathbf{X})^{-}\mathbf{X}'\boldsymbol{y}$. 而 SS_1 为在模型 $\boldsymbol{y}=\mathbf{X}\boldsymbol{\beta}+\mathbf{U}_1\boldsymbol{\xi}_1+\boldsymbol{e}$ 中, 消去 $\boldsymbol{\beta}$ 的影响后, $\boldsymbol{\xi}_1$ 的平方和

$$\mathrm{SS}_1=\mathrm{RSS}(\boldsymbol{\beta},\boldsymbol{\xi}_1)-\mathrm{RSS}(\boldsymbol{\beta}),$$

类似地, SS_2 为在模型 $\boldsymbol{y}=\mathbf{X}\boldsymbol{\beta}+\mathbf{U}_1\boldsymbol{\xi}_1+\mathbf{U}_2\boldsymbol{\xi}_2+\boldsymbol{e}$ 中, 消去 $\boldsymbol{\beta}$ 和 $\boldsymbol{\xi}_1$ 的影响后, $\boldsymbol{\xi}_2$ 的平方和

$$\mathrm{SS}_2=\mathrm{RSS}(\boldsymbol{\beta},\boldsymbol{\xi}_1,\boldsymbol{\xi}_2)-\mathrm{RSS}(\boldsymbol{\beta},\boldsymbol{\xi}_1)\,,$$

最后, SS_e 为残差平方和

$$\mathrm{SS}_e=\boldsymbol{y}'\boldsymbol{y}-\mathrm{RSS}(\boldsymbol{\beta},\boldsymbol{\xi}_1,\boldsymbol{\xi}_2)\,.$$

不难验证

$$\begin{aligned}\mathrm{SS}_{\beta}&=\boldsymbol{y}'\mathbf{P}_{\mathbf{X}}\boldsymbol{y}\,,\\ \mathrm{SS}_1&=\boldsymbol{y}'(\mathbf{P}_{(\mathbf{X},\mathbf{U}_1)}-\mathbf{P}_{\mathbf{X}})\boldsymbol{y}\,,\\ \mathrm{SS}_2&=\boldsymbol{y}'(\mathbf{P}_{(\mathbf{X},\mathbf{U}_1,\mathbf{U}_2)}-\mathbf{P}_{(\mathbf{X},\mathbf{U}_1)})\boldsymbol{y}\,,\\ \mathrm{SS}_e&=\boldsymbol{y}'(\mathbf{I}_n-\mathbf{P}_{(\mathbf{X},\mathbf{U}_1,\mathbf{U}_2)})\boldsymbol{y}\,,\end{aligned}\tag{9.5.8}$$

这里, $\mathbf{P}_{\mathbf{A}}=\mathbf{A}(\mathbf{A}'\mathbf{A})^{-}\mathbf{A}'$, 即 $\mathbf{A}$ 的列空间上的正交投影阵, 且 $\mathrm{rk}(\mathbf{P}_{\mathbf{A}})=\mathrm{rk}(\mathbf{A})$.

接下来计算各平方和的均值, 此时, $\boldsymbol{\xi}_1$, $\boldsymbol{\xi}_2$ 不再被看作固定效应, 而为随机效应. 先计算 $E(\mathrm{SS}_1)$. 由定理 3.2.1 有

$$\begin{aligned}E(\mathrm{SS}_1)=&\ \boldsymbol{\beta}'\mathbf{X}'(\mathbf{P}_{(\mathbf{X},\mathbf{U}_1)}-\mathbf{P}_{\mathbf{X}})\mathbf{X}\boldsymbol{\beta}\\ &+\mathrm{tr}[(\mathbf{P}_{(\mathbf{X},\mathbf{U}_1)}-\mathbf{P}_{\mathbf{X}})(\sigma_1^2\mathbf{U}_1\mathbf{U}_1'+\sigma_2^2\mathbf{U}_2\mathbf{U}_2'+\sigma_e^2\mathbf{I}_n)]\,.\end{aligned}\tag{9.5.9}$$

由于 $(\mathbf{P}_{(\mathbf{X},\mathbf{U}_1)}-\mathbf{P}_{\mathbf{X}})\mathbf{X}=\mathbf{X}-\mathbf{X}=\mathbf{0}$, 因而上式第一项为 0, 利用定理 2.4.3, 即正交投影阵的迹等于它的秩, 于是有

$$\mathrm{tr}(\mathbf{P}_{(\mathbf{X},\mathbf{U}_1)}-\mathbf{P}_{\mathbf{X}})=\mathrm{tr}(\mathbf{P}_{(\mathbf{X},\mathbf{U}_1)})-\mathrm{tr}(\mathbf{P}_{\mathbf{X}})=\mathrm{rk}(\mathbf{X},\mathbf{U}_1)-\mathrm{rk}(\mathbf{X}).$$

因此 (9.5.9) 可写成

$$E(\mathrm{SS}_1)=a_1\sigma_1^2+(a_2-a_3)\sigma_2^2+r_2\sigma_e^2\,,\tag{9.5.10}$$

其中

$$a_1=\mathrm{tr}[\mathbf{U}_1\mathbf{U}_1'(\mathbf{I}_n-\mathbf{P}_{\mathbf{X}})],$$

$$a_2 = \text{tr}[\mathbf{U}_2\mathbf{U}_2'(\mathbf{I}_n - \mathbf{P}_\mathbf{X})],$$

$$a_3 = \text{tr}[\mathbf{U}_2\mathbf{U}_2'(\mathbf{I}_n - \mathbf{P}_{(\mathbf{X},\mathbf{U}_1)})],$$

$$r_1 = \text{rk}(\mathbf{X}), \quad r_1 + r_2 = \text{rk}(\mathbf{X}, \mathbf{U}_1)\,.$$

用类似的方法可以证明

$$E(\text{SS}_2) = a_2\sigma_2^2 + \gamma_3\sigma_e^2\,, \tag{9.5.11}$$

$$E(\text{SS}_e) = (n - r_1 - r_2 - r_3)\sigma_e^2\,, \tag{9.5.12}$$

这里 r_3 由 $\text{rk}(\mathbf{X}, \mathbf{U}_1, \mathbf{U}_2) = r_1 + r_2 + r_3$ 确定, n 为 $\boldsymbol{y}$ 的维数.

令 (9.5.10)—(9.5.12) 各平方和的均值等于对应的平方和, 得到关于方差分量 σ_1^2, σ_2^2 和 σ_e^2 的线性方程组

$$\begin{cases} a_1\sigma_1^2 + (a_2 - a_3)\sigma_2^2 + r_2\sigma_e^2 = \text{SS}_1, \\ a_2\sigma_2^2 + \gamma_3\sigma_e^2 = \text{SS}_2, \\ (n - r_1 - r_2 - r_3)\sigma_e^2 = \text{SS}_e\,. \end{cases} \tag{9.5.13}$$

解此方程组, 得到 σ_1^2, σ_2^2 和 σ_e^2 的估计. 它们就是这些方差分量的 ANOVA 估计.

更一般地, 对方差分量模型 (9.1.3), 设 $\boldsymbol{q} = (Q_1, \cdots, Q_k)'$ 为对应于效应 $\boldsymbol{\xi}_1, \cdots, \boldsymbol{\xi}_k$ 的均方, 则 $E(\boldsymbol{q})$ 为 $\boldsymbol{\sigma}^2 = (\sigma_1^2, \cdots, \sigma_k^2)'$ 的线性函数, 记为 $E(\boldsymbol{q}) = \mathbf{A}\boldsymbol{\sigma}^2$. 令均方向量 $\boldsymbol{q}$ 等于它们的均值 $\mathbf{A}\boldsymbol{\sigma}^2$, 得到关于 $\boldsymbol{\sigma}^2$ 的线性方程组

$$\mathbf{A}\boldsymbol{\sigma}^2 = \boldsymbol{q}. \tag{9.5.14}$$

当 $|\mathbf{A}| \neq 0$, 解得方差分量的估计 $\widehat{\boldsymbol{\sigma}}^2 = \mathbf{A}^{-1}\boldsymbol{q}$, 且 $E(\widehat{\boldsymbol{\sigma}}^2) = E(\mathbf{A}^{-1}\boldsymbol{q}) = \mathbf{A}^{-1}\mathbf{A}\boldsymbol{\sigma}^2 = \boldsymbol{\sigma}^2$, 因此只要 $|\mathbf{A}| \neq 0$, $\widehat{\boldsymbol{\sigma}}^2$ 就是 $\boldsymbol{\sigma}^2$ 的无偏估计.

由于方差分析法给出的估计 $\widehat{\boldsymbol{\sigma}}^2$ 作为一个线性方程组的解, 它们未必是正的. 这是方差分析法的一个缺陷. 至于如何对待方差分量的负估计, 目前尚无一致的看法. 一种观点认为, 若某个 $\widehat{\sigma}_i^2 < 0$, 则说明 $\sigma_i^2 = 0$ 或者至少这是 $\sigma_i^2 = 0$ 的一种证据, 此时可用 0 作为 σ_i^2 的估计. 而另一种观点认为, 发生这种情况的原因是数据不够充分. 可能是数据不多或不够 "好", 应当再收集一些数据. 再有一种看法是, 这是方法本身所致, 此时应改用其他方法, 如极大似然法、限制极大似然法等等. 当然, 目前较难下结论, 认定哪一种观点是对的. 关于方差分析法的改进, 参见 (Kelly and Mathew, 1994; 王松桂和邓永旭, 1999) 等.

对于一般的混合效应模型 (9.1.3), 文献中称上述方法为 Henderson 方法三 (Searle, 1971). 因为在构造估计方程时, 我们把随机效应看成固定效应, 即常数. 故又称其为拟合常数法 (fitting constants method). 对于平衡数据模型 (即对所有

因子的水平组合, 重复试验次数相同的那种模型), 该方法的平方和分解 (9.5.7) 是唯一的, 且可根据方差分析表得到. 另外, 在这种情形下, 平方和分解可以借助于模型协方差阵的谱分解完成. 针对平衡数据下混合效应模型, 其协方差阵的谱分解通项公式和方差分析估计的公式化表达以及性质, 可参见 (吴密霞, 2005, 2014).

例 9.5.2　两向分类混合模型.

考虑具有交互效应的两向分类混合模型

$$\begin{aligned} &y_{ijk}=\mu+\alpha_i+\beta_j+\gamma_{ij}+e_{ijk},\\ &i=1,\cdots,a,\quad j=1,\cdots,b,\quad k=1,\cdots,c, \end{aligned} \tag{9.5.15}$$

这里 μ, α_i 为固定效应, β_j, γ_{ij} 为随机效应, 并满足通常的假设, 即所有的 β_j, γ_{ij}, e_{ijk} 都不相关, 且具有均值为 0, 方差为 $\mathrm{Var}(\beta_j)=\sigma_\beta^2$, $\mathrm{Var}(\gamma_{ij})=\sigma_\gamma^2$, $\mathrm{Var}(e_{ijk})=\sigma_e^2$.

暂时视 β_j, γ_{ij} 为固定效应, 由 7.3 节知总平方和有如下分解

$$\boldsymbol{y}'\boldsymbol{y}=\mathrm{SS}_\mu+\mathrm{SS}_\alpha+\mathrm{SS}_\beta+\mathrm{SS}_\gamma+\mathrm{SS}_e, \tag{9.5.16}$$

这里

$$\begin{aligned} &\mathrm{SS}_\mu=abc\,\overline{y}_{\cdots}^2, && \text{自由度为 } 1,\\ &\mathrm{SS}_\alpha=bc\sum_i(\overline{y}_{i\cdot\cdot}-\overline{y}_{\cdots})^2, && \text{自由度为 } a-1,\\ &\mathrm{SS}_\beta=ac\sum_j(\overline{y}_{\cdot j\cdot}-\overline{y}_{\cdots})^2, && \text{自由度为 } b-1,\\ &\mathrm{SS}_\gamma=\mathrm{SS}_{\alpha\times\beta}=c\sum_i\sum_j(\overline{y}_{ij\cdot}-\overline{y}_{i\cdot\cdot}\overline{y}_{\cdot j\cdot}-\overline{y}_{\cdots})^2, && \text{自由度为 } (a-1)(b-1),\\ &\mathrm{SS}_e=\sum_i\sum_j\sum_k(\overline{y}_{ijk}-\overline{y}_{ij\cdot})^2, && \text{自由度为 } ab(c-1). \end{aligned}$$

对随机效应的平方和用各自的自由度去除, 得到均方 $Q_1=\mathrm{SS}_\beta/(b-1)$, $Q_2=\mathrm{SS}_\gamma/(a-1)(b-1)$, $Q_3=\mathrm{SS}_e/[ab(c-1)]$, 求出它们的均值, 并令这些均值等于对应的均方, 得到关于 σ_β^2, σ_γ^2, σ_e^2 的线性方程组

$$\left\{\begin{aligned} &ac\sigma_\beta^2+c\sigma_\gamma^2+\sigma_e^2=Q_1,\\ &c\sigma_\gamma^2+\sigma_e^2=Q_2,\\ &\sigma_e^2=Q_3. \end{aligned}\right. \tag{9.5.17}$$

解此方程组, 得到方差分量的估计:

$$\widehat{\sigma}_\beta^2=(Q_1-Q_2)/(ac),$$

$$\begin{aligned}\widehat{\sigma}_\gamma^2 &= (Q_2 - Q_3)/c,\\ \widehat{\sigma}_e^2 &= Q_3.\end{aligned}$$

例 9.5.3 两向分类随机模型 (交互效应存在).

考虑随机模型

$$y_{ijk} = \mu + \alpha_i + \beta_j + \gamma_{ij} + \epsilon_{ijk}, \quad i = 1, \cdots, a,$$
$$j = 1, \cdots, b, \quad k = 1, \cdots, c,$$

这里 μ 为总平均, 是固定效应, α_i, β_j, γ_{ij} 都为随机效应, 假设 $\alpha_i \sim N(0, \sigma_\alpha^2)$, $\beta_j \sim N(0, \sigma_\beta^2)$, $\gamma_{ij} \sim N(0, \sigma_\gamma^2)$, $\epsilon_{ijk} \sim N(0, \sigma_\alpha^2)$ 且都相互独立.

根据 7.3 节的结果, 容易得到 $\boldsymbol{y}'\boldsymbol{y}$ 与 (9.5.16) 有相同的分解:

$$\begin{aligned}\boldsymbol{y}'\boldsymbol{y} &= \mathrm{SS}_\mu + \mathrm{SS}_\alpha + \mathrm{SS}_\beta + \mathrm{SS}_\gamma + \mathrm{SS}_e\\ &= abc\,\overline{y}_{\cdots}^2 + bc\sum_i(\overline{y}_{i\cdot\cdot} - \overline{y}_{\cdots})^2 + ac\sum_j(\overline{y}_{\cdot j\cdot} - \overline{y}_{\cdots})^2\\ &\quad +c\sum_i\sum_j(\overline{y}_{ij\cdot} - \overline{y}_{i\cdot\cdot}\overline{y}_{\cdot j\cdot} - \overline{y}_{\cdots})^2 + \sum_i\sum_j\sum_k(\overline{y}_{ijk} - \overline{y}_{ij\cdot})^2.\end{aligned}$$

自由度分别为 1, $a-1$, $b-1$, $(a-1)(b-1)$, $ab(c-1)$. 对随机效应的平方和用各自的自由度去除, 得到均方

$$\begin{aligned}Q_1 &= \mathrm{SS}_\alpha/(a-1),\\ Q_2 &= \mathrm{SS}_\beta/(b-1),\\ Q_3 &= \mathrm{SS}_\gamma/(a-1)(b-1),\\ Q_4 &= \mathrm{SS}_e/[ab(c-1)],\end{aligned}$$

求出它们的均值, 并令这些均值等于对应的均方, 得到关于 σ_α^2, σ_β^2, σ_γ^2, σ_e^2 的线性方程组

$$\left\{\begin{array}{l} bc\sigma_\alpha^2 + c\sigma_\gamma^2 + \sigma_e^2 = Q_1,\\ ac\sigma_\beta^2 + c\sigma_\gamma^2 + \sigma_e^2 = Q_2,\\ c\sigma_\gamma^2 + \sigma_e^2 = Q_3,\\ \sigma_e^2 = Q_4. \end{array}\right. \tag{9.5.18}$$

解此方程组的解为

$$\begin{aligned}\widehat{\sigma}_\alpha^2 &= (Q_1 - Q_3)/(bc),\\ \widehat{\sigma}_\beta^2 &= (Q_2 - Q_3)/(ac),\\ \widehat{\sigma}_\gamma^2 &= (Q_3 - Q_4)/c,\\ \widehat{\sigma}_e^2 &= Q_4.\end{aligned}$$

它们是 σ_α^2, σ_β^2, σ_γ^2, σ_e^2 的方差分析的估计. 与例 9.5.2 相比, 我们不难发现, 两例中关于 σ_β^2, σ_γ^2, σ_e^2 的估计相等.

若 $\boldsymbol{y}$ 服从正态分布, 则 $\widehat{\sigma}_\alpha^2$, $\widehat{\sigma}_\beta^2$, $\widehat{\sigma}_\gamma^2$, $\widehat{\sigma}_e^2$ 这些估计也是最小方差无偏估计. 这结论对于许多常见的随机模型成立. 证明参见 (Arnold, 1981).

9.5.2 极大似然估计

对一般的混合效应模型, 上节讨论的方差分析法只能给出方差分量的估计. 本节将介绍的极大似然法则不同, 它能同时获得固定效应和方差分量的估计.

我们考虑一般的混合效应模型

$$\boldsymbol{y} = \mathbf{X}\boldsymbol{\beta} + \mathbf{U}_1\boldsymbol{\xi}_1 + \cdots + \mathbf{U}_k\boldsymbol{\xi}_k, \tag{9.5.19}$$

这里假设 $\boldsymbol{\xi}_i \sim N(\mathbf{0},\ \sigma_i^2\mathbf{I}_{q_i})$, $i = 1,\cdots,k$, 所有 $\boldsymbol{\xi}_i$ 都相互独立. 记 $\mathbf{V}_i = \mathbf{U}_i\mathbf{U}_i'$, $\boldsymbol{\sigma}^2 = (\sigma_1^2,\cdots,\sigma_k^2)'$, 于是

$$\mathrm{Cov}(\boldsymbol{y}) = \sum_{i=1}^k \sigma_i^2\mathbf{U}_i\mathbf{U}_i' = \sum_{i=1}^k \sigma_i^2\mathbf{V}_i \triangleq \boldsymbol{\Sigma}(\boldsymbol{\sigma}^2).$$

我们假设 $\boldsymbol{\Sigma}(\boldsymbol{\sigma}^2) > \mathbf{0}$, 因此 $\boldsymbol{y} \sim N_n(\mathbf{0},\ \boldsymbol{\Sigma}(\boldsymbol{\sigma}^2))$, 所以未知参数 $\boldsymbol{\beta}$, $\sigma_1^2,\cdots,\sigma_k^2$ 的似然函数为

$$L(\beta,\ \boldsymbol{\sigma}^2|\boldsymbol{y}) = (2\pi)^{-\frac{n}{2}}|\boldsymbol{\Sigma}(\boldsymbol{\sigma}^2)|^{-\frac{1}{2}}\exp\Big\{-\frac{1}{2}(\boldsymbol{y}-\mathbf{X}\boldsymbol{\beta})'\boldsymbol{\Sigma}(\boldsymbol{\sigma}^2)^{-1}(\boldsymbol{y}-\mathbf{X}\boldsymbol{\beta})\Big\},$$

取对数, 略去常数项并放大 2 倍后得

$$\begin{aligned} l(\boldsymbol{\beta},\ \boldsymbol{\sigma}^2|\boldsymbol{y}) &= -\ln|\boldsymbol{\Sigma}(\boldsymbol{\sigma}^2)| - (\boldsymbol{y}-\mathbf{X}\boldsymbol{\beta})'\boldsymbol{\Sigma}(\boldsymbol{\sigma}^2)^{-1}(\boldsymbol{y}-\mathbf{X}\boldsymbol{\beta}) \\ &= -\ln|\boldsymbol{\Sigma}(\boldsymbol{\sigma}^2)| - \mathrm{tr}\left(\boldsymbol{\Sigma}(\boldsymbol{\sigma}^2)^{-1}(\boldsymbol{y}-\mathbf{X}\boldsymbol{\beta})(\boldsymbol{y}-\mathbf{X}\boldsymbol{\beta})'\right). \end{aligned} \tag{9.5.20}$$

利用如下事实 (参见 2.8 节 (例 2.8.15 和例 2.8.16)):

(1) $\dfrac{\partial \mathbf{A}\boldsymbol{x}}{\partial \boldsymbol{x}} = \mathbf{A}$;

(2) $\dfrac{\partial \boldsymbol{x}'\mathbf{A}\boldsymbol{x}}{\partial \boldsymbol{x}} = 2\mathbf{A}\boldsymbol{x}$;

(3) $\dfrac{\partial \mathbf{A}^{-1}(t)}{\partial t} = -\mathbf{A}^{-1}(t)\dfrac{\partial \mathbf{A}(t)}{\partial t}\mathbf{A}(t)^{-1}$;

(4) $\dfrac{\partial}{\partial t}\ln|\mathbf{A}(t)| = \mathrm{tr}\left[\mathbf{A}^{-1}(t)\dfrac{\partial \mathbf{A}(t)}{\partial t}\right]$,

这里 $\mathbf{A}(t)$ 是矩阵, 它的元素为 t 的函数.

我们可得

$$\frac{\partial l}{\partial \sigma_i^2} = -\mathrm{tr}\left(\mathbf{V}_i\mathbf{\Sigma}^{-1}(\boldsymbol{\sigma}^2)\right) + \mathrm{tr}\left((\mathbf{\Sigma}^{-1}(\boldsymbol{\sigma}^2)\mathbf{V}_i\mathbf{\Sigma}^{-1}(\boldsymbol{\sigma}^2))(\boldsymbol{y}-\mathbf{X}\boldsymbol{\beta})(\boldsymbol{y}-\mathbf{X}\boldsymbol{\beta})'\right),$$

$$i = 1, \cdots, k,$$

$$\frac{\partial l}{\partial \boldsymbol{\beta}} = -2\mathbf{X}'\mathbf{\Sigma}^{-1}(\boldsymbol{\sigma}^2)\mathbf{X}\boldsymbol{\beta} + 2\mathbf{X}'\mathbf{\Sigma}^{-1}(\boldsymbol{\sigma}^2)\boldsymbol{y}.$$

令这些导数等于零, 得到似然方程

$$\begin{cases} \mathbf{X}'\mathbf{\Sigma}^{-1}(\boldsymbol{\sigma}^2)\mathbf{X}\boldsymbol{\beta} = \mathbf{X}'\mathbf{\Sigma}^{-1}(\boldsymbol{\sigma}^2)\boldsymbol{y}, \\ \mathrm{tr}\Big(\mathbf{V}_i\mathbf{\Sigma}^{-1}(\boldsymbol{\sigma}^2)\Big) = (\boldsymbol{y}-\mathbf{X}\boldsymbol{\beta})'\left(\mathbf{\Sigma}^{-1}(\boldsymbol{\sigma}^2)\mathbf{V}_i\mathbf{\Sigma}^{-1}(\boldsymbol{\sigma}^2)\right)(\boldsymbol{y}-\mathbf{X}\boldsymbol{\beta}), \end{cases} \tag{9.5.21}$$

$$i = 1, \cdots, k.$$

下面我们可以把这个方程进一步简化, 因为

$$\begin{aligned} \mathrm{tr}\left(\mathbf{V}_i\mathbf{\Sigma}^{-1}(\boldsymbol{\sigma}^2)\right) &= \mathrm{tr}\left(\mathbf{V}_i\mathbf{\Sigma}^{-1}(\boldsymbol{\sigma}^2)\mathbf{\Sigma}(\boldsymbol{\sigma}^2)\mathbf{\Sigma}^{-1}(\boldsymbol{\sigma}^2)\right) \\ &= \sum_{j=1}^{k}\mathrm{tr}\left(\mathbf{V}_i\mathbf{\Sigma}^{-1}(\boldsymbol{\sigma}^2)\mathbf{V}_j\mathbf{\Sigma}^{-1}(\boldsymbol{\sigma}^2)\right)\sigma_j^2, \end{aligned}$$

且不难证明 (9.5.21) 的第一方程等价于

$$\mathbf{X}\boldsymbol{\beta} = \mathbf{X}(\mathbf{X}'\mathbf{\Sigma}^{-1}(\boldsymbol{\sigma}^2)\mathbf{X})^{-}\mathbf{X}'\mathbf{\Sigma}^{-1}(\boldsymbol{\sigma}^2)\boldsymbol{y} \triangleq \mathbf{P}(\boldsymbol{\sigma}^2)\boldsymbol{y},$$

于是似然方程可变形为

$$\begin{cases} \mathbf{X}\boldsymbol{\beta} = \mathbf{X}(\mathbf{X}'\mathbf{\Sigma}^{-1}(\boldsymbol{\sigma}^2)\mathbf{X})^{-}\mathbf{X}'\mathbf{\Sigma}^{-1}(\boldsymbol{\sigma}^2)\boldsymbol{y}, \\ \sum\limits_{j=1}^{k}\mathrm{tr}\Big[\mathbf{V}_i\mathbf{\Sigma}^{-1}(\boldsymbol{\sigma}^2)\mathbf{V}_j\mathbf{\Sigma}^{-1}(\boldsymbol{\sigma}^2)\Big]\sigma_j^2 \\ \quad = \boldsymbol{y}'(\mathbf{I}_n - \mathbf{P}(\boldsymbol{\sigma}^2))'(\mathbf{\Sigma}^{-1}(\boldsymbol{\sigma}^2)\mathbf{V}_i\mathbf{\Sigma}^{-1}(\boldsymbol{\sigma}^2))(\mathbf{I}_n - \mathbf{P}(\boldsymbol{\sigma}^2))\boldsymbol{y}, \quad i = 1, \cdots, k. \end{cases} \tag{9.5.22}$$

若记

$$\begin{aligned} &\mathbf{H}(\boldsymbol{\sigma}^2) = \Big(h_{ij}(\boldsymbol{\sigma}^2)\Big)_{k\times k}, \\ &h_{ij}(\boldsymbol{\sigma}^2) = \mathrm{tr}\Big[\mathbf{V}_i\mathbf{\Sigma}^{-1}(\boldsymbol{\sigma}^2)\mathbf{V}_j\mathbf{\Sigma}^{-1}(\boldsymbol{\sigma}^2)\Big], \\ &\boldsymbol{h}(\boldsymbol{y},\boldsymbol{\sigma}^2) = \Big(h_i(\boldsymbol{y},\boldsymbol{\sigma}^2)\Big)_{k\times 1}, \\ &h_i(\boldsymbol{y},\boldsymbol{\sigma}^2) = \boldsymbol{y}'(\mathbf{I}_n - \mathbf{P}(\boldsymbol{\sigma}^2))'(\mathbf{\Sigma}^{-1}(\boldsymbol{\sigma}^2)\mathbf{V}_i\mathbf{\Sigma}^{-1}(\boldsymbol{\sigma}^2))(\mathbf{I}_n - \mathbf{P}(\boldsymbol{\sigma}^2))\boldsymbol{y}, \end{aligned}$$

则 (9.5.22) 可写成为

$$\begin{cases} \mathbf{X}\boldsymbol{\beta} = \mathbf{P}(\boldsymbol{\sigma}^2)\boldsymbol{y}, \\ \mathbf{H}(\boldsymbol{\sigma}^2)\boldsymbol{\sigma}^2 = \boldsymbol{h}(\boldsymbol{y}, \boldsymbol{\sigma}^2). \end{cases} \tag{9.5.23}$$

由 (9.5.23) 的第一个方程得: 任意可估函数 $\boldsymbol{c}'\boldsymbol{\beta}$ 的 ML 估计为

$$\boldsymbol{c}'\widehat{\boldsymbol{\beta}}(\widehat{\boldsymbol{\sigma}}^2) = \mathbf{X}(\mathbf{X}'\boldsymbol{\Sigma}^{-1}(\widehat{\boldsymbol{\sigma}}^2)\mathbf{X})^{-}\mathbf{X}'\boldsymbol{\Sigma}^{-1}(\widehat{\boldsymbol{\sigma}}^2)\boldsymbol{y},$$

其中 $\widehat{\boldsymbol{\sigma}}^2$ 为 $\boldsymbol{\sigma}^2$ 的极大似然估计.

例 9.5.4　单向分类随机模型.

考虑单向分类随机模型

$$y_{ij} = \mu + \alpha_i + e_{ij}, \quad i = 1, \cdots, a, \quad j = 1, \cdots, n_i,$$

这里 α_i 为随机效应, $\alpha_i \sim N(0, \sigma_\alpha^2)$, $e_{ij} \sim N(0, \sigma_e^2)$, 且所有 α_i, e_{ij} 都相互独立. 因为 n_i 不必相等, 所以这是非平衡模型. 不难验证

$$\boldsymbol{\Sigma}(\boldsymbol{\sigma}^2) = \sigma_e^2\mathbf{I}_n + \sigma_\alpha^2\mathrm{diag}(n_1\bar{\mathbf{J}}_{n_1}, \cdots, n_a\bar{\mathbf{J}}_{n_a}),$$

这里 $\bar{\mathbf{J}}_{n_1} = \mathbf{1}_{n_i}\mathbf{1}'_{n_i}/n_i$, $n = \sum\limits_{i=1}^{a} n_i$. 于是

$$\begin{aligned} |\boldsymbol{\Sigma}(\boldsymbol{\sigma}^2)| &= \sigma_e^{2\,(n-a)}\prod_{i=1}^{a}(\sigma_e^2 + n_i\sigma_\alpha^2), \\ \boldsymbol{\Sigma}^{-1}(\boldsymbol{\sigma}^2) &= \sigma_e^{-2}\mathbf{I}_n + \mathrm{diag}\left(\left(\frac{1}{\sigma_e^2+n_1\sigma_\alpha^2} - \frac{1}{\sigma_e^2}\right)\bar{\mathbf{J}}_{n_1}, \cdots, \left(\frac{1}{\sigma_e^2+n_a\sigma_\alpha^2} - \frac{1}{\sigma_e^2}\right)\bar{\mathbf{J}}_{n_a}\right), \end{aligned}$$

似然函数的对数为

$$\begin{aligned} \ln L(\mu, \sigma_e^2, \sigma_\alpha^2|y) &= c - \frac{1}{2}(n-a)\ln\sigma_e^2 - \frac{1}{2}\sum_{i=1}^{a}\ln(\sigma_e^2 + n_i\sigma_\alpha^2) \\ &\quad -(2\sigma_e^2)^{-1}\sum_{i=1}^{a}\sum_{j=1}^{n_i}(y_{ij} - \overline{y}_{i\cdot})^2 - \frac{1}{2}\sum_{i=1}^{a}\frac{n_i(\overline{y}_{i\cdot} - \mu)^2}{\sigma_e^2 + n_i\sigma_\alpha^2}. \end{aligned}$$

对 μ, σ_α^2, σ_e^2 求导并令导数等于零, 得到似然方程

$$\begin{aligned} &\widehat{\mu} = \sum_{i=1}^{a}\frac{n_i\overline{y}_{i\cdot}}{\widehat{\sigma}_e^2 + n_i\widehat{\sigma}_\alpha^2}\Big/\sum_{i=1}^{a}\frac{n_i}{\widehat{\sigma}_e^2 + n_i\widehat{\sigma}_\alpha^2}, \\ &\frac{n-a}{\widehat{\sigma}_e^2} + \sum_{i=1}^{a}(\widehat{\sigma}_e^2 + n_i\widehat{\sigma}_\alpha^2)^{-1} - \sum_i\sum_j\frac{(y_{ij} - \overline{y}_{i\cdot})^2}{\widehat{\sigma}_e^4} - \sum_{i=1}^{a}\frac{n_i(\overline{y}_{i\cdot} - \widehat{\mu})^2}{(\widehat{\sigma}_e^2 + n_i\widehat{\sigma}_\alpha^2)^2} = 0, \end{aligned}$$

$$\sum_{i=1}^{a}\frac{n_i}{\widehat{\sigma}_e^2+n_i\widehat{\sigma}_\alpha^2}-\sum_{i=1}^{a}\frac{n_i^2((\overline{y}_{i\cdot}-\widehat{\mu})^2)}{(\widehat{\sigma}_e^2+n_i\widehat{\sigma}_\alpha^2)^2}=0.$$

这些方程也可以直接由 (9.5.23) 得到. 很显然, 这个方程组没有显式解. 可以用迭代法求解.

但对于 $n_1=\cdots=n_a=b$ 的平衡情形, 容易得到上面方程组的显式解

$$\begin{aligned}
&\widehat{\mu}=\overline{y}_{\cdot\cdot},\\
&\widehat{\sigma}_e^2=\sum_i\sum_j(y_{ij}-\overline{y}_{i\cdot})^2/[a(b-1)]=Q_2,\\
&\widehat{\sigma}_\alpha^2=\sum_i\sum_j(\overline{y}_{i\cdot}-\overline{y}_{\cdot\cdot})^2/(ab)-\widehat{\sigma}_e^2/b=\frac{a-1}{ba}Q_1-\frac{1}{b}Q_2.
\end{aligned}$$

显然, $\widehat{\sigma}_\alpha^2$ 可能取负值. 这个例子表明, 似然方程的解未必为参数的 ML 估计, 在应用上, 采用 $\max\{\widehat{\sigma}_\alpha^2,0\}$ 作为 σ_α^2 估计.

例 9.5.5 两向分类混合模型.

对两向分类混合模型

$$y_{ij}=\mu+\alpha_i+\beta_j+e_{ij},\quad i=1,\cdots,a,\quad j=1,\cdots,b, \tag{9.5.24}$$

这里 μ, α_i 为固定效应, β_j 为随机效应, $\beta_j\sim N(0,\sigma_\beta^2)$, $e_{ij}\sim N(0,\sigma_e^2)$, 且所有 β_j, e_{ij} 都相互独立. 该模型的矩阵形式为

$$\boldsymbol{y}=\mathbf{X}_1\mu+\mathbf{X}_2\boldsymbol{\alpha}+\mathbf{U}\boldsymbol{\beta}+\boldsymbol{e}, \tag{9.5.25}$$

我们可以用 Kronecker 乘积表示设计阵 $\mathbf{X}_1$, $\mathbf{X}_2$ 和 $\mathbf{U}$:

$$\begin{aligned}
&\mathbf{X}_1=\mathbf{1}_{ab}=\mathbf{1}_a\otimes\mathbf{1}_b,\\
&\mathbf{X}_2=\mathbf{1}_{ab}=\mathbf{I}_a\otimes\mathbf{1}_b,\\
&\mathbf{U}=\mathbf{1}_a\otimes\mathbf{I}_b.
\end{aligned}$$

固定效应的设计阵为 $\mathbf{X}=(\mathbf{X}_1,\mathbf{X}_2)$, 协方差阵为 $\boldsymbol{\Sigma}(\boldsymbol{\sigma}^2)=\sigma_\beta^2\mathbf{1}_a\mathbf{1}_a'\otimes\mathbf{I}_b+\sigma_e^2\mathbf{I}_{ab}$. 显然 $\mathcal{M}(\mathbf{X}_1)\subset\mathcal{M}(\mathbf{X}_2)$, 于是我们有 $\mathbf{P_X}=\mathbf{P}_{\mathbf{X}_2}=\mathbf{I}_a\otimes\bar{\mathbf{J}}_b$, 这里 $\bar{\mathbf{J}}_b=\mathbf{1}_b\mathbf{1}_b'/b$. 不难看出

$$\mathbf{P_X}\boldsymbol{\Sigma}(\boldsymbol{\sigma}^2)=\boldsymbol{\Sigma}(\boldsymbol{\sigma}^2)\mathbf{P_X}=(a\sigma_\beta^2+\sigma_e^2)\mathbf{I}_a\otimes\bar{\mathbf{J}}_b,$$

因此, μ 和 $\boldsymbol{\alpha}=(\alpha_1,\cdots,\alpha_a)'$ 的 LS 解也是似然方程 (9.5.23) 的解. 因此 (9.5.23) 的第一方程为

$$\mathbf{X}_1\widehat{\mu}+\mathbf{X}_2\widehat{\boldsymbol{\alpha}}=\mathbf{P_X}\,\boldsymbol{y}.$$

将其代入 (9.5.23) 的第二方程, 得到

$$a\widehat{\sigma}_\beta^2+\widehat{\sigma}_e^2=\frac{1}{b}\sum_{j=1}^{b}(\overline{y}_{\cdot j}-\overline{y}_{\cdot\cdot})^2,$$

$$\frac{b}{a\widehat{\sigma}_\beta^2+\widehat{\sigma}_e^2}+\frac{(a-1)b}{\widehat{\sigma}_e^2}=\frac{1}{(a\widehat{\sigma}_\beta^2+\widehat{\sigma}_e^2)^2}\sum_{j=1}^{b}(\overline{y}_{\cdot j}-\overline{y}_{\cdot\cdot})^2+\frac{(a-1)b}{\widehat{\sigma}_e^4}\sum_i\sum_j(y_{ij}-\overline{y}_{i\cdot}-\overline{y}_{\cdot j}+\overline{y}_{\cdot\cdot})^2.$$

容易求得上面方程组的显式解

$$\widehat{\sigma}_e^2=\frac{1}{(a-1)b}\sum_i\sum_j(y_{ij}-\overline{y}_{i\cdot}-\overline{y}_{\cdot j}+\overline{y}_{\cdot\cdot})^2,$$

$$\widehat{\sigma}_\beta^2=\frac{1}{ab}\sum_{j=1}^{b}(\overline{y}_{\cdot j}-\overline{y}_{\cdot\cdot})^2-\frac{1}{a}\widehat{\sigma}_e^2.$$

和上例一样, $\widehat{\sigma}_\beta^2$ 也可能取负值.

对于平衡数据, 例 9.5.4 与例 9.5.5 似然方程的显式解都存在, 但我们并不能推广这个结论到一切平衡数据的混合效应模型. 下面一个例子便是一个反例.

例 9.5.6 两向分类随机模型 (交互效应存在).

考虑随机模型

$$y_{ijk}=\mu+\alpha_i+\beta_j+\gamma_{ij}+\epsilon_{ijk},$$
$$i=1,\cdots,a,\quad j=1,\cdots,b,\quad k=1,\cdots,c,$$

这里 μ 为总平均, 是固定效应, α_i, β_j, γ_{ij} 都为随机效应, 假设 $\alpha_i\sim N(0,\,\sigma_\alpha^2)$, $\beta_j\sim N(0,\,\sigma_\beta^2)$, $\gamma_{ij}\sim N(0,\,\sigma_\gamma^2)$, $\epsilon_{ijk}\sim N(0,\,\sigma_\alpha^2)$ 且都相互独立. 该模型的矩阵形式为

$$\boldsymbol{y}=\mathbf{X}\mu+\mathbf{U}_1\boldsymbol{\alpha}+\mathbf{U}_2\boldsymbol{\beta}+\mathbf{U}_3\gamma+\boldsymbol{\epsilon},$$

这里

$$\mathbf{X}=\mathbf{1}_a\otimes\mathbf{1}_b\otimes\mathbf{1}_c,\quad \mathbf{U}_1=\mathbf{I}_a\otimes\mathbf{1}_b\otimes\mathbf{1}_c,\quad \mathbf{U}_2=\mathbf{1}_a\otimes\mathbf{I}_b\otimes\mathbf{1}_c,\quad \mathbf{U}_3=\mathbf{I}_a\otimes\mathbf{I}_b\otimes\mathbf{1}_c,$$

其协方差阵为

$$\mathbf{\Sigma}(\boldsymbol{\sigma}^2)=bc\sigma_\alpha^2\mathbf{I}_a\otimes\overline{\mathbf{J}}_b\otimes\overline{\mathbf{J}}_c+ac\sigma_\beta^2\overline{\mathbf{J}}_a\otimes\mathbf{I}_b\otimes\overline{\mathbf{J}}_c+c\sigma_\gamma^2\mathbf{I}_a\otimes\mathbf{I}_b\otimes\overline{\mathbf{J}}_c+\sigma_\epsilon^2\mathbf{I}_{abc}.$$

易证 $\mathbf{P}_\mathbf{X}\mathbf{\Sigma}(\boldsymbol{\sigma}^2)$ 对称, 故 μ 为极大似然估计等于 LS 估计: $\widehat{\mu}=\mathbf{1}'_{abc}\,\boldsymbol{y}=\overline{y}_{\cdots}$. 由

Wu 和 Wang (2005) 提出的平衡数据下协方差阵谱分解公式, 立得

$$\begin{aligned}\boldsymbol{\Sigma}^{-1}(\boldsymbol{\sigma}^2)=&\frac{1}{\sigma_\epsilon^2}\mathbf{I}_a\otimes\mathbf{I}_b\otimes(\mathbf{I}_c-\overline{\mathbf{J}}_c)+\frac{1}{c\sigma_\gamma^2+\sigma_\epsilon^2}(\mathbf{I}_a-\overline{\mathbf{J}}_a)\otimes(\mathbf{I}_b-\overline{\mathbf{J}}_b)\otimes\overline{\mathbf{J}}_c\\&+\frac{1}{bc\sigma_\alpha^2+c\sigma_\gamma^2+\sigma_\epsilon^2}(\mathbf{I}_a-\overline{\mathbf{J}}_a)\otimes\overline{\mathbf{J}}_b\otimes\overline{\mathbf{J}}_c\\&+\frac{1}{ac\sigma_\beta^2+c\sigma_\gamma^2+\sigma_\epsilon^2}\overline{\mathbf{J}}_a\otimes(\mathbf{I}_b-\overline{\mathbf{J}}_b)\otimes\overline{\mathbf{J}}_c\\&+\frac{1}{bc\sigma_\alpha^2+ac\sigma_\beta^2+c\sigma_\gamma^2+\sigma_\epsilon^2}\overline{\mathbf{J}}_a\otimes\overline{\mathbf{J}}_b\otimes\overline{\mathbf{J}}_c.\end{aligned}$$

我们将其代入 (9.5.23), 化简得

$$\begin{aligned}&bc\sigma_\alpha^2+c\sigma_\gamma^2+\sigma_\epsilon^2=Q_1-\Delta_1,\\&ac\sigma_\beta^2+c\sigma_\gamma^2+\sigma_\epsilon^2=Q_2-\Delta_2,\\&c\sigma_\gamma^2+\sigma_\epsilon^2=Q_3-\Delta_3,\\&\sigma_\epsilon^2=Q_4,\end{aligned}$$

其中

$$\begin{aligned}\Delta_1&=\frac{1}{a-1}\cdot\frac{(bc\sigma_\alpha^2+c\sigma_\gamma^2+\sigma_\epsilon^2)^2}{bc\sigma_\alpha^2+ac\sigma_\beta^2+c\sigma_\gamma^2+\sigma_\epsilon^2},\\\Delta_2&=\frac{1}{b-1}\cdot\frac{(ac\sigma_\beta^2+c\sigma_\gamma^2+\sigma_\epsilon^2)^2}{bc\sigma_\alpha^2+ac\sigma_\beta^2+c\sigma_\gamma^2+\sigma_\epsilon^2},\\\Delta_3&=-\frac{1}{(a-1)(b-1)}\cdot\frac{(c\sigma_\gamma^2+\sigma_\epsilon^2)^2}{bc\sigma_\alpha^2+ac\sigma_\beta^2+c\sigma_\gamma^2+\sigma_\epsilon^2}.\end{aligned}$$

很显然, 此方程组没有显式解. 尽管与上面两个例子一样, 固定效应的极大似然估计与方差分量无关. 此例表明并非所有平衡数据的混合效应模型的似然方程组都存在显式解. 下面讨论似然方程组的解的问题.

1. 似然方程显式解的存在性问题

由 LS 估计的稳健性 (定理 4.6.2) 知: 对于一般混合效应模型 (9.5.19) 下, $\mathbf{X}\boldsymbol{\beta}$ 的 ML 估计都不依赖于方差分量的充要条件是

$$\mathbf{P}_{\mathbf{X}}\boldsymbol{\Sigma}\left(\boldsymbol{\sigma}^2\right)=\boldsymbol{\Sigma}\left(\boldsymbol{\sigma}^2\right)\mathbf{P}_{\mathbf{X}},\tag{9.5.26}$$

此时 (9.5.23) 的第一个方程存在显式解, 即 $\boldsymbol{\beta}$ 的 LS 解. 显然此时固定效应的 ML 估计不依赖于方差参数. 由似然方程组 (9.5.21) 易见: 固定效应的 ML 估计

不依赖于方差分量是似然方程组关于方差分量存在显式解的必要条件. 因为固定效应的 ML 估计依赖于方差分量, 所以方差分量的 ML 估计就一定不存在显式表达式.

Szatrowski (1980) 给出了平衡数据下混合效应方差分析模型似然方程组存在显式解的充分必要条件. Szatrowski 和 Miller (1980) 进一步考虑了一般方差分量模型下, 给出了固定效应的 ML 估计不依赖于方差参数情形时, 似然方程组 (9.5.23) 的第二方程存在显式解的充分必要条件.

定理 9.5.1　如果模型 (9.5.19) 中, $\mathbf{X}\boldsymbol{\beta}$ 的 ML 估计不依赖于方差分量, 且 $\mathbf{V}_1, \cdots, \mathbf{V}_k$ 可交换, 即 $\mathbf{V}_i\mathbf{V}_j = \mathbf{V}_j\mathbf{V}_i$, $1 \leqslant i < j \leqslant k$, 则其似然方程组存在 $\boldsymbol{\sigma}^2$ 的显式解的充分必要条件为 $\boldsymbol{\Sigma}(\boldsymbol{\sigma}^2)$ 具有 k 个不同的特征根, 而且每个特征根皆为 $\sigma_1^2, \cdots, \sigma_k^2$ 的线性组合.

证明　由于 $\mathbf{X}\boldsymbol{\beta}$ 的 ML 估计不依赖于方差分量, 故 $\mathbf{X}\beta$ 的 ML 估计为 $\mathbf{P}_{\mathbf{X}}\boldsymbol{y}$. 将其代入似然方程组 (9.5.23), 得关于 $\boldsymbol{\sigma}^2$ 的似然方程组为

$$\mathrm{tr}\left(\mathbf{V}_i\boldsymbol{\Sigma}^{-1}\left(\boldsymbol{\sigma}^2\right)\right) = \boldsymbol{y}'\mathbf{Q}_{\mathbf{X}}\boldsymbol{\Sigma}^{-1}\left(\boldsymbol{\sigma}^2\right)\mathbf{V}_i\boldsymbol{\Sigma}^{-1}\left(\boldsymbol{\sigma}^2\right)\mathbf{Q}_{\mathbf{X}}\boldsymbol{y}, \quad i = 1, \cdots, k, \tag{9.5.27}$$

这里 $\mathbf{Q}_{\mathbf{X}} = \mathbf{I}_n - \mathbf{P}_{\mathbf{X}}$. 由于 $\mathbf{V}_1, \cdots, \mathbf{V}_k$ 可交换, 应用定理 2.1.3 (吴密霞, 2013), 则存在一个常数正交矩阵 $\mathbf{P}$, 使得对所有 $i = 1, \cdots, k$, 皆有

$$\mathbf{V}_i = \mathbf{P}\mathbf{C}_i\mathbf{P}',$$

其中 $\mathbf{C}_i = \mathrm{diag}(c_{i1}, \cdots, c_{in})$ 为对角阵. 于是 $\boldsymbol{\Sigma}(\boldsymbol{\sigma}^2)$ 的谱分解为

$$\boldsymbol{\Sigma}\left(\boldsymbol{\sigma}^2\right) = \sum_{j=1}^{k}\sigma_j^2\mathbf{V}_i = \mathbf{P}\left\{\sum_{j=1}^{k}\sigma_j^2\mathbf{C}_j\right\}\mathbf{P}' = \mathbf{P}\boldsymbol{\Lambda}\mathbf{P}', \tag{9.5.28}$$

这里 $\boldsymbol{\Lambda}(\boldsymbol{\sigma}^2) = \mathrm{diag}\left(\lambda_1(\boldsymbol{\sigma}^2), \cdots, \lambda_n(\boldsymbol{\sigma}^2)\right)$, 其中

$$\lambda_i(\boldsymbol{\sigma}^2) = \sum_{j=1}^{k}c_{ij}\sigma_j^2, \quad i = 1, \cdots, n \tag{9.5.29}$$

为 $\boldsymbol{\Sigma}(\boldsymbol{\sigma}^2)$ 的特征根, 其相应的特征向量为 $\mathbf{P}$ 的第 i 列向量.

合并相等的特征根, 不妨记 $\lambda_1, \cdots, \lambda_m$ 为 $\boldsymbol{\Sigma}(\boldsymbol{\sigma}^2)$ 的所有不同特征根, r_i 为特征根 $\lambda_i(\boldsymbol{\sigma}^2)$ 的重数. 于是 $\boldsymbol{\Lambda}(\boldsymbol{\sigma}^2)$ 可重新改写为

$$\boldsymbol{\Lambda}(\boldsymbol{\sigma}^2) = \begin{pmatrix} \lambda_1(\boldsymbol{\sigma}^2)\mathbf{I}_{r_1} & & \\ & \ddots & \\ & & \lambda_m(\boldsymbol{\sigma}^2)\mathbf{I}_{r_m} \end{pmatrix}.$$

结合 (9.5.29) 容易验证

$$\mathbf{C}_i = \begin{pmatrix} c_{i(1)}\mathbf{I}_{r_1} & & \\ & \ddots & \\ & & c_{i(m)}\mathbf{I}_{r_m} \end{pmatrix}, \quad i = 1, \cdots, k,$$

$$c_{il} = c_{i(j)}, \quad l = \sum_{v=1}^{r_{j-1}} r_v + 1, \cdots, \sum_{v=1}^{r_j} r_v,$$

其中 $c_{i(j)}$ 为 $c_{i1}, \cdots, c_{in}$ 从大到小排列的第 j 个位置上的数. 为符号简单, 下面不妨记 $c_{i(j)} = c_{ij}$, $j = 1, \cdots, m$. 对正交矩阵 $\mathbf{P}$ 也作相应的分块,

$$\mathbf{P} = (\mathbf{P}_1, \cdots, \mathbf{P}_m),$$

其中 $\mathbf{P}_j$ 为 $n \times r_j$ 的矩阵, $j = 1, \cdots, m$. 记

$$\mathbf{Q}_i = \mathbf{P}_i\mathbf{P}_i', \quad i = 1, \cdots, m.$$

则易证 $\mathbf{Q}_i$ 为对称幂等阵, 且 $\mathbf{V}_i$ 和 $\boldsymbol{\Sigma}(\boldsymbol{\sigma}^2)$ 的谱分解分别为

$$\mathbf{V}_i = \mathbf{P}\mathbf{C}_i\mathbf{P} = \sum_{j=1}^{m} c_{ij}\mathbf{Q}_j, \quad i = 1, \cdots, k, \tag{9.5.30}$$

$$\boldsymbol{\Sigma}\left(\boldsymbol{\sigma}^2\right) = \mathbf{P}\boldsymbol{\Lambda}\left(\boldsymbol{\sigma}^2\right)\mathbf{P}' = \sum_{i=1}^{m} \lambda_i(\boldsymbol{\sigma}^2)\mathbf{Q}_i. \tag{9.5.31}$$

由此可得

$$\boldsymbol{\Sigma}\left(\boldsymbol{\sigma}^2\right)^{-1} = \sum_{i=1}^{m} \frac{1}{\lambda_i(\boldsymbol{\sigma}^2)}\mathbf{Q}_i,$$

$$\operatorname{tr}\left(\mathbf{V}_i\boldsymbol{\Sigma}^{-1}\left(\boldsymbol{\sigma}^2\right)\right) = \sum_{j=1}^{m} \frac{1}{\lambda_j(\boldsymbol{\sigma}^2)}\operatorname{tr}\left(c_{ij}\mathbf{Q}_j\right) = \sum_{j=1}^{m} \frac{c_{ij}r_j}{\lambda_j(\boldsymbol{\sigma}^2)},$$

$$\boldsymbol{\Sigma}^{-1}\left(\boldsymbol{\sigma}^2\right)\mathbf{V}_i\boldsymbol{\Sigma}^{-1}\left(\boldsymbol{\sigma}^2\right) = \sum_{j=1}^{m} \frac{c_{ij}}{\lambda_j^2(\boldsymbol{\sigma}^2)}\mathbf{Q}_j.$$

于是似然方程组 (9.5.27) 等价于

$$\sum_{j=1}^{m} \frac{c_{ij}r_j}{\lambda_j(\boldsymbol{\sigma}^2)} = \sum_{j=1}^{m} \frac{c_{ij}}{\lambda_j^2(\boldsymbol{\sigma}^2)}\boldsymbol{y}'\mathbf{Q}_{\mathbf{X}}\mathbf{Q}_j\mathbf{Q}_{\mathbf{X}}\boldsymbol{y}, \quad i = 1, \cdots, k. \tag{9.5.32}$$

记 $\mathbf{C} = (c_{ij})$ 为 $m \times k$ 矩阵,

$$\boldsymbol{\lambda}(\boldsymbol{\sigma}^2) = \left(\lambda_1(\boldsymbol{\sigma}^2), \cdots, \lambda_m(\boldsymbol{\sigma}^2)\right)', \quad \boldsymbol{\delta}(\boldsymbol{\sigma}^2, \boldsymbol{y}) = \left(\delta_1(\boldsymbol{\sigma}^2, \boldsymbol{y}), \cdots, \delta_m(\boldsymbol{\sigma}^2, \boldsymbol{y})\right)',$$

其中

$$\delta_i(\boldsymbol{\sigma}^2, \boldsymbol{y}) = \frac{r_i\lambda_i(\boldsymbol{\sigma}^2) - \boldsymbol{y}'\mathbf{Q_X}\mathbf{Q}_i\mathbf{Q_X}\boldsymbol{y}}{{\lambda_i}^2(\boldsymbol{\sigma}^2)}.$$

于是, 似然方程组 (9.5.32) 的矩阵形式为

$$\mathbf{C}'\boldsymbol{\delta}(\boldsymbol{\sigma}^2, \boldsymbol{y}) = \mathbf{0}. \tag{9.5.33}$$

而由 (9.5.29) 得

$$\boldsymbol{\lambda}(\boldsymbol{\sigma}^2) = \mathbf{C}\boldsymbol{\sigma}^2. \tag{9.5.34}$$

首先证充分性. 如果 $\boldsymbol{\Sigma}(\boldsymbol{\sigma}^2)$ 恰好有 k 个不同的特征根, 即 $m = k$, 则 $\mathbf{C}$ 为 $k \times k$ 可逆方阵. 从而似然方程组 (9.5.33) 可化简为

$$\boldsymbol{\delta}(\boldsymbol{\sigma}^2, \boldsymbol{y}) = \mathbf{0},$$

即

$$\lambda_i(\boldsymbol{\sigma}^2) = \frac{1}{r_i}\boldsymbol{y}'\mathbf{Q_X}\mathbf{Q}_i\mathbf{Q_X}\boldsymbol{y}, \quad i = 1, \cdots, k. \tag{9.5.35}$$

记 $\boldsymbol{s} = (s_1, \cdots, s_k)'$, 其中 $s_i = \boldsymbol{y}'\mathbf{Q_X}\mathbf{Q}_i\mathbf{Q_X}\boldsymbol{y}/r_i$, $i = 1, \cdots, k$. 结合等式 (9.5.34), 我们便得似然方程组的解

$$\widehat{\boldsymbol{\sigma}}^2 = \mathbf{C}^{-1}\boldsymbol{s}. \tag{9.5.36}$$

于是充分性得证.

下面证必要性. 由 (9.5.32) 知 $\boldsymbol{\Sigma}(\boldsymbol{\sigma}^2)$ 的每个特征根 $\lambda_i(\boldsymbol{\sigma}^2)$ 都为 $\sigma_1^2, \cdots, \sigma_k^2$ 的线性组合. 事实上, 记 $\boldsymbol{c}_1, \cdots, \boldsymbol{c}_m$ 为矩阵 $\mathbf{C}$ 的行向量,

$$\lambda_i(\boldsymbol{\sigma}^2) = \boldsymbol{c}_i'\boldsymbol{\sigma}^2, \quad i = 1, \cdots, m.$$

因此, 只需证 $m = k$.

我们采用反证法. 假设 $\boldsymbol{\Sigma}(\boldsymbol{\sigma}^2)$ 的不同特征根数 m 大于 k, 则 $\lambda_1(\boldsymbol{\sigma}^2), \cdots, \lambda_m(\boldsymbol{\sigma}^2)$ 中有 $m-k$ 个可被其他 k 个特征根线性表出. 不妨假设 $\left\{\boldsymbol{c}_1, \cdots, \boldsymbol{c}_k\right\}$ 为 $\left\{\boldsymbol{c}_1, \cdots, \boldsymbol{c}_k, \cdots, \boldsymbol{c}_m\right\}$ 的极大线性无关组, 并记 $\mathbf{C}_1 = (\boldsymbol{c}_1, \cdots, \boldsymbol{c}_k)'$. 则必然存在一个 $k \times (m-k)$ 的常数矩阵 $\mathbf{A} = (a_{ij})$, 使得

$$\left(\boldsymbol{c}_{k+1}, \cdots, \boldsymbol{c}_m\right) = \mathbf{C}_1'\mathbf{A}.$$

故

$$\mathbf{C}' = \mathbf{C}_1'\left(\mathbf{I}_k, \mathbf{A}\right),$$

且 $\mathbf{C}_1$ 可逆. 将其代入似然方程组 (9.5.33) 并化简得

$$\boldsymbol{\delta}_1(\boldsymbol{\sigma}^2, \boldsymbol{y}) + \mathbf{A}\boldsymbol{\delta}_2(\boldsymbol{\sigma}^2, \boldsymbol{y}) = \mathbf{0}, \tag{9.5.37}$$

其中 $\boldsymbol{\delta}_1(\boldsymbol{\sigma}^2, \boldsymbol{y}) = \Big(\delta_1(\boldsymbol{\sigma}^2, \boldsymbol{y}), \cdots, \delta_k(\boldsymbol{\sigma}^2, \boldsymbol{y})\Big)'$, $\boldsymbol{\delta}_2(\boldsymbol{\sigma}^2, \boldsymbol{y}) = \Big(\delta_{k+1}(\boldsymbol{\sigma}^2, \boldsymbol{y}), \cdots, \delta_m(\boldsymbol{\sigma}^2, \boldsymbol{y})\Big)'$. 注意到

$$\lambda_i(\boldsymbol{\sigma}^2) = \sum_{j=1}^{k} a_{ij}\lambda_j(\boldsymbol{\sigma}^2), \quad i = k+1, \cdots, m,$$

因此 (9.5.37) 可看作是关于 $\boldsymbol{\lambda}_1(\boldsymbol{\sigma}^2) = (\lambda_1(\boldsymbol{\sigma}^2), \cdots, \lambda_k(\boldsymbol{\sigma}^2))'$ 的方程组, 而原方差分量 $\boldsymbol{\sigma}^2$ 可由 $\boldsymbol{\sigma}^2 = \mathbf{C}_1^{-1}\boldsymbol{\lambda}_1(\boldsymbol{\sigma}^2)'$ 导出. 由于似然方程组 (9.5.36) 关于 $\boldsymbol{\sigma}^2$ 有显式解, 记作 $\widehat{\boldsymbol{\sigma}}^2$, 故似然方程组 (9.5.37) 关于 $\boldsymbol{\lambda}_1(\boldsymbol{\sigma}^2)$ 也有显式解, 即为 $\mathbf{C}_1\widehat{\boldsymbol{\sigma}}^2$. 但当 $m > k$ 时 (9.5.37) 显然没有显式解. 故必要性证得.

定理 9.5.1 就是 Szatrowski 和 Miller (1980) 给出的一般方差分量模型下似然方程组存在显式解的判定定理. 应用该定理, 可轻松判断例 9.5.4—例 9.5.6 的似然方程组显式解的存在性, 留给读者作练习.

2. 极大似然估计的迭代算法

在一般情况下, 似然方程 (9.5.23) 没有显式解, 需要通过迭代算法来求解. 注意到固定效应 $\boldsymbol{\beta}$ 的极大似然估计是方差分量的极大似然估计的函数, 因此, 对数似然函数 (9.5.20) 的最大化问题实际上是关于方差分量的最大化. Anderson (1973)、Hartley 和 Rao (1967) 与 Dempster 等 (1977) 提出了三种较为简单的迭代方法: Anderson 迭代算法、Hartley 和 Rao 迭代算法以及当今被广泛应用的 EM (expectaion maximization) 迭代算法.

1) Anderson 迭代算法

Anderson (1973) 提出的迭代算法是

$$\widehat{\boldsymbol{\sigma}}^{2\,(m+1)} = \mathbf{H}^{-1}\left(\widehat{\boldsymbol{\sigma}}^{2\,(m)}\right)\boldsymbol{h}\left(\boldsymbol{y}, \widehat{\boldsymbol{\sigma}}^{2\,(m)}\right), \tag{9.5.38}$$

这里 $\widehat{\boldsymbol{\sigma}}^{2\,(m)}$ 为 $\boldsymbol{\sigma}^2$ 的第 m 次迭代值. 当 $\widehat{\boldsymbol{\sigma}}^2$ 的两次相邻迭代值相差不大时, 迭代停止, 这就得到了方差分量的估计. 代入 (9.5.23) 的第一个方程, 便可得到固定效应的估计.

但该算法的一个缺点是迭代中间可能会出现方差分量取得负值的可能. 事实上, 该迭代法得到的并不是真正的方差分量的极大似然估计, 更确切地说是似然方程组的解.

2) Hartley 和 Rao 迭代算法

Hartley 和 Rao (1967) 提出的迭代算法的推广形式是

$$\widehat{\sigma}_i^{2\,(m+1)} = \widehat{\sigma}_i^{2\,(m)} \cdot \frac{h_i\left(\boldsymbol{y}, \widehat{\boldsymbol{\sigma}}^{2\,(m)}\right)}{\operatorname{tr}(\boldsymbol{\Sigma}^{-1}(\widehat{\boldsymbol{\sigma}}^{2\,(m)})\mathbf{V}_i)}, \qquad i = 1, \cdots, k\,. \tag{9.5.39}$$

这个迭代的一个好处是, 当初始值为非负时, 后面的迭代值永远不会取负值. 同样, 这个迭代的收敛问题还没有解决.

3) EM 算法

EM 算法最初由 Dempster 等 (1977) 为数据存在缺失的情况下的参数估计提出的. 将随机效应看作 “数据缺失”, Laird (1982) 提出了混合效应模型 (9.5.19) 下的 EM 算法.

E 步 计算第 $m+1$ 次迭代中充分统计量 $\boldsymbol{\xi}_i'\boldsymbol{\xi}_i$ 的条件期望:

$$\begin{aligned}
\widehat{t}_i^{(m)} &= E(\boldsymbol{\xi}_i'\boldsymbol{\xi}_i|\boldsymbol{y})\,|_{\boldsymbol{\sigma}^2=\boldsymbol{\sigma}^{2(m)}} \\
&= \sigma_i^{4(m)}\boldsymbol{y}'\left(\mathbf{I}_n - \mathbf{P}(\boldsymbol{\sigma}^{2(m)})\right)'\left(\boldsymbol{\Sigma}^{(m)}\right)^{-1}\mathbf{V}_i\left(\boldsymbol{\Sigma}^{(m)}\right)^{-1}\left(\mathbf{I}_n - \mathbf{P}(\boldsymbol{\sigma}^{2(m)})\right)\boldsymbol{y} \\
&\quad + \operatorname{tr}\left(\sigma_i^{2(m)}\mathbf{I}_{q_i} - \sigma_i^{4(m)}\mathbf{U}_i'\left(\boldsymbol{\Sigma}^{(m)}\right)^{-1}\mathbf{U}_i\right), \quad i = 1, \cdots, k;
\end{aligned} \tag{9.5.40}$$

M 步 极大化 “完全数据” 的似然函数, 有

$$\sigma_i^{2(m+1)} = \widehat{\boldsymbol{t}}_i^{(m)}\Big/ q_i, \quad i = 1, \cdots, k. \tag{9.5.41}$$

重复上述的 E 步和 M 步, 直到 $\boldsymbol{\sigma}^{2(m+1)}$ 收敛为止. 此时, $\boldsymbol{\sigma}^2$ 的 ML 估计为 $\boldsymbol{\sigma}^{2(m+1)}$. 将其代入 (9.5.23) 的第一个方程, 得到 $\mathbf{X}\boldsymbol{\beta}$ 的极大似然估计.

关于以上三大迭代算法详细推导过程, 有兴趣的读者可参阅原文献或专著, 如 Searle (1992) 和吴密霞 (2013).

9.5.3 限制极大似然估计

方差分量的 ML 估计的一个缺点是在导出方差分量的估计的过程中, 我们没有考虑到固定效应 β 的估计所引起的自由度的减少. 为此, Patterson 和 Thompson (1973) 提出的一种修正方法, 称为限制极大似然 (restricted / residual maximum likelihood, REML) 法. 该方法的思想是基于 LS 估计残差, 利用极大似然法导出方差分量的估计. 与 ML 估计相比, REML 估计的偏差减少很多, 且对于许多常见模型, REML 方程的解与方差分析法所得的估计相等. 当然, 在一般情况下, REML 方程的求解只能依赖于迭代法, 其迭代的收敛性问题依然存在.

我们考虑模型 (9.5.19)

$$\boldsymbol{y}=\mathbf{X}\boldsymbol{\beta}+\boldsymbol{\varepsilon},\quad \boldsymbol{\varepsilon}=\sum_{i=1}^{k}\mathbf{U}_i\boldsymbol{\xi}_i\sim N_n(\mathbf{0},\ \boldsymbol{\Sigma}(\boldsymbol{\sigma}^2)),\tag{9.5.42}$$

这里 $\boldsymbol{\sigma}^2=(\sigma_1^2,\cdots,\sigma_k^2)'$, $\boldsymbol{\Sigma}(\boldsymbol{\sigma}^2)=\sum\limits_{i=1}^{k}\sigma_i^2\mathbf{U}_i\mathbf{U}_i'=\sum\limits_{i=1}^{k}\sigma_i^2\mathbf{V}_i>\mathbf{0}$. 该模型的最小二乘估计的残差为 $\mathbf{N_X}\boldsymbol{y}$, 其中 $\mathbf{N_X}=\mathbf{I}_n-\mathbf{X}(\mathbf{X}'\mathbf{X})^-\mathbf{X}'$. 假设 $\mathbf{X}$ 为 $n\times p$ 矩阵, $\mathrm{rk}(\mathbf{X})=r$, 则 $\mathrm{rk}(\mathbf{N_X})=n-\mathrm{rk}(\mathbf{X})=n-r$, 即 $\mathbf{N_X}$ 的列向量中仅有 $n-r$ 个线性独立向量, 我们可用这 $n-r$ 个线性独立向量作为列向量, 得到一个 $n\times(n-r)$ 列满秩阵 $\mathbf{B}$, 显然

$$\mathbf{N_X}\mathbf{B}=\mathbf{B},\quad \mathbf{B}'\mathbf{X}=\mathbf{0}.$$

因此, $\mathbf{B}'\boldsymbol{y}\sim N(\mathbf{0},\ \mathbf{B}'\boldsymbol{\Sigma}(\boldsymbol{\sigma}^2)\mathbf{B})$, 且 $\mathbf{B}'\boldsymbol{\Sigma}(\boldsymbol{\sigma}^2)\mathbf{B}>\mathbf{0}$. 记 $\mathbf{B}=(\boldsymbol{b}_1,\cdots,\boldsymbol{b}_{n-r})$, 则 $\boldsymbol{b}_i'=\boldsymbol{b}_i'\mathbf{N_X}$. 故 $\mathbf{B}'\boldsymbol{y}$ 的每一个元素 $\boldsymbol{b}_i'\boldsymbol{y}$, 实际上, 就是一个误差对照. 方差分量的 REML 估计就是对 $\mathbf{B}'\boldsymbol{y}$ 求未知参数 $\boldsymbol{\sigma}^2$ 的 ML 估计. 下面我们导出限制极大似然方程组.

$\mathbf{B}'\boldsymbol{y}$ 关于方差分量 σ^2 的对数似然函数为

$$l(\sigma^2|\mathbf{B}'\boldsymbol{y})=-\frac{1}{2}(n-r)\ln 2\pi-\frac{1}{2}\ln|\mathbf{B}'\boldsymbol{\Sigma}(\boldsymbol{\sigma}^2)\mathbf{B}|-\frac{1}{2}\boldsymbol{y}'\mathbf{B}(\mathbf{B}'\boldsymbol{\Sigma}(\boldsymbol{\sigma}^2)\mathbf{B})^{-1}\mathbf{B}'\boldsymbol{y}.\tag{9.5.43}$$

我们记

$$\boldsymbol{y}^*=\mathbf{B}'\boldsymbol{y},\quad \mathbf{X}^*=\mathbf{B}'\mathbf{X}=\mathbf{0},\quad \mathbf{V}_i^*=\mathbf{B}'\mathbf{V}_i\mathbf{B},$$

$$\boldsymbol{\Sigma}^*(\boldsymbol{\sigma}^2)=\mathbf{B}'\boldsymbol{\Sigma}(\boldsymbol{\sigma}^2)\mathbf{B}=\sum_{i=1}^{k}\sigma_i^2\mathbf{B}'\mathbf{V}_i\mathbf{B}=\sum_{i=1}^{k}\sigma_i^2\mathbf{V}_i^*.$$

直接套用 (9.5.21) 得限制极大似然方程组

$$\mathrm{tr}(\mathbf{V}_i^*\boldsymbol{\Sigma}^*(\boldsymbol{\sigma}^2))=\boldsymbol{y}^{*'}\boldsymbol{\Sigma}^*(\boldsymbol{\sigma}^2)^{-1}\mathbf{V}_i^*\boldsymbol{\Sigma}^*(\boldsymbol{\sigma}^2)^{-1}\boldsymbol{y}^*,\quad i=1,\cdots,k,$$

即

$$\mathrm{tr}(\mathbf{V}_i\mathbf{B}(\mathbf{B}'\boldsymbol{\Sigma}(\boldsymbol{\sigma}^2)\mathbf{B})^{-1}\mathbf{B}')=\boldsymbol{y}'\mathbf{B}(\mathbf{B}'\boldsymbol{\Sigma}(\boldsymbol{\sigma}^2)\mathbf{B})^{-1}\mathbf{B}'\mathbf{V}_i\mathbf{B}(\mathbf{B}'\boldsymbol{\Sigma}(\boldsymbol{\sigma}^2)\mathbf{B})^{-1}\mathbf{B}'\boldsymbol{y},$$
$$i=1,\cdots,k.\tag{9.5.44}$$

记 $\mathbf{M}(\boldsymbol{\sigma}^2)=\mathbf{B}(\mathbf{B}'\boldsymbol{\Sigma}(\boldsymbol{\sigma}^2)\mathbf{B})^{-1}\mathbf{B}'$, 可以证明

$$\mathbf{M}(\boldsymbol{\sigma}^2)=\boldsymbol{\Sigma}^{-1}(\boldsymbol{\sigma}^2)-\boldsymbol{\Sigma}^{-1}(\boldsymbol{\sigma}^2)\mathbf{X}(\mathbf{X}'\boldsymbol{\Sigma}^{-1}(\boldsymbol{\sigma}^2)\mathbf{X})^{-1}\mathbf{X}'\boldsymbol{\Sigma}^{-1}(\boldsymbol{\sigma}^2),\tag{9.5.45}$$

因此

$$\mathbf{M}(\boldsymbol{\sigma}^2)=\boldsymbol{\Sigma}^{-1}(\boldsymbol{\sigma}^2)(\mathbf{I}_n-\mathbf{P}(\boldsymbol{\sigma}^2))=(\mathbf{I}_n-\mathbf{P}(\boldsymbol{\sigma}^2))'\boldsymbol{\Sigma}^{-1}(\boldsymbol{\sigma}^2),$$

这里 $\mathbf{P}(\boldsymbol{\sigma}^2)$ 如 9.5.2 节所定义. 于是 (9.5.44) 等价于

$$\operatorname{tr}(\mathbf{V}_i\mathbf{M}(\boldsymbol{\sigma}^2)) = \boldsymbol{y}'(\mathbf{I}_n - \mathbf{P}(\boldsymbol{\sigma}^2))'\boldsymbol{\Sigma}^{-1}(\boldsymbol{\sigma}^2)\mathbf{V}_i\boldsymbol{\Sigma}^{-1}(\boldsymbol{\sigma}^2)(\mathbf{I}_n - \mathbf{P}(\boldsymbol{\sigma}^2))\boldsymbol{y},\ i=1,\cdots,k. \tag{9.5.46}$$

利用关系 $\mathbf{M}(\boldsymbol{\sigma}^2)\boldsymbol{\Sigma}(\boldsymbol{\sigma}^2)\mathbf{M}(\boldsymbol{\sigma}^2) = \mathbf{M}(\boldsymbol{\sigma}^2)$, 我们容易证明限制似然方程组可写成

$$\begin{aligned}&\sum_{j=1}^{k}\operatorname{tr}(\mathbf{V}_i\boldsymbol{\Sigma}^{-1}(\boldsymbol{\sigma}^2))(\mathbf{I}_n - \mathbf{P}(\boldsymbol{\sigma}^2))\mathbf{V}_j\boldsymbol{\Sigma}^{-1}(\boldsymbol{\sigma}^2)(\mathbf{I}_n - \mathbf{P}(\boldsymbol{\sigma}^2))'\sigma_j^2\\ &= \boldsymbol{y}'(\mathbf{I}_n - \mathbf{P}(\boldsymbol{\sigma}^2))'\boldsymbol{\Sigma}^{-1}(\boldsymbol{\sigma}^2)\mathbf{V}_i\boldsymbol{\Sigma}^{-1}(\boldsymbol{\sigma}^2)(\mathbf{I}_n - \mathbf{P}(\boldsymbol{\sigma}^2))\boldsymbol{y}, \quad i=1,\cdots,k. \end{aligned}\tag{9.5.47}$$

将 (9.5.47) 与极大似然方程组 (9.5.23) 相比, 对于每个 i, 两个方程的右边相等, 且若将 (9.5.47) 左边的投影阵 $\mathbf{I}_n - \mathbf{P}(\boldsymbol{\sigma}^2)$ 换成单位阵 $\mathbf{I}_n$ 便可得到极大似然方程组 (9.5.23) 中的相应方程. 注意到 (9.5.47) 不包含 $\mathbf{B}$, 尽管在推导 (9.5.45) 利用了 $\mathbf{B}$, 但 (9.5.45) 等式成立与 $\mathbf{B}$ 的选择无关, 仅要求 $\mathbf{B}$ 为 $n\times(n-r)$ 列满秩矩阵, 且 $\mathbf{B}'\mathbf{X} = \mathbf{0}$. 因此, 限制极大似然方程与具体 $\mathbf{B}$ 的选择无关.

1. 限制似然方程组显式解存在性

注意到限制似然方程组 (9.5.42) 本质上就是由 $\mathbf{B}'\boldsymbol{y}$ 导出的似然方程组 (9.5.42), 故其显式解存在性问题可直接由似然方程组的显式解存在性定理 9.5.1 给出. 又由于 $\mathbf{B}'\boldsymbol{\Sigma}(\boldsymbol{\sigma}^2)\mathbf{B}$ 和 $\mathbf{N_X}\boldsymbol{\Sigma}(\boldsymbol{\sigma}^2)\mathbf{N_X}$ 具有相同的非零特征根, 于是有如下定理.

定理 9.5.2 限制似然方程组 (9.5.47) 有显式解的充分必要条件为 $\mathbf{N_X}\boldsymbol{\Sigma}(\boldsymbol{\sigma}^2)\mathbf{N_X}$ 的谱分解为

$$\mathbf{N_X}\boldsymbol{\Sigma}(\boldsymbol{\sigma}^2)\mathbf{N_X} = \sum_{j=1}^{k}\lambda_j\mathbf{P}_j, \tag{9.5.48}$$

这里 $\lambda_1,\cdots,\lambda_k$ 为 $\mathbf{N_X}\boldsymbol{\Sigma}(\boldsymbol{\sigma}^2)\mathbf{N_X}$ 的 k 个不相等的非零特征根, $\mathbf{P}_j$ 为对应于 λ_j 的特征向量子空间上的正交投影阵, 其中每个特征根 λ_j 皆为 $\sigma_1^2,\cdots,\sigma_k^2$ 的一个线性组合.

记

$$\lambda_j = \sum_{i=1}^{k}a_{ij}\sigma_i^2, \quad j=1,\cdots,k, \tag{9.5.49}$$

$$\boldsymbol{\lambda} = (\lambda_1,\cdots,\lambda_j)', \quad \mathbf{A} = (a_{ij})'.$$

于是, 定理 9.5.2 中特征根和方差分量间的线性关系 (9.5.49) 又可被简单表示为

$$\boldsymbol{\lambda} = \mathbf{A}\boldsymbol{\sigma}^2. \tag{9.5.50}$$

由于 $\lambda_1,\cdots,\lambda_k$ 互不相等, 故方阵 $\mathbf{A}$ 可逆.

推论 9.5.1 若定理9.5.1的条件 (9.5.48) 成立, 则限制似然方程组的显式解为

$$\widehat{\boldsymbol{\sigma}}^2 = \mathbf{A}^{-1}\widehat{\boldsymbol{\lambda}},$$

这里, $\widehat{\boldsymbol{\lambda}} = (\widehat{\lambda}_1, \cdots, \widehat{\lambda}_k)'$, 其中

$$\widehat{\lambda}_i = \boldsymbol{y}'\mathbf{P}_i\boldsymbol{y}/\mathrm{tr}(\mathbf{P}_i), \quad i = 1, \cdots, k.$$

(9.5.47) 通常没有显式解, 我们可以利用解似然方程的迭代技巧来求得其迭代解.

例 9.5.7 两向分类随机模型 (交互效应存在):

$$y_{ijk} = \mu + \alpha_i + \beta_j + \gamma_{ij} + \epsilon_{ijk},$$

$$i = 1, \cdots, a, \quad j = 1, \cdots, b, \quad k = 1, \cdots, c,$$

这里 μ 为总平均, 是固定效应, α_i, β_j, γ_{ij} 都为随机效应, 假设 $\alpha_i \sim N(0, \sigma_\alpha^2)$, $\beta_j \sim N(0, \sigma_\beta^2)$, $\gamma_{ij} \sim N(0, \sigma_\gamma^2)$, $\epsilon_{ijk} \sim N(0, \sigma_\alpha^2)$ 且都相互独立. 该模型的矩阵形式为

$$\boldsymbol{y} = \mathbf{X}\mu + \mathbf{U}_1\boldsymbol{\alpha} + \mathbf{U}_2\boldsymbol{\beta} + \mathbf{U}_3\boldsymbol{\gamma} + \boldsymbol{\epsilon},$$

这里 $\mathbf{X} = \mathbf{1}_a \otimes \mathbf{1}_b \otimes \mathbf{1}_c$, $\mathbf{U}_1 = \mathbf{I}_a \otimes \mathbf{1}_b \otimes \mathbf{1}_c$, $\mathbf{U}_2 = \mathbf{1}_a \otimes \mathbf{I}_b \otimes \mathbf{1}_c$, $\mathbf{U}_3 = \mathbf{I}_a \otimes \mathbf{I}_b \otimes \mathbf{1}_c$. $\boldsymbol{y}$ 的协方差阵为

$$\boldsymbol{\Sigma}(\boldsymbol{\sigma}^2) = bc\sigma_\alpha^2\mathbf{I}_a \otimes \overline{\mathbf{J}}_b \otimes \overline{\mathbf{J}}_c + ac\sigma_\beta^2\overline{\mathbf{J}}_a \otimes \mathbf{I}_b \otimes \overline{\mathbf{J}}_c + c\sigma_\gamma^2\mathbf{I}_a \otimes \mathbf{I}_b \otimes \overline{\mathbf{J}}_c + \sigma_\epsilon^2\mathbf{I}_{abc}.$$

易证

$$\mathbf{N_X}\boldsymbol{\Sigma}(\boldsymbol{\sigma}^2)\mathbf{N_X} = (\mathbf{I}_{abc} - \overline{\mathbf{J}}_{abc})\boldsymbol{\Sigma}(\boldsymbol{\sigma}^2)(\mathbf{I}_{abc} - \overline{\mathbf{J}}_{abc}) = \sum_{i=1}^{4}\lambda_i\mathbf{P}_i,$$

这里, λ_i 为 $\mathbf{N_X}\boldsymbol{\Sigma}(\boldsymbol{\sigma}^2)\mathbf{N_X}$ 的特征根, $\mathbf{P}_i$ 为相应的特征向量空间上的投影阵,

$$\begin{aligned}
\lambda_1 &= bc\sigma_\alpha^2 + c\sigma_\gamma^2 + \sigma_\epsilon^2, \\
\lambda_2 &= ac\sigma_\beta^2 + c\sigma_\gamma^2 + \sigma_\epsilon^2, \\
\lambda_3 &= c\sigma_\gamma^2 + \sigma_\epsilon^2, \\
\lambda_4 &= \sigma_\epsilon^2,
\end{aligned}$$

$$\mathbf{P}_1 = (\mathbf{I}_a - \overline{\mathbf{J}}_a) \otimes \overline{\mathbf{J}}_b \otimes \overline{\mathbf{J}}_c, \quad \mathbf{P}_2 = \overline{\mathbf{J}}_a \otimes (\mathbf{I}_b - \overline{\mathbf{J}}_b) \otimes \overline{\mathbf{J}}_c,$$

$$\mathbf{P}_3 = (\mathbf{I}_a - \overline{\mathbf{J}}_a) \otimes (\mathbf{I}_b - \overline{\mathbf{J}}_b) \otimes \overline{\mathbf{J}}_c, \quad \mathbf{P}_4 = \mathbf{I}_a \otimes \mathbf{I}_b(\otimes\mathbf{I}_c - \overline{\mathbf{J}}_c).$$

依据定理 9.5.2, 该例的限制似然方程组有显式解, 即方程组

$$\begin{aligned} &bc\sigma_\alpha^2 + c\sigma_\gamma^2 + \sigma_\epsilon^2 = Q_1, \\ &ac\sigma_\beta^2 + c\sigma_\gamma^2 + \sigma_\epsilon^2 = Q_2, \\ &c\sigma_\gamma^2 + \sigma_\epsilon^2 = Q_3, \\ &\sigma_\epsilon^2 = Q_4 \end{aligned} \tag{9.5.51}$$

的解, 其中

$$\begin{aligned} Q_1 &= \frac{\boldsymbol{y}'\mathbf{P}_1\boldsymbol{y}}{\mathrm{tr}(\mathbf{P}_1)} = \sum_{i=1}^{a}(\overline{y}_{i\cdot\cdot} - \overline{y}_{\cdot\cdot\cdot})^2/(a-1), \\ Q_2 &= \frac{\boldsymbol{y}'\mathbf{P}_2\boldsymbol{y}}{\mathrm{tr}(\mathbf{P}_2)} = \sum_{j=1}^{b}(\overline{y}_{\cdot j\cdot} - \overline{y}_{\cdot\cdot\cdot})^2/ac(b-1), \\ Q_3 &= \frac{\boldsymbol{y}'\mathbf{P}_3\boldsymbol{y}}{\mathrm{tr}(\mathbf{P}_3)} = \sum_{i=1}^{a}\sum_{j=1}^{b}(\overline{y}_{ij\cdot} - \overline{y}_{i\cdot\cdot} - \overline{y}_{\cdot j\cdot} + \overline{y}_{\cdot\cdot\cdot})^2/(a-1)(b-1), \\ Q_4 &= \frac{\boldsymbol{y}'\mathbf{P}_4\boldsymbol{y}}{\mathrm{tr}(\mathbf{P}_4)} = \sum_{i=1}^{a}\sum_{j=1}^{b}\sum_{k=1}^{c}(y_{ijk} - \overline{y}_{ij\cdot})^2/ab(c-1). \end{aligned}$$

另外, 也可直接计算化简该例下限制似然方程组 (9.5.47) 来验证显式解的存在性, 这个留给读者作练习.

注 9.5.1 对平衡数据下混合效应方差分析模型, 限制极大似然方程的解与 ANOVA 估计通常相同, 详见 (Anderson, 1979).

注 9.5.2 似然方程组 (9.5.23) 有显式解, 则对应的限制似然方程组 (9.5.47) 一定有显式解, 但反之不成立.

2. 限制似然方程组的迭代解

与似然方程组 (9.5.23) 一样, 限制似然方程组 (9.5.47) 也并非总是存在显式解的. 注意到限制似然方程组 (9.5.47) 就是 $\boldsymbol{y}^* = \mathbf{B}'\boldsymbol{y}$ 的似然方程组, 因此, 只需将似然方程组 (9.5.23) 迭代算法 tr() 中的 $\mathbf{\Sigma}^{-1}(\boldsymbol{\sigma}^2)$ 替换成由(9.5.45)定义的 $\mathbf{M}_{\boldsymbol{\sigma}^2} \triangleq \mathbf{M}(\boldsymbol{\sigma}^2)$ 即可得到限制似然方程组的相应迭代算法如下:

(1) Anderson 迭代算法:

$$\widetilde{\boldsymbol{\sigma}}^{2\,(m+1)} = \mathbf{H}_*^{-1}\left(\widetilde{\boldsymbol{\sigma}}^{2\,(m)}\right)\boldsymbol{h}\left(\boldsymbol{y}, \widetilde{\boldsymbol{\sigma}}^{2\,(m)}\right),$$

这里 $\boldsymbol{h}(\boldsymbol{y}, \widehat{\boldsymbol{\sigma}}^{2\,(m)})$ 与 (9.5.38) 中的定义相同, $\mathbf{H}_*^{-1}\left(\widetilde{\boldsymbol{\sigma}}^{2\,(m)}\right) = (h_{ij}^*)$,

$$h_{ij}^*\left(\widetilde{\boldsymbol{\sigma}}^{2\,(m)}\right) = \mathrm{tr}\left(\mathbf{V}_i\mathbf{M}^{-1}\left(\widetilde{\boldsymbol{\sigma}}^{2\,(m)}\right)\mathbf{V}_j\mathbf{M}^{-1}\left(\widetilde{\boldsymbol{\sigma}}^{2\,(m)}\right)\right).$$

(2) Hartley 和 Rao 迭代算法:

$$\widetilde{\sigma}_i^{2\,(m+1)} = \widetilde{\sigma}_i^{2\,(m)} \cdot \frac{h_i\big(\boldsymbol{y}, \widetilde{\boldsymbol{\sigma}}^{2\,(m)}\big)}{\operatorname{tr}\left(\mathbf{V}_i\mathbf{M}^{-1}(\widetilde{\boldsymbol{\sigma}}^{2\,(m)})\right)}, \quad i = 1, \cdots, k\,. \tag{9.5.52}$$

(3) EM 算法: 限制似然方程组的 EM 算法中的 E 步和 M 步分别为

E 步 计算第 $m+1$ 次迭代中充分统计量 $\boldsymbol{\xi}_i'\boldsymbol{\xi}_i$ 的条件期望:

$$\begin{aligned}\widetilde{t}_i^{(m)} &= E(\boldsymbol{\xi}_i'\boldsymbol{\xi}_i|\boldsymbol{y})\,|_{\boldsymbol{\sigma}^2=\widetilde{\boldsymbol{\sigma}}^{2(m)}} \\ &= \sigma_i^{4(m)} \cdot \boldsymbol{y}'\mathbf{M}\left(\widetilde{\boldsymbol{\sigma}}^{2(m)}\right)\mathbf{V}_i'\mathbf{M}\left(\widetilde{\boldsymbol{\sigma}}^{2(m)}\right)\boldsymbol{y} \\ &\quad + \operatorname{tr}\left(\widetilde{\sigma}_i^{2(m)}\mathbf{I}_{q_i} - \widetilde{\sigma}_i^{4(m)}\mathbf{U}_i'\mathbf{M}(\widetilde{\boldsymbol{\sigma}}^{2(m)})\mathbf{U}_i\right), \quad i = 1, \cdots, k;\end{aligned} \tag{9.5.53}$$

M 步 极大化 “完全数据” 的似然函数. 有

$$\widetilde{\sigma}_i^{2(m+1)} = \widetilde{\boldsymbol{t}}_i^{(m)}/q_i, \quad i = 1, \cdots, k. \tag{9.5.54}$$

9.5.4 最小范数二次无偏估计

方差分量的最小范数二次无偏估计 (minimum norm quadratic unbiased estimator, MINQUE) 是由 C.R.Rao 于 20 世纪 70 年代初期提出的, 他所采用的做法与前面提到的方法截然不同. 因为 ANOVA 法、ML 法和 REML 法都是先按已有的一定规则去求估计, 至于所得估计有何性质, 事先并不知道. 而最小范数二次无偏估计的基本思想是先提出估计应具有的性质, 然后把为满足这些性质所加的条件提出一个极值问题, 即所谓最小迹问题 (minimum trace problem). 解所得的最小迹问题, 便得到所要的估计.

考虑最一般形式的方差分量模型

$$\boldsymbol{y} = \mathbf{X}\boldsymbol{\beta} + \mathbf{U}_1\boldsymbol{\xi}_1 + \cdots + \mathbf{U}_k\boldsymbol{\xi}_k, \tag{9.5.55}$$

这里 $\boldsymbol{y}$ 为 $n \times 1$ 向量, $\mathbf{X}$, $\mathbf{U}_i$ 分别为 $n \times p$ 和 $n \times q_i$ 的已知设计矩阵, $\boldsymbol{\beta}$ 为 $p \times 1$ 固定效应向量, $\boldsymbol{\xi}_i$ 为 $q_i \times 1$ 随机效应向量, 满足 $E(\boldsymbol{\xi}_i) = \mathbf{0}$, $\operatorname{Cov}(\boldsymbol{\xi}_i) = \sigma_i^2\mathbf{I}_{q_i}$, $\boldsymbol{\xi}_i\,(i = 1, \cdots, k)$ 都不相关. 往往 $\mathbf{U}_k = \mathbf{I}_n$, $\boldsymbol{\xi}_k = \boldsymbol{e}$, $\sigma_k^2 = \sigma_e^2 > 0$, 即最后一项为随机误差. 若记

$$\mathbf{U} = (\mathbf{U}_1, \mathbf{U}_2, \cdots, \mathbf{U}_k), \quad \boldsymbol{\xi}' = (\boldsymbol{\xi}_1', \boldsymbol{\xi}_2', \cdots, \boldsymbol{\xi}_k'),$$

则模型 (9.5.55) 可改写为

$$\boldsymbol{y} = \mathbf{X}\boldsymbol{\beta} + \mathbf{U}\boldsymbol{\xi}, \qquad E(\boldsymbol{y}) = \mathbf{X}\boldsymbol{\beta}, \tag{9.5.56}$$

$$\mathrm{Cov}(\boldsymbol{y})=\sum_{i=1}^{k}\sigma_i^2\mathbf{V}_i\triangleq\boldsymbol{\Sigma}(\boldsymbol{\sigma}^2)\,,$$

其中 $\mathbf{V}_i=\mathbf{U}_i\mathbf{U}_i'$, 我们的基本目的是估计方差分量 $\sigma_1^2,\cdots,\sigma_k^2$ 及其线性函数 $\varphi=\boldsymbol{c}'\boldsymbol{\sigma}^2$, 这里 $\boldsymbol{\sigma}^2=(\sigma_1^2,\cdots,\sigma_k^2)'$, $\boldsymbol{c}=(c_1,\cdots,c_k)'$.

我们先看所求的估计量应具有的一些性质, 因为现在要估计的参数是方差, 所以自然考虑二次型估计 $\boldsymbol{y}'\mathbf{A}\boldsymbol{y}$, 这里 $\mathbf{A}$ 为对称阵, 我们要求这个估计具有下述性质.

(1) **不变性** 即估计 $\boldsymbol{y}'\mathbf{A}\boldsymbol{y}$ 关于参数 $\boldsymbol{\beta}$ 具有不变性.

若将 $\boldsymbol{\beta}$ 平移得到 $\boldsymbol{\gamma}=\boldsymbol{\beta}-\boldsymbol{\beta}_0$, 此时模型 (9.5.56) 变为 $\boldsymbol{y}-\mathbf{X}\boldsymbol{\beta}_0=\mathbf{X}\boldsymbol{\gamma}+\mathbf{U}\boldsymbol{\xi}$, 那么二次型估计就变为 $(\boldsymbol{y}-\mathbf{X}\boldsymbol{\beta}_0)'\mathbf{A}(\boldsymbol{y}-\mathbf{X}\boldsymbol{\beta}_0)$, 我们要求对一切 $\boldsymbol{\beta}_0$, $(\boldsymbol{y}-\mathbf{X}\boldsymbol{\beta}_0)'\mathbf{A}(\boldsymbol{y}-\mathbf{X}\boldsymbol{\beta}_0)=\boldsymbol{y}'\mathbf{A}\boldsymbol{y}$, 这个要求是合理的. 因为现在待估计的 $\varphi=\boldsymbol{c}'\boldsymbol{\sigma}^2$ 是方差分量的线性函数, 所以它的估计量应该与 $E(\boldsymbol{y})=\mathbf{X}\boldsymbol{\beta}$ 无关. 由于

$$(\boldsymbol{y}-\mathbf{X}\boldsymbol{\beta}_0)'\mathbf{A}(\boldsymbol{y}-\mathbf{X}\boldsymbol{\beta}_0)=\boldsymbol{y}'\mathbf{A}\boldsymbol{y}-2\boldsymbol{y}'\mathbf{A}\mathbf{X}\boldsymbol{\beta}_0+\boldsymbol{\beta}_0'\mathbf{X}'\mathbf{A}\mathbf{X}\boldsymbol{\beta}_0,\tag{9.5.57}$$

欲使 $(\boldsymbol{y}-\mathbf{X}\boldsymbol{\beta}_0)'\mathbf{A}(\boldsymbol{y}-\mathbf{X}\boldsymbol{\beta}_0)=\boldsymbol{y}'\mathbf{A}\boldsymbol{y}$ 对一切的 $\boldsymbol{\beta}_0$ 成立, 当且仅当 $\mathbf{A}\mathbf{X}=\mathbf{0}$. 这个事实的充分性是显然的, 至于必要性, 注意到 (9.5.57) 右端后两项是 $\boldsymbol{\beta}_0$ 的多项式, 要它恒等于零, 其系数必等于零, 即 $\mathbf{A}\mathbf{X}=\mathbf{0}$. 于是二次型估计要满足不变性当且仅当 $\mathbf{A}\mathbf{X}=\mathbf{0}$.

(2) **无偏性** 我们在满足不变性的前提下考虑二次型估计 $\boldsymbol{y}'\mathbf{A}\boldsymbol{y}$ 的无偏性. 此时依定理 3.2.1 有

$$E(\boldsymbol{y}'\mathbf{A}\boldsymbol{y})=\boldsymbol{\beta}'\mathbf{X}'\mathbf{A}\mathbf{X}\boldsymbol{\beta}+\mathrm{tr}(\mathbf{A}\boldsymbol{\Sigma})=\sum_{i=1}^{k}\sigma_i^2\mathrm{tr}(\mathbf{A}\mathbf{V}_i).$$

所以 $E(\boldsymbol{y}'\mathbf{A}\boldsymbol{y})=\varphi=\boldsymbol{c}'\boldsymbol{\sigma}^2$, 对一切 $\boldsymbol{\sigma}^2$ 成立, 当且仅当

$$\mathrm{tr}(\mathbf{A}\mathbf{V}_i)=c_i,\quad i=1,\cdots,k.\tag{9.5.58}$$

(3) **最小范数准则** 可以设想, 若 $q_i\times 1$ 的向量 $\boldsymbol{\xi}_i$, $i=1,\cdots,k$ 皆已知, 则 σ_i^2 应该用 $\boldsymbol{\xi}'\boldsymbol{\xi}/q_i$ 来估计. 于是 $\varphi=\boldsymbol{c}'\boldsymbol{\sigma}^2$ 的自然估计为

$$c_1\left(\frac{\boldsymbol{\xi}_1'\boldsymbol{\xi}_1}{q_1}\right)+c_2\left(\frac{\boldsymbol{\xi}_2'\boldsymbol{\xi}_2}{q_2}\right)+\cdots+c_k\left(\frac{\boldsymbol{\xi}_k'\boldsymbol{\xi}_k}{q_k}\right)\triangleq\boldsymbol{\xi}'\boldsymbol{\Delta}\boldsymbol{\xi},\tag{9.5.59}$$

此处

$$\boldsymbol{\Delta}=\mathrm{diag}\left(\frac{c_1}{q_1}\mathbf{I}_{q_1},\cdots,\frac{c_k}{q_k}\mathbf{I}_{q_k}\right).$$

现在若用 $\boldsymbol{y}'\mathbf{A}\boldsymbol{y}$ 去估计 $\varphi=\boldsymbol{c}'\boldsymbol{\sigma}^2$, 在满足不变性的条件下,

$$\boldsymbol{y}'\mathbf{A}\boldsymbol{y}=\boldsymbol{\xi}'\mathbf{U}'\mathbf{A}\mathbf{U}\boldsymbol{\xi}\,.\tag{9.5.60}$$

欲使 $\boldsymbol{y}'\mathbf{A}\boldsymbol{y}$ 为一个好的估计, 那么自然对一切 $\boldsymbol{\xi}$, (9.5.59) 和 (9.5.60) 应该相差很小, 即矩阵 $\mathbf{U}'\mathbf{A}\mathbf{U}$ 与 $\boldsymbol{\Delta}$ 在某种意义下相差很小. 若用矩阵范数 $||\mathbf{U}'\mathbf{A}\mathbf{U}-\boldsymbol{\Delta}||$ 来度量 $\mathbf{U}'\mathbf{A}\mathbf{U}$ 与 $\boldsymbol{\Delta}$ 相差大小, 则我们应该选择 $\mathbf{A}$ 的极小化范数 $||\mathbf{U}'\mathbf{A}\mathbf{U}-\boldsymbol{\Delta}||$.

综合上面三条要求, 我们给出如下定义.

定义 9.5.1 若线性函数 $\varphi=\boldsymbol{c}'\boldsymbol{\sigma}^2$ 的估计 $\boldsymbol{y}'\mathbf{A}\boldsymbol{y}$ 满足

$$\begin{aligned}&\mathbf{A}\mathbf{X}=\mathbf{0},\\&\mathrm{tr}(\mathbf{A}\mathbf{V}_i)=c_i,\quad i=1,\cdots,k,\end{aligned}$$

且使范数 $||\mathbf{U}'\mathbf{A}\mathbf{U}-\boldsymbol{\Delta}||$ 达到极小, 则称 $\boldsymbol{y}'\mathbf{A}\boldsymbol{y}$ 为 $\varphi=\boldsymbol{c}'\boldsymbol{\sigma}^2$ 的最小范数二次无偏估计 (MINQUE).

这里采用加权欧氏范数, 令权矩阵 $\mathbf{W}=\mathrm{diag}\{\sigma_{0,1}^2\mathbf{I}_{q_1},\cdots,\sigma_{0,k}^2\mathbf{I}_{q_k}\}$, 其中 $\sigma_{0,i}^2$ 为 σ_i^2 的一个预先指定值 (先验值), 因此 $\mathbf{W}$ 也就是 $\mathrm{Cov}(\boldsymbol{\xi})$ 的一个预先指定阵 (先验阵). 定义 $\mathbf{F}=\mathbf{W}^{\frac{1}{2}}(\mathbf{U}'\mathbf{A}\mathbf{U}-\boldsymbol{\Delta})\mathbf{W}^{\frac{1}{2}}$, 则加权欧氏范数

$$\begin{aligned}||\mathbf{U}'\mathbf{A}\mathbf{U}-\boldsymbol{\Delta}||&=\mathrm{tr}(\mathbf{F}'\mathbf{F})=\mathrm{tr}[\mathbf{W}^{\frac{1}{2}}(\mathbf{U}'\mathbf{A}\mathbf{U}-\boldsymbol{\Delta})\mathbf{W}(\mathbf{U}'\mathbf{A}\mathbf{U}-\boldsymbol{\Delta})\mathbf{W}^{\frac{1}{2}}]\\&=\mathrm{tr}(\mathbf{W}^{\frac{1}{2}}\mathbf{U}'\mathbf{A}\mathbf{U}\mathbf{W}\mathbf{U}'\mathbf{A}\mathbf{U}\mathbf{W}^{\frac{1}{2}})-2\mathrm{tr}(\mathbf{W}^{\frac{1}{2}}\mathbf{U}'\mathbf{A}\mathbf{U}\mathbf{W}\boldsymbol{\Delta}\mathbf{W}^{\frac{1}{2}})+\mathrm{tr}(\boldsymbol{\Delta}\mathbf{W})^2.\end{aligned}$$

利用无偏性, 上式第二项

$$\begin{aligned}\mathrm{tr}(\mathbf{W}^{\frac{1}{2}}\mathbf{U}'\mathbf{A}\mathbf{U}\mathbf{W}\boldsymbol{\Delta}\mathbf{W}^{\frac{1}{2}})&=\mathrm{tr}(\mathbf{U}'\mathbf{A}\mathbf{U}\mathbf{W}\mathbf{U}'\mathbf{A}\boldsymbol{\Delta}\mathbf{W})\\&=\sum_{i=1}^{k}\frac{c_i\sigma_{0,i}^4}{q_i}\mathrm{tr}(\mathbf{A}\mathbf{V}_i)=\sum_{i=1}^{k}\frac{c_i^2\sigma_{0,i}^4}{q_i}=\mathrm{tr}(\boldsymbol{\Delta}\mathbf{W})^2.\end{aligned}$$

再记 $\mathbf{V}_{\mathrm{w}}=\sum\limits_{i=1}^{k}\sigma_{0,i}^2\mathbf{V}_i$, 因为 $\mathbf{V}_k=\mathbf{I}_n$, $\mathbf{V}_i\geqslant\mathbf{0}$, 且 $\sigma_{0,k}^2>0$, $\sigma_{0,i}^2\geqslant 0$, 所以 $\mathbf{V}_{\mathrm{w}}>\mathbf{0}$. 于是

$$||\mathbf{U}'\mathbf{A}\mathbf{U}-\boldsymbol{\Delta}||=\mathrm{tr}(\mathbf{A}\mathbf{V}_{\mathrm{w}})^2-\mathrm{tr}(\boldsymbol{\Delta}\mathbf{W})^2.$$

这样, 对加权欧氏范数求 $\varphi=\boldsymbol{c}'\boldsymbol{\sigma}^2$ 的 MINQUE 的问题, 归结为求下述极值的解

$$\begin{aligned}&\min\ \mathrm{tr}(\mathbf{A}\mathbf{V}_{\mathrm{w}})^2,\\&\begin{cases}\mathbf{A}\mathbf{X}=\mathbf{0},\\\mathrm{tr}(\mathbf{A}\mathbf{V}_i)=c_i,\quad i=1,\cdots,k.\end{cases}\end{aligned}\tag{9.5.61}$$

它的目标函数是矩阵的迹, 所以称 (9.5.61) 为最小迹问题.

剩下的问题是, 极值问题 (9.5.61) 的解是否存在? 如果存在的话, 它等于什么? 下面的定理圆满地回答了这个问题.

定理 9.5.3　极值问题 (9.5.61) 的解为

$$\mathbf{A}^* = \mathbf{B}_{\mathrm{w}}\left(\sum_{i=1}^{k} \lambda_i \mathbf{V}_i\right)\mathbf{B}_{\mathrm{w}}, \tag{9.5.62}$$

其中

$$\mathbf{B}_{\mathrm{w}} = \mathbf{V}_{\mathrm{w}}^{-1} - \mathbf{V}_{\mathrm{w}}^{-1}\mathbf{X}(\mathbf{X}'\mathbf{V}_{\mathrm{w}}^{-1}\mathbf{X})^{-}\mathbf{X}'\mathbf{V}_{\mathrm{w}}^{-1}, \tag{9.5.63}$$

且 $\lambda_i, i=1,\cdots,k$ 为方程组

$$\sum_{i=1}^{k} \mathrm{tr}(\mathbf{B}_{\mathrm{w}}\mathbf{V}_i\mathbf{B}_{\mathrm{w}}\mathbf{V}_j)\lambda_i = c_j, \quad j=1,\cdots,k \tag{9.5.64}$$

的解, 这里 $\mathbf{V}_i = \mathbf{U}_i\mathbf{U}_i$, $\mathbf{V}_{\mathrm{w}} = \sum\limits_{i=1}^{k}\sigma_{0,i}^2\mathbf{V}_i$.

前面已指出过, $\mathbf{V}_{\mathrm{w}} > \mathbf{0}$, 于是 $\mathbf{V}_{\mathrm{w}}^{-1}$ 存在. 如果作变换 $\widetilde{\mathbf{A}} = \mathbf{V}_{\mathrm{w}}^{\frac{1}{2}}\mathbf{A}\mathbf{V}_{\mathrm{w}}^{\frac{1}{2}}$, $\widetilde{\mathbf{V}}_i = \mathbf{V}_{\mathrm{w}}^{-\frac{1}{2}}\mathbf{V}_i\mathbf{V}_{\mathrm{w}}^{-\frac{1}{2}}$, $\widetilde{\mathbf{X}} = \mathbf{V}_{\mathrm{w}}^{-\frac{1}{2}}\mathbf{X}$, 极值问题 (9.5.61) 等价于

$$\min\ \mathrm{tr}\left(\widetilde{\mathbf{A}}^2\right),$$
$$\begin{cases} \widetilde{\mathbf{A}}\widetilde{\mathbf{X}} = \mathbf{0}, \\ \mathrm{tr}(\widetilde{\mathbf{A}}\widetilde{\mathbf{V}}_i) = c_i, \quad i=1,\cdots,k\,. \end{cases}$$

为符号清晰, 我们略去 "$\sim$" 得到

$$\min\ \mathrm{tr}\left(\mathbf{A}^2\right),$$
$$\begin{cases} \mathbf{A}\mathbf{X} = \mathbf{0}, \\ \mathrm{tr}(\mathbf{A}\mathbf{V}_i) = c_i, \quad i=1,\cdots,k\,. \end{cases} \tag{9.5.65}$$

相应地, 证明定理 9.5.3 等价于要证明如下定理.

定理 9.5.4　极值问题 (9.5.65) 的解为

$$\mathbf{A}^* = \mathbf{N}\left(\sum_{i=1}^{k} \lambda_i \mathbf{V}_i\right)\mathbf{N}, \tag{9.5.66}$$

其中 $\mathbf{N} = \mathbf{I}_n - \mathbf{X}(\mathbf{X}'\mathbf{X})^{-}\mathbf{X}$, $\lambda_i, i=1,\cdots,k$ 为方程组

$$\sum_{i=1}^{k} \mathrm{tr}(\mathbf{N}\mathbf{V}_i\mathbf{N}\mathbf{V}_j)\lambda_i = c_j, \quad j=1,\cdots,k \tag{9.5.67}$$

的解.

证明 证明分两步.

(1) 先证方程组 (9.5.67) 相容. 设 $\mathbf{A}_0$ 满足 (9.5.65) 的约束条件,

$$\operatorname{tr}(\mathbf{A}_0\mathbf{V}_j) = c_j, \quad j = 1, \cdots, k, \tag{9.5.68}$$

$$\mathbf{A}_0\mathbf{X} = \mathbf{0}, \tag{9.5.69}$$

由 (9.5.69) 知 $\mathcal{M}(\mathbf{A}_0') \subset \mathcal{M}(\mathbf{X})^{\perp}$, 因 $\mathbf{N}$ 为向 $\mathcal{M}(\mathbf{X})^{\perp}$ 的正交投影阵, 故 $\mathbf{A}_0 = \mathbf{A}_0\mathbf{N} = \mathbf{N}\mathbf{A}_0\mathbf{N}$. 记 $\mathbf{V}_j^* = \mathbf{N}\mathbf{V}_j\mathbf{N}$ $(j = 1, \cdots, k)$, 则 (9.5.68) 变为

$$c_j = \operatorname{tr}(\mathbf{A}_0\mathbf{V}_j) = \operatorname{tr}(\mathbf{N}\mathbf{A}_0\mathbf{N}\mathbf{V}_j) = \operatorname{tr}(\mathbf{A}_0\mathbf{V}_j^*), \quad j = 1, \cdots, k . \tag{9.5.70}$$

记 $\boldsymbol{g}_i = \operatorname{Vec}(\mathbf{V}_i^*)$, $\boldsymbol{g}_0 = \operatorname{Vec}(\mathbf{A}_0)$, $\mathbf{P}_{\mathbf{A}}$ 为向子空间 $\mathcal{M}(\mathbf{A})$ 的正交投影阵. 定义

$$\boldsymbol{u}_1 = \mathbf{P}_{(\boldsymbol{g}_1, \cdots, \boldsymbol{g}_k)}\boldsymbol{g}_0,$$

$$\boldsymbol{u}_2 = \boldsymbol{g}_0 - \boldsymbol{u}_1.$$

则存在常数 $\lambda_1^0, \cdots, \lambda_k^0$, 使得

$$\boldsymbol{u}_1 = \sum_{i=1}^{k} \lambda_i^0 \boldsymbol{g}_i.$$

所以

$$\boldsymbol{g}_0 = \boldsymbol{u}_1 + \boldsymbol{u}_2 = \sum_{i=1}^{k} \lambda_i^0 \boldsymbol{g}_i + \boldsymbol{u}_2,$$

$$\boldsymbol{u}_2'\boldsymbol{g}_j = 0, \quad j = 1, \cdots, k.$$

从 (9.5.70) 有

$$\begin{aligned} c_j &= \operatorname{tr}(\mathbf{A}_0\mathbf{V}_j^*) = \boldsymbol{g}_0'\boldsymbol{g}_j = \left(\sum_{i=1}^{k} \lambda_i^0 \boldsymbol{g}_i' + \boldsymbol{u}_2'\right)\boldsymbol{g}_j \\ &= \sum_{i=1}^{k} \lambda_i^0 \boldsymbol{g}_i'\boldsymbol{g}_j = \sum_{i=1}^{k} \lambda_i^0 \operatorname{tr}(\mathbf{V}_i^*\mathbf{V}_j^*) = \sum_{i=1}^{k} \lambda_i^0 \operatorname{tr}(\mathbf{N}\mathbf{V}_i\mathbf{N}\mathbf{V}_j), \quad j = 1, \cdots, k. \end{aligned}$$

这就证明了 $\lambda_1^0, \cdots, \lambda_k^0$ 为 (9.5.67) 的一组解.

(2) 证明 $\mathbf{A}^*$ 为 (9.5.65) 的解. 容易验证 $\mathbf{A}^*$ 满足 (9.5.65) 的约束条件. 如 $\mathbf{A}$ 为另一个满足 (9.5.65) 约束条件的对称阵, 记 $\mathbf{D} = \mathbf{A} - \mathbf{A}^*$, 则 $\mathbf{D}$ 对称, $\mathbf{D}\mathbf{X} = \mathbf{0}$, $\operatorname{tr}(\mathbf{D}\mathbf{V}_i) = \mathbf{0}$, 且 $\mathbf{N}\mathbf{D} = \mathbf{D}$. 于是

$$\mathrm{tr}(\mathbf{A}^*\mathbf{D})=\sum_{j=1}^{k}\lambda_j\mathrm{tr}(\mathbf{NV}_j\mathbf{ND})=\sum_{j=1}^{k}\lambda_j\mathrm{tr}(\mathbf{NV}_j\mathbf{D})=\sum_{j=1}^{k}\lambda_j\mathrm{tr}(\mathbf{V}_j\mathbf{D})=0.$$

利用这个事实, 得

$$\mathrm{tr}(\mathbf{A}^2)=\sum_{j=1}^{k}\mathrm{tr}(\mathbf{A}^*+\mathbf{D})(\mathbf{A}^*+\mathbf{D})=\mathrm{tr}(\mathbf{A}^*)^2+\mathrm{tr}(\mathbf{D})^2\geqslant\mathrm{tr}(\mathbf{A}^*)^2.$$

等号成立的充分必要条件为 $\mathbf{D}=\mathbf{0}$, 即 $\mathbf{A}=\mathbf{A}^*$. 这就证明了 $\mathbf{A}^*$ 是 (9.6.65) 的解.

定理 9.5.5 对方差分量模型 (9.5.55), 线性函数 $\varphi=\boldsymbol{c}'\boldsymbol{\sigma}^2$ 的 MINQUE 为 $\boldsymbol{c}'\widehat{\boldsymbol{\sigma}}^2$, 其中 $\widehat{\boldsymbol{\sigma}}^2$ 为线性方程组

$$\mathbf{H}\boldsymbol{\sigma}^2=\boldsymbol{d} \tag{9.5.71}$$

的解, 这里

$$\mathbf{H}=(h_{ij})_{k\times k},\qquad h_{ij}=\mathrm{tr}(\mathbf{B}_{\mathrm{w}}\mathbf{V}_i\mathbf{B}_{\mathrm{w}}\mathbf{V}_j),\quad 对一切\ i,\ j\ , \tag{9.5.72}$$

$$\boldsymbol{d}=\begin{pmatrix}d_1\\ \vdots\\ d_k\end{pmatrix},\qquad d_i=\boldsymbol{y}'\mathbf{B}_{\mathrm{w}}\mathbf{V}_i\mathbf{B}_{\mathrm{w}}\boldsymbol{y},\quad i=1,\cdots,k,$$

$\mathbf{B}_{\mathrm{w}}$ 由 (9.5.63) 所定义.

证明 依定理 9.5.3, $\varphi=\boldsymbol{c}'\boldsymbol{\sigma}^2$ 的 MINQUE 为

$$\boldsymbol{y}'\mathbf{A}^*\boldsymbol{y}=\sum_{i=1}^{k}\lambda_i\boldsymbol{y}'\mathbf{B}_{\mathrm{w}}\mathbf{V}_i\mathbf{B}_{\mathrm{w}}\boldsymbol{y}=\boldsymbol{\lambda}'\boldsymbol{d},$$

这里 $\boldsymbol{\lambda}=(\lambda_1,\cdots,\lambda_k)'$ 满足 (9.5.64), 即 $\mathbf{H}\boldsymbol{\lambda}=\boldsymbol{c}$, $\boldsymbol{\lambda}=\mathbf{H}^-\boldsymbol{c}$, 再利用 $\mathbf{H}$ 的对称性, 有

$$\boldsymbol{y}'\mathbf{A}^*\boldsymbol{y}=\boldsymbol{c}'\mathbf{H}^-\boldsymbol{d}=\boldsymbol{c}'\widehat{\boldsymbol{\sigma}}^2.$$

定理证毕.

若 $\mathbf{H}$ 可逆, 则线性方程组 (9.5.71) 有唯一解 $\widehat{\boldsymbol{\sigma}}^2=(\widehat{\sigma}_1^2,\cdots,\widehat{\sigma}_k^2)'=\mathbf{H}^{-1}\boldsymbol{d}$. 与方差分析法类似, MINQUE 也不必为非负估计. 于是, 如何修正 MINQUE 以便得到非负估计在文献中也颇受人们的注意.

另外, 注意到线性方程组 (9.5.71) 的等价形式为

$$\sum_{j=1}^{k}\sigma_j^2\mathrm{tr}(\mathbf{B}_{\mathrm{w}}\mathbf{V}_i\mathbf{B}_{\mathrm{w}}\mathbf{V}_j)=\boldsymbol{y}'\mathbf{B}_{\mathrm{w}}\mathbf{V}_i\mathbf{B}_{\mathrm{w}}\boldsymbol{y},\qquad i=1,\cdots,k, \tag{9.5.73}$$

这里 $\mathbf{B}_{\mathrm{w}} = \mathbf{V}_{\mathrm{w}}^{-1}(\mathbf{I}_n - \mathbf{X}(\mathbf{X}'\mathbf{V}_{\mathrm{w}}^{-1}\mathbf{X})^{-}\mathbf{X}'\mathbf{V}_{\mathrm{w}}^{-1}) = (\mathbf{I}_n - \mathbf{V}_{\mathrm{w}}^{-1}\mathbf{X}(\mathbf{X}'\mathbf{V}_{\mathrm{w}}^{-1}\mathbf{X})^{-}\mathbf{X}')\mathbf{V}_{\mathrm{w}}^{-1}$, 用 $\mathbf{\Sigma}$ 取代方程组 (9.5.73) 中的 $\mathbf{V}_{\mathrm{w}}$, 便可得到 REML 方程组 (9.5.47). 两者区别在于 (9.5.73) 中, $\mathbf{V}_{\mathrm{w}}$ 是已知的, 可直接解出方程组的解, 即 MINQUE, 而 (9.5.47) 中, $\mathbf{\Sigma}$ 中含有未知的方差分量, 因此通常限制极大似然方程组只能用迭代法求解.

如前面已提到的, MINQUE 的权矩阵 $\mathbf{W}$ 中的 $\sigma_{0,i}^2$ 为 σ_i^2 的先验值, 当我们没有关于 σ_i^2 的任何先验信息时, 我们就令 $\sigma_{0,i}^2 = 1(i = 1, \cdots, k)$, 即权矩阵 $\mathbf{W} = \mathbf{I}_n$, 这就是 Rao (1973) 所讨论的欧氏范数.

除了 MINQUE 之外, Rao 还研究了不具有不变性或无偏性的最小范数估计以及最小方差二次无偏估计 (minimum variance quadratatic unbiased estimator, MIVQUE), 参见文献 (Rao and Kleffe, 1988).

例 9.5.8 固定效应模型误差方差的 MINQUE.

我们曾指出, 固定效应模型

$$\boldsymbol{y} = \mathbf{X}\boldsymbol{\beta} + \boldsymbol{e}, \quad E\boldsymbol{e} = \mathbf{0}, \qquad \mathrm{Cov}(\boldsymbol{e}) = \sigma^2\mathbf{I}_n$$

可以看作方差分量模型 (9.5.55) 的特殊情形: $\mathbf{U}_1 = \cdots = \mathbf{U}_{k-1} = \mathbf{0}$, $\mathbf{U}_k = \mathbf{I}_n$, $\boldsymbol{\xi}_k = \boldsymbol{e}$. 容易验证 σ^2 的 MINQUE 为

$$\boldsymbol{y}'\mathbf{A}^*\boldsymbol{y} = \boldsymbol{y}'\mathbf{N}\boldsymbol{y}/(n-r) = ||\boldsymbol{y} - \mathbf{X}\widehat{\boldsymbol{\beta}}||^2/(n-r) = \widehat{\sigma}^2,$$

这里 $r = \mathrm{rk}(\mathbf{X})$, $\widehat{\boldsymbol{\beta}} = (\mathbf{X}'\mathbf{X})^{-}\mathbf{X}'\boldsymbol{y}$ 为 $\boldsymbol{\beta}$ 的 LS 估计. 于是在第 4 章我们所求的误差方差 σ^2 的 LS 估计是 MINQUE.

到现在为止, 我们讨论了 ANOVA 估计、ML 估计、REML 估计和 MINQU 估计. 这些估计不同程度地存在一些缺点, 例如, ANOVA 估计和 MINQU 估计不能保证估计的非负性, 而 ML 估计和 REML 估计都需要求解非线性方程组, 一般没有显式解, 只能获得迭代解. 此外, MINQU 估计很强地依赖初始值的选取, 主观性较大.

王松桂和尹素菊 (2002) 提出了同时估计固定效应和方差分量的一种新方法, 称为谱分解 (spectral decomposition, SD) 估计. 王松桂和吴密霞 (2005) 给出了平衡数据下协方差阵谱分解的一般公式, 第一作者及其合作者 (2013) 讨论了方差分量 SD 估计和 ANOVA 估计相等条件, 关于 SD 估计的更多内容, 感兴趣的读者可参阅 (吴密霞, 2013).

谱分解方法能给出固定效应若干个 SD 估计, 它们都是线性无偏估计. 而方差分量的 SD 估计是二次不变无偏估计, 且在任何情况下, SD 估计和 ANOVA 估计一样都有显式解. 当然, 方差分量的 SD 估计也不能保证估计的非负性, 这是它的一个缺点. 但在构造感兴趣参数的精确检验方面具有很大优势.

9.6 模型参数的检验

关于线性混合效应模型参数的检验方法大致可分为: Wald 精确检验、似然比检验、近似检验以及基于广义 P 值的检验. 本节主要介绍方差分量的最常用的两种方法: Wald 精确检验和 Satterthwaite 型近似检验.

9.6.1 Wald 精确检验

Wald 精确检验与 9.5.1 节讨论的方差分析法 (Henderson 方法三) 有密切的联系. 下面以一个带两个随机因子的模型为例加以说明.

考虑混合效应模型

$$\boldsymbol{y} = \mathbf{X}\boldsymbol{\beta} + \mathbf{U}_1\boldsymbol{\xi}_1 + \mathbf{U}_2\boldsymbol{\xi}_2 + \boldsymbol{e}, \tag{9.6.1}$$

这里, 我们假设 $\boldsymbol{\xi}_1 \sim N_s(\mathbf{0}, \sigma_1^2\mathbf{I}_s)$, $\boldsymbol{\xi}_2 \sim N_q(\mathbf{0}, \sigma_2^2\mathbf{I}_q)$, $\boldsymbol{e} \sim N_n(\mathbf{0}, \sigma_e^2\mathbf{I}_n)$, 且它们彼此独立. 其中, s, q 分别为已知阵 $\mathbf{U}_1$ 和 $\mathbf{U}_2$ 的列数. 于是

$$\text{Cov}(\boldsymbol{y}) = \sigma_1^2\mathbf{U}_1\mathbf{U}_1' + \sigma_2^2\mathbf{U}_2\mathbf{U}_2' + \sigma_e^2\mathbf{I}_n.$$

在 9.5 节, 基于拟合常数的思想, 我们给出了此模型方差分量 σ_1^2, σ_2^2 和 σ_e^2 的估计, 下面应用同样的技巧来构造随机效应 $\boldsymbol{\xi}_2$ 的显著性检验, 即构造

$$H_0: \quad \sigma_2^2 = 0 \longleftrightarrow H_1: \quad \sigma_2^2 \neq 0$$

的检验统计量.

将模型 (9.6.1) 中随机效应 $\boldsymbol{\xi}_1$ 和 $\boldsymbol{\xi}_2$ 暂视为固定效应, 模型拟合之后的残差平方和为

$$\begin{aligned}\text{SS}_e &= \boldsymbol{y}'\boldsymbol{y} - \text{RSS}(\boldsymbol{\beta}, \boldsymbol{\xi}_1, \boldsymbol{\xi}_2) \\ &= \boldsymbol{y}'(\mathbf{I}_n - \mathbf{P}_{(\mathbf{X},\mathbf{U}_1,\mathbf{U}_2)})\,\boldsymbol{y}.\end{aligned} \tag{9.6.2}$$

若 $\sigma_2^2 = 0$, 则模型 (9.6.1) 变为 $\boldsymbol{y} = \mathbf{X}\boldsymbol{\beta} + \mathbf{U}_1\boldsymbol{\xi}_1 + \boldsymbol{e}$.

同样暂视其中的随机效应 $\boldsymbol{\xi}_1$ 为固定效应时, 模型拟合之后的残差平方和变为

$$\begin{aligned}\text{SS}_{e0} &= \boldsymbol{y}'\boldsymbol{y} - \text{RSS}(\boldsymbol{\beta}, \boldsymbol{\xi}_1) \\ &= \boldsymbol{y}'(\mathbf{I}_n - \mathbf{P}_{(\mathbf{X},\mathbf{U}_1)})\,\boldsymbol{y}.\end{aligned} \tag{9.6.3}$$

直观上, 当 $\sigma_2^2 = 0$ 时, 模型拟合之后的残差平方和 SS_{e0} 与 SS_e 应很接近, 即 $\text{SS}_{e0} - \text{SS}_e$ 相对于 SS_e 应很小, 若不然, 我们就认为随机效应 $\boldsymbol{\xi}_2$ 作用显著, 即接受 $\sigma_2^2 \neq 0$. 令

$$F = \frac{(\text{SS}_{e0} - \text{SS}_e)/q_2}{\text{SS}_e/q_1}, \tag{9.6.4}$$

这里 $q_1 = n - \mathrm{rk}(\mathbf{X}, \mathbf{U}_1, \mathbf{U}_2)$, $q_2 = \mathrm{rk}(\mathbf{X}, \mathbf{U}_1, \mathbf{U}_2) - \mathrm{rk}(\mathbf{X}, \mathbf{U}_1)$.

下面我们将证明在原假设 H_0 下, $F \sim F_{q_2, q_1}$.

定理 9.6.1 对于模型 (9.6.1),

(1) $\mathrm{SS}_e/\sigma_e^2 \sim \chi^2_{q_1}$;

(2) 若 $\sigma_2^2 = 0$, 则 $(\mathrm{SS}_{e0} - \mathrm{SS}_e)/\sigma_e^2 \sim \chi^2_{q_2}$, 并且与 SS_e 相互独立;

(3) 当假设 $\sigma_2^2 = 0$ 为真时, 则 $F \sim F_{q_2, q_1}$.

证明 注意到

$$\mathrm{SS}_e = \boldsymbol{y}'(\mathbf{I}_n - \mathbf{P}_{(\mathbf{X},\mathbf{U}_1,\mathbf{U}_2)})\boldsymbol{y} = \boldsymbol{e}'(\mathbf{I}_n - \mathbf{P}_{(\mathbf{X},\mathbf{U}_1,\mathbf{U}_2)})\boldsymbol{e}\,, \tag{9.6.5}$$

利用定理 3.4.3, 立得 $\mathrm{SS}_e/\sigma_e^2 \sim \chi^2_{q_1}$. (1) 得证.

若 $\sigma_2^2 = 0$, 则模型 (9.6.1) 变为 $\boldsymbol{y} = \mathbf{X}\boldsymbol{\beta} + \mathbf{U}_1\boldsymbol{\xi}_1 + \boldsymbol{e}$, 因而

$$\mathrm{SS}_{e0} - \mathrm{SS}_e = \boldsymbol{y}'(\mathbf{P}_{(\mathbf{X},\mathbf{U}_1,\mathbf{U}_2)} - \mathbf{P}_{(\mathbf{X},\mathbf{U}_1)})\boldsymbol{y} = \boldsymbol{e}'(\mathbf{P}_{(\mathbf{X},\mathbf{U}_1,\mathbf{U}_2)} - \mathbf{P}_{(\mathbf{X},\mathbf{U}_1)})\boldsymbol{e}\,. \tag{9.6.6}$$

同样依定理 3.4.3, 可知 $(\mathrm{SS}_{e0} - \mathrm{SS}_e)/\sigma_e^2 \sim \chi^2_{q_2}$. 又由于 $(\mathbf{P}_{(\mathbf{X},\mathbf{U}_1,\mathbf{U}_2)} - \mathbf{P}_{(\mathbf{X},\mathbf{U}_1)})(\mathbf{I}_n - \mathbf{P}_{(\mathbf{X},\mathbf{U}_1,\mathbf{U}_2)}) = \mathbf{0}$, 由推论 3.4.4, 我们便可推得 $\mathrm{SS}_{e0} - \mathrm{SS}_e$ 与 SS_e 相互独立. (3) 是前面两条的直接结果, 定理证毕.

Wald 检验就是基于这个简单的事实得到的检验.

例 9.6.1 两级套分类随机模型

$$\begin{gathered} y_{ijk} = \mu + \alpha_i + \beta_{j\,(i)} + e_{ijk}, \\ i = 1, \cdots, a, \quad j = 1, \cdots, b, \quad k = 1, \cdots, c, \end{gathered}$$

这里 α_i, $\beta_{j\,(i)}$ 皆为随机效应, 假设 $\alpha_i \sim N(0, \sigma_\alpha^2)$, $\beta_{j\,(i)} \sim N(0, \sigma_\beta^2)$, $e_{ijk} \sim N(0, \sigma_e^2)$, 且都相互独立.

将该模型写成矩阵形式为

$$\boldsymbol{y} = \mathbf{X}\mu + \mathbf{U}_1\boldsymbol{\alpha} + \mathbf{U}_2\boldsymbol{\beta} + \boldsymbol{e},$$

这里 $\mathbf{X} = \mathbf{1}_a \otimes \mathbf{1}_b \otimes \mathbf{1}_c$, $\mathbf{U}_1 = \mathbf{I}_a \otimes \mathbf{1}_b \otimes \mathbf{1}_c$, $\mathbf{U}_2 = \mathbf{I}_a \otimes \mathbf{I}_b \otimes \mathbf{1}_c$. 由上面的假设, 我们有

$$\mathrm{Cov}(\boldsymbol{y}) = \sigma_\alpha^2\mathbf{U}_1\mathbf{U}_1' + \sigma_\beta^2\mathbf{U}_2\mathbf{U}_2' + \sigma_e^2\mathbf{I}_{abc}\,.$$

现在我们欲考虑随机效应 $\beta_{j\,(i)}$ 是否存在, 即检验假设 $\sigma_\beta^2 = 0$. 我们不难计算得

$$\mathrm{SS}_e = \boldsymbol{y}'(\mathbf{I}_{abc} - \mathbf{P}_{(\mathbf{X},\mathbf{U}_1,\mathbf{U}_2)})\boldsymbol{y}$$

$$
\begin{aligned}
&= \boldsymbol{y}'(\mathbf{I}_a \otimes \mathbf{I}_b \otimes (\mathbf{I}_c - \overline{\mathbf{J}}_c))\boldsymbol{y} = \sum_i \sum_j \sum_k (y_{ijk} - \overline{y}_{ij\cdot})^2, \\
\mathrm{SS}_\beta &= \boldsymbol{y}'(\mathbf{P}_{(\mathbf{X},\mathbf{U}_1,\mathbf{U}_2)} - \mathbf{P}_{(\mathbf{X},\mathbf{U}_1)})\boldsymbol{y} \\
&= \boldsymbol{y}'(\mathbf{I}_a \otimes (\mathbf{I}_b - \overline{\mathbf{J}}_b) \otimes \overline{\mathbf{J}}_c)\boldsymbol{y} = c\sum_i \sum_j (\overline{y}_{ij\cdot} - \overline{y}_{i\cdot\cdot})^2,
\end{aligned}
$$

这里 $\overline{\mathbf{J}}_m = \mathbf{1}_m\mathbf{1}_m'/m$. 易验证 $\mathrm{SS}_e/\sigma_e^2 \sim \chi^2_{ab(c-1)}$, 当 $\sigma_\beta^2 = 0$ 成立时, $\mathrm{SS}_\beta/\sigma_e^2 \sim \chi^2_{a(b-1)}$, 且与 SS_e 独立, 由定理 9.6.1, 此检验的检验统计量为

$$
F = \frac{c\sum\limits_i \sum\limits_j (\overline{y}_{ij\cdot} - \overline{y}_{i\cdot\cdot})^2/a(b-1)}{\sum\limits_i \sum\limits_j \sum\limits_k (y_{ijk} - \overline{y}_{ij\cdot})^2/ab(c-1)},
$$

在假设 $\sigma_\beta^2 = 0$ 下, $F \sim F_{a(b-1),\, ab(c-1)}$.

注 9.6.1 对于模型 (9.6.1), 若检验 $\sigma_1^2 = 0$ 是否成立, 我们只需将 $\mathbf{U}_1\boldsymbol{\xi}_1$ 与 $\mathbf{U}_2\,\boldsymbol{\xi}_2$ 的地位对换即可得到其精确检验.

注 9.6.2 在定理 9.6.1 的证明过程中, 我们可以看到若 $\boldsymbol{\xi}_1$ 的分布为 $\boldsymbol{\xi}_1 \sim N_s(\mathbf{0}, \mathbf{R})$, $\mathbf{R} \geqslant \mathbf{0}$, 定理仍然成立, 这便是 Seely 和 EL-Bassiouni (1983) 所考虑的情形.

注 9.6.3 定理 9.6.1 仅考虑了 $q_2 > 0$, 即 $\mathcal{M}(\mathbf{X},\ \mathbf{U}_1,\ \mathbf{U}_2) \neq \mathcal{M}(\mathbf{X},\ \mathbf{U}_1)$ 的情形, 当 $\mathcal{M}(\mathbf{X}, \mathbf{U}_1, \mathbf{U}_2) = \mathcal{M}(X, \mathbf{U}_1)$ 时, 由于 (9.8.4) 所定义 F 的分子变为 0/0 型, 因而 Wald 检验不可用. 例如, 在例 9.6.1 中对 $\sigma_\alpha^2 = 0$ 进行检验便属于这种情形, 因为

$$
\mathcal{M}(\mathbf{X}, \mathbf{U}_1, \mathbf{U}_2) = \mathcal{M}(\mathbf{X}, \mathbf{U}_2) = \mathcal{M}(\mathbf{I}_a \otimes \mathbf{I}_b \otimes \mathbf{1}_c).
$$

9.6.2 Satterthwaite 型近似检验

当精确检验不存在或者是其构造复杂时, Satterthwaite (1941, 1946) 提出了近似 F 检验, 即当分子或分母不再是一个 χ^2 变量的常数倍, 而是多个独立的 χ^2 变量的线性组合时给出了一种近似. 为了更容易理解, 下面我们借助于矩阵 $\mathbf{N_X}\boldsymbol{\Sigma}\,(\boldsymbol{\sigma}^2)\,\mathbf{N_X}$ 的谱分解来介绍该检验统计量的构造.

考虑某个随机效应的显著性问题, 即对某个 i $(1 \leqslant i < k)$, 检验

$$
H_{0i}:\ \sigma_i^2 = 0.
$$

如果模型 (9.1.3) 下 $\mathbf{N_X}\boldsymbol{\Sigma}\,(\boldsymbol{\sigma}^2)\,\mathbf{N_X}$ 可被谱分解为

$$
\mathbf{N_X}\boldsymbol{\Sigma}\left(\boldsymbol{\sigma}^2\right)\mathbf{N_X} = \sum_{i=1}^m \lambda_i \mathbf{P}_i, \tag{9.6.7}
$$

这里 $\lambda_1, \cdots, \lambda_m$ 为 $\mathbf{N_X}\boldsymbol{\Sigma}(\boldsymbol{\sigma}^2)\mathbf{N_X}$ 的不同的非零特征根, 而每个 λ_i 都是 $\boldsymbol{\sigma}^2$ 的一个线性组合, 即存在常数向量 $\boldsymbol{a}_i = (a_{i1}, \cdots, a_{ik})'$, 使得

$$\lambda_i = \boldsymbol{a}_i'\boldsymbol{\sigma}^2, \quad i = 1, \cdots, m,$$

$\mathbf{P}_i$ 为 λ_i 对应的特征子空间上的正交投影阵, 且满足

$$\sum_{1=1}^{m} \mathbf{P}_i = \mathbf{N_X}.$$

于是在正态假设下, 有 $S_i = \boldsymbol{y}'\mathbf{P}_i\boldsymbol{y} \sim \lambda_i\chi^2_{r_i}$, $i = 1, \cdots, m$ 相互独立. 如果在 $H_{0i}: \sigma_i^2 = 0$ 成立时, 所有的特征根 $\lambda_1, \cdots, \lambda_m$ 没有相等的, 则我们无法由二次型

$$S_i = \boldsymbol{y}'\mathbf{P}_i\boldsymbol{y}/r_i, \quad i = 1, \cdots, m$$

构造 H_{0_i} 的精确检验, 这里 $r_i = \mathrm{tr}(\mathbf{P}_i)$. 假设针对 σ_i^2, 集合 $\{1, \cdots, m\}$ 存在两个不相交的子集 $\{l_1, \cdots, l_s\}$ 和 $\{t_1, \cdots, t_v\}$, 使得

$$\lambda_{l_1} + \cdots + \lambda_{l_s} = b\sigma_i^2 + (\lambda_{t_1} + \cdots + \lambda_{t_v}),$$

其中 b 是已知的正数. 为了下面符号简单, 我们记

$$\{l_1, \cdots, l_s\} = \{1, \cdots, s\},$$
$$\{t_1, \cdots, t_v\} = \{t, \cdots, g\},$$

这里 $t > s$.

Satterthwaite (1941, 1946) 提出的近似 F 检验的检验统计量为

$$F = \frac{S_1 + \cdots + S_s}{S_t + \cdots + S_g}. \tag{9.6.8}$$

虽然, 在 H_{0i} 下统计量 F 不再服从 F 分布, 但可用 F_{f_1,f_2} 来近似, 即

$$F \dot{\sim} F_{f_1,f_2},$$

其中 f_1 和 f_2 分别为第一、第二自由度. 通过拟合统计量 F 的分子、分母的一、二阶矩, 得

$$f_1 = \frac{(E(S_1) + \cdots + E(S_s))^2}{(E(S_1))^2/r_1 + \cdots + (E(S_s))^2/r_s} = \frac{(\lambda_1 r_1 + \cdots + \lambda_s r_s)^2}{\lambda_1^2 r_1 + \cdots + \lambda_s^2 r_s}, \tag{9.6.9}$$

$$f_2 = \frac{(E(S_t) + \cdots + E(S_g))^2}{(E(S)_t)^2/r_t + \cdots + (E(S_g))^2/r_g} = \frac{(\lambda_t r_t + \cdots + \lambda_g r_g)^2}{\lambda_t^2 r_t + \cdots + \lambda_g^2 r_g}. \tag{9.6.10}$$

在实践中, 当 λ_i 包含位置参数时, 自由度 f_1 和 f_2 可分别用其估计代替:

$$\hat{f}_1 = \frac{(S_1 + \cdots + S_s)^2}{S_1^2/r_1 + \cdots + S_s^2/r_s}, \tag{9.6.11}$$

$$\hat{f}_2 = \frac{(S_t + \cdots + S_g)^2}{S_t^2/r_t + \cdots + S_g^2/r_g}. \tag{9.6.12}$$

文献中称这种近似为 Satterthwaite 近似, 称基于这种近似所得到的 F 检验为 Satterthwaite 近似检验. 为符号简单, 下面 $\hat{f}_1$ 和 $\hat{f}_2$ 仍记作 f_1 和 f_2.

下面考虑固定效应的假设检验问题:

$$H_0 : \mathbf{C}\boldsymbol{\beta} = \boldsymbol{b} \longleftrightarrow H_1 : \mathbf{C}\boldsymbol{\beta} \neq \boldsymbol{b},$$

这里 $\mathbf{C}$ 是 $m \times p$ 的行满秩矩阵, 且满足条件: $\mathcal{M}(\mathbf{C}) \subseteq \mathcal{M}(\mathbf{X}')$. 假设针对固定的 $\mathbf{C}$, 有

$$\mathbf{C}\widehat{\boldsymbol{\beta}} \sim N_m(\mathbf{C}\boldsymbol{\beta}, \delta\mathbf{W}),$$

其中

$$\widehat{\boldsymbol{\beta}} = (\mathbf{X}'\mathbf{X})^-\mathbf{X}'\boldsymbol{y}, \quad \delta = \sum_{i=1}^{k} b_i\sigma_i^2,$$

$\mathbf{W}$ 为已知的矩阵. 如果 δ 与分解式 (9.6.7) 的某个特征根 λ_i 相等, 则以上检验问题存在精确检验. 如果没有 λ_i 与 δ 相等, 但有

$$\delta + \lambda_1 + \cdots + \lambda_h = \lambda_l + \cdots + \lambda_u,$$

这里 $h < l$, 则 $H_0 : \mathbf{C}'\boldsymbol{\beta} = \boldsymbol{b}$ 的 Satterthwaite 近似检验就是基于下面统计量的近似 F 分布, 即

$$F = \frac{S_{\boldsymbol{\beta}} + S_1 + \cdots + S_h}{S_l + \cdots + S_u} \dot{\sim} F_{f_1, f_2}, \tag{9.6.13}$$

这里

$$S_{\boldsymbol{\beta}} = (\mathbf{C}\widehat{\boldsymbol{\beta}} - \boldsymbol{b})'\mathbf{W}^-(\mathbf{C}\widehat{\boldsymbol{\beta}} - \boldsymbol{b})/r_{\boldsymbol{\beta}},$$

$$f_1 = \frac{(S_{\boldsymbol{\beta}} + S_1 + \cdots + S_s)^2}{S_{\boldsymbol{\beta}}^2/r_{\boldsymbol{\beta}} + S_1^2/r_1 + \cdots + S_s^2/r_s}, \tag{9.6.14}$$

$$f_2 = \frac{(S_t + \cdots + S_g)^2}{S_t^2/r_t + \cdots + S_g^2/r_g}, \tag{9.6.15}$$

其中 $r_{\boldsymbol{\beta}} = \mathrm{rk}(\mathbf{W})$.

下面我们给出一个简单例子.

例 9.6.2 两向分类随机模型

$$y_{ij} = \mu + \alpha_i + \beta_j + \varepsilon_{ij}, \quad i = 1, \cdots, a,\ j = 1, \cdots, b,$$

这里 α_i 和 β_j 为随机效应, ε_{ij} 为随机误差. 假设 $\alpha_i \sim N(0, \sigma_\alpha^2)$, $\beta_j \sim N(0, \sigma_\beta^2)$, $\varepsilon_{ij} \sim N(0, \sigma_\varepsilon^2)$, 且所有的 α_i, β_j 和 ε_{ij} 都相互独立. 检验假设

$$H_0 : \mu = 0 \longleftrightarrow H_1 : \mu \neq 0.$$

解 矩阵 $\mathbf{N_X}\boldsymbol{\Sigma}(\boldsymbol{\sigma}^2)\mathbf{N_X}$ 的非零特征根为 $\lambda_1 = \sigma_\varepsilon^2$, $\lambda_2 = b\sigma_\alpha^2 + \sigma_\varepsilon^2$ 和 $\lambda_3 = a\sigma_\beta^2 + \sigma_\varepsilon^2$,

$$\mathrm{Var}(\overline{y}_{\cdot\cdot}) = (b\sigma_\alpha^2 + a\sigma_\beta^2 + \sigma_\varepsilon^2)/ab \triangleq \delta/ab.$$

由于 δ 不能由 $\lambda_1, \lambda_2, \lambda_3$ 中的任何一个特征根决定. 但易证

$$\delta + \lambda_3 = \lambda_1 + \lambda_2.$$

另外, 在正态假设下, 有

$$\mathrm{SS}_e = \boldsymbol{y}'[(\mathbf{I}_a - \overline{\mathbf{J}}_a) \otimes (\mathbf{I}_b - \overline{\mathbf{J}}_b)]\boldsymbol{y} \sim \lambda_1 \cdot \chi^2_{(a-1)(b-1)},$$

$$\mathrm{SS}_\alpha = \boldsymbol{y}'[(\mathbf{I}_a - \overline{\mathbf{J}}_a) \otimes \overline{\mathbf{J}}_b]\boldsymbol{y} \sim \lambda_2 \cdot \chi^2_{a-1},$$

$$\mathrm{SS}_\beta = \boldsymbol{y}'[\overline{\mathbf{J}}_a \otimes (\mathbf{I}_b - \overline{\mathbf{J}}_b)]\boldsymbol{y} \sim \lambda_3 \cdot \chi^2_{b-1},$$

且 $\overline{y}^2_{\cdot\cdot}$, SS_e, SS_α 和 SS_β 相互独立. 记

$$\mathrm{MS}_e = \mathrm{SS}_e/(a-1)(b-1),$$

$$\mathrm{MS}_\alpha = \mathrm{SS}_\alpha/(a-1),$$

$$\mathrm{MS}_\beta = \mathrm{SS}_\beta/(b-1).$$

则假设问题 $H_0 : \mu = 0$ 的 Satterthwaite 型近似检验的检验统计量为

$$F = \frac{ab\overline{y}^2_{\cdot\cdot} + \mathrm{MS}_e}{\mathrm{MS}_\alpha + \mathrm{MS}_\beta},$$

采用的近似分布为 $F \dot{\sim} F_{f_1, f_2}$, 其中

$$f_1 = \frac{(ab\overline{y}^2_{\cdot\cdot} + \mathrm{MS}_e)^2}{a^2b^2\overline{y}^2_{\cdot\cdot} + \mathrm{MS}_e^2/(a-1)(b-1)},$$

$$f_2 = \frac{(\mathrm{MS}_\alpha + \mathrm{MS}_\beta)^2}{\mathrm{MS}_\alpha^2/(a-1) + \mathrm{MS}_\beta^2/(b-1)}.$$

该方法还可被用来检验方差分量是否等于零 (随机效应是否显著) 的问题. 下面给出一个简单例子.

例 9.6.3 不平衡数据下的单向分类模型

$$y_{ij} = \mu + \alpha_i + \varepsilon_{ij}, \quad i = 1, \cdots, a, \quad j = 1, \cdots, n_i, \tag{9.6.16}$$

这里 μ 是固定未知的总体均值参数, α_i 是因子 A 的第 i 个水平效应, ε_{ij} 是随机误差. 假设所有的 $\alpha_i \sim N(0, \sigma_\alpha^2)$, $\varepsilon_{ij} \sim N(0, \sigma_\varepsilon^2)$ 且都相互独立. 注意到在单因子随机模型 (9.6.16)下, 在同一因子下的观测值的相关系数相等, 等于

$$\rho_{y_{ij}, y_{ij'}} = \frac{\sigma_\alpha^2}{\sigma_Y^2} = \frac{\sigma_\alpha^2}{\sigma_\varepsilon^2 + \sigma_\alpha^2} \triangleq \rho, \quad j \neq j',$$

于是, 文献中称 ρ 为组内相关系数 (intraclass correlation coefficient, ICC). 若 $\sigma_\alpha^2 = 0$, 则 $\rho = 0$, 即表明随机因子 A 对测量值没有影响. 另外, 记 $\mu_i = \mu + \alpha_i$. 模型 (9.6.16) 可改写为随机均值模型:

$$y_{ij} = \mu_i + \varepsilon_{ij}, \quad i = 1, \cdots, a, \quad j = 1, \cdots, n_i, \tag{9.6.17}$$

其中 $\mu_1, \cdots, \mu_a$ 相互独立, $\mu_i \sim N(\mu, \sigma_\alpha^2)$, ε_{ij} 可被看作是 μ_i 的测量误差. 此时, 组内相关系数 $\rho = \sigma_\alpha^2 / \sigma_Y^2$ 又被称作是信度 (reliability), 用于衡量和评价观察者间观测或重复测量结果的一致性程度. 当 $\sigma_\alpha^2 = 0$ 时, 信度 ρ 为零, 当 σ_α^2 相对于误差方差 σ_ε^2 越大时, 信度 ρ 越接近于 1. 因此, 针对不平衡数据下的单向分类模型, 一个感兴趣的问题是检验假设

$$H_0: \ \sigma_\alpha^2 = 0 \longleftrightarrow H_1: \ \sigma_\alpha^2 > 0. \tag{9.6.18}$$

记

$$\boldsymbol{y} = (y_{11}, \cdots, y_{1n_1}, \cdots, y_{a1}, \cdots, y_{an_a})', \quad \boldsymbol{\varepsilon} = (\varepsilon_{11}, \cdots, \varepsilon_{1n_1}, \cdots, \varepsilon_{a1}, \cdots, \varepsilon_{an_a})',$$

$$n = \sum_{i=1}^{a} n_i, \quad \mathbf{X} = \mathbf{1}_n, \quad \boldsymbol{\alpha} = (\alpha_1, \cdots, \alpha_a)',$$

$$\mathbf{U} = \bigoplus_{i=1}^{a} \mathbf{1}_{n_i} = \begin{pmatrix} \mathbf{1}_{n_1} & & \\ & \ddots & \\ & & \mathbf{1}_{n_a} \end{pmatrix}.$$

这里 $\oplus$ 表示矩阵的直和符号. 于是

$$\mathbf{U}\mathbf{U}' = \bigoplus_{i=1}^{a} \mathbf{J}_{n_i} = \bigoplus_{i=1}^{a} n_i \overline{\mathbf{J}}_{n_i},$$

$\boldsymbol{y}$ 的协方差阵为

$$\mathrm{Cov}(\boldsymbol{y})=\boldsymbol{\Sigma}=\sigma_\alpha^2\bigoplus_{i=1}^{a}n_i\mathbf{J}_{n_i}+\sigma_\varepsilon^2\mathbf{I}_n.$$

进一步, 回归平方和与残差平方和分别为

$$\mathrm{SS}_\alpha=\boldsymbol{y}'(\mathbf{P}_{(\mathbf{X},\mathbf{U})}-\mathbf{P}_{\mathbf{X}})\boldsymbol{y}=\boldsymbol{y}'\mathbf{Q}\boldsymbol{y}=\sum_{i=1}^{a}\frac{\overline{y}_{i\cdot}^2}{n_i}-\frac{\overline{y}_{\cdot\cdot}^2}{n},$$

$$\mathrm{SS}_\varepsilon=\boldsymbol{y}'(\mathbf{I}_n-\mathbf{P}_{(\mathbf{X},\mathbf{U})})\boldsymbol{y}=\boldsymbol{y}'\left(\mathbf{I}_n-\bigoplus_{i=1}^{a}\overline{\mathbf{J}}_{n_i}\right)\boldsymbol{y}=\sum_{i=1}^{a}\sum_{j=1}^{n_i}y_{ij}^2-\sum_{i=1}^{a}\frac{\overline{y}_{i\cdot}^2}{n_i},$$

这里

$$\mathbf{Q}=\bigoplus_{i=1}^{a}\overline{\mathbf{J}}_{n_i}-\overline{\mathbf{J}}_n,\quad \overline{y}_{\cdot\cdot}=\sum_{i=1}^{a}\sum_{j=1}^{n_i}y_{ij},\quad \overline{y}_{i\cdot}=\sum_{j=1}^{n_i}y_{ij}/n_i.$$

注意到 $\boldsymbol{y}'(\mathbf{I}_n-\mathbf{P}_{(\mathbf{X},\mathbf{U})})\boldsymbol{y}=\boldsymbol{\varepsilon}\left(\mathbf{I}_n-\mathbf{P}_{(\mathbf{X},\mathbf{U})}\right)\boldsymbol{\varepsilon}$, $(\mathbf{I}_n-\mathbf{P}_{(\mathbf{X},\mathbf{U})})\boldsymbol{\Sigma}\mathbf{Q}=\mathbf{0}$, 于是

(1) $\mathrm{SS}_\varepsilon\sim\sigma_\varepsilon^2\chi_{n-a}^2$.

(2) SS_ε 与 SS_α 相互独立.

(3) 若 $\sigma_\alpha^2=0$ 为真, 则 $\mathrm{SS}_\alpha\sim\sigma_\varepsilon^2\chi_{a-1}^2$, 否则

$$\mathrm{SS}_\alpha=\boldsymbol{e}'\boldsymbol{\Sigma}^{1/2}\mathbf{Q}\boldsymbol{\Sigma}^{1/2}\boldsymbol{e}\overset{d}{=}\sum_{i=1}^{g}(\sigma_\varepsilon^2+\lambda_i\sigma_\alpha^2)\chi_{r_i}^2,\tag{9.6.19}$$

其中, $\lambda_1,\cdots,\lambda_g$ 为 $\mathbf{UU}'\mathbf{Q}$ 的非零特征根, r_i 为特征根 λ_i 的重数, $\boldsymbol{e}=\boldsymbol{\Sigma}^{-1/2}(\mathbf{U}\boldsymbol{\alpha}+\boldsymbol{\varepsilon})\sim N_n(\mathbf{0},\mathbf{I}_n)$. 由 Satterthwaite (1941) 近似, $\sum\limits_{i=1}^{g}(\sigma_\varepsilon^2+\lambda_i\sigma_\alpha^2)\chi_{r_i}^2\dot{\sim}\,\omega(\theta)\chi_{r(\theta)}^2$, 因此

$$\mathrm{SS}_\alpha/\sigma_\varepsilon^2\ \dot{\sim}\ \omega(\theta)\chi_{r(\theta)}^2,\tag{9.6.20}$$

$$\omega(\theta)=\frac{\sum\limits_{i=1}^{g}r_i(1+\lambda_i\theta)^2}{\sum\limits_{i=1}^{g}r_i(1+\lambda_i\theta)},\quad r(\theta)=\frac{\left(\sum\limits_{i=1}^{g}r_i(1+\lambda_i\theta)\right)^2}{\sum\limits_{i=1}^{g}r_i(1+\lambda_i\theta)^2}.$$

由上面的结果立得 $H_0:\sigma_\alpha^2=0$ 下, Wald 检验统计量有精确分布,

$$F=\frac{\mathrm{SS}_\alpha/(a-1)}{\mathrm{SS}_\varepsilon/(n-a)}\sim F_{a-1,n-a},\tag{9.6.21}$$

故 H_{01} 的拒绝域为 $F \geqslant F_{a-1,n-a}(\alpha)$, 检验功效函数可由 Satterthwaite (1941) 近似 (9.6.20) 估算得

$$P(F \geqslant F_{a-1,n-a}(\alpha)) \approx P\left(F_{r(\theta),n-a} \geqslant \frac{(a-1)}{w(\theta)r(\theta)} F_{a-1,n-a}(\alpha)\right). \tag{9.6.22}$$

当 $n_1 = \cdots = n_a = n$ 时, $\lambda_i = n$, $g = 1$, $r_1 = a - 1$, 我们有

$$\omega(\theta) = n\theta + 1, \quad r = \sum_{i=1}^{g} r_i = a - 1.$$

注 9.6.4 Satterthwaite 近似的优点是相对简单, 但由于基于近似, 当样本容量 $n_1, \cdots, n_a$ 极不平衡或线性组合系数出现负数时, 该检验往往是有偏检验, 实际检验水平往往不能被控制在给定的检验显著性水平 α 内, 此时需要慎用 (Khuri et al., 1998). 关于 Satterthwaite 近似的应用, Gaylor 和 Hopper (1969) 给出了一个指导性建议, 感兴趣的读者可参阅该文献.

数据关于混合效应模型的更多的检验方法介绍, 如似然比检验、广义 P 值检验、调整的 F 检验, 感兴趣的读者可参阅 (吴密霞, 2013).

习 题 九

9.1 对两向分类随机模型

$$y_{ij} = \mu + \alpha_i + \beta_j + e_{ij}, \qquad i = 1, \cdots, a, \quad j = 1, \cdots, b,$$

这里 α_i 和 β_j 皆为随机效应, $\alpha_i \sim N(0, \sigma_\alpha^2)$, $\beta_j \sim N(0, \sigma_\beta^2)$, $e_{ij} \sim N(0, \sigma_e^2)$, α_i, β_j, e_{ij} 相互独立. 证明

(1) $\boldsymbol{y}'\boldsymbol{y}$ 有分解式

$$\begin{aligned} \boldsymbol{y}'\boldsymbol{y} =& \overline{y}_{..}^2/(ab) + b\sum_{i=1}^{a}(\overline{y}_{i.} - \overline{y}_{..})^2 + a\sum_{j=1}^{b}(\overline{y}_{.j} - \overline{y}_{..})^2 \\ &+ \sum_i \sum_j (y_{ij} - \overline{y}_{i.} - \overline{y}_{.j} + \overline{y}_{..})^2 \\ \triangleq& \boldsymbol{y}'\mathbf{A}_0\boldsymbol{y} + \boldsymbol{y}'\mathbf{A}_1\boldsymbol{y} + \boldsymbol{y}'\mathbf{A}_2\boldsymbol{y} + \boldsymbol{y}'\mathbf{A}_3\boldsymbol{y}; \end{aligned}$$

(2) 记 $Q_0 = \boldsymbol{y}'\mathbf{A}_0\boldsymbol{y}$, $Q_1 = \boldsymbol{y}'\mathbf{A}_1\boldsymbol{y}/(a-1)$, $Q_2 = \boldsymbol{y}'\mathbf{A}_2\boldsymbol{y}/(b-1)$, $Q_3 = \boldsymbol{y}'\mathbf{A}_3\boldsymbol{y}/(a-1)(b-1)$, 证明

$$E(Q_1) \triangleq a_1^2 = b\sigma_\alpha^2 + \sigma_e^2,$$

$$E(Q_2) \triangleq a_2^2 = a\sigma_\beta^2 + \sigma_e^2,$$

$$E(Q_3) \triangleq a_3^2 = \sigma_e^2\ ;$$

(3) 证明

$$(a-1)Q_1/a_1^2 \sim \chi^2_{a-1},$$
$$(b-1)Q_2/a_2^2 \sim \chi^2_{b-1},$$
$$(a-1)(b-1)Q_3/a_3^2 \sim \chi^2_{(a-1)(b-1)}$$

且 $\overline{y}_{..}$, Q_1, Q_2 和 Q_3 相互独立. (提示: 可由拟合常数法得到相应的二次型, 类似于 (9.5.8).)

(4) 证明方差分量 σ_α^2,σ_β^2,σ_e^2 的方差分析估计为

$$\widehat{\sigma}_\alpha^2 = (Q_1 - Q_3)/b, \qquad \widehat{\sigma}_\beta^2 = (Q_2 - Q_3)/a, \qquad \widehat{\sigma}_e^2 = Q_3,$$

并证明它们也为限制极大似然方程组 (9.5.47) 的解.

9.2 根据上例的结果, 试导出假设 H_0: $\sigma_\beta^2 = 0 \longleftrightarrow H_1$: $\sigma_\beta^2 \neq 0$ 的检验统计量, 并证明此检验与 Wald 检验相同.

9.3 在例 9.5.1 中, 假设 y 的分布为正态分布, 证明均值 μ 的置信区间为

$$\left(\overline{y}_{..} - t_{(a-1)}\sqrt{(a-1)Q_2/ab},\quad \overline{y}_{..} + t_{(a-1)}\sqrt{(a-1)Q_2/ab}\right).$$

9.4 在正态性假设下,

(1) 计算例 9.5.2 中方差分量估计 $\widehat{\sigma}_\beta^2$ 和 $\widehat{\sigma}_\gamma^2$ 取负值的概率;

(2) 计算例 9.5.3 中各方差分量的估计方差, 即计算 $\text{Var}(\widehat{\sigma}_\alpha^2)$, $\text{Var}(\widehat{\sigma}_\beta^2)$, $\text{Var}(\widehat{\sigma}_\gamma^2)$ 和 $\text{Var}(\widehat{\sigma}_e^2)$. (提示: 利用定理 3.4.1: 若 $\boldsymbol{x} \sim N(\boldsymbol{\mu}, \mathbf{V})$, 则

$$\text{Cov}(\boldsymbol{x}'\mathbf{P}\boldsymbol{x}) = 2\text{tr}(\mathbf{PVPV}) + 4\boldsymbol{\mu}'\mathbf{PVP}\boldsymbol{\mu}.)$$

9.5 证明在模型 (9.5.42) 中, 对任意两个 $n\times(n-r)$ 的列满秩矩阵 $\mathbf{B}_1$, $\mathbf{B}_2$, 若有 $\mathbf{B}_i'\mathbf{X} = \mathbf{0}$, $i = 1, 2$, 则 $\mathbf{B}_1'\boldsymbol{y}$ 与 $\mathbf{B}_2'\boldsymbol{y}$ 的对数似然函数最多差一个常数, 即

$$l(\sigma^2\,|\mathbf{B}_1'\boldsymbol{y}) - l(\sigma^2\,|\mathbf{B}_2'\boldsymbol{y})$$

为某个常数. 这从另一个角度证明了限制极大似然估计与 $\mathbf{B}$ 选择无关. (提示: 证明 $\mathbf{B}_1'\boldsymbol{\Sigma}(\boldsymbol{\sigma}^2)\mathbf{B}_1 = k\mathbf{B}_2'\boldsymbol{\Sigma}(\boldsymbol{\sigma}^2)\mathbf{B}_2$, $\mathbf{B}_1(\mathbf{B}_1'\boldsymbol{\Sigma}(\boldsymbol{\sigma}^2)\mathbf{B}_1)^{-1}\mathbf{B}_1 = \mathbf{B}_2(\mathbf{B}_2'\boldsymbol{\Sigma}(\boldsymbol{\sigma}^2)\mathbf{B}_2)^{-1}\mathbf{B}_2$, k 为常数.)

9.6 对于分块混合效应模型

$$\boldsymbol{y} = \mathbf{X}_1\boldsymbol{\beta}_1 + \mathbf{X}_2\boldsymbol{\beta}_2 + \mathbf{U}\boldsymbol{\xi} + e, \quad \boldsymbol{\xi} \sim N(\mathbf{0}, \sigma_1^2\mathbf{I}_q), \quad \boldsymbol{e} \sim N(\mathbf{0}, \sigma_e^2\mathbf{I}_n),$$

这里 $\mathbf{X} = (\mathbf{X}_1, \mathbf{X}_2)$ 为 $n \times p$ 列满秩阵, $\mathcal{M}(\mathbf{X}_1) \subset \mathcal{M}(\mathbf{U})$, $\mathcal{M}(\mathbf{X}_2) \cap \mathcal{M}(\mathbf{U}) = \{\mathbf{0}\}$. 我们常常仅对模型中的 $\boldsymbol{\beta}_2$ 估计感兴趣.

(1) 试写出部分参数 $\boldsymbol{\beta}_2$ 的 BLU 估计 $\boldsymbol{\beta}_2^*$ 和 LS 估计 $\widehat{\boldsymbol{\beta}}_2$.

(2) 用 $\mathbf{Q}_u = \mathbf{I}_n - \mathbf{U}(\mathbf{U}'\mathbf{U})^-\mathbf{U}'$ 左乘该模型, 得简约模型

$$\mathbf{Q}_u\,\boldsymbol{y} = \mathbf{Q}_u\mathbf{X}_2\boldsymbol{\beta}_2 + \boldsymbol{\varepsilon}, \quad \boldsymbol{\varepsilon} \sim N_n(\mathbf{0}, \sigma_e^2\mathbf{Q}_{\mathbf{B}})\,.$$

从而得到 $\boldsymbol{\beta}_2$ 另一简单估计

$$\widetilde{\boldsymbol{\beta}}_2 = (\mathbf{X}_2'\mathbf{Q}_u\mathbf{X}_2)^{-1}\mathbf{X}_2'\mathbf{Q}_u\boldsymbol{y},$$

试证明

$$\widetilde{\boldsymbol{\beta}}_2 = \boldsymbol{\beta}_2^* \Longleftrightarrow \mathcal{M}(\mathbf{Q}_{\mathbf{B}}\mathbf{X}_2) \subset \mathcal{M}(\mathbf{Q}_1\mathbf{X}_2)\,.$$

第 10 章　离散响应变量模型

在以上章节中, 响应变量 Y 都是连续变量的情形. 本章主要考虑响应变量为离散变量的情形. 将从广义线性模型建模的思想出发, 介绍列联表、Logistic 回归模型、多分类 Logistic 回归以及泊松 (Poisson) 回归等.

10.1　广义线性模型

线性回归模型的检验基于误差变量 e 分布的正态假设, 即假设响应变量 (因变量) Y 服从正态分布. 但在许多应用领域里这个假设不成立. 因变量 Y 可能为二进制变量, 或者更一般的为分类变量. 此时, Y 服从二项分布或多项分布. 当随机误差的分布属于指数分布族时, Nelder 和 Wedderburn (1972) 提出了一种更一般方法来拟合线性模型, 即广义线性模型 (general linear model, GLM). 该模型由三个部分组成:

- 随机部分 (random component), 给出了因变量 Y 的概率分布;
- 系统部分 (system component), 指定了自变量的线性函数;
- 连接函数 (link function), 描述了系统部分与随机部分期望之间的函数关系.

这三个部分的具体说明如下:

(1) 随机部分 Y 由 n 个独立观测值组成, $\boldsymbol{y}=(y_1,y_2,\cdots,y_n)$, 其中每个观测值 y_i 的分布属于指数族, 其概率密度函数为

$$f(y_i;\theta_i)=a(\theta_i)b(y_i)\exp(y_iQ(\theta_i)), \tag{10.1.1}$$

这里, 参数 θ_i 可随 $i=1,2,\cdots,n$ 变化, 并依赖于同 y_i 有关的自变量的值 $(x_{i1},x_{i2},\cdots,x_{i(p-1)})$, $Q(\theta_i)$ 是该分布的自然参数. 除了正态分布外, 分布 (10.1.1) 还包括泊松分布、二项分布和多项分布等.

(2) 系统部分通过线性模型将一个向量 $\boldsymbol{\eta}=(\eta_1,\eta_2,\cdots,\eta_n)'$ 与一组自变量联系起来:

$$\boldsymbol{\eta}=\mathbf{X}\boldsymbol{\beta}, \tag{10.1.2}$$

其中, $\boldsymbol{\eta}$ 被称为线性预测因子, $\mathbf{X}$ 为 $n\times p$ 的自变量矩阵, $\boldsymbol{\beta}$ 是 $p\times 1$ 的参数向量.

(3) 连接函数将系统部分与随机部分的期望值连接起来. 设 $\mu_i = E(y_i)$, 则 μ_i 通过 $\eta_i = g(\mu_i)$ 与 η_i 连接, 其中 $g(\cdot)$ 是单调可微分函数,

$$g(\mu_i) = \beta_0 + \beta_1 x_{i1} + \cdots + \beta_{p-1} x_{i(p-1)} = \boldsymbol{x}_i'\boldsymbol{\beta}, \quad i = 1, 2, \cdots, n, \tag{10.1.3}$$

其中, $\boldsymbol{x}_i = (1, x_{i1}, \cdots, x_{i(p-1)})'$ 为 $\mathbf{X}$ 的第 i 行行向量. 特别地,

(i) $g(\mu) = \mu$ 称为恒等连接 (identify link) $\Rightarrow \eta_i = \mu_i$.

(ii) $g(\mu) = Q(\theta_i)$ 称为正则连接 (canonical link) $\Rightarrow Q(\theta_i) = \boldsymbol{x}_i'\boldsymbol{\beta}$, 这里 $Q(\theta_i)$ 的定义见 (10.1.1).

10.2 列 联 表

列联表是针对响应变量和协变量都是分类变量的情形. 一般来说, 两个随机变量关系是由它们的联合分布来描述的. 通过对联合分布分别关于两个变量进行积分 (或求和), 便可得两个边际分布. 同样, 条件分布也可以由联合分布得到. 如果两个变量是独立的, 则这些分布就会变得更简单, 此时, 联合分布就等于边缘分布的乘积. 本节主要介绍列联表的定义和相应的模型.

10.2.1 列联表的定义

设 X 和 Y 表示两个分类变量, X 有 I 个水平, Y 有 J 个水平. 设 (X, Y) 的联合概率分布为

$$P(X = i, Y = j) = \pi_{ij}, \quad i = 1, 2, \cdots, I, \quad j = 1, 2, \cdots, J, \tag{10.2.1}$$

则 X 和 Y 的边缘概率分布分别为

$$\pi_{i\cdot} = \sum_{j=1}^{J} \pi_{ij}, \quad i = 1, 2, \cdots, I,$$

$$\pi_{\cdot j} = \sum_{i=1}^{I} \pi_{ij}, \quad j = 1, 2, \cdots, J,$$

将 X 和 Y 的联合概率和边缘概率汇总在表 10.2.1 中.

表 10.2.1 X 和 Y 的联合概率和边缘概率

		Y				X 的边缘分布
		1	2	$\cdots$	J	
X	1	π_{11}	π_{12}	$\cdots$	π_{1J}	$\pi_{1\cdot}$
	2	π_{21}	π_{22}	$\cdots$	π_{2J}	$\pi_{2\cdot}$
	$\vdots$	$\vdots$	$\vdots$		$\vdots$	$\vdots$
	I	π_{I1}	π_{I2}	$\cdots$	π_{IJ}	$\pi_{I\cdot}$
Y 的边缘分布		$\pi_{\cdot 1}$	$\pi_{\cdot 2}$	$\cdots$	$\pi_{\cdot J}$	

另外, 在给定 $X=i$ 条件下, $Y=j$ 的条件概率为

$$\pi_{j|i}=P(Y=j|X=i)=\frac{\pi_{ij}}{\pi_{i\cdot}},$$

满足 $\sum_{j=1}^{J}\pi_{j|i}=1$. 若对于所有的 i,j, 都有

$$\pi_{ij}=\pi_{i\cdot}\pi_{\cdot j},\quad i=1,\cdots,I,\quad j=1,\cdots,J, \tag{10.2.2}$$

则 X 和 Y 独立. 若 $\pi_{i\cdot}\neq 0$, 则由 X 和 Y 独立, 立得

$$\pi_{j|i}=\frac{\pi_{ij}}{\pi_{i\cdot}}=\pi_{\cdot j}. \tag{10.2.3}$$

为了研究 X 和 Y 的分布与相互依赖关系, 下面引入列联表的概念.

定义 10.2.1 (列联表)　设 X 和 Y 表示两个分类变量, X 有 I 个水平, Y 有 J 个水平. 则变量 (X,Y) 就有 $I\times J$ 种可能的分类组合. 记 n_{ij} 为 $(X=i,Y=j)$ 的单元频数, $n=\sum_{i=1}^{I}\sum_{j=1}^{J}n_{ij}$, $n_{i\cdot}=\sum\limits_{j=1}^{J}n_{ij}$, $n_{\cdot j}=\sum\limits_{i=1}^{I}n_{ij}$. 则样本量为 n 的 (X,Y) 的 $I\times J$ 频数列联表 (contingency table) 见表 10.2.2.

表 10.2.2　频数列联表

		Y				X 的各水平频数
		1	2	$\cdots$	J	
X	1	n_{11}	n_{12}	$\cdots$	n_{1J}	$n_{1\cdot}$
	2	n_{21}	n_{12}	$\cdots$	n_{2J}	$n_{2\cdot}$
	$\vdots$	$\vdots$	$\vdots$		$\vdots$	$\vdots$
	I	n_{I1}	n_{I2}	$\cdots$	n_{IJ}	$n_{I\cdot}$
Y 的各水平频数		$n_{\cdot 1}$	$n_{\cdot 2}$	$\cdots$	$n_{\cdot J}$	

由列联表立得 X 和 Y 的联合概率 π_{ij}, 边缘概率 $\pi_{i\cdot}$ 和 $\pi_{\cdot j}$, 以及条件概率 $\pi_{j|i}$ 和 $\pi_{i|j}$ 的估计:

$$\widehat{\pi}_{ij}=\frac{n_{ij}}{n},$$

$$\widehat{\pi}_{i\cdot}=\frac{n_{i\cdot}}{n},\quad \widehat{\pi}_{\cdot j}=\frac{n_{\cdot j}}{n},$$

$$\widehat{\pi}_{j|i}=\frac{n_{ij}}{n_{i\cdot}},\quad \widehat{\pi}_{i|j}=\frac{n_{ij}}{n_{\cdot j}}.$$

10.2.2 优势比

在应用中, 感兴趣的往往不是 X 和 Y 的联合概率, 而是条件概率, 尤其是比较在 X 的不同水平下 Y 的条件概率. 下面以二分类响应变量为例, 介绍文献中常用于比较条件概率的几个指标的定义.

假设 Y 是一个仅取 0 或 1 的二分类响应变量, X 为分类变量, $X=i$, $i=1,2,\cdots,I$. 则在给定 $X=i$ 条件下, Y 的条件响应概率和无响应概率分别记为

$$\pi_{1|i}=P(Y=1|X=i),\quad \pi_{0|i}=P(Y=0|X=i)=1-\pi_{1|i}.$$

我们感兴趣的是在 $X=i$ 和 $X=h$ 条件下的响应概率的差和无响应概率的差, 即

响应概率的差: $\pi_{1|i}-\pi_{1|h}$.

无响应概率的差: $\pi_{0|i}-\pi_{0|h}=(1-\pi_{1|i})-(1-\pi_{1|i})=-(\pi_{1|i}-\pi_{1|h})$.

不难发现这两个差的绝对值相等, 符号相反, $-1\leqslant\pi_{1|i}-\pi_{1|h}\leqslant 1$, 且当 Y 与 X 独立时,

$$\pi_{1|i}-\pi_{1|h}=0,\quad 1\leqslant i\neq h\leqslant I.$$

定义 10.2.2 设 Y 为二分类响应变量, 则称比值

$$\frac{\pi_{1|i}}{\pi_{1|h}}$$

为第 i 类响应相对于第 h 类响应的**相对风险**.

相对风险是一个非负实数. 对于 2×2 的表, 响应的相对风险

$$0\leqslant R_1=\frac{\pi_{1|1}}{\pi_{1|2}}<\infty.$$

相对风险等于 1 意味着 X 和 Y 独立. 同理, 无响应的相对风险为

$$R_2=\frac{\pi_{2|1}}{\pi_{2|2}}=\frac{1-\pi_{1|1}}{1-\pi_{1|2}}.$$

定义 10.2.3 X 的同一类 (如 $X=i$) 中的响应概率与无响应概率的比值被称作**几率** (odds) 或事件 $\{Y=1\}$ 的优势.

对于 2×2 的表, 第一行 $(X=1)$ 下的几率

$$\Omega_1=\frac{\pi_{1|1}}{\pi_{2|1}}.\tag{10.2.4}$$

第二行 $(X=0)$ 下的几率

$$\Omega_2=\frac{\pi_{1|2}}{\pi_{2|2}}.\tag{10.2.5}$$

当 X 和 Y 独立时, $\Omega_1=\Omega_2$.

定义 10.2.4　设 X 和 Y 皆为二分类变量, 则称

$$\theta=\frac{R_1}{R_2}=\frac{\Omega_1}{\Omega_2}=\frac{\pi_{1|1}\pi_{2|2}}{\pi_{1|2}\pi_{2|1}} \tag{10.2.6}$$

为**优势比** (odds ratio, OR) 或列联系数 (contingency coefficient). 此定义下 X 和 Y 独立的充要条件为 $\theta=1$.

对于 2×2 的频数列联表 (表 10.2.3).

表 10.2.3　2×2 的频数列联表

X	Y		
	1	2	
1	n_{11}	n_{12}	$n_{1\cdot}$
2	n_{21}	n_{12}	$n_{2\cdot}$
	$n_{\cdot 1}$	$n_{\cdot 2}$	

则优势比 θ 的估计为

$$\widehat{\theta}=\frac{n_{11}n_{22}}{n_{12}n_{21}}.$$

对于任意 $I\times J$ 的表 10.2.2, 其中任意两行和两列就构成一个 2×2 表, 共有 $\mathrm{C}_I^2\mathrm{C}_J^2=IJ(I-1)(J-1)/4$ 个不同的 2×2 的频数列联表. 因为所有 2×2 的频数列联表的参数集合包含大量冗余信息, 所以我们只考虑相邻的 2×2 的频数列联表, 其局部优势比为

$$\theta_{ij}=\frac{\Omega_i}{\Omega_j}=\frac{\pi_{i|j}\pi_{(i+1)|(j+1)}}{\pi_{i|(j+1)}\pi_{(i+1)|j}},\quad i=1,2,\cdots,I-1,\quad j=1,2,\cdots,J-1. \tag{10.2.7}$$

用这 $(I-1)(J-1)$ 个优势比 $\{\theta_{ij}\}$ 可以表示表 10.2.2 的任意两行和两列所形成的优势比.

10.2.3　列联表的抽样分布

分类变量就是具有名义 (nominal) 或顺序 (ordinal) 尺度的变量. 设 n_i $(i=1,2,\cdots,N)$ 为单个分类变量的 N 个单元或双向 $I\times J$ 列联表的 $N=IJ$ 个单元中观察事件发生的次数. 在大多数的统计方法中都假定 n_i 服从多项分布或泊松分布, 并记 $E(n_i)=m_i$ 为期望频数. 现在我们来详细说明这两种样本模型.

1. 泊松分布抽样

假设 n_{ij} 服从参数 m_{ij} 的泊松分布, 则其概率分布为

$$P(n_{ij})=\frac{e^{-m_{ij}}m_{ij}^{n_{ij}}}{n_{ij}!},\quad n_{ij}=0,1,\cdots,\quad i=1,2,\cdots,I,\quad j=1,2,\cdots,J, \tag{10.2.8}$$

且 n_{ij} 满足 $E(n_{ij}) = \mathrm{Var}(n_{ij}) = m_{ij}$.

若集合 $\{n_{ij}\}$ 满足泊松模型, 则还需假设所有单元频数 n_{ij} 相互独立. 此时由泊松分布的性质可知: 样本量 $n = \sum_i \sum_j n_{ij}$ 仍然服从泊松分布, $E(n) = \mathrm{Var}(n) = \sum_i \sum_j m_{ij}$. 给定样本量 n 的条件下, 则 $n_{11}, \cdots, n_{1J}, \cdots, n_{I1}, \cdots, n_{IJ}$ 的条件联合分布为多项分布 (multinomial distribution), 其概率分布为

$$P\left(n_{ij} \left| \sum_{i=1}^{I} \sum_{j=1}^{J} n_{ij} = n \right.\right) = \frac{n!}{\prod\limits_{i=1}^{I} \prod\limits_{j=1}^{J} n_{ij}!} \prod_{i=1}^{I} \prod_{j=1}^{J} \pi_{ij}^{n_{ij}}, \tag{10.2.9}$$

n_{ij} 的条件边缘概率分布为二项分布 $B(\pi_{ij}, n)$, 其中 $\pi_{ij} = m_{ij} \Big/ \sum\limits_{l=1}^{I} \sum\limits_{h=1}^{J} m_{lh}$.

2. 独立的多项分布抽样

在给定 $X = i$ 的条件下 (针对第 i 行), 假设列联表 10.2.2 中 Y 的 $n_{i\cdot}$ 个观测相互独立, 且

$$P(Y = j \,|\, X = i) = \pi_{j|i}, \quad j = 1, 2, \cdots, J,$$

则第 i 行个单元观测频数 $n_{i1}, \cdots, n_{iJ}$ 服从多项分布,

$$\frac{n_{i\cdot}!}{\prod\limits_{j=1}^{J} n_{ij}!} \prod_{j=1}^{J} \pi_{j|i}^{n_{ij}}. \tag{10.2.10}$$

进一步假设列联表 10.2.2 的不同行的各单元观测频数相互独立, 则所有单元观测频数 $n_{11}, \cdots, n_{IJ}$ 的联合概率分布就是多项分布(10.2.10)的连乘:

$$\prod_{i=1}^{I} \left(\frac{n_{i\cdot}!}{\prod\limits_{j=1}^{J} n_{ij}!} \left(\prod_{j=1}^{J} \pi_{j|i}^{n_{ij}} \right) \right). \tag{10.2.11}$$

故称相应的抽样为乘积多项抽样或独立多项抽样.

因此, 根据不同的抽样分布, 可写出相应的似然函数. 从而求得模型参数的极大似然估计.

10.2.4 拟合优度检验

列联表分析的一个主要研究方法是检验观测频数是否等于理论频数, 如检验列联表的频数是否服从指定的多项分布, 即

$$H_0: \pi_{ij} = \pi_{ij,0}, \quad i = 1, 2, \cdots, I, \quad j = 1, 2, \cdots, J, \tag{10.2.12}$$

其中 π_{ij} 满足限制条件:

$$\sum_{i=1}^{I}\sum_{j=1}^{J}\pi_{ij}=1.$$

当 H_0 成立时, 理论频数为

$$m_{ij}=n\pi_{ij,0},\quad i=1,2,\cdots,I,\quad j=1,2,\cdots,J,$$

χ^2 检验统计量和其 H_0 下的渐近分布为

$$\chi^2=\sum_{i=1}^{I}\sum_{j=1}^{J}\frac{n_{ij}-m_{ij}}{m_{ij}}\longrightarrow\chi^2_{(I-1)(J-1)}. \tag{10.2.13}$$

关于 Y 和 X 的独立性检验,

$$H_0:\pi_{ij}=\pi_{i\cdot}\pi_{\cdot j},\quad i=1,2,\cdots,I,\quad j=1,2,\cdots,J, \tag{10.2.14}$$

只需将 (10.2.13) 中的理论频数 m_{ij} 替换成

$$\widehat{m}_{ij}=n\widehat{\pi}_{i\cdot}\widehat{\pi}_{\cdot j}=\frac{n_{i\cdot}n_{\cdot j}}{n},$$

便可得到假设 (10.2.14) 的检验统计量:

$$\chi^2=\sum_{i=1}^{I}\sum_{j=1}^{J}\frac{n_{ij}-\widehat{m}_{ij}}{\widehat{m}_{ij}}. \tag{10.2.15}$$

针对列联表 10.2.2, 若 $\{n_{ij}\}$ 服从多项分布 (10.2.9), 则独立假设(10.2.14)下, 似然比检验统计量为

$$\Lambda=\frac{\prod\limits_{i=1}^{I}\prod\limits_{j=1}^{J}(n_{i\cdot}n_{\cdot j})^{n_{ij}}}{n^n\prod\limits_{i=1}^{I}\prod\limits_{j=1}^{J}n_{ij}^{n_{ij}}}=\prod_{i=1}^{I}\prod_{j=1}^{J}\left(\frac{\widehat{m}_{ij}}{n_{ij}}\right)^{n_{ij}}, \tag{10.2.16}$$

其中 $\widehat{m}_{ij}=\dfrac{n_{i\cdot}n_{\cdot j}}{n}$ 是 H_0 下 m_{ij} 的极大似然估计. 在独立假设 (10.2.14) 下, Wilk (1938) 证得, 当 $n\to\infty$ 时,

$$G^2=-2\ln\Lambda=2\sum_{i=1}^{I}\sum_{j=1}^{J}n_{ij}\ln\frac{n_{ij}}{\widehat{m}_{ij}}\to\chi^2_{(I-1)(J-1)}. \tag{10.2.17}$$

因此, 当样本量较大时, G^2 可作为独立假设 (10.2.14) 检验统计量. 当 $G^2\geqslant\chi^2_{(I-1)(J-1)}(\alpha)$ 时, 就拒绝列联表的两个变量 X 和 Y 独立假设.

10.3 Logistic 回归模型

Logistic 回归模型有时又被称作是 “评定模型”, 被广泛应用于社会学、经济学、生物统计、市场营销、临床试验、心理学等领域对某事件发生的危险因素探索、发生概率预测以及新样本的判别归类等. 本节主要介绍 Logistic 回归的思想和原理、Logistic 模型参数的估计和 Logistic 回归模型下的检验.

10.3.1 Logistic 回归的思想和原理

设 Y 只取 0, 1 两个值的分类变量, 描述了事件 A 发生或未发生两种状态, $(X_1,\cdots,X_{p-1})$ 为对 Y 有影响的协变量. 记 $y_1,\cdots,y_n$ 是随机变量 Y 在自变量取不同值 $(x_{i1},\cdots,x_{i(p-1)})$, $i=1,\cdots,n$ 情形下的 n 次独立观测,

$$P(y_i=1)=\pi(\boldsymbol{x}_i),\quad P(y_i=0)=1-\pi(\boldsymbol{x}_i), \tag{10.3.1}$$

这里 $\boldsymbol{x}_i=(1,x_{i1},\cdots,x_{i(p-1)})'$.

如果采用恒等连接函数, $E(y_i)=\pi(\boldsymbol{x}_i)=\boldsymbol{x}_i'\boldsymbol{\beta}$, 便得到一个最简单的线性模型

$$y_i=\boldsymbol{x}_i'\boldsymbol{\beta}+e_i,\quad i=1,\cdots,n,$$

其中 $\boldsymbol{\beta}=(\beta_0,\beta_1,\cdots,\beta_{p-1})'$ 为待估参数. 但对于仅取 0, 1 两值因变量 y_i 而言, 该模型有一个最大的结构缺陷: 概率 $\pi(\boldsymbol{x}_i)$ 位于 0 和 1 之间, 而 $\beta_0+\boldsymbol{x}_i'\boldsymbol{\beta}$ 的取值在 $-\infty$ 到 ∞ 之间. 这就可能引起矛盾. 另外, 在实践中概率 $\pi(\boldsymbol{x}_i)$ 往往是 $\boldsymbol{x}_i$ 的非线性单调函数, 而非线性的. 因此, 该模型仅对特定范围的自变量可行. 另一个问题是模型随机误差的方差

$$\operatorname{Var}(e_i)=\operatorname{Var}(y_i)=\pi(\boldsymbol{x}_i)(1-\pi(\boldsymbol{x}_i))=(\boldsymbol{x}_i'\boldsymbol{\beta})(1-\boldsymbol{x}_i'\boldsymbol{\beta})$$

不是一个常数, 且与自变量 $\boldsymbol{x}_i$ 有关, 这也不符合线性模型的常规假设.

下面考虑采用正则连接函数的广义线性模型. 由于 y_i 的概率分布可表示为

$$\begin{aligned} f(y_i)&=\pi^{y_i}(\boldsymbol{x}_i)(1-\pi(\boldsymbol{x}_i))^{1-y_i}\\ &=(1-\pi(\boldsymbol{x}_i))\left(\frac{\pi(\boldsymbol{x}_i)}{1-\pi(\boldsymbol{x}_i)}\right)^{y_i}\\ &=(1-\pi(\boldsymbol{x}_i))\exp\left(y_i\ln\left(\frac{\pi(\boldsymbol{x}_i)}{1-\pi(\boldsymbol{x}_i)}\right)\right), \end{aligned} \tag{10.3.2}$$

自然参数为 $Q(\pi(\boldsymbol{x}_i))=\ln(\pi(\boldsymbol{x}_i)/(1-\pi(\boldsymbol{x}_i)))$, 即事件 $\{y_i=1\}$ 发生和 $\{y_i=0\}$ 发生概率比 (几率) 的对数. 记

$$\operatorname{logit}(\pi(\boldsymbol{x}_i))=\ln\left(\frac{\pi(\boldsymbol{x}_i)}{1-\pi(\boldsymbol{x}_i)}\right).$$

采用正则连接函数, 便得到 Logistic 回归模型:

$$\mathrm{logit}(\pi(\boldsymbol{x}_i)) = \boldsymbol{x}_i'\boldsymbol{\beta}, \quad i = 1, \cdots, n. \tag{10.3.3}$$

由 (10.3.3) 可导出: Logistic 回归模型下的概率 $\pi(\boldsymbol{x}_i)$

$$\pi(\boldsymbol{x}_i) = h(\boldsymbol{x}_i'\boldsymbol{\beta}) = \frac{\exp(\boldsymbol{x}_i'\boldsymbol{\beta})}{1+\exp(\boldsymbol{x}_i'\boldsymbol{\beta})} = \frac{1}{1+\exp(-\boldsymbol{x}_i'\boldsymbol{\beta})}, \tag{10.3.4}$$

其中, 相应函数 $h(z)$ 为 Sigmond 函数,

$$h(z) = \frac{1}{1+e^{-z}}.$$

由 $h(z)$ 的函数图像 (图 10.3.1) 可以看出: Sigmond 函数的图像关于点 $(0, 0.5)$ 对称; 其定义域为 $(-\infty, \infty)$; 值域为 $(0, 1)$. 因此, 针对仅取 0, 1 两值的因变量的情形, Logistic 回归模型有如下优点:

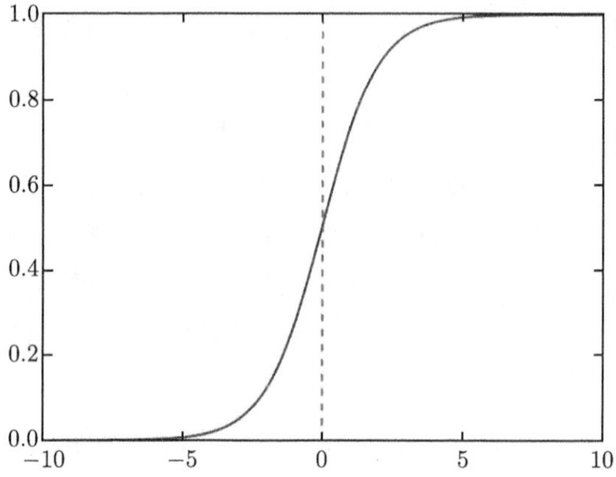

图 10.3.1　Sigmond 函数图像

• 模型更易解释. $\mathrm{logit}(\pi(\boldsymbol{x}_i)) = \ln(\pi(\boldsymbol{x}_i)/1-\pi(\boldsymbol{x}_i))$ 就是事件 $\{y_i = 1\}$ 相对于事件 $\{y_i = 0\}$ 的优势的对数; 由

$$\frac{\pi(\boldsymbol{x}_i)}{1-\pi(\boldsymbol{x}_i)} = \exp\{\boldsymbol{x}_i'\boldsymbol{\beta}\}$$

可得: 固定自变量 $\boldsymbol{x}_i$ 中其他元素, 仅变化其第 k 个元素, 每增加一个单位, 优势就增大 $\exp(\beta_k)$ 倍.

• 在该模型下, 自变量的效应可以被估计, 且对于自变量两个不同的取值 $\boldsymbol{x}_i$ 和 $\boldsymbol{x}_j$, 则两者的优势比

$$\mathrm{OR}_{ij} = \left(\frac{\pi(\boldsymbol{x}_i)}{1-\pi(\boldsymbol{x}_i)}\right) \Big/ \left(\frac{\pi(\boldsymbol{x}_j)}{1-\pi(\boldsymbol{x}_j)}\right) = \exp\left\{\boldsymbol{x}_i\boldsymbol{\beta} - \boldsymbol{x}_j'\boldsymbol{\beta}\right\}.$$

- 自变量可以是离散变量, 也可以是连续变量.

为了更好地理解 Logistic 回归模型、响应函数与线性模型的关系, 我们假设二元响应变量 Y 是基于某连续响应变量 Y^c 的二分类产生的, Y^c 和自变量 $\boldsymbol{X}=(X_1,\cdots,X_p-1)'$ 满足线性关系. 记 $(y_i^c,\boldsymbol{x}_i)$, $i=1,2,\cdots,n$ 为 Y^c 和 $\boldsymbol{X}$ 的 n 次独立观测, 其中

$$y_i=\begin{cases}1, & y_i^c\leqslant d,\\ 0, & y_i^c>d,\end{cases}\tag{10.3.5}$$

这里, d 是某个指定的常数, 上角标 c 仅是作为区别标记, 没有其他含义,

$$y_i^c=\boldsymbol{x}_i'\boldsymbol{\beta}^c+e_i^c,\tag{10.3.6}$$

其中 $\boldsymbol{\beta}^c=(\beta_0^c,\beta_1^c,\cdots,\beta_{p-1}^c)'$, e_i^c 为模型误差, $E(e_i^c)=0$, $\mathrm{Var}(e_i^c)=\sigma^2$. 例如, 随机抽取 n 名孕妇, 记录她们怀孕时间和孕期酗酒程度 (y_i^c,x_i), $i=1,\cdots,n$. 如果感兴趣的问题是母亲酗酒 (X 表示孕期酗酒程度指数) 对其怀孕时间 (Y^c) 的影响, 可基于简单线性模型 $y_i^c=\beta_0+\beta x_i+e_i$, 作回归. 但往往更感兴趣的问题是母亲酗酒是否会导致婴儿早产, 此时响应变量为

$$y_i=\begin{cases}1, & y_i^c\leqslant 38\text{周 (早产)},\\ 0, & y_i^c>38\text{周 (足月)}.\end{cases}$$

记 F_e 表示模型随机误差 e_i 的分布函数. 于是由 (10.3.5) 定义的响应变量 y_i 的均值为

$$E(y_i)=\pi(\boldsymbol{x}_i)=P(e_i\leqslant d-\boldsymbol{x}_i'\boldsymbol{\beta}^c)=F_e(d-\boldsymbol{x}_i'\boldsymbol{\beta}^c),\tag{10.3.7}$$

即表明每给定模型误差 e_i^c 一个分布, 就可导出一个二元响应变量的广义线性模型. 因此, 若 e_i^c 服从 Logistic 分布, 则 e_i^c 可被表示为

$$e_i^c=\frac{\sigma}{\pi/\sqrt{3}}\varepsilon_i,$$

其中, ε_i 服从标准的 Logistic 分布, 其均值为 0、方差为 $\pi^2/3$ 的分布函数为

$$F_\varepsilon(\varepsilon_i)=\frac{\exp(\varepsilon_i)}{1+\exp(\varepsilon_i)}=\frac{1}{1+\exp(-\varepsilon_i)}=h(\varepsilon_i).\tag{10.3.8}$$

于是

$$\pi(\boldsymbol{x}_i)=P(y_i=1)=P\left(\frac{\pi e_i^c}{\sqrt{3}\sigma}\leqslant\frac{\pi(d-\beta_0^c)}{\sqrt{3}\sigma}-\sum_{j=1}^{p-1}\frac{\pi\beta_j^c}{\sqrt{3}\sigma}x_{ij}\right)$$

$$= P(\varepsilon_i \leqslant \boldsymbol{x}_i'\boldsymbol{\beta}) = h(\boldsymbol{x}_i'\boldsymbol{\beta}) = \frac{1}{1+\exp\{-\boldsymbol{x}_i'\boldsymbol{\beta}\}},$$

这里, $\boldsymbol{\beta} = (\beta_0, \beta_1, \cdots, \beta_{p-1})'$, 其中 $\beta_0 = \pi(d-\beta_0^c)/(\sqrt{3}\sigma)$, $\beta_j = -\pi\beta_j^c/(\sqrt{3}\sigma)$, $j=1,\cdots,p-1$. 进而得 Logistic 模型 (10.3.3).

进一步, 若模型误差 $e_i^c \sim N(0,\sigma^2)$, 则

$$\pi(\boldsymbol{x}_i) = P(y_i = 1) = P(y_i^c \leqslant d) = \Phi\left(\frac{d-\beta_0^c}{\sigma} - \sum_{j=1}^{p-1}\frac{\beta_j^c}{\sigma}x_{ij}\right).$$

由此立得 probit 回归模型:

$$\text{probit}(\pi(\boldsymbol{x}_i)) = \Phi^{-1}(\pi(\boldsymbol{x}_i)) = \boldsymbol{x}_i'\boldsymbol{\beta}, \tag{10.3.9}$$

这里, $\boldsymbol{\beta} = (\beta_0, \beta_1, \cdots, \beta_{p-1})'$, 其中 $\beta_0 = (d-\beta_0^c)/\sigma$, $\beta_j = -\beta_j^c/\sigma$, $j=1,\cdots,p-1$.

以上误差分布都是假设对称分布, 但应用中也常遇到误差分布非对称的情形. 例如, 测量心率, 每次测量可认为服从正态分布, 但如果规定每天测量 10 次心率并取最大的一个心率值作为当天的心率测量值时, 假设其分布为对称分布就不合理了. Gumbel 分布是一种常用的极 (大) 值型分布. 假设模型误差 e_i^c 服从 Gumbel 分布, 其分布函数为

$$F_G(e_i^c) = \exp\left(-\exp\left(-\frac{e_i^c}{\sigma}\right)\right). \tag{10.3.10}$$

于是

$$\pi(\boldsymbol{x}_i) = P(y_i = 1) = P(y_i^c \leqslant d) = F_G(d - \boldsymbol{x}_i'\boldsymbol{\beta}_c) = \exp\left(-\exp\left(\boldsymbol{x}_i'\boldsymbol{\beta}\right)\right),$$

这里, $\boldsymbol{\beta} = (\beta_0, \beta_1, \cdots, \beta_{p-1})'$, 其中 $\beta_0 = -(d-\beta_0^c)/\sigma$, $\beta_j = \beta_j^c/\sigma (j \neq 0)$. 由此得 log-log 模型:

$$\ln(-\ln(\pi(\boldsymbol{x}_i))) = \boldsymbol{x}_i'\boldsymbol{\beta}. \tag{10.3.11}$$

另外, 在 Gumbel 分布情形, 应用中往往对补事件 $\{Y^c > d\}$ 更感兴趣. 我们重新定义 y_i 为

$$y_i = \begin{cases} 0, & y_i^c \leqslant d, \\ 1, & y_i^c > d. \end{cases}$$

于是

$$\pi(\boldsymbol{x}_i) = P(y_i = 1) = P(y_i^c > d) = 1 - \exp\left(-\exp\left(\boldsymbol{x}_i'\boldsymbol{\beta}\right)\right).$$

由此得补 **log-log** (complementary log-log, cloglog) 模型:

$$\ln(-\ln(1-\pi(\boldsymbol{x}_i))) = \boldsymbol{x}_i'\boldsymbol{\beta}, \tag{10.3.12}$$

其响应函数为 Gumbel 生存函数:

$$h_{cG}(z) = 1 - \exp\left(-\exp\left(z\right)\right), \tag{10.3.13}$$

该函数以很快的速度收敛到 1, 但相当慢的速度收敛到 0. 而 log-log 模型的响应函数为标准的 Gumbel 分布: $h_G(z) = \exp\left(-\exp\left(-z\right)\right)$, 它以很快的速度收敛到 0, 但以很慢的速度收敛到 1.

```
###图\ref{Fig-10302}的画图程序###
curve(pnorm(x), -6,6, lty=1, add=T, col = 'black', lwd=2, xlab="x", ylab="y")
curve(1/(1+ exp(-x)), -6,6,lty=2, add=T, col = 'red',lwd=2,xlab=" ", ylab=" ")
curve(1-exp(-exp(x)), -6,6,lty=3, add=T, col= 'blue',lwd=2,xlab=" ", ylab=" ")
legend(list(x=2,y=0.2),
legend=c("Normal "," Sigmond", "Gumbel"),
col=c("black","red","blue"),
 lty=c(1,2,3))
```

注 10.3.1 Logistic 模型、probit 模型和 cloglog 模型是三种最常用的二元响应变量模型. 这三个模型的响应函数分别为 Sigmond 函数 $h(\cdot)$、标准正态分布函数 $\Phi(\cdot)$ 和由 Gumbel 生存函数导出的 $h_{cG}(z)$ 函数. 从它们的函数图 10.3.2, 不

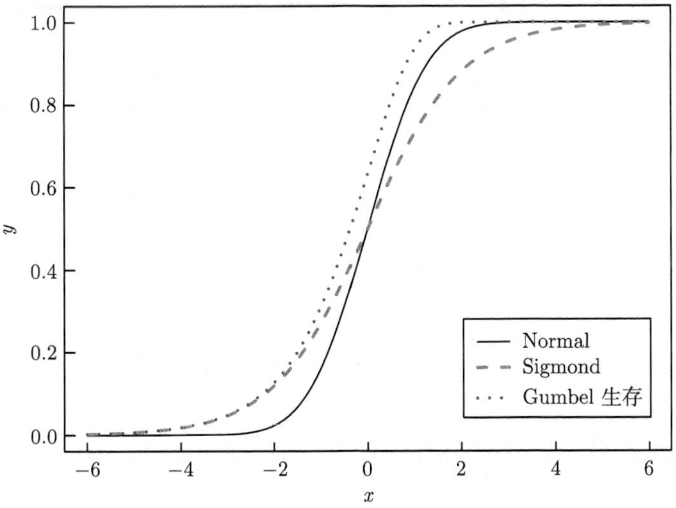

图 10.3.2 Normal (标准正态分布) 函数、Sigmond 函数和 Gumbel 生存函数图

难发现: 这三个函数的共同特点是取值在 0 和 1 之间; 图像具有 S 形, 并随着自变量趋于 $-\infty$ 或 $+\infty$ 逐渐接近 0 或 1, 其中 Sigmond 函数 $h(\cdot)$ 和标准正态分布函数 $\Phi(\cdot)$ 关于点 $(0,0.5)$ 对称. 不同点是三个函数分别适用于模型 (10.3.6) 的误差重尾分布、误差正态分布和非对称分布的情形.

注 10.3.2　虽然以上模型是由假设二元响应变量 Y 是基于连续变量 Y^c 的二分类而导出的, 但在应用中, 以上模型并不限于如此分类的二元响应变量.

注 10.3.3　由于 Logistic 模型相对简单易解释, 因此, 它被更为广泛地应用于二元响应变量的建模. 下面将重点介绍 Logistic 模型的推断.

10.3.2　Logistic 模型参数的估计

本节主要介绍两种参数估计方法: ML 估计和 WLS 估计.

由于设计矩阵不列满秩时, 可以通过模型重新参数化或自变量极大线性无关组等方法将模型设计阵转化为列满秩, 因此, 不失一般性, 本节假设矩阵 $\mathbf{X}=(\boldsymbol{x}_1,\cdots,\boldsymbol{x}_n)'$ 列满秩. 另外, 假设 $y_1,\cdots,y_n$ 相互独立.

1. ML 估计

由 y_i 的概率分布函数 (10.3.2) 和模型 (10.3.3) 可得似然函数

$$\begin{aligned}L(\boldsymbol{\beta})&=\prod_{i=1}^{n}f(y_i)\\&=\prod_{i=1}^{n}\pi^{y_i}(\boldsymbol{x}_i)(1-\pi(\boldsymbol{x}_i))^{1-y_i}\\&=\prod_{i=1}^{n}(1-\pi(\boldsymbol{x}_i))\exp\left(y_i\ln\left(\frac{\pi(\boldsymbol{x}_i)}{1-\pi(\boldsymbol{x}_i)}\right)\right)\\&=\prod_{i=1}^{n}\left(\frac{1}{1+\exp(\boldsymbol{x}_i'\boldsymbol{\beta})}\right)\exp\left(y_i(\boldsymbol{x}_i'\boldsymbol{\beta})\right),\end{aligned}\tag{10.3.14}$$

对数似然函数为

$$l(\boldsymbol{\beta})=\ln L(\boldsymbol{\beta})=\sum_{i=1}^{n}\left\{y_i\boldsymbol{x}_i'\boldsymbol{\beta}-\ln\left(1+\exp(\boldsymbol{x}_i'\boldsymbol{\beta})\right)\right\}.\tag{10.3.15}$$

$\boldsymbol{\beta}$ 的 ML 估计 $\widehat{\boldsymbol{\beta}}$ 就是使得 $l(\boldsymbol{\beta})$ 达到最大的 $\boldsymbol{\beta}$. 对 $l(\boldsymbol{\beta})$ 求一、二阶偏导可得

$$\frac{\partial l(\boldsymbol{\beta})}{\partial\boldsymbol{\beta}}=\sum_{i=1}^{n}\left(y_i-\frac{\exp(\boldsymbol{x}_i'\boldsymbol{\beta})}{1+\exp(\boldsymbol{x}_i'\boldsymbol{\beta})}\right)\boldsymbol{x}_i=\mathbf{X}'\boldsymbol{e},$$

$$\frac{\partial^2 l(\boldsymbol{\beta})}{\partial\boldsymbol{\beta}\partial\boldsymbol{\beta}'} = -\sum_{i=1}^{n}\frac{\exp(\boldsymbol{x}_i'\boldsymbol{\beta})}{(1+\exp(\boldsymbol{x}_i'\boldsymbol{\beta}))^2}\boldsymbol{x}_i\boldsymbol{x}_i = -\mathbf{X}'\mathbf{W}(\boldsymbol{\beta})\mathbf{X},$$

其中 $\mathbf{X} = (\boldsymbol{x}_1, \cdots, \boldsymbol{x}_n)'$, $\boldsymbol{e} = (e_1, \cdots, e_n)$, $\mathbf{W}(\boldsymbol{\beta}) = \text{diag}(w_1, \cdots, w_n)$,

$$e_i = y_i - \frac{\exp(\boldsymbol{x}_i'\boldsymbol{\beta})}{1+\exp(\boldsymbol{x}_i'\boldsymbol{\beta})} = y_i - \pi(\boldsymbol{x}_i),$$

$$w_i = \frac{\exp(\boldsymbol{x}_i'\boldsymbol{\beta})}{(1+\exp(\boldsymbol{x}_i'\boldsymbol{\beta}))^2} = \pi(\boldsymbol{x}_i)(1-\pi(\boldsymbol{x}_i)). \tag{10.3.16}$$

显然似然方程

$$\mathbf{X}'\boldsymbol{e} = \mathbf{0}$$

没有显式解. 我们可采用牛顿迭代算法:

$$\boldsymbol{\beta}^{(t+1)} = \boldsymbol{\beta}^{(t)} + \left(\mathbf{X}'\mathbf{W}(\boldsymbol{\beta}^{(t)})\mathbf{X}\right)^{-1}\mathbf{X}'\boldsymbol{e}(\boldsymbol{\beta}^{(t)}), \tag{10.3.17}$$

我们可将 $\boldsymbol{\beta}^{(t+1)}$ 表示为加权最小二乘估计的形式:

$$\boldsymbol{\beta}^{(t+1)} = \left(\mathbf{X}'\mathbf{W}(\boldsymbol{\beta}^{(t)})\mathbf{X}\right)^{-1}\mathbf{X}'\mathbf{W}(\boldsymbol{\beta}^{(t)})\boldsymbol{z}, \tag{10.3.18}$$

其中

$$\boldsymbol{z} = \mathbf{X}'\boldsymbol{\beta}^{(t)} + \mathbf{W}^{-1}(\boldsymbol{\beta}^{(t)})\boldsymbol{e}(\boldsymbol{\beta}^{(t)}).$$

记 $\widehat{\boldsymbol{\beta}}$ 为最终的迭代解. 于是拟合的响应函数为

$$\widehat{\pi}(\boldsymbol{x}_i) = \frac{\exp(\boldsymbol{x}_i'\widehat{\boldsymbol{\beta}})}{1+\exp(\boldsymbol{x}_i'\widehat{\boldsymbol{\beta}})}. \tag{10.3.19}$$

在一定正则条件下, ML 估计 $\widehat{\boldsymbol{\beta}}$ 具有渐近正态性, 即当对应较大的 n 时, 近似有

$$(\widehat{\boldsymbol{\beta}} - \boldsymbol{\beta}) \dot{\sim} N_p(\mathbf{0}, (\mathbf{X}'\mathbf{W}(\boldsymbol{\beta})\mathbf{X})^{-1}). \tag{10.3.20}$$

因此, 类似于线性模型的相关结论, 求参数 $\boldsymbol{\beta}$ 及其分量 β_k 的置信区间和假设检验.

例 10.3.1 (Kutner et al., 2004) 为了研究计算机编程经验对在规定时间内完成编程任务的能力的影响, 选取了具有不同的编程经验 (以经验月数衡量) 的 25 人, 规定时间内完成编程任务的能力采用 0, 1 表示, 1 表示完成, 0 表示未完成. 收集的数据见表 10.3.1.

表 10.3.1 计算机编程经验 (X) 和完成编程任务情况 (Y)

i	X	Y	i	X	Y	i	X	Y
1	14	0	10	6	0	19	24	0
2	29	0	11	30	1	20	13	1
3	6	0	12	11	0	21	19	0
4	25	1	13	30	1	22	4	0
5	18	1	14	5	0	23	28	1
6	4	0	15	20	1	24	22	1
7	18	0	16	13	0	25	8	1
8	12	0	17	9	0			
9	22	1	18	32	1			

解 运行如下程序:

```
data<- read.table("10taskexpri\cdottxt",header=TRUE)
plot(y~x,data, pch=19,col="gray40",xlab="Experience(X)",ylab="Fitted Value")
lines(xx,predict(Lowess(y~x,data),data.frame(x = xx)),lwd=2,lty=1,col='red')
fit<-glm(y~x, family = binomial(link ="logit"), data) ## Logistic-MLE
lines(xx, predict(fit, data.frame(x=xx), type="resp"), lwd = 2,lty = 2)
legend(list(x=25,y=0.2),
legend=c("Lowess","Logistic"),lwd=2,col=c("gray40","red"),lty=c(1,2))
```

绘制数据的散点图和局部加权散点平滑回归响应曲线 (locally weighted scatterplot, LOWESS), 详见 Cleveland(1979). 由于响应变量为 0, 1 二元变量, 该散点图的信息量并不大, 只是表明成功完成任务的能力似乎随着经验的增加而提高. 图 10.3.3 显示 LOWESS 回归响应曲线明显是一个 S 形的响应函数. 故采用 Logistic 回归模型 (10.3.3) 拟合数据. 可运行标准的 R 语言提供的函数 glm() 求得模型参数 β_0 和 β_1 的 ML 估计, 程序和结果如下:

```
fit<-glm(y~x, family = binomial(link = "logit"), data) ## Logistic-MLE
summary(fit)

Call:
glm(formula = y ~ x, family = binomial(link = "logit"), data = data)

Coefficients:
            Estimate Std. Error z value Pr(>|z|)
(Intercept) -3.05970    1.25935  -2.430   0.0151 *
x            0.16149    0.06498   2.485   0.0129 *
---
Signif. codes:  0 '***' 0.001 '**' 0.01 '*' 0.05 '.' 0.1 ' ' 1
```

```
(Dispersion parameter for binomial family taken to be 1)

    Null deviance: 34.296  on 24  degrees of freedom
Residual deviance: 25.425  on 23  degrees of freedom
AIC: 29.425

Number of Fisher Scoring iterations: 4
```

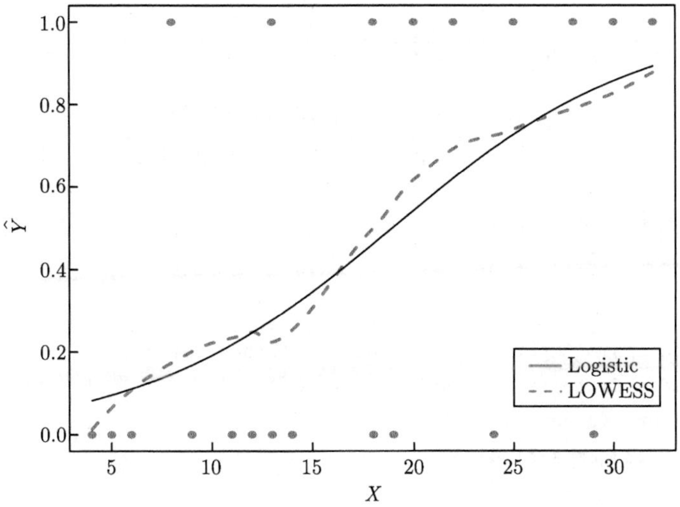

图 10.3.3　数据拟合的 Logistic 回归曲线

从中可得 β_0 和 β_1 的 ML 估计, 分别为

$$\widehat{\beta}_0 = -3.05970, \quad \widehat{\beta}_1 = 0.16149,$$

零偏差 (null deviance), 即 Logistic 回归模型与零模型 ($\beta_1 = 0$ 的情形) 似然比的对数的 -2 倍:

$$-2(l(\widetilde{\beta}_0) - l(\widehat{\beta}_0, \widehat{\beta}_1)) = 34.296,$$

其中

$$l(\widehat{\beta}_0, \widehat{\beta}_1) = \sum_{i=1}^{25} \left\{ y_i(\widehat{\beta}_0 + x_i\widehat{\beta}_1) - \ln\left(1 + \exp(\widehat{\beta}_0 + x_i\widehat{\beta}_1)\right) \right\},$$

$$l(\widetilde{\beta}_0) = \max_{\beta_0} \sum_{i=1}^{n} \left\{ y_i(\widehat{\beta}_0) - \ln\left(1 + \exp(\widehat{\beta}_0)\right) \right\}.$$

残差偏差 (residual deviance), 即 Logistic 回归模型与饱和模型似然比的对数的 -2 倍, 可被简化为

$$\sum_{i=1}^{25} d_i^2 = 25.425,$$

这里 d_i 是偏差残差 (deviance residual), 其计算公式如下:

$$d_i = \operatorname{sgn}(\hat{e}_i)\left(-2(y_i \ln \widehat{\pi}(x_i) + (1-y_i)\ln(1-\widehat{\pi}(x_i)))\right)^{1/2}, \tag{10.3.21}$$

其中 $\hat{e}_i = y_i - \widehat{\pi}(x_i)$ 为原始残差或响应残差. 进而得拟合的 Logistic 回归函数

$$\widehat{\pi}(x) = \frac{\exp(-3.05970 + 0.16149x)}{1+\exp(-3.05970 + 0.16149x)}, \tag{10.3.22}$$

其中拟合函数曲线见图 10.3.3.

下面运行如下程序, 计算出每个 x_i 点得出 π_i 的拟合值 $\widehat{\pi}(x_i)$ 和对应的偏差残差 d_i:

```
 datars<-data.frame(Experience = data$x, TaskSuc= data$y,
       Fitted = fitted(fit), Residual=resid(fit))
datars[,3]<-round(datars[,3],3)
datars[,4]<-round(datars[,4],3)
datars
```

```
    Experience TaskSuc Fitted Residual
1           14       0  0.310   -0.862
2           29       0  0.835   -1.899
3            6       0  0.110   -0.483
4           25       1  0.727    0.799
5           18       1  0.462    1.243
6            4       0  0.082   -0.414
7           18       0  0.462   -1.113
8           12       0  0.246   -0.751
9           22       1  0.621    0.976
10           6       0  0.110   -0.483
11          30       1  0.856    0.557
12          11       0  0.217   -0.699
13          30       1  0.856    0.557
14           5       0  0.095   -0.447
15          20       1  0.542    1.106
16          13       0  0.277   -0.805
```

```
17          9      0  0.167   -0.605
18         32      1  0.892    0.479
19         24      0  0.693   -1.538
20         13      1  0.277    1.603
21         19      0  0.502   -1.181
22          4      0  0.082   -0.414
23         28      1  0.812    0.646
24         22      1  0.621    0.976
25          8      1  0.146    1.962
```

另外, 注意到对于任意给定的 x, 都有

$$\beta_1 = \text{logit}(\pi(x+1)) - \text{logit}(\pi(x)) = \ln\left(\frac{\pi(x+1)}{1+\pi(x+1)}\bigg/\frac{\pi(x)}{1+\pi(x)}\right) = \ln(\text{OR}),$$

因此, 自变量增加一个单位的优势比 OR 可通过 $\widehat{\beta}_1$ 估算, 即为

$$\widehat{\text{OR}} = \exp(\widehat{\beta}_1) = 1.17526,$$

从而也说明了随着计算机编程经验增加, 在规定时间内完成编程任务的概率也会提高.

为了比较该数据下 Logistic 回归、probit 回归以及 cloglog 回归结果, 我们运行如下程序:

```
plot(y ~ x, data, pch = 19, col = "gray40", xlab = "Experience (X)",
          ylab = "Fitted Value") ##散点图
fit <- glm(y ~ x, data = data, family = binomial(link = "probit"))
lines(xx, predict(fit, data.frame(x =xx), type = "resp"),
        col = 'red', lwd = 2, lty = 2)
fit <- glm(y ~ x, data = data, family = binomial(link = "cloglog"))
lines(xx, predict(fit, data.frame(x = xx), type = "resp"),
       col = 'blue', lwd = 2, lty = 2)
fit <- glm(y ~ x, family = binomial(link = "logit"), data)
lines(xx, predict(fit, data.frame(x = xx), type = "resp"),
          col = 'gray40', lwd = 2)
```

得到图 10.3.4. 该图展示了本例子数据下三种模型的拟合曲线, 从中可以看出: Logistic 拟合曲线和 probit 拟合曲线非常接近, 而 cloglog 拟合曲线稍有不同.

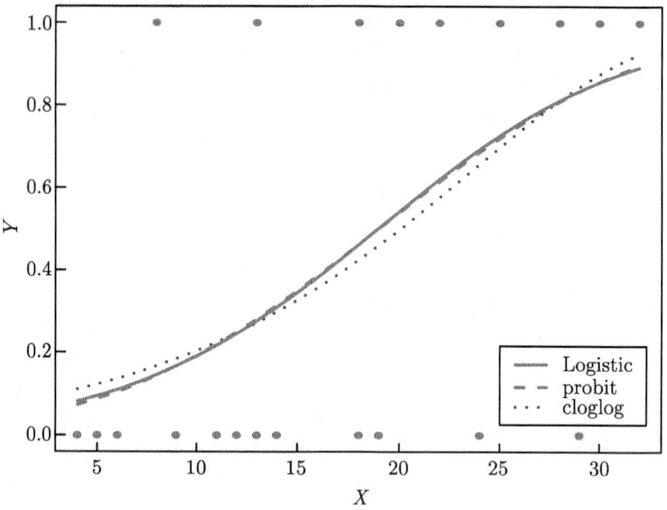

图 10.3.4　Logistic 回归、probit 回归以及 cloglog 回归的拟合曲线

2. 重复观测数据下的 WLS 估计

对于重复观测数据, 我们还可以采用 WLS 估计给出 $\boldsymbol{\beta}$ 的估计. 设 $y_1, \cdots, y_n$ 是对 m 个不同的自变量 $\boldsymbol{x}_i$ 条件下的 n 次观测, 其中对应于 $\boldsymbol{x}_i$ 观测为 n_i 次, $i=1, \cdots, m$, 显然, $n=\sum_{i=1}^m n_i$. 记 r_i 为 n_i 次观测中感兴趣的事件 A 发生的次数. 于是在自变量取 $\boldsymbol{x}_i$ 条件下, 事件 A 发生的概率可以用频率 $\widetilde{\pi}_i=r_i/n_i$ 来估计. 结合 (10.3.3), 于是令

$$y_i^*=\ln\left(\frac{\widetilde{\pi}_i}{1-\widetilde{\pi}_i}\right)=\boldsymbol{x}_i'\boldsymbol{\beta}+\varepsilon_i, \quad i=1, \cdots, m. \tag{10.3.23}$$

假设 $\varepsilon_1, \cdots, \varepsilon_m$ 相互独立, 且 $E(\varepsilon_i)=0$ 和 $\operatorname{Var}(\varepsilon_i)=v_i$. 则模型 (10.3.23) 就是一个拟合数据 $(y_i^*, \boldsymbol{x}_i)$ 的异方差的线性模型. 如果 v_i 已知, 由线性模型的知识 (本书第 4 章) 知: 该模型的最佳线性无偏估计为

$$\widehat{\boldsymbol{\beta}}=\left(\mathbf{X}'\mathbf{V}^{-1}\mathbf{X}\right)^{-1}\mathbf{X}'\mathbf{V}^{-1}\boldsymbol{y}^*, \tag{10.3.24}$$

其中 $\boldsymbol{y}^*=(y_1^*, \cdots, y_m^*)'$, $\mathbf{X}=(\boldsymbol{x}_1, \cdots, \boldsymbol{x}_m)'$, $\mathbf{V}=\operatorname{diag}(v_1, \cdots, v_m)$. 由于模型 (10.3.24) 中 v_i 实际上是未知的, 我们需要给出它的估计. 注意到 $\widetilde{\pi}_i$ 是样本的频率, 由中心极限定理, 当 n_i 趋于无穷时, 有

$$\sqrt{n_i}(\widetilde{\pi}_i-\pi_i) \rightarrow N(0, \pi_i(1-\pi_i)).$$

由于 $g(z)=\ln(z/(1-z))$ 的一阶导数存在, 且

$$g'(z)=\frac{\mathrm{d}g(z)}{\mathrm{d}z}=\frac{1}{z(1-z)},$$

于是, 应用 Delta 方法可证得: 当 n_i 趋于无穷时, 有

$$\sqrt{n_i}(\mathrm{logit}(\widetilde{\pi}_i)-\mathrm{logit}(\pi_i))\to N\left(0,\frac{1}{\pi_i(1-\pi_i)}\right). \tag{10.3.25}$$

因此, 当 $\min\{n_1,\cdots,n_m\}$ 充分大时, 可认为 y_i^* 的方差 v_i 近似为 $1/(n_i\pi_i(1-\pi_i))$, 于是得到 v_i 的一个估计:

$$\widehat{v}_i=\frac{1}{n_i\widetilde{\pi}_i(1-\widetilde{\pi}_i)}.$$

注 10.3.4 当 $r_i=0$ 或 n_i 时, $\widehat{\pi}_i=0$ 或 $\widehat{\pi}_i=1$, 此时, 样本 $\mathrm{logit}=\ln(\widetilde{\pi}_i/(1-\widetilde{\pi}_i))$ 就没有定义. 因此, 应用中常采用修正样本 logit, 即

$$\ln\left((r_i+0.5)/(n_i-r_i+0.5)\right).$$

例 10.3.2 (Rao 和 Toutenbuig(1995), 例 10.1) 考察牙齿脱落 Y 与年龄组 X 的关系. 数据见表 10.3.2.

表 10.3.2 5 × 2 的频数列联表

i	年龄组 X	牙齿脱落 Y		$n_{i\cdot}$
		是 ($Y=1$)	否 ($Y=0$)	
1	<40	4	70	74
2	40—49	28	147	175
3	50—59	38	207	245
4	60—69	51	202	253
5	$\geqslant 70$	32	92	124
	$n_{\cdot j}$	153	718	871

解 首先对列联表 (表 10.3.2) 进行 χ^2 独立性检验和 Wilks 基于似然比的独立性检验. 程序如下:

```
n1<-c(4,28,38,51,32); n2<-c(70,147,207,202,92)
n<-n1+n2;  N<-sum(n1)+sum(n2)
m1<-n*sum(n1)/N; m2<-n*sum(n2)/N
M1<-diag(m1); M2<-diag(m2)
chisq4<- t(n1-m1)%*% solve(M1)%*% (n1-m1)+t(n2-m2)%*% solve(M2)%*%(n2-m2)
Gsq<-2*sum(n1*log(n1/m1))+2*sum(n2*log(n2/m2))
c(chisq4,Gsq)  ##列联表chi-square、 Wilk G^2 独立性检验
```

计算得 $\chi^2 = 15.5575$ 和 $G^2 = 17.2489$, 查表得 $\chi_4^2(0.05) = 9.4877$, 因此, 两个检验都表明牙齿脱落 Y 和年龄组 X 有关.

采用 Logistic 回归模型拟合数据. 依照公式

$$y_i^* = \text{logit}(\widetilde{\pi}_i) = \ln\left(\frac{\widetilde{\pi}_i}{1-\widetilde{\pi}_i}\right) = \ln\left(\frac{n_{1i}}{n_{2i}}\right),$$

$$\widehat{v}_i = \frac{1}{n_{i\cdot}\widetilde{\pi}_i(1-\widetilde{\pi}_i)} = \frac{1}{n_{i\cdot}(n_{i1}/n_{i\cdot})(1-n_{i1}/n_{i\cdot})} = \frac{n_{i\cdot}}{n_{i1}n_{i2}},$$

运行如下程序

```
y<-log(n1/n2); v<-(n/(n1*n2))
```

计算得 $(y_i^*, \widehat{v}_i)$, $i = 1, \cdots, 5$, 结果见表 10.3.3.

表 10.3.3 各组 $(y_i^*, \widehat{v}_i)$ 的值

i	年龄组 (X)	$\widetilde{\pi}_i = \frac{n_{i1}}{n_{i\cdot}}$	$y_i^* = \ln\left(\frac{n_{i1}}{n_{i2}}\right)$	$\widehat{v}_i$
1	< 40	0.0541	-2.8622	0.2643
2	$40-49$	0.1600	-1.6582	0.0425
3	$50-59$	0.1551	-1.6951	0.0311
4	$60-69$	0.2026	-1.3764	0.0246
5	$\geqslant 70$	0.2581	-1.0561	0.0421

我们对 Logistic 变换后的数据 y^*, 采用方差分析模型:

$$\ln\left(\frac{n_{i1}}{n_{i2}}\right) = y_i^* = \mu + \alpha_i, \tag{10.3.26}$$

其中 α_i 为第 i 组效应, 满足约束条件 $\sum_{i=1}^{5}\alpha_i = 0$. 借助于 y_i^* 的渐近性质可对模型参数进行推断. 如检验牙齿脱落 Y 与年龄组 X 是否有关, 就等价于检验假设

$$H_0:\ \alpha_1 = \cdots = \alpha_5 = 0 \tag{10.3.27}$$

是否成立. 注意到 (10.3.27) 等价于

$$H_0: \mathbf{C}\boldsymbol{\mu} = \mathbf{0},$$

这里 $\boldsymbol{\mu} = (\mu_1, \cdots, \mu_5)$, $\mu_i = \boldsymbol{\mu} + \alpha_i$,

$$\mathbf{C} = \begin{pmatrix} 1 & -1 & 0 & 0 & 0 \\ 0 & 1 & -1 & 0 & 0 \\ 0 & 0 & 1 & -1 & 0 \\ 0 & 0 & 0 & 1 & -1 \end{pmatrix}.$$

利用 $\boldsymbol{y}^*$ 的渐近正态性和正态向量线性变换的性质, H_0 成立时, 对于较大的 min $\{n_{i\cdot}\}$, 我们可近似认为

$$\mathbf{C}\boldsymbol{y}^* \sim N_4(\mathbf{0}, \mathbf{CVC}'),$$

$$\chi^2 = \boldsymbol{y}^{*\prime}\mathbf{C}'(\mathbf{C}\widehat{\mathbf{V}}\mathbf{C}')^{-1}\mathbf{C}\boldsymbol{y}^* \sim \chi^2_4.$$

计算得统计量 $\chi^2 = 14.1319 > \chi^2_4(0.05) = 9.4877$, 因此, 拒绝原假设 H_0, 认为牙齿脱落 Y 与年龄组 X 有关, 该检验统计量的 P 值为 0.0069. 效应对照 $\alpha_2 - \alpha_1$ 的置信系数为 95% 的置信区间为

$$y_2^* - y_1^* \mp z_{0.025}(\widehat{v}_1 + \widehat{v}_2) = [0.6027, 1.8053].$$

从表 10.3.3 不难发现: 随着年龄段的上升, $y_i^* = \text{logit}(\widehat{\pi}_i)$ 增大. 按照年龄组中点 (或上边界减 5 或下边界加 5) 定义组的平均年龄, 记 $\boldsymbol{x} = (35, 45, 55, 65, 75)'$. 建立 Logistic 回归模型

$$\ln\left(\frac{\widehat{\pi}_i(x_i)}{1-\widehat{\pi}_i(x_i)}\right) = \beta_0 + \beta_1 x_i, \quad i = 1, \cdots, 5. \tag{10.3.28}$$

首先用 y^* 替换上模型等式左边理论 logit 值, 计算得参数 β_0 和 β_1 的加权最小二乘估计:

$$\widehat{\beta}_0 = -4.4541, \quad \widehat{\beta}_1 = 0.0479.$$

于是 $\text{logit}(\pi(x_i))$ 的拟合值和 $\pi(x_i)$ 的估计值分别为

$$\widehat{y_i^*} = -4.4541 + 0.0479 x_i, \quad \widehat{\pi}(x_i) = \frac{\exp(\widehat{y_i^*})}{1+\exp(\widehat{y_i^*})}.$$

进一步得到估计的频数 $(n_{i\cdot}\widehat{\pi}(x_i))$. 我们将计算的结果汇总在表 10.3.4. 为了比较 Logistic 回归的效果, 表 10.3.4 还给出了样本的相应结果 (样本 logit, 频率 $n_{i1}/n_{i\cdot}$, 观测到的频数 n_{i1}).

表 10.3.4 观测结果和拟合结果对比

x_i	y_i^*	$\widehat{y_i^*}$	$n_{i1}/n_{i\cdot}$	$\widehat{\pi}(x_i)$	$n_{i\cdot}\widehat{\pi}(x_i)$	n_{i1}
35	−2.8622	−2.7776	0.054	0.059	4.366	4
45	−1.6582	−2.2986	0.160	0.091	15.925	28
55	−1.6951	−1.8196	0.155	0.139	34.055	38
65	−1.3764	−1.3406	0.202	0.207	52.371	51
75	−1.0561	−0.8616	0.258	0.297	36.828	32

从表 10.3.4 可以发现估计 logit 值 $\widehat{y_i^*}$ 与样本 logit 值 y_i^*、估计的概率 $\widehat{\pi}(x_i)$ 与样本频率 $n_{i1}/n_{i\cdot}$、估计的频数 $n_{i\cdot}\widehat{\pi}(x_i)$ 与观测到的频数 n_{i1} 两两都很接近, 这

说明用 Logistic 模型 (10.3.25) 拟合牙齿脱落 Y 与年龄组 X 的关系是合适的. 相应计算程序如下:

```
x<-c(35,45,55,65,75)
fit<-lm(y~x, weight=v)
summar<-summary(fit)
b<- round(summar$coefficients[,1],4)
yhat<- b[1]+b[2]*x
pihat<- round(exp(yhat)/(1+exp(yhat)),3)
y<-round(y,4); pi<-round(n1/n,3)
expected_n1<-n*pihat
cbind(x, y, yhat, pi, pihat, expected_n1, n1) #结果
```

10.3.3 Logistic 回归模型下的检验

1. 单个回归系数的显著检验: Wald 检验

检验问题为

$$H_0: \beta_k = 0 \longleftrightarrow H_1: \beta_k \neq 0.$$

可借助于极大似然估计的渐近性质(10.3.20), 得到一个近似检验统计量

$$z = \frac{\widehat{\beta}_k}{v(\widehat{\beta}_k)}, \tag{10.3.29}$$

其中 $v(\widehat{\beta}_k)$ 为矩阵 $\left(\mathbf{X}'\mathbf{H}(\widehat{\boldsymbol{\beta}})\mathbf{X}\right)^{-1}$ 的第 $k+1$ 个对角元, $k = 1, \cdots, p-1$. 当 $|z| \geqslant z_{\alpha/2}$ 时, 拒绝 H_0, 否则接受 H_0. R 程序中函数 glm() 自带这个检验. 如例 10.3.1 中, glm() 运行结果显示:

$$|z| = 2.485,$$

统计量的 P 值为 0.0129. 因此在显著性水平为 0.05 下拒绝原假设, 认为 $\beta_1 \neq 0$.

2. 多个回归系数同时为零的检验: 似然比检验

感兴趣的问题是协变量 $X_1, \cdots, X_{p-1}$ 中是否存在一个子集可以从 Logistic 回归模型中去掉. 为方便, 我们记这个子集对应的参数为 $\boldsymbol{\beta}$ 的后 $p-q$. 因此该问题等价于检验假设

$$H_0: \beta_q = \cdots = \beta_{p-1} = 0, \quad H_1: \beta_q, \cdots, \beta_{p-1}\text{不全为零}.$$

记 $\boldsymbol{\beta}_R = (\beta_1, \cdots, \beta_{q-1})'$, $\boldsymbol{X}_R = (1, X_1, \cdots, X_{q-1})'$. 因此全模型 (full model) 和 H_0 下的约减模型 (reduced model) 分别表示为

$$\pi = 1/\left(1 + \exp(-\boldsymbol{X}'\boldsymbol{\beta})\right), \quad \pi = 1/\left(1 + \exp(-\boldsymbol{X}_R'\boldsymbol{\beta}_R)\right),$$

其中 $\boldsymbol{X}=(1,x_1,\cdots,x_{p-1})'$.

采用常规的似然比检验, 检验统计量为

$$G^2=-2\ln\left(\frac{L_R}{L_F}\right)=-2\left(l_R-l_F\right), \tag{10.3.30}$$

其中 L_R, l_R, L_F, l_F 分别为减模型和全模型下的似然函数和对数似然函数最大值. 由大样本理论可得: 对于较大的 n, 当 H_0 成立时, G^2 近似服从 χ^2_{p-q}, 故 H_0 的拒绝域为

$$G^2\geqslant\chi^2_{p-q}(\alpha).$$

当模型中存在多个自变量不显著时, 就需要变量选择, 将真正重要变量选入模型, 将不重要的变量剔出模型, 提高模型推断精度. 关于变量选择的准则和最优子集选择方法与线性模型相类似, 本节的后面我们用例子来展示.

注 10.3.5 对于单个系数的显著性检验, 除了 Wald 检验外, 也可以采用似然比检验. 由于两个检验不等价, 有时会出现两个检验结果不一致的情形; 另外由于两者都是基于渐近分布, 故样本量小时的检验结果要慎重.

3. Logistic 回归模型的拟合优度检验

Logistic 回归模型的拟合优度检验问题就是检验假设

$$H_0:E(Y)=\frac{1}{1+\exp(-\boldsymbol{X}'\boldsymbol{\beta})}\longleftrightarrow H_1:E(Y)\neq\frac{1}{1+\exp(-\boldsymbol{X}'\boldsymbol{\beta})}. \tag{10.3.31}$$

本节主要介绍三种常见的检验方法: Pearson 卡方拟合优度检验、偏差拟合优度检验和 Hosmer-Lemeshow 拟合优度检验, 其中前两者要求在相同协变量 (或因子各水平) $\boldsymbol{x}_i$ 条件下, 数据必须有多个重复观测, 而后者适用于未重复数据或仅包含少量重复观测值的数据情形.

1) Pearson 卡方拟合优度检验

假定自变量有 c 个组合 $\boldsymbol{x}_1,\cdots,\boldsymbol{x}_c$, y_{ij}, $i=1,\cdots,n_j$, $j=1,\cdots,c$ 是响应变量 Y 在自变量 $\boldsymbol{x}_j$ 下的第 i 次重复独立观测 ($y_{ij}=1$ 或 0), n_j 表示自变量 $\boldsymbol{x}_j$ 下案例数. 记 O_{j1} 或 O_{j0} 分别表示自变量 $\boldsymbol{x}_j$ 下响应变量结果为 1 或 0 的案例数. 于是, 有

$$O_{j1}=\sum_{i=1}^{n_j}y_{ij}=y_{\cdot j}\sim B(n_j,\pi(\boldsymbol{x}_i)),$$

$$O_{j0}=\sum_{i=1}^{n_j}(1-y_{ij})=n_j-y_{\cdot j},\quad j=1,\cdots,c.$$

如果 Logistic 模型合适, 则

$$E(O_{j1})=n_j\pi(\boldsymbol{x}_j)=\frac{n_j}{1+\exp(-\boldsymbol{x}_j'\boldsymbol{\beta})}.$$

于是, 如果 Logistic 模型合适, 在自变量 $\boldsymbol{x}_j$ 下 $y_{ij}=1$ 和 $y_{ij}=0$ 的平均个数可分别由

$$E_{j1}=n_j\widehat{\pi}(\boldsymbol{x}_j)=\frac{n_j}{1+\exp(-\boldsymbol{x}_j'\widehat{\boldsymbol{\beta}})},$$

$$E_{j0}=n_j-E_{j1}$$

来估计, 其中, $\widehat{\boldsymbol{\beta}}$ 为 $\boldsymbol{\beta}$ 的极大似然估计. 因此, H_0 的 Pearson 卡方拟合优度检验统计量为

$$\chi^2=\sum_{i=1}^{c}\sum_{k=0}^{1}\frac{(O_{j0}-E_{j0})^2}{E_{jk}}. \tag{10.3.32}$$

若 Logistic 模型合适, 则当 $c>p$ 且 $\min_j\{n_{\cdot j}\}$ 较大时, 检验统计量 χ^2 近似服从自由度为 $c-p$ 的 χ^2 分布. 因此, 当 $\chi^2\geqslant\chi^2_{c-p}$ 时, 则拒绝 H_0, 否则接受 Logistic 回归模型假设.

2) 偏差拟合优度检验

记约减模型和全模型分别为

$$E(y_{ij})=\frac{1}{1+\exp(-\boldsymbol{x}_j'\boldsymbol{\beta})}, \tag{10.3.33}$$

$$E(y_{ij})=\pi_j,\quad j=1,\cdots,c. \tag{10.3.34}$$

模型 (10.3.34) 又被称为饱和模型 (saturated model). 则 Logistic 回归模型与饱和模型下响应变量的似然比统计量为

$$\begin{aligned}G^2&=-2(\ln L_R-\ln L_F)\\&=-2\sum_{j=1}^{c}\left(O_{j1}\ln\left(\frac{\widehat{\pi}(\boldsymbol{x}_j)}{\widetilde{\pi}_j}\right)+(n_{\cdot j}-O_{j1})\ln\left(\frac{1-\widehat{\pi}(\boldsymbol{x}_j)}{1-\widetilde{\pi}_j}\right)\right),\end{aligned} \tag{10.3.35}$$

其中 L_R 和 L_F 分别为拟合的 Logistic 回归模型与饱和模型似然函数,

$$\widehat{\pi}(\boldsymbol{x}_j)=\frac{1}{1+\exp(-\boldsymbol{x}_j'\widehat{\boldsymbol{\beta}})},\quad \widetilde{\pi}_j=\frac{O_{j1}}{n_{\cdot j}},$$

其中, $\widehat{\boldsymbol{\beta}}$ 为 $\boldsymbol{\beta}$ 的 ML 估计. 称统计量 G^2 为偏差 (deviance), 也称 Logistic 模型偏差拟合优度检验统计量. 由似然比统计量在 H_0 下的性质: 当 $c>p$ 且 $\min_j\{n_{\cdot j}\}$ 较大时, 检验统计量 G^2 近似服从自由度为 $c-p$ 的 χ^2 分布, 故 H_0 的拒绝域为

$$G^2\geqslant\chi^2_{c-p}.$$

3) Hosmer-Lemeshow 拟合优度检验

Hosmer-Lemeshow 拟合优度检验主要是针对自变量 $\boldsymbol{x}_j$ 下没有重复 $(n_{\cdot j}=1)$ 或重复观测数 $n_{\cdot j}$ 较小的情形提出的. 根据拟合的 $\widehat{\pi}(\boldsymbol{x}_j)$ 对自变量进行分组, 将 $\widehat{\pi}(\boldsymbol{x}_j)$ 相近的或根据 $\mathrm{logit}(\widehat{\pi}(\boldsymbol{x}_j))=\boldsymbol{x}_j\widehat{\boldsymbol{\beta}}$ 的大小自变量分成 5—10 组, 然后采用 Pearson 卡方拟合优度检验作检验.

注 10.3.6 Pearson 卡方拟合优度检验只适合自变量各组 $\boldsymbol{x}_j$ 下重复观测次数 $n_{\cdot j}$ 都比较大的情形, 当样本量不大时要谨慎对待检验结果.

注 10.3.7 如果 $n_{\cdot j}=0$, 则 $y_{\cdot j}=0$, $\widetilde{\pi}_j=0$, 进而

$$y_{\cdot j}\ln\left(\frac{\widehat{\pi}(\boldsymbol{x}_j)}{\widetilde{\pi}_j}\right)=0;$$

同理, 如果 $n_{\cdot j}=y_{\cdot j}$, 则 $\widetilde{\pi}_j=1$, 进而

$$(n_{\cdot j}-y_{\cdot j})\ln\left(\frac{1-\widehat{\pi}(\boldsymbol{x}_j)}{1-\widetilde{\pi}_j}\right)=0.$$

10.3.4 Logistic 回归模型的诊断

本节主要介绍 Logistic 回归模型的残差分析和影响分析. 首先介绍 Logistic 回归的各类残差和残差图, 其次介绍识别影响点的方法. 下面假设因变量仅取 0 和 1 两个值, 同一自变量 $\boldsymbol{x}_i$ 条件下没有重复测量和观测, 并记 $(y_i,\boldsymbol{x}_i)$, $(i=1,\cdots,n)$ 为观测数据集.

1. Logistic 回归残差

Logistic 回归模型的残差分析要比线性模型的复杂.

1) 普通残差

因为因变量仅取 0 和 1 两个值, 其普通残差 (或响应残差) 也是二值的,

$$\widehat{e}_i=y_i-\widehat{\pi}_i=\begin{cases}1-\widehat{\pi}_i, & y_i=1,\\ -\widehat{\pi}_i, & y_i=0,\end{cases}\tag{10.3.36}$$

其中

$$\widehat{\pi}_i=\widehat{\pi}(\boldsymbol{x}_i)=\frac{1}{1+\exp(\boldsymbol{x}_i'\widehat{\boldsymbol{\beta}})},$$

$\widehat{\boldsymbol{\beta}}$ 为 Logistic 回归模型下 $\boldsymbol{\beta}$ 的极大似然估计. 因此, 不像线性模型下的普通残差服从正态分布, Logistic 回归模型的普通残差和拟合值的散点图 $(\widehat{e}_i,\widehat{\pi}_i)$ 通常提供不了什么有用信息.

2) Pearson 残差

Pearson 残差就是普通残差除以 y_i 的标准差估计 $\sqrt{\widehat{\pi}_i(1-\widehat{\pi}_i)}$, 即

$$r_{\mathrm{P}_i}=\frac{y_i-\widehat{\pi}_i}{\widehat{\pi}_i(1-\widehat{\pi}_i)}. \tag{10.3.37}$$

Pearson 残差与 Pearson 卡方统计量 (10.3.32) 有直接的关系. 对于仅取 0 和 1 两个值的 y_i, $c=n$, $n_{\cdot j}=1$, $j=i$, $O_{j1}=y_i$, $O_{j0}=1-y_i$, $E_{j1}=\widehat{\pi}_i$, $E_{j0}=1-\widehat{\pi}_i$. 于是 (10.3.32) 等于

$$\begin{aligned}\chi^2=&\sum_{j=1}^{c}\frac{(O_{j0}-E_{j0})^2}{E_{j0}}+\sum_{j=1}^{c}\frac{(O_{j1}-E_{j1})^2}{E_{j1}}\\=&\sum_{i=1}^{n}\frac{((1-y_i)-(1-\widehat{\pi}_i))^2}{1-\widehat{\pi}_i}+\sum_{i=1}^{n}\frac{(y_i-\widehat{\pi}_i)^2}{\widehat{\pi}_i}\\=&\sum_{i=1}^{n}\frac{(y_i-\widehat{\pi}_i)^2}{\widehat{\pi}_i(1-\widehat{\pi}_i)}=\sum_{i=1}^{n}r_{\mathrm{P}_i}^2.\end{aligned} \tag{10.3.38}$$

值得注意的是, 当数据在各协变量 $\boldsymbol{x}_i$ 下没有重复测量时, 统计量 (10.3.38) 仅是数值上等于 (10.3.32), 但其不再渐近服从卡方分布.

3) 学生化 Pearson 残差

由于 Pearson 残差 r_{P_i} 没有考虑用 $\sqrt{\widehat{\pi}_i(1-\widehat{\pi}_i)}$ 估计标准差 $\sqrt{\pi_i(1-\pi_i)}$ 所引起的随机波动, 因此 $\widehat{\pi}_i$ 的方差并非等于 1. 对一般残差 $\widehat{e}_i$ 的一个更好的标准化是将 $\widehat{e}_i$ 除以其标准差的近似估计 $\sqrt{\widehat{\pi}_i(1-\widehat{\pi}_i)(1-w_{ii})}$, 即学生化 Pearson 残差为

$$r_{\mathrm{sP}_i}=\frac{r_{\mathrm{P}_i}}{1-h_{ii}}, \tag{10.3.39}$$

这里 w_{ii} 为帽子矩阵

$$\mathbf{H}=\widehat{\mathbf{W}}^{1/2}\mathbf{X}(\mathbf{X}'\widehat{\mathbf{W}}\mathbf{X})^{-1}\mathbf{X}\widehat{\mathbf{W}}^{1/2}$$

的第 i 对角元, $\widehat{\mathbf{W}}=\mathrm{diag}(\widehat{\pi}_1(1-\widehat{\pi}_1),\cdots,\widehat{\pi}_n(1-\widehat{\pi}_n))$, $\widehat{\mathbf{W}}^{1/2}=\mathrm{diag}(\sqrt{\widehat{\pi}_1(1-\widehat{\pi}_1)},\cdots,\sqrt{\widehat{\pi}_n(1-\widehat{\pi}_n)})$. 类似于线性模型称 $\mathbf{H}$ 为帽子矩阵. Logistic 回归模型下 $\boldsymbol{\beta}$ 的 ML 估计 $\widehat{\boldsymbol{\beta}}$ 满足等式

$$\boldsymbol{y}*=\mathbf{X}(\mathbf{X}'\widehat{\mathbf{W}}\mathbf{X})^{-1}\mathbf{X}\widehat{\mathbf{W}}\boldsymbol{y}^*,$$

其中 $\boldsymbol{y}*=(\mathrm{logit}(\widehat{\pi}_1),\cdots,\mathrm{logit}(\widehat{\pi}_n))'$. 记 $\boldsymbol{y}^o=\widehat{\mathbf{W}}^{1/2}\boldsymbol{y}^*$, 故有

$$\boldsymbol{y}^o=\widehat{\mathbf{W}}^{1/2}\mathbf{X}(\mathbf{X}'\widehat{\mathbf{W}}\mathbf{X})^{-1}\mathbf{X}\widehat{\mathbf{W}}^{1/2}\boldsymbol{y}^o=\mathbf{H}\boldsymbol{y}^o.$$

4) 偏差残差

偏差残差的概念在 (10.3.21) 中已被定义过. 在 (10.3.36) 中考虑了重复测量或观测的情形. 对于仅取 0 和 1 两个值的 y_i, $c=n$, $n_{\cdot j}=1$, $j=i$, $y_{\cdot j}=y_i$, $\widetilde{\pi}_i=y_i/n_{\cdot j}=y_i$. (10.3.36) 变为

$$\begin{aligned}G^2&=-2\sum_{i=1}^{n}\left[y_i\ln\left(\frac{\widehat{\pi}_i}{y_i}\right)+(1-y_i)\ln\left(\frac{1-\widehat{\pi}_i}{1-y_i}\right)\right]\\&=-2\sum_{i=1}^{n}\left[y_i\ln(\widehat{\pi}_i)+(1-y_i)\ln(1-\widehat{\pi}_i)-y_i\ln(y_i)-(1-y_i)\ln(1-y_i)\right]\\&=-2\sum_{i=1}^{n}\left[y_i\ln(\widehat{\pi}_i)+(1-y_i)\ln(1-\widehat{\pi}_i)\right]=\sum_{i=1}^{n}\mathrm{dev}_i^2=\mathrm{DEV},\end{aligned}\tag{10.3.40}$$

这里

$$\mathrm{dev}_i=d_i=\mathrm{sgn}(y_i-\widehat{\pi}_i)\left(-2(y_i\ln\widehat{\pi}_i+(1-y_i)\ln(1-\widehat{\pi}_i))\right)^{1/2},$$

其中, d_i 的定义同 (10.3.21), $\hat{e}_i=y_i-\widehat{\pi}_i$ 为普通残差. 上式第三个等号成立用到以下事实: y_i 无论取值为 1 还是 0, 都有 $y_i\ln(y_i)=(1-y_i)\ln(1-y_i)=0$.

2. Logistic 回归残差图

不像线性模型, Logistic 回归的残差图的作用主要是用于直观评价模型拟合是否合适. 本节主要介绍两种残差图: 带 LOWESS 曲线的残差-估计概率散点图和带模拟包络的偏差残差的绝对值的半正态 (half-normal) 概率图.

1) 带 LOWESS 曲线的残差-估计概率散点图

局部加权回归就是以一个点 x 为中心, 向前后截取一段长度为 frac 的数据, 对于该段数据用权值函数 w 作一个加权的线性回归, 记 $(x,\hat{y})$ 为该回归线的中心值, 其中 $\hat{y}$ 为拟合后曲线对应值, 对于所有的 n 个数据点则可以作出 n 条加权回归线, 每条回归线的中心值的连线则为这段数据的 LOWESS 曲线, 具有参阅 Cleveland (1979, 1981).

R 语言的 lowess() 函数在 stats 程序包中, 其功能是使用非参数回归的方法拟合出散点的平滑曲线, 调用格式为

```
lowess(x, y = NULL, f = , iter = , delta =0.01*diff(range(x)))
```

```
x,y   是点的横纵坐标.
f     表示用于估计平滑点的样本比例, f 越大越平滑.
iter  算法的迭代的次数.
delta 回归间隔, 默认为x取值范围的1/100.
```

如果 Logistic 回归模型指定正确, 则 $E(y_i) = \pi_i$, 近似有 $E(y_i - \widehat{\pi}_i) = 0$. 因此, 当 Logistic 回归模型正确时, 残差和概率估计的 LOWESS 曲线就应该接近零截距的水平直线, 其中, 残差可为以上四种残差之一.

2) 带模拟包络 (simulation envelope) 的偏差残差绝对值的半正态概率图

正态概率Q-Q图是将偏差残差$\mathrm{dev}_1, \cdots, \mathrm{dev}_n$从小到大排序$\mathrm{dev}_{(1)}, \cdots, \mathrm{dev}_{(n)}$, 画点

$$(\mathrm{dev}_{(k)}, \Phi^{-1}((k-0.375)/(n+0.25)))$$

的散点图, 其中 $\Phi^{-1}()$ 为标准正态分布函数的反函数 (分位数). 在半正态分布概率图是基于偏差残差绝对值 $|\mathrm{dev}_1|, \cdots, |\mathrm{dev}_n|$ 的排序和标准正态分布分位数:

$$\Phi^{-1}((k+n-1/8)/(2n+1/2)).$$

异常点通常出现在图的右上方. 但偏差残差绝对值的半正态概率图即使在模型正确的情形下也未必是一条直线.

关于模拟包络, 就是如果拟合模型正确, 偏差残差绝对值的半正态概率图极有可能落在的那个带状区域. 具体步骤如下:

(I) 对每个 i, 从两点分布 $B(1, \widehat{\pi}_i)$ 随机抽取 y_{si}, $i = 1, \cdots, n$;

(Ⅱ) 用模拟抽取的 n 个响应变量和原自变量 $\boldsymbol{x}_i$ 作 Logistic 回归, 计算偏差残差 $\mathrm{dev}_{s(i)}$, 并对其绝对值排序:

$$|\mathrm{dev}|_{s(1)}, \cdots, |\mathrm{dev}|_{s(n)};$$

(Ⅲ) 重复步骤 (I) 和 (Ⅱ) S 次, k 从 1 到 n 依次计算各点在 S 次重复中所得的残差绝对值集合 $\{|\mathrm{dev}|_{s(k)}, s = 1, \cdots, S\}$ 的最大值 $\max|\mathrm{dev}|_{s(k)}$、最小值 $\min|\mathrm{dev}|_{s(k)}$, 平均值 $\overline{|\mathrm{dev}|}_{s(k)}$;

(Ⅳ) 画以下散点图:

$$\begin{aligned}
&\text{模拟上边界}(\Phi^{-1}((k+n-1/8)/(2n+1/2)),\ \max|\mathrm{dev}|_{s(k)}), \quad k = 1, \cdots, n,\\
&\text{模拟下边界}(\Phi^{-1}((k+n-1/8)/(2n+1/2)),\ \min|\mathrm{dev}|_{s(k)}), \quad k = 1, \cdots, n,\\
&\text{模拟均值线}(\Phi^{-1}((k+n-1/8)/(2n+1/2)),\ \overline{|\mathrm{dev}|}_{s(k)}), \quad k = 1, \cdots, n,\\
&\text{模型残差散点图}(\Phi^{-1}((k+n-1/8)/(2n+1/2)),\ |\mathrm{dev}|_{(k)}), \quad k = 1, \cdots, n.
\end{aligned}$$

关于带模拟包络的偏差残差绝对值的半正态概率图, Moral 等 (2017) 给出了 R 程序, 对应的函数 hnp() 在 MASS 程序包中. 调用格式为

```
[\lstset=escapechar=`]
hnp(object, sim = 99, conf = 0.95, resid.type, maxit,
    halfnormal = T, how.many.out = T  ...)
```

```
object:        拟合模型对象或数值向量.
sim:           用于计算包络的模拟数. 默认值为 99.
conf:          模拟包络的置信水平. 默认值为 0.95.
resid.type:    使用的残差类型;必须是"deviance","pearson","response", "working",
               "simple","student",或"standard"之一. glm对象的默认值为"deviance".
maxt:          估计算法的最大迭代次数. glm 对象的默认值为25.
halfnormal:    逻辑变量, 如果为 TRUE,则生成半正态图.如果为FALSE,则生成正常绘图.
               默认值为TRUE.
how.many.out:逻辑变量, 如果为真, 显示模型残差散点落在包络外的个数.
```

当模型残差散点大部分都靠近模拟均值线时, 说明 Logistic 模型合适, 当存在个别点在包络外或接近包络线时, 则认为这些点为异常值点.

3. Logistic 回归影响分析

我们主要介绍 Logistic 回归模型下用于识别强影响点的三种度量方法:

$$\Delta\chi_i^2 = \chi^2 - \chi_{(i)}^2,$$

$$\Delta \mathrm{dev}_i = \mathrm{DEV} - \mathrm{DEV}_{(i)},$$

$$D_i = \frac{r_{\mathrm{P}_i} h_{ii}}{p(1-h_{ii})^2},$$

其中 χ^2 和 DEV 分别为 Pearson 卡方统计量(10.3.38)和偏差统计量 (10.3.40), $\chi_{(i)}^2$ 和 $\mathrm{DEV}_{(i)}$ 为样本去掉第 i 次观测后所计算的相应的值, D_i 为模型 $y_i^* = \boldsymbol{x}_i\boldsymbol{\beta} + \varepsilon_i$, $i = 1, \cdots, n$ 全数和去掉第 i 次观测后数据拟合值的 Cook 距离 (6.5.14), 这里, $y_i^* = \ln(\widehat{\pi}_i/(1-\widehat{\pi}_i))$. 这部分内容我们将结合下面的例子来说明.

10.3.5 响应概率的推断

在 Logistic 模型 (10.3.3) 下, 对于任一 $i = 1, \cdots, n$, $\pi(\boldsymbol{x}_i)$ 的 ML 估计为

$$\widehat{\pi}(\boldsymbol{x}_i) = 1/[1 + \exp(-\boldsymbol{x}_i'\widehat{\boldsymbol{\beta}})],$$

其中 $\widehat{\boldsymbol{\beta}}$ 为 $\boldsymbol{\beta}$ 的极大似然估计. 为了方便应用, 常采用列线图 (alignment diagram) 又称诺莫 (nomogram) 图将 Logistic 回归可视化, 即将复杂的回归方程转变为可视化的图形, 使预测模型的结果更具有可读性, 方便对患者/研究对象进行评估.

列线图的基本原理, 简单地说, 就是通过构建多因素回归模型, 首先根据模型中各个影响因素对响应变量的贡献程度 (回归系数的大小), 给每个影响因素的每个取值水平进行赋分, 然后再将各个评分相加得到总评分, 最后通过总评分与结局事件发生概率之间的函数转换关系, 从而计算出该个体结局事件的预测值. 正

是列线图这种直观、便于理解的特点, 使它在医学研究和临床实验中也逐渐得到了越来越多的关注和应用. 关于这部分内容, 我们将在案例分析部分进行说明.

依据线性模型的相关结论, 由 (10.3.20) 可得到 $\text{logit}(\pi(\boldsymbol{x}_i))$, 即 $\boldsymbol{x}_i'\boldsymbol{\beta}$ 的置信系数为 $1-\alpha$ 的置信区间近似为 $[L,U]$, 其中

$$L = \boldsymbol{x}_i'\widehat{\boldsymbol{\beta}} - z_{\alpha/2}\sqrt{\boldsymbol{x}_i'\left(\mathbf{X}'\mathbf{W}(\widehat{\boldsymbol{\beta}})\mathbf{X}\right)^{-1}\boldsymbol{x}_i}, \tag{10.3.41}$$

$$U = \boldsymbol{x}_i'\widehat{\boldsymbol{\beta}} + z_{\alpha/2}\sqrt{\boldsymbol{x}_i'\left(\mathbf{X}'\mathbf{W}(\widehat{\boldsymbol{\beta}})\mathbf{X}\right)^{-1}\boldsymbol{x}_i}. \tag{10.3.42}$$

由 logit 函数在 (0, 1) 上是单调增函数, 于是 $\pi(\boldsymbol{x}_i)$ 的置信系数为 $1-\alpha$ 的置信区间近似为

$$[1/(1+\exp(-L)), 1/(1+\exp(-U))]. \tag{10.3.43}$$

关于 m 个点 $\boldsymbol{x}_{i_1},\cdots,\boldsymbol{x}_{i_m}$ 处的响应概率 $\pi(\boldsymbol{x})$ 的同时置信区间, 将包含在 (10.3.43) 中 L 和 U 内的分位数 $z_{\alpha/2}$ 换成 $z_{\alpha/2m}$ 即可.

10.3.6 Logistic 回归判别

Logistic 回归的一个重要应用是根据新的观测 $\boldsymbol{x}_{\text{new}}$, 判断或预测关心的事件 $Y=1$ 是否发生. 如根据个人的消费记录, 推断其是否会购买某项新产品; 医生根据一些检查指标, 判断患者是否患某种疾病等. Logistic 回归判别就是基于估计的发生概率 $\widehat{\pi}(\boldsymbol{x}_{\text{new}})$ 和一个给定的阈值 (cutoff) c 来作判别, 判别方法如下:

当 $\widehat{\pi}(\boldsymbol{x}_{\text{new}}) > c$ 时, 则判 $Y_{\text{new}}=1$;

当 $\widehat{\pi}(\boldsymbol{x}_{\text{new}}) \leqslant c$ 时, 则判 $Y_{\text{new}}=0$.

显然, 不同的阈值其分类结果也不同. 应用中关于阈值 c 的选择, 主要有以下三种方法.

(1) 选择 $c=1/2$. 该方法适用于感兴趣总体中 $Y=0$ 和 $Y=1$ 等可能, 且 $Y=0$ 和 $Y=1$ 被判错的代价 (cost) 相等的情形.

(2) 基于受试者工作特征 (receiver operating characteristic, ROC) 曲线的最佳阈值选取方法. 该方法适合于样本是从总体中随机抽取的, 且两类错判代价近似相等的情形.

(3) 基于先验概率和错判代价的阈值选择. 该方法适用于当样本不是随机抽取但对总体中 $Y=1$ 和 $Y=0$ 可能性有先验信息, 对两类错判代价不同度量的情形.

下面我们主要介绍基于 ROC 曲线的最佳阈值选取方法. 首先用混淆矩阵来记录分类过程中归错类和归对类的观测值个数, 如表 10.3.5.

表 10.3.5 混淆矩阵

		真实值	
		Positive ($Y = 1$)	Negative ($Y = 0$)
预测值	Positive ($\widehat{Y} = 1$)	TP	FP
	Negative ($\widehat{Y} = 0$)	FN	TN

其中 TP 代表的是真实值是 positive, 模型分类为 positive 的样本数量;
FP 代表的是真实值是 negative, 模型分类为 positive 的样本数量;
TN 代表的是真实值是 negative, 模型分类为 negative 的样本数量;
FN 代表的是真实值是 positive, 模型分类为 negative 的样本数量.

根据混淆矩阵我们可以计算出模型分类的真阳性率 (true positive rate, TPR)、真阴性率 (true negative rate, TNR) 以及假阴性率 (false negative rate, FNR):

$$\mathrm{TPR} = \mathrm{TP}/(\mathrm{TP} + \mathrm{FN}),$$

$$\mathrm{TNR} = \mathrm{TN}/(\mathrm{TN} + \mathrm{FP}),$$

$$\mathrm{FNR} = \mathrm{FN}/(\mathrm{TN} + \mathrm{FP}) = 1 - \mathrm{TNR},$$

其中 TPR 又称敏感度 (sensitivity), TNR 又称特异度 (specificity).

由于混淆矩阵中的 TP, FP, TN 和 FN 的取值会随着阈值的变化而变化, 故相应的 TPR 和 FNR 也将随之发生变化. **ROC 曲线**就是随着阈值的变化, 以 FNR (1−specificity) 和 TPR (sensitivity) 分别为横轴和纵轴绘制的曲线. 在实际应用中, ROC 曲线上的最佳阈值点所对应的混淆矩阵将是我们计算敏感度、特异度以及准确度等指标的依据. 那么 ROC 曲线上的哪一个点对应的阈值是最佳阈值点呢? 通常通过 Youden 指数 (Youden index) 进行选择. Youden 指数也称正确指数, 即真阳性率 TPR 与假阴性率 FNR 的差, 故有

$$\text{Youden index} = \text{sensitivity} - (1 - \text{specificity}) = \text{sensitivity} + \text{specificity} - 1.$$

Youden 指数范围取值介于 0 到 1 之间, 代表分类模型发现真正患者与非患者的总能力, Youden 指数越大, 表示分类模型性能越好.

10.3.7 节我们用一个案例来对 10.3 节所介绍的 Logistic 回归模型的方法及程序作详细说明.

10.3.7 案例分析

在一项健康研究中, 为了调查一种由蚊子传播的疾病暴发情况, 在一个城市的两个区域随机抽取 98 个人. 通过访谈提问提出相关问题, 评估近期是否出现了与该疾病相关的某些特定症状, 从而确定他们近期是否感染了所研究的疾病. 研

究中还包括三个已知或潜在的风险因素 (自变量), 即年龄、家庭收入类型和所居住的城市区域. 年龄 (X_1) 是一个定量变量; 家庭收入类型是一个分类变量, 分为高收入、中收入和低收入三个类; 为了可估, 家庭收入类型由以下两个虚拟指标变量 (X_2 和 X_3) 表示, 城市区域是一个二分类变量, 一个指标变量 (X_4), 即 $X_4=0$ 表示区域 1, $X=1$ 表示区域 2. 具体数据见表 10.3.6.

表 10.3.6 蚊子传播的疾病数据 (Kutner et al, 2004)

i	X_1	X_2	X_3	X_4	Y	i	X_1	X_2	X_3	X_4	Y	i	X_1	X_2	X_3	X_4	Y
1	33	0	0	0	0	34	4	0	0	0	0	67	24	0	0	0	0
2	35	0	0	0	0	35	44	0	1	1	0	68	30	0	0	0	0
3	6	0	0	0	0	36	11	0	1	1	1	69	46	0	0	0	0
4	60	0	0	0	0	37	3	1	0	1	0	70	28	0	0	0	0
5	18	0	1	0	1	38	6	0	1	1	0	71	27	0	0	0	0
6	26	0	1	0	0	39	17	1	0	1	1	72	27	0	0	0	1
7	6	0	1	0	0	40	1	0	1	1	0	73	28	0	0	0	0
8	31	1	0	0	1	41	53	1	0	1	1	74	52	0	0	0	1
9	26	1	0	0	1	42	13	0	0	1	1	75	11	0	1	0	0
10	37	1	0	0	0	43	24	0	0	1	0	76	6	1	0	0	0
11	23	0	0	0	0	44	70	0	0	1	1	77	46	0	1	0	0
12	23	0	0	0	0	45	16	0	1	1	1	78	20	1	0	0	1
13	27	0	0	0	0	46	12	1	0	1	0	79	3	0	0	0	0
14	9	0	0	0	1	47	20	0	1	1	1	80	18	1	0	0	0
15	37	0	0	1	1	48	65	0	1	1	0	81	25	1	0	0	0
16	22	0	0	1	1	49	40	1	0	1	1	82	6	0	1	0	0
17	67	0	0	1	1	50	38	1	0	1	1	83	65	0	1	0	1
18	8	0	0	1	0	51	68	1	0	1	1	84	51	0	1	0	0
19	6	0	0	1	1	52	74	0	0	1	1	85	39	1	0	0	0
20	15	0	0	1	1	53	14	0	0	1	1	86	8	0	0	0	0
21	21	1	0	1	1	54	27	0	0	1	1	87	8	1	0	0	0
22	32	1	0	1	1	55	31	0	0	1	0	88	14	0	1	0	0
23	16	0	0	1	1	56	18	0	0	1	0	89	6	0	1	0	0
24	11	1	0	1	0	57	39	0	0	1	0	90	6	0	1	0	0
25	14	0	1	1	0	58	50	0	0	1	0	91	7	0	1	0	0
26	9	1	0	1	0	59	31	0	0	1	0	92	4	0	1	0	0
27	18	1	0	1	0	60	61	0	0	1	0	93	8	0	1	0	0
28	2	0	1	0	0	61	18	0	1	0	0	94	9	1	0	0	0
29	61	0	1	0	0	62	5	0	1	0	0	95	32	0	1	0	1
30	20	0	1	0	0	63	2	0	1	0	0	96	19	0	1	0	0
31	16	0	1	0	0	64	16	0	1	0	0	97	11	0	1	0	0
32	9	1	0	0	0	65	59	0	1	0	1	98	35	0	1	0	0
33	35	1	0	0	0	66	22	0	1	0	0						

解 首先, 采用包含所有变量的 Logistic 模型

$$\pi_F = 1/[1+\exp(-\beta_0-\beta_1X_1-\beta_2X_2-\beta_3X_3-\beta_4X_4)] \tag{10.3.44}$$

拟合数据. 该模型的计算可由 R 语言中的函数 glm() 或 lrm() 完成. 这里采用前者, 程序和运行结果如下:

```
reg<-glm(Y~X1+X2+X3+X4, data, family = binomial(link = "logit") )
summary(reg)

Call:
glm(formula = Y ~ X1 + X2 + X3 + X4, family = binomial(link = "logit"),
    data = data)

Coefficients:
            Estimate Std. Error z value Pr(>|z|)
(Intercept) -2.31293    0.64259  -3.599 0.000319 ***
X1           0.02975    0.01350   2.203 0.027577 *
X2           0.40879    0.59900   0.682 0.494954
X3          -0.30525    0.60413  -0.505 0.613362
X4           1.57475    0.50162   3.139 0.001693 **
---
Signif. codes:  0 '***' 0.001 '**' 0.01 '*' 0.05 '.' 0.1 ' ' 1
(Dispersion parameter for binomial family taken to be 1)

    Null deviance: 122.32  on 97  degrees of freedom
Residual deviance: 101.05  on 93  degrees of freedom
AIC: 111.05
```

从以上结果可得 $\boldsymbol{\beta}$ 的 ML 估计:

$$\widehat{\boldsymbol{\beta}}=(\widehat{\beta}_0,\widehat{\beta}_1,\widehat{\beta}_2,\widehat{\beta}_3,\widehat{\beta}_4)'=(-2.31293,0.02975,0.40879,-0.30525,1.57475)'.$$

从而得拟合的 Logistic 响应函数 $E(Y=1)=\pi(\boldsymbol{X})=(1+\exp(-\boldsymbol{X}'\widehat{\boldsymbol{\beta}}))^{-1}$ 为

$$\widehat{\pi}_F=[1+\exp(2.31293-0.02975X_1-0.40879X_2+0.30525X_3-1.57475X_4)]^{-1}. \tag{10.3.45}$$

运行如下程序:

```
 X=model.matrix(reg)  ## 设计阵
pi=predict(reg, type="response") ## pi 或响应函数的估计
w<-pi*(1-pi)
Cov<-solve(t(X)%*% diag(w)%*% X)  ##beta 的 ML 估计的协方差阵
round(Cov, 4)
round(exp(reg$coef[-1]),4) ## 优势比
```

得 4 个自变量各自的优势比:

$$\widehat{\mathrm{OR}}_1=\exp(\widehat{\beta}_1)=1.0302,\quad \widehat{\mathrm{OR}}_2=\exp(\widehat{\beta}_2)=1.5050,$$

$$\widehat{\text{OR}}_3 = \exp(\widehat{\beta}_3) = 0.7369, \quad \widehat{\text{OR}}_4 = \exp(\widehat{\beta}_4) = 4.8295,$$

ML 估计 $\widehat{\boldsymbol{\beta}}$ 的渐近协方差阵 (10.3.20) 的估计:

$$\mathbf{S} = (\mathbf{X}'\mathbf{W}(\widehat{\boldsymbol{\beta}})\mathbf{X})^{-1} = \begin{pmatrix} 0.4129 & -0.0057 & -0.1836 & -0.2010 & -0.1632 \\ -0.0057 & 0.0002 & 0.0011 & 0.0007 & 0.0003 \\ -0.1836 & 0.0011 & 0.3588 & 0.1482 & 0.0129 \\ -0.2010 & 0.0007 & 0.1482 & 0.3650 & 0.0623 \end{pmatrix}.$$

$\widehat{\beta}_k$ 的渐近方差的估计就是矩阵 $\mathbf{S}$ 的第 $k+1$ 个主对角元, $k = 0, 1, 2, 3, 4$.

其次, 在检验水平 $\alpha = 0.05$ 下, 给出单个回归系数 β_i 的显著性检验, 即对固定的 i 检验假设

$$H_{01} : \beta_i = 0 \longleftrightarrow H_{11} : \beta_i \neq 0.$$

依据公式 (10.3.30), 计算回归系数 β_1 的 Wald 检验统计量和检验的 P 值, 得

$$z_1 = \frac{\widehat{\beta}_1}{\sqrt{s_{22}}} = 2.203, \quad P(|Z| > |z_1|) = 2(1 - \Phi(|z_1|)) = 0.027577,$$

同理得

$$z_2 = 0.682, \quad z_3 = -0.505, \quad z_4 = 3.139,$$

$$P(|Z| > |z_2|) = 0.494955, \ P(|Z| > |z_3|) = 0.613362, \ P(|Z| > |z_4|) = 0.001693.$$

即 summary(reg) 的结果. 以上结果显示: β_2 和 β_3 不显著. 下面我们采用似然比检验来检验假设

$$H_{02} : \beta_2 = \beta_3 = 0 \longleftrightarrow H_{12} : \beta_2 \text{ 和 } \beta_3 \text{ 不全为零}.$$

根据 (10.3.30) 计算似然比检验统计量

$$\begin{aligned} G^2 &= -2(\hat{l}_R - \hat{l}_F) \\ &= -2\left[\sum_{i=1}^{n}(y_i \ln \widehat{\pi}_{iR} + (1-y_i)\ln(1-\widehat{\pi}_{iR})) - \sum_{i=1}^{n}(y_i \ln \widehat{\pi}_{iF} + (1-y_i)\ln(1-\widehat{\pi}_{iF}))\right] \\ &= -2[-51.130 - (-50.527)] = 1.206, \end{aligned}$$

统计量的 P 值为 $P(\chi_2^2 \geqslant G^2) = 0.55$. 因此接受 H_{02}. 由于 X_2 和 X_3 是家庭收入变量的两个水平, 故可认为感染所研究的疾病的概率与年龄和所在城区有关, 与家庭收入级别相关性不显著, 另外, 还可采用 BIC 准则来选择变量，结果如下:

```
reg0 <- glm(Y~X1+X4,  data, family = binomial(link = "logit") )
pi0=predict(reg0, type="response")
l1<-sum(data$Y*log(pi)+(1-data$Y)*log(1-pi))  ##全模型对数似然函数
l0<-sum(data$Y*log(pi0)+(1-data$Y)*log(1-pi0))##减模型对数似然函数
G2<--2*(l0-l1)
p=1-pchisq(G2,2)
c(l1,l0, G2,p)  #results
```

综合 Wald 检验和似然比检验的结果可认为感染所研究的疾病的概率与年龄和所在城区有关, 与家庭收入级别相关性不显著, 故得模型:

$$\pi_R = [1 + \exp(-(\beta_0 + \beta_1 X_1 + \beta_4 X_4))]^{-1}.$$

再次, 考虑变量选择问题. 在 Logistic 回归模型下, 通常采用的变量选择准则有 AIC 和 BIC 准则:

$$\mathrm{AIC}_p = -2l(\widehat{\boldsymbol{\beta}}) + 2p,$$

$$\mathrm{BIC}_p = -2l(\widehat{\boldsymbol{\beta}}) + p\ln(n).$$

变量选择方法可采用逐步回归. 我们可以采用 R 语言提供的逐步回归函数 step(), 可在 AIC 准则 (参数 k=2 或默认) 和 BIC 准则 (参数 k=log(nrow(data))) 下对全模型进行变量选择. 但需注意的是, step() 的结果无论 k 取哪个整数, 结果都标记为 AIC. 因此, 应用中需要根据 k 的值来判断是 AIC 准则还是 BIC 准则.

在 AIC 准则下自变量逐步回归选择的程序和运行结果如下:

```
 step(reg,  direction='both') ##默认  AIC准则

Start:  AIC=111.05
Y ~ X1 + X2 + X3 + X4

       Df Deviance    AIC
- X3    1   101.31 109.31
- X2    1   101.52 109.52
<none>      101.05 111.05
- X1    1   106.20 114.20
- X4    1   111.50 119.50

Step:  AIC=109.31
Y ~ X1 + X2 + X4

       Df Deviance    AIC
```

```
- X2    1    102.26 108.26
<none>       101.31 109.31
+ X3    1    101.05 111.05
- X1    1    106.88 112.88
- X4    1    113.11 119.11

Step:  AIC=108.26
Y ~ X1 + X4

       Df Deviance    AIC
<none>       102.26 108.26
+ X2    1    101.31 109.31
+ X3    1    101.52 109.52
- X1    1    107.53 111.53
- X4    1    114.91 118.91

Call:  glm(formula = Y ~ X1 + X4, family = binomial(link = "logit"),
    data = data)

Coefficients:
(Intercept)           X1           X4
   -2.33515      0.02929      1.67345
```

结果显示: 变量 (X_1, X_4) 进入模型, 此时 $\text{AIC} = 108.26$.

在 BIC 准则下逐步回归自变量选择程序和运行结果如下:

```
step(reg,  direction='both', k=log(nrow(data))) ##BIC 准则

Start:  AIC=123.98
Y ~ X1 + X2 + X3 + X4

       Df Deviance    AIC
- X3    1    101.31 119.65
- X2    1    101.52 119.86
<none>       101.05 123.98
- X1    1    106.20 124.54
- X4    1    111.50 129.84

Step:  AIC=119.65
Y ~ X1 + X2 + X4

       Df Deviance    AIC
```

```
- X2     1    102.26 116.01
<none>        101.31 119.65
- X1     1    106.88 120.64
+ X3     1    101.05 123.98
- X4     1    113.11 126.86

Step:  AIC=116.01
Y ~ X1 + X4

       Df Deviance    AIC
<none>        102.26 116.01
- X1     1    107.53 116.70
+ X2     1    101.31 119.65
+ X3     1    101.52 119.86
- X4     1    114.91 124.08
```

变量选择的结果与 AIC 准则下的相同, 选模型的变量为 (X_1, X_4), 此时 BIC = 116.01.

最后, 我们针对选模型进行残差分析和影响分析. 运行如下程序:

```
H<- diag(sqrt(w))%*%X%*% Cov%*%t(X)%*%diag(sqrt(w))##帽子矩阵
h<-diag(H)
###四种残差
e<-residuals(reg0, type = "response")##ordinal residual #或  e<-data$Y- pi0
p<-  residuals(reg0, type = "pearson") #Pearson residual #或  rp<-e/sqrt(w)
rsp<-rp/sqrt(1-h)  # standard Pearson residual
dev<- residuals(reg0, type = "deviance") ## deviance residual
#或  d<- -2*(data$Y*log(pi0)+ (1-data$Y )*log(1-pi0)), dev<-sign(e)*sqrt(d)
########残差图
par(mfrow=c(2,2))
plot(e~pi0,pch="o", xlab="Estimated Probability", ylab ="ordinary Residual")
plot(rp~pi0,pch="o", xlab="Estimated Probability", ylab ="Pearson  Residual")
plot(rsp~pi0,pch="o", xlab="Estimated Probability",
              ylab =" Studentize Pearson Residual")
plot(dev~pi0,pch="o", xlab="Estimated Probability", ylab ="deviance residual")
```

得一般残差 $\widehat{e}_i$、Pearson 残差 r_{P_i}、学生化 Pearson 残差 r_{sP_i} 以及偏差 dev_i 相对于估计概率 $\widehat{\pi}_i$ 的四个残差图, 见图 10.3.5.

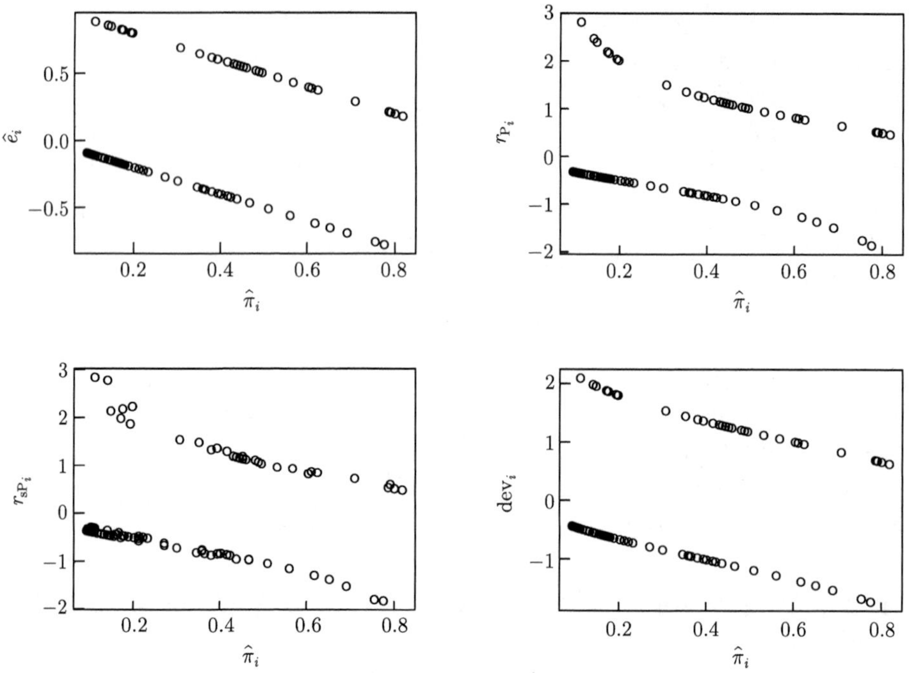

图 10.3.5　四种残差与估计概率 $\widehat{\pi}_i$ 的散点图

由于因变量 Y 是二值变量, 故相应的四类残差也都是二值的, 残差图 10.3.5 的左上角的子图是一般残差 $\widehat{e}_i = y_i - \widehat{\pi}_i$ 与估计概率 $\widehat{\pi}_i$ 残差图, 该图呈现出两条斜率为 -1 的直线, 其他三个子图类似呈现出两条线. 我们很难从残差图 10.3.5 中看出模型回归的好坏. 因此, 我们考虑带局部加权光滑曲线的残差图. 我们选择更具有实际意义的学生化 Pearson 残差 r_{sP_i} 和偏差 dev_i, 分别针对 $\widehat{\pi}_i$ 和 $\mathrm{logit}(\widehat{\pi}_i)$ 作残差图和相应的局部加权光滑曲线, 见图 10.3.6. 从中可以看出两类残差无论关于 $\widehat{\pi}_i$ 和还是 $\mathrm{logit}(\widehat{\pi}_i)$ 作局部加权光滑回归, 所得到的 LOWESS 曲线大致可认为是与

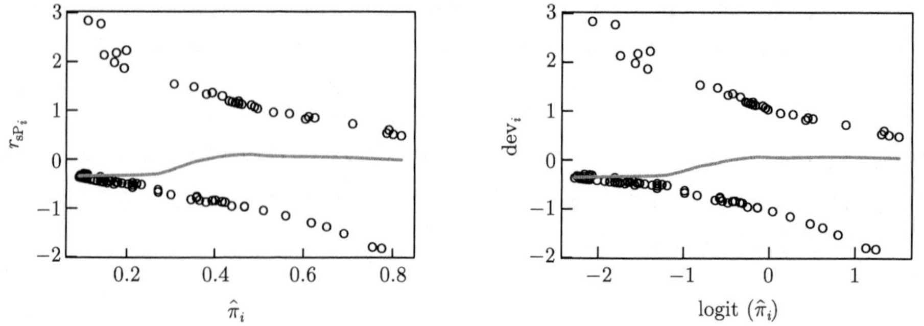

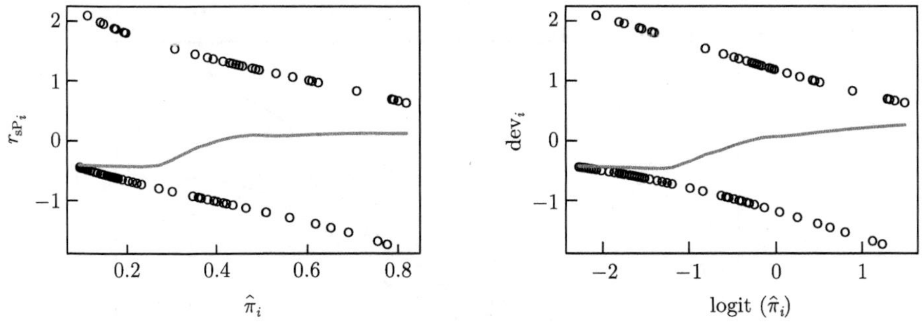

图 10.3.6 带 LOWESS 曲线的残差图

斜率截距都为 0 的直线接近, 说明没有充分的理由拒绝选模型.

```
logit<-log(pi0/(1-pi0)) ##
par(mfrow=c(2,2))    ##带局加权部光滑回归线的残差图

plot(rsp~pi0,  pch = "o", xlab = "Estimated Probability",
ylab = "Studentize Pearson Residual")
lines(lowess(pi0,rsp), col="red", lwd=2) # 局加权部光滑回归线

plot(rsp~logit,  pch = "o", xlab = "logit(Estimated Probability)",
 ylab = "deviance residual")
lines(lowess(logit,rsp), col="red", lwd=2)

plot(dev~pi0,  pch = "o", xlab = "Estimated Probability",
 ylab = " Studentize Pearson Residual")
lines(lowess(pi0,dev), col="red", lwd=2)

plot(dev~logit,  pch = "o", xlab ="logit(Estimated Probability)",
ylab = "deviance residual")
lines(lowess(logit,dev), col="red", lwd=2)
```

另外, 运行如下程序:

```
 library(MASS)
 library(hnp)
my.hnp<-hnp(reg0, sim = 99, conf =0.95)
plot(my.hnp, xlab="Half-normal scores",
ylab="Deviance residuals", legpos="bottomright", lwd = 2)
```

得带模拟包络的偏差残差绝对值的半正态概率图 (图 10.3.7). 由于模型的偏差残差散点大部分靠近模拟均值线, 因此认为所选的 Logistic 模型是适合的. 尽管存

在个别点靠近模拟包络的上边界, 仍在包络内, 因此, 可以认为异常值点不显著.

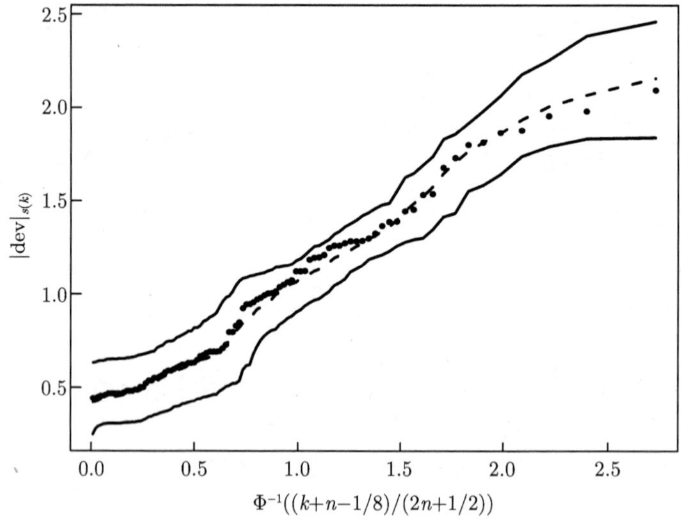

图 10.3.7　带模拟包络的偏差残差绝对值的半正态概率图

最后在选模型下对数据进行影响分析. 首先计算各点的 $\Delta\chi_i^2$, $\Delta\mathrm{dev}_i$, D_i 和杠杆值 $h_{(ii)}$. 运行如下程序:

```
reg0 <- glm(Y~X1+X4,  data, family = binomial(link = "logit") )
pi0=predict(reg0, type="response")
X <- model.matrix(reg0)
y <- model.response(model.frame(reg0))

##### Cook distance
w<-pi0*(1-pi0)
Cov<-solve(t(X)%*% diag(w) %*% X)  #协方差
H<- diag(sqrt(w))%*%X%*% Cov%*%t(X)%*%diag(sqrt(w))
h<- diag(H)       ####杠杆值
rp<-residuals(reg0, type = "pearson")
cook.D<-h*rp^2/(ncol(X))

########  Crossvalidation (CV) for  delta_chi^2,  delta_DEV
#####function for chi^2
chisq<-function(y,pi){
       c<-sum((y-pi)^2/(pi*(1-pi)))
       return(c) }

#####functions for DEV
```

```
DEV<-function(y,pi){
   d<- -2*sum(y*log(pi)+(1-y)*log(1-pi))
   return(d)        }

################### Leave-one-out CV
DEVcv<-rep(0, nrow(X));
chisqcv<-rep(0, nrow(X))
for (i in 1:nrow(X)){
   regi<-glm(y[-i]~X[-i,1]+X[-i,2], family = binomial(link = "logit"))
   pi_i=predict(regi, type="response")
   chisqcv[i]<-chisq(y[-i],pi_i)
   DEVcv[i]<-DEV(y[-i],pi_i)
  }
deltachisqcv=chisq(y,pi0)-chisqcv
delta_dev_cv=DEV(y,pi0)-DEVcv
result<-cbind(deltachisqcv, delta_dev_cv, cook.D, h) ###
round(result,3)
```

得到 Logistic 模型下识别强影响点的四种度量计算结果:

```
   deltachisqcv delta_dev_cv cook.D     h
1        -1.340      -11.752  0.002 0.021
2        -1.331      -11.705  0.002 0.022
3        -1.560      -12.221  0.001 0.019
4        -1.277      -10.892  0.013 0.070
5        -1.386       -9.914  0.035 0.017
...
98       -1.331      -11.705  0.002 0.022
```

为了更直观, 我们以各点序号为横坐标, 将各点求得的四种度量的值用折线图表示, 见图 10.3.8 程序如下:

```
id<-seq(1:nrow(X)) ###图10.3.8
par(mfrow=c(2,2))
plot(deltachisqcv~id,lwd=2,type="o",xlab="Case Index",ylab="Delta Chi-square")
plot(delta_dev_cv~id,lwd=2,type="o",xlab="Case Index",ylab = "Delta Deviance")
plot(cook.D~id,lwd = 2,type = "o",xlab="Case Index", ylab = "Cook's Distance")
plot(h~id, lwd = 2,type = "o",xlab = "Case Index", ylab = " Leverage" )
```

从图 10.3.8 不难发现: 整体上不同数据点对应的 $\Delta\chi_i^2$, Δdev_i, Cook 距离 D_i 和杠杆值 $h_{(ii)}$ 的差异并不是特别大; 尽管点 19 对 Pearson 卡方统计量影响与其他点有较大不同, 对偏差统计量的影响略有不同, 但其对 Cook 距离和杠杆值很小; 点 48 和 83 分别对 Cook 距离和杠杆值有略微大的影响, 但对 Pearson 卡方

统计量和偏差统计量的影响并不突出. 因此, 仍保留这三个点. 因此最终采用的模型为

$$\text{logit}(\pi) = -2.33515 + 0.02929X_1 + 1.67345X_4.$$

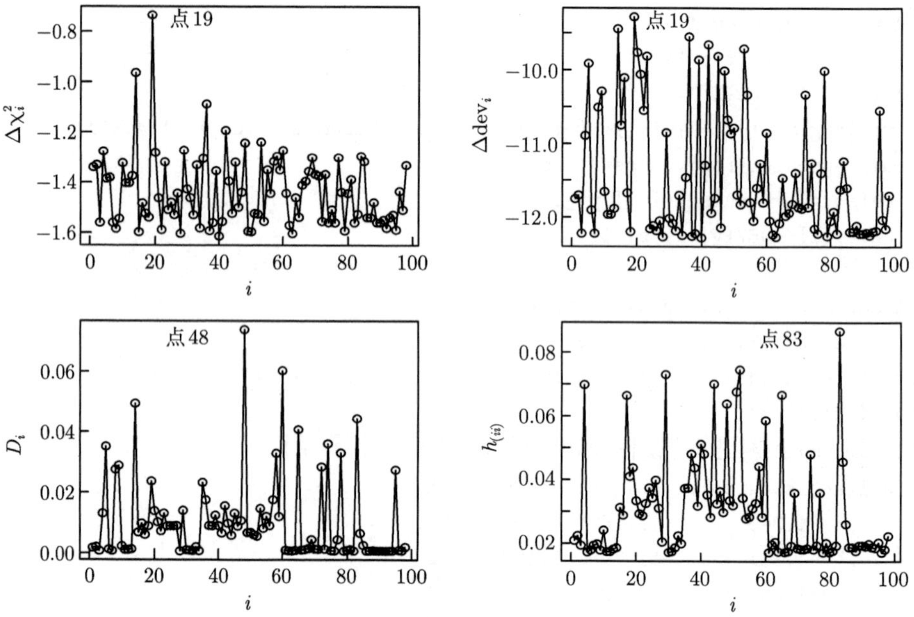

图 10.3.8　选模型下 $\Delta\chi_i^2$, Δdev_i, Cook 距离 D_i 和杠杆值 $h_{(ii)}$ 的折线图

根据上面的函数, 我们可以估算一个居住在区域 2 的年龄为 20 岁的居民感染这种疾病的概率为 $\widehat{\pi} = 0.481$, 线性预测因子 (linear predictor) 为 $\text{logit}(\widehat{\pi}) = -0.0759$. 为方便应用, 应用中将 Logistic 回归模型的概率 $\pi(X_1, X_4)$ 的估算制作成了可视化的列线图:

列线图 10.3.9 的名称主要包括三类:

(1) 模型预测变量名称, 即 X_1, X_4, 每一个变量对应的线段上都标注了刻度, 代表了该变量的可取值范围, 而线段的长度则反映了该因素对结局事件的贡献大小;

(2) 得分, 包括单项得分, 即 Point, 表示每个变量在不同取值下所对应的单项分数, 以及总得分, 即 Total Point, 表示所有变量取值后对应的单项分数加起来合计的总得分;

(3) 预测概率和线性预测因子, 图中 diseaseoutbreak 即预测概率, linear predictor 即线性预测因子 $\text{logit}(\pi)$.

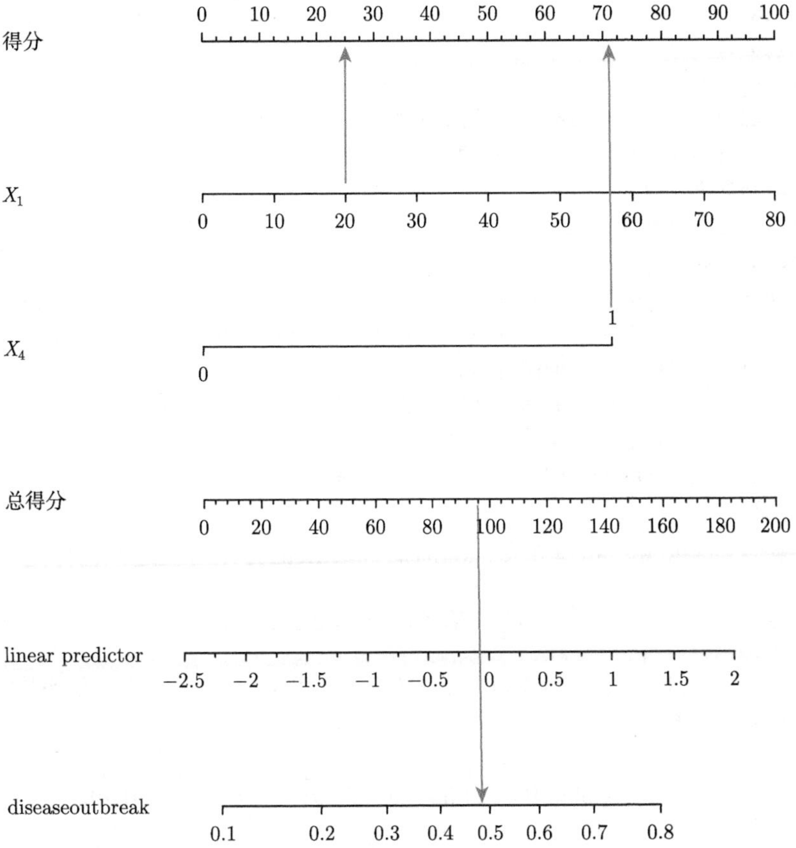

图 10.3.9 选模型的列线图以及响应概率 $\pi(20,1)$ 估算图解

采用列线图 (图 10.3.9), 可轻松估算的响应概率. 仍以 $X_1=20$ 和 $X_4=1$ 为例, $X_1=20$ 对应的单项得分为 25, $X_1=20$ 对应的单项得分为 71, 因此总得分为 25+71 = 96, 然后找总得分 96 所对应图中的疾病暴发预测概率为 0.48 左右, 线性预测因子的值在 −0.08 左右. 从中可以看出可视化的列线图给实际应用带来了很大方便. 相应的程序如下:

```
install.packages("rms",type="binary")
install.packages("DynNom")
install.packages("regplot")
install.packages("htmlTable")
install.packages("Hmisc",type="binary")
rm(list=ls())
library(rms)
library(Hmisc)
```

```
library(lattice)
library(survival)
library(ggplot2)
data<- read.table("diseaseoutbreak.txt",header=TRUE)
data1<-data.frame(data)#生成数据框
dim(data1)#查看数据
str(data1)#查看变量 #打包数据
dd <- datadist(data1)
options(datadist="dd")  #显示有效位数，默认7位
fit1 <- lrm(Y ~ X1+X4,data = data1, x=T,y=T) #Logisitc回归
nom1 <- nomogram(fit1, fun=plogis,
                 fun.at=c(0.001,0.1,0.25,0.5,0.75,0.9,0.99),#刻度
                 lp=T, # 显示线性概率
                 funlabel="diseaseoutbreak"#命名)
plot(nom1)
```

在点 $X_1 = 20$ 和 $X_4 = 1$ 处, $\operatorname{logit}(\widehat{\pi}) = \boldsymbol{x}'\widehat{\boldsymbol{\beta}}$ 的方差可被近似估计为

$$s^2 = \boldsymbol{x}'(\mathbf{X}'\mathbf{W}\mathbf{X})^{-1}\boldsymbol{x} = 0.1193459,$$

其中 $\boldsymbol{x} = (1, 20, 1)'$. 由 (10.3.41) 和 (10.3.42) 可得 $\operatorname{logit}(\pi)$ 的置信系数为 95% 的置信区间上下界:

$$L = -0.0759000 - 1.960 \times \sqrt{0.1193459} = -0.7530109,$$

$$U = -0.0759000 + 1.960 \times \sqrt{0.1193459} = -0.6012109.$$

由(10.3.43) 推得该点响应概率 π 的置信系数为 95% 的置信区间为

$$[0.320,\ 0.646].$$

最后我们考虑基于 Logistic 模型: $\pi = 1/(1 + \exp(-\beta_0 - \beta_1 X_1 - \beta_4 X_4))$ 的判别问题. 为了更客观反映该模型的判别能力, 我们将数据集随机分成训练集和测试集, 样本量分别为 69 和 29. 运行以下程序:

```
library(pROC)
library(ggplot2)
data<- read.table(diseaseoutbreak.txt",header=TRUE)
data1<-data.frame(data) #生成数据框
set.seed(1)
train_data1<-sample(98,69)
train<-data1[train_data1,]
test<-data1[-train_data1,]
```

```
fit0<-glm(Y~X1+X4,data=train,family = binomial)
prob0<-predict(fit0,newdata=test,type="response")#测试集预测

p1 <- roc(test$Y, prob0) ###### #绘制 ROC 曲线
plot(p1,
     legacy.axes = TRUE,
     main="ROC Curve",
     thresholds="best", # 基于Youden指数选择 ROC 曲线最佳阈值点
     print.thres="best", lwd=3, col = "red")
#计算曲线下面积AUC值
p1$auc
```

得到基于 Logistic 选模型判别的 ROC 曲线图 10.3.10, 并计算了用于刻画该模型判别能力一个指标: ROC 曲线下面积 (area under curve, AUC), AUC = 0.8864. 用同样的方法可算得基于 4 个自变量的 Logistic 全模型判别的 AUC= $0.846 < 0.8864$. 因此, 从判别的角度也说明了选模型优于全模型. 从图 10.3.10 可以发现用基于 69 个训练样本的 Logistic 模型预测 29 个测试样本, 所得的最佳阈值点为 $c^* = 0.164$. 则相应的敏感度为

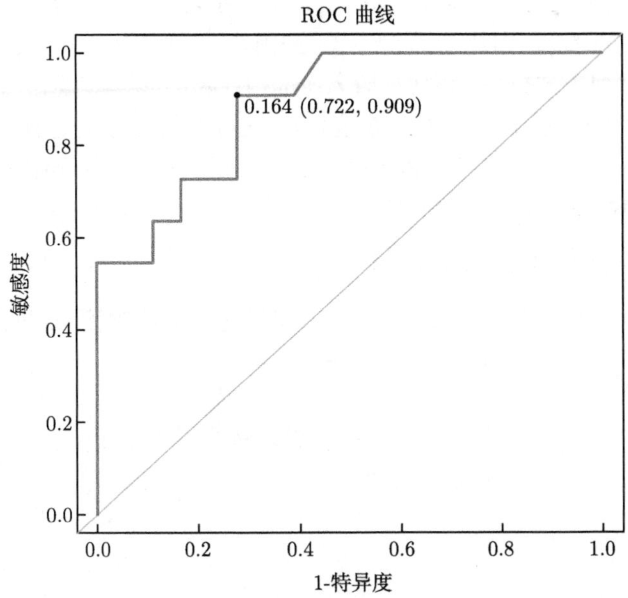

图 10.3.10　选模型下的 ROC 曲线

$$P(\hat{y}=1|Y=1)=P(\hat{\pi}>0.164 \mid Y=1)=\frac{10}{11}=0.909,$$

1-特异度为

$$P(\hat{y}=1|Y=0)=P(\hat{\pi}\leqslant 0.164\,|\,Y=0)=\frac{13}{18}=0.722,$$

Youden 指数为

$$P(\hat{y}=1|Y=1)-P(\hat{y}=1 \mid Y=0)=0.909-0.722=0.187.$$

值得注意的是, ROC 曲线图基于测试集上的事件发生频率估算的敏感度和特异度画出来的, 因此, 需要训练样本和需要训练集和测试集的样本量都足够大, 否则基于 Logistic 模型的预测/判别会由于其错误预测/判别概率过大而变得无用. 如从上例看验证样本下的计算的最优阈值点仅使 Youden 指数为 0.187, 也就是错判概率为 $1-0.187=0.813$.

10.4　多分类 Logistic 回归

Logistic 回归主要用于研究二分类因变量与一组预测变量之间的关系, 但应用中往往遇到因变量为多分类的情形. 比如国产手机品牌 (华为/小米/OPPO)、人的肤色 (白/黄/黑棕)、国籍 (中国/英国/法国/···) 等, 这些变量的分类纯粹是定性的, 没有以任何方式排序. 再比如收入 (高/中/低)、顾客满意度 (满意/一般/不满意)、疾病严重程度 (轻度/中度/重度) 等, 这些变量的分类是有序的. 本节将分别针对定类 (norminal) 因变量和定序 (ordinal) 因变量简单介绍多分类 Logistic 回归模型的建模思想和参数估计方法.

10.4.1　无序多分类 Logistic 回归

设因变量 Y 有 J 个水平. 因此, 对因变量的第 i 次观测 y_i 可由 J 个二分类变量 (或称哑变量), $y_{i1},\cdots,y_{iJ}$ 表达, 其中

$$y_{ij}=\begin{cases}1, & \text{第 } i \text{ 次观测}Y\text{取第 } j \text{ 个水平},\\ 0, & \text{其他},\end{cases} \tag{10.4.1}$$

且满足条件

$$\sum_{j=1}^{J}y_{ij}=0.$$

记

$$P(y_{ij}=1)=\pi_{ij}.$$

于是 π_{ij} 应满足条件:

$$\sum_{j=1}^{J}\pi_{ij}=1. \tag{10.4.2}$$

对于定类因变量 Y, 类似于二分类 Logistic 回归模型, 假设第 i 次观测中因变量水平 j 相对于水平 k 的响应概率比的对数可表达为如下形式:

$$\ln\left(\frac{\pi_{ij}}{\pi_{ik}}\right)=\boldsymbol{x}_i'\boldsymbol{\beta}_{jk}.$$

注意到 $\pi_{iJ}=\sum_{j=1}^{J-1}\pi_{ij}$, 且对于任意水平 $1\leqslant j<k\leqslant J$, 都有

$$\ln\left(\frac{\pi_{ij}}{\pi_{ik}}\right)=\ln\left(\frac{\pi_{ij}}{\pi_{iJ}}\right)-\ln\left(\frac{\pi_{ik}}{\pi_{iJ}}\right).$$

因此, 定类多分类 Logistic 回归就可归为研究以因变量水平 J 作为基线的 $J-1$ 个基线-类别 logit 模型:

$$\ln\left(\frac{\pi_{ij}}{\pi_{iJ}}\right)=\boldsymbol{x}_i'\boldsymbol{\beta}_j,\quad j=1,\cdots,J-1. \tag{10.4.3}$$

文献中称其为定类多分类 Logistic 回归, 也称无序 Logistic 回归.

由 (10.4.3) 可导出第 i 次观测中因变量水平 j 的出现的概率

$$\pi_{ij}=\frac{\exp(\boldsymbol{x}_i'\boldsymbol{\beta}_j)}{1+\sum_{k=1}^{J-1}\exp(\boldsymbol{x}_i'\boldsymbol{\beta}_j)},\quad j=1,\cdots,J-1 \tag{10.4.4}$$

和第 i 次观测中因变量水平 j 相对于水平 k 的响应概率比的对数

$$\ln\left(\frac{\pi_{ij}}{\pi_{ik}}\right)=\boldsymbol{x}_i'(\boldsymbol{\beta}_j-\boldsymbol{\beta}_k). \tag{10.4.5}$$

下面考虑未知参数 $\boldsymbol{\beta}_1,\cdots,\boldsymbol{\beta}_{J-1}$ 的估计问题. 一个较简单的方法是基于模型(10.4.3)分别求 $\boldsymbol{\beta}_j$ 的 ML 估计. 另一个更有效方法是联合 $J-1$ 模型用似然方法来求参数的估计. 记因变量的 n 次独立观测为

$$(y_{i1},\cdots,y_{iJ})',\quad i=1,\cdots,n.$$

结合(10.4.4), $y_{iJ}=1-\sum_{j=1}^{J-1}y_{ij}$ 和 $\pi_{iJ}=1-\sum_{j=1}^{J-1}\pi_{ij}$, 我们可容易导出对数似然函数为

$$\begin{aligned} l(\boldsymbol{\beta}_1,\cdots,\boldsymbol{\beta}_{J-1}) &= \ln\prod_{i=1}^{n}\left[\prod_{j=1}^{J}\pi_{ij}^{y_{ij}}\right] \\ &= \sum_{i=1}^{n}\left[\sum_{j=1}^{J-1}y_{ij}\ln\pi_{ij}+\left(1-\sum_{j=1}^{J-1}y_{ij}\right)\ln\left(\pi_{iJ}\right)\right] \\ &= \sum_{i=1}^{n}\left[\sum_{j=1}^{J-1}y_{ij}\ln\left(\frac{\pi_{ij}}{\pi_{iJ}}\right)+\ln\left(1-\sum_{j=1}^{J-1}\pi_{ij}\right)\right] \\ &= \sum_{i=1}^{n}\left[\sum_{j=1}^{J-1}(y_{ij}\boldsymbol{x}_i'\boldsymbol{\beta}_j)-\ln\left(1+\sum_{j=1}^{J-1}\exp(\boldsymbol{x}_i'\boldsymbol{\beta}_j)\right)\right]. \end{aligned} \tag{10.4.6}$$

对数似然函数(10.4.6)的极大化问题, 可用 R 语言中的函数 multinom() 完成.

10.4.2 有序多分类 Logistic 回归

当因变量 Y 是有序多分类时, 因变量的各水平是对某产品质量/服务水平/发展阶段等的分层或分级评价, 而这种分层和分级的方法往往是通过对一个连续变量 Y^c 的取值区间 $[a,b)$ 的划分得到的. 于是, 因变量 Y 可由 Y^c 表达为如下形式:

$$Y=\begin{cases} 1, & Y^c\in[T_0,T_1), \\ & \cdots\cdots \\ J, & Y^c\in[T_{J-1},T_J), \end{cases} \tag{10.4.7}$$

其中, $T_0=a<T_1<\cdots<T_{J-1}<T_J=b$.

记 $(y_i,\boldsymbol{x}_i)(i=1,\cdots,n)$ 是因变量 Y 和自变量 $\boldsymbol{X}=(X_1,\cdots,X_{p-1})$ 的 n 次独立观测值, 相应地记 $Y_1^c,\cdots,Y_n^c$ 为潜在变量 Y^c 在 n 次独立观测时的取值. 假设给定自变量 $\boldsymbol{x}_i$ 下, 假设 y_i^c 可由如下线性模型表示:

$$y_i^c=\beta_0+\boldsymbol{x}_i'\boldsymbol{\beta}^c+\sigma\varepsilon_i, \tag{10.4.8}$$

其中 $\varepsilon_1,\cdots,\varepsilon_n$ 相互独立, 服从标准 Logistic 分布, 其分布函数见式 (10.3.8). 于是, 由 (10.4.7) 和 (10.4.8) 立得

$$\begin{aligned} P(y_i\leqslant j) &= P(y_i^c\leqslant T_j) \\ &= P\left(\varepsilon_i\leqslant\frac{T_j-\beta_0}{k}-\frac{\boldsymbol{x}_i'\boldsymbol{\beta}^c}{k}\right) \end{aligned}$$

$$
\begin{aligned}
&= P(\varepsilon_i \leqslant \alpha_j + \boldsymbol{x}_i'\boldsymbol{\beta}) \\
&= \frac{\exp(\alpha_j + \boldsymbol{x}_i'\boldsymbol{\beta})}{1 + \exp(\alpha_j + \boldsymbol{x}_i'\boldsymbol{\beta})},
\end{aligned} \tag{10.4.9}
$$

其中 $\alpha_j = (T_j - \beta_0)/k$, $\boldsymbol{\beta} = -\boldsymbol{\beta}^c/k$, $\boldsymbol{x}_i$ 与本节前面模型中的 $\boldsymbol{x}_i$ 不同, 此处 $\boldsymbol{x}_i$ 是 $p-1$ 自变量的第 i 次观测, 不包含截距项对应的常数 1. 于是

$$
\ln\left(\frac{P(y_i \leqslant j)}{1 - P(y_i \leqslant j)}\right) = \alpha_j + \boldsymbol{x}_i'\boldsymbol{\beta}, \quad j = 1, \cdots, J-1. \tag{10.4.10}
$$

文献中称模型 (10.4.10) 为有序 Logistic 模型 (ordinal Logistic model) 或累积比数 Logistic 模型 (cumulative odds Logistic model) 或比例优势模型 (proportional odds model).

对比有序 Logistic 模型 (10.4.10) 与无序 Logistic 模型(10.4.3), 不难发现两者的两大不同:

(1) 在有序 Logistic 模型 (10.4.10) 是基于概率 $P(y_i \leqslant j)$, 而在无序 Logistic 模型(10.4.3)中 $\pi_{ij} = P(y_i = j) = P(y_{ij} = 1)$;

(2) 在有序 Logistic 模型 (10.4.10) 中 $J-1$ 个类共享斜率参数, 仅截距项 α_j 不同, 但在无序 Logistic 模型(10.4.3)中不同分类的截距和斜率参数都不相同.

关于有序 Logistic 模型 (10.4.10) 中 $\alpha_1, \cdots, \alpha_{J-1}$ 和 $\boldsymbol{\beta}$, 仍然采用极大似然估计. 类似于无序 Logistic 模型(10.4.3), 将 y_i 用二分类变量 (10.4.1) 表示 $P(y_i = j) = P(y_{ij} = 1) = \pi_{ij}$, 则对数似然函数为

$$
\begin{aligned}
l(\alpha_1, \cdots, \alpha_{J-1}, \boldsymbol{\beta}) &= \ln\left[\prod_{i=1}^{n}\left(\prod_{j=1}^{J-1} \pi_{ij}^{y_{ij}}\right)\right] \\
&= \sum_{i=1}^{n}\left[\sum_{j=1}^{J-1} y_{ij} \ln\left(P(y_i \leqslant j) - P(y_i \leqslant j-1)\right)\right] \\
&= \sum_{i=1}^{n}\left[\sum_{j=1}^{J-1} y_{ij} \ln\left(\frac{\exp(\alpha_j + \boldsymbol{x}_i'\boldsymbol{\beta})}{1 + \exp(\alpha_j + \boldsymbol{x}_i'\boldsymbol{\beta})} - \frac{\exp(\alpha_{j-1} + \boldsymbol{x}_i'\boldsymbol{\beta})}{1 + \exp(\alpha_{j-1} + \boldsymbol{x}_i'\boldsymbol{\beta})}\right)\right].
\end{aligned}
$$

有序多分类 Logistic 回归的推断和对数似然函数(10.4.6)的极大值求解问题, 可用 R 语言中的函数 propodds( ) 完成.

注 10.4.1 虽然有序多分类 Logistic 回归由假设连续变量 Y^c 离散化得到的, 但在应用中, 并不要求有序多分类因变量一定是由某个连续函数离散化得到的.

10.5 泊 松 回 归

泊松回归是用来为计数数据和列联表建模的一种回归分析. 泊松回归假设因变量 Y 服从泊松分布, 并假设它期望值的对数可被未知参数的线性组合建模. 泊松回归模型有时 (特别是当用作列联表模型时) 又被称作对数线性模型. 在 10.2 节我们考虑了双向列联表中泊松模型, 本节主要针对计数数据介绍泊松回归的建模思想和参数估计方法.

10.5.1 泊松分布

泊松分布是用于描述单位时间、单位面积或者单位容积内某事件发现的频数分布情况, 通常用于描述稀有事件 (即小概率事件) 发生数的分布. 假设因变量 Y 服从参数为 μ 的泊松分布, 则

$$f(y)=P(Y=y)=\frac{\mu^y\exp(-\mu)}{y!},\quad y=0,1,2,\cdots. \tag{10.5.1}$$

于是

$$E(Y)=\mathrm{Var}(Y)=\mu.$$

泊松分布除了均值和方差相等的特点外, 还有平稳性特点, 即事件发生的频率大小仅与单位大小有关, 比如 1 万人为单位或 10 万人为单位时患者人数是不同的. 假设(10.5.1)描述的是某地区 1 周发生交通事故次数的分布, 则该地区 2 周发生交通事故次数的分布为

$$f(y)=P(Y=y)=\frac{(2\mu)^y\exp(-2\mu)}{y!},\quad y=0,1,2,\cdots.$$

10.5.2 泊松回归模型

假设 $y_1,\cdots,y_n$ 相互独立, y_i 服从参数为 μ_i 的泊松分布, 其中 $\mu_i=\mu(\boldsymbol{x}_i'\boldsymbol{\beta})$ 是自变量第 i 次观测 $\boldsymbol{x}_i$ 的函数, 则称模型

$$y_i=\mu(\boldsymbol{x}_i\boldsymbol{\beta})+e_i,\quad i=0,1,2,\cdots \tag{10.5.2}$$

为泊松回归模型. 通常假设 μ_i 为 $\boldsymbol{x}_i'\boldsymbol{\beta}$ 的指数函数, 即

$$\mu_i=\exp(\boldsymbol{x}_i'\boldsymbol{\beta}).$$

于是有

$$\ln y_i=\boldsymbol{x}_i\boldsymbol{\beta}+\varepsilon_i,\quad i=0,1,2,\cdots. \tag{10.5.3}$$

这也是泊松回归模型又被称作对数线性模型的原因.

10.5.3 极大似然估计

在泊松回归模型(10.5.3)下, 对数似然函数为

$$
\begin{aligned}
l(\boldsymbol{\beta}) &= \ln\left[\prod_{i=1}^{n}\frac{\mu_i^{y_i}\exp(-\mu_i)}{y_i!}\right] \\
&= \sum_{i=1}^{n} y_i \ln\left(\mu(\boldsymbol{x}_i\boldsymbol{\beta})\right) - \sum_{i=1}^{n}\mu(\boldsymbol{x}_i\boldsymbol{\beta}) - \sum_{i=1}^{n}\ln(y_i!),
\end{aligned} \tag{10.5.4}
$$

则 $\boldsymbol{\beta}$ 的 ML 估计就是 $l(\boldsymbol{\beta})$ 达到最大值的点. 可用 R 语言中的 glm 函数来拟合泊松回归模型.

泊松回归需要假设因变量 y_i 的期望和方差相等, 且 $y_1,\cdots,y_n$ 相互独立的这些限制性假设在实际应用中不易满足, 如地方病, 遗传性疾病、传染性疾病的发生是非独立的, 个体事件发生的概率不等, 而且均值远远小于方差, 存在过离散现象. 如果采用泊松回归会导致参数检验的假阳性率增加. 因此, 普遍认为当有聚集现象或方差大于计数的平均值时, 泊松回归就不再适用, 宜选用负二项回归 (negative binomial regression), 负二项回归是泊松回归的一种流行推广, 它是通过假设泊松分布参数 μ_i 服从某个 gamma 分布而导出的. 我们可应用 R 语言中 MASS 工具包的 glm.nb 函数进行负二项回归. 关于负二项回归以及其他广义线性模型的更多内容, 感兴趣的读者可参见 (Dunn and Smyth, 2018).

习 题 十

10.1 既然 logit 变换能将 Logistic 响应函数 $\pi(\boldsymbol{x})$ 线性化, 为什么不能对个体响应变量 y_i 进行这种变换, 并拟合出线性反应函数? 请解释.

10.2 当响应变量为二元变量时, 如果真实响应函数为 J 型, 是否适合使用 Logistic 响应函数, 请解释.

10.3 设 y_{ij} 是在自变量的 m 个水平 $(\boldsymbol{x}_1,\cdots,\boldsymbol{x}_m)$ 下对 0, 1 二分类因变量 Y 的 j 次观测, $i=1,\cdots,m$, $j=1,\cdots,n_i$. 记

$$
y_{i\cdot} = \sum_{j=1}^{n_i} y_{ij}, \quad n = \sum_{i=1}^{m} n_i.
$$

假设给定自变量 $\boldsymbol{x}_i$ 下, y_{ij} 服从 Logistic 分布, 因变量的 n 次观测 $\{y_{ij}\}$ 相互独立, 且

$$
E(y_{ij}) = \pi(\boldsymbol{x}_i'\boldsymbol{\beta}) = 1/(1+\exp(\boldsymbol{x}_i'\boldsymbol{\beta})).
$$

(1) 请写出似然函数;

(2) 类似于 (10.3.17), 给出 $\boldsymbol{\beta}$ 的极大似然估计的牛顿迭代算法.

10.4 (瓶子回收问题) 为了研究押金大小对可回收的一升软饮料瓶被返还的可能性的影响, 进行了一次控制的试验. 下表记录了 6 种押金水平 (x_i, 单位为美分) 以及每种押金水平下售出 500 个 ($n_{i\cdot}$) 瓶子中回收瓶子数量 ($y_{i\cdot}$).

i	1	2	3	4	5	6
押金水平 x_i (美分)	2	5	10	20	25	30
售出数量 $n_{i\cdot}$	500	500	500	500	500	500
回收数量 $y_{i\cdot}$	72	103	170	296	406	449

(1) 依据 $\widehat{p}_j = y_{i\cdot}/n_{i\cdot}$ 与 x_i 的点图, 是否可初步判断用 Logistic 回归模型 $\pi = 1/(1+\exp(-\beta_0 - x\beta_1))$ 研究押金数额与退还瓶子概率之间的关系是否合适? 请给出解释.

(2) 在 Logistic 回归模型下, 求模型参数 $\boldsymbol{\beta} = (\beta_0, \beta_1)'$ 的极大似然法的估计 $\widehat{\boldsymbol{\beta}} = (\widehat{\beta}_0, \widehat{\beta}_1)$.

(3) 计算响应概率 $\pi(\boldsymbol{x}_i'\widehat{\boldsymbol{\beta}})$, 并作 $\pi(\boldsymbol{x}_i'\widehat{\boldsymbol{\beta}})$ 与 $\widehat{p}_j$ 的散点图, 从散点图是否认为 Logistic 回归模型的拟合效果不错? 在显著性水平 $\alpha = 0.05$ 下, 分别采用似然比检验和 Wald 检验考察押金数额是否对瓶子回收概率有影响?

(4) 计算 $\exp(\widehat{\beta}_1)$, 并解释这个数?

(5) 求 $\widehat{\beta}_1$ 的置信系数为 95% 的置信区间, 并由此导出 $\exp(\widehat{\beta}_1)$ 的置信区间.

(6) 预测当押金为 15 美分时的退还瓶子的概率.

(7) 依据 (2) 中估计的瓶子回收概率函数, 计算阈值分别为 0.15, 0.30, 0.45, 0.60, 0.75 时预测各种押金水平下购买者退还瓶子的概率和预测购买者退还瓶子和不退还瓶子各自的正确率, 选出其中使得正确判断率最高的阈值. 在该阈值下, 预测购买者退还瓶子的错误率和不退还瓶子的错误率是否接近? 计算 ROC 曲线下方的面积 AUC, 评价该模型的预测能力.

10.5 请给出列线图 10.3.9 中单项得分 Point 与 Logistic 模型中对应自变量的回归系数是什么关系? 总得分与线性部分 $\beta_0 + X_1\beta_1 + X_4\beta_4$ 是什么关系?

10.6 基于全模型 (10.3.44) 分析表 10.3.6 的数据, 讨论是否要保留不显著变量 X_2 和 X_3 在模型中? 说明理由.

参 考 文 献

陈希孺, 王松桂. 1987. 近代回归分析. 合肥: 安徽教育出版社.

陈希孺, 王松桂. 2003. 线性模型中的最小二乘法. 上海: 上海科学技术出版社.

陈希孺. 1999. 高等数理统计学. 合肥: 中国科学技术大学出版社.

方开泰, 马长兴. 2001. 正交与均匀试验设计. 北京: 科学出版社.

李高荣, 吴密霞. 2021. 多元统计分析. 北京: 科学出版社.

茆诗松, 丁元, 周纪芗, 吕乃刚. 1981. 回归分析及其试验设计. 上海: 华东师范大学出版社.

唐年胜, 李会琼. 2014. 应用回归分析. 北京: 科学出版社.

王松桂, 陈敏, 陈立萍. 1999. 线性统计模型. 北京: 高等教育出版社.

王松桂, 邓永旭. 1999. 方差分量的改进估计. 应用数学学报, 22: 115-122.

王松桂, 范永辉. 1998. Panel 模型中两步估计的优良性. 应用概率统计, 14(2): 177-184.

王松桂, 刘爱义. 1989. 两步估计的效率. 数学学报, 32: 42-54.

王松桂, 史建红, 尹素菊, 吴密霞. 2004. 线性模型引论. 北京: 科学出版社.

王松桂, 吴密霞, 贾忠贞. 2006. 矩阵论中不等式. 2 版. 北京: 科学出版社.

王松桂, 杨爱军. 1998. 协方差改进法及其应用. 应用概率统计, 14: 99-107.

王松桂, 杨振海. 1996. 广义逆矩阵及其应用. 北京: 北京工业大学出版社.

王松桂, 杨振海. 1995. 协方差改进估计的 Pitman 优良性. 科学通报, 40: 12-15.

王松桂, 尹素菊. 2002. 线性混合模型参数的一种新估计. 中国科学 (A 辑), 32(5): 434-443.

王松桂. 1988. 线性回归系统回归系数的一种新估计. 中国科学, 10A: 1033-1040.

王松桂. 1987. 线性模型的理论及其应用. 合肥: 安徽教育出版社.

吴密霞, 刘春玲. 2014. 多元统计分析. 北京: 科学出版社.

吴密霞, 王松桂. 2005. 线性混合模型协方差阵的谱分解的一种新方法及其应用. 中国科学 (A 辑), 35(8): 947-960.

吴密霞, 王松桂. 2004. 线性混合模型中固定效应和方差分量同时最优估计. 中国科学 (A 辑), 34(3): 373-384.

吴密霞. 2013. 线性混合效应模型引论. 北京: 科学出版社.

项可风, 吴启光. 1989. 试验设计与数据分析. 上海: 上海科学技术出版社.

张尧庭, 方开泰. 1983. 多元统计分析引论. 北京: 科学出版社.

Aitken A C. 1936. On least squares and linear combination of observations. Proceedings of the Royal Society of Edinburgh, 55: 42-48.

Akaike H. 1973. Information theory and an extension of the maximum likelihood principle//Petrov B N, Coaki F, ed. 2nd International Symposium on Information Theory. Budapest: Akademia Kiado: 267-281.

Akaike H. 1974. A new look at the statistical model identification. IEEE Transactions on Automatic Control, 19: 716-723.

Anderson T W. 1973. Asymptotically efficient estimation of covariance matrices with linear structure. The Annals of Statistics, 1: 153-141.

Anderson R D. 1979. Estimating variance components from balanced data: Optimum properties of REML solutions and MIVQUE estimators//Van Vleck L D, Searle S R, ed. Variance Components and Animal Breeding. Animal Science Department, Cornell University: 205-216.

Anscombe F J. 1973. Graphs in statistical analysis. The American Statistician, 27: 17-21.

Antoniadis A. 1997. Wavelets in statistics: A review. Journal of the Italian Statistical Society, 6: 97.

Arnold S F. 1981. The Theory of Linear Models and Multivariate Analysis. New York: John Wiley & Sons.

Atkinson A C, Donev A N. 1992. Optimum Experimental Designs. Oxford: Oxford Science Publications.

Baksalary J K. 1986. A relationship between the star and minus orderings. Linear Algebra and Its Applications, 82: 163-167.

Baltagi B H. 1994. Incomplete panels: A comparative study of alternative estimators for the unbalanced one-way error component regression model. Journal of Econometrics, 62: 67-89.

Baltagi B H. 1995. Econometric Analysis of Panel Data. New York: John Wiley& Sons.

Barnett V, Lewis T. 1978. Outlier in Statistical Data. New York: John Wiley& Sons.

Beckman R J, Cook R D. 1983. Outlier······s. Technometrics, 25: 119-149.

Belsley P A, Kuh E, Welsch R E. 1980. Regression Diagnostics. New York: John Wiley.

Berkson J. 1950. Are there two regressions? Journal of the American Statistical Association, 45: 164-180.

Bickel P J, Doksum K A. 2015. Mathematical Statistics: Basic Ideas and Selected Topics, Volumes I. 2nd ed. New York: Chapman & Hall/CRC.

Breusch T S. 1978. Testing for autocorrelation in dynamic linear models. Australian Economic Papers, 17: 334-355.

Breusch T S, Pagan A R. 1979. A simple test for heteroscedasticity and random coefficient variation. Econometrica, 47(5): 1287-1294.

Brown V A. 2021. An introduction to linear mixed-effects modeling in R. Advances in Methods and Practices in Psychological Science.

Brown M B, Forsythe A B. 1974. The small sample behavior of some statistics which test the equality of several means. Technometrics, 16(1): 129-132.

Box G P, Hunter W G, Hunter J S. 1978. Statistics for Experimenters. New York: Wiley & Sons.

Buonaccorsi J P. 2010. Measurement Error: Models, Methods and Applications. New York: CRC Press.

Carroll R J, Ruppert D, Stefanski L A, Crainiceanu C M. 2006. Measurement Error in Nonlinear Models. New York: Chapman & Hall/CRC.

Carpenter J R, Smuk M. 2021. Missing data: A statistical framework for practice. Biometrical Journal, 63: 915-947.

Chatterjee S, Hadi A S. 2013. Regression Analysis by Example. 5th ed. New York: John Wiley& Sons.

Chatterjee S, Mächler M. 1997. Robust regression: A weighted least squares approach. Communications in Statistics-Theory and Methods, 26(6): 1381-1394.

Christensen R. 1996. Plane Answsers to Complex Quastions: The Theory of Linear Models. 2nd ed. New York: Springer.

Cleveland W S. 1979. Robust locally weighted regression and smoothing scatter-plots. Journal of American Statistical Association, 74(368): 829-836.

Cleveland W S. 1981. LOWESS: A program for smoothing scatterplots by robust locally weighted regression. The American Statistician, 35: 54.

Cochrane D, Orcutt G H. 1949. Application of least squares regression to relationships containing auto-correlated error terms. Journal of the American Statistical Association, 44: 32-61.

Conover W J. 1980. Practical Nonparametric Statistics. New York: John Wiley & Sons.

Conover W J, Johnson M E, Johnson M M. 1981. A comparative study of tests for homogeneity of variances, with applications to the outer continental shelf bidding data. Technometrics, 23: 351-361.

Cook D R, Weisberg S. 1982. Residuals and Inference in Regression. New York: Chapman and Hall.

Cook D R, Weisberg S. 1980. Characterizations of an empirical influence function for detecting influential cases in regression. Technometrics, 22: 495-508.

Cox D R. 1958. Planning of Experiments. New York: John Wiley & Sons.

Dunn P K, Smyth G K. 2018. Generalized Linear Models with Examples in R. New York: Springer.

Dempster A P, Laird N M, Rubin D B. 1977. Maximum likelihood from incomplete data via the EM algorithm(with discussion). The Journal of the Royal Statistical Society, Series B (Statistical Methodology), 39(1): 1-38.

Durbin J, Watson G S. 1950. Testing for serial correlation in least squares regression I. Biometrika, 37: 409-428.

Durbin J, Watson G S. 1951. Testing for serial correlation in least squares regression II. Biometrika, 38: 159-178.

Durbin J, Watson G S. 1971. Testing for serial correlation in least squares regression III. Biometrika, 58: 159-178.

Dunn O J. 1959. Confidence intervals for the means of dependent, normally distributed variables. Journal of the American Statistical Association, 54: 613-621.

Fan J Q. 1997. Comment on "Wavelets in statistics: a review" by A. Antoniadis. Journal of the Italian Statistical Society, 6: 131-138.

Fan J Q, Li R Z. 2001. Variable selection via nonconcave penalized likelihood and its oracle properties. Journal of the American Statistical Association, 96: 1348-1360.

Fan J Q, Lv J C. 2008. Sure independence screening for ultra-high dimensional feature space. Journal of the Royal Statistical Society Series B: Statistical Methodology, 70(5): 849-911.

Fedorov V V. 1972. Theory of Optimal Experiments. New York: Academic.

Foster D P, George E I. 1994. The risk inflation criterion for multiple regression. The Annals of Statistics, 22(4): 1947-1975.

Foygel R, Drton M. 2010. Extended Bayesian information criteria for Gaussian graphical models. Advances in Neural Information Processing Systems, 23: 2020-2028.

Freund R J, Minton P D. 1979. Regression Methods: A Tool for Data Analysis. New York: Marcel Dekker.

Fuller W A. 1987. Meassurement Error Models. New York: John Wiley & Sons.

Gao Y, Liu W D, Wang H S, et al. 2022. A review of distributed statistical inference. Statistical Theory and Related Fields, 6: 89-99.

Gastwirth J L, Gel Y R, Miao W W. 2009. The impact of Levene's test of equality of variances on statistical theory and practice. Statistical Science, 24: 343-360.

Gaylor D W, Hopper F N. 1969. Estimating the degrees of freedom for linear combinations of mean squares by Satterthwaite's formula. Technometrics, 11(4): 691-706.

Gibbons J D. 1993. Nonparametric Statistics: An Introduction. Newbury Park, CA: Sage Publications.

Godfrey L G. 1978. Testing for higher order serial correlation in regression equations when the regressors include lagged dependent variables. Econometrica, 46(6): 1303-1310.

Harville C D. 1976. Extension of the Gauss-Markov theorem to include the estimation of random effects. The Annals of Statistics, 4: 384-395.

Hartley H O, Rao J N K. 1967. Maximum likelihood estimation for variance model. Biometrika, 54: 93-108.

Hartley H O. 1950. The maximum F-ratio as a short cut test for heterogeneity of variance. Biometrika, 37: 308-312.

Hadi A S, Simonoff J S. 1993. Procedures for the identification of multiple outliers in linear models. Journal of the American Statistical Association, 88: 1264-1272.

Hartley H O, Rao J N K. 1967. Maximum-likelihood estimation for the mixed analysis of variance model. Biometrika, 54: 93-108.

Henderson C R. 1975. Best linear unbiased estimation and prediction under a selection model. Biometrics, 31: 423-447.

Hildreth C, Lu J Y. 1960. Demand relations with autocorrelated disturbances. Research Bulletin 276, Michigan State University Agricultural Experiment Station.

Hoaglin D C, Welsch R E. 1978. The hat matrix in regression and ANOVA. American Statistician, 32: 17-22.

Hoerl A E, Kennard R W. 1970. Ridge regression: Biased estimation for non-orthogonal problems. Technometrics, 12: 55-88.

Hollander M, Wollfe D A. 1999. Nonparametric Statistical Methods. New York: John Wiley & Sons.

Horvitz D G, Thompson D J. 1952. A generalization of sampling without replacement from a finite universe. Journal of the American Statistical Association, 47: 663-685.

Huber P J. 1965. A robust version of the probability ratio test. The Annals of Mathemathical Statistics, 36: 1753-1758.

Ip W C, Wang S G. 1999. Some properities of relative efficiency of estimators in the regression models for panel data. Far East Journal of Theoretical Statistics, (3): 341.

James G, Witten D, Hastie T, Tibshirani R. 2014. An Introduction to Statistical Learning with Applications in R. New York: Springer-Verlag.

Jiang J. 1998. Asmptotic properties of the empirical BLUP and BLUE in mixed linear models. Statistica Sinica, 8: 861-885.

Johnson D E, Graybill F A. 1972. Estimation of σ^2 in a two-way classification model with interaction. Journal of the American Statistical Association, 67: 388-394.

Kabacoff R I. 2015. R in action: Data analysis and graphics with R. 2nd ed. New York: Manning.

Kackar R N, Harville D A. 1981. Unbiasedness of two-stage estimation and prediction procedures for mixed linear models. Communications in Statistics-Theory and Methods, 10: 1249-1261.

Kelly R J, Mathew T. 1994. Improved nonnegative estimation of variance components in some mixed models with unbalanced data. Technometrics, 36: 171-181.

Khatri C G. 1968. Some results for the singular normal multivariate regression models. Sankhya, 30: 267-280.

Khuri A I, Mathew T, Sinha B K. 1998. Statistical Texts for Mixed Linear Models. New York: John Wiley & Sons.

Koenker R. 1981. A note on studentizing a test for heteroscedasticity. Journal of Econometrics, 17: 107-112.

Koenker R, Bassett G. 1982. Robust tests for heteroscedasticity based on regression quantiles. Econometrica, 50: 43-61.

Kshirsagar A M, Smith W B. 1995. Growth Curves. New York: Marcel Dekker Inc.

Kutner M H, Nachtsheim C, Neter J, Li W. 2004. Applied Linear Statistical Models. 5th ed. Irwin: McGraw-Hill.

Laird N M. 1982. Computation of variance components using the E-M algorithm. Journal of Statistical Computation and Simulation, 14 (3-4): 295-303.

Lehmann E L. 1975. Nonparametric Statistical Methods Based on Ranks. New York: McGraw-Hill.

Levene H. 1960. In Contributions to Probability and Statistics: Essays in Honor of Harold Hotelling// Olkin I, et al. ed. California: Stanford University Press: 278-292.

Lieberman G J. 1961. Prediction regions for several predictions from a single regression line. Technometrics, 3: 21-27.

Lim T S, Loh W Y. 1996. A comparison of tests of equality of variances. Computational Statistics and Data Analysis, 22: 287-301.

Liski E P, Mandal N K, Shah K R, Sinha B K. 2002. Topics in Optimal Design. London: Springer.

Liski E P, Puntanen S, Wang S G. 1992. Bounds for the trace of the difference of the covariance matrices of the OLSE and BLUE. Linear Algebra and Its Applications, 176: 121-130.

Liski E P, Wang S G. 1996. On the 2-inverse and some ordering properties of nonnegative definite matrices. Acta Mathematicae. Applicatae Sinica (English Series), 12: 22-27.

Liu J S. 2000. MSEM dominance of estimators in two seemingly unrelated regressions linear models. Journal of Statistical Planning and Inference, 88: 255-266.

Liu J S, Wang S G. 1999. Two-stage estimate of the parameters in seemingly unrelated regression model. Progress in Natural Science (English Sehes), 9: 489-496.

Little R J, Rubin D B. 2019. Statistical Analysis with Missing Data. 3rd ed. Hoboken: John Wiley & Sons.

Mallows C L. 1964. Choosing variables in a linear regression: A graphical aid. Presented at the Central Regional Meeting of the Institute of Mathematical Statisticians, Manhattan, Kansas.

Mallows C L. 1973. Some comments on C_p. Technometrics, 15: 661-675.

Magnus J R, Neudecker H. 1991. Matrix Differential Calculus with Applications in Statistics and Econometrics. New York: John Wiley & Sons.

Mood A M, Graybill F A. 1950. Introduction to the Theory of Statistics. New York: McGraw-Hill Book Companies.

Moral R A, Hinde J, Demétrio C G B. 2017. Half-normal plots and overdispersed models in R: The HNP package. Journal of Statistical Software, 81(10): 1-23.

Muihead R J. 1982. Aspects of Multivariate Statistical Theory. New York: John Wiley & Sons.

Myers R. 1986. Classical and Modern Regression with Applications. Boston: PWS Publishers.

Nelder J A, Wedderburn R W M. 1972. Generalized linear models. Journal of the Royal Statistical Society, Series A, 135(3): 370-384.

O'Brien R G. 1979. A general ANOVA method for robust tests of additive models for variances. Journal of the American Statistical Association, 1979, 74: 877-880.

Park R E. 1966. Estimation with heteroscedastic error terms. Econometrica, 34: 888.

Patterson H D, Thompson R. 1973. Maximum likelihood estimation of components of variance. Proceeding of International Biometric Conference: 197-207.

Pearson E S, Hartley H O. 1966. Biometrika Tables for Statisticians, Vol. 1. 3rd ed. Cambridge: Cambridge University Press.

Penrose R A. 1955. A generalized inverse for matrices. Mathematical Proceedings of the Cambridge Philosophical Society, 51: 406-413.

Provost S B. 1996. On Crig's theorem and its generalizations. Journal of Statistical Planning and Inference, 3: 311-321.

Pukelsheim F. 1993. Optimal Design of Experiments. New York: John Wiley& Sons.

Rao C R. 1967. Least squares theory using an estimated dispersion matrix and its application to measurement of signals//Lacan J, Neyman J. ed. Proceedings of the Fifth Berkeley Symposium on Mathematical Statistics and Probability, 1: 355-372.

Rao C R. 1972. Estimation of variance and covariance components in linear models. Journal of the American Statistical Association, 67: 112-115.

Rao C R. 1973. Linear Statisticl Inferrence and Its Applications. 2nd ed. New York: John Wiley & Sons.

Rao C R, Kleffe J. 1988. Estimation of variance components and Applications. North-Holland: Amsterdam.

Rao C R, Toutenburg H. 1995. Linear Models: Least Squares and Alternatives. New York: Springer-Verlag.

Rao J N K, Wang S G. 1995. On the power of F tests under regression models with nested error structure. Journal of Multivariate Analysis, 53: 237-246.

Rencher A C, Schaalje G B. 2008. Linear Models in Statistics. 2nd ed. New York: John Wiley & Sons.

Romano J P, Wolf M. 2019. Resurrecting weighted least squares. Journal of Econometrics, 197(1): 1-19.

Rubin D B. 1976. Inference and missing data. Biometrika, 63(3): 581–592.

Satterthwaite F E. 1941. Synthesis of variance. Psychometrika, 6: 309-316.

Satterthwaite F E. 1946. An approximate distribution of estimates of variance components. Biometrics, 2: 110-114.

Sawa T. 1978. Information criteria for discriminating among alternative regression models. Econometrica, 46: 1273-1282.

Scheffé H. 1943. On solutions of the Behrens-Fisher problem, based on the t-distribution. The Annals of Mathematical Statistics, 14: 35-44.

Schennach S M. 2013. Regressions with Berkson errors in covariates: A nonparametric approach. The Annals of Statistics, 41(3): 1642-1668.

Searle R S. 1992. Variance Components. New York: John Wiley & Sons.

Searle R S. 1988. Best linear unbiased estimation in mixed linear models of the analysis of variance//Srivastava J N. ed. Probability and stiatistics: Essays in Honor of Franklin A. Graybill. North-Holland: Amsterdam: 233-241.

Searle R S. 1971. Linear Models. New York: John Wiley & Sons.

Seely J F, EL-Bassiouni Y. 1983. Applying Wald's variance component test. Annals of Statistics, 11: 197-201.

Shapiro S S, Wilk M B. 1965. An analysis of variance test for normality (complete samples). Biometrika, 52(3-4): 591–611.

Silvey S D. 1980. Optimal Design. London: Chapman and Hall.

Stepniak C, Wang S G, Wu C F J. 1984. Comparison of linear experiments with known covariances. The Annals of Statistics, 12: 358-365.

Szatrowski T H. 1980. Necessary and sufficient conditions for explicit solutions in the multivariate normal estimation problem for patterned means and covariances. The Annals of Statistics, 8: 802-810.

Szatrowski T H, Miller J J. 1980. Explicit maximum likelihood estimates from balanced data in the mixed model of the analysis of variance. The Annals of Statistics, 8: 811-819.

Tibshirani R. 1996. Regression shrinkage and selection via the Lasso. Journal of the Royal Statistical Society. Series B: Statistical Methodology, 58: 267-288.

Tukey J W. 1949. One degree of freedom for non-additivity. Biometrics, 5: 232-242.

Tong Y L. 1990. The Multivariate Normal Distribution. New York: Springer.

Toyooka Y, Kariya T. 1986. An approach to upper bound problems for risks generalized least squares estimators. The Annals of Statistics, 14: 679-685.

Verbeke G, Molenberghs G. 2000. Linear Mixed Models for Longitudinal Data. New York: Springer.

Vinod H D, Ullah A. 1981. Recent Advances in Regression Methods. New York: Marcel Dekker.

Wang S G, Ip W C. 1999. A matrix version of the Wielandt inequality and its applications to statistics. Linear Algebra and Its Applications, 296: 171-181.

Wang S G, Liski E P. 1999. Small sample properties of the power function of F tests in two-way error component regression. Acta Math. Applicatae Sinica (English Series), 15: 287-296.

Wang S G, Wu C F J. 1983. Further results on the consistent directions of least squares estimators. The Annals of Statistics, 11: 1257-1263.

Wang S G, Wu C F J. 1985. Consistent directions of the least squares estimators in linear models//Mostusita M. ed. Statistical Theory and Data Analysis. North-Holland: Amsterdam: 763-782.

Wang S G, Tse S K, Chow S C. 1992. On the measures of multicollinearity in least squares regression. Statistics and Probability Letter, 9: 347-355.

Wang S G, Yang H. 1989. Kantorovich-type inequalities and the measures of inefficiency of the GLSE. Acta Mathematicae Applicatae Sinica, 5: 372-381.

Wang S G, Shao J. 1992. Constrained Kantorovich inequaties and relative efficiency of least squares. Journal of Multivariate Analysis, 42: 284.

Wang S G, Chow S C. 1994. Advanced Linear Models. New York: Marcel Dekker Inc.

Wang S G, Wu M X, Ma W Q. 2003. Comparison of MINQUE and simple estimate of the error variance in the general linear models. Acta Mathematicae Aplicate Sinica (English Series), 19: 13-18.

Welsch R E, Kuh E. 1977. Linear Regression Diagnostics. Technical Report 923-977, Sloan School of Management, Cambridgr, MA.

Wu C F. 1980. On some ordering properties of the generalized inverses of nonnegative definite matrices. Linear Algebra and Its Applications, (32): 49-60.

Wu M X, Wang S G. 2005. A new method of spectral decomposition of covariance matrix in mixed effects models and its applications. Science in China, 48(11): 1451-1464.

Wu M X, Wang S G. 2004. Simultaneous optimal estimates of fixed effects and variance components in the mixed model. Science in China, 47(5): 787-799.

Wynn H P, Bloomfield P. 1971. Simultaneous confidence bands in regression analysis. Journal of the Royal Statistical Society Series B, (33): 202-217.

Zou H. 2006. The adaptive LASSO and its oracle properties. Journal of the American Statistical Association, 101: 1418-1429.

“大学数学科学丛书”已出版书目

1. 代数导引　万哲先　著　2004 年 8 月
2. 代数几何初步　李克正　著　2004 年 5 月
3. 线性模型引论　王松桂等　编著　2004 年 5 月
4. 抽象代数　张勤海　著　2004 年 8 月
5. 变分迭代法　曹志浩　编著　2005 年 2 月
6. 现代偏微分方程导论　陈恕行　著　2005 年 3 月
7. 抽象空间引论　胡适耕　张显文　编著　2005 年 7 月
8. 近代分析基础　陈志华　编著　2005 年 7 月
9. 抽象代数——理论、问题与方法　张广祥　著　2005 年 8 月
10. 混合有限元法基础及其应用　罗振东　著　2006 年 3 月
11. 孤子引论　陈登远　编著　2006 年 4 月
12. 矩阵不等式　王松桂等　编著　2006 年 5 月
13. 算子半群与发展方程　王明新　编著　2006 年 8 月
14. Maple 教程　何　青　王丽芬　编著　2006 年 8 月
15. 有限群表示论　孟道骥　朱　萍　著　2006 年 8 月
16. 遗传学中的统计方法　李照海　覃　红　张　洪　编著　2006 年 9 月
17. 广义最小二乘问题的理论和计算　魏木生　著　2006 年 9 月
18. 多元统计分析　张润楚　2006 年 9 月
19. 几何与代数导引　胡国权　编著　2006 年 10 月
20. 特殊矩阵分析及应用　黄廷祝等　编著　2007 年 6 月
21. 泛函分析新讲　定光桂　著　2007 年 8 月
22. 随机微分方程　胡适耕　黄乘明　吴付科　著　2008 年 5 月
23. 有限维半单李代数简明教程　苏育才　卢才辉　崔一敏　著　2008 年 5 月
24. 积分方程　李　星　编著　2008 年 8 月
25. 代数学　游　宏　刘文德　编著　2009 年 6 月
26. 代数导引（第二版）　万哲先　著　2010 年 2 月
27. 常微分方程简明教程　王玉文　史峻平　侍述军　刘　萍　编著　2010 年 9 月
28. 有限元方法的数学理论　杜其奎　陈金如　编著　2012 年 1 月
29. 近代分析基础（第二版）　陈志华　编著　2012 年 4 月
30. 线性代数核心思想及应用　王卿文　编著　2012 年 4 月
31. 一般拓扑学基础　张德学　编著　2012 年 8 月

32. 公钥密码学的数学基础　王小云　王明强　孟宪萌　著　2013 年 1 月
33. 常微分方程　张　祥　编著　2015 年 5 月
34. 巴拿赫空间几何与最佳逼近　张子厚　刘春燕　周　宇　著　2016 年 2 月
35. 实变函数论教程　杨力华　编著　2017 年 5 月
36. 现代偏微分方程导论（第二版）　陈恕行　著　2018 年 5 月
37. 测度与概率教程　任佳刚　巫　静　著　2018 年 12 月
38. 基础实分析　徐胜芝　编著　2019 年 9 月
39. 广义最小二乘问题的理论和计算（第二版）　魏木生　李　莹　赵建立　著　2020 年 3 月
40. 一般拓扑学基础（第二版）　张德学　编著　2021 年 1 月
41. 数学物理方程　李风泉　编著　2022 年 10 月
42. 大学数学应用问题集锦　周子翔　编著　2023 年 1 月
43. 线性模型引论（第二版）　吴密霞　王松桂　编著　2024 年 11 月